Pinnwand in der Hütte der
amerikanischen Primatologin Dian Fossey am Fuß
der ostafrikanischen Virunga-Vulkane

VOLKER SOMMER

Die Affen

Unsere wilde Verwandtschaft

GEO

Herausgeber: Hermann Schreiber
Lektorat: Ortwin Fink
Gestaltung: Andreas Knoche, Andreas Krell
Bildredaktion: Bärbel Edse
Bildrecherche USA: Ruth Eichhorn
Dokumentation: Dr. Paul Winkler

Herstellung: Jürgen Hartmann, Klaus Horstmann,
Druckzentrale G+J

Lithographie und Druck: Brillant Offset GmbH & Co.

1. Auflage 1989
ISBN: 3-570-03985-4

Vergöttert und verteufelt

In Asien gelten sie seit je als heilig; im Europa des Mittelalters hingegen wurden Affen als Verkörperung des Bösen angesehen. Stets haben den Menschen jene Tiere fasziniert, die ihm am nächsten stehen. Als jedoch Darwin vor mehr als hundert Jahren verkündete, daß der Mensch mit den Affen gemeinsame Vorfahren habe, war das Entsetzen groß. Die verblüffendsten Ähnlichkeiten im Verhalten des Menschen und seiner wilden Verwandtschaft wurden erst in jüngerer Zeit von engagierten Pionieren der Primatologie wie Jane Goodall und Dian Fossey durch Studien in freier Wildbahn aufgedeckt

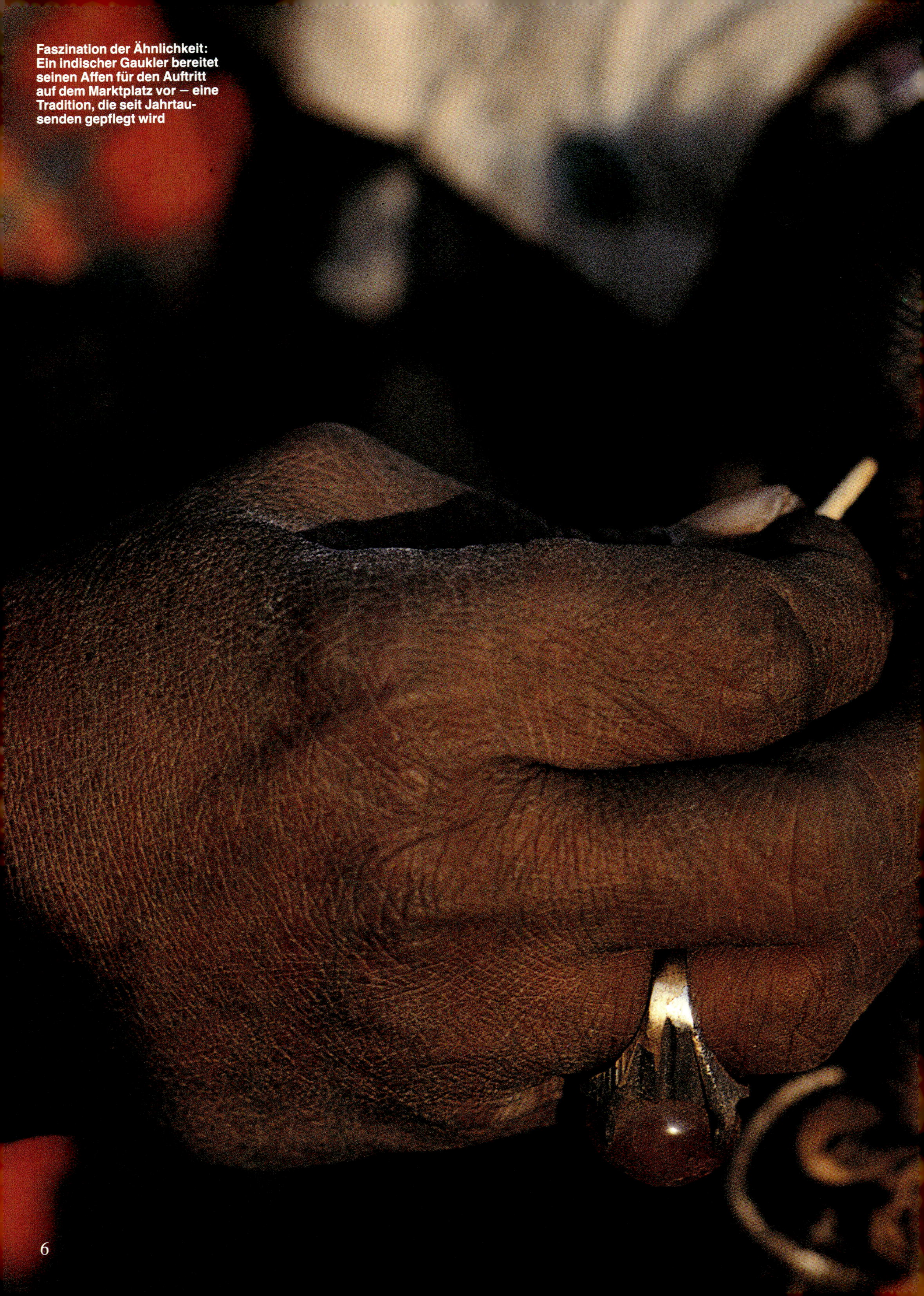

Faszination der Ähnlichkeit: Ein indischer Gaukler bereitet seinen Affen für den Auftritt auf dem Marktplatz vor – eine Tradition, die seit Jahrtausenden gepflegt wird

Menschen äffen Affen nach. Schauspieler schminken mit Ruß ihre Gesichter für das Ramayana, in dem der tugendhafte Affengeneral Hanuman knapp einer Feuersbrunst entkommt – ein in ganz Südasien populäres Epos

Die nebligen Hänge der Virunga-Vulkane im Ländereck Ruanda/Zaïre/Uganda sind die Heimat der Berggorillas. Einheimische Träger versorgen die von der amerikanischen Primatologin Dian Fossey aufgebaute Forschungsstation

Auge in Auge: Nur mit viel Geduld gewinnen die Forscher das Vertrauen der wilden Gorillas und lernen jedes Tier persönlich kennen – hier ein Dreijähriger aus der „Gruppe 5" in Ruanda

Der fünfjährige Shinda, Sohn des Haremshalters Beethoven und des Weibchens Marchessa, erkundet zwischen Senecio-Bäumen im ruandischen Virunga-Nationalpark neue Futterquellen. Meist klettern nur leichtgewichtige Jungtiere im Geäst herum; Erwachsene finden ihre vegetarische Kost reichlich am Boden

Um den Sockel des erloschenen, 4436 Meter hohen Vulkans Mount Mikeno in Zaïre zieht sich ein schmaler Urwaldgürtel – eines der letzten Refugien der vom Aussterben bedrohten Berggorillas. Doch auch hier setzen ihnen Wilderer zu

Die Baka-Pygmäen in Kamerun stellen den Flachlandgorillas seit alters her nach – im Einklang mit der Natur. Erst die professionelle Trophäenjagd für teure Devisen bringt heute ganze Affenarten an den Rand der Ausrottung

Silberrücken nennen die Wissenschaftler ausgewachsene Gorillamännchen. Beethoven, hier im Kreise seines Harems im ruandischen „Parc National des Volcans", ist etwa 40 Jahre alt und Vater von mindestens 19 Kindern

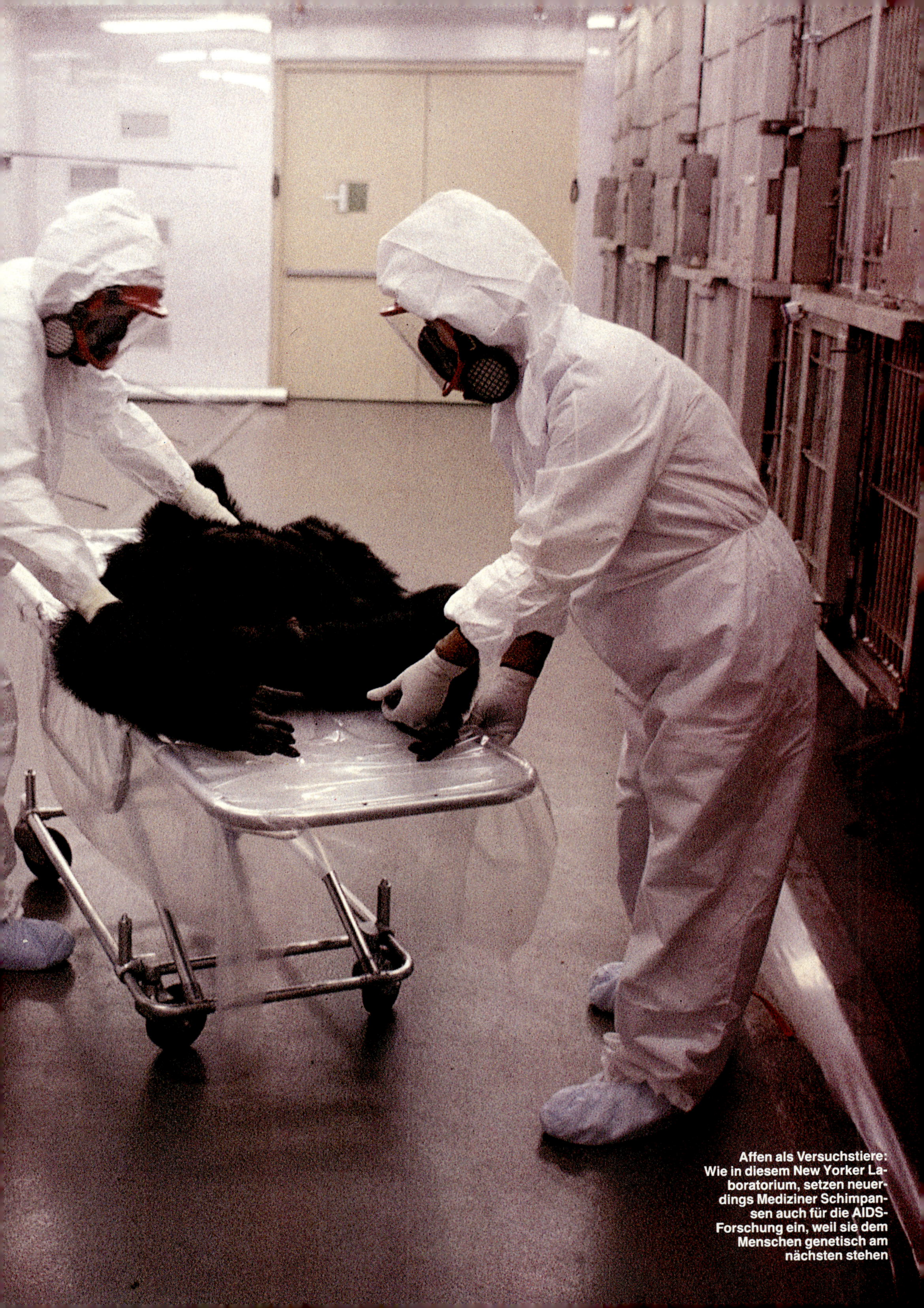

Affen als Versuchstiere: Wie in diesem New Yorker Laboratorium, setzen neuerdings Mediziner Schimpansen auch für die AIDS-Forschung ein, weil sie dem Menschen genetisch am nächsten stehen

Mensch und Schimpanse haben zu 98 Prozent identisches Erbgut – eine tödliche Verwandtschaft: Der Bedarf der Pharmaindustrie an diesem „Modellersatz" für den Menschen wächst. Hier ein junger Schimpanse, an dem ein Labor bei New York Antibiotika testet. Nachzuchten reichen für Versuchszwecke nicht aus; die Bestände der freien Wildbahn werden immer skrupelloser geplündert

Der berühmte Affentempel im nordindischen Varanasi verdankt seinen Namen den Scharen halbwilder Rhesusmakaken, die ihn bevölkern. In unzähligen hinduistischen Heiligtümern werden sie als Nachfahren des legendären Affenheeres aus dem Nationalepos Ramayana verehrt

Auf dem Schwanz des Affengenerals Hanuman rücken seine Heerscharen gegen die Insel der Dämonen vor: Fresko des 19. Jahrhunderts zur thailändischen Version des Ramayana im Königstempel Wat Phra Keo zu Bangkok

Das Gamelan-Orchester mit seinen Metallophonen, den Kesselgongs, Spaltflöten, Trommeln und Xylophonen setzt zum Fortissimo an. Auch für den Knaben am rechten Bühnenrand scheint der große Augenblick gekommen. Er öffnet eilfertig einen Kerosinkanister. Dem Herrn aus Holland neben mir perlt in kleinen Kaskaden der Schweiß von der Stirn und verschliert seine Brille. Immerhin, wir sind auf der indonesischen Insel Java, nur wenig südlich des Äquators, und die Tropennacht ist drückend schwül.

Die Dekoration der Freilichtbühne ist einzigartig: Angestrahlt und zu Terrassen erhoben, stehen kompakte Kegeltürme gegen die insektendurchflirrte Dunkelheit – der tausendjährige Prambanan-Tempel, ein Glanzstück hinduistischer Architektur.

Die Dorfjugend draußen am Maschendraht hat für die Geschehnisse auf der Bühne bisher nicht allzu viel übrig. Die jungen Javaner kennen die Handlung des Tanzdramas seit dem Krabbelalter in- und auswendig und bestaunen mehr die paar Hundert Touristen aus Japan und dem fernen Europa, die zu diesem Höhepunkt ihrer Südostasientour angereist sind. Doch jetzt, da der Herr neben mir in weiser Voraussicht nochmals seine Brille putzt, rangeln auch die Zaungäste um gute Plätze, denn die Handlung nähert sich einem immer wieder spannenden Gipfel.

Drei Schergen halten den Haupttänzer gefangen, dessen Kostüm mit überlangem Schwanz ihn eindeutig als Affen ausweist. Der Knabe vom Bühnenrand tränkt den Schwanz mit Kerosin, um ihn – als sei des Spektakels nicht genug – alsdann mit einem Streichholz zu entzünden. Das Imitat aus roher Baumwolle steht sogleich in Flammen. Mit mächtigem Rundschlag entledigt sich der Affe seiner Häscher, nimmt den brennenden Schwanz in die Hand und demonstriert seine neue Freiheit durch kunstvolle Schritte.

Wir halten den Atem an. Der Tänzer steht akut in Gefahr, sich selbst in Brand zu setzen, indem er während seiner ritualisierten Sprünge versucht, mit seinem lodernden Körperanhängsel ein gutes Dutzend Pechfackeln zu entzünden, die alsbald das lichterlohe Finale illuminieren. Die symbolische Feuersbrunst legt die Dämonenstadt in Schutt und Asche, während das Gute triumphiert und in Gestalt vieler kleiner Affen – eine Schulklasse aus dem nahen Yogyakarta – einen Freudenreigen aufführt.

In diesen zwei Stunden haben wir Weltenbummler die auf Kinolänge gestutzte Version eines Schlüsselepos der Menschheit erlebt: des *Ramayana*.

Die älteste überlieferte Fassung des *Ramayana* aus dem 2. Jahrhundert n. Chr. wird dem legendären indischen Weisen Valmiki zugeschrieben. Die Geschichte von der bedrohten Liebe zwischen dem heldenhaften Rama und der edlen Sita spiegelt nicht nur das kulturelle und religiöse Leben ihres Ursprungslandes wider; Valmikis Dichtung ist zum verzaubernden und inspirierenden Kollektivbesitz aller Völker Südasiens geworden, an Popularität den Grimmschen Märchen, an literarischer Kraft Shakespeare und an Autorität der Bibel vergleichbar.

Vom Stoff des hinduistischen Heldengedichts nähren sich in zahlreichen lokalen Varianten etwa die großen herbstlichen Dusserah-Feiern am Fuße des Himalaya, erzählen die pastellzarten Fresken im Fürstenpalast Cochins am Arabischen Meer, die Wandmalereien und Steinreliefs in Bangkoks Königstempeln Wat Phra Keo und Wat Po, und eben auch die schönen Künste auf Bali und Java. Das *Ramayana* lieferte Motive für die Friese am Sockel des Prambanan und seit je die Themen für Wayang-Golek, das indonesische Holzpuppenspiel, für Wayang-Kulit, das nachtlange Schattenspiel mit Lederpuppen, sowie für Wayang-Topeng und Wayang-Wong, das Tanztheater.

Episch breit mit unzähligen Nebenhandlungen entfaltet das *Ramayana* die Legende vom gottgleichen Königssohn Rama, der auszieht und die schöne Prinzessin Sita gewinnt. Die Verwandtschaften mit abendländischen Motiven sind inniger und tiefer, als die labyrinthische Bildwelt zunächst erkennen läßt. Infolge einer Intrige der Stiefmutter wird das Prinzenpaar vom Hof verbannt. Die Waldidylle im Exil wird jäh gestört, als der Dämonenfürst Ravana – wie Luzifer ein vom höchsten Gott verstoßener Himmelsgeist – Sita in sein Inselfürstenreich Lanka entführt.

Offensichtlich in Analogie zum Raub der schönen Helena beschreibt der größte Teil des *Ramayana* die Suche nach Sita und die Einnahme der Dämonenstadt Lanka. Der historische Kern ist wohl die Eroberung Ceylons – das sich heute wieder Sri Lanka nennt – durch indoarische Einwanderer im 4. Jahrhundert v. Chr. Das *Ramayana* schöpft aus dem Fundus tropischer Natur, indem es eine Kreatur zum Superman der Geschichte macht, auf die ein europäischer Epiker mangels Anschauung nicht verfallen wäre. Das Tier sei der „ältere Bruder des Menschen", sagt Johann Gottfried Herder. Das *Ramayana* erzählt vom geschwisterlichsten dieser Tiere: dem Affen.

Als der verzweifelte Prinz im Schatten rastet, rieselt Laub auf ihn herab – Zeichen für den Auftritt des Affen Hanuman, der fürderhin allen Göttern und Helden glatt die Schau stiehlt. Wo Menschen mühsam laufen, kann der Affe mühelos springen und – weil ein Mythos alles immer größer macht – sich fliegend durch die Lüfte heben. Hanuman befehligt eine Affenarmee und unterstützt den Prinzen beim Kampf um seine Gemahlin. In vielen asiatischen Ländern gelten Af-

Auf vielen hundert Metern erzählen Fresken in Bangkoks Königstempel das vollständige Ramayana. Reizvolle Szenen: Hanuman bietet dem Gott Rama seine Dienste an, um Prinzessin Sita zu befreien; der Affengeneral instruiert die Soldaten; seine Romanze mit einer Nymphe – zartes Zwischenspiel blutiger Schlachten

fen deshalb als heilig – ist Hanuman doch eine der liebenswertesten Figuren des *Ramayana*, an Stärke dem biblischen Samson vergleichbar, an Schläue dem Odysseus, an Treue und gelegentlicher Tölpelhaftigkeit Sancho Pansa oder Hadschi Halef Omar.

Hanuman überspringt die Meerenge mit mächtigem Satz, überbringt der gefangenen Prinzessin einen Ring als Liebeszeichen ihres Gemahls und verspricht baldige Befreiung. Der Affe läßt sich von den Schergen des Dämonenkönigs fangen, und Ravana ordnet an, daß sein langer Schwanz mit ölgetränkten Lappen umwickelt und angezündet wird. Wie die Geschichte weitergeht, wissen wir schon von der Bühne am Prambanan-Tempel: Der clevere Affe legt Lunte an die Dämonenstadt und kann der Feuersbrunst knapp entkommen.

In Indien weisen sich Affen einer besonderen Art als Hanumans authentischen Nachfahren aus: die Grauen Languren. Deren Fell glänzt silbrig, Hände und Füße aber und das Gesicht sind pechschwarz – verrußt bei der Flucht aus den Flammen. Darüber hinaus tragen die gemeinhin auch „Hanuman-Languren" genannten Affen außergewöhnlich lange Schwänze. Die hinduistische Bevölkerung Indiens verehrt die Languren sehr. Vielerorts – insbesondere in der Nähe von Heiligtümern – werden sie als „Tempelaffen" nicht nur geduldet, sondern sogar mit Früchten, Fladen und Erdnüssen gefüttert.

Das *Ramayana* endet allerdings keineswegs mit der glücklichen Flucht Hanumans, wie uns die touristengerecht verkürzte Inszenierung weismachen will, sondern die niedergebrannte Dämonenstadt wird kurz darauf umso prächtiger wiedererrichtet und fordert das Gute trotzig heraus. Hanuman und seine Affenarmee schütten schließlich die Meerenge mit Steinen zu und bauen eine Brücke, über die der Prinz dem Dämonenheer entgegenzieht. Wiederum ist Hanuman dabei und schwingt tapfer eine Keule. Nach langem, schrecklichen Blutvergießen wird der böse Ravana getötet und Prinzessin Sita befreit. Als König kehrt Rama mit ihr in seine Vaterstadt zurück. Und weil sie nicht gestorben sind, leben sie noch heute in Milliarden Herzen . . .

Die Menschen waren sich ihrer Verwandtschaft mit den Affen weit vor dem Beginn der modernen Wissenschaften bewußt, wenngleich der sinnfällige Ausdruck, den sie diesem Faszinosum gaben, durchaus nicht immer die liebenswerten Züge eines Hanuman trug. Bereits südafrikanische Felsmaler bildeten jene Tiere, die uns am ähnlichsten sehen, ab. Die Ägypter hielten spätestens seit dem 3. Jahr-

Opfer des chaotischen indischen Straßenverkehrs sind auch heilige Affen. Nach feierlicher Beerdigung wird das Grab eine Stätte bleibender Verehrung

tausend v. Chr. in ihren Tempeln dem Mondgott Thoth geheiligte Mantel- und Anubispaviane, die nach ihrem Tod mumifiziert wurden. Ihr Haar trugen die alten Ägypter gekämmt und gescheitelt wie die Paschas der Mantelpaviane, vermutlich ein Analogiezauber, um Manneskraft und Kindersegen zu beschwören.

Griechen und Römer, die freilebende Affen kaum kannten, stilisierten die heiligen Tiere der Ägypter und Inder zu geilen zwitterhaften Faunen, Panen und Satyrn, zu grotesken Karikaturen des Menschen. Der griechische Geschichtsschreiber Diodorus notierte im 1. Jahrhundert v. Chr. über die afrikanischen Paviane: „Die sogenannten Hundsköpfe sehen der Gestalt nach häßlichen Menschen ähnlich. Auch ihre Stimme klingt wie das Gestöhn von Menschen. Diese Tiere sind äußerst wild und ganz unzähmbar, und ihre Augenbrauen geben ihnen ein finsteres Aussehen. Eine höchst auffallende Erscheinung stellt man bei den Weibchen fest – sie tragen nämlich die Gebärmutter außerhalb des Leibes." Mit dieser Seltsamkeit kann nichts anderes gemeint sein als die auffälligen Brunstschwellungen der Pavianweibchen.

Im 1. Jahrhundert n. Chr. berichtete der römische Gelehrte Plinius d. Ä.: „Schrecklichen Schaden tun diese Satyrn. Sie bewohnen die Wälder, reden keine Sprache, brüllen grauenhaft, sind mit Haaren bedeckt, haben graublaue Augen und Hundezähne; sie laufen so schnell auf allen vier oder nur zwei Beinen, daß man lediglich ganz alte oder kranke Exemplare fangen kann."

Glatten Rufmord beging schließlich das Christentum an den Affen. Der *Physiologus*, eine wohl schon im 2. Jahrhundert in Alexandria entstandene und weit bis ins Mittelalter verbreitete christliche Deutung der Natur, setzte den Affen in allegorische Beziehung zum Teufel: „Denn wenn der Affe auch einen Anfang hat, nämlich einen Kopf, so hat er doch kein Ende, nämlich keinen Schwanz. Und auch der Teufel hat kein rechtes und schönes Ende. An seinem Beginn war er einer von den ersten Engeln, aber sein Ende wurde nicht für gut befunden." Zunächst mag verblüffen, warum der *Physiologus* seine Dramaturgie in hellem Kontrast zum *Ramayana* auf einen schwanzlosen Affen baut. In der Spätantike war der Affe schlechthin jedoch in der Tat eine schwanzlose Spezies, nämlich der von seiner nordafrikanischen Heimat an viele Mittelmeergestade verfrachtete Berberaffe. Die dickfellig-kompakten Gesellen wurden im wahrsten Sinne des Wortes verteufelt, weil die frühen Christen sich gegen den noch immer praktizierten Tierkult der Ägypter deutlich abgrenzen wollten.

Affen wurden in Ägypten ebenfalls einbalsamiert: Mumie im Britischen Museum, 600 v. Chr. – Tausend Jahre älter: ein Collier in Kairo mit dem heiligen Scarabäus und Mantelpavianen, die dem Mondgott zugesprochen waren

Verteufelt im christlichen Mittelalter: Auf dem Petri-Altar von Meister Bertram um 1400, heute in der Hamburger Kunsthalle, wird der Erzengel Luzifer samt seinen himmlischen Heerscharen in Affengestalt zur Hölle gestürzt

Hinzu kam, daß im Buch *Leviticus* des Alten Testaments schwanzlose Tiere für unrein erklärt wurden. Die Kirchenväter schlossen daraus, den Besitzern eines Schwanzes sei von Gott ein gutes „Ende" vorbestimmt, während Schwanzlosigkeit widernatürlich sei. Allein der Mensch war legitim ohne dieses Anhängsel – vermochte er doch als vernunftbegabtes Wesen frei zwischen Gut und Böse zu wählen und sein Ende selbst zu bestimmen. Der *Physiologus* konnte deshalb des Affen schwanzloses Hinterteil einerseits als Beweis göttlicher Ungnade deuten, andererseits als Hybris: als das Begehren, sich über seine Bestimmung hinwegsetzen und dem Menschen gleich sein zu wollen.

Genau dieses unbotmäßige Hinausstreben über den eigenen Status zeichnet auch den Teufel aus. „Ich will zu den Wolkenhöhen mich erheben, gleich sein dem Allerhöchsten (*similis ero altissimo*)", heißt es in Jesaja 14,14 zum Fall Luzifers. Nicht umsonst wurde deshalb gern das lateinische Wort *simia* – Affe – von *similitudo* – Ähnlichkeit – abgeleitet. In Analogie zum „Fürsten der Welt" wurde der „Affe der Welt" ein geflügeltes Wort.

Die Doktrin der *figura diaboli* beherrschte bis in die gotische Ära hinein das „offizielle" Affenbild des christlichen Abendlandes. Das um 1150 entstandene *Mystische Tier- und Artzeneyenbuch* der Äbtissin Hildegard von Bingen hebt den verwerflichen Statuskonflikt des Affen treffend hervor: „Der Affe ist heiß, und weil er eine gewisse Ähnlichkeit mit dem Menschen hat, schaut er immer, was dieser tut, um es nachzumachen. Er hat aber auch die Tiernatur in sich, zeigt jedoch Mängel in beiden, so daß er weder das vollkommen machen kann, was der Mensch tut, noch was die Tiere tun. Er ist deshalb unbeständig. Manchmal, wenn er einen Vogel beim Flug beobachtet, springt er auf und versucht zu fliegen, aber weil er seinen Wunsch nicht erfüllen kann, wird er sofort wütend. Weil er dem Menschen ähnlich ist, hat der weibliche Affe auch einen Menstruationszyklus, der vom Mond regiert wird. Da er in jeder der beiden Naturen schwach und unbeständig ist, ist von ihm nichts zur Zubereitung von Arzneien brauchbar."

Besonders bemerkenswert ist hier der Bezug des Affen zu fliegenden Vögeln. Nicht nur, daß er hier gleichsam stellvertretend den uralten und im Tiefsten doch frevelhaften Traum des Menschen träumt, sich in die göttliche Machtsphäre schwingen zu können –

was bereits aus der Neigung, himmelsstrebende Bäume zu bewohnen, deutlich wird. Kleine flinke Vögel symbolisieren zudem die Menschenseelen, und auch der Satan wird wütend, wenn die ihm entwischen.

Mit dem Aufblühen städtischen Markttreibens im 12. Jahrhundert begegnete der mittelalterliche Mensch immer häufiger lebenden Affen im Geleit von Akrobaten und Gauklern. Wer die Tiere leibhaftig sah, konnte sich verständlicherweise einer gewissen Sympathie nicht erwehren, weshalb das Image des „Leibhaftigen" bröckelte und langsam einer etwas „humaneren" Interpretation Platz machte: Wenn wir unseren animalischen Trieben freien Lauf lassen, schneiden wir uns von den Quellen göttlicher Weisheit ab und sinken auf Affenniveau hinunter.

In seiner neuen Rolle war der Affe nicht mehr der Satan selbst, sondern dessen Opfer. Besonderer Popularität erfreute sich in diesem Zusammenhang eine bereits auf Äsop zurückgehende Fabel: Dort gebiert eine Affen-

„Wanderartisten geben eine Straßenvorstellung". Die französische Lithographie von 1823 vermittelt jene leise Sympathie, die den Exoten bei leibhaftigen Begegnungen entgegenschlug

mutter Zwillinge, wovon sie einen liebt und den anderen vernachlässigt. Von Jägern verfolgt, flüchtet die Äffin mit ihrem geliebten Kind im Arm, während das vernachlässigte sich selbst auf ihrem Rücken festklammern muß. Erschöpft läßt die Mutter schließlich den Liebling fallen, während der ungeliebte Sprößling mit ihr entkommt.

Das geliebte Kind wurde als die Verkörperung der Lüste gedeutet und als der Reichtum, an dem der Geizige hängt. Das ungeliebte Kind stand für die Sünden, die sich nicht abschütteln lassen. Mit erhobenem Zeigefinger interpretierten die Moraltheologen die Fabel zudem neu: Der Affe werde wegen seiner Sündenlast schließlich von Häschern gefangen, die niemand anderes seien als die Heerscharen des Teufels.

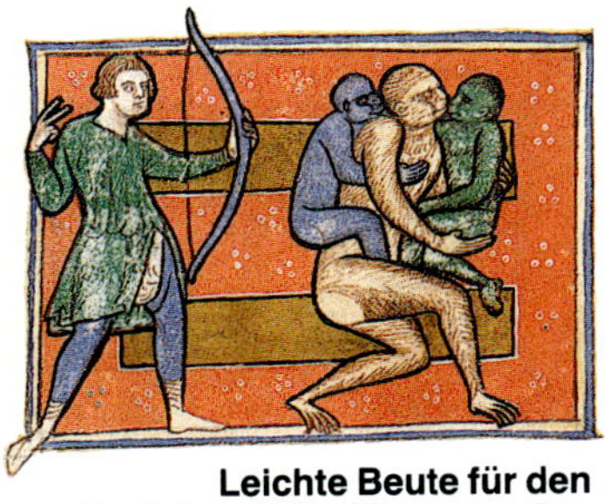

Leichte Beute für den Teufel sind die Sünder – eine warnende Botschaft mittelalterlicher Miniaturen. Neugierig schlüpft ein Affe in bleibeschwerte Stiefel. Einem anderen wird seine Sündenlast zum Verhängnis; auch er kann dem Seelenjäger nicht entkommen

Zwei weitere, ebenfalls aus der Antike stammende Fabeln illustrierten wiederum die freventliche Neigung des Affen, sich über seine gottverfügte Rolle durch Nachahmung zu erheben. Zum einen schlüpft der Affe gern in abgestellte Stiefel, mit denen er dem nur darauf lauernden Jäger jedoch nicht mehr entkommen kann – eine Methode, die sogar noch Wilhelm Busch in seinem Comic *Fipps, der Affe* darstellte. Zum anderen kann der Jäger so tun, als salbe er sich die Augen mit Leim; der neugierige Affe ahmt das nach und blendet sich mit dem Lockmittel selbst. „Auf diese Weise", so deutete bereits der *Physiologus* die Moral von der Geschicht, „jagt auch uns der große Jäger, das ist der Teufel. Er kommt in die Welt und bringt den Leim der Sünde, weil die Sünde festklebt."

Albrecht Dürer kontrastierte in seinem Stich „Die Madonna mit der Meerkatze" einen angeketteten Affen als Gefangenen seiner körperlichen Lüste mit dem Vogel in der Hand Christi als der Seele in freiwilliger Gefangenschaft des Heilandes. Ähnlich tiefsinnig hat Pieter Breughel sein berühmtes Gemälde zweier Affen angelegt, die in einer Mauernische über dem weiten Hafen von Antwerpen angekettet sind: Sie tauschten ihre Freiheit gegen ein paar Nüsse, deren Schalen noch herumliegen. So unzähmbar ihr sinnlicher Appetit war, so hoffnungslos liegen sie nun in den Banden des Teufels.

Zwischen dem 12. und 16. Jahrhundert entstandene Darstellungen des Sündenfalls zeigen nicht selten einen Affen mit einem Apfel in der Hand, der damit jene Handlung vorwegnimmt, mit der Eva Adams Fall herbeiführt. Der Mann als Spielball femininer Intrigen – das steckt auch hinter der Formel „. . . und mach mit ihm mein Affenspiel", wie sich eine erfolgreiche Verführerin in einem Vers des Nürnberger Meistersingers Hans Sachs brüstet.

Das christliche Mittelalter machte das Weib allein für den Verlust des Paradieses verantwortlich. Deshalb wurde der Affe meist als weiblich charakterisiert; darauf wies bereits seine Verbindung mit dem Mond als weiblichem Gestirn hin. Schon den Ägyptern waren die – tatsächlich äußerlich sichtbaren – Menstruationsblutungen ihrer Tempelpaviane aufgefallen, die somit zu Begleitern des ebenfalls zyklischen Schwankungen unterworfenen Mondgottes Thoth wurden. Hildegard von Bingen erklärte noch Jahrtausende später, die Konstitution des Affen sei „heiß", weil das Feuer als das führende Element in den leuchtenden Himmelskörpern galt. Allerdings ist der Zyklus weiblicher Affen nicht, wie die Äbtissin meinte, „vom Mond regiert". Mit 31 bis 35 Tagen dauern die Zyklen von Pavianen nämlich deutlich länger als ein Lunarmonat. Und auch die Rhythmen der Hormone von Frauen – etwa 28 bis 29 Tage – haben mit den Kreisbewegungen des Mondes genausoviel zu tun wie die vierjährige Abfolge der Bundestagswahl mit der Metamorphosedauer von Maikäfern: purer Zufall. Das tut der Poesie des Vergleichs indes keinen Abbruch.

Bei süßen Früchten vermag kein Affe seinen Appetit zu zügeln. Von solcher Sinneslust ließ sich auch Adam willig leiten, als Eva ihn verführte: Kupferstich aus dem 17. Jahrhundert

Ebenfalls aus dem alten Ägypten stammt die Behauptung, das Pavianmännchen habe während Mondfinsternissen – wenn sich das Nachtgestirn mit dem Tagesgestirn vereinigt – einen Samenerguß. Männchen der *Cynocephali*, der „hundsköpfigen" Paviane, wurden im Reich der Pharaonen oft mit überdimensionalen Phalli abgebildet. Dies trug umgekehrt zur Identifikation der Affen mit maskuliner Sexualität bei, nährte die Mär von geilen äffischen Fabelwesen wie Satyrn und Faunen sowie den Glauben, die Männchen großer Affen vergewaltigten Frauen. In einem Märchen aus *Tausendundeiner Nacht* macht eine Sultanstochter einen Pavian zu ihrem Liebhaber. In der thailändischen Fassung des *Ramayana*, dem *Ramakien*, läßt der Affenheld Hanuman ebenfalls kein Liebesabenteuer aus, sei es nun mit einer verwunschenen Lampenanzünderin oder mit der Frau des Dämonenkönigs selbst. Die legendäre Potenz männlicher Affen wird auch in Albrecht Dürers berühmter Darstellung „Der Affentanz" von 1523 beschworen, bei dem ein äffischer Zeremonienmeister seine Virilität deutlich zur Schau stellt.

Das Image des sündigen Affens wich im Spätmittelalter allmählich dem des Narren – eine Einschätzung der psychischen und physischen Qualitäten der Affen, die bereits von mehr Sympathie getragen ist. Bildliche Darstellungen von Affen als Tänzer, Akrobaten und Musikanten oder der Spruch „sich einen Affen antrinken" verweisen auf die ach-so-menschliche Neigung zu weltlichen Freuden. Sebastian Brant prägte in seinem epochalen Werk *Das Narrenschiff* von 1494 den Begriff vom „Schlur-affenland", dem Wunschziel aller „schludrigen" Faulpelze und Schlemmer. Der wohlentwickelte Geschmackssinn des Affen lieferte für diese Bildwelt das rechte Sujet. Müßiggang war dem spätmittelalterlichen Zeitgeist aller Laster Anfang. So findet sich der Affe häufig als Attribut der *Acedia*, der Trägheit als Personifikation dieser Todsünde. Gern wird dem Affen ein Spiegel als doppeltes Sinnbild der Vergänglichkeit in die Hand gegeben. Denn nicht nur, daß der schöne Schein einst schwindet. Es wurde dem Affen zudem nachgesagt, er könne sich wie Narzissus nicht von seinem Spiegelbild im Wasser losreißen und werde deshalb Beute der Jäger.

Nahezu völlig verweltlichte die äffische Symbolwelt in der Renaissance, die den Terminus *ars simia naturae* prägte: Kunst ist der Affe der Natur. Diese auf Platons Lehre von den „vollkommenen Ideen" zurückgehende Tradition drückte ursprünglich eine Geringschätzung der Malerei und Skulptur als unvollkommenen Abbildungen der Wirklichkeit aus. Aufgrund ihrer bilderstürmerischen Abneigung gegen heidnische Götzenbilder galt vor allem den Kirchenvätern jegliche bildliche Darstellung als Täuschung und Betrug. Genau solche Bösartigkeit verkörperte denn auch der Affe mit seiner Neigung zur Nachahmung. Ohne theologischen Impetus geißelten die akademischen Theoretiker der schönen Künste mit *ars simia naturae* das sklavische Kopieren der Natur oder unerreichter Meisterwerke. Prototyp solcher Dilettanten wurde ihnen die Figur des Affen.

Um naturgemäße Tierkunde war es von der Antike bis ins Spätmittelalter hinein schlecht bestellt. Es gelang kaum, die wohlbekannten schwanzlosen Berberaffen von den beschwänzten Pavianen zu unterscheiden. Konkrete Artenkenntnis verknotete sich durch Berichte von Seeleuten, Händlern und Reisenden über Affen und fremde Völker zu einem grotesken Gewirr von Zoologie und Phantasmagorie. Tierkunde – das war vor allem ein Interesse an *Mirabilia*, an wunderhaften Merkwürdigkeiten.

„Affen als Kunstrichter": Ölgemälde von Gabriel von Max um 1889, Neue Pinakothek, München. Bereits seit der Renaissance polemisierte man gern gegen umstrittene Kunstwerke, sie würden die Natur oder große Meister nur sehr unvollkommen nach-„äffen". Die Darstellung zielt auf die Selbstgefälligkeit der Dilettanten

München.

Der belgische Mediziner Andreas Vesalius (1515–1564) revolutionierte die Anatomie. Durch Sektionen arbeitete er die Unterschiede und Gemeinsamkeiten zwischen Mensch und Affen heraus

Die Phantasie nahm sich besonders angeblicher großer behaarter, aufrecht gehender Wesen an, die in Höhlen und Dschungeln fremder Länder hausten. Erst im 20. Jahrhundert löste sich die Sage von haarigen Tiermenschen in saubere zoologische Systematik auf. Erst jetzt wurden die großen Menschenaffen Orang-Utan, Gorilla und Schimpanse endgültig nicht nur voneinander, sondern auch von Zwergmenschenvölkern unterschieden.

Die Legenden von jenen merkwürdigen Wesen begannen, als der karthagische Admiral Hanno im 5. Jahrhundert v. Chr. die Westküste Afrikas besegelte und vermutlich bis Kamerun sowie Gabun in das Verbreitungsgebiet der Küstengorillas gelangte, die dort „N'Guyala" heißen. Seine berühmten Reiseaufzeichnungen schildern Berge, „von Waldmenschen in Tierfellen bewohnt" und „wilde Menschen . . . darunter viele Weiber mit zottigen Köpfen, die unsere Dolmetscher Gorillas nannten . . . Wir verfolgten die Männer, konnten aber keinen fangen, da sie allesamt flohen, über steile Abhänge kletterten und sich mit Steinen verteidigten. Drei Weiber fingen wir; sie bissen jedoch, zerkratzten unsere Anführer und wollten nicht folgen. Wir mußten sie töten. Ihre abgezogenen Häute brachten wir nach Karthago."

Etwas Licht ins Urwalddunkel Afrikas kam erst im Jahre 1613 durch Berichte des englischen Seeräubers Andrew Battel, der als Gefangener der Portugiesen an der Kongoküste gelebt hatte. In den Wäldern fand er „zwei Sorten von Ungeheuern", die „im höchsten Grade gefährlich sind. Das größere dieser Scheusale wird von den Eingeborenen Pongo, das kleinere Ensego genannt."

Der „Ensego" läßt sich als der dunkelgesichtige Schimpanse des Kongobeckens identifizieren. Und mit „Pongo" meinte Battel zweifellos den Gorilla, der bei den Eingeborenen des Kongo „M'Pungu" hieß. Der Pongo „hat den Gliederbau eines Menschen, ähnelt aber mehr einem Riesen als einem Manne, denn er ist sehr groß, hat eines Menschen Antlitz, tief in den Höhlen liegende Augen und lange Haare auf den Brauen. Gesicht und Ohren sind haarlos, die Hände ebenfalls; der Leib dagegen ist, wenn auch nicht dicht, mit Haaren bekleidet, welche eine düster braunschwarze Farbe haben . . . Er schläft in Bäumen und baut sich Schutzdächer gegen den Regen. Seine Nahrung besteht aus Früchten, welche er in den Wäldern findet, auch wohl aus Nüssen. Fleisch ißt er niemals. Sprechen kann er nicht, und sein Verstand ist nicht größer als der eines Tieres."

Nach dieser relativ korrekten Charakterisierung fällt Battel jedoch in den gängigen Fabelton zurück: „Haben die Eingeborenen, wenn sie die Wälder durchstreifen, nachts ein Feuer angezündet, so erscheinen die Pongos am Morgen, sobald das Lager verlassen ist und setzen sich ans Feuer, bis es ausgeht. Denn sie begreifen nicht, daß man Holz nachlegen muß, um es zu erhalten. Oft vereinigen sie sich zu Gesellschaften und töten im Walde manchen Neger. Oft auch überfallen sie Elefanten, die weidend in ihre Nähe kommen und schlagen mit den mächtigen Fäusten auf sie ein, bis sie brüllend davonlaufen."

Zweieinhalb Jahrhunderte nach Battel hatte sich das Image des Gorillas kaum gebessert. „Ich kann mich nicht erinnern, je ein so höllisches Wesen so gräßlicher Art, halb Mensch, halb Bestie, gesehen zu haben, etwa so wie alte Künstler in Höllenscenen es dargestellt haben." Dieses Zerrbild beschwor 1863 der franko-amerikanische Afrikareisende Paul du Chaillu.

Auf der Suche nach dem Grad von Verwandtschaft oder Unterschied zwischen dem Menschen und den Affen stiftete lange Zeit selbst eine so nüchterne Wissenschaft wie die Anatomie eher Verwirrung als Klarheit. Über Jahrhunderte wurde die Medizin von Auffassungen beherrscht, die der griechisch-römische Arzt Claudius Galenus im 2. Jahrhundert n. Chr. entwickelt hatte. Wie nachfolgenden Generationen seiner Zunft auch, waren ihm Sektionen menschlicher Leichname verboten. Er untersuchte stattdessen hauptsächlich Berberaffen und setzte im Vergleich eine nahezu vollständige Übereinstimmung mit der Anatomie des Menschen voraus. Dieses ungenaue Bild behauptete sich durch das gesamte Mittelalter. Erlaubte doch der scholastische Lehrsatz des *ipse dixit* („Es steht geschrieben") keinen Zweifel am Wort von Autoritäten. Kurios ist dies deshalb, weil von den Naturphilosophen vor Darwin Ähnlichkeiten zwischen Tier und Mensch eher geleugnet als betont wurden. Erst während der Renaissance wagten einige Häretiker heimlich Studien an Menschenleichen – um 1500 in Mailand etwa Leonardo da Vinci. Und dann erdreistete sich der belgische Anatom Andreas Vesalius, der antiken Lehre mit perfekten Zeichnungen von der menschlichen Anatomie in seinem 1543 erschienenen Werk *De humani corporis fabrica* zu widersprechen. Er fand zahlreiche Unterschiede zwischen äffischer und menschlicher Anatomie – und hob darauf ab, daß Galenus „Tieraffen" und keine Menschenaffen seziert hatte.

Das unternahm erst, knapp ein Jahrhundert nach Vesalius, der niederländische Anatom Nicolaas Tulp an einem Schimpansen aus der Menagerie des Prinzen von Oranien. Tulp entdeckte naturgemäß wieder mehr Ähnlichkeiten zwischen dem Menschen und dessen nächsten Verwandten – was nicht zuletzt Ausdruck darin fand, daß er den Schimpansen völlig verwirrend als „Orang-Utan oder Indischen Satyr (*Satyrus indicus*)" bezeichnete.

Gleichsam auf dieses falsche Stichwort hin beginnt nun die dritte, in Indonesien beheimatete Menschenaffenart in der Verwechslungskomödie mitzuspielen.

Im 17. Jahrhundert waren Gerüchte aufgekommen, in der niederländischen Kolonie am Äquator gebe es „Nachtmenschen, auch wilde Männer oder Indische Satyrn" genannt. „Orang-Utan – Mensch des Waldes" war hingegen ein Sammelname der Malaien für verschiedene kleinwüchsige Eingeborenenstämme wie die Kubu auf Sumatra und die Punan auf Borneo. Der rothaarige Menschenaffe jedoch hieß Maias, Mawas oder

Als der schwedische Naturforscher Carl von Linné (1707–1778) erstmals das Tierreich nach abgestuften Ähnlichkeiten ordnete und den Menschen mit einbezog, verschwammen Merkmale von legendären Menschenaffen und Völkern in der Gruppe der „Anthropomorpha" (Menschengestaltige): zeitgenössischer Kupferstich von 1760

Der vom niederländischen Anatomen Nicolaas Tulp 1641 als „Orang-outang" dargestellte Menschenaffe war in Wirklichkeit ein Schimpanse

Mawé. Der Anatom Tulp machte nun kein langes Federlesen, sondern warf sämtliche behaarten menschenähnlichen Geschöpfe aus Asiens Dschungeln zusammen unter dem Namen der Jäger- und Sammlervölker.

Um 1630 dichtete der niederländische Arzt Jacob Bontius jenen Affen in zeitgemäßer Weise Menschenähnlichkeit an: Ein wildes Orang-Weib habe sich geschämt, als man es betrachtete; es habe Gesicht und Blöße mit Händen bedeckt. Es habe „geseufzt, Tränen vergossen und alle menschlichen Handlungen so ausgeübt, daß ihm nur die Sprache gefehlt hat, um wie ein Mensch zu sein". Die Eingeborenen behaupteten zudem, daß „diese Affen wohl reden könnten, wenn sie nur wollten, es jedoch nicht täten, weil sie fürchteten, sonst arbeiten zu müssen".

1699 führte der britische Chirurg Edward Tyson eine als vorbildlich geltende Sektion an einem jungen Schimpansen durch. Die reich bebilderte Monographie trug den Titel *Orang-outang, sive Homo sylvestris, or the Anatomy of a Pygmie*. Das Skelett von Tysons „Pygmie" ist noch heute im Britischen Museum zu sehen. Tyson erklärte, die von ihm untersuchte Kreatur weiche zwar in 47 mit dem Menschen gemeinsamen Merkmalen von allen bisher bekannten Affen ab, zeige aber in 34 Merkmalen deutliche Unterschiede: „Obgleich er einem Menschen in vielen seiner Teile so sehr ähnlich ist, mehr als irgendein anderes Tier in der Welt, das ich kenne, so betrachte ich ihn doch durchaus nicht als das Produkt einer Kreuzung – es ist ein Tier *sui generis* und eine besondere Spezies von Affen." Ungewollt degradierte Tyson durch seine merkwürdige Titelwahl auch alle anderen „Waldmenschen" und „Zwergmenschen" zu Affen – einschließlich der zwergenhaften Pygmäen des Kongobeckens sowie der kleinwüchsigen Kubu und Punan in Asien.

Vollends verwirrend wurde die Angelegenheit, als der Zoologe Christian Emanuel Hoppius 1763 den rothaarigen Menschenaffen Indonesiens als *Simia pygmaeus* bezeichnete, während Friedrich von Wurmb, Sekretär der wissenschaftlichen Akademie von Batavia, ihn 1784 als „Groote Borneosche Pongo" einordnete. Als lateinischer Name bürgerte sich schließlich *Pongo pygmaeus* ein, also eine Chimäre aus dem Gorilla des Seeräubers Battel und dem heutigen Namen für afrikanische Zwergvölker, wohingegen Orang-Utan – „Wald-Mensch" – ursprünglich für malaiische Eingeborene stand.

Kein Wunder, daß der Schwede Carl von Linné ziemliche Schwierigkeiten hatte, als er die binäre Nomenklatur aus Gattungs- und Artname für die Benennung von Pflanzen und Tieren verbindlich machte und auch erste Ordnung in das Chaos der endlosen phantastischen Affengeschichten bringen mußte. Seit der zehnten Auflage von 1758 gilt Linnés *Systema Naturae* als Basis der modernen Nomenklatur. Dabei schloß er die Gattungen *Homo* (Mensch), *Simia* (Affen), *Lemur* (Halbaffen) und – irrtümlich – *Vespertilio* (Fledermäuse) zu einer Ordnung zusammen, den *Primates*: „Vorrangige" oder „Herrentiere".

Die Gattungen *Simia* und *Lemur* umfaßten ein Sammelsurium der damals bekannten Affen und Halbaffen aus Asien, Afrika und Südamerika. Der Gattung *Homo* – in der ersten Ausgabe von 1735 noch *Anthropomorpha*, „Menschengestaltige", genannt – fügte Linné nicht die übliche kurze Gattungsbeschreibung bei, sondern die Aufforderung „*Nosce te ipsum!* – Erkenne Dich selbst!" Linné führt zunächst *Homo sapiens* auf, den Menschen, dann den Schimpansen, den er als *Homo troglodytes* – „Höhlenmensch" bezeichnet. Dann nennt er noch den *Homo satyrus*, der in sich Merkmale vom Orang-Utan, dem „Pongo-Gorilla" und den Zwergmenschen Indonesiens vereinigt, und schließlich gibt es einen „Affenwolff oder Berwolff" des Schweizer Naturforschers Konrad Gesner aus dem 16. Jahrhundert, mit dem wohl der farbenprächtige Mandrill Westfarikas gemeint war.

Der durchaus fromme Linné brach mit seiner Systematik ein Tabu, als er die Krone der Schöpfung mit Affen in ein und dieselbe Tierordnung einschloß. Der vermeintliche Angriff auf die Würde des Menschen führte in der Folgezeit zu hastigen Revisionen der Einordnung, die den sakrosankten Unterschied zwischen Mensch und Affe zu betonen suchten. Eifrig wurde weiter nach den *Humana* gesucht, unterscheidenden Körpermerkmalen. Aber je genauer geforscht wurde, desto mehr kamen wohlfundierte Gemeinsamkeiten im Prinzip der Körperorganisation von Mensch und nicht-menschlichen Primaten zutage. Der deutsche Zoologe Johann Christian Daniel von Schreber hob hervor, der Mensch habe im Gegensatz zu den übrigen Primaten nur zwei statt vier Hände. Der Göttinger Anthropologe Johann Friedrich Blumenbach führte daraufhin 1791 die formalen Namen *Bimana* (Zweihänder) und *Quadrumana* (Vierhänder) ein. Ähnlich kurzlebig waren die Begriffe *Erecta* (Aufrechte) des deutschen Museumskurators Carl Illiger und *Archencephala* (Besitzer von überlegenen Gehirnen) des britischen Paläontologen Richard Owen. Das erwachte aufklärerische Interesse und präzisere Beobachtung spiegeln die Illustrationen der *Histoire naturelle des singes et des makis* von Jean Baptiste Audebert wider, die 1799 in Paris veröffentlicht wurde.

Produktivster Anstoß für das wissenschaftliche Studium der Primaten war Charles Darwins biologische Evolutionslehre *On the Origin of Species by Means of Natural Selection* (Über die Entstehung der Arten durch natürliche Zuchtwahl), die im puritanischen England des Jahres 1859 erschien. Darwin behauptete, die Vielfalt von Pflanzen- und Tierarten sei nicht von einem Schöpfer fix und fertig erschaffen worden, sondern hätte

Die ersten naturgetreuen Abbildungen von Primaten veröffentlichte der französische Naturforscher Jean Baptiste Audebert im Jahre 1799: asiatischer Kleideraffe und südamerikanischer Krallenaffe

sich langsam und stetig aus einfachen Urformen entwickelt, durch Auslese der jeweils am besten Angepaßten aus einer großen Zahl von Spielarten, die – so wissen wir heute – bei jeder Art durch erhebliche Änderungen im Verlauf ihrer Entwicklungsgeschichte auftreten.

Seinen programmatischen Schluß formulierte Darwin in dem Werk noch vorsichtig: „Licht wird auch fallen auf den Menschen und seine Geschichte." Er zögerte zwölf Jahre, seine Erkenntnisse öffentlich auf den Menschen anzuwenden. Erst 1871 erschien *The Descent of Man* (Die Abstammung des Menschen). Nun war der Skandal perfekt: Der Mensch stammt vom Affen ab! Empfindsame Gemüter wie Fräulein Ottilie in Goethes *Wahlverwandtschaften* fühlten sich bereits bei der Betrachtung dieser Tiere erniedrigt. Zweifellos war die von Kirche und Bibel angebotene Lösung würdiger, aber der Mensch stand nun vor der „peinlichen Alternative . . . entweder in Widerspruch mit Vernunft und Erfahrung das unbedingte und allgemeine Walten der Naturgesetze zu leugnen, oder die Wunderberichte der Bibel schlechthin für unwahr zu erklären", wie der Philosoph Friedrich Theodor Vischer, Zeitgenosse Darwins, formulierte.

„Ein ehrwürdiger Orang-Utan": Karikatur der britischen Zeitschrift „The Hornet" (Die Hornisse) von 1871 auf Charles Darwin, der im selben Jahr die Abstammung des Menschen von äffischen Vorfahren postulierte

Bis in unsere Tage ist Darwins Lehre heftigen Angriffen bibelfester Christen ausgesetzt, weil sie das seit Jahrhunderten vertraute Schema auf den Kopf stellte. Der Schöpfer hatte den ersten Menschen im Grunde engelgleich geschaffen. Erst die Sünde brachte ihn zu Fall. Darwin aber kehrte diesen „Abstieg von den Engeln" um in einen „Aufstieg von den Affen". Aus einer schmeichelhaften „Devolution" machte er eine ernüchternde „Evolution". Der britische Politiker Benjamin Disraeli polemisierte 1864 gegen die sich abzeichnende Wende in unserem Selbstverständnis: „Die Frage lautet: Ist der Mensch ein Affe oder ein Engel? Mein Gott, ich bin auf der Seite der Engel."

Gegen solche Streiter Gottes traten „Darwins Bulldoggen" an. Thomas Henry Huxley mit *Evidence as to Man's Place in Nature* (1863) und der deutsche Naturforscher Ernst Haeckel mit seiner *Anthropogenie* (1874) postulierten ebenfalls die Verwandtschaft des Menschen zum Affen. Natürlich war es auch für das prüde deutsche Bürgertum nicht leicht, von Haeckel Sätze zu schlukken wie: „Der anatomische Unterschied zwischen einem Pavian und einem Orang-Utan ist in jeder Beziehung größer als der zwischen einem Orang-Utan und einem Menschen."

Weil fossile Knochenfunde fehlten, war die behauptete Abstammung des Menschen von affenähnlichen Vorfahren allerdings recht spekulativ. Eine systematische Fahndung nach dem „missing link" setzte ein, dem hypothetischen fehlenden Zwischenglied zwischen Mensch und Affe. Der Niederländer Eugène Dubois war einer der ersten erfolgreichen Schatzgräber bei dieser heute noch anhaltenden Suche nach den Spuren des ersten Menschen. Auf Java legte er 1891 eine Schädeldecke frei, die nach seiner Auffassung Haeckels vermittelndem *Pithecanthropus*, dem „Affen-Menschen", gehörte. Heute gilt der Fund als *Homo erectus*, eine frühe, bereits aufrecht gehende Menschenform.

Das 20. Jahrhundert brachte eine ganze Reihe sensationeller Fossilienfunde, wobei sich die Gemüter unentwegt über der Frage erhitzten: „Noch Affe? – Schon Mensch?" Denn jeder Paläoanthropologe will natürlich statt des „letzten" Affen lieber den „ersten" Menschen finden. Da gibt es Raymond Darts südafrikanischen *Australopithecus* – den „Südaffen" –, ein frühes Mitglied der Menschenfamilie (1924); Davidson Blacks Gegenstück zu Dubois Fund, den ebenfalls zu *Homo erectus* zu zählenden „Peking-Menschen" (1926); Louis Leakeys *Zinjanthropus boisei* aus der ostafrikanischen Olduvai-Schlucht, ein robuster *Australopithecus* (1959);

„Darwins Bulldoggen“. Der britische Zoologe Thomas Henry Huxley (1825–1895) und sein deutscher Kollege Ernst Haeckel (1834–1919) gehörten zu den ersten Mitstreitern für Darwins heftig angefeindete Evolutionstheorie

Donald Johansons „Lucy“, das in wesentlichen Teilen erhaltene Skelett eines weiblichen *Australopithecus afarensis* (1974). Dies sind nur einige Stationen einer bewegten Epoche menschlicher Selbstfindung im wahrsten Sinne des Wortes. Denn – so ein Bonmot des amerikanischen Anthropologen Melvin Konner – der Versuch, die Entwicklungsgeschichte des Menschen anhand von Fossilienfunden zu beschreiben, gleicht in etwa dem Versuch, die Handlung von *Krieg und Frieden* anhand von zwölf einzelnen herausgerissenen Seiten zu rekonstruieren.

Fossilien haben überdies einen entscheidenden Nachteil: Sie verraten viel über Körperbau, einiges über Ökologie, aber wenig über das Verhalten des früheren Lebewesens. Erkenntnisse über unsere Menschwerdung – die Hominisation – können nicht nur durch die vergleichende Morphologie und Anatomie gewonnen werden, die aus Ähnlichkeiten im Körperbau Stammbäume rekonstruieren. Aufschluß vermag auch der Vergleich von Verhaltensweisen zu geben, die auf Ähnlichkeiten in der Struktur des Zentralnervensystems beruhen. Geeignete Modelle für das Studium der Lebensgewohnheiten, der Sozialstrukturen und Überlebensstrategien früher Menschen stehen mit den heute lebenden Primaten als

„Stellvertretern“ der stammesgeschichtlichen Entwicklungsstufen des Menschen zur Verfügung.

Als einer der ersten versuchte Eugène Marais solche Einsichten in die Tat umzusetzen. Der Naturforscher und Journalist studierte zu Beginn dieses Jahrhunderts in der Einöde des südafrikanischen Waterberg eine Pavianherde. Seine Arbeiten über *The Soul of the Ape* (Die Seele des Affen) blieben jedoch jahrzehntelang unbeachtet, denn sie erschienen lediglich in Afrikaans. In einem Brief schrieb er kurz vor seinem Tod, 1936, den vorausschauenden Satz: „Niemand kann auch nur in die Nähe einer echten Vorstellung des Unbewußten im Menschen kommen, der nicht die Primaten in ihrer natürlichen Umwelt kennt . . .“

Bahnbrechende Forschung wurde jedoch zunächst an gefangen gehaltenen Affen betrieben. Der deutsche Psychologe Wolfgang Köhler führte seit 1912 auf Teneriffa jene klassischen Experimente mit Schimpansen durch, die Kisten stapeln und Stöcke zusammenstecken mußten, um an Bananen zu gelangen – ein oft wiederholtes Exerzierstück. In den USA baute Robert Yerkes seit 1925 sein Schimpansenlaboratorium auf.

1932 veröffentlichte Sir Solly Zukkerman seine Beobachtungen an Pavianen des Londoner Zoos. Der junge Wissenschaftler war Südafrikaner und kannte sich in den Usancen der ehrwürdigen englischen Gesellschaft nicht recht aus. Eine Anekdote behauptet, er habe seinem Buch den Titel *The Sexual Life of the Primates* (Das Sexualleben der Primaten) geben wollen, bis ihn entsetzte Freunde

Jane Goodall war eine der ersten, die Primaten in freier Wildbahn studierten. 1960 schlug sie ihr Lager unter den wilden Schimpansen am Tanganyika-See auf

Dian Fossey kämpfte von 1967 bis zu ihrem gewaltsamen Tod im Jahre 1985 für das Überleben der bedrohten Berggorillas in Ostafrika. Sie wurde zwischen den Gräbern ihrer Lieblinge bestattet, die von Wilderern umgebracht worden waren

darauf aufmerksam machten, ausschließlich Würdenträger der Kirche von England hießen „Primates". Das Werk erschien schließlich unter dem Titel *The Social Life of Monkeys und Apes* (Das soziale Leben der Affen und Menschenaffen), erklärte aber nichtsdestoweniger den Geschlechtstrieb zu jenem Band, das tierliche Gemeinschaften zusammenhält. Die Folgerungen Zuckermans hinterließen nachhaltigen Eindruck, erwiesen sich aber als grobe Vereinfachung, da er den Unterschied zwischen dem Verhalten im Zoo und in freier Natur kaum berücksichtigte.

Zu einem der ersten Freilandpioniere wurde seit den dreißiger Jahren der amerikanische Zoologe Clarence Ray Carpenter mit mustergültigen Monographien über wilde Brüllaffen und Gibbons sowie eine Rhesusaffen-Kolonie, die auf der Insel Cayo-Santiago vor Puerto-Rico ausgesetzt worden war und bis heute studiert wird.

Weitere entscheidende Impulse sollte schließlich eine überragende Gestalt der Paläoanthropologie geben, der als Missionarssohn in Kenia geborene Louis Leakey (1903–1972). Leakey hat sein Leben lang die Erde Afrikas geradezu versessen nach Adams Vorfahren durchgraben. 1960 ermunterte er zunächst die Engländerin Jane Goodall, wilde Schimpansen im Busch zu studieren. Anfangs nur in Begleitung ihrer Mutter und eines schwarzen Kochs, nahm die 27jährige ihre mittlerweile legendären Beobachtungen an den Schimpansen des Gombe-Gebiets am Ostufer des Tanganyika-Sees auf. Von Goodalls erstem Ruhm inspiriert, meldete sich dann ein „Gorilla-Girl" bei Leakey, die 34jährige Dian Fossey aus Kalifornien. Sie begann 1967 an den verregneten Hängen der bis 4500 Meter aufsteigenden Virunga-Vulkane im Länderdreieck Zaïre, Ruanda und Uganda, die größten lebenden Menschenaffen in freier Wildbahn zu beobachten: die erst 1902 entdeckten Berggorillas, die zotteliger und noch

Der Kinohit „King Kong und die weiße Frau" aus dem Jahre 1933 schürte publikumswirksam die alte Mär vom Gorilla als einer blindwütigen Bestie

größer sind als die beiden Unterarten der Flachlandgorillas im Kongobekken.

Beide Frauen hatten keine akademische Ausbildung; Goddall war Sekretärin gewesen, Fossey Beschäftigungstherapeutin. Beiden wurde später die Ehre zuteil, ihre Dissertationen an der Universität Cambridge anfertigen zu können, ohne zuvor das Magisterexamen abgelegt zu haben. Mit Geduld, Willensstärke und dem unverzichtbaren Schuß Fanatismus ließen sie ganze Generationen beschlipster Ordinarien und bekittelter Affenwächter in desinfizierten Labors hinter sich.

Und sie hatten Mut. Zum einen galten die Menschenaffen als gefährlich. Zwar hatte das amerikanische Ehepaar Kay und George Schaller bereits nach einer Freilandstudie im Jahre 1959 nur Gutes von den Gorillas zu berichten. Aber den Riesen haftete weiterhin das Image von frauenvergewaltigenden King-Kong-Bestien an. Zum anderen gefährdeten die politischen Wirren in Schwarzafrika nicht nur die Arbeit der beiden Forscherinnen, sondern auch ihr Leben. Fossey mußte ihre Feldstudie bereits ein halbes Jahr nach dem Beginn wegen politischer Unruhen im heutigen Zaïre nach Ruanda verlegen, wo sie zwischen den Vulkanen des Karisimbi und des Visoke eine Forschern aus aller Welt zugängliche Feldstation aufbaute – das *Karisoke Research Center*. Goodall mußte erleben, wie 1975 eine Rebellengruppe von Ost-Zaïre den Tanganyika-See in der Nacht überquerte, vier junge amerikanische Mitarbeiter entführte und Lösegeld erpreßte. Seitdem werden die Arbeiten im *Gombe Stream Research Center* von tansanischen Assistenten fortgeführt. Goodall selbst darf die von ihr gegründete Station nur noch alle zwei Monate für etwa drei Wochen besuchen.

Goodalls und Fosseys hautenge Erkundungen inmitten unserer haarigen Vettern verdienen als Sternstunden in die Geschichte einzugehen; es waren nicht mehr die brachialen Heldentaten früherer Forscher mit der Flinte, sondern Pionierakte im Geiste einer neuen, längst fälligen Ethik im Umgang mit der Natur. Zum Dokument dafür wurde inzwischen Jane Goodalls Tagebuchaufzeichnung vom 16. März 1961, in der sie die erste Berührung mit wilden Schimpansen nach Monaten des Versteckspiels im Dschungel schildert, und zugleich den unorthodoxen Beginn einer ungewöhnlichen Freundschaft:

„Den ganzen Morgen hatte ich das Kasakela-Tal nach Schimpansen abgesucht. Mittags war eine tropische Sintflut niedergegangen; jetzt, eine Stunde später, fiel unablässiger, grauer Nieselregen. Vermutlich, weil ich naß und durchgefroren war, sah ich den Schimpansen nicht, bis ich auf weniger als zehn Meter herangekommen war. Auch er hatte mich nicht gesehen. Er saß zusammengekrümmt im Unterholz links des Pfades und wandte mir den Rücken zu. Ich hockte mich hin, um ihn zu beobachten. Der Schimpanse, vermutlich ebenso naß und kalt wie ich, regte sich nicht. Ein paar Augenblicke später hörte ich rechts von mir ein Rascheln und ein leises ‚Huu'. Langsam drehte ich den Kopf, konnte aber im dichten Unterholz nichts erkennen. Als ich wieder nach vorn schaute, war die schwarze Gestalt vor mir verschwunden. Dann hörte ich über mir ein Geräusch. Ein großes erwachsenes Männchen starrte auf mich mit zusammengepreßten Lippen herab; er schüttelte kurz und heftig einen Zweig. Ich wußte, daß er mich androhte und wandte rasch die Augen ab, denn längeres Anstarren konnte als Bedrohung gedeutet werden. Auf einmal entdeckte ich vor mir einen weiteren Schimpansen: zwei Augen, die in meine Richtung starrten und eine große schwarze Hand, die eine Liane umklammerte. Wieder ein leises ‚Huu', diesmal hinter mir.

Plötzlich stieß das Männchen über mir ein langgezogenes ‚Uaah', den Alarmruf der Schimpansen, aus und schüttelte das Geäst heftiger, so daß ein Schauer von Tropfen und kleinen Zweigen auf mich herabregnete. Andere Schimpansen fielen in seinen Ruf ein. Dieses ‚Uaah' gehört für mich zu den urtümlichsten, wildesten Geräuschen der afrikanischen Wälder, das allein vom trompetenden Schrei eines wütenden Elefanten übertroffen wird. Überall um mich herum wurden Zweige gerüttelt und geschwungen. Meine Instinkte rieten mir zur Flucht, aber ich zwang mich, sitzen zu bleiben. Um meine völlige Harmlosigkeit zu beweisen, mimte ich Desinteresse und tat so, als nagte ich an Blättern und Wurzeln.

Auf einmal traf mich ein Zweigende am Kopf, als das große Männchen über mir aufgeregter wurde. Stampfend und mit den Händen auf den Boden schlagend, schoß eine schwarze Gestalt durch das Dickicht auf mich zu, drehte im letzten Moment um und tauchte im Wald unter. Kurz darauf waren sämtliche schwarzen Gestalten verschwunden. Der Urwald war wieder still, bis auf das Fallen der Regentropfen – und das Pochen meines Herzens."

Auch in einer von Dian Fosseys Lieblingsgeschichten kommt es darauf an, daß die Forscherin mutig ihre Friedfertigkeit demonstriert: „Das erste Mal, bei dem ich spürte, eine schwer faßbare Grenze zwischen

Ihr unerbittlicher Einsatz für die „milden Wilden“ brachte Dian Fossey in der Bevölkerung nicht nur Freunde ein. Schlingen aus Hanf und Draht, von einheimischen Jägern als Antilopen-Fallen ausgelegt, ließ sie von Wildhütern massenweise aufspüren und einsammeln. Denn oft genug verfingen sich auch Gorillas darin und wurden grausam verstümmelt

Mensch und Menschenaffe überschritten zu haben, war etwa zehn Monate nach Beginn meiner Forschungen in Karisoke. Peanuts, ein Gorillajüngling, aß vielleicht fünf Meter entfernt von mir an Pflanzen, als er plötzlich seine Mahlzeit unterbrach, sich umdrehte und mich direkt anschaute. Der Ausdruck seiner Augen war unergründlich. Gebannt erwiderte ich seinen Blick – einen Blick, in dem sich Neugier und Verstehen zu mischen schien. Peanuts beendete diese unvergeßliche Episode mit einem tiefen Seufzer und setzte seine Mahlzeit langsam fort . . .

Zwei Jahre später war er der erste Gorilla, der mich berührte . . . Ich hatte mich gerade auf dem bequemen, moosüberzogenen Stamm eines Koso-Baumes niedergelassen, als Peanuts sich mit seinem ‚Ich-möchte-unterhalten-werden'-Gesicht von seiner Gruppe entfernte und sich neugierig heranschlängelte. Langsam verließ ich den Baum und gab vor, Pflanzen zu kauen, um Peanuts von meiner Ungefährlichkeit zu überzeugen.

Mit glänzenden Augen lugte er durch ein Dickicht von Blättern zu mir herüber, dann stolzierte er heran. Mit einem Male saß er neben mir und beobachtete meine ‚Eßtechnik', als sei es meine Aufgabe, ihm etwas Interessantes zu bieten. Als ihn die Routine der ‚Nahrungsaufnahme' zu langweilen schien, kratzte ich mich am Kopf, und nahezu gleichzeitig begann Peanuts seinen eigenen zu kratzen. Weil er einen völlig entspannten Eindruck machte, legte ich mich ins Blattwerk zurück, streckte langsam meinen Arm aus, die Handfläche nach oben, und ließ ihn auf die Blätter sinken. Nachdem er gespannt auf meine Hand geschaut hatte, stand Peanuts auf und streckte seine Hand aus, um mit seinen Fingern die meinen für einen kurzen Moment zu berühren. Vom eigenen Wagemut überrascht, machte er seiner Anspannung durch kurzes Brusttrommeln Luft, bevor er zu seiner Gruppe zurücktrollte. Seit diesem Tag heißt die Stelle ‚Fasi Ya Mkoni – Platz der Hände'."

Biruté Galdikas begann 1971, die einzige Menschenaffen-Art Asiens zu erforschen. Auch die Restpopulationen der Orang-Utans auf Sumatra und Borneo sind zunehmend durch Rodung ihres Lebensraumes bedroht

Goodalls und Fosseys moderne Abenteuer wurden nicht zuletzt von ihrem anfänglichen Sponsor, der *National Geographic Society*, durch das berühmte Magazin weltweit bekannt gemacht; sie haben unzählige Mädchen- und Bubenherzen höher schlagen lassen und eine neue Generation von Verhaltensforschern nach sich gezogen. Doch die Popularität der beiden Frauen hat zu Unrecht andere Freilandstudien in den Schatten gestellt. So ging etwa – ebenfalls auf Anregung Leakeys – die Kanadierin Biruté Galdikas zu den Orangs auf Borneo. Die drei zuweilen als „Trimaten" bezeichneten Frauen fanden in der grünen Hölle ihr Paradies – ebenso wie viele andere Affenforscher, von denen in diesem Buch noch die Rede sein wird.

Die Schar der Affenforscher in Labors und freier Wildbahn ist seit Anfang der sechziger Jahre in der *International Primatological Society* zusammengeschlossen, die mittlerweile mehr als tausend Mitglieder zählt. Während des vergangenen Vierteljahrhunderts hat das Wissen über unsere nächsten Verwandten explosionsartig zugenommen – und damit auch

Einem Rhesusbaby wird leukämisches Menschenblut injiziert, um eine Therapie zu finden; der Arm eines Rhesus wird über elektrische Impulse ferngesteuert, um Hirnreaktionen zu erforschen. Viele grausame Experimente an diesen hochsensiblen Kreaturen wären unnötig, würden mit gleichem Engagement Alternativen zum Tierversuch entwickelt

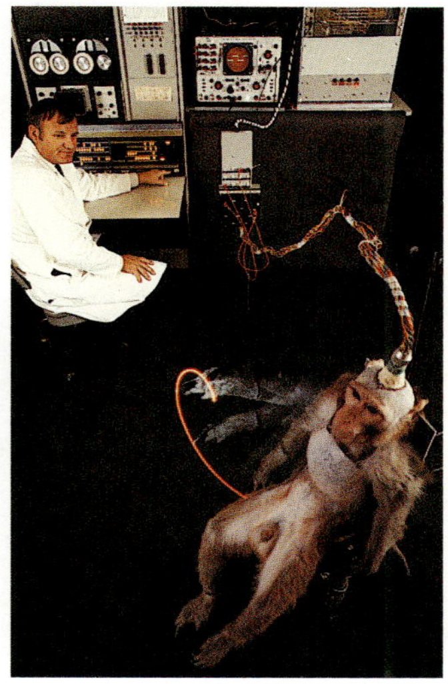

die Erkenntnis über uns selbst. Und doch neigt sich das „goldene Zeitalter" der Primatologie bereits dem Ende zu – auf dramatische Weise. Der rücksichtslose Verbrauch natürlicher Ressourcen in unserer Epoche macht vor den menschenähnlichsten Wesen auf Erden nicht halt. Bereits zu Beginn der siebziger Jahre hat sich eine von den USA aus operierende Tierschützerorganisation speziell das Wohl und Wehe der Primaten in aller Welt auf die Fahne geschrieben und kämpft an offenen Fronten in sämtlichen Himmelsrichtungen um das Überleben der Affen – die *International Primate Protection League* (IPPL). Auf der Dringlichkeitsliste der IPPL stehen etwa die wegen ihrer menschenähnlichen Physiologie in Experimenten als Blut- und Hirnlieferanten abgeschlachteten Laboraffen, allen voran Zehntausende von Rhesusaffen, die im Englischen einfach „the monkey" genannt werden, also „der Affe schlechthin". Die IPPL prangerte beispielsweise an, daß solches „Material", solche „Subjekte" – wie es im Fachjargon heißt – im Primatenzentrum der Universität Kyoto noch im Jahre 1985 für mehr als zwölf Monate kontinuierlich in besonderen

Stühlen festgeschnallt wurden, bis die Dauerfolter der erlahmenden Tiere durch Luftröhrenschnitt oder Venendurchtrennung beendet wurde. An mehr als hundert Japanmakaken sollten so jahreszeitliche Schwankungen im Wachstum der Hoden und Prostata bestimmt werden – ein völlig sinnloses Tieropfer, da Saisoneinflüsse bei jener total unnatürlichen Haltung nicht festgestellt werden können. Die Öffentlichkeitsarbeit der IPPL richtet sich gegen die Verwendung von kaum betäubten Affen – doch Betäubung würde die Herzfrequenz- und Hirnstrommessungen verfälschen – als Dummies bei simulierten Autounfällen. Die Gesellschaft macht darauf aufmerksam, daß jeder zum Abschuß von Schimpansenmüttern in Sierra Leone beiträgt, der sich an spanischen Urlaubsstränden mit niedlichen Schimp-Babys fotografieren läßt. Und die Tierfreunde decken die Machenschaften von Händlern auf – etwa, daß am 15. Januar 1986 mal wieder 341 Totenkopfäffchen und 20 Nachtaffen aus Bolivien in die USA geschafft wurden, oder daß am 3. September 1988 der einschlägig bekannte deutsche Tierhändler Walter Sensen europäischen Zoos westafrikanische Gorillas anbot – inklusive Ausfuhrpapieren, versteht sich. Exportverbote für Primaten, wie sie unter anderem Indien 1977 und Bangladesch 1979 verhängten, wurden maßgeblich von der IPPL angeregt.

Doch dies sind nur Tropfen auf den heißen Stein. Primaten werden zunehmend Opfer einer globalen Tragödie: der rasenden Zerstörung der tropischen Wälder, Lebensraum für etwa 90 Prozent aller Affenarten und zugleich geballteste, weitgehend unerforschte Ansammlung von Lebensformen auf der Erde überhaupt. Da die Weltbevölkerung rapide wächst und

Vierzig Prozent des ursprünglichen Nationalparks am Fuße des Mount Visoke wurden der Landwirtschaft bereits geopfert. Ruanda hat die größte Bevölkerungsdichte und eine der höchsten Zuwachsraten Afrikas – düstere Aussichten für die Restheimat der Berggorillas

neuen Lebensraum begehrt, da zudem vorwiegend die wohlhabende westliche Welt auf ihrer Jagd nach Bodenschätzen und Edelhölzern irreversiblen Raubbau an jenem schmalen äquatorialen Vegetationsgürtel treibt, wird bis zur Jahrtausendwende außerhalb restlicher Schutzgebiete kaum Tropenwald übrigbleiben. Jede Minute fallen 20 bis 40 Hektar tropischen Waldes (so viel wie 20 bis 40 Fußballfelder) der Brandrodung und den Motorsägen zum Opfer – der Not der Armen und der Gier der Reichen.

In Asien gelten Affen glücklicherweise den Hindus als heilig und den Muslimen als unkoscher. Doch in Amazonien, West- und Zentralafrika werden jedes Jahr Tausende von Affen ihres Fleisches wegen erlegt. In Teilen Asiens und Afrikas werden Affen, meist Paviane, Meerkatzen und Makaken, als Ernteschädlinge verfolgt. In Sierra Leone wurden zwischen 1947 und 1962 nach offizieller Statistik 245 513 Primaten als arge Feinde der Bauern umgebracht. Noch in den letzten beiden Jahrzehnten des 19. Jahrhunderts wurden ganze zweieinhalb Millionen der afrikanischen Guerezas geschossen, um mit ihrem hübschen schwarzweißen Fell feine weiße Damen zu zieren. Als niedliche Knuddel- und Haustiere gelten in Südamerika Wollaffen, in Thailand Gibbons, in Indonesien Orangs. Stets werden Muttertiere geschossen, um der Babys habhaft zu werden. Die wegen ihres virtuos aufgestellten Kopfhaares auch Lisztaffen genannten Tamarine und – mit Ausweitung der AIDS-Forschung – auch Schimpansen werden gehandelt und geschmuggelt, da sie Medizinern als wichtige Versuchsobjekte gelten.

Das äquatorumspannende Siedlungsgebiet der verschiedensten Primaten ist mithin bereits irreparabel zerrissen. Von den ungefähr 190 Spezies stehen schon 67 (35 Prozent) auf der Roten Liste der *International Union for the Conservation of Nature* (IUCN). Jede dritte Art ist also be-

Entwurzelt und entwürdigt: ein zigaretterauchender Schimpanse als groteske Dekoration im Hause eines amerikanischen Farmers; ein Gorilla als trauriges Schaustück für Zoobesucher

reits gefährdet oder selten. Der Bestand von 26 Arten (14 Prozent) ist stark bedroht. Das heißt: Jede siebente Primatenart könnte bis zum Jahre 2000 ausgerottet sein.

Die internationale Naturschutzorganisation *World Wildlife Found* (WWF) und die Expertengruppe für Primaten der IUCN haben angesichts der weltweiten Krise Schwerpunkte für den Artenschutz gesetzt. Dazu zählen auch die Berggorillas der Virunga-Vulkane. 1960 wurde der Bestand auf 400 bis 500 Tiere geschätzt. Einer recht genauen Zählung zufolge waren es 1981 noch 242, eingepfercht in ein Schutzgebiet von 120 Quadratkilometern, dessen untere Hänge von Siedlern zerstückelt werden und dessen oberes Ende die für Gorillas unbewohnbare öde Gipfelregion um die

„Gorilla-Tourismus“ wurde eine der wichtigsten Devisenquellen Ruandas. Noch 1921 posierte der Naturforscher Carl Akeley unbekümmert mit einer Jagdtrophäe. Die Baka-Pygmäen Zentralafrikas stellen den Flachlandgorillas heute noch nach. Langsamer Bewußtseinswandel: Für den ruandischen Hutu-Jungen gehören knipsende Touristen vor zotteligen Gorillas bereits zum Alltag

Vulkane ist. Wilderer schießen Gorillas und legen Drahtschlingen für Antilopen, in denen sich die Menschenaffen verstümmeln. Die Forscher widmen einen Großteil ihrer Arbeitszeit Patrouillen, um diese Schlingen zu zerstören. Teile des Gorilla-Gebiets in Ruanda wurden zu Plantagen für *Pyrethrum* umgewandelt, eine Art Gänseblümchen, Rohstoff für ein in Europa als umweltfreundlich vermarktetes Insektizid.

Nach 19 Jahren, in der Weihnachtsnacht des Jahres 1985, bezahlte Dian Fossey den heroischen Kampf für das Überleben ihrer Schützlinge mit dem eigenen Leben. Sie wurde in ihrer Hütte erschlagen, vermutlich von Wilderern oder korrupten Wildhütern.

Fosseys Lebenswerk scheint dennoch nicht umsonst gewesen zu sein. Die Forschung im *Karisoke Research Center* geht weiter; die Regierung von Ruanda hat den Gorilla-Tourismus als Devisenquelle entdeckt und verstärkt die Schutzanstrengungen – eine Chance für die „milden Wilden“, das nächste Jahrtausend zu erreichen.

Wir tun uns gewöhnlich leicht, Wilderer zu verurteilen und den Raubbau

an der Natur jenseits unseres Horizonts zu verdammen. Doch vergessen wir nicht: Mit jedem „Hamburger“ stopfen wir uns gleichsam ein Stück Regenwald in den Rachen, das zu Rinderweide verwandelt wurde; mit jedem Schnitzel sorgen wir dafür, daß tropischer Wald zu Sojabohnenplantagen wird und unsere Schweine sich an Kraftfutter mästen können. Musterländle wie Schweden, Finnland, Japan schonen ihre Holzreserven und kaufen Einschlagkonzessionen in Südindien, Uganda und Borneo. Und es stärkt unsere Wirtschaftskraft, wenn die Volkswagen AG in Brasilien für Zweigwerke Wald roden ließ. Die letzten „Käfer“ erhielten ihre Blechpanzer im Lebensraum der letzten Murikis, der fantastischen Spinnenaffen – die größte und zugleich am meisten bedrohte südamerikanische Primatenart.

Als Jane Goodall 1960 ihre Arbeit begann, war das Gombe-Reservat mit weiten Savannen im Norden und Süden verbunden. Heute ist der Park, umgeben von Siedlungen, eine Insel von lächerlichen 32 Quadratkilometern – gerade genug für etwa 150 Schimpansen. Niemand weiß, wie es nach weiteren Jahrzehnten Inzucht um die Population bestellt sein wird.

In ihrem Feldtagebuch *In the Shadow of Man* (Wilde Schimpansen) über das erste Jahrzehnt ihrer Verhaltensforschung am Gombe-Strom schildert Jane Goodall den stolzen wie symbolischen Augenblick, in dem die wilden Schimpansen David Greybeard und Goliath ihre Nähe erstmals tolerierten: „Dann, kurz bevor hinter mir die Sonne unter dem Horizont verschwand, stand David auf und starrte mich an. Und so geschah es, daß mein vom Abendlicht verlängerter Schatten über ihn fiel. Die Faszination des ersten engen Kontaktes mit einem in Freiheit lebenden Schimpansen und der seltsame Zufall, der meinen Schatten über David warf, während er mir forschend in die Augen blickte: All das prägte sich tief in mein Gedächtnis ein. Später gewann dieser Augenblick eine fast allegorische Bedeutung für mich; denn unter allen Lebewesen, die heute die Erde bevölkern, ist es allein der Mensch mit seinem überlegenen Gehirn, seinem überlegenen Verstand, der den Schimpansen in den Schatten stellt. Allein der Mensch mit seinen Gewehren und seinem Siedlungs- und Zivilisationsdrang wirft seinen verhängnisvollen Schatten über die Freiheit der Schimpansen in den Wäldern.“

Dies ist schon ein Memento – und nicht nur für Schimpansen.

Pioniere erklettern den Stammbaum

Erst als die Saurier ausgestorben waren, begann die Morgenröte für die Primaten. Weltweit gibt es heute nahezu 200 Affenarten, vom mausgroßen Maki bis zum Sieben-Zentner-Gorilla: Kobolde der Savannen und Giganten der Regenwälder. Sie alle werden hier in der Geschichte ihrer Entwicklung und in ihrer Lebensweise miteinander verglichen – und immer wieder mit der „Krone der Schöpfung". So lassen sich die evolutionären Vorgänge nachvollziehen, die Körperbau und Sozialverhalten auch des Homo sapiens sapiens formten, jenem „Herrentier", das als einziges die ganze Erde als Lebensraum eroberte

HALBAFFEN

Alle Koboldmakis – wie dieser von den Philippinen – jagen in der Dunkelheit Insekten. Nicht nur übergroße Augen, sondern auch der extrem drehbare Kopf mit beweglichen Ohrmuscheln helfen, Beute zu orten. Selbst Experten tun sich schwer, diese Gruppe im System der Primaten einzuordnen

HALBAFFEN

Aye-Aye wird das nachtaktive Fingertier Madagaskars genannt, das als Unglücksbote gilt und deshalb verfolgt wird. Es ist der einzige Primat mit ständig nachwachsenden Schneidezähnen, die selbst härteste Früchte aufraspeln

HALBAFFEN
Lemuren, auch der Kronenmaki, leben ausschließlich auf Madagaskar und den nahen Komoren, die sich in erdgeschichtlich früher Zeit vom afrikanischen Kontinent abspalteten und in der Isolation zum zoologischen Raritätenkabinett wurden

HALBAFFEN
Nach der Ankunft des Menschen auf Madagaskar vor 2000 Jahren starben etliche Lemurenarten aus. Zu den etwa zwei Dutzend überlebenden gehören der Mohrenmaki mit seinem weißen Backenbart, der schwarzgesichtige Indri als größter Vertreter der Gruppe sowie die Larvensifakas mit ihren ausgeprägten Masken. Allen gemeinsam sind Schnurrhaare und feuchte Nasenspiegel – Merkmale ursprünglicher Primaten

NEUWELTAFFEN

Sämtliche Primaten Südamerikas – hier der Wollaffe vom Amazonas – besitzen runde, weit auseinanderstehende Nasenlöcher und werden deshalb „Breitnasen“ genannt. Früh spalteten sie sich von der Ahnenreihe des Menschen ab – vermutlich, als die Kontinente auseinanderdrifteten

NEUWELTAFFEN

Auf der Suche nach Früchten und Insekten ziehen die kleinen flinken Totenkopfaffen zu Gruppen von 10 bis 35 Tieren durch Mangrovensümpfe und dichte feuchte Wälder. Sie müssen stets auf der Hut vor Greifvögeln sein

NEUWELTAFFEN

Nicht nur das nackte Gesicht kennzeichnet die Uakaris in den Sumpfwäldern des Amazonasbeckens. Einen weiteren Unterschied zu allen anderen Primaten Südamerikas hebt der Gattungsname hervor: Kurzschwanzaffen. Die Unterarten des „Scharlachgesichts“ tragen weißes oder kastanienbraunes Fell

NEUWELTAFFEN
Auch die Mönchsaffen aus der Gruppe der Zottelschweifaffen sind in Bedrängnis. Bei der Flutung eines Stausees am Amazonas wurde dieses Jungtier zwar gerettet – sein Lebensraum aber ging für immer verloren

ALTWELTAFFEN

Nach ihrem gemeinsamen Merkmal – den kommaförmigen, eng beieinanderstehenden Nasenlöchern – werden alle Primaten der Alten Welt „Schmalnasen“ genannt. Die Blaumaulmeerkatze hat ihre Heimat im westlichen Äquatorial-Afrika

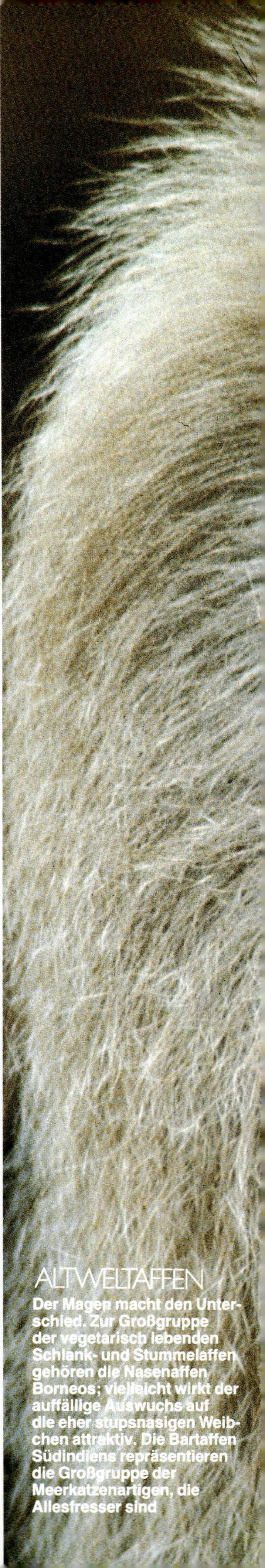

ALTWELTAFFEN

Der Magen macht den Unterschied. Zur Großgruppe der vegetarisch lebenden Schlank- und Stummelaffen gehören die Nasenaffen Borneos; vielleicht wirkt der auffällige Auswuchs auf die eher stupsnasigen Weibchen attraktiv. Die Bartaffen Südindiens repräsentieren die Großgruppe der Meerkatzenartigen, die Allesfresser sind

ALTWELTAFFEN

Die ersten von Schiffsleuten aus Übersee mitgebrachten Affen wurden in Europa mißverständlich „cattae maris" genannt: Katzen des Meeres. Die Grüne Meerkatze in Kenia tut sich am kurzfristigen Überfluß der Feigen gütlich

Zu den größten „Tier“affen zählt der Mandrill des Kongobeckens – bis zu 30 Kilogramm Gewicht zwingen ihn, Wurzeln, Früchte, Insekten und kleine Wirbeltiere am Boden zu suchen. Typisch wie für alle Paviane ist die hundeartige Schnauze: Ein langer Kiefer vergrößert die Mahlfläche der Backenzähne

MENSCHENAFFEN

Der Orang-Utan, auf Borneo und Sumatra zu Hause, wurde bisher mit Gorilla und Schimpansen auf eine gemeinsame Urform der Menschenaffen zurückgeführt. Nach neuesten Forschungen jedoch ist er bereits früher von jenem Stammbaum abgesprungen

MENSCHENAFFEN

Gorillas – hier ein erwachsenes Männchen aus Zaïre – werden heute, gemeinsam mit Schimpansen und dem Menschen, in eine Familie gestellt: die Hominidae. Allerdings ist der Verwandtschaftsgrad zwischen Gorilla und Schimpansen geringer als der zwischen Schimpansen und Mensch

Thomas Henry Huxley, einer der ersten konsequenten Abstammungstheoretiker, schrieb 1863 über die Primaten: „Vielleicht bietet uns keine andere Ordnung der Säugetiere eine solche außergewöhnliche Folge von Abstufungen wie diese – unmerklich werden wir von der Krone und dem Gipfel der Tierschöpfung bis hinunter zu Wesen geführt, von denen es offenbar nur noch eines Schrittes bedarf bis zu den niedrigsten, kleinsten und am wenigsten intelligenten Säugern."

In der drei Milliarden Jahre währenden Geschichte des Lebens auf Erden sind Säugetiere eine sehr junge Erscheinung: Ihre frühesten einfachen Formen entstanden vor 200 Millionen Jahren. Und erst als die Saurier ausgestorben waren, vor etwa 70 Millionen Jahren, begann die Morgenröte für die Primaten. Unsere eigene Spezies, der *Homo sapiens*, trat vor frühestens 500 000 Jahren auf.

Carl von Linné, der Vater der noch heute gültigen Systematik, beschrieb die „Herrentiere" knapp und nüchtern: „Vier parallele obere Schneidezähne, je ein Eckzahn, paarige bruständige Zitzen, zum Greifen geeignete Gließmaßen, Schlüsselbeine als für die Funktion der Arme wichtige Stützelemente, Gang auf vier Beinen, Klettern auf Bäumen und Sammeln von deren Früchten." Moderne Systematiker, die alle Primaten unter den Hut einer klaren Definition zu bringen versuchen, kommen über diese mehr als 200 Jahre alte Beschreibung kaum hinaus. Denn die Unterschiede im Körperbau der vielen Arten sind beträchtlich, und keine weist alle jeweiligen Besonderheiten auf einmal auf.

Fossilien belegen, daß die Urahnen der Primaten unauffällige Insektenfresser waren, wie sie etwa noch die weitverbreiteten Igel, Spitzmäuse und Maulwürfe repräsentieren oder die Tanreks auf Madagaskar.

Als heute noch lebende Modelle der Urprimaten gelten die in Südostasien beheimateten ratten- bis eichhörnchengroßen Tupaias. Jedoch streiten die Experten seit langem darüber, ob diese urtümlichen Spitzhörnchen noch zu den *Insectivora* gehören, schon zu den *Primates* – oder ob diese Tiere sich in vergleichbarer Umwelt parallel entwickelt haben und Ähnlichkeiten mit den Primaten nur zufällig sind. Heute werden sie deshalb meistens als eigene Ordnung – *Scandentia* – angesehen.

Die Skala der Kreaturen, die zu den Primaten gezählt werden, ist außerordentlich breit. Sie umfaßt Formen von

Was vor den Affen war: Bereits die Väter der Evolutionstheorie vermuteten, daß Primaten von Insektenfressern abstammen. Spitzhörnchen geben gute Modelle für solche altertümlichen „Herrentiere" ab

der Größe eines 50 Gramm leichten Mausmakis bis zu der eines 350 Kilogramm schweren, im Zoo fett gewordenen Gorillas. Die Zahl der Arten schwankt um 190 – je nachdem, ob man eine bestimmte Form als eigene Art oder nur als Unterart einordnet. Auch Überraschungen sind noch immer möglich. Erst 1953 wurden im Himalaya die bis dahin unbekannten Goldlanguren beobachtet, 1977 und 1984 neue Arten afrikanischer Meerkatzen. Deutsche Zoologen fanden seither weitere nicht eingeordnete Spezies: Der Zoologe Bernhard Meier machte 1986 auf Madagaskar den Goldenen Bambuslemuren aus. Carsten Niemitz und Alexandra Nietsch entdeckten 1988 auf der indonesischen Insel Sulawesi (dem früheren Celebes) den Dianakoboldmaki.

Der Primatenstammbaum hat drei große lebende Zweige: Halbaffen, Neuweltaffen und Altweltaffen, zu denen die als „Menschenähnliche“ bezeichneten Menschenaffen samt Menschen gehören (Übersicht im Anhang).

Die Menschenähnlichen haben sich zweifellos von den Altweltaffen Afrikas und Asiens abgespalten; das war während des Oligozäns, vor etwa 33 Millionen Jahren. Heute existieren davon noch drei Gruppen: die Gibbons, die großen Menschenaffen und die Menschen – alles Formen ohne Schwänze.

Das Bild der Wissenschaft von den verwandtschaftlichen Beziehungen zwischen Großaffen und Menschen befindet sich immer noch in raschem Wandel. Bisher wurden Orang, Gorilla und Schimpanse in einer gemeinsamen Familie *Pongidae* (Große Menschenaffen) zusammengefaßt. Neue Fossilfunde und vor allem biochemische Vergleiche von Molekülstrukturen – beispielsweise Nukleinsäuren, Blutgruppen, Hormone – sprechen jedoch für einen feiner verzweigten Stammbaum. Demnach spaltete sich der asiatische Orang bereits vor etwa 15 bis 16 Millionen Jahren von jenem Ast ab, der die afrikanischen Großaffen und Menschen hervorbrachte. Der Orang ist also der einzige lebende Vertreter der *Pongidae*. In die Familie *Hominidae* gehören der Gorilla, die beiden Schimpansenarten und der Mensch (Gattung *Homo* mit dem Jetztmenschen *Homo sapiens sapiens* und den ausgestorbenen Formen *Homo sapiens neanderthalensis, Homo erectus, Homo habilis*, schließlich die Gattung *Australopithecus*). Die Trennung der afrikanischen Großaffen begann erst vor erdgeschichtlich recht kurzer Zeit: vor etwa acht bis fünf Millionen Jahren.

Es ist wahrscheinlich, daß sich zunächst der Gorilla von der Stammlinie abspaltete, während Schimpansen und Menschen noch ein gemeinsamer Zweig verband. Die Verwandtschaft zwischen Mensch und Schimpanse wäre dann näher als die zwischen

Noch immer werden neue Arten entdeckt: 1986 spürte der deutsche Zoologe Bernhard Meier den Goldenen Bambuslemuren im Ranomafana-Regenwald des östlichen Madagaskar auf

Schimpanse und Gorilla. Hier steht der Forschung noch manche Überraschung ins Haus.

Wenn heute Mediziner, Verhaltensforscher, Psychologen, Zoologen, Paläontologen und Anthropologen nicht-menschliche Primaten studieren, tun sie dies vornehmlich in dem Bemühen, etwas über unsere Herkunft zu erfahren – und damit über die Möglichkeiten und Grenzen des Menschen. Denn die heute lebenden Primaten spiegeln in vielerlei Aspekten die schrittweise Entwicklung zur „Krone der Schöpfung“ wider.

Wenn Menschen sich gefühlsmäßig dagegen wehren, „vom Affen abzustammen“, so tun sie das oft aus dem Mißverständnis heraus, ihre Vorfahren seien unter den heutigen Affenarten zu finden. Das ist nicht so. Keine der lebenden Formen ist der Stamm der nächst-„höheren“ Stufe, sondern ein mehr oder weniger abgewandeltes, spezialisiertes Modell der ausgestorbenen Urform. Sehr wohl aber können durch den Vergleich mit ande-

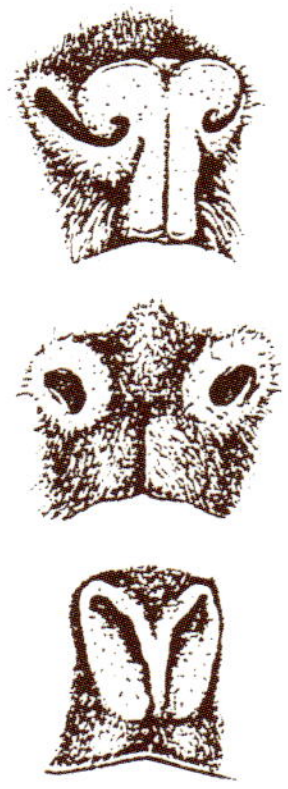

Man sieht es ihnen an der Nase an: Wie die meisten Säugetiere, haben auch noch Halbaffen eine nackte feuchte Haut um die Nasenöffnungen, den Nasenspiegel (oben). Ferner unterscheiden die Systematiker im Stammbaum der Primaten, der vor etwa 70 Millionen Jahren zu sprießen begann: Breite Nasen mit runden Löchern kennzeichnen Neuweltaffen (Mitte), schmale Nasen mit kommaförmigen Löchern die Altweltaffen und Menschenähnlichen (unten), den Menschen eingeschlossen. Das Schema rechts kann nur grob sein. Die Vielfalt aller 185 noch lebenden Arten ist im Anhang dargestellt (Seite 333)

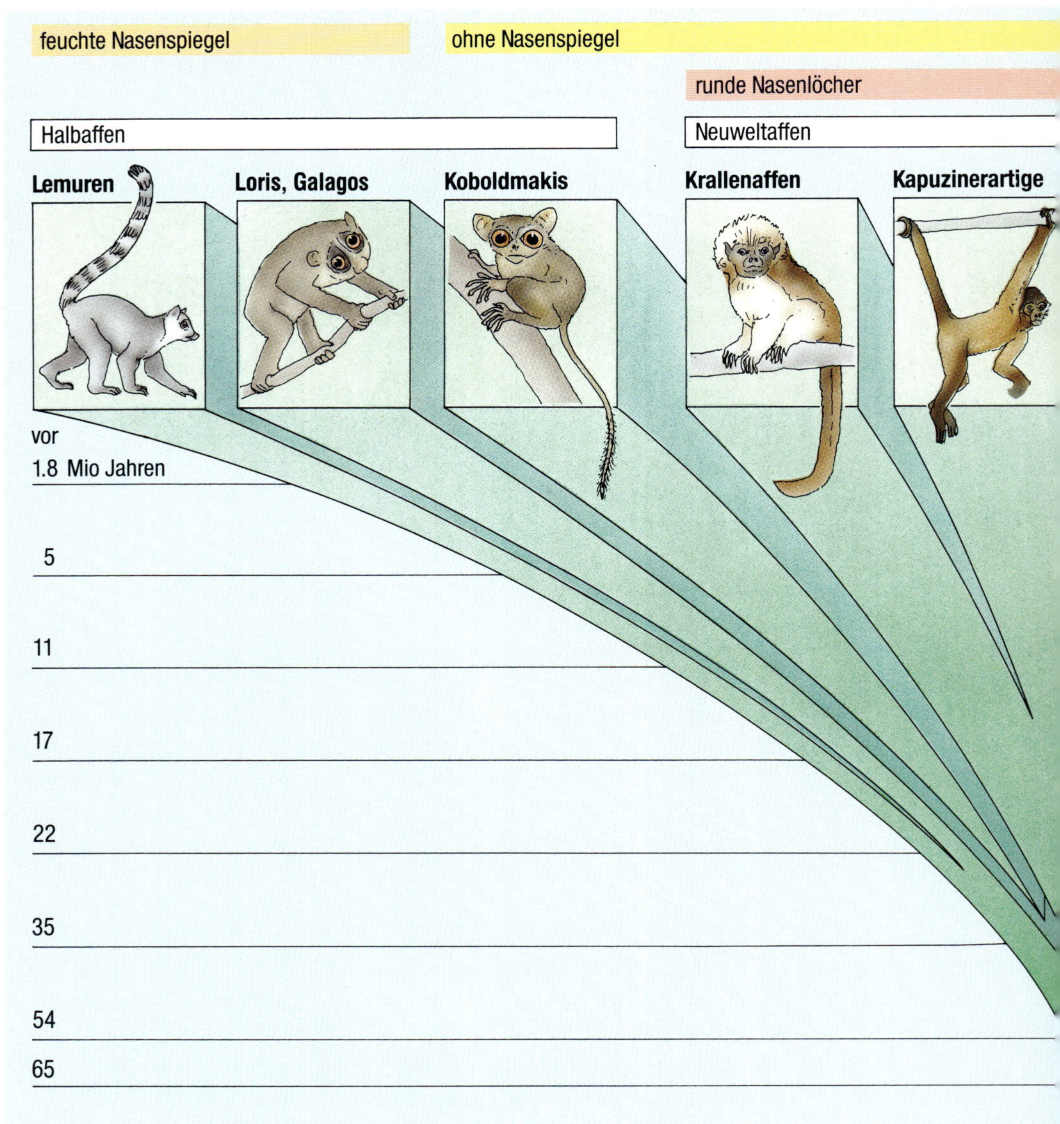

ren Primaten jene entwicklungsgeschichtlichen Veränderungen rekonstruiert werden, die in der Hominisation, der Menschwerdung, gipfelten.

Diese Trends in der Evolution ergaben sich aus Anpassungen an besondere Lebensweisen und Lebensräume, vollzogen in kleinen Schritten, wenn die Umweltbedingungen sich änderten. Solcher Weiterentwicklung sind natürlich Grenzen gesetzt durch bereits ausgeprägte Spezialisierungen des Körperbaus und des Verhaltens; die Richtung der weiteren Evolution ist also vorgebahnt. Doch nur im Rückblick kann man hier von „Präadaptationen" reden, von vorbereitenden Anpassungen in der Fortentwicklung des Lebens. Keinesfalls nämlich hat die Stammesgeschichte ein von einem „Programmierer" festgelegtes Ziel. Die Evolutionstheorie kommt ganz ohne den Gedanken an einen lenkenden und vorausplanenden Schöpfer aus. Einer der wichtigsten Faktoren der Evolution sind genetische „Kopierunfälle", sprunghafte, nicht zielgerichtete Änderun-

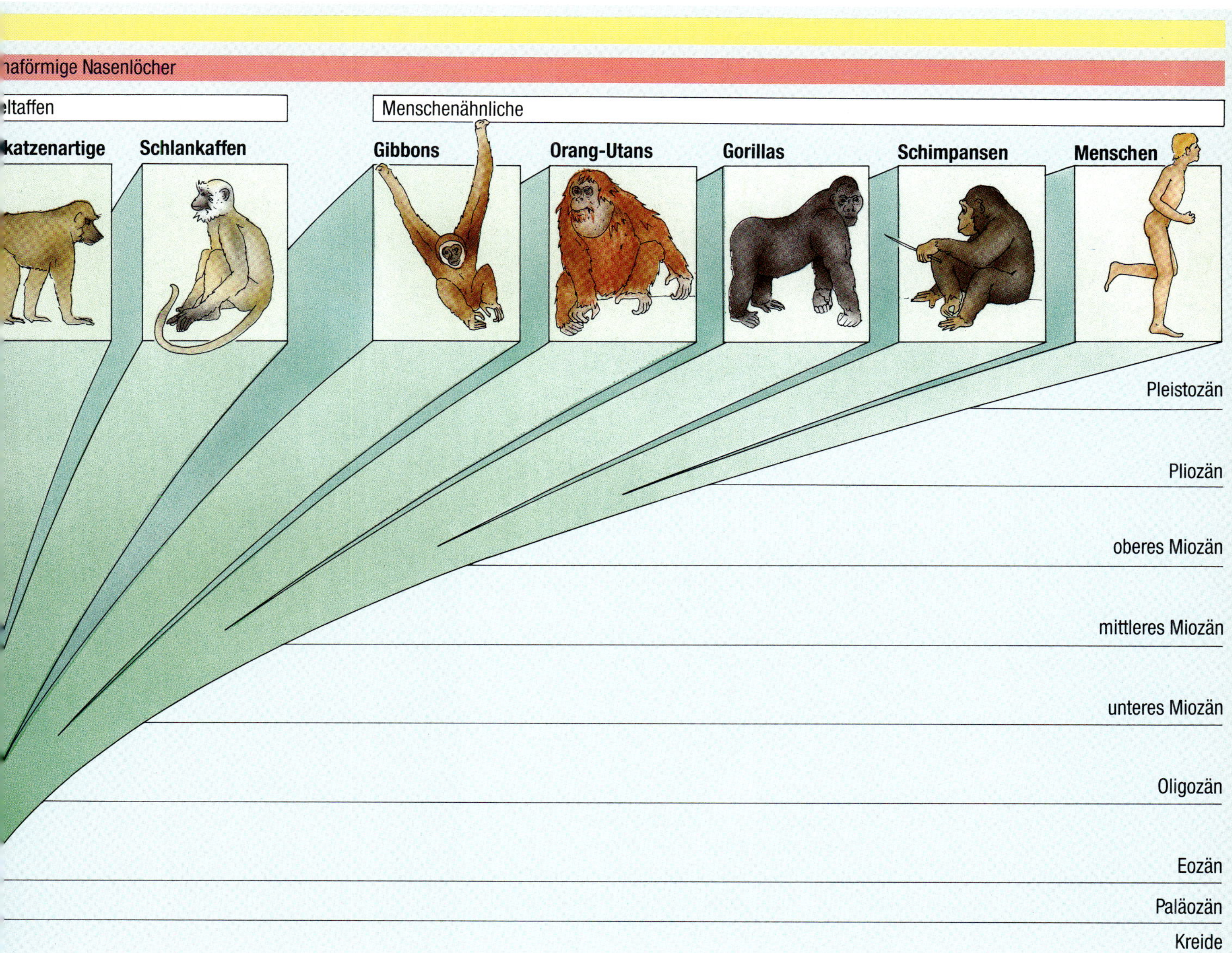

Orang-Utans sind die einzigen wirklichen Baumbewohner unter den „Großen" Menschenaffen – kein ganz ungefährliches Spiel mit der Schwerkraft: Bis zu 90 Kilogramm Gewicht bringen Äste leicht zum Brechen; selbst Todesstürze kommen vor

gen im Erbgut. Die geschlechtliche Fortpflanzung ist einem Spiel vergleichbar, bei dem ständig Karten gemischt werden. Mit einem neu kombinierten „Blatt" an Erbmerkmalen tritt dann die nächste Generation an. Die überaus meisten der mutierten „Karten" bringen Nachteile. Ihre Träger gehen an Mängeln zugrunde oder pflanzen sich unter dem Durchschnitt fort. Einige wenige Erbänderungen hingegen sind „Joker" und „Trümpfe", bringen Vorteile und breiten sich aus.

Vollkommen sind die jeweils gefundenen Überlebensstrukturen hingegen nicht. Ein vernünftiger Schöpfer, der wie ein Ingenieur nach einem vorgefaßten Plan vorginge, hätte kaum zu solch seltsamen Lösungen gegriffen wie die Evolution. Ein Ingenieur braucht ja nicht auf ältere Objekte zurückzugreifen; er kann die elektrische Glühbirne ganze ohne Rücksicht auf das Prinzip der Kerze entwickeln – die neue Struktur leitet sich nicht aus der alten ab. Die natürliche Auslese geht indes wie ein Bastler vor – so hat es der französische Genetiker François Jacob, Nobelpreisträger für Medizin 1965, formuliert. Der Bastler muß das Material, das er vorfindet, zu etwas Nützlichem verarbeiten. Aus einem kaputten Autoreifen mag dann eine Schuhsohle werden oder aus dem Fragment eines Kiefers ein Teil des Ohres. Der Bastler Evolution muß allerdings eine unter den gegebenen Möglichkeiten praktikable Lösung finden. Denn nur lebenstüchtige Individuen können sich fortpflanzen – seien sie auch noch so sehr mit Kompromissen in der Konstruktion behaftet.

Dieses Prinzip läßt sich auch durch die Stammesgeschichte der Primaten hindurch verfolgen. Die einzige grundlegende Gemeinsamkeit aller nicht-menschlichen Primaten ist die Anpassung an das Leben in Bäumen, die alle Formen mehr oder minder mitgemacht haben. Heute bewohnen 90 Prozent aller Primatenarten Re-

genwälder, einige wenige die lichteren Trockenwälder und Savannen.

Das Talent, Bäume zu erklettern und dadurch einen neuen, vielgestaltigen Lebensraum zu erobern, bildet die Wurzel des Stammbaumes aller Primaten und ist auch der Schlüssel zum Selbstverständnis des Menschen. Wir gehören hinein in das Panoptikum dieser Pioniere, und bei einer Wanderung durch die Wunderwelt äffischer Formen und Gestalten blinken viele Spiegelscherben auf, die sich zu einem Mosaik menschlicher Biologie und menschlichen Verhaltens fügen lassen. Wer sich hier zu rasch vereinnahmt fühlt, sollte bedenken, daß die beste Möglichkeit, den Unterschied zwischen Tier und Mensch zu erfassen, darin besteht, zunächst den Gemeinsamkeiten nachzuspüren.

Ohne Zweifel bargen die Wipfel auch die stammesgeschichtliche Wiege des Menschen. Das läßt sich im wahrsten Sinne des Wortes handfest belegen.

Ein Leben in den Bäumen bietet ein breites Nahrungsangebot – Früchte, Blätter, Säfte, Insekten – und gleichzeitig Schutz vor bodenbewohnenden Raubtieren. Baumschlangen können die Bewohner des Geästes gewöhnlich durch Wendigkeit entkommen, Greifvögeln durch Wegtauchen ins Blättergewirr. Diese ökologische Nische wurde deshalb bereits früh von Säugern erschlossen, etwa von Nagetieren wie Eichhörnchen und Baumratten sowie kleineren Raubkatzen. Allerdings besitzen sie lediglich spitze Krallen, um sich in luftiger Höhe sicher zu verankern. Die Geschichte der Primaten ging einen anderen Weg.

Unsere Hand- und Fußknochen ähneln in ihrer Grundstruktur noch immer jenen fünfstrahligen Extremitäten, die Reptilien bereits vor 150 Millionen Jahren besaßen. Die Ausbildung regelrechter Greifhände und Greiffüße, mit denen auch größere und schwerere Lebewesen Äste sicher umfassen können, war jene revolutionäre Erfindung, mit der die frühen Primaten das Universum der Tropenwälder zu ihrer Domäne machten. Genau mit diesem Vielzweckwerkzeug ergriff dann schließlich der Mensch die Oberhand über die Welt.

Schon bei einer Art der urtümlichen Spitzhörnchen ist der erste Finger leicht abspreizbar. Halbaffen klettern bereits, indem sie Zweige zwischen Daumen und Finger oder Großzehe und übrigen Zehen halten. Im Laufe der Evolution wurden Daumen und große Zehen immer beweglicher; sie konnten schließlich den anderen Fingern und Zehen gegenübergestellt – „opponiert" – werden. Dies förderte nicht nur einen sicheren Griff, sondern eröffnete auch vielfältige Möglichkeiten, Dinge zu „manipulieren", zu hand-haben.

Die meisten Halbaffen können dabei Finger und Zehen noch nicht einzeln bewegen. Sie verfügen lediglich über einen „Ganzhand-Griff". Greifen sie nach einem Ast oder einem Nahrungs-

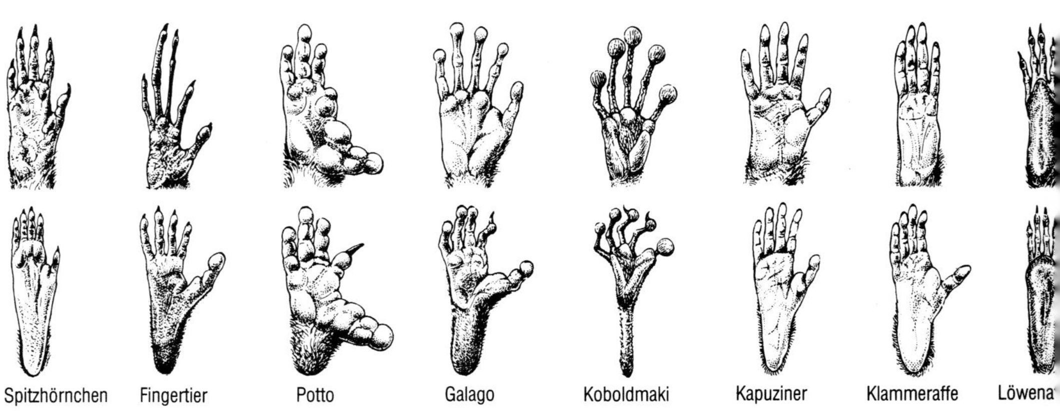

Spitzhörnchen Fingertier Potto Galago Koboldmaki Kapuziner Klammeraffe Löwena brocken, schließen sich automatisch alle Finger zugleich. Die Buschbabies etwa – kleine afrikanische Halbaffen – können mit diesem undifferenzierten „Kraft-Griff" zwar Insekten aus der Luft fangen. Zu mehr aber – wie dem Abschälen einer Banane – reicht es kaum. Die meisten Altweltaffen sind da schon fingerfertiger: Sie können Gegenstände zwischen den einzeln beweglichen Fingerkuppen halten. Beim Menschen sind Abspreizen und freie Beweglichkeit des Daumens zur Vollendung eines feinen „Präzisions-Griffs" gelangt.

Anstelle der Krallen, die anderen Säugern zum Klettern, Graben, Kratzen, Kämpfen und Beuteschlagen dienen, traten bei den höheren Primaten Plattnägel. Zugleich verbreiterten sich die Endglieder an Fingern und Zehen; so entstand ein versteiftes Widerlager, das die Griffestigkeit enorm erhöht.

Im Zuge der Evolution wurden zudem die deutlich umrissenen Polster der Hand- und Fußballen zu Handtellern und Fußsohlen umgestaltet sowie mit einem System empfindlicher Hautleisten überzogen, das wie das Haftprofil von Autoreifen wirkt. Einige Affenarten Südamerikas besitzen als „fünfte Extremität" einen Greifschwanz, dessen unteres Ende ebenfalls mit Hautleisten ausgestattet ist. Der Griff dieses praktischen Zusatzorgans ist so kräftig, daß die Tiere beim Hangeln im Geäst mit dem Kopf nach unten allein an ihren Schwänzen baumeln können.

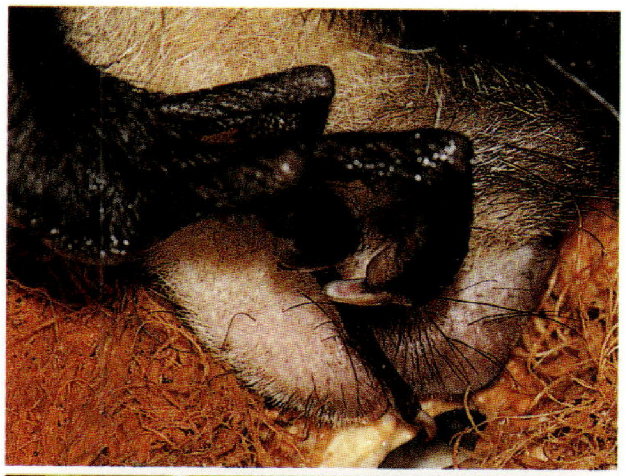

Die Welt der Affen hat Hand und Fuß. Mit spindeldürrem Mittelfinger bohrt das Aye-Aye nach Nahrung; Plattnägel verstärken das Fingerspitzengefühl des Gorillas; beim Roten Brüllaffen ist selbst der Greifschwanz mit sensiblen Hautleisten ausgerüstet. Schematisch: Spezialisierungen von Händen und Füßen

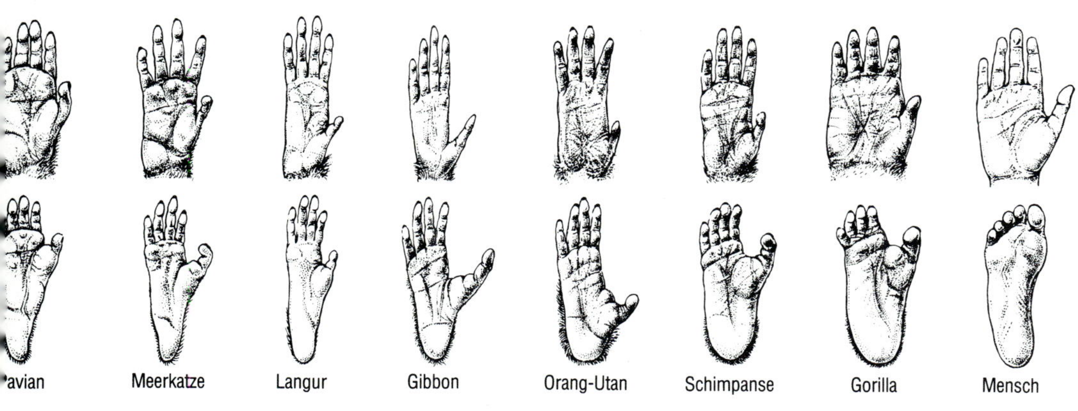

Die Haftfestigkeit der Hautleisten wird zusätzlich durch zahlreiche große Schweißdrüsen erhöht. Ihr Prinzip leuchtet jedem ein, der in die Hände spuckt und merkt, wie die Gartenschaufel fester im Griff bleibt. Jener Nachlaß aus unserer Abstammung tritt auch zutage, wenn wir in Erregung und Konflikt feuchte Hände bekommen. Erhöhte Sekretion von Schweiß läßt nämlich die Hände und Füße während der Flucht durchs Geäst besser haften. Der Bleistift in der schwitzenden Hand des Prüflings ist eine matte Reminiszenz daran.

Zur Erkundung der Umwelt nutzen bodenbewohnende und vor allem nachtaktive Säuger Tasthaare an Schnauze und Augen, die passiv auf Berührung ansprechen. Solche Schnurrhaare, wie wir sie von Hunden und Katzen kennen, finden sich auch noch bei „primitiven" Halbaffen und Krallenaffen. Dagegen machen frei bewegliche Extremitäten mit sensiblen Hautleisten ein aktiveres Erkunden der Umgebung und die Be-Handlung von Gegenständen möglich. Zugleich werden die Formen sozialer Kontakte verfeinert.

Um sich sicher im Labyrinth des Kronendachs zu bewegen, müssen Baumbewohner sich exakt orientieren können. Das Leben in der Höhe ohne Netz birgt nämlich ein erhebliches Absturzrisiko. Bei jedem dritten der 260 Gibbons, die der Schweizer Anthropologe Adolph Schultz während der zwanziger Jahre in Südostasien schießen ließ, fand er verheilte Knochenbrüche, die zweifellos von Abstürzen aus schwindelnder Höhe herrührten. Bei wildlebenden Orangs, Kapuzineraffen und Nasenaffen wurden ähnliche Unfallraten festgestellt. Die Feldbeobachter im Gombe-Park Tansanias sehen etwa alle hundert Stunden einen Schimpansen abstürzen, in gut einem Drittel der Fälle aus mehr als zehn Metern, der Höhe eines dreistöckigen Hauses. Todesstürze sind unter anderem von Schimpansen, Orangs und Languren bekannt.

Welche Sinnesorgane zur sicheren Fortbewegung und Flucht sowie zur Nahrungssuche am praktischsten sind, hängt davon ab, ob ein Lebewesen tag- oder nachtaktiv ist. Vermutlich bewegten sich die ersten Säuger hauptsächlich in der Dunkelheit. Sie besetzten so eine ökologische Nische, die den konkurrierenden Reptilien – wechselwarm und deshalb von der Tagestemperatur abhängig – verschlossen war. Analysen von Ökosystemen belegen, daß heute lediglich eine Minorität der Säuger tagaktiv ist. In Gabun beispielsweise sind es 20 Prozent, auf der Insel Barro Colorado vor Panama nur 9,5 Prozent.

Die Mehrzahl der Primatenarten gehört zu dieser Minderheit. Wenige werden erst bei Dämmerung und Dunkelheit wirklich wach, so etliche Halbaffen und als einziger echter Primat der Nachtaffe Südamerikas. Für diese Aktivisten der Nacht spielen Geruchs- und Gehörsinn eine wichtige Rolle. Manche von ihnen setzen Duftmarken aus speziellen Drüsen oder mittels Urintröpfchen ab. Nahezu alle besitzen ein „Rhinarium" – einen feuchten Nasenspiegel, der Gerüche gut aufnimmt.

Baumbewohner dürfen sich jedoch nicht allein auf ihren Riecher verlassen, denn Düfte verfliegen im Geäst naturgemäß schneller als auf dem windgeschützten Boden. Viele Halbaffen haben deshalb zudem große Ohrmuscheln, die sie als Trichter zur Schallortung aufstellen und sogar unabhängig voneinander bewegen können. Beim Menschen ist solches Ohrenwackeln verkümmert und nurmehr gut als Party-Gag.

Ganz anders liegt die Situation bei der Mehrzahl der tagaktiven Primaten. Verglichen mit dem „makrosmatischen" Geruchssinn von Hunden, sind Primaten – einschließlich des Menschen – „Mikrosmaten": Kleinriecher.

Wichtig blieb indes für alle Primaten die optische Orientierung. Ein tauber Affe im Geäst oder ein verschnupfter

Riesige Augen, von denen jedes mehr als das Gehirn wiegt, weisen den Sundakoboldmaki als nächtlichen Jäger aus. Genau wie bei Eulen sind sie nach vorn gerichtet und erlauben räumliches Sehen. Reflektierende Membranen verstärken den geringen Lichteinfall

hätte noch gute Überlebenschancen, niemals aber ein blinder. Mit einem Augeninhalt, der 4,5 Prozent des gesamten Körpers beträgt und mit Augenhöhlen, die größer als der Hirnschädel sind, hält der Koboldmaki den Rekord. Im Vergleich sind seine Augen hundertfünfzigmal größer als die des Menschen.

Nacht- und dämmerungsaktive Primaten steigern ihre Sehfähigkeit durch eine lichtreflektierende Membran im Auge – jene Struktur, die auch Katzenaugen so charakteristisch leuchten läßt. Dieses *Tapetum lucidum* liegt hinter der Schicht mit den Sinneszellen. Licht, das die Rezeptoren durchdringt, wird vom *Tapetum* wie von einem Spiegel auf die Sinneszellen zurückgestrahlt und damit verstärkt. Auch einige tagaktive Formen, etwa der madagassische Katta, besitzen solche Membranen – daraus ist zu schließen, daß ihre Ahnen das Nachtleben vor entwicklungsgeschichtlich noch nicht allzu langer Zeit aufgegeben haben.

Bei vielen Säugern sind die Augen nicht nach vorn gerichtet, sondern stehen ausgesprochen seitlich. Die Sichtfelder überlappen sich dabei kaum, so daß jedes Auge ein anderes, flächiges Bild von der Umgebung erhält. Während der Stammesgeschichte der Primaten rückten die Augen hingegen nach vorne enger zusammen. Die Sichtfelder überschneiden sich dann, womit räumliches Sehen möglich wird. Dieses binokulare – „zweiäugige" – Sehen ist wichtig für das Abschätzen von Entfernungen im Geäst und nützlich bei allen Handhabungen.

Für Früchtepflücker sowie für Jäger von tarnfarbenen Insekten bietet das räumliche Sehen – bei eingeschränktem Sichtfeld – klare Vorteile. Zwar vermögen auch manche Hörnchen gut im Gezweig umherzuspringen, obwohl ihre Augen seitwärts gerichtet sind. Sie brauchen jedoch dicke Äste, in die sie beim Landen ihre Krallen schlagen können. Kleine Primaten, etwa die Buschbabies, können auch in dünnen Zweigen turnen und sie sicher umgreifen. Beispielsweise für Kaninchen, die ja am Boden leben, ist dagegen Rundumsicht als Alarmanlage ebenso unverzichtbar wie für jene Raubtiere, die ihnen nachstellen. Baumbewohnende Primaten engten ihren Panoramablick zugunsten eines schmaleren, dafür aber plastischen Sichtfeldes ein.

Eine zweite Veränderung betrifft die reizleitenden Bahnen des Auges. Bei niederen Wirbeltieren und urtümlichen Säugern überkreuzen sich die *Nervi optici*, die Sehbahnen, an der Basis des Zwischenhirns. Durch dieses „Chiasma" erhält die linke Hirnhälfte die Informationen des rechten Auges und umgekehrt. Bei Primaten überkreuzen sich die Sehbahnen nicht vollständig. Der Koboldmaki hat bereits einige nichtkreuzende Fasern.

Beim Menschen hingegen beträgt das Verhältnis von kreuzenden zu nichtkreuzenden Fasern glatt eins zu eins. Beide Hirnhälften werden auf diese Weise mit Informationen beider Augen versorgt. Das Gehirn kann so das Umfeld dreidimensional erfassen.

Die dritte Neuerung der Evolution betrifft die Netzhaut. Bei tagaktiven Primaten finden sich da zwei Arten von Sinneszellen: „Stäbchen", die besonders aufnahmefähig für Hell-dunkel-Unterschiede und Bewegungen sind, dafür aber keine sonderliche Bildschärfe liefern; ferner „Zapfen", die Farben und scharfes Sehen vermitteln. Im Laufe der Stammesgeschichte wurden die Zapfen immer mehr ins Zentrum der Retina verlagert, die

Primaten sind Augentiere. Doch der Kommunikation über weitere Entfernungen dienen oft akustische Signale – ebenso dort, wo dichtes Blattwerk die Sicht behindert. Diese Roten Brüllaffen im Dschungel Venezuelas halten sich mit ihren Sangeskünsten Nachbargruppen vom Leib

Stäbchen verstärkt am Rand angesiedelt. Im Zentrum der Netzhaut entstand damit ein „gelber Fleck", in dem das Verhältnis von aufnehmenden Sinneszellen zu ableitenden Nervenzellen günstiger ist als am Rand. Bei echten Affen – einschließlich des Menschen – ergibt das eine spezielle „Stelle schärfsten Sehens", die *Fovea centralis*. In dieser Mulde leitet eine einzelne Nervenzelle die Impulse von durchschnittlich 1,3 Sinneszellen zum Gehirn, während am Rand die Daten von 32 Sinneszellen über eine einzige Nervenzelle weitergegeben werden.

Das Auge des Menschen ist so im Laufe der Evolution ein guter Kompromiß geworden. Mit den Stäbchen am Rande der Netzhaut sehen wir im Dunkeln nur zweieinhalbmal schlechter als die optimal ausgerüsteten Eulen, können aber zugleich dank der zentral eng beieinanderstehenden Zapfen sehr feine Strukturen wahrnehmen, auch wenn wir es dabei mit dem sprichwörtlichen Falkenauge nicht aufzunehmen vermögen.

Die Welt erscheint in den Augen der meisten Säuger recht farblos. Für die Lebensweise der Primaten ist hingegen wichtig, daß sie – dank der vermehrten Zapfen – des dreifarbigen Sehens fähig sind, also die Mischung der Grundfarben Rot, Grün, Violett in allen Schattierungen wahrnehmen. Ursprünglich mag dieses Farbensehen allein deshalb nützlich gewesen sein, um eine reife gelbe Feige auf dem

Das farbenprächtigste Säugetier ist der Mandrill des Kongobeckens. Auch der Blutbrustpavian in Äthiopien und die Kehrseite des Drill in Kamerun bereichern die bunte Palette der Paviane

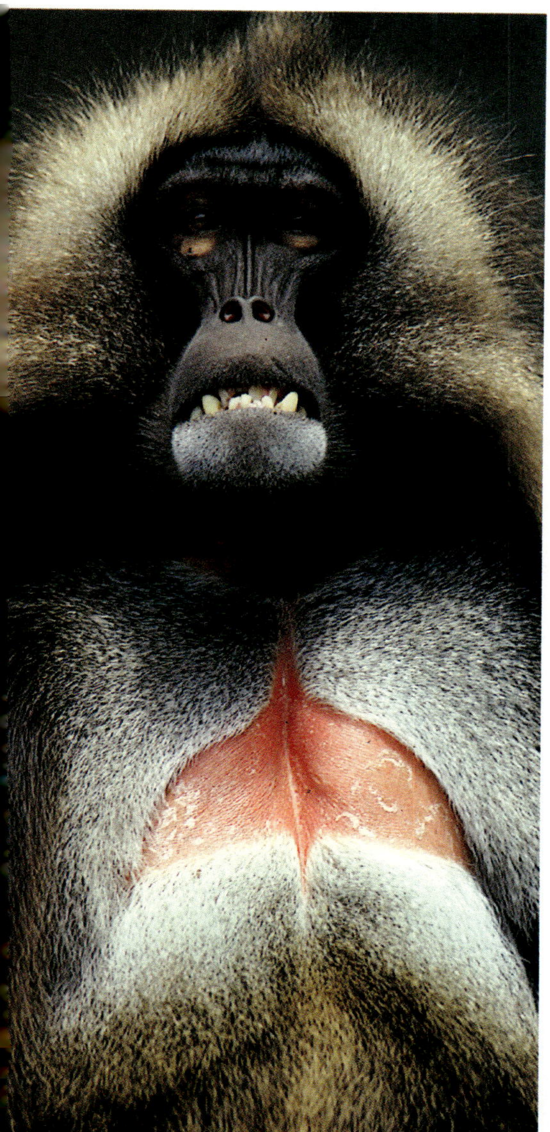

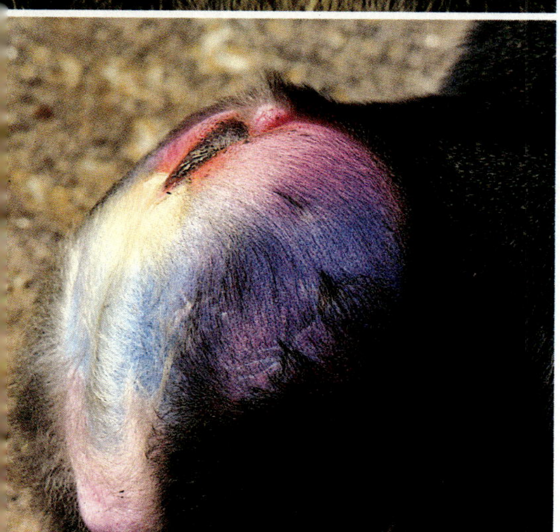

Hintergrund grüner Blätter besser auszumachen. Doch darüber hinaus spielen bei den Primaten die Farbsignale auch im sozialen Bereich eine Rolle. Die Palette der vielfarbig leuchtenden Affenkleider mit kontrastierenden, auffälligen Musterungen reicht von den bunten Genitalien der Grünen Meerkatze über die arabesken Nasenfärbungen der Mandrills, die pinkfarbenen Augenlider der Gelben Paviane, das Rot der Blutbrustpaviane, die geradezu an Maskenball erinnernden Gesichtsfärbungen verschiedener afrikanischer Meerkatzen sowie die rosa Hinterteile paarungswilliger Schimpansinnen bis hin zu Federschmuck und Kriegsbemalung bei *Homo sapiens*.

Die Anpassungen der Sinnesorgane an den besonderen Lebensraum der Baumwipfel gingen bei den Primaten mit entsprechenden Veränderungen des Gehirns einher. Es ist allerdings nicht so, daß der zweifellos intelligenteste Vertreter dieser Ordnung damit auch das absolut größte Gehirn entwickelt hätte. Zwar stehen wir innerhalb der Menschenartigen auf dem ersten Rang. Bei jeweils enormen Variationsbreiten – die unter anderem von der unterschiedlichen Körpergröße der Geschlechter abhängen – haben Gibbons Schädelkapazitäten von etwa 100 Kubikzentimetern, Orangs bringen es auf 320 bis 550 Kubik, Schimpansen auf 290 bis 500, Gorillas auf 440 bis 540, und die Werte für den Menschen schwanken zwischen 870 bis 2150 Kubik. Elefantenhirne aber sind, absolut gesehen, viermal und die Hirne mancher Wale fünfmal größer als die der Menschen.

Auch der Vergleich des Hirngewichts mit dem Körpergewicht sieht den Menschen nicht an einsamer Spitze. Zwar lassen wir mit einem Verhältnis von 1:51 die Blauwale (1:10 000), Elefanten (1:600), Gorillas (1:200) und Schimpansen (1:119) hinter uns, werden jedoch beispielsweise klar übertroffen von den zierlichen Totenkopfaffen (1:30).

Optische Signale untermalen selbst bei Menschen Gruppenzugehörigkeit, Rang oder Stimmungen: brasilianische Indianer vom Stamm der Kayapo und der Kamayara

Hier macht sich das Phänomen bemerkbar, daß der prozentuale Anteil des Hirns mit zunehmendem Körpergewicht deutlich abnimmt. Deshalb mußte eine Berechnungsgrundlage gefunden werden, die von der Körpergröße unabhängig ist. Wird dafür das Verhältnis von Hirn- zu Körpergewicht beispielsweise bei der Spitzmaus, einem urtümlichen Insektenfresser, gleich 1,0 gesetzt, so erreicht der Schimpanse einen Wert von 11,3 und der Mensch unübertroffen die Note 28,7. Das Gehirn einer Spitzmaus mit dem Körpergewicht eines Menschen wäre 28,7 mal kleiner und brächte nur 46 Gramm auf die Waage. Mit einem Wert von 20 kämen dem Menschen übrigens Delphine am nächsten. Werden allein die Primaten untereinander verglichen, erreicht das Gehirn von *Homo sapiens* einen Wert, der dreimal so groß ist, wie aufgrund des Körpergewichts zu erwarten wäre. Die Lücke, die sich hier zwischen dem Menschen und seinem nächsten Verwandten, dem Schimpansen, auftut, ist größer als die zwischen diesen Menschenaffen und den primitiven Spitzhörnchen.

Ein Orang-Utan kommt zur Welt. Primatenmütter, mit Ausnahme des Menschen, verzehren normalerweise die Plazenta. Sie ist nicht nur ein nährstoffreiches Gewebe; ihr Geruch könnte auch Raubfeinde anlocken

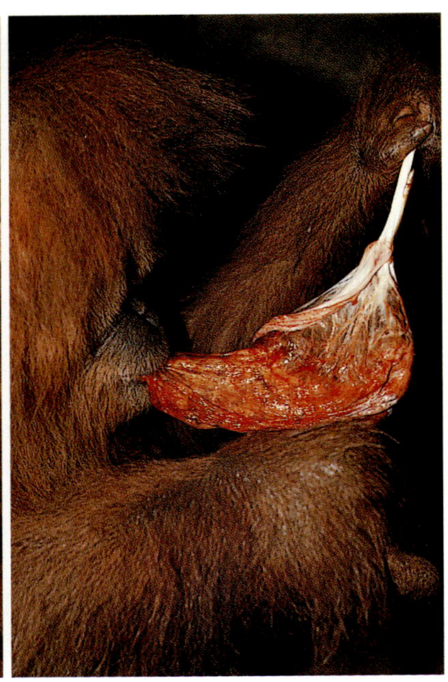

Auch die einzelnen Bauteile des Gehirns werden durch Einflüsse der Evolution je nach Anforderung größer oder kleiner. Bei den Vorfahren des Menschen erweiterte sich das *Cerebellum*, das Kleinhirn, welches rasche Bewegungsabläufe unbewußt koordiniert; ohne diese Entwicklung wäre eine Eroberung der Wipfelwelt nicht geglückt. Der stammesgeschichtlich jüngste Gehirnabschnitt ist der *Neocortex*, die Großhirnrinde. Sie überwuchert die anderen Hirnteile fast völlig und hat sich zudem stark gefurcht und gefaltet, wodurch die Oberfläche beträchtlich vergrößert wird. Hier werden in speziellen Sinnenszentren die optischen, akustischen und taktilen Signale empfangen und an zwischengelagerte „Assoziationsfelder" weitergegeben; sie verarbeiten und speichern die Sinneseindrücke – Grundlage eines hochleistungsfähigen Erinnerungs- und Lernvermögens.

Bei Tieren, die in reich gegliederten dreidimensionalen Lebensräumen zurechtkommen müssen, wirkt offenbar ein stärkerer Selektionsdruck auf eine Vergrößerung des Hirns hin als bei ihren Verwandten in einförmigeren, eher zweidimensionalen Umwelten. So haben Baumbewohner wie Eichhörnchen, verglichen etwa mit gleichgroßen bodenbewohnenden Ratten, doppelt so große Gehirne, und die in Felsen herumsteigenden Steinböcke sind in dieser Hinsicht Savannenantilopen überlegen. Auch die Neigung zum Hantieren und Manipulieren bewirkt eine Vergrößerung des Gehirns, etwa beim Elefanten mit seinem vielfältig einsetzbaren Rüssel, beim Papagei mit seinem Greiffuß und beim Tintenfisch mit seinen Tentakeln.

Das hochkomplizierte Zentralnervensystem der Primaten bedarf einer langen Reifezeit vor der Geburt.

Bei den meisten Halbaffen ist die Anatomie des Mutterkuchens noch recht urtümlich: Der mütterliche Blutkreislauf ist von dem des Ungeborenen durch insgesamt sechs Gewebsschichten getrennt; das hemmt den Nährstofftransport. In der Plazenta höherer Primaten hingegen sind die Wände der mütterlichen Blutgefäße aufgelöst; das mütterliche Blut umspült das Gewebe des Fetus direkt.

Diese intensivere Versorgung mit dem „Saft des Lebens" läßt das Ungeborene besser ausreifen. Die Dauer der Schwangerschaft nahm damit allerdings im Laufe der Evolution der Primaten zu. Das vorgeburtliche Wachstum beträgt bei Maus- und Katzenmakis 9 bis 10 Wochen, bei Buschbabies bis zu 20 Wochen, ist also selbst bei Halbaffen im allgemeinen beträchtlich länger als bei Insektenfressern und Nagern vergleichbarer Größe. Die Neuweltaffen haben Schwangerschaften zwischen 18 und 32 Wochen. Unter den Altweltaffen gebären Makaken und Paviane nach 24 bis 27 Wochen, Graue Languren nach 29 Wochen. Bei Gibbons wächst die Zeit des Austragens auf 30 bis 34 Wochen an, bei den großen Menschenaffen Schimpanse, Orang und Gorilla auf 32 bis 41 Wochen. Menschen erblicken nach durchschnittlich 38 Wochen das Licht der Welt.

In der Ordnung der Primaten besteht die Tendenz, die Anzahl der Jungen pro Geburt zu verringern. Viele Halbaffen gebären regelmäßig Zwillinge oder Drillinge – unter den echten Affen nur die Krallenaffen. Demgemäß haben Halbaffen wie Pottos und Lemuren neben den Zitzen an der Brust noch ein oder zwei Paar am Bauch. Höhere Primaten dagegen, die – von Ausnahmen abgesehen – nur ein Kind zur Welt bringen, verfügen nur noch über ein einziges Brustdrüsenpaar.

Gerade erst geborene Primatenkinder sind unselbständige „Traglinge": Sie werden von der Mutter herumgeschleppt, wobei sie sich dank eines wohlentwickelten Greifreflexes mit Händen und Füßen im Fell festklammern. Menschenbabies – und übrigens auch just geborene Gorillas – können sich nicht mehr aktiv festhalten; sie sind ganz darauf angewiesen, von der Mutter gehalten zu werden. Der Greifreflex hingegen läßt sich noch auslösen. Hebammen wissen, daß sie unwillige Säuglinge zum Trinken bewegen können, indem sie sie ein Büschel Haare greifen lassen und so die äonenalte Primatengeborgenheit im Fell der Mutter wachrufen.

Die langsamere geistige und körperliche Reifung von Affenkindern, ihre lange Abhängigkeit von Erwachsenen und zugleich ihre Neugier und Lernfähigkeit führen dazu, daß im Verhalten mehr und mehr Erlerntes eine Rolle spielt. Starre, durch das Erbgut vorprogrammierte Verhaltensmuster verlieren demgegenüber an Bedeutung. In einzigartiger Weise tritt schließlich beim Menschen die Tradition von Kultur ergänzend neben das Erbgut.

Obwohl das Leben in den Bäumen die Körpergestalt der Primaten prägte, können die meisten Arten auch den Boden in ihren Lebensraum einbeziehen. Einer gängigen Theorie zufolge wurde dies bedeutsam, als sich vor etwa zehn Millionen Jahren das Klima änderte, die Wälder lichter wurden und weite Savannen entstanden. Einerseits „zwang" dies die Affen, immer häufiger von ihren verhältnismäßig sicheren Wipfelquartieren hinunterzusteigen, andererseits eröffnete es neue Lebensräume, forderte und förderte neue Anpassungen – mit der Menschwerdung als letzter Konsequenz. Der Wechsel zum Leben am Boden mit der Entwicklung des aufrechten Ganges wird als eines der Schlüsselereignisse in der Evolution des Menschen angesehen.

Während sich der Körper allmählich an die aufrechte Haltung und Fortbewegung anpaßte, fanden zahlreiche „Umkonstruktionen" statt. In vierfüßiger Haltung tragen alle Primaten weniger Gewicht auf den Vorder- und mehr auf den Hinterextremitäten. Dies erleichtert aufrechtes Sitzen, und in der Tat verrichten Affen einen Großteil ihrer Aktivitäten wie Nahrungsaufnahme und soziale Fellpflege, aber auch Dösen statt auf vier Beinen auf ihren vier Buchstaben. Viele Arten haben hierzu verhornte Sitzschwielen entwickelt. Parallele Fertigkeiten zum „Männchenmachen" zeigen auch andere Säuger, etwa Eichhörnchen, Murmeltier und Hase – eben der Mümmel„mann". Im Unterschied zu Hunde- und Katzenartigen können all diese Formen mit den freien Vorderextremitäten Nahrung greifen.

In offener Landschaft lauern mannigfach Gefahren, von deren raschem Erkennen das Überleben abhängt. Der beim Sitzen erhöhte Kopf erlaubt ein besseres Sichern im Gelände, wozu sich viele Primaten kurzfristig auch ganz aufrichten können. Der Husarenaffe – einer der wenigen savannenbewohnenden Primaten – reckt sich hoch, um über das Gras zu spähen. Paviane richten sich auf, um von Ästen Früchte zu pflücken. Und wo in Asien an Picknickplätzen von zweibeinigen Vettern Futter an Japanmakaken oder indische Languren verteilt wird, schnappen sich die Affen dicke Batzen mit beiden Händen und eilen watschelnd über Dutzende von Metern davon, um ihre Leckerbissen vor neidischen Genossen in Sicherheit zu bringen.

Von solchen gelegentlichen „Aufrechten" bis zum permanenten Zweibeiner war es in der Evolution ein weiter Weg. Die „Bipedie", die Zweifüßigkeit, mag ihren Ausgang von einer speziellen Fortbewegung im Wald genommen haben, die mit einer Verlängerung der Arme einherging. Für Baumbewohner gibt es viele Gründe, lange Arme zu entwickeln. So erhöht sich etwa die Reichweite von einem sicheren Ort aus; beim Klettern an senkrechten Stämmen brauchen lange Arme weniger Haltekraft als kurze, und schwere Tiere können ihr Gewicht besser auf mehrere Äste verteilen.

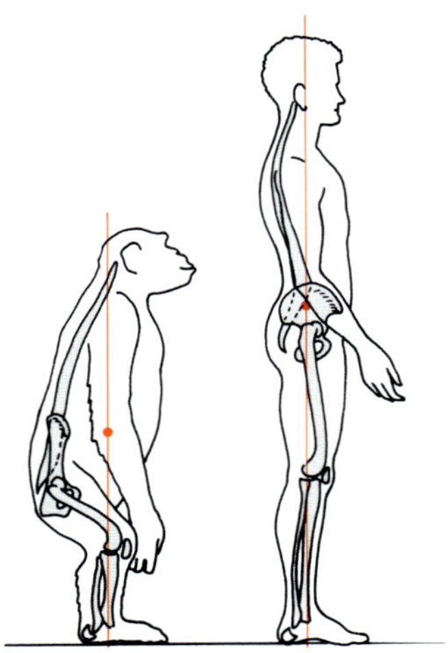

Menschenaffen richten sich gebeugt auf, damit der Fuß unter dem Schwerpunkt (rot) des Körpers bleibt; beim Menschen ist der Schwerpunkt so zum Becken hin verlagert, daß aufrechtes Stehen mit durchgedrückten Knien möglich wird. Vierbeinern bringt gelegentliches Aufrichten Vorteile: In Costa Rica geht ein Weißschulterkapuziner mit Bananen stiften; in Kenia sichtet eine Grüne Meerkatze von „höherer Warte" eine vom Gras verdeckte Python

Was aussieht wie ein Affentanz, ist schlicht der Wechsel des Larvensifakas von einem Baum zum anderen. Einem Jongleur gleich, hält er mit ausgestreckten Armen Balance

Eine besondere Anpassung haben die Gibbons entwickelt. Diese „Kleinen Menschenaffen" setzen ihre Arme, die zweieinhalb mal länger als der Rumpf sind, zum „Schwinghangeln" ein, einem eleganten Pendeln von Ast zu Ast. Nach gegenwärtigem Wissensstand nahm auch die Entwicklung des Menschen ihren Ausgang von Formen, die kraftvolle lange Arme und kurze Beine besaßen. Die Schimpansen und Gorillas von heute mögen unseren ausgestorbenen Urahnen in mancherlei Hinsicht ähneln, obwohl sie für das Leben am Boden wiederum ganz eigene Spezialisationen entwikkelt haben.

Gorillas und Schimpansen bewegen sich überwiegend vierfüßig auf dem Boden, wobei sie nicht die Handflächen aufsetzen, sondern die Außenseite der eingeschlagenen Finger. Bei solch einem „Knöchelgang" ist die Wirbelsäule schräg aufgerichtet. Bodenlebende Paviane hingegen laufen mit aufgesetzten Händen und Füßen bei waagerechter Wirbelsäule. Menschenaffen können sich ohne Schwierigkeiten aufrichten, da sich ihre Hinterextremitäten nahe am Körperschwerpunkt befinden. Dabei drükken sie ihre Knie allerdings nicht durch, sondern stehen in einer Hockstellung. Der Fuß wird damit unter den Schwerpunkt gebracht. Geschähe das nicht, würde der Rumpf wegen des weit vor dem Becken liegenden Schwerpunktes nach vorn überkippen.

Allein der Mensch vermag beim Stehen die Beine unter dem Körperschwerpunkt voll zu strecken. Dies wurde durch Veränderungen des Bekkens und der Wirbelsäule möglich. Die Halswirbel wurden durch eine Krümmung nach vorne unter den Kopf geholt, die Lendenwirbel krümmten sich zur Rumpfmitte. Insgesamt hat sich die Wirbelsäule tiefer in den Brustkorb eingesenkt, wodurch das Körpergewicht innerhalb des Rumpfes besser unterstützt wird. Die „physiologische X-Beinigkeit" bringt die an der Hüfte weit auseinanderste-

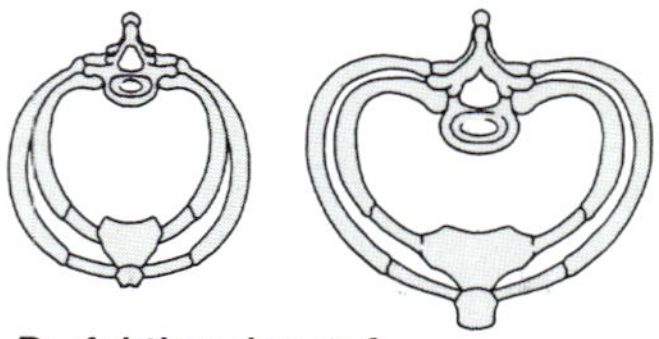

Perfektion des aufrechten Ganges: Im Unterschied zum Makaken (links) ist die Wirbelsäule beim Menschen (rechts) tiefer in den Brustkorb eingesenkt und so dem Schwerpunkt näher

henden Oberschenkel an den Kniegelenken nahe zusammen. Hier befinden sie sich beim Schwerelot und vermögen das Körpergewicht ohne großen Kraftaufwand zu balancieren.

Durch die Veränderung des Beckens – es ist insgesamt verkürzt – wurden die stabilisierenden Muskeln neu gruppiert. Besonders der große Gesäßmuskel *Glutaeus maximus* nahm zu. Was beim Affen der Greiffuß ist, wurde beim Menschen zu einer mehr oder weniger starren Bodenplatte, über welcher der Körper im Gleichgewicht gehalten wird. Die ehemals abspreizbare Großzehe ist fest an die übrigen Zehen angeschlossen.

Bei vierfüßig laufenden Affen hängt der Schädel wegen des vorspringenden Kiefers vornüber, wobei kräftige Nackenmuskeln die Knochenkämme des Hinterhaupts mit den langen Dornfortsätzen der Halswirbelsäule verbinden. Der Schädel des Menschen dagegen wird auf der Wirbelsäule besser ausbalanciert. Zum einen springt das Gebiß nicht so stark vor. Zum anderen lädt das Hinterhaupt wegen der Entwicklung eines größeren Gehirns nach hinten aus. Dadurch kommt das Hinterhauptsloch – das *Foramen magnum* – als Eingang für Stammhirn und Rückenmark nahezu in die Mitte unter den Schädel.

In der Sonnenglut der Kalahari verfolgt ein Jäger der Kung-Buschleute angeschossene Beute. Aufrechte Haltung und Nacktheit verhindern die Überhitzung des Körpers

Insgesamt liegt damit beim Menschen das Schwerelot dichter an der Wirbelsäule und an den großen Gelenken der Beine, Hüft-, Knie- und Sprunggelenk: Wir können mit durchgedrückten Knien aufrecht stehen.

Die tiefgreifenden Veränderungen des menschlichen Skeletts schufen indes auch Schwachstellen. Da ein erheblicher Teil des Körpergewichts auf den Lendenwirbeln ruht, werden etwa die Bandscheiben, die knorpligen Verbindungen zwischen den Wirbelkörpern, extrem beansprucht. Bei einem Bandscheibenvorfall kann ihr gallertartiger Kern herausgedrängt werden. Bereits 1770 wies der italienische Anatom Peter Moscati darauf hin, daß Krampfadern, Hämorrhoiden und eine schwere Geburt Konstruktionsprobleme eines aufrecht gehenden Wesens seien. Der Philosoph Immanuel Kant kommentierte, diese Ungemächlichkeiten des Menschen entsprängen eben daraus, „daß er sein Haupt über seine alten Kameraden so stolz erhoben hat."

Der Mensch ist der einzige Primat, bei dem der Kopf des Kindes nicht glatt durch den Geburtskanal paßt. Er ist etwas zu lang. Ein wesentliches Hindernis ist die starke Entfaltung des Gehirns noch vor der Geburt. Beim Durchtritt durch den Beckengürtel werden deshalb die Schädelknochen des Neugeborenen an ihren Fugen zusammengeschoben, und die sonst starren Gelenke im mütterlichen Bekken lockern sich etwas. Eine größere, dauerhafte Erweiterung des Beckenausganges ist nicht möglich, da dies mechanische Probleme beim Gehen schaffen würde.

Wenngleich Anatomen recht genau beschreiben können, *wie* sich Vierfüßer im Körperbau von Zweibeinern unterscheiden, so ist umstritten, *warum* diese Änderung der Fortbewegung überhaupt eintrat: Welche Auslesevorteile also mit dem Aufrichten verbunden waren. Die Umweltbedingungen, denen die Vorfahren der heutigen Menschen – die frühen Hominiden – vor Jahrmillionen ausgesetzt waren, sind nämlich nicht genau zu rekonstruieren.

Der britische Zoologe Desmond Morris – Schüler des niederländischen Verhaltensforschers Niko Tinbergen und langjähriger Kustos für Säugetiere am Londoner Zoo – machte zum Angelpunkt seines 1967 erschienenen, stark vereinfachenden Bestsellers *The Naked Ape* (Der nackte Affe) eine der Erblasten unseres Werdegangs vom Vierbeiner zum Zweibeiner: die Haarlosigkeit.

Erhalten blieb uns vom ursprünglichen Fell der berühmte Schauer, der in emotionsgeladenen, „haarsträubenden" Situationen über den Rükken läuft. Dabei ziehen sich an den verbliebenen Haarbälgen ansetzende Muskeln, die *Musculi arrectores pilorum*, zusammen. Der optische Effekt wird nur bei nicht-menschlichen Primaten mit ihrem dicken Haarkleid deutlich: So können viele Affen ihren Körperumriß bedrohlich vergrößern. Der Haarstrich des Menschen zeigt, daß sich bei stärkerem Wuchs an den Schultern Büschel bilden würden. Gern wird denn auch in den Epauletten des Militärs, in den schulterbetonenden Gewändern japanischer Kabuki-Schauspieler oder den Schmuckfedern auf den Schultern der Yanomami-Indianer ein kulturelles Weiterleben äffischen Imponiergehabes gesehen.

Zwischen siebtem und neuntem Schwangerschaftsmonat ist der Menschenfetus nahezu völlig mit einem feinen Haarkleid bedeckt, als wolle er ein ordentlicher Affe werden. Erst kurz vor der Geburt wird dieses „Lanugo" genannte Fetalhaar abgestoßen. Die ersten Ausscheidungen eines Neugeborenen, das „Mekonium" oder „Kindspech", enthalten viele dieser Haare, die es noch vor der Geburt aus dem Fruchtwasser geschluckt hat.

Obwohl die Frage nach dem Warum des Nacktwerdens unserer Vorfahren kontrovers diskutiert wird, so herrscht doch weitgehend Einigkeit darüber, daß dies mit der Regulation der Körpertemperatur zusammenhängt. Die frühen Hominiden bewohnten die afrikanischen Savannen nahe dem Äquator. Während der heißen Mittagsstunden suchen viele behaarte Säuger den Schatten auf, um Überhitzung – insbesondere des empfindlichen Zentralnervensystems – zu vermeiden, sind aber deshalb weite Strecken des Tages zur Immobilität verdammt. Modellversuche zeigten, daß ein aufrecht gehender Hominide während des Sonnenhochstandes 60 Prozent weniger Körperoberfläche der Bestrahlung aussetzt, als wenn er sich auf vier Beinen bewegt. Zudem kann er, über das Gras erhoben, den kühlenden Wind ausnutzen.

Mehr scheinen als sein: Von einer Sekunde zur anderen macht sich ein Schimpanse größer, indem er sein Fell sträubt. Dem haarlosen Menschen bleiben nur Gänsehaut und heiliger Schauer

Diese Regulation der Körpertemperatur läßt sich durch Verringerung des Haarkleides beträchtlich verbessern. Dazu allerdings muß das Pigment Melanin in die Haut eingelagert werden, um die gefährliche UV-Strahlung aufzufangen – auch wenn das zunächst eine Steigerung der Wärmeaufnahme im Vergleich zu einer unpigmentierten Haut bewirkt. Diesen Nachteil machen aber eine reich durchblutete Haut sowie hochaktive Schweißdrü-

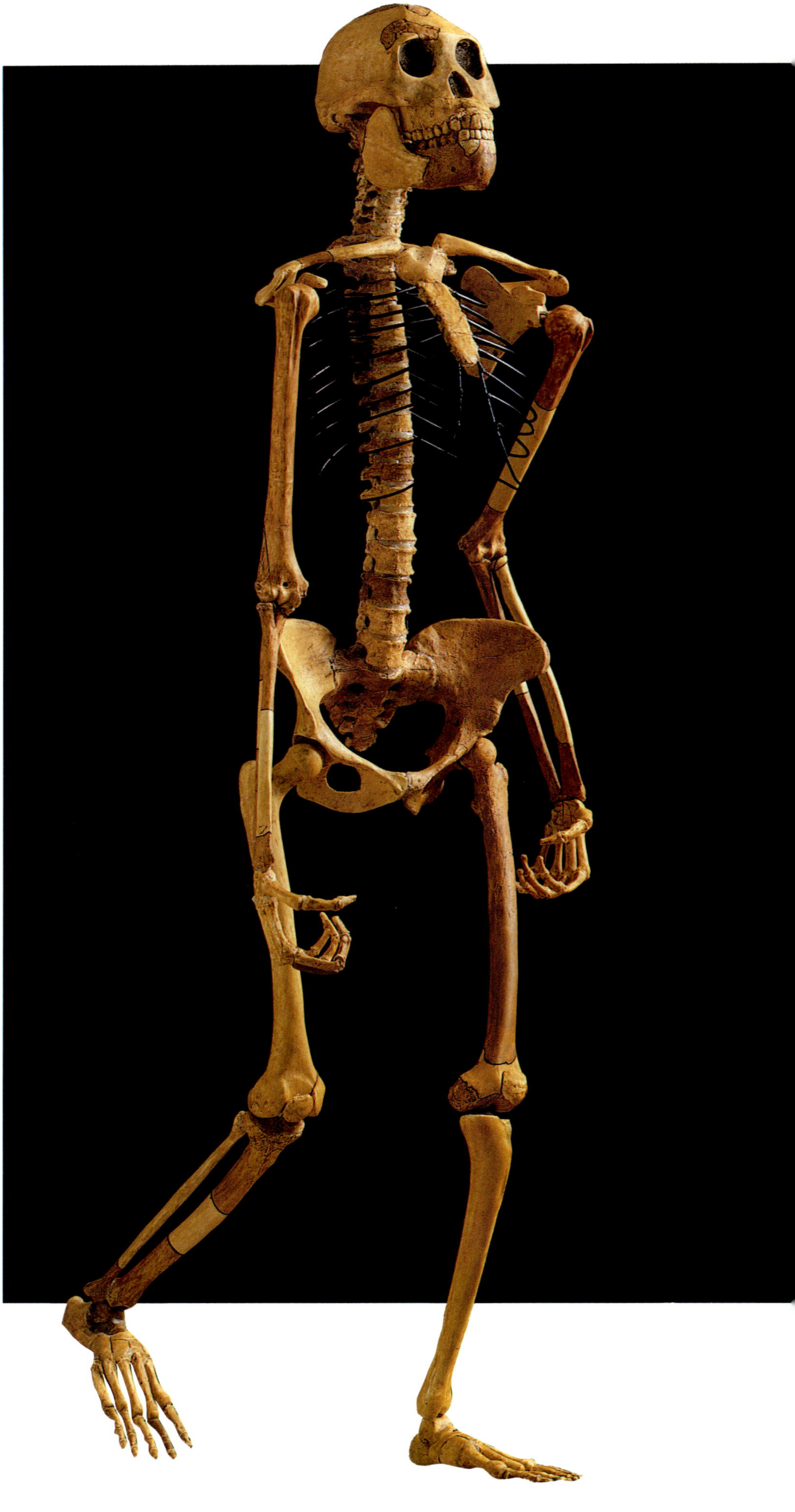

Vom Kopf auf die Füße gestellt wurde die Theorie über das, was uns zum Menschen machte. Lange galt, erst sei das Gehirn, dann der Gang „menschlich“ geworden. Die Rekonstruktion des 1974 in Äthiopien gefundenen Skeletts von „Lucy“ zeigt jedoch, daß dieser drei Millionen Jahre alte Vorfahre des heutigen Menschen schon aufrecht ging, während sein Schädel noch eher dem eines Affen als dem eines Menschen glich sen wett. Tatsächlich hat der Mensch unter allen Säugern die größte Schwitzkapazität und kann so enorme Verdunstungskälte produzieren. Das Unterhautfett – das anderen Primaten fehlt – verhindert eine Auskühlung an kälteren Tagen und in der Nacht. Bei Bedarf wird diese Isolierwirkung umgangen, indem die Kapillaren in der Unterhaut sich weiten und eingestrahlte sowie durch Stoffwechsel entstandene Wärme abgeleitet wird. Ein Rest von Fell, das Kopfhaar, schützt das exponierte Gehirn vor Hitzschlag. Viele vierbeinige Säuger entwickeln wegen ihrer relativ großen sonnenzugewandten Körperfläche lediglich „thermische Fenster", weniger behaarte Stellen an den beschatteten Bauchseiten.

Etliche Forscher meinen, daß die Temperaturregulation durch aufrechten Gang und Haarlosigkeit einen wichtigen Vorteil brachte: längere Bewegungszeiten und somit besseres Ausbeuten der im offenen Gelände weit verstreuten Nahrungsvorräte.

Die ur-menschenartigen *Australopithecinen*, die vor etwa vier bis einer Millionen Jahren in Afrika lebten, weisen bereits eindeutig Merkmale permanenter Zweibeiner auf. Mary Leakey, die Frau des Paläontologen Louis Leakey, entdeckte 1977 bei Ausgrabungen in Tansania sogar versteinerte Fußspuren von drei Hominiden, die über feuchte Vulkanasche gewandert waren. Das Alter der Abdrücke wird verläßlich auf 3,6 Millionen Jahre datiert. Wie diese Wesen wohl aussahen, darüber gab vor allem ein spektakulärer Fund Auskunft, den das Team des amerikanischen Paläoanthropologen Donald Johanson drei Jahre zuvor in Äthiopien gemacht hatte: ein zu 40 Prozent erhaltenes Skelett. Dieser etwa einen Meter große Hominide, mit dem Spitznamen „Lucy" belegt, lebte vor drei Millionen Jahren. Vom Hals abwärts zeigt Lucy außergewöhnlich „moderne" Skelettmerkmale. Zweifellos ging sie aufrecht. Der Schädel glich jedoch mehr dem eines Menschenaffen als dem eines Menschen.

Das bedeutet: Wesen dieser Art bewegten sich auf zwei Beinen fort, lange bevor das Gehirn größer wurde. Hominiden gingen wie Menschen, lange bevor sie dachten wie Menschen. Die klassische These von der Weiterentwicklung des Gehirns als „Schrittmacher" der menschlichen Evolution wurde somit vom Kopf auf die Füße gestellt. Würden jene „ersten Menschen" heute noch leben – statt ihnen zu Ehren ein Bankett zu geben, würden wir sie wohl eher in den Zoo sperren.

Im Kern lautet die Frage, warum Lucy und die Wesen von Tansania diese für ein Säugetier so ungewöhnliche Fortbewegung entwickelten: Was machte uns zum Menschen? Erst langsam nehmen Evolutionsbiologen Abschied davon, die Entwicklung der Hominiden gleichzusetzen mit der Entwicklung des Menschen, indem sie „humane" Merkmale sehr beflissen von „animalischen" trennen.

Die verzerrte Perspektive, daß sich der Wandel vom Menschenaffen zum

In feuchter Vulkanasche hinterließen bereits vor 3,6 Millionen Jahren aufrecht gehende Wesen ihre Spuren. Die Paläontologin Mary Leakey entdeckte die versteinerten Fußabdrücke früher Menschen 1977 in Tansania

Menschen in einem einzigen großen Schritt vollzog, geht bis auf Charles Darwin zurück. Als der Begründer der Evolutionstheorie 1871 *Die Abstammung des Menschen* veröffentlichte, sah er den Motor der Menschwerdung in einem Netzwerk positiver Rückkopplungen, die den Menschen gleich zu Beginn seiner Geschichte deutlich und ein für allemal von seinen tierlichen Vorfahren unterschieden.

Nach Darwin tauschten unsere Urahnen die dolchartigen Eckzähne der Menschenaffen zunächst gegen schärfere Waffen ein, die sie aus Steinabschlägen herstellten. Die Fähigkeit, Werkzeuge herzustellen und zu benutzen, war wiederum daran gekoppelt, daß die Hände frei waren. Deshalb brachte es Vorteile, zweifüßig zu werden. Somit konnten unsere Ahnen, schrieb Darwin, „sich besser mit Steinen oder Keulen verteidigen oder leichter Beute machen." Zur Fortentwicklung der Werkzeugtechnik brauchte der Mensch weiterhin einen geschärften Intellekt: deshalb das größere Gehirn. Damit wiederum war ein komplexeres Sozialleben gekoppelt, um die Werkzeugherstellung und Praktiken des Lebensunterhaltes zu vervollkommnen. Dieses Bild vom Ablauf der Evolution vertrug sich gut mit der unterschwelligen Vorstellung, der Mensch – diese höchst kulturelle, höchst soziale und höchst ethische Kreatur – habe sich seine Erdenherrschaft dank seiner Außergewöhnlichkeit redlich verdient.

Darwins Ansichten wirken bis in unsere Zeit. Während der fünfziger Jahre war die Theorie vom „Man the Toolmaker" sehr populär. Als jener Werkzeugmacher galt aber nicht der Mensch schlechthin, sondern lediglich der Mann. Männer gingen mit Waffen auf Jagd, beschafften fett- und eiweißreiche fleischliche Nahrung. Sie versorgten damit auch ihre Frauen, welche die Kinder hüten mußten. Denn Menschenbabies waren ja völlig passive „Traglinge", die die Mutter an sich banden.

Diese Hypothese vom „Man the Hunter" spiegelt sehr zeitgemäß das Klischee der Geschlechterrollen wider. Deshalb war nicht verwunderlich, daß mit der aktuellen Frauenbewegung eine konkurrierende Hypothese aufkam: „Woman the Gatherer" – die Frau als Sammlerin. Pflanzen, nicht Tiere, wurden als Hauptnahrung früher Hominiden angesehen, lediglich angereichert um aufgeklaubte Insekten und Reptilien. Der aufrechte Gang erlaubte den Frauen – so die Lehrmeinung –, nicht nur ihre Babies, sondern auch die gesammelte Nahrung zu tragen. Das Sozialleben konzentrierte sich auf die Mutter-Kind-Beziehung. Frauen galten nicht länger als passive Nahrungsempfänger, Männer waren eher Randfiguren der Gruppe.

Mitte der siebziger Jahre setzte sich dann unter den zuständigen Wissenschaftlern eine neue Ansicht durch: Die Hypothese von der Arbeitsteilung kam auf, wonach von Männern erlegte Jagdbeute und von Frauen eingebrachtes Sammelgut an einem gemeinsamen Lagerplatz aufgeteilt wurde.

Was machte uns zum Menschen? Je nach faktischem Wissen und sozialer Wertung wurde die Frage also ganz unterschiedlich beantwortet. Gegenwärtig zeichnet sich in der Wissenschaft von der Evolution des Menschen jedoch ein deutlicher Trend ab: Jene Qualitäten, die als „typisch menschlich" gelten, entstanden in so vielen kleinen Schritten über einen so langen Zeitraum, daß nicht auszumachen ist, wann „das Tier" aufhörte und „der Mensch" anfing.

Die althergebrachte Lehrmeinung besagt, der aufrecht gehende Mensch habe sogleich begonnen, mit seinen freigewordenen Händen Steinwerkzeuge zu bearbeiten. An den Fundorten von Tansania und Äthiopien wurden aber keine Hinweise hierfür entdeckt. Die ältesten Werkzeugfunde sind etwa 2,3 Millionen Jahre alt. Urmenschen gingen somit mindestens

Männer jagen, Frauen sammeln: Bei den Buschleuten der Kalahari waiden Männer eine erlegte Giraffe aus; eine Frau hat Melonen, Beeren und eine Schildkröte gesammelt. Auch bei Schimpansen bevorzugen Männchen gemeinsames Fangen und Teilen von Beute; Weibchen hingegen stochern eher nach Insekten. Arbeitsteilung der Geschlechter kann die Einzigartigkeit des Menschen also nicht begründen

1,3 Millionen Jahre aufrecht, ohne Steinwerkzeuge herzustellen. Eine komplizierte technische Kultur keimte also erst später, mit der Entfaltung des Gehirns.

Auch das Bild von den frühen Hominiden als Jägern hat gründlich Schaden genommen. Manche Knochen von Nahrungsresten weisen eindeutig Fraßspuren von Raubtieren auf, die durch Kratzer von Werkzeugen lediglich überlagert sind. Wenigstens teilweise ernährten sich die Hominiden somit nicht durch Jagd, sondern durch zufällig aufgefundenes Aas, dessen Knochen sie aufschlugen, um das Mark herauszulutschen. Die „Krone der Schöpfung" als Aasfresser – das entspricht der Würde des Menschen indes weit weniger als das hehre und deshalb wohl gern überbetonte Bild vom "edlen" Waidwerk.

Weder Werkzeugbenutzung noch Arbeitsteilung scheinen geeignete Kriterien für das „Humane" zu sein. Denn deutliche Ansätze zu beidem finden sich auch bei Schimpansen. Im tansanischen Gombe-Nationalpark machen fast ausschließlich Männchen – allein oder in Gruppen – Jagd auf kleinere Affenarten, auf Buschböcke und Buschschweine. Weibchen hingegen „sammeln" deutlich länger und häufiger als Männchen Nahrung. Während ihre Kinder herumtollen, fertigen sie aus Ästen passende Stöcke an, um damit nach Baumameisen und Termiten zu angeln oder nach Harz und Honig zu bohren. Pflanzliche Kost wird vorwiegend zwischen Müttern und Kindern geteilt, selten zwischen Erwachsenen. Erfolgreiche Jäger hingegen geben häufig Fleisch an bettelnde Artgenossen ab. Dies geschieht jedoch nicht unbedingt freiwillig, sondern weil sie selber sonst kaum einen Bissen in Ruhe verzehren könnten. Selbst da, wo geteilt wird, muß also keine tiefere Einsicht in die Vorteile sozialer Zusammenarbeit vorhanden sein, wie den ersten Menschen gerne unterstellt wurde.

Jäger-Sammler-Völkchen, die bis heute überlebt haben, etwa die Buschleute der Kalahari, werden gern als „fossilierte Gesellschaften" bezeichnet. Tatsächlich geben sie jedoch schlechte Modelle für frühe Hominiden ab, denn ihre Kultur ist im Grunde so komplex wie die jeder anderen modernen Menschengesellschaft.

Ohnehin ist das Postulat wenig hilfreich, „die Kultur" unterscheide den Menschen wesensmäßig vom Tier. Dies wird an jener Richtung der deutschen philosophischen Anthropologie deutlich, die mit dem Wort des Philosophen Herder aus dem Jahre 1772 im Menschen ein „Mängelwesen" sieht, das ohne natürliche Waffen ist, ohne Angriffs- und Fluchtorgane, mit mittelmäßigen Sinnen, nackt Wind und Wetter ausgesetzt. Folglich – so die Mutmaßung – mußte das „Mängelwesen" sich eine zweite Natur schaffen, eine künstliche Ersatzwelt: durch die Kultur.

Dem Gebrauch des Faustkeils geht vermutlich der von „sozialen Werkzeugen" voran. Mantelpaviane kennen da den Trick der „gesicherten Drohung": Abgewandt vom Haremshalter, bleckt ein Weibchen die Zähne gegen eine Rivalin. Zurückzudrohen wäre unklug, denn dann fühlte sich der Pascha provoziert. Das Weibchen benutzt ihn so für eigene Zwecke

Diese Überlegung verfehlt jedoch den Kern des Phänomens. „Kultur" wurde nur allzu gern mit „Werkzeuggebrauch" gleichgesetzt, wohl eine Folge des historischen Zufalls, daß die Evolutionstheorie im Zeitalter der industriellen Revolution und ihrer Euphorie für alles Technische entstand. Denkvermögen wird jedoch nicht erst gebraucht, wenn es Faustkeile herzustellen gilt. Bereits das erfolgreiche Leben in einer Primatengesellschaft erfordert beträchtliche Intelligenz.

Bei Fischen, Vögeln und niederen Säugern hängt die Existenz weitgehend am Gängelband von Instinkten und vorgeprägten Aktivitätsrhythmen. Brunst, Balz, Jungenaufzucht, Wanderungen und Rangkämpfe sind zeitlich voneinander getrennt. Bei Primaten jedoch wird das verflochtene Sozialgefüge zunehmend unabhängig von Jahreszeiten. Ihr Alltag ist räumlich und zeitlich ein vielschichtiges Nebeneinander von Ereignissen. Dieses Tohuwabohu von Konkurrenz und Freundschaft, Sex, Geburt, Aufzucht, Spiel, Nahrungserwerb erfordert, daß vorausschauend geplant und gehandelt wird und daß Artgenossen in die eigenen Aktionen einbezogen werden. Das, was dabei im sozialen Bereich mittels Taktik, Intrige und Strategie geleistet wird, erfordert viel „Grips" und reicht ohne weiteres an die Benutzung von Werkzeugen heran.

Schon in diesem Vorfeld der Hominisation wird es kompliziert. Beispielsweise läßt die Kenntnis der Beziehungen, die andere Gruppenmitglieder untereinander pflegen, zu, daß ein Primat ein drittes Individuum als „soziales Werkzeug" benutzt, um ein eigenes Ziel zu erreichen. Dabei wird tief in die Trickkiste gegriffen.

Paviane und Rhesusaffen setzen beispielsweise gerne und oft die soziale Technik der „gesicherten Drohung" ein: Affe A provoziert den ranghöheren Affen B und präsentiert zugleich sein Hinterteil vor C, der beiden überlegen ist. A schützt sich mit dieser beschwichtigenden Geste vor einem Angriff durch C. Wenn B in die Richtung von A zurückdroht – die ja auch die Richtung von C ist – wird der überlegene C den Rivalen B angreifen.

Ein anderes Beispiel: Junge Blutbrustpaviane, denen Mütter das Säugen immer häufiger verwehren, um sie zu entwöhnen, zerren und schlagen erwachsene Männchen, bis die strafend zurückhauen. Die Mütter retten ihre Kinder sofort an die Brust – eine gelungene Erpressung.

Schließlich ein dritter Trick: Jugendliche Savannenpaviane gesellen sich zu erwachsenen Weibchen, die etwas Schmackhaftes ausgraben, und beginnen „um Hilfe" zu schreien. Sie provozieren so einen Verteidigungsangriff ihrer Mütter oder männlichen Beschützer auf die unschuldige Ausgräberin und machen sich nach deren Flucht selber über die Nahrung her.

Bereits nicht-menschliche Primaten vermögen also kombinierte Wirkungen abzuschätzen, momentane Emotionen zu unterdrücken und zu kontrollieren. Genau solche geistigen Potenzen bereiteten einen späteren Lern-Transfer vom sozialen ins technologische Feld vor. Deshalb ist das „Naturwesen" Affe vom „Kulturwesen" Mensch nicht so weit entfernt, wie es manchen scheint.

Die Vorstellung, daß eine kontinuierlich verlaufene Evolution die Tiere mit dem Menschen verbindet, beißt sich natürlich mit dem Mythos vom Menschen als der „Krone der Schöpfung". Deshalb wird immer wieder versucht, ein Merkmal zu finden, mit dem sich die „Sonderstellung" des Menschen in der belebten Natur belegen ließe. Ist der Mensch nicht mehr Tier und nicht mehr Affe, wenn er aufrecht geht? Wenn er Werkzeuge benutzt? Wenn er mittels Werkzeugen Geräte herstellt? Wenn sein Hirninhalt 600 Kubikzentimeter überschreitet? Wenn er sich einer Symbolsprache bedient? Wenn er nackt ist? Wenn das Weibchen einen Orgasmus erlebt? Wenn er Feuer macht? Wenn er Artgenossen tötet? Wenn er Artgenossen auffrißt? Wenn er weiß, daß er sterben muß? Wenn er Tote bestattet?

All diese Merkmale mußten eine Zeitlang zum Beweis für die Einzigartigkeit des Menschen herhalten. Entweder aber – und auch davon handelt dieses Buch – förderten Studien an Affen zutage, daß die Besonderheiten keine sind, weil sie bereits in äffischen Vorstufen wurzeln. Oder sie versuchen, das Menschsein auf einen zu späten Zeitpunkt der Evolutionsgeschichte festzulegen. Der Mensch ist nicht mehr Tier, wenn er die Formel von Coca-Cola kennt – das klingt so richtig wie absurd.

Genauso berechtigt könnte nach der „Sonderstellung" eines Eisbären, einer Biene oder einer Zecke gefragt werden. Denn auch diese Wesen sind ja ihren Lebensumständen hervorragend angepaßt; ihre Sinnesorgane können Signale wahrnehmen, die dem Menschen verborgen bleiben. Wir sollten deshalb besser und weniger überheblich von der „Eigenart" einer Organismengruppe reden.

Die Eigenart des Menschen erwächst nun gerade nicht aus einem Einzelmerkmal, sondern aus einem Mosaik von Merkmalen, die über einen langen Zeitraum entstanden sind und die eine außergewöhnliche Flexibilität in der Begegnung mit der Natur bereitstellen. Der Begriff vom „Mängelwesen" verwechselt einfach „Unspezialisiertsein" mit „Unangepaßtheit".

Der Mensch ist zwar kein Weltmeister in Einzeldisziplinen. Aber dafür kann er vielerlei zugleich: zehn Meter tauchen, dann einen Kilometer schwimmen, zwanzig Kilometer laufen und schließlich auf einen Baum klettern. Friedrich Nietzsche nannte den Menschen „das nicht festgestellte Tier". Anders ausgedrückt: Wir sind spezialisiert auf Nichtspezialisiertsein.

Die „ersten Freigelassenen der Schöpfung", wie Herder die Menschen beschrieb, sind wir dennoch nicht. Der alte Affe steckt noch in uns.

Sex – das ganz vertrackte Puzzle

Die Tabus sind längst gefallen, über Sexualität wird offen gesprochen. Denn sie dient nicht nur schlicht der Fortpflanzung, sondern ist Ausdruck der Lebensqualität. Oft werden an das dynamische Wechselspiel von männlicher Rivalität und weiblichem Wahlverhalten moralische Maßstäbe angelegt. Liebe und Treue gelten als gut, Eifersucht und Ehebruch als böse. Doch Licht- wie Schattenseiten im Umgang der Geschlechter haben biologische Wurzeln in der Welt der Affen. Je nach Art gibt es dort Harems, Vielmännerei oder sexuelle Freizügigkeit. Und die Einehe ist keineswegs naturgewollt. Im Vergleich kommen die Forscher zu dem Schluß, der Mensch neige zur „gemäßigten Vielweiberei“

Präsentieren, Inspizieren: Zur Zeit des Eisprungs entwickeln die Weibchen vieler Arten Brunstschwellungen – Signal der Paarungsbereitschaft für die Männchen. Anubispaviane in Tansania

Dicke Backenwülste sind bei den Orang-Utans Ausdruck der Männlichkeit, je älter desto stärker. Rivalen fühlen sich bedroht, Weibchen sind beeindruckt

Die Stellung „Gesicht-zu-Gesicht“ ist nicht dem Menschen vorbehalten. Gelegentlich schauen auch Flachlandgorillas einander beim Sex in die Augen

Die Paarung ist des Siegers Preis. Männchen von Arten, die nicht in Einehe leben, kämpfen scharf um den Besitz von Weibchen – wie diese Anubispaviane in Tansania

♂
1963/83
Gorilla g. gorilla
(Savage u Wyman

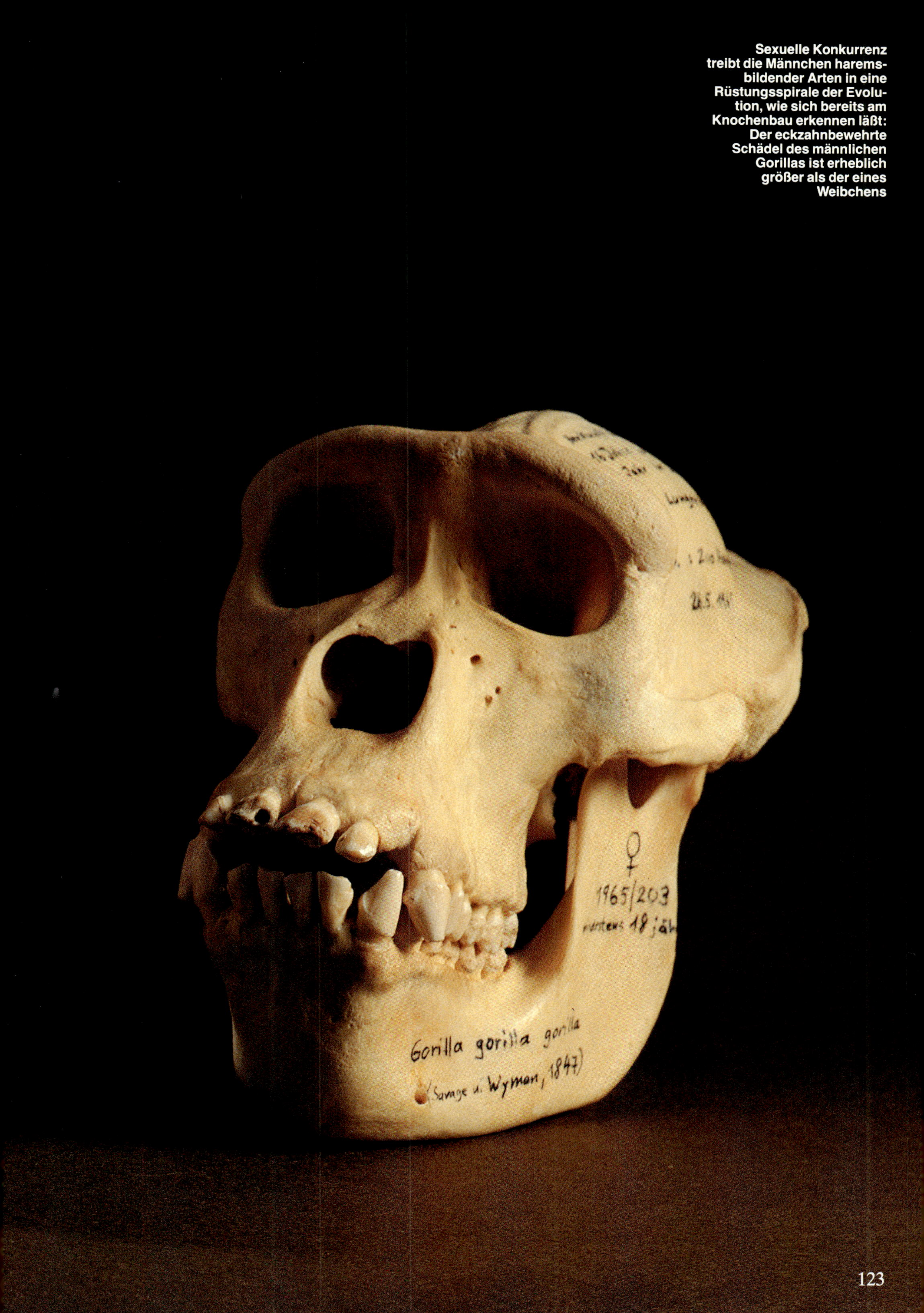

Sexuelle Konkurrenz treibt die Männchen haremsbildender Arten in eine Rüstungsspirale der Evolution, wie sich bereits am Knochenbau erkennen läßt: Der eckzahnbewehrte Schädel des männlichen Gorillas ist erheblich größer als der eines Weibchens

Haremshalter – wie dieser indische Langur – besitzen ein Paarungsmonopol und haben deshalb kleine Hoden: Ihre Spermien müssen nicht mit fremdem Samen konkurrieren. Dagegen sind die Hoden der Rhesusaffen riesig, weil sich bei ihnen Weibchen kurz hintereinander mit mehreren Männchen paaren. Noch steht eine einleuchtende Erklärung aus, warum Affenweibchen – verglichen mit Frauen – nur sehr kleine Brüste haben

Vielweiberei ist umso ausgeprägter, je stärker sich die Körpergröße der Geschlechter unterscheidet: Ein Pascha der Blutbrustpaviane im Hochland von Äthiopien führt seinen Harem aus

Ungestört durch die Menschen am Rand eines südindischen Dorfes paaren sich Hutaffen. Das Weibchen stößt Kopulationslaute aus, deren Funktion noch nicht geklärt ist. Vielleicht will es damit andere Männchen anlocken, um sich zu vergewissern, daß der Partner physisch – und damit vermutlich auch genetisch – der stärkste ist

Die Machete liegt griffbereit. Mein Schlaf ist leicht und flackernd, durchlöchert von unzähligen Schrecksekunden, in denen Blätter rascheln oder Zweige knacken. Auch das Lager ist dem Schlummer nicht gerade förderlich – eine Plattform aus aneinandergebundenen Bambusstäben, in Kniehöhe zwischen mächtigen Stämmen verankert und von einer Plastikplane überspannt, deren Zipfel wie Peitschen im Wind knallen.

Mein Nachbar schläft den Schlaf der Gerechten. Warren Brockelman hat in den vergangenen zwei Jahrzehnten unzählige Nächte hier im Urwald des Khao-Yai-Nationalparks verbracht, 130 Kilometer nordöstlich der thailändischen Hauptstadt. Der Biologieprofessor aus Bangkok geht dabei einer alten Neigung nach. Er erforscht das Sozialleben von Gibbons, jener „Kleinen Menschenaffen“, die mit ihren extrem langen Armen in den Wipfelwelten südostasiatischer Dschungel ihr Akrobatenleben führen. Den gebürtigen Amerikaner verschlug es während des Vietnamkrieges nach Thailand, wo er an Gibbons die Malaria erforschen sollte. Inzwischen hat er hier längst Wurzeln geschlagen, ist mit einer einheimischen Malariaexpertin verheiratet und Vater von zwei aparten Kindern.

In den Dachstreben des Bambusgestells baumelt ein Netz mit Proviant für unsere Expedition, vor allem ein Leinensack mit Reis und Plastiktüten voller Zwei-Minuten-Nudeln. Brokkelman hat mir eingeschärft, jeder Ratte, die sich an diesem Import aus der Zivilisation gütlich tun will, mit der Machete den Garaus zu machen. Darauf bin ich gerüstet. Aber mein Alptraum gilt einer Horde Elefanten, die dampfwalzengleich durchs Dikkicht brechen könnte, oder einem der letzten hinterindischen Tiger. Brokkelman gibt den trockenen Rat, vor Elefanten nicht wegzurennen, sondern wie angewurzelt und still zu verharren, da die Dickhäuter schlecht sehen, aber gut hören können. Er hat ebenfalls eine Erklärung parat, warum sich für Tiger das Menschenfressen nicht auszahlen kann. „Maneater“ hätten eine „Null-Fitness“: Ihre Überlebenswahrscheinlichkeit sei äußerst gering, da Menschenfressern gnadenlos nachgestellt wird. Das mag sein. Für ein Urwaldgreenhorn wie mich bleibt dennoch die bohrende Frage: Ob die Tiger das auch wissen?

Wildhüter wagen sich nicht hierher ins 120 Quadratkilometer große Herz des Parks. Denn zum einen nutzen kommunistische Untergrundkämpfer den Dschungel als Unterschlupf. Zum anderen wird dieses Refugium für Thailands geplünderte Fauna und Flora immer häufiger von gut bewaffneten Wilderern heimgesucht.

Irgendwann nach Mitternacht knabbert es tatsächlich an den Suppentüten. Ich habe die Machete rasch zur Hand, um meine Urwaldtauglichkeit zu beweisen. Die beiden nächtlichen Diebe zeigen sich vom Strahl meiner Taschenlampe völlig unbeeindruckt. Offenbar ist ihr Verhalten nicht auf dieses künstliche Leuchten in der Dunkelheit programmiert. Doch auch meine Kategorien von Ratten geraten völlig durcheinander, denn die Nager vor mir haben die Größe mittlerer Stallhasen. Ehe ich noch neuen Mut sammeln kann, hat Brockelman mir schon die Machete abgenommen und die Ratten mit flinken Hieben getötet. An den Schwänzen trägt er sie ein ganzes Stück fort vom Lagerplatz und schleudert sie dann ins Unterholz: Kadaver verwesen im Urwald nur langsam und stinkend; im Gegensatz zur offenen Savanne gibt es hier wegen der schlechten Sicht nur wenige auf Aas spezialisierte Fleischfresser.

Bereits im Morgengrauen machen wir uns an die Arbeit. Es gilt, das zu Forschungszwecken netzartig im Unterwuchs angelegte System von Schleichpfaden unterhalb der Verkehrswege unserer Beobachtungsobjekte offenzuhalten. Gibbons sind extrem spezialisierte Schwinghangler und turnen in 20, 30 Metern Höhe Hand-über-Hand durchs Geäst. Die Chancen, sie rein zufällig zu entdekken, sind ziemlich gering. Glücklicherweise aber stimmen sie in den Morgenstunden ihre eigentümlichen Gesänge an und geben damit ihren Standort preis. Wer dann rasch genug auf freigeschlagenen Pfaden vorwärtskommt, kann die heimlichen Sänger auf ihrer hohen Bühne auch sehen.

Dieser Nationalpark beheimatet zwei Arten von Gibbons. Westlich des Takhong-Flüßchens, das wir zu Beginn unserer Dschungelvisite durchwateten, leben die Weißhandgibbons, auch Lar genannt. In Zoos wird diese Art gelegentlich auf Inseln mit Klettergerüsten gezeigt, nicht selten gemeinsam mit südamerikanischen Klammeraffen, die sich ähnlich den Gibbons hangelnd fortbewegen. Östlich des Takhong-Flusses leben die selteneren Kappengibbons. Der Takhong mündet einige hundert Kilometer weiter in den Mekhong: eine geographische Barriere zwischen beiden Arten. Gibbons würden ertrinken, wollten sie den Fluß überqueren, denn ihr dichtes Fell saugt sich voll Wasser wie ein Schwamm. Hier, in seinem Quellgebiet, ist der Takhong jedoch noch schmal, und die Affen können ihn an seichten Stellen passieren. Brockelman fand heraus, daß sich in einer nur acht Kilometer breiten Zone die Weißhand- mit den Kappengibbons kreuzen. Die beiden Spezies müssen deshalb stammesgeschichtlich nahe verwandt sein.

Unser Forschungslager haben wir mitten im Gebiet der Kappengibbons aufgeschlagen. Zwischen halb neun und elf Uhr vormittags – an sonnigen Tagen – geben Dutzende von Gruppen nacheinander für jeweils etwa eine Viertelstunde rollende, kollernde Konzerte in ihren Baumlogen. An diesem Ort erreicht der Bestand noch seine größtmögliche Dichte von

Im Regenwald von Khao-Yai (Große Berge) mitten in Thailand hat der Biologe Warren Brockelman sein Lager aufgeschlagen, um Ökologie und Sozialverhalten der Gibbons zu erforschen – jener „Kleinen Menschenaffen", die verborgen durch die Kronen der Bäume hangeln

etwa sechs Gruppen pro Quadratkilometer.

Warren Brockelman trägt Khaki, und ich habe ebenfalls meine unauffälligsten Klamotten angezogen, damit uns die Gibbons möglichst nicht eher entdecken als wir sie. Langjährige Erfahrung paart sich mit Anfängerglück: Wir sehen noch vor Konzertbeginn im Wipfel eines mächtigen Feigenbaumes Kappengibbons, die sich an den Früchten gütlich tun. Die Affen schlucken auch die unverdaulichen Kerne und verbreiten so genau jene Art, die sie ausbeuten – eines der winzigen Rädchen im unglaublich fein abgestimmten ökologischen Getriebe des Regenwaldes.

Genau wie Weißhandgibbons leben auch Kappengibbons in Familien aus jeweils einem erwachsenen Männchen, einem Weibchen und bis zu vier Kindern; sie besetzen und verteidigen Territorien in der Größe von jeweils 10 bis 15 Fußballfeldern. Wie Seiltänzer, die zur Balance lange Stangen halten, huschen die Gibbons mit weit abgespreizten Armen aufrecht über die waagerechten dicken Äste der Bäume, eine Fertigkeit, auf die sich der Gattungsname *Hylobates* bezieht: „Baumgeher".

Im Dickicht des Waldes verraten Gibbons ihren Standort durch morgendliche Gesänge. Warren Brockelman zeichnet sie per Tonband auf, das später analysiert wird

Trotz des Fernglases gelingt es mir nicht, Weibchen und Männchen unserer Gruppe auseinanderzuhalten, denn beide Geschlechter haben bei Gibbons die gleiche Größe. Brockelman macht mich deshalb auf die Farbunterschiede aufmerksam: Männchen sind immer schwarz, Weibchen gräulich, bis auf die unverwechselbare namengebende schwarze Kopfplatte.

An die übermannshohen Flügelwurzeln einer Feige gelehnt, können wir kurz darauf das akustische Spektakel im obersten Stockwerk der Tropenarchitektur verfolgen, bei dem Vater und Mutter ebenfalls verschiedene Rollen zufallen. Hauptgesang der Gibbons ist ein Duett, das bis zu drei Kilometer weit schallt. Das Weibchen gibt zunächst weiche „Gjuuu"-Töne von sich, in die das Männchen kurze Zeit später einstimmt. Nach dieser Introduktion folgt der Solopart des Weibchens, zunächst heisere Stakkato-Töne und dann der eindrucksvolle „great call", der „Große Ruf" – eine 15 bis 25 Sekunden anhaltende Serie langgezogener melodischer Töne, die schneller und schneller werden, bis sie schließlich in einem erregten Triller gipfeln. Erst auf diesem Höhepunkt fällt das Männchen mit aufgeregten „Oa-oa"-Lauten und einem nur eine Sekunde währenden Triller ein, eine Sequenz, die es solo einige Male verebbend wiederholt, bevor das Weibchen erneut zum „Großen Ruf" ansetzt. In Intervallen von zwei bis vier Minuten folgt Duett auf Duett, bis das Paar dessen müde wird.

Der „Große Ruf" der Weibchen von Weißhandgibbons endet nicht mit einem Triller, sondern mit knapp einem Dutzend langgezogener Heultöne. Brockelman hat mit Stabmikrofon und Rekorder viele dieser Gesänge aufgezeichnet. Ein Sonograph druckte Dauer und Frequenzverlauf

Alle Gibbons sind Sangeskünstler; ein Kehlsack verstärkt die Laute, mit denen die „Kleinen Menschenaffen" – wie dieser Siamang auf Sumatra – ihre Reviere akustisch markieren

der Gesänge auf Papierschleifen aus. Zur Überraschung produzieren die erwähnten Mischlinge zwischen beiden Arten einen intermediären Gesang: Der weibliche „great call" liegt genau zwischen Trillern und langen Heulern. Da auch Mischlinge in Menschenobhut, die den Gesang nur eines Elternteils hören konnten, solche akustischen Muster entwickeln, deutet das klar auf eine erbliche Fixierung hin.

Dies ähnelt prinzipiell den einfachen Gesetzen, die der Genetik-Pionier Gregor Mendel im 19. Jahrhundert entdeckte. Werden beispielsweise rote mit weißen Wunderblumen gekreuzt, so sind die Hybriden rosa. Bei Menschenaffen überrascht ein solches Resultat hingegen sehr, denn immer wieder wird der hohe Lernanteil im Verhalten dieser Primaten betont. Das Gibbonbeispiel könnte bedeuten, daß eventuell auch komplizierte und scheinbar lernabhängige Abläufe im menschlichen Verhalten eine starke genetische Komponente haben.

Die meisten Biologen stimmen darin überein, daß die Gesänge der Gibbons der Abgrenzung des eigenen Territoriums gegen Nachbargruppen dienen, also der akustischen Reviermarkierung von Singvögeln entsprechen. Vom Gesang der Weibchen angefeuert, veranstalten Gibbonmännchen entlang der Wohngebietsgrenzen oft Schausprünge, die die Kraft und Verteidigungsbereitschaft der Territoriumsbesitzer unterstreichen. Da die Sicht im Blätterdach des Waldes eingeschränkt ist, kommt der akustischen Zeichengebung allerdings weitaus größere Bedeutung zu. Übrigens haben auch andere urwaldbewohnende monogame Primatenarten Duettgesänge entwickelt, so die größten lebenden Lemuren, die madagassischen Indris, sowie die Sumpfspringaffen Südamerikas und die Mentawailanguren Indonesiens.

Zuweilen stimmen heranwachsende Gibbontöchter in den Gesang der Eltern ein. Möglicherweise vervollkommnen die jungen Divas so ihre weitgehend angeborenen Gesangsfer-

Immer mehr zerstückeln traditionelle Brandrodung und illegale Besiedlung den Lebensraum der Gibbons – wie hier im Khao-Yai-Nationalpark. Kommerzieller Holzeinschlag führte 1988 zu katastrophalen Überschwemmungen mit Hunderten von Toten und wurde daraufhin in Thailand verboten. Doch nun plündert das relativ reiche Land seine Nachbarn Burma und Laos aus

tigkeiten. Vielleicht zeigen sie zugleich Gibbonjünglingen in der weiteren Umgebung ihre Existenz und Paarungswilligkeit an. Mit dem Erreichen der Geschlechtsreife, etwa im sechsten Lebensjahr, verlassen Junggibbons nämlich ihre Gruppe und versuchen, ein eigenes Territorium zu besetzen.

In der Verteidigung des Wohngebiets müssen beide Elternteile zusammenstehen. Brockelman berichtet von einem Wilderer, der nahe einem Forschungslager auf Gibbonjagd ging. Für neun Tage schonte er auf Drängen der Affenforscher eine wichtige Studiengruppe, erschoß dann aber doch das erwachsene Männchen der Familie. Die Gibbonwitwe versuchte, ihr Gebiet gegen ein Nachbarpaar zu verteidigen, das mit seinen drei Kindern sofort auf Expansionskurs ging. Tagelang schickte das Weibchen verloren und allein seinen „Großen Ruf" durch den Wald, bis es schließlich durch die Übermacht vertrieben wurde.

Gibbonduette haben für menschliche Ohren einen verzaubernden Klang. Gelegentlich wird betont, diese wohlkoordinierte Kunstfertigkeit diene außer zur Abgrenzung des Territoriums auch der Festigung der Paarbindung. Dies mag durchaus sein – wenn wir, wie später zu erläutern sein wird, in der Einehe eine unter bestimmten ökologischen Bedingungen optimale Einrichtung zur Kinderaufzucht sehen. Allzu oft wird jedoch die Paarbindung als ein moralischer Wert idealisiert, als etwas „Gutes" an sich, wohl deshalb, weil Primatologen meist aus Gesellschaften stammen, in denen die Monogamie die rechtlich verbindliche Lebensform ist. Wir sind beglückt, wenn Menschenaffen bestätigen, daß unsere Ehe als Institution „naturgewollt" ist. Dieser Sprung durchs Geäst des Primatenstammbaumes entbehrt jedoch jeder wissenschaftlichen Grundlage.

Daß Primatenpaare jahre- oder gar lebenslang zusammenbleiben, hat nichts mit moralischer Standfestigkeit zu tun. Die Übergänge zwischen Zusammenleben und Bewachen, Liebe und purer Eifersucht sind fließend. Dies wird deutlich, wenn wir nach dem Mechanismus fahnden, der Einehen im Innersten zusammenhält. Wer hat eigentlich ein Interesse an der Monogamie: das Weibchen, das Männchen – oder beide?

Warren Brockelman konnte ein paarmal beobachten, wie Einzelgänger in das Territorium eines Gibbonpaares eindrangen. War der Eindringling ein Männchen, wurde er vom Männchen angegriffen, war es ein Weibchen, attackierte das Weibchen. Der jeweils andere Partner mochte sich hingegen eher einladend zeigen und die Gelegenheit gar zu raschem Seitensprung nutzen.

Begegnungen zwischen Einzelgängern und Paaren sind zu selten beobachtet worden, um allgemeine Schlüsse zu ziehen. John Mitani von der Universität Kalifornien hat deshalb ein elegantes Experiment veranstaltet. Er spielte in Gibbon-Territorien Sologesänge fremder Artgenossen per Lautsprecher ab. Sangen vermeintliche weibliche Eindringlinge, so gaben ausschließlich die Partnerinnen Alarm, näherten sich der Quelle der Unruhe und initiierten Duettgesänge, um ihre Ansprüche auf Wohnraum und eigenen Partner zu unterstreichen. Sangen vermeintliche männliche Eindringlinge, machte sich das Männchen auf die Suche nach dem Störenfried; die Weibchen schwiegen sich in diesen Fällen aus.

Die Pärchen der Sumpfspringaffen sitzen oft „schwänzchenhaltend" beieinander: Ansichtssache, ob das eine Liebesbezeugung oder lediglich Partnerkontrolle ist. Als in einem Springaffen-Territorium die Rufe einer unbekannten Einzelgängerin abgespielt wurden, griff das aufgeregte Weibchen zu einer definitiven Maßnahme: Es kletterte vom Geäst, schüttelte den Kassettenrekorder, bis die Transistoren klapperten – und seine „Rivalin" damit verstummte.

Schopfgibbon als trauriges Maskottchen einer Naturschutzkampagne in Thailand. Erst langsam erwacht das Umweltbewußtsein

Die Konkurrenz zwischen gleichgeschlechtlichen Artgenossen ist also die Ursache für die Paar*bildung*, die mit idealistisch mißverstandener Paar*bindung* – einem echten emotionalen Band – nicht von vornherein identisch ist. Die Gründe für Partnertreue sind nüchterner Natur und zielen auf eigene Vorteile: Männchen, die monogam leben, können ziemlich sicher sein, daß sie auch die Väter jener Kinder sind, die ihre Partnerin gebiert. Dementsprechend groß ist ihre Bereitschaft, sich um diese Kinder zu kümmern: sie zu verteidigen, ihnen Nahrung zu beschaffen und – bei manchen Arten – sie auch herumzutragen. Männchen, die ihre Weibchen verlassen, opfern damit zugleich ihren Nachwuchs, denn wie das Beispiel der Gibbonwitwe lehrt, sind beide Elternteile auf Gedeih und Verderb aufeinander angewiesen. In solchen Fällen von Kooperationsmonogamie entsteht ein starker, gegen das Partnerverlassen gerichteter Selektionsdruck. Für Weibchen hat die dauerhafte Bindung den Vorteil, daß sich das Männchen bei der Aufzucht eigener Kinder engagiert und keine Energien an Nachkommen von Nebenbuhlerinnen verschwendet. Dieser Pragmatismus fördert den Zusammenhalt eines Paares, jenseits der Frage, ob die beiden sich nun „mögen" oder nicht.

Der ökonomische Zweck der Aufzuchtgemeinschaft offenbart sich ebenfalls darin, daß ein verschwundener oder gestorbener Partner in der Regel schnell ersetzt wird. Dies gilt für Gibbons ebenso wie für Menschen. Gibbons haben dabei auch wenig Hemmungen vor Inzest; herangewachsene Söhne und Töchter können ebenfalls als neue Geschlechtspartner an die Seite des verwitweten Elternteils treten. Dies führt natürlich zu reichlich verwickelten Verwandschaftsverhältnissen, und Warren Brockelman scherzt, daß irgendwann ein Gibbon „I'm My Own Grandpa" anstimmen könnte.

Gibbons leben in strikter Monogamie. Nüchterner Grund für Partnertreue: Nur wenn die Eltern zusammenhalten und das Territorium gemeinsam verteidigen, ist die Aufzucht ihrer Kinder – wie dieses jungen Weißhandgibbons – gesichert

Menschen haben die außergewöhnliche Fähigkeit entwickelt, Partnerbeziehungen so zu mythologisieren, daß der Hinterbliebene nach dem Verlust des geliebten Menschen alsbald an gebrochenem Herzen sterben kann. Solchen Phänomenen einer tieferen Bindung wird das begriffliche Instrumentarium der biologischen Verhaltenswissenschaft zweifellos nicht gerecht. Immerhin kann die Biologie aber die stammesgeschichtlichen Wurzeln der Geschlechterbeziehungen freilegen.

Das Sozialverhalten wird durch den „kleinen Unterschied" entscheidend geprägt. Männchen produzieren ihre winzigen Keimzellen – die Spermien – zu Millionen. Bei Weibchen entstehen sehr viel größere, aber auch wesentlich weniger Keimzellen, die dotterreichen Eier. Männchen können Nachkommen mit einem minimalen Aufwand an Zeit und Energie zeugen. Sie können das eine Weibchen befruchten und kurz darauf ein anderes. Um den Fortpflanzungserfolg zu steigern, lohnt es deshalb, möglichst viele Weibchen allein zu besitzen. Größere und stärkere Männchen sind dabei im Vorteil, sowohl in der Auseinandersetzung mit Rivalen als auch beim Buhlen um die Gunst der Weibchen.

Die daraus entstehende scharfe Konkurrenz unter den Männchen führt zu einer wesentlich höheren Sterblichkeit des „starken" Geschlechts infolge von Kämpfen, dem gefahrvollen Durchstreifen unvertrauten Geländes auf der Suche nach Partnerinnen, wegen Energieverschleiß und Stress. Nahe der nordwestindischen Stadt Jodhpur lebt eine genetisch isolierte Population von Languren, die strikte Harems bilden. Nach verläßlichen Zählungen kommt dort auf vier erwachsene Weibchen nur ein erwachsenes Männchen.

Infolge dieser Wechselwirkung zwischen hoher potentieller Fortpflanzungsrate und gleichzeitiger gnadenloser Konkurrenz mit Geschlechtsgenossen schwankt der tatsächliche Reproduktionserfolg von Männchen erheblich. Manche haben viele Nachkommen, manche gar keine.

Die Voraussetzungen für Weibchen sind ganz anders. Um Nachkommen zu haben, muß ein Säugetierweibchen nicht nur den Geschlechtsakt durchführen, sondern darüber hinaus enorme physiologische Energie in Schwangerschaft und Stillzeit stecken. Die theoretische Obergrenze ihrer Kinderzahl ist somit wesentlich niedriger als die von Männchen. Der Sexualkontakt mit mehreren Partnern hat weniger Vorteile, da ein einziges Männchen zur Befruchtung ausreicht.

Generell gilt für Säuger, daß die Zahl der Nachkommen, die ein Männchen haben kann, stets durch die Zahl der Weibchen eingeschränkt wird. Sie sind das limitierende Geschlecht, die knappe Ressource, um die Männchen konkurrieren.

Dieses bereits von Charles Darwin erkannte Prinzip der geschlechtlichen Zuchtwahl auf große, starke Männchen hin wurde 1972 von dem jungen amerikanischen Biologen Robert Trivers zu einem detaillierten Konzept ausgearbeitet. Zu den Konsequenzen der „sexuellen Selektion" gehört, daß die monogame Fortpflanzung die Ausnahme ist. Tatsächlich leben nur etwa 37 Primatenarten, also etwa 18 Prozent, monogam, die – wie die

Ein kenianischer Häuptling präsentiert stolz die Schar seiner Frauen und Kinder. Die weitaus meisten Kulturen praktizieren Vielweiberei. Monogame Fortpflanzung ist auch bei nicht-menschlichen Primaten eher die Ausnahme

Der einzelgängerische, nachtaktive Wieselmaki bewohnt Baumhöhlen auf Madagaskar. Auch wenn ein „Sozial"-System aus lauter solitär lebenden Tieren besteht, kann das Fortpflanzungssystem durchaus einem Harem ähneln – nämlich dann, wenn ein Männchen nacheinander verschiedene Weibchen aufsucht

Gibbons – nicht zuletzt deswegen besonderes Interesse erregen, weil auch Menschen oft in Paaren leben. Insgesamt sind weniger als vier Prozent aller Säuger monogam. Hingegen pflanzen sich 90 Prozent aller Vogelarten in dauerhafter Zweierbeziehung fort. Weil die Eier ja nicht im Bauch der Mutter fertig heranreifen und die Jungen nicht gestillt werden, kann ein Männchen sie im Prinzip genausogut bebrüten und nach dem Schlüpfen Futter heranschaffen.

Die Mehrzahl der Primatenarten hingegen neigt zur „Vielweiberei“ (Polygynie) oder lebt in Gruppen mit „sexueller Freizügigkeit“ (Promiskuität).

Für polygyne Fortpflanzungsstrukturen typisch sind Harems oder Ein-Männchen-Gruppen: Ein Haremshalter hat allein Zugang zu mehreren Weibchen; die meisten Geschlechtsgenossen sind von der Fortpflanzung ausgeschlossen und bilden sogenannte Junggesellenbanden. Der Harem entsteht normalerweise durch Eroberung einer Gruppe nahe verwandter Weibchen, so etwa bei einigen Meerkatzen, Blutbrustpavianen oder Languren. Bei Gorillas und Mantelpavianen jedoch versammelt ein Männchen erst nach und nach Weibchen verschiedener Herkunft um sich.

Promiscue Verhältnisse finden sich in Viel-Männchen-Gruppen: Mehrere Männchen und Weibchen leben zusammen, etwa bei Kattas, Sifakas, Makaken, Mangaben, Savannenpavianen, Brüllaffen und Schimpansen. Die Übergänge zwischen beiden Formen sind fließend. Selten gelingt es einem Haremshalter, jeglichen Sexualkontakt anderer Männchen zu unterbinden. Andererseits herrscht in Viel-Männchen-Gruppen keine wahllose sexuelle Freizügigkeit, sondern Männchen haben je nach Rang und Alter bevorzugt Zugang zu Weibchen, und Weibchen ihrerseits können bestimmte Männchen favorisieren. Etliche Arten, etwa Brüllaffen und Hanu-

Soziale Fellpflege bei einem Pärchen von Weißhandgibbons, deren Fell unterschiedlich gefärbt sein kann. Erst langsam ergründen Wissenschaftler die Zusammenhänge zwischen bestimmten Sozialstrukturen und der Ökologie der Lebensräume

manlanguren, sind da sehr flexibel; sie bilden sowohl Harems- als auch Viel-Männchen-Gruppen.

Welche Sozialstruktur eine Art entwickelt, hängt vermutlich von der Ökologie des jeweiligen Biotops sowie den damit verbundenen Vor- und Nachteilen für die Geschlechter ab. Diese komplizierte Wechselwirkung ist erst in Ansätzen entschlüsselt. Eine der Erklärungen geht davon aus, daß der Fortpflanzungserfolg der Männchen durch die Anzahl befruchtungsfähiger Weibchen begrenzt wird, derjenige der Weibchen hingegen durch die Nahrungsvorkommen, weil sie damit die Aufzucht ihrer Kinder sichern müssen.

Gibbonmännchen werden offenbar durch die spärliche Nahrungsverteilung im Regenwald in die Einehe „gedrängt“: Fruchttragende Bäume sind so selten, daß ein Wohngebiet von ökonomischer Größe lediglich ein Pärchen und dessen Nachkommen ernähren kann. Monogame Strukturen gibt es nur dort, wo sich eine Polygynie für das Männchen nicht verwirklichen läßt.

Kommt die Nahrung hingegen nicht zu weit voneinander entfernt gehäuft vor – etwa bei inselartiger Massierung früchtebehangener Bäume –, so lohnt sich für Weibchen die gemeinsame Verteidigung solcher Vorkommen gegen andere Gruppen. Durch die Kooperation bekommt jedes Weibchen mehr Nahrung ab, als wenn es allein auf Suche gehen würde. Die Weibchen bleiben zeitlebens in ihrer Geburtsgruppe, und es entwickelt sich ein Netz verwandtschaftlicher Beziehungen unter ihnen. Dies begünstigt Haremsstrukturen, denn ein einzelnes Männchen kann eine solche „Anhäufung“ von Weibchen leichter gegen Rivalen verteidigen.

Bei Gorillas entsteht ein Harem aus anderen Gründen. In ihrem Lebensraum setzt sich die Nahrung aus Blättern und Stengeln zusammen, die gleichmäßig verteilt und nahezu im Überfluß vorhanden sind. Für die Weibchen besteht keine Notwendigkeit zu gemeinschaftlicher Verteidigung des Reviers. Besonders starken Männchen gelingt es jedoch, mehrere Weibchen aus unterschiedlichen Geburtsgruppen unter ihre Herrschaft zu bringen.

Orang-Utans sind die schwersten baumbewohnenden Säugetiere, die es gibt. Würden sie in Gruppen durch den Wald ziehen, müßten die Äste brechen. Zudem sind eßbare Früchte, Blätter und Rinde nicht sehr häufig im Dschungel. Männchen und Mütter mit ihren Kindern leben deshalb überwiegend einzelgängerisch. Dennoch ähnelt die Fortpflanzungsstruktur der in einem Harem, da die Streifgebiete erwachsener Männchen mehrere kleinere Wohngebiete von Weibchen einschließen.

Bei den überwiegend bodenbewohnenden Schimpansen ist die Nahrung ebenfalls auf sehr kleine Futterquellen verteilt – etwa reife Früchte hoher Qualität oder eßbare Insekten. Die Weibchen können nur allein oder in Grüppchen das Gelände durchstreifen, damit sie sich beim Fressen keine Konkurrenz machen. Ein einzelnes Männchen kann ein solches Territorium, welches mehrere Weibchen beherbergt, wegen seiner Größe nicht verteidigen. Deshalb lohnt sich die Kooperation mehrerer Männchen, die ein Wohngebiet teilen und Weibchen aus Nachbargruppen zu erobern versuchen.

Bei savannenlebenden Pavianen wiederum werden Viel-Männchen-Gruppen offenbar wegen der Bedrohung durch Raubfeinde begünstigt, die von einem einzelnen Männchen nicht abgewehrt werden könnten. Aber was nun eigentlich genau die Ursachen für spezielle soziale Organisationsformen dieser Primaten sind, ist eine der großen Hauptfragen an die künftigen Freilandforscher. So plausibel die vorgestellten Argumente erscheinen mögen – sie wurden erdacht, um den Beobachtungen gerecht zu werden. Die wissenschaft-

Die Zoologische Staatssammlung in München birgt eine der reichsten Kollektionen von Primatenskeletten, die auch die Fortpflanzungsstrukturen der Arten widerspiegeln. Kriterium ist die Schädelgröße der Geschlechter. Bei den Gorillas übertrifft die des Männchens die seiner Weibchen etwa um das Doppelte – sie bilden Harems. Bei Schimpansen sind männliche Schädel nur wenig größer – sie praktizieren sexuelle Freizügigkeit, mehrere Männchen leben in der Gruppe. Bei Gibbons gleichen sich die Schädel der Geschlechter – sie leben paarweise, also in Monogamie

lichen Härtetests, nämlich die Bestätigung durch exakte Daten, stehen weiterhin noch aus.

Der Unterschied in der Körpergröße und äußeren Gestalt der beiden Geschlechter – der Grad des „sexuellen Dimorphismus“ – spiegelt ziemlich genau wider, ob eine Art monogam oder polygyn ist. Bei einehigen Arten können Männchen auf massigere Körper zur Abwehr von Konkurrenten verzichten, denn statistisch gesehen steht jedem von ihnen ein Weibchen bei. Bei polygynen Arten läßt der starke Auslesedruck größere Männchen entstehen, die Rivalen aus dem Feld schlagen oder Weibchen beeindrucken können. Diese Rüstungsspirale der Natur setzt sich allerdings nicht beliebig fort – größere Körper brauchen mehr Energie, müssen also mehr Zeit für Nahrungssuche und -aufnahme aufwenden.

Die Probe aufs Exempel verdeutlicht das Prinzip: Primaten wie Indris und Gibbons leben einehig, und die Partner haben nahezu gleichgroße Körper und Eckzähne; männliche Berggorillas oder Mantelpaviane wiegen mehr als doppelt so viel wie ihre Weibchen, haben enorme Eckzähne und bauen strikte Harems auf.

Die Spielregeln dieses „Darwinopoly“ sehen für unsere eigene Art so aus: Gegenwärtig sind Menschenmänner durchschnittlich 5 bis 12 Prozent größer und und 20 Prozent schwerer als Frauen. Die Statistik weist uns damit als ein Säugetier mit „milder Polygynie“ aus. Wir wären demnach gar nicht so monogam veranlagt, wie Moralapostel gerne predigen. Die bis zu

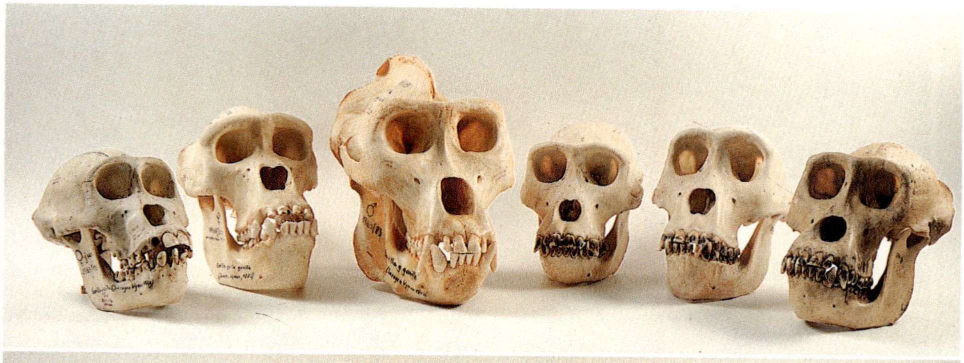

vier Millionen Jahre alten Knochen von *Australopithecinen* lassen vermuten, daß sich die Körpergrößen der Geschlechter noch deutlicher unterschieden – untrügliches Zeichen, daß Männchen um Zugang zu mehreren Weibchen bemüht waren.

Die Unterstellung einer „gemäßigten Vielweiberei" auch beim heutigen Menschen läßt sich durch Zahlen des Anthropologen George Peter Murdock eindrücklich belegen. In seinem *Ethnographischen Atlas* aus dem Jahre 1967 sind die Eheformen von 849 menschlichen Gesellschaften aufgeführt. Davon sind 83 Prozent regelmäßig oder gelegentlich polygyn, während nur 16 Prozent – wenigstens vom Gesetz her – monogam leben. Zu bedenken ist jedoch, daß Männer während eines wesentlich längeren Lebensabschnittes fortpflanzungsfähig sind, weshalb auch ein monogamer Mann mehr als eine Gattin haben kann – eben nur hintereinander.

Lediglich vier der von Murdock erfaßten Gesellschaften, also weniger als ein halbes Prozent, praktizieren Polyandrie. Dieses Zusammenleben eines Weibchens mit mehreren Männchen findet sich auch unter Krallenaffen – und wird uns im folgenden Kapitel noch beschäftigen.

Murdock untersuchte zudem den Austausch von Gütern oder Dienstleistungen aus Anlaß der Heirat. Dabei gingen 64 Prozent aller Eheanbahnungen Leistungen von der Familie des Bräutigams an die der Braut voraus. Nur 3 Prozent kannten die Mitgift an die Bräutigamsfamilie durch die der Braut. Mithin sind weit überwiegend

Frauen das rare Gut, um das Männer konkurrieren.

Daß Frauen unter uns Menschen ganz im Stil von Affenmännern aggressiv verteidigt werden, muß nicht erst mit Zahlen belegt werden – die Kriege der *Ilias* und des *Ramayana* waren Kämpfe um Helena und Sita. „Wer mit einem Weibe die Ehe bricht, der ist ein Narr", warnen Sprüche Salomonis in der Bibel, „der bringt sein Leben ins Verderben. Denn der Grimm des Mannes eifert und schont nicht zur Zeit der Rache".

Statt als „milde Polygynie" könnte die Sozialstruktur des *Homo sapiens* auch als „fakultative Monogamie" klassifiziert werden. Diese Flexibilität zwischen Einehe und Vielweiberei hat der Mensch unter den Primaten nur mit den Mongozmakis und den Mentawailanguren gemeinsam. Die Ursachen für dieses soziale Phänomen sind noch nicht klar. Die Mentawailanguren leben westlich Sumatras auf einigen kleineren Inseln und werden ihres Fleisches sowie eines schmucken Haarbüschels wegen seit alters her gejagt. Von einem bestimmten Jagddruck an bietet die Monogamie gegenüber der Polygynie eventuell Überlebensvorteile, da eine Kleinfamilie sich besser vor Jägern verstecken kann. Offenbar erst in jüngerer Zeit sind aus diesem Grund auch die Pageh-Stumpfnasenaffen auf den Mentawai-Inseln sowie die Brazzameerkatzen Afrikas monogam geworden. Bei diesen Meerkatzen sind die Männchen noch deutlich größer als die Weibchen. Die Ursachen der Monogamie beim – äußerlich betrachtet – ebenfalls polygynen Menschen werden noch zu beleuchten sein.

An den Größenunterschieden der Geschlechter können Primatologen zwar gut zwischen monogamen und polygynen Arten unterscheiden, jedoch nicht zwischen Harems- und Viel-Männchen-Gesellschaften. Der britische Veterinärmediziner Roger Short fand jedoch auch hierfür eine verblüffende Faustregel, die er aus

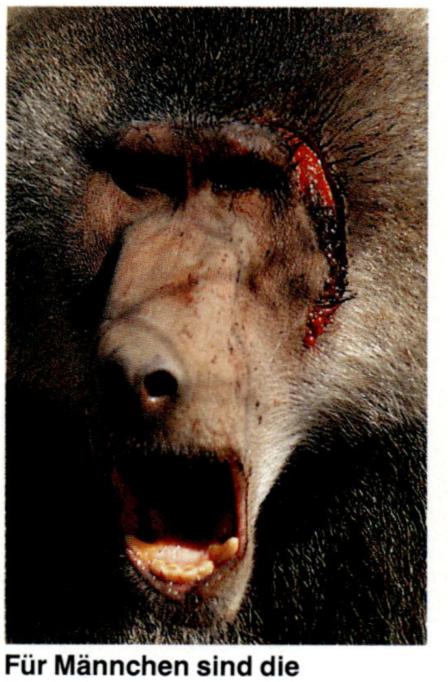

Für Männchen sind die Weibchen stets ein rares Gut, das es mit Einsatz aller Kräfte zu erringen gilt. Nicht nur unter den Mantelpavianen Äthiopiens enden die Kämpfe oft blutig

dem Verhältnis vom Hoden- zum Körpergewicht ableitete.

Die Hoden eines durchschnittlichen Menschenmannes von 66 Kilogramm wiegen 40,5 Gramm (0,6 Promille des Gesamtgewichts), weitaus mehr als die eines 169 Kilogramm schweren Gorilla-Männchens, das nur 29,6 Gramm (0,2 Promille) aufzubieten hat. Warum aber verfügt ein nur 44 Kilo schwerer Schimpanse über den Spitzenvergleich unter Primaten: 119 Gramm Hoden (2,7 Promille)? Offenbar gibt hier das Fortpflanzungssystem den Ausschlag.

In Viel-Männchen-Gesellschaften herrscht bis zu einem gewissen Grade sexuelle Freizügigkeit. Ein Schimpansenmann lebt vergleichsweise in einem sexuellen Schlaraffenland – er kopuliert nahezu täglich. Das tun andere Schimpansenmänner mit demselben Weibchen jedoch auch. Die Chance, eine Artgenossin mit häufig wechselndem Geschlechtsverkehr zu befruchten, steigt allerdings mit der hinterlassenen Samenmenge, denn die Spermien verschiedener Männchen veranstalten einen regelrechten Wettlauf zum Ei. Da Männchen mit besonders leistungsfähiger Spermienproduktion sich entsprechend erfolgreicher fortpflanzen, bildeten sich bei Schimpansenmännern durch die geschlechtliche Auslese gigantische Hoden. Auch Mitglieder anderer Viel-Männchen-Gesellschaften haben hohe relative Hodengewichte, die in der Gattung der Makaken zwischen 4,6 und 8,0 Promille schwanken, bei Savannenpavianen zwischen 2,1 und 3,5 Promille.

In Viel-Männchen-Gesellschaften stören Männchen einander zwar bei der Paarung. Blutige Rivalität macht jedoch wenig Sinn. Denn während ein Rivale sich mit einem Nebenbuhler prügelt, wäre ein lachender Dritter da, der die Gelegenheit ausnutzt und selbst kopuliert. Die geschlechtliche Zuchtwahl richtet sich hier also weniger auf die Körpergröße als auf die Genitalien.

Ganz anders der Gorilla-Patriarch, der unangefochten über seinen Harem residiert. Seine Spermienproduktion muß nicht mit der von anderen Männchen konkurrieren. Ihm reichen deshalb relativ kleine Hoden, zumal Sex während der Aufzucht eines Babys für drei bis vier Jahre nicht angesagt ist. Rein statistisch paart sich ein Gorillamann nur einmal im Jahr – er ist also ganz das Gegenteil des verrufenen lüsternen Ungeheuers, welches Frauen vergewaltigt.

Die entsprechenden Werte für andere Haremshalter sind ebenfalls niedrig; sie liegen um 0,5 Promille des Körpergewichts beim Orang, 0,6 bis 0,9 Promille bei Languren und 0,8 beziehungsweise 1,3 Promille bei Blutbrust- und Mantelpavianen. Auch monogame Arten kommen mit kleinen Hoden aus, so die Gibbons mit 1,0 bis 1,1 Promille.

Der durchschnittliche Menschenmann verfügt über mittelprächtige Samenspender von etwa 0,6 Promille, da er zwar häufiger als ein Gorilla, aber seltener als ein Schimpanse kopuliert. Die Unterschiede in der Körpergröße der Geschlechter weisen den Menschen also als mild polygyne Art aus, während das relative Hodengewicht sexuell freizügige Viel-Männchen-Strukturen ausschließt. Wenn Gesell-

Sie geizen nicht mit Reizen. Während unfruchtbarer Tage des Monatszyklus' wirkt das Hinterteil einer Schimpansin recht unauffällig, schwillt aber um die Zeit des Eisprungs unübersehbar an. Weibchen jener Arten, bei denen mehrere Männchen in einer Gruppe leben, stacheln so deren Wettbewerb an

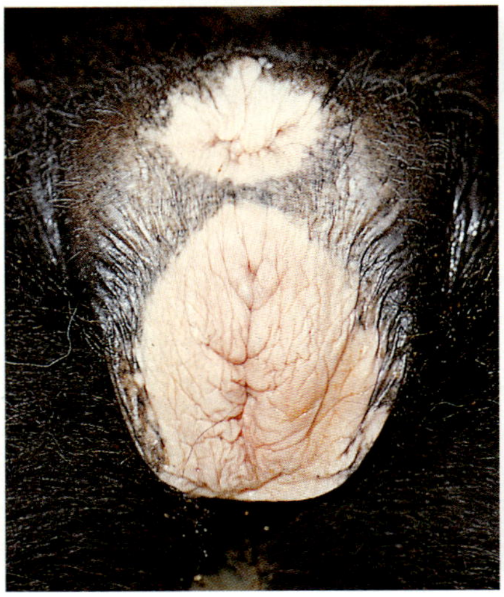

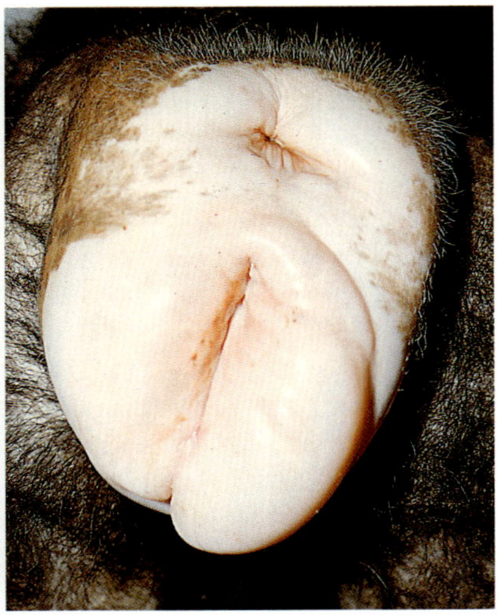

schaften heute mal Harems, mal Einehen bevorzugen, spiegelt dies unsere anatomischen Grundlagen also recht genau wider.

Auch andere Aspekte des Sexualverhaltens werden von der Sozialstruktur beeinflußt. Primatenweibchen haben Zyklen, während derer das Ei heranreift und dann ausgestoßen wird – die Ovulation. Zwischen den Zyklen finden Blutungen statt. Bei vielen Arten sind diese Menstruationen äußerlich sichtbar. Wie der amerikanische Biologe Glenn Hausfater in Kenia beobachtete, leiden Savannenpaviane hierbei unter einem Syndrom, das sich bei vielen Menschenfrauen durch Depressionen und Kopfschmerzen bemerkbar macht. Pavianweibchen ziehen sich während der Menstruation von der Gruppe zurück und fressen dann mehr als gewöhnlich.

Um die Zeit des Eisprungs fordern Affenweibchen die Männchen verstärkt zur Paarung auf. Weibchen gelten während dieser Zeit als „östrisch". Das griechische Wort *oistros* bedeutet – ganz ähnlich den Begriffen „heiß" oder „brünstig" – soviel wie „rasend" oder „von der Tarantel gestochen". Tatsächlich entsteht gelegentlich der Eindruck, als hätten die Weibchen jede Selbstkontrolle verloren und gäben sich einem „Rausch der Hormone" hin.

Bei etlichen Affenarten, die in Viel-Männchen-Strukturen leben, schwellen und röten sich in der Regel während des Östrus die Schamlippen. Bei Zwergmeerkatzen und Schimpansen nehmen die Schwellungen bizarre Ausmaße an. Zoopublikum hält die geröteten Hinterseiten, die bei Schimpansinnen die Größe von Wassermelonen erreichen können, gewöhnlich für chronisch wunde Stellen.

Wenn ein Pavianweibchen oder eine Schimpansin mit rot geschwollenem Hinterteil durch die Gegend stolziert, lenkt sie aller Blicke auf sich. Eine weithin anerkannte Theorie besagt, daß Weibchen mit diesem Signal die Konkurrenz unter den Männchen anstacheln und somit die Wahrscheinlichkeit erhöhen, daß „der Beste" der Vater ihres nächsten Kindes wird.

Genitale Kraft statt brachialer Gewalt. Auf riesige Hoden mit voluminösem Samenausstoß setzen Männchen, wenn die Artgenossinnen hintereinander mehrere Partner haben – etwa die Murikis in Brasilien. Die „schamlose" Sexualität der Affen hat Menschen stets fasziniert, wie auch die Statue aus Ghana zeigt

Schimpansenmänner legen deshalb ein eindrückliches Werbeverhalten an den Tag, das Rivalen abschrecken und Weibchen beeindrucken soll. Der niederländische Zoologe Frans de Waal hat hierzu im Arnheimer Schimpansengehege aufschlußreiche Beobachtungen gemacht. Das Männchen Dandy und eine Dame seiner Art flirteten heimlich miteinander. Dabei sah sich Dandy fortwährend um, ob ihn auch kein Rivale beobachtete. Paarungswillige Schimpansenmänner spreizen beim Sitzen weit die Beine und zeigen ihren erigierten Penis, der etwa acht Zentimeter lang wird und sich mit seiner rosa Färbung deutlich von der umgebenden weißen Haut abzeichnet. Als jedoch Luit, einer der älteren Artgenossen, erschien, bedeckte Dandy seinen Penis sofort mit den Händen, um seine Potenz vor dem stärkeren Rivalen zu verstecken.

Ein andermal machte Luit einem Weibchen den Hof, während das rang-

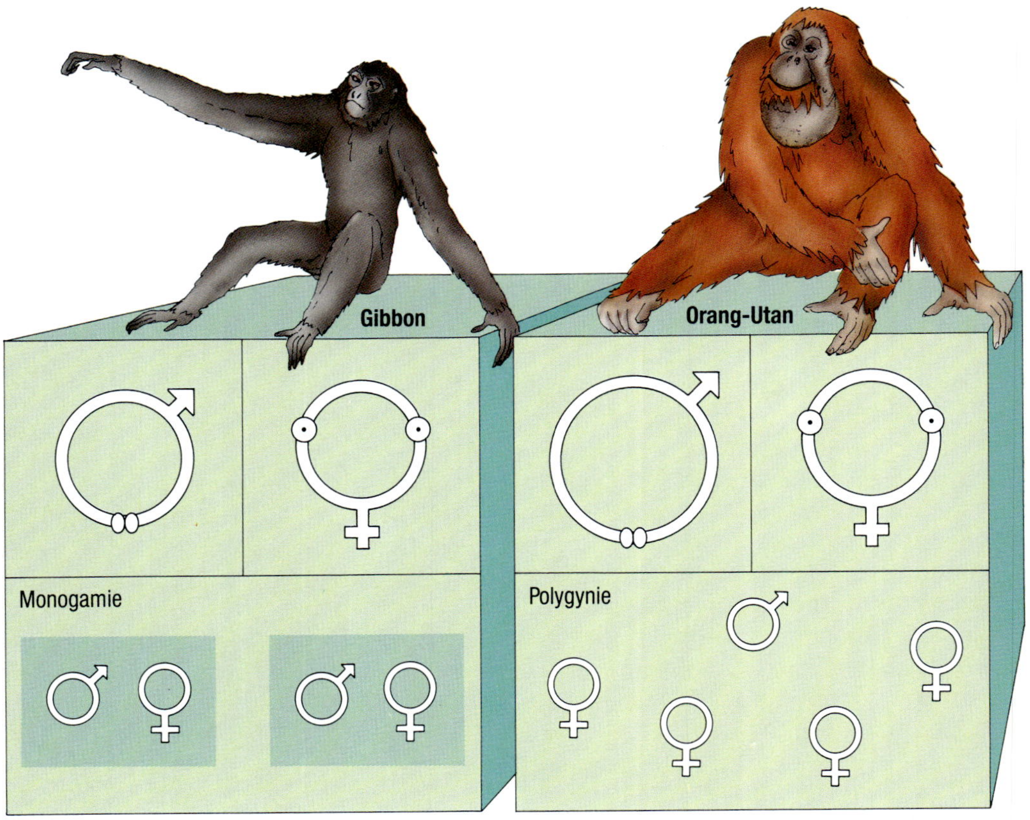

höchste Männchen Nikkie im Gras lag. Als Nikkie aufschaute, rückte Luit verlegen von der Umworbenen ab und ließ sich mit dem Rücken zu Nikkie wieder nieder. Nun ging Nikkie mit leicht gesträubtem Fell langsam auf Luit zu. Unterwegs nahm er einen schweren Stein auf. Luit sah sich mehrmals nach dem nahenden Nikkie um, beobachtete de Waal, „und warf dann jedesmal einen Blick auf sein allmählich abschwellendes Glied. Erst als sein Penis kaum noch zu sehen war, drehte er sich um, ging Nikkie entgegen, beschnupperte kurz den Stein in dessen Hand, schlenderte dann davon und ließ Nikkie mit der Schimpansenfrau allein.“

Da sich auch der Beste nicht in Ruhe paaren kann, wenn es dem Nachbarn nicht gefällt, haben Schimpansen den Geschlechtsverkehr zum „Quicky“ vervollkommnet. Männchen brauchen im Mittel nur 8,8 Beckenstöße – etwa sieben Sekunden – bis zur Ejakulation.

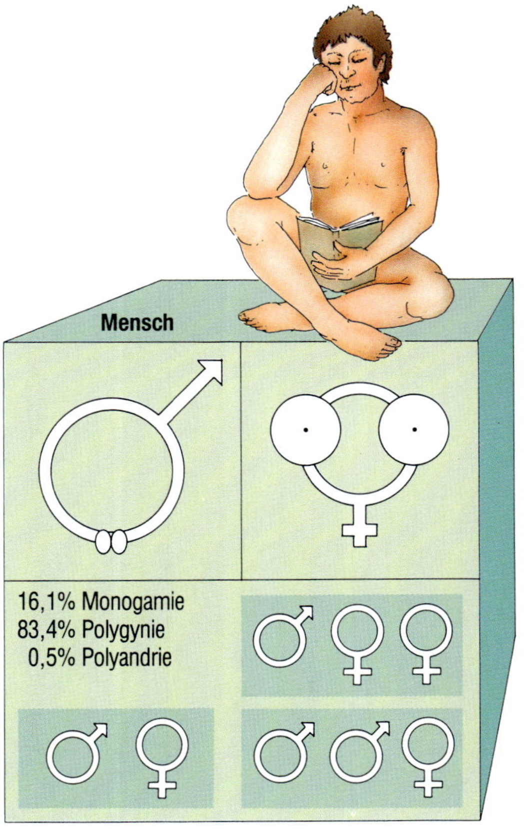

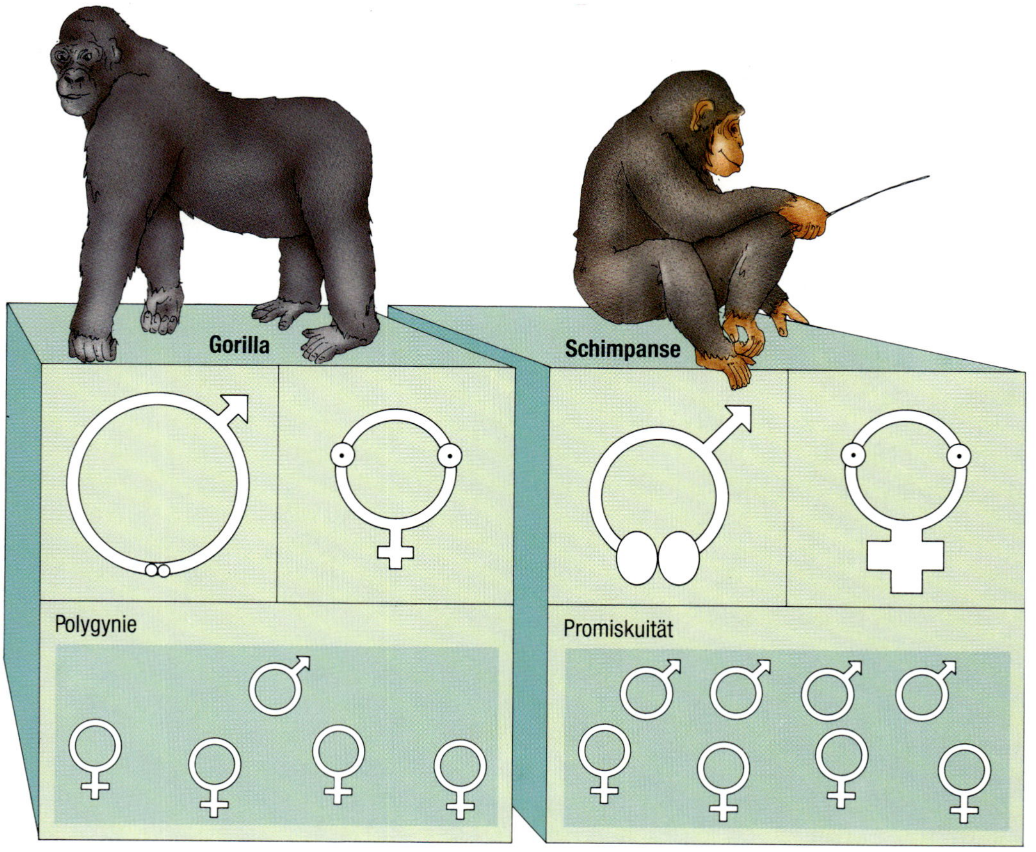

Das kleine Einmaleins der Partnerschaft. Gibbon-Paare verteidigen ihr Territorium gemeinsam. Die Geschlechter sind gleich groß (Symbole für Männchen und Weibchen bilden die Körpergröße maßstabsgetreu ab). Bei Orang-Utans kontrollieren Männchen die Wohngebiete mehrerer Weibchen. Auch Gorillas leben in Vielweiberei (Polygynie). Ihre Weibchen sind jeweils deutlich kleiner. Schimpansenmännchen sind Blutsverwandte, verteidigen ihre Partnerinnen gemeinsam; sie praktizieren „sexuelle Freizügigkeit" (Promiskuität). Die Männchen werden – wie beim Menschen – nur etwas größer. Homo sapiens ist am flexibelsten; bei ihm kommen Polygynie, Monogamie und Polyandrie gleichermaßen vor, aber er tendiert deutlich zur „gemäßigten Vielweiberei". Das relative Hodengewicht (Doppelkreise unter den Symbolen) ist bei Schimpansen auffällig hoch: Wenn Weibchen sich mit mehreren Männchen hintereinander paaren, birgt gesteigerte Spermaproduktion Vorteile. Schimpansenweibchen stacheln zudem die Konkurrenz durch auffällige Brunstschwellungen (Kreuze unter den Symbolen) an. Bei Arten mit Ein-Männchen-Strukturen – monogam oder polygyn – entfällt der Konkurrenzdruck bei der Paarung: Die Hoden bleiben klein, Weibchen zeigen keine Brunstschwellungen. Unterschiedliche Penislängen (Pfeile auf Symbolen) und Brustgrößen (Kreise in Symbolen) können nicht befriedigend erklärt werden; Mann und Frau von Homo sapiens sind jeweils Rekordhalter

Viel weniger Aufwand beim Sex wird für gewöhnlich bei jenen Primatenarten betrieben, die in Ein-Männchen-Strukturen leben, also in Harems oder Einehe. Hier ist das Wer-mit-Wem ja eindeutig vorgegeben. Generell entwickeln dort brünstige Weibchen deshalb keine Schwellungen, Männchen zeigen kein eindrückliches Werbeverhalten, haben nur einen kurzen, wenig auffälligen Penis und lassen sich beim Geschlechtsverkehr mehr Zeit.

So zeigen also weder die in Einehe lebenden Gibbonweibchen noch die Haremsfrauen von Gorillas oder Orangs Östrusschwellungen. Das erigierte Glied eines Gibbon ist nur höchstens zwei Zentimeter lang, das eines Orang vier Zentimeter und das eines Gorilla drei Zentimeter. Da kein Rivale beim Geschlechtsverkehr dazwischenfunkt, dauert der Koitus beim Gibbon durchschnittlich etwa eine halbe Minute, beim Gorilla anderthalb Minuten und beim Orang bis zu einer Viertelstunde.

Fehlende Östrusschwellungen und eine Koitusdauer zwischen zwei und zehn Minuten weisen wiederum auf eine Ein-Männchen-Struktur bei der Fortpflanzung des Menschen hin.

Daß der Mensch unter allen Primaten den längsten Penis hat – erigiert im Mittel 13 Zentimeter – fügt sich allerdings nicht in diese Argumentation. Mit der Dauer des Koitus hat die Penislänge jedenfalls nichts zu tun, wie die Beispiele von Schimpanse und Orang belegen. Ob mit dem vergleichsweise langen und dicken Penis ein besonderer Lustgewinn verbunden ist – wie Desmond Morris behauptete – bleibt ebenfalls umstritten.

Aufforderungen zum Sex gehen bei nicht-menschlichen Primaten nahezu ausschließlich von Weibchen aus. Daß Männchen da eher abwarten, mag zunächst verblüffen. Denn um fruchtbarer Weibchen habhaft zu werden, sollte selbst Vergewaltigung ein biologischer Weg sein – speziell für jene

Spezies, in denen Männchen den Weibchen körperlich überlegen sind. Seltsamerweise sind erzwungene Kopulationen von Affen aber so gut wie unbekannt – vermutlich, weil Vergewaltigung der Fortpflanzung nicht nur nutzen kann, sondern auch riskant ist.

Für Paviane hat Barbara Smuts von der Universität Michigan eine entsprechende „Kosten-Nutzen-Bilanz" aufgemacht. Die Amerikanerin beobachtete zwischen 1977 und 1983 Savannenpaviane in Kenia, nachdem sie gelernt hatte, alle 115 Mitglieder einer bestimmten Gruppe einzeln zu unterscheiden. 14 erwachsene Männchen von durchschnittlich 24,4 Kilo Körpergewicht lebten mit 34 nur 12,8 Kilo schweren Weibchen und deren Kindern zusammen. Weibchen bleiben hier lebenslang in ihrer Geburtsgruppe, während Männchen normalerweise als Jünglinge auswandern.

Die Beobachtungen der Forscherin belegen, daß Weibchen mit Östrusschwellungen klare Vorlieben für bestimmte Männchen zeigen. Annäherungsversuche von Bewerbern, die nicht in ihrer Gunst stehen, wehren sie durch eine schlichte und wirkungsvolle Geste ab: Sie setzen sich hin. Warum aber wagen Weibchen, ein doppelt so starkes Männchen abzuweisen? Was hindert Männchen, spröde Weibchen mit Gewalt zu nehmen?

Dafür gibt es mehrere Gründe:

- Wäre ein Männchen auf Vergewaltigung aus, würde das Weibchen fortzulaufen versuchen. Solche Flucht erregte die Aufmerksamkeit rivalisierender Männchen, mit denen sich der Aufdringling um das Weibchen streiten müßte – eine riskante Sache.
- Pavianweibchen unterhalten auch außerhalb des Östrus „Freundschaften" zu bestimmten Männchen, mit denen sie ausgiebig gegenseitig Fellpflege treiben. Diesen Freunden schenken sie ebenfalls bevorzugt ihre sexuelle Gunst. Ein von einem anderen Männchen bedrängtes Weibchen könnte um Hilfe schreien. Ihr Freund wäre nur allzu willig, sich für sie zu schlagen, denn während ihrer fruchtbaren Tage ist eine Freundin natürlich besonders begehrenswert.
- Vergewaltiger können sich schnell den Angriffen einer ganzen Horde von Weibchen und Jugendlicher ausgesetzt sehen, die vermutlich deshalb bereitwillig helfen, weil die Weibchen in ihrer Gruppe etliche Verwandte haben. Die Paarungschance wäre verspielt, der Lärm würde Rivalen anlocken und der Aufdringling wäre künftig bei allen Weibchen verrufen: „Dieser Kerl da ist ein potentieller Vergewaltiger, meidet ihn!"

Das „Bitte-Bitte" um Zuneigung ist also für ein Männchen mit Liebeshunger erfolgversprechender als die Anwendung von Gewalt. Die Anwesenheit von Artgenossen wirkt offenbar als Schlüsselfaktor, der Weibchen vor Nachstellungen schützt. Die Ausnahme bestätigt diese Regel. In der freien Wildbahn wurden Vergewaltigungen nur unter Orang-Utans beobachtet, deren Weibchen auch während ihrer fruchtbaren Tage allein im Lianenlabyrinth ihrer Suche nach weit verstreuten Früchten, Blüten und Vogelnestern nachgingen. Von ihren Forschungen auf Borneo berichtet Biruté Galdikas, daß ihnen dann schon mal ein heranwachsender Orangmann gewalttätig auflauerte.

Orangweibchen zeigen indes eine ausgeprägte Vorliebe für „gestandene" Männer, die sich durch kräftige Backenbärte und deutliche Kehlsäcke auszeichnen, mit denen sie im Dickicht lauthals ihre Liebesbereitschaft bekunden. Das kommt bei Frauen natürlich gut an, denn ein solcher Mann hat allein durchs schiere Überleben all der Fährnisse bis zur vollen Reife seine Tauglichkeit bewiesen – und somit wahrscheinlich zugleich seine genetische Ausstattung. Ein Heranwachsender muß diesen Test erst noch bestehen.

Solche Einschätzung eines reifen Orangweibchens wird von einem heranwachsenden Orangmann nicht geteilt, wenn sich ihre verschlungenen Pfade kreuzen. Es kommt mitunter zu ernsthaften Kämpfen im Geäst. Die Weibchen wehren sich durchaus, und die Halbstarken tun ihnen unter Schlägen und Bissen Gewalt an. Die Männchen halten ihre Opfer nur solange fest, bis sie mit den Beckenstößen fertig sind. Schimpansinnen, die mit einem Männchen allein eingesperrt werden, laufen ebenfalls Gefahr, vergewaltigt zu werden. In Großgehegen mit vielen Tieren oder in freier Wildbahn scheuen Männchen hingegen das Risiko, Verteidiger auf den Plan zu rufen.

Trotz jahrzehntelanger Diskussionen unter Wissenschaftlern können viele Aspekte der Sexualität noch immer nicht befriedigend gedeutet werden. Zwei Paradoxa der Verhaltensforschung sind besonders rätselhaft.

Erstens: Warum können Menschenweibchen während der gesamten Zeit ihres Zyklus' und während der Schwangerschaft sexuell aktiv sein, obwohl gar keine Befruchtung stattfinden kann?

Zweitens: Warum haben Frauen eine „heimliche" Ovulation, wissen also über deren Zeitpunkt nicht einmal selber Bescheid?

Tatsächlich scheint beim Menschen der direkte Zusammenhang zwischen Geschlechtsakt und Fortpflanzung weitgehend aufgehoben. Extremes Beispiel: Bei den Buschleuten in der Kalahari wird eine Frau wegen der dürftigen Ernährung mit 15 Jahren relativ spät geschlechtsreif, und die Wechseljahre setzen bei ihr um das 40. Lebensjahr früher ein als in wohlgenährten Gesellschaften. Während der meisten ihrer fruchtbaren Jahre ist sie schwanger oder stillt Kinder. Tatsächlich empfänglich ist sie unter Umständen nur während zweier Jahre. Dennoch bleibt sie während der weitaus meisten Zeit ihres Lebens sexuell aktiv.

Desmond Morris vertrat in seinem Buch *Der nackte Affe* die traditionelle Auffassung, diese sexuelle „Dauerrezeptivität" der Frau sei eine Konsequenz der Arbeitsteilung in Urmenschengesellschaften: Um in der Savanne zu überleben, mußte der „Raubaffe" – der Urmensch – jagen, wozu sein Körper aber nicht taugte. Als Ausgleich brauchte er ein besseres Gehirn, was wiederum eine verlängerte Kindheit mit genügend Spielraum zum Lernen und Heranwachsen des Hirns verlangte. Die Frauen mußten im Lager bleiben, die nach der Geburt immer länger hilflosen Kinder hüten und sich auf das Sammeln von Früchten, Wurzeln, Beeren beschränken. Jagd war Sache der starken Männer, die – um Erfolg zu haben – auf Gedeih und Verderb zusammenarbeiten und Waffen benutzen mußten.

Wenn aber eine Urfrau – so Morris – unwiderstehlich östrisch wurde: Welcher Mann wäre dann noch bereit gewesen, das Lager zu verlassen und auf Jagd zu gehen? Die mit tödlichen Waffen versehenen Jäger wären flugs zu eifersüchtigen Kontrahenten geworden und hätten sich gegenseitig die Schädel gespalten. Unbedingt mußte also die Konkurrenz unter den Männern verringert und sichergestellt werden, daß jeder Mann – auch ein schwächerer – ein Weibchen abbekam. Deshalb sei die Entwicklung dauerhafter Paarbindungen zwischen jeweils einem Mann und einer Frau unverzichtbar gewesen.

Um diese gegenseitige Bindung zu stärken und aufrechtzuhalten, seien die Urfrauen beständig sexuell ansprechbar und somit dauerhaft attraktiv geworden. Sex zementierte die Einehen und sorgte zugleich dafür, daß jeder Frau ein Mann bei der immer langwieriger werdenden Kinderaufzucht zur Seite stand.

Je nach Gutdünken mag diese Erklärung als männlich-chauvinistische „Jäger-Hypothese" oder weiblich-chauvinistische „Kinderaufzucht-Hypothese" eingestuft werden. Der wichtigste Einwand gegen den Zusammenhang von zyklusunabhängigem Sex und Paarbindung kommt mittlerweile von Freilandstudien an anderen monogamen Primaten. Der britische Biologe Jonathan Pollock beobachtete auf Madagaskar die scheuen monogamen Indris. Bei ihnen waren die Partnerschaften stabil, obwohl Pollock innerhalb eines ganzen Jahres keine einzige vollendete Kopulation sah. Und Warren Brockelman konstatierte: Gibbonweibchen werden lediglich alle zwei bis drei Jahre für nur ein paar Monate sexuell aktiv, wenn ihr Kind so weit herangewachsen ist, daß eine erneute Befruchtung anstehen kann. Gibbonmännchen bleiben ihren Weibchen jedoch auch ohne sexuelle Verlockung lebenslang treu.

Zu den engagiertesten Erneuerern unseres anthropologischen Weltbildes gehörte in jüngster Zeit der amerikanische Zoologe Richard Alexander von der Universität Michigan. Gemeinsam mit seiner Kollegin Katherine Noonan schlägt er folgende Erklärung für das Paradoxon der heimlichen Ovulation vor: Wären Männer in der Lage, den Zeitpunkt des Eisprungs bei ihren Frauen auszumachen, würden sie nur an diesen fruchtbaren Tagen mit ihnen schlafen und ansonsten, der alten Tendenz zur Vielweiberei folgend, die Runde machen. Frauen nutzen nun die tiefverwurzelte Unsicherheit der Männer über die Vaterschaft aus, um sie zu treuen Gatten zu machen. Die Schwellungen zur Zeit des Eisprunges verschwinden, und die Weibchen signalisieren ihre Paarungsbereitschaft nicht mehr nur in der Ovulationsphase, sondern während des ganzen Zyklus'. Da der Mann jetzt nicht mehr erkennen kann, wann seine Frau fruchtbar ist, muß er möglichst oft mit ihr schlafen und aus Furcht vor Seitensprüngen alle Nächte bei ihr bleiben. Er wird dadurch zugleich sicherer, daß Kinder seiner Frau tatsächlich von ihm gezeugt wurden und kümmert sich entsprechend stärker um die Aufzucht dieses Nachwuchses.

In diesem Zusammenhang wird vielleicht auch verständlich, warum Frauen im Unterschied zu allen anderen Primatenweibchen stark vergrößerte Brüste haben – und dies nicht nur, während ein Baby gesäugt wird, sondern bereits während der Pubertät und auch nach dem Abstillen. Würden die Brüste nur während Schwangerschaft und Stillzeit anschwellen, wären sie ein deutliches Signal für unfruchtbare Perioden und könnten Männer zum Seitensprung verleiten.

Desmond Morris meinte, die Brüste seien bei der Umstellung des Geschlechtsverkehrs auf die Gesicht-zu-Gesicht-Position mächtiger geworden, um die Signalwirkung der rückwärtigen Östrusschwellungen zu ersetzen. Er schrieb: „Die halbkugelig vorgewölbten Brüste sind sicherlich Kopien der fleischigen Hinterbacken, die scharf begrenzten roten Lippen des Mundes solche der Schamlippen." Diese Vermutung ist jedoch nicht stichhaltig, denn bei vielen Arten – etwa Gibbons und Gorillas – funktionieren Begattungen von hinten auch ohne Schwellungen bestens. Bei der kleineren der beiden Schimpansenarten, dem Bonobo, paaren sich zudem „geschwollene" Weibchen recht oft durchaus „menschlich" Gesicht-zu-Gesicht.

Strategien des schwächeren Geschlechts nach der Devise „Hirn statt Bizeps" sieht der Anthropologe Donald Symons von der Universität Kalifornien bei der heimlichen Ovulation am Werke. Er weist darauf hin, daß bereits bei Schimpansen bevorzugt Männergrüppchen auf die Jagd nach kleineren Säugetieren – Stummelaffen, Gazellen, Buschschweinen – gehen, ihre Beute gemeinschaftlich aufscheuchen, verfolgen, fangen, töten und teilen. An Weibchen und Kinder, die sich dem Schmaus hinzugesellen, wird oft Fleisch abgegeben. Der Verwandtschaftsgrad der „Bettler" scheint dabei eine Rolle zu spielen. Fest steht jedoch, daß östrische Weibchen mit größerer Wahrscheinlichkeit einen Brocken abbekommen als nicht-östrische. Symons hält es deshalb für möglich, daß Menschenfrauen ständig sexuell attraktiv wurden, um sich häufigen Zugang zu den Jagdbeuten der Männer zu verschaffen.

Neuere Untersuchungen an freilebenden Bonobos in der Wamba-Region Zaïres unterstützen Symons These. Zum einen sind Bonoboweibchen wie Menschenfrauen nahezu ständig sexuell empfänglich. Zum anderen geben Bonobomänner den Weibchen auffallend häufig Nahrung ab, und zwar besonders nach Kopulationen.

Die Konzepte dieser Forscher klingen plausibel. Dennoch sind Zweifel angebracht: Frauen hätten auch auf andere Lösungen als die heimliche Ovulation verfallen können, um einen ganz bestimmten Mann bei der Stange zu halten. Nach jüngeren Erkenntnissen neigen Frauen, die vorwiegend mit Geschlechtsgenossinnen zusammenleben, dazu, ihre Menstruationszyklen zu synchronisieren. Beispielsweise setzen bei befreundeten Studentinnen, die sozusagen kaserniert in Heimen wohnen, die Monatsblutungen in den gleichen Tagen ein – unbewußt ausgelöst, eventuell durch geruchliche Signale.

Dieses verblüffende Phänomen wird durch Beobachtungen am Göttinger Institut für Anthropologie untermauert: Weibchen von Krallenaffen, die dort der Affenkolonie neu eingegliedert wurden, synchronisierten ebenfalls nach kurzer Zeit ihren Zyklus mit schon länger dort lebenden Geschlechtsgenossinnen, selbst wenn diese in einem anderen Gebäude untergebracht waren. Vielleicht transportierten die Tierpfleger entsprechende geruchliche Auslöser in ihrer Kleidung. Dabei ist bedeutsam, daß Krallenaffen in Familienverbänden leben, deren Vatertiere sich ausgesprochen fürsorglich um den Nachwuchs kümmern.

In einer Urmenschengesellschaft von Jägern und Sammlern hätten solche

Sexualität wird Tauschgeschäft. Während der ranghöchste Bärenmakak trotz neidischer Blicke nichts von seinen Leckerbissen abgibt, dulden bei Savannenpavianen Männchen den Mundraub durch Weibchen, um sich deren Freundschaft auch an fruchtbaren Tagen zu sichern. Den Preis für seine Liebeslust hält das Bonobo-Männchen bereits in Händen – eine der Orangen rückt er „hinterher" heraus

synchronisierten Zyklen väterliches Verhaltens und monogame Strukturen fördern können:

- Wenn Frauen gleichzeitig ovulieren, steigt automatisch der Anteil jener Männer, die eine bestimmte Frau bewachen.
- Die meisten Frauen in der Nachbarschaft werden zur gleichen Zeit befruchtet wie die eigene Frau.
- Das Vertrauen in die eigene Vaterschaft steigt, und es „lohnt sich" immer weniger, in der Nachbarschaft nach fruchtbaren Frauen Ausschau zu halten.

Die Anthropologin Sarah Hrdy von der Universität Kalifornien betont, daß Paviane und Schimpansen nur deshalb zu Standardmodellen weiblicher Sexualität wurden, weil an diesen Arten die ersten Untersuchungen durchgeführt wurden. Schon früh bot sich an, ihre unübersehbaren Östrusschwellungen dem äußerlich nicht erkennbaren Eisprung von Frauen gegenüberzustellen. Dieser historische Zufall hat jedoch ein schiefes Bild hinterlassen, denn wir wissen heute, daß es innerhalb der nahezu 200 Primatenarten zwischen diesen Extremen durchaus fließende Übergänge gibt.

Sämtliche erörterten Theorien gehen davon aus, daß Primatenmänner wesentlich stärker zur sexuellen Freizügigkeit neigen als die eher zur festen Partnerbindung strebenden Weibchen. Die moderne Soziobiologie hat diese Kluft in der Interpretation noch vertieft.

Besinnen wir uns nochmals auf die Hypothese, daß Weibchen wegen Schwangerschaft, Stillen und Aufzucht wesentlich weniger Nachkommen produzieren können als Männer, weshalb Frauen ein einziger Geschlechtspartner genügen sollte. Aber ist es tatsächlich so, daß Weibchen aus Seitensprüngen keinen zusätzlichen Nutzen für ihre Fortpflanzung ziehen können? Nachdenklich stimmt zunächst die Ambivalenz in stereotypen Frauenbildern. Da wird einerseits die Frau als züchtige, passive, sexuell unschuldige und uninteressierte Kreatur hingestellt, die lediglich Spielball männlicher Gelüste und Geilheit ist – wie „Susanna im Bade". Ebenso oft aber erscheint die Frau als Verkörperung der Wollust – Potiphars biblisches Weib, das den Joseph ins Bett zu zerren sucht. „Ich habe mein Lager mit Myrrhe, Aloe und Zimt besprengt", lockt eine Verführerin den Jüngling in den Sprüchen Salomonis. „Komm, laß uns buhlen bis an den Morgen und laß uns der Liebe pflegen. Denn der Mann ist nicht daheim, er ist einen fernen Weg gezogen. Er hat den Geldsack mit sich genommen; er wird erst aufs Fest wiederkommen."

Doch nicht nur die Künstler malen seit eh und je das Bild von der schönen Sünderin üppig aus. Trotz der Schwierigkeiten, Recherchen im Intimbereich anzustellen, existiert sogar einigermaßen verläßliches Zahlenmaterial, welches belegt, daß weiblicher Ehebruch nicht nur das Produkt von Männerphantasien ist.

Überraschend war bereits in den vierziger Jahren die Untersuchung der Blutproben von 1000 Neugeborenen und deren Eltern in amerikanischen Hospitälern. Die Analyse ließ keinen Zweifel, daß nahezu zehn Prozent der jungen Erdenbürger das Produkt von Seitensprüngen waren. Hatte die Mutter beispielsweise Blutgruppe A, das Baby Blutgruppe AB, der angebliche Vater aber ebenfalls Gruppe A, so mußte ganz einfach ein Liebhaber mit einem Blutgruppenanteil B im Spiel gewesen sein. Tatsächlich mußten sogar mehr als zehn Prozent der Frauen Ehebruch begangen haben, denn viele heute dem Vaterschaftsnachweis dienende Blutgruppen waren damals unbekannt, und außerdem führt nicht jeder Geschlechtsverkehr zur Befruchtung.

Bestätigt wurde dieses Ergebnis durch den Kinsey-Report von 1948, wonach im Alter von 24 Jahren acht Prozent aller jungen verheirateten Frauen außereheliche Beziehungen

Vielseitige Stellungen sind keine Besonderheit menschlicher Sexualität. Auch Orang-Utans lassen sich manches einfallen, und Gorillas paaren sich ebenfalls nicht immer durch Aufreiten

hatten, mit 35 Jahren hingegen bereits 20 Prozent. 1980 wertete die Primatologin Linda Wolfe eine Fragebogenaktion aus, die deutlich macht, wie schnell sich die Sitten einer Kultur – in diesem Falle der nordamerikanischen – ändern können. Danach waren von den verheirateten Frauen zwischen 18 und 34 Jahren 50 Prozent untreu gewesen, und die Rate für die mehr als 35jährigen lag bei nahezu 70 Prozent. Etwa 30 Prozent der Frauen hatten mit zwei bis fünf Liebhabern geschlafen, 10 Prozent mit mehr als 25.

Sowohl der Kinsey-Report als auch eine Studie von 1974 stellen fest, daß bei Männern in den meisten Altersgruppen die Wahrscheinlichkeit außerehelichen Geschlechtsverkehrs höher ist als bei Frauen. Der Studie zufolge waren bei jungen amerikanischen Paaren 32 Prozent der Männer untreu und 24 Prozent der Frauen. Zwar sind solche Zahlen mit Vorsicht zu genießen, denn Leute, die sich an demoskopischen Aktionen beteiligen, sind nicht unbedingt repräsentativ. Dennoch: Die angegebene Seitensprung-Rate bei Frauen ist so hoch, daß sich die Frage nach natürlichen selektiven Vorteilen aufdrängt.

Gründe dafür werden unter dem Schlagwort des „female choice", des weiblichen Wahlverhaltens, unter Evolutionsbiologen heiß diskutiert. So könnten Weibchen, die auch außerhalb der Ovulationszeit sexuellen Kontakt zu Männchen suchen – und zwar zu mehreren – vielleicht besser abschätzen, wem sie zur Zeit des Eisprungs eine tatsächliche Chance zur Befruchtung geben sollten: nämlich jenen, die körperlich „einen guten Eindruck machen" oder sich sozial durchzusetzen wissen und deshalb vermutlich auch genetisch die „fittesten" Kandidaten sind.

Belegen läßt sich dieses Prinzip von „Ausprobieren–Aussortieren" bisher nicht. Es gibt den Einwand, diese Art von Partnersuche könne bei Frauen gar nicht funktionieren, da sie ja den Zeitpunkt ihrer Ovulation selbst nicht kennen. Hier jedoch wartet die Natur mit einem Phänomen auf: Männchen anderer Säugerordnungen besitzen „Penisstacheln", kleine, verhornte Gebilde auf der Eichel. Bei solchen Säugern – etwa Ratten – kann die Ovulation durch die Kopulation ausgelöst werden. Penisstacheln finden sich nun seltsamerweise auch bei etlichen Primaten – Loris, Lemuren, Klammeraffen, Gibbons, Schimpansen, Orangs. Es ist zudem seit Mitte der vierziger Jahre be-

Ein Geoffroy-Klammeraffe spielt mit seinem Penis, der an der Spitze mikroskopisch kleine Stacheln trägt. Bei anderen Säugetieren läßt sich durch diese Gebilde der Eisprung an beliebigen Tagen auslösen. Vermutlich können auch manche Primatenweibchen von einem Wunschpartner zum vorzeitigen Eisprung stimuliert werden

Durch imponierendes Brusttrommeln unterstreichen Gorillamännchen den Alleinanspruch auf ihren Harem. Paarungswilligen Weibchen bleibt keine Wahl, und sie brauchen somit keine aufreizenden Brunstschwellungen. Solches Liebeswerben wäre vergebene Liebesmüh'

kannt, daß bei Frauen der Eisprung öfter zur „falschen Zeit" ausgelöst wird. Nicht auszuschließen also, daß der Geschlechtsverkehr mit bestimmten Partnern den entscheidenden Anstoß – „Ei los!" – zu geben vermag.

Auf jeden Fall ist es für ein Weibchen vorteilhaft, sich mit einem dominanten Männchen zu paaren, das sich im Wettbewerb behauptet hat. Ein solcher Erfolgsmann ist ein besserer Garant für eine erfolgreiche Aufzucht von Nachkommen als ein schwächerer Rivale. Hinzu kommt: Durch sexuelle Freizügigkeit verschärfen die Weibchen nicht nur den Konkurrenzkampf innerhalb des Männergeschlechts, sie züchten auf diese Weise geradezu eine Elite von Partnern mit wünschenswerten Merkmalen heraus. Wenn eine Pavianfrau oder eine Schimpansin mit rot geschwollenem Hinterteil durch die Gegend stolziert, lenkt sie alle Blicke geradezu auf sich: Signal für die Männer, daß sie ihr Bestes geben müssen, um dieses Weibchen zu erobern. Etliche Anthropologen sind der Meinung, die – verglichen mit anderen Primatenweibchen – ungewöhnlich großen Brüste von Frauen seien ein ebensolches Anpreisen der eigenen Fruchtbarkeit.

Wir merken, das Bild kehrt sich allmählich um: Der sexistische Pascha, der scheinbar so patriarchalische Haremshalter, der chauvinistische Erfolgsmanager – sie gelten nun als in weiblichem Interesse herangezüchtete und dressierte Reproduktionsassistenten.

Von nahezu allen Primatologen übersehen wurde bisher, daß es unter bestimmten Bedingungen den Weibchen gar nicht um spezielle Männchen gehen mag, sondern um x-beliebige. Medizinisch erwiesen ist, daß bei deutschen Ehepaaren die Gründe für Kinderlosigkeit zu mindestens 30 Prozent allein beim männlichen Partner liegen. Geringe Spermaproduktion und deformierter Samen gehören zu den Hauptursachen. Paaren, die sich Kinder wünschen, wird der ärztliche Rat erteilt, nach mehrtägiger Pause miteinander zu schlafen. Samenspenden für künstliche Befruchtungen bei Mensch und Tier sollen ebenfalls nach mehrtägiger Enthaltsamkeit gewonnen werden. Diese Regeln sind deshalb sinnvoll, weil die Wahrscheinlichkeit einer Befruchtung nicht zuletzt von der Anzahl der beim Geschlechtsakt ausgestoßenen Spermien abhängt, und weil die Spermienmenge in kurz aufeinanderfolgenden Ejakulationen beträchtlich sinkt.

Bei manchen haremsbildenden Affenarten entsteht deshalb eine regelrechte Konkurrenz der Weibchen um das Sperma des Haremshalters. Denn dasjenige ovulierende Weibchen, das als erstes mit dem Haremsmann kopuliert, hat eine bessere Chance, befruchtet zu werden, als dessen zweite oder dritte Geschlechtspartnerin. Ein drastisches Beispiel liefern die Weibchen indischer Hanuman-Languren: Sie werden ausgesprochen handgreiflich, wenn in ihrem Harem eine Kopulation stattfindet; sie schlagen auf Gruppengenossinnen ein, während die sich gerade paaren, zerren an deren Fell, reißen den Haremshalter an den Ohren oder hauen ihm gar in die Hoden. Die Paarungen rangniederer Weibchen werden deutlich häufiger gestört als die ranghöherer, und rang-

Der Harem gibt keine Ruhe. Nicht nur die Bedrängnis durch Rivalen macht dem Pascha der Hanuman-Languren zu schaffen. Auch seine Weibchen fallen wüst über ihn her, sobald er sich paaren will. Denn sein Sperma ist nicht unbegrenzt, und manche könnten leer ausgehen

In klassischer Manier stellt diese nordindische Miniatur Bezüge zwischen dem Liebeserleben von Menschen und Tieren her. Ähnlich behaupten Evolutionsbiologen, die Übergänge zwischen menschlicher und tierlicher Sexualität seien fließend

höhere Weibchen stören auffällig häufiger als rangniedere.

Unter die angeblichen menschlichen Einzigartigkeiten wurde lange Zeit auch die Fähigkeit der Frau zum Orgasmus gerechnet. Doch dieser Spalt zwischen Mensch und Affe wird ebenfalls immer schmaler. Die gängige Argumentation, welche den weiblichen Orgasmus als eine Konsequenz des aufrechten Ganges begreift, sieht folgendermaßen aus: Die meisten Primaten paaren sich, indem das Männchen von hinten auf das Weibchen aufreitet. Männchen einiger Affenarten hinterlassen in der Vagina einen „Pfropfen“ aus schleimiger Masse. Solche Pfropfen sind besonders vorteilhaft für Baumbewohner, weil beim Klettern und Springen im Geäst das Sperma leicht herauslaufen könnte. Außerdem hindern Pfropfen Rivalen an der Befruchtung. Im menschlichen Ejakulat finden sich noch Reste dieses Verschlusses, schleimige Partikel, die das Zusammenklumpen des Spermas binnen einer Minute bewirken. Erst nach 5 bis 15 Minuten verflüssigt es sich wieder.

Die Beischlafposition beim Menschen ist sowohl kultur- als situationsabhängig, doch herrscht auch unter Naturvölkern die angebliche „Missionarsstellung“ vor, bei der der Mann Gesicht gegen Gesicht auf der Frau liegt. Nach einer älteren Untersuchung hatten 70 Prozent aller amerikanischen Männer nie anders Geschlechtsverkehr gehabt.

Das Vaginalrohr der Frau ist nicht nach hinten, sondern deutlich nach vorn gebogen, was darauf hindeutet, daß die frontale Stellung irgendwann im Laufe der Stammesgeschichte die vorteilhafteste wurde und Veränderungen in der Anatomie nach sich zog. Liegt die Frau auf dem Rücken, wird der Samen durch die Schwerkraft im Inneren zurückbehalten. Männer besitzen ähnliche Anpassungen an das Mann-oben-Frau-unten-System. Während der Ejakulation enden die Penisstöße, so daß der Samen nicht durch weitere Bewegungen zurückgezogen wird. Die amerikanischen Sexualwissenschaftler Masters und Johnson, auf die viele dieser intimen Kenntnisse zurückgehen, zeigten ferner, daß die Samenflüssigkeit durch die ersten zwei bis drei Kontraktionen bei der Ejakulation 30 bis 60 Zentimeter weit fliegen kann, wenn sich der Penis nicht in einer Vagina befindet. Eine solche „Einspritzdüse“ erhöht natürlich wiederum die Wahrscheinlichkeit der Befruchtung. Der außergewöhnlich lange Penis von Männern ist zudem geeignet, den Samen nahe am Gebärmutterhals zu deponieren.

Eine zentrale Funktion in diesem Verhaltenskomplex wird nun dem weiblichen Orgasmus zugeschrieben. Rein mechanisch ist wichtig, daß sich der Gebärmutterhals beim Orgasmus leicht weitet und sich das äußere Drittel der Vagina kontrahiert. Diese Muskelbewegungen helfen, den Samen aus dem Penis herauszupressen. Geschlechtsverkehr wirkt zudem leicht beruhigend wie ein mildes Sedativum. Das Erlebnis sexueller Befriedigung erhöht so die Wahrscheinlichkeit, daß die Geschlechtspartner nicht gleich aufstehen, sondern noch eine Weile liegenbleiben, wobei die Samenflüssigkeit langsam in die Gebärmutter rinnt. Daß Frauen im Gegensatz zu Männern mehrere Orgasmen unmittelbar hintereinander erleben können, mag diesen Effekt verstärken.

Die Wahrscheinlichkeit des Liegenbleibens ist für das tagaktive Lebewesen Mensch in der Dunkelheit größer als am Tage. Zugleich verringert die Paarung unter dem Deckmantel der Nacht das Raubfeind-Risiko und schützt vor lüsternen Rivalenblicken. Zusammen mit dem Umstand, daß Paare die ganze Nacht miteinander zu verbringen pflegen, erhöht dies die Vaterschaftssicherheit und stärkt die Bereitschaft des Mannes, mit dieser Frau zusammenzubleiben.

In derlei Argumenten stecken sicherlich eine Menge richtiger Überlegungen. Doch neuere Untersuchungen förderten Aspekte zutage, die sich nicht widerspruchslos einordnen lassen. Desmond Morris behauptete noch, nur Menschenweibchen hätten einen Orgasmus entwickelt; für Affenweibchen bringe der sexuelle Höhepunkt keinen zusätzlichen Vorteil. Sie könnten sich nach der Paarung gleich davonmachen, da beim vierfüßigen Gang keine Gefahr bestehe, daß der Samen wieder aus dem Vaginaltrakt rinnt.

Mittlerweile wissen wir jedoch, daß auch Orangs, Gorillas und Zwergschimpansen gelegentlich die Gesicht-zu-Gesicht-Stellung einnehmen. Das wurde zum Beispiel an freilebenden Zwergschimpansen in Zaïre immerhin bei 37 von 106 Paarungen beobachtet. Orangs können sich außerdem auf sehr artistische Weise paaren, indem sie wie Trapezkünstler mit dem Kopf nach unten von Zweigen herabhängen. Zudem: Auch Populationen solcher Kulturen sind lebensfähig, bei denen Frauen selten oder nie Orgasmen erleben. Das wird aus islamischen Ländern berichtet, aber auch von afrikanischen Naturvölkern, wo Mädchen in der Pubertät die Klitoris herausgeschnitten wird. Es regen sich deshalb Zweifel, ob das Problem der Spermazurückhaltung unauflöslich mit der Entwicklung des Orgasmus verknüpft ist.

Auch das zweite Argument von Morris, daß der Orgasmus der Frau die Paarbindung festige, gilt nicht unbedingt. Manche Wissenschaftler meinen, daß Weibchen einiger Affenarten ebenfalls orgasmusfähig sind, wenngleich deren Sozialstrukturen keine dauerhafte Paarbindung kennen. Die Stützen für diese Vermutung sind zwangsläufig indirekt und stammen zudem von gefangen gehaltenen Tieren, meist Makakenarten wie Rhesusaffen, Bären- und Japanmakaken. Einige Verhaltensweisen der Weibchen dieser Arten gleichen auffällig dem Orgasmuserleben der Frau: Muskelspasmen, tranceähnliche Gesichtsausdrücke, Keuchen, Stakkatolaute beim Eindringen des Penis, steil ansteigende Herzfrequenzen, sowie Eierstockkontraktionen; da ist ferner der „Klammerreflex", mit dem Rhesusweibchen ihre Partner während der Ejakulation festhalten, sowie freiwilliges Stimulieren der Klitoris durch Reiben, auch wenn keine Kopulation ansteht.

Desmond Morris war der Meinung, „alle Vervollkommnungen im Bereich des Sexuellen" dienten dazu, „die Paarbindung zu festigen und die Familie als Einheit zu erhalten". Heute würde der Zoologe dies sicherlich nüchterner formulieren: Muster im Sexualverhalten spiegeln die Strategien der Geschlechtspartner wider, einen maximalen Fortpflanzungserfolg zu erzielen.

Soziales Netz mit engen Maschen

Die Menschheit könne von den Pavianen mehr lernen als von manchen Philosophen – meinte Darwin. Bestätigt wird er durch die aktuellen Versuche von Wissenschaftlern, die komplizierten Webmuster der sozialen Netze von Primatengesellschaften zu entwirren. Affen leben in einer kniffligen Balance von Kooperation und Konkurrenz. Sie kennen Beuteteilung und Beistandspakte,

Tauschgeschäft und Vetternwirtschaft. Und vermeintlich so menschliche Tugenden wie Selbstlosigkeit und Opferbereitschaft erweisen sich beim näheren Hinsehen als egoistisches Abwägen von Kosten und Nutzen in der Kalkulation der Biologie. Ein Grundprinzip des Überlebens: „Hilfst du mir, helf' ich dir"

Illusion eines Dschungels. An der Universität Bielefeld werden südamerikanische Krallenaffen erfolgreich gezüchtet. Ein Labyrinth beweglicher Hölzer ahmt wippendes Geäst nach, Schlafkästen imitieren Baumhöhlen, Stroh und Papier bieten Anreiz zum Manipulieren

Krallenaffen bekommen regelmäßig Zwillinge, manchmal sogar Drillinge. Das schwächste von drei Neugeborenen hat allerdings keine Chance zu überleben, wenn es nicht von Menschen aufgezogen wird

M6 WM7 WN4

Die Bielefelder Krallenaffen-Kolonie dient nicht medizinischer Forschung, sondern ausschließlich der Verhaltensbeobachtung. Protokollstunden müssen auf die notwendigen Reinigungsarbeiten abgestimmt werden

Krallenaffen tragen
nur an der Großzehe die für
Primaten typischen Platt-
nägel. Die Haltung in Menschen-
obhut ist zu einer Art „Sicherheits-
verwahrung“ geworden, seit
die wildlebenden Bestände
bedrohlich abnehmen

Um der Gefangenschaftslangeweile vorzubeugen, müssen sich die Bielefelder Krallenaffen ihr Futter mühsam aus Behältern angeln – wie dieser Lisztaffe, benamt nach dem Komponisten mit der schwungvollen Mähne. Zusätzlich wird tierische Kost verabreicht: Ein Lisztaffe verzehrt eine Heuschrecke, ein Weißgesichtsseidenaffe eine Maus

Die Krallenaffen-Kolonien der Universitäten von Bielefeld und Göttingen gehören zu den wichtigsten Erhaltungszuchten der Welt. Um Inzest vorzubeugen, tauschen sie Tiere regelmäßig miteinander aus

Vermutlich gehen auch Perlentaucher zur Arbeit, ohne daheim noch extra zu duschen. Primatologen tun dies zumindest dann, wenn sie im Tierhaus des Instituts für Anthropologie der Universität Göttingen arbeiten. Ich durchschreite mit meinen Straßenschuhen zunächst eine Wanne voll Sagrotan-Lösung, entledige mich meiner Alltagskleidung, benutze wie vorgeschrieben die Duschschleuse, stelle so in dieser morgendämmernden Stunde zugleich eine gewisse Wachheit her, suche unter den zahlreichen Filzpantoffeln ein passendes Paar heraus, steige in die weite weiße Hose und den weißen Kittel.

Ein Klima wie in den Tropen umfängt mich: 70 Prozent Luftfeuchte und 25 Grad Celsius. Ich taste durch einen schmalen, unbeleuchteten Korridor, der vor einer Glasfront endet. Dahinter ein dreieinhalb Meter hoher Raum von 15 Quadratmetern. Ich postiere mich hinter einem Stehpult. Von der nahen Nikolai-Kirche übertönen sechs dumpfe Schläge das Tickern der Zeitschaltuhr. Neonröhren beginnen zu flackern; hinter den Fenstern öffnen sich automatisch die Rolläden. Das Licht im Raum fällt auf ein Labyrinth von Latten, die an Kunststoffseilen schweben. An den Wänden Kästen mit Schlupflöchern, ähnlich Vogelhäuschen, aus denen plötzlich winzige Gesichter mit weißen Stirnblessen und weißen Büscheln am Ohr hervorlugen. Weißbüschelaffen – schlechthin possierlich.

Ihnen und verwandten südamerikanischen Kleinprimaten gilt die strenge Hygiene im Tierhaus. Von Menschen eingeschleppte Infektionen, etwa Röteln oder Masern, könnten tödlich für sie sein.

Ich schalte einen Kassettenrekorder ein, der alle 15 Sekunden einen Pfeifton abgibt; jeweils dann beginne ich eine neue Zeile auf meinem Protokollbogen. Der akustische Zeitgeber erspart mir den Blick auf die Uhr. Ich kann mich so besser auf die Beobachtungsobjekte konzentrieren, die nun oft mit dem sprichwörtlichen Affenzahn durch das Klettergerüst sausen. Die schwebenden Latten beginnen zu schwingen und sollen den Tieren die Illusion vermitteln, sie befänden sich dort, wo ihre wilden Artgenossen leben: im Geäst der tropischen Wälder Brasiliens.

Die Gruppe der Weißbüschelaffen in dem Raum hinter Glas besteht aus acht Mitgliedern: einem Elternpaar und drei Zwillingswürfen mit einem Abstand von etwa einem halben Jahr. Die ältesten Zwillinge – beide Weibchen – sind ein Jahr alt und benehmen sich bereits wie junge Erwachsene. Die mittleren – Weibchen und Männchen – gelten mit ihren sechs Monaten noch als jugendlich. Die jüngsten – beide Männchen – sind nach knapp fünf Monaten Tragzeit gerade vor ein paar Tagen zur Welt gekommen: Flauschbündel von jeweils dreißig Gramm, die von allen anderen nun abwechselnd herumgeschleppt werden. In welcher Reihenfolge? Wie oft und wie lange? Und was hat das für eine soziale Funktion?

Das ist der Fragenkatalog für meine Forschungsarbeit.

Im Freiland sind Weißbüschelaffen äußerst schwierig zu beobachten. Nicht nur, daß sie so flink und hoch oben im Blattwerk herumhuschen. Sie sind individuell bereits aus einem Abstand von nur wenigen Metern kaum zu unterscheiden. Deshalb bieten Beobachtungen im Labor bedeutende Vorteile.

Hinsichtlich ihrer Sozialstruktur sind die Weißbüschelaffen ein besonders aufregendes Objekt. Nur die Elterntiere in der Gruppe nämlich sorgen für Nachwuchs, während die älteren Kinder auch nach der Geschlechtsreife in der Familie bleiben, sich aber nie sexuell betätigen. Sie können jedoch sofort schwanger werden, wenn man sie von den Eltern trennt, sind deshalb lediglich „temporär steril“. Diese „psychische Kastration“ wird vermutlich über Pheromone – Geruchsstoffe –

der Elterntiere gesteuert. Die Frage nach den Ursachen einer solchen sozialen Organisation führt tief in die Probleme der modernen Evolutionsbiologie.

Die Aktivitäten der Tiere in dem tropischen Glashaus vor mir notiere ich mittels eines stenoähnlichen Kürzelsystems, das die wichtigsten Komponenten ihres Verhaltensrepertoires umfaßt. Für jeweils eine halbe Stunde konzentriere ich mich auf ein bestimmtes Individuum. Danach wird das „Fokustier" gewechselt, bis jedes Gruppenmitglied zu allen Tageszeiten gleich häufig beobachtet worden ist. Würde ich beispielsweise ein Tier immer nur zwischen drei und vier Uhr nachmittags beobachten, stünde in meinen Bögen fast immer „dö" für Dösen. Zwischen zwölf und eins hätte ich meistens „fr" für Fressen. Der Wechsel sorgt dafür, daß sich tageszeitliche Schwerpunkte der Aktivitäten herausmitteln und die Verhaltensprofile der einzelnen Tiere vergleichbar werden.

Die Weißbüschelaffen machen ihrem wissenschaftlichen Namen *Callithrix* – „Schönhaar" – alle Ehre: Ihr Fell ist dicht, es glänzt samten und seidig. Den Adelsdamen der Barockzeit waren die zutraulichen Gesellen lebende Ornamente, die sie in ihren Puffärmeln herumkrabbeln ließen. Die Streicheltiere wurden mit dem altfranzösischen Wort *marmouset* liebkost, was sich treffend als „kleiner Fratz" übersetzen läßt.

Als Marmosetten werden die Gattungen *Callithrix* und *Cebuella* (Zwergseidenaffen) bezeichnet. Gemeinsam mit den Tamarinen und Löwenaffen (Gattungen *Saguinus* und *Leontopithecus*) bilden sie die Familie der Krallenaffen. Die südamerikanischen Knirpse zählen nicht mehr zu den *Prosimiae*, den Halbaffen. Unter den *Simiae*, den echten Affen, nehmen sie nicht nur wegen ihrer Spielzeuggröße und einer abweichenden Zahnformel eine Sonderstellung ein, sondern auch, weil sie lediglich an der Großzehe Plattnägel besitzen. Die üb-

Strenge Hygiene ist überall geboten, wo empfindliche Affen gehalten werden. Doch sind die Forscher uneins, wie weit die Isolation von der Außenwelt gehen soll. Zu starke Abschottung birgt die Gefahr von Langeweile, und dem Immunsystem werden stärkende Anreize vorenthalten

rigen Nägel sind, wie der Gattungsname sagt, zu Krallen umgebildet: nützliche Steigeisen für glatte Baumstämme. Außerdem sind vier von fünf ihrer Würfe Zwillinge. Gelegentlich kommen gar Drillinge vor; sonst gebären nur Halbaffen regelmäßig Mehrlinge.

Viele der etwa 20 Krallenaffenarten dieser Erde sind akut von der Ausrottung bedroht. Ihr Lebensraum mußte Straßen, Staudämmen, Rinderweiden und Siedlungen weichen. Ein übriges taten die Biomediziner, die noch in den siebziger Jahren Zehntausende der Tropenzwerge verbrauchten – nach dem Motto „Kleiner Affe: kleiner Käfig" gewissermaßen als handliche Versuchratten auf Primatenniveau. Zwischen 1968 und 1972 importierten beispielsweise die USA offiziell 30 405 Krallenaffen, zwischen 1976 und 1980 noch 11 855.

Die angestammten Biotope der Krallenaffen werden in Südamerika großflächig niedergebrannt, um auf dem mageren Boden für kurze Zeit Rinderweide zu schaffen – Steaks und „Hamburger" für Nordamerika und Europa

Hartmut Rothe, dem Leiter der Göttinger Kolonie, ging es nie um die medizinische Ausbeutung der Tiere. Rothe betreibt Verhaltensbiologie und schuf dafür die bestmöglichen Voraussetzungen. Niemand kann die Tiere fragen, ob sie sich in ihrem großzügig gestalteten, aber eben synthetischen Lebensraum wohl fühlen. Es sieht jedoch ganz danach aus: vermehren sie sich nämlich mittlerweile mit ansehnlichem Erfolg. Heute gehören die 120 Affen der Göttinger Kolonie samt den 180 Tieren, die der Biologe Hans-Jürgen Wolters an der Universität Bielefeld betreut, zu den wichtigsten Erhaltungszuchten in Menschenobhut – mühsam zusammengebastelte Archen, in denen die Zwerge einer möglichen Zukunft entgegenschaukeln. Um Inzucht zu vermeiden, werden die Affen zwischen den Instituten ausgetauscht.

Jeden Morgen, und zweimal wöchentlich auch mittags, wird den Kolonieaffen ein in Menschenaugen nicht sehr appetitlich aussehender Brei verfüttert, ein Gemenge aus Eiweißmehl, Haferschleim, Weizenkeimen, Quark, Fleisch, Speise-

öl, dessen ernährungsphysiologische Ausgewogenheit genau ausgetüftelt ist. Lebensnotwendig sind auch Zusätze von Vitamin D3, das die Tiere mangels natürlicher UV-Strahlung nicht selbst aufbauen können. Fünfmal pro Woche wird mittags kleingeschnittenes Obst und Gemüse verabreicht – auch in den Augen der Affen offenbar ansehnlicher, was sich aus ihrem Zuspruch schließen läßt. Die Nahrung wird nicht einfach offen serviert; die Tiere müssen sich darum bemühen, da das Affenhaus kein Schlar-Affenland sein soll. Die Näpfe haben also nur kleine Öffnungen, in die die Affen recht mühsam hineinangeln müssen, bis sie ihren Hunger gestillt haben. Auf diese Weise wird die Gefahr der „Gefangenschaftslangeweile" von Tieren in Menschenhand herabgesetzt und die Neugier wachgehalten. Bei Durchfall wird Trockenobst verordnet – ein probates Mittel auch für Menschen. Gelegentlich werden Heuschrecken, junge Mäuse und Küken verfüttert – allerdings tote, denn es soll vermieden werden, daß die Beute im vielgestaltigen Refugium entkommt und in irgendwelchen Ritzen verwest.

In der freien Natur ernähren sich Weißbüschelaffen von Früchten und der Jagd auf Insekten sowie kleine Wirbeltiere wie Eidechsen, Baumfrösche und Jungvögel. Zudem benagen sie Äste, um sich an Säften und Harzen gütlich zu tun. Diese Substanzen sind reich an Kalzium – einer besonders für die Muttermilch wichtigen Komponente.

Die Kletterhölzer im Gehege sind mit Löchern übersät. Die Vertiefungen werden von den Tieren mit einem Sekret aus den Genitaldrüsen und Urin markiert. Diese Duftmarken dienen vermutlich der geruchlichen Kommunikation; sie geben Auskunft über Geschlecht und soziale Stellung ihres Erzeugers. Obgleich die Räume täglich mit scharfem Wasserstrahl von Kot und Essensresten gereinigt werden, bleiben die Stellen mit den Duft-

Wenige Hundert Löwenaffen leben noch in freier Wildbahn. Im Waldstück von Poço das Antas nahe Rio de Janeiro wird dieser Bestand seit 1984 mit gezüchteten Tieren aufgefüllt. Der Sinn solcher Auswilderungen ist indes umstritten – Krankheiten könnten eingeschleppt, großräumiger Biotopschutz könnte vernachlässigt werden

marken verschont. Denn, so sagt Hans-Jürgen Wolters, „das wäre das gleiche, als wenn wir jeden Abend in ein anders eingerichtetes Wohnzimmer kämen."

Durch das Fenster nach draußen ist zu sehen, wie in der Regenrinne des gegenüberliegenden Institutsdaches ein schwarzes Knäuel herumwuselt. Ein kurzer Pfiff ertönt, und die ganze Affenbande verschwindet blitzschnell in den Schlafkästen. Blinder Alarm allerdings – eine fette Amsel nimmt ein Staubbad. Doch es ist besser, einmal zuviel als einmal zuwenig zu reagieren. Die Warnpfiffe der Affen dauern nur drei bis vier Hundertstel Sekunden und haben Oberwellen im Ultraschallbereich. Da sie schwer zu orten sind, verraten sie wenig über den Aufenthalt der Gruppe. Genau das ist wichtig, wenn Adler oder Ozelots den Kleinprimaten nachstellen. Bald schon lugen die Affen mit schiefgestellten Köpfen und aufmerksam aufgeklappten Ohrbüscheln wieder aus dem Schlupfloch. Die Luft ist rein, und man tummelt sich erneut im Klettergerüst.

Die Zwillingsbabys werden bis zur dritten Woche beständig getragen. Als ich meine Protokolle später auszähle, stelle ich fest, daß die Mutter die Kleinen lediglich während eines Drittels der Zeit trug, offenbar nur dann, wenn sie gesäugt wurden. Die vier jüngeren Geschwister – zwei vom letzten, zwei vom vorletzten Wurf – übernahmen von der Tragzeit Anteile zwischen zwei und sechs Prozent, zusammen immerhin 15 Prozent. Der Löwenanteil der Fürsorge entfiel auf den Vater: 53 Prozent. Er war überaus fleißig im aktiven Übernehmen der Babys. Die Mutter holte sich die Kleinen ganz selten aus eigenem Antrieb. Fast immer mußte sich der Vater dicht neben sie setzen, damit die Säuglinge zur Nahrungsquelle überklettern konnten. Waren die Würmchen bei unbeholfenen Klettersuchen abgestürzt, so ignorierte die Mutter ihr klägliches Fiepen meist, während der Vater hinzustürzte, um sie zu retten. Als ein Baby hinter die Heizungsrippen gerutscht war, sprangen die jüngsten Geschwister als Helfer ein, denn der Vater war für den schmalen Zwischenraum zu dick.

Kot und Urin scheiden die Jungen nur aus, wenn ihre Genitalregion geleckt wird. Auch diese Reinigungsprozedur wird häufig vom Vater vorgenommen; sie ist äußerst sinnvoll, denn damit bleibt das Fell der Tragtiere sauber. Vom Menschen aufgezogene Waisen müssen in Nachahmung dieses Verhaltens mit einem feuchten Läppchen gereizt werden, damit der Stuhlgang klappt.

Nach acht Wochen halten sich die Jungen bereits zwei Drittel der Zeit allein im Klettergerüst auf. Wenn ich meine Protokollsitzungen unterbreche, um die vorbereiteten Obstnäpfe zu servieren, kann ich beobachten, wie sich Vater und jüngere Geschwister auch noch an der Nahrungsversorgung der Kleinen beteiligen. Sie angeln Obststückchen, stoßen Futtertriller aus und halten den hinzuspringenden Nesthäkchen die Leckerbissen hin. Die Kleinen dürfen auch von selbst um Nahrung betteln; erst mit zunehmendem Alter wird ihnen das durch leichtes Schlagen, Beißen und Keckern verwehrt.

Von Untersuchung zu Untersuchung schwanken die Ergebnisse darüber, wie stark die Familienmitglieder am Tragen der Jungen beteiligt sind. Fest steht jedoch, daß die Muttertiere sämtlicher Krallenaffenarten deutlich durch die ganze Familie entlastet werden.

Die Sozialstruktur der südamerikanischen Kleinprimaten stellt Verhaltensforscher vor zwei wichtige Ausgangsfragen:

- Warum gebären Krallenaffen regelmäßig Mehrlinge – wie es viele Halbaffen tun –, und nicht wie andere echte Affen nur Einzelkinder?
- Warum beteiligen sich Väter und Geschwister an der Aufzucht?

Von einem der bedeutendsten Systematiker der Neuweltaffen, dem amerikanischen Biologen Philip Hershkovitz, wurden Zwillingsgeburten als primitives Merkmal, als noch nicht überwundenes Halbaffenerbe gedeutet. Dem widerspricht jedoch, daß die Gebärmutter nur eine Kammer hat und die Brustwarzen nur einpaarig sind; beides weist auf die Abstammung von einzelgebärenden höheren Affen hin. Zwillingsgeburten wären demnach eine erst später entstandene Anpassung, eine Spezialisation.

Aber eine Spezialisation für was? Der Schweizer Anthropologe Walter Leutenegger hält die Krallenaffen für Zwergformen, die von größeren einzelgebärenden Vegetariern abstammen. Ihre ökologische Nische fanden sie in der Insekten- und Kleintierjagd und im Benagen von Bäumen. Besonders üppige Insektenfauna entsteht, wenn sich durch Baumfall oder Blitzschlag Lichtungen und Waldränder auftun. Um diese kurzlebigen Speisekammern optimal für die Vermehrung auszunutzen, entwickelten Krallenaffen einen Trick: Zwillingsgeburten.

Die Weibchen lösen noch ein Problem: Alle insektenfressenden Primaten sind klein, da sie ihren Lebensunterhalt mit winzigen Eiweißbrocken bestreiten müssen; einer Wachstumsregel zufolge nimmt aber das relative Geburtsgewicht zu, je kleiner die Mutter ist. Geburten werden schwierig, wenn Neugeborene 15 Prozent des Muttergewichts überschreiten. Die Krallenaffenweibchen gerieten deshalb in das Dilemma, in immer kleineren Becken möglichst große Babys auszutragen; denn für den Fortpflanzungserfolg ist es günstig, das maximal mögliche Geburtsgewicht auch auszuschöpfen. Zwillingsgeburten lösten dieses Problem. Auf diese Weise erreichten die Geburtsgewichte 14 bis 24 Prozent – aber jeweils geteilt durch zwei.

Doch ganz so einfach geht diese Rechnung nicht auf. Haben die Neugeborenen bereits ein Fünftel bis ein

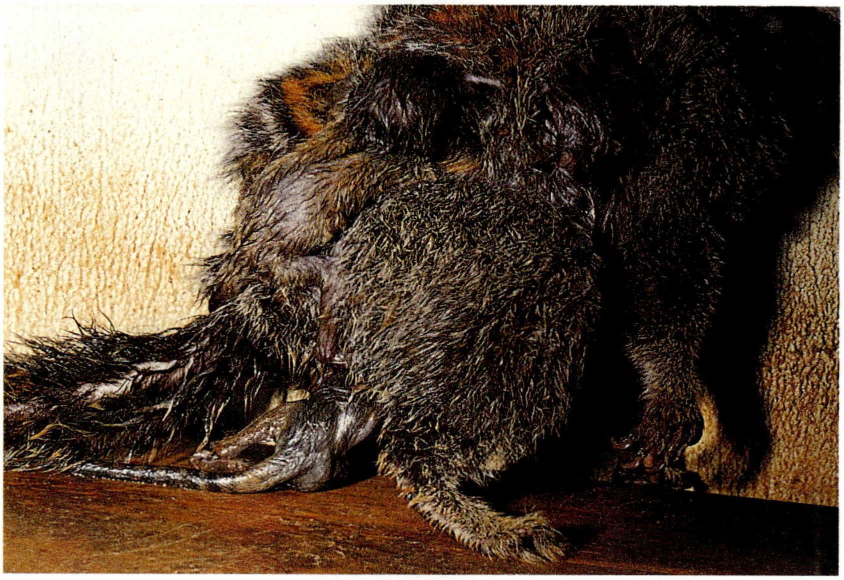

Nachwuchs in der Krallenaffen-Kolonie der Göttinger Universität. Bei Weißbüschelaffen sind Mehrlingsgeburten üblich. Ein Baby, das vor Sekunden zur Welt kam, wird von der Mutter beleckt. Zwei noch feuchte Geschwister klammern im Rückenfell, während ein drittes geboren wird. Von Anfang an kümmert sich auch der Vater um Pflege und Aufzucht seiner Kinder. Er begutachtet den Nachwuchs und nimmt ihn dann der Mutter ab, während er Stimmfühlungslaute von sich gibt

Viertel des Gewichtes ihrer Mutter, so erreichen sie bis zur Entwöhnung fast 50 Prozent. Da Krallenäffinnen aber meist gleich nach der Geburt wieder schwanger werden, wären stillende Mütter doppelt belastet: Zwei im Bauch und zwei an der Brust. Wegen dieses enormen Energieaufwands müssen die Mütter während der Aufzucht unbedingt entlastet werden. Genau dieser Selektionsdruck hat dafür gesorgt, daß Väter und ältere Geschwister einspringen.

Es fragt sich natürlich, was die Babysitter davon haben, wenn sie den Müttern assistieren. In den frühen Jahren der Primatenforschung wurde die Sozialstruktur der Krallenaffen gerne anthropomorph als „Beispiel eines moral-analogen Familienlebens" beschrieben: „ohne Streit, mit Rücksicht, Aufopferung und Verzicht des Männchens." Dieser vermenschlichenden Interpretation steht in jüngerer Zeit eine nüchterne Analyse der Ursachen gegenüber. Um den Selektionsdruck zu ermitteln, der zu einem bestimmten Verhaltensprogramm führte, ist es üblich geworden, dessen Vor- und Nachteile miteinander zu verrechnen. Die evolutionsbiologische „Währung" dieser Kosten-Nutzen-Bilanz ist der Fortpflanzungserfolg eines Individuums.

Unter bestimmten Bedingungen genügt den Männchen offenbar sogar die pure „Vermutung" der eigenen Vaterschaft, damit sie sich an der Aufzucht beteiligen. Immer mehr Wissenschaftler sind nämlich mittlerweile davon überzeugt, daß die Krallenaffenhaltung in Einehe auf teilweiser Unkenntnis der natürlichen Lebensweise beruht. In freier Wildbahn wurden bisher lediglich Braunrückentamarine genauer untersucht. Deren Gruppen enthalten gewöhnlich nur ein erwachsenes Weibchen, aber meistens mehrere Männchen, mit all denen sich das Weibchen paart. Sämtliche Paarungspartner betätigen sich später als Babysitter, vermutlich, weil ja jeder als Erzeuger in Frage kommt oder bei einem der nachfolgenden Würfe der Vater

Die ganze Familie ist gefordert, wenn es gilt, Mehrlinge aufzuziehen. Bei Krallenaffen – hier Weißgesichtsseidenaffen – wird die Mutter nicht nur durch den Vater entlastet; auch ältere Geschwister schleppen die Nesthäkchen herum. Was nach Selbstlosigkeit aussieht, ist reiner genetischer Eigennutz – denn in jedem Verwandten steckt immer wenigstens ein Teil des eigenen Erbguts

werden könnte. Das Umschalten auf die unter nicht-menschlichen Primaten einmalige Polyandrie (Vielmännerei) scheint insbesondere für einzelne Pärchen angezeigt, die noch keine Nachkommen als junge Aufzuchthelfer haben. Der Vaterteil eines solchen Paares müßte die Jungen ja nahezu den ganzen Tag allein schleppen. Da er während dieser Zeit kaum auf Nahrungssuche gehen kann, wäre das von Natur aus nicht praktikabel. Der Ausweg: Vielmännerei.

Was aber steckt hinter der scheinbaren Selbstlosigkeit und Opferbereitschaft der älteren Geschwister? Zunächst bringt Babysitting den jungen Krallenaffen eindeutig Nachteile. Sie verlieren Zeit und Energie durch Tragen und Füttern der neuen Geschwister und gehen erhöhte Risiken ein, von Raubtieren gefressen zu werden – mit zwei Rucksäcklein auf dem Bukkel flieht es sich schlechter. Zudem reduziert die verzögerte Fortpflanzung die während der reproduktiven Lebensspanne mögliche Anzahl eigener Nachkommen.

Zu den Vorteilen des Babysitting gehört jedoch ein Erfahrungsgewinn: Wer bei der Aufzucht anderer Kinder assistiert hat, zieht eigene Kinder kompetenter auf. Ferner entfallen ja auch jene Risiken, die beim Verlassen der Großfamilie entstünden: Emigranten sind in unbekanntem Terrain vermutlich leichtere Beute für Raubfeinde; sie haben geringe Chancen, ein eigenes Territorium und einen geeigneten Partner zu finden. Eventuell werden einige der treuen Babysitter auch dadurch belohnt, daß sie nach dem Wegsterben der Eltern deren Territorium erben.

Ein entscheidender Aspekt fehlt jedoch in dieser Bilanz, die von einer zu simplen Definition des Fortpflanzungserfolges oder der „reproduktiven Fitness“ ausgeht. Die Fitness eines Individuums ist der eigene Anteil an der Gesamtvermehrung einer Population. Anders ausgedrückt: der Beitrag, den ein Individuum hinsichtlich der zukünftigen Verbreitung seines Erbgutes geleistet hat.

Beim ersten Blick sagt zwar die Zahl eigener Nachkommen etwas über die Fitness aus. Denn ein Kind trägt immerhin die Hälfte der Gene jedes Elternteils in sich. Kopien eigener Gene lassen sich aber nicht nur über eigene Kinder verbreiten. So wie ein Lebewesen mit Vater und Mutter jeweils 50 Prozent des gleichen Erbgutes teilt, so sind ja auch Geschwister im statistischen Mittel zur Hälfte genetisch identisch. Wenn ein junger Krallenaffe einem neuen Geschwister auf eigene Kosten zu besseren Überlebensaussichten verhilft, so kann er im Prinzip ebensoviel für die Verbreitung seines Erbgutes leisten, als wenn er – mit vermutlich geringem Erfolg – sich selbst fortzupflanzen versuchte.

Mit den Kindern seiner Geschwister teilt ein Lebewesen statistisch immerhin noch 25 Prozent alle Gene, das heißt, der Grad der Verwandtschaft mit Neffen und Nichten beträgt ein Viertel. Würde ein Krallenaffe statt eines Geschwisters zwei Neffen und Nichten aufziehen, so wäre dies ebenfalls kein „genetisches Verlustgeschäft“. Im Sinne der „Reproduktionswährung“ wären zwei Geschwisterkinder für einen Helfer genausoviel wert wie ein eigenes Kind, denn der Ausbreitungsanteil eigener Gene beträgt 2 mal 25 = 50 Prozent.

Der genetischen Fitness eines Individuums liegen mithin zwei Komponenten zugrunde:

- die persönliche Komponente, gemessen an der Zahl eigener Nachkommen (direkte oder Darwin-Fitness);
- die Verwandtschafts-Komponente, gemessen an der Zahl der Nachkommen von Blutsverwandten, die dank der Hilfe des Individuums zusätzlich aufgezogen werden können (indirekte Fitness).

Beide Anteile lassen sich zur sogenannten Gesamtfitness oder „inklusiven Fitness“ addieren – erst dies ist die über den tatsächlichen Reproduktionserfolg entscheidende Größe.

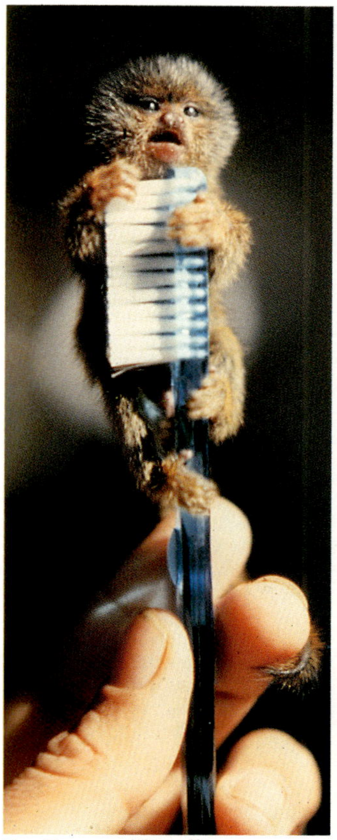

Der Zwergseidenaffe ist der kleinste „echte“ Affe. Bei ihm macht jeder Wurf ein Viertel des Muttergewichts aus – mehr als bei den meisten anderen Primaten

Eine Sensation für Primatologen war 1985 die Entdeckung, daß zumindest einige Arten von Krallenaffen, die sich in Gefangenschaft monogam vermehren, in freier Natur Vielmännerei betreiben – ein bei Primaten ganz ungewöhnliches Sozialverhalten. Für die Formenvielfalt der Krallenaffen stehen: Weißbüschelaffe, Silberaffe, Löwenaffe, Zwergseidenaffen, Kaiserschnurrbarttamarin und Lisztaffe. Trotz großer Ähnlichkeit wird der schwarze Springtamarin einer eigenen Familie zugerechnet

Geistiger Vater dieser Überlegungen ist der britische Biologe William Hamilton, der seine Konzepte 1964 veröffentlichte. Damit sich die genetische Basis von Helferverhalten in einer Population ausbreiten kann, muß nach Hamilton die Ungleichung $N \times r > K$ erfüllt sein. N bedeutet den Nutzen für den Empfänger, K die Kosten für den Geber; r steht für den Verwandtschaftsgrad zwischen Helfer und Nutznießer. Damit sich beispielsweise Hilfsverhalten von Onkeln gegenüber Neffen durchsetzen kann, muß der Nutzen für den Helfer mehr als viermal so groß sein wie die entstehenden Kosten ($N \times 1/4 > K$).

Beim gemeinschaftlichen Babysitting der Krallenaffen ist diese Bedingung offenbar erfüllt. Geschwister, die jeweils für sich selbst handeln, würden weniger Genkopien produzieren, als wenn sie ganz oder zumindest teilweise auf eigene Nachkommen verzichten und bei der Aufzucht jüngerer Würfe helfen.

Deshalb ist es falsch, hier von „Aufopferung“ oder „Selbstlosigkeit“ zu reden. Echter Altruismus läge nur dann vor, wenn die Kosten der Hilfe höher als der Nutzen wären. Ein solches Verhalten würde aber von der natürlichen Auslese schnell ausgemerzt werden. Jedwedem Helferverhalten muß deshalb eine gesunde Portion genetischen Eigennutzes zugrundeliegen, damit es von der Selektion gefördert wird.

Dies ist die zentrale These der Soziobiologie, die sich der Evolution von Sozialverhalten widmet. Wegbereiter dieser Konzepte waren der amerikanische Zoologe Edward Wilson mit dem Werk *Sociobiology* (1975) sowie der britische Ethologe Richard Dawkins mit seinem Titel *Das egoistische Gen* (1976). Der Nachfolger von Konrad Lorenz am Max-Planck-Institut für Verhaltensphysiologie im oberbayerischen Seewiesen, Wolfgang Wickler, trug dazu bei, daß die Soziobiologie inzwischen nicht nur in Anglo-Amerika, sondern auch in Deutschland zu der Interpretation der Verhaltensforschung schlechthin wurde. Gemeinsam mit seiner Assistentin Uta Seibt schrieb Wickler in dem 1977 erschienen Buch *Das Prinzip Eigennutz:* „Art und Ausmaß von Kooperation bzw. Konkurrenz in der Tierwelt richten sich exakt nach der Zahl der identischen Gene, das heißt nach dem Grad der Verwandtschaft zwischen den Individuen. Die scheinbare Selbstlosigkeit, mit der Tiere in Familien und Rudeln füreinander eintreten, beruht also in Wirklichkeit auf ‚Eigennutz‘.“

„Helfer-am-Nest“ finden sich nicht nur bei Krallenaffen. Das Prinzip der Verwandtenaufzucht ist von Hyänenhunden, Schakalen, Koyoten, Wölfen und Zwergmungos bekannt, von mehr als 150 Vogelarten und vor allem auch von staatenbildenden Insekten – etwa Bienen und Ameisen –, bei denen die meisten Weibchen steril sind und ihr Leben damit verbringen, die Nachkommen der Königin, ihre Schwestern, aufzuziehen.

Doch auch Menschen stufen ihre Hilfsbereitschaft in vielen sozialen Zusammenhängen nach Verwandtschaftsgrad ab. Ein prächtiger Beleg für „gen-egoistische Motivationen“ im Verhaltensprogramm von *Homo sapiens* kommt aus Kanada. Samuel de Champlain, Geograph im Dienste der französischen Krone und Gründervater Quebecs, durchforschte von 1611 bis 1616 die Gebiete zwischen dem Oberlauf des Sankt-Lorenz-Stromes und den Großen Seen. Dabei befreundete er sich mit Indianern vom Stamm der Huronen, deren Sitten und Gebräuche Champlain später beschrieb, darunter eine außergewöhnliche sexuelle Freizügigkeit: „Denn wenn die Nacht kommt, gehen die jungen Frauen von einer Hütte zur anderen, genau wie die jungen Männer, und nehmen sich, doch ganz ohne Gewalt, was ihnen gut scheint, wobei sie aber alles dem Willen der Frauen überlassen. Der Ehemann macht das gleiche bei seiner Nachbarin, aber es

An staatenbildenden Insekten wurde zuerst erkannt, daß das Prinzip der Verwandtenunterstützung – hier Arbeiterbienen bei der Versorgung der Königin – auf genetischem Eigennutz beruht

entsteht keine Eifersucht unter den Eheleuten, es kommt zu keiner Ehrlosigkeit oder Beschimpfung: So ist es eben der Brauch des Landes." Eine junge Frau, die schwanger geworden war, heiratete einen Mann ihrer Wahl – der nicht notwendigerweise der Erzeuger des erwarteten Kindes sein mußte –, doch „tut sie sich, obwohl sie mit diesem Ehemann lebt, in ihrem Geschlechtsleben keinen Zwang an."

Nun folgt in Champlains Bericht eine für Verhaltensbiologen äußerst aufschlußreiche Passage: „Die Kinder, die auf diese Weise von einer solchen Frau geboren werden, können nicht sicher sein, daß sie legitim sind. Es gibt dann auch einen Brauch, der diese Gefahr steuert: Die Kinder sind, was den Besitz und die Würden angeht, niemals die Erben ihres Vaters, von dem man, wie ich schon sagte, nicht sicher sein kann, daß er sie gezeugt hat. Die Ehemänner setzen vielmehr zu ihren Nachfolgern und Erben die Kinder ihrer Schwester ein, von denen sie sicher sein können, daß sie von denen geboren worden sind."

Die Huronenmänner verhalten sich damit ganz im Sinne der biologischen „Gesamtfitness-Maximierung": Sie unterstützen diejenigen Kinder, die mit größter Wahrscheinlichkeit ein Maximum ihrer eigenen Gene besitzen. In einer Gesellschaftsform mit ausgeprägter Promiskuität geht der durchschnittliche Verwandtschaftsgrad zwischen einem Ehemann und den Kindern seiner Frau gegen Null. Mit einer Vollschwester teilt ein Mann 50 Prozent aller Gene und mit einer Halbschwester noch immer 25 Prozent. Der Verwandtschaftsgrad mit Neffen und Nichten schwankt deshalb im Mittel zwischen 25 Prozent (bei den Kindern einer Vollschwester) und 12,5 Prozent (bei den Kindern einer Halbschwester).

Natürlich ist es da kein Zufall, daß die Huronenmänner ihr Erbe und ihren Sozialstatus nur den Kindern der Schwester, nicht aber denen der Brüder vermachen: Deren Kinder sind ja mit der gleichen Vaterschaftsunsicherheit behaftet wie die der eigenen Ehefrau.

Entsprechend dem Grad der sexuellen Freizügigkeit kannten außer den Huronen etliche andere Völker – beispielsweise die Nayar in Südindien oder die Minangkabau in Indonesien – die Institution des Avunkulats (lat. *avunculus,* Onkel), die gesteigerte Fürsorge gegenüber Kindern der Schwester.

Ob dieses Engagement bewußt oder unbewußt betrieben wurde, spielt hier keine Rolle: Die natürliche Selektion fördert bei Tier und Mensch automatisch jene Verhaltensweisen, die sich biogenetisch am besten auszahlen und die Ausbreitung eigenen Erbgutes am effektivsten fördern. Hierzu gehört die ausgeprägte Neigung, Blutsverwandte zu unterstützen. „Genetische Korruption" in Form von Vetternwirtschaft ist in allen menschlichen und tierlichen Gesellschaften gang und gäbe, während Nicht-Verwandte mehr oder weniger stark vernachlässigt werden. Fremde werden häufig abgelehnt, die Kooperation bleibt auf den eigenen Clan beschränkt.

Wer dennoch um bestimmter Vorteile willen mit Nicht-Verwandten zu-

Bei einem Konflikt an der Grenze ihrer Wohngebiete stehen einander zwei Clans von Weibchen gegenüber. Blutsverwandtschaft ist bei den Grauen Languren jenes Band, das sie beiderseits der Front zusammenhält

„Kratzt du mir den Rücken, kratz' ich dir den Rücken": Soziale Fellpflege ist ein gutes Beispiel, warum auch Nicht-Verwandte zuweilen Zweckbündnisse eingehen. Langurenmännchen verbringen nämlich die meiste Zeit ihres Lebens in zusammengewürfelten Junggesellenbanden, deren Mitglieder aus verschiedenen Geburtsgruppen stammen

sammenarbeiten will, muß zuvor deren Verläßlichkeit auf die Probe stellen. Dies trifft insbesondere für die Beziehungen zwischen den Geschlechtern zu, wenn sie bei der Jungenaufzucht zusammenwirken wollen. Einige Tricks wurden hier schon vorgestellt. Darüber hinaus gibt es auch noch einen Tauschhandel, den Nicht-Verwandte eingehen müssen, wenn sie kein sexuelles Interesse aneinander haben. Kooperation kann sich hier auf der Basis von Gegenseitigkeit ausbilden: Hilfst Du mir, helf ich Dir.

Der amerikanische Biologe Robert Trivers hat dieses Prinzip des gegenseitigen Beistands „reziproken Altruismus" genannt: Ein Individuum wendet Zeit und Energie auf, um einem anderen zu helfen, doch revanchiert sich der Nutznießer später, so daß beide schließlich auf ihre Kosten kommen. Trivers sah seine Theorie glänzend bestätigt, als er mit seinem Lehrer Irven de Vore die Kekopey-Ranch nahe Gilgil in Kenia Anfang der siebziger Jahre besuchte. Dort spielten Anubispaviane etwa folgende Tricks: Das Männchen Pua umschwänzelt schon den ganzen Tag Notch, deren herrlich geschwollenes und pinkfarbenes Gesäß anzeigt, daß der Moment ihres Eisprunges nicht mehr fern ist. Leider trübt Mdomo die Idylle, ein anderer Pavianmann, der zu allem Übel ranghöher als Pua ist und ihn durch Zähnefletschen sowie einschüchterndes Aufklappen der farbigen Augenlider davon abhält, Notch zu besteigen. Als Mdomo sich bedrohlich nähert, zuckt der untergebene Pua etwas unsicher mit den Augenbrauen, wobei er nicht nur Mdomo androht, sondern zugleich Kovu anblinzelt, ein drittes, Mdomo ebenfalls unterlegenes Männchen. Kovu hat den Hilferuf verstanden und startet gemeinsam mit Pua eine Attacke, um den Störenfried zu verjagen. Pua besteigt daraufhin die umworbene Notch. Morgen oder übermorgen wird er Kovu helfen, wenn der ein Weibchen gegen Mdomo zu verteidigen hat.

Pua und Kovu sind nicht etwa Brüder, denn Savannenpaviane verlassen als junge Männer ihre Geburtsgruppe und verstreuen sich in alle Winde. Pua und Kovu – so die Überlegungen von Trivers – handeln vielmehr nach dem Motto, daß die Hälfte besser ist als gar nichts. Der dominante Mdomo würde ihnen nämlich die meisten Weibchen und damit entscheidende Möglichkeiten zur Fortpflanzung wegschnappen. So aber helfen und respektieren sie sich gegenseitig. Zwar besteht die Gefahr, daß der andere ein Schlitzohr ist und sich für empfangene Hilfe nicht revanchiert. Aber ein solcher Betrüger würde über kurz oder lang allein dastehen. Sein Partner würde die Zusammenarbeit aufkündigen und ein anderes Bündnis einzugehen versuchen. Eingespielte Partner demonstrieren ihre Einigkeit durch eindrucksvoll koordinierte Körperdrehungen, Breitseitimponieren und gleichzeitiges Flackern der helleren Augenlider, ein Tanzritual an die Adresse des Opponenten.

Wie aber bahnen sich solche Koalitionen an? Wie können Fremde lernen, einander zu vertrauen und aufeinander zu bauen? Werden Affenhirne von Geistesblitzen durchzuckt, oder studiert die natürliche Auslese die Choreographie des Affentanzes im gewohnten Schneckentempo ein? Vermutlich ist beides richtig.

Passable Erklärungen liefert hier die Spieltheorie, eine der Wirtschaftsforschung entstammende Disziplin, die mathematische Modelle für Entscheidungsverhalten entwickelt. Zu einigem Ruhm gelangte das „Gefangenen-Dilemma", ein Konflikt-Modell, das von der imaginären Situation ausgeht, zwei Untersuchungsgefangene seien eines gemeinsam begangenen Verbrechens angeklagt. Die beiden sitzen in verschiedenen Zellen und der Staatsanwalt versucht eine List, damit sie einander verraten. Ohne Geständnis müßten beide nämlich mangels Beweisen freigelassen werden. In getrennten Verhören wird den beiden eröffnet, das Geständnis eines einzelnen würde dem Verräter, der sich gegen seinen Komplizen zum Kronzeugen macht, mit Straffreiheit und zusätzlich mit einer lukrativen Belohnung vergolten. Gestehen beide, werden beide verurteilt. Gesteht aber nur einer, so wird der verratene Partner härter bestraft, als wenn beide einander verraten.

Die Ganoven stehen damit vor dem Problem, ob sie leugnen und dadurch mit ihrem Komplizen kooperieren sollen – oder ob es klüger ist, unkooperativ zu sein und zu gestehen. Der Staatsanwalt hat sie in ein echtes Dilemma manövriert, denn wenn sich beide rational verhalten, bleibt ihnen nichts anderes übrig, als einander zu verraten.

In den Köpfen der Gefangenen spielt sich nämlich folgende Kalkulation ab: Da ich nicht wissen kann, wie mein Komplize sich verhält, ist es auf jeden Fall vorteilhaft, ihn zu verraten, um dadurch mit Sicherheit einer härteren Strafe zu entgehen und vielleicht sogar eine Belohnung zu kassieren. Angenommen, er verrät mich nicht, so erhalte ich zusätzlich zu meiner Freiheit eine Belohnung. Verrät er mich jedoch, weil natürlich auch ihn die Belohnung lockt, so werde ich wenigstens nicht zu einer härteren Strafe als gewöhnlich verurteilt.

Unter den Bedingungen dieses Gefangenen-Dilemmas kann kooperatives Verhalten nicht entstehen. Allerdings braucht man nur eine wichtige Kleinigkeit zu ändern und den Partnern Gelegenheit zu geben, eine ganze Serie des gleichen Konfliktes durchzuspielen. Dies ist angesichts sozialer Strategien auch realistischer, denn die Mitglieder einer Gruppe begegnen einander ja nicht nur einmal im Konflikt, sondern die Situationen wiederholen sich.

In einem Serienspiel kann der Konflikt kooperativ gelöst werden – zum Vorteil beider Partner. Dies kam heraus, als der amerikanische Politikwissenschaftler Robert Axelrod zu einem Computer-Turnier aufrief, bei dem das Gefangenen-Dilemma simuliert wurde. Vierzehn Spieltheoretiker entwickelten hierzu Strategien, und jeder mußte gegen jeden jeweils 200 Runden lang spielen. Am erfolgreichsten war eine simple Strategie, die als *Tit for Tat* – „Wie Du mir, so ich Dir" – bezeichnet wird und die mit nur zwei Regeln auskommt: Kooperiere in der ersten Runde; tue in der folgenden Runde genau das, was dein Partner in der Runde zuvor tat. Folgen zwei Konfliktpartner dieser Strategie, löst sich das Gefangenen-Dilemma auf, und es entsteht dauerhafte Kooperation.

Das Computer-Turnier entspricht ungefähr dem Vorgang der natürlichen Auslese. Angenommen, Sozialpartner haben zweihundertmal Gelegenheit, einen bestimmten Konflikt auszutragen. Mutationen und Neukombinationen des Erbgutes während der geschlechtlichen Fortpflanzung stellen eine Palette von Verhaltensplänen parat, die miteinander konkurrieren. Im Endeffekt setzt sich die Strategie durch, die den durchschnittlich größten Vorteil bringt.

In jeder Generation muß sich die erfolgreiche Strategie erneut gegen andere Varianten bewähren. Axelrod simulierte dieses Prinzip, indem er 1000 Turniere – also „Generationen" – durchspielte. Hierzu brachten 62 Computerfreaks aus sechs Ländern konkurrierende Strategien ein. Diesmal war die Zahl der Programmkopien, die in der jeweils nächsten Generation antrat, proportional zu ihrem Erfolg im vorhergehenden Turnier. Auch im „wirklichen Leben" verhelfen erfolgreiche Verhaltensprogramme ihren Besitzern ja zu durchschnittlich mehr Nachkommen, also Genkopien – ein Mechanismus, der als *Survival of the Fittest* (Überleben der Bestangepaßten) Wissenschaftsgeschichte machte. Langfristig nicht erfolgreich waren reine Ausbeutungsprogramme, die abzuwarten vorschrieben, bis ein Partner kooperierte, um ihn dann zu verraten. Sie waren gegenüber schwachen Programmen zwar zunächst im Vorteil, wirkten aber letztlich selbstzerstörerisch, da sie ihre Opfer ausrotteten. Ein Naturgesetz: Parasiten, die ihre Wirtsorganismen so sehr schädigen, daß sie aussterben, verurteilen sich selber zum Tode.

Die überlegene Strategie war auch bei jenem Großturnier wiederum *Tit-for-Tat*. Das Erfolgskonzept ruhte auf drei Eckpfeilern. Erstens: Beginne mit Kooperation und gehe erst in Konkurrenz, wenn dein Gegner dich verraten hat. Zweitens: Vergelte einen Verrat deines Gegners sofort durch Nichtkooperation. Drittens: Sei nach einmaliger Vergeltung nicht weiter nachtragend, sondern interpretiere den nächsten kooperativen Akt deines Partners als Aufforderung zu weiterer Zusammenarbeit. Das Prinzip von *Tit-for-Tat* ist so gegen zu große Verluste bei der Begegnung mit Ausbeutern gesichert, erzielt aber zugleich hohe Gewinne bei Spielen mit kooperativen Partnern. Deshalb setzt es sich in der Computer-Simulation durch.

In der Biologie wird ein erbliches Verhaltensprogramm, das sich gegen alternative Strategien behauptet und den Erfolg von Mutanten auch langfristig vereitelt, als „Evolutions-stabile-Strategie" (ESS) bezeichnet, ein Begriff, den der britische Biologe John Maynard Smith prägte. Die natürliche Selektion fördert damit Verhaltensstrategien, die vernünftigen Entscheidungen so auffallend ähneln, daß Tiere sich quasi-rational verhalten. Wohlgemerkt: Den Tieren werden keine bewußten Handlungen unterstellt, sondern reproduktiv erfolgreiche Gene steuern Verhaltensweisen lediglich so, als ob rationale strategische Entscheidungen gefällt würden.

Unter diesem Aspekt müssen auch die Koalitionen unter Pavianen gesehen werden. Außerdem sei betont, daß *Tit-for-Tat* – wie die Computer-Turniere zeigten – nur eine von vielen theoretisch möglichen Strategien ist. Nach welchen Spielregeln sich zwei Männchen nun tatsächlich richten, um in einer Koalition einem Dritten ein Weibchen abzujagen, ist unter Primatologen durchaus umstritten. Am Schreibtisch eine Theorie zu entwerfen und sie in freier Natur anhand einer genügend großen Zahl exakt beobachteter Fälle zu überprüfen, sind nämlich zwei durchaus verschiedene Dinge. Modelle wie das Gefangenen-Dilemma oder der reziproke Altruismus sollten daher als das betrachtet werden, was sie sind: erste Versuche, die komplizierten Webmuster der sozialen Netze von Primatengesellschaften zu entwirren.

Die Primatologen Robert Harding und Shirley Strum hatten seit 1970 das seltene Glück, bei den Pavianen der Gilgil-Population die schrittweise Entstehung kooperativen Jagdverhaltens beobachten zu können. Diese Primaten suchen in der Savanne nach Wurzeln, Blüten, Früchten, Blättern und fangen Insekten. Sie töten gelegentlich auch Gazellenkitze, Hasen und Vögel, doch hält sich ihr Jagderfolg in Grenzen, da sie keine schnellen und ausdauernden Läufer sind.

Die Forscher beobachteten, daß ein Männchen namens Rad sich stets allein an junge Gazellen und Hasen heranpirschte. Andere Männchen verfolgten seine Versuche mit aufmerksamen Blicken. Zufällig trieb Rad eines Tages ein Beutetier in die Richtung anderer Männchen, die dann selber hinter dem flüchtenden Opfer herrannten, als Rad erschöpft zurückblieb. Solche Relais-Verfolgungen, bei denen sich die Jäger abwechselten, wurden im Laufe der Zeit häufiger. Die Männchen lernten, Antilopenherden zu zersprengen, um Jungtiere abzutrennen; sie warteten mehrere Stunden, um eine Mutter mit einem Jungen einzukreisen, und sie entfernten sich schließlich erheblich von ihrer Gruppe, um eine bestimmte Beute bis zu drei Tage lang zu verfolgen. Erfolgreiche Jäger verzehrten ihre Fleischmahlzeiten zunächst stets allein oder jagten sich gegenseitig die guten Brocken ab. Drei Jahre später beobachteten die Forscher dann Dutzende von Beuteteilungen, nicht nur von Männchen zu Weibchen, sondern auch unter Männchen selbst. Bei den von außerhalb in die ansässige Gruppe zugewanderten Pavianen lernten also Nicht-Verwandte, zusammenzuarbeiten.

Das Wort „lernen" verträgt sich hier durchaus mit der Annahme, quasirationales Verhalten basiere auf genetischen Programmen. Denn das Ausmaß dessen, was ein Lebewesen überhaupt lernen kann, wird zweifellos durch das Erbgut vorgegeben. Wie diese Vorgaben dann im einzelnen für Entscheidungen genutzt werden,

Zwei Pavianmännchen haben sich gegen einen Dritten verbündet: Koalition unter Nicht-Verwandten um eines Vorteils willen, der allein nicht zu erreichen ist

hängt von den Daten ab, mit denen sie durch die Umwelt programmiert werden.

In diesem Zusammenhang ist aufschlußreich, daß wirksame Koalitionen bei Anubispavianen viel häufiger unter älteren Männchen als unter jüngeren eingegangen werden. Da die Männchen einander nicht aus Kindertagen kennen, bedarf es nämlich erheblicher Zeit und Energie, um eine stabile kooperative Bindung mit einem zunächst nicht einschätzbaren Fremden aufzubauen – was ja bedeutet, aus einem Rivalen einen Partner zu machen. Es ist kein Zufall, daß sich Beispiele für Beistandspakte vor allem unter Primaten finden; verfügt diese Tiergruppe – etwa im Unterschied zu Insekten – doch über hierfür wichtige Voraussetzungen: eine lange Lebenserwartung, ein gutes Gedächtnis sowie ein gehöriges Maß an Lernfähigkeit und Intelligenz.

Darwin hatte wieder einmal Recht, als er vor mehr als hundert Jahren bemerkte, die Menschheit könne von den Pavianen mehr lernen als von manchen Philosophen.

Mit welch harten Bandagen und welcher Raffinesse bereits nicht-menschliche Primaten soziale Tauschgeschäfte betreiben können, wurde intensiv in der Welt größter Gefangenenschaftskolonie von Schimpansen beobachtet, die seit 1971 im Zoo des niederländischen Arnheim gehalten wird. Zwischen 20 und 30 Schimpansen leben dort acht Monate im Jahr

Die Savannenpaviane Kenias fressen gern Fleisch. Meist gehen Männchen allein auf Gazellenjagd oder nehmen schwächeren ihre Beute ab. Zumindest in einer der Gruppen lernten Männchen jedoch, den Erfolg durch gemeinsame Jagd zu steigern und die Beute zu teilen

auf einer baumbestandenen Insel von der Größe eines Fußballfeldes, während des Winters in einer beheizten Halle. Das Gehege ist groß genug, damit die Menschenaffen ihr Temperament entfalten können und klein genug, um von einer erhöhten Beobachtungsstation die Geschehnisse lückenlos verfolgen zu können.

Der Primatologe Frans de Waal hat die sozialen Turbulenzen dieser Kolonie in einem Buch mit dem programmatischen Titel *Chimpanzee Politics* transparent gemacht. Er beschreibt, wie die erwachsenen Männer der Kolonie um den höchsten, den „Alpha-Rang“, konkurrieren und wie dramatische Machtwechsel durch strategische Koalitionen eingeleitet werden – ein Stück, das ohne weiteres auf den Bühnen europäischer Hauptstädte spielen könnte.

Da Koalitionen darüber entscheiden, wer Alpha-Männchen ist und damit bevorzugten Zugang zu fruchtbaren Weibchen hat, versuchen Rivalen einander sozial zu isolieren und Bündnispartner abspenstig zu machen. Dabei verhalten sich die schwächeren Partner völlig opportunistisch, richten ihr Fähnlein nach dem Wind. Sie unterstützen vorzugsweise jenen Partner, bei dem sie das Zünglein an der Waage der Macht sein können. Zugleich müssen die Alpha-Männchen sich der Unterstützung der Weibchen versichern, Streit schlichten und ihnen bei Konflikten helfen.

In der Wildnis bleiben Schimpansenmännchen lebenslang in ihrer Geburtsgruppe. Die Arnheim-Männer sind hingegen aus verschiedener Herkunft zusammengewürfelt und nicht miteinander verwandt. Dies hat einen Vorteil für die Primatologen: Wenn diese Affen sich gegenseitig beistehen, kann Verwandten-Unterstützung ausgeschlossen werden. Koalitionsentscheidungen fallen folglich nach dem Motto „Eine Hand wäscht die andere".

Versöhnung nach einem Konflikt im Arnheimer Schimpansengehege. Nachdem das Männchen Nikkie sie schlug, streckt eine Schimpansenmutter den Arm bittend zum Handkuß aus. Die Situation entspannt sich vollends bei der Liebkosung von Mund zu Mund

Hauptakteure dieser Geschichte sind drei Männchen. Yeroen war zu Beginn der Beobachtungen unangefochten Alpha-Mann. Seine Machtfülle äußerte sich beispielsweise darin, daß drei Viertel aller Begrüßungs- und Unterwerfungsgesten in der Gruppe ihm galten. Dabei nähert sich der rangniedrigere Affe dem ranghöheren mit keuchenden Lauten in gebeugter Haltung und schaut dabei zu ihm auf. Manchmal reicht der Grüßende dem Ranghöheren auch eine Gabe, ein Blatt oder einen Stock etwa, küßt ihm Füße, Hals oder Brust, während sich der Überlegene durch Fellsträuben und Aufrichten noch größer macht: Ein Bild, als ob sich ein Untertan vor dem König im Staub wälzt. Luit war der zweite in der Hierarchie, das Beta-Männchen. Er wurde weitaus seltener gegrüßt, und zwei ranghohe Weibchen ließen ihn gar gänzlich links liegen. Nikkie, ein erwachsener Jungmann, wurde von keinem der insgesamt neun erwachsenen Weibchen der Kolonie gegrüßt.

Im Sommer 1976 wagt Luit erstmals offenen Aufruhr gegen Yeroen: Zum Auftakt einer langen Serie von Prahl- und Drohveranstaltungen umkreist er Yeroen mit gesträubtem Fell, schlägt mit der flachen Hand auf den Boden und hebt Steine und Stöcke auf, um sie herausfordernd fortzuschleudern. Unter Huuu-Geheul startet er schließ-

Hauptakteur der „Schimpansenpolitik" in Arnheim war lange Jahre unangefochten der Alpha-Mann Yeroen, bis er durch die Intrigen seiner Rivalen ein schreckliches Ende nahm

lich einen Scheinangriff, rast in vollem Galopp dicht an Yeroen vorbei, trommelt rhythmisch auf einen Baumstamm ein, springt plötzlich neben Yeroen, versetzt ihm einen schallenden Schlag und stürmt davon. Begünstigter Dritter ist derweil Nikkie, der die Verwirrung nutzt, um sich mit einem Weibchen zu paaren. Yeroen kreischt gellend, umarmt der Reihe nach seine weiblichen Unterstützer und verfolgt mit einer großen Horde heulender und kläffender Sympathisantinnen den dreisten Herausforderer, der vor der Übermacht schreiend in die Ecke des Geheges flieht. Dort bekommt der zurückgeschlagene Angreifer einen Wutkoller, wälzt sich kreischend im Sand wie ein Schimpansenkind, das seinen Willen nicht durchsetzen konnte, hämmert sich mit der Hand auf den Kopf und gibt Würgelaute von sich, als müsse er sich übergeben.

Überraschenderweise übt Yeroen keine handgreifliche Rache. Das mag daran liegen, daß die Front seiner alliierten Amazonen offenbar abzubröckeln beginnt. Zweimal fordert er mit ausgestreckter Hand ein Weibchen zur Mithilfe auf, doch das wendet sich ab. Als Luit mit seinen Provokationen begann, hatten es Nikkie und ein heranwachsender Mann zudem gewagt, „grußlos" an Yeroen vorbeizumarschieren.

Luit hatte die erste Schlacht zwar eindeutig verloren. Doch griff er kurze Zeit später ein Weibchen an, das zuvor Solidarität mit seinem Widersacher Yeroen bekundet hatte. Er warf die Mutter zu Boden und sprang auf ihrem Rücken herum, so daß ihr kleiner, am Bauch klammernder Sohn fast zerquetscht wurde.

Solche Schikane machte Luit fortan zum System. Regelmäßig trieb er einen Keil zwischen Yeroen und die Schimpansenfrauen. Stets wenn er ein Weibchen in Yeroens Gesellschaft erblickte, züchtigte er es heftig. Der Alpha-Mann wagte immer seltener, ein Weibchen zu verteidigen. Bald genügte es für Luit, demonstrativ loszugehen, damit Yeroen und eine Affenfrau sich trennten. Seine Interventionen wurden so erfolgreich, daß er Yeroen bald sozial isoliert hatte.

Luits Strategie war die von Zuckerbrot und Peitsche. Er wurde nur ungemütlich, wenn die Frauen mit Yeroen anbandelten. Bei anderen Gelegenheiten gab er sich leutselig, saß mit Weibchen zur Fellpflege beisammen oder spielte mit ihren Kindern. Offenbar setzte Luit seine Freundlichkeiten in taktisch entscheidenden Momenten

Frauen spielen oft das Zünglein an der Waage, wenn Männer wechselnde Koalitionen eingehen. Die Loyalität der Weibchen versuchen Männchen des Arnheimer Freigeheges nicht selten durch tätliche Angriffe zu erzwingen

sogar gezielt ein. Am Nachmittag seiner ersten Niederlage etwa gab er erneut eine Imponierveranstaltung – doch dies erst, nachdem er bei vier Weibchen die Runde gemacht hatte. Er kraulte sie in so rascher Folge, als wolle er sie durch sein Verhalten „bestechen" und zur Neutralität während der nachfolgenden Konfrontation mit seinem Rivalen bewegen.

Reagierte Luit auf die seinem Rivalen Yeroen gewährte Unterstützung mit Vergeltungsschlägen, so verlangten die Weibchen, die er nun nach und nach auf seine Seite zog, Schutz vor der Rache anderer Männer. Später unterstützte das Weibchen Puist den neuen Herrscher einmal dabei, den Jungmann Nikkie zu jagen. Als Nikkie es daraufhin bedrohte, streckte es die Hand hilfeflehend nach Luit aus, der jedoch nicht reagierte. Puist wurde daraufhin zur Furie und jagte Luit unter Schlägen durchs Gehege. Völlig klar: Hier hatte einer ein Abkommen auf Gegenseitigkeit verletzt.

Den Ausschlag für den Sturz Yeroens gab schließlich Nikkie, der mit

Luit eine Koalition einging. Zwar attackierte er den alten Alpha-Mann nicht direkt, doch imitierte er Luits Bestrafungsmanöver gegen Weibchen. Wenn Luit ein Weibchen schlug, setzte Nikkie noch eins drauf. Eine besondere Hilfe war er immer dann, wenn er Luit bei Auseinandersetzungen mit Yeroen Rückendeckung gab und potentielle Parteigängerinnen des Alpha-Mannes in Schach hielt. Nikkies Belohnung für diese Assistenz beim Putschen war nicht unerheblich, denn als nach langen Monaten Luit schließlich Alpha-Mann wurde, dominierte Nikkie alle Weibchen und kurz darauf sogar den entthronten Yeroen.

Nikkies und Luits Interessen waren nun jedoch nicht mehr deckungsgleich, da Nikkie eine ernstzunehmende Herausforderung für den neuen Alpha-Mann geworden war. Auszunutzen wußte dies der entmachtete Yeroen. Er spielte von Stund an seinerseits das Zünglein an der Waage der Macht und wurde von Luit wie Nikkie gleichermaßen umworben. Nach etwa einem Jahr ging er eine klare Koalition mit Nikkie ein. Wenn Nikkie den Luit prahlend herausforderte, stärkte Yeroen ihm im wahrsten Sinne des Wortes den Rücken und stieß mit ihm in ein Horn: Er stellte sich hinter Nikkie, legte seine Hände auf dessen Schultern und gab mit ihm gemeinsam Drohlaute von sich.

Ein Männchen umarmt Nikkie und ermutigt ihn damit, einem Konflikt in der Kolonie nicht aus dem Wege zu gehen

Gemeinsam sind die Schwachen stark. Durch ein Bündnis konnten Yeroen und Nikkie dem überlegenen Luit für mehr als drei Jahre Paroli bieten

Obwohl Luit alle Weibchen auf seiner Seite hatte, war er den beiden anderen Männern auf Dauer unterlegen. An seinem Schicksal bewahrheitete sich das Paradoxon „Stärke ist Schwäche“: Die stärkste von drei Parteien treibt die beiden schwächeren automatisch in eine Koalition. Denn schwächere Partner haben mehr davon, einen gemeinsam erreichten Gewinn zu teilen, als sich der stärkeren Partei anzuschließen, die den Profit für sich allein zu erhalten trachtet.

Im Jahre 1978 wurde Nikkie neuer Alpha-Mann. Da er es – vermutlich wegen jugendlicher Unerfahrenheit – nicht geschafft hatte, sich der Solidarität der Weibchen zu versichern, war er völlig von Yeroen abhängig, der – ganz graue Eminenz – ihn gegen Luit unterstützte. Yeroen sicherte sich eine Schlüsselposition beim Zugang zu sexuell attraktiven Weibchen, indem er Luit anwarb, wenn Nikkie sich einem Weibchen näherte und Nikkie um Hilfe ersuchte, wenn Luit einer Dame Avancen machte. Am Jahresende zog Yeroens Schaukelpolitik jedoch nicht mehr, als die beiden anderen plötzlich einen „Nichtangriffspakt“ schlossen und Yeroen beim Weibchenpoker nicht mehr gegeneinander unterstützten.

Eines Tages mußte Yeroen mit ansehen, wie Luit zu einem attraktiven Weibchen auf einen Baum stieg. Er streckte seine Hand flehend nach Nikkie aus, doch der ignorierte den Alten und trottete fort. Sofort attackierte ihn der verlassene Partner, sprang ihm in den Rücken und biß ihn – wieder ein Vergeltungsschlag gegen einen säumigen Koalitionspartner. Mitte des Jahres zerbrach die Zusammenarbeit zwischen Yeroen und Nikkie endgültig, als die beiden im Schlafkäfig offenbar gewalttätig aneinander gerieten.

Da Yeroen und Nikkie füreinander unverzichtbar gewesen waren, um Luit unter Kontrolle zu halten, ging dieser als Gewinner aus jener Nacht, konnte er doch das entstandene Machtvakuum sofort kampflos füllen. Luits sechswöchiges Comeback als Alpha-Mann nahm jedoch in einer Spätsommernacht ein tragisches Ende. Er lag am Morgen schwer verwundet am Boden, aus Händen, Füßen, Kopf, Rücken, Gesäß blutend. Fingernägel fehlten und beide Hoden waren ihm abgerissen worden. Nikkie war unverletzt, Yeroen hatte unbedeutsame Schrammen. Luit verendete trotz Bemühungen der Veterinäre am gleichen Tag.

Frans de Waal stellte fest, daß man einen solchen Todesfall unter Menschen als gemeinsam begangenen „politischen Mord“ bezeichnen würde: Yeroen und Nikkie mögen erkannt haben, daß ihr Zwist ein Fehler war, weshalb sie die Ursache dieses Übels – Luit – beseitigten. Wie spekulativ dies auch sein mag: Tatsache ist, daß der Kampf ihr Problem löste.

Bleibt zu fragen, ob der Zwischenfall nicht eher den unnatürlichen Haltungsbedingungen zuzuschieben wäre. Hätte ein bedrängter Rivale im Freiland nicht Fersengeld gegeben und sich ins Unterholz geflüchtet? Kann das Töten von Artgenossen etwas anderes sein als pathologisch? So wäre unter Primatologen zweifellos noch vor Jahren erfolgreich argumentiert worden. Aber inzwischen wissen wir mehr: Auch in der Wildnis schrekken Affen nicht davor zurück, Artgenossen zu töten, wenn sie davon Vorteile haben. Darüber in einem späteren Kapitel.

Das Kräftespiel in Arnheim ging jedenfalls noch am selben Tage weiter.

Der Schimpansenmann Luit bestraft ein Weibchen, das mit seinem Rivalen Yeroen angebandelt hatte. Bei solchen Revanchen werden Weibchen allerdings nicht ernsthaft verletzt – es könnte sich ja um eine spätere Fortpflanzungspartnerin handeln

Jetzt war nämlich die Stunde von Dandy gekommen, einem gerade erst erwachsenen Mann, der nun freie Bahn hatte, um eigene Vorteile auszuspielen. Er hielt sich an den schwächeren Yeroen und focht so Nikkies neubegründeten Herrschaftsanspruch an . . .

Aristoteles nannte den Menschen ein *zoon politikon*, ein politisches Tier. Offenbar reichen die Wurzeln politischen Verhaltens bis vor die Anfänge der Menschheit zurück. Weder Pavian- noch Schimpansengesellschaften bauen auf simpel-sturen Herrschaftsverhältnissen auf, denn Körperkraft allein ist auch bei diesen Primaten nicht entscheidend für sozialen Erfolg. Selbst der stärkste Affe kann nicht einfach von A nach B gehen, denn das soziale Netz hat enge Maschen.

Konflikte in der Kinderstube

Geburt und Aufzucht von Babys sind nicht nur für Verhaltensforscher ein Lieblingsthema. Im Park von Salem, der größten deutschen Affenkolonie, wird eine der spannendsten Fragen der Evolutionsbiologie untersucht: Können Eltern – vor oder nach der Zeugung – das Geschlecht ihrer Nachkommen steuern? Vorbildlich wirkt die sprichwörtliche Affenliebe in der Kinderstube.

Doch auch dort herrscht bereits scharfe Rivalität der Geschwister um die Zuwendung der Eltern. Mutterlose Äffchen werden zu seelischen Krüppeln. Babysitter können ihre Pfleglinge zu Tode hätscheln. Und ein Trauma jedes Primatensäuglings ist die Entwöhnung

Der kleine Berggorilla von den Hängen der Virunga-Vulkane Ostafrikas löst auch beim Menschen Zuneigung aus. Große Augen und ein großer Kopf mit hoher Stirn gehören zu den Merkmalen des „Kindchenschemas", welches das Pflegeverhalten gegenüber Kleinkindern anregt

Halbaffen sind
noch sehr ursprünglich.
Die Lemuren Madagaskars
weisen jedoch bereits
Parallelen zu echten Affen auf:
Dieser Katta ist tagaktiv – sein
Schwanz dient als augen-
fälliges Signal –, und
er bringt jeweils nur ein
Junges zur Welt

Säuglinge ahmen das Verhalten älterer Gruppenmitglieder nach und lernen so, Verhaltensweisen richtig einzusetzen: Ein kleiner Indischer Hutaffe übt sich in sozialer Fellpflege

Die Niedlichkeit ist sein Verhängnis: Die Mutter dieses kleinen Schimpansen wurde erschossen, um ihr das Kind wegnehmen zu können. In einer Hotelanlage in Zaïre soll es nun die Gäste amüsieren

Kuscheln hilft bei grimmer Kälte. An das winterliche Klima ihrer Heimat sind die Japanmakaken dank ihres dichten Fells gut angepaßt

Ein schrilles Babykleid trägt der Tonkinlangur aus China; es garantiert ihm Betreuung und Narrenfreiheit im Spiel. Wie bei allen jungen Schlank- und Stummelaffen verfärbt sich sein Fell nach einigen Monaten

Sicheres Klettern im Geäst erfordert Geschicklichkeit und Erfahrung. Jugendliche Berberaffen trainieren ihre Fertigkeiten beim Herumtollen. Ein dreijähriger Orang weiß bereits gut, welche Äste stark genug sind, um ihn zu tragen

Savannenpaviane klammern sich während der ersten Lebenswochen im Bauchfell ihrer Betreuer fest. Jedoch wechseln viele Säuglinge bereits mit zwei Monaten in die Jockey-Position, die deutlich bessere Aussicht gewährt

Im Nest der Mutter verweilen junge Berggorillas, bis das nächste Baby geboren wird. Wegen ihres Schwergewichts bauen Gorillas Schlafnester meist auf dem Boden. Ein Nest auf einem stabilen Baum hat jedoch den Vorteil, trockener zu sein

Primaten werden meist zahnlos geboren – wie auch dieser Japanmakak. Zunächst bilden Gaumenwülste eine wirkungsvolle Hilfe beim Festhalten der Brustwarze

Babysitting bei indischen Languren. Auf den Luftwurzeln eines Feigenbaumes übernimmt ein jüngeres Weibchen einen Säugling – erkennbar am schwarzen Babykleid – von der Mutter. Nach solchem „Baby-Transfer“, der nur bei wenigen Primatenarten vorkommt, kann die Mutter unbeschwert Nahrung suchen und sich ungestört sozialer Fellpflege widmen

Ausgeprägtes Neugierverhalten und soziales Lernen waren Eckpfeiler der Primatenevolution, flankiert von intensivem Schutz durch erfahrene Erwachsene: Einem jungen Mantelpavian wird im Kreise von Haremsweibchen das Fell geputzt

Gorillababys können sich nicht selbständig im Fell der Mutter festklammern, sondern müssen als hilflose Traglinge – wie Menschenkinder – in den Arm genommen werden. Dieser kuriose Huckepack eines Flachlandgorillas im Zoo ist eine Ausnahme

Weltoffenheit zeichnet nicht nur Menschenkinder aus. Eine langsame physische und psychische Reifung ist typisch für alle Primaten. Auch der Erfahrungshorizont dieses kleinen Schimpansen wird sich dank einer außerordentlichen Lernbegabung individuell erweitern

Orang-Weibchen mit Baby auf Borneo. Für den älteren Sprößling wird das Leben schwerer, da ihn die Mutter nach der Geburt des jüngeren Geschwisters immer stärker vernachlässigt

Popcorn ist im Eintrittspreis enthalten. Allerdings denkt kaum ein Besucher daran, selber zu naschen, sobald die ersten Wegelagerer auftauchen, die sich mit einer Hand am Jackenzipfel festhalten und mit der anderen mehr oder weniger gewaltsam die Leckerbissen aus der Menschenhand klauben. Diese Plündereien geschehen zwischen Mitte März und Oktober tagtäglich: auf dem Affenberg Salem, einem 15 Hektar großen Waldgebiet, in dem mehrere Hundert Berberaffen leben, die während der acht schönen Monate im Jahr zu den touristischen Hauptattraktionen des nördlichen Bodenseegebietes gehören.

Die Heimat dieser Makaken, die einzigen schwanzlosen ihrer Gattung und zumindest deshalb besonders menschenähnlich, sind die Eichen- und Zedernwälder der Gebirge Marokkos und Algeriens. Die auch „Magot“ genannten Berberaffen steigen dort in kalte Höhen von mehr als 2000 Metern und überstehen deshalb auch Schneegestöber im heimatfernen Deutschland ohne Probleme. Ein extradickes Winterfell gehört zur natürlichen Grundausstattung. Berberaffen ernähren sich überwiegend vegetarisch, etwa von Nüssen, Feigen und Grasrispen, stellen aber auch Insekten und Skorpionen nach.

Touristenmagnet sind die Berberaffen nicht nur in Salem. Geradezu legendäre Berühmtheit erreichten die beiden Gruppen, die auf dem Felsen von Gibraltar den Gral der britischen Kolonialmacht hüten. Ob sie schon immer auf diesem äußersten Zipfel Europas hausten – letzte Überlebende einer vor den Eiszeiten weiter verbreiteten europäischen Affenpopulation –, oder ob sie aus Nordafrika eingesiedelt wurden, ist unbekannt. Jedenfalls geht die Saga, daß dieser Zacken Land so lange nicht aus Großbritanniens Krone fallen wird, wie dort Affen leben – weshalb eigens ein britischer Offizier bestallt ist, sich um das Wohl der imperialen Maskottchen zu kümmern.

Die Affen am Bodensee stammen aus zwei ähnlichen kommerziellen Freigehegen, die Baron Gilbert de Turckheim in Frankreich Ende der sechziger Jahre mit Wildfängen aus Marokko gegründet hatte. Die Bevölkerung dieser Parks – in Kintzheim im Elsaß und in Rocamadour im Departement Lot – nahm so rasch zu, daß 1976 gleich ein ganzer Trupp von 164 Tieren nach Salem übersiedelt wurde. Ende 1983 hatten sich die Salemer Affen bereits selbst auf 550 Köpfe vermehrt – eine jährliche Zuwachsrate von 18 Prozent. Ginge das ungehemmt weiter, lebten im Baden-Württemberg des Jahres 2050 mehr Individuen von *Macaca sylvanus* als heute von *Homo sapiens*: 9,3 Millionen. Die Überproduktion war zunächst nicht unwillkommen – gehört es doch zum erklärten Ziel der Parks, Reservebestände dieser in freier Wildbahn vom Aussterben bedrohten Primatenart aufzubauen. Mehrfach schon wurden Hunderte von Tieren in den Mittleren Atlas zurückgeflogen und „ausgewildert“.

Der Affenberg Salem am Bodensee ist nicht nur eine touristische Attraktion, sondern eine der wichtigsten Stätten für Verhaltensforschung an Berberaffen

Weil es im Jahre 1986 nicht gelang, ein geeignetes Freilandbiotop in den afrikanischen Ursprungsländern zu finden, wurden in Salem, um die Überpopulation in den Griff zu bekommen, einige Hundert Tiere eingeschläfert. Der Direktor des Affenbergs, der Schweizer Primatologe Walter Angst, rechtfertigte diese von

Berberaffen sind die einzigen Makaken außerhalb Asiens. Weltberühmt ist die kleine Kolonie auf Gibraltar. Die natürliche Heimat der Berberaffen sind Eichen- und Zedernwälder des Maghreb in Nordafrika. Überzählige Tiere aus Salem wurden hier ausgewildert

Tierschützern heftig kritisierte Aktion: Die Möglichkeit, überzählige Exemplare an den Tierhandel abzugeben, sei für den Park nicht in Frage gekommen, da nicht ausgeschlossen werden könne, daß sie dann als Versuchstiere einen qualvollen Tod sterben. Seien Berberaffen aber erst einmal als Laborobjekte etabliert, werde die Nachfrage unweigerlich steigen und zur Ausbeutung auch der stark gefährdeten Wildpopulationen führen.

Inzwischen setzt die Parkleitung, um das Dilemma zu lösen, neben Auswilderung auf Geburtenkontrolle – eine ziemlich komplizierte Prozedur mit Hormonimplantaten, die bestimmten Weibchen für jeweils eine Fortpflanzungsperiode eingesetzt werden. So kann jedes Weibchen wenigstens in begrenztem Umfang seine Mutterschaft ausleben – zweifellos eine tiergerechtere Prozedur als Sterilisationen, die nicht mehr rückgängig zu machen sind und leicht zur psychischen Deformation der sensiblen Primaten führen können.

Ideal ist der Affenberg Salem für Verhaltensstudien. Der Einfluß der Touristen auf den Affenalltag hält sich in Grenzen. Besucher können ihr

Popcorn, das kaum Kalorien enthält und „wildem Füttern“ vorbeugt, nur auf dem etwa 700 Meter langen Rundweg loswerden. Drei Viertel des mit einem Elektrozaun gesicherten Geländes sind nur Parkangestellten zugänglich. Die Deutsche Forschungsgemeinschaft unterstützt seit Jahren Untersuchungen in Salem. Federführend sind die Primatologen Jutta Küster und Andreas Paul, die bei Schnee oder Regen, Sonne oder Affenhitze den Gesetzen des Soziallebens der Makaken auf der Spur sind.

Jutta Küster und Andreas Paul gaben mit ihren Salemer Studien entscheidende Aufschlüsse über das Sozialverhalten von Berberaffen

Über die Entwicklung jedes einzelnen Affen wird genau Buch geführt. Einmal im Jahr werden alle Tiere nach und nach in Käfigfallen gelockt. Im Park wird dann kein Futter mehr ausgelegt, bis es auch den letzten Hungerleider hinter die Falltür in den reich gespickten Käfig gelockt hat. Die Tiere werden dann entweder mit Narkosepfeilen betäubt oder mit einem verschiebbaren Gitter gegen die Käfigwand gezogen. So können sie geimpft und einer Routineuntersuchung unterzogen werden. Neugeborenen wird dabei an der Innenseite des Oberschenkels eine Nummer eintätowiert.

Die Salemer Population besteht aus mehreren Gruppen mit 30 bis 180 Mitgliedern. Ihr Sozialsystem ist das einer typischen Vielmännchen-Gesellschaft. Die meisten Paarungen finden zwischen Oktober und Dezember statt. Die Weibchen lassen sich mit verschiedenen Männchen hintereinander ein, so daß keine Vaterschaftssicherheit besteht. Die frühesten Geburten finden im März statt, die spätesten im August. 80 Prozent aller Neugeborenen kommen jedoch im April und Mai zur Welt. Berberaffen gehören also zu den sich streng saisonal fortpflanzenden Arten – eine klare Anpassung an die jahreszeitlichen Schwankungen im Nahrungsangebot ihrer ursprünglichen Heimat. Neugeborene hätten im strengen Winter der nordafrikanischen Gebirge kaum Überlebenschancen.

Jutta Küster und Andreas Paul gelang es anhand des Geburtenkataloges, eine der wichtigsten Fragen der modernen Evolutionsbiologie zu untersuchen: Können Eltern bei der Nachkommenschaft das Verhältnis zwischen Männchen und Weibchen beeinflussen – gibt es also so etwas wie eine „Geschlechtermanipulation“? Der britische Populationsgenetiker Ronald Fisher zeigte 1930, daß die natürliche Selektion immer zu einem Geschlechtsverhältnis von 1:1 führt. Dies gilt im Normalfall, nämlich dann, wenn die Eltern in die Aufzucht von Söhnen und Töchtern gleich viel investieren müssen und beide Geschlechter im Sinne des elterlichen Fortpflanzungserfolges über Enkelkinder gleichviel an die Eltern „zurückzahlen“.

Der Biologe Robert Trivers und der mit ihm in Harvard arbeitende Mathematiker Dan Willard beschrieben 1973 die Bedingungen, unter denen eines der beiden Geschlechter begünstigt wird. Sie gingen von der Tatsache aus, daß Weibchen wegen der zeitlichen und energetischen Belastungen durch Schwangerschaft, Geburt und Stillen nur eine begrenzte Anzahl Nachkommen zur Welt bringen können. Der individuelle Fortpflanzungserfolg schwankt dabei nur geringfügig. Hochrangige Weibchen, die bei der Nahrungssuche und bei der Wahl eines Partners erfolgreich sind, werden in ihrem Leben vielleicht 20 Kinder aufziehen können, niedrigrangige Weibchen ohne solche eindeutigen Vorteile vielleicht nur 16 Kinder – kein allzu großer Unterschied. Der Fortpflanzungserfolg von Männchen schwankt hingegen erheblich. In einen hochrangigen Clan hineingeborene Männchen können leicht 50 Kinder zeugen, während sozial untergeordnete Geschlechtsgenossen auf vielleicht nur drei Kinder kommen.

Unter guten äußeren Bedingungen garantieren Geburt und Aufzucht von Söhnen also mehr überlebende Enkel. In ihrer Umwelt schlechter Gestellte hingegen begnügen sich besser mit Töchtern, deren Fortpflanzung mit geringeren statistischen Risiken behaftet ist und durchschnittlich wenigstens ein paar Enkel garantiert.

Wenn die Hypothese von Trivers und Willard richtig ist, müßten hochrangige Berberaffenweibchen bevorzugt Söhne gebären, also auf Risiko gehen – niedrigrangige sollten indes bevorzugt Töchter gebären, also auf Nummer Sicher gehen. Die Daten von Küster und Paul bestätigen die Hypothese. Die Stichprobe umfaßte 325 Geburten. Hochrangige Berberaffenweibchen brachten in 55,4 Prozent aller Fälle Söhne zur Welt, niedrigrangige hingegen nur in 42,6 Prozent – ein statistisch bedeutender Unterschied.

Die Salemer Affenforscher fanden sogar Wesentliches über den Ablauf der Geschlechtermanipulation an Ungeborenen heraus. Denn es war fraglich, ob die Regulierung vor oder nach der Befruchtung stattfindet. Vor der Verschmelzung der Samen- mit der Eizelle gibt es eine ganze Reihe denkbarer Mechanismen. Weibchen haben XX als Geschlechtschromosomen, Männchen XY. Wenn die Keimzellen entstehen, werden diese gepaarten Chromosomen getrennt. Weibliche Eizellen sind ausschließlich X-Träger, männliche Spermien aber entweder X- oder Y-Träger. Unterschiedliche Wandergeschwindigkeiten der X- und Y-Spermien könnten zur bevorzugten Zeugung von Söhnen oder Töchtern führen, denn jene Samenzelle, die in das Ei zuerst eindringt, befruchtet es auch. Als Ursache solcher Tempodifferenzen kämen unterschiedliche Beweglichkeiten oder Lebensdauern der Spermien in Frage, unterschiedliche Wanderbedingungen je nach dem in Vagina und Eileiter vorherrschenden Säuregrad, oder Einflüsse durch den Hormonspiegel.

Grundsätzlich könnte das Aussortieren des jeweils anderen Geschlechts auch nach der Befruchtung stattfinden, nämlich durch gezieltes Abortieren. Einige Forscher vertreten tatsächlich die Auffassung, niedrigrangige Weibchen gerieten durch wiederholte Niederlagen bei Rangkonflikten in einen Adrenalin-Hormonstreß, dem vorwiegend männliche Leibesfrüchte zum Opfer fallen. Dem widerspricht jedoch, daß Aborte sowohl physiologisch als auch hinsichtlich der verlorenen Lebens-Reproduktionszeit sehr kostspielig wären, insbesondere für Arten mit saisonal einge-

Die Freiheit der Salemer Berberaffen endet zwar an einem Elektrozaun, doch ihr Gehege – so groß wie 15 Fußballfelder – bietet weitaus mehr Abwechslung als herkömmliche Zoos. Nur ein Viertel des Geländes ist dem Publikum zugänglich

schränkter Paarungszeit, deren Weibchen nach dem Abbruch einer Schwangerschaft kaum im gleichen Jahr wieder befruchtet werden könnten. Für diese Arten – also auch Berberaffen – wäre es vermutlich weniger kostspielig, ein Kind mit „falschem" Geschlecht aufzuziehen, als zu abortieren.

Küster und Paul konnten glaubwürdig ausschließen, daß die vorgeburtliche Geschlechtermanipulation durch Aborte bewerkstelligt wird. 88 Prozent aller Befruchtungen bei den Berberaffen fanden nämlich gleich im ersten Zyklus der Paarungszeit statt. Bereits in diesem Stadium, in dem eine Korrektur durch Abort noch gar nicht anstünde, empfingen hochrangige Weibchen in 53 Prozent, niedrigrangige hingegen in nur 42 Prozent aller Fälle Söhne. Das von Trivers und Willard vorhergesagte Verhältnis stellt sich also auf Anhieb ein.

Von etlichen Arten ist bekannt, daß zwischen dem Zeitpunkt der Paarung und dem Geschlecht des Kindes ein Zusammenhang besteht – sogar beim Menschen.

Der Münchner Bevölkerungswissenschaftler Otfried Hatzold meint, daß Geschlechtsverkehr am Tag des Eisprunges mit großer Wahrscheinlichkeit zur Geburt eines Sohnes führt, während Paare, die bereits zwei Tage vor dem Eisprung beisammen sind, vorwiegend Mädchen zeugen. Hatzold vermutet folgendes Prinzip: Die männlich-bestimmenden Spermien sind schneller, leben jedoch nicht so lange wie die zäheren, weiblich-bestimmenden. Am Tag des Eisprunges wären „männliche" Y-Spermien deshalb früher am Ei – und somit im Vorteil.

Eindrucksvoll bestätigt sich dieses Phänomen im Zusammenhang mit der „provozierten" Ovulation: Besondere psychologische Umstände bei der Frau vermögen den Eisprung „zur falschen Zeit" auszulösen, beispielsweise starke Aufregung wie beim allerersten Geschlechtsverkehr oder

Vom sozialen Umfeld hängt es ab, ob Söhne oder Töchter das genetische Erbe besser weiterzutragen vermögen – beim Menschen wie beim Berberaffen. Tatsächlich können Primaten das Geschlecht künftiger Nachkommen beeinflussen – etwa durch den Zeitpunkt der Paarung

große Freude beim ersten Verkehr nach langer Trennung. Da hierbei Geschlechtsverkehr und Eisprung zeitlich zusammenfallen, erhöht sich die Quote der gezeugten Knaben. Nach beiden Weltkriegen kam es in den betroffenen Ländern kurzfristig zu einem Überschuß an Knabengeburten – eventuell ein Resultat der freudigen Wiedervereinigung der heimgekehrten Soldaten mit ihren Frauen.

Berberaffen scheinen ebenfalls dieser Regel unterworfen zu sein, denn die Wahrscheinlichkeit, ein Männchen zu zeugen, steigt erheblich an, je dichter Paarung und Eisprung zusammenliegen. Bei ihren Studienobjekten, so folgerten Küster und Paul, müßte dann das Intervall zwischen dem Tag der letzten Paarung und dem der Geburt für Männchen kürzer sein als für Weibchen. Sie rechneten 123 Schwangerschaften nach und fanden tatsächlich deutliche Unterschiede. Männchen wurden nach durchschnittlich 163,2 Tagen, Weibchen jedoch nach 165,3 Tagen geboren. Theoretisch könnten Männchenfeten zwar schlicht schneller reifen. Dies schlossen Küster und Paul jedoch aus; Laboruntersuchungen hatten geklärt, daß die Genitalschwellungen der Weibchen unmittelbar nach dem Eisprung abklingen, wenn der Progesteron-Spiegel ansteigt. Tatsächlich verschwanden auch bei den Salemer Affen die Schwellungen schneller nach der Empfängnis von Männchen.

Die Geschlechtermanipulation bei den Berberaffen wird also durch rechtes „timing" der Paarung im Verhältnis zum Eisprung bewerkstelligt. Ein solches Wahlverfahren vor der Befruchtung ist wesentlich „kostensparender", als nach der Befruchtung zu abortieren.

Der Anthropologe Eckart Voland von der Universität Göttingen testete die Gültigkeit der Trivers-Willard-Hypothese für *Homo sapiens*. Anhand von Daten des Berliner Historikers Rolf Gehrmann aus Ortssippenbüchern des Staatsarchives Schleswig analysierte er die Lebensläufe von 1597 Söhnen und 1600 Töchtern, die zwischen 1720 und 1869 in Leezen geboren wurden, einem Kirchspiel etwa 40 Kilometer nordöstlich von Hamburg.

Die soziale Leiter der Bevölkerung reichte damals von den wohlhabenden Hufnern (Bauern) über Teilhufner (Kleinbauern) bis zu Landarbeitern und Händlern. Die durchschnittliche Säuglingssterblichkeit war zwar in allen Schichten gleich, doch gab es zwischen Buben und Mädchen deutliche Unterschiede. Eltern können ja die Überlebenschancen von Kindern leicht beeinflussen, indem sie sich um ein bestimmtes Geschlecht intensiver kümmern und ein anderes eher vernachlässigen, etwa bei Krankheit. Im ersten Lebensjahr starben bei den Hufnern weniger Söhne als bei den niedrigeren Schichten, während die Sterblichkeit der Töchter bei den Hufnern am größten war. Insbesondere traf dies für Erstgeborene zu. Das Todesrisiko für Söhne stieg von 16,2 Prozent bei Hufnern auf 22,2 Prozent bei Händlern, während die Mortalität der Hufner-Töchter 22,9 Prozent betrug, die der Landarbeitertöchter aber nur 14,6 Prozent.

Der Anthropologe Eckart Voland analysierte alte Kirchenbücher. Er fand heraus, daß es vom Sozialstatus der Eltern abhängt, ob die Sterblichkeit bei heranwachsenden Söhnen oder bei Töchtern größer ist – Gesetze der Wahrscheinlichkeit, die allgemein im Tierreich gelten

Voland deutete diese geschlechtsspezifische Säuglingssterblichkeit im Sinne der Trivers-Willard-Hypothese als Ausdruck unterschiedlicher Fortpflanzungsstrategien der jeweiligen Elternschichten, die sich an Erbrecht und Heiratschancen orientieren. Für Hufner hatten Söhne einen höheren Wert, da Söhne grundsätzlich den Hof erben und erhalten sollten. Für die niedrigeren Schichten waren Töchter vielversprechender, denn sie hatten Chancen zur „Aufwärtsheirat" in eine Hufnerfamilie hinein. Hufnertöchter selbst konnten ihren Sozialstatus bestenfalls halten, was allerdings nur einem Drittel der Töchter gelang. Mit der Wahrscheinlichkeit des sozialen Abstiegs hängt vermutlich die hohe Sterblichkeit der Hufner-Töchter zusammen.

Trotz solch verblüffender Parallelen zwischen Berberaffen und Schleswig-Holsteinern ist die Welt der Evolutionstheoretiker nicht vollends in Ordnung. Primatenweibchen anderer Populationen verhalten sich nämlich genau umgekehrt, wie sie laut Trivers und Willard sollten. Bei den Pavianen des Amboseliparks und bei einigen Laborkolonien von Rhesusaffen gebären niedrigrangige Weibchen 63 bis 68 Prozent Söhne, während hochrangige Weibchen mehr Töchter bekommen.

Noch fataler für die Theorie: Joan Silk von der Universität Kalifornien hat sogar mit umgekehrten Vorzeichen eine Hypothese entwickelt, die genauso einleuchtet wie die von Trivers und Willard: Bei Altweltaffen wandern in der Regel die Männchen aus ihrer Geburtsgruppe aus, während Weibchen dort bleiben. Von der sozialen Überlegenheit der Mütter können Töchter mithin weitaus mehr und länger profitieren als Söhne. Die Töchter niedrigrangiger Weibchen sind wegen der Konkurrenz der Weibchenclans untereinander besonders gefährdet. Für sozial unterprivilegierte Weibchen wären deshalb Söhne die sicherere Strategie.

Es wird noch dauern, bis sich diese Ungereimtheiten klären. Weitgehend Einigkeit herrscht zwar darüber, daß Eltern versuchen sollten, das Geschlechterverhältnis ihrer Nachkommen zugunsten jenes Geschlechtes zu ändern, dessen Reproduktionserfolg sie mehr beeinflussen können. Ob dies Söhne oder Töchter sind, hängt vermutlich von einem ganz feinen Wechselspiel zwischen ökologischen und demographischen Faktoren wie Populationsdichte und Nahrungsangebot ab, das wir bisher noch nicht genau verstehen. Die Theorie ist der Faktensammlung also noch ein paar Längen voraus. Robert Trivers kommentierte die Veröffentlichung seiner Hypothese mit einem Spruch, der sich als prophetisch erwies: „Selbst wenn ich Unrecht habe – sie werden Jahre brauchen, um es zu beweisen." Und selbst, wenn er tatsächlich Unrecht haben sollte, wäre er kein schlechter Wissenschaftler gewesen. Bemerkte doch Charles Darwin, als er weitaus gewagtere Theorien vertrat: „Falsche Fakten sind für den wissenschaftlichen Fortschritt äußerst gefährlich, da sie oft zählebig sind; doch falsche Ansichten, aus ein paar Hinweisen hergeleitet, richten wenig Unheil an, denn jeder hat eine bübische Freude daran, ihre Falschheit zu beweisen; und ist dies erst geschehen, ist ein Pfad zum Irrtum versperrt, während sich oft gleichzeitig der Weg zur Wahrheit auftut."

Neben der Wahl des geeigneten Partners gehört die optimale Investition in die Nachkommen zu den wichtigsten fortpflanzungsstrategischen „Überlegungen", die Lebewesen zu leisten haben. Ein Individuum befindet sich dabei beständig in Konflikten mit den Fortpflanzungsinteressen von Artgenossen. Das Geschlecht künftiger Nachkommen unter realistischer Einschätzung der eigenen sozialen Position zu beeinflussen, ist nur einer von vielen möglichen Schachzügen in diesem Spiel mit spitzen Regeln. Eine andere Möglichkeit, die Startchancen ei-

Kidnapping unter Pavianen kann fatal enden. In Ostafrika hat ein schwangeres Weibchen ein fremdes Baby zu Tode gehätschelt. Wissenschaftler halten es für möglich, daß so die Konkurrenz für den eigenen Nachwuchs beseitigt wird, der bereits sechs Wochen später das handgreifliche Interesse eines anderen Weibchens weckt

gener Kinder zu verbessern, ist, ihnen andere Kinder vom Halse zu halten.

Die Nahrungsvorräte im Wohngebiet einer Affengruppe sind begrenzt. Insbesondere trifft dies für die erste feste Nahrung zu, die junge Äffchen zu sich nehmen, wenn sie selbständiger werden. Kommen viele Babys gleichzeitig zur Welt, werden etliche verhungern müssen, weil nicht alle genügend zarte Blattspitzen finden. Bei Savannenpavianen in Ostafrika sterben etwa die Hälfte aller Kinder in den ersten zwei Jahren. Pavianmütter reagieren offenbar vorsorglich auf diese Situation. Was Pavianmännern recht ist, nämlich sich zu verbünden, um gegen Dritte stärker zu sein, ist Pavianfrauen billig. Sie schließen sich gegen andere Weibchen zusammen. Im Unterschied zu den nicht miteinander verwandten Männchen, deren Beistandspakte auf Gegenseitigkeit beruhen, bauen Weibchen dabei auf Blutsverwandte ihres Mutterclans.

Samuel Wasser und Alison Starling haben mehr als 1400 solcher Koalitionsattacken unter den Pavianweibchen des tansanischen Mikumi-Nationalparks genauer untersucht. Die beiden Primatologen von der Universität Washington sind überzeugt: Weibchen versuchen gezielt, die Fortpflanzung anderer Weibchen zu verhindern und halten so die Zahl künftiger Konkurrenten eigener Kinder möglichst klein. Wenn Pavianweibchen andere Weibchen durch regelmäßiges Jagen, Schlagen und Blutigbeißen systematisch verfolgen, kann das zweierlei bewirken: Das malträtierte Weibchen wird erst gar nicht schwanger – oder es abortiert einen bereits heranwachsenden Embryo.

Daß solcherlei Schikane Strategie ist, muß nicht weit hergeholt sein. Zumindest beim Menschen beeinträchtigt sozialer Streß eindeutig die Fortpflanzung. Psychische und physische Bedrängnis kann Ausbleiben der Ovulation, Verzögerung der körperlichen Reife, spontane Fehlgeburten und geringes Geburtsgewicht ebenso bewirken wie unzureichende Milchproduktion, erhöhte Säuglingssterblichkeit und selbst Kindesmißhandlung.

In der TV-Seifenoper „Denver" beobachtet eine geschiedene Serienheldin, wie die neue Gattin ihres Ex-Mannes einen Spazierritt unternimmt. Die Kinder der geschiedenen Frau leben bei ihrem Vater und dessen neuer Ehepartnerin. Die Ex-Frau will nicht, daß ihren Kindern Konkurrenten aus Sprößlingen der Rivalin erwachsen. Sie weiß, daß ihre Nachfolgerin schwanger ist – und feuert einen

Schreckschuß ab. Das Pferd bäumt sich auf, die Schwangere wird abgeworfen und verliert ihre Leibesfrucht . . .

Auch Paviane haben also ihre Seifenopern.

In Konflikt gerät eine Primatenmutter bei ihren Fortpflanzungsbemühungen nicht nur mit anderen Müttern, sondern ganz unvermeidlich auch mit ihrem Kind selbst. Sie muß es nämlich irgendwann entwöhnen und in die Selbständigkeit entlassen. Im Leben eines Kindes ist es ein traumatischer Moment, wenn die eigene Mutter es mit Gewalt von ihrer Brust fernhält. Mütter müssen sich von heranwachsenden Kindern trennen, um sich weiteren Nachkommen widmen zu können. Sie produzieren sonst weniger Kinder als jene Weibchen, die ihre Aufzucht zeitlich einschränken.

Wiederum war es Robert Trivers, der ein einfaches „Kosten-Nutzen-Modell" zur Evolution dieses Eltern-Kind-Konfliktes bei brutpflegenden Arten entwickelte. Ausgangspunkt ist die Situation einer säugenden Mutter (entsprechende Überlegungen gelten, wenn Väter sich an der Aufzucht beteiligen). Der zunächst geringe Bedarf an Milch steigt mit zunehmendem Alter des Kindes. Zugleich wird der Säugling selbständiger und kann feste Nahrung zu sich nehmen. Die Mutter kann die Überlebenschancen des Kindes mit immer mehr Milch immer weniger verbessern, weshalb die Kosten des Säugens von einem bestimmten Zeitpunkt an dessen Nutzen übersteigen. Auf der Kostenseite steht für die Mutter insbesondere die verlorene Lebenszeit, die sie in die Aufzucht weiterer Kinder stecken könnte. Diese Kosten sind umso geringer, je älter ein Weibchen ist und je weniger wahrscheinlich es weitere Kinder bekommt. In diesem Falle sollte sich die Mutter entsprechend länger um ihr jüngstes Kind kümmern. Tatsächlich finden sich in Affengruppen regelmäßig alte, runzelige Matriarchinnen mit Kindern an der Brust, deren Altersgenossen längst durch ihre jüngeren Mütter entwöhnt wurden.

Für ein Kind hingegen – betrachtet man die Nutzenseite – ist Muttermilch nie ganz überflüssig. Doch sollte es im Interesse seiner eigenen Gene die Mutter nicht endlos ausbeuten, denn sein Erbgut steckt ja über die Eltern auch zu 50 Prozent in einem zu erwartenden Vollgeschwister. Da ein Individuum mit sich selbst im Verwandtschaftsgrad 1 steht, ist ein Geschwister mit Verwandtschaftsgrad 1/2 einem Individuum aber auch nur halb so wichtig wie es selbst. Ein Kind wird einem Geschwister daher auch nur halb so viel mütterliche Fürsorge zugestehen wie sich selbst. Das Kind wird deshalb so lange zu saugen versuchen, bis die Kosten für die Mutter doppelt so hoch sind wie der Nutzen für das Kind. Erst dann wird es einem Geschwister – beziehungsweise seiner Gen-Selektion via Verwandtschaft – zuliebe die Mutter freiwillig verlassen. Der optimale Moment der Entwöhnung liegt für die Mutter jedoch früher. Es kommt zum nervenzerreibenden, sich über Wochen und Monate hinziehenden Entwöhnungskonflikt, der sich an Affengruppen bestens studieren läßt.

Ein Kind zieht dabei alle Register, um den Zeitpunkt der zwangsweisen Entwöhnung hinauszuschieben. Zwar kann es seine Mutter nicht mit Brachialgewalt zwingen, ihm die Brust zu geben. Aber den Verhaltensforschern sind einige Tricks bekannt, wie Nachkommen ihren Eltern mehr Fürsorge abluchsen, als diese zu geben bereit sind.

Ein Kind kann etwa die Bereitschaft eines Elternteils, auf Hilferufe oder Hungerschreie mit Zuneigung zu reagieren, geschickt ausnutzen, indem es auch dann halbverhungert schreit, wenn es lediglich mehr will, als ihm zugestanden wurde. Eltern reagieren zudem umso stärker auf Bedürftigkeitssignale, je jünger und abhängiger ein Kind ist. Ein wesentlicher Auslöser ist hier das „Kindchenschema"

Dramatischer Entwöhnungskonflikt bei indischen Languren: Immer wieder stößt eine Mutter ihr Kind fort, sobald es sich die Brust erneut erschlichen hat

Die gesamte Jugendentwicklung höherer Primaten ist auf das soziale Umfeld zugeschnitten. Anhaltender Entzug der vielfältigen Erfahrungen – wie in diesem Isolationsexperiment mit einem Rhesusaffen – führt zu irreparablen Störungen des Verhaltens (hohe Stirn, große Augen etc.). Ein bereits herangewachsener Sprößling kann absichtlich in frühkindliche Verhaltensweisen zurückfallen, um die Aufmerksamkeit der Eltern zu steigern. Die Botschaft an die Mutter sagt etwa: „Ich bin noch gar nicht so alt und selbständig, wie du meinst. Ich brauche mehr, als du denkst." Solche „Regression" oder „Infantilisierung" kommt insbesondere nach der Geburt jüngerer Geschwister vor. Jugendliche Marmosetten oder Schimpansen klammern sich plötzlich wieder an wie unselbständige Traglinge; Menschenkinder schlafen nachts nicht mehr durch, wollen sich plötzlich nicht mehr alleine anziehen oder machen wieder in die Hose.

Verbreitet ist auch eine Taktik, die in der Fachsprache *temper tantrum* heißt, ein Wutgeheul, bei dem die Kleinen sich auf den Boden werfen, die Erde mit Fäusten und Tritten bearbeiten oder gar mit dem Kopf aufschlagen. Dieses Verhalten droht: „Gib mir mehr! Wenn nicht, zerstöre ich mich selbst, und deine bisherigen Aufzuchtsbemühungen waren umsonst!" Es gibt wohl kaum Menscheneltern, die von ihren zweijährigen Sprößlingen nicht mit diesem rabiaten Trick konfrontiert wurden. Paviankinder zeigen *tantrums* mit spätestens fünf Monaten, Schimpansen etwa nach einem Jahr. Robert Yerkes beschrieb eindrucksvoll, wie junge Schimpansen während ihrer Tobsuchtsinszenierung verstohlen zu ihren Müttern blickten, als wollten sie die erzielte Wirkung abschätzen. Wenn Kinder die Erfahrung machen mußten, daß ihre Mütter zu Liebesentzug neigen, versuchen sie oft, dieses Defizit durch besondere Anhänglichkeit auszugleichen – der „Rockzipfel-Effekt". Dazu führten der britische Verhaltensforscher Robert Hinde und dessen Mitarbeiter an gefangen gehaltenen Rhesusaffen aufschlußreiche Untersuchungen durch. Zunächst wurden Mütter für jeweils sechs Tage von der Gruppe mit ihren

Wie sehr Primatenkinder auf intensiven Körperkontakt angewiesen sind, zeigten grundlegende Laboruntersuchungen mit Mutter- Attrappen

sechs Monate alten Kindern getrennt. Nach ihrer Rückkehr hängten sich die alleingelassenen Kinder fünf Wochen lang wesentlich fester an ihre Mütter, als dies Artgenossen ohne Trennungserfahrung taten. In umgekehrten Experimenten wurden die Kinder für sechs Tage von ihren Müttern entfernt. Die zurückgesetzten Kinder zeigten weniger Verstörtheit und bewegten sich in den folgenden Wochen recht ungebunden abseits der Mutter.

Offenbar „deuten" die Jungtiere die Trennungen unterschiedlich. Die Abwesenheit der Mutter könnte ein Entwöhnungsversuch sein. Das Jungtier könnte eine Wiederholung dieses Ereignisses zu vermeiden trachten, indem es mehr Energie darauf verwendet, nahe bei der Mutter zu bleiben. War hingegen das Jungtier selbst abwesend, hat es nach der Wiedervereinigung keinen Grund zu verstärkten Kontakten, da die Trennung nicht von der Mutter verursacht wurde, sie also nicht umgestimmt werden muß.

Kinder von Müttern, die ohnehin eher abweisend reagieren, klammern sich nach Trennungen übrigens viel stärker an als Kinder fürsorglicherer Mütter, denn sie werden ja mit größerer Wahrscheinlichkeit bald ganz verlassen. „Wenn die Mutter ihr Kind schlägt", heißt es in einem hinduistischen Gebet an die als strafend und schrecklich verehrte Muttergöttin Kali, „so klammert es sich nur fester an ihren Rock."

Entgegen landläufiger Meinung kümmern sich nicht nur Affenweibchen um kleine Kinder. Ein treffliches Gegenbeispiel liefern hier wiederum die Berberaffen, deren Männchen ein geradezu skurriles Interesse an Babys zeigen. In der Regel sind Berberäffchen eigentlich nur dann bei ihren Müttern, wenn sie ihrer Bezeichnung „Säugling" im wahrsten Sinne des Wortes gerecht werden, also Milch trinken. Satte vierzig bis sechzig Prozent der Tageszeit werden sie von anderen Gruppenmitgliedern herumgeschleppt und behätschelt, und zwar meist von erwachsenen Männchen.

Die Äffchen reiten zunächst wie von zu großen Pferden verschreckte Jokkeys mit weit aufgerissenen Augen auf den Rücken der stämmigen Männchen. Nachdem die ihnen aber ein paarmal ordentlich das Fell gepflegt haben, dösen die Kleinen in ihren Armen friedlich und vertrauensvoll ein, als sei dies die eigene Mutter. Wenn ein Berbermann dann das nächste Mal die Mutter besuchen kommt, muß er das Baby gar nicht mehr selbst zu sich herüberziehen. Er präsentiert lediglich sein Hinterteil und schmatzt über die Schulter zurück. Hopp! springt das Berberäffchen auf, und ab geht's zum Ausritt.

John Deag und John Crook von den Universitäten Edinburgh und Bristol waren die ersten, die jene „Dreierzeremonie" beobachteten, für die Berberaffenmännchen als Babysitter heute in der Fachliteratur berühmt sind. 1968/69 studierten sie wildlebende Gruppen nahe dem Forstposten Ain Kahla im Mittleren Atlas. Dabei passierte oft folgendes: Ein Männchen lädt sich ein Baby auf, rennt damit dreißig, vierzig Meter zu einem anderen Männchen und überbringt ihm das Kind. Gemeinsam halten sie das Jungtier hoch, beschmatzen und beknabbern es theatralisch und ergehen sich zugleich in unüberhörbarem Zähneklappern. Nicht selten werden die Genitalien des Kleinen beleckt. Oft scheint es, das Baby könnte im hektischen Auf und Ab der etwa drei Zentimeter langen Eckzähne Schaden nehmen. Doch weit gefehlt. Das Baby schmatzt freundlich mit oder läßt das Ritual eher unbeteiligt über sich ergehen, selbst wenn es zwischen den zwei Zeremonienmeistern bedrohlich hin und hergezerrt wird.

Was mag die Funktion dieses unter Affen einzigartigen Verhaltens sein? Dazu ein Gleichnis: Um zwei Eisenbahnwaggons unbeschädigt aneinanderzukoppeln, ist ein Puffer vonnöten, der den Zusammenstoß abmildert, ohne selbst beschädigt zu werden; die Forscher prägten entsprechend den Begriff des „agonistischen Puffers". Dementsprechend benutzen rangniedere Männchen die Babys als „soziale Werkzeuge", um mit ihnen die Aggressionsbereitschaft ranghöherer Männchen abzumildern. Unterlegene können sich Höheren dank dem Baby als Vermittler ohne größeres Risiko nähern, dadurch Statusnachteile abschwächen und die eigene soziale Position verbessern.

Um diese Deutung entbrannte unter Fachleuten eine heftige Diskussion. Daß Jungtiere benutzt werden, um Spannungen abzubauen und Eskalationen zu verhindern, paßte nicht in die Lehrmeinung des Amerikaners David Taub, der 1974 und 1975 ebenfalls die Berberaffen von Ain Kahla untersuchte. Nachdem er seine 749 Protokollstunden ausgewertet hatte, zweifelte er die Hypothese des „Baby-Puffers" an und behauptete stattdessen, ein hoher Verwandtschaftsgrad zwischen den männlichen Trägern und dem Jungtier sei Grundlage des Verhaltens.

Taub war aufgefallen, daß Männchen spezielle Vorlieben für bestimmte Babys zeigten. Er nahm an, Männchen trügen und pflegten entweder von ihnen selbst gezeugte Kinder oder eigene Geschwister, Neffen und Nichten, mit denen sie über die mütterliche Linie verwandt sind. Solche Fürsorge schien Taub unerläßlich: War doch das einzige Kind seiner Untersuchungsgruppe, das keinen Kontakt zu Männchen hatte, verschwunden – was den sicheren Tod bedeutete.

Die Regel, lediglich Verwandte zu unterstützen, war nach Taubs Meinung schon deshalb wahrscheinlich, weil er Auswanderungen erwachsener Männchen für selten hielt und damit einen hohen Grad an Inzucht – also genetischer Übereinstimmung – zwischen den Gruppenmitgliedern unterstellte. Das Baby sei also nicht Hilfsmittel zum Vorteil der Männchen, sondern die Männchen schützten gleichsam ihr eigen Fleisch und Blut.

Mitte der siebziger Jahre war dieses griffige Konzept ein Lieblingsthema der Verhaltensforscher. Auf die Berberaffen traf es jedoch nicht zu. Wieder waren es Andreas Paul und Jutta Küster vom Affenberg Salem, die Einspruch erhoben. Sie kannten die Verwandtschaftsbeziehungen in den Salemer Gruppen und hatten damit handfeste Argumente entgegenzusetzen.

Die Untersuchung der beiden umfaßte eine umfangreiche Stichprobe. Ausgewertet wurden die Beobachtungen an 36 Babys, 40 Männchen und mehr als 3000 „Dreierzeremonien". Zunächst erwies sich Taubs Annahme einer starken Inzucht als unrichtig, denn heranwachsende Männchen von Berberaffen der „deutschen Kolonie" wanderten regelmäßig in Nachbargruppen aus. Nur in sechs Prozent aller Fälle kümmerten sich Männchen bevorzugt um solche Babys, mit denen sie über die mütterliche Linie verwandt waren. In nur zwölf Prozent aller Fälle waren die Babysitter „potentielle Väter", das heißt solche Männchen, die sich während der vorangegangenen Fortpflanzungssaison wenigstens einmal um die Zeit der Befruchtung mit der Mutter gepaart hatten. Einige frisch aus fremdem Territorium eingewanderte Männchen trugen sogar Babys, die lange zuvor in der Gruppe gezeugt worden waren. In drei von vier Fällen ließ sich genetische Verwandtschaft zwischen Baby und Träger ausschließen – die entscheidende Säule von Taubs Hypothese geriet mithin ins Wanken.

Männchen benutzten überdies auch tote und gar verweste Säuglinge für ihre Zeremonien. In neun Fällen hätschelten sie ihre Fracht sogar selbst zu Tode. Sie gaben sie schlichtweg nicht wieder her, und die Säuglinge verhungerten schließlich.

Deags und Crooks ursprüngliche Idee, Jungtiere seien Beschwichtigungsobjekte, wurde durch die Salemer Studie weitgehend bestätigt. Babys werden als soziale Werkzeuge ansatzweise auch unter Javaneraffen, Savannenpavianen oder Meerkatzen benutzt. „Kindchenappelle" sind ebenfalls von Menschen bekannt. So zeigen berufsmäßige Bettler gerne Säuglinge vor, um Mitleid zu erregen, und Wahlredner wie Diktatoren tätscheln beflissentlich Kinder, um Sympathien des Volkes zu erheischen.

Statt einem starren Schema von Dominanz und Unterwürfigkeit zu folgen, wurden in Salem jedoch dreißig von hundert spektakulären Dreierzeremonien durch ranghöhere Männ-

Politiker setzen den „Kindchenappell" gezielt ein, um ihr Image aufzupolieren: Südafrikas Präsidentenpaar Botha beschenkt ein krankes Kind mit Bonbons

chen ausgelöst. Meist schmatzten und zähneklapperten dann Männchen miteinander, deren Rang eng beieinander lag. Kleine Mißstimmungen in der Koalition oder ein körperliches Formtief genügen, den Rang umzukehren. Überlegene tun deshalb gut daran, vorsorglich mit einem nur knapp Rangtieferen ein paar Beschwichtigungsrituale zu pflegen, denn bei einer handgreiflichen Auseinandersetzung wäre das Verletzungsrisiko entsprechend groß. Vergleichsweise: Auch in der Fußball-Bundesliga hat der Tabellenerste gehörigen Respekt vor den Verfolgern – kann doch in der nächsten Woche die Welt ganz anders aussehen.

Die beiden Salemer Forscher stimmten mit ihrem Kollegen Taub darin überein, daß Männchen nicht wahllos irgendwelche Babys betreuen. Zwar schleppen die Alten nicht eindeutig eigene Sprößlinge herum, doch haben sie ganz offensichtlich Lieblingskinder. „Friedensbewegte" nutzen diese Bindungen geschickt aus. Sie tragen einem Männchen nämlich häufig gerade dessen Liebling zu. Zweifellos ist ein Kind, mit dem das Männchen vertraut ist, zum Abbau von Aggressionen besser geeignet als ein fremdes.

Diese Taktik wirft ein Schlaglicht auf die Intelligenz der Berberaffen. Sie beweist nicht nur, daß die Tiere sich persönlich kennen, sondern darüber hinaus, daß sie auch um die Beziehungen der anderen Gruppenmitglieder wissen – und daß sie dieses Wissen gezielt zu ihrem Vorteil einsetzen. Hier blinkt wieder eines jener Mosaiksteinchen auf, die den glanzvollen Weg des Menschengeschlechts auf der langen Strecke der Evolution pflasterten.

Die große Unbekannte für die Forscher ist in diesem Wechselspiel die Rolle der Mütter. Welchen Nutzen ziehen eigentlich sie aus dem Babysitting der Männchen? Daß ihre Säuglinge durch die derbe Zuneigung zu Tode kommen, muß jedenfalls die Ausnahme sein – sonst würde die natürliche Auslese schnell dafür sorgen,

daß die Bereitschaft nachläßt, Babys überhaupt aus den Händen zu geben. Tatsächlich rücken rangniedere Weibchen und Erstgebärende ihre Babys nur selten heraus: die Rangniederen eventuell wegen der Schwierigkeiten, die überlegene Gruppenmitglieder beim Zurückfordern der Babys machen könnten, die Erstgebärenden vielleicht, weil sie unerfahren sind. Insgesamt jedoch lassen Berberäffinnen andere Artgenossen bei der Aufzucht lässig gewähren – insbesondere dann, wenn sie bereits mehrere Kinder zur Welt gebracht haben und in der Hierarchie weiter oben stehen.

Auch gegen ihren Willen werden kleine Berberaffen von Erwachsenen als „soziale Werkzeuge“ eingesetzt. Zwei Männchen ergehen sich in der theatralischen „Dreierzeremonie“, bei der ein Baby die Aggressionen abpuffert

Freie Zeit, ohne einen quirligen Säugling mühsam beaufsichtigen zu müssen, mag Müttern gewichtige Vorteile bringen. Sie können sich uneingeschränkt der sozialen Fellpflege in der Gruppe widmen und Rangkonflikte austragen, um ihren Status zu sichern. Im Freiland kann entscheidend sein, ob Mütter regelmäßig beide Hände freihaben, um in schwankenden Wipfeln ungehindert Nahrung zu pflücken. Ohne ein Baby an der Brust haben Weibchen vermutlich auch bessere Chancen, wenn es gilt, an Wasserlöchern lauernden Raubfeinden zu entkommen.

An diesem Punkt stoßen Studien an Affen in Menschenobhut an ihre Grenzen. In Salem lassen sich solche Vermutungen nicht überprüfen, weil jeden Morgen Getreide und Kisten voller Äpfel im Gehege verteilt werden, so daß auch die geplagteste Mutter satt wird. Männchen hingegen brauchen Babys insbesondere dann, wenn die überaus beliebten Quarkbällchen – in denen ein Wurmmittel verborgen ist – verfüttert werden. Die Atmosphäre in der Gruppe ist dann gereizt und explosiv, und jeder verfügbare „Babypuffer“ ist ausgebucht . . .

Totschlag, Mord und Krieg

Arterhaltung galt lange als Triebfeder allen Verhaltens. Die moderne Soziobiologie stellt das „Prinzip Eigennutz“ dagegen. In Indien erlebte der Autor während langjähriger Forschung an Languren, wie es immer wieder zu Kindestötungen kam – um eigenen Vorteils willen. Die friedlichen Bananenfresser aus dem Zoo fallen in freier Wildbahn mitunter schonungslos übereinander her.

Jane Goodall wurde gar hautnah Frontberichterstatterin in einem regelrechten „Krieg der Affen“: Mit raffinierter Strategie begannen Schimpansengruppen, sich gegenseitig auszurotten. Konrad Lorenz' Standardwerk zur Naturgeschichte der Aggression, „Das sogenannte Böse“, müßte seither umgeschrieben werden

Indiens gewaltigstes Fort überragt die Stadt Jodhpur im Wüstenstaat Rajasthan. Die Zinnen der Festung aus dem 15. Jahrhundert krönen ein weites Plateau aus rotem Sandstein, auf dem eine geographisch isolierte Population von 1300 Languren zu Hause ist

Heilige Kühe und heilige Affen verleihen hinduistischen Kultstätten unverwechselbares Gepräge: Tempeltor in Rajasthan. Eine Kuh nährte den verwaisten Gott Krishna. Die Heldentaten des legendären Affengenerals Hanuman trugen den Languren den Schutz der Gläubigen ein

प्रधान
श्री गणेशाय नमः
वराह घाट

Diese Junggesellenbande indischer Languren ist von der Fortpflanzung ausgeschlossen. Alle Weibchen werden nämlich von starken Haremshaltern unerbittlich bewacht. Junggesellen wittern ihre Chance, wenn die Kräfte eines Paschas erlahmen – aber das kann Jahre dauern

Das Ende ist leblose Wüste. Viele bettelarme Landbewohner in Rajasthan sind gezwungen, den letzten Bewuchs der Savanne als Feuerholz einzutragen. Mit dem ungezügelten Wachstum der Bevölkerung stieg auch der Raubbau an der Natur. Fatale Folgen: Der Grundwasserspiegel sinkt, die exotische Fauna und Flora verkümmert. Dünen begraben ganze Dörfer

Dienstags ist Hanuman-Tag. Dann besuchen besonders viele Städter die hinduistischen Tempel der Umgebung, um an die heiligen Affen Früchte, Brotfladen und Süßigkeiten zu verteilen – ein Gottesdienst, den die Hanuman-Languren nur gar zu gern mitfeiern

Die Idylle von heiler Natur trügt. Indische Languren müssen sich mehr und mehr von jenen Brosamen ernähren, die vom Tisch der Menschen fallen. Wälder – ihre natürliche Heimat – sind weithin abgeholzt. Im Unterschied zu den meisten anderen Primatenarten können Languren dennoch überleben: Nicht nur, weil sie als heilig gelten – auch ökologisch sind sie anpassungsfähige Kulturfolger

In einem hinduistischen Dorftempel bei Jodhpur am Rand der großen indischen Wüste lebte der Autor während seiner Forschungsarbeit mehrere Jahre. Die umliegenden Hügel sind das Streifgebiet der Languren, über deren Lebensweise penibel Protokoll geführt wird

Noch immer steht Pegasus funkelnd im Samt der rabenschwarzen Nacht. Es ist der Himmel über Rajastan, einem Staat im Nordwesten Indiens von der Größe der Bundesrepublik. Ich rolle Decken und Matratze zusammen und klettere vom luftigen Dach des kleinen hinduistischen Dorftempels. Hier, ein paar Kilometer vor den befestigten Toren der Altstadt Jodhpurs, lebe ich etwas abgeschieden von Lärm und Dieselruß der 660 000 Einwohner in einem Seitentrakt, vor dem ein weit ausladender Pipalbaum im Morgenwind rauscht. Nach einigen Tassen Tee fülle ich die Feldflasche mit Wasser aus dem Tonkrug, schultere den Rucksack. Pegasus, das Herbstviereck, verblaßt langsam. Es ist der 25. November.

Mit dem Motorrad lassen sich die in den Felshügeln verstreut lebenden Langurengruppen über die holprigen Pfade am besten erreichen

Ich steige aufs Motorrad, ein technologisches Fossil mit Kickstarter, das hier in tschechischer Lizenz gefertigt wird. Entscheidender Vorteil des Klapperkastens ist ein Reserverad, denn die Straßenbeläge gleichen nicht selten Fakirbetten. In den Wipfeln der Bäume regen sich die Scherenschnitte von Pfauen. Ich knattere über ein hügeliges schmales Sträßchen zu einem Naturschutzgebiet an einem langgezogenen See, einer felsigen Landschaft mit Dornsträuchern, verstreuten Bäumen mit niedrigen Kronen sowie einer auffälligen Wolfsmilchart – *Euphorbia caducifolia* –, deren schlauchdicke Säulensprossen in dichten khakigrünen Horsten beieinanderstehen.

Das Motorrad bocke ich hinter dem Häuschen des Forstwächters auf, der sich noch in seligem Schlummer die Fliegen von der Nase schlägt. Unterdessen schleppen Frauen in der Heimlichkeit des Morgengrauens auf ihren Köpfen dicke Bündel Holz aus der ohnehin kargen Savanne an die verrußten Feuerstellen ihrer Hütten. Nur eine Frage der Zeit, dann sind auch die restlichen vier bis sieben Prozent Wald, die es noch in Indien gibt, verschwunden.

Im Wasser spiegelt sich der rote Sandstein der umliegenden Hügel. Die Felszinnen sind mit silbrig schimmernden Tupfern besät. Nach einer kühlen Nacht räkelt sich hier eine Affenhorde in der Morgensonne. Es sind Graue Languren, windhundgroße Primaten aus der Familie der Schlankaffen, die auf dem gesamten indischen Subkontinent verbreitet sind – von den Palmenhainen Sri Lankas über die Kornkammer der großen Ganga-Ebene bis an den Rand des ewigen Eises im Himalaya.

Diese Szenerie ist seit mehr als einem Jahr mein Arbeitsplatz als Biologe. 1977 begann hier eine Langzeituntersuchung an den Grauen Languren unter Leitung von Christian Vogel, dem Direktor des Instituts für Anthropologie der Universität Göttingen. Die Deutsche Forschungsgemeinschaft finanzierte dieses Projekt unter dem eindrücklichen Titel „Ontogenese des Sozialverhaltens in bezug auf die Organisationsstrukturen in freilebenden Gruppen der indischen Langurenart *Presbytis entellus*“. Mittlerweile bin ich allerdings der letzte deutsche Abgesandte in Jodhpur. Denn die Versuche, in einem der gigantischen Ministerienblocks an der breiten Parlamentsstraße New Delhis die Forschungserlaubnis zu verlängern, glichen über die Jahre immer mehr jenen alptraumartigen Erfahrungen mit der Bürokratie, die Franz K. in Kafkas Roman *Der Prozeß* macht.

Ein paar Kilometer von Jodhpur entfernt stürzen die Sandsteinhügel in die flache Wüste Tharr ab, die sich über das Indusdelta bis weit nach Pakistan erstreckt. In dieser felsigen Landschaft leben rund 1300 Languren in einer geographisch isolierten Population, weil sie extrem anpassungsfähig sind. Auf dem 150 Quadratkilometer großen Felsplateau Jodhpurs speichern zahlreiche Staubecken die kargen 360 Millimeter Regen, die während des Monsuns von Juli bis September in kurzen, heftigen Sturzbächen niedergehen. Einen großen Teil

Ärmliche Steinhütten vor Jodhpur. Immer mehr Menschen verlassen ihre Dörfer, siedeln am Rande der Städte und schlagen die nahe Savanne kahl. Kamele schleppen das rare Brennholz herbei. So veröden weitere Gebiete. Ein Teufelskreis

ihres Wasserbedarfs können die Affen aber bereits über feste pflanzliche Nahrung decken. Ein gekammerter Magen läßt sie ähnlich wie bei Wiederkäuern die vegetarische Kost optimal nutzen.

Von fern sieht es aus, als lägen überdimensionale Ratten auf den Felsen. Unter allen Primaten haben diese grauen Affen die längsten Schwänze überhaupt, auf die auch ihr Artname anspielt. „Langulin" ist ein Sanskritwort, das „einen langen Schwanz haben" bedeutet. Noch immer ist spürbar, daß diese Sprache vor 2000 Jahren von Einwanderern aus Europa mitgebracht wurde, wie das englische Wort „long" und das deutsche „lang" beredt dokumentieren.

Die Langurengruppe vor mir hat zwanzig Mitglieder: elf erwachsene und fünf heranwachsende Weibchen, ein jugendliches Männchen und zwei Babys im Alter von anderthalb und sechseinhalb Monaten; etwas abseits sitzt der einzige erwachsene Mann auf einem einzelnstehenden Baum, mit zwanzig Kilo um ein Drittel schwerer

Haremsbesitzer kontra Junggesellen. Von einer Felskuppe erspäht ein Langurenmann Eindringlinge im Wohngebiet seiner Weibchen. Die Bande drückt sich in Erwartung einer Attacke an den Hang. Blitzschnell zersprengt der Pascha die Gruppe – eine Machtdemonstration, bei der er, um Verletzungen zu entgehen, Arme und Beine gen Himmel reißt als die Weibchen. Langurenaugen können es lässig mit meinem ordentlichen Fernglas aufnehmen. Von seinem Posten aus observiert das Männchen aufmerksam in alle Himmelsrichtungen. Denn am Morgen pflegen die Silhouetten anderer Männchen auf den Hügelkämmen aufzutauchen. Geschlechtsgenossen aber sind Rivalen.

Languren nämlich bilden Haremsgruppen mit vielen Weibchen, aber nur einem Mann. Heranwachsende Männchen verlassen ihre Geburtsgruppe und schließen sich zu Junggesellenbanden zusammen. So durchstreifen sie das Gelände und attackieren von Zeit zu Zeit Haremshalter. Meist werden sie zurückgeschlagen. Bevor sie sich erneut ins Gefecht begibt, kuriert die Truppe in einem abseits liegenden Tälchen ihre Blessuren aus, hier einen angekratzten Schwanz oder eine Schramme am Sitzhöcker, dort eine aufgeplatzte Augenbraue.

Manchmal aber – im Durchschnitt alle zwei Jahre – gelingt die Vertreibung eines alten Haremshalters. Unter den verbündeten Thronräubern bricht dann sofort die ärgste Feindschaft aus. Denn nun versucht das stärkste Männchen seine Kollegen aus dem Feld zu schlagen, um Alleinbesitzer der Weibchen zu werden.

Genau das ist vor kurzem in der Gruppe am See vor mir passiert. Nachdem der alte Haremsmann sich mit schweren Wadenverletzungen humpelnd davongemacht hatte, kämpfte sich nach zermürbendem Kleinkrieg unter den 36 siegreichen Junggesellen das jetzige Männchen als stärkstes durch. Immer seltener wagen seine alten Freunde, sich noch blicken zu lassen. Heute ist der erste Tag, den der Neue ganz ungestört mit seinem Harem verbringen kann. In der Ferne läßt sich kein Schwanz blikken.

Gegen zehn macht sich die Gruppe auf die tägliche Wanderung durch ihr Gebiet. Die beiden Mütter klemmen ihre Babys unter den Bauch. Der jüngste Säugling ist ein Männchen namens Sechsvier. Es ist nämlich seit Beginn der Beobachtungen das vierte Kind von Weibchen Sechs. Etwas älter ist das Mädchen Vierfünf, der fünfte Säugling von Weibchen Vier. Der Gruppenbenjamin Sechsvier trägt noch das schwarzbraune Babyfell, das sich deutlich vom hellen Haarkleid der übrigen abhebt. Die auffällige Färbung soll den Neugeborenen bevorzugte Behandlung sichern. Sie ist ein Auslöser für Betreuungsverhalten. Besonders heranwachsende Weibchen haben Gefallen daran, Tante zu spielen. Am häufigsten schleppt die ältere Schwester Sechsdrei ihr Brüderchen herum. Das kleine Mädchen Vierfünf ist am Ende des Farbwechsels, der etwa im Alter von drei Monaten einsetzt. Mit zunehmender Selbständigkeit wird aus dem Braunschwarz allmählich ein Crèmegrau, bis sich endlich das feine Silbergrau herauspellt.

Meine Protokollbögen füllen sich mit Notizen: Marschroute, Fellpflegehandlungen, Balgereien der possierlichen Babys, Nahrung. Alle Affen haben irgendwelche Kennzeichen oder Verhaltensweisen, an denen sie identifiziert werden können. Die Sechs hat eine Kerbe im linken Ohr, Sechsdrei eine weiße Stelle unter der rechten Achsel, und der Vier ist gar der Schwanz abhanden gekommen. Bei allen anderen ist auch die

Fersengeld geben heißt die Devise für die geschlagene Truppe. Der Haremshalter jagt sie über alle Berge. Sind die Wunden auskuriert, wagen sich die Junggesellen erneut ins Gefecht um die Weibchen

Schwanzhaltung individuell. Es gibt Linksträger und Rechtsträger. Mittlerweile kann ich aber jedes Tier selbst aus dem Augenwinkel erkennen, allein an seinem Gang, seiner Sitzhaltung oder seinem Gesichtsausdruck. Keine Kunst – kann doch auch ein Schäfer seine vielen weißen Schafe auseinanderhalten.

Bündelweise vertilgen die Affen Schoten von *Prosopis juliflora*, dem Mesquitebaum mit mimosenartigen Fiederblättern, die sich in der Mittagshitze falten. Er stammt aus Mexiko und wurde seit 1914 eingeführt. Da der Baum auch nach dem Abholzen guten Stockausschlag hat, wurde der zähe Import mittlerweile eine dominierende Pflanze Rajastans.

Den ganzen Tag über halten die Mütter Sechs und Vier gebührend Abstand vom Haremshalter. Das hat gute Gründe. Denn bald soll den kleinen Sechsvier jenes Schicksal ereilen, dem zuvor schon Elfdrei, Einsvier und Zwölfeins zum Opfer fielen, und dem auch die kleine Vierfünf nicht entkommen wird.

16.44 Uhr: Der Haremshalter beginnt, der Sechs mit ihrem Baby nachzustellen. Die Mutter flüchtet in einen Wolfsmilchhorst, der wegen seiner stachelbewehrten vertikalen Sprossen wie eine Burg wirkt. Drohend wirft der Langurenmann den Kopf in den Nacken und entblößt die langen messerscharfen Eckzähne. Mit der Innenseite des oberen Eckzahns schabt er über die untere Eckzahnkante – ein lautes Zähneknirschen. Die Mutter bekommt es mit der Angst zu tun, verläßt ihr Versteck und versucht, über eine Mauer zu fliehen. Wie ein Wimpel flattert der schwarze Schwanz des Babys an ihrem Bauch.

Der erregte Haremsmann setzt ihr nach. Da sich ihm die ältere Sechsdrei in den Weg wirft, können Mutter und Brüderchen knapp entkommen. Aber das Männchen nimmt die Verfolgung erneut auf und holt das panisch fliehende Weibchen mit großen Sätzen ein. Die Kamera in der Hand, renne

ich hinterdrein. Das Männchen springt dem Weibchen schließlich auf den Rücken, reißt es zu Boden und schlägt in der nächsten Sekunde seine Zähne in das quiekende schwarze Bündel am Bauch der Mutter. Sechs Gruppengenossinnen stürzen sich in heller Aufregung auf den Angreifer. Ein Berg von neun Affen wälzt sich auf dem Boden. Im Gewühl entkommt die Mutter, ihr blutendes Kind an die Brust gepreßt. Die Verteidigerinnen zerren und schlagen weiter auf das Männchen ein, bis es sich mit einem mächtigen Satz befreit.

Doch die Hilfe kam zu spät. Ein Eckzahn des Männchens hat den Oberschenkel des Babys aufgerissen, die Sitzhöcker in der Mitte gespalten und den Schwanz von der Wurzel bis fast zur Spitze aufgeschlitzt.

Am nächsten Morgen überläßt die Mutter das sterbende Geschöpf sei-

2

3

5

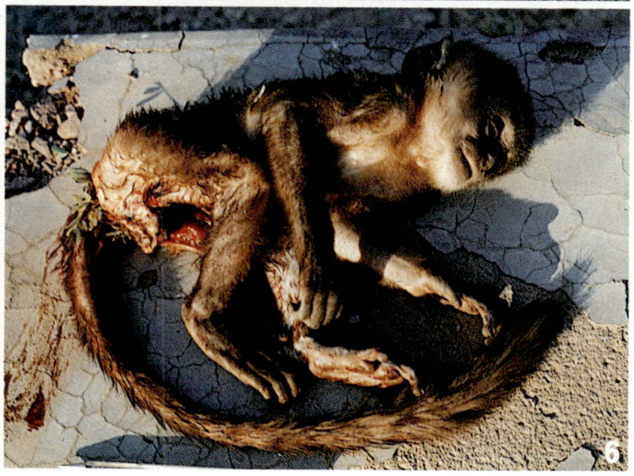

6

Der neue Haremsbesitzer tötet ein Kind seines Vorgängers. – Ein Weibchen verwehrt den Weg zum Gebüsch, in dem eine Mutter ihr Baby versteckt (1). Der Langurenmann setzt der Mutter nach – der Schwanz des Säuglings flattert unter ihrem Bauch hervor. Die ältere Tochter wirft sich dem Angreifer entgegen (2). Er erwischt das Baby dennoch. Die Mutter reißt es wieder an sich und flieht weiter, während andere Weibchen den Aggressor festhalten (3). Eines hechtet ihm nach, als er mit mächtigem Satz entkommt (4). Dramatisches Ende des Überfalls: Das Baby verblutet langsam im Arm seiner Mutter (5). Der Oberschenkel ist über den Sitzhöckern bis zum Schwanz aufgeschlitzt (6). Aufgestaute Milch tropft aus der Brust; die Mutter leckt sie auf (7). Kurz darauf paart sie sich mit dem Töter ihres Kindes

7

nem Schicksal. Ein paar Tage lang tropft aufgestaute Milch aus ihren Brustwarzen. Dann und wann tunkt das Weibchen einen Finger in die Tropfen und leckt sie ab. Kurze Zeit später schrumpfen die Brüste, so daß sie beinahe wieder unter dem Fell verschwinden. Noch nicht einmal ein Monat wird verstreichen, bis sich das Weibchen mit dem Töter seines Kindes paart.

Auf den ersten Blick ist schwer einzusehen, was daran Besonderes sein soll, wenn in einem kontinentgroßen Land mit 800 Millionen Einwohnern ein kleiner Affe wegen eines großen stirbt. Es ist vor allem deshalb etwas Besonderes, weil es nach Auffassung von Konrad Lorenz, einem der Väter der vergleichenden Verhaltensforschung, nicht sein dürfte. In seinem 1963 erschienenen Standardwerk *Das sogenannte Böse* befaßt er sich mit der Naturgeschichte der Aggression, genauer gesagt: der innerartlichen Aggression. Die zwischenartliche Aggression, wie sie etwa das Räuber-Beute-Verhältnis kennzeichnet, spielt in diesem Zusammenhang keine Rolle, denn deren biologischer Sinn ist offenkundig. Was aber ist der Antrieb, wenn Artgenossen übereinander herfallen?

Ganz im Sinne Darwins beantwortete Lorenz die Frage „Wozu das Böse gut ist“: Durch Rivalenkämpfe werden die Besten und Gesündesten ausgelesen, und die Mitglieder einer Art verteilen sich gleichmäßig über den Lebensraum. Letztlich dient die innerartliche Aggression also der Arterhaltung. Allerdings, so Lorenz, müssen jene mit scharfen Krallen oder Zähnen bewaffneten Arten, die zum Umbringen von Artgenossen fähig sind, angeborene Tötungshemmungen besitzen, die eine Selbstausrottung verhindern.

So bieten im Kampf unterlegene Wölfe und Hunde ihre Kehle dem Sieger dar, der hierauf nicht mehr zubeißt. In einem Aufsatz *Über das Töten von Artgenossen* schrieb Lorenz bereits 1955: „Die arterhaltende Zweckmäßigkeit eines solchen Hemmungsmechanismus ist so offensichtlich wie die Unzweckmäßigkeit des Umbringens von Artgenossen."

Wie paßt nun jene Beobachtung von kindertötenden Affen in dieses Bild? Languren galten als harmlose Blattfresser, sorgten aber bereits in den sechziger Jahren für Verwirrung, als die Primatologen Yukimaru Sugiyama von der Universität Kyoto und dann Surendra Mal Mohnot von der Universität Jodhpur die ersten Kindestötungen durch neue Haremshalter beobachteten. Kannibalismus schied als Motiv bei diesen strikten Vegetariern aus. Um das Geheimnis des „Infantizides", der Kindestötung, zu lüften, machte sich 1971 die 25jährige Sarah Hrdy von der amerikanischen Eliteuniversität Harvard auf den Weg zum heiligen Berg Abu in Rajastan, einer Sommerfrische, auf die einst die britischen Kolonialisten während der heißesten Jahreszeit flüchteten. Bis 1975 studierte sie dort für jeweils einige Monate im Jahr die Languren.

Der Eisprung ist gehemmt, solange Mütter säugen. Bringt ein neuer Haremshalter die Kinder seines Vorgängers um, kürzt er die Wartezeit bis zur Zeugung eigenen Nachwuchses ab

Bald konnte auch die Forscherin mit Berichten über Kindestötungen aufwarten. Doch sie lehnte die Deutung ab, Infantizide seien eine krankhafte Ausnahme, auf unnatürlich hohe Bevölkerungsdichte sowie den daraus entstehenden Streß zurückzuführen. Hrdy gehörte zu jener neuen aufmüpfigen Generation von Soziobiologen, die den Fortpflanzungserfolg des Individuums und nicht den Vorteil für die Art als Schlüssel für das Verständnis von Sozialverhalten betrachten. Da Kindestötungen ausschließlich bei Männchenwechseln vorkommen, unterbreitete sie eine alternative Deutung: Solange Affenweibchen Kinder säugen, können sie nicht wieder schwanger werden, da ihr Eisprung blockiert ist. (Ausgedehntes Stillen ist ja auch eine bei Menschen praktizierte Methode natürlicher Empfängnisverhütung; das die Milchproduktion steuernde Hormon Prolaktin hemmt die Ovulation.) Da ein Haremsmann sich nur durchschnittlich 26 Monate an der Macht halten kann, wird seine „Wartezeit" bis zur Zeugung eigener Kinder recht effektiv durch Tötung der noch nicht entwöhnten Kinder seines Vorgängers verkürzt. Dadurch erhöht er seine Fortpflanzungschancen erheblich – denn Zeit ist Gen für den Haremshalter.

Dank dieser Hypothese vom „Reproduktionsvorteil" durch Kindestötung wurden die Languren ein Kabinettstückchen der Soziobiologie. Bald war in Lehrbüchern zu lesen, Infantizid sei für diese Art normal und komme bei allen Männchenwechseln vor.

Aber so klar war das noch lange nicht. Es bedarf kriminalistischen Spürsinns, um zu verstehen, warum. Mit deutscher Gründlichkeit machte sich bald der Anthropologe Christian Vogel daran, sämtliche 40 bisher in Fachzeitschriften publizierten Fälle noch einmal einzeln zu überprüfen. Überrascht stellte er fest, daß es sich in 37 jener Fälle um vermißte Kinder handelte, oder daß Feldforscher Bißverletzungen notiert hatten. Solche Kinder könnten statt durch Infantizid genauso gut durch Krankheit oder Raubfeinde umgekommen sein. Lediglich dreimal, noch dazu bei ein und demselben Männchenwechsel, wurden Kindestötungen von einem Wissenschaftler direkt beobachtet. Vogels peinliche Recherche belegte, daß auch in den Wissenschaften schnell der Wunsch zum Vater des Gedankens werden kann.

Als Vogel mit einem eigenen Team begann, die Languren Jodhpurs vor Ort genauer zu betrachten, geriet auch Sarah Hrdys Hypothese ins Wanken. Aufgrund ihrer nicht lückenlosen Untersuchung hatte sie geschätzt, daß

Jedes einzelne Tier der Beobachtungsgruppen war dem Autor bei seiner Forschungsarbeit an indischen Languren persönlich bekannt. Die Theorien der Soziobiologie können nur durch jahrelange Beobachtungen überprüft werden, denn die Verwandtschaftsbeziehungen der Tiere müssen lückenlos bekannt sein

der erste nachgeburtliche Eisprung bei Langurenweibchen nach 13 bis 20 Monaten stattfindet. Nach Vogels präzisen Berechnungen erfolgte die Befruchtung im Schnitt aber bereits 8,3 Monate nach der Geburt. Der erste Eisprung muß also noch früher stattgefunden haben.

Ein neuer Haremshalter verkürzt seine Wartezeit also nur dann, wenn er Kinder tötet, die jünger als 8,3 Monate sind. 14 der mutmaßlichen 40 Infantizidopfer waren aber älter gewesen. Für diese Fälle griff die geniale These der Soziobiologen einfach ins Leere. Zu allem Überfluß zeigten sich neue Affenmänner bei einem halben Dutzend vom Göttinger Team beobachteter Wechsel völlig desinteressiert an den Kindern ihrer Vorgänger.

Hrdys Hypothese war also arg angeschlagen, als ich 1981 das Göttinger Fähnlein in Jodhpur übernahm und mit meiner Feldforschung begann. Beinahe ein Jahr verging, und die Geschichte mit den Kindermorden wurde für mich zu einer Mär aus fernen Tagen. Vor allem deshalb, weil auch die von mir beobachteten beiden ersten Männchenwechsel unblutig verliefen.

Im Juli 1982 hatte ich dann erstmals trauriges Beobachterglück. Kurz nach einem Machtwechsel fiel der neue Haremshalter vor meinen Augen über ein Baby her. Dies war der Beginn einer ganzen Serie von Kindestötungen innerhalb von zwei Jahren, die das Weltbild unserer Göttinger Arbeitsgruppe erneut umstürzten.

Seit 1983 wurde die Langzeitstudie von S. M. Mohnot und dessen indischen Doktoranden fortgeführt. Unsere gemeinsame Bilanz ist mittlerweile beträchtlich: Bei zehn Männchenwechseln in drei Gruppen kamen insgesamt 21 Kinder um. 13 dieser Fälle wurden bis ins Detail dokumentiert. Bei allen anderen lag die Wahrscheinlichkeit der Kindestötung sehr nahe, denn meist verschwanden diese Kinder, nachdem sie schwer verletzt worden waren. 18 Babys im Alter von 0,2 bis 8,4 Monaten fügten sich schlüssig in das errechnete Schema. Zwei etwa neun Monate alte Säuglinge waren ein wenig zu alt dafür. Lediglich ein Opfer von 48 Monaten paßte überhaupt nicht dazu.

Dank über Jahre gewachsener Kenntnis der Verwandtschaftsverhältnisse unter den Affen waren wir nun in der Lage, drei wichtige Voraussetzungen der Hypothese vom Reproduktionsvorteil durch Kindestötung zu testen. Erstens: Ein Männchen darf nur Kinder töten, die es nicht selbst gezeugt hat. Zweitens: Der Töter muß das nachfolgende Kind mit der Mutter seines Opfers zeugen. Drittens: Der auf einen Kindesmord folgende Zeitraum bis zur nächsten Geburt – das „Intergeburten-Intervall" – muß sich deutlich verkürzen.

Die Vorhersagen bestätigten sich weitgehend. Zwar gab es hier und dort

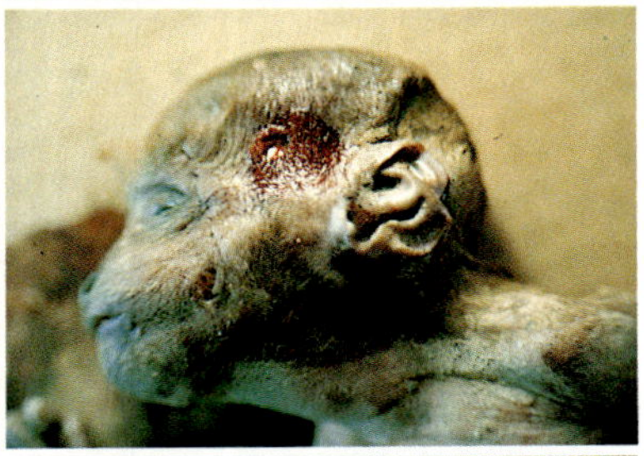

Kindestötungen durch neu in die Gruppe eingewanderte Männchen sind weit verbreitet. Äthiopien – junger Mantelpavian mit schwerer Kopfwunde; Uganda – Baby des Roten Stummelaffen mit tödlicher Bauchverletzung; Venezuela – von Eckzahn durchbohrter Schädel eines Roten Brüllaffen; Argentinien – auch dieser einmonatige Säugling der Schwarzen Brüllaffen fiel dem Infantizid zum Opfer. Die Beispiele belegen: Arterhaltung spielt für Primaten keine Rolle

einen Zweifelsfall. Aber für die – natürlich unbewußten – „Kalkulationen" eines Langurenmannes genügt die Wahrscheinlichkeit, daß er seine Wartezeit durch Infantizid verkürzt. Hierbei ergibt sich eine Faustregel: Ein Langurenmann gewinnt umso mehr Zeit zur eigenen Reproduktion, je jünger sein Opfer ist. Denn ohne Verlust des Kindes beträgt der Abstand zwischen zwei Geburten 15,3 Monate. Er verkürzt sich bis auf 7,1 Monate, je vorzeitiger eine Mutter ihr Kind verliert.

Sarah Hrdy und ihr Kollege Glenn Hausfater luden 1982 zu einem internationalen Symposium über Fragen des Infantizids an die Cornell-Universität in den USA ein. Am Ende wurde klar, daß es sich um ein im ganzen Tierreich verbreitetes Phänomen handelt.

Der klassische Fall ist, daß ein neues Männchen mit fremdem Nachwuchs konfrontiert wird. Welche fatalen Folgen dies für die Kinder hat, war schon länger von Serengetilöwen und von Mäusen bekannt. Zu jenen haremsbildenden Affenarten, die Infantizid praktizieren, gehören die Roten und Schwarzen Brüllaffen Südamerikas, die Weißbart- und Haubenlanguren Südostasiens sowie die Roten Stummelaffen, Guerezas, Rotschwanz- und Diademmeerkatzen Afrikas. Auch die riesigen Berggorillas der Virunga-Vulkane kennen in dieser Hinsicht kein Pardon.

Graue Languren, die in der östlichen Hälfte des indischen Subkontinents leben, bilden aus noch undurchschaubaren Gründen Viel-Männchen-Gruppen statt Harems. Was auffällt: Hier fehlen Hinweise auf Kindestötungen. Das paßt gut ins Konzept. Denn in Viel-Männchen-Gruppen könnten Killer nicht „sicher" sein, keine eigenen Kinder zu töten.

Entgegen der Auffassung von Konrad Lorenz sind Affen, Großkatzen und Nager also nicht im mindesten an Arterhaltung interessiert. Wie sollte sich Verhalten, das die Interessen einer übergeordneten Einheit über die Interessen des Individuums stellt, auch auf Dauer im Gen-Strom einer Population behaupten können? Individuen, die nicht ihre eigenen Vorteile wahren, werden sehr schnell von jenen verdrängt, die „egoistisch" sind und den eigenen Fortpflanzungserfolg suchen. Denn die natürliche Auslese „zählt" Nachkommen und setzt stets bei der Eignung des Einzelwesens an. Arterhaltung ist ein Nebeneffekt, sozusagen die Summe egoistischer Reproduktionsakte.

Auch für die angeführte Demutsgebärde unterlegener Hunde, die beim Sieger angeblich eine Tötungshemmung auslöst, ist eine simplere Erklärung parat. Es ist die Furcht vor einem Gegenangriff, die Kämpfe bis zum Letzten hemmt, also das vielzitierte Gleichgewicht des Schreckens. Denn kein Gegner ist gefährlicher als ein in die Enge getriebener, der nichts mehr zu verlieren hat. Im Kampf nachlassende Männchen von Japanmakaken zeigen ebenfalls Unterwerfungsgebärden. Nimmt der Sieger dieses Angebot jedoch nicht an, kämpft der Unterlegene mit aller Wildheit weiter. Nachdem Makakenmännchen im Primatenzentrum von Oregon die Eckzähne gezogen worden waren, wurden sie von Rivalen schlichtweg umgebracht.

Im Schulfunk wird sich allerdings noch mancher Schmetterling um der Arterhaltung willen paaren müssen, bis die letzten Biologen diesen Mythos zu Grabe getragen haben.

Unterdessen bleibt jedoch auch die Soziobiologie noch manche Antworten schuldig. Wir haben beispielsweise bislang keine Ahnung, wie häufig Söhne von Tötern selbst zu Tötern werden. Ein direkter Nachweis der erblichen Komponente steht also aus. Ein indirekter Beweis hierfür wäre die Existenz offensiver weiblicher Gegenstrategien, da diese sich nur dann entwickeln können, wenn Kindestötungen lange und regelmäßig genug in einer Population vorkommen.

Sarah Hrdy behauptete, Langurenweibchen hätten bereits einen Trick entwickelt, um die Männchen zu bluffen: den sogenannten „Pseudo-Östrus", die Schein-Brunst. Schwangere, die gar nicht mehr befruchtet werden können, fordern nämlich nichtsdestotrotz nahezu jedes Männchen, das ihnen unter die Augen kommt, in der für Langurenweibchen typischen Weise zur Paarung auf: Sie senken den Schwanz, präsentieren das Hinterteil und schütteln den Kopf – in diesem Falle genau das Gegenteil einer Verneinung. Sehr zum Verdruß residierender Haremschefs kommen insbesondere Eindringlinge, die am Rand des Wohngebiets herumlungern, in den Genuß dieser Einladungen. Immer mal wieder gelingt es ihnen auch, eine Kopulation zu erschleichen, was im Englischen mit dem unübersetzbaren „sneaking-fucking" umschrieben wird.

Hrdy glaubte, dies sei ein geschicktes Täuschungsmanöver schwangerer Weibchen: Falls einer der Eindringlinge den Harem übernimmt, wird er Kinder verschonen, die kurz nach seiner Machtergreifung geboren werden, denn sie könnten ja eigener Nachwuchs sein.

In der Fachliteratur hat sich die elegante Hypothese vom Pseudo-Östrus inzwischen einen festen Platz erobert. Um sie zu prüfen, schlüsselte ich auf langen Strichlisten die sexuelle Aktivität von zehn schwangeren Weibchen aus freier Wildbahn auf. Um Sinn zu machen, hätten die Täuschungsmanöver selektiv sein müssen. Das heißt, Schwangere sollten sich nur mit Männchen paaren, die nicht die Väter ihrer Kinder sind. Zu meiner Verblüffung folgte das Sexualleben aller schwangeren Weibchen dem gleichen Schema: Vom 1. bis zum 52. Tag gab es gar keinen Sex, vom 53. bis 88. Tag fanden viele Paarungen statt, vom 89. bis 134. Tag viele Aufforderungen ohne Paarungen, und danach bis zum Geburtstermin am 200. Tag gab es wieder gar keinen Sex.

Entscheidend war, daß Schwangere sich völlig gleich verhielten, einerlei, ob sie mit dem Kindsvater zusammenlebten, oder ob ein neuer Mann als potentieller oder tatsächlicher Killer den Harem übernommen hatte. Das Sexualverhalten während der Schwangerschaft scheint also keine „frei wählbare" Strategie zu sein, sondern unterliegt offenbar fester Steuerung durch Hormone. Vor allem aber hat Schwangerschaftssex auch dann, wenn's drauf ankommt, keinerlei Schutzfunktion: Zwei Killer schonten auch die Kinder jener Weibchen nicht, die sich zuvor „in guter Hoffnung" mit ihnen gepaart hatten.

Über diesen Flop der Theorie mag hinwegtrösten, daß wir für ein anderes Rätsel eine einigermaßen befriedigende Erklärung gefunden haben: Wenn Kindestötung so vorteilhaft ist, warum verlaufen dann die meisten Wechsel von Haremshaltern friedlich? Hier half Glenn Hausfater von der Universität Missouri weiter, der selbst viele Jahre lang im ostafrikanischen Amboseli-Park Savannenpaviane studierte und die Tricks und Schliche der Primaten kennt. Er simulierte am Computer-Bildschirm, wie sich die Genfrequenzen von Tötern im Vergleich zu denen von Nichttötern ausbreiten.

Und siehe da: Entgegen der Erwartung hinterläßt ein Töter nicht in jedem Falle mehr Nachkommen, wie das folgende Rechenexempel belegt. Mal angenommen, ein Töter habe einen Harem erobert, Infantizid begangen und werde nach einem Jahr nun seinerseits von einem anderen Töter verjagt. Seine Kinder sind dann, bei einer Schwangerschaftsdauer von 6,6 Monaten, etwa vier Monate alt und werden ebenfalls Opfer der Kindestötung. Der Fortpflanzungserfolg des Töters ist somit gleich Null.

Nun die Gegenprobe. Ein Nichttöter übernimmt einen Harem und wartet, bis die Kinder seines Vorgängers entwöhnt sind. Erst acht Monate nach Beginn seiner Residenzzeit zeugt er eigenen Nachwuchs. Wird er nach einem Jahr von einem Töter abgelöst, sind seine Kinder noch verhältnismäßig sicher im Bauch der Mutter. Sie kommen erst drei Monate nach der Machtübernahme zur Welt, und solche Kinder werden deutlich seltener angegriffen. Die Dauer der Residenzzeit entscheidet also darüber, ob Töter oder Nichttöter besser abschneiden.

Solchen Kalkulationen zufolge sollten in der Jodhpur-Population ein Viertel aller Männchen „infantizidal" sein, also zur Kindestötung neigen, drei Viertel hingegen „noninfantizidal". Dieses natürliche Gleichgewicht wird eine „gemischte (mixed) evolutionär stabile Strategie" (MESS) genannt. Bei einer durchschnittlichen Residenzzeit von zwei Jahren sind in einer Gruppe mithin nur bei jedem vierten Wechsel des Haremshalters – also einmal in acht Jahren – Kindestötungen zu erwarten. Die Selektion kann sich leisten, mit derart langen Zeiträumen zu operieren, während dies für Freilandforscher zum argen Geduldspiel wird. Durchaus verständlich, wenn es selten gelingt, zur rechten Zeit am rechten Ort zu sein.

Es gibt noch einen Stolperstein auf diesem Hürdenritt durch die Theorie: Ein Männchen verliert am meisten kostbare Zeit für die eigene Vermehrung, wenn es in seinem neuen Harem schwangere Weibchen vorfindet. Es müßte hier nicht nur das verzögerte Einsetzen des Eisprungs, sondern zusätzlich die Zeit bis zur Niederkunft abwarten.

Im Jahre 1959 stellte Hilda Bruce bei frisch begatteten Weibchen von Hausmäusen fest, daß die Trächtigkeit abgebrochen wird, wenn es einen Tag nach der Befruchtung zur Begegnung mit einem fremden Männchen kommt. Inzwischen weiß man, daß die Aborte durch Geruchsstoffe im männlichen Urin ausgelöst werden. Offenbar beugt das Weibchen dadurch zu erwartendem Kindesmord vor: Vom weiblichen Standpunkt aus durchaus sinnvoll, denn eine Fehlgeburt ist energetisch weniger aufwendig als der Verlust ausgetragener Brut.

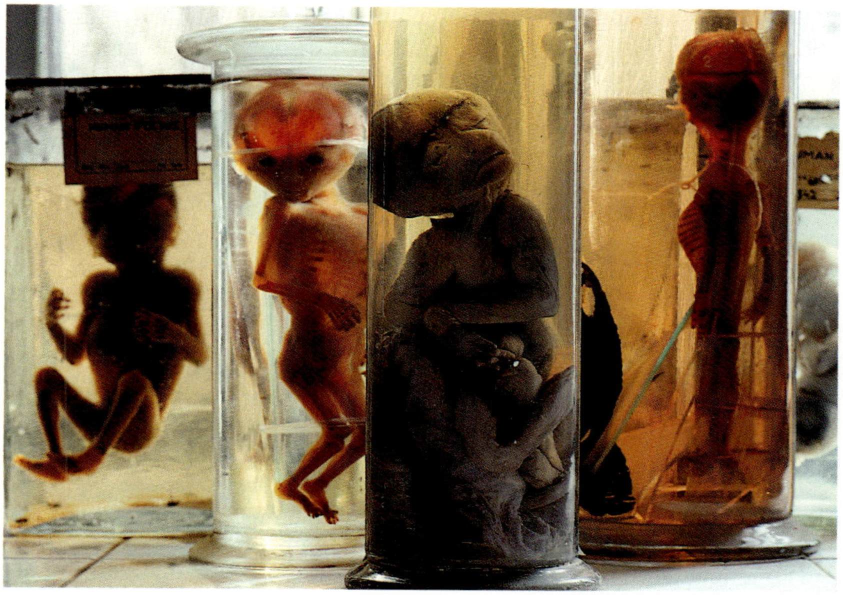

Abortierter Languren-Fetus in der Sammlung der Universität Jodhpur. Haremsbesitzer können Fehlgeburten auslösen, indem sie Weibchen unter Streß setzen, die von Rivalen geschwängert wurden. So werden die Weibchen für den neuen Pascha schneller wieder befruchtungsfähig

Anscheinend existiert dieser nach seiner Entdeckerin „Bruce-Effekt" genannte Mechanismus auch bei Langurenweibchen. In unseren gesammelten deutsch-indischen Datenschätzen finden sich nämlich mittlerweile sieben Aborte. Zwei waren normale Fehlgeburten, eventuell durch Infektionen in der Gebärmutter verursacht. Fünf Fälle passierten hingegen während Männchenwechseln, bei denen es zu Kindestötungen gekommen war. Schwangere waren mithin erheblichen Aufregungen ausgesetzt.

Manchmal scheinen neue Männchen ihre Haremsweibchen durch Jagen und Bedrängen unter Streß zu setzen. Von Menschen ist bekannt, daß Streß und die Trennung vom Partner oder dessen Wechsel während der Schwangerschaft das Fehlgeburtsrisiko erheblich erhöhen. Ein Langurenweibchen abortierte, nachdem es vom Männchen gezielt angegriffen worden war. Ein Haremsmann würde sich aber selber erheblich schaden, wenn er seine Weibchen ernstlich verletzte und die Zahl seiner Fortpflanzungspartnerinnen verringerte.

Ein geeignetes Mittel, um Schwangere unter Druck zu setzen, sind aber auch deren ältere Kinder. Attackiert oder tötet der Haremshalter sie, schadet das seinen Interessen nicht. Mütter wären zu heftigen Gegenangriffen gezwungen. Daß solches Verhalten einer Schwangerschaft nicht zuträglich ist, kann man leicht einsehen. Einem der festgestellten Aborte ging tatsächlich die Verwundung eines älteren Kindes voraus. Vielleicht ist dies ein erster Hinweis darauf, warum manche Opfer der Kindestötung bereits zu alt waren, um den Eisprung ihrer Mutter noch blockieren zu können. Für diese Fälle werden sich die Primatologen noch etwas einfallen lassen müssen.

Vertieft also die Languren-Saga die Kerbe vom rücksichtslosen Mann und der wehrlos ausgebeuteten Frau? Keineswegs. Denn – so absurd es klingt – auch Weibchen ziehen Vorteil aus den Kindestötungen: Wenn sie selbst einen verkappten Töter zur Welt bringen und dieser später einen Harem übernimmt, kann er den Genen seiner Mutter indirekt durch Kindermorde Vorteile verschaffen. Darum paaren sich ihrer Babys beraubte Mütter geradezu aufdringlich mit den Killern ihres eigenen Nachwuchses. Weibchen boykottieren Kindestöter auch deshalb nicht, weil sie sonst noch mehr Lebenszeit für die Fortpflanzung verlieren würden. Ohne diese Komplizenschaft des weiblichen Geschlechts würde das ganze verzwickte System schlicht zusammenbrechen.

Es ist also eine ziemlich vertrackte Rechnung, um die „Kosten-Nutzen-Bilanz“ für Sozialbeziehungen unter Primaten aufzumachen. Jedenfalls aber ist klar, daß *Das sogenannte Böse* des Konrad Lorenz auch in seinem Extrem keine Eigenschaft allein des Menschen ist. Arterhaltung ist für Affen kein Thema. Sonst könnten Junggesellen in Ruhe ihre Schoten fressen und zufrieden sein, während andere Artgenossen kleine Languren zeugen.

Als zweifelhaft erwies sich auch jenes Herzstück der Lorenzschen Aggressionstheorie, demzufolge die natürlichen Tötungshemmungen des Menschen durch den Gebrauch von Fernwaffen – Pfeil und Bogen, Gewehre, Bombenflugzeuge – abgeschwächt werden: „Kein Mensch würde auch nur auf die Hasenjagd gehen, müßte er das Wild mit Zähnen und Fingernägeln töten.“ Schmerz und Qual der Opfer – so Lorenz – übten einen starken Beschwichtigungseffekt aus. Zudem könnten Tauben, Hasen oder Schimpansen ganz ohne Tötungshemmungen auskommen, da sie von Natur aus nur mittelmäßig bewaffnet seien.

Einleuchtende Gedanken. Indes tun jene Schimpansen, die im Lorenzschen Sinne sehr passable Modelle für unsere instinktiven Ur- und Abgründe abgeben, genau zweierlei, was sie nicht tun dürften.

Zum einen gehen diese Menschenaffen auf Jagd. In raffinierter Kooperation zwischen Treibern und Fängern erlegen sie Buschböcke, Buschschweine und sogar andere Primaten, vor allem Meerkatzen, Paviane und

Ein Todfeind weniger: Schimpansen haben einer Leopardin das Junge entrissen. Der Überfall war keine Jagd auf Fleisch – die Beute wurde nicht verspeist. Vielleicht vermögen Schimpansen – gleich Menschen – den Schluß zu ziehen, daß Leopardenbabys sich zu einer tödlichen Bedrohung auswachsen können. Jedenfalls töten diese Menschenaffen vermutlich auch vorsorglich rivalisierende Artgenossen

Die Strecke einer gemeinsamen Treibjagd wird verzehrt. Schimpansenmänner vom Gombe-Strom am Tanganyikasee teilen erbeutete Stummelaffen und Paviane. Oft werden die Opfer aufgefressen, während sie noch leben. Das Gehirn ist ein besonderer Leckerbissen die mit Languren verwandten Roten Stummelaffen. Da Schimpansen weder Krallen noch Eckzähne zum schnellen Töten besitzen, schlagen, trampeln und beißen sie auf ihre Opfer ein, bis die bewegungsunfähig sind. Meist stirbt die Beute erst, langsam und qualvoll, während sie bei lebendigem Leib zerrissen und aufgefressen wird. Keine Spur von Mitgefühl der Jäger.

Zum anderen töten Schimpansen auf sehr ähnliche Weise eigene Artgenossen, ganz ohne „erleichternde" Fernwaffen.

Beobachtet wurden solche Artgenossentötungen unter unseren allernächsten Verwandten hauptsächlich am Ostufer des Tanganyikasees in Tansania, wo Jane Goodalls Team seit 1960 sowie Toshisada Nishida und dessen Mitarbeiter seit 1966 ihre Studien an Schimpansen betreiben. Was sie an Material über blutige Konflikte unter diesen Menschenaffen zusammentrugen, ist sicherlich nur die Spitze eines Eisbergs, über dessen größeren Teil der tiefgrüne Blätterozean gnädiges Schweigen breitet. Doch auch die Schicksale, die bekannt wurden, reichen hin, den Atem stokken zu lassen.

Zärtlichkeit und Grausamkeit liegen unter Schimpansen eng beieinander. Der griechische Hirtengott stand nicht umsonst Pate für diese „Pan" genannte Gattung Menschenaffen. So betörend seine Flöte auch sein mag: Die Idylle ist zerbrechlich, und groß ist der Schrecken, den er kurz darauf verbreitet – „panisch" eben.

Um das folgende Geschehen zu verstehen, muß man sich vergegenwärtigen, daß Schimpansen gewissermaßen spiegelbildlich zur Languren-Struktur „patrilineare" Gruppen bilden. Das heißt, hier bleiben die Männchen zeitlebens in ihrer Geburtsgruppe und unterstützen einander, während die Weibchen früher oder später abwandern.

Jane Goodall erlebte hautnah einen Konflikt mit, für den die Umschreibung „Krieg der Affen" kaum übertrieben ist. Angefangen hatte das Drama wohl schon in den sechziger Jahren, als sich die in dem etwa 24 Quadratkilometer großen Gebiet am Lauf des Kasakela-Flüßchens ansässige Gruppe von 45 bis 60 Schimpansen zu spalten begann – zunächst unmerklich, weil die Forscherin, um den Tieren die Scheu zu nehmen, die ganze Gruppe mit Bananen zu ihrem Lager lockte. Doch 1972 wurde die

Patrouille in unsicherem Grenzgebiet. Erschrocken versuchen Figan, Satan und Mustard, ein plötzliches Geräusch zu deuten. Ihre Kasakela-Gruppe führt einen Ausrottungskampf gegen die abtrünnigen Kahamas. Eines der ersten Opfer der blutigen Schimpansenfehde wurde der alte Goliath

Spaltung deutlich: Auf den südlichen zehn Quadratkilometern am Flüßchen Kahama hatte sich eine eigenständige Gruppe gebildet.

Den zehn Männchen vom Kasakela standen sieben Männchen vom Kahama gegenüber: Charlie, Godi, Dé, Hugh, der alte Goliath, der heranwachsende Sniff und der hinkende Willy Wally. Charlie und Hugh waren für ihre gemeinsamen Imponierveranstaltungen bekannt, durch die sich sogar Humphrey, der ranghöchste Kasakela-Mann, einschüchtern ließ. Zu den Kahama-Weibchen gehörten Mandy, Wanda sowie Madame Bee mit ihren beiden geschlechtsreifen Töchtern Little Bee und Honey Bee.

Fünf Jahre dauerte der Kampf – bis zum Ende der Kahama-Gesellschaft. Die Kasakelas führten nämlich seit 1974 einen regelrechten Ausrottungsfeldzug gegen die Dissidenten im Süden. Ein Mitglied der Kahama-

Gruppe nach dem anderen wurde von Kasakela-Horden liquidiert.

Im Februar 1974 drangen die Kasakela-Brüder Jomeo und Sherry mit einem dritten Mann, Evered, und dem Weibchen Gigi ins südliche Feindesland vor. Es gelang ihnen, den Kahama-Mann Dé von seiner Gruppe zu isolieren. Zwar versuchte Dé schreiend durch die Bäume zu entkommen, wurde aber von den Brüdern verfolgt, bis ein Ast unter ihm brach und Jomeo ihn an einem Bein zu Boden zerren konnte. Die vier Angreifer schlugen und traten wieder und wieder auf ihr Opfer ein und rissen mit Zähnen Hautfetzen von seinem Bein. Als Dé zwei Monate später zum letzten Mal gesehen wurde, glich er einem abgemagerten Gerippe voller unverheilter Wunden. Es besteht kein Zweifel, daß er dann gestorben ist.

Auf den ältesten Kahama-Mann, Goliath, droschen Kasakela-Männer solange ein, bis er mit dem Gesicht im Staub lag. Auch ein Freund aus gemeinsamen Kasakela-Jahren – Jomeo – gehörte zu den Folterknechten. Er hämmerte beidhändig auf Goliaths Schultern ein, während Faben sich auf den Rücken des Alten setzte und dessen Bein verdrehte, als wolle er einen Ast abbrechen. Goliath, Willy Wally und Hugh verschwanden ebenfalls auf Nimmerwiedersehen. Genauso erging es Godi, nachdem ihn Kasakelas schwer verwundet hatten.

Im September 1974 wurde erstmals auch die ganze Bee-Familie von einer sechsköpfigen Kasakela-Horde angegriffen, wobei Madame Bee erheblich verletzt wurde. Little Bee, zu jener Zeit mit attraktiv geschwollenem rosa Hintern, folgte den Angreifern bei ihrem Rückzug nach Norden. Als sie einen Monat später ihre nächste Sexualschwellung hatte, wurde sie erneut von Kasakela-Männern fortgeführt. 1975 folgten ähnliche Angriffe, bis die Kasakelas der Kahama-Matriarchin Madame Bee schließlich auf grausame Weise den Garaus machten.

Es war am 14. September. Die tansanischen Feldassistenten von Jane

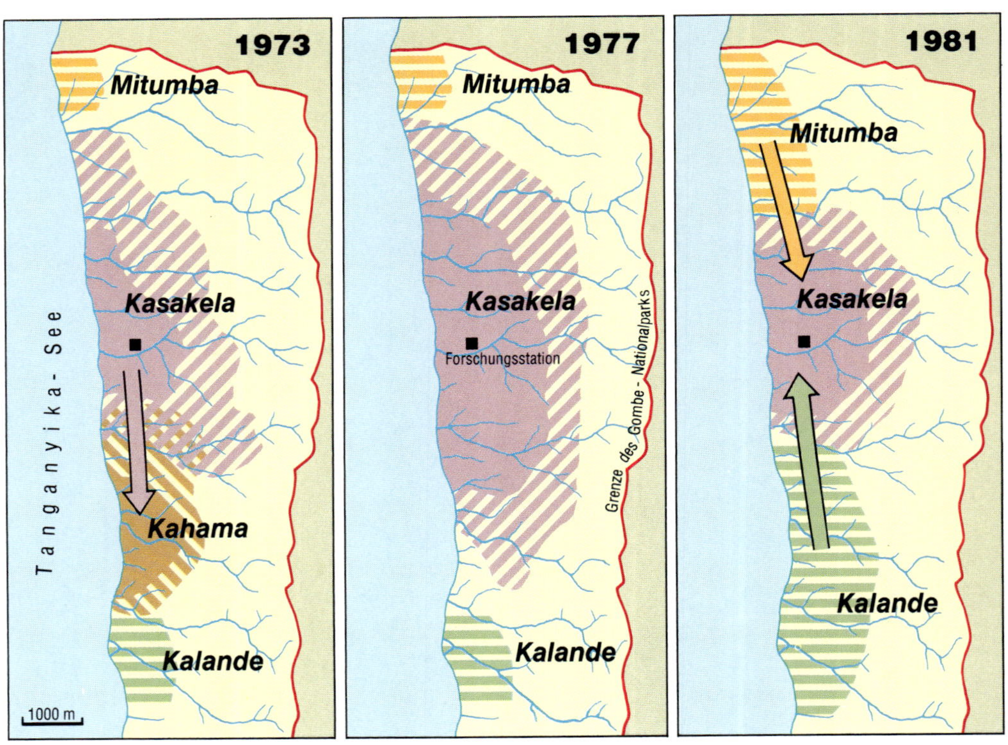

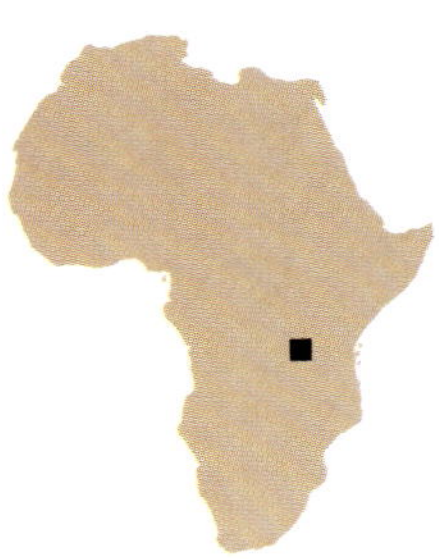

„Krieg der Affen“ am Tanganyikasee: Nachdem die Kahama-Gruppe sich abgespalten hatte, eroberte die Kasakela-Gruppe deren Gebiet in einer Ausrottungskampagne zurück. Jahre später gerieten die Kasakelas selbst in Bedrängnis, als die Kalandes sie von Süden und die Mitumbas sie von Norden angriffen. Die Primatologen in der von Jane Goodall aufgebauten Forschungsstation des Gombe-Nationalparks wurden während ihrer jahrelangen Beobachtungen zu regelrechten „Frontberichterstattern“

Goodall hörten ziemlichen Lärm und rannten ins Grenzgebiet der Gruppen. Sie fanden Jomeo, der Madame Bee an einem Arm über den Boden schleifte, eine Imponierveranstaltung darbot und sein Opfer weiter bearbeitete. Zur Stelle waren außerdem die Kasakela-Männer Satan, Figan und Sherry sowie drei Weibchen. Und dann war da noch Little Bee, die sich kurz zuvor den Kasakelas angeschlossen hatte und jetzt der Mißhandlung ihrer Mutter tatenlos zuschaute.

Während Figan als nächster auf dem verkrüppelten alten Weibchen herumstampfte, tobten die übrigen Kasakelas und zu allem Überfluß noch eine Horde Paviane heulend und lärmend in den Bäumen herum. Madame Bee versuchte sich aufzurichten. Sie zitterte am ganzen Leib, war aber zu sehr angeschlagen und außer Atem, um noch schreien zu können. Satan warf sie zu Boden und malträtierte sie gemeinsam mit Figan, bis sie sich nicht mehr rührte und die Beobachter sie für tot hielten. Jomeo stemmte Madame Bee hoch, schmetterte sie zu Boden und kugelte sie den Hang hinunter. Mit gesträubtem Fell trommelte Satan auf ihr herum und rüttelte so lange Äste gegen sie, bis Madame Bee sich wieder bewegte und mit letzter Kraft in ein Gebüsch kroch. Satan schloß sich dann dem Rückzug der Kasakelas an.

Weder die Feldassistenten noch die eilig herbeigerufene Jane Goodall konnten Madame Bee im Dickicht finden. Erst drei Tage später wurde sie entdeckt, als Honey Bee über ihr in einem Baum herumturnte. Madame Bee war mit Wunden übersät. Ihr linker Großzeh baumelte nur noch an einem Hautfetzen. Sie starb fünf Tage nach dem Überfall.

Im Unterschied zu ihrer älteren Schwester schloß sich Honey Bee den Kasakelas nicht auf Dauer an. In den Jahren nach der Tötung ihrer Mutter tauchte sie aber oft in deren Gebiet auf, und zwar meistens dann, wenn sie ihre Schwellungen hatte. Über die verbliebenen Kahama-Weibchen Mandy und Wanda ist nichts bekannt. Wenn sie nicht Madame Bees Schicksal teilten, mögen sie Zuflucht bei der weiter südlich lebenden Kalande-Gesellschaft gesucht haben.

Doch die Schlacht war noch nicht zu Ende. Im Mai 1977 hörten Fischer Kampflärm am Kahama-Fluß und entdeckten dort bald darauf die arg zugerichtete Leiche von Charly. Geradezu makabre Züge nahm der Angriff auf den letzten Kahama-Mann, Sniff, an. Mitte 1977 drangen sieben Kasakela-Männer in die restlichen

Zu unverwechselbaren Persönlichkeiten prägen die Fährnisse des Lebens wilde Schimpansen, die mehr als vierzig Jahre alt werden können. Auf eine Ära gewaltsamer Konflikte mag eine friedliche Periode folgen. Einzelschicksale werden so von „historischen" Ereignissen überlagert

Nahe feindlichem Gelände müssen Kundschafter stets besonders auf der Hut sein. Gespannt observieren Kasakelas das Territorium der Kahamas. Zeitgemäß unbedarft ließ ein Illustrator des 13. Jahrhunderts Affenkrieger gegeneinander antreten – er übertrieb nicht, wie wir heute wissen

1,8 Quadratkilometer der Kahamas ein und attackierten Sniff, bis sein linkes Bein gebrochen war und er aus Mund, Nase, Stirn und Rücken blutete. Als er sich zusammenkauerte, packte ihn Satan im Nacken und lutschte Blut von seiner Nase. Dann griffen sich Satan und Sherry jeweils ein Bein, um Sniff kreischend einen Hang hinunterzuschleifen. Sein Martyrium dauerte 35 Minuten, bevor ihn die Angreifer liegen ließen.

Wie verletzte Tiere meist, verkroch sich auch der todwunde Sniff unauffindbar in ein Dickicht. Als sich nach einigen Tagen in der Gegend starker Verwesungsgeruch einstellte, war klar, daß die Kahama-Gesellschaft aufgehört hatte, zu existieren.

Kurze Zeit später begannen die siegreichen Kasakela-Männer samt Familien in jenem Areal zu schlafen und auf Nahrungssuche zu gehen, das in den fünf Jahren zuvor das Kerngebiet der Kahamas gewesen war.

Der Besitz war nur von kurzer Dauer. Denn aus den Siegern wurden sehr bald selbst Besiegte. Die ausgelöschte Kahama-Gesellschaft war nämlich ein Puffer zwischen den Kasakelas und der mächtigen, weiter südlich lebenden Kalande-Gesellschaft gewesen. Als während der Regenzeit 1978/1979 im Kahama-Tal die Kautschuk- und *Saba-florida*-Früchte reiften, geschah es immer häufiger, daß sich Kalande-Eindringlinge bei den Leckerbissen breit machten und die Kasakelas klein beigaben. Weibchen und Babys wurden verletzt oder verschwanden. Zu Beginn des Jahres 1981 wurde der Schädel des ehemaligen Kasakela-Chefs Humphrey am Ostrand des Wohngebiets gefunden, das mittlerweile auf jämmerliche 9,6 Quadratkilometer geschrumpft war.

Eines Tages im Jahre 1982 saß einer der Helfer Jane Goodalls während seiner Freizeit beim Fischen am Seeufer. Er hörte Rufe der Kalande-Männer im Süden. Aber zu seiner Überraschung antworteten nicht Kasakelas, sondern Männer der Mitumba-Gesellschaft, deren Gebiet viel weiter im Norden lag und die jetzt bis ins Zentrum des Kasakela-Areals vorgedrungen waren. Die einst so stolze Gruppe war erstmals eingekesselt.

Seltsamerweise verzichteten die Kasakelas in diesem Jahr sogar darauf, sich an den reichen Vorräten der pampelmusendicken *Saba-Florida*-Früchte gütlich zu tun, die an einem saftigen Flußufer ihres Restgebiets gereift waren. Vermutlich hielt sie das Rauschen des Flusses davon ab, denn nur allzu leicht hätten sich Feinde während des Schmauses ungehört zu einem Überraschungsangriff heranschleichen können.

Schimpansen wissen sehr genau, wen sie zu fürchten haben. Oft gehen kleine Männchentrupps geschlossen auf Patrouillenmärsche im unsicheren Grenzgebiet. Bei Zwischenstopps lauschen sie aufmerksam auf jedes Geräusch, und von aussichtsreichen Gipfeln überwachen sie stundenlang das Gelände. Bereits beim Knacken von Zweigen und Rauschen von Blättern schauen die Kundschafter einander unter „Furchtgrinsen" aufgeregt an.

Wie Karl Mays legendäre Indianer achten sie auf jedes Zeichen, das die kürzliche Präsenz von Feinden verraten könnte. Sie beschnüffeln Boden, Baumstämme und inspizieren aufgelesene Pflanzenteile. Besondere Aufmerksamkeit widmen sie ausgekauten und fortgespuckten Blätterballen, Fäkalien oder liegengebliebenen Termitenangeln. Frische Schlafnester werden untersucht und nicht selten zerstört. Ganz entgegen ihrem lärmigen Charakter vermeiden kundschaftende Schimpansen Geräusche, machen um trockenes Laub einen Bogen und achten darauf, nicht mit Zweigen zu rascheln. Sind Frauen mit von der Partie, unterdrücken sie das übliche Kopulationsgeschrei beim Samenerguß des Partners. Jugendliche, die aus Unerfahrenheit die Stille verletzen, werden sofort zurechtgewiesen.

Entdecken die Kundschafter schließlich eine gleich starke feindliche Gruppe, so brechen sie in Tumult und nervenzerfetzendes Spektakel aus. Mit Händen und Füßen trommeln sie gegen die ausladenden Stammrippen von Urwaldriesen. Begleitet werden diese weithin hörbaren Schlagzeugkonzerte von „pant hoots". Um dieses schimpansentypische „Keuch-Geheul" zu erzeugen, spitzen sie die Lippen, ziehen die Mundwinkel hinunter und formen durch Einziehen und Ausstoßen der Luft eine Serie von O-U-Rufen.

Bemerken die Kundschafter aber irgendwo im fernen Blätterwerk eine Übermacht, umarmen sie einander ängstlich, steigen leise von ihrem Aussichtsquartier und machen sich hastdu-nicht-gesehen aus dem Staub. Erst auf absolut sicherem Heimatboden wird das strenge Schweigegebot aufgehoben und die aufgestaute Spannung entlädt sich, etwa in der Nähe eines gurgelnden Wildbachs oder eines tosenden Wasserfalls. Als wollten sie den Lärm der Naturgewalten zu Komplizen ihres ungebrochenen Kampfesmutes machen, brechen die Heimkeh-

Drei Generationen mit starker Bindung: Großmutter und Mutter begrüßen heulend andere Schimpansen, während der Enkelsohn furchtsam grinst

rer in lautes Rufen, Stämmetrommeln und Steinrollen aus.

Es gelang den Kasakelas, ihr klein gewordenes Gebiet bis Mitte der achtziger Jahre zu halten. Aber niemand weiß, ob Jane Goodalls geliebte Schimpansen die Jahrtausendwende erleben werden . . .

Die blutige Schimpansenfehde ist kein Einzelfall. Japanische Wissenschaftler beobachteten im benachbarten Mahale-Nationalpark die Vertreibung der kleineren M-Gruppe aus den Myako-Hügeln durch die stärkere K-Gruppe der Kasoje-Hügel. Zwischen 1975 und 1982 verschwand ein K-Männchen nach dem anderen – und es gibt Hinweise, daß M-Männer hierbei tatkräftig nachhalfen. Die meisten geschlechtsreifen K-Weibchen wechselten bald danach zur M-Gruppe, die auf 105 Mitglieder anschwoll und die größte je beobachtete Schimpansengesellschaft überhaupt wurde.

Im Niokolo-Koba-Nationalpark des Senegal mußte die Auswilderung ehemals gefangen gehaltener Schimpansen abgebrochen werden, nachdem wilde Artgenossen in Vollmondnächten des Jahres 1977 die Station überfallen hatten. Zuerst jagte ein eingeborener Schimpansenmann das mühsam wieder an die Wildnis gewöhnte Weibchen Tina aus dem Schlafnest und trollte sich erst, als ihm ein brennender Span vorgehalten wurde.

Sieben Monate darauf, wiederum in einer hellen Vollmondnacht, überfielen vier eingeborene Menschenaffen das Lager. Von Geschrei und Gekläff alarmiert, fanden die Feldassistenten vier ihrer Schützlinge, teils schwer verletzt, zusammengekauert und kreischend vor der Haustür. Das Überfallkommando fuhr am Waldrand mit einem Trommel- und Heulkonzert fort.

Im Morgengrauen näherte sich das für die Auswilderung vorgesehene Schimpansenweibchen Tina unterwürfig einem der wilden Männchen. Die Reaktion war ein Angriff von drei Männchen. Die Schimpansin verlor ihre halbe Nase, ein Gutteil einer Augenbraue, ein halbes Ohr, ein Stück ihres Zeigefingers, die Unterlippe war fünf Zentimeter tief bis in den Unterkiefer hinein aufgeschlitzt, Hände und Füße waren zerbissen, Arme und Beine von Eckzähnen durchlöchert, an Hüfte und Wade klafften tiefe Wunden. Tagelang lag Tina reglos im Gras und hätte ohne ärztliche Behandlung nicht überlebt.

Warum, nach recht ruhigen Jahren am Anfang des Auswilderungstrainings, solche Gewaltausbrüche? Die Indizien sind suggestiv: Die Probanden wurden in einem Teil des Wohngebiets einer wilden Schimpansengruppe angesiedelt. Die Überfälle geschahen in einem Dürrejahr, und auf dem Höhepunkt der Trockenzeit befand sich nicht nur die einzige Wasserstelle nahe der Station; dort standen auch einige wenige Bäume, die noch die begehrten Tabbo-Früchte trugen.

Zu Beginn ihres Lebens unter wilden Affen hielt Jane Goodall die Schimpansen für friedliche Gesellen, deren Gruppengröße nur durch markante geographische Barrieren wie Gebirgsrücken oder Ströme begrenzt würde. Inzwischen ist klar, daß Schimpansen ein Gebiet nicht nur bewohnen, sondern es aktiv verteidigen. Statt eines simplen „Wohngebietes" besitzen sie ein „Territorium". Das wäre an sich nichts Besonderes, denn Territorialverhalten ist von einer Unzahl Vogelarten, von Gazellenböcken oder auch „Kleinen Menschenaffen" – den Gibbons – bekannt. Doch Schimpansen haben kein Territorium in diesem klassischen Sinne. Wie so oft, kommt es auch hier auf die feinen Unterschiede an.

Bei territorial lebenden Arten werden abgesteckte Grenzen respektiert; unabhängig von ihrer Anzahl und eventuellen Überlegenheit nimmt die Aggressivität einer Partei ab, je weiter sie vom Zentrum ihres eigenen Territoriums entfernt ist. Bei Schimpansen hingegen bestimmt die Kopfstärke der Aggressoren und keineswegs der Schauplatz des Kampfes dessen Aus-

„Planet der Affen". Im Kinoerfolg des Jahres 1969 übernehmen Nachfahren der Schimpansen die Weltherrschaft, nachdem die Menschen sich durch Kriege nahezu ausgerottet haben. Jüngste Feldforschungen zeigen: Auch Schimpansen tragen kriegsähnliche Kämpfe aus

gang. Und die Brutalität der Kämpfe unter Menschenaffen stellt alle anderen Tierscharmützel in den Schatten. Jane Goodall meinte sogar: „Wenn sie Feuerwaffen gehabt hätten und jemand hätte ihnen beigebracht, damit umzugehen – ich vermute, sie würden sie zum Töten benutzt haben."

Bei dem Territorialverhalten der wilden Schimpansen geht es also nicht nur darum, Eindringlinge fortzuscheuchen, sondern darum, sie zu verletzen, zu schwächen oder gar auszutilgen. Es geht nicht nur darum, das eigene Wohngebiet mitsamt den Schlafplätzen, Nahrungs- und Wasservorräten zu verteidigen oder zurückzuerobern, sondern es auf Kosten schwächerer Nachbarn zu vergrößern. Es geht schließlich nicht nur darum, eigene Weibchen zu schützen, sondern aktiv und aggressiv zusätzliche Sexualpartner aus Nachbargruppen zu rekrutieren. So könnte die Tötung jener Madame Bee dazu gedient haben, die bei Schimpansen besonders starke Mutter-Tochter-Bindung zu zerstören, um deren Töchter Little Bee und Honey Bee als künftige Fortpflanzungspartner entführen zu können.

Man kommt kaum umhin, die Schimpansenschlachten mit jenem Konflikt zu vergleichen, der einzig als eine Erfindung des Menschen gilt: dem Krieg. Ist es nicht ein Charakteristikum des Krieges, daß statt einzelner Kontrahenten einander Gruppen gegenüberstehen? Sind Kriege nicht vorwiegend männergemacht? Sind die effektiven Ausrottungen benachbarter Schimpansengruppen nicht jenen Genoziden ähnlich, von denen wir so überreichlich auch aus der jüngsten Geschichte der Menschheit wissen? Haben nicht Kriege – auch jene, die unter der Fahne von Religionen, Kulturwerten oder Ideologien ausgefochten wurden – immer dazu gedient, die Sieger letztlich ökologisch zu stärken, indem sie Lebensraum und Ressourcen sicherten?

Nur ein kleiner Schritt trennt die Schimpansenkonflikte von bewaffneten Auseinandersetzungen. Und selbst den vermögen Schimpansen zu tun, wie ein Ereignis aus dem November 1974 zeigt. Die Kahama-Männer Charlie, Sniff und Willy Wally zerlegten am Rande einer Schlucht einen erbeuteten Frischling. Plötzlich tauchten fremde Kalande-Männer auf – und das Trio ließ seine Fleischstücke sofort fallen. Charlie flüchtete schreiend auf einen Baum. Sniff hingegen sträubte sein Fell, vergrößerte somit seinen Körper aufs Eindrucksvollste und veranstaltete auf einem Pfad, der in die Schlucht hinunterführte, eine spektakuläre Show. Seine Dampfwalzenläufe untermalte er mit tiefen, kehligen „pant hoots“. Vom Grunde der Schlucht antworteten Kalande-Männer. Sniff hob große Felsbrocken auf und schleuderte sie in die Tiefe, wieder und wieder, mindestens dreizehnmal. Doch die Feinde im Unterholz warfen zurück, schleuderten Stöcke und Steine hoch, die ihr Ziel allerdings weit verfehlten und harmlos den Hang zurücktrudelten.

Ein wenig mehr Perfektion, und die Szene hätte jene „dawn warriors“ gezeigt, jene „Krieger der Morgenröte“, die nach Ansicht etlicher Anthropologen gerade wegen ihres hochentwikkelten kriegerischen Gebarens erstmals das Prädikat „menschlich“ verdienten.

Völkerkundler reden gern davon, die enorme Vielfalt menschlicher Kulturen habe zu einer „Pseudo-Speziation“ geführt, einer Schein-Artenbildung. Gruppenfremde werden oft nicht mehr als Artgenossen, sondern als Angehörige einer anderen Spezies angesehen. Solcher Methode bedient sich auch die propagandistische Kriegsführung, wenn sie Gegner mit menschenunwürdigen Bezeichnungen belegt, um deren Tötung zu erleichtern: „Wanzen“, „rote Ratten“ oder „Schmeißfliegen“ . . .

In Analogie zur ideologischen „Ent-Humanisierung“ redet Jane Goodall denn auch von einer „Ent-Schimpansierung“. Es spricht Bände, wenn der Gombe-Schimpanse Satan während eines blutigen Angriffs auf ein fremdes Weibchen die flehende Hand seines Opfers zurückweist, eine Handvoll Blätter abreißt und sein Bein dort, wo es ihn berührt hatte, „sauber“ wischt.

Die Schimpansen ersparen uns auch nicht jene Variante des Tötens von Artgenossen, die zunächst unter den Languren beobachtet worden war:

Freund oder Feind? Ein Weibchen fürchtet offenbar, das Männchen könne ihm etwas zuleide tun. Zögernd und knurrig berührt der Schimpansenmann schließlich die ausgestreckte Hand – eine Geste der Beruhigung

Schimpansenmänner fallen nicht selten über jene männlichen Säuglinge her, die in einer Nachbargruppe gezeugt worden sein könnten. Offenbar wollen sie damit die Kampfkraft ihrer Nachbarn für die Zukunft schwächen

den Infantizid, das Umbringen von Kindern. Es wäre müßig, den vorstehenden Berichten ein neues Greuel anzufügen, steckte bei den Schimpansen nicht ein ganz anderes Prinzip dahinter.

Zunächst der Musterfall, von dem die japanischen Wissenschaftler aus den Mahale-Bergen berichten. Dort hatte Wantendele, ein Weibchen der K-Gruppe, bereits schon einmal ein Söhnchen verloren – vermutlich war es Opfer der benachbarten M-Männer geworden. Dem 1977 geborenen Masudi wäre es kaum besser ergangen, als eines Tages unter den Augen der Wissenschaftler nicht weniger als elf M-Schimpansen über ihn und seine Mutter herfielen. Die Beobachter fürchteten zu Recht um das Leben der beiden und griffen ein. So retteten sie Masudi die bereits arg angekratzte Haut – und sogar noch, ein Jahr später, ein zweites Mal in derselben bedrohlichen Situation.

Als die K-Männchen auf mysteriöse Weise nacheinander verschwanden, versuchte Wantendele, wie neun andere K-Weibchen auch, in die mächtige M-Gruppe zu wechseln. 1982 paarte sie sich in der für Schimpansenweibchen typischen „Nymphomanie“ mit mindestens neun M-Männern quer durch die Alters- und Rangklassen. Bald war Wantendele schwanger.

So weit, so normal. Doch nun geschahen Dinge, bei denen die Soziobiologen um eine Erklärung arg verlegen wurden. Zunächst einmal verschwand Wantendele während der letzten drei Monate vor der Geburt ihres dritten Sohnes. War dies der Fehler, der das folgende Drama auslöste?

Es geschah am 5. Juli 1983. Wantendele war gerade an diesem Tag mit ihrem Baby in die M-Gruppe zurückgekehrt, da machten sich plötzlich mehrere Männchen über die Mutter her. Dem ranghöchsten, Ntologi, gelang es schließlich, der Kauernden das Baby unter dem Bauch wegzureißen. Er rannte mit dem Kind im Maul ins Unterholz – und begann, von dessen Körper abzubeißen, zunächst das linke Handgelenk, dann einen Teil des Gesichts. Die meisten Bissen vermengte er mit trockenen Blättern der *Sabaflorida*. Und auf dem Höhepunkt des kannibalischen Gelages paarte er sich nebenbei mit dem Weibchen Wakapala.

Schließlich machte Ntologi sich an den Leckerbissen: Er brach den Schädel des Leichnams auf, um das Gehirn zu verzehren. Die Reste samt der Eingeweide ließ er dem gemeinen Volk, das sich mit ausgestreckten Händen bettelnd um ihn geschart hatte. Masudi schaute mit Interesse zu, wie sein kleiner Bruder verspeist wurde.

Wantendele hingegen verschwand von der Stätte des Grauens und tauchte erst einen Monat später wieder auf. Wie Langurenweibchen auch, paarte sie sich ohne Umstand mit den Killermännern einschließlich des Oberkannibalen Ntologi. Mitte 1984 kam ihr nächster M-Sprößling zur Welt, den sie indes nur im M-Territorium herumtrug.

Am Tanganyika-Ufer starben nach den Beobachtungen der Forscher auf ähnliche Weise insgesamt neun

Schimpansenbabys – acht männliche, jedoch nur ein weibliches, das wohl „versehentlich" gegriffen wurde. Häufig wurden die Opfer an Armen und Beinen gepackt und an Baumstämmen oder auf Felsen zerschmettert. Die Biologen haben keine Probleme, mit ihrer Theorie im Reinen zu bleiben, solange es sich dabei um gruppenfremde Söhne handelt. Denn einmal herangewachsen, würden diese Männchen die Kampfkraft der Nachbargruppe stärken. Es ist nur klug, einen künftigen Konkurrenten zu beseitigen, solange er noch klein und wehrlos ist. (Genau das hatte auch Herodes mit dem Kindermord zu Bethlehem im Sinn.) Fremde Mädchen hingegen bleiben verschont, weil sie nach der Geschlechtsreife attraktive Paarungspartnerinnen abgeben. Was aber ist der Beweggrund, ein männliches Baby zu töten und gar zu verspeisen, das wie das von Wantendele mit Sicherheit in der eigenen Gruppe gezeugt worden war?

Es ist zumindest eine Frage der Ökonomie, wenn einmal getötete Schimpansenbabys auch aufgefressen werden, denn sie sind schließlich ebenfalls Fleischressourcen, und die sind knapp. Menschen haben Jahrzehntausende hindurch mit ihresgleichen nichts anderes getan. Eine gewaltsame Erweiterung des *Foramen magnum*, des Hinterhauptloches, an dem der Kopf auf der Wirbelsäule aufsitzt, charakterisiert viele fossile Schädelfunde. Nicht erst Ntologi wußte das Gehirn als Delikatesse zu schätzen.

Kannibalen mögen Menschenfleisch einfach des besonderen Geschmacks wegen essen oder auch, um sich die Kräfte des Gegners auf magische, wörtliche Weise „einzuverleiben". Die letzten Kopfjäger Sumatras gaben erst zu Beginn dieses Jahrhunderts ihre Praxis auf. Sie wurden durch christliche Mission zu schlichtem symbolischen Kannibalismus in Form des beim Abendmahl gespendeten Brots und Weins bekehrt. Vielleicht war es hilfreich, daß die Einsetzungsworte der Eucharistie im Matthäus-Evangelium äonenaltem Primatenerbe Rechnung tragen: „Nehmet und esset, das ist mein Leib; trinket, das ist mein Blut".

Zeitweise galt Kannibalismus als eine jener Besonderheiten, durch die sich das Menschentier von anderen Affen klar unterscheiden ließ. In Robert Ardreys Wissenschaftsroman *Adam kam aus Afrika* schwingt noch leise Scham darüber mit, daß der erste Mensch eben ein „Mörderaffe" war. Wir wissen nun, daß auch diese angebliche Auszeichnung des Menschen keine ist.

Wie einleuchtend die Sache unter dem Gesichtspunkt der Ernährung sein mag – was sollen die nach Reproduktionsvorteilen suchenden Biologen mit jener Hälfte der Fälle machen, in denen Schimpansen Söhne der eigenen Gruppe töteten?

Offenbar ist das Verhalten der Mütter während der Schwangerschaft entscheidend: Nur die kleinen Söhne sol-

„Der bethlehemitische Kindermord". Das Gemälde von Nicolas Poussin (1593–1665) zeigt, wie König Herodes alle männlichen Babys umbringen ließ, um einen künftigen Konkurrenten zu beseitigen

cher Mütter wurden umgebracht, die vor der Niederkunft mehr oder weniger lange verschwunden waren und zumindest in einigen Fällen nachweislich das Territorium der Gruppe verlassen hatten. Diese Weibchen waren erst kurz zuvor zugewandert und kannten offenbar noch nicht jene Grenzen, die für „anständige" Schimpansenfrauen tabu sind. Zwar schied die Möglichkeit der Fremdbefruchtung bei den Verschollenen eigentlich aus, da sie bereits schwanger waren. Aber die Männer der eigenen Gruppe könnten einem simplen Irrtum aufgesessen sein, indem sie „dachten", die Zurückgekehrte trüge nun das Kind eines Fremden am Bauch. Infantizid wäre dann eine Maßnahme, um absolut sicher zu sein, daß kein fremdes Erbgut eingeschleppt wird.

Zugegeben, die Schimpansen, deren nonchalantes Hinüberlangen in Domänen des Menschlichen wir ansonsten so sehr bewundern, machen bei diesen Fällen von biologischem Justizirrtum keine gute Figur. Nicht nur, daß sie nicht bis acht zählen können. Denn Schwangerschaften dauern bei Schimpansen etwa 230 Tage – acht Mondmonate –, und es wäre lediglich ein innerer Zeitgeber nötig, der das Sexualverhalten der Weibchen zur Zeit der Zeugung rückrechnet. Die eifersüchtigen Mörder sind zudem nicht in der Lage, eigenen Nachwuchs zu erkennen, wenn er ihnen vors Gesicht getragen wird.

Aber ist das nicht ein wenig zu viel verlangt? Denn welcher Menschenvater – findet er nicht gerade seine eigenen drei süßen Muttermale auf der linken Schulter des Sprößlings seiner Frau wieder – weiß schon, daß hier wirklich das eigene Kind im Wochenbettchen liegt? Und mancher blauäugige Vater, der sich einst in die himmelblauen Augen seiner Frau verguckte, hat sein Leben lang Zweifel, sieht er in die braunen Augen des Kindes, das seinen Namen trägt.

Nur auf den ersten Blick sind Schimpansen hier konsequenter. In Wirklichkeit messen auch Menschen seit eh und je den Wert anderer Menschenleben mit zweierlei Maß, unterscheiden

Schwangere Schimpansenweibchen tun gut daran, das Wohngebiet ihrer Gruppe nicht zu verlassen. Ihr Säugling läuft sonst Gefahr, von Männchen der eigenen Gruppe getötet zu werden

Gruppenzugehörige von Fremden, eigenen Nachwuchs von anderer Leute Kinder. Das „Du sollst nicht töten" des Alten Testaments war keineswegs als pazifistischer Rundumschlag gedacht. Es verbot lediglich den willkürlichen Totschlag persönlicher Gegner, während die Israeliten sowohl die Todesstrafe, die Blutrache des „Auge um Auge" als auch den von Gott gebotenen Krieg kannten. Wir sind in unserer Trauer wählerisch.

Dieser Doppelstandard ist der Stoff, aus dem Tragödien entstehen. In Albert Camus' Bühnenstück *Das Mißverständnis* erschlägt eine verarmte Gastwirtsfamilie einen wohlhabenden Reisenden. In Michail Scholochows Kurzgeschichte *Das Geburtsmal* bringt ein Kosakenhauptmann einen Bolschewiki um. Beide Male liegt die Tragik nicht darin, daß ein Mensch einen Menschen tötet. Das wäre zu gewöhnlich. Vielmehr sind beides Irrtümer, die schrecklich bereut werden. Die Herbergsleute ermordeten den eigenen Sohn, der unerkannt aus der Fremde zurückgekehrt war. Und als der Donkosake seinem Opfer die Stiefel raubt, entdeckt er an dessen Knöchel das taubeneigroße Muttermal, das auch er selber trägt. Sollten Schimpansen je lernen, Tragödien zu schreiben – Ntologi, der die Hirnschale seines eigenen Söhnchens ausschlürfte, gäbe ein gutes Sujet ab.

Nicht erst die Verhaltensforschung hat bestätigt, daß Stiefkinder geringere Überlebenschancen haben. In der *Alkestis* des Euripides heißt es bereits: „Verfolgt doch die zweite Mutter Stiefkinder stets / Mit giftigen Blikken, einer wilden Schlange gleich."

Eckart Voland vom Göttinger Institut für Anthropologie hat sich gefragt, ob solche volkstümlichen Vorstellungen mehr als ein Körnchen Wahrheit enthalten. Er begab sich dazu nicht unter Affen, sondern auf Friedhöfe im Schatten roter Backsteinkirchen, in jenes meerumschlungene Dreieck Ostfrieslands nämlich, das Krummhörn heißt. Voland durchforstete Kirchenbücher des 17. bis 19. Jahrhunderts und analysierte die Schicksale von 870 Kindern, die während des ersten Lebensjahres Vater oder Mutter verloren. Ein Viertel dieser Halbwaisen starb im ersten Lebensjahr, ein weiteres Viertel erreichte den 15. Geburtstag nicht mehr.

Den Tod ihrer Mutter überlebten Säuglinge oft nicht wegen ihrer ausgeprägten physischen und psychischen Abhängigkeit von diesem Elternteil. Auch ums Überleben von Kindern, die den Vater verloren hatten, war es schlecht bestellt. Denn der Tod eines Kindes verbesserte die Chancen einer Witwe auf Wiederverheiratung deutlich, weil der künftige Ehepartner wenig Interesse daran haben konnte, ein genetisch nicht verwandtes Kind zu versorgen. Die Märchen von der bösen Stiefmutter entpuppten sich allerdings als Halbwahrheit. Kam nämlich trotz eines vorhandenen Halbwaisen eine Wiederverheiratung zustande, so war – statistisch gesehen – ein Stiefvater bedrohlicher für die nicht-leiblichen Kinder als das Leben mit einer Stiefmutter.

Sozial unerwünschte Stiefkinder wurden vermutlich selten gezielt getötet. Es genügte schon, solche Kinder zu vernachlässigen, ihnen geringeres Essen zu geben, sich bei Krankheit weniger um sie zu kümmern. Nach einer US-Statistik ist die Gefahr für ein Stiefkind, mißhandelt zu werden, vierzigmal höher als für ein leibliches Kind.

Soziobiologen können das Brüderchen des Grimmschen Märchens also gut verstehen, wenn es Schwesterchen an die Hand nimmt und beim Verlassen des Elternhauses sagt: „Seit die Mutter tot ist, haben wir keine gute Stunde mehr. Die Stiefmutter schlägt uns alle Tage, und wenn wir zu ihr kommen, stößt sie uns mit den Füßen fort. Die harten Brotkrusten, die übrig bleiben, sind unsere Speise, und dem Hündlein unter dem Tisch geht's besser; dem wirft sie doch manchmal einen guten Brocken hin."

„Brüderchen und Schwesterchen" fliehen vor ihrer Stiefmutter: Lithographie zum Grimmschen Märchen von Otto Speckter, um 1845. Soziobiologen meinen, ohne genetische Verwandtschaft neigen Stiefeltern dazu, angenommene Kinder zu vernachlässigen

Intelligenz – der kleine Unterschied

Die klassischen Kriterien, was den Menschen vom Tier unterscheidet, sind durch die Forschung längst erschüttert. Affen kennen sehr wohl den Gebrauch von Werkzeug und Waffen, und sie entwickeln erstaunliche Fertigkeiten, um Probleme des Alltags zu lösen: Vorstufen von Kultur und Tradition. In Geschicklichkeitstests waren sie sogar Studenten überlegen. Was also ist das einzig „Menschliche" am Menschen? In der Grauzone der fließenden Entwicklung intelligenten Verhaltens unternahmen amerikanische Wissenschaftler spektakuläre Experimente mit Schimpansen und Gorillas, um herauszufinden, ob es wenigstens die Sprache ist, die uns zum „Herrentier" adelt

Steinzeit bei unseren nächsten Verwandten. Im Tai-Wald der Elfenbeinküste knackt ein Schimpanse Nüsse. Mitunter wird passendes Werkzeug von weither geholt – Menschenaffen können also in die Zukunft planen

Hilfe für Behinderte? In einer amerikanischen Pilotstudie wird getestet, ob Kapuzineraffen das Pflegepersonal von Schwerstbehinderten entlasten können. Die gelehrigen Tiere verstehen sich zumindest auf einfache mechanische Tätigkeiten wie Füttern, Schlösser öffnen oder Gegenstände zuzureichen

Affen gehen auf die Palme. An langer Leine hält ein Plantagenarbeiter im Süden Thailands einen abgerichteten Makaken, der für ihn reife Kokosnüsse pflückt. Schweinsaffen sind die einzigen Primaten, die von alters her dem Menschen als Gehilfen dienen

Niemand brauchte den Gehaubten Kapuzinern beizubringen, wie sie Stöckchen zurichten müssen, um aus engen Röhren Honig hervorzuholen – sie sind von Natur aus erfinderisch

Menschenaffen nutzen ihre Intelligenz auf vielfältige Weise, um die Probleme der Umwelt zu meistern. Schimpansen haben eine Ausbruchsmethode ersonnen; ein Artgenosse gewinnt Wasser aus einem engen Astloch, indem er Blätter zu einem Schwamm ballt

Auf schmalem Grat zwischen Wissenschaft und Medienrummel bewegen sich Versuche amerikanischer Psychologen, die geistigen Fähigkeiten von Menschenaffen auszuloten. Besonders publikumswirksam wurde die rührige Romanze der Gorilladame Koko mit ihrem Kätzchen vermarktet

Mit der Stimme können Affen nicht sprechen, doch Wissenschaftler versuchen, sie anders zum Reden zu bringen. Ein Schimpanse kombiniert Symbole auf einer Computertastatur; ein anderer signalisiert „Trinken“ in der Zeichensprache für Taubstumme. Das Gorillaweibchen Koko nimmt zu einer Bildergeschichte Stellung

Zur „Selbsterkenntnis" sind erst Menschenaffen fähig. Halbaffen und Affen können ihr Spiegelbild nicht erkennen. Das Gorillaweibchen Koko dagegen benutzt einen Handspiegel, um sich zum eigenen Vergnügen zu schminken

Wenn ich den Himmel sehe, deiner Finger Werk, den Mond und die Sterne, die du bereitet hast: / Was ist der Mensch, daß du seiner gedenkst!" Der Sänger des achten Psalmes weiß um die Winzigkeit des Menschen, die so augenfällig im Widerspruch steht zu seinem Einfluß auf die Welt: „Du hast ihn wenig niedriger gemacht als Gott. / Du hast ihn zum Herrn gemacht über deiner Hände Werk; alles hast du unter seine Füße getan / Schafe und Ochsen allzumal, dazu auch die wilden Tiere, / die Vögel unter dem Himmel und die Fische im Meer und das im Meer geht."

Die moderne Evolutionstheorie enthüllt ein ähnlich doppelgesichtiges Bild dieser Kreatur, die – gemessen an der Dauer ihres Erdendaseins – beinahe ein Nichts ist und in der Entfaltung ihrer Macht fast ein Gott.

Seit etwa drei Milliarden Jahren gibt es Leben auf unserem Planeten. In einem für unseren kurzen Verstand recht anschaulichen Vergleich wird diese abstrakte Zeitspanne mit einem Kalenderjahr gleichgesetzt. Danach wären die Säugetiere am 8. Dezember gegen 21.12 Uhr entstanden (vor etwa 190 Millionen Jahren), die Primaten am 23. Dezember gegen 11.36 Uhr (vor etwa 70 Millionen Jahren). Die Abzweigung der Menschen vom Ast der Schimpansen erfolgte frühestens am 31. Dezember gegen 6.29 Uhr (vor höchstens 8 Millionen Jahren). Nachdem die Vormenschen am 31. Dezember gegen 12.19 Uhr (vor 3,8 Millionen Jahren) aufrecht zu gehen begannen, beschleunigte sich das Tempo gewaltig. Steinwerkzeuge kamen um 17.17 Uhr auf (vor 2,3 Millionen Jahren), der Gebrauch des Feuers gegen 22.32 Uhr (vor 500 000 Jahren). *Homo sapiens* erschien gegen 22.50 Uhr auf der Szene (vor 400 000 Jahren), der moderne Menschentypus *Homo sapiens sapiens* gegen 23.38 Uhr (vor etwa 120 000 Jahren). Bis zur letzten Sekunde des Kalenderjahres, die der 70jährigen Lebensspanne des Mitgliedes einer heutigen Industriegesellschaft entspricht, schuf dieses Geschöpf der letzten Stunde die Voraussetzung zu einem großen abschließenden Silvesterknall.

Wieso, nach all dem Jahrmillionendämmer, diese plötzliche Schußfahrt? Kaum verwunderlich, daß im Informationszeitalter die Wissenschaft den Informationsträger der Evolution dafür verantwortlich macht.

Im Erbgut eines Organismus ist Überlebensinformation gespeichert, das Resultat der Anpassung an bestimmte Umweltbedingungen. Änderungen kommen durch zufällige Mutationen und anschließende Neukombination der Erbanlagen bei der Fortpflanzung zustande. Positive Änderungen, die den Vorgang der natürlichen Auslese „überleben", können sich deshalb nur sehr langsam ausbreiten, nicht schneller, als das Lebewesen sich fortpflanzt. Der Mutations-Selektions-Mechanismus verläuft damit zwangsläufig äußerst langsam, in evolutionären Zeiträumen.

Mit der „Höher"-Entwicklung von Lebewesen kann Information jedoch von diesem schwerfälligen Mechanismus abgekoppelt und über Schaltungen des Zentralnervensystems, speziell des Gehirns, weitergegeben werden: durch soziales Lernen. Individuell gemachte Erfahrungen und erlernte Fähigkeiten können von anderen Artgenossen rasch übernommen werden und sich durch Tradition ausbreiten. Spezielles Wissen über die Umweltbedingungen kann so in relativ kurzen historischen Zeiträumen angehäuft und für die Zukunft nutzbar gemacht werden.

Zur biologischen Evolution kommt damit die kulturelle Evolution. Im kulturellen System – nicht jedoch im biologischen – gibt es gewissermaßen eine „Vererbung erworbener Eigenschaften", jenes Prinzip, das der französische Naturforscher Jean Baptiste Lamarck Anfang des 19. Jahrhunderts irrtümlich für den Basismechanismus der Entstehung der Arten hielt.

Die kulturellen Änderungen des Verhaltens bedeuten in der Geschichte der Evolution einen wichtigen Fortschritt, denn sie machen ihren Träger in der Anpassung an die Umwelt und der Besiedelung neuer Lebensräume viel flexibler als der träge Vorgang erblicher Änderung. Nicht jeder Mensch muß Spiegeleier, Glühbirne oder Relativitätstheorie neu erfinden. Von der Inspiration einiger „Genies" können auch normal begabte Artgenossen durch Weitergabe der Erkenntnis – eben Tradition – profitieren.

In der Evolution der Primaten, speziell aber der Entwicklungsgeschichte des Menschen, spielt der kulturelle Aspekt eine immer dynamischere und radikalere Rolle. Aus dem sprichwörtlichen „Nachäffen" wurde letztlich das atemberaubende Tempo, mit dem sich die physische und psychische Weiterentwicklung auf das Niveau des heutigen Menschen vollzog.

Faszinierende Einblicke in die Entstehung solcher Traditionen schon bei Affen haben japanische Primatologen vermittelt. In ihrer Heimat lebt eine Art, die treffend als Rotgesichtsmakaken bezeichnet wird.

Die Forscher scheuten die Mühe, den wilden Tieren im Wald nachzulaufen. So streuten sie 1952 am Strand des südjapanischen Inselchens Koshima Bataten – Süßkartoffeln – aus, um die Affen anzulocken. Wenngleich unbeabsichtigt, nahm damit ein ungewöhnliches Experiment seinen Lauf.

Im Herbst 1953 geschah nämlich etwas, was der Geschichte von Newtons Apfel oder der Erkenntnis des Archimedes in der Badewanne vergleichbar ist: Imo, ein eineinhalbjähriges Weibchen, hatte ganz offensichtlich den Sand satt, der beim Verzehr der Bataten zwischen den Zähnen knirschte; sie nahm eine Erdfrucht in die Hand, trug sie zum nahen Bach und tauchte sie ins Wasser, um den Sand mit der anderen Hand abzuwaschen. Das war eine zündende Idee: Andere Affen hatten den Vorgang beobachtet und ahmten ihn bald neugierig nach. Während der nächsten Jahre breitete sich die neue Technik in der ganzen Gruppe aus.

Doch damit nicht genug. Immer mehr Tiere nahmen mit den Bataten in der Hand ihren Weg nicht mehr zum nahen Bach, sondern zum Meer. Und sie befreiten die Früchte dort nicht nur vom Sand, sondern tauchten auch angebissene saubere Stücke wieder in das Salzwasser ein. Das schmeckte ihnen ganz offensichtlich besser – die Affen hatten das Würzen „erfunden".

Eine ähnliche Entwicklung verfolgten die japanischen Primatologen, als sie Weizen ausstreuten. Zunächst klaubten die Makaken Korn für Korn aus dem Sand. Bis wiederum, 1956, die geniale Imo auf die „Goldwäscher-Methode" kam: Sie warf händevoll Sand mit Körnern ins Meer; der Sand versank und sie schöpfte das aufschwimmende Getreide mit der hohlen Hand ab. Auch dieses Beispiel machte Schule in der Gruppe und eröffnete weitere Traditionen: Da sie

Eine Tradition breitet sich aus. Nachdem das Kartoffelwaschen von einer „genialen" Äffin erfunden wurde, übernahmen jüngere Japanmakaken und erwachsene Weibchen diese Technik. Ältere Männchen blieben konservativ – sie fraßen weiterhin sandiges Futter

die Hände voll hatten, liefen die Getreidewäscher immer häufiger aufrecht zum Wasser.

Seit 1957 konnten die Wissenschaftler beobachten, daß die Makaken auch Muscheln knackten – eine neue Methode der Nahrungsbeschaffung.

Die Rotgesichtsmakaken im Archipel von Koshima lernten Schwimmen und sogar Tauchen. Die Forscher machten zumindest ein Jungtier aus, das bis zu einer Nachbarinsel schwamm: ein Kolumbus unter Affen.

Verschiedene Gruppen von Makaken entwickelten ganz unterschiedliche Gewohnheiten. Manche Horden fielen über Reis- und Sojabohnen-Felder her und verwüsteten sie; andere blieben bei gleicher Gelegenheit fern und scheu. Die Gruppen von Shodoshima und Yakushima hatten schon immer eine Vorliebe für Vogeleier gezeigt; die von Takasakiyama und Koshima erschlossen sich diese Nahrungsquelle erst sei 1960.

Auf der Shimokita-Halbinsel begannen manche Tiere, gewissermaßen als Angel einen Arm still ins Wasser zu halten, bis sich Krabben daran festgesetzt hatten: Die verzehrten sie dann. Die Affen von Ohirayama setzten sich gar im Winter um ein von den Forschern entfachtes offenes Feuer, um ihre Hände daran zu wärmen. Und in Jigokudani baden Makaken bei grimmer Kälte mit schneeüberzuckerten Köpfen in heißen Quellen. Irgendwann muß auch dabei ein besonders Mutiger vorangegangen sein.

Im Sozialverhalten der Rotgesichtsmakaken gibt es ebenfalls Eigenheiten, die offenkundig lokaler Überlieferung unterliegen. Für die Männchen der meisten Gruppen ist es tabu, außerhalb der Fortpflanzungszeit auf ein Weibchen aufzureiten, in einigen Gruppen jedoch nicht. Nur in Takasakiyama – sonst nirgendwo – kümmern sich ranghohe Männchen um die einjährigen Kinder, wenn die Weibchen neuen Nachwuchs haben.

Aufschlußreich ist auch, wie sich die Neuerungen ausbreiteten. Nachdem

Heißes Bad an kalten Tagen. In einer vulkanischen Quelle wärmen sich Japanmakaken – einer der zahlreichen lokalen Bräuche dieser Affen. Dank ihrer Anpassungsfähigkeit wurden sie jene Primatenart, die am weitesten im Norden siedelt

Imo das Batatenwaschen erfunden hatte, dauerte es einen Monat, bis der erste Spielgefährte, und vier Monate, bis Imos Mutter die Technik nachahmte. Fünf Jahre später wuschen vier Fünftel der männlichen und weiblichen Jugendlichen zwischen zwei und sieben Jahren ihre Kartoffeln. Von den Erwachsenen hatte lediglich ein Fünftel die Technik übernommen, und zwar ausschließlich Weibchen. Auf diese Phase der „individuellen Verbreitung", nämlich die Weitergabe der Erfindung an die lebende Generation, folgte die Phase der „präkulturellen Verbreitung", als immer mehr Neugeborene die Technik – meist über ihre Mütter – übernahmen. 1962 wuschen schließlich in der Gruppe von 59 Makaken 42 ihre Bataten. Zu denen, die sich nicht anschlossen, gehörten Kleinkinder und „ewig Gestrige" – alte und ranghohe Männchen. Auch vom Weizenwaschen wollten diese Männer nichts wissen.

Die erzkonservative Haltung der Männchen hängt offenbar damit zusammen, daß sie als Heranwachsende überwiegend am Rand der Gruppe leben und wenig Kontakt zu den Neuerern haben. Ihnen fehlen progressive Vorbilder. Kehren sie als ranghohe Tiere schließlich in den Mittelpunkt der Gruppe zurück, sind sie vermutlich bereits zu alt, um noch hinzuzulernen. Bei den Takasakiyama-Makaken lernten ebenfalls zunächst die Jungtiere und später deren Mütter, ausgelegte Süßigkeiten zu essen. Da in dieser Gruppe erwachsene Männchen einzelne Jungtiere adoptierten, nahmen diese Ziehväter die neue Gewohnheit tatsächlich ebenfalls an.

Altersstarrheit und jugendliche Abenteuerbereitschaft spiegeln unterschiedliche Lebenserwartungen wider. Alte sind ja deshalb alt, weil sie mit den im Laufe der Jahre gesammelten Erfahrungen gut gefahren sind. Die Übernahme von Neuerungen birgt immer Risiken in sich – neue Nahrung kann giftig sein, beim Schwimmen kann man ertrinken –, weshalb der wahrscheinliche Nutzen einer Verhaltensänderung im Alter immer geringer wird. Jugendliche haben ihr Leben noch vor sich, und neugieriges Experimentieren verbessert eventuell die Lebensaussichten. Wer zu früh auf Nummer sicher geht, mag am Ende schlechtere Chancen haben als Altersgenossen, die Neuerungen ausprobieren. Wer wagt, mag verlieren. Wer aber nicht wagt, kann nicht hinzugewinnen.

Konservatives Verhalten dagegen kann die Überlebenschancen eigener Kinder und Verwandten erhöhen. Als den Koshima-Makaken Eimer und Holztröge als Waschgelegenheiten für Bataten geboten wurden, zog eine Mutter ihr Kind am Arm davon weg. In der Takago-Gruppe jagten erfahrene Männchen zwei Jungtiere von ausgelegtem neuartigen Futter fort. Eine andere Strafaktion wendete eine tatsächliche Gefahr ab: Das dominante Männchen der Minoo-Schlucht vertrieb seine Artgenossen von einem unbekannten Gegenstand. Es war, von den Forschern aufgestellt, eine Affenfalle.

Die Lokaltraditionen der Japanmakaken kamen durch den Einfluß von Menschen zustande. Über Traditionen wildlebender Primaten erfahren wir am meisten, wenn wir uns dem eindrucksvollen Arsenal von Werkzeugen und Techniken zuwenden, die

Genießbares und Ungenießbares zu unterscheiden, vermittelt eine Affengeneration der nächsten. Unbekanntes zu probieren, birgt immer ein Risiko. Wildlebender junger Schimpanse in Tansania

Schimpansen in Afrika bei Nahrungserwerb, Körperpflege und Konflikten einsetzen. Werkzeugbenutzung eröffnet diesen Menschenaffen neue Möglichkeiten, ihr Leben zu sichern und sich mit der Umwelt auseinanderzusetzen – Faktoren, auf denen ganz wesentlich der Ausbreitungserfolg des Menschen beruht.

Da sind zunächst – ein berühmtes Schulbeispiel – jene Schimpansen, die Zweige zurechtbrechen, entblättern und teilweise entrinden, um damit in Termiten- und Ameisengängen zu stochern. In einer halben Stunde können mit dieser „Angel“ bis zu tausend Insekten erbeutet werden. Zum Angeln der aggressiven und empfindlich beißenden Roßameisen sind längere Ruten nötig. Stärkere, unelastische Stöcke dienen zum Aufbrechen von Termitenhügeln oder dem Vergrößern der Eingänge von Insektennestern. Mit Stöcken wird auch nach Harz und Honig gebohrt. Oft werden dünne Zweige als Riechsonden in Öffnungen eingeführt, um abzuschätzen, ob sich weitere Arbeit lohnt. Mit Astgabeln werden fruchtende Äste herangezogen.

Primatologen vor Ort haben mitunter Schwierigkeiten, liegengelassene Angeln ebenso tief in die Insektengänge einzuführen wie die Affen. Insektenfang erfordert mithin erhebliche Geschicklichkeit, Geduld sowie die Fähigkeit zu zielgerichtetem Arbeiten: Ecksteine des Verhaltens, auf die auch *Homo faber* – der geschickte Mensch – baut.

Deutlicher noch treten diese Aspekte in Westafrika zutage, wo Schimpansen hartschalige Kola-, Panda- oder Ölpalmen-Nüsse mit Hämmern und Ambossen aus Stein oder Holz knacken. Die Hämmer werden gelegentlich über mehr als 500 Meter herangetragen. Unter fruchttragenden Bäumen entstehen regelrechte Werkstätten. Als Ambosse können auch Wurzelmulden oder Dellen im Baumgeäst selbst dienen. Die Aushöhlungen in manchen Steinambossen deuten darauf hin, daß sie seit Generationen benutzt werden. Das Gewicht der Hämmer richtet sich nach der Härte der Frucht. Die Schlagkraft muß präzise vorausberechnet werden. Zu große Wucht zerquetscht Schale und Nußfleisch zu ungenießbarem Brei.

Blätter werden zerknüllt und bekaut, um daraus einen Schwamm zu formen: So wird Wasser aus unzugänglichen Baumlöchern aufgenommen, die Hirnschale eines erbeuteten Pavians oder die Schale einer Strychnos-

Unter fruchtenden Bäumen richten Schimpansen in Westafrika regelrechte Nußknacker-Werkstätten ein. Neben dem hölzernen Amboß hat sich ein Haufen Schalen angesammelt. Die harten Früchte werden auch Stein-auf-Stein geknackt. Hammer und Amboß der Menschenaffen (links) sind von denen der Naturvölker in derselben Region (rechts) praktisch nicht zu unterscheiden

„Der Affe als Dentist". Was der französische Illustrator Alexandre Decamps 1840 noch als Karikatur darstellte, machte ein Schimpanse im Delta Primate Center von Louisiana tatsächlich wahr: Mit einem Stoffband umschlingt er einen lockeren Milchzahn und zieht ihn sich. Dann inspiziert er ihn – den blutigen Fetzen noch in der Hand

frucht ausgewischt. Pflanzenteile sind auch Utensilien der Körperpflege. Ein Zweig mit Blättern kann als Fliegenklatsche dienen. Mit Ballen aus kleinen Zweigen wird nach Regen gelegentlich der Rücken trockengerieben. Schimpansen sind ausgesprochene Reinlichkeitsfanatiker und wischen Schlamm, Essensreste, Exkremente, Sperma oder Blut häufig mit Blättern ab.

Die eindrucksvollsten Beispiele für dieses Verhalten stammen aus der Beobachtungsstation von Jane Goodall in Gombe. Ein Schimpanse namens Prof wischte die triefende Nase seines Brüderchens Pax mit Blättern ab, und Freud rieb seinen zweijährigen Bruder Frodo kräftig mit Laub trocken, nachdem er ihn versehentlich durch ein Urinbächlein benäßt hatte.

Männchen säubern nach Paarungen ihren Penis. Gigi präsentierte sich dem kopulationswilligen Hugo: Als der jedoch ihr durchfallverschmiertes Hinterteil sah, stahl er sich davon. Ein anderes Männchen reinigte hingegen Gigi sorgsam mit Blättern und paarte sich dann mit ihr.

Auch bei Schimpansen dienen Stöckchen als Zahnstocher. Das Weibchen Belle der Stanford-Kolonie tat sich gar als Dentist hervor, indem es einem Gefährten mittels eines passenden Hölzchens einen lockeren Backenzahn entfernte.

Werkzeuge werden jedoch nicht nur friedlich genutzt, sondern oft als Waffen gebraucht. In Gefangenschaft wie im Freiland schleudern Schimpansen Stöcke und Steine – mitunter mehr als fünf Kilogramm schwer – gegen Artgenossen, auf Paviane oder Menschen, nicht selten trefflich gezielt. Zumindest in Gombe gibt es dabei einen klaren Unterschied der Geschlechter: Männchen setzen Wurfgeschosse wesentlich häufiger ein als Weibchen. Stöcke dienen zum Dreinschlagen. Der niederländische Zoologe Adriaan Kortlandt stellte in einem westafrikanischen Affen-Freigehege einen ausgestopften Leoparden auf, dessen Kopf elektrisch bewegt wurde und der die Nachbildung eines Schimpansenbabys in den Fängen hielt. Die Affen griffen sofort zu Keulen, die der Forscher bereitgelegt hatte, und droschen auf den vermeintlichen Räuber ein. Anhand von Filmaufnahmen wurden Schlaggeschwindigkeiten ermittelt, die ausreichten, einem Leoparden das Rückgrat zu brechen.

Nächst dem Menschen sind Schimpansen jene Lebewesen mit der breitesten Palette von Werkzeugtechniken. Lassen sich bereits bei den Menschenaffen lokal abweichende Traditionen nachweisen? Um diese Frage zu klären, muß zunächst ausgeschlossen werden, daß unterschiedliche Techniken nicht auf verschiedene Umweltbedingungen zurückgehen. Im niederschlagsreichen Regenwald Äquatorial-Guineas bauen Termiten ganzjährig an ihren Nestern; die Wände sind stets porös und feucht – so können sie von den Schimpansen mit Grabstöcken aufgebrochen werden. Termitenhügel in den Savannen Tansanias oder Senegals hingegen härten während der Trockenzeit stark aus und lassen sich nicht einfach aufgraben. Hier sind Schimpansen auf die Technik des Termitenangelns angewiesen. Diese Unterschiede im Verhalten beruhen also auf der unterschiedlichen Ökologie der Lebensräume.

Echte Traditionen sind hingegen unter den Nachbarpopulationen am Tanganyika-See beim Ameisenfang zu erkennen. Schimpansen in Mahale angeln lediglich baumlebende Schreinerameisen, die in Gombe ausschließlich bodenlebende Roßameisen. Einem Baumloch in Gombe entströmten Heerscharen aufgeregter Ameisen, nachdem der jugendliche Wilkie mit einem Stöckchen darin herumgebohrt hatte. Seine Mutter fraß die Insekten. Leicht hätte dies der Anstoß zur regelmäßigen Jagd auf Baumameisen werden können.

Auch Menschen verschmähen solche Kost nicht. Eingeborene des Guérzé-Stammes im Südosten Äquatorial-Guineas halten Stöcke, deren Enden bürstenartig aufgefächert wurden, in Termitennester. An den aufgerauhten Oberflächen beißen sich viermal so viele Insekten fest wie an glatten. Unter Schimpansen verfügen offenbar nur die des südwestlichen Kamerun über diese verfeinerte Grabstock-Technik. Der Primatologe Yukimaru Sugiyama sammelte dort im Campo-Reservat 110 solcher durchschnittlich 47 Zentimeter langen und einen Zentimeter dicken Stöcke, von denen die Hälfte Bürstenenden aufwies.

Nüsse knacken die Schimpansen von Campo hingegen nicht, obwohl dort Kola-, *Sacoglottis-* und Panda-Bäume wachsen. Deren Früchte brechen hin-

Mit passend zugerichteten Zweigen angeln Schimpansen Termiten aus deren Bauten. Eine Population in Kamerun hat diese Technik verfeinert und damit einen eigenen Kulturkreis begründet: Die Stöcke werden breit aufgefächert und somit als Fanggerät effektiver

Beobachtung und Nachahmung stehen am Anfang der kulturellen Evolution. Im tansanischen Gombe-Nationalpark verfolgt ein junger Schimpanse interessiert, welchen Leckerbissen der Bruder seiner Mutter verzehrt. Dann folgt er dem Vorbild des Onkels. – Die „Affenschule" war ein stets beliebtes Dekor mittelalterlicher Psalter

gegen die Schimpansen des Tai-Waldes der Elfenbeinküste regelmäßig auf – das ergaben die Studien des Schweizer Forscherpaares Christophe und Hedwige Boesch. Unter Panda-Bäumen fand Sugiyama kein brauchbares Werkzeug; Steinhämmer für diese harten Früchte müßten mindestens zwei bis drei Kilogramm wiegen. Entsprechende Hämmer und Ambosse aus Stein oder Holz fanden sich in Campo jedoch unter 18 Prozent aller *Sacoglottis*- und 13 Prozent aller Kola-Kronendächer. Wenn die Schimpansen Werkzeuge über 20 Meter herantragen würden – was sie im Tai-Wald tun –, könnten gar unter jeweils 30 Prozent der Bäume lohnende Werkstätten entstehen. Dennoch lagen hier weder geknackte Nüsse herum, noch wurde in mehr als hundert Beobachtermonaten jemals ein Klopfgeräusch gehört.

Schimpansen der Elfenbeinküste wiederum knacken keine Samen von Ölpalmen, was die 200 Kilometer entfernten Nachbarn in Äquatorial-Guinea tun. Eindeutiger noch: Die weitaus am besten erforschten ostafrikanischen Schimpansen benutzen nie einen Stein als Hammer für irgendetwas, obwohl es Steine und Samen im Überfluß gibt. Etliche freilebende Schimpansenpopulationen haben also noch keine genialen „Knacker" hervorgebracht.

Die lokalen Freß-, Werkzeug- und Sozialtraditionen bei nicht-menschlichen Primaten werden gern als „kulturelle" – oder zumindest „präkulturelle" – Traditionen angesehen. Der amerikanische Zoologe John Bonner bezeichnete als Kultur die „Weitergabe von Information durch Verhalten, insbesondere durch den Vorgang von Lehren und Lernen." Folgt man dieser Interpretation, dann besteht tatsächlich kein Grund, Kultur für eine Einzigartigkeit des Menschen zu halten.

Das High-Tech des allgemeineren Prinzips der kulturellen Weitergabe von Wissen und Können ist zweifellos die Sprachfähigkeit. Nur zum Beispiel: Fehlen einigen Generationen von Japanmakaken Süßkartoffeln und Wasser, dann gerät die Präkultur des Kartoffelwaschens in Vergessenheit. Menschen hingegen können dank der Lautsprache und ihrer Aufzeichnung erworbene Information unabhängig von Objekten und damit unabhängig von Ort und Zeit weitergeben. Durch dieses kollektive Gedächtnis erreicht die kulturelle Evolution eine enorme Geschwindigkeit.

Als im Garten Eden noch Unschuld herrschte, konnten Tiere und Menschen miteinander sprechen. „Sie alle redeten, einer mit dem anderen, eine Lippe und eine Sprache", so wollen alte Kommentare zur biblischen Schöpfungsgeschichte wissen. Gegenseitiges Unverständnis kam mit dem Sündenfall und der Verbannung aus dem Paradies. Um mehr von der Entwicklung der Menschensprache zu verstehen, geben sich Primatenforscher seit hundert Jahren alle Mühe, wenigstens mit unseren nächsten Verwandten wieder ins Gespräch zu kommen.

Ende des 19. Jahrhunderts harrte ein Amerikaner namens Garner in einem zusammenlegbaren Käfig in Afrikas Urwald aus. Er wollte in dieser sicheren Bleibe der Unterhaltung wilder Menschenaffen lauschen, wenn die kamen, um ihn zu beobachten. Im Jahre 1916 versuchte William Furness in Amerika, einem jungen Orang-Utan das Sprechen beizubringen. Der „Waldmensch" lernte mit äußerster Anstrengung die Wörter „papa" und „cup" und soll, als er an Grippe starb, durch „cup, cup" (Tasse, Tasse) um etwas zu Trinken gebeten haben. In den fünfziger Jahren brillierte die von dem amerikanischen Psychologenpaar Keith und Catherine Hayes in ihrer Wohnung aufgezogene Schimpansin Viki durch Ausknobeln verschiedener Schnappschlösser und durch Unterscheidung von Begriffskriterien wie Farbe und Form. Zu den unsterblichen Geschichten gehört, daß sie Bilder nach Tieren und Menschen sortierte. Ihr eigenes Foto, das sie im Wohnzimmer der Hayes zeigte, legte sie ohne Zögern zu den Menschen auf das Porträt von Eleanor Roosevelt. Das Abbild ihres im Käfig gehaltenen Vaters warf sie unbarmherzig zu den Pferden und Elefanten. Doch verbal vermochte auch die geniale Viki nicht mehr als vier Wörter keuchend hervorzustoßen: „Mama, papa, cup, up."

Menschenaffen haben unüberwindliche Schwierigkeiten, variantenreiche Laute zu artikulieren, da – so eine gängige Theorie – ihr Kehlkopf hoch steht und ihr Gaumen flach ist. Menschen können ihre Stimme modulieren, weil der Gaumen gewölbt ist und der Kehlkopf tief liegt. Die Zunge kann sich freier bewegen, und die zur Modulation benötigte Rachenhöhle ist erheblich vergrößert.

Unsere enorme Redseligkeit entspringt weitgehend den beiden Sprachzentren des Großhirns. Der französische Chirurg und Anthropologe Paul Broca entdeckte im 19. Jahrhundert, daß Verletzungen im Stirnlappen des Hirns zum Verlust der Sprachfähigkeit führen, obgleich das Sprachverstehen erhalten bleibt. Kurz darauf beobachtete der deutsche Arzt Carl Wernicke, daß Verletzungen einer Schläfenwindung zum Verlust des Sprachverstehens führen, während die Patienten weiterhin – wenn auch verworren – sprechen können. Brocasches und Wernickesches Zentrum liegen bei fast allen Menschen in der linken Hirnhälfte, die wesentlich mehr graue Nervenzellen als die rechte hat.

Affen, auch Menschenaffen, fehlen diese Sprachzentren. Allerdings gibt es Hinweise, daß sich zumindest Schimpansen evolutionär im Anfangsstadium einer asymmetrischen Entwicklung der Hirnhälften befinden.

Wenn sie schon nicht sprechen können – wie weit können Affen wenigstens „logisch" denken? Eine klassische Beobachtung stammt aus der

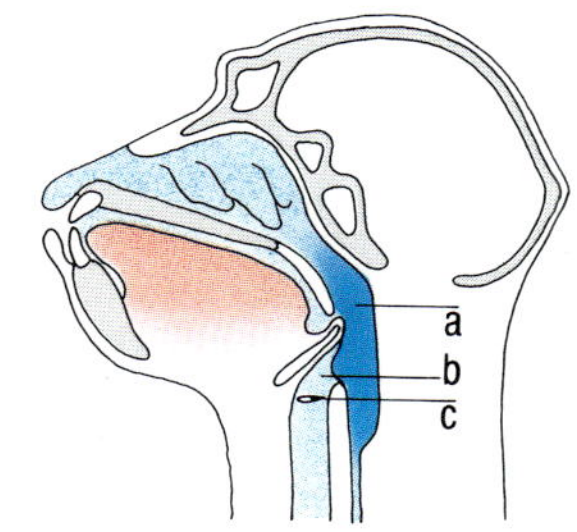

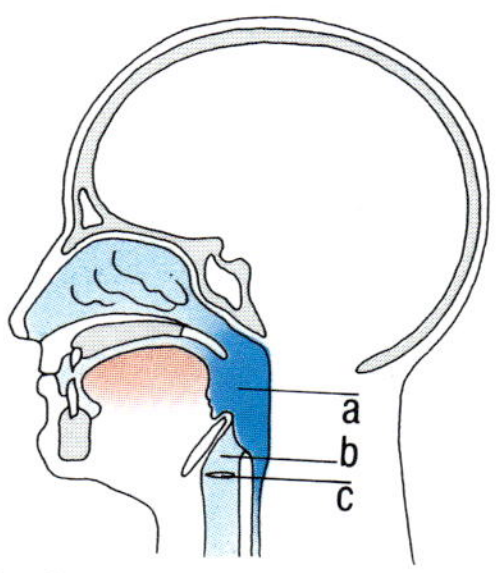

Die Anatomie ihres engen Rachenraumes erlaubt weder den Schimpansen noch anderen Affen, Laute fein zu modulieren. Beim Menschen ist der Rachenraum (a) entscheidend erweitert, weil der Kehlkopf (b) samt Stimmbändern (c) nach unten wanderte

Schimpansen-Kolonie, die von der Preußischen Akademie der Wissenschaften zu Beginn dieses Jahrhunderts auf Teneriffa unterhalten wurde: Eines Tages ergatterte das clevere Männchen Sultan Bananen außerhalb seiner Reichweite, indem es Kisten stapelte und Stöcke ineinandersteckte. Sultan hatte aber nicht erst herumprobiert, sondern war nach einer Art Denkpause plötzlich aufgesprungen, um eine zündende Idee in die Tat umzusetzen. Der Experimentator Wolfgang Köhler sah hierin die Theorie der Gestalt-Psychologie bestätigt, die besagt, daß eine neue Verstehensebene durch regelrechte Gedankensprünge erreicht werden kann.

Hochstapler am Werk. Der deutsche Psychologe Wolfgang Köhler hielt bereits zu Beginn des Jahrhunderts fest, wie Schimpansen durch intelligenten Turmbau an Bananen gelangen

Dieser Ansicht von der unmittelbaren „Einsicht" widersprachen die amerikanischen Behavioristen entschieden. Insbesondere der in Harvard lehrende Psychologe Burrhus Skinner behauptet, alles tierliche und menschliche Verhalten werde durch kleine Lernschritte erworben; angeboren sei nichts. Tests im Schlösseröffnen oder Labyrinthaufgaben – bei denen Affen übrigens manchmal besser abschneiden als Studenten – gelten als Beweis, daß Probleme Stück für Stück durch Versuch und Irrtum gelöst werden, und sei es durch „Trokkenübungen" im Gehirn.

Wie unversöhnlich die Theorien auch sein mögen – das gute Abschneiden von Menschenaffen bei Intelligenzprüfungen war jedenfalls ein Indiz dafür, daß dem Spracherwerb eher anatomische als „geistige" Hürden im Weg stehen. Bereits 1925 hatte der amerikanische Primatologe Robert Yerkes angeregt, Affen nicht über die Stimme, sondern mittels Gebärden zum Reden zu bringen. Erst vierzig Jahre später griff das Ehepaar Beatrice und Allen Gardner die Idee auf. Die beiden Verhaltenspsychologen an der Universität von Nevada erwarben 1966 eine einjährige Schimpansin, die sie Washoe nannten und die sie in einem geräumigen Wohnwagen in ihrem Hinterhof aufzogen.

Washoe erwies sich als ausgezeichnete Schülerin. Sie wurde in *American Sign Language*, abgekürzt Ameslan, unterrichtet, einer Gestensprache für Taubstumme. Bis zu ihrem fünften Lebensjahr lernte sie etwa 130 Begriffe. Bei dem Zeichen für „Affe" etwa kratzen beide Hände über den Bauch. Kurioserweise wird die gleiche Geste für „Schimpanse" verwendet, nur etwas höher am Brustkorb und da-

mit der „humanen“ Kopfregion entsprechend näher. Anfänglich wurde Washoe mit Rosinen belohnt, wenn sie eine Geste richtig nachahmte. Rascher zum Erfolg führte jedoch die Methode, ihre Hände zu der jeweils richtigen Haltung zu formen.

Die Gardeners versuchten nicht, Washoe zu dressieren, sondern mit ihr so umzugehen, wie es Menschen mit ihren eigenen Kindern tun. Sie unterstützten Washoes geistige Entwicklung, indem sie viel mit ihr plapperten und durch Zeichen ständig Anregungen gaben: „Das Stuhl. Schau: Schöner Vogel. Mein Hut.“ Washoe ihrerseits blieb durchaus nicht passiv, sondern fragte ihren Zieheltern regelrecht ein Loch in den Bauch.

Die Gardners und ihre Mitarbeiter haben später vier weitere Schimpansen in die Lehre genommen. Am Wil-

Die behäbigen Orang-Utans galten eher als stumpfsinnig, bis Anfang der siebziger Jahre bewiesen wurde, daß auch ihnen zu verzwickten Problemen Lösungen einfallen. Solche Versuche warfen erneut die Frage nach der geistigen Kluft zwischen Menschen und anderen Primaten auf

liam Lemmons Institut für Primatenforschung in Oklahoma entstand eine regelrechte Schimpansenschule mit Lucy und Ally als prominenten Figuren, die ein ehemaliger Mitarbeiter der Gardners, Roger Fouts, sowie Maurice und Jane Temerlin betreuten.

„Geh' dort hin!" Der Trainer Roger Fouts unterrichtet einen Schimpansen in der Zeichensprache für Taubstumme

Die Forscher unterzogen ihre Schüler regelmäßig Vokabeltests, um auszuschließen, daß Lehrer aus den Zeichen der Schimpansen einfach etwas Richtiges herauslasen. Die Affen benannten Gegenstände auf Dias. Der Lehrer konnte die Projektionswand nicht sehen. Anschließend wurde überprüft, ob der Schimpanse die korrekte Vokabel benutzt und der Lehrer sie richtig verstanden hatte. Zudem bewiesen die Tests, daß Schimpansen abstrakte Kategorien bilden konnten. Sie verwendeten etwa das Zeichen „Blume" für Astern, Rosen und Tulpen gleichermaßen, wobei kein Dia zweimal gezeigt wurde. Das Zeichen für „Hund" wiederum galt nahezu immer richtig allen Dias mit Bernhardinern, Pinschern oder Pudeln.

Die Schimpansen verblüfften nicht nur durch Gelehrigkeit, sondern auch durch Erfinden eigener Symbole. Da sie kein Zeichen für „Lätzchen" hatten, zeigten die Gardners Washoe das Zeichen für „Wischer", bei dem die Finger über den Mund fahren. Als sie später ihr Lätzchen identifizieren sollte, hatte Washoe das Zeichen offenbar vergessen, malte aber stattdessen den Umriß eines Lätzchens, wobei sie beide Zeigefinger vom Knoten im Nacken über die Brust führte. Erst später stellte sich heraus, daß dies tatsächlich das gültige Zeichen für „Lätzchen" in Ameslan war. Lucy hingegen erfand ein Zeichen für „Leine". Statt der neutralen Bewegung für „Schnur" – ein Ziehen am kleinen Finger – machte sie eine Geste des Anlegens.

Schimpansen lieben es, gekitzelt zu werden. Um in diesen Genuß zu kommen, pflegte Lucy ihrem Betreuer „Roger kitzeln Lucy" zu signalisieren. Sie zeigte sogar Einsicht in das Verhältnis von Subjekt und Objekt, als Fouts sie eines Tages mit „Lucy kitzeln Roger" konfrontierte. Lucy saß neben ihm auf der Wohnzimmercouch und schien verwirrt. Als wolle sie sich rückversichern, signalisierte sie: „Nein, Roger kitzeln Lucy". Fouts bedeutete: „Nein, Lucy kitzeln Roger." Daraufhin fiel der Groschen; sie sprang ihm auf den Schoß und kitzelte ihn, während Fouts wie ein lachender Schimpanse leise grunzte.

Schimpansen blieben nicht die einzigen Menschenaffen, die sich auf diese Weise zu verständigen lernten. An der kalifornischen Stanford-Universität wurde seit 1972 der weibliche Flachland-Gorilla Koko und später ihr Artgenosse Michael von Francine Patterson unterrichtet. An der Universität von Tennessee kommunizierte Lynn Miles mit dem 1978 geborenen Orang Chantek. Da es den Zieheltern begreiflicherweise schwer fällt, sich jahrelang völlig stumm in ihren eigenen vier Wänden zu bewegen, wachsen die meisten dieser Menschenaffen zweisprachig auf. Sie hören Englisch und „unterhalten" sich in Ameslan.

Alle in Gardnerscher „Stiefkind"-Manier unterrichteten Affen haben beständig Menschen um sich, verfügen über unzähliges Spielzeug, werden mit den verschiedensten Alltagssituationen konfrontiert – mit Kühlschränken, Fernsehern, Badewannen, Toiletten, Betten, Unterrichtsräumen. Die Lernerfolge werden auf eben diese vielfältige Umgebung zurückgeführt sowie auf die Mischung von Zuwendung, Liebesentzug und geduldiger Ermutigung, durch die auch Menschenkinder zu verständigen Wesen heranreifen.

Kritiker sehen hier zugleich die Schwäche der Methode: Die Vielzahl der Einflüsse mache es unmöglich, jene Faktoren zu erkennen, die ein bestimmtes Verhalten auslösen. Vertreter der lerntheoretischen Schule der Behavioristen führten deshalb ihren Unterricht in kontrollierbarer und stereotyper Laborhaltung durch.

Das Gorillaweibchen Koko gelangte durch Gelehrigkeit zu einigem Ruhm. An der amerikanischen Stanford Universität macht sie sich per Tastendruck über einen akustischen Umwandler hörbar. Mit ihrer Trainerin Francine Patterson kommuniziert Koko in Taubstummensprache: „Smoke" nennt sie das graue Kätzchen; ein Becher löst das Zeichen „Schlürfen" aus; ein grinsender Affe wird durch „Zähne" kommentiert

Im kalifornischen Santa Barbara erfanden Ann und David Premack 1966 für die Schimpansin Sarah eine Zeichensprache aus Plastikplättchen, die an eine Magnettafel angeheftet werden. Die Premacks lehrten Sarah neue Begriffe, indem sie stets dieselbe Plastikmarke zwischen verschiedene Gegenstände und die sie bezeichnende Marke hefteten. Sarah begriff schnell, daß die gleichbleibende Marke „Name von" bedeutete. Berühmt wurde ihre Beherrschung von Konditionalsätzen. Premacks Assistentin Mary ließ ihr die Wahl zwischen einem sauren Apfel und einer begehrten Banane. Aber nur, wenn sie den Apfel wählte, bekam sie ein noch begehrteres Stück Schokolade. Ihr wurden dann zwei Plastikmarken-Sätze gezeigt: „Sarah nehmen Apfel" – und: „Mary geben Schokolade Sarah". Dazwischen mußte Sarah das Symbol für den Konditional „Wenn/dann" setzen. Sie lernte sowohl die Sätze „Sarah nehmen Apfel wenn-dann Mary geben Schokolade Sarah" als auch die Verneinung „Sarah nehmen Banane wenn-dann Mary nicht geben Schokolade Sarah". Schließlich lernte sie, nach frustrierenden Fehlschlägen, vertauschte Wahlmöglichkeiten auseinanderzuhalten, da sie manchmal eine Banane wählen mußte, um die Schokolade zu erhalten, manchmal aber die Schokolade nur bekam, wenn sie wieder den Apfel wählte.

Am Yerkes-Primatenzentrum in Georgia lehrte Duane Rumbaugh zunächst die Schimpansin Lana und später ihre Artgenossen Sherman und Austin, „Sätze" einer Yerkish genannten Kunstschrift in eine Art Schreibmaschine mit Computeranschluß zu tippen. Äußerungen sind diesen Schimpansen also nur in standardisierter Form möglich. Der Computer kann sämtliche Zeichen zählen und speichern. Um das schrittweise Erlernen von Ameslan verläßlich zu dokumentieren, müßten hingegen Unmengen Videobänder aufgezeichnet und ausgewertet werden, wozu sowohl Geld wie Zeit fehlen.

Laborschimpansen können sich jedoch nicht spontan ausdrücken; dazu müßte Sarah einen ganzen Sack voll Plastikmarken mit sich herumschleppen. Kritiker der Labormethode fragten zudem, wie wohl die geistige Entwicklung eines menschlichen Kleinkindes verliefe, das im Käfig gehalten und von einer Maschine mit monotonen Aufgaben konfrontiert würde. Und wie muß sich Lana wohl gefühlt haben, als sie mitten in der Nacht verloren in den Computer tippte: „Bitte Maschine kitzeln Lana Unterrichtsstunde?"

Von den Linguisten, den klassischen Sprachwissenschaftlern, erhielten die Verhaltensforscher keine eindeutige Auskunft, ob das, was ihre Affen signalisieren, eigentlich schon Sprache zu nennen ist. Eine allgemein anerkannte Definition des Begriffs existiert nicht. Meist halten sich Primatologen an Merkmale, die Charles Hokkett zusammenstellte. Eine Vielzahl tierlicher Kommunikationssysteme erfüllt Kriterien wie „Rückkopplung" (der Sprecher nimmt wahr, was er sagt) oder „Auswechselbarkeit" (der Sender der Botschaft ist imstande,

Mit geometrischen Symbolen auf einer Computer-Tastatur äußern sich Schimpansen am Yerkes-Primatenzentrum. Ihre Sprachentwicklung wird zugleich statistisch erfaßt

auch eine zu empfangen). Schärfer differenzieren Merkmale wie „Willkür", „Offenheit", „Verlagerung" oder „kulturelle Weitergabe".

Besteht zwischen einem Sprachelement und seiner Bedeutung keine Ähnlichkeit, so fällt es unter die Rubrik „Willkür": Ein blaues Plastikdreieck repräsentierte für Sarah einen Apfel, der in Wirklichkeit rot und rund war.

Sprache zeichnet sich ferner durch „Offenheit" aus. Ein Individuum vermag etwas zu sagen, was es nie zuvor gesagt und was sein Publikum nie gehört hat. Meerkatzen stoßen unterschiedliche Alarmrufe aus, die Bodenräubern, Flugräubern oder Schlangen gelten. Ihre Rufe erfüllen das Kriterium der „Willkür", aber nicht das der „Offenheit": Einen neuen Ruf würde niemand verstehen.

Hingegen: Als Washoe einmal mit Roger Fouts in einem Ruderboot unterwegs war, beschrieb sie zwei Schwäne als „Wasser-Vogel". Eine Wassermelone wurde von Lucy als „Bonbon-Trinken" und „Trinken-Frucht" bezeichnet. Scharfe Rettiche nannte sie „Weinen-Schmerz-Essen".

Von geradezu barocker Wortlust scheint „Horchen-Trinken" zu zeugen, eine Wortschöpfung des Gardner-Zöglings Moja für Alka-Seltzer. Einen Zigarettenanzünder bezeichnete sie mit „Metall-heiß". Lana beschrieb eine Gurke in Yerkish als „Banane welche-ist grün".

Der Handrücken unter dem Kinn bedeutet „schmutzig" oder meint Fäkalien. Lucy beschimpfte den Hauskater nach einer Auseinandersetzung als – adäquat übersetzt – „Scheiß-Katze" und die bei Spaziergängen ungeliebte Leine als „Scheiß-Leine". Des Reinlichkeitsfimmels wilder Schimpansen eingedenk, muß diese Negativbedeutung von Fäkalien keineswegs Folge amerikanischer Mittelschichtserziehung sein.

Lucy gar hat Gefühlsregungen in Ameslan beschrieben. Als ihre Pflegemutter Jane Temerlin einmal das Haus verließ, lief Lucy zum Fenster, um ihr nachzusehen und signalisierte: „Weinen ich, ich weinen".

Primatenrufe, die Gefahr, Futter oder Angst ausdrücken, sind dem Augenblick und der Gefühlslage verhaftet. Sprache hingegen befreit aus dem Moment. Durch sie wird „Verlagerung" möglich: Wir können über etwas reden, von dem wir zeitlich und örtlich versetzt sind. Im Ansatz gelang das auch Koko: Als sie an ein früher zerbrochenes Spielzeugbett erinnert wurde, signalisierte sie unwillig: „Bett gestern". Bei anderen Gelegenheiten beschuldigte sie ihren Gorillagefährten Michael oder einen Pfleger, etwas zerbrochen zu haben. Tatsächlich ist die Möglichkeit der „Lüge" ebenfalls ein Hockettsches Sprachkriterium.

Roger Fouts stellte Lucy einmal zur Rede, nachdem sie im Wohnzimmer einen Haufen Kot abgesetzt hatte. Es entspann sich ein regelrechter Dialog.

Roger: „Was das?"

Lucy: „Lucy nicht wissen."

Roger: „Du wissen. Was das?"

Lucy: „Schmutzig, schmutzig."

Roger: „Wessen schmutzig, schmutzig?"

Lucy: „Sues."

Roger: „Das nicht Sues. Wessen das?"

Lucy: „Rogers."

Roger: „Nein! Das nicht Rogers. Wessen das?"

Lucy: „Lucy schmutzig, schmutzig. Sorry Lucy."

Täuschung und Lüge gründen auf räumlich-zeitlicher Verschiebung, einer Fähigkeit, die zweifellos bereits entwickelt wurde, bevor Sprache entstand. Höhere Primaten benutzen ihr Wissen um die Verhaltensziele anderer Gruppenmitglieder dazu, eigene Interessen durchzusetzen.

Von einem solchen Täuschungsmanöver berichtete Dian Fossey: Ein der Gruppe vorangehendes Gorillaweibchen hatte eine im Geäst verborgene schmackhafte Mistel ausgemacht. Das Weibchen setzte sich am Rand des Pfades nieder und begann sein Fell zu pflegen. Erst als alle anderen vorbeimarschiert und außer Sicht waren, stieg es rasch auf den Baum, pflückte die Mistel und verzehrte sie hastig. Dann folgte es den anderen.

Rangniedere Makaken, Paviane oder Schimpansen entgehen Angriffen überlegener Artgenossen gelegentlich dadurch, daß sie sich aufrichten und intensiv in eine bestimmte Richtung blicken; so wird die Aufmerksamkeit des Angreifers abgelenkt. Mütter wenden dieselbe Taktik an, um ihre ungebärdigen Kinder loszuwerden.

Dieses „Anlügen" funktioniert sogar zwischen Affe und Mensch. In Gombe kraulte das Schimpansenweibchen Pom den Kopf des Feldbeobachters Frans Plooij, der daraufhin zur Salzsäule erstarrte – strikte Order für alle Stationsmitglieder, wenn die Tiere mit ihnen anbändeln. Pom ließ jedoch nicht von dem Forscher ab. Erst als der durch intensives Starren vorgab, etwas Interessantes entdeckt zu haben, war Pom irritiert. Neugierig ging sie in die Richtung der vermuteten Attraktion. Doch bald kam sie enttäuscht zurück, schlug Plooij auf den Kopf – „undankbarer Lügner!" – und ignorierte ihn für den Rest des Tages.

Sprache unterscheidet sich von anderen ausgefeilten Kommunikationssystemen auch dadurch, daß ihre Zeichenelemente nicht vererbt werden wie beim Bienentanz und selbst beim Gibbongesang. Sprache unterliegt allein der „kulturellen Weitergabe", die stark von der Lernbereitschaft eines Individuums abhängt. Aktives Lehren spielt bei den Affen noch keine bedeutende Rolle. Erst Menschen können ihren Kindern erklären, wie und warum sie etwas tun sollen.

Doch wenn sie gefordert und gefördert werden, vermögen Schimpansen auch diese Hürde anzugehen. Die in Ameslan ausgebildete Washoe adoptierte den zehn Monate alten Loulis. Die beiden wurden mit drei anderen, ebenfalls in Zeichensprache trainierten Schimpansen zusammengebracht.

Loulis war nie von Menschen unterrichtet worden. Dennoch: Als er viereinhalb Jahre alt war, hatte er immerhin 39 Zeichen durch Beobachtung und Imitation aufgepickt.

Washoe war offenbar versessen darauf, eine gute Mutter zu sein. Als einmal jemand mit Süßigkeiten erschien, signalisierte sie „Essen", nahm dann die Hände ihres Sohnes und legte sie zu der richtigen Gebärde zusammen. Ein andermal zeigte sie ihm die Vokabel „Kaugummi", indem sie ihre Hände entsprechend vor seinen Körper hielt. Schließlich stellte sie ohne ersichtlichen Anlaß einen Stuhl vor Loulis und signalisierte ihm dreimal deutlich „Stuhl". Diesen Begriff nahm Loulis nicht in sein aktives Repertoire auf, dafür die beiden Essenszeichen.

„Zahnbürste“ signalisiert Lucy; eine Uhr entlockt ihr „Hör' mal!“ Ein anderer Schimpanse macht das Zeichen für „Lachen“. Solche Leistungen von Menschenaffen erfüllen alle formalen Kriterien der Sprache. Ob die Tiere aber auch im tieferen Sinne verstehen, was sie tun, ist umstritten

Zum Merkmal der traditionellen Weitergabe von Sprache gehört nicht allein nur die Nachahmung, sondern auch die Lehre. Washoe hat beides erfüllt.

Menschenaffen können also – wie mühsam auch immer – Hocketts Kriterien der Sprache meistern. Der Unterschied zur Menschensprache wäre damit nicht grundsätzlicher, sondern gradueller Natur. Auch in dieser Hinsicht würden sich Menschen von den Menschenaffen demnach nicht grundsätzlich unterscheiden, sondern hätten stromauf in den Uferauen eines kontinuierlichen Evolutionsflusses eine gemeinsame Heimat.

Unter den an jenen Experimenten beteiligten Forschern brach anfänglich eine Euphorie aus. Hinzu kam der wohlwollende Medienrummel, für den Affen stets gut waren. Hatte doch bereits 1951 der Schauspieler Ronald Reagan in dem Kinofilm „Bedtime for Bonzo“ einen Verhaltensforscher gemimt, der einen Schimpansen wie ein kleines Kind aufzog.

Die idyllische Konversation und Kommunikation wurde allerdings Ende der siebziger Jahre jäh gestört, als der amerikanische Psychologe Herbert Terrace, einst überzeugter Paulus der „Primatenlinguistik“, sich plötzlich zum ungläubigen Saulus wandelte. Provokant betitelte er einen Forschungsbericht an die New Yorker Akademie der Wissenschaften *A Report to an Academy*. Er spielte damit auf Franz Kafkas *Bericht an eine Akademie* aus dem Jahre 1917 an –

eine Fabel, in der ein Affe über seinen Erwerb der Menschensprache Zeugnis ablegt. Terrace berichtete über den von ihm in Ameslan unterrichteten Schimpansen Nim Chimsky, dessen Namenspatron ganz unverhohlen Noam Chomsky war, einer der führenden Linguisten Amerikas.

Das Urteil von Terrace über Nim Chimsky markiert einen Wendepunkt der Sprachforschung an Menschenaffen. Nim erfüllte nämlich die in ihn gesetzten Erwartungen nicht. Eine Analyse seiner Mißerfolge warf auch Schatten auf die Glorie anderer Wunderaffen. Nun erschien deren Genie plötzlich als Ergebnis einfacher Dressur. Verfechter des Sprachunterrichts hielten dagegen, daß Nim von zu vielen Lehrern unterrichtet worden sei – insgesamt 60, die meisten Volontäre. Ihre Kenntnisse in Ameslan seien mangelhaft gewesen und Nims Unterricht sei, als er 44 Monate alt war, zu früh abgebrochen worden. Deshalb habe er seine Fähigkeiten nicht voll entwickeln können.

Die grundsätzlichen Einwände von Terrace konzentrieren sich auf zwei Punkte:

- Affen begreifen ihre Zeichen nicht als Symbole.
- Die Abfolge ihrer Zeichen hat nichts mit Grammatik zu tun.

Nim lernte insgesamt 125 Zeichen. Aber die Vielfalt seiner kombinierten Begriffe nahm nicht wesentlich zu. Wenn hingegen Menschenkinder älter werden, entsteht aus „Essen, Frühstück“ und „Papa essen“ langsam „Papa ißt Frühstück“, schließlich „Papa hat Frühstück gegessen“. Nims Sätze bestanden im Mittel aus 1,4 Zeichen. Er erweiterte seine häufigsten Zwei-Zeichen-Kombinationen – „play me“, „me Nim“, „tickle me“, „eat Nim“ – nur gelegentlich zu Drei-Zeichen-Kombinationen – „play me Nim“, „eat me Nim“, „eat Nim eat“, „tickle me Nim“ – und ganz selten zu Vier-Wort-Kombinationen – „eat drink eat drink“, „eat Nim eat Nim“. Dabei blieb er stehen.

Zwar schien Nim gelernt zu haben, daß seine Wünsche umso schneller erfüllt wurden, je mehr Zeichen er gebrauchte. Seine längste Äußerung umfaßte 16 Zeichen: „give orange me give eat orange me eat orange give me eat orange give me you.“ Das dem Bandwurm zugrundeliegende Begehren wird jedoch durch schlichte Wiederholungen verstärkt, während die Informationsmenge nicht anwächst.

Menschenkinder hingegen wiederholen sich selten. Im Alter von 21 Monaten ergänzen sie die Äußerungen ihrer Eltern in 22 Prozent aller Fälle um mindestens ein Wort, mit 36 Monaten in 42 Prozent der Fälle. Nim fügte den Zeichen der Lehrer in weniger als 10 Prozent der Fälle eigene Äußerungen hinzu. Sehr häufig unterbrach er die Lehrer, und nur 12 Prozent seiner Äußerung machte er spontan von selbst. Kinder unterbrechen ihre Vorsager seltener und reden viel häufiger von alleine. Mit 21 Monaten sind 20 Prozent der Kinderwörter Wiederholungen dessen, was die Eltern sagen. Mit 36 Monaten wiederholen sie so gut wie nichts mehr, sondern formulieren selbständig. Als Nim 36 Monate alt war, bestanden 38 Prozent seiner Zeichen aus Wiederholungen, mit 44 Monaten gar 54 Prozent. Es ist deshalb fraglich, ob er das Zeichengeben überhaupt je als Mittel zur wechselseitigen Kommunikation begriffen hat.

Zur Ehrenrettung anderer Menschenaffen, die solchen Unterricht erhielten, muß eingewendet werden, daß Nim schlicht ein dummer Schüler gewesen sein mag. Die Unterschiede in der Persönlichkeit sind groß und warnen vor Verallgemeinerungen. Immerhin kombinierte die Gorilladame Koko durchschnittlich 2,7 Zeichen; nur 11 Prozent waren Wiederholungen, 36 Prozent Erweiterungen von Äußerungen ihrer Trainer.

In seiner neuen Rolle als Kritiker fiel Terrace bei der Durchsicht von Foto- und Videodokumenten auf, daß Washoe, Koko und Nim häufig Stichwörter durch die Lehrer gegeben wurden. In einem Film über Washoe zeigt ihre Trainerin Susan Nichols der Schimpansin eine kleine Puppe in einer Tasse. Nichols signalisiert „das", Washoe zeigt „Baby". Nichols läßt Washoe Tasse und Puppe berühren, nimmt beides langsam fort und zeigt „das". Washoe signalisiert „in" und schaut weg. Nichols hält beide Gegenstände wieder Washoe vor, die abermals hinschaut und „Baby" zeigt. Als die Trainerin die Tasse noch näher bringt, macht Washoe das Zeichen für „in". „Das", signalisiert Nichols und deutet auf die Tasse. „Mein Trinken", zeigt Washoe.

Washoes Äußerung – „Baby in Baby in mein Trinken" – ging als Musterbeispiel kreativen Zeichengebrauchs in die Geschichte der „Primatenlinguistik" ein. Tatsächlich waren die Äußerungen jedoch weder spontan, noch muß die Schimpansin notwendigerweise „in" als eine Präposition verstanden haben, die zwei Objekte verbindet. Die Gardners hatten schon früh selbst eingeräumt, daß Schimpansen den Unterschied zwischen „ich kitzeln dich" und „du kitzeln mich" durch bloßes Zuordnen zu verschiedenen Situationen verstanden haben mochten. Die Wortstellung konnte, zumal bei so kurzen Sätzen, reine Nachahmung sein und jedes Gefühls für die Struktur der Sprache entbehren.

Da die Trainer ihre Tiere eingestandenermaßen zum Reden bringen wollen, ist zudem das Risiko unbewußten „Vorsagens" groß. Ein klassischer Fall: Im Österreich der Jahrhundertwende machte der Kluge Hans Furore, ein „rechnendes" Pferd, das die Lösungen der Aufgaben durch Hufscharren mitteilte. Sein Besitzer Wilhelm von Osten stand daneben und entspannte sich, unbewußt, wenn die korrekte Summe erreicht war – für das Pferd das Zeichen zum Aufhören. Affen dürften kaum weniger sensibel für solche nonverbalen Vorflüsterungen sein. Es genügt, daß sie vom Lehrer vorgegebene Zeichen imitieren und einige Allgemeinplätze willkürlich hinzumischen – etwa „geben", „ich", „Nim", „mehr" –, und schon entsteht der Anschein von Grammatik.

In Kafkas Erzählung sagt der fiktive Affe: „Es verlockte mich nicht, die Menschen nachzuahmen; ich ahmte nach, weil ich nach einem Ausweg suchte, aus keinem anderen Grund . . . Und ich lernte, meine Herren. Ach, man lernt, wenn man muß; man lernt, wenn man einen Ausweg will; man lernt rücksichtslos." Terrace meint, wenn dieses Suchen nach einem Ausweg begriffen werde als der Wunsch, Belohnungen zu ergattern – Kitzeleien, Umarmungen, Leckerbissen –, dann sei die Basis für Nims, Washoes oder Kokos Zeichengeben hinreichend erklärt.

Handelt es sich damit gar um nichts anderes als um „bedingte Reflexe", die der russische Psychologe Iwan Pawlow um die Jahrhundertwende entdeckte? Pawlow ließ zur Fütterung

Bei Laborversuchen mit Hunden klärte der russische Psychologe Iwan Pawlow das Prinzip einfacher Verknüpfung von Reiz und Reaktion. Kritiker der Sprachunterrichtung von Menschenaffen meinen, solche Reflexe könnten auch deren Leistungen hinlänglich erklären. Die Fähigkeit zur Abstraktion sowie grammatisches Verständnis müsse bei Affen nicht vorhanden sein

Auch Tauben sind zu symbolischer Kommunikation fähig – was Zweifel weckt, welche Intelligenz sich hinter entsprechenden „Gesprächen“ von Affen verbirgt. – Jack (links) fragt Jill (rechts) durch Knopfdruck: Welche Farbe? (A). Jill schaut hinter einen Vorhang (B). Jill zeigt die gesehene Farbe per Knopfdruck an (C). Jack belohnt Jill mit Futter: Thank you (D). Jack wählt die richtige Farbe (E). Beide verzehren ihre Belohnung (F)

von Hunden eine Glocke anschlagen. Nach einiger Zeit der Gewöhnung reagierten die Hunde allein auf das Tonsignal; ihr Speichel begann zu rinnen, auch ohne daß es Futter gab. Nach diesem Prinzip lassen sich selbst äffische Wortkombinationen – etwa die Sequenz „Mary gib Sarah Apfel“ – zur Not als eine Kette bedingter Reflexe deuten.

Als Paradeexempel äffischen Symbolverständnisses galt ein Experiment mit den beiden Schimpansen Sherman und Austin, die per Computer kommunizieren sollten. Einem von ihnen wurde ein Leckerbissen gezeigt, der in einen Behälter verschlossen wurde. Dann mußte er seinem Partner durch Tastenwahl den richtigen unter mehreren Behältern verraten. Die beiden waren clever. Bei ihrer Futtersuche per Hardware kamen Sherman und Austin auf eine Erfolgsquote von 90 Prozent.

Kritiker jener „Affenschule“ machten sich einen Spaß daraus, eine solche „Konversation“ nach dem Prinzip des bedingten Reflexes zu deuten. Skinner und seine Mitarbeiter äfften die schimpansoide Superleistung auf diabolische Weise durch *Columbia livia domestica* nach – ein „Gespräch“ unter Haustauben. Ausgangssituation: Die Tauben Jack und Jill hatten bestimmte Signale auf entsprechende Marken zu picken. Jack: „Welche Farbe?“ Jill, der durch einen Vorhang mit rotem (oder wechselweise gelbem oder grünem) Licht schaut, pickt die Marke mit der Aufschrift „rot“ (oder entsprechend die anderen Farben) – Jack pickt: „Danke.“ Daraufhin wird Jill mit Futter belohnt. Im Gegenzug pickt auch Jack auf das Farbensignal – und wird ebenfalls belohnt.

Bereits zuvor hatte Skinner Tauben eine Art Pingpong gelehrt. Mit Sport hatte das natürlich genausowenig zu tun wie die Dressur von Jack und Jill mit Konversation. Weder zählten die Tauben Punkte, noch versuchten sie einander auszutricksen. Bereits in den zwanziger Jahren unseres Jahrhunderts warnte der in Österreich geborene Philosoph Ludwig Wittgenstein vor der Auffassung, Tiere verstünden die Sprache des Menschen: Dies könne auch ein von einfacheren Regeln bestimmtes Spiel sein. Die Wenn-dann-Sätze von Sarah wären demnach nicht Grammatik, sondern sorgfältig programmierte Sprachspiele, genauso wie Lucys Subjekt-Objekt-Unterscheidung von „Roger kitzeln Lucy“ und „Lucy kitzeln Roger“.

Selbstkritik in Ehren: David Premack hat seine Sarah nicht gegen den Vorwurf in Schutz genommen, sie führe lediglich erlernte Tricks vor. Premack, selbst Behaviorist, glaubt, alles Verhalten sei erlernt. Er hält es nicht für wichtig, ob Sarah ein blaues Plastikdreieck tatsächlich als Symbol für einen roten runden Apfel begreift. Für ihn sind Sarahs Leistungen eine vom Verlangen nach Belohnung motivierte Kette von Anreiz und Reaktion

Ein Kapuzineraffe erleichtert einem Gelähmten durch Türenöffnen den Alltag. Zwischen Dressur und einsichtigem Verhalten zu unterscheiden, ist für Verhaltensforscher sehr schwierig

– genau wie Terrace behauptet. „Der Prozeß, durch den eine Reaktion zum Wort wird", sagt Premack, „ist nichts anderes als derjenige, durch den eine Taube auf eine Taste zu picken lernt, wenn sie beleuchtet ist." Die grundlegende Einschränkung beim Spachunterricht sei, daß es bisher noch nicht gelungen ist, die komplexe menschliche Sprache vollständig in ihre logischen Einzelteile zu zerlegen und einem Affen durch ausgeklügeltes Training einzutrichtern.

Im Endeffekt geht der Streit also weniger darum, ob Affen das tun, was ihre Trainer behaupten. Es geht darum, ob sie auch wirklich wissen, was sie tun. Der Streit ist nicht entschieden. Wir wissen nicht, wieviel die Affen wissen.

Ein vorsichtiges Fazit: Obwohl die äffischen Sprachleistungen zweifellos hinter dem zurückbleiben, was Menschen zu leisten vermögen, lassen sich zumindest die Grundlagen des Sprachvermögens bis auf vormenschliche Stufen zurückverfolgen. Die Kulturfähigkeit des Menschen baut ganz wesentlich auf solche Eckpfeiler wie Traditionsbildung, Symbolverständnis und Werkzeugbenutzung. So wie in der rein biologischen Evolution keine scharfe Trennlinie zwischen Tier und Mensch gezogen werden kann, unterscheidet sich der Mensch offenbar auch in der kulturellen Evolution nicht wesensmäßig von seinen äffischen Verwandten.

Was aber sagt dann die Verhaltensbiologie zum Problem der Willensfreiheit? Nun, ein Evolutionskontinuum nachzuzeichnen, bedeutet keinesfalls, einem blinden Biologismus das Wort zu reden. Eine Weltanschauung, die uns als Marionetten genetischer Imperative begreift, jeder Entscheidungsfreiheit beraubt und damit jeder Eigenverantwortung enthoben, läßt sich mit der Verhaltensforschung keinesfalls begründen.

Zwar unterscheiden sich die Menschen in ihrer genetischen Ausstattung kaum, entwickeln aber die vielfältigsten traditionellen Ausformungen ihres Verhaltens. Für verschiedene Lebensumstände kommt derselbe Genotyp zu ganz unterschiedlichen Lösungen. Die natürliche Selektion hat bei einer Spezies, die in so gegensätzlichen Lebensräumen wie Sandwüsten, Savannen, Wäldern, Hochgebirgen, Meeresufern oder Eiswüsten Fuß fassen konnte, nicht Verhaltensuniformität gefördert, sondern die höchsten Belohnungen auf flexible Anpassungsstrategien ausgesetzt.

Seine erbliche Ausstattung macht dem Menschen – so formulierte es 1985 der deutsche Zoologe Hubert Markl – Verhaltens*vorschläge*, nicht jedoch Verhaltens*vorschriften*. Biologische Vorgaben strukturieren auch menschliches Verhalten in groben Zügen vor, bestimmen jedoch nicht bis ins Detail, wie sich der einzelne Mensch verhalten muß.

Um das zu belegen: Von polygynen Primatenarten ist bekannt, daß die Konkurrenz unter den Männchen zu einem Größenunterschied der Geschlechter führt. Dies ist – wie bereits in einem früheren Kapitel ausgeführt wurde – offenbar auch beim Menschen so. Männer sind im Durchschnitt größer und schwerer als ihre Partnerinnen und neigen zur „milden Vielweiberei". Aber diese Aussage hat eben nur statistischen Wert. Denn obgleich das Verhalten unserer Spezies durch die Stammesgeschichte in Bahnen gelenkt wurde, wird dennoch nicht jeder unserer Schritte des einzelnen vorprogrammiert. Die Kombination „kleiner Mann – große Frau" ist durchaus möglich, und manche Männer sind treuer als manche Frauen. Solche Abweichungen von der Norm illustrieren die Verhaltensflexibilität des Menschen. Ein mickeriger Mäuserich, ein Seelöwenbulle mit Zwergwuchs wären chancenlos; ein Schimpansen-Liliputaner könnte diesen Nachteil aber schon weitgehend durch geschicktes Taktieren wettmachen. Und Napoleon eroberte die halbe Welt.

Überdies muß davor gewarnt werden, bei Primaten weit verbreitete Verhaltensmerkmale für fundamentaler und damit funktionell bedeutungsvoller zu halten, als weniger verbreitete – wie dies etwa der namhafte Humanethologe Irenäus Eibl-Eibesfeldt propagiert, der bei verschiedenen Kulturen nach „Universalien“ im Verhalten sucht. Neu erworbenes Verhalten kann nämlich größeren Anpassungswert besitzen, als das Beharren auf Althergebrachtem.

Wenn etwa in Europa Frauen beschließen, zur Arbeit zu gehen und Männer stattdessen zu Hause das Baby mit der Flasche aufziehen, dann ist dies eine Umkehrung dessen, was als üblich und oft auch als „natürlich“ gilt. Zwar bringt die Ausschüttung des Hormons Prolaktin die Milchproduktion in der weiblichen Brust in Gang und steigert den Betreuungstrieb gegenüber dem Kleinkind. Seitens der Evolutionsforschung spricht aber nichts dagegen, daß eine Frau diese biologischen Vorgaben mit dem Kopf überblendet, und daß ein Mann herkömmliche Rollenerwartungen verwirft. Das ist nämlich nicht „widernatürlich“, wie manche meinen, sondern eine unter Umständen sinnvolle Verhaltensanpassung – zum Beispiel dann, wenn die Frau Arbeit hat und der Mann keine.

Wie ähnlich sich Affen und Menschen aufgrund ihrer gemeinsamen Abstammung verhalten und wie verbreitet bestimmte Verhaltensweisen in den Kulturen auch sein mögen – dies sagt grundsätzlich nichts darüber aus, ob sie „gut“ oder „böse“, „richtig“ oder „falsch“ sind. Manche Tendenzen, die wir mit soziallebenden Tieren und insbesondere mit Affen teilen, scheinen uns positiv und sympathisch, etwa die soziale Kooperation, die verläßliche Partnerschaft auf Gegenseitigkeit, die Aufopferungsbereitschaft für nahe Verwandte. Andere Neigungen scheinen uns bedenklich oder gar verwerflich, etwa Fremdenfeindlichkeit, Besitzgier, Ehebruch, Kindestötung oder Ausrottungskämpfe.

Moralische Maßstäbe lassen sich jedoch nicht automatisch an solche Verhaltensweisen anlegen, mögen sie nun als lobenswert oder als verachtenswert scheinen. Das natürliche „Sein“ sagt uns nichts über das ethische „Sollen“ – dies wäre jener „naturalistische Fehlschluß“, den bereits der schottische Philosoph David Hume im Jahre 1741 anmerkte.

Zweifellos braucht der Mensch in einer zusammenwachsenden Welt ethische Maßstäbe, die sich nicht einfach an dem orientieren können, was das Überleben unserer äffischen Vorfahren sicherte. Der Ruf „Zurück zur Natur“ ist da wenig hilfreich. Denn gerade die Mitglieder unserer eigenen Ordnung, die Primaten, haben die Weichen gestellt für jene Gleise von Tradition und Kultur, auf denen ihr erfolgreichster Vertreter die Erde eroberte. Wir können „den Affen in uns“ zwar nicht verleugnen, doch hängen Gedeih und Verderb des Menschen mittlerweile immer stärker von Leistungen ab, die wir als Kultur verstehen.

Für unsere wilden Geschwister interessieren wir uns vornehmlich deshalb, um etwas über unseren eigenen Werdegang, über unsere natürlichen Vorgaben und Grenzen zu erfahren. Im Grunde ist dies jedoch eine zutiefst anthropozentrische Sichtweise – also jene unselige Perspektive, die den Menschen als Mittelpunkt der Welt begreift. Erst wenn wir lernen, daß alle Kreaturen dieser Erde nicht nur im Hinblick auf ihre Beziehung zum Menschen ein Recht auf Leben besitzen, hat die Vielfalt des Lebens auf diesem Planeten eine Chance. Affen könnten die prominentesten Botschafter einer solchen ökologischen Ethik sein – unter einer Bedingung: Wenn wir unseren verwandten Geheimnisträgern nur etwas von der gemeinsamen Heimat ließen, die wir auch für uns in Anspruch nehmen. Zeit und Raum.

Straßenbau im Regenwald von Madagaskar. Dank außergewöhnlicher Intelligenz avancierte Homo sapiens zum erfolgreichsten Primaten der Erde. Doch die Eroberung ist rücksichtslos. Die Zukunft seiner wilden Verwandtschaft fällt weltweit in Schutt und Asche

Einteilung der Arten

Eine verbindliche Klassifikation der Säugetierordnung *Primates* gibt es nicht. Uneins sind sich die Experten bereits über die Großgliederung. Meist werden in Unterordnungen Halbaffen (*Prosimii*) und Affen (*Simii*) zusammengefaßt. Die Affen wiederum werden in die Zwischenordnungen Neuweltaffen (*Platyrrhini*, mit runden Nasenlöchern) und Altweltaffen (*Catarrhini*, mit kommaförmigen Nasenlöchern) unterteilt. Manche Systematiker bevorzugen jedoch stattdessen die Kategorien „Affen mit Nasenspiegel" (*Strepsirhini*; alle Halbaffen mit Ausnahme der Koboldmakis) und „Herrentiere ohne Nasenspiegel" (*Haplorhini*; Koboldmakis und sämtliche Affen).

Auch bei den Familien-, Gattungs- und Artnamen gibt es zahlreiche Unstimmigkeiten. Anstelle einer eigenen Gattung *Mandrillus* werden beispielsweise manchmal Drill und Mandrill der Gattung *Papio* zugeschlagen. Gleiches gilt etwa für die Zwergmeerkatze (Gattung *Cercopithecus* statt *Miopithecus*), die Stumpfnasen (Gattung *Pygathrix* statt *Rhinopithecus*), manche Stummelaffen (Gattung *Colobus* statt *Procolobus*) oder den Siamang (Gattung *Hylobates* statt *Symphalangus*). Besonders schwierig ist die Abgrenzung zwischen echten Arten und den mehr als 300 Unterarten. So sind die Wissenschaftler beispielsweise uneins darüber, ob es 5 oder 10 Gibbonarten gibt, 10 oder gar 22 Tamarinarten.

Die Übersicht auf den folgenden Seiten umfaßt 185 Arten. Eine wichtige Abweichung von bisher üblichen Systematiken: Schimpansen und Gorilla werden hier nicht mehr zu den *Pongidae* gezählt – deren einziger Vertreter jetzt der Orang ist –, sondern mit dem Menschen in die Familie *Hominidae* gestellt.

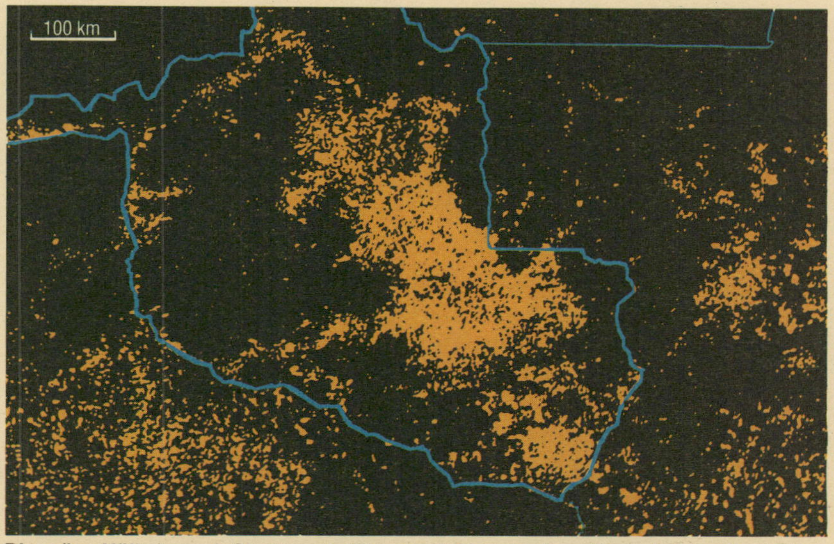

Die grüne Hölle brennt. Siedler schaffen durch Brandrodung Raum im brasilianischen Frontstaat Rondonia. Nächtliches Satellitenfoto aus dem Jahre 1987

Sozialstruktur

Bei Primaten wandern meist die heranwachsenden Männchen aus ihrer Geburtsgruppe aus. Die Weibchen bleiben ein Leben lang zusammen und neigen wegen ihrer Blutsverwandtschaft zur Kooperation (matrilineare Gruppen). Seltener – wie bei Schimpansen – sind die Männchen seßhaft und untereinander entsprechend kooperationsbereit (patrilineare Gruppen). Soweit bekannt, wird deshalb für die jeweiligen Arten jenes Geschlecht angegeben, das abwandert.

♂→ Männchen wandern aus.

♀→ Weibchen wandern aus.

Bei der Sozialstruktur und den Fortpflanzungssystemen werden grobe Kategorien unterschieden, wobei die Übergänge durchaus fließend sein können:

♂|♀ ***Solitär:*** Einzelgängerisch.

♂♀ ***Monogamie:*** Einehe.

♂♀♀ ***Polygynie:*** „Vielweiberei", ein einzelnes erwachsenes Männchen mit einem „Harem" von mehreren bis vielen Weibchen.

♂♂♀♀ ***Promiskuität:*** Mehrere bis viele Männchen mit mehreren bis vielen Weibchen; bis zu einem gewissen Grad herrscht sexuelle Freizügigkeit.

♀♂♂ ***Polyandrie:*** „Vielmännerei"; ein erwachsenes Weibchen mit mehreren Männchen.

Grad der Bedrohung

Wie stark die einzelnen Arten in ihrem Bestand bedroht sind, dokumentieren die Roten Listen der *Convention on International Trade in Endangered Species* (CITES, „Washingtoner Artenschutzabkommen") und der *Primate Specialist Group* der *International Union for the Conservation of Nature and Natural Resources* (IUCN). Da die tropischen und subtropischen Wälder weithin zerstört werden, nimmt die Zahl der bedrohten Arten dramatisch zu.

○ Bestand noch nicht bedroht; häufig.

◔ Bestände abnehmend oder bereits selten.

◑ Bedroht.

◕ Stark bedroht.

● Unmittelbar vom Aussterben bedroht.

HALBAFFEN

Lemuriformes (Zwischenordnung **LEMUREN**)
Daubentonioidea (Überfamilie)
Daubentoniidae (Familie **FINGERTIERE**)

Daubentonia madagascariensis	**Fingertier, Aye-Aye**	**♂|♀**		●

Lemuroidea (Überfamilie)
Indriidae (Familie **INDRIARTIGE**)

Avahi laniger	**Wollmaki, Vliesmaki, Avahi**	**♂♀**		◑
Indri indri	**Indri**	**♂♀**		◕
Propithecus diadema	**Diademsifaka**	♂♀		◕
Propithecus tattersalli	**Tattersalls Sifaka**			●
Propithecus verreauxi	**Larvensifaka**	**♂♂♀♀**	**♂→**	●

Lemuridae (Familie **LEMURENARTIGE**)
Cheirogaleinae (Unterfamilie **KATZENMAKIS**)

Allocebus trichotis	**Büschelohriger od. Kleiner Katzenmaki**			●
Cheirogaleus major	**Großer Katzenmaki**	♂|♀		◑
Cheirogaleus medius	**Mittlerer Katzenmaki, Fettschwanzmaki**	♂|♀		◑
Microcebus coquereli	**Rattenmaki, Coquerels Zwergmaki**	**♂|♀ ♂♀**		◑
Microcebus murinus	**Mausmaki**	**♂|♀ ♂♀♀**		◑
Microcebus rufus	**Roter Mausmaki**	**♂|♀ ♂♀**		◑
Phaner furcifer	**Gabelstreifiger Katzenmaki**	**♂|♀ ♂♀**		◔

Lemurinae (Unterfamilie **MITTELGROSSE LEMUREN**)

Lemur catta	**Katta**	**♂♂♀♀**	**♂→**	◑
Lemur coronatus	**Kronenmaki**	**♂♂♀♀**		?
Lemur fulvus	**Brauner Maki**	**♂♂♀♀**		◑
Lemur macaco	**Mohrenmaki**	**♂♂♀♀**		◕
Lemur mongoz	**Mongozmaki**	**♂♀ ♂♀♀**		◕
Lemur rubriventer	**Rotbauchmaki**	♂♀		◑
Varecia variegata	**Vari**	♂♀		◕

Lepilemurinae (Unterfamilie **WIESELMAKIS**)

Hapalemur aureus	**Goldener Bambuslemur**			●
Hapalemur griseus	**Grauer od. Kleiner Halbmaki**	♂♀		●
Hapalemur simus	**Breitschnauzen- od. Großer Halbmaki**			●
Lepilemur mustelinus	**Wieselmaki**	**♂|♀**		◕

Lorisiformes (Zwischenordnung **LORIVERWANDTE**)
Lorisoidea (Überfamilie)
Lorisidae (Familie **LORIS** und **GALAGOS**)
Galaginae (Unterfamilie **GALAGOS** oder **BUSCHBABIES**)

Galago alleni	**Buschwaldgalago**	**♂|♀ ♂♀♀**		○
Galago crassicaudatus	**Riesengalago**	**♂|♀ ♂♀♀**		○
Galago demidovii	**Zwerg- od. Urwaldgalago**	**♂|♀ ♂♀♀**		○
Galago elegantulus	**Westlicher Kielnagelgalago**	**♂|♀ ♂♀♀**		○
Galago garnetii	**Großer Galago**	**♂|♀**		○
Galago inustus	**Östlicher Kielnagelgalago**	♂|♀		◔
Galago senegalensis	**Senegal- od. Steppengalago**	**♂|♀**		○
Galago zanzibaricus	**Sansibar-Galago**	**♂|♀**		◑

Lorisinae (Unterfamilie **LORIS**)

Arctocebus calabarensis	**Bärenmaki, Angwantibo**	**♂|♀**		◔
Loris tardigradus	**Schlanklori**	♂|♀		○
Nycticebus coucang	**Plumplori**	♂|♀		○
Nycticebus pygmaeus	**Zwergplumplori**	♂|♀		○
Perodictcus potto	**Potto**	**♂|♀ ♂♀**		○

Tarsiiformes (Zwischenordnung **KOBOLDMAKIS**)
Tarsioidea (Überfamilie)
Tarsiidae (Familie **KOBOLDMAKIS**)

Tarsius bancanus	**Sundakoboldmaki**	♂|♀		◔
Tarsius diana	**Dianakoboldmaki**			○
Tarsius pumilus	**Zwergkoboldmaki**			○
Tarsius spectrum	**Celebeskoboldmaki**	♂♀		◔
Tarsius syrichta	**Philippinenkoboldmaki**			◑

Angaben **♂♀** gesichert
♂♀ ungesichert

Sozial-Struktur **♂♂♀♀**

Wanderndes Geschlecht **♀→ ♂→**

Bedrohung ◑

NEUWELTAFFEN

Platyrrhini (Zwischenordnung **NEUWELT- ODER BREITNASENAFFEN**)
Ceboidea (Überfamilie)
Callimiconidae (Familie **SPRINGTAMARINE**)

Callimico goeldii	**Springtamarin, Goelditamarin**	♂♀		◔

Callitrichidae (Familie **KRALLENAFFEN**)

Callithrix argentata	**Silberaffe**			◔
Callithrix aurita	**Weißohrseidenaffe**			●
Callithrix flaviceps	**Gelbkopfbüschelaffe**			●
Callithrix geoffroyi	**Weißgesichtseidenaffe, Geoffroy-Pinselaffe**			●
Callithrix humeralifer	**Weißschulterseidenaffe**	**♂♀** ♀♂♂		◔
Callithrix jacchus	**Weißbüschelaffe**	**♂♀** ♀♂♂		○
Callithrix penicillata	**Schwarzpinselaffe**	**♂♀** ♀♂♂		○
Cebuella pygmaea	**Zwergseidenaffe**	**♂♀** ♀♂♂		◔
Leontopithecus rosalia	**Löwenaffe**	**♂♀** ♀♂♂		●
Saguinus bicolor	**Mantelaffe**	**♂♀** ♀♂♂		◕
Saguinus fuscicollis	**Braunrückentamarin**	**♂♀** **♀♂♂**		○
Saguinus geoffroyi	**Geoffroy- od. Panamaperückenaffe**	**♂♀** ♀♂♂		○
Saguinus imperator	**Kaiserschnurrbarttamarin**	**♂♀** ♀♂♂		◑
Saguinus inustus	**Marmorgesichttamarin**	**♂♀** ♀♂♂		○
Saguinus labiatus	**Rotbauchtamarin**	**♂♀** ♀♂♂		○
Saguinus leucopus	**Weißfußaffe**	**♂♀** ♀♂♂		◕
Saguinus midas	**Rothandtamarin**	**♂♀** ♀♂♂		○
Saguinus mystax	**Schnurrbarttamarin**	**♂♀** ♀♂♂		○
Saguinus nigricollis	**Schwarzrückentamarin**	**♂♀** ♀♂♂		○
Saguinus oedipus	**Lisztaffe**	**♂♀** ♀♂♂		◕

Cebidae (Familie **KAPUZINERARTIGE**)
Alouattinae (Unterfamilie **BRÜLLAFFEN**)

Alouatta belzebul	**Rothandbrüllaffe**			○
Alouatta caraya	**Schwarzer Brüllaffe**	**♂♀♀ ♂♂♀♀**		◔
Alouatta fusca	**Brauner Brüllaffe**			◕
Alouatta palliata	**Mantelbrüllaffe**	**♂♂♀♀**	**♀**→ **♂**→	◑
Alouatta villosa	**Guatemala-Brüllaffe**	**♂♂♀♀**		○
Alouatta seniculus	**Roter Brüllaffe**	**♂♀♀ ♂♂♀♀**	**♀**→ **♂**→	○

Atelinae (Unterfamilie **KLAMMERSCHWANZAFFEN**)

Ateles belzebuth	**Goldstirnklammeraffe**	**♂♂♀♀**	♀→	◑
Ateles fusciceps	**Braunkopfklammeraffe**		♀→	◑
Ateles geoffroyi	**Geoffroy-Klammeraffe**		♀→	◕
Ateles paniscus	**Schwarzer Klammeraffe**	**♂♂♀♀**	♀→	○
Brachyteles arachnoides	**Muriki, Spinnenaffe**	**♂♂♀♀**	♀→	●
Lagothrix flavicauda	**Gelbschwanzwollaffe**	♂♂♀♀		◕
Lagothrix lagotricha	**Wollaffe**	**♂♂♀♀**		◕

Cebinae (Unterfamilie **KAPUZINERAFFEN**)

Cebus albifrons	**Weißstirnkapuziner**	**♂♀♀ ♂♂♀♀**	**♂**→	○
Cebus apella	**Gehaupter Kapuziner, Apella**	**♂♂♀♀**	♂→	◑
Cebus capucinus	**Weißschulterkapuziner, Kapuziner**	**♂♀♀ ♂♂♀♀**		○
Cebus nigrivittatus	**Brauner Kapuziner**	**♂♂♀♀**	♂→	○
Saimiri oerstedii	**Rotrücken-Totenkopfaffe**	**♂♂♀♀**		◕
Saimiri sciureus	**Totenkopfaffe**	**♂♂♀♀**	♂→	○

Pithecinae (Unterfamilie **SCHWEIF-** und **KURZSCHWANZAFFEN**)

Aotus trivirgatus	**Nachtaffe**	**♂♀**		○
Cacajao calvus	**Uakari, Scharlachgesicht**			◑
Cacajao melanocephalus	**Schwarzkopfuakari**			◑
Callicebus moloch	**Roter, Grauer od. Sumpf-Springaffe**	**♂♀**		○
Callicebus personatus	**Masken- od. Schwarzköpfiger Springaffe**	**♂♀**		◕
Callicebus torquatus	**Witwenaffe**	**♂♀**		◑
Chiropotes albinasus	**Weißnasensaki**	♂♀		◑
Chiropotes satanas	**Satansaffe**			◑
Pithecia albicans	**Schwarzrücken-Mönchsaffe**	**♂♀**		○
Pithecia hirsuta	**Schwarzbärtiger Mönchsaffe**	**♂♀**		○
Pithecia monachus	**Rotbärtiger Mönchsaffe, Zottelschweifaffe**	**♂♀**		○
Pithecia pithecia	**Weiß- od. Blaßkopfsaki**	**♂♀**		○

ALTWELTAFFEN

Catarrhini (Zwischenordnung **ALTWELT- oder SCHMALNASENAFFEN**)
Cercopithecoidea (Überfamilie **GESCHWÄNZTE ALTWELTAFFEN**)
Cercopithecidae (Familie **MEERKATZENVERWANDTE**)
Cercopithecinae (Unterfamilie **MEERKATZENARTIGE**)

Allenopithecus nigroviridis	**Sumpfmeerkatze, Schwarzgrüne Meerk.**		♂♀		◑
Cercocebus albigena	**Mantelmangabe**		**♂♂♀♀**	♂→	◑
Cercocebus aterrimus	**Schopfmangabe**		**♂♂♀♀**		◑
Cercocebus galeritus	**Haubenmangabe**		**♂♂♀♀**		◕
Cercocebus torquatus	**Halsbandmangabe**				◑
Cercopithecus aethiops	**Grüne Meerkatze**		**♂♂♀♀**	**♂**→	○
Cercopithecus ascanius	**Rotschwanzmeerkatze, Kongoweißnase**		**♂♀♀** **♂♂♀♀**	**♂**→	○
Cercopithecus campbelli	**Campbells Meerkatze**		**♂♀♀**	**♂**→	○
Cercopithecus cephus	**Blaumaulmeerkatze**		**♂♀♀**	♂→	○
Cercopithecus denti	**Dents Meerkatze**				○
Cercopithecus diana	**Dianameerkatze**		♂♀♀		◕
Cercopithecus dryas	**Dryas' Meerkatze**				◕
Cercopithecus erythrogaster	**Rotbauchmeerkatze**				◕
Cercopithecus erythrotis	**Rotohr- od. Rotnasenmeerkatze**		**♂♀♀**		◕
Cercopithecus hamlyni	**Eulenkopf- od. Hamlynmeerkatze**		♂♀		◑
Cercopithecus l'hoesti	**Vollbartmeerkatze**		**♂♀♀**		◕
Cercopithecus mitis	**Diademmeerkatze**		**♂♀♀**	**♂**→	○
Cercopithecus mona	**Monameerkatze**		**♂♀♀**		○
Cercopithecus neglectus	**Brazzameerkatze**		**♂♀**		◔
Cercopithecus nictitans	**Große Weißnasenmeerkatze**		**♂♀♀**	♂→	◔
Cercopithecus petaurista	**Kleine Weißnasenmeerkatze**				○
Cercopithecus pogonias	**Kronenmeerkatze**		♂♀♀		○
Cercopithecus salongo	**Zaire-Diademmeerkatze**				◑
Cercopithecus wolfi	**Wolfs Meerkatze**				○
Miopithecus talapoin	**Zwergmeerkatze**		**♂♂♀♀**	♂→	◑
Erythrocebus patas	**Husarenaffe**		**♂♀♀**	**♂**→	○
Macaca arctoides	**Bären- od. Stumpfschwanzmakak**		**♂♂♀♀**	♂→	◑
Macaca assamensis	**Assammakak, Bergrhesus**		♂♂♀♀		○
Macaca cyclopis	**Formosa- od. Rundgesichtsmakak**				◔
Macaca fascicularis	**Javaneraffe, Langschwanzmakak**		**♂♂♀♀**	**♂**→	○
Macaca fuscata	**Rotgesichts- od. Japanmakak**		**♂♂♀♀**	**♂**→	◔
Macaca maura	**Mohrenmakak**				○
Macaca mulatta	**Rhesusaffe, Rhesusmakak**		**♂♂♀♀**	**♂**→	○
Macaca nemestrina	**Schweinsaffe**		**♂♂♀♀**	♂→	◔
Macaca nigra	**Schopfaffe, Schopfmakak**				◑
Macaca radiata	**Indischer Hutaffe**		**♂♂♀♀**	**♀**→ ♂→	○
Macaca silenus	**Bartaffe, Wanderu**		**♂♂♀♀**	♂→	●
Macaca sinica	**Ceylon-Hutaffe**		**♂♂♀♀**	**♂**→	◔
Macaca sylvanus	**Berberaffe, Magot**		**♂♂♀♀**	**♂**→	◕
Macaca thibetana	**Tibetmakak, Tibetanischer Bärenmakak**		**♂♂♀♀**		○
Macaca tonkeana	**Tonkeanamakak, Tonkinmakak**				?
Mandrillus leucophaeus	**Drill**		**♂♀♀**		◕
Mandrillus sphinx	**Mandrill**		**♂♀♀**	♂→	◕
Papio anubis	**Anubis- od. Grüner Pavian**	} **Savannen-**	**♂♂♀♀**	**♂**→	○
Papio cynocephalus	**Gelber Pavian od. Gelber Babuin**	} **paviane**	**♂♂♀♀**	**♂**→	○
Papio ursinus	**Bärenpavian, Tschakma**	}	**♂♂♀♀**	**♂**→	○
Papio papio	**Guinea- od. Roter Pavian**		**♂♂♀♀**	**♂**→	◑
Papio hamadryas	**Mantelpavian**		**♂♀♀**	**♀**→	◑
Theropithecus gelada	**Dschelada, Blutbrustpavian**		**♂♀♀**	**♂**→	◑

Angaben	Sozial-Struktur	Wanderndes Geschlecht	Bedrohung
♂♀ gesichert ♂♀ ungesichert	**♂♂♀♀**	**♀**→ **♂**→	◑

Colobinae (Unterfamilie **SCHLANK- und STUMMELAFFEN**)

Colobus angolensis	**Angola-Stummelaffe, Angola-Guereza**	♂♀♀		○
Colobus badius	**Roter Stummelaffe**	♂♀♀ ♂♂♀♀	♀→	◕
Colobus guereza	**Mantelaffe, Ostafrikanischer Guereza**	♂♀♀ ♂♂♀♀	♂→	○
Colobus kirkii	**Sansibar-Stummelaffe**			◕
Colobus polykomos	**Bärenstummelaffe, Südlicher Guereza**	♂♀♀ ♂♂♀♀		◔
Colobus satanas	**Schw. Stummelaffe, Schwarzer Guereza**	♂♀♀ ♂♂♀♀	♀→ ♂→	◑
Colobus verus	**Schopf- od. Grüner Stummelaffe**	♂♀♀ ♂♂♀♀		◑
Nasalis concolor	**Pageh-Stumpfnasenaffe, Simakobu**	♂♀ ♂♀♀		◕
Nasalis larvatus	**Nasenaffe**	♂♀♀	♀→ ♂→	◑
Presbytis aygula	**Mützenlangur**	♂♀♀		◕
Presbytis cristata	**Haubenlangur**	♂♀♀ ♂♂♀♀	♂→	◑
Presbytis entellus	**Hanuman- od. Grauer Langur, Hulman**	♂♀♀ ♂♂♀♀	♂→	○
Presbytis francoisi	**Tonkinlangur**			◑
Presbytis frontata	**Weißstirnlangur**			?
Presbytis geei	**Goldlangur**	♂♀♀		◕
Presbytis johnii	**Nilgirilangur**	♂♀♀ ♂♂♀♀	♂→	◑
Presbytis melalophos	**Roter Langur**	♂♀♀ ♂♂♀♀	♂→	?
Presbytis obscura	**Brillenlangur**	♂♀♀ ♂♂♀♀		?
Presbytis phayrei	**Phayres Langur**			◑
Presbytis pileata	**Schopflangur**	♂♀♀	♀→ ♂→	◔
Presbytis potenziani	**Mentawailangur**	♂♀ ♂♀♀		◕
Presbytis rubicunda	**Maronenlangur**	♂♀♀	♂→	?
Presbytis senex	**Weißbartlangur**	♂♀♀	♂→	◑
Pygathrix nemaeus	**Kleideraffe**			◕
Rhinopithecus avunculus	**Tonkinstumpfnase**			●
Rhinopithecus brelichi	**Weißmantelstumpfnase**			●
Rhinopithecus roxellanae	**Goldstumpfnase**	♂♀♀		●

MENSCHENAFFEN UND MENSCHEN

Hominoidea (Überfamilie **MENSCHENARTIGE**)

Hylobatidae (Familie **GIBBONS oder KLEINE MENSCHENAFFEN**)

Hylobates agilis	**Ungka, Schlankgibbon**	♂♀		◑
Hylobates concolor	**Schopfgibbon**	♂♀		◕
Hylobates hoolock	**Hulock, Weißbrauengibbon**	♂♀		◑
Hylobates klossii	**Biloh, Mentawai-Gibbon, Zwergsiamang**	♂♀		◕
Hylobates lar	**Lar, Weißhandgibbon**	♂♀		◔
Hylobates leucogenys	**Weißwangengibbon**	♂♀		◕
Hylobates moloch	**Silbergibbon**	♂♀		◕
Hylobates muellerie	**Grauer- od. Borneo-Gibbon**	♂♀		○
Hylobates pileatus	**Kappengibbon**	♂♀		◕
Hylobates syndactylus	**Siamang**	♂♀		○

Pongicae (Familie **ASIATISCHE MENSCHENAFFEN**)

Pongo pygmaeus	**Orang-Utan**	♂|♀ ♂♀♀		◕

Hominidae (Familie **AFRIKANISCHE MENSCHENAFFEN und MENSCHEN**)

Gorilla gorilla	**Gorilla**	♂♀♀	♀→ ♂→	◕
Pan paniscus	**Bonobo, Zwergschimpanse**	♂♂♀♀	♀	◕
Pan troglodytes	**Schimpanse**	♂♂♀♀	♀→	◕
Homo sapiens	**Mensch**	♂♀ ♂♀♀ ♀♂♂	♀→ ♂→	○

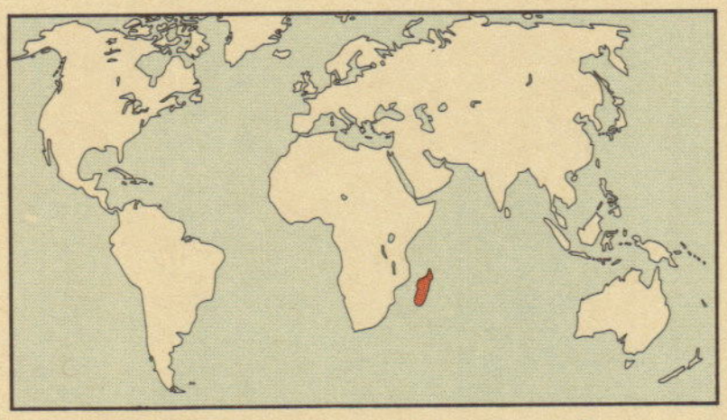

LEMUREN

3 Familien (*Daubentoniidae, Indriidae, Lemuridae*) mit 12 Gattungen und 24 Arten.

Verbreitung: Madagaskar.

Maße: Am kleinsten ist der MAUSMAKI (Kopf-Rumpf-Länge 11–13 cm, Schwanz 13–15,5 cm, Gewicht 50–60 g), am größten der INDRI (Kopf-Rumpf-Länge 57–80 cm, Schwanz 5 cm, Gewicht 7–10 kg).

Tragzeit: 59–160 Tage.

Jungenzahl pro Geburt: KATZENMAKIS sowie MITTELGROSSE LEMUREN 1–4; WIESELMAKIS, INDRIARTIGE, FINGERTIER 1.

Lebensdauer: in Menschenobhut 12 Jahre (BREITSCHNAUZEN-HALBMAKI) bis 30 Jahre (MOHRENMAKI).

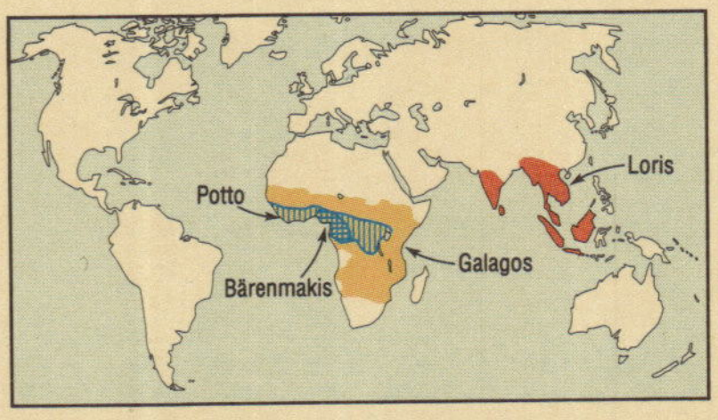

GALAGOS, LORIS, POTTO

Familie *Lorisidae* mit 5 Gattungen und 13 Arten.

Verbreitung: GALAGOS, POTTO und BÄRENMAKI in warmen Regionen Afrikas: LORIS in Indien und Südostasien.

Maße: Am kleinsten ist der ZWERGGALAGO (Kopf-Rumpf-Länge 11–13 cm, Schwanz 16–27 cm, Gewicht 50–85 g), am größten der RIESENGALAGO (Kopf-Rumpf-Länge 31–35 cm, Schwanz 40–46 cm, Gewicht 900–1600 g).

Tragzeit: 110–193 Tage.

Jungenzahl pro Geburt: meist 1, gelegentlich Zwillinge.

Lebensdauer: in Menschenobhut 12 Jahre (ZWERGGALAGO) bis über 22 Jahre (POTTO).

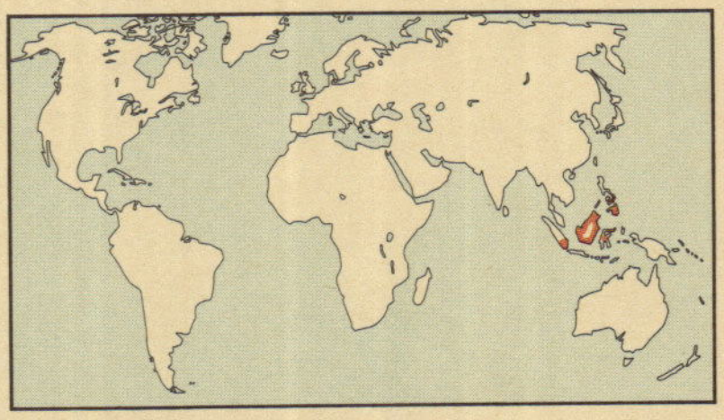

KOBOLDMAKIS

Familie *Tarsiidae* mit einer Gattung und 5 Arten.

Verbreitung: Inseln Südostasien.

Maße: Kopf-Rumpf-Länge 11–14,5 cm, Schwanz 20–26 cm, Gewicht 105–160 g.

Tragzeit: 180 Tage.

Jungenzahl pro Geburt: 1.

Lebensdauer: in Menschenobhut 8 bis mehr als 13 Jahre.

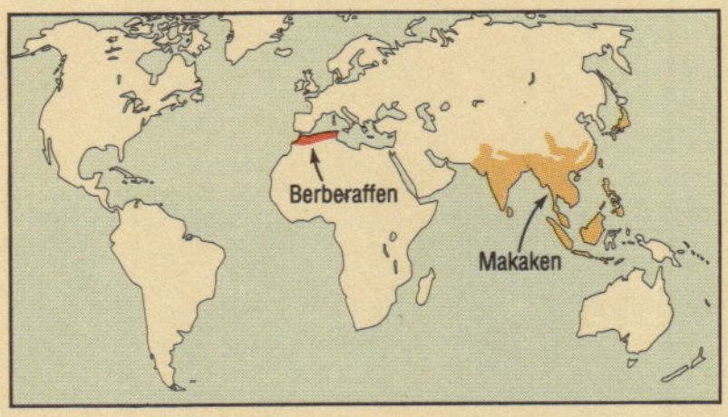

MAKAKEN

Gattung *Macaca* mit 15 Arten in der Unterfamilie Meerkatzenartige (*Cercopithecinae*).

Verbreitung: Südasien bis Südchina, Südostasien, Japan; BERBERAFFE in Nordafrika und Gibraltar.

Maße: Am kleinsten ist der CEYLON-HUTAFFE (beim Weibchen Kopf-Rumpf-Länge 35–43 cm, Schwanz 40–56 cm, Gewicht 2,5–4,5 kg), am größten der JAPANMAKAK (beim Männchen Kopf-Rumpf-Länge 88–95 cm, Schwanz 10 cm, Gewicht 10–14 kg).

Tragzeit: 135–194 Tage.

Jungenzahl pro Geburt: 1; bei RHESUS- UND BERBERAFFEN sehr selten Zwillinge.

Lebensdauer: in Menschenobhut bis 38 Jahre (JUVANERAFFE).

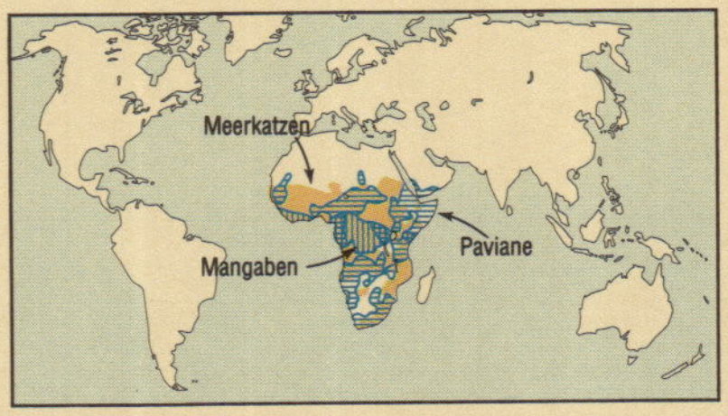

MANGABEN, MEERKATZEN, PAVIANE

Unterfamilie Meerkatzenartige (*Cercopithecinae*) mit 8 Gattungen und 34 Arten (ohne MAKAKEN).

Verbreitung: Afrika südlich der Sahara; MANTELPAVIANE auch Südzipfel der arabischen Halbinsel.

Maße: Am kleinsten ist die ZWERGMEERKATZE (beim Weibchen Kopf-Rumpf-Länge 25–37 cm, Schwanz 26–40 cm, Gewicht 0,7–1,4 kg), am größten sind DRILL und MANDRILL (beim Männchen Kopf-Rumpf-Länge 65–95 cm, Schwanz 7–12 cm, Gewicht 20–50 kg).

Tragzeit: 158–193 Tage.

Jungenzahl pro Geburt: 1; bei SAVANNENPAVIANEN selten auch Zwillinge.

Lebensdauer: in Menschenobhut 19 Jahre (DIANAMEERKATZE) bis 46 Jahre (MANDRILL).

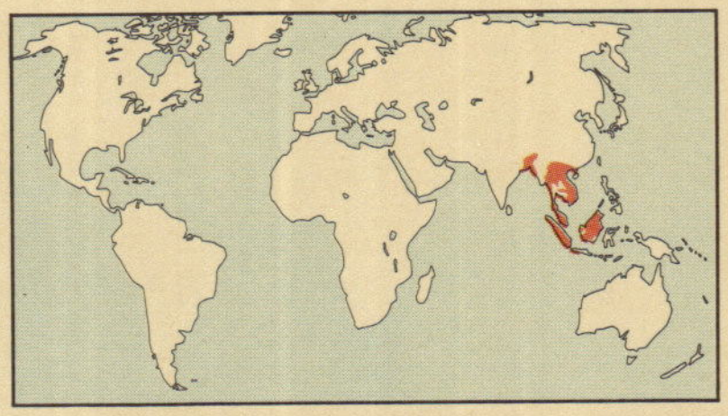

KLEINE MENSCHENAFFEN oder GIBBONS

Familie *Hylobatidae* mit einer Gattung und 10 (bisher meist nur 9) Arten.

Verbreitung: Östliches Indien bis Südchina; Südostasien bis Sumatra, Westjava und Borneo.

Maße: Kopf-Rumpf-Länge 44–65 cm, kein Schwanz, Gewicht 5–6,7 kg; SIAMANG hat Kopf-Rumpf-Länge bis 90 cm, Gewicht um 11 kg.

Tragzeit: 210–235 Tage.

Jungenzahl pro Geburt: 1, sehr selten Zwillinge.

Lebensdauer: in freier Wildbahn 25–30 Jahre.

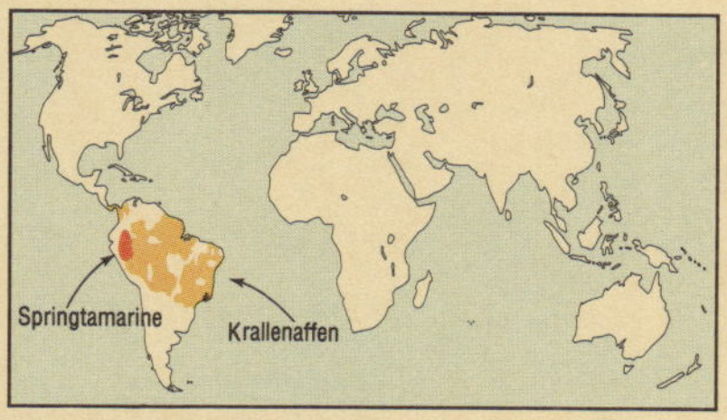

KRALLENAFFEN, SPRINGTAMARINE

2 Familien (*Callitrichidae, Callimiconidae*) mit 5 Gattungen und 21 Arten.

Verbreitung: Südliches Mittelamerika und Nordhälfte Südamerikas.

Maße: Am kleinsten ist der ZWERGSEIDENAFFE (Kopf-Rumpf-Länge 11,7–19 cm, Schwanz 17,2–22,9 cm, Gewicht 100–190 g), am größten der LÖWENAFFE (Kopf-Rumpf-Länge 20–40 cm, Schwanz 31,5–40 cm, Gewicht 380 bis 710 g).

Tragzeit: 130–170 Tage.

Jungenzahl pro Geburt: SPRINGTAMARIN 1; KRALLENAFFEN 1–2, selten 3.

Lebensdauer: in Menschenobhut bis 16 Jahre.

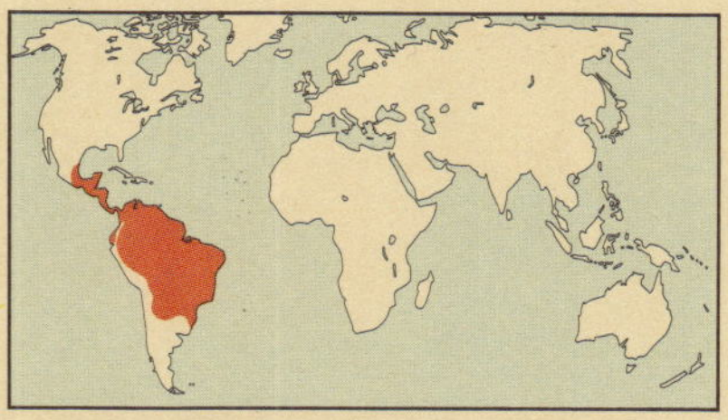

KAPUZINERARTIGE

Familie *Cebidae* mit 11 Gattungen und 31 Arten.

Verbreitung: Mittelamerika, Südamerika bis Paraguay, Nordargentinien, Südbrasilien.

Maße: Am kleinsten ist der TOTENKOPFAFFE (beim Weibchen Kopf-Rumpf-Länge 22–37 cm, Schwanz 37–45 cm, Gewicht 365–750 g), am größten der MURIKI (beim Männchen Kopf-Rumpf-Länge 46–63 cm, Schwanz 65–74 cm, Gewicht 12–15 kg).

Tragzeit: etwa 120 bis 225 Tage.

Jungenzahl pro Geburt: 1; beim NACHTAFFEN sehr selten auch Zwillinge.

Lebensdauer: in Menschenobhut 21 Jahre (TOTENKOPFAFFE) bis 47 Jahre (WEISSSCHULTERKAPUZINER).

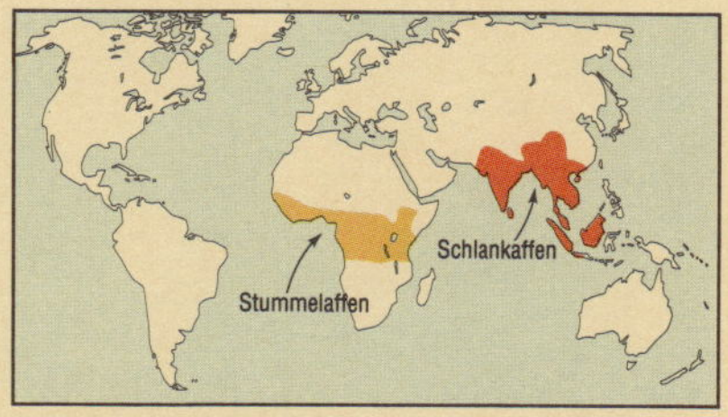

SCHLANKAFFEN, STUMMELAFFEN

Unterfamilie *Colobinae* mit 5 Gattungen und 27 Arten.

Verbreitung: Süd- und Südostasien, Afrika entlang des Äquators.

Maße: Am kleinsten ist der SCHOPFSTUMMELAFFE (Kopf-Rumpf-Länge 43–50 cm, Schwanz 57–67 cm, Gewicht 2,9–5,7 kg), am größten der HANUMAN-LANGUR (Kopf-Rumpf-Länge 41–108 cm, Schwanz 69–112 cm, beim Männchen Gewicht 9–23,6 kg).

Tragzeit: 140–220 Tage.

Jungenzahl pro Geburt: 1; beim HANUMAN-LANGUR sehr selten Zwillinge.

Lebensdauer: HANUMAN-LANGUR in Menschenobhut über 25 Jahre, in freier Wildbahn mindestens 30 Jahre.

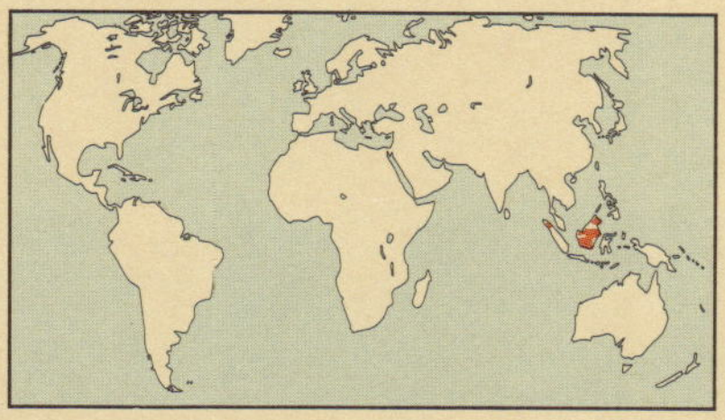

ORANG UTAN

Einzige Art der Gattung *Pongo* (Familie *Pongidae*).

Verbreitung: Nordsumatra, Tiefland von Borneo.

Maße: Männchen Kopf-Rumpf-Länge um 97 cm, kein Schwanz, Gewicht 60–90 kg; Weibchen Kopf-Rumpf-Länge um 78 cm, Gewicht 40–50 kg.

Tragzeit: 260–270 Tage.

Jungenzahl pro Geburt: 1, sehr selten Zwillinge.

Lebensdauer: in Menschenobhut bis 50 Jahre, in freier Wildbahn bis etwa 35 Jahre.

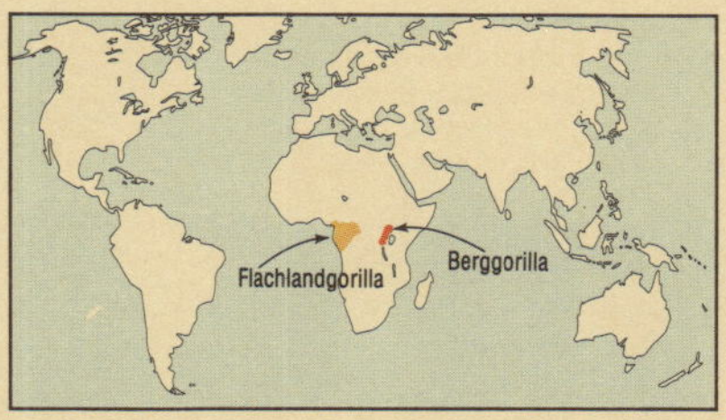

GORILLA

Einzige Art der Gattung *Gorilla* (Familie *Hominidae*) mit 3 Unterarten: Westlicher Flachlandgorilla (*Gorilla gorilla gorilla*), Östlicher Flachlandgorilla (*Gorilla gorilla graueri*), Berggorilla (*Gorilla gorilla beringei*).

Verbreitung: Zentralafrika.

Maße: 140–185 cm, kein Schwanz, Gewicht beim Weibchen 60–100 kg; Gewicht beim Männchen 140–275 kg, im Zoo bis 350 kg.

Tragzeit: 250–289 Tage.

Jungenzahl pro Geburt: 1, Zwillinge sehr selten.

Lebensdauer: in Menschenobhut etwa 50 Jahre, in freier Wildbahn etwa 35 Jahre.

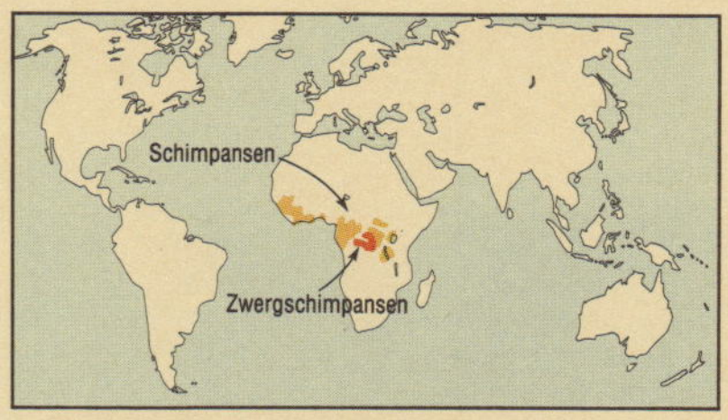

SCHIMPANSEN

2 Arten der Gattung *Pan* (Familie *Hominidae*).

SCHIMPANSE (*Pan troglodytes*)

Verbreitung: West- und Zentralafrika nördlich des Zaire-Flusses, von Senegal bis Tansania.

Maße: 70–92 cm, Männchen mancher Unterarten bis 170 cm, kein Schwanz, Gewicht beim Männchen 37–60 kg, beim Weibchen 30–47 kg; Männchen im Zoo bis 90 kg.

Tragzeit: 225–240 Tage.

Jungenzahl pro Geburt: 1, Zwillinge sehr selten.

Lebensdauer: in Menschenobhut bis 55 Jahre, in freier Wildbahn mehr als 33 Jahre.

BONOBO, ZWERGSCHIMPANSE (*Pan paniscus*)

Verbreitung: Zaire zwischen den Flüssen Zaire und Kasai.

Maße: Kopf-Rumpf-Länge 70–90 cm, kein Schwanz, Gewicht beim Männchen 39–45 kg, beim Weibchen 31–33 kg.

Tragzeit: 230–240 Tage.

Jungenzahl pro Geburt: 1.

Lebensdauer: unbekannt, aber sicher über 20 Jahre.

Stichwort-Verzeichnis

(Kursive Seitenzahlen verweisen auf Bilder)

T

U

V

W

X

Y

Z

Standardwerke zu Systematik und Verhalten

Napier, John R. / Napier, Prudence Hero: A Handbook of Living Primates. London (Academic Press) 1967.

Schultz, Adolph H.: Die Primaten. Die Enzyklopädie der Natur 18. Lausanne (Editions Rencontre) 1971.

Jolly, Alison: The Evolution of Primate Behavior. New York (Macmillan) 1985.

Grizmek, Bernhard (Hg.), Grizmeks Enzyklopädie Säugetiere 2. München (Kindler) 1988.

Macdonald, David M. (Hg.): Affen und Halbaffen. Die Tiere der Welt 3. Gütersloh (Mosaik/Bertelsmann) 1987.

Dunbar, Robin I.M.: Primate Social Systems. London/Sydney (Croom Helm) 1988.

Kapitel I

Vergöttert und verteufelt

Religion, Volksglauben und frühe Wissenschaft

Tulsidas: Ramcaritmanas. Der heilige See der Taten Ramas. Stuttgart (Reclam) 1975.

Cadet, J. M.: The Ramakien. Tokyo/New York/San Francisco (Kodansha International) 1971.

Mc Dermott, William C.: The Ape in Antiquity. The John Hopkins University Studies in Archaeology 27. Baltimore (The John Hopkins Press) 1938.

Janson, Horst Woldemar: Apes and Ape Lore in the Middle Ages and the Renaissance. London (The Warburg Institute, University of London) 1952.

Wendt, Herbert: Auf Noahs Spuren. Die Entdeckung der Tiere. Hamm/Westfalen (Grote'sche Verlagsbuchhandlung) 1956.

Pionierstudien in Gefangenschaft

Köhler, Wolfgang: Intelligenzprüfungen an Menschenaffen. Berlin (Springer) 1921.

Zuckerman, Solly: The Social Life of Monkeys and Apes. London (K. Paul/Trench/Trubner) 1932.

Yerkes, Robert M.: Chimpanzees: A Laboratory Colony. New Haven (Yale University Press) 1943.

Pionierstudien im Freiland

Marais, Eugène: The Soul of the Ape. London (Anthony Blond) 1969.

Carpenter, Clarence Ray: Naturalistic Behavior of Non-human Primates. University Park, PE (Pennsylvania State University Press) 1964 (Sammelband mit Arbeiten über Brüllaffen, 1934; Gibbons, 1940; Rhesusaffen, 1942).

Harrison, Barbara: Orang-Utan. (Doubleday) 1963. – Übersetzung: Kinder des Urwalds. Meine Arbeit mit Orang-Utans auf Borneo. Wiesbaden (Brockhaus) 1964.

Schaller, George B.: The Year of the Gorilla. Chicago (University of Chicago Press) 1964. – Übersetzung: Unsere nächsten Verwandten. Bern/München (Scherz) 1965.

Kummer, Hans: Social Organization of Hamadryas Baboons. Basel (Karger) 1968.

Altmann, Stuart A. / Altmann, Jeanne: Baboon Ecology. Bibliotheca Primatologica 12. Basel (Karger) 1970.

Goodall, Jane van Lawick: In the Shadow of Man. Boston (Houghton Mifflin) / London (Collins) 1971. – Übersetzung: Wilde Schimpansen. Reinbek bei Hamburg (Rowohlt) 1971.

Galdikas, Biruté: Living with the great orange apes. National Geographic Magazine 157 (1980), S. 830–853.

Fossey, Dian: Gorillas in the Mist. Boston (Houghton Mifflin) 1983. – Übersetzung: Gorillas im Nebel. München (Kindler) 1989.

Handel und Artenschutz

Mittermeier, Russell A. / Plotkin, Mark J. (Hg.): Primates and the Tropical Forest. Pasadena / CA (L.S.B. Leakey Foundation) / Washington (WWF U.S.) 1982.

IUCN-SSC Primate Specialist Group / Oates, John F. (Hg.): Action Plan for African Primate Conservation 1986–1990. New York (UNEP / IUCN / WWF) 1985.

Mack, David / Mittermeier, Russell A.: The International Primate Trade 1: Legislation. Trade and Captive Breeding. Washington, DC (Traffic / USA) 1984.

Kapitel II

Pioniere erklettern den Stammbaum

Fossilgeschichte

Henke, Winfried / Rothe, Hartmut: Der Ursprung des Menschen. Stuttgart (Gustav Fischer) 1980.

Vogel, Christian: Evolution des Menschen. In: R. Siewing (Hg.), Evolution. Stuttgart / New York (Gustav Fischer) 1987, S. 415–452.

Ciochon, Russell L. / Corruccini, Robert S. (Hg.): New Interpretations of Ape and Human Ancestry. New York (Plenum) 1983.

Lewin, Roger: In the Age of Mankind. Washington, D.C. (Smithsonian) 1988.

Evolutionstrends

Napier, John R. / Napier, Prudence Hero: The Natural History of the Primates. London (British Museum / Natural History) 1985.

Passingham, Richard E.: The Human Primate. Oxford / San Francisco (W. H. Freeman) 1982.

Vogel, Christian: Praedispositionen bzw. Praeadaptationen der Primaten-Evolution im Hinblick auf die Hominisation. In: G. Kurth / I. Eibl-Eibesfeldt (Hg.). Hominisation and Verhalten. Stuttgart (Gustav Fischer) 1975, S. 1–31.

Osche, Günther: Vom Tier zum Menschen – Schlüsselereignisse der morphologischen und verhaltensbiologischen Evolution. In: B. Hassenstein / H. Mohr / G. Osche / K. Sander / W. Wülker (Hg.), Freiburger Vorlesungen zur Biologie des Menschen. Heidelberg (Quelle / Meyer) 1979, S. 7–32.

"Sonderstellung" des Menschen

Gehlen, Arnold: Der Mensch, seine Natur und seine Stellung in der Welt. Frankfurt/M. (Athenäum) 1955.

Hofer, Helmut / Altner, Günter: Die Sonderstellung des Menschen. Stuttgart (Gustav Fischer) 1972.

Osche, Günther: Die Sonderstellung des Menschen in biologischer Sicht: Biologische und kulturelle Evolution. In: R. Siewing (Hg.), Evolution. Stuttgart / New York (Gustav Fischer) 1987, S. 499–523.

Aufrechter Gang und Haarlosigkeit

Morris, Desmond: Der nackte Affe. München (Droemer/Knaur) 1968. – Originalausgabe: The Naked Apes. London (Cape) 1967.

Wheeler, P. E.: The evolution of bipedality and loss of functional body hair in hominids. Journal of Human Evolution 13. (1984), S. 91–98.

Arbeitsteilung der Geschlechter in Jäger / Sammler

Lee, Richard B. / De Vore, Irven (Hg.): Man the Hunter. Chicago (Aldine / Atherton) 1968.

Tiger, Lionel / Fox, Robin: Das Herrentier. Steinzeitjäger im Spätkapitalismus. München (dtv) 1976. – Originalausgabe: The Imperial Animal. New York (Holt / Rinehart / Winston) 1971.

Dahlberg, Frances (Hg.): Woman the Gatherer. New Haven (Yale University Press) 1981.

Lethmate, Jürgen (Hg.): Primaten. Unterricht Biologie 121. Velber (Friedrich) 1987, S. 43–47.

Kapitel III

Sex – das ganz vertrackte Puzzle

Duettgesang und Einehe bei Gibbons

Brockelman, Warren Y. / Schilling, Detlef: Inheritance of stereotyped gibbon calls. Nature 312 (1984), S. 634–636.

Mitani, John C.: The behavioral regulation of monogamy in gibbons (Hylobates muelleri). Behavioral Ecology and Sociobiology 15 (1984), S. 225–229.

Leighton, Donna Robbins: Gibbons: territoriality and monogamy. In: B. B. Smuts / D. L. Cheney / R. M. Seyfarth / R. W. Wrangham / T. T. Struhsaker (Hg.), Primate Societies. Chicago (The University of Chicago Press) 1986, S. 135–145.

Preuschoft, Holger / Chivers, David / Brockelman, Warren Y. / Creel, Norman (Hg.), The Lesser Apes: Evolutionary and Behavioral Biology. Edinburgh (Edinburgh University Press) 1984.

Gruppenstrukturen bei Primaten

Jolly, Alison: The Evolution of Primate Behavior, (Chapter 6: Group Size and Structure). New York (Macmillan) 1985, S. 115–139.

Pollock, Jonathan: Female dominance in Indri indri. Folia primatologica 31 (1979), S. 143–164.

Wrangham, Richard W.: An ecological model of female-bonded primate groups. Behavoiour 75 (1980), S. 262-300.

Geschlechtliche Zuchtwahl

Trivers, Robert: Parental investment and sexual selection. In: B. Campbell (Hg.), Sexual Selection and the Descent of Man, 1871–1971. Chicago (Aldine) 1972, S. 136–179.

Eheformen in menschlichen Gesellschaften

Murdock, George Peter: Ethnographic Atlas. Pittsburgh (University of Pittsburgh Press) 1967.

Betzig, Laura / Borgerhoff Mulder, Monique / Turke, Paul (Hg.): Human Reproductive Behaviour. A Darwinian Perspective. Cambridge (Cambridge University Press) 1988.

Relatives Hodengewicht, Penislängen

Harcourt, Alexander H. / Harvey, Paul H. / Larson, S. G. / Short, Roger V.: Testis weight, body weight and breeding system in primates. Nature 293 (1981), S. 55–57.

Martin, Robert D. / May, Robert M.: Outward signs of breeding. Nature 293 (1981), S. 8–9.

De Waal, Frans: Unsere haarigen Vettern. München (Harnack) 1983, S. 48.

Weiblicher Zyklus

Butler, H.: Evolutionary trends in primate sex cycles. In: W. P. Luckett (Hg.), Reproductive Biology of the Primates. Contributions to Primatology 3. Basel (Karger) 1974. S. 2–25.

Hausfater, Glenn / Skoblick, Barbara: Perimenstrual behavior changes among female yellow baboons: some similarities to premenstrual syndrome (PMS) in women. American Journal of Primatology 9 (1985), S. 165–172.

Vergewaltigung

Smuts, Barbara B.: Sex and Friendship in Baboons. New York (Aldine) 1985, S. 180–181.

Mc Grew, William C.: Social and cognitive capabilities of nonhuman primates: Lessons from the wild to captivity. International Journal for the Study of Animal Problems 2 (1981), S. 138–149.

Mac Kinnon, John: Reproductive behavior in wild orangutan populations. In: D. A. Hamburg / E. R. Mc Cown (Hg.), The Great Apes. Menlo Park, CA (Benjamin / Cummings) 1979, S. 257–274.

Weibliche Sexualität: Dauerrezeptivität, heimliche Ovulation, Orgasmus

Morris, Desmond: Der nackte Affe. München (Droemer / Knaur) 1968, S. 47–93.

Alexander, Richard / Noonan, Katherine M.: Concealment of ovulation, parental care, and human social evolution. In: N. A. Chagnon / W. Irons (Hg.), Evolutionary Biology and Human Social Behavior: An Anthropological Perspective. North Scituate, MA (Duxbury) 1979, S. 436–453.

Symons, Donald: The Evolution of Human Sexuality. Oxford (Oxford University Press) 1979.

Hrdy, Sarah Blaffer: The Woman That Never Evolved. Cambridge / MA (Harvard University Press) 1981.

Diamond, Jared M.: Everything else you always wanted to know about a Discover 6 (1985), S. 70–82.

Kano, Takayoshi: Social behavior of wild pygmy chimpanzees (Pan paniscus) of Wamba: A preliminary report. Journal of Human Evolution 9 (1980), S. 243–260.

Gallup, Gordon G. / Suarez, Susan D.: Optimal reproductive strategies for bipedalism. Journal of Human Evolution 12 (1983), S. 193–196.

Caro,T.M.: Human breasts: unsupported hypotheses reviewed. Human Evolution 2 (1987), S. 271–282.

Zyklussynchronisation

Graham, Charles A. / Mc Grew, William C.: Menstrual synchrony in female undergraduates living on a coeducational camp. Psychoneuroendocrinology 5 (1980), S. 245–252.

Mc Clintock, Martha K.: Social control of the ovarian cycle and the function of estrous synchrony. American Zoologist 21 (1981), S. 243–256.

Turke, Paul W.: Effects of ovulatory concealment and synchrony on protohominid mating systems and parental roles. Ethology and Sociobiology 5 (1984), S. 33–44.

Spermakonkurrenz

Sommer, Volker: Sexual harassment in langur monkeys (Presbytis entellus) – Competition for ova, sperm, and nurture? Ethology 80 (1989), S. 205–217.

Kapitel IV

Soziales Netz mit engen Maschen

Haltung von Marmosetten

Winter, Manfred / Rothe, Hartmut: Einige Aspekte zur künstlichen Aufzucht und körperlichen Entwicklung von Weißbüscheläffchen (Callithrix jacchus). Zeitschrift des Kölner Zoo 20 (1977), S. 129–141.

Sozialstruktur von Krallenaffen: Kooperative Kinderaufzucht, Monogamie und Polandrie

Rothe, Hartmut / Wolters, Hans-Jürgen / Hearn, John Patrick (Hg.): Biology and Behaviour of Marmosets. Göttingen (Eigenverlag Rothe) 1978.

Leutenegger, Walter: Monogamy in callitrichids: a consequence of phyletic dwarfism? International Journal of Primatology 1 (1980), S. 95–98.

Goldizen, Anne Wilson: Facultative polyandry and the role of infant-carrying in wild saddle-back tamarins (Saguinus fuscicollis). Behavioral Ecology and Sociobiology 20 (1987), S. 99–109.

dies., Tamarins and marmosets: Communal care of offspring. In: B. B. Smuts / D. L. Cheney / R. M. Seyfarth / R. W. Wrangham / T. T. Struhsaker (Hg.), Primate Societies. Chicago / London (The University of Chicago Press) 1987, S. 34–43.

Sussmann, R. W. / Garber, P. A.: A new interpretation of the social organization and mating system of the Callitrichidae. International Journal of Primatology 8 (1987), S. 73–92.

Box, Hilary O.: Quantitative data on the carrying of young monkeys (Callithrix jacchus) by other members of their family groups. Primates 18 (1977), S. 475–484.

Sommer, Volker: Dynamics of group structure in a family of the common marmoset, Callithrix jacchus (Callitrichidae). In: M. L. Roonwal / S. M. Mohnot / N. S. Rathore (Hg.), Current Primate Researches. Jodhpur (University of Jodhpur Press) 1984, S. 315–342.

Soziobiologie

Wilson, Edward O.: Sociobiology. The New Synthesis. Cambridge / MA (Harvard University Press) 1975.

Dawkins, Richard: The Selfish Gene. Oxford / UK (Oxford University Press) 1976. – Übersetzung: Das egoistische Gen. Berlin / Heidelberg / New York (Springer) 1978.

Wickler, Wolfgang / Seibt, Uta: Das Prinzip Eigennutz. Hamburg (Hoffmann / Campe) 1977.

Avunkulat und Verwandtenselektion

Kurland, Jeffrey A.: Paternity, mother's brother and human sociality. In: N. A. Chagnon / W. Irons (Hg.), Evolutionary Biology and Human Social Behavior. North Scituate, MA (Duxbury) 1979, S. 145–180.

Goody, Jack: Comparative Studies in Kinship. Stanford (Stanford University Press) 1969.

Alexander, Richard D.: Darwinism and Human Affairs. Seattle (University of Washington Press) 1979, S. 183–191.

Evolutionsstabile Strategien und Gefangenen-Dilemma

Maynard-Smith, John: Evolution and the Theory of Games. Cambridge (Cambridge University Press) 1982.

Axelrod, Robert / Hamilton, William D.: The evolution of cooperation. Science 211 (1981), S. 1390–1396.

Axelrod, Robert: Die Evolution der Kooperation. München (Oldenbourg), 1987. – Originalausgabe: The Evolution of Cooperation. New York (Basic Books) 1984.

Koalitionen unter Pavianen

Packer, Craig: Reciprocal altruism in Papio anubis. Nature 265 (1977), S. 441–443.

Smuts, Barbara B.: Sex and Friendship in Baboons. New York (Aldine) 1985, S. 145–150.

Trivers, Robert: Social Evolution. Menlo Park, CA (Benjamin / Cummings) 1985, S. 368–375.

Bercovitch, Fred B.: Coalitions, cooperation and reproductive tactics among adult male baboons. Animal Behaviour 36 (1988), S. 1198–1209.

Reziproker Altruismus

Trivers, Robert: The evolution of reciprocal altruism. The Quaterly Review of Biology 46 (1971), S. 225–285.

Kooperative Jagd bei Pavianen

Strum, Shirley C.: Primate predation: Interim report on the development of a tradition in a troop of olive baboons. Science 187 (1975), S. 755–757.

dies.: Process and products of change: baboon predatory behavior at Gilgil, Kenya. In: R. S. Harding / G. Teleki (Hg.), Omnivorous Primates: Gathering and Hunting in Human Evolution. New York (Columbia University Press) 1981, S. 255–302.

Strategische Kooperation unter Schimpansen

De Waal, Frans: Unsere haarigen Vettern. München (Harnack) 1983. – Originalausgabe: Chimpanzee Politics. Power and Sex Among Apes. London (Jonathan Cape) 1982.

ders.: The brutal elimination of a rival among captive male chimpanzees. Ethology and Sociobiology 7 (1986), S. 237–251.

Nishida, Toshisada: Alpha status and agonistic alliance in wild chimpanzees. Primates 24 (1983), S. 318–336.

Kapitel V

Konflikte in der Kinderstube

Geschlechtermanipulation

Trivers, Robert L. / Willard, Dan E.: Natural selection of parental ability to vary the sex ratio of offspring. Science 179 (1973), S. 90–91.

Paul, Andreas / Thommen, Dieter: Differentieller Reproduktionserfolg und Reproduktionsstrategien weiblicher Berberaffen (Macaca sylvanus). Anthropologischer Anzeiger 42 (1984), S. 185–190.

Paul, Andreas / Küster, Jutta: Sex ratio adjustment in a seasonally breeding primate species: evidence from the barbary macaque population at Affenberg Salem. Ethology 74 (1987), S. 117–132.

Voland, Eckart: Human sex-ratio manipulation: Historical data from a German parish. Journal of Human Evolution 13 (1984), S. 99–107.

Hrdy, Sarah Blaffer: Sex-biased parental investment among primates and other mammals: a critical evaluation of the Trivers-Willard hypothesis. In: R. Gelles / J. Lancaster (Hg.), Child Abuse and Neglect: Biosocial Dimensions. New York (Aldine) 1987, S. 97–147.

Silk, Joan B.: Local resource competition and facultative adjustment of sex ratios in relation to competitive abilities. American Naturalist 121 (1983), S. 56–66.

Guttentag, Marcia / Secord, Paul F.: Too Many Woman: The Sex Ratio Question. Beverly Hills, CA (Sage) 1983.

Hatzold, Otfried: Wunschkind Sohn oder Tochter: Eine natürliche Methode zur Geschlechtsbestimmung durch Empfängnisregelung. München (J.F. Lehmann) 1970.

Weibchen-Weibchen-Konkurrenz

Wasser, Samuel K.: Reproductive competition and cooperation among female yellow baboons. In: S. K. Wasser (Hg.), Social Behavior of Female Vertebrates. New York (Academic Press) 1983, S. 350–390.

Wasser, Samuel K. / Starling, Alison K.: Reproductive competition among female yellow baboons. In: J. G. Else / P. C. Lee (Hg.), Primate Ontogeny, Cognition and Social Behaviour. Proceedings of the 10th Congress of the International Primatological Society, Nairobi, Kenya, July 1984. Cambridge, UK (Cambridge University Press) 3 (1986), S. 343–354.

Berberaffen-Babys als "agonistischer Puffer"

Deag, John M. / Crook, John H.: Social behaviour and 'agonistic buffering' in the wild Barbary macaque Macaca sylvana L. Folia primatoligica 15 (1971), S. 183–200.

Taub, David M.: Male care-taking behavior among wild Barbary macaques (Macaca sylvanus). In: D.M. Taub (Hg.), Primate Paternalism. New York (Van Nostrand Reinhold) 1984.

Küster, Jutta / Paul, Andreas: Male-infant relationships in semifree-ranging Barbary macaques (Macaca sylvanus) of Affenberg Salem / FRG: Testing the "male care" hypothesis. American Journal of Primatology 10 (1986), S. 315–327.

Entwöhnungskonflikt

Trivers, Robert: Parent-offspring conflict. American Zoologist 14 (1974), S. 249–264. – Auszugsweise Übersetzung: Eltern-Kind-Konflikt. In: K. R. Scherer / A. Stahnke / P. Winkler (Hg.): Psychobiologie. München (dtv) 1987, S. 393–402.

ders.: Social Evolution. Menlo Park, CA (Benjamin / Cumming) 1985, S. 145–168.

Hinde, Robert A. / Spencer-Booth, Yvette: Removing infant rhesus from mother for 13 days. compared with removing mother from infant. Journal of Child Psychology and Psychiatry 13 (1972), S. 227–237.

Altmann, Jeanne: Baboon Mothers and Infants. Cambridge, MA / London (Harvard University Press) 1980, S. 168–186.

Kapitel VI

Totschlag, Mord und Krieg

Theorie der arterhaltenden Tötungshemmung

Lorenz, Konrad: Über das Töten von Artgenossen. Jahrbuch der Max-Planck-Gesellschaft Göttingen (1955), S. 105–140. – Nachdruck in: K. Lorenz, Das Wirkungsgefüge der Natur und das Schicksal des Menschen. München (Piper) 1983, S. 299–314.

ders.: Das sogenannte Böse. Zur Naturgeschichte der Aggression. Wien (Borotha-Schoeler) 1963.

Eibl-Eibesfeldt, Irenäus: Die Biologie des menschlichen Verhaltens. Grundriß der Humanethologie. München (Piper) 1984.

Kindestötungen bei Languren

Mohnot, Surenda Mal: Some aspects of social change and infant killing in the Hanuman langur, Presbytis entellus (Primates: Cercopithecidae), in western India. Mammalia 35 (1971), S. 175–198.

Hrdy, Sarah Blaffer: Male-male competition and infanticide among the langurs (Presbytis entellus) of Abu, Rajasthan. Folia primatologica 22 (1974), S. 19–58.

Vogel, Christian: Der Hanuman-Langur (Presbytis entellus) – ein Parade-Exempel für die theoretischen Konzepte der Soziobiologie? Verhandlungen der Deutschen Zoologischen Gesellschaft 1979, S. 73–89.

Sommer, Volker: Infanticide among free-ranging langurs (Presbytis entellus) at Jodhpur (Rajasthan / India): recent observations and a reconsideration of hypotheses. Primates 28 (1987), S. 163–197.

Stressinduzierte Aborte

Bruce, Hilda M.: An exteroceptive block to pregnancy in the mouse. Nature (London) 184 (1959), S. 105.

Agoramoorthy, G. / Mohnot, S. M. / Sommer, Volker / Srivastava, Arun: Abortions in free ranging Hanuman langurs (Presbytis entellus) – a male induced strategy? Human Evolution 3 (1988), S. 297–308.

Vergleichende Aspekte des Infantizids bei Tieren und beim Menschen

Hausfater, Glenn / Hrdy, Sarah Blaffer (Hg.): Infanticide: Comparative and Evolutionary Perspectives. New York (Aldine) 1984.

Ausrottungskämpfe unter Schimpansengruppen

Goodall, Jane: The Chimpanzees of Gombe. Patterns of Behavior. Cambridge, MA (Belknap Press of Havard University Press) 1986, S. 488–534.

Nishida, Toshisada / Hiraiwa-Hasegawa, Mariko / Hasegawa, Toshikazu / Takahata, Yukio: Group extinction and female transfer in wild chimpanzees in the Mahale Mountains National Park. Zeitschrift für Tierpsychologie 67 (1985), S. 284–301.

Kindestötung und Kannibalismus bei Schimpansen

Nishida, Toshisada / Kawanaka, Kanji: Within-group cannibalism by adult male chimpanzees. Primates 26 (1985), S. 274–284.

Takahata, Yukio: Adult male chimpanzees killspace and eat a male newborn infant: newly observed intragroup infanticide and cannibalism in Mahale National Park. Tanzania. Folia primatologica 44 (1985), S. 161–170.

Stiefkinder in Ostfriesland

Voland, Eckart: Bestimmungsgrößen für differentielles Elterninvestment in einer menschlichen Population. Anthropologischer Anzeiger 42 (1984), S. 197–210.

Kapitel VII

Intelligenz – der kleine Unterschied

Traditionen bei Japanmakaken

Kawai, Masao: Newly acquired precultural behavior of the natural troop of Japanese monkeys on Koshima islet. Primates 6 (1965), S. 1–30.

ders.: Precultural behavior of the Japanese monkey. In: G. Kurth / I. Eibl-Eibesfeldt (Hg.), Hominisation und Verhalten. Stuttgart (G. Fischer) 1975, S. 32–55.

Myadi, Denzaburo: On some new habits and their propagation in Japanese monkey groups. Proceedings of the 15th International Congress of Zoologists, 1959, S. 857–860. – Übersetzung: Die Weitergabe neuer Gewohnheiten in verschiedenen Gruppen japanischer Makaken (Macaca fuscata). In: W. Wickler / U. Seibt (Hg.), Vergleichende Verhaltensforschung. Hamburg (Hoffmann / Campe) 1973, S. 318–321.

Kawamura, Syunzo: The process of sub-culture propagation among Japanese macaques. Journal of Primatology 2 (1959), S. 43–60. – Übersetzung: Die Ausbreitung einer Subkultur bei Rotgesichtsmakaken (Macaca fuscata). In: W. Wickler / U. Seibt (Hg.), Vergleichende Verhaltensforschung. Hamburg (Hoffmann / Campe) 1973, S. 322–328.

Werkzeugbenutzung bei Schimpansen

Goodall, Jane: The Chimpanzees of Gombe: Patterns of Behavior. Cambridge / MA (Belknap Press of Harvard University Press) 1986, S. 535–564.

Nishida, Toshisada: The ant-gathering behaviour by the use of tools among wild chimpanzees of the Mahale Mountains. Journal of Human Evolution 2 (1973), S. 357–370.

Mc Grew, William C. / Tutin, Caroline E. / Baldwin, Pamela S.: Chimpanzees, tools and termites: cross-cultural comparisons of Senegal. Tanzania and Rio Muni. Man 14 (1979). S. 185–214.

Boesch, Christophe / Boesch, Hedwige: Optimization of nut-cracking with natural hammers by wild chimpanzees. Behaviour 83 (1983), S. 265–286.

Sugiyama, Yukimaru: The brush-stick of chimpanzees found in south-west Cameroon and their cultural characteristics. Primates 26 (1985), S. 361–374.

Täuschung und Lüge

Goodall, Jane van Lawick: Wilde Schimpansen. Reinbek bei Hamburg (Rowohlt) 1971, S. 84f.

Byrne, Richard / Whiten, Andrew: Machiavellian Intelligence. Social Expertise and the Evolution of Intellect in Monkeys, Apes, and Humans. Oxfort (Clarendon) 1988.

Hausaufgezogene Schimpansen

Hayes, Catherine: The Ape in Our House. New York (Harper / Row) 1951.

Anatomische Grundlagen des Sprachvermögens

Lieberman, Phillip: The Biology and Evolution of Language. Cambridge / MA (Harvard University Press) 1984.

Zeichen- und Symbolsprache mit Menschenaffen

Gardner, R. Allen / Gardner, Beatrice T.: Teaching language to a chimpanzee. Science 165 (1969), S. 664–672.

Temerlin, Maurice K.: Lucy: Growing Up Human. London (Souvenir) 1975.

Premack, Ann James / Premack, David: Teaching language to an ape. Scientific American 227 (1972), S. 92–99. – Übersetzung: Sprachunterricht für einen Affen. In: W. Wickler / U. Seibt (Hg.), Vergleichende Verhaltensforschung. Hamburg (Hoffmann / Campe) 1973, S. 414–430.

Rumbaugh, Duane M.: Language Learning by a Chimpanzee: The Lana Project. New York (Academic Press) 1977.

Miles, H. Lynn: Conversations with Apes: The Use of Sign Language by Two Chimpanzees. Dissertation (University of Connecticut) 1978.

Patterson, Francine G.: Linguistic Capabilities of a Lowland Gorilla. Dissertation (Stanford University) 1979.

Terrace, Herbert S.: Nim. New York (Knopf) 1979.

ders.: A report to an academy, 1980. Annals of the New York Academy of Sciences (1981), S. 94–114.

Sebeok, Thomas A. / Umiker-Seboek, Jean (Hg.): Speaking of Apes. A Critical Anthology of Two-Way Communication with Man. New York (Plenum) 1980.

Linden, Eugene: Die Kolonie der sprechenden Schimpansen. München (Bastei-Lübbe) 1980. – Originalausgabe: Apes, Men and Language. New York (Saturday Review / E. P. Dutton) 1980.

ders.: Silent Partners. New York (Times Books) 1986.

„Konversation“ unter Tauben

Epstein, Robert / Lanza, Robert P. / Skinner, Burrhus F.: Symbolic communication between two pigeons (Columba livia domestica). Science 207 (1980), S. 343–345.

Linguistische Sprachtheorie

Chomsky, Noam: Syntactic Structures. Mouton (The Hague) 1957.

Hockett, Charles F. / Altmann, Stuart A.: A note on design features. In: T. A. Sebeok (Hg.): Animal Communication. Bloomington (Indiana University Press) 1968, S. 61–72.

Evolution und Kultur

Markl, Hubert: Evolution, Genetik und menschliches Verhalten. München / Zürich (Piper) 1986.

Vogel, Christian / Voland, Eckart: Evolution and Kultur. In: Deutsches Institut für Fernstudien an der Universität Tübingen (Hg.), Funkkolleg Psychobiologie. Weinheim / Basel (Beltz), Studienbegleitbrief 2 (1986), S. 42–76.

Bonner, John: The Evolution of Culture in Animals. Princeton / N. J. (Princeton University Press) 1980. – Übersetzung: Kultur-Evolution bei Tieren. Berlin / Hamburg (Paul Parey) 1983.

Bildnachweis

Anordnung im Layout: l. = links, r. = rechts, o. = oben, m. = Mitte, u. = unten

Titelfoto: Tom McHugh/ Photo Researchers Inc.
Vor-, Nachsatz: Michael K. Nichols/Magnum/Focus
Innenklappe: Wolfgang Kunz/Bilderberg

Nancy Adams/Tom Stack & Associates: 224/225
Toni Angermayer: 74/75, 98
Bernard Annebicque/ Sygma/Pandis: 164/165
A.N.T./Silvestris: 95 l.
Yann Arthus-Bertrand/ Silvestris: 49 r., 200/201
Anthony Bannister: 104, 109 o.
Bibliothèque Nationale, Paris: 316 u.
Bildarchiv Preußischer Kulturbesitz: 34/35, 41, 289
Joachim Blauel/Artothek/ Neue Pinakothek, München: 38/39
Christophe Boesch: 292/293
H.E. Bradley/Courtesy Dept. Library Services American Museum of Natural History: 55 o.
Rio Branco/Magnum/ Focus: 99 r.o.
David C. Brill/National Geographic Society/Reconstruction by Dr. Owen Lovejoy and Students: 106
Rod Brindamour: 50
Mit freundlicher Genehmigung des Britischen Museums: 33 l.
Warren Brockelman: 134
Hans-Jürgen Burkard/ Bilderberg: 176, 177
Curt Busse: 280 o.
David Bygott/Anthro-Photo: 109 l.u.
Jennifer M. Byrne: 274
Bob Campbell: 107, 216/217
Cinema 7/Sygma: 126/127
Ronald H. Cohn/The Gorilla Foundation/ National Geographic Society: 302/303, 305 u., 306/307, 321
Carlo Dani/Ingrid Jeske/ Silvestris: 66/67
Peter Davey/Bruce Coleman Ltd.: 315 o.
Michael Dick/Animals Animals/Focus: 182
Robert Epstein & Robert P. Lanza: 328
Mary Evans Picture Library: 37
Enrico Ferorelli/DOT/ Focus: 304, 322
Jerry L. Ferrara/Photo Researchers Inc.: 210/211
Jean-Paul Ferrero/Auscape International: 231, 233 u., 234/235, 244/245
Kenneth W. Fink/Ardea: 76
Roger Fouts/Friends of Washoe: 325
Philippart de Foy/ Explorer: 18/19, 55 m.
Michael Freeman: 296/297
Mitchell Funk/Wheeler Pictures/Focus: 24/25
Paul Fusco/Magnum/ Focus: 305 o., 320, 324
Jörg Ganzhorn: 78/79
Lauros-Giraudon/Egyptian Museum, Cairo: 33 r.
Lauros-Giraudon/Chantilly, Musée Condé: 287
Walter Götz: 3, 110, 144, 145, 247, 270 l.
Francois Gohier/Ardea: 71
Jane Goodall: 276/277, 281, 288, 312, 316 o.
Su Gooders/Ardea: 44
Hamburger Kunsthalle/ Elke Walford: 34
Alison C. Hannah: 313 o.
Claus Hansmann: 40, 147 u.
Matt Herron/Black Star: 51 r.
Michael Herzog/Sara Meyer: 102 l.u.
Herzog August Bibliothek, Wolfenbüttel: 42, 43
Historia-Photo: 45 r.
Historical Pictures Service, Chicago: 314 l.
Hendrik Hoeck: 14/15, 20/21
Gottfried Hohmann: 204/205
M. Iijima/Ardea: 218/219
Yale Joel/Life Magazine, © Time Inc.: 51 l.
Masao Kawai/Orion Press/ Bruce Coleman Ltd: 309
Ken Kerbs: 22/23
Wolfgang Köhler (aus: „Intelligenzprüfungen an Menschenaffen", Springer 1921, Berlin): 318
Jutta Küster: 230
Wolfgang Kunz/Bilderberg: 28/29, 31, 32 u., 124, 125, 131, 132, 136/137, 248–261, 263 r., 269, 273
Keith Laidler/Ardea: 3, 199
F. Lane/Silvestris: 3, 57
Frans Lanting: 60–65, 93 o., 139, 202/203, 332
Hugo van Lawick/National Geographic Society: 46 o., 284/285
Hugo van Lawick/Nature Photographers: 109 r.u.
Lysa Leland: 270 o.
Zig Leszczynski/Animals Animals/Focus: 140, 154 o.
Jürgen Lethmate: 3, 291, 319
Luiz Claudio Marigo/Peter Arnold Inc.: 178/179
Ivan Massar/Black Star: 294/295, 329
William C. McGrew: 314 m. und r.
Tom McHugh/Okapia: 301
Tom McHugh/Photo Researchers Inc.: 58/59, 99 l.u., 155, 184 m.o., m., l.u., r.u.
Loren McIntyre/Woodfin Camp/Focus: 99 r.u.
Bernhard Meier: 87
Claus Meyer/Black Star: 72/73
Roland & Sabrina Michaud/Focus: 26/27
A.J. Mobbs/Bruce Coleman Ltd.: 226/227
Horst Munzig: 53 u., 122/123, 142, 143
Ronald D. Nadler/Yerkes Regional Primate Research Center of Emory University: 100, 118/119, 146, 154 u.
National Portrait Gallery, London: 45 l.
Michael Neugebauer (aus „Das Schimpansen-Kinder-Buch", Verlag Neugebauer Press, Salzburg/München, 1989): 286
Michael K. Nichols/Magnum/Focus: 10/11, 12/13, 16/17, 46 u., 49 l., 52, 54, 55 u., 93 m., 213, 228/229
Ronald Noë/B. Sluijter, Fehraltorf, Schweiz: 191 o.
R. van Nostrand/Photo Researchers Inc.: 99 l.o.
Orion Press/NHPA: 310/311
Craig Packer/Bruce Coleman Inc.: 114/115, 120/121
Richard Packwood/Oxford Scientific Films: 206/207
Haroldo Palo/NHPA: 184 r.o.
D. Parer & E. Parer-Cook/ Auscape International: 84/85
Andreas Paul: 233 o.
Dieter & Mary Plage/ Bruce Coleman Ltd.: 133
Fritz Pölking: 214/215
Louie Psihoyos/Contact/ Focus: 53 o.
Lal Singh Rajpurohit: 32 o.
Timothy W. Ransom: 153 r.o.
Timothy W. Ransom/National Geographic Society: 191 u., 238
Geneviève Renson/Jacana: 80/81
Co Rentmeester/Life Magazine, © Time Inc.: 82/83, 208/209
H.J. Roersma: 190/191
Martin Rogers/Woodfin Camp/Focus: 240, 241, 300
Hartmut Rothe: 181
Jeff Rotman: 6/7, 8/9
Damian I. Rumiz: 93 u., 96/97, 270 u.
Sammlung Menningen: 47, 283
Jany Sauvanet/NHPA: 70
Ranka Sekulic: 270 m
Anne & Jacques Six: 185
Maria Soini: 183
Volker Sommer: 3, 5, 135, 157, 186, 187, 239, 263 l., 264-268
Volker Sommer/Privatbesitz: 158
Süddeutscher Verlag: 327
Yukimara Sugiyama: 313 u., 315 u.
Geza Teleki: 105, 275, 277 r., 279
© The Pierpont Morgan Library, 1989: 36
Monica Tobler-Sommer: 90/91, 262
Compton Tucker, Goddard Space Flight Center/ NASA: 333
David Turnley/Black Star/ Courtesy of National Geographic Society: 243
Jean Louis Vallée: 95 r.
Jean-Philippe Varin/Jacana: 116/117, 222/223
Peter Veit/National Geographic Society: 156
Varin Visage/Jacana: 184 m.u.
Elisabetta Visalberghi: 298/299
Wolfang Volz/Bilderberg: 3, 161, 162/163, 166–173, 175, 232, 236
Frans de Waal: 128/129, 153 l., r.u., 196
Frans de Waal (aus „Unsere haarigen Vettern", Harnack Verlag, München, 1983): 194/195, 197
Frans de Waal (aus „Peacemaking among primates", Harvard University Press, Cambridge, 1989): 192, 193
Frans de Waal/National Geographic Research, 1987: 3, 113
Bernhard Wagner: 212
Walters Art Gallery, Baltimore: 280 u.
Alex Webb/Magnum/ Focus: 138
Rod Williams/Bruce Coleman Ltd.: 86
Konrad Wothe: 102 o., 103
Konrad Wothe/Silvestris: 77, 184 l.o.
Richard Wrangham/ Anthro-Photo: 102 r.u.
Andrew Young: 147 o.
Günter Ziesler: 68/69, 220/221

Karten und Illustrationen: Rainer Droste/Günther Edelmann: 278, Klaus Joas: 88/89, 148/149, 317; Andreas Knoche: 102, 103; Monica Polasz: 3, 4, 56, 112, 160, 198, 246, 290; nach Adolph H. Schultz: 92/93.

BÜCHER VON GEO

Uwe George
Die Wüste
Vorstoß zu den Grenzen des Lebens.
356 Seiten mit 270 Farbfotos.
ISBN 3-570-01665-X
Ausgezeichnet mit dem Kodak-Fotobuchpreis

Joachim W. Ekrutt
Die Sonne
Die Erforschung des kosmischen Feuers.
368 Seiten mit 274 Farbfotos.
ISBN 3-570-01720-6

Peter-Hannes Lehmann/ Jay Ullal
Tibet
Das stille Drama auf dem Dach der Erde.
374 Seiten mit 357 Farbfotos.
ISBN 3-570-01721-4

Peter Schille/ Hans W. Silvester
Bedrohte Paradiese
Erkundungen in Europas schönsten Naturreservaten.
350 Seiten mit 287 Farbfotos.
ISBN 3-570-04955-8
Ausgezeichnet mit dem Kodak-Fotobuchpreis
(vergriffen)

Uwe George
Geburt eines Ozeans
362 Seiten mit 278 Farbfotos.
ISBN 3-570-07030-1
Ausgezeichnet mit dem Kodak-Fotobuchpreis

Loren A. McIntyre
Die amerikanische Reise
Auf den Spuren Alexander von Humboldts.
368 Seiten mit 378 farbigen Abbildungen.
ISBN 3-570-07029-8

Erwin Lausch
Der Planet der Meere
Forscher entschlüsseln die Geheimnisse der Tiefe.
382 Seiten mit 440 farbigen Abbildungen.
ISBN 3-570-02058-4

Dankwart Grube/ Thomas Höpker
Die New York-Story
Wie aus Mannahatin eine Weltstadt wurde.
384 Seiten mit 483 meist farbigen Abbildungen.
ISBN 3-570-02056-8
Ausgezeichnet mit dem Kodak-Fotobuchpreis
(vergriffen)

Rolf Bökemeier/ Michael Friedel
Verlorene Menschen
Begegnungen mit Völkern, die es morgen nicht mehr gibt.
348 Seiten mit 280 Farbfotos.
ISBN 3-570-04742-3
Ausgezeichnet mit dem Kodak-Fotobuchpreis

Wolf Schneider/ Guido Mangold
Die Alpen
Wildnis – Almrausch – Rummelplatz.
364 Seiten mit 304 farbigen Abbildungen.
ISBN 3-570-02380-X

Uwe George
Regenwald
Vorstoß in das tropische Universum.
380 Seiten mit 408 farbigen Abbildungen.
ISBN 3-570-04572-2

Klaus Harpprecht/ Thomas Höpker
Amerika
Die Geschichte der Eroberung von Florida bis Kanada.
348 Seiten mit mehr als 280 farbigen Abbildungen.
ISBN 3-570-07996-1

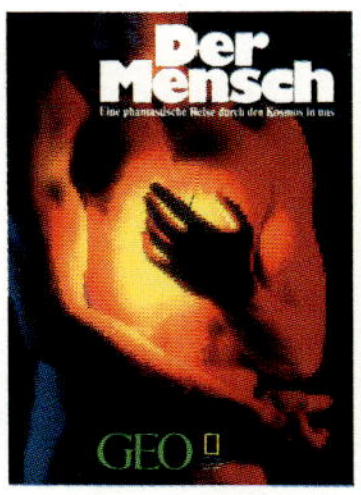

GEO und NATIONAL GEOGRAPHIC SOCIETY
Der Mensch
Eine phantastische Reise durch den Kosmos in uns.
384 Seiten mit 440 farbigen Abbildungen.
ISBN 3-570-01639-0

Karl Günter Simon
Islam
Und alles in Allahs Namen.
364 Seiten mit 342 farbigen Abbildungen.
ISBN 3-570-06210-4

Uwe George
Inseln in der Zeit
Venezuela. Expeditionen zu den letzten weißen Flecken der Erde.
384 Seiten mit 422 farbigen Abbildungen.
ISBN 3-570-06212-0

Volker Sommer
Die Affen
Unsere wilde Verwandtschaft.
348 Seiten mit 325 farbigen Abbildungen.
ISBN 3-570-03985-4

MACHO

Jahreszeiten Küche

MIT 1000 REZEPTEN

DORLING KINDERSLEY

DORLING KINDERSLEY
London, New York, Melbourne, München und Delhi

Beratung Carolyn Humphries
Lektorat Emma Callery, Susannah Steel

DK UK
Projektleitung Shashwati Tia Sarkar
Leitung Bildredaktion Sara Robin
Herstellungsleitung Christine Keilty
Herstellung Jen Lockwood
Herstellungsassistenz Jade Wheaton
Cheflektorat Dawn Henderson
Lektoratsassistenz Christopfer Mooney
Covergestaltung Nicola Powling
Coverassistenz Rosie Levine
Produktionsmanagement Tony Phipps
Technische Beratung Sonia Charbonnier

DK Indien
Cheflektorat Chitra Subramanyam
Art Direktion Anchal Kaushal
Herstellungsleitung Navidita Thapa
Lektorat Ligi John, Janashree Singha
Bildredaktion Simran Kaur, Divya PR
Lektoratsassistenz Priyanka Chatterjee
Herstellungsassistenz Tanya Mehrotra
Programmleitung Glenda Fernandes
DTP Designer Satish Chandra Gaur
CTS Manager Sunil Charma
Bildrecherche Sumedha Chopra

Für die deutsche Ausgabe
Programmleitung Monika Schlitzer
Projektbetreuung Elke Homburg
Herstellungsleitung Dorothee Whittaker
Herstellung Mareike Hutsky

Bibliografische Information der Deutschen Bibliothek: Die Deutsche Bibliothek verzeichnet diese Publikation in der Deutschen Nationalbibliografie; detaillierte bibliografische Daten sind im Internet über http://dnb.ddb.de abrufbar.

Titel der englischen Originalausgabe:
COOKING THROUGH THE YEAR

Der Originaltitel erschien 2012 in Großbritannien bei Dorling Kindersley Limited, London
Ein Unternehmen der Penguin Gruppe

Für das Redaktionsbüro Klaeger, München
Übersetzung und Lektorat Regine Brams, Cornelia Klaeger, Adelheid Schmidt-Thomé
Satz Regina Rechter

Printed and bound in China
ISBN 978-3-8310-2336-3

Besuchen Sie uns im Internet
www.dorlingkindersley.de

Inhalt

Laden Sie sich die Einkaufslisten zu den Rezepten in diesem Buch auf Ihr Smartphone. Sie benötigen dafür eine App, die QR-Codes lesen kann. (Für jedes Smartphone sind kostenlose Apps erhältlich. Wir empfehlen i-nigma.). Wenn Sie die QR-Codes im Buch einlesen, erscheint die Einkaufsliste für die Rezepte der jeweiligen Doppelseite auf dem Display. Eine aktive Datenverbindung ins Internet ist erforderlich.

Für das iPhone: Holen Sie sich die kostenlose App mit erweiterten Funktionen. Speichern, bearbeiten und verschicken Sie Einkaufslisten und merken Sie sich Ihre Favoriten. Der QR-Code auf dieser Seite leitet Sie zum App Store.

Ganzjährig erhältlich **Obst und Gemüse**

Spargel und Erdbeeren kommen einem normalerweise in den Sinn, wenn man an saisonales Obst und Gemüse denkt. Darüber hinaus gibt es viele andere Früchte und Gemüsesorten, die in der jeweiligen Hauptsaison am besten schmecken. Einige sind allerdings das ganze Jahr über in guter Qualität erhältlich. Dazu gehören neben Möhren und Kartoffeln auch exotische Früchte, die importiert werden.

Gemüse Blattsalate (unterschiedliche Sorten, je nach Saison) ▪ Blumenkohl ▪ Brunnenkresse ▪ Kohl (unterschiedliche Sorten, je nach Saison) ▪ Kartoffeln ▪ Knoblauch ▪ Möhren ▪ Pastinaken ▪ Pilze (aus Zucht) ▪ Spinat ▪ Zwiebeln

Obst Ananas ▪ Bananen ▪ Limetten ▪ Mangos ▪ Papayas ▪ Passionsfrüchte ▪ Zitronen

Zitronen Äußerst beliebt zum Würzen und Aromatisieren. Die gelben Früchte gibt es das ganze Jahr, am besten sind sie jedoch im Winter – falls man sie als Hauptzutat verwenden möchte.

Pilze Sie sind so beliebt, dass unterschiedliche Pilzarten das ganze Jahr aus Zucht in gleichbleibender Qualität angeboten werden.

Passionsfrüchte Weil sie genau wie viele andere exotische Früchte weltweit, in warmen Klimazonen angebaut werden, sind sie das ganze Jahr erhältlich. Eine wunderbare Ergänzung zu heimischem saisonalem Obst.

Bananen Die Bananenstaude liefert das ganze Jahr über Früchte, weshalb Bananen in vielen warmen Ländern als Grundnahrungsmittel dienen und auch bei uns immer erhältlich sind.

Möhren Zarte, junge Möhren werden im Frühling und Frühsommer geerntet und als Salat und Beilage verwendet. Große Möhren aus der späteren Ernte (Sommer, Herbst und Winter) sind wunderbar in herzhaften Eintöpfen und Schmorgerichten.

Speiserüben werden, je nach Sorte, zu jeder Zeit im Jahr angeboten, hauptsächlich allerdings im Herbst und Winter (im Bild Herbstrüben). Mairübchen (Navets) sind nur im Frühling erhältlich.

Kartoffeln Im Sommer geerntete neue Kartoffeln sind besonders köstlich. Die großen ausgewachsenen Knollen schmecken ebenfalls gut, sind lagerfähig und stehen uns deshalb das ganze Jahr über zur Verfügung.

Blumenkohl Dieses milde Kohlgemüse wird rund ums Jahr angeboten und bietet sich für viele verschiedene Gerichte an.

Zwiebeln Sie sind ein Muss in der Küche und immer verfügbar. Vor allem im Winter, wenn das saisonale Gemüseangebot nicht so groß ist, gewinnen sie als Zutat an Bedeutung.

Ganzjährig erhältlich **Fleisch, Wild, Geflügel**

Rinder, Schweine, Schafe und Geflügel werden gezüchtet, deshalb ist ihr Fleisch das ganze Jahr über erhältlich. Lammfleisch wird in bester Qualität jedoch im Frühling, Frühsommer und Herbst angeboten. Wildfleisch ist im Herbst und Winter am besten, obwohl es das ganze Jahr über aus Gatterhaltung bzw. Zucht zu bekommen ist. Puten, Enten und Gänse werden überwiegend für die Festtage im Herbst und Winter gemästet.

Tierarten Ente • Hähnchen ▪ Hirsch und Reh ▪ Kalb ▪ Kaninchen ▪ Lamm ▪ Rind ▪ Schwein ▪ Truthahn ▪ Wachtel ▪ Wildgeflügel ▪ Wildschwein

Rinderbraten Zu einem saftigen Rinderschmorbraten passen sehr gut Herbst- und Wintergemüse wie Rotkohl, Rosenkohl oder Möhren und Kartoffeln.

Kalbfleisch wie Kalbskotelett (oben) oder Gulasch (unten) harmoniert im Frühling sehr gut mit Spinat, Sauerampfer und Kräutern, obwohl Osso Buco (aus Beinscheiben) ein klassisches Wintergericht ist.

Rindersteak Kurzgebratene oder gegrillte Steaks schmecken am besten mit saisonalem Gemüse als Beilage. Im Sommer bieten sich z. B. neue Kartoffeln, Möhren, grüne Bohnen oder Erbsen an.

Kalbsgulasch

Hähnchen Zu dem beliebten Zuchtgeflügel passt jedes Gemüse zu jeder Jahreszeit.

Schweinefleisch In Frühling und Sommer passen Ananas, Pflaumen, Auberginen und Tomaten wunderbar zu Schweinefleisch; Äpfel, Kohl und Lauch in Herbst und Winter.

Lammgulasch

Lammfleisch Zu geschmortem Lammfleisch wie Gulasch (oben) und zu kurzgebratenen Koteletts (unten), bieten sich sommerliche und herbstliche Produkte wie Bohnen, Artischocken und Obst an.

Ente Wildenten gibt es nur in Herbst und Winter, aus Zucht sind Enten ganzjährig zu bekommen. Gut harmoniert Entenfleisch mit in Herbst und Winter geerntetem Gemüse und erhältlichen Früchten (z. B. Äpfel, Rüben, Kohl, Maronen und Orangen).

Ganzjährig erhältlich **Fisch und Meeresfrüchte**

Fisch und Meeresfrüchte aus Wildfang unterliegen in ihrer Verfügbarkeit saisonalen Schwankungen. Darüber hinaus gibt es aus Gründen der Nachhaltigkeit häufig Fangquoten, die das Angebot schmälern. Doch mittlerweile werden etliche beliebte Fische und Meeresfrüchte gezüchtet, weshalb sie das ganze Jahr über angeboten werden. Egal, ob Sie Wild- oder Zuchtfisch kaufen, vergewissern Sie sich, dass er aus einer nachhaltigen Quelle stammt.

Arten Austern (Pazifische oder Felsenaustern) ▪ Bachforelle ▪ Brasse ▪ Heilbutt ▪ Hering ▪ Jakobsmuscheln ▪ Lachs ▪ Lachsforelle ▪ Miesmuscheln ▪ Regenbogenforelle ▪ Seeteufel ▪ Steinbutt ▪ Wolfsbarsch

Miesmuscheln An Holzpfählen und/oder Seilen gezüchtete Miesmuscheln (Pfahlmuscheln) sind eine nachhaltige Wahl und ganzjährig erhältlich – auch in den Sommermonaten.

Jakobsmuscheln Aus Zucht sind sie das ganze Jahr über erhältlich, am besten sind sie aber in den Frühlings- und Sommermonaten.

Lachs Weltweit ein sehr beliebter Fisch. Atlantik-Lachs stammt mittlerweile überwiegend aus Zucht. Lachs aus Bio-Zucht hat ein gutes Aroma und wertvolle Inhaltsstoffe.

Heilbutt Mit seinem festen, milden Fleisch bietet sich der Weiße Heilbutt aus dem Atlantik zum Dämpfen, Braten, Grillen, Pochieren und Garen im Ofen an. Aus Zucht ist er rund ums Jahr erhältlich.

Forelle Zuchtforellen, wie die Regenbogenforelle, sind oft größer und haben ein blasseres Fleisch als Forellen aus Wildfang. Letztere sind im Frühling und Sommer von bester Qualität.

Frühling

Jetzt am besten

Gemüse Bärlauch ▪ Brennnesseln ▪ Brunnenkresse ▪ Chicorée ▪ Frühlingszwiebeln ▪ junge Möhren ▪ junger Knoblauch ▪ Morcheln ▪ neue Kartoffeln ▪ Radieschen ▪ Rhabarber ▪ Sauerampfer ▪ Spinat und andere Blattgemüse ▪ Spitzkohl ▪ weiße Rübchen

Obst Ananas ▪ Avocados

Fisch und Meeresfrüchte Austern ▪ Forellen (Bach-, Regenbogen-, Seeforellen) ▪ Jakobsmuscheln ▪ Krabben ▪ Lachs (wild und aus Zucht) ▪ Rotbarsch ▪ Rotzunge ▪ Seezunge ▪ Steinbutt (wild und aus Zucht) ▪ Tiefseegarnelen ▪ Venusmuscheln ▪ Wolfsbarsch (aus Zucht) ▪

Fleisch, Geflügel, Wild Lamm ▪ Stubenküken ▪ Täubchen

Auch auf dem Markt

Gemüse Blumenkohl ▪ Brokkoli ▪ Kartoffeln (Lagerware) ▪ Knollensellerie ▪ Kohl- oder Steckrübe ▪ Kohlarten (verschiedene) ▪ Kopfsalat ▪ Pilze (aus Zucht) ▪ Sellerie ▪ Spargel ▪ Topinambur ▪ Zwiebeln **Obst** Äpfel ▪ Birnen ▪ Kiwis ▪ Limetten ▪ Mangos ▪ Passionsfrüchte ▪ Zitronen **Fisch und Meeresfrüchte** Heilbutt ▪ Hering ▪ Hummer aus dem Nordatlantik ▪ Miesmuscheln ▪ Rotbarbe ▪ Sardinen ▪ Seeteufel ▪ St. Petersfisch ▪ Steinbutt (aus Zucht) ▪ Wolfsbarsch **Fleisch, Geflügel, Wild** Ente (aus Zucht) ▪ Fasan (aus Zucht) ▪ Hähnchen ▪ Hirsch (aus Zucht) ▪ Kalb ▪ Kaninchen (aus Zucht) ▪ Perlhuhn (aus Zucht) ▪ Pute ▪ Rind ▪ Schwein ▪ Wachtel (aus Zucht) ▪ Wildschwein (aus Zucht)

Das schmeckt im Frühling

Ⓥ Für Vegetarier geeignet

Vietnamesische Frühlingsrollen Seite 17

Pavlowa mit exotischen Früchten Seite 62 Ⓥ

Gemüsetarte Seite 57 Ⓥ

Salat mit mariniertem Ziegenkäse Seite 25 Ⓥ

Reis-Gemüse-Salat mit Lachs Seite 60

Gestürzter Rhabarber-Ingwer-Kuchen Seite 65 Ⓥ

Obst und Gemüse

Fisch / Meeresfrüchte

Fleisch und Geflügel

Lachs-Garnelen-Pie Seite 33

Lammrückenfilet mit Sardellenkruste Seite 48

Tortilla-Kanapees mit Garnelen und Guacamole Seite 31

Seezunge mit Kräuterdressing Seite 41

Fladenbrot mit Lamm und Hummus Seite 47

Schweinefilet mit Frühlingskohl Seite 52

Jakobsmuschelspieße mit Parmaschinken

Hier werden frische Jakobsmuscheln ganz einfach zubereitet. Den Schinken können Sie weglassen, dann verringert sich die Garzeit der Spieße etwas.

10 MIN. 8 MIN. TK-TAUGLICH

FÜR 4 PERSONEN

- 8 Holz- oder Metallspieße
- 1 EL Olivenöl
- Saft von 1 Zitrone
- 8 ausgelöste Jakobsmuscheln, halbiert
- Salz und frisch gemahlener schwarzer Pfeffer
- 8 Scheiben Parmaschinken, längs halbiert

1 Holzspieße für 30 Minuten in kaltes Wasser legen. Den Backofen auf 190 °C vorheizen. Öl und Zitronensaft verrühren. Die Jakobsmuscheln darin wenden; salzen und pfeffern.

2 Jede Muschelhälfte in eine Schinkenscheibe wickeln; je zwei von den Päckchen auf einen Spieß stecken.

3 Die Spieße auf ein Backblech legen und im Ofen 5–8 Minuten braten, bis sie beginnen, knusprig zu werden. Mit Rucola garnieren; sofort servieren.

Variante

Austernspieße mit Pancetta

Statt der Jakobsmuscheln 16 ausgelöste Austern verwenden. Öl und Zitronensaft mit etwas Tabasco mischen und die Austern in dünne Pancettastreifen statt in Parmaschinken wickeln.

Kalte Spinat-Avocado-Suppe

Aus cremigem Avocadofruchtfleisch und eisenreichem Spinat lässt sich eine wunderbare Suppe zubereiten – mit Brot eine leichte kleine Mahlzeit.

15 MIN. PLUS KÜHLZEIT TK-TAUGLICH

FÜR 4 PERSONEN

- 3 große Avocados
- Saft von 1 großen Zitrone
- 150 g Spinatblätter
- 1 l kalte Hühner- oder Gemüsebrühe
- ½ TL Harissapaste
- 2 EL gehacktes Koriandergrün
- Salz und frisch gemahlener schwarzer Pfeffer

1 Die Avocados halbieren und die Steine herauslösen. Das Fruchtfleisch aus der Schale nehmen und mit dem Zitronensaft in den Mixer geben.

2 Die Spinatblätter abzupfen und mit Brühe, Harissa und Korianderblättern hinzufügen. Alles pürieren. Die Suppe mit Salz und Pfeffer würzen und zugedeckt für 1 Stunde in den Kühlschrank stellen.

3 Die Suppe in Schalen oder Teller verteilen, je 1 oder 2 Eiswürfel dazugeben und die Suppe servieren.

Variante

Sauerampfersuppe mit Avocado

Verwenden Sie für die Suppe anstelle von Spinat 75 g Sauerampfer und 75 g Kopfsalat. Der Koriander lässt sich durch durch 1 EL gehackte Petersilie und 1 TL frischen Thymian ersetzen.

Würzige Brunnenkressesuppe

Pfeffrige Brunnenkresse, Curryblatt-Öl und karamellisierte Birnen sorgen für ein besonderes Geschmackserlebnis.

20 MIN. 30 MIN. TK-TAUGLICH

FÜR 4–6 PERSONEN

- 3 EL frische oder 6 EL getrocknete Curryblätter
- 175 ml Olivenöl
- 1 Zwiebel, gewürfelt
- 2 Kartoffeln, gewürfelt
- 1 l heiße Gemüsebrühe
- 250 g Brunnenkresse
- 2 EL Crème fraîche
- Salz und frisch gemahlener Pfeffer

Für die Garnitur

- 2 EL Puderzucker
- grob gemahlener schwarzer Pfeffer
- 1 Birne (z. B. Abate), geschält und in feine Würfel geschnitten
- 1 EL Crème fraîche

1 Für das Curryblatt-Öl die Curryblätter für 30 Sekunden in kochendes Wasser legen; herausnehmen und kalt abschrecken. Mit Küchenpapier trocken tupfen und in den Mixer geben. 150 ml Öl erwärmen und bei laufendem Motor langsam zu den Blättern gießen, bis eine glatte Paste entstanden ist. Ein Sieb mit Küchenpapier auslegen, das Öl hineingießen und abtropfen lassen.

2 Für die Suppe das restliche Öl in einem großen Topf erhitzen. Die Zwiebel mit den Kartoffeln darin unter häufigem Rühren glasig dünsten. Die Brühe dazugießen. 10 Minuten köcheln lassen, bis die Kartoffeln weich sind. Die Brunnenkresse hinzufügen und 1 Minute mitköcheln lassen. Salzen und pfeffern; vom Herd nehmen. 2–3 TL Curryblatt-Öl unterrühren, die Suppe pürieren und durch ein Sieb gießen, um alle Blattreste zu entfernen.

3 Für die Garnitur Puderzucker mit Pfeffer mischen und die Birnenwürfel darin wenden. Eine Pfanne erhitzen und die Birnen darin bei mittlerer Hitze karamellisieren.

4 Die Suppe erneut erhitzen und abschmecken. 2 EL Crème fraîche unterrühren. Suppe in Schalen verteilen, mit etwas Crème fraîche und den Birnenwürfelchen garnieren. Mit etwas Curryblatt-Öl beträufeln und sofort servieren.

Vietnamesische Frühlingsrollen

Zelebrieren Sie die ersten Gemüse des Jahres wie Frühlingszwiebeln, Möhren und Salat mit diesen Rollen. Anders als bei der frittierten, knusprigen Variante bleibt das Reispapier hier roh und weich. Dazu passt ein süß-scharfer Dip.

50–60 MIN. 25 MIN.

FÜR 4 PERSONEN

- 250 g Schweinefilet
- 2 junge Möhren, in Julienne geschnitten
- 1 TL Zucker
- 60 g dünne Reisnudeln (Vermicelli)
- 8 kleine Salatblätter
- 75 g Mungobohnensprossen
- 12–15 Stängel Minze
- 15–20 Stängel Koriandergrün
- 8 runde Reispapierblätter (je 21 cm Ø)
- 4 Frühlingszwiebeln, in Julienne geschnitten
- 16 geschälte gegarte Tiefseegarnelen

Für den Dip

- 2 Knoblauchzehen, fein gewürfelt
- 1 kleine rote Chilischote, fein gehackt
- 2 EL Zucker
- 4 EL Reisessig
- 4 EL Thai-Fischsauce
- 2 EL Limettensaft

1 Für den Dip in einer kleinen Schüssel Knoblauch, Chili und Zucker mit Reisessig, Fischsauce und 4 EL Wasser verrühren. Den Limettensaft dazugeben und gut untermischen. Bis zum Servieren beiseitestellen.

2 Einen Topf zur Hälfte mit Wasser füllen; zum Kochen bringen. Das Schweinefilet hineinlegen und zugedeckt bei schwacher Hitze in 15–20 Minuten garen. Herausnehmen, kalt abspülen und abtropfen lassen. Anschließend das Fleisch quer zur Faser in 3 mm dünne Scheiben schneiden.

3 In einer Schüssel die Möhren mit dem Zucker mischen; beiseitestellen. In einem großen Topf Wasser aufkochen lassen und die Nudeln darin in 1–2 Minuten bissfest garen. Abgießen und in etwa 7 cm lange Stücke schneiden.

4 Salat waschen und trocken tupfen; große Blätter kleiner zupfen. Bohnensprossen verlesen, verfärbte wegwerfen. Minze- und Korianderblätter abzupfen, dabei ein paar kleine Stängel zum Garnieren aufheben.

5 In eine Schale etwa 1 cm hoch heißes Wasser füllen. Jeweils ein Reispapierblatt darin für etwa 20 Sekunden einweichen, dann auf ein trockenes Küchentuch legen.

6 Ein Salatblatt auf das Reispapierblatt legen. Je ein Achtel Nudeln, Möhren, Frühlingszwiebeln, Schweinefleisch, Sprossen und Kräuter darauf verteilen. Das Blatt zur Hälfte aufrollen, die Seiten nach innen über die Füllung schlagen. Ein paar Korianderblätter, dann 2 Garnelen auf das Papier legen und fertig aufrollen.

7 Die Rolle mit der Garnelenseite nach oben auf einen Teller legen und mit einem feuchten Küchentuch bedecken, damit sie nicht austrocknet. Die anderen Reispapierblätter ebenso belegen und aufrollen.

8 Zum Servieren den Dip in kleine Schalen füllen, die Rollen nach Belieben mit Kräutern garnieren.

Jakobsmuscheln mit Pancetta und Spinat

Wer den roten, weichen Corail der Jakobsmuscheln nicht mag, kann ihn einfach vor der Zubereitung des Gerichts mit einem scharfen Messer vom Muschelfleisch abschneiden.

5 MIN. 15 MIN.

FÜR 4 PERSONEN

- 12 Jakobsmuscheln, mit oder ohne Corail (nach Belieben)
- Salz und frisch gemahlener schwarzer Pfeffer
- 1-2 EL Olivenöl
- 120 g Pancetta oder anderer durchwachsener Speck in dünnen Scheiben
- Crema di Balsamico
- 2 Handvoll Spinatblätter, geputzt
- Saft von 1 Zitrone

1 Die Jakobsmuscheln trocken tupfen und mit Salz und Pfeffer würzen. Das Öl in einer beschichteten Pfanne erhitzen und die Muscheln außen im Uhrzeigersinn hineinlegen. Bei mittlerer Hitze 1–2 Minuten braten und wenden, dabei mit der Muschel beginnen, die als erste in der Pfanne lag. Sobald die letzte Muschel gewendet ist, die Muscheln nacheinander (mit der ersten beginnend) aus der Pfanne nehmen und zugedeckt warm halten.

2 Den Speck in die Pfanne geben und knusprig braten. Großzügig Crema di Balsamico dazugeben; Speck und Balsamico bei starker Hitze ein paar Minuten unter Rühren karamellisieren lassen. Diese Sauce über die Jakobsmuscheln träufeln.

3 Den Spinat in die Pfanne geben und in 2–3 Minuten unter Wenden zusammenfallen lassen; mit dem Zitronensaft beträufeln. Die Muscheln mit Pancetta und Spinat servieren.

Spinattarte mit Ziegenkäse

Vegetarier können den Speck in dieser Tarte durch geröstete Pinienkerne ersetzen.

20 MIN. 55-65 MIN. TK-TAUGLICH

FÜR 1 TARTEFORM (24 CM Ø)

- 150 g ungesüßter Mürbeteig (Fertigprodukt oder selbst gemacht)
- 150 g durchwachsener Speck in dünnen Scheiben
- 1 EL Olivenöl
- 150 g Spinatblätter
- 100 g Ziegenkäse
- Salz und frisch gemahlener schwarzer Pfeffer
- 300 g Sahne
- 2 Eier

1 Den Backofen auf 180 °C vorheizen. Den Mürbeteig auf der bemehlten Arbeitsfläche zu einem mindestens 26 cm großen Kreis ausrollen. Die Tarteform damit auskleiden, den Teig dabei fest andrücken. Er soll gut 2 cm über den Formrand ragen.

2 Den Teig am Boden mit einer Gabel mehrmals einstechen. Mit Backpapier belegen und mit getrockneten Hülsenfrüchten beschweren; im Ofen 20–25 Minuten backen. Hülsenfrüchte und Backpapier entfernen und den Teig in weiteren 5 Minuten knusprig backen.

3 Den Tarteboden aus dem Ofen nehmen und abkühlen lassen. Den Ofen nicht ausschalten.

4 Den Speck in einer Pfanne im heißen Öl in 5 Minuten goldbraun braten. Den Spinat dazugeben und zusammenfallen lassen, dann in einem Sieb ausdrücken und abkühlen lassen. Auf dem Teigboden verteilen und den Ziegenkäse darüberbröckeln. Den Belag mit Salz und Pfeffer würzen.

5 Sahne und Eier verquirlen. Die Form auf ein Backblech stellen. Den Sahne-Eier-Guss auf den Spinat gießen. Die Tarte auf dem Blech im Ofen in 30–35 Minuten goldbraun backen. Aus dem Ofen nehmen und 10 Minuten ruhen lassen. Überstehenden Teig abschneiden; die Tarte aus der Form nehmen und warm oder kalt servieren.

Graved Lachs

In Skandinavien wird Lachs durch Salzen haltbar gemacht – so entsteht eine wirklich beeindruckende Vorspeise. Planen Sie 48 Stunden Beizzeit ein.

20 MIN. PLUS BEIZZEIT **TK-TAUGLICH**

ERGIBT 1 KG

- 80 g Zucker
- 30 g Dillspitzen, gehackt
- 1 EL Zitronensaft
- 80 g feines Meersalz
- 1 TL frisch gemahlener schwarzer Pfeffer
- 2 dicke Lachsfilets (je 500 g)

1 Für die Beize Zucker, Dill, Zitronensaft, Salz und Pfeffer in einer Schüssel gründlich mischen.

2 In eine Schale ein großes Stück Frischhaltefolie legen. Ein Lachsfilet mit der Hautseite nach unten flach darauflegen. Die gesamte Beizmischung auf dem Filet verteilen.

3 Das andere Lachsfilet mit der Fleischseite nach unten auf die Beizmischung legen. Beide Stücke zusammen fest in die Folie wickeln, eine Platte oder ein Brett darauflegen und diese mit 1–2 gefüllten Dosen oder Ähnlichem beschweren. Den Lachs für etwa 48 Stunden kalt stellen.

4 Das Fischpaket alle 12 Stunden umdrehen, damit das Fischfleisch gleichmäßig gepresst und fest wird. Nach 48 Stunden den Fisch aus der Folie wickeln und mit Küchenpapier trocken tupfen. Zum Servieren den Lachs schräg in dünne Scheiben schneiden. Mit dunklem Brot und Butter servieren.

Variante

Gebeizte Forelle auf skandinavische Art

Für 4 Personen 4 frische Forellenfilets und die Hälfte der oben angegebenen Beizmischung verwenden. Je 2 Filets wie beschrieben verarbeiten, einwickeln, pressen und für 24 Stunden kalt stellen, dabei einmal umdrehen.

Frühlingszwiebel-Muffins mit Käse und Bacon

Frühlingszwiebeln sind milder als Zwiebeln, deshalb harmonieren sie perfekt mit den leicht-würzigen Muffins.

15 MIN. **25 MIN.** **TK-TAUGLICH**

FÜR 4 STÜCK

- 150 g Bacon oder durchwachsener Speck in Scheiben
- 3 Eier
- 200 g Hartkäse (z. B. Cheddar oder Emmentaler), gewürfelt
- 125 g frische Brotkrumen
- 4 Frühlingszwiebeln, in Ringe geschnitten
- 100 ml Milch
- 1 Handvoll Schnittlauchröllchen
- Salz und frisch gemahlener schwarzer Pfeffer

1 Den Backofen auf 190 °C vorheizen. Den Speck in einer beschichteten Pfanne bei mittlerer Hitze braten; er soll gar, aber nicht knusprig werden. Die Scheiben mit der Küchenschere in mundgerechte Stücke schneiden.

2 Die Eier mit dem Käse, den Brotkrumen, den Zwiebelringen und der Milch in einer Schüssel verquirlen. Speck und Schnittlauch dazugeben und unterrühren; alles mit Salz und Pfeffer würzen.

3. Vier ofenfeste Förmchen (je etwa 150 ml Inhalt) fetten. Die Masse hineinfüllen und im Ofen in 25 Minuten goldbraun backen.

Variante

Würzige Brokkolimuffins mit Blauschimmelkäse

Die Teigmasse wie beschrieben zubereiten, dabei 150 g gegarten, klein geschnittenen Brokkoli statt des Specks verwenden und 200 g milden Blauschimmelkäse statt Hartkäse (oder je 100 g von beiden). Nach Belieben noch ein paar gehackte Salbeiblätter zusätzlich zum Schnittlauch hinzufügen.

Geräucherte Forelle mit Chili-Limetten-Dressing

Frisch geräuchert schmeckt eine Forelle am allerbesten. Geröstete Sesamsamen sorgen für mehr Biss.

10 MIN.

FÜR 4 PERSONEN

- 350 g geräucherte Forellenfilets
- 1 große Handvoll Salatblätter
- 1 Bund Frühlingszwiebeln, in dünne Ringe geschnitten
- 4 Radieschen, in dünne Scheiben geschnitten
- geröstete Sesamsamen zum Bestreuen (nach Belieben)

Für das Dressing

- 2 EL Reisweinessig
- 2 TL helle Sojasauce
- Sesamöl
- ½–1 TL Zucker
- 2 rote Chilischoten, entkernt und fein gehackt
- Saft von 1–2 Limetten

1 Die Zutaten für das Dressing verrühren – dabei nur so viel Limettensaft verwenden, dass es nicht zu sauer wird. Abschmecken.

2 Die Forellenfilets in Stücke zupfen und auf vier Teller verteilen. Salatblätter mit Zwiebelringen und Radieschen mischen.

3 Das Dressing über den Salat und die Forellenfilets träufeln. Nach Belieben Sesamsamen darüberstreuen und den Salat sofort servieren.

Büsumer Fischsuppe

Eine Spezialität aus Schleswig-Holstein. Im Originalrezept wird weißfleischiger Fisch verwendet, hier verleiht Forelle der Suppe ein besonderes Aroma.

15 MIN. 20 MIN. TK-TAUGLICH

FÜR 4 PERSONEN

- 1 l Gemüsebrühe
- 2 große Möhren, gewürfelt
- 1 große mehligkochende Kartoffel, geschält und gewürfelt
- 1 große Zwiebel, gewürfelt
- 1 Lorbeerblatt
- 500 g Forellenfilets, ohne Haut und Gräten, in mundgerechte Stücke geschnitten
- Saft von 1 Zitrone
- Salz und frisch gemahlener schwarzer Pfeffer
- 200 g Champignons, in Scheiben geschnitten
- 100 g geschälte gegarte Nordseekrabben
- 100 g Sahne
- etwa 1 EL gehackter Dill

1 Die Brühe mit Möhren, Kartoffel, Zwiebel und Lorbeer in einem Topf aufkochen; zugedeckt 10 Minuten köcheln lassen.

2 Die Forellenfiletstücke mit der Hälfte des Zitronensafts sowie etwas Salz und Pfeffer würzen. Mit den Pilzen in die Brühe geben. Alles bei schwacher Hitze 5 Minuten köcheln lassen.

3 Die Krabben mit dem restlichen Zitronensaft hinzufügen und in 1 Minute heiß werden lassen. Das Lorbeerblatt entfernen und die Suppe abschmecken. Die Sahne und die Hälfte des Dills unterrühren. Die Suppe mit dem restlichen Dill bestreuen; sofort servieren.

Forellencremesuppe

Eine gute Brühe oder ein hochwertiger Fond ist die Basis für diese edle Suppe, die sich ausgezeichnet für ein feines Mittagessen anbietet.

15 MIN. 10 MIN. TK-TAUGLICH

FÜR 6 PERSONEN

- 50 g Butter
- 4 junge Möhren, in sehr dünne Scheiben geschnitten
- 1 dünne Stange Lauch, in sehr dünne Scheiben geschnitten
- 35 g Mehl
- 750 ml heiße Gemüsebrühe oder Fischfond
- 250 g Sahne
- 4 EL Weißwein
- 2–3 TL Worcestersauce
- 400 g geräucherte Forellenfilets, ohne Haut und zerzupft
- 2 EL gehackte Petersilie
- Salz und frisch gemahlener schwarzer Pfeffer
- 1 Spritzer Zitronensaft

1 Die Butter in einem Topf bei schwacher Hitze zerlassen. Möhren und Lauch dazugeben. Alles 5 Minuten dünsten, bis das Gemüse weich, aber nicht gebräunt ist, dabei öfter rühren. Das Mehl darüberstreuen und unter ständigem Rühren 1 Minute anschwitzen. Den Topf vom Herd nehmen und die Brühe nach und nach mit einem Schneebesen klümpchenfrei unter das Gemüse schlagen; aufkochen lassen.

2 Sahne, Wein, Worcestersauce, die Fischstücke und die Hälfte der Petersilie unter die Suppenbasis rühren. Die Suppe 2 Minuten köcheln lassen. Mit Salz, Pfeffer und Zitronensaft würzen; mit der restlichen Petersilie garnieren und servieren.

Jetzt am besten **Forelle**

Die schlanke fettreiche Forelle ähnelt Lachs, schmeckt jedoch süßlicher und feiner. Einige Forellen haben rosa-, andere cremefarbenes Fleisch. Sie werden häufig in Teichen oder Becken gezüchtet. Stammen sie aus Wildfang, sind sie im Frühling von bester und bis in den Herbst hinein von guter Qualität. Ganze Forellen eignen sich zum Braten in der Pfanne, zum Grillen und zum Blaukochen (dafür sollten sie fangfrisch sein). Gut dazu passen z. B. Sauce hollandaise oder zerlassene Butter, Mandeln, Kräuter (Petersilie und Schnittlauch) und Salzkartoffeln.

Die Regenbogenforelle hat eine silbrig schimmernde Haut mit regenbogenfarbenen Sprenkeln.

Regenbogenforelle Die Nordamerikanische Regenbogenforelle wächst schnell und wird in großem Stil gezüchtet. Wild lebende Exemplare werden in Europa kaum schwerer als 10 kg. Regenbogenforellen kann man im Ganzen oder als Filets garen. Die feinen Gräten sind beim Essen oft schwer zu erkennen.

Das Fleisch der Regenbogenforelle lässt sich nach dem Garen leicht zerpflücken und hat ein dezentes Kräuteraroma.

Fisch durch die Kiemen ausnehmen

Wenn Sie einen ganzen Fisch pochieren bzw. blaukochen möchten, was sich vor allem für Forelle anbietet, empfiehlt es sich, diesen durch die Kiemen auszunehmen. So bleibt die Bauchseite geschlossen.

1 Mit dem Zeigefinger unter die Kiemen greifen; diese abheben, dann abschneiden und wegwerfen. Nun durch die entstandene Öffnung die Eingeweide herausnehmen.

2 Einen kleinen Schnitt an der hinteren Bauchseite (Afteröffnung) anbringen. Restliche Eingeweide herausziehen. Fisch innen und außen unter kaltem Wasser abspülen; trocken tupfen.

Wissenswert

Im Angebot

Im Ganzen, küchenfertig und als Filets; frisch und geräuchert: Regenbogenforellen aus Zucht und Wildfang; Bachforelle, Seeforelle (Wanderform der Bachforelle); Forellenkaviar.

Einkauf Bei ganzen Fischen auf eine unverletzte Schleimschicht, klare Augen und rote Kiemen achten.

Aufbewahren Eingepackt bis zu 24 Stunden im kältesten Bereich des Kühlschranks.

Zubereiten Braten, garen im Ofen, grillen, blaukochen.

Rezepte

Büsumer Fischsuppe Seite 20

Forelle mit Haselnüssen Seite 40

Geräucherte Forelle Seite 42

Garnelen-Toasts mit Sesamkruste

Erstaunlich, wie die unterschiedlichsten Aromen hier harmonieren. Sie können die Masse auch vorbereiten, in Frischhaltefolie wickeln und im Kühlschrank aufbewahren.

15 MIN. 10 MIN.

FÜR 4 PERSONEN

- 300 g geschälte gegarte Garnelen, entdarmt
- 2 Knoblauchzehen, geschält
- 1 kleine Handvoll Koriandergrün
- 1 rote Chilischote, entkernt und gehackt
- Saft von 1 Limette
- Salz und frisch gemahlener Pfeffer
- 4 Scheiben Kastenweißbrot
- Öl zum Bestreichen
- 125 g Sesamsamen

1 Den Backofengrill auf höchste Stufe vorheizen. Die Garnelen mit Knoblauch, Koriandergrün, Chili und Limettensaft in der Küchenmaschine zu einer Paste pürieren; salzen, pfeffern und nochmals kurz pürieren.

2 Die Brotscheiben hell toasten, dann gleichmäßig mit der Paste bestreichen und diese fest andrücken.

3 Einen Bogen Backpapier auf einem Backblech dünn mit Öl bestreichen und die Sesamsamen in einer Schicht daraufstreuen. Die Toasts mit der bestrichenen Seite nach unten so auf die Sesamsamen drücken, dass diese an der Garnelenmischung haften bleiben. Die Scheiben vorsichtig auf die andere Seite wenden und in Dreiecke schneiden.

4 Das Backblech mit den Broten in den Ofen unter den Grill schieben und die Brote einige Minuten rösten, bis die Sesamsamen goldbraun werden. Vorsicht, sie können rasch verbrennen! Sofort servieren.

Krabbenfleischbällchen

Die Bällchen lassen sich gut vorbereiten. Dafür die Krabbenfleischmasse bis zu 4 Stunden im Voraus zubereiten, dann zugedeckt kalt stellen. Die Eier zum Schluss untermischen.

10 MIN. 15 MIN.

FÜR 4 PERSONEN

- 250 g gegartes weißes Krabbenfleisch (ersatzweise gegarte geschälte Tiefseegarnelen)
- 1 rote Chilischote, entkernt und grob gehackt
- 2 Knoblauchzehen, geschält
- 1 Handvoll Koriandergrün
- abgeriebene Schale und Saft von 1 Bio-Zitrone
- 1 TL Thai-Fischsauce
- 2 Eier
- Salz und frisch gemahlener schwarzer Pfeffer
- 125 g frische Brotkrumen
- etwa 3 EL Öl
- Sojasauce und süße Chilisauce zum Servieren

1 Das Krabbenfleisch mit Chili, Knoblauch, Koriandergrün, Zitronenschale, Zitronensaft und Fischsauce grob pürieren. Eier sowie reichlich Salz und Pfeffer untermixen.

2 Die Brotkrumen auf einen Teller geben. Aus der Masse 2–3 cm große Kugeln formen und diese in den Brotkrumen wälzen, bis sie davon umhüllt sind.

3 Etwas Öl in einer Pfanne erhitzen. Die Bällchen darin portionsweise bei mittlerer Hitze jeweils 5 Minuten braten, bis sie rundherum goldbraun sind; falls nötig, mehr Öl dazugeben. Auf Küchenpapier abtropfen lassen. Die Bällchen sofort mit Soja- und Chilisauce servieren.

Garnelentarte mit Safran

Der feine Geschmack von Garnelen kommt in dieser würzigen Tarte besonders gut zur Geltung.

20 MIN. 50–65 MIN. TK-TAUGLICH

FÜR 1 TARTEFORM (16 CM Ø)

- 100 g ungesüßter Mürbeteig (Fertigprodukt oder selbst gemacht)
- 1 Prise Safran
- 250 g gegarte geschälte Tiefseegarnelen
- 200 g Sahne
- 1 Ei
- 1 EL fein gehackter Estragon oder Kerbel
- Meersalz und frisch gemahlener schwarzer Pfeffer
- getrocknete Hülsenfrüchte zum Blindbacken

1 Den Backofen auf 180 °C vorheizen. Den Teig auf einer bemehlten Arbeitsfläche zu einem etwa 3 mm dicken und 20 cm großen Kreis ausrollen. Die Form damit auskleiden. Den Teig gut andrücken und über den Formrand ragen lassen. Am Boden mit einer Gabel mehrmals einstechen. Backpapier in die Form legen und Hülsenfrüchte darauf verteilen.

2 Die Form auf ein Backblech stellen und den Tarteboden im Ofen (Mitte) 20–25 Minuten backen. Hülsenfrüchte und Backpapier entfernen und den Tarteboden in 5 Minuten knusprig backen. Herausnehmen und abkühlen lassen, den Backofen nicht ausschalten.

3 Den Safran in 1 EL heißem Wasser einweichen. Garnelen in einem Sieb kalt abspülen und abtropfen lassen. Auf dem Tarteboden verteilen.

4 Sahne und Ei verrühren. Die Kräuter und den Safran mit dem Einweichwasser dazugeben, alles mit Salz und Pfeffer würzen und gut mischen. Den Eierguss auf den Tarteboden gießen und die Form in den Ofen aufs Blech stellen. Die Tarte in 30–35 Minuten goldbraun backen. Herausnehmen und 10 Minuten in der Form abkühlen lassen. Überstehenden Teig abschneiden, die Tarte aus der Form nehmen und warm oder kalt servieren.

Fischküchlein auf Thai-Art

Wer Thai-Basilikum bekommt, sollte es statt des bei uns üblichen Basilikums verwenden. Es schmeckt fein-würzig und leicht süßlich und passt besonders gut zu Garnelen.

15 MIN. 15 MIN. TK-TAUGLICH

FÜR 4 PERSONEN

- 300 g geschälte gegarte Tiefseegarnelen
- 3 Knoblauchzehen, geschält
- 1 kleine Handvoll Korianderblätter
- 2 rote Chilischoten, entkernt
- 1 Spritzer Thai-Fischsauce
- 1 Spritzer Sojasauce
- 1 kleine Handvoll Basilikumblätter
- Saft von 2 Limetten
- 1 Ei
- Salz und frisch gemahlener schwarzer Pfeffer
- 3–4 EL Öl zum Braten
- süße Chilisauce zum Servieren

1 Alle Zutaten bis auf Ei, Salz, Pfeffer, Öl und Chilisauce in der Küchenmaschine zu einer groben Masse verarbeiten. Das Ei sowie reichlich Salz und Pfeffer dazugeben und die Masse noch einmal mischen.

2 Etwas Öl in einer Pfanne erhitzen. Die Garnelenmasse esslöffelweise ins Öl geben und flach drücken (die Küchlein sollen etwa 2 cm dick sein). Bei mittlerer Hitze auf jeder Seite in 1–2 Minuten goldbraun braten, herausnehmen und auf Küchenpapier abtropfen lassen. Die gesamte Garnelenmasse auf diese Weise verarbeiten, falls nötig, dabei mehr Öl in die Pfanne geben.

3 Die Küchlein sofort servieren; dazu die Chilisauce und einen Blattsalat, z. B. Rucola, servieren.

Pikante Windbeutel

Räucherlachs und Spinat sorgen für eine luxuriöse Note.

40–45 MIN. 30–35 MIN.

FÜR 8 STÜCK

Für den Brandteig

- 75 g Butter, plus mehr für die Bleche
- 1 TL Salz
- 150 g Mehl
- 5–6 Eier
- 125 g Greyerzer

Für die Füllung

- 1 kg Blattspinat
- 30 g Butter
- 1 Zwiebel, fein gewürfelt
- 4 Knoblauchzehen, fein gewürfelt
- 1 Prise gemahlene Muskatnuss
- Salz und frisch gemahlener Pfeffer
- 250 g Doppelrahmfrischkäse
- 175 g Räucherlachs, in Streifen
- 4 EL Milch

1 Backofen auf 190 °C vorheizen; zwei Backbleche fetten. Die Butter mit 250 ml Wasser und ½ TL Salz in einem Topf aufkochen lassen. Vom Herd nehmen, Mehl dazugeben und rühren, bis die Masse glatt ist. Topf wieder auf den Herd stellen und bei schwächster Hitze kurz rühren, bis sich der Teig als Kugel vom Topfrand löst und sich am Topfboden ein weißer Belag bildet. Vom Herd nehmen.

2 Nacheinander 4 Eier unter den Teig rühren – immer erst das nächste Ei hinzufügen, wenn das erste nicht mehr sichtbar ist. 60 g Greyerzer unterrühren. Mit zwei Esslöffeln den Brandteig in 8 Portionen auf die Bleche setzen. Das letzte Ei mit ½ TL Salz verquirlen; auf die Häufchen streichen. Im Ofen 30–35 Minuten backen, die Windbeutel sollen aufgehen und fest werden. Aus dem Ofen nehmen und auf ein Gitter setzen. Die Beutel mit der Küchenschere aufschneiden und auskühlen lassen.

3 In einem großen Topf Salzwasser zum Kochen bringen. Den Spinat darin zusammenfallen lassen. Abgießen, abtropfen und etwas abkühlen lassen; ausdrücken und fein hacken. Butter in einer Pfanne zerlassen und die Zwiebel darin weich dünsten. Mit Knoblauch, Muskat, Salz und Pfeffer würzen; Spinat dazugeben und dünsten, bis alle Flüssigkeit verdampft ist. Den Frischkäse untermischen;.

4 Räucherlachs und Milch hinzufügen und alles 1–2 Minuten unter Rühren erhitzen. Die unteren Hälften der Windbeutel mit Spinatmasse füllen, mit den oberen Hälften bedecken. Sofort servieren, damit die Windbeutel nicht durchweichen.

Ananassuppe mit Heilbutt

Die leichte Säure der Ananas passt gut zu pikanten Gerichten, besonders zu solchen mit Fisch und Gewürzen.

30 MIN. 40 MIN. TK-TAUGLICH

FÜR 4 PERSONEN

- 1 Zwiebel, gewürfelt
- 50 g ungesalzene Erdnusskerne
- 2 EL Kokosrapsel
- 1 Stück Ingwer (3 cm), gewürfelt
- 1 TL Koriandersamen
- 2 TL Sesamsamen
- 1 TL Kreuzkümmelsamen
- 1 TL Mohnsamen
- ¾ TL Chilipulver
- 3 EL Tamarindenpaste
- ½ TL Kurkuma
- Salz und frisch gemahlener schwarzer Pfeffer
- 2 EL Öl
- 1 TL brauner Zucker
- grob gehackte, geröstete, ungesalzene Erdnusskerne zum Garnieren
- 400 ml Fischbrühe
- 200 ml Ananassaft
- 400 ml Kokosmilch
- 200 g Heilbuttfilet, in Stückchen
- Saft von 1 Limette
- 125 g Ananasfruchtfleisch, gehackt
- 2 EL Minzeblätter, zerzupft

1 In einer Pfanne Zwiebel, Erdnüsse, Kokosraspel, Ingwer und die Samen bei schwacher Hitze 5 Minuten rösten, bis die Kokosraspel sich verfärben und die Gewürze zu duften beginnen. Auf einem Teller abkühlen lassen, dann im Blitzhacker zerkleinern. Chilipulver, Tamarinde, Kurkuma, Salz und Pfeffer dazugeben und alles zu einer glatten Paste verarbeiten.

2 Das Öl in einem großen Topf erhitzen. Die Paste darin bei schwacher Hitze 10 Minuten braten. Den Zucker hinzufügen. Sobald die Paste beginnt, am Pfannenboden anzusetzen, die Brühe und den Saft dazugießen. Die Suppe halb zugedeckt 20 Minuten köcheln lassen.

3 Den Topf vom Herd nehmen. Die Suppe mit dem Stabmixer aufschlagen. Kokosmilch dazugießen, Fischstücke hineingeben und die Suppe noch 3 Minuten köcheln lassen. Zitronensaft, Ananas und Minze unterrühren. Die Suppe mit den gehackten Erdnüssen bestreuen.

Abalone mit Austernsauce

Abalonen gelten vor allem in China als Leckerbissen. Bei uns sind sie als Konserve erhältlich.

5 MIN. 5 MIN. TK-TAUGLICH

FÜR 2 PERSONEN

- 1 Dose Abalonen (340 g)
- 2 EL Sonnenblumen- oder Erdnussöl
- 1 Bund Frühlingszwiebeln, in dünne Ringe geschnitten
- 1 TL geriebener frischer Ingwer
- 2 EL Austernsauce
- 1 EL Sojasauce
- 1 Prise Zucker
- 2 TL Speisestärke

1 Die Abalonen in einem Sieb abtropfen lassen (den Sud dabei auffangen). Das Öl in einer großen Pfanne erhitzen. Frühlingszwiebeln und Ingwer darin bei schwacher Hitze 3–4 Minuten pfannenrühren. Die Abalone hinzufügen und erhitzen.

2 Die Austernsauce mit der Sojasauce, dem Zucker und 5 EL Wasser verrühren. Die Speisestärke und den aufgefangenen Abalonesud untermischen. Das Ganze in die Pfanne gießen und bei mittlerer Hitze unter Rühren kurz aufkochen und andicken lassen; die Sauce nach Belieben mit etwas Wasser verdünnen. Sofort servieren.

Salat mit mariniertem Ziegenkäse

Winter-Endivie und junge Blattsalate passen wunderbar zusammen und sind im Frühling gleichzeitig zu bekommen. Die mit Kräutern und Öl marinierten kleinen Ziegenkäse ergänzen diese Kombination hervorragend. Der Ziegenkäse sollte fest, aber nicht trocken sein. Lassen Sie ihn möglichst eine Woche lang in der Marinade durchziehen.

20–25 MIN. PLUS MARINIERZEIT

FÜR 4 PERSONEN

- 8 Scheiben Vollkornbrot
- verschiedene Salatblätter (z. B. Chicorée, roter Eichblattsalat und Kopfsalat)
- 4 kleine runde Ziegenfrischkäse (je 60–90 g) oder 1 Rolle Ziegenfrischkäse (320 g)

Für die Marinade

- 2 Lorbeerblätter
- 2–3 Zweige Thymian
- 2–3 Zweige Rosmarin
- 2–3 Zweige Oregano
- 2 TL schwarze Pfefferkörner
- 2 kleine getrocknete rote Chilischoten
- 500 ml Olivenöl, mehr bei Bedarf

Für die Vinaigrette

- 2 EL Rotweinessig
- 1 TL Dijonsenf
- Salz und frisch gemahlener schwarzer Pfeffer
- Blätter von 5–7 Zweigen Thymian

1 Die kleinen Ziegenkäse in ein Einmachglas legen. Lorbeerblätter, Kräuter, Pfeffer und Chilischoten hinzufügen. Alles mit Olivenöl bedecken. Das Glas zudecken und für mindestens 1 Woche kühl stellen. Alternativ die Käserolle mit den Zutaten in eine Schüssel legen, diese mit Frischhaltefolie verschließen und den Käse 1–3 Tage marinieren.

2 Den Käse mit einem Schaumlöffel aus der Marinade nehmen und gut abtropfen lassen. Die Marinade durch ein Sieb in eine Schüssel gießen und aufbewahren. 90 ml davon werden für die Vinaigrette benötigt und etwas Öl für die Brote.

3 Den Essig in einer Salatschüssel mit Senf, Salz und Pfeffer verrühren. 90 ml Marinadeöl langsam unterschlagen, bis die Vinaigrette cremig und dicklich wird. Die Hälfte des Thymians dazugeben und alles mit Salz und Pfeffer würzen.

4 Den Backofen auf 200 °C vorheizen. Jede Käsescheibe quer halbieren. Wenn Sie eine Käserolle verwenden, diese in 8 gleich dicke Scheiben schneiden. Aus jeder Brotscheibe einen Kreis ausstechen.

5 Die Brotkreise auf ein Backblech setzen und mit etwas Marinadeöl bestreichen. Im Ofen in 3–5 Minuten hell rösten. Den Backofengrill aufheizen. Auf jede Brotscheibe eine Käsescheibe setzen und die Käsebrote unter dem heißen Grill 2–3 Minuten grillen, bis der Käse blubbert und hell gebräunt ist.

6 Die Salatblätter auf Teller verteilen und mit der Vinaigrette beträufeln. Auf jede Salatportion zwei Käsetoasts setzen; mit Thymian bestreuen und servieren.

Filoteig-Pastete mit Spinat, Ricotta und Pinienkernen

Im Frühling ist superfrischer und zarter Spinat erhältlich. Er ist die ideale Zutat für diese würzig-pikante Pastete.

15 MIN. 35 MIN.

FÜR 1 SPRINGFORM (18 X 18 CM)

- 1 EL Olivenöl
- 1 Zwiebel, fein gehackt
- Salz und frisch gemahlener schwarzer Pfeffer
- 2 Knoblauchzehen, fein gewürfelt
- 500 g Spinatblätter
- 1 Handvoll Rosinen
- 70 g Pinienkerne, geröstet
- 200 g Ricotta
- 1 Ei
- 12 Blätter Filoteig
- 60 g Butter, zerlassen

1 Den Backofen auf 180 °C vorheizen. Das Öl in einer Pfanne schwach erhitzen. Die Zwiebel mit etwas Salz dazugeben und in 5 Minuten glasig dünsten. Knoblauch kurz mitbraten.

2 Den Spinat in die Pfanne geben und in 3 Minuten unter Wenden zusammenfallen lassen. Kräftig mit Salz und Pfeffer würzen. Die Pfanne vom Herd nehmen. Rosinen und Pinienkerne unter den Spinat mischen und das Gemüse abkühlen lassen. Den Ricotta mit dem Ei verquirlen und das Ganze gründlich unter die Spinatmischung rühren.

3 Zwei Teigblätter aufeinander in die Form legen, dabei zwei Enden über den Formrand hängen lassen. Zwei weitere Blätter quer auf die Blätter in der Form legen, sodass die Enden auf den beiden anderen Seiten der Form überhängen. Auf diese Weise acht Blätter in die Form schichten.

4 Die Spinat-Ricotta-Masse auf den Teigblättern verteilen. Die überhängenden Teigenden nach innen schlagen. Die restlichen vier Blätter auf die Füllung legen und andrücken. Die Pastete mit der zerlassenen Butter bestreichen und im Ofen in 20–30 Minuten goldbraun backen. Warm servieren.

Blini mit Räucherlachs

Radieschen geben den Mini-Pfannkuchen eine angenehm pfeffrige Note. Die saure Sahne, die zum Dippen traditionell zu Blini serviert wird, ist eine perfekte Ergänzung.

25-30 MIN. 8-16 MIN.

FÜR 8 PERSONEN

- 2-3 EL Kapern
- 1 kleine rote Zwiebel, in ganz dünne Ringe geschnitten
- 8 Radieschen, in dünne Scheiben geschnitten
- 200 g Räucherlachs in Scheiben
- 24 Mini-Blini (Fertigprodukt aus dem Kühlregal)
- 125 g Butter
- 200 g saure Sahne

1 Die Kapern, je nach Größe, grob hacken und in eine Schüssel geben. Die Zwiebelringe und die Radieschenscheiben hinzufügen. Die Lachsscheiben auf einer Servierplatte anrichten. Mit Frischhaltefolie bedecken und in den Kühlschrank stellen.

2 Den Backofen vorheizen (siehe Packungsangabe der Blini). Die Blini auf ein Backblech legen und im Ofen erwärmen. Die Butter zerlassen und mit der sauren Sahne auf den Tisch stellen. Die Blini auf einer Platte anrichten. Auf jeden Blini etwas Lachs und darauf Radieschen, Zwiebeln und Kapern geben.

Variante

Blini mit Kaviar

Es muss nicht der teure Beluga-Kaviar sein. Der preiswertere Deutsche Kaviar (vom Seehasen) ist ebenfalls eine gute Wahl für diese Variante: Lassen Sie Lachs, Radieschen, Zwiebel und Kapern weg. Stattdessen 2 Eier hart kochen, abkühlen lassen, schälen und in Eiweiß und Eigelb trennen. Beides separat fein hacken. 2 Frühlingszwiebeln putzen und das Grün schräg in Stücke schneiden. Die Blini wie beschrieben erwärmen; mit je 30 g rotem und schwarzem Kaviar sowie Eiweiß und Eigelb, Frühlingszwiebeln und saurer Sahne servieren.

Sandwich mit Garnelen, Avocado und Brunnenkresse

Die fantastische Kombination saftiger und farbenfroher Frühjahrs-Zutaten ergibt einen köstlichen Snack.

30 MIN. 5 MIN.

FÜR 4 PERSONEN

- 60 g geschälte gegarte Tiefseegarnelen
- 1 EL fein gewürfelter frischer Ingwer
- 1 kleine rote Chilischote, fein gehackt
- 1 Knoblauchzehe, fein gewürfelt
- 1 reife Avocado
- ¼ Gurke, in dünne Scheiben geschnitten
- zerkleinerte Blätter von ein paar Stängeln Minze
- 1 EL Dillspitzen, fein gehackt
- 1 EL Kapern, gehackt
- ½ rote Zwiebel, fein gewürfelt
- 250 g saure Sahne
- Saft von 1 Limette
- 8 dicke Scheiben Vollkorn- oder Grahambrot
- 4 Handvoll Brunnenkresse

1 Die Garnelen mit Ingwer, Chili und Knoblauch in einer Schüssel mischen und beiseitestellen.

2 Die Avocado halbieren und den Kern herauslösen. Das Fruchtfleisch aus der Schale nehmen, würfeln und in eine Schüssel geben. Gurke, Minze, Dill, Kapern, Zwiebeln, saure Sahne und Limettensaft hinzufügen. Die Garnelen vorsichtig unterheben, das Avocadofleisch dabei nicht zerdrücken

3 Die Garnelen-Avocado-Mischung gleichmäßig auf 4 Brotscheiben verteilen. Die Brunnenkresse darauf anrichten und mit je 1 Brotscheibe bedecken. Die Sandwiches schräg halbieren und servieren.

Lachsfrikadellen

Servieren Sie diese Fischküchlein auf einem Bett aus Brunnenkresse und Spinat.

15 MIN. 30 MIN.

FÜR 4-6 PERSONEN

- 1 kg Kartoffeln, geschält und in Stücke geschnitten
- 1-2 TL Butter
- 1 kg Lachsfilet ohne Haut
- 1 Handvoll Petersilie, fein gehackt
- Salz und frisch gemahlener schwarzer Pfeffer
- etwas Öl zum Braten
- Remoulade und Zitronenschnitze zum Servieren

1 Die Kartoffeln in Salzwasser in 15 Minuten weich kochen, dann abgießen und zerdrücken. Die Butter unterarbeiten. Die Kartoffelmasse abkühlen lassen.

2 Das Lachsfilet in einem weiten Topf oder in einer hohen Pfanne mit Wasser bedecken. Aufkochen und 5–8 Minuten köcheln lassen, bis das Filet nicht mehr glasig ist. Aus dem Wasser heben, auf einen Teller legen und etwas abkühlen lassen. Das Fischfleisch zerpflücken.

3 Fischfleisch, Petersilie und Kartoffeln behutsam mischen. Die Masse kräftig salzen und pfeffern. Aus der Masse jeweils eine kleine Handvoll abnehmen, zu Bällchen formen und flach drücken. Insgesamt sollten 8–12 Frikadellen entstehen. Die Frikadellen mit etwas Mehl bestreuen.

4 In einer beschichteten Pfanne etwas Öl erhitzen und die Frikadellen darin portionsweise bei mittlerer Hitze in etwa 5 Minuten goldbraun braten. Mit Remoulade und Zitronenschnitzen servieren.

Hühnersuppe aus Malaysia

Bissfeste, würzige Frühlingszwiebeln bilden hier einen schönen Kontrast zu dem zarten Fleisch. Probieren Sie auch andere Gemüse der Saison sowie Nudeln oder Garnelen.

15 MIN. 40–50 MIN. TK-TAUGLICH

FÜR 4–6 PERSONEN

- 1 küchenfertiges Brathähnchen (1,3 kg)
- 1 Zwiebel, in Viertel geschnitten
- 1 Stück frischer Ingwer (etwa 5 cm), in Scheiben geschnitten
- 6 Knoblauchzehen, zerdrückt
- Salz und frisch gemahlener schwarzer Pfeffer
- Sojasauce
- Fischsauce (Nam pla)
- 250 ml heiße Gemüsebrühe (nach Belieben)
- 1 Bund Frühlingszwiebeln, in dünne Ringe geschnitten

1 Hähnchen mit Zwiebel, Ingwer und Knoblauch in einem großen Topf mit Wasser bedecken; Salz und Pfeffer dazugeben. Aufkochen lassen; das Hähnchen zugedeckt bei schwacher Hitze 40 Minuten garen. Mit einer Messerspitze in einen Schenkel stechen: Tritt klare Flüssigkeit heraus, ist das Hähnchen gar. Aus der Brühe nehmen und abkühlen lassen.

2 Das Hähnchen häuten und das Fleisch von den Knochen lösen. Die Brühe durch ein Sieb in einen Topf gießen. Das Fleisch mit je 1 Spritzer Soja- und Fischsauce in die Brühe geben. Falls nötig, noch Brühe dazugießen; die Suppe erwärmen und abschmecken. Auf Schalen verteilen, mit Frühlingszwiebeln bestreuen und servieren.

Variante

Hühnersuppe mit Nudeln und Frühlingsgemüse

Für ein sättigendes Hauptgericht zusätzlich 2 Möhren schräg in dünne Scheiben schneiden und 2 Pastinaken fein würfeln. Gemüse in Schritt 2 in die Suppe geben und in ein paar Minuten weich garen. 200 g Reisnudeln nach Packungsangabe garen, abgießen und mit 2 EL Olivenöl mischen. Die Nudeln auf 4–6 Suppenschalen verteilen, dann die Suppe darüberschöpfen und servieren.

Gedämpfter Brokkoli mit Bagna càuda

Der warme Knoblauchdip aus dem Piemont in Norditalien schmeckt sehr gut zu gedämpftem Brokkoli, aber auch zu rohen jungen Möhren und Radieschen.

10 MIN. 10 MIN.

FÜR 4 PERSONEN

- 500 g Brokkoli, in Röschen geteilt
- 4 Sardellenfilets, gehackt
- 2 Knoblauchzehen, zerdrückt
- 100 ml Olivenöl
- 25 g kalte Butter
- 1 TL Zitronensaft
- Meersalz und frisch gemahlener schwarzer Pfeffer

1 Den Brokkoli höchstens 5 Minuten dämpfen, bis er bissfest ist.

2 Die Sardellenfilets im Mörser zu einer Paste zerreiben. Mit dem Knoblauch in einen kleinen Topf geben und 2 Minuten erwärmen, bis der Knoblauch Farbe annimmt, aber noch nicht bräunt.

3 Den Topf vom Herd nehmen und die Butter mit dem Schneebesen stückchenweise unter die Sardellen-Knoblauch-Mischung schlagen.

4 Den Zitronensaft dazugeben und weiterschlagen, bis die Sauce leicht bindet, dann mit Salz und Pfeffer würzen. Die Bagna càuda warm zum Brokkoli servieren.

Hühner-Garnelen-Brühe mit Ingwer und Koriander

Eine Reihe vielfältiger Aromen zeichnet diese wärmende Suppe aus. Garnelen und Hähnchenbrustfilets steuern viel Eiweiß bei.

15 MIN. 1 STD.

FÜR 4–6 PERSONEN

- 1,2 l heiße Hühnerbrühe
- Salz und frisch gemahlener schwarzer Pfeffer
- 1 EL Sojasauce
- 3 EL Thai-Fischsauce
- 3 EL Mirin (süßer japanischer Reiswein)
- 1 TL Tahin (Sesampaste)
- 1 Dose Bambussprossen (225 g)
- 1 Dose Wasserkastanien (225 g)
- 2 Knoblauchzehen, fein gewürfelt
- 1 Stück (5 cm) frischer Ingwer, in feine Stifte geschnitten
- ½ TL Chiliflocken
- 125 g kleine Champignons, halbiert
- 2 Hähnchenbrustfilets, gewürfelt
- 1 Bund Frühlingszwiebeln, fein geschnitten
- Blätter von 1 Bund Koriandergrün
- 250 g geschälte gegarte Tiefseegarnelen

1 Die Brühe mit 600 ml Wasser in einen großen Topf gießen; salzen und pfeffern. Sojasauce, Fischsauce, Mirin und Tahin hinzufügen. Alles aufkochen lassen, dann nur noch köcheln lassen.

2 Die Bambussprossen und die Wasserkastanien abgießen und abtropfen lassen. Mit Knoblauch, Ingwer, Chiliflocken und Champignons in die köchelnde Flüssigkeit rühren. Die Hähnchenfleischwürfel hinzufügen. Den Topf schließen und die Suppe 40 Minuten köcheln lassen. Falls nötig, heißes Wasser dazugießen.

3 Anschließend Zwiebeln und Koriander unterrühren und die Suppe noch 10 Minuten köcheln lassen, dann die Garnelen untermischen. Die Suppe weitere 5 Minuten köcheln. lassen. In vorgewärmte Schalen füllen und sofort servieren.

Jetzt am besten **Frühlingszwiebeln**

Die dünnen Zwiebeln mit ihren langen grünen Blättern und mehr oder weniger stark ausgebildeten Zwiebeln werden bundweise im Frühling und im Sommer angeboten. Sie haben ein zartes, mildes Zwiebelaroma, schmecken roh oder gegart und verleihen zahlreichen Gerichten, beispielsweise asiatischen, Farbe und Aroma.

Frühlingszwiebeln werden weltweit angebaut. Es sind im Prinzip junge Zwiebeln, deren Blätter noch grün und deren Zwiebeln noch nicht voll ausgebildet sind.

Frühlingszwiebeln, die später geerntet wurden, haben eine rundliche Zwiebel und sind schärfer im Geschmack. Sie passen sehr gut in Frühlingssalate, die unteren weißen Zwiebeln können auch im Ganzen gegart und eingelegt werden. Das Grün bietet sich als Garnitur an.

Die Zwiebeln können in Ringe geschnitten und das schnittlauchartige Grün kann gehackt werden.

Frühlingszwiebeln, die jung geerntet wurden, haben noch keine Zwiebeln ausgebildet. Sie können vollständig in schmale Ringe geschnitten werden.

Frühlingszwiebeln vorbereiten

Küchenfertige, geputzte Frühlingszwiebeln werden hin und wieder angeboten. Sie sind jedoch vergleichsweise teuer, wenn man bedenkt, dass das Putzen und Zerkleinern in zwei Schritten schnell erledigt ist.

1 Wurzelenden und grüne Enden von meheren Zwiebeln auf einmal abschneiden. Beschädigte oder trockene äußere Schichten abziehen.

2 Je nach Verwendungszweck vom weißen Ende beginnend die Zwiebeln schräg in 2–3 cm lange Stücke oder in 5mm dünne Ringe schneiden.

Wissenswert

Im Angebot

Frühlingszwiebeln mit mehr oder weniger stark ausgebildetetn Zwiebeln.

Einkauf Auf feste grüne Blätter (Röhren) ohne dünne braune Haut achten.

Aufbewahren So bald wie möglich verbrauchen. Andernfalls in einer Plastiktüte im Gemüsefach des Kühlschranks bis zu 5 Tage lagerbar.

Zubereiten Zum Pfannenrühren und Kurzbraten; für Salate, Suppen und Saucen.

Rezepte

Frühlingszwiebel-Muffins mit Käse und Bacon Seite 19

Hähnchen mit Frühlingszwiebeln, Basilikum und Zitronengras aus dem Wok Seite 175

Quesadilla mit Avocado, Frühlingszwiebeln und Chili Seite 59

Schweinefleischtopf mit Frühlingszwiebeln Seite 47

Spinattarte

Spinat und Brunnenkresse sind eine wunderbare Frühlingskombination, die hier als Tartebelag besonders gut zur Geltung kommt.

15 MIN. 1 STD.

FÜR 1 TARTEFORM (26 CM Ø)

- 300 g ungesüßter Mürbeteig (Fertigprodukt oder selbst gemacht)
- 3 Eier, davon 1 Ei leicht verquirlt
- 1 EL Olivenöl
- 1 Zwiebel, fein gewürfelt
- Salz und frisch gemahlener schwarzer Pfeffer
- 2 Knoblauchzehen, fein gewürfelt
- 500 g Spinatblätter
- 200 g Brunnenkresse
- 200 g Sahne
- 1 Prise geriebene Muskatnuss

1 Den Backofen auf 200 °C vorheizen. Den Teig auf einer bemehlten Arbeitsfläche zu einem Kreis ausrollen und die Form damit auskleiden. Überstehenden Teig abschneiden, Den Teigboden mit Backpapier belegen und mit getrockneten Hülsenfrüchte beschweren. Im Ofen 15–20 Minuten backen, bis der Teigrand goldbraun ist. Hülsenfrüchte und Backpapier entfernen. Den Tartеboden mit dem verquirltem Ei bestreichen und im Ofen in 2–3 Minuten knusprig backen. Herausnehmen. Die Ofentemperatur auf 180 °C senken.

2 Das Öl in einer großen Pfanne erhitzen. Die Zwiebel mit 1 Prise Salz darin bei schwacher Hitze in 5 Minuten glasig dünsten. Den Knoblauch dazugeben und ein paar Sekunden mitbraten. Zwiebel und Knoblauch auf dem Tarteboden verteilen.

3 Spinat und Brunnenkresse in der Küchenmaschine in Intervallen grob zerkleinern. Sahne und 2 Eier untermischen. Die Masse kräftig salzen und pfeffern; auf dem Tarteboden verteilen und mit Muskat bestreuen.

4 Die Tarte im Ofen 20–30 Minuten backen, bis der Belag gestockt ist. Herausnehmen, 10 Minuten abkühlen lassen; dann aus der Form nehmen und warm servieren.

Taubenbrust auf Frühlingssalat

Taubenbrust rasch braten, dann an einem warmen Ort ruhen lassen – so wird sie wunderbar zart. Die Taubenbrüste am besten beim Geflügelhändler vorbestellen.

25 MIN. 4 MIN. PLUS RUHEZEIT

FÜR 4 PERSONEN

- 5 EL Olivenöl
- 4 Taubenbrüste
- Salz und frisch gemahlener Pfeffer

Für den Salat

- Fruchtfleisch von 1 reifen Avocado, in Scheiben geschnitten
- 1 EL Zitronensaft
- 4 Frühlingszwiebeln, schräg in kurze Stücke geschnitten
- 4 junge Möhren, grob raspelt
- 8 Radieschen, in Scheiben geschnitten
- 75 g Erbsensprossen, Brunnenkresse oder Rucola
- 8 Bärlauchblätter, zerzupft (nach Belieben)
- frisch gemahlener Pfeffer

Für das Dressing

- 2 EL Weißweinessig
- 1 TL Honig
- ½ TL Dijonsenf

1 In einer großen Pfanne 2 EL Öl erhitzen. Die Taubenbrüste mit Salz und Pfeffer bestreuen und auf beiden Seiten braten – sie sollen innen rosa bleiben. In Alufolie wickeln und beiseitelegen. Die Pfanne für das Dressing bereithalten.

2 Die Avocadoscheiben in einer großen Schüssel im Zitronensaft wenden. Die anderen Salatzutaten dazugeben, alles mit 1 Prise Pfeffer würzen und vorsichtig mischen. Den Salat auf vier Teller verteilen.

3 Die Pfanne erhitzen. Restliches Öl, den Honig und den Senf unter ständigem Rühren darin erhitzen. Das Dressing abschmecken. Die Taubenbrüste schräg in dicke Scheiben schneiden und auf den Salaten anrichten. Den Bratensaft aus der Folie in die Pfanne gießen. Das heiße Dressing sofort über die Salatportionen gießen. Dazu passt knuspriges Brot.

Gegrillte Garnelen mit Chili-Mayonnaise

Wenn Sie rohe Tiefseegarnelen bekommen können, greifen Sie zu – sie garen in der gleichen Zeit wie vorgekochte. Denken Sie daran, Fingerschalen mit auf den Tisch zu stellen.

10 MIN. 10 MIN.

FÜR 4 PERSONEN

- 250 g rohe oder gegarte große Garnelen mit Schalen
- 1 EL Olivenöl
- 1 rote Chilischote, entkernt und fein gehackt

Für die Sauce

- 1 EL Olivenöl
- 1 Knoblauchzehe, fein gewürfelt
- 1 TL Cayennepfeffer
- 1 TL Paprikapulver
- 1 Prise gemahlener Kreuzkümmel
- Saft von 1 Limette
- 4-5 EL Mayonnaise
- Salz und frisch gemahlener Pfeffer

1 Die Garnelen in einer Schüssel mit Öl und Chilischote mischen. Für ein paar Minuten marinieren lassen.

2 Für die Sauce das Öl mit Knoblauch, Gewürzen, Limettensaft und der Mayonnaise verrühren. Die Sauce mit Salz und Pfeffer würzen.

3 Eine große Pfanne oder eine Grillpfanne stark erhitzen und die Garnelen darin auf jeder Seite 1–2 Minuten braten bzw. grillen.

4 Die heißen Garnelen mit der scharfen Chili-Mayonnaise servieren. Dazu passen ein Salat und knuspriges Brot.

Meeresfrüchtesuppe

Mischen Sie die Krustentiere je nach Angebot. Und wenn Sie eine frische Fischbrühe für diese wunderbare Suppe verwenden können – noch besser!

20 MIN. 1 STD. 15 MIN.

FÜR 6 PERSONEN

- 1 EL Olivenöl
- 2 Stangen Sellerie, fein gewürfelt
- 2 Möhren, in dünne Scheiben geschnitten
- 2 Zwiebeln, fein gewürfelt
- 175 g Räucherspeck ohne Schwarte, in mundgerechte Stücke geschnitten
- 1 Dose gehackte Tomaten (400 g)
- 1 Sternanis
- 600 ml heißer Fischfond
- 800 g Meeresfrüchte (Tiefseegarnelen, Venusmuscheln, Miesmuscheln und ausgelöste Jakobsmuscheln)
- 1 Bund Petersilie, fein gehackt

1 Das Öl in einem großen ofenfesten Topf erhitzen. Den Sellerie, die Möhren und die Zwiebeln darin etwa 10 Minuten dünsten. Den Speck dazugeben und 5 Minuten mitbraten, dann die Tomaten und den Sternanis unterrühren. Den Fond dazugießen und alles zum Kochen bringen. Die Suppe bei schwacher Hitze etwa 45 Minuten köcheln lassen. Falls die Flüssigkeit zu stark einkocht, etwas heißes Wasser dazugießen.

2 Muscheln und Garnelen in die Suppe geben. 5–10 Minuten köcheln lassen, bis sich alle Muscheln geöffnet haben (geschlossene Exemplare wegwerfen). Die Petersilie unterrühren. Die Suppe auf vorgewärmte Teller schöpfen und mit knusprigem Brot und etwas gewürzter Mayonnaise (z. B. Rouille) servieren.

Brennnesselsuppe

Verwenden Sie frische, zarte Brennnesselblätter oder Blattspitzen für die Suppe. Tragen Sie beim Ernten Handschuhe – am besten zwei Paar Latexhandschuhe übereinander.

10 MIN. 20 MIN. TK-TAUGLICH

FÜR 4 PERSONEN

- 2 EL Raps- oder Olivenöl
- 4 Frühlingszwiebeln, in Ringe geschnitten
- 3 Stangen Lauch, grob zerkleinert
- 700 g Kartoffeln, ungeschält in 2 cm große Würfel geschnitten
- Salz und frisch gemahlener schwarzer Pfeffer
- 1 l Gemüsebrühe
- 100 g junge Brennnesselblätter oder -spitzen
- Saft von ½ Zitrone
- griechischer Joghurt zum Servieren

1 Das Öl in einem großen Topf erhitzen. Frühlingszwiebeln, Lauch und Kartoffeln in den Topf geben und leicht salzen. Das Gemüse zugedeckt bei mittlerer Hitze etwa 5 Minuten anbraten, dabei häufig rühren.

2 Die Brühe dazugießen und aufkochen lassen. Die Brennnesseln unterrühren und alles etwa 10 Minuten köcheln lassen. Die Kartoffeln sollen dann weich sein. Die Suppe kurz abkühlen lassen und mit dem Stabmixer fein pürieren. Mit Salz, Zitronensaft und Pfeffer würzen und noch einmal durchrühren.

3 Die Suppe auf Teller oder Schalen verteilen, mit etwas Joghurt garnieren, mit Pfeffer bestreuen und sofort servieren.

Tortilla-Kanapees mit Garnelen und Guacamole

Am besten setzen Sie die belegten Schnitten erst kurz vor dem Servieren zusammen, dann weichen sie nicht durch.

15 MIN. 10-15 MIN.

ERGIBT ETWA 50 STÜCK

- 5-6 große oder 8-10 kleinere Tortilla-Wraps
- 1 l Öl
- Fruchtfleisch von 2 reifen Avocados
- Saft von 1 Limette
- Tabascosauce
- 4 EL gehacktes Koriandergrün, plus mehr zum Garnieren
- 4 Frühlingszwiebeln, geputzt und klein geschnitten
- Meersalz und frisch gemahlener schwarzer Pfeffer
- 50 große geschälte gegarte Tiefseegarnelen

1 Aus den Tortilla-Wraps mit einem Ausstecher mindestens 100 etwa 3 cm große Kreise ausstechen. Das Öl in einem Topf erhitzen. Jeweils eine Handvoll Tortillakreise hineingeben und goldgelb frittieren. Nicht zu stark erhitzen, sonst gehen sie nicht richtig auf. Mit einem Schaumlöffel herausheben, auf Küchenpapier entfetten und abkühlen lassen.

2 Das Avocadofruchtfleisch mit der Hälfte des Limettensafts und einem Spritzer Tabasco zerdrücken, 3 EL gehackte Korianderblätter und die Frühlingszwiebeln unterrühren, die Guacamole salzen und pfeffern.

3 Etwa 30 Minuten vor dem Servieren die Garnelen mit dem restlichen Limettensaft und 1 EL Koriander mischen und ziehen lassen.

4 Die Guacamole in einen Spritzbeutel füllen und auf die Tortillakreise spritzen. Je 2 Mini-Tortillas aufeinandersetzen, je 1 Garnele darauflegen und alles mit etwas Koriandergrün garnieren.

Pasta mit Krabbenfleisch und Zitrone

Ein leichtes, elegantes Gericht, bei dem Krabbenfleisch mit Pasta und einigen Würzzutaten gemischt wird.

5 MIN. 10 MIN.

FÜR 4 PERSONEN

400 g Linguine oder Spaghetti
Salz und frisch gemahlener schwarzer Pfeffer
1 EL Olivenöl
1 große Zwiebel, geviertelt und in dünne Streifen geschnitten
2 Knoblauchzehen, in dünne Scheiben geschnitten
abgeriebene Schale und Saft von 1 Bio-Zitrone
2 EL gehackte Petersilie
200 g weißes Krabbenfleisch oder Crabmeat (Dose)
Chiliöl zum Beträufeln (nach Belieben)

1 Die Pasta in reichlich kochendem Salzwasser nach Packungsangabe bissfest garen.

2 Inzwischen das Öl in einer großen Pfanne bei schwacher Hitze heiß werden lassen. Die Zwiebelstreifen darin mit 1 Prise Salz in etwa 5 Minuten glasig dünsten. Knoblauch und Zitronenschale hinzufügen und einige Sekunden mitdünsten.

3 Petersilie, Krabbenfleisch, etwas Salz sowie reichlich Pfeffer unterrühren und das Ganze mit Zitronensaft abschmecken.

4 Die gegarten Nudeln in ein Sieb schütten und kurz abtropfen lassen. Zurück in den Topf geben und die Krabbenmischung unterheben. Das Gericht nach Belieben mit Chiliöl beträufeln und servieren.

Cioppino mit Meeresfrüchten und Tomaten

Ein Seafood-Klassiker aus San Francisco.

45-50 MIN. 20-25 MIN.

FÜR 4-6 PERSONEN

4 EL Olivenöl
2 große Zwiebeln, in Ringe geschnitten
3 Knoblauchzehen, fein gewürfelt
1 EL Tomatenmark
3 Dosen gehackte Tomaten (je 400 g)
1 Prise Cayennepfeffer
Salz und frisch gemahlener Pfeffer
1 Kräutersträußchen (aus 5-6 Stängeln Petersilie, 2-3 Zweigen Thymian und 1 Lorbeerblatt)
500 ml trockener Weißwein
500 g weißfleischiges Fischfilet
250 g kleine Jakobsmuscheln
120 g Krabbenfleisch (Dose)
4-6 große Taschenkrebsscheren (falls erhältlich)
750 g küchenfertige Miesmuscheln
4 EL gehackte Petersilie

1 Das Öl in einem Topf erhitzen. Die Zwiebeln darin bei schwacher Hitze in 3–5 Minuten glasig dünsten. Knoblauch, Tomatenmark, gehackte Tomaten, Cayennepfeffer, Salz, Pfeffer und Kräutersträußchen hinzufügen. Den Wein dazugießen und alles zugedeckt unter gelegentlichem Rühren 20 Minuten köcheln lassen.

2 Den Fisch in 5 cm große Stücke schneiden. Von den Jakobsmuscheln den festen weißen Streifen am Rand jeweils abschneiden.

3 Kräutersträußchen aus dem Topf nehmen; wegwerfen. Die Fischstücke gleichmäßig auf dem Boden eines breiten Topfes verteilen, darauf die Jakobsmuscheln legen, dann das Krabbenfleisch und die Muscheln. Die heiße Tomatensauce darübergießen. Die Meeresfrüchte sollen mit Flüssigkeit bedeckt sein, falls nötig, noch Wasser zugeben. Alles zugedeckt aufkochen und 3–5 Minuten köcheln lassen, bis die Muscheln sich geöffnet haben und das Fischfleisch sich leicht mit einer Gabel zerpflücken lässt.

4 Geschlossene Muscheln wegwerfen. Brühe abschmecken. Cioppino in Schalen füllen, je 1 Krebsschere hineinlegen und alles mit Petersilie bestreuen. Dazu passt Sauerteigbrot.

Grünes Thai-Curry

Saftige Garnelen schmecken in diesem würzigen und dabei leichten Kokoscurry einfach herrlich.

10 MIN. 30 MIN.

FÜR 4 PERSONEN

- 1 EL Öl
- 1 Zwiebel, fein gewürfelt
- 1-2 EL grüne Thai-Currypaste
- 400 ml Kokosmilch
- 2 EL Thai-Fischsauce
- 1-2 TL Palmzucker (oder Rohrzucker)
- 2-3 Kaffirlimettenblätter
- Salz und frisch gemahlener schwarzer Pfeffer
- 220 g abgetropfte Bambussprossen
- 200 g geschälte gegarte Tiefseegarnelen

1 Das Öl in einer großen Pfanne mit hohem Rand oder im Wok erhitzen. Die Zwiebel darin bei mittlerer Hitze in etwa 5 Minuten glasig dünsten. Die Currypaste dazugeben und 2–3 Minuten unter Rühren braten, bis ein angenehmer Duft aufsteigt.

2 Die Kokosmilch dazugießen; die Dose mit Wasser füllen und dieses ebenfalls dazugießen. Aufkochen lassen, dann die Hitze reduzieren und Fischsauce, Zucker sowie Limettenblätter untermischen. Die Sauce mit Salz und Pfeffer würzen.

3 Die Sauce bei schwacher Hitze etwa 15 Minuten köcheln lassen, dann die Bambussprossen und die Garnelen unterrühren. Das Curry etwa 10 Minuten köcheln lassen. Abschmecken und sofort servieren.

Lachs-Garnelen-Pie

Lachs und Garnelen lassen sich wunderbar zu einem köstlichen Gericht kombinieren.

15 MIN. 35 MIN.

FÜR 4 PERSONEN

- 700 g Kartoffeln, geschält und in Stücke geschnitten
- 325 ml Milch
- Salz und frisch gemahlener schwarzer Pfeffer
- 350 g Lachsfilet
- 200 g gegarte Garnelen, geschält und entdarmt
- 1-2 TL Butter, mehr zum Bestreuen
- 2 EL Mehl
- 1 EL körniger Senf

1 Den Backofen auf 200 °C vorheizen. Die Kartoffeln in Salzwasser in etwa 15 Minuten weich garen. Abgießen, dann mit 2 EL Milch und etwas Salz und Pfeffer zerdrücken.

2 Den Lachs in 200 ml Milch zugedeckt bei schwacher Hitze 3–5 Minuten pochieren. Er soll gerade eben gar sein. Abgießen, die Milch dabei auffangen. Den Fisch in Stücke teilen, Haut und Gräten entfernen. Mit den Garnelen in eine Pie-Form (1,2 l Inhalt) geben; salzen und pfeffern.

3 Den Fischtopf ausspülen und die Butter darin bei schwacher Hitze zerlassen. Das Mehl dazustreuen und unter Rühren anschwitzen. Etwas von der aufgefangenen Milch dazugeben und mit einem Schneebesen rühren, bis die Mischung glatt ist. Nach und nach unter ständigem Rühren die restliche Milch hinzufügen; rühren, bis die Sauce andickt. Die Sauce mit dem Schneebesen schlagen, um Klümpchen zu entfernen, dann den Senf unterrühren. Die Sauce abschmecken.

4 Lachs und Garnelen mit der Sauce begießen. Das Püree darauf verteilen und mit Butterstückchen bestreuen. Die Pie im Ofen 15–20 Minuten backen, bis die Oberfläche gebräunt ist.

Garnelenrisotto

Ein wärmendes Gericht für einen kühlen Frühlingsabend.

15-20 MIN. 25-30 MIN.

FÜR 6 PERSONEN

- 100 ml Olivenöl
- 2 Knoblauchzehen, fein gewürfelt
- 2 EL gehackte Petersilie
- Salz und frisch gemahlener schwarzer Pfeffer
- 4 EL trockener Weißwein
- 1 l Fischfond oder Gemüsebrühe
- 1 Zwiebel, fein gewürfelt
- 400 g Risottoreis
- 500 g geschälte gegarte Garnelen

1 Ein Drittel des Öls in einem Topf erhitzen. Knoblauch, Petersilie, Salz und Pfeffer darin unter Rühren 1–2 Minuten braten. Den Wein dazugießen, unterrühren und in 2–3 Minuten auf ein Viertel einkochen lassen. Den Fond bzw. die Brühe sowie 250 ml Wasser dazugeben. Aufkochen, dann köcheln lassen.

2 Die Hälfte des restlichen Öls in einem großen Topf erhitzen. Die Zwiebelwürfel darin unter Rühren in 2–3 Minuten glasig dünsten. Den Reis hinzufügen und durch Rühren mit Fett überziehen. Die köchelnde Flüssigkeit nach und nach dazuschöpfen, dabei immer erst erneut Flüssigkeit dazugeben, wenn der Reis die vorherige Zugabe aufgenommen hat. Bis er bissfest gegart ist, dauert es 25–30 Minuten.

3 Die Garnelen und das restliche Olivenöl unter den Risotto mischen und heiß werden lassen. Den Risotto abschmecken, auf vorgewärmte tiefe Teller verteilen und sofort servieren.

Garnelen-Saganaki

Ein unkompliziertes Gericht aus Griechenland, das mit frischen Garnelen besonders gut schmeckt

10 MIN. 45 MIN.

FÜR 4 PERSONEN

- 1 EL Olivenöl
- 1 Zwiebel, fein gewürfelt
- 2 Knoblauchzehen, fein gewürfelt
- 1 Dose gehackte Tomaten (400 g)
- 2 EL Tomatenmark
- 250 ml trockener Weißwein
- ½ TL Zucker
- Salz und frisch gemahlener schwarzer Pfeffer
- 350 g geschälte große Tiefseegarnelen
- 125 g Feta
- 1 kleine Handvoll Thymianblätter

1 Die Hälfte des Öls in einer großen ofenfesten Pfanne erhitzen und die Zwiebel darin bei schwacher Hitze in etwa 8 Minuten glasig dünsten. Den Knoblauch ein paar Sekunden mitbraten, dann Tomaten, 150 ml Wasser, Tomatenmark, Wein und Zucker sowie etwas Salz und Pfeffer dazugeben. Alles aufkochen und 20–30 Minuten unter gelegentlichem Rühren köcheln lassen, bis die Sauce eindickt.

2 Die Garnelen in die Sauce geben, die Pfanne vom Herd nehmen und den Feta über das Gericht streuen. Die Pfanne unter den heißen Backofengrill stellen, bis der Käse schmilzt und goldgelb wird. Herausnehmen, das Gericht mit Thymian bestreuen und mit einem Salat und knusprigem Brot servieren.

Garnelencurry mit Spinat und Kokosmilch

Spinat passt perfekt in ein mildes cremiges Kokoscurry wie dieses hier.

15 MIN. 20 MIN.

FÜR 4 PERSONEN

- 2 EL Sonnenblumenöl
- 2 rote Zwiebeln, fein gewürfelt
- 4 Knoblauchzehen, fein gewürfelt
- 20 g frischer Ingwer, gerieben
- ¼–½ TL Chilipulver
- ½ TL Kurkuma
- 2 TL gemahlener Kreuzkümmel
- 1 TL gemahlener Koriander
- 4 große Tomaten, geschält (siehe S. 197) und fein gehackt
- 400 ml Kokosmilch
- 10 frische oder 20 getrocknete Curryblätter
- 150 g Blattspinat
- 400 g große gegarte geschälte Tiefseegarnelen
- ½ TL Zucker
- Salz

1 Das Öl in einer großen hochwandigen Pfanne oder im Wok erhitzen. Zwiebeln und Knoblauch mit Ingwer darin bei schwacher Hitze in 2–3 Minuten glasig dünsten, dann die Gewürze 1–2 Minuten mitbraten.

2 Die Tomaten hinzufügen, 2 Minuten mitdünsten und dabei zerfallen lassen. Die Kokosmilch mit den Curryblättern untermischen und aufkochen lassen. Den Spinat unterheben und bei schwacher Hitze zusammenfallen lassen. (Das dauert bei zarten Spinatblättern 1–2 Minuten, bei größeren bis zu 4 Minuten.)

3 Garnelen, Zucker und 1 Prise Salz unter das Curry mischen und alles noch 2–3 Minuten köcheln lassen. Mit Basmatireis und Zitronenschnitzen servieren.

Jetzt am besten **Garnelen**

Tiefseegarnelen (Kaltwasser) stammen aus Mittel- und Nordeuropa sowie den USA. Verglichen mit den großen, fleischigen Warmwassergarnelen haben sie süßliches und saftiges Fleisch. Im Winter und Frühling sind Kaltwassergarnelen eine klassische Zutat für Garnelen- bzw. Shrimp-Cocktail. Sie werden schnell zäh, weshalb sie nur kurz gegart werden sollten. Köstlich mit Mayonnaise, Zitrusfrüchten, Spargel, Avocados, Artischocken, Fisch und anderen Meeresfrüchten sowie Hähnchen.

Gegarte Tiefseegarnelen (Kaltwasser) werden frisch, tiefgefroren, geschält und ungeschält angeboten und nach Größen gehandelt.

Kaufen Sie gegarte Tiefseegarnelen möglichst mit Schale und schälen Sie sie selber. Das Garnelenfleisch schmeckt so am besten.

Rohe Tiefseegarenlen (Kaltwasser)
Sie sind klein, rosa-grau und glasig. Beim Garen werden sie rosa und undurchsichtig.

Ungeschälte Garnelen liefern das saftigste Fleisch.

Wissenswert

Im Angebot

Gelegentlich roh und ungeschält; meist gegart, geschält oder ungeschält; tiefgefroren und als Konserve erhältlich.

Einkauf Die Krustentiere sollen einen frischen Geruch ausströmen, unbeschädigt sein und aus nachhaltiger Fischerei stammen.

Aufbewahren Am Kauftag verbrauchen.

Zubereiten Grillen, braten, frittieren, dämpfen; als Zutat für Suppen, Eintöpfe, Saucen, Reis- und Pastagerichte sowie Salate und Sandwiches.

Rezepte

Gegrillte Garnelen mit Chili-Mayonnaise Seite 30

Hühner-Garnelen-Brühe mit Ingwer und Koriander Seite 28

Lachs-Garnelen-Pie Seite 33

Sandwich mit Garnelen, Avocado und Brunnenkresse Seite 27

Tortilla-Kanapees mit Garnelen und Guacamole Seite 31

Garnelen schälen

Es lohnt sich, gegarte Kaltwassergarnelen selbst zu schälen. Wenn Sie sie im Ganzen mit Schale servieren, stellen Sie Fingerschalen mit auf den Tisch oder bieten Sie feuchte Tücher zum Reinigen der Hände an.

1 Die Garnele in der Mitte mit einer Hand fest halten. Mit der anderen den Kopf abdrehen. Aus Kopf und Schalen (Schritt 2) einen Fischfond kochen.

2 Die Garnele umdrehen und von der Bauchseite beginnend die Schale mit den Beinen ablösen. Den Schwanz nach Belieben dranlassen oder abziehen.

Reisnudeln mit Garnelen und Schweinefleisch

Ein reichhaltiges Gericht mit Garnelen, Frühlingszwiebeln, Schweinefleisch, Pilzen und duftenden Gewürzen.

15 MIN. PLUS MARINIERZEIT   30 MIN.

FÜR 4 PERSONEN

- 450 g Schweinefilet, in 2,5 cm dicke Scheiben geschnitten
- 3 EL Thai-Fischsauce
- 2 EL Sojasauce
- 2 EL Reisweinessig
- 2 TL Fünf-Gewürze-Pulver
- 250 g dünne Reisnudeln (Vermicelli)
- 1½ TL Sonnenblumenöl
- 1 große Knoblauchzehe, fein gewürfelt
- ½ TL gemahlener Koriander
- 250 g Egerlinge, in Scheiben geschnitten
- 200 g geschälte und gegarte große Tiefseegarnelen
- 1 große Zwiebel, fein gewürfelt
- 2 rote Chilischoten, entkernt und fein gehackt
- Salz und frisch gemahlener Pfeffer
- 150 g Mungobohnensprossen
- 4 Frühlingszwiebeln, klein geschnitten
- 1 Bund Koriandergrün, fein gehackt

1 Das Fleisch mit Fischsauce, Sojasauce, Reisweinessig und Fünf-Gewürze-Pulver mischen; mindestens 30 Minuten marinieren. Inzwischen die Nudeln 6 Minuten in kochend heißem Wasser einweichen. Abgießen, abtropfen lassen und beiseitestellen.

2 In einem großen Wok 1 EL Öl stark erhitzen und durch Schwenken verteilen. Das Fleisch darin unter Rühren 6–8 Minuten braten; es soll leicht bräunen und knusprig werden. Mit einem Schaumlöffel herausheben und beiseitestellen. Noch 1 EL Öl im Wok erhitzen, Knoblauch und Koriander kurz darin anbraten, dann die Egerlinge hinzufügen und alles ein paar Minuten braten. Die Garnelen dazugeben und bei starker Hitze 5–8 Minuten pfannenrühren. Ebenfalls mit dem Schaumlöffel herausheben und beiseitestellen.

3 Das restliche Öl im Wok erhitzen. Die Zwiebel und die Chilis darin 1 Minute pfannenrühren. Die Nudeln dazugeben; salzen und pfeffern und die Bohnensprossen unterrühren. Fleisch und Garnelen untermischen. Das Gericht vom Herd nehmen, mit Frühlingszwiebeln und Koriander bestreuen und servieren.

Pad Thai – Thai-Nudelpfanne

Für dieses klassische Gericht gibt es viele Varianten. In dieser sind Omelettstücke, Garnelen und Hähnchen.

15 MIN.   15 MIN.

FÜR 4 PERSONEN

- 250 g Reisnudeln (nicht zu schmale)
- 1½ EL Sonnenblumenöl
- 2 Eier, leicht verquirlt
- ½ TL Garnelenpaste (nach Belieben)
- 2 rote Chilischoten, entkernt und fein gehackt
- 3 Hähnchenbrustfilets, in ½ cm dicke Scheiben geschnitten
- 1 Bund Frühlingszwiebeln, in feine Ringe geschnitten
- Thai-Fischsauce
- Saft von 1 Limette
- 1 EL brauner Zucker
- Salz und frisch gemahlener schwarzer Pfeffer
- 150 g geschälte gegarte Tiefseegarnelen
- 150 g ungesalzene Erdnusskerne
- Limettenviertel zum Servieren
- 1 Bund Koriandergrün, fein gehackt

1 Die Nudeln in einer großen Schüssel mit kochend heißem Wasser bedecken und 8 Minuten stehen lassen. Abgießen und beiseitestellen. Inzwischen ½ TL Öl in einem großen Wok stark erhitzen und darin verteilen. Die verquirlten Eier hineingießen und 1 Minute braten, dabei mit dem Schneebesen schlagen. Die Eier sollen zu stocken beginnen, aber noch weich bleiben. Das Omelett herausnehmen und beiseitestellen.

2 Das restliche Öl in den Wok geben, die Garnelenpaste nach Belieben und die Chilis darin unter Rühren 5 Minuten braten, bis die Garnelenpaste nicht mehr rosa ist. Frühlingszwiebeln, 1 Spritzer Fischsauce, Limettensaft und Zucker untermischen. Ein paar Minuten braten, bis sich der Zucker aufgelöst hat, dann alles mit Salz und Pfeffer würzen. Die Garnelen in der Sauce wenden und in 1–2 Minuten heiß werden lassen. Das Omelett dazugeben.

3 Die Reisnudeln in den Wok geben und untermischen, dann die Hälfte der Erdnüsse und des Korianders. Die Nudelpfanne in eine große Schüssel umfüllen und mit den restlichen Nüssen und dem übrigen Koriandergrün bestreuen.

Garnelen-Makhani

Makhani ist eine reichhaltige Sauce aus Indien, bekannt ist sie durch das »Butter Chicken«.

20 MIN. 40 MIN.

FÜR 4 PERSONEN

- 350 g große geschälte und gegarte Tiefseegarnelen
- Salz und frisch gemahlener schwarzer Pfeffer
- 3 Knoblauchzehen, fein gewürfelt
- 1 großes Stück frischer Ingwer (etwa 7,5 cm), geschält und fein gewürfelt
- 1½ EL Öl
- 1 TL Chilipulver
- 1 Stück Zimtstange
- 2 rote Chilischoten, entkernt und fein gehackt
- 3 Kardamomkapseln, zerdrückt
- 1 Dose gehackte Tomaten (400 g)
- 100 g stichfester Joghurt
- 60 g gemahlene Cashewnusskerne
- 2 TL gemahlene Bockshornkleesamen
- 100 g Sahne
- 1 Handvoll grob gehackte Cashewkerne

1 Die Garnelen salzen und pfeffern. Die Hälfte von Knoblauch und Ingwer, sowie 1 TL Öl und das Chilipulver darüberstreuen. Beiseitestellen.

2 Das restliche Öl in einer großen hochwandigen Pfanne erhitzen. Den Rest von Knoblauch und Ingwer sowie Zimt, Chilis und Kardamom dazugeben; alles bei schwacher Hitze unter gelegentlichem Rühren 2 Minuten braten. Tomaten und Jogurt untermischen; aufkochen und in 10 Minuten etwas einköcheln lassen.

3 Die Sauce durch ein feines Sieb gießen und wieder in die Pfanne geben. Die gemahlenen Nüsse und den Bockshornklee unterrühren, 10 Minuten köcheln lassen. Falls die Sauce zu dick wird, etwas Wasser dazugießen. Die Garnelen mit der Sahne in die Sauce rühren. Abschmecken und noch 5 Minuten köcheln lassen. Mit den gehackten Cashews garnieren und mit Reis servieren.

Venusmuscheln mit Petersilie und Knoblauch

Knoblauch und Wein sind in der Mittelmeerküche beliebte und klassische Begleiter zu Venusmuscheln.

10 MIN. 20 MIN.

FÜR 4 PERSONEN

- 1 EL Olivenöl
- 1 Zwiebel, fein gewürfelt
- 1 Prise Salz
- 1 grüne Paprikaschote, gewürfelt
- 2 Knoblauchzehen, fein gewürfelt
- 250 ml trockener Weißwein
- 500 g Venusmuscheln (geöffnete und/oder beschädigte Exemplare wegwerfen), gut gewässert
- 1 Handvoll Petersilie, gehackt

1 Das Öl in einer großen Pfanne heiß werden lassen. Die Zwiebelwürfel darin mit dem Salz bei mittlerer Hitze in etwa 5 Minuten glasig dünsten. Die Paprikawürfel mit dem Knoblauch hinzufügen; mitbraten, bis sie weich sind. Wein dazugießen und bei starker Hitze 1–2 Minuten kochen lassen.

2 Die Muscheln in die Pfanne geben und 5–6 Minuten garen, bis sie sich geöffnet haben, die Pfanne dabei gelegentlich rütteln. Ungeöffnete Muscheln aussortieren und wegwerfen. Die Petersilie untermischen.

3 Das Gericht sofort mit Zitronenschnitzen servieren; Brot zum Auftunken der Sauce dazu reichen.

Variante

Venusmuscheln mit Chorizo

Statt der Paprikaschote 1 fein zerkleinerte Lauchstange dünsten und 75 g gewürfelte Chorizo dazugeben (Schritt 1). 2 Minuten braten, dann den Wein angießen; weiterverfahren, wie im Rezept beschrieben.

Nudeln mit Venusmuscheln

Frische Meeresfrüchten sprechen für sich selbst – vor allem Venusmuscheln lassen sich ohne großen Aufwand zubereiten.

10 MIN. 15 MIN.

FÜR 4 PERSONEN

- 1 EL Olivenöl, plus mehr zum Servieren
- 1 Zwiebel, fein gewürfelt
- 3 Knoblauchzehen, fein gewürfelt
- 1 kleine Handvoll Petersilie, fein gehackt
- 100 ml trockener Weißwein
- 500 g Venusmuscheln (geöffnete und/oder beschädigte Exemplare wegwerfen)
- 400 g Spaghetti oder Linguine
- Salz und frisch gemahlener schwarzer Pfeffer

1 Das Öl in einer großen Pfanne erhitzen und die Zwiebel darin bei schwacher Hitze 2 Minuten dünsten. Knoblauch und Petersilie ein paar Sekunden mitdünsten.

2 Den Wein dazugießen, die Muscheln unterrühren und bei mittlerer Hitze 5 Minuten garen, bis sie sich geöffnet haben, dabei die Pfanne ab und zu rütteln. Die Pfanne zudecken und vom Herd nehmen.

3 Die Nudeln in kochendem Salzwasser nach Packungsangabe bissfest garen. In ein Sieb schütten, dabei etwas Kochwasser auffangen. Die Nudeln mit dem Kochwasser zurück in den Topf geben, etwas Öl, Salz und Pfeffer dazugeben. Die Muscheln aus dem Sud heben (geschlossene Exemplare wegwerfen) und auf den Nudeln verteilen.

Variante

Pasta mit Muscheln und Safran

4 junge Möhren und ¼ dünne Selleriestange fein würfeln und mit der Zwiebel zugedeckt in 5 Minuten weich köcheln, dabei ab und zu rühren. Ein paar Safranfäden und den Wein dazugeben; die Venusmuscheln durch Miesmuscheln ersetzen.

Orzotto mit Morcheln und Egerlingen

»Orzo« heißt die Gerste auf Italienisch. Statt der frischen Morcheln können Sie getrocknete verwenden, diese einweichen und die Flüssigkeit später zur Brühe geben.

10 MIN. 45 MIN.

FÜR 4 PERSONEN

- 1 EL Butter
- 1 Zwiebel, gewürfelt
- 1 Knoblauchzehe, zerdrückt
- 2 große Morcheln, in Scheiben geschnitten
- 250 g Egerlinge, in Scheiben geschnitten
- 150 ml trockener Weißwein
- 200 g Perlgraupen
- 2 TL gehackte Thymianblätter, plus mehr zum Garnieren
- 750 ml Hühner- oder Gemüsebrühe
- Salz und frisch gemahlener schwarzer Pfeffer
- 2-3 EL Sahne
- geriebener Parmesan

1 Die Butter in einem großen Topf zerlassen. Zwiebel und Knoblauch darin bei mittlerer Hitze in etwa 2 Minuten glasig dünsten. Morcheln, Pilze und Wein dazugeben; 2 Minuten köcheln lassen, dann Graupen und Thymian unterrühren. Die Brühe dazugießen und alles kräftig würzen. Aufkochen und 40 Minuten köcheln lassen, dabei zweimal umrühren. Der Orzotto ist gar, wenn die Graupen weich, aber noch bissfest sind und fast alle Flüssigkeit verdampft ist.

2 Die Sahne unterrühren und den Orzotto abschmecken. Mit etwas Parmesan und Thymianblättern anrichten.

Gebratene Garnelen mit Oliven

Dieses spanisch anmutende Gericht ist schnell zubereitet – ideal, wenn die Zeit zum Kochen knapp ist.

5 MIN. 15 MIN.

FÜR 4 PERSONEN

- 1 EL Olivenöl
- 1 Zwiebel, fein gewürfelt
- 2 Knoblauchzehen, fein gewürfelt
- 20 ml trockener Sherry
- 1 Dose gehackte Tomaten (400 g)
- 1 große Handvoll entsteinte grüne oder schwarze Oliven
- 400 g große geschälte und gegarte Tiefseegarnelen
- 1 Bund Basilikum, gehackt
- 1 Bund Petersilie, gehackt
- Salz und frisch gemahlener schwarzer Pfeffer

1 Das Öl in einer großen Pfanne erhitzen. Die Zwiebel darin bei mittlerer Hitze in 5 Minuten glasig dünsten. Den Knoblauch ein paar Sekunden mitbraten.

2 Den Sherry dazugeben und alles unter Rühren 3 Minuten kochen lassen. Tomaten und Oliven hinzufügen und die Sauce in 5 Minuten leicht einköcheln lassen. Die Garnelen hineinlegen und in ein paar Minuten erhitzen. Die Kräuter unterrühren und alles mit Salz und Pfeffer würzen. Sofort mit knusprigem Brot servieren.

Seezunge in Weinessig

Bei diesem überlieferten italienischen Rezept sollte der Fisch 12–24 Stunden marinieren. Wenn die Marinade milder sein soll, verwenden Sie nur 125 ml Essig und dieselbe Menge Weißwein.

30-35 MIN. PLUS MARINIERZEIT **2-4 MIN.**

FÜR 4-6 PERSONEN

- 100 ml Olivenöl
- 1 große Zwiebel, in Streifen geschnitten
- Salz und frisch gemahlener Pfeffer
- 250 ml Rotweinessig
- 50 g Rosinen
- 500 g Seezungenfilets
- 30 g Mehl
- 30 g Pinienkerne

Für den Salat

- Saft von ½ Orange
- 3 EL Olivenöl
- 250 g Salatblätter (z. B. Rucola)
- Salz und frisch gemahlener Pfeffer

1 In einem Topf 30 ml Öl erhitzen. Die Zwiebel mit Salz und Pfeffer dazugeben und zugedeckt bei schwacher Hitze 15 Minuten dünsten, dann offen bei stärkerer Hitze karamellisieren lassen. Essig und Rosinen hinzufügen und 2 Minuten kochen lassen. Vom Herd nehmen.

2 Den Fisch abspülen und trocken tupfen. Die Filets quer in 5 cm große Stücke schneiden. Das Mehl auf einen großen Teller streuen und würzen. Die Fischstücke darin wälzen.

3 Das restliche Öl in einer Pfanne erhitzen. Die Fischstücke darin auf einer Seite bei mittlerer Hitze in 1–2 Minuten bräunen, wenden und nochmals 1–2 Minuten braten. Wenn sich ein Stück Fisch leicht mit einer Gabel zerpflücken lässt, die Fischstücke aus der Pfanne nehmen und auf Küchenpapier ganz abkühlen lassen.

4 Die Fischstücke in eine ofenfeste flache Form legen und mit der Zwiebel-Essig-Mischung bedecken. Pinienkerne darüberstreuen und die Form mit Frischhaltefolie verschließen. Für 12–24 Stunden in den Kühlschrank stellen; 1 Stunde vor dem Servieren herausnehmen.

5 Den Orangensaft in eine Schüssel gießen. Das Öl dazufließen lassen und darunterschlagen, bis die Vinaigrette dicklich wird. Salzen und pfeffern. Salatblätter mit der Vinaigrette mischen, mit etwas Marinade beträufeln. und zu den Seezungen servieren,

Variante

Forelle in Reisweinessig

Die Seezunge durch 500 g Forellenfilets ersetzen. Wie beschrieben zubereiten, jedoch 4 Frühlingszwiebeln statt Zwiebel nehmen. Die grünen Teile in Ringe schneiden und in den Salat geben, die weißen dünsten. Statt Rotweinessig Reisweinessig verwenden.

Forelle mit Haselnüssen

Probieren Sie Forelle Müllerin einmal mit gebratenen Haselnüssen und Petersilie. Reichen Sie Kartoffeln oder auch gewürzten Reis (Reis-Pilaw) dazu.

20–25 MIN. 10–15 MIN.

FÜR 4 PERSONEN

- 4 ganze küchenfertige Forellen (je etwa 300 g)
- 60 g Haselnusskerne
- 2 Bio-Zitronen
- 30 g Mehl
- Salz und frisch gemahlener schwarzer Pfeffer
- 125 g Butter
- 2 EL gehackte Petersilie

1 Den Backofen auf 180 °C vorheizen. Von den Forellen die Flossen abschneiden, die Schwanzflossen dabei stutzen. Die Fische innen und außen abspülen und mit Küchenpapier trocken tupfen.

2 Die Haselnüsse auf einem Backblech im Ofen in 8–10 Minuten rösten. Anschließend in einem Küchentuch aneinanderrubbeln, um die braunen Häutchen abzulösen und grob hacken.

3 Eine Zitrone längs halbieren und in Scheiben schneiden. Die andere Zitrone dick schälen, dabei die weiße Haut (Bast) mitentfernen. Die Frucht in dünne Scheiben schneiden und die Kerne herauslösen.

4 Das Mehl auf einem Teller mit Salz und Pfeffer mischen, die Forellen darin wenden. Die Butter in einer großen Pfanne erhitzen, bis sie schäumt. 2 Forellen darin bei mittlerer Hitze 2–3 Minuten braten. Die Fische wenden und auf der anderen Seite bei schwacher Hitze 3–5 Minuten braten. Wenn sich das Fischfleisch leicht mit einer Gabel von den Gräten lösen lässt, sind die Forellen gar. Die fertigen Forellen warm halten, die anderen beiden in der restlichen Butter wie beschrieben zubereiten.

5 Die gehackten Nüsse in die Pfanne geben und bei mittlerer Hitze unter Wenden 3–4 Minuten braten. Petersilie, bis auf einen kleinen Rest, untermischen. Die Forellen mit den Nüssen und restlicher Petersilie bestreuen. Mit den Zitronenscheiben garnieren.

Amerikanische Lachs-Chowder

An einem kühlen Frühlingstag ist eine wärmende Fischsuppe immer willkommen. Wenn Sie Wildlachs verwenden, achten Sie darauf, dass er aus nachhaltigem Fang stammt.

15 MIN. 25 MIN. PLUS RUHEZEIT

FÜR 4 PERSONEN

- 2 EL Olivenöl
- 4 Scheiben durchwachsener Speck, gewürfelt
- 6 Frühlingszwiebeln, in 2,5 cm lange Stücke geschnitten
- 3 Zweige Thymian
- 2 Lorbeerblätter
- 600 g kleine festkochende Kartoffeln, geschält und in dicke Scheiben geschnitten
- 25 g Butter
- 1 EL Mehl
- 700 ml Fischfond oder Geflügelbrühe
- 400 g Lachsfilets, gehäutet und in Stücke geschnitten
- 150 g Sahne
- 2-3 EL gehackter Dill
- abgeriebene Schale von ½ Bio-Zitrone
- Salz und frisch gemahlener schwarzer Pfeffer

1 In einem Topf 1 EL Öl erhitzen. Den Speck darin knusprig braten, herausheben und auf Küchenpapier beiseitelegen. Das restliche Öl in den Topf geben. Frühlingszwiebeln, Thymian und Lorbeerblätter darin 1 Minute unter Rühren braten. Die Kartoffeln dazugeben und 2–3 Minuten braten.

2 In einer Kasserolle die Butter zerlassen und das Mehl darin 1–2 Minuten anschwitzen. Topf vom Herd nehmen, Fond oder Brühe unter Rühren hineingießen. Wieder auf den Herd stellen, die Sauce aufkochen und 3–4 Minuten köcheln lassen, bis sie leicht eindickt. Sauce zu den Kartoffeln in den Topf gießen. Alles einmal aufkochen, dann 10 Minuten köcheln lassen, bis die Kartoffeln gerade weich sind.

3 Die Lachsstücke in die Suppe geben und bei ganz schwacher Hitze in 3–5 Minuten garen; dabei nicht rühren, damit der Fisch nicht zerfällt.

4 Topf vom Herd nehmen. Die Sahne dazugießen (nicht rühren), Dill und Zitronenschale darüberstreuen. Die Suppe 5–10 Minuten durchziehen lassen. Thymianzweige und Lorbeerblätter herausnehmen und die Suppe abschmecken. In tiefe Teller schöpfen; mit Pfeffer und den Speckwürfeln bestreuen.

Indischer Reis mit Lachs

Das anglo-indische »Kedgeree« ist inzwischen weltbekannt. Hier wird es mit Lachs statt geräuchertem Schellfisch gekocht.

10 MIN. 20 MIN.

FÜR 4 PERSONEN

- 50 g Butter
- 1 Zwiebel, fein gewürfelt
- 1 TL mildes Currypulver
- 1 TL Cayennepfeffer
- 350 g Langkornreis (z. B. Basmatireis)
- 750 ml heiße Gemüsebrühe
- Salz und frisch gemahlener schwarzer Pfeffer
- 500 g Lachsfilet ohne Haut
- Mangoscheiben zum Garnieren

1 Die Butter in einem Topf bei schwacher Hitze zerlassen. Die Zwiebelwürfel darin in ein paar Minuten glasig dünsten.

2 Currypulver, Cayennepfeffer und Reis darüberstreuen und rühren, bis die Reiskörner mit Butter überzogen sind. Langsam die heiße Brühe dazugießen, alles salzen und pfeffern, dann kapp zugedeckt (damit Dampf entweichen kann) 10 Minuten köcheln lassen. Den Lachs auf den Reis legen und das Gericht zugedeckt noch 10 Minuten garen, bis der Reis alle Flüssigkeit aufgenommen hat.

3 Den Lachs vorsichtig in große Stücke teilen. Reis und Fisch behutsam mischen, abschmecken und sofort mit den Mangoscheiben servieren.

Gebackener Lachs

Fisch muss immer absolut frisch sein und darf nie nach Fisch riechen. Wenn von dem Lachs etwas übrig bleibt, verwenden Sie diesen Rest für einen Salat oder ein Sandwich.

15 MIN. 30-35 MIN.

FÜR 6 PERSONEN

- 1,8 kg Lachs (1 großes Stück oder 1 Lachs ohne Kopf)
- 125 g Butter
- Salz und frisch gemahlener schwarzer Pfeffer
- 1 Handvoll Petersilie oder Brunnenkresse, plus mehr zum Garnieren
- Zitronenschnitze zum Servieren

1 Den Backofen auf 180 °C vorheizen. Ein Stück Alufolie, das so groß ist, dass man den Lachs darin einpacken kann, auf ein Backblech legen. Den Lachs darauflegen und rundum mit Butter bestreichen. Kräftig mit Salz und Pfeffer würzen, Petersilie oder Brunnenkresse darüberstreuen und in die Bauchhöhle geben.

2 Die Folie locker über den Fisch falten und verschließen. Den Lachs im Ofen 30–35 Minuten backen. (Die Garzeit beträgt etwa 10 Minuten pro 500 g Fisch.) Der Lachs ist gar, wenn sein Fleisch nicht mehr glasig ist und sich mit einer Gabel leicht von den Gräten lösen lässt.

3 Die Folie öffnen und den Lachs vorsichtig auf eine vorgewärmte Platte heben. Mit Petersilie oder Brunnenkresse garnieren. Mit Zitronenschnitzen, Kartoffeln und grünem Salat servieren.

Variante

Gebackene Lachsforelle mit Dill

Statt Lachs eine große Lachsforelle verwenden und Dill statt Petersilie. Pro 500 g Fisch 10 Minuten Garzeit rechnen. Forellen können Sie ebenfalls wie hier beschrieben zubereiten.

Seezunge mit Kräuterdressing

Prüfen Sie beim Kauf die Frische, indem Sie mit dem Finger leicht auf den Fisch drücken – das Fischfleisch muss fest sein und darf nicht nachgeben.

10 MIN. 20 MIN.

FÜR 4 PERSONEN

- 3 EL Olivenöl
- 1 EL Weißweinessig
- 1 TL Dijonsenf
- 1 kleine Handvoll Kräuter (z. B. Petersilie, Thymian und Dill)
- Salz und frisch gemahlener Pfeffer
- 4 Seezungenfilets (je etwa 175 g; alternativ Filets von anderen Plattfisch wie Scholle oder Butt)

1 Den Backofen auf 200 °C vorheizen. Für das Dressing Öl und Essig verquirlen. Senf und Kräuter gut unterrühren, abschmecken.

2 Die Fischfilets in einen Bräter legen. So viel Wasser dazugießen, bis sie ½ cm hoch damit bedeckt sind. Kräftig würzen und die Fische im Ofen 15–20 Minuten garen, bis das Wasser fast verkocht ist und das Fischfleisch sich leicht von den Gräten lösen lässt. Außerdem soll es weiß und nicht mehr rosa sein.

3 Die Filets vorsichtig aus dem Bräter heben und auf einer vorgewärmten Platte oder vier Tellern anrichten. Mit dem Kräuterdressing beträufeln. Mit Bratkartoffeln und Brokkoli servieren.

Variante

Forelle mit Kräutern, Kapernäpfeln und Oliven

Küchenfertige Forellen statt Seezungenfilets verwenden. Dressing ohne Senf zubereiten. 1 Prise Zucker, 30 g Kapernäpfel und 30 g grüne, mit Paprika gefüllte Oliven in Scheiben zur Kräutervinaigrette geben.

Muscheltopf mit Schweinefleisch

Dieses Gericht heißt in Portugal »Cataplana« – nach dem muschelförmigen Kupfertopf, in dem es zubereitet wird.

20 MIN. PLUS MARINIERZEIT 30 MIN. TK-TAUGLICH

FÜR 4 PERSONEN

- 500 g Schweinefleisch (aus der Keule), in mundgerechte Stücke geschnitten
- 2 EL trockener Sherry
- 2 Knoblauchzehen, fein gewürfelt
- 1 TL Paprikapulver
- 1 TL Chiliflocken
- Salz und frisch gemahlener Pfeffer
- 3 EL Olivenöl
- 150 g Chorizo, in Scheiben geschnitten
- 1 EL Tomatenmark
- 1 Zwiebel, gerieben
- 1 Lorbeerblatt
- 150 ml trockener Weißwein
- 1 kg Venusmuscheln (beschädigte/ geöffnete Muscheln wegwerfen)
- 1 Bund Petersilie, gehackt

1 Das Fleisch in eine Schüssel legen. Sherry mit der Hälfte des Knoblauchs, dem Paprikapulver und den Chiliflocken mischen; darübergießen. Das Fleisch salzen, pfeffern und für 30 Minuten (oder über Nacht) in den Kühlschrank stellen.

2 In einer großen Pfanne 1 EL Öl erhitzen. Chorizo darin bei mittlerer Hitze 5 Minuten braten. Mit einem Schaumlöffel herausheben. Noch 1 EL Öl in der Pfanne erhitzen, das Fleisch darin mit der Marinade in 8–10 Minuten goldbraun braten. Herausnehmen und beiseitestellen.

3 Restliches Öl in der Pfanne erhitzen. Tomatenmark, Zwiebel, Lorbeerblatt und übrigen Knoblauch darin anbraten; etwa 10 Minuten köcheln lassen. Kräftig salzen und pfeffern.

4 Wein zugießen. Alles 5 Minuten köcheln lassen. Muscheln zufügen und zugedeckt 4–5 Minuten garen, bis sie sich öffnen; geschlossene wegwerfen. Fleisch und Chorizo untermischen, kurz erwärmen. In eine Schüssel füllen und mit Petersilie bestreuen.

Geräucherte Forelle

In einem Wok mit fest schließendem Deckel lassen sich Zutaten wunderbar räuchern. Fisch und Meeresfrüchte sind dafür besonders gut geeignet.

15-20 MIN. 25-30 MIN. TK-TAUGLICH

FÜR 2 PERSONEN

- 1 EL Apfelholzchips
- 2 küchenfertige Forellen
- 4 Stängel Fenchelgrün oder 6-8 Stängel Estragon (nach Belieben)

1 Den Wok mit einer doppelten Lage Alufolie auskleiden. Die Holzchips in die Mitte legen (so kann sich der Rauch gleichmäßig verteilen) und das Wokgitter einsetzen.

2 Die Forellen innen trocken tupfen. Die Fische auf jeder Seite zwei- oder dreimal einschneiden. Die Kräuter, falls verwendet, in die Fische geben.

3 Die Fische auf das Gitter im Wok legen und den Wok fest verschließen. Um den Deckelrand doppelt gefaltete Streifen Alufolie drücken, damit absolut kein Rauch entweichen kann. Den Wok bei ganz schwacher Hitze für 10–15 Minuten auf den Herd stellen, dann vom Herd nehmen, nicht öffnen und die Fische noch 15 Minuten im Wok durchziehen lassen.

Kartoffel-Lamm-Pie

Servieren Sie diese Pie an einem kühlen Frühlingsabend, dann tut sie besonders gut.

20 MIN. 50 MIN.

FÜR 1 PIE-FORM (18 CM Ø)

- 500 g Kartoffeln, geschält und geviertelt
- 1 EL Olivenöl
- 1 Zwiebel, fein gewürfelt
- 1 Lauchstange, in Ringe geschnitten
- 4 kleine weiße Rüben, geviertelt
- die Nadeln von ein paar Zweigen Rosmarin, gehackt
- 200 g gebratenes Lammfleisch, grob zerkleinert
- Salz und frisch gemahlener Pfeffer
- 1 EL Mehl
- 300 ml heiße Gemüsebrühe
- 2-3 EL Minzsauce (Fertigprodukt)
- 250 g Mürbeteig (Fertigprodukt oder selbst gemacht)
- 1 Ei, leicht verquirlt

1 Den Backofen auf 220 °C vorheizen. Die Kartoffeln in Salzwasser etwa 15 Minuten garen. Inzwischen das Öl in einem großen Topf erhitzen. Zwiebel, Lauch und Rüben hineingeben bei schwacher Hitze 5 Minuten braten, dann Rosmarin und Lammfleisch untermischen. Salzen, pfeffern und umrühren.

2 Das Mehl auf die Fleischmischung streuen und anschwitzen, dann die Brühe dazugießen. Unter Rühren 10 Minuten kochen lassen, bis die Sauce andickt. Die Kartoffeln abgießen und dazugeben, die Minzsauce unterrühren. Alles 10 Minuten köcheln, dann langsam abkühlen lassen.

3 Den Teig in zwei Portionen teilen, eine etwas größer als die andere. Das größere Teigstück zu einem etwas 22 cm großen Kreis ausrollen. Die Form damit auslegen, den Teig dabei über den Rand ragen lassen. Das andere Teigstück etwa 19 cm groß ausrollen.

4 Die Füllung auf den Teig verteilen und mit dem zweiten Teigkreis bedecken. Die Teigränder gut zusammendrücken. Überstehenden Teig abschneiden. Die Pie mit dem verquirlten Ei bestreichen und im Ofen in 40–50 Minuten goldbraun backen. Herausnehmen und in der Form mindestens 15 Minuten abkühlen lassen. Die Pie in Stücke schneiden und servieren.

Lammspieße mit Rosmarinkartoffeln

Im Frühling bekommen Sie Fleisch von 3–5 Monate alten Lämmern. Es ist besonders zart, hell, feinfaserig und mild im Geschmack.

15 MIN. 30 MIN.

FÜR 4 PERSONEN

- 700 g Kartoffeln, geschält und in Würfel geschnitten
- 1-2 EL Olivenöl, plus mehr zum Bestreichen
- 1 Bund Rosmarin
- Salz und frisch gemahlener schwarzer Pfeffer
- 1 kg Lammfleisch (aus Nacken oder Keule), in mundgerechte Stücke geschnitten
- Saft von 1 Zitrone
- 2 TL Paprikapulver

1 Den Backofen auf 200 °C vorheizen. 8–10 Holzspieße für mindestens 30 Minuten in kaltes Wasser legen, damit sie nicht verbrennen. Die Kartoffeln, ½ EL Olivenöl, Rosmarin und etwas Salz auf einem Backblech verteilen. Alles mit den Händen wenden, bis die Kartoffeln gleichmäßig von Öl, Kräutern und Salz umhüllt sind. Die Kartoffeln im Ofen in 20–25 Minuten knusprig braten.

2 Inzwischen das Lammfleisch in einer Schüssel mit dem restlichen Öl, dem Zitronensaft, dem Paprikapulver, etwas Salz und viel Pfeffer mischen. Die Fleischstücke auf die Holzspieße stecken.

3 Die Spieße nebeneinander auf ein zweites Backblech legen und im Ofen unter dem Blech mit den Kartoffeln 10–15 Minuten braten, je nach gewünschtem Garzustand. Mit den Kartoffeln und grünem Salat servieren.

Jetzt am besten **Lammfleisch**

Das Fleisch von jungen Schafen, die nicht älter als 12 Monate sind, wird als Lammfleisch angeboten; Lämmer, die 3–5 Monate alt sind, heißen Frühlingslämmer. Ihr Fleisch ist hellrosa, mild und relativ teuer. Das Fleisch älterer Lämmer ist dunkler und hat einen kräftigeren Geschmack. Rosmarin, Minze, viele andere Kräuter und süßliche Gewürze wie Kreuzkümmel und Zimt sowie Trockenfrüchte und Frühlingsgemüse harmonieren bestens mit Frühlingslamm.

Lammrack oder Lammkarree Lammkoteletts, am Stück gebraten, ergeben einen beeindruckenden Braten. Man rechnet 2–3 Rippen pro Person.

Kennzeichen eines Lammracks (auch French Rack) sind die freigelegten Knochenenden.

▼ **Kotelett** Dieses hier ist aus dem Nacken (Lammrack) geschnitten. In der Mitte befindet sich das zarte Rückenfilet, das ausgelöst auch als Lammlachs verkauft wird.

Koteletts aus der Schulter eignen sich gut zum Braten oder Grillen.

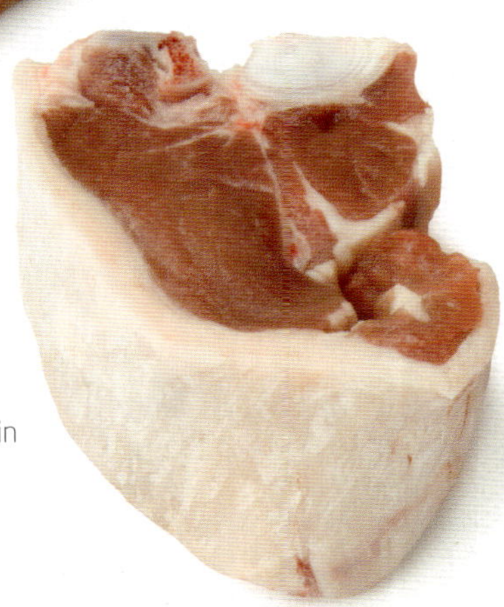

Lendenkotelett Im Bild ist ein doppeltes Kotelett zu sehen: Auf einer Seite des Knochens befindet sich Filet-, auf der anderen Lendenfleisch.

Steak Dieses hier ist aus dem oberen Teil der Keule geschnitten.

Die Knochenenden werden bei Stelzen meist sauber abgekratzt.

Lammstelze Damit das sehnenreiche Stelzenfleisch schön safig und zart wird, muss es langsam schmoren. Man rechnet eine Lammstelze pro Person – Vorderstelzen sind dünner als Hinterstelzen.

Keule Dieses hervorragende Fleischteil bietet sich bestens zum Braten im Ganzen an.

Eine Lammkeule entbeinen

Das Entbeinen und Aufklappen einer Keule ist nötig, wenn Sie das Fleisch für einen Braten füllen und aufrollen, marinieren oder auf dem Grill ausgebreitet gleichmäßig garen möchten. Die Keule enthält drei Knochen: Den breiten Beckenknochen, den langen Oberschenkelknochen und den Unterschenkelknochen. Die Knochen werden nacheinander ausgelöst, anschließend lässt sich das Fleisch flach ausbreiten.

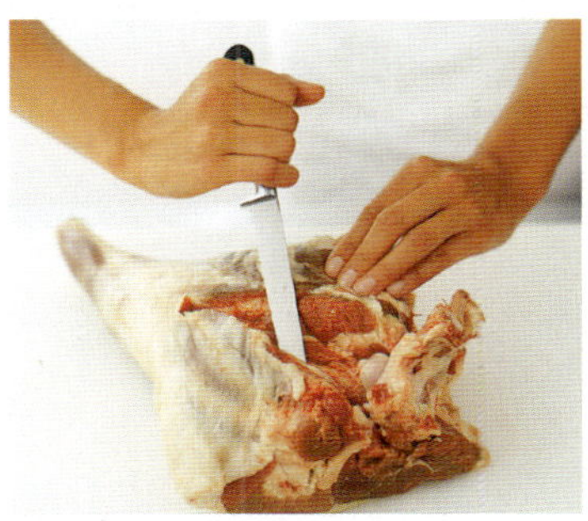

1 Keule mit der fleischigsten Seite nach unten legen. Beckenknochen mit einer Hand festhalten. Ein Messer rundherum am Knochen entlang nach unten ziehen, Fleisch und Haut dabei durchtrennen.

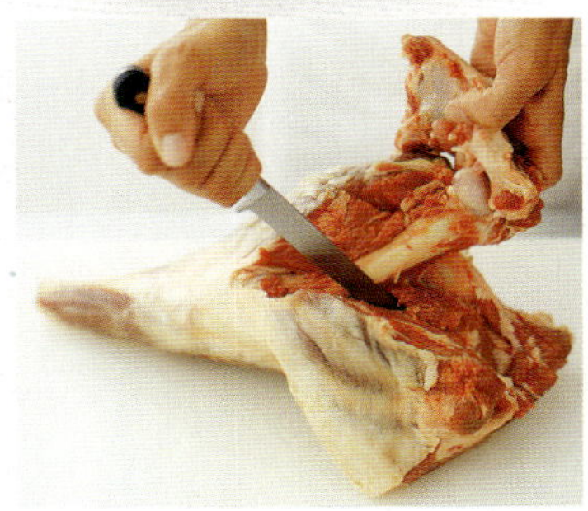

2 Das Fleisch mit kleinen Bewegungen von oben (Beckenknochen) bis nach unten (Unterschenkelknochen) ablösen, um die Knochen freizulegen. Dabei die Messerklinge dicht am Knochen halten.

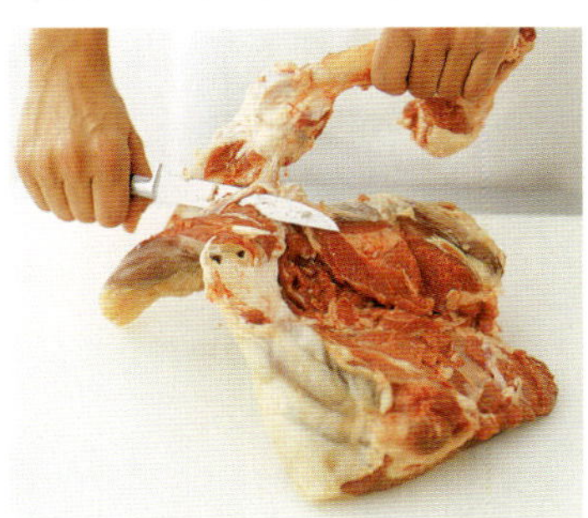

3 Wenn der Unterschenkelknochen vollständig freigelegt ist, Sehnen und Bänder durchschneiden und das Fleisch vom Knochen lösen. Alle drei Knochen in einem Stück herausnehmen.

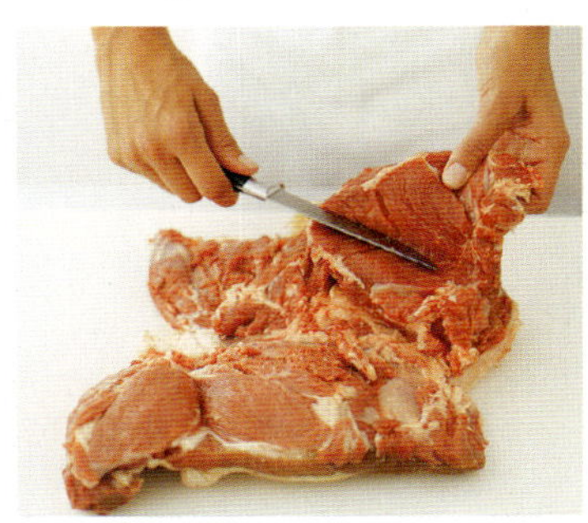

4 Das Fleischstück flach ausbreiten. Dickere Stellen mit kurzen Schnitten nach unten einschneiden, damit das Fleischstück insgesamt eine einheitliche Dicke bekommt.

Wissenswert

Im Angebot

Keule, Steaks, Stelzen/Hachsen, Rücken, Lendenbraten, Koteletts (Lende, Nacken), Kotelettstück, Rückenfilet (Lammlachs), Brust, Schulter.

Einkauf Darauf achten, dass Lammfleisch nur von einer dünnen weißen Fettschicht überzogen ist.

Aufbewahren Eingewickelt im unteren Bereich des Kühlschranks bis zu 4 Tage haltbar.

Zubereiten Je nach Teilstück: garen im Ofen, braten in der Pfanne, grillen, schmoren.

Rezepte

Lamm mit Zitrone und Oliven Seite 50

Lammkarree mit Flageolet-Bohnen und Kräutern Seite 46

Lammspieße mit Rosmarinkartoffeln Seite 43

Lammkarree mit Flageolet-Bohnen und Kräutern

Flageoletbohnen sind junge grüne Bohnen, die geerntet werden, bevor sie vollreif sind. Meist werden die Kerne getrocknet. Gegart sind die zarten cremefarbenen Bohnenkerne in Dosen erhältlich.

15 MIN. 40 MIN.

FÜR 4 PERSONEN

- 1 Lammkaree oder -rack (mit 8 Koteletts)
- ½ EL Olivenöl
- Salz und frisch gemahlener schwarzer Pfeffer
- 1 EL gehackter Rosmarin
- 150 ml heiße Gemüsebrühe
- 1 TL Johannisbeergelee
- 1 Dose Flageolet-Bohnen (400 g)
- 1 Handvoll Minzeblätter, fein gehackt

1 Den Backofen auf 200 °C vorheizen. Das Karree mit Öl bestreichen, kräftig salzen, pfeffern und mit Rosmarin bestreuen. In eine Bratform setzen und im Ofen 40 Minuten braten, danach ist das Fleisch noch rosa.

2 Das Karree aus dem Ofen nehmen, aus der Form heben, mit Alufolie bedecken und warm halten. Die Form auf den Herd stellen. Brühe hineingießen und bei mittlerer bis starker Hitze zum Kochen bringen.

3 Das Johannisbeergelee in die Sauce rühren und bei schwacher Hitze auflösen. Die Bohnen abtropfen lassen und in die Sauce geben; 5 Minuten köcheln lassen. Vom Herd nehmen und die Minze unterrühren.

4 Das Karree in die 8 Koteletts teilen. Die Koteletts mit den Bohnen und den Kartoffeln servieren.

Variante

Lammkarree mit Harissa und jungen Rübchen

Das Karree vor dem Braten mit 1 EL Harissapaste einreiben; Rosmarin weglassen. Wie beschrieben braten. 6 junge Rübchen vierteln und garen; mit den Bohnen unter die Sauce rühren. Die Sauce statt mit Johannisbeergelee mit 2 TL Tomatenmark und 1 Prise Zucker zubereiten. Anstelle von Minze Thymianblätter nehmen.

Schweinefleischtopf mit Frühlingszwiebeln

Asiatische Aromen tun Schweinefleisch immer gut. Fünf-Gewürze-Pulver besteht aus Sichuan-Pfeffer, Sternanis, Fenchelsamen, Gewürznelken und Zimt.

15 MIN. 2 STD. 15 MIN. - 2 STD. 30 MIN.

FÜR 4-6 PERSONEN

- 1 kg Schweinefleisch (Schulter oder Keule), in mundgerechte Stücke geschnitten
- 2 TL Fünf-Gewürze-Pulver
- 2-3 EL Olivenöl
- 2 Bund Frühlingszwiebeln, weiße und grüne Teile getrennt in dünne Ringe geschnitten
- 3 Knoblauchzehen, geschält
- 1 Stück frischer Ingwer (5 cm), in Scheiben geschnitten
- 100 ml dunkle Sojasauce
- 2 Zimtstangen, halbiert
- 250 g kleine Champignons, je nach Größe halbiert
- etwa 1 l Hühnerbrühe
- frisch gemahlener schwarzer Pfeffer

1 Den Backofen auf 160 °C vorheizen. Das Fleisch im Fünf-Gewürze-Pulver wälzen. Die Hälfte des Öl in einem ofenfesten Schmortopf erhitzen. Das Fleisch darin portionsweise jeweils 5–6 Minuten anbraten. Herausnehmen und beiseitestellen.

2 Das restliche Öl in dem Topf erhitzen. Die weißen Frühlingszwiebelteile darin bei mittlerer Hitze 1 Minute braten. Knoblauch, Ingwer, Sojasauce, Zimt und Pilze untermischen. Das Fleisch wieder in den Topf geben. Alles aufkochen; mit Pfeffer würzen und zugedeckt 2 Stunden im Ofen garen.

3 Falls die Sauce nicht dick genug ist, das Fleisch mit einem Schaumlöffel herausheben, den Topf auf den Herd stellen und die Sauce in 10 Minuten etwas einköcheln lassen. Den Zimt herausfischen, das Fleisch wieder in die Sauce legen und das Gericht mit dem Zwiebelgrün bestreuen. Auf vorgewärmte Teller verteilen und mit Nudeln oder Reis servieren.

Gebratene Rotbarben

Die feine Süße der Rotbarben kommt besonders gut zur Geltung, wenn man die Fische in der Pfanne brät.

15 MIN. 5 MIN.

FÜR 4 PERSONEN

- 4 küchenfertige Rotbarben, Köpfe entfernt
- Meersalz und frisch gemahlener schwarzer Pfeffer
- Maisgrieß (Polenta) zum Wenden
- Traubenkernöl zum Braten
- Zitronensaft zum Beträufeln

1 Die Fische mit Meersalz und Pfeffer würzen. Im Maisgrieß wenden, überschüssigen Grieß abschütteln. Eine beschichtete Pfanne bei mittlerer Hitze heiß werden lassen, dann Pfannenboden mit Öl bedecken.

2 Die Fische im heißen Öl auf einer Seite in etwa 2 Minuten goldbraun braten, dann vorsichtig wenden und auf der anderen Seite in 2–3 Minuten goldbraun braten. Zur Garprobe mit einer Messerspitze in die Mitte eines Fisches stechen, dann herausziehen und die Messerspitze mit dem Daumen prüfen: Ist sie warm, ist der Fisch gar.

3 Die Fische aus der Pfanne heben, kurz auf Küchenpapier abtropfen lassen und mit Zitronensaft beträufeln. Dazu passen Salzkartoffeln und gedämpftes Frühlingsgemüse.

Fladenbrot mit Lamm und Hummus

Haben Sie Reste von einem Lammbraten im Kühlschrank? Dann verwenden Sie sie doch für dieses kleine köstliche Gericht aus der arabischen Küche.

10 MIN. 20 MIN.

FÜR 2 PERSONEN

- 1 EL Olivenöl, plus mehr zum Beträufeln
- 1 Zwiebel, fein gewürfelt
- 3 Knoblauchzehen, fein gewürfelt
- 200 g Lammbratenreste, grob gehackt
- 1 Prise gemahlener Piment
- 1 Prise gemahlener Zimt
- Salz und frisch gemahlener schwarzer Pfeffer
- 2 Fladenbrote
- 1 Handvoll Pinienkerne, geröstet
- 1 Handvoll Minzeblätter, grob gehackt
- Hummus (Kichererbsenmus) zum Servieren

1 Den Backofen auf 200 °C vorheizen. Das Öl in einer Pfanne erhitzen und die Zwiebel darin bei mittlerer Hitze in 5 Minuten glasig dünsten.

2 Den Knoblauch dazugeben und ein paar Sekunden mitbraten. Das Lammfleisch hinzufügen, mit Piment und Zimt würzen und alles unter gelegentlichem Rühren ein paar Minuten braten. Mit Salz und Pfeffer würzen.

3 Die Brote auf ein Backblech legen und mit etwas Öl beträufeln. Das Fleisch aus der Pfanne darauf verteilen und die Brote im Ofen etwa 10 Minuten backen. Mit Pinienkernen und Minze bestreuen, auf jedes Brot etwas Hummus geben und die Brote sofort servieren.

Lammrückenfilet mit Sardellenkruste

Mit Sardellenfilets können Sie zartem Lammfleisch eine kräftige Note geben. Die Sardellenpaste für dieses Rezept ist leicht zuzubereiten, Sie können aber auch fertige nehmen.

15 MIN. PLUS MARINIERZEIT 40 MIN.

FÜR 4 PERSONEN

- 700 g Lammrückenfilet (Lammlachs)
- 2 weiße Zwiebeln, grob gewürfelt
- 150 g in Öl eingelegte gesalzene Sardellenfilets (Anchovis)
- 2 EL Kapern
- 3 EL Olivenöl
- 4 kleine Pitabrote

1 Das Lammrückenfilet auf einer Seite rautenförmig etwa 1 cm tief einschneiden. Alle weiteren Zutaten im Mixer zu einer feinen Paste verarbeiten. Diese großzügig auf der eingeschnittenen Seite des Fleisches verteilen, dabei in die Einschnitte drücken. Das Fleisch 30 Minuten kalt stellen.

2 Einen Grill auf mittlere Hitze vorheizen. Das Lammfleisch auf die Grillplatte legen und auf dem Grill (im unteren Bereich) in 15–20 Minuten garen, dabei öfter wenden. Das gegrillte Fleisch auf einen Teller heben und 10 Minuten warm halten.

3 Das Lammrückenfilet in 1 cm dicke Scheiben schneiden. Mit Hummus und Salat in den (möglichst warmen) Pitabroten servieren.

Lammkeule vom Frühlingslamm

Ein englisches Lieblingsgericht, das traditionell mit gerösteten Kartoffeln, Minzsauce und jungem Gemüse serviert wird.

15 MIN. 1 STD. 45 MIN.

FÜR 6–8 PERSONEN

- 2 kg Lammkeule
- 4 Knoblauchzehen, geschält
- 1 Handvoll kurze Rosmarinzweige
- Salz und frisch gemahlener schwarzer Pfeffer
- 600 ml heiße Gemüsebrühe
- 1 TL Johannisbeergelee

1 Backofen auf 200 °C vorheizen. Mit einem spitzen, scharfen Messer die Keule rundum einstechen. Knoblauch und Rosmarinzweige in die Löcher stecken. Fleisch salzen und pfeffern.

2 Die Lammkeule in einen großen Bräter setzen und im Ofen etwa 15 Minuten braten, bis das Fleisch beginnt braun zu werden. Die Ofentemperatur auf 180 °C senken und die Keule in 1–1½ Stunden ganz durchbraten, dabei immer wieder mit Bratensaft begießen.

3 Die Keule auf eine große Servierplatte heben, mit Alufolie bedecken und im ausgeschalteten warmen Ofen 15 Minuten ruhen lassen.

4 Inzwischen die Sauce zubereiten. Die Sauce im Bräter entfetten. Den Bräter auf den Herd stellen. Brühe und Johannisbeergelee hineingeben und aufkochen lassen, dabei die Bratenrückstände mit einem Kochlöffel ablösen. Die Sauce unter Rühren 5–8 Minuten köcheln lassen, dann abschmecken. Das Lammfleisch mit der Sauce sowie Röstkartoffeln oder Kartoffelpüree, Minzsauce und Frühlingsgemüse (z. B. jungen Erbsen) servieren.

Fladenbrote mit Lammhack

Knoblauchwürziges Lammhackfleisch mit Pinienkernen auf Fladenbroten ist die türkische Antwort auf Pizza.

5 MIN. 20 MIN.

FÜR 4 PERSONEN

- 1 EL Olivenöl
- 1 Zwiebel, fein gewürfelt
- 2 Knoblauchzehen, fein gewürfelt
- 500 g Lammhackfleisch
- 1 Prise Chilipulver
- Saft von 1 Zitrone
- Salz und frisch gemahlener schwarzer Pfeffer
- 4 kleine Fladenbrote (z. B. Pitta oder Naan)
- 1 Handvoll Pinienkerne
- 1 Prise edelsüßes Paprikapulver
- 1 kleine Handvoll Korianderblätter zum Garnieren
- Hummus zum Servieren

1 Den Backofen auf 200 °C vorheizen. Das Öl in einer großen Pfanne erhitzen und die Zwiebel darin bei mittlerer Hitze in 3–4 Minuten glasig dünsten. Knoblauch und Lammfleisch dazugeben und krümelig braten.

2 Das Hackfleisch mit Chilipulver, Zitronensaft, Salz und Pfeffer würzen. Die Fladenbrote halbieren und die Hackfleischmischung auf den Hälften verteilen; mit Pinienkernen und Paprikapulver bestreuen.

3 Die Fladenbrote auf ein Backblech setzen und im Ofen 5–10 Minuten überbacken. Mit dem Koriandergrün garnieren und mit Hummus servieren.

Lammkarree mit Petersilienkruste

Das Karree oder Lammrack gehört zu den wertvollen Teilstücken und ist medium gebraten besonders saftig. Frische Weißbrotbrösel und Petersilie sorgen hier für eine schöne Kruste.

35-40 MIN. 25-30 MIN.

FÜR 4 PERSONEN

- 2 Lammkarees (0,7-1kg)
- 2 Knoblauchzehen, in feine Scheiben geschnitten
- 2 EL Olivenöl
- Salz und frisch gemahlener schwarzer Pfeffer
- 4 Scheiben Weißbrot, die Kruste entfernt
- 50 g Butter
- 1 kleines Bund Petersilie, fein gehackt

Für die Sauce

- 125 ml Weißwein
- 150 ml Fond (Lamm, Rind oder Geflügel)
- brauner Saucenbinder (nach Belieben)

1 Ein Karree mit den Rippen nach oben auf ein Schneidebrett legen. Mit einem scharfen Messer alle Sehnen und Häutchen unter den Rippen entfernen. Das Karree wenden. Den schmalen Knorpelrand an einem Ende wegschneiden.

2 In die Haut über der dünnen Fettschicht einen Schnitt anbringen und die Haut mit den Händen abziehen, dabei ggf. mit einem Küchentuch packen. Fett und Fleisch bis 5 cm vor den Enden der Rippenknochen einschneiden.

3 Das Karree umdrehen. Mit einem spitzen scharfen Messer das Fleisch zwischen den Rippen so weit auslösen, dass die Rippenenden 5 cm frei liegen. Die Enden sauber schaben, dabei auch alle Häute entfernen. Das zweite Karree ebenso vorbereiten.

4 Den Backofen auf 230 °C vorheizen. Das Lammfleisch mehrmals mit einer Messerspitze einstechen und die Knoblauchstücke in die Einschnitte stecken. Die Karrees mit den Rippen nach unten in einen Bräter legen. Die freien Rippenknochen mit Alufolie umwickeln, damit sie nicht verbrennen. Das Fleisch mit Öl beträufeln, salzen und pfeffern. Die Lammkarrees im Ofen 25–30 Minuten braten, dabei zwei- oder dreimal mit Bratensaft begießen. Während des Bratens löst sich das Fleisch ein wenig von den Rippen.

5 Zur Garprobe einen Metallspieß für 30 Sekunden in das Fleisch stechen und herausziehen: ist er warm, ist das Fleisch gar bzw. medium gebraten. Ein Fleischthermometer sollte 60 °C anzeigen.

6 Für die Petersilienkruste das Brot in der Küchenmaschine zu Krumen verarbeiten. Butter in einer Pfanne zerlassen, die Brotkrumen darin in 2–3 Minuten unter Wenden goldbraun braten, die Petersilie dazugeben. Mit Salz und Pfeffer würzen.

7 Die Karrees auf ein großes Schneidebrett legen. Die Folie von den Rippen abziehen. Die Karrees in Folie wickeln und ruhen lassen. So wird das Fleisch schön saftig. Den Backofengrill vorheizen.

8 Für die Sauce das Fett aus dem Bräter abschöpfen. Den Wein in den Bräter gießen und zur Hälfte einkochen lassen, dabei die Bratenrückstände vom Boden des Bräters lösen. Die Brühe dazugießen. 5–7 Minuten kochen lassen, bis die Sauce ein gutes Aroma entwickelt hat. Diese nach Belieben mit Saucenbinder andicken. Abschmecken, durch ein feines Sieb gießen und warm stellen.

9 Die Petersilienbrösel auf das Fleisch drücken und die Kruste mit dem Saft, der sich in der Alufolie gesammelt hat, begießen. Die Lammkarrees mit der Kruste nach oben für 1–2 Minuten unter dem heißen Grill hell bräunen. Das Fleisch tranchieren und mit der Sauce anrichten.

Spaghetti mit grünem Frühlingsgemüse

Auf diese Weise zubereitet, schmeckt junges Frühlingsgemüse einfach super! Sie können auch andere Nudeln wie Linguine oder die breiten Pappardelle verwenden.

10 MIN. 12 MIN.

FÜR 4 PERSONEN

- 400 g Spaghetti
- Salz und frisch gemahlener schwarzer Pfeffer
- 200 g Spargel- oder Sprossenkohl (Sprouting Broccoli; ersatzweise Senfkohl)
- 5 EL Olivenöl
- 1 Bund Frühlingszwiebeln, in feine Ringe geschnitten
- 1 TL Chiliflocken
- 1 EL Limettensaft
- geriebener Parmesan zum Servieren

1 Die Spaghetti in kochendem Salzwasser nach Packungsangabe garen. Inzwischen Spargel- bzw. Sprossenkohl putzen, in Röschen teilen und die Stiele in kleine Stücke schneiden.

2 Das Öl in einer großen Pfanne oder im Wok erhitzen. Brokkoli und Frühlingszwiebeln darin 4 Minuten braten.

3 Die Spaghetti in ein Sieb abgießen, abtropfen lassen und wieder in den Topf geben. Kohl und Frühlingszwiebeln sowie Chiliflocken und Limettensaft hinzufügen; alles salzen und pfeffern.

4 Die Zutaten vorsichtig miteinander mischen und das Gericht auf Teller verteilen. Mit reichlich Parmesan bestreuen; sofort servieren.

Lamm mit Zitrone und Oliven

Ganze Zitronen verleihen diesem Gericht ein intensiveres säuerliches Aroma als Zitronensaft, und Oliven ergänzen die mediterrane Note perfekt.

25 MIN, 35 MIN,

FÜR 4 PERSONEN

- 3 EL Olivenöl
- 1 Bund Frühlingszwiebeln, in feine Ringe geschnitten
- 500 g mageres Lammfleisch, in mundgerechte Stücke geschnitten
- 6 Knoblauchzehen, in feine Scheiben geschnitten
- 1 Bio-Zitrone, in Achtel geschnitten
- 1 TL gehackter Rosmarin
- 1 Bund Petersilie, gehackt
- 1 TL Paprikapulver
- 3 EL grüne Oliven
- Salz und frisch gemahlener schwarzer Pfeffer

1 Den Backofen auf 200 °C vorheizen. Das Öl in einer Pfanne erhitzen und die Frühlingszwiebeln darin weich dünsten. Das Lammfleisch dazugeben und unter gelegentlichem Rühren 5 Minuten braten, bis es nicht mehr rot ist. Knoblauch und Zitrone hinzufügen und 1 Minute mitbraten. Anschließend die übrigen Zutaten unterrühren und 2 Minuten unter Rühren mitbraten.

2 Den Pfanneninhalt in eine kleine ofenfeste Form umfüllen – er soll kompakt in der Form sein. 2 EL Wasser darüberträufeln, alles durchmischen; im Ofen 20 Minuten backen.

3 Die Fleischmischung aus dem Ofen nehmen und vor dem Servieren 10 Minuten ruhen lassen. Dazu knuspriges Brot und einen knackigen grünen Salat servieren.

Calzone mit Käse, Schinken und Spinat

Damit die Pizzatasche schön knusprig wird, sollten Sie den Teig vor dem Backen mit etwas Wasser bepinseln.

15 MIN. 20 MIN.

ERGIBT 1 STÜCK

Für den Teig

125 g Mehl, plus mehr zum Arbeiten
1 Prise Salz
1 Prise Zucker
⅓ Päckchen Trockenhefe (2–3 g)
1 EL Olivenöl, plus mehr für das Blech

Für die Füllung

200 g Spinatblätter, blanchiert
125 g gekochter Schinken, gewürfelt
125 g Mozzarella, gewürfelt
1 Handvoll Basilikumblätter, zerzupft

1 Mehl, Salz und Zucker in eine Schüssel sieben. Die Hefe dazustreuen, das Öl unterrühren und alle Zutaten mit so viel warmem Wasser (etwa 100 ml) verkneten, bis ein weicher Teig entsteht, der nicht mehr klebt.

2 Den Teig auf einer bemehlten Arbeitsfläche ein paar Minuten durchkneten, bis er glatt und geschmeidig ist. In die Schüssel legen und zugedeckt an einem warmen Ort 40 Minuten gehen lassen, bis er sein Volumen verdoppelt hat.

3 Den Backofen auf höchster Stufe vorheizen. Ein Backblech sehr dünn ölen und im Ofen heiß werden lassen. Den Teig auf der Arbeitsfläche noch einmal durchkneten, dann zu einem 25 cm großen Kreis ausrollen. Den Teigkreis auf das heiße Blech legen und noch einmal ausziehen.

4 Den Spinat gut ausdrücken und auf einer Teighälfte verteilen, dabei einen etwa 1 cm breiten Rand frei lassen. Schinken, Mozzarella und Basilikum auf den Spinat streuen. Den Teigrand mit Wasser bestreichen. Die freie Teighälfte über die belegte klappen und die Ränder zusammendrücken. Die Calzone mit Wasser besprengen und im Ofen in 15–20 Minuten knusprig backen.

Seezunge mit Buttersauce

Die Sauce passt zu Seezunge, aber auch zu jedem anderen Plattfisch. Sie können die Petersilie in der Sauce ganz oder teilweise durch etwas Estragon oder Dill ersetzen.

15 MIN. 10 MIN. TK-TAUGLICH

FÜR 4 PERSONEN

150 g kalte Butter
4 kleine küchenfertige Seezungen, Flossen abgeschnitten
Salz und frisch gemahlener schwarzer Pfeffer
1 kleine Zwiebel, fein gewürfelt
2 EL Apfel- oder Cidreessig
2 EL gehackte Petersilie

1 Den Backofengrill vorheizen. 30 g Butter zerlassen. Die Fische auf den Ofenrost legen und auf beiden Seiten mit der zerlassenen Butter bestreichen. Mit Salz und Pfeffer bestreuen und auf jeder Seite etwa 5 Minuten grillen, bis die Fische goldgelb und gar sind.

2 Inzwischen die Zwiebel mit 2 EL Wasser und dem Essig in einen kleinen Topf geben. Aufkochen und köcheln lassen, bis die Zwiebel weich und die Flüssigkeit zur Hälfte eingekocht ist.

3 Die restliche Butter in Stückchen nacheinander unterrühren, bis die Sauce gebunden ist. Die Petersilie unterrühren und die Sauce mit Salz und Pfeffer abschmecken.

4 Die Fische auf vorgewärmte Teller legen und mit der Sauce überziehen. Mit Salzkartoffeln und jungen Möhren servieren.

Schweinefilet mit Frühlingskohl

Wählen Sie Gemüse, das gerade Saison hat – dieses schnelle Pfannengericht schmeckt mit jedem Blattgemüse.

10 MIN. 10 MIN.

FÜR 4 PERSONEN

- 1 EL Olivenöl
- 400 g Schweinefilet, in dünne Scheiben geschnitten
- 1 Kopf Wirsing oder anderer Frühlingskohl, in Streifen geschnitten (siehe S. 53)
- 4 Knoblauchzehen, in Scheiben geschnitten
- 2 TL Schwarzkümmelsamen (Nigella)
- Salz und frisch gemahlener schwarzer Pfeffer

1 Das Öl im Wok erhitzen. Die Filetscheiben darin bei mittlerer Hitze etwa 5 Minuten pfannenrühren.

2 Die Kohlstreifen mit Knoblauch dazugeben und bei mittlerer bis starker Hitze in 1 Minute unter Rühren zusammenfallen lassen. Die Schwarzkümmelsamen unterrühren und alles mit Salz und Pfeffer würzen. Sofort mit Reis servieren.

Variante

Taubenbrüstchen mit Frühlingskohl und Hoisinsauce

Das Gericht wie beschrieben zubereiten. Statt Schweinefilet 8 Taubenbrustfilets in Streifen schneiden und zum Braten Sonnenblumenöl nehmen. Das Fleisch 2 Minuten pfannenrühren. 2 EL Hoisinsauce dazugießen und alles 1 Minute weiterbraten. Mit 1 Spritzer Sojasauce würzen.

Frittata mit Spinat und Ziegenkäse

Eine leichte Mahlzeit, die warm oder kalt schmeckt. Den in Würfel geschnittenen Ziegenkäse können Sie durch zerbröckelten Ziegenfrischkäse ersetzen.

8 MIN. 12 MIN.

FÜR 4 PERSONEN

- 2 EL Olivenöl
- 1 TL Butter
- 4 Frühlingszwiebeln, in feine Ringe geschnitten
- 2 große Handvoll junger Blattspinat
- 6 Eier
- Salz und frisch gemahlener schwarzer Pfeffer
- 100 g Ziegenkäse, gewürfelt
- 6-8 Basilikumblätter, gehackt

1 Öl und Butter in einer großen ofenfesten beschichteten Pfanne erhitzen. Die Frühlingszwiebeln darin in 2 Minuten unter Rühren weich braten. Den Spinat dazugeben und in 1–2 Minuten zusammenfallen lassen. Köcheln lassen, bis alle Flüssigkeit verdampft ist. Den Spinat gleichmäßig in der Pfanne verteilen.

2 Die Eier mit Salz und Pfeffer verquirlen und über den Spinat gießen. Käse und Basilikum darüberstreuen. Die Frittata bei schwacher Hitze braten, dabei die Masse immer wieder anheben, rühren und die Pfanne schwenken, damit die Masse auf den Pfannenboden laufen kann. Inzwischen den Backofengrill auf mittlere Stufe vorheizen.

3 Nach 5 Minuten sollte die Frittata gestockt, die untere Seite goldbraun und die obere noch ziemlich flüssig sein. Die Pfanne für 2–3 Minuten unter den heißen Grill stellen und die Frittata bräunen. In Stücke schneiden und mit frischem Brot servieren.

Variante

Brennnessel-Frittata

Frittata wie beschrieben zubereiten, dabei statt Spinat 2 große Handvoll Brennnesselspitzen nehmen; diese mit 2 EL Wasser zusammenfallen lassen. Ziegenkäse durch 100 g milden Blauschimmelkäse (z. B. Dolcelatte) und Basilikum durch 6–8 gehackte Salbeiblätter ersetzen.

Italienische Hochzeitssuppe

Der Name für diese kräftige Suppe ist »Minestra maritata«. Das bedeutet in etwa, dass sich die Aromen der Zutaten gut miteinander vermählen.

10 MIN. 1 STD. 40 MIN. TK-TAUGLICH

FÜR 4-5 PERSONEN

- 150 g Rindergulasch
- 1 Scheibe Schweinebauch (ohne Schwarte und Knorpel), gewürfelt
- 1 kleine Hähnchenbrust
- 120 g Salami, in Scheiben
- 1 große Zwiebel, gewürfelt
- 1 l Fleischbrühe
- 1 Zweig Rosmarin
- 1 Lorbeerblatt
- Salz und frisch gemahlener schwarzer Pfeffer
- 500 g Frühlingskohl (siehe S. 53), in Streifen geschnitten
- 1 Staude Chicorée
- 60 g kleine Suppennudeln
- geriebener Parmesan

1 Das Fleisch mit Salami, Zwiebel, Brühe, Rosmarin und Lorbeer in einen großen Topf geben und kräftig mit Salz und Pfeffer würzen. Aufkochen lassen, den Schaum von der Oberfläche abschöpfen und alles bei schwacher Hitze 1½ Stunden köcheln lassen, bis das Fleisch sehr weich ist.

2 Rosmarin und Lorbeer herausnehmen. Das Hähnchen herausheben und häuten. Das Fleisch von den Knochen lösen und in Stücke schneiden. Die Fleischstücke in die Suppe geben. Kohl, Chicorée und Nudeln hinzufügen; die Suppe aufkochen und 10 Minuten köcheln lassen; abschmecken. Die Suppe in tiefe Teller schöpfen und mit Parmesan bestreuen. Mit knusprigem Brot servieren.

Jetzt am besten **Blattgemüse**

Süßlicher Geschmack mit einer mehr oder weniger ausgeprägten bitteren Note – das ist ein Merkmal aller Blattgemüse. Im Frühling sind die Blätter von Gemüse wie Spinat besonders zart und aromatisch. Frühkohl, beispielsweise Wirsing (erhältlich im späten Winter und im Frühling), hat dagegen feste, robuste Blätter. Blattgemüse harmonieren sowohl mit Ingwer, Chili, Knoblauch und Sojasauce als auch mit Zutaten wie Sahne, Nüssen und Eiern.

Spinat muss regelmäßig geschnitten werden, damit die Ernte üppig ausfällt. Mehrjährige Sorten wachsen immer wieder nach, sobald sie einmal geschnitten wurden. Die meisten frühen Blattgemüse sind winterhart.

Blattspinat Die Blätter sind saftig und zart mit leicht erdigem, säuerlichem Aroma. Weil sie überwiegend aus Wasser bestehen, verringert sich ihr Volumen bem Garen stark.

Harte Stiele und Mittelrippen vor der Weiterverarbeitung der Blätter entfernen.

Frühkohl (z. B. Schnittkohl) Die Blätter sind relativ fest, werden aber durch Garen schnell zart und süßlich.

Die Blattrippen und insbesondere die Stiele sind kaum entwickelt – das spart mühsames Putzen.

Babyspinat Die zarten Blätter passen hervorragend in einen Salat mit Speck und Avocado. Auch in einem Omelett oder einer Frittata machen sie sich gut.

Wissenswert

Im Angebot

Verschiedene Frühkohlsorten (z. B. Schnittkohl, Wirsing, Spitzkohl), Babyspinat, Blattspinat.

Einkauf Auf glänzende Blätter mit frisch angeschnittenen Stielen achten.

Aufbewahren Im Kühlschrank locker verpackt 3–4 Tage haltbar.

Zubereiten Kochen, dämpfen, pfannenrühren, dünsten, schmoren. Babyspinat roh in Salat.

Für den Vorrat Blanchieren und einfrieren.

Rezepte

Filoteig-Pastete mit Spinat, Ricotta, Pinienkernen Seite 26

Italienische Hochzeitssuppe Seite 52

Schweinefilet mit Frühlingskohl Seite 52

Blattgemüse vorbereiten

Früh- (und Winter-) Blattgemüse muss vor der Zubereitung geputzt und zerkleinert werden. Aus großen Blättern (wie bei Spinat oder Mangold) zuerst die dicken Mittelrippen entfernen, wie in Schritt 1 gezeigt. Diese garen und mit zerlassener Butter oder Sauce hollandaise (wie Spargel) servieren.

1 Alle beschädigten und verfärbten Blätter entfernen. Jedes Blatt beiderseits der Mittelrippe einschneiden. Die Mittelrippe entfernen.

2 Mehrere Blätter aufeinanderlegen und locker zusammenrollen. Die Rolle mit einem großen Küchenmesser quer in Streifen schneiden.

Schinken mit Ananas-Salsa

Die Kombination Schinken und Ananas ist seit jeher beliebt und inspirierte zu diesem schnell gemachten kleinen Gericht.

5 MIN. 20 MIN.

FÜR 4 PERSONEN

- 4 dicke Scheiben Kochschinken mit Schwarte
- 1 EL Olivenöl
- 250 g Ananasfruchtfleisch, in dünne Ringe geschnitten
- 1 EL Honig
- 2 TL Butter
- 3 Tomaten, gehäutet und gewürfelt
- ½ rote Zwiebel, in dünne Ringe geschnitten

1 Die Schwarte der Schinkenscheiben einschneiden. Das Öl in einer großen beschichteten Pfanne stark erhitzen und den Schinken darin auf jeder Seite in 3–4 Minuten (je nach Dicke) goldbraun braten. Aus der Pfanne nehmen.

2 Die Ananasscheiben im Honig wenden, um sie damit zu überziehen. Die Butter in der Pfanne zerlassen und die Ananasringe darin ein paar Minuten braten; sie dürfen ruhig braune Stellen bekommen. Aus der Pfanne nehmen, etwas abkühlen lassen und in kleine Stücke schneiden.

3 Für die Salsa die Ananasstückchen mit Tomaten- und Zwiebelwürfeln in einer Schüssel mischen.

4 Die Schinkenscheiben mit der Salsa auf vorgewärmten Tellern anrichten. Dazu passen Pommes frites oder ein Salat.

Glasierter Schinken mit Kartoffeln und Chicorée

Die Orangenmarmelade verleiht dem Schinken eine angenehm süße Note. Alles brät zusammen im Backofen.

15 MIN. 1 STD. 45 MIN.

FÜR 4-6 PERSONEN

- 1,8 kg gepökelter Schweinebraten (rohes Schinkenstück)
- 500 ml trockener Cidre
- 2 Lorbeerblätter
- 3 EL Orangenmarmelade
- 1 EL brauner Zucker
- 1 kg kleine neue Kartoffeln
- 1 EL Olivenöl
- abgeriebene Schale von 1 Bio-Orange
- Salz und frisch gemahlener schwarzer Pfeffer
- 4 Stauden Chicorée, längs geviertelt

1 Das Bratenstück in einen Bräter setzen. Den Cidre und die Lorbeerblätter dazugeben. Falls nötig, heißes Wasser dazugießen, bis das Fleisch mit Flüssigkeit bedeckt ist. Den Bräter schließen, die Flüssigkeit auf dem Herd aufkochen, dann 40 Minuten köcheln lassen. Den Backofen auf 180 °C vorheizen.

2 Das Fleisch aus dem Topf nehmen und die Schwarte, bis auf eine dünne Fettschicht, entfernen. Die Marmelade erwärmen, bis sie flüssig ist. Den Schinken großzügig damit bestreichen, dann mit Zucker bestreuen.

3 Den Schinken in den Bräter setzen. Öl und Orangenschale mischen. Die Kartoffeln darin wenden; kräftig salzen und pfeffern. Um den Braten im Bräter verteilen. Im Ofen 50–60 Minuten offen garen. Die Chicoréeviertel 20 Minuten vor Ende der Garzeit in den Bräter geben und mitbraten, dabei mit etwas Bratensaft beschöpfen.

4 Den Braten aus dem Bräter nehmen und an einem warmen Ort mindestens 15 Minuten ruhen lassen. In Scheiben schneiden und mit Kartoffeln und Chicorée servieren.

Hähnchen mit Chicorée in Speck

Eine herzhafte Note bekommen die in Schinken gewickelten Chicoréestauden, wenn Sie sie vor dem Überbacken noch mit etwas Parmesan bestreuen.

5 MIN. 40 MIN.

FÜR 4 PERSONEN

- 1-2 TL Butter
- 1 Prise Zucker
- 3 große Stauden Chicorée, längs halbiert
- 1 EL Olivenöl
- 4 große Hähnchenbrustfilets mit Haut
- 12 Scheiben durchwachsener Speck

1 Den Backofen auf 200 °C vorheizen. Die Butter mit dem Zucker in einer großen Pfanne bei schwacher Hitze zerlassen und köcheln, bis sich der Zucker aufgelöst hat. Die Chicoréehälften darin in 5–8 Minuten karamellisieren; herausnehmen und beiseitestellen.

2 Das Öl in der Pfanne erhitzen. Die Hähnchenbrustfilets mit der Haut nach unten hineinlegen und auf jeder Seite 3–5 Minuten braten. Herausnehmen; in eine ofenfeste Form geben.

3 Die Chicoréehälften mit dem Speck umwickeln und in die Form legen. Fleisch und Gemüse eng zusammenschieben (so entsteht mehr Sauce). Die Form in den Ofen stellen und den Inhalt 25 Minuten braten. Hähnchen und Chicorée sofort mit kleinen Ofenkartoffeln servieren.

Variante

Steinbutt mit Käse, Schinken und Chicorée

Das Gericht wie beschrieben zubereiten. Statt der Hähnchenbrustfilets jedoch 4 Steinbuttfilets (je etwa 150 g) verwenden und diese im Ofen erst 10 Minuten garen, dann mit Käsescheiben (Gruyére oder Cheddar) belegen und weitere 10 Minuten überbacken, bis der Käse brodelt und gebräunt ist.

Kalbsröllchen mit Spinatfüllung

Sie können die Röllchen im Voraus zubereiten und 2 Tage im Kühlschrank aufbewahren.

45-50 MIN. 30-40 MIN.

FÜR 4 PERSONEN

- 500 g Spinatblätter
- 4 EL Olivenöl, plus mehr nach Bedarf
- 8 Knoblauchzehen, fein gewürfelt
- 50 g Walnusskerne, gehackt
- 30 g geriebener Parmesan
- 1 Prise geriebene Muskatnuss
- Salz und frisch gemahlener Pfeffer
- 8 Kalbsschnitzel (je 80 g)
- 1 Zwiebel, in dünne Ringe geschnitten
- 1 Möhre, in dünne Scheiben geschnitten
- 2 Stangen Sellerie, in dünne Scheiben geschnitten
- 150 ml trockener Weißwein
- 250 ml Geflügelbrühe

1 Den Spinat waschen; tropfnass in einen Topf geben und zusammenfallen lassen. Abgießen, ausdrücken und hacken. 2 EL Öl in einer Pfanne erhitzen und den Spinat darin dünsten, bis alle Flüssigkeit verdampft ist. Vom Herd nehmen; die Hälfte von Knoblauch, Walnüssen und Parmesan sowie Muskat unter den Spinat mischen. Mit Salz und Pfeffer würzen.

2 Die Schnitzel zwischen Frischhaltefolie flach drücken. Nebeneinander ausbreiten. Salzen und pfeffern, mit der Spinatmasse belegen. Schnitzel aufrollen; Enden dabei nach innen schlagen. Mit Zahnstochern fixieren.

3 Das restliche Öl in einer Pfanne erhitzen. Röllchen darin bei starker Hitze 2–3 Minuten braten. Auf einen Teller heben; beiseitestellen.

4 Restliches Öl in die Pfanne geben und die Zwiebel darin glasig dünsten. Möhren und Sellerie hinzufügen; alles 8–10 Minuten dünsten. Den Wein dazugießen, aufkochen und auf die Hälfte einköcheln lassen.

5 Röllchen in die Pfanne legen; Brühe dazugießen. Zugedeckt 30–40 Minuten schmoren. Bratsud durch ein Sieb in einen Topf gießen, auf 175 ml einkochen lassen. Röllchen aufschneiden, mit Sauce und Gemüse servieren.

Stubenküken mit Pilzen

Bestreichen Sie die Küken während des Bratens immer wieder mit Butter.

30-40 MIN. 35-40 MIN.

FÜR 4 PERSONEN

Öl für den Rost
80 g Butter
2 küchenfertige Stubenküken, gespalten und aufgeklappt
Salz und frisch gemahlener schwarzer Pfeffer
2½ EL Dijonsenf
15 g getrocknete Brotkrumen
15 g Mehl
150 g Champignons, in Scheiben geschnitten
2 Schalotten, fein gewürfelt
1 Knoblauchzehe, fein gewürfelt
4 EL trockener Weißwein
4 EL Weißweinessig
375 ml Hühnerbrühe
Brunnenkresse zum Garnieren

1 Backofengrill vorheizen. Den Backofenrost mit Öl bestreichen. 30 g Butter zerlassen; die Küken mit der Hälfte davon bestreichen; salzen, pfeffern.

2 Die Küken mit der Hautseite nach oben auf den Rost legen und mit einem Abstand von etwa 8 cm unter den Grill in den Ofen schieben. Etwa 15 Minuten grillen, dabei einmal mit Butter bestreichen. Wenden; die Küken mit der restlichen Butter bestreichen und 10 Minuten weitergrillen. Nochmals umdrehen; auf der Hautseite mit 1 EL Senf bestreichen und mit Brotkrumen bestreuen. Die Küken in etwa 10 Minuten fertiggrillen. Falls die Brotkrumen zu stark bräunen, den Rost tiefer setzen.

3 In einer kleinen Schüssel 30 g Butter mit dem Mehl verkneten. Die Hälfte der übrigen Butter zerlassen und die Champignons darin 3–5 Minuten braten.

4 Die übrige Butter zerlassen. Schalotten und Knoblauch darin glasig dünsten. Wein und Essig dazugießen und auf 2 EL einkochen lassen. Den restlichen Senf und die Brühe einrühren, dann die Pilze. Alles 5 Minuten köcheln lassen. Die Mehlbutter in kleinen Stücken einrühren. Die Pilze abschmecken. Die Küken mit den Pilzen auf Tellern anrichten und mit Brunnenkresse garnieren.

Hähnchen auf karibische Art mit gebratener Ananas

Anstelle der selbst gemachten Jerk-Marinade können Sie auch eine fertige aus dem Glas nehmen.

10 MIN. PLUS MARINIERZEIT 40 MIN. TK-TAUGLICH

FÜR 4 PERSONEN

Für die Jerk-Marinade

1-2 rote Chilischoten, entkernt
1-2 grüne Chilischoten, entkernt
1 Prise gemahlener Zimt
1 Prise geriebene Muskatnuss
1 Prise Salz
1 TL frisch gemahlener schwarzer Pfeffer
abgeriebene Schale und Saft von 2 Bio-Limetten
3 EL brauner Zucker
2 EL Öl
1 Bund Petersilie
1 Bund Koriander
Blätter von ein paar Zweigen Thymian

Für das Hähnchen

1 küchenfertiges Brathähnchen, zerlegt
Fruchtfleisch von 1 kleinen Ananas, gewürfelt

1 Alle Zutaten für die Marinade im Blitzhacker oder in der Küchenmaschine zu einer Paste verarbeiten. Falls nötig, mehr Öl dazugeben.

2 Alle Hähnchenteile tief einschneiden und in einen großen Gefrierbeutel geben. Die Marinade hinzufügen und die Teile im geschlossenen Beutel durchkneten, um sie mit der Marinade zu überziehen. Im Kühlschrank am besten über Nacht, mindestens jedoch 30 Minuten, durchziehen lassen.

3 Den Backofen auf 200 °C vorheizen. Die Hähnchenteile mit Abstand zueinander in eine große Bratform legen. Im Ofen in 35–40 Minuten goldbraun und knusprig braten.
10 Minuten vor Ende der Garzeit die Ananaswürfel zwischen die Hähnchenteile verteilen. Mit Reis servieren.

Stubenküken in Weinblättern

Ein Vogel reicht gut für eine Person.

45-50 MIN. 1 STD. - 1 STD. 10 MIN.

FÜR 4 PERSONEN

6 Scheiben durchwachsener Schinkenspeck, 2 davon gewürfelt
1 Schalotte, fein gewürfelt
1 Hähnchenleber, grob gewürfelt
1 Bund Estragon, gehackt
1 Bund Petersilie, gehackt
1 Prise gemahlener Piment
4 EL Weißbrotkrumen
Salz und frisch gemahlener schwarzer Pfeffer
4 küchenfertige Stubenküken, innen und außen gewürzt
8-12 eingelegte Weinblätter, abgespült und trocken getupft
2 EL Öl
250 ml trockener Weißwein
250 ml Hühnerbrühe

1 Für die Füllung die Speckwürfel in einer Pfanne in 3–5 Minuten knusprig braten. Herausheben und in eine Schüssel geben. Schalotte im Speckfett in 2–3 Minuten glasig braten. Hähnchenleber hinzufügen; 1–2 Minuten mitbraten. Mischung zum Speck geben. Kräuter, Piment und Brotkrumen unterrühren; pfeffern.

2 Küken mit der Masse füllen. Die Brustseiten jeweils mit je 2–3 Weinblättern bedecken, darauf 1 zusammengefaltete Speckscheibe legen; Küken mit Küchengarn umwickeln.

3 Den Backofen auf 180 °C vorheizen. Das Öl in einem Bräter erhitzen. Die Küken darin rundherum 5–10 Minuten anbraten. Bräter schließen und die Küken im Ofen 45–55 Minuten braten. Zur Garprobe mit einem Spieß in ein Küken stechen: Fließt klarer Saft heraus, ist es gar.

4 Die Stubenküken auf Teller legen. Garn entfernen und die Küken warm halten. Die Sauce im Bräter entfetten und den Wein dazugießen; zur Hälfte einköcheln lassen. Brühe zufügen, alles nochmals zur Hälfte einköcheln lassen. Durch ein Sieb gießen, Sauce abschmecken. Zu den Küken reichen.

Gemüsetarte

Der opulente Teigboden für diese ungewöhnliche Tarte besteht aus Briocheteig und ist schnell geknetet. Er gelingt nach diesem Rezept ganz leicht und lässt sich gut schon einen Tag vorher zubereiten. Zum Aufbewahren in Frischhaltefolie wickeln und über Nacht in den Kühlschrank legen. Sie können die Tarte auch in einer Pfanne braten, dann wird sie rustikaler.

50–55 MIN. PLUS GEHZEITEN **40–50 MIN.**

FÜR 1 QUICHEFORM (30 CM Ø)

- ½ Würfel frische Hefe (21 g)
- 250 g Weizenmehl Type 550, plus mehr nach Bedarf
- Salz und frisch gemahlener schwarzer Pfeffer
- 7 Eier
- 225 g weiche Butter
- 4 Möhren, in dünne Stifte (Julienne) geschnitten
- 500 g Champignons, in dünne Scheiben geschnitten
- 2 Rübchen, in feine Stifte geschnitten
- 8–10 Frühlingszwiebeln, in dünne Ringe geschnitten
- 250 g Sahne
- ¼ TL geriebene Muskatnuss

1 Für den Teig die Hefe in eine Tasse bröckeln, mit 2 EL lauwarmem Wasser verrühren und 5 Minuten stehen lassen. Das Mehl mit 1 TL Salz auf eine Arbeitsfläche sieben, eine Mulde in die Mitte drücken, das Hefewasser und 3 Eier hineingeben und mischen. Das Mehl mit den Händen unterarbeiten, dann alles zu einem glatten Teig verkneten; falls nötig, noch etwas Mehl dazugeben.

2 Den Teig auf der bemehlten Arbeitsfläche 10 Minuten lang kneten und schlagen, bis er sehr elastisch ist. Falls nötig, so viel Mehl einarbeiten, bis der Teig noch feucht, aber nicht klebrig ist. 125 g Butter unterarbeiten und 3–5 Minuten weiterkneten, bis der Teig geschmeidg ist. Zu einer Kugel formen und in eine Schüssel legen. Den Teig zugedeckt 1 Stunde gehen lassen.

3 Die restliche Butter zerlassen. Die Möhren darin 5 Minuten unter gelegentlichem Rühren dünsten. Pilze und Rübchen dazugeben; das Gemüse salzen und pfeffern. Gebutterte Alufolie auf das Gemüse legen, den Topf mit dem Deckel schließen und das Gemüse 10 Minuten garen, dabei ab und zu rühren. Vom Herd nehmen, die Frühlingszwiebeln untermischen und das Gemüse würzen.

4 Die Form fetten. Den Teig auf der bemehlten Arbeitsfläche durchkneten und zu einem etwa 38 cm großen Kreis ausrollen. Die Form mit dem Teig auskleiden und das Gemüse hineinfüllen. Sahne mit Salz, Pfeffer, Muskat und den restlichen Eiern verquirlen und den Eierguss über das Gemüse gießen.

5 Überstehenden Teigrand über das Gemüse schlagen. Die Tarte an einem warmen Ort 20–30 Minuten gehen lassen. Inzwischen den Backofen auf 200 °C vorheizen. Die Tarte im heißen Ofen 40–50 Minuten backen, bis sie schön gebräunt und der Guss gestockt, aber noch nicht ganz fest ist. Warm oder mit Raumtemperatur servieren.

Glasierte Stubenküken in Speckhülle

Stubenküken sind junge Hähnchen und im Frühjahr am besten. Die Speckhülle hält das Fleisch schön saftig.

20 MIN. 1 STD.

FÜR 4 PERSONEN

- 4 küchenfertige Stubenküken
- 2 Zwiebeln, grob gewürfelt
- 2 EL flüssiger Honig
- 12 Scheiben durchwachsener Speck
- 6 Stangen Lauch, in 5 cm lange Stücke geschnitten
- 1 EL Olivenöl
- Salz und frisch gemahlener schwarzer Pfeffer

1 Den Backofen auf 200 °C vorheizen. Die Stubenküken trocken tupfen und mit den Zwiebeln füllen. Rundherum mit Honig bestreichen und auf den Brustseiten mit je 3 Scheiben Speck bedecken. Die Küken in eine Bratform legen.

2 Die Lauchstücke im Öl wenden und um die Küken in der Form verteilen. Alles mit Salz und Pfeffer würzen und im Ofen 45–60 Minuten braten. Zur Garprobe mit einer Messerspitze in ein Küken stechen: Läuft klarer Saft heraus, ist es gar. Falls der Speck zu dunkel wird, bevor die Küken gar sind, die Form mit Alufolie bedecken.

3 Die Küken aus der Form heben und warm stellen. Den Lauch ebenfalls herausnehmen und warm stellen. Von der Bratflüssigkeit in der Form das Fett abnehmen, etwas heißes Wasser in die Form gießen und auf dem Herd aufkochen lassen, dabei alle Bratrückstände lösen. Die Sauce ein paar Minuten köcheln lassen. In eine Sauciere füllen und zu Stubenküken, Lauch und Kartoffelpüree servieren.

Pizza mit Spinat und Ricotta

Drücken Sie den Spinat gut aus, damit der Pizzaboden nicht durchweicht.

15 MIN. PLUS GEHZEIT 10 MIN.

ERGIBT 1 STÜCK

- 125 g Weizenmehl Type 550
- 1 Prise Salz
- 1 Prise Zucker
- ½ TL Trockenhefe (etwa 2 g)
- 1 EL Olivenöl
- 100 ml warmes Wasser
- Grieß zum Bestreuen
- 200 g Spinatblätter
- 2-3 EL passierte Tomaten
- 2-3 EL Ricotta
- frisch gemahlener schwarzer Pfeffer

1 Mehl mit Salz und Zucker in eine Schüssel sieben. Die Hefe dazugeben, das Öl und so viel warmes Wasser dazugießen und unterkneten, bis ein weicher Teig entsteht, der nicht klebt.

2 Eine Arbeitsfläche mit Grieß bestreuen. Den Teig darauf mehrere Minuten kneten, bis er weich und elastisch ist. Zugedeckt an einem warmen Ort etwa 40 Minuten gehen lassen, bis er sein Volumen verdoppelt hat. Inzwischen den Spinat waschen und tropfnass in einem geschlossenen Topf bei mittlerer Hitze zusammenfallen, dann in einem Sieb abtropfen lassen.

3 Den Backofen auf höchste Temperatur vorheizen. Ein leicht gefettetes Backblech im Ofen heiß werden lassen. Den Teig auf der Arbeitsfläche auf Grieß noch einmal durchkneten und zu einem dünnen, etwa 25 cm großen Kreis ausrollen. Das heiße Blech mit Grieß bestreuen und den Teig darauf dünn ausziehen.

4 Die passierten Tomaten auf dem Teig verstreichen. Den Spinat gut ausdrücken und auf den Tomaten verteilen. Den Ricotta in kleinen Häufchen auf den Spinat setzen. Den Belag mit Pfeffer bestreuen und die Pizza im Ofen 10 Minuten backen, bis sie unten knusprig und gebräunt ist.

Quesadilla mit Avocado, Frühlingszwiebeln und Chili

Die mit Gemüse und Käse gefüllten Tortillas sind schnell und einfach zubereitet – eine perfekte Zwischenmahlzeit oder ein leichtes Abendessen.

10 MIN. 5 MIN.

ERGIBT 1 STÜCK

- 4 Frühlingszwiebeln, in feine Ringe geschnitten
- 1-2 rote Chilischoten, entkernt und fein gehackt
- Saft von ½ Limette
- Salz und frisch gemahlener schwarzer Pfeffer
- 1½ EL Olivenöl
- 2 Tortillas (Fertigprodukt)
- Fruchtfleisch von ½ Avocado, in Spalten geschnitten
- 50 g geraspelter Butterkäse

1 Frühlingszwiebeln, Chilis und Limettensaft in einer Schüssel mischen; kräftig mit Salz und Pfeffer würzen. Einige Minuten ziehen lassen.

2 Das Olivenöl in einer beschichteten Pfanne erhitzen. 1 Tortilla darin 1 Minute braten. Die Avocadospalten mittig darauf verteilen, darauf die Zwiebelmischung geben und alles mit Käse bestreuen.

3 Den Belag mit der zweiten Tortilla bedecken; mit einem Bratenwender andrücken. Die Quesadilla aus der Pfanne heben, vorsichtig wenden und wieder in die Pfanne gleiten lassen. Noch 1 Minute braten. In Stücke schneiden und servieren.

Vegetarisches Pad Thai

Fein geschnittene Frühlingszwiebeln und Korianderblättchen sind ein klassisches Topping für asiatische Gerichte.

15 MIN. 15 MIN.

FÜR 4 PERSONEN

- 250 g Reisnudeln
- 3-4 EL Öl
- 200 g fester Tofu, gewürfelt
- 2 Knoblauchzehen, fein gewürfelt
- 1 Ei, verquirlt
- 150 ml heiße Gemüsebrühe
- Saft von 1 Limette
- 1 TL Thai-Fischsauce, nach Belieben
- 2 TL Tamarindenmark
- 2 TL brauner Zucker
- 1 EL dunkle Sojasauce
- 1 rote Chilischote, entkernt und fein gehackt
- 75 g geröstete Erdnusskerne, grob gehackt
- 1 Bund Frühlingszwiebeln, fein geschnitten
- 75 Mungobohnensprossen (nach Belieben)
- Koriandergrün zum Garnieren

1 Die Nudeln in kochendem Wasser 10 Minuten bzw. nach Packungsangabe quellen lassen, dann abgießen. Inzwischen im Wok 1 EL Öl stark erhitzen und durch Schwenken verteilen. Den Tofu darin in 10 Minuten goldgelb braten; falls nötig, mehr Öl dazugeben. Den Tofu mit einem Schaumlöffel herausheben.

2 Noch 1 EL Öl in den Wok geben und erhitzen. Den Knoblauch darin 10 Sekunden braten, dann das verquirlte Ei dazugießen und unter Rühren stocken lassen. Herausnehmen.

3 Wieder 1 EL Öl in den Wok geben und erhitzen. Die Reisnudeln im Öl schwenken. Brühe, Limettensaft, Fischsauce, Tamarindenpaste, Zucker und Sojasauce dazugeben und alles verrühren. Ein paar Minuten köcheln lassen, dann die Chili unterrühren.

4 Die Hälfte der Erdnüsse, die Frühlingszwiebeln und die Bohnensprossen hinzufügen und alles 1 Minute pfannenrühren. Das Rührei unterrühren und das Pad Thai auf eine Servierplatte geben. Mit den restlichen Erdnüssen bestreuen und mit Koriandergrün garnieren.

Reis-Gemüse-Salat mit Lachs

Spargel ist vermutlich das beliebteste Frühjahrs-Gemüse überhaupt. Für Eilige: Zarte grüne Stangen brauchen nicht geschält zu werden.

20-25 MIN. PLUS KÜHLZEIT — 15-20 MIN.

FÜR 4-6 PERSONEN

Für den Salat

- Salz und frisch gemahlener schwarzer Pfeffer
- 1 Bio-Zitrone, halbiert
- 200 g Langkornreis
- 250 g grüner Spargel
- 3 Stangen Sellerie, in Würfel geschnitten
- 250 g Räucherlachs, in Streifen geschnitten

Für die Vinaigrette

- 3 EL Estragonessig
- 2 TL Dijonsenf
- 175 ml Öl

1 In einem großen Topf Salzwasser zum Kochen bringen. Eine Zitronenhälfte auspressen, den Saft und die ausgepresste Zitronenhälfte in das Salzwasser geben. Den Reis hineinrieseln lassen; alles nochmals aufkochen und 10–12 Minuten köcheln lassen, bis der Reis gar ist.

2 Inzwischen für die Vinaigrette den Essig mit dem Senf in einer Schüssel verrühren. Mit Salz und Pfeffer würzen, dann nach und nach das Öl darunterschlagen, bis ein cremiges Dressing entstanden ist.

3 Den Reis in ein Sieb abgießen, die Zitrone herausnehmen und den Reis kalt abspülen, bis das Wasser klar abläuft. In eine Schüssel umfüllen.

4 In einem großen Topf Salzwasser aufkochen lassen. Den Spargel darin in 5–7 Minuten weich garen. Abgießen und die Stangen in mundgerechte Stücke schneiden. Die zweite Zitronenhälfte auspressen.

5 Die Vinaigrette noch einmal mit dem Schneebesen durchschlagen und über den Reis gießen. Gut umrühren. Spargel, Sellerie, Lachs und Zitronensaft dazugeben. Den Salat mischen und abschmecken. Zugedeckt für mindestens 1 Stunde kalt stellen, damit sich die Aromen entfalten können. Mit Raumtemperatur servieren.

Chicorée-Schinken-Gratin

Dieses cremige Gratin schmeckt wunderbar zu Fleisch und Wild. Weil es mit Schinken zubereitet wird, kann man es aber auch gut als Vorspeise servieren.

15-20 MIN. — 1 STD. - 1 STD. 15 MIN.

FÜR 4 PERSONEN

- 8 Stauden Chicorée
- 1 TL Zucker
- Salz und frisch gemahlener schwarzer Pfeffer
- 500 ml Milch
- 1 Scheibe Zwiebel
- 1 Lorbeerblatt
- 6 Pfefferkörner
- 60 g Butter
- 30 g Mehl
- 1 Prise geriebene Muskatnuss
- 8 dünne Scheiben gekochter Schinken
- 50 g geriebener Gruyère

1 Den Backofen auf 180 °C vorheizen. Eine Gratinform fetten. Den Chicorée hineinlegen und mit Zucker, Salz und Pfeffer bestreuen. Mit Butter gefettete Alufolie direkt auf den Chicorée legen und etwas andrücken. Das Gemüse im Ofen 45–55 Minuten backen; es soll dann weich und leicht karamellisiert sein. Die Chicoréestauden aus der Form nehmen und auf einer Platte etwas abkühlen lassen. Die Form säubern.

2 Während das Gemüse gart, die Milch mit Zwiebel, Lorbeerblatt und Pfefferkörnern erhitzen, aber nicht aufkochen lassen. Den Topf zudecken, vom Herd nehmen und die Milch 10 Minuten ziehen lassen. Die Butter zerlassen und das Mehl unter Rühren darin anschwitzen.

3 Den Topf vom Herd nehmen, die Milch dazugießen und unterrühren. Die Sauce wieder auf den Herd stellen und unter Rühren einmal aufkochen lassen. Mit Salz, Pfeffer und Muskat würzen und die Sauce unter Rühren noch 2 Minuten köcheln lassen.

4 Die Ofentemperatur auf 200 °C erhöhen. Die Form fetten. Je 1 Chicoréestaude in 1 Schinkenscheibe wickeln und das eingepackte Gemüse mit der Naht nach unten in die Form legen. Mit der Béchamelsauce begießen und mit Käse bestreuen. Das Gratin im Ofen 20–25 Minuten überbacken.

Spinatsauce

Schnell zubereitet ist diese Sauce, die perfekt zu Hähnchen, Fisch oder neuen Kartoffeln passt. Ist sie als Sauce zu Nudeln gedacht, noch eine Handvoll geriebenen Käse untermischen.

15 MIN. 20 MIN. TK-TAUGLICH

FÜR 8 PERSONEN

- 4 EL Olivenöl
- 2 große Zwiebeln, in dünne Ringe geschnitten
- 4 Knoblauchzehen, fein gehackt
- 2 rote Chilischoten, entkernt und fein gehackt
- 600 g Spinatblätter, grob gehackt
- 300 ml trockener Weißwein
- 2 EL Mehl
- 1 l Milch
- Salz und frisch gemahlener schwarzer Pfeffer

1 Das Öl in einem großen Topf erhitzen und die Zwiebeln darin bei mittlerer Hitze in etwa 5 Minuten glasig dünsten. Knoblauch und Chilis unterrühren und 2 Minuten mitbraten. Den Spinat hinzufügen und in 3 Minuten zusammenfallen lassen.

2 Den Wein dazugießen und in 5 Minuten zur Hälfte einköcheln lassen. Erst das Mehl, dann 500 ml Milch in die Weinreduktion rühren. Die restliche Milch portionsweise unter Rühren dazugießen. 5 Minuten köcheln lassen, bis die Sauce cremig ist. Mit Salz und Pfeffer würzen.

Spinat mit Pinienkernen und Rosinen

Schmeckt warm oder kalt und passt mit Ofenkartoffeln wunderbar zu Brathähnchen.

5 MIN. 10 MIN.

FÜR 4 PERSONEN

- 1 EL Olivenöl
- 3 EL Rosinen
- 3 EL Pinienkerne
- 3 EL trockener Sherry
- 200 g Spinatblätter, grob gehackt
- 1 TL Paprikapulver
- Salz und frisch gemahlener schwarzer Pfeffer

1 Das Öl in einer kleinen Pfanne erhitzen. Rosinen und Pinienkerne hinzufügen und bei mittlerer Hitze unter Rühren 2 Minuten braten. Den Sherry dazugießen und zur Hälfte einkochen lassen.

2 Den Spinat mit Paprikapulver in die Pfanne geben und unter Rühren in 5 Minuten zusammenfallen lassen. Das Gemüse mit Salz und Pfeffer würzen und abschmecken.

Variante

Sauerampfer und Bärlauch mit Pinienkernen und Oliven

Die Rosinen weglassen. Nur 100 g Spinat sowie je 50 g Sauerampfer und Bärlauch verwenden. (Wer keinen Bärlauch bekommt, ersetzt ihn durch 1 zerdrückte Knoblauchzehe.) 1 Handvoll Oliven mit dem Spinat in die Pfanne geben. Für eine leichte Hauptmahlzeit das Gemüse mit pochierten Eiern und Brot servieren.

Pavlowa mit exotischen Früchten

Viele exotische Obstsorten haben im Frühjahr Saison. Als Belag sorgen sie hier für eine fruchtig-feine Süße.

25–30 MIN. 1 STD. – 1 STD. 30 MIN. TK-TAUGLICH

FÜR 6–8 PERSONEN

Für das Baiser

6 Eiweiß, Salz
350 g Zucker
1 EL Speisestärke
1 EL Weißweinessig
400 g Sahne
gehackte Pistazien zum Servieren

Für den Obstbelag

Fruchtfleisch von 3 Mangos (etwa 1 kg), in Spalten geschnitten
Fruchtfleisch von 5 Kiwis, in Spalten geschnitten
Fruchtfleisch von 1 Ananas (etwa 750 g), gewürfelt
50 g Zucker
2 EL Kirschwasser

1 Den Backofen auf 180 °C vorheizen. Ein Backblech mit Backpapier belegen. Die Eiweiße mit etwas Salz zu Schnee schlagen, dabei den Zucker esslöffelweise dazurieseln lassen. Wenn der Eischnee glänzt, Speisestärke und Essig darunterschlagen.

2 Die Baisermasse auf das Backblech häufen und zu einem 20 cm großen Kreis verstreichen. Im Ofen 5 Minuten backen, anschließend die Ofentemperatur auf 140 °C reduzieren und das Baiser 75 Minuten backen. Es soll dann oben knusprig sein.

3 Das Baiser auf dem Blech aus dem Ofen nehmen und ganz auskühlen lassen; erst dann auf eine Kuchenplatte heben.

4 Die Sahne sehr steif schlagen und auf das Baiser häufen. Das Obst mit Zucker und Kirschwasser in einer großen Schüssel mischen, dann auf der Sahne verteilen.

5 Die Pavlowa mit Pistazien bestreuen und sofort servieren. Sie muss rasch verzehrt werden, sonst weicht das Baiser durch.

Gestürzter Ananaskuchen

Die süßsaure frische Ananas gibt diesem einfachen Kuchen einen interessanten Geschmack. Am besten schmeckt er ofenfrisch, aber auch kalt schmeckt er sehr gut.

10 MIN. 50 MIN. TK-TAUGLICH

FÜR 4–6 PERSONEN

2–3 EL heller Zuckerrohr- oder -rübensirup
6 frische Ananasringe
150 g weiche Butter
125 g Zucker
2 Eier
175 g Mehl
½ TL Backpulver
1–2 EL Milch
Sahne zum Servieren

1 Den Backofen auf 180 °C vorheizen. Eine ofenfeste Form (1,2 l Inhalt) fetten. Den Sirup hineingießen und auf dem Formboden verteilen; die Ananasringe hineinlegen.

2 Die Butter mit dem Zucker mit den Quirlen des Handrührgeräts cremig schlagen. Die Eier einzeln mit jeweils etwas Mehl unterrühren, dann das restliche Mehl dazugeben. Die Milch nach und nach unterrühren; der Teig soll von den Quirlen tropfen.

3 Den Teig in die Form gießen und auf den Ananasringen verstreichen. Im Ofen in 40–50 Minuten goldbraun backen. Der Teig soll auf Fingerdruck nachgeben.

4 Den Kuchenrand mit einem Messer vom Rand der Form lösen. Den Kuchen auf eine Platte stürzen und mit Sahne servieren.

Schnee-Eier auf Ananas-Kirsch-Creme

Zarte Eischneenocken auf Ananas schwimmen auf einer cremigen Ananas-Kirsch-Sauce. Das Kirschwasser kann man durch weißen Rum ersetzen – oder weglassen.

25 MIN. 30 MIN. PLUS KÜHLZEIT

FÜR 4 PERSONEN

Fruchtfleisch von 1 kleinen Ananas, gewürfelt
60 g weiche Butter
120 g Zucker
2 Eier (L), getrennt
30 g Speisestärke
1 EL Kirschwasser
200 ml Milch
250 g Sahne

1 Den Backofen auf 150 °C vorheizen. Die Ananaswürfel in der Küchenmaschine nicht zu fein zerkleinern und durch ein feines Sieb in eine Schüssel gießen. Die groben Fruchtfleischfasern im Sieb in einer ofenfesten Form (1,4 l Inhalt) verteilen.

2 Die Butter mit 60 g Zucker cremig schlagen. Eigelbe, Speisestärke, Ananassaft und Kirschwasser hinzufügen und unterrühren.

3 Die Milch erhitzen, aber nicht aufkochen lassen. Die Eigelbcreme langsam hineinrühren. Die Sauce in eine Schüssel füllen, den Topf ausspülen und die Sauce wieder hineingießen. Bei schwacher Hitze unter Rühren erhitzen, bis die Sauce andickt. Die Ananas in der Form damit begießen.

4 Die Eiweiße halbsteif schlagen. Den restlichen Zucker dazugeben, weiterschlagen, bis sich Spitzen bilden. Den Eischnee in vier großen Nocken auf die Sauce setzen. Das Dessert im Ofen 30 Minuten überbacken, die Schnee-Eier sollen leicht goldgelb werden. Abkühlen lassen und servieren.

Jetzt am besten **Ananas**

Die raue, schuppenartige Schale lässt die tropische Frucht wie einen riesigen Kiefernzapfen erscheinen, der von einem grünen stacheligen Schopf gekrönt ist. Das feste, sattgelbe bis cremefarbene Fruchtfleisch ist saftig und süß mit einer feinen Säure im Abgang. Ananas werden das ganze Jahr importiert, sind aber im Frühling besonders gut. Sie eignen sich für Salsas, Salate, Desserts und Smoothies, für Chutneys und Konfitüren sowie für Gerichte mit Schweine- und Hähnchenfleisch oder Fisch.

Ananasfrüchte wachsen auf kaktusähnlichen Pflanzen. Nach der Bestäubung entsteht aus vielen Einzelblüten eine Frucht. Ananaspflanzen können aus dem Schopf gezogen werden..

Ananassorten unterscheiden sich ein wenig in Größe, Form, Farbe und Süße. Alle kann man pur genießen, aber auch als Zutat für Salate und zahlreiche andere süße und pikante Gerichte verwenden.

Wenn sich eines der inneren Schopfblätter leicht herausziehen lässt, ist die Ananas genussreif.

Ananas vorbereiten

Die Schale der Ananas hat scharfe Spitzen, deshalb mit Vorsicht anfassen. Verwenden Sie zum Schälen und Aufschneiden der Frucht ein großes Messer mit scharfer, stabiler Klinge.

1 Von der Frucht erst Schopf und Boden entfernen, dann die Schale von oben nach unten dick abschneiden.

2 Frucht längs vierteln, Strunk entfernen; Frucht zerkleinern. Oder: in Ringe schneiden, dann den Strunk auslösen.

Wissenswert

Im Angebot

Ananasfrüchte gibt es von Mini- bis U-Boot-Größe.

Einkauf Reife Früchte können grün oder goldgelb sein (je nach Sorte), sie sollten süßlich duften und sich fest anfühlen. Weiche Früchte mit welken Blättern liegen lassen.

Aufbewahren Geschält, zerkleinert, luftdicht verpackt im Kühlschrank max. 3 Tage lagern.

Zubereiten Roh für Salate, Desserts, Smoothies. Zum Grillen, Frittieren oder Braten.

Für den Vorrat Getrocknet, kandiert, als Konfitüre oder Kompott.

Rezepte

Ananassuppe mit Heilbutt Seite 24

Gestürzter Ananaskuchen Seite 62

Hähnchen auf karibische Art mit gebratener Ananas Seite 56

Schnee-Eier auf Ananas-Kirsch-Creme Seite 62

Exotischer Obstsalat

Das scharf-süße Aroma von Ananas und Kiwis löst, in Verbindung mit der milden Süße von Mango, eine wahre Geschmacksexplosion aus.

15 MIN.

FÜR 4 PERSONEN

- Fruchtfleisch von 1 Mango, in Spalten geschnitten
- Fruchtfleisch von 1 Ananas, gewürfelt
- Fruchtfleisch von1 Kiwi, in Scheiben geschnitten
- Saft von 1 Orange
- Saft von 1 Limette
- 1 Passionsfrucht, halbiert
- 1 Bund Minze, fein gehackt

1 Mango, Ananas und Kiwi in einer flachen Schüssel oder einer Schale mischen. Orangen- und Limettensaft darübergießen.

2 Das Mark und die Kerne aus der Passionsfrucht löffeln und auf dem Obstsalat verteilen. Den Salat mit Minze bestreuen und servieren.

Trifle mit Ananas

Erfrischende Ananas und würziger Ingwer sind eine herrliche Kombination. Wenn Ananas gerade im Angebot ist, sollten Sie unbedingt zugreifen.

15 MIN. PLUS KÜHLZEIT

FÜR 6 PERSONEN

- 250 g Frühstückskuchen (Fertigprodukt), in Scheiben geschnitten
- 100 ml Ananassaft
- 250 g Ananas, fein gewürfelt
- 300 g Sahne
- 2-3 EL Sirup von eingelegtem Ingwer
- 2 Stück eingelegter Ingwer (Stem-Ginger, Ingwernüsse), fein gehackt

1 Den Boden einer Schüssel mit den Kuchenscheiben auslegen, den Ananassaft darübergießen und die Ananaswürfel darauf verteilen.

2 Die Sahne mit dem Ingwersirup steif schlagen. Die Sahne auf den Ananaswürfeln verstreichen und darüber die Ingwerstückchen streuen. Das Trifle für mindestens 30 Minuten in den Kühlschrank stellen.

Variante

Tropisches Trifle

Mangowürfel oder Bananenscheiben statt der Ananas verwenden oder mit Ananas mischen. Die Mango dafür ihalbieren, den Stein herauslösen und das Fruchtfleisch in der Schale rautenförmig einschneiden. Die Schale umstülpen und die Stücke von der Schale schneiden.

Amerikanische Angel Cake

Ananas und Mango krönen einen köstlichen Kokoskuchen.

15 MIN. 30 MIN.

FÜR 1 KRANZFORM (26 CM Ø) ODER 1 ORIGINAL ANGEL-FOOD-CAKE-FORM (INHALT 1,7 L)

Für den Teig

- Eiweiß von 4 großen Eiern (L)
- ½ TL Weinsteinbackpulver
- 150 g Zucker
- 50 g Mehl
- 10 g Speisestärke
- 25 g Kokosraspel

Für das Topping

- 200 g griechischer Joghurt
- 200 g gewürfeltes Fruchtfleisch von exotischen Früchten (z.B. Ananas und Mango)
- Saft mit Kernen von 2 Passionsfrüchten
- Limettenzesten zum Garnieren

1 Den Backofen auf 190 °C vorheizen. Die Eiweiße mit dem Weinsteinbackpulver und 1 EL kaltem Wasser so lange zu steifem Schnee schlagen, bis sich Spitzen bilden. Anschließend esslöffelweise den Zucker unterschlagen, bis der Eischnee glänzt.

2 Mehl und Speisestärke auf den Eischnee sieben und mit den Kokosraspeln vorsichtig unterheben. Die Masse in die Form füllen und glatt streichen, dabei vorsichtig zusammendrücken, damit keine Luftlöcher zurückbleiben.

3 Die Masse im heißen Ofen 15 Minuten backen. Anschließend die Ofentemperatur auf 180 °C senken und den Kuchen noch etwa 15 Minuten backen, bis er goldbraun und fest ist.

4 Die Form mit der Öffnung nach unten auf ein Kuchengitter stellen und stehen lassen, bis der Kuchen darin vollständig ausgekühlt ist. Anschließend den Kuchen mit einem Messer vorsichtig vom Rand der Form lösen und auf eine Servierplatte stürzen.

5 Für den Belag den Joghurt glatt und cremig rühren und in das Loch in der Mitte des Kuchens füllen. Das Obst darauf verteilen, Passionsfruchtsaft und -kerne darübergeben und alles mit Limettenzesten garnieren.

Gestürzter Rhabarber-Ingwer-Kuchen

Junger Rhabarber macht hier aus einem einfachen Kuchen etwas ganz Besonderes.

40 MIN. 40–45 MIN.

FÜR 1 SPRINGFORM (24 CM Ø)

- 150 g weiche Butter
- 150 g brauner Zucker
- 4 EL fein gewürfelter eingelegter Ingwer
- 500 g Himbeer-Rhabarber, in 2 cm lange Stücke geschnitten
- 3 große Eier (L)
- 150 g Mehl
- 2 TL gemahlener Ingwer
- 1½ TL Backpulver
- steif geschlagene Sahne oder Crème fraîche zum Servieren (nach Belieben)

1 Den Backofen auf 180 °C vorheizen. Etwas Butter zerlassen. Die Form damit fetten, dann mit Backpapier auskleiden.

2 Etwas Zucker auf den Boden der Form streuen. Die Hälfte der Ingwerwürfel darauf verteilen und den Formboden mit den Rhabarberstücken bedecken.

3 Die restliche Butter mit dem übrigen Zucker hell-cremig schlagen. Die Eier einzeln unterrühren, dabei möglichst viel Luft einarbeiten. Die restlichen Ingwerwürfel vorsichtig unter die Masse heben.

4 Mehl, Ingwer und Backpulver auf die Eier-Butter-Masse sieben und vorsichtig unterheben; nicht zu kräftig rühren, damit möglichst wenig Luft entweicht. Die Masse in die Form geben und glatt streichen.

5 Den Kuchen im Ofen 45 Minuten backen; er soll danach auf leichten Fingerdruck noch etwas nachgeben. Aus dem Ofen nehmen und mindestens 20–30 Minuten abkühlen lassen, dann erst aus der Form auf eine Servierplatte stürzen. Lauwarm mit Schlagsahne oder Crème fraîche servieren.

Jetzt am besten **Rhabarber**

Botanisch betrachtet, ist Rhabarber ein Gemüse, wird jedoch wie Obst verwendet. Die Sorten unterscheiden sich in Farbe und Größe, doch alle sind herb. Junger Rhabarber aus heimischem Anbau hat im Vergleich zu älterem einen niedrigen Oxalsäuregehalt; er wird von April bis Juni angeboten. Rhabarber schmeckt als Kuchenbelag, Kompott, Eiscreme, harmoniert z. B. mit Himbeeren, Erdbeeren, Orangen, passt aber auch als Sauce zu fettreichem Fisch, vor allem zu Makrele.

Rhabarber gehört zur Gruppe der Blattstielgemüse und gedeiht in gemäßigten Klimazonen im Freiland, wobei grüne oder rote Blattstiele entstehen. Für rosafarbene, dünne Stiele wird Rhabarber im Dunklen angebaut.

Treibhaus-Rhabarber, der im Dunklen angebaut wurde, hat schlanke, rosa Stiele mit weniger säuerlichem Aroma als Freilandsorten.

Rhabarberblätter sind giftig. Ihr einziger Nutzen besteht darin, dass man sie in Aluminiumgefäßen kochen kann, um darin befindliche Flecken zu entfernen.

Wird dem Rhabarber während des Kochens eine Prise Speisenatron hinzugefügt, ist weniger Zucker zum Süßen nötig.

Freiland-Rhabarber hat lange feste Stiele, die sich hervorragend für Kompott, Konfitüre oder Kuchenbelag eignen. Etwas Ingwerpulver oder Apfelsaft mildert den säuerlichen Geschmack.

Wissenswert

Im Angebot

Feste rote und grüne Stiele aus dem Freiland sowie dünnere rosafarbene Treibhausware.

Einkauf Auf feste, gerade Stiele achten, die sich leicht brechen lassen.

Aufbewahren In ein feuchtes Tuch gewickelt in einer Plastiktüte bis zu 1 Woche im Kühlschrank lagerbar.

Zubereiten Dünsten, backen; für Gebäck, Konfitüren; als Sauce zu Fisch und Schwein.

Für den Vorrat Einfrieren und einmachen; als Konfitüre.

Rezepte

Crème brûlée mit Rhabarber Seite 67

Gestürzter Rhabarber-Ingwer-Kuchen Seite 65

Rhabarber-Vanille-Eiscreme Seite 67

Rhabarber-Orangen-Creme

Für dieses schnelle Dessert können Sie statt Naturjoghurt auch Erdbeerjoghurt verwenden. Wenn es üppiger sein darf, 125 g Joghurt durch Schlagsahne ersetzen.

5 MIN. PLUS KÜHLZEIT **10 MIN.**

FÜR 4 PERSONEN

- 500 g Rhabarber, in kurze Stücke geschnitten
- 60 g Zucker
- abgeriebene Schale und Saft von 1 Bio-Orange
- 250 g griechischer Joghurt
- flüssiger Honig zum Servieren

1 Den Rhabarber mit Zucker, Orangenschale und -saft unter Rühren dünsten, bis er Saft zieht. Anschließend zugedeckt etwa 10 Minuten köcheln lassen, bis der Rhabarber zerfällt. Dabei gelegentlich umrühren.

2 Rhabarber leicht abkühlen lassen und pürieren. Das kalte Püree mit dem Joghurt verrühren, nach Belieben süßen. In Gläser verteilen und kalt stellen. Die Creme mit etwas Honig beträufeln und servieren.

Crème brûlée mit Rhabarber

Dieses köstliche Dessert lässt sich gut vorbereiten. Wer mag, kann auch Butterkekse verwenden und ein paar in Sirup eingelegte Ingwerstücke hacken und zum Rhabarber geben.

20 MIN. PLUS KÜHLZEIT **8 MIN.**

FÜR 1 TARTEFORM (20 CM Ø)

- 500 g Rhabarber, in Stücke geschnitten
- 80 g Gelierzucker 1:1
- 120 g Ingwerkekse
- 60 g Butter, zerlassen
- 300 g Sahne, steif geschlagen
- 3-4 EL Demerarazucker

1 Den Rhabarber mit 2 EL Wasser und 60 g Gelierzucker in einen Topf geben, aufkochen, umrühren und zugedeckt etwa 5 Minuten köcheln lassen. Anschließend offen noch etwa 3 Minuten kräftig kochen lassen, bis alle Flüssigkeit verdampft ist, dabei öfter umrühren. Den Rhabarber abkühlen lassen.

2 Inzwischen die Kekse zerbröseln und mit der Butter und dem restlichen Zucker mischen. Die Keksmischung auf den Boden der Form drücken. Die Form kalt stellen.

3 Wenn der Rhabarber kalt, aber noch nicht fest ist, die Hälfte der Schlagsahne untermischen. Die Rhabarbercreme in die Form füllen, glatt streichen und kalt stellen.

4 Kurz vor dem Servieren den Backofengrill vorheizen. Die restliche Schlagsahne auf der Rhabarbercreme verteilen. Großzügig mit Zucker bestreuen und die Form unter den Grill stellen, bis der Zucker karamellisiert. (Alternativ den Zucker mit einem Gasbrenner karamellisieren.) Sofort servieren.

Rhabarber-Vanille-Eiscreme

Das Rezept ist ideal, um einen Überschuss an Rhabarber zu verbrauchen. Das Eis ist mal etwas anderes!

30 MIN. PLUS KÜHL- UND GEFRIERZEIT
20 MIN. **TK-TAUGLICH**

FÜR 4-6 PERSONEN

- 500 g Himbeer-Rhabarber, in Stücke geschnitten
- 400 g Zucker
- 5 Eigelb
- Salz
- 500 ml Milch
- 150 g Sahne
- 1 Päckchen Vanillezucker

1 Den Rhabarber mit 60 g Zucker und 2 EL Wasser zugedeckt unter gelegentlichem Rühren in 10 Minuten bei schwacher Hitze weich garen. Pürieren und abkühlen lassen.

2 Die Eigelbe mit dem restlichen Zucker und etwas Salz in einer hitzebeständigen Schüssel mit den Quirlen des Handrührgeräts dick-cremig schlagen. Die Milch mit der Sahne erhitzen und mit dem Vanillezucker unter die Eigelbcreme rühren. Die Schüssel auf einen Topf mit köchelndem Wasser setzen und die Creme rühren, bis sie den Löffelrücken überzieht. Die Schüssel vom Topf nehmen und die Creme abkühlen lassen.

3 Sobald die Vanillecreme kalt ist, das Rhabarberpüree unterrühren. Die Masse in eine Eismaschine füllen und nach Herstellerangaben gefrieren. Alternativ in eine flache gefriertaugliche Form füllen und für etwa 2 Stunden ins Tiefkühlgerät stellen, bis sich am Rand Eiskristalle bilden. Mit einer Gabel durchmischen. Den Vorgang wiederholen, dann das Eis ganz gefrieren lassen.

Frühsommer

Jetzt am besten

Gemüse Artischocken ▪ Blattsalate ▪ Brennnesseln ▪ Brunnenkresse ▪ Dicke Bohnen ▪ Erbsen ▪ Erbsensprossen ▪ Frühlingszwiebeln ▪ Gurken ▪ (neue) Kartoffeln ▪ junger Knoblauch ▪ Löwenzahn ▪ Maipilze ▪ Mairübchen ▪ Mangold ▪ Morcheln ▪ Paprikaschoten ▪ Radieschen ▪ Rhabarber ▪ Rucola ▪ Sauerampfer ▪ Spargel ▪ Spinat ▪ Spitzkohl ▪ Weißkohl ▪ Zucchini ▪ Zuckerschoten

Obst Erdbeeren ▪ Himbeeren ▪ Kirschen ▪ Stachelbeeren ▪ Wassermelone

Fisch und Meeresfrüchte Brachse (wild und aus Zucht) ▪ Forellen (wild und aus Zucht) ▪ Flusskrebse ▪ Hering ▪ Jakobsmuscheln ▪ Kaisergranat ▪ Lachs (wild und aus Zucht) ▪ Meerforelle (wild und aus Zucht) ▪ Nordseekrabben (Sandgarnelen) ▪ Regenbogenforelle (wild und aus Zucht) ▪ Pazifische Felsenaustern ▪ Roter Knurrhahn ▪ Sardinen ▪ Schellfisch ▪ Scholle ▪ Seehecht ▪ Seelachs ▪ Seespinne ▪ Seezunge ▪ Tiefseegarnelen ▪ Wolfsbarsch (aus Zucht) ▪ Tintenfisch

Fleisch, Geflügel, Wild Frühlingslamm ▪ Ringeltaube

Auch auf dem Markt

Gemüse Blumenkohl ▪ Brokkoli ▪ Fenchel ▪ Kartoffeln ▪ Kohl ▪ Möhren ▪ Okraschoten ▪ Pilze (aus Zucht) ▪ Rote Bete ▪ Tomaten ▪ Zucchini ▪ Zwiebeln **Obst** Avocados ▪ Heidelbeeren ▪ Mangos ▪ Melonen ▪ Wassermelonen ▪ Zitronen **Fisch und Meeresfrüchte** Austern ▪ Heilbutt ▪ Hummer (Nordatlantischer) ▪ Jakobsmuscheln ▪ Kabeljau ▪ Miesmuscheln ▪ Petersfisch ▪ Steinbutt (aus Zucht) ▪ Seelachs ▪ Seeteufel ▪ Seezunge
Fleisch, Geflügel, Wild Ente (aus Zucht) ▪ Fasan (aus Zucht) ▪ Hähnchen ▪ Hirsch (aus Zucht) ▪ Kalb ▪ Kaninchen (aus Zucht) ▪ Perlhuhn (aus Zucht) ▪ Pute ▪ Rind ▪ Schwein ▪ Wachtel (aus Zucht) ▪ Wildschwein (aus Zucht)

Das schmeckt im Frühsommer

Ⓥ Für Vegetarier geeignet

Crostini mit Spargel-Frittata Seite 81

Rindfleisch mit Rucola und Oliven-Rosinen-Salsa Seite 72

Omelett mit Dicken Bohnen, Speck und Ziegenkäse Seite 101

Gemüse und Kräuter

Beeren-Millefeuilles Seite 122

Kirschkonfitüre mit Cassis Seite 132

Sardinen mit Nussfüllung und Kartoffeln Seite 108

Jakobsmuscheln mit Kräuter-Kartoffelpüree

Braten Sie Jakobsmuscheln nicht zu lange, damit sie schön saftig und zart bleiben.

45-50 MIN. 20 MIN.

FÜR 6 PERSONEN

- 500 g Kartoffeln, geschält und in Stücke geschnitten
- Salz
- Blätter von 4-6 Stängeln Petersilie
- Blätter von 4-6 Stängeln Estragon
- 90 g Butter
- abgeriebene Schale und Saft von 1 Bio-Zitrone
- frisch gemahlener schwarzer Pfeffer
- 75 ml Milch, plus mehr nach Bedarf
- 30 g Mehl
- 500 g große küchenfertige Jakobsmuscheln (mit oder ohne Corail)
- 2 EL Olivenöl
- Zitronenschnitze und Rucolablätter zum Servieren

1 Die Kartoffeln in kochendem Salzwasser in 15–20 Minuten weich garen. Die Kräuter mit 60 g Butter und der Zitronenschale im Blitzhacker fein zerkleinern. Die gegarten Kartoffeln abgießen und im Topf zerdrücken. Die Kräuterbutter hinzufügen und unterrühren. Das Püree mit Salz und Pfeffer würzen, mit der Milch begießen und warm stellen.

2 Mehl auf einen Teller geben und würzen. Die Jakobsmuscheln darin wenden, überschüssiges Mehl abschütteln. Restliche Butter mit dem Öl in einer Pfanne erhitzen. Jakobsmuscheln darin in 2–3 Minuten knusprig braten, dabei einmal wenden.

3 Die Milch unter das Kartoffelpüree mischen, falls nötig, mehr Milch dazugeben. Die Jakobsmuscheln mit Zitronensaft beträufeln und mit dem Püree auf Tellern anrichten. Mit der Bratflüssigkeit begießen. Dazu Zitrone und Rucola servieren.

Variante

Jakobsmuscheln in Cidre

Die Jakobsmuscheln mit 2 gewürfelten Schalotten, dem Saft von 2 Zitronen, je 125 ml Cidre und Weißwein sowie 250 ml Wasser in einem Topf zum Köcheln bringen. Die Muscheln 30 Sekunden darin gar ziehen lassen (pochieren), dann aus dem Topf nehmen. Den Sud auf 250 ml einkochen lassen. 2 EL Mehl darunterschlagen. 2 Eigelbe mit 125 g Sahne verquirlen und unter die Sauce schlagen. Mit Kräuter-Kartoffelpüree servieren.

Rindfleisch mit Rucola und Oliven-Rosinen-Salsa

Rucola hat im Frühsommer Saison. Zu dieser Zeit bieten sich die hübschen Blätter mit ihrem scharfen, würzigen Aroma als Salatzutat oder pur als Salat an.

15 MIN.

FÜR 2 PERSONEN

- 20 entsteinte grüne Oliven, in Scheiben geschnitten
- 1 große Handvoll Rosinen
- 4 TL Kapern, abgetropft
- etwas Olivenöl
- 1 Bund Petersilie, gehackt
- Salz und frisch gemahlener schwarzer Pfeffer
- 1 Handvoll Rucolablätter
- 350 g Pastrami oder in dünne Scheiben geschnittenes, gegartes Rindfleisch

1 Für die Salsa die Oliven in einer Schüssel mit Rosinen, Kapern, Öl und Petersilie mischen; mit Salz und Pfeffer würzen.

2 Die Rucolablätter mit Pastrami bzw. Rindfleisch in einer flachen Schale anrichten. Die Salsa darüber verteilen und die Vorspeise mit Raumtemperatur servieren.

Variante

Salami mit Rucola und Oliven-Tomaten-Salsa

Für die Salsa 8–10 in Scheiben geschnittene schwarze Oliven mit 6 gehackten getrockneten Tomaten, 2 EL gewürfelten Essiggurken, etwas Olivenöl, 1 EL gehacktem Thymian sowie Salz und Pfeffer mischen. 24 dünne Scheiben Salami mit Rucola auf Tellern anrichten und mit der Salsa beträufeln.

Grüner Spargel mit Zitronendressing

Spargel an sich schmeckt so wunderbar, dass weitere Zutaten kaum nötig sind. Zitronensaft unterstreicht den Geschmack des beliebten Sommergemüses.

5 MIN. 6 MIN.

FÜR 4 PERSONEN

6 EL Olivenöl
2-3 EL Zitronensaft
1 Prise Zucker
1 TL Mayonnaise
Salz und frisch gemahlener schwarzer Pfeffer
400 g grüner Spargel
1 Handvoll Rucola

1 Für das Dressing das Olivenöl in einer kleinen Schüssel mit dem Zitronensaft verquirlen, dann Zucker und Mayonnaise gründlich unterrühren. Mit Salz und Pfeffer würzen.

2 Die Spargelstangen in sprudelnd kochendem Salzwasser in 2–4 Minuten bissfest garen. Eine große Platte mit dem Rucola belegen und den Spargel darauf anrichten. Rucola und Spargel großzügig mit dem Dressing begießen.

Variante

Gegrillter Spargel mit Gorgonzola

Den Spargel wie beschrieben garen. Abgießen und auf einen Grillrost oder in eine Grillpfanne legen. Bei mittlerer Hitze etwa 5 Minuten grillen, dabei die Stangen mit Olivenöl bestreichen und wenden. 150 g Gorgonzola über den heißen Spargel bröckeln, etwas Olivenöl darüberträufeln und alles mit schwarzem Pfeffer bestreuen.

Räucherlachs mit Radieschensalat und Joghurtdressing

Scharfe Radieschen und aromatischer Räucherlachs ergeben ein wunderbares Frühsommergericht.

15 MIN.

FÜR 4 PERSONEN

3 Tomaten, gehäutet, entkernt und gewürfelt (siehe S. 197)
1 EL Kapern, gehackt
6-8 Radieschen, gewürfelt
1 orange Paprikaschote, gewürfelt
4 Frühlingszwiebeln, in feine Ringe geschnitten
1 rote Chilischote, entkernt und fein gehackt
Saft von 1 großen Orange
Saft von 1 Limette
Salz und frisch gemahlener schwarzer Pfeffer
250 g Räucherlachs, in mundgerechte Stücke geschnitten

Für das Dressing

4-6 EL griechischer Sahnejoghurt
Saft von 1 Zitrone
1 Prise Fünf-Gewürze-Pulver

1 Die Tomaten mit Kapern, Radieschen, Paprika, Frühlingszwiebeln, Chili, Orangen- und Limettensaft mischen. Den Salat mit Salz und Pfeffer würzen; 10 Minuten durchziehen lassen.

2 Die Zutaten für das Dressing in einer kleinen Schüssel miteinander verrühren; abschmecken.

3 Unmittelbar vor dem Servieren die Lachsstücke unter den Radieschensalat heben. Mit dem Joghurtdressing servieren.

Variante

Salat mit Krabben und Paprika

Etwas leichter wird der Salat mit 250 g gegartem weißen Krabbenfleisch anstelle von Lachs.

Backfisch mit Zitronenmayonnaise

Damit die Mayonnaise gut gelingt, sollten alle Zutaten Raumtemperatur haben, und das Öl sollte so langsam wie möglich unter ständigem Schlagen hinzugefügt werden.

20 MIN. 10 MIN.

FÜR 4 PERSONEN

- 1 Ei
- 1 Eigelb
- abgeriebene Schale und Saft von 1 Bio-Zitrone
- 250 ml Olivenöl
- Salz und frisch gemahlener schwarzer Pfeffer
- 125 g Mehl
- 1 TL Speisenatron
- 1 TL Paprikapulver
- 150 ml kaltes kohlensäurehaltiges Mineralwasser
- 250 ml Olivenöl zum Frittieren
- 300 g Schellfischfilet ohne Haut, in 1 cm dicke Streifen geschnitten

1 Für die Mayonnaise das Ei mit Eigelb, Zitronenschale und -saft in 1–2 Minuten mixen (in der Küchenmaschine oder mit den Quirlen des Handrührgeräts). Bei niedriger Stufe das Öl in dünnem Strahl dazufließen lassen, bis eine glatte Mayonnaise entstanden ist. Mit Salz und Pfeffer würzen; kalt stellen.

2 Für den Ausbackteig das Mehl mit Natron, Paprika und Mineralwasser verrühren; mit Salz und Pfeffer würzen. Das Öl in einer hohen Pfanne auf 200 °C erhitzen. (Zur Probe einen Brotwürfel hineingeben: beginnt er sofort zu brutzeln, ist das Öl heiß genug.)

3 Die Fischstreifen portionsweise durch den Teig ziehen. Herausheben, vorsichtig in das heiße Öl legen und in 2–3 Minuten goldgelb ausbacken, dabei ab und zu wenden. Die Fischstücke sollten während des Frittierens nicht aneinanderkleben. Mit einem Schaumlöffel herausheben und auf Küchenpapier entfetten. Leicht salzen; mit der Mayonnaise servieren.

Variante

Fisch im Bierteig

Statt Mineralwasser einfach Bier für den Teig verwenden.

Fischspieße mit Zitrone und Kräutern

Frisches festes Fischfleisch lässt sich gut aufspießen und ist bestens zum Grillen geeignet.

10 MIN. PLUS MARINIERZEIT 4-6 MIN.

FÜR 4 PERSONEN

- 500 g dicke Schellfischfilets ohne Haut, in größere Stücke geschnitten
- 1 Knoblauchzehe, fein gewürfelt
- 1 EL frisch geriebener Ingwer
- 1 kleine rote Chilischote, entkernt und fein gehackt
- 1 TL fein gehackter Rosmarin, plus mehr zum Garnieren
- 4 Zweige Thymian, fein gehackt, plus mehr zum Garnieren
- abgeriebene Schale und Saft von 1 Bio-Zitrone
- 4 EL Olivenöl
- Salz und frisch gemahlener schwarzer Pfeffer
- Fruchtfleisch von 2 großen Mangos, in Spalten geschnitten
- Saft von 1 Limette

1 Zwölf Holzspieße für 30 Minuten in kaltes Wasser legen. Die Fischstücke mit Knoblauch, Ingwer, Chili, Rosmarin, Thymian, Zitronenschale und -saft sowie dem Öl in einer Schüssel mischen. Mit Salz und Pfeffer würzen; 20–30 Minuten im Kühlschrank marinieren lassen.

2 Die Mangospalten in eine Schüssel geben, mit Limettensaft beträufeln und mit Salz und Pfeffer würzen. Vorsichtig mischen und beiseitestellen.

3 Einen Grill für mittlere Hitze vorbereiten, das Grillgitter mit Öl bestreichen. Die Fischstücke auf die Spieße stecken und die Spieße auf den Grill legen. Die Fischstücke auf jeder Seite 2–3 Minuten grillen, dabei mit der Marinade bestreichen. Sie sollen gar und goldgelb sein. Die Spieße mit den Mangos darauf und mit Rosmarin und Thymian bestreut servieren.

Bisque

Diese cremige Suppe besteht hauptsächlich aus Krabbenfleisch und etwas Krabbenbutter.

30 MIN. 50-55 MIN.

FÜR 4-6 PERSONEN

- 1 große gegarte Krabbe
- 1 l Fischfond oder Hühnerbrühe
- 75 g weiche Butter
- 1 EL fein gehackte Petersilie
- 1 Bund Frühlingszwiebeln, fein zerkleinert
- 5 EL trockener Wermut
- 2 EL Weinbrand
- 3 EL Mehl
- 5 EL Milch
- 150 g Sahne
- Salz und frisch gemahlener schwarzer Pfeffer

1 Das Krabbenfleisch auslösen, dabei helles und dunkles Fleisch trennen. Die Schalen und die Hälfte des dunklen Fleischs mit dem Fond oder der Brühe in einem Topf aufkochen und 45 Minuten köcheln lassen. Anschließend durch ein Sieb in einen zweiten Topf gießen.

2 Für die Krabbenbutter das restliche dunkle Fleisch mit 50 g Butter und der Petersilie zerdrücken. Die Krabbenbutter in Butterbrotpapier rollen. Die Papierenden zusammendrehen; die Rolle in den Kühlschrank legen.

3 Die Frühlingszwiebeln in der restlichen Butter dünsten. Den Wermut dazugießen und 5 Minuten köcheln lassen. Den Weinbrand erhitzen, anzünden und dazugießen. Das Mehl mit der Milch verrühren; zur Frühlingszwiebelmischung geben. Die Hälfte von Fond bzw. Brühe unter Rühren dazugießen, alles aufkochen und unter Rühren 2 Minuten kochen lassen. Mit dem hellen Krabbenfleisch pürieren. Den rest von Fond bzw. Brühe und die Sahne unterrühren. Die Suppe mit Salz und Pfeffer würzen und erhitzen. In Suppenteller schöpfen und auf jede Portion eine Scheibe Krabbenbutter setzen. Sofort servieren.

Jetzt am besten **Schellfisch**

Schellfisch kommt im Nordostatlantik und angrenzenden Gewässern vor. Der bräunlich-graue Fisch hat vom Frühsommer bis in den Winter Saison. In dieser Zeit ist er kleiner als Kabeljau und schmeckt besonders gut. Roher Schinken und Käse passen gut zu Schellfisch, genauso wie Tomaten, Knoblauch oder Weißwein. In England und Schottland ist geräucherter Schellfisch eine Spezialität.

Schellfisch hat einen grauen Rücken, silberfarbene Flanken und eine schwarze Seitenlinie. In Großbritannien ist es der Fisch für »Fish and Chips«; ansonsten wird Schellfisch überwiegend als Kochfisch zubereitet.

Der schwarze Punkt über der Brustflosse des Schellfischs wird auch als Petrusfleck bezeichnet.

Die dicke geschuppte Haut lässt sich leicht ablösen. Zum Kochen bzw. Pochieren die Haut belassen und erst danach entfernen.

Schellfischfilet Aufgrund seiner lockeren, aber doch festen Struktur bietet sich Schellfisch zum Grillen und Braten sowie zum Garen im Ofen oder in Brühe oder Wasser an.

Schellfisch von guter Qualität hat cremeweißes Fleisch.

Fischfilet häuten

Damit nicht zu viel Fischfleisch an der Haut hängen bleibt, sollten Sie das Messer zum Häuten eines Filets stets parallel zur Arbeitsfläche führen. Tipp: Reiben Sie Ihre Hände vorher mit Salz ein, so lässt sich die Haut besser festhalten, wenn das Filet abgelöst wird.

1 Das Filet am Schwanzende (am dünnsten Teil) mit einem Messer mit langer, biegsamer Klinge bis auf die Haut einschneiden.

2 Mit einer Hand die Haut am Ende greifen, das Messer im 30-Grad-Winkel ansetzen. Das Fleisch mit kurzen Schnitten in Kopfrichtung von der Haut schneiden.

Wissenswert

Im Angebot

Ganz (küchenfertig), Filet, Koteletts; Rogen. Heißgeräuchert (Arbroath Smokies); Finnan Haddock (gesalzen, getrocknet und geräuchert).

Einkauf Auf festes, saftiges Fleisch achten, das angenehm nach Fisch riecht.

Aufbewahren Möglichst am Kauftag zubereiten; eingewickelt im kältesten Bereich des Kühlschranks max. 24 Std. lagern.

Zubereiten Frittieren, braten, grillen, kochen.

Rezepte

Backfisch mit Zitronenmayonnaise Seite 74

Fischspieße mit Zitrone und Kräutern Seite 74

Schellfisch mit Kokos-Limetten-Sauce Seite 176

Schellfisch in Petersilien-Weißwein-Sud Seite 107

Salatsuppe mit Erbsen

Knackiger erntefrischer Kopfsalat schmeckt einfach köstlich, sogar in einer kalten Suppe. Etwas Ingwer gibt der schlichten Suppe einen raffinierten Kick.

20 MIN. PLUS KÜHLZEIT

FÜR 4 PERSONEN

- 125 g Erbsen
- 1 kleine Knoblauchzehe
- Salz und frisch gemahlener schwarzer Pfeffer
- Blätter von 2 Kopfsalaten, in Stücke gezupft und von dicken Blattrippen befreit
- 250 g Joghurt
- 1 Stück frischer Ingwer (2 cm), fein gewürfelt
- 1 Handvoll Minzeblätter
- Saft von ½ Zitrone

1 Die Erbsen in wenig kochendem Wasser 1 Minute garen. Abgießen, dabei den Garsud aufheben und unter fließend kaltem Wasser abkühlen; in den Kühlschrank stellen.

2 Den Knoblauch halbieren und mit 1 Prise Salz mit einer Messerklinge zerdrücken. Mit den restlichen Zutaten (bis auf die Erbsen) im Mixer pürieren, dabei nur so viel Garsud hinzufügen, bis die gewünschte Konsistenz erreicht ist.

3 Die Suppe in eine große Schüssel füllen und 30 Minuten kalt stellen. Die Erbsen (bis auf ein paar) unter die Suppe rühren. Die Suppe mit den übrigen Erbsen garnieren und servieren.

Artischocken mit Kräutern

Nehmen Sie junge runde Artischocken mit zarten Stielen für dieses Gericht, und servieren Sie es warm oder raumtemperiert.

25–30 MIN. **25–40 MIN.**

FÜR 6 PERSONEN

- 2 Zitronen, plus 1 zum Garnieren
- 6 junge runde Artischocken, Stiele auf 4 cm gekürzt
- 6 Knoblauchzehen, fein gewürfelt
- 1 kleines Bund Petersilie, fein gehackt
- Blätter von 8–10 Stängeln Minze, fein gehackt
- Salz und frisch gemahlener schwarzer Pfeffer
- 125 ml Olivenöl
- Minze zum Garnieren

1 Die Zitronen halbieren. Von den Artischocken zuerst die großen Außenblätter entfernen. Anschließend die anderen Blätter bis auf etwa ein Viertel ablösen. So bleiben nur die essbaren weißen inneren Blattteile übrig und das Herz mit den weichen, kleinen Blättern wird sichtbar. Das Artischockenherz mit einem Messer zurechtschneiden und die Schnittflächen sofort mit einer Zitronenhälfte einreiben, damit sie sich nicht verfärben.

2 Die Stiele mit einem Sparschäler schälen. Das »Heu« mit einem Teelöffel aus den Artischocken nehmen und die entstandenen Vertiefungen mit Zitronensaft beträufeln.

3 Knoblauch mit Kräutern und etwas Salz in einer Schüssel mischen. 2–3 Löffel Knoblauchmischung in jede Artischocke geben; andrücken, damit möglichst viel hineinpasst. 2–3 EL Knoblauchmischung aufheben.

4 Die Artischocken mit den Stielen nach oben nebeneinander in einen Topf setzen. Mit der restlichen Knoblauchmischung bestreuen und alles mit Öl begießen. Salzen, pfeffern und so viel Wasser dazugießen, dass die Artischocken etwa halbhoch darin stehen. Aufkochen und zugedeckt 25–45 Minuten köcheln lassen. Falls nötig, etwas Wasser dazugießen, die Artischocken sollen immer halb bedeckt sein. Um zu prüfen, ob die Artischocken gar sind, mit einer Messerspitze hineinstechen – weiche Artischocken sind gar.

5 Artischocken mit einem Schaumlöffel aus dem Topf heben, abtropfen lassen und auf einer großen Servierplatte nebeneinander, mit den Stielen nach oben, anrichten. Den Sud auf etwa 250 ml einkochen lassen.

6 Eine Zitronenhälfte auspressen und den Saft in den Sud geben. Diesen abschmecken und über die Artischocken gießen. Auf Raumtemperatur abkühlen lassen. Mit Zitronenschnitzen und Minze garnieren.

Gegrillte Sardinen auf Toast

Um eine Sardine zu filetieren, den Kopf entfernen, den Fisch am Bauch aufschneiden und ausnehmen. Flach drücken und die Mittelgräte samt anhängenden Gräten herausnehmen.

10 MIN. PLUS MARINIERZEIT **6 MIN.**

FÜR 4 PERSONEN

- 8 küchenfertige Sardinen, filetiert
- 4 EL Olivenöl
- 3 Knoblauchzehen, gehackt
- 1 grüne Chilischote, entkernt, gehackt
- Saft von 1 Zitrone
- 1 TL geschrotete Fenchelsamen
- 2 EL fein gehackte Petersilie
- Salz und frisch gemahlener Pfeffer
- geröstete Weißbrotscheiben (z. B. Ciabatta) zum Servieren

1 Die Sardinen mit etwas Öl bestreichen und unter dem heißen Backofengrill bei mittlerer Hitze pro Seite 3 Minuten rösten. Aus dem Ofen nehmen und abkühlen lassen.

2 Die restlichen Zutaten bis auf das Brot in einer Schüssel mischen. Die Sardinen darin 20 Minuten marinieren. Die Sardinen auf den gerösteten, warmen Brotscheiben anrichten.

Erbsensuppe mit Eisbein und Kartoffeln

Diese Suppe schmeckt am allerbesten, wenn man sie am Tag vorher zubereitet und wieder aufwärmt. Salzen Sie vorsichtig: Das Eisbein steuert vermutlich genug Salz zur Suppe bei.

15 MIN. 2 STD. TK-TAUGLICH

FÜR 4–6 PERSONEN

- 1,2 kg gepökeltes Eisbein mit Knochen
- 1 Lorbeerblatt
- 1 EL Olivenöl
- 1 Zwiebel, fein gewürfelt
- Salz und frisch gemahlener schwarzer Pfeffer
- 1 EL Dijonsenf
- 3 Knoblauchzehen, fein gewürfelt
- 2 Zweige Rosmarin
- Blätter von 1 Bund Thymian
- 1,25 l heiße Gemüse- oder Hühnerbrühe
- 400 g Erbsen
- 3 Kartoffeln, geschält und in mundgerechte Stücke geschnitten

1 In einen großen Topf 1,25 l Wasser mit Eisbein und Lorbeerblatt geben und aufkochen lassen. Halb zugedeckt etwa 2 Stunden bei schwacher Hitze köcheln lassen, bis das Eisbein gar ist, dabei entstehenden Schaum abschöpfen. Eisbein herausnehmen und abkühlen lassen. Die Brühe wegschütten oder durch ein Sieb gießen und etwas für die Suppe verwenden.

2 Während das Fleisch gart, das Öl in einem großen Topf erhitzen und die Zwiebel darin bei mittlerer Hitze in 3–4 Minuten glasig dünsten. Salz (sparsam!), Pfeffer, Senf, Knoblauch und Kräuter (bis auf etwas Thymian) unterrühren. Ein wenig Brühe dazugießen und aufkochen lassen, dann die Erbsen und die restliche Brühe hinzufügen. Wieder aufkochen und 45 Minuten köcheln lassen. Falls nötig, mit heißem Wasser auffüllen.

3 Die Kartoffeln separat in wenig Wasser garen. Abgießen und beiseitestellen. Rosmarinzweige aus der Suppe nehmen; die Erbsen in der Suppe mit dem Stabmixer pürieren. Kartoffeln unter die Suppe rühren.

4 Das Fleisch vom Knochen lösen und in mundgerechte Stücke schneiden; in die Suppe geben. Die Suppe abschmecken und mit dem übrigen Thymian garnieren. Mit Bauernbrot servieren.

Variante

Kartoffel-Kohl-Suppe mit Eisbein

Die Suppe wie beschrieben zubereiten, dabei statt der Erbsen ½ Spitzkohl (in feine Streifen geschnitten) verwenden. Die Kartoffeln in der Suppe in mindestens 20 Minuten weich kochen. Das Gemüse nicht pürieren.

Jetzt am besten **Blattsalate**

Zarte Kopfsalate mit ihren knackigen, vitaminreichen Blättern sind eine gute Wahl für Salate, Wraps und Sandwiches. Kopfsalate gibt es vor allem im Sommer in unterschiedlichen Größen, Formen, Farben und Texturen. Einige bilden festere, andere lockere Köpfe aus. Ideale Begleiter sind feine Öle und Essige sowie frische Kräuter und Gemüse.

Die ein- oder zweijährige Salatpflanzen werden seit Jahrhunderten in den gemäßigten Klimazonen der Welt angebaut.

Die festeren Außenblätter haben einen intensiveren Geschmack als die inneren zarten Blätter.

Kopfsalat Vermutlich der beliebteste Blattsalat. Kopfsalate haben dicke, feste, weiche Blätter mit mildem, süßlichem Aroma.

Eichblattsalat Ein attraktiver empfindlicher Schnittsalat, der süßlich-erdig schmeckt und zarte Blätter und knackige Stiele hat.

Die zarten aromatischen Blätter sind häufig Bestandteil von Pflücksalatmischungen.

Die dicken Stielenden der äußeren Blätter wegschneiden – sie können bitter und faserig sein.

Romanasalat wird wegen seiner knackigen Blätter und des ausgeprägten Aromas sehr geschätzt. Die Blätter eignen sich für Burger, Salate, zum Füllen und sogar zum Kochen als Gemüse.

Pflück- oder Schnittsalat
Dieser Salat bildet keine Köpfe. Seine grünen oder rötlich gefärbten Blätter können fortlaufend geerntet werden.

Die großen Blätter in Stücke zupfen, beim Schneiden würden sie zerdrückt.

Eissalat/Eisbergsalat Seine Blätter sind sehr neutral im Geschmack, aber ausgesprochen knackig und saftig. Ideal für Sandwiches und Burger. Die großen Blätter können mit Fleisch und Fisch gefüllt und anschließend gedämpft werden.

Lollo Rosso Ein äußerst beliebter Schnittsalat, der überwiegend als ganze Blattrosette angeboten wird. Die gekräuselten Blätter sind mild, recht fest und eine dekorative Bereicherung für Blattsalatmischungen.

In den krausen Blättern können sich Staub und Erde ansammeln – gründliches Waschen ist deshalb absolut notwendig.

Lollo Bionda/Lollo Bianco
Eine relativ neue Schnittsalatzüchtung. Die robusten Blätter sind an den Rändern zart und stark gekraust.

Wissenswert

Im Angebot

Unterschiedlichste Sorten mit robusten oder weichen Blättern.

Einkauf Bei Blattsalaten mit festen Köpfen auf feste Herzen achten. Salate mit angewelkten oder verfärbten Blättern liegen lassen.

Aufbewahren In feuchtes Küchenpapier und eine Plastiktüte gewickelt im Gemüsefach des Kühlschranks bis zu 5 Tage haltbar.

Zubereiten Roh für Salat; mit Füllung dämpfen; in Streifen geschnitten als Gemüse garen, z. B. für Suppen.

Rezepte

Caesar-Salat mit Hähnchen Seite 97

Erbsensuppe Saint-Germain Seite 82

Salatsuppe mit Erbsen Seite 76

Salade Niçoise Seite 81

Pfannkuchen mit Spargel, Feta und Dill

Pfannkuchen lassen sich mit unterschiedlichsten Zutaten füllen. Hier verleihen Feta und Dill einer Füllung aus grünen Spargelstangen eine würzige Note.

5 MIN. PLUS RUHEZEIT 15 MIN.

ERGIBT 8 STÜCK

- 125 g Mehl
- Salz und frisch gemahlener schwarzer Pfeffer
- 1 Ei
- 300 ml Milch
- 8-12 dünne grüne Spargelstangen, geputzt und gedrittelt
- 1 Bund Dill, fein gehackt
- 200 g Feta, zerbröckelt
- Öl zum Backen

1 Das Mehl mit 1 Prise Salz in eine Schüssel geben, in die Mitte eine Mulde drücken. Das Ei in die Mulde schlagen und mit etwas Milch und Mehl vermischen. Die restliche Milch nach und nach unter Rühren dazugießen, bis ein glatter Teig entstanden ist. Den Teig im Kühlschrank möglichst 30 Minuten ruhen lassen.

2 Inzwischen den Spargel 4 Minuten in kochendem Salzwasser weich garen. Abgießen und kalt abschrecken, dann in einer Schüssel mit Dill, Feta und Pfeffer mischen.

3 In einer beschichteten Pfanne etwas Öl erhitzen und durch Schwenken darin verteilen. Überschüssiges Öl ausgießen. Den Teig durchrühren, 2 EL davon in der Pfanne verteilen und in wenigen Minuten zu einem hellen Pfannkuchen backen. Wenden und von der anderen Seite noch etwa 1 Minute backen.

4 Die fertigen Pfannkuchen im 80 °C heißen Backofen warm halten. Aus dem gesamten Teig wie beschrieben noch 7 Pfannkuchen backen.

5 Die Füllung auf die Pfannkuchen setzen; die Pfannkuchen aufrollen oder zusammenfalten.

Rohkost mit Tapenade

Wenn Sie die Tapenade mit Öl bedecken und das Gefäß verschließen, hält sie im Kühlschrank bis zu 1 Woche.

30-35 MIN. 10-15 MIN.

FÜR 6-8 PERSONEN

- 6 Scheiben Weißbrot, entrindet
- 4 Knoblauchzehen, geschält
- 200 g entsteinte schwarze Oliven
- 30 g Kapern, abgetropft
- 6 Sardellenfilets
- 125 ml Olivenöl
- Zitronensaft
- frisch gemahlener schwarzer Pfeffer
- 1 Baguette, schräg in ½ cm dünne Scheiben geschnitten

Für die Rohkost

- 1 Bund Frühlingszwiebeln, in 5 cm lange Stücke geschnitten
- 1 Gurke, geschält, längs geviertelt, entkernt und in Stücke geschnitten
- 1 Paprikaschote, in Streifen geschnitten
- 1 Bund Radieschen, geputzt
- 250 g Cocktailtomaten

1 Das Brot in Stücke zupfen und in einer Schüssel mit kaltem Wasser bedecken. 5 Minuten einweichen, dann ausdrücken und in die Küchenmaschine geben.

2 Knoblauch, Oliven, Kapern und Sardellenfilets hinzufügen und alles grob pürieren, dabei das Öl langsam dazulaufen lassen. Mit Zitronensaft und Pfeffer würzen und nach Belieben nochmals pürieren (je nach gewünschter Konsistenz). In eine Schüssel umfüllen und zudecken.

3 Den Backofen auf 190 °C vorheizen. Die Baguettescheiben auf einem Backblech im Ofen 10–15 Minuten rösten. Mit der Tapenade zur Rohkost servieren.

Variante

Cremiger Gurkendip mit Frühlingszwiebeln

150 g griechischen Joghurt mit 120 g Frischkäse verrühren. 2 fein zerkleinerten Frühlingszwiebeln und ½ fein gewürfelte Gurke dazugeben. Ein paar Tropfen Tabasco unterrühren und den Dip mit Salz und Pfeffer abschmecken. Zur Rohkost servieren.

Crostini mit Spargel-Frittata

Zwei italienische Spezialitäten – Crostini und Frittata – für einen leichten Snack oder eine Vorspeise vereint. Dünne Spargelstangen werden auf jeden Fall weich.

20 MIN. 20 MIN.

FÜR 4 PERSONEN

- 4 EL Olivenöl
- 4 dicke Scheiben Roggenmischbrot
- Salz und frisch gemahlener schwarzer Pfeffer
- 1 Knoblauchzehe, geschält
- 8 grüne Spargelstangen, geputzt
- 1 kleine Zwiebel, fein gewürfelt
- 4 Eier
- 125 g Sahne
- 50 g Parmesan, gerieben
- Petersilie zum Bestreuen

1 Den Backofen auf 200 °C vorheizen. 2 EL Olivenöl auf ein Backblech geben. Die Brotscheiben im Öl wenden, dabei leicht ins Öl drücken. Mit Salz und Pfeffer bestreuen und im Ofen in 12–15 Minuten goldbraun rösten. Aus dem Ofen nehmen; mit der Knoblauchzehe abreiben. Auf einem Kuchengitter abkühlen lassen.

2 Inzwischen die Spargelstangen im unteren Bereich schälen und die Enden abschneiden. Die Stangen in kochendem Salzwasser in 2–4 Minuten garen. Abgießen und in kaltem Wasser abschrecken; abtropfen lassen. Die Stangen längs halbieren.

3 Das restliche Öl in einer Pfanne mit ofenfestem Griff erhitzen. Die Zwiebelwürfel darin bei mittlerer Hitze in 5 Minuten glasig dünsten. Den Spargel hinzufügen und 2 Minuten mitdünsten. Den Backofengrill auf höchste Stufe vorheizen.

4 Die Eier in einer Schüssel mit Sahne und Parmesan verquirlen; mit Salz und Pfeffer würzen. Die Eiersahne über die Spargelmischung in der Pfanne gießen. Sobald sie am Pfannenboden gestockt ist, die Frittata mit dem Pfannenwender leicht anheben, damit noch flüssiges Ei darunterfließen kann. Die Frittata 3–5 Minuten weiterbraten, bis sie fast ganz fest ist.

5 Die Pfanne unter den heißen Grill stellen und die Frittata goldbraun übergrillen. Zum Servieren in vier Stücke schneiden, diese auf die Brote legen; mit Petersilie bestreuen. Die Brote nach Belieben halbieren; sofort servieren.

Salade Niçoise

Ein berühmter Klassiker. Beim Original gehören dazu noch rote Paprika, Artischockenherzen und Schalotten statt Kartoffeln. Probieren Sie es einmal aus.

15 MIN.

FÜR 4 PERSONEN

- 400 g Thunfisch (aus der Dose), abgetropft
- 10 Cocktailtomaten, halbiert
- 1 Bund Petersilie, fein gehackt
- 1 Bund Schnittlauch, in Röllchen geschnitten
- Salz und frisch gemahlener schwarzer Pfeffer
- 125 g TK-Dicke-Bohnen-Kerne, geschält (siehe S. 85)
- 12 entsteinte schwarze Oliven
- 12 Sardellenfilets in Salz, abgespült
- Blätter von 1 Romanasalat
- 2-3 Frühlingszwiebeln, in Ringe geschnitten

Für das Dressing

- 6 EL Olivenöl
- 2 EL Weißweinessig
- 2 Knoblauchzehen, fein gewürfelt
- 1-2 TL Dijonsenf
- Salz und frisch gemahlener Pfeffer

1 Für das Dressing alle Zutaten in ein Schraubdeckelglas füllen. Das Glas fest verschließen und kräftig schütteln.

2 Thunfisch und Tomaten in einer Schüssel mit der Hälfte des Dressings und der Hälfte der Kräuter mischen; großzügig mit Salz und Pfeffer würzen. Bohnen, Oliven und Sardellen unterheben.

3 Vier Teller mit Salatblättern auslegen. Die Thunfischmischung darauf verteilen. Die Portionen mit dem restlichen Dressing beträufeln, mit den restlichen Kräutern bestreuen und mit den Frühlingszwiebeln garnieren.

Kleine Hähnchentortillas mit Gurke-Minze-Joghurt

Prima Fingerfood aus Hähnchenfleisch, Gurke, Minze und Koriandergrün, das Sie an einem warmen Sommerabend mit einem spritzigen Drink servieren sollten.

20 MIN.

FÜR 8-10 STÜCK

- 200 g griechischer Sahnejoghurt
- ½ Gurke
- Blätter von 1 Bund Minze
- Salz und frisch gemahlener schwarzer Pfeffer
- 250 g Tortilla-Chips
- 125-250 ml Mango-Chutney
- 400 gegartes Hähnchenfleisch, in Stückchen geschnitten
- 1-2 TL Currypulver
- Koriandergrün zum Garnieren

1 Für den Dip den Joghurt in eine Schüssel füllen. Die Gurke schälen, putzen, längs halbieren und mit einem Teelöffel die Kerne herauskratzen. Die Gurke würfeln und mit der Minze unter den Joghurt rühren; mit Salz und Pfeffer würzen.

2 Die Tortilla-Chips nebeneinander auf eine Arbeitsfläche legen. 1 TL Mango-Chutney auf jeden Chip setzen.

3 Die Fleischstücke im Currypulver wenden; auf die Chips verteilen. Darauf jeweils etwa 1 TL Gurkendip geben. Mit Korianderblättchen garnieren und sofort servieren.

Variante

Kleine Erbsentortillas mit Gurke-Minze-Joghurt

Statt Hähnchenfleisch 250 gegarte Erbsen mit 75 g Frischkäse pürieren. Die Masse mit Muskatnuss, Salz und Pfeffer würzen. Statt Mango- können Sie auch Tomaten-Chutney verwenden. Die Tortillas wie beschrieben anrichten.

Cremige Spargelsuppe

Wer glatte Suppen lieber mag, püriert die fertige Suppe, streicht sie durch ein feines Sieb und erhitzt sie nochmal.

10 MIN. 40 MIN. TK-TAUGLICH

FÜR 4 PERSONEN

- Salz und frisch gemahlener schwarzer Pfeffer
- 60 g Butter
- 500 g grüner Spargel, geschält und klein geschnitten (Schalen und Abschnitte aufbewahren)
- etwa 300 ml Milch
- 30 g Mehl
- 1 Prise Zucker
- 1 Prise frisch geriebene Muskatnuss
- 2 Eigelb
- 2 EL Sahne
- 1½ EL gehackte Petersilie

1 In einem Topf 1 l Wasser mit 1 TL Salz, 20 g Butter sowie den Spargelabfällen aufkochen und zugedeckt 15 Minuten köcheln lassen. Den Spargelsud durch ein Sieb gießen (Sud aufbewahren) und die Abfälle wegwerfen.

2 Den Sud in den Topf gießen und aufkochen lassen. Die Spargelstücke hineingeben und in 2–4 Minuten garen. Herausheben und den Garsud mit Milch auf 1 l auffüllen.

3 Die restliche Butter (40 g) in einem Topf zerlassen, das Mehl hineinrühren und unter Rühren in 2–3 Minuten anschwitzen. Die Milchmischung langsam dazugießen und kräftig mit dem Schneebesen rühren, damit keine Klümpchen entstehen. Aufkochen und offen 5 Minuten köcheln lassen, dabei ab und zu rühren. Die Suppe mit Zucker und Muskat, Salz und Pfeffer würzen.

4 Die Eigelbe mit der Sahne verquirlen; langsam in die Suppe rühren, bis eine gebundene Creme entsteht. Den Spargel hineingeben und die Suppe erwärmen, aber nicht mehr kochen lassen. Mit Petersilie garnieren.

Erbsensuppe Saint-Germain

Frühlingszwiebeln, Erbsen und Salat bilden die Grundlage für diese südfranzösische Sommersuppe.

15 MIN. 1 STD. TK-TAUGLICH

FÜR 4 PERSONEN

- 1 EL Olivenöl
- 40 g kalte Butter
- 4 große Frühlingszwiebeln (nur die weißen Teile), klein geschnitten
- 1,5 l heiße Gemüsebrühe
- 150 g grüne Spalterbsen, abgespült und abgetropft
- Salz und frisch gemahlener schwarzer Pfeffer
- 400 g Erbsen
- Blätter von 1 kleinem Kopfsalat
- 1 großes Eigelb (L)
- 3 EL Crème fraîche
- 1-2 EL Madeira oder Portwein
- 1 EL gehackter Kerbel zum Garnieren

1 In einem Topf das Öl und 15 g Butter heiß werden lassen. Die Frühlingszwiebeln hinzufügen und bei schwacher Hitze 5 Minuten unter häufigem Rühren dünsten. Die Brühe und die Erbsen dazugeben; mit Salz und Pfeffer würzen. Zum Kochen bringen und zugedeckt bei schwacher Hitze unter gelegentlichem Rühren kochen.

2 Grüne Erbsen und Salat in die Suppe geben und 5 Minuten mitköcheln lassen. Die Suppe abkühlen lassen und im Mixer pürieren. Anschließend durch ein feines Sieb in den Topf zurückgießen, dabei das Gemüse mit einem Löffelrücken durch das Sieb drücken. 100 ml Wasser durch das Sieb in die Suppe gießen; erhitzen.

3 Die Eigelbe mit der Crème fraîche und 2–3 EL der heißen Suppe verquirlen. Diese Mischung nach und nach in die Suppe rühren. Die Suppe noch einmal heiß werden, aber nicht mehr kochen lassen; abschmecken. Kurz vor dem Servieren den Madeira oder Port unter die Suppe rühren, die restliche kalte Butter (25 g) in Stückchen darunterschlagen und die Suppe mit dem Kerbel garnieren.

Curry-Gemüse-Taschen

Dank ihrer Größe und weil sie kalt gut schmecken, lassen sich die Teigtaschen prima mitnehmen – für ein Picknick oder als Snack ins Büro oder in die Schule. Die köstliche Füllung besteht aus einer currywürzigen Sommergemüse-Kartoffel-Mischung, deren Schärfe Sie durch die Wahl der Currypaste selbst bestimmen.

15 MIN. **45 MIN.** **TK-TAUGLICH**

ERGIBT 4 STÜCK

- 1 Möhre, gewürfelt
- 2 Kartoffeln, fein gewürfelt
- Salz und frisch gemahlener schwarzer Pfeffer
- 400 g ungesüßter Mürbeteig (Fertigprodukt oder selbst gemacht)
- 1 Ei, leicht verquirlt
- 1 EL Currypaste
- 2 EL griechischer Sahnejoghurt
- 1 Knoblauchzehe, fein gehackt
- 2,5 cm frischer Ingwer, fein gehackt
- 1 Zucchini, fein gewürfelt
- 2 Frühlingszwiebeln, in Ringe geschnitten
- 1 Handvoll Koriandergrün, fein gehackt
- Saft von ½ Zitrone

1 Den Backofen auf 200 °C vorheizen. Möhren und Kartoffeln in Salzwasser in 10–15 Minuten weich garen; abgießen und abtropfen lassen.

2 Den Teig auf einer leicht bemehlten Arbeitsfläche ausrollen, in vier gleich große Portionen teilen und jede zu einem 15 cm großen Kreis ausrollen. Die Teigkreise auf ein mit Backpapier belegtes Backblech setzen. Die Teigränder mit etwas Ei bestreichen.

3 Möhren und Kartoffeln mit Currypaste, Joghurt, Knoblauch, Ingwer, Zucchini, Frühlingszwiebeln, Koriander und Zitronensaft mischen; mit Salz und Pfeffer würzen.

4 Die Gemüsemischung gleichmäßig mittig auf den Teigkreisen verteilen. Die Kreise zu Halbmonden zusammenklappen und die Ränder zusammendrücken. Mit einem scharfen Messer oben in jede Teigtasche 2–3 Schlitze schneiden. Die Taschen mit dem restlichen Ei bestreichen und im Ofen in 20–30 Minuten goldgelb backen. Warm oder kalt servieren.

Variante

Mediterrane Gemüsefüllung

Die Teigtaschen wie beschrieben zubereiten, aber statt der Currypaste 1 EL Tomatenmark und 1 Prise Zucker verwenden und statt Koriander Basilikum. Die Taschen auf dem Blech vor dem Backen mit Ei bestreichen und mit geriebenem Käse bestreuen.

Dicke-Bohnen-Suppe

Eine wunderbare Suppe für den Sommer, wenn es frische Dicke Bohnen auf dem Markt gibt.

20 MIN. 1 STD. TK-TAUGLICH

FÜR 4-6 PERSONEN

- 3 Scheiben Toastbrot für die Croûtons
- 6 EL Olivenöl, plus mehr zum Beträufeln
- 3 große milde Zwiebeln
- 4 Frühlingszwiebeln, klein geschnitten
- 1,5 kg frische Dicke Bohnen, enthülst und gehäutet (siehe S. 85)
- 5 Knoblauchzehen, fein gewürfelt
- ½ Bund Schnittlauch, in Röllchen
- 4 neue Kartoffeln, gewürfelt
- Salz und frisch gemahlener schwarzer Pfeffer
- Blätter von 1 Bund Radieschen

1 Das Toastbrot für die Croûtons in etwa 1,5 cm große Würfel schneiden. 3 EL Öl in einer großen Pfanne erhitzen und die Brotwürfel darin bei mittlerer bis starker Hitze in 2 Minuten knusprig braten. Herausheben und auf Küchenpapier entfetten. Beiseitestellen.

2 Das restliche Öl in einem großen, ofenfesten Topf erhitzen. Zwiebeln und Frühlingszwiebeln darin bei mittlerer Hitze in 5–7 Minuten glasig dünsten.

3 Die Dicken Bohnenkerne, den Knoblauch, die Schnittlauchröllchen und die Kartoffeln hinzufügen und untermischen. Etwa 3 l Wasser dazugießen. Alles leicht mit Salz und Pfeffer würzen, dann die Radieschenblätter unterrühren. Die Suppe aufkochen und 15–20 Minuten köcheln lassen.

4 Die Suppe etwas abkühlen lassen. Die Suppe im Mixer pürieren, in den Topf zurückgießen und noch einmal erhitzen. Zum Servieren mit Croûtons bestreuen und mit einem Spritzer Olivenöl beträufeln. Wer mag, kann die Suppe auch unpüriert servieren.

Bohnen-Dip mit Dill

Zusätzlich zu den Dicken Bohnen werden hierfür auch die großen italienischen Cannellini-Bohnen verwendet. Sie sind in Konserven erhältlich.

30 MIN. 45 MIN.

FÜR 4 PERSONEN

- 3 EL Olivenöl
- 1 kleine Zwiebel, fein gewürfelt
- 750 g frische Dicke Bohnen, enthülst und gehäutet (siehe S. 85)
- Salz und frisch gemahlener schwarzer Pfeffer
- 1 Dose Cannellini-Bohnen oder andere weiße Bohnen (400 g)
- 1 EL Dill, gehackt
- 2 Frühlingszwiebeln, in Ringe geschnitten

1 Das Öl in einem Topf erhitzen. Die Zwiebelwürfel darin in etwa 5 Minuten glasig dünsten.

2 Die Dicken Bohnen hinzufügen und 10–15 Minuten unter gelegentlichem Rühren mitdünsten. 500 ml Wasser sowie Salz und Pfeffer dazugeben. Alles bei schwacher Hitze und mit halb aufgelegtem Deckel 25 Minuten köcheln lassen, dabei die Bohnen immer wieder leicht zerdrücken. Abgießen und abkühlen lassen.

3 Die Cannellini- bzw. weißen Bohnen in ein Sieb abgießen, abspülen und abtropfen lassen. Die Dicke-Bohnen-Mischung in den Mixer geben. Die anderen Bohnen sowie Dill und Frühlingszwiebeln hinzufügen; alles in wenigen Sekunden zu einer stückigen Creme verarbeiten. Den Dip in eine Schale füllen und mit knusprigem Weißbrot servieren.

Variante

Erbsen-Minze-Dip

Den Dip wie beschrieben zubereiten, dabei 750 g frische Erbsenschoten anstelle von Dicken Bohnen verwenden. Die Erbsen aus den Schoten lösen und garen, dann mit 1 EL gehackter frischer Minze statt Dill pürieren. Der Dip passt zu Zuckerschoten, Spargelspitzen, jungen Möhren und Radieschen.

Jetzt am besten **Dicke Bohnen**

Vor der Entdeckung der Neuen Welt waren Dicke Bohnen die einzigen Hülsenfrüchte, die den Menschen in Europa zur Verfügung standen. Nach wie vor werden sie weltweit geschätzt – frisch und getrocknet. Frisch und jung haben ihre Kerne ein einzigartiges leichtes Kräuteraroma, sind saftig und süßlich, ältere Kerne sind mehliger und haben einen kräftigeren Geschmack. Sie passen z. B. gut zu Schinken, Speck, Fisch, Kartoffeln und Spinat.

Die erste Ernte von Dicken Bohnen ist im Frühsommer und normalerweise sehr ergiebig, je nachdem, wie hart der Winter war; diese Bohnen schmecken besonders gut. Die spätere Saat wird im Hochsommer geerntet.

Dicke Bohnen Die köstlichen und nahrhaften Bohnen sind besonders zart, wenn sie jung geerntet werden. Ältere Bohnenkerne bieten sich für pürierte Suppen und Dips an.

Braune Stellen auf älteren Schoten sind normal und kein Hinweis auf schlechtere Qualität.

Junge Dicke-Bohnen-Kerne können roh gegessen werden – am besten auf italienische Art: mit Olivenöl beträufelt und mit Pecorino bestreut.

Wissenswert

Im Angebot

Junge fingerlange Schoten, reife Schoten; getrocknete Kerne.

Einkauf Auf feste, leuchtend grüne Schoten achten, die gleichmäßig mit Kernen gefüllt sind und keine stark verdickten Stellen aufweisen.

Aufbewahren Schoten im Gemüsefach des Kühlschranks bis zu 2 Wochen lagern.

Zubereiten Kochen oder dämpfen; als Zutat in Salaten; als Gemüse (mit Béchamelsauce); für Suppen, Eintöpfe und Schmorgerichte. Die Hülsen für Brühe verwenden.

Für den Vorrat Blanchieren und einfrieren.

Rezepte

Dicke Bohnen und Erbsen mit Schinken Seite 116

Dicke-Bohnen-Suppe Seite 84

Hähnchen mit Dicken Bohnen Seite 100

Lammtopf mit Artischocken und Dicken Bohnen Seite 113

Würziger Lammtopf mit Dicken Bohnen Seite 96

Dicke Bohnen enthülsen und Kerne häuten

Schoten, die kürzer als Ihr Mittelfinger sind, brauchen nur geputzt zu werden und können im Ganzen zubereitet werden. Meist müssen sie jedoch enthülst und die Kerne anschließend gehäutet werden. Das gelingt am besten, nachdem die Kerne blanchiert wurden.

1 Die Stiele von den Schoten abknipsen und die Fäden von oben nach unten abziehen. Die Schoten mit den Daumen öffnen und die Kerne herausnehmen.

2 Nach dem Kochen die Bohnenkerne in ein Sieb abgießen; kalt abschrecken und abtropfen lassen. Die Kerne lassen sich nun leicht aus den Häutchen drücken.

Gegrillter Spargel mit Pancetta

Bei diesem kleinen Gericht verbindet ein pikantes Dressing die dezente Süße des jungen Spargels mit dem kräftigen salzigen Geschmack des Specks.

15 MIN. 5 MIN.

FÜR 4 PERSONEN

- 12 grüne Spargelstangen, geputzt
- Salz und frisch gemahlener schwarzer Pfeffer
- 24 dünne Scheiben Pancetta oder anderer durchwachsener Speck
- 4 EL Olivenöl
- 1 EL Balsamico-Essig
- 1 Knoblauchzehe, fein gewürfelt
- 1 EL Orangensaft
- 1 TL Dijonsenf
- Blätter von 1 kleinen Radicchio, zerkleinert
- Blätter von 1 kleinen Kopfsalat, zerkleinert
- 100 g Rucola
- 200 g Kirschtomaten
- 100 g Parmesan, gehobelt

1 Die Spargelstangen in sprudelnd kochendem Wasser 2–4 Minuten garen. Abgießen und sofort in eine Schüssel mit kaltem Wasser legen; erneut abgießen.

2 Eine Grillpfanne heiß werden lassen. Jede Spargelstange in 2 Speckscheiben wickeln und diese 3–4 Minuten braten, dabei nach knapp 2 Minuten wenden.

3 Inzwischen für das Dressing in einer großen Schüssel das Öl mit Essig, Knoblauch, Orangensaft und Senf mit einem Schneebesen verrühren. Mit Salz und Pfeffer würzen.

4 Salatblätter und Tomaten zum Dressing geben und untermischen. Den Salat auf vier Teller verteilen. Auf jede Portion 3 Spargelpäckchen legen. Mit Parmesanspänen bestreuen und sofort servieren.

Wraps mit Zucchini-Erbsen-Füllung

Mit reichlich frischem rohem Sommergemüse gefüllt, sind diese kleinen Tortillas eine tolle Vorspeise. Zum Mitnehmen am besten in Alufolie wickeln.

20 MIN. 5 MIN.

ERGIBT 20 STÜCK

- 500 g Zucchini, geraspelt
- 50 g Blattspinat
- abgeriebene Schale und Saft von 1 Bio-Zitrone
- 250 g gepalte ganz frische Erbsen
- 50 g Pinienkerne, geröstet
- Salz und frisch gemahlener schwarzer Pfeffer
- 10 Weizentortillas, halbiert
- 2 EL Salatmayonnaise
- Zuckerschoten- und Erbsensprossen zum Garnieren

1 In einer großen Schüssel Zucchiniraspel, Spinat, Zitronenschale und -saft, Erbsen und Pinienkerne mischen. Mit Salz und Pfeffer würzen.

2 Eine Pfanne ohne Fett bei starker Hitze heiß werden lassen. Nacheinander in der Pfanne je 2 Tortillahälften auf jeder Seite 15 Sekunden rösten. Die Tortillas unter einem Geschirrtuch warm halten, bis alle geröstet sind.

3 Eine Tortillahälfte dünn mit Mayonnaise bestreichen. In die Mitte etwas Gemüsemischung geben und die Tortilla aufrollen. Mit den restlichen 19 Tortillahälften ebenso verfahren.

Zucchinipuffer mit Dill-Joghurt

Junge Zucchini enthalten weniger Wasser als große Exemplare. Egal ob groß oder klein: Die Zucchini für die Puffer sollten Sie vor dem Braten einsalzen, um ihnen Wasser zu entziehen.

20 MIN. PLUS ENTWÄSSERN **10 MIN.**

FÜR 4 PERSONEN

- 200 g Zucchini, grob gerapselt
- Salz und frisch gemahlener schwarzer Pfeffer
- 100 g Ricotta
- 1 großes Ei (L)
- 2 EL Mehl
- 3 Knoblauchzehen, fein gewürfelt
- 1 kleine Handvoll Basilikum, gehackt
- 1 kleine Handvoll Petersilie, gehackt
- Olivenöl zum Braten
- 200 g griechischer Joghurt
- 2 EL fein gehackter Dill
- Saft von ½ Zitrone

1 Die Zucchiniraspel mit 1 TL Salz bestreuen und in einem Sieb 1 Stunde Wasser ziehen lassen. Abspülen und gut ausdrücken.

2 In einer Schüssel den Ricotta mit dem Ei und dem Mehl verrühren. 2 Knoblauchzehen, Basilikum und Petersilie dazugeben und alles gut würzen. Die Zucchiniraspel untermischen.

3 In einer Pfanne 1 cm hoch Öl erhitzen. Jeweils 2 EL von der Zucchinimasse hineingeben und die Puffer bei mittlerer Hitze auf jeder Seite in 2–3 Minuten goldbraun braten. Auf Küchenpapier entfetten.

4 Den Joghurt mit der dritten Knoblauchzehe, dem Dill sowie Salz und Pfeffer verrühren. Mit Zitronensaft abschmecken und den Dill-Joghurt zu den heißen Puffern servieren.

Zucchinisoufflés mit Käse

Die Zucchinimasse können Sie bis einschließlich Schritt 4 bis zu 3 Stunden im Voraus zubereiten. Vor dem Backen braucht dann nur noch der Eischnee untergehoben zu werden.

30-35 MIN. **30-35 MIN.**

FÜR 6 PERSONEN

- 60 g Butter
- 2 Schalotten, fein gewürfelt
- 500 g Zucchini, grob gerapselt
- Salz und frisch gemahlener schwarzer Pfeffer
- 175 ml Milch
- 20 g Mehl
- 125 g Sahne
- frisch geriebene Muskatnuss
- 4 Eier, getrennt
- 2 Eiweiß
- 100 g geriebener Hartkäse (z. B. Bergkäse)

1 In einer Pfanne 30 g Butter zerlassen und die Schalotten darin glasig dünsten. Die Zucchiniraspel hinzufügen, mit Salz und Pfeffer würzen und in 3–5 Minuten weich dünsten. In ein Sieb geben und abtropfen lassen.

2 Die Milch in einem kleinen Topf erhitzen. Die restliche Butter in einem zweiten kleinen Topf zerlassen. Das Mehl auf einmal hineinschütten und unter Schlagen mit dem Schneebesen 30–60 Sekunden erhitzen, bis die Mischung aufschäumt. Vom Herd nehmen und die Milch langsam unterschlagen.

3 Den Topf wieder auf den Herd stellen und weiterrühren. Wenn die Sauce aufkocht, die Sahne unterschlagen. Mit Salz, Pfeffer und Muskat würzen und 2 Minuten weiterköcheln lassen. Vom Herd nehmen. Die Eigelbe einzeln in die Sauce rühren. Die Sauce erneut aufkochen und 1 Minute unter Rühren köcheln lassen.

4 Den Topf vom Herd nehmen. Den Käse und die Zucchiniraspel unterrühren. Den Backofen auf 190 °C vorheizen. Sechs ofenfeste Formen (je 350 ml Inhalt) fetten. Die Soufflémasse noch einmal erhitzen.

5 Die Eiweiße mit 1 Prise Salz zu Schnee schlagen. Ein Viertel des Eischnees unter die warme Soufflémasse rühren. Diese Mischung dann unter den restlichen Eischnee heben und alles gründlich, aber vorsichtig mischen. Die Masse auf die Formen verteilen und die Soufflés im Ofen 10–15 Minuten backen, bis sie aufgehen und bräunen.

6 Die Soufflés sofort servieren: Sie fallen rasch zusammen, nachdem sie aus dem Ofen genommen wurden.

Pfannkuchen mit Paprika und Basilikum

Es lohnt sich, den Teig ein wenig ruhen zu lassen, dadurch werden die Pfannkuchen luftiger. Mit Buchweizen- statt Weizenmehl schmecken sie leicht nussig.

10 MIN. PLUS RUHEZEIT 20 MIN.

ERGIBT 8 STÜCK

- 125 g Mehl
- Salz
- 1 Ei
- 300 ml Milch
- Öl zum Backen
- 1 EL Olivenöl
- 2 rote Paprikaschoten, in Streifen geschnitten
- 1 Prise Zucker
- 1 Handvoll Basilikumblätter

1 Das Mehl mit 1 Prise Salz in eine Schüssel geben, in die Mitte eine Mulde drücken. Das Ei hineinschlagen, mit etwas Milch und Mehl verrühren. Die restliche Milch nach und nach unter Rühren dazugießen und alles zu einem glatten Teig verrühren. Den Teig möglichst 30 Minuten im Kühlschrank ruhen lassen.

2 In einer Pfanne 1 EL Olivenöl erhitzen. Die Paprika dazugeben, mit Salz und Zucker würzen und bei schwacher Hitze in 10–15 Minuten weich dünsten. Das Basilikum untermischen (eventuell vorher zerkleinern).

3 In einer kleinen beschichteten Pfanne etwas Öl erhitzen und durch Schwenken verteilen. Überschüssiges Öl abgießen. Den Teig durchrühren, jeweils 2 EL Teig in der Pfanne verteilen und bei mittlerer bis starker Hitze in ein paar Minuten zu goldenen Pfannkuchen backen. Wenden und noch 1 Minute backen. Fertige Pfannkuchen auf einen Teller geben.

4 Die Paprikamischung auf die Pfannkuchen geben; die Pfannkuchen aufrollen oder zusammenfalten.

Spargel mit Kräutermayonnaise

Spargel bleibt weiß, solange er in der Erde steckt und aus diesem Grund kein Licht bekommt.

5 MIN. 7–18 MIN.

FÜR 4 PERSONEN

- 500 g weißer oder grüner Spargel, geschält
- 2 Eigelb
- 2 EL Weißweinessig
- 1 TL Dijonsenf
- 300 ml mildes Olivenöl
- Saft von ½ Zitrone
- Salz und frisch gemahlener schwarzer Pfeffer
- 1 Knoblauchzehe, fein gewürfelt
- 1 EL fein gehackte Petersilie
- 1 EL fein gehackter Estragon

1 Die Spargelstangen in kochendes Salzwasser geben und bissfest garen. (Weißer Spargel benötigt je nach Dicke 15–18 Minuten, grüner nur 7–10 Minuten.) Spargel abgießen, kalt abspülen und abtropfen lassen.

2 Für die Mayonnaise die Eigelbe im Mixer mit Essig und Senf 1–2 Minuten schlagen, bis die Masse hellgelb ist. Auf niedrige Stufe schalten und das Öl in dünnem Strahl dazufließen lassen, bis eine glatte, cremige Mayonnaise entstanden ist.

3 Die Mayonnaise in eine Schüssel geben und etwas Zitronensaft unterrühren. Mit Salz und Pfeffer würzen, Knoblauch und Kräuter unterrühren. Als Dip zum Spargel servieren.

Jakobsmuschelcreme

Eine Cremesuppe mit Jakobsmuscheln und scharfer Chorizo.

20 MIN. 40 MIN.

FÜR 4 PERSONEN

- 300 ml Weißwein
- 20 g Butter
- 1 kleine Zwiebel, fein gewürfelt
- 1 kleine Schalotte, sehr fein gewürfelt
- 1 vollreife Tomate, gewürfelt
- 300 g Kabeljaufilet, in Stücke geschnitten
- 12 kleine ausgelöste Jakobsmuscheln
- 2 EL gehackte Petersilie
- 2 TL Dillsamen
- 3 EL Weinbrand
- Salz und frisch gemahlener schwarzer Pfeffer
- 100 g Sahne
- 100 g Chorizo, gewürfelt
- 1 EL Schnittlauchröllchen

1 Den Wein mit 750 ml Wasser aufkochen lassen. Inzwischen die Butter in einem Topf bei mittlerer Hitze zerlassen. Zwiebel und Schalotte darin in 3–4 Minuten glasig dünsten. Tomate, Fisch, Petersilie und Dillsamen hinzufügen und alles unter Rühren 5 Minuten dünsten; Weinbrand 1 Minute mitkochen. Den heißen verdünnten Wein dazugießen und alles leicht mit Salz und Pfeffer würzen. 10 Minuten köcheln, dann abkühlen lassen und die groben Zutaten mit einem Löffelrücken zerdrücken.

2 Die Suppe im Mixer cremig pürieren, dann durch ein Sieb in den Topf gießen und die Sahne unterrühren. Zum Köcheln bringen, vom Herd nehmen, abschmecken und warm halten.

3 Die Chorizowürfel in einer beschichteten Pfanne bei mittlerer Hitze in 3–5 Minuten knusprig braten. Auf Küchenpapier abtropfen lassen und warm halten.

4 Die Jakobsmuscheln in der Pfanne auf jeder Seite 2 Minuten braten; sofort herausnehmen. Die Suppe auf tiefe Teller verteilen, Muscheln und Chorizo daraufgeben und alles mit Schnittlauch garnieren.

Gefüllte Zucchini mit Rosinen und Pinienkernen

Pinienkerne werden meist als Zutat für Pestos und zum Bestreuen von Salaten verwendet. Hier verleihen sie zusammen mit Sultaninen und Feta Zucchini eine interessante orientalische Note.

10 MIN. 20 MIN.

FÜR 4 PERSONEN

- 8 Zucchini
- 1 EL Olivenöl
- 1 rote Zwiebel, fein gewürfelt
- 1 Prise Chiliflocken
- Salz
- 1 Handvoll Rosinen
- 1 Handvoll Pinienkerne, geröstet
- 75 g Feta, zerbröckelt

1 Den Backofen auf 200 °C vorheizen. Die Zucchini längs halbieren und aushöhlen. Das entnommene Fruchtfleisch grob hacken.

2 Das Öl in einer Pfanne bei schwacher Hitze heiß werden lassen. Die Zwiebelwürfel darin in 3–4 Minuten glasig dünsten. Zucchinifruchtfleisch, Chiliflocken und 1 Prise Salz dazugeben; einige Minuten mitdünsten.

3 Die Rosinen und die Hälfte der Pinienkerne unterrühren. Die Mischung in die Zucchinihälften füllen und mit dem Feta bestreuen. Die Zucchini auf einem Backblech im heißen Ofen 10–15 Minuten garen.

4 Die Zucchini mit den restlichen Pinienkernen bestreuen. Dazu einen gemischten Salat mit Tomaten servieren.

Variante

Gefüllte Zucchini mit Salzzitrone, Rosinen und Frühlingszwiebeln

In Schritt 2 statt der roten Zwiebel 2 fein geschnittene Frühlingszwiebeln dünsten, dann 1 fein gewürfelte Salzzitrone und 1 Handvoll Rosinen zur Füllung geben. Statt Pinienkernen 1 Handvoll Kürbiskerne verwenden; eine Hälfte in die Füllung geben, die andere über das fertige Gericht streuen. Zucchini wie in Schritt 3 beschrieben fertigstellen.

Nudeln mit Pancetta und Rucola

Der typisch pfeffrige Geschmack von Rucola ist so kräftig, dass er von der würzigen Pancetta nicht überlagert wird. Etwas Parmesan rundet das Gericht perfekt ab.

5 MIN. 15 MIN.

FÜR 4 PERSONEN

- 1 EL Olivenöl
- 1 Zwiebel, fein gewürfelt
- 1 rote Chilischote, entkernt und fein gehackt
- 250 g Pancetta oder anderer durchwachsener Speck, gewürfelt
- 2 Knoblauchzehen, fein gewürfelt
- 400 g Spaghetti
- 200 g Rucola
- Salz und frisch gemahlener schwarzer Pfeffer
- geriebener Parmesan zum Bestreuen

1 Das Öl in einer großen Pfanne heiß werden lassen. Die Zwiebelwürfel darin bei mittlerer Hitze in 3–4 Minuten glasig dünsten. Chili hinzufügen und ein paar Minuten mitdünsten. Den Speck dazugeben und in etwa 5 Minuten knusprig und goldbraun braten. Den Knoblauch untermischen und kurz mitbraten.

2 Inzwischen die Pasta in reichlich sprudelnd kochendem Salzwasser nach Packungsangabe bissfest garen. In ein Sieb schütten, abtropfen lassen und wieder in den Topf geben. Die Speckmischung und den Rucola hinzufügen und unterheben. Das Gericht mit Salz und Pfeffer würzen, mit Parmesan bestreuen und servieren.

Pochierter Lachs mit Salsa verde und Gurke

Ein superfrisches kaltes Gericht, passend für einen warmen Sommertag. Die italienische Kräutersauce Salsa verde bekommt durch Kapern und Anchovis einen besonderen Kick.

15 MIN. 5-6 MIN. PLUS KÜHLZEIT

FÜR 4 PERSONEN

- 500 g Lachsfilet
- 1 Lorbeerblatt
- 200 ml Weißwein
- Salz und frisch gemahlener schwarzer Pfeffer
- 1 Handvoll Basilikumblätter, fein gehackt
- 1 Handvoll Minzeblätter, fein gehackt
- 1 Handvoll Petersilienblätter, fein gehackt
- 2 EL Weißweinessig
- 2 TL Kapern, fein gehackt
- 2 Knoblauchzehen, fein gewürfelt
- 8 Sardellenfilets in Öl, abgetropft und fein gehackt
- 2 TL körniger Senf
- 6 EL Olivenöl
- 1 Salatgurke

1 Das Lachsfilet mit Lorbeerblatt und Wein in einen Topf legen. So viel Wasser dazugießen, dass der Fisch gerade damit bedeckt ist. Leicht mit Salz und Pfeffer würzen, aufkochen und bei mittlerer bis schwacher Hitze 4–5 Minuten gar ziehen lassen. Das Lachsfilet sollte dann gerade gar sein. Den Fisch abkühlen lassen und in mundgerechte Stücke teilen.

2 Für die Salsa verde die Kräuter in eine Schüssel geben. Den Essig unterrühren. Kapern, Knoblauch und Sardellen untermischen; das Ganze mit Senf, Salz und Pfeffer würzen. Nach und nach das Olivenöl unterrühren. Die Salsa verde abschmecken, falls nötig, noch Essig oder Öl dazugeben.

3 Die Gurke schälen und längs halbieren, die Enden abschneiden und die Samen mit einem Teelöffel herausnehmen. Das Fruchtfleisch in dünne Halbringe schneiden und in eine Schüssel geben.

4 Lachs mit Gurkenscheiben auf einer Platte oder vier Tellern anrichten, die Salsa verde auf den Fisch verteilen.

Paprikasalat mit Artischocken

Der Salat aus Artischockenherzen und gebratenen Paprikaschoten wird mit würzigen Käsewaffeln serviert.

40–45 MIN. PLUS KÜHLZEIT   25–35 MIN.

FÜR 4 PERSONEN

- 100 g Stilton oder ein anderer Blauschimmelkäse, gewürfelt
- 100 g Cambozola oder Bavaria Blue, gewürfelt
- 100 g weiche Butter
- 100 g Mehl
- 2 EL Aceto balsamico
- 1 EL Dijonsenf
- Salz und frisch gemahlener Pfeffer
- 6 EL Olivenöl
- Blätter von ½ Kopf Lollo rosso
- Blätter von ½ Kopfsalat
- 150 g Spinatblätter
- 2 kleine rote Paprikaschoten, geröstet, geschält und in Streifen geschnitten (siehe S. 171; oder aus dem Glas)
- 30 g Pinienkerne geröstet
- 2 Artischockenherzen, geviertelt (aus dem Glas)

1 Den ganzen Käse mit der Butter zu einer cremigen Masse verrühren. Das Mehl daruntermischen.

2 Die relativ feste Käsemasse zu einer 4 cm dicken Rolle formen und in Backpapier wickeln; 2 Stunden im Tiefkühlgerät durchkühlen lassen.

3 Essig, Senf, Salz und Pfeffer in einer kleinen Schüssel verrühren. Das Öl nach und nach darunterschlagen, bis die Vinaigrette bindet.

4 Den Backofen auf 180 °C vorheizen. Die Hälfte der Käserolle in ½ cm dicke Scheiben schneiden, das Messer dabei immer wieder in heißes Wasser tauchen. Die Kreise auf ein Backblech legen. Den restlichen Teig wieder einwickeln und ins Tiefkühlgerät legen.

5 Die Teigkreise im Ofen in 6–8 Minuten goldgelb backen. Herausnehmen, leicht abkühlen lassen und auf ein mit Küchenpapier belegtes Gitter setzen. Das Backblech abkühlen lassen; restlichen Teig wie beschrieben verarbeiten.

6 Die Salatblätter in eine Schüssel geben, mit der Vinaigrette begießen und die Pinienkerne darüberstreuen. Artischocken darauf verteilen und mit ein paar Käseplätzchen garnieren. Die restlichen Plätzchen dazu reichen.

Nudeln mit Erbsen und Pecorino

Der italienische Hartkäse Pecorino wird aus Schafsmilch hergestellt und oft statt Parmesan verwendet. Genießen Sie wie im warmen Süden!

10 MIN.   20 MIN.

FÜR 4 PERSONEN

- 1 EL Olivenöl
- 1 Zwiebel, fein gewürfelt
- 1 Knoblauchzehe, fein gewürfelt
- 1 rote Chilischote, entkernt und fein gehackt
- Salz und frisch gemahlener schwarzer Pfeffer
- 2 TL Mehl
- 100 ml Weißwein
- 150 ml Milch
- 150 g Erbsen
- 125 g Pecorino, gerieben, plus mehr zum Bestreuen
- 400 g Farfalle

1 Das Öl in einer großen Pfanne heiß werden lassen. Die Zwiebelwürfel darin bei mittlerer Hitze in 3–4 Minuten glasig dünsten. Knoblauch, Chili und etwas Salz unterrühren und einige Sekunden mitdünsten. Das Mehl unterrühren und den Wein dazugießen. Einige Minuten köcheln lassen, dann die Milch unterrühren.

2 Die Erbsen und den Pecorino unter die Sauce mischen. Die Sauce etwa 10 Minuten ganz schwach köcheln lassen, bis sie andickt; mit Salz und Pfeffer würzen.

3 Inzwischen die Pasta in reichlich sprudelnd kochendem Salzwasser nach Packungsangabe bissfest garen. In ein Sieb schütten, abtropfen lassen und wieder in den Topf geben. Die Sauce hinzufügen und untermischen. Das Gericht mit Pecorino bestreuen und servieren.

Spargeltarte mit Kräutern

Legen Sie die Spargelstangen dicht nebeneinander auf den Teig – so wird der Belag zum Blickfang.

15 MIN. 1 STD.

FÜR 1 TARTEFORM (18 X 30 CM)

- 350 ungesüßter Mürbeteig (Fertigprodukt oder selbst gemacht)
- 3 Eier, davon 1 Ei verquirlt
- 350 g grüner Spargel, geputzt
- 1 EL Olivenöl
- 1 Bund Frühlingszwiebeln, fein gehackt
- 1 Handvoll Minzeblätter, fein gehackt
- Salz und frisch gemahlener schwarzer Pfeffer
- 125 g Emmentaler, gerieben
- 200 g Sahne
- frisch geriebene Muskatnuss

1 Den Backofen auf 200 °C vorheizen. Den Teig auf einer leicht bemehlten Arbeitsfläche ausrollen und die Form damit auskleiden. Überstehenden Teig abschneiden. Den Teigboden mit Backpapier belegen und mit Hülsenfrüchten beschweren. Im Ofen in 15–20 Minuten goldgelb backen. Hülsenfrüchte und Papier entfernen. Den Tarteboden mit etwas verquirltem Ei bestreichen und nochmals 2–3 Minuten backen, bis er knusprig ist. Aus dem Ofen nehmen; beiseitestellen. Die Ofentemperatur auf 180 °C senken.

2 Den Spargel in kochendem Salzwasser in 2–4 Minuten bissfest garen. Abgießen, kalt abschrecken und gut abtropfen lassen. Das Öl in einer Pfanne bei schwacher Hitze heiß werden lassen. Die Frühlingszwiebeln darin ein paar Minuten dünsten; herausnehmen und auf dem Tarteboden verteilen. Die Spargelstangen nebeneinander darauflegen. Die Minze über den Spargel streuen; alles salzen und pfeffern, dann den Käse darauf verteilen. Die Sahne mit den restlichen Eiern verrühren; mit Muskat würzen. Die Eiersahne auf die Tartefüllung gießen und die Tarte im heißen Ofen 30–40 Minuten backen, bis die Eiersahne gestockt und die Tarte goldbraun ist. 10 Minuten in der Form abkühlen lassen. Aus der Form nehmen und warm mit Tomatensalat servieren.

Spargelrisotto mit Taleggio

Taleggio ist ein weicher, cremiger Käse aus Italien. Er schmilzt im Reis und passt gut zum Spargel.

10 MIN. 30–40 MIN.

FÜR 4 PERSONEN

- 1 EL Olivenöl
- 25 g Butter
- 1 Zwiebel, fein gewürfelt
- 3 Knoblauchzehen, fein gewürfelt
- Salz und frisch gemahlener schwarzer Pfeffer
- 300 g Risottoreis (Arborio oder Carnaroli)
- 250 ml Weißwein
- 1 l heiße Hühner- oder Gemüsebrühe
- 1 Bund grüner Spargel, geputzt
- 75 g Taleggio, grob zerteilt

1 Öl und Butter in einem großen Topf erhitzen und die Zwiebel darin bei mittlerer Hitze in 3–4 Minuten glasig braten. Den Knoblauch unterrühren und 1 Minute mitbraten. Mit Salz und Pfeffer würzen.

2 Den Reis hinzufügen und rühren, bis alle Körner mit Fett überzogen sind. Ein paar Sekunden braten, dann den Wein dazugießen und in 1–2 Minuten verkochen lassen. In einem zweiten Topf die Brühe köcheln lassen. Eine Schöpfkelle Brühe zum Reis gießen und einkochen lassen, dann wieder Brühe dazugeben und so fortfahren, bis der Risotto cremig, aber der Reis noch bissfest ist. Eventuell wird nicht die gesamte Brühe benötigt.

3 Inzwischen den Spargel in kochendem Salzwasser in 2–4 Minuten bissfest garen. Abgießen, in kaltes Wasser legen und dann abtropfen lassen. Jede Spargelstange in drei Stücke schneiden und mit dem Käse unter den Risotto heben. Abschmecken und servieren.

Wolfsbarsch mit gerösteten Artischocken und Fenchel

In einer sehr heißen (Grill-)Pfanne wird die Haut der Wolfsbarschfilets schön knusprig.

45 MIN. 25 MIN.

FÜR 4 PERSONEN

- 6 EL Olivenöl
- 4 Wolfsbarschfilets mit Haut
- Salz und frisch gemahlener Pfeffer
- 8 kleine Artischockenböden
- 1 Spritzer Zitronensaft
- 1 große Fenchelknolle, in feine Streifen geschnitten
- 3 Knoblauchzehen, in feine Scheiben geschnitten
- 1 große Handvoll Basilikumblätter, in Streifen geschnitten

1 Den Backofen auf 200 °C vorhei zen. Eine Grillpfanne mit 2 EL Öl fetten. Die Haut jedes Filets dreimal einschneiden. Filets salzen, pfeffern.

2 Die Artischockenböden vierteln. Wasser zum Kochen bringen, den Zitronensaft dazugeben und die Artischockenböden im Zitronenwasser 3–4 Minuten garen. Abgießen und mit Fenchel und Knoblauch in eine ofenfeste Form schichten, mit dem übrigen Öl beträufeln. Alles würzen und im Ofen 15–18 Minuten garen, bis die Artischocken weich sind.

3 Die Grillpfanne stark erhitzen, die Fischfilets mit der Haut nach unten hineinlegen und pro Seite 2–3 Minuten braten. Die Haut ist dann braun und knusprig, das Fleisch weiß und fest. Die Filets mit Basilikum bestreuen; sofort mit dem Gemüse servieren.

Variante

Wolfsbarsch mit gerösteter Roter Bete und Dillsauce

8 kleine Rote Beten schälen und halbieren. Mit Öl und Knoblauch in eine Backform legen. Mit 1 EL gehacktem Dill bestreuen und alles im Ofen rösten. 125 g Crème fraîche mit 2 EL gehacktem Dill und 1 fein geschnittenen Frühlingszwiebel mischen. Den Fisch braten und servieren.

Jetzt am besten **Spargel**

Grüner (und lila) Spargel erinnert in seinem Geschmack ein wenig an frisch geschnittenes Gras. Der hochgeschätzte weiße Spargel wächst unter der Erde. Sobald die Sprossen (Stangen) mit Licht in Berührung kommen, werden sie grün. Die weißen Stangen sind zarter und schmecken milder als die grünen. Zerlassene Butter oder Sauce hollandaise, aber auch Balsamico-Essig, Parmesan, Tomaten, Pinienkerne sowie Schinken und Eier sind wunderbare Begleiter zu jeder Sorte des königlichen Gemüses.

Spargel wächst weltweit in gemäßigten Klimazonen, vorausgesetzt, es steht genug Wasser durch Niederschläge zur Verfügung. Die Dicke der Stangen reicht von bleistiftdünn bis mehr als daumendick.

Grüner Spargel Schmeckt von allen Spargelsorten am intensivsten. Dünne Stangen sollte man nur kurz dämpfen, dickere können mit etwas Öl bestrichen und gebraten oder gegrillt werden.

Spargelstangen sollten gerade und prall sein.

Weißer Spargel Die dicken weißen Stangen sind milder und weniger bitter als die grünen. Erstere sind vor Licht geschützt und werden deshalb nicht grün.

Weißer Spargel muss vor dem Garen vom Kopf bis zum Ende sorgfältig geschält werden.

Wissenswert

Im Angebot

Grüner, lila, weißer Spargel; Spargelabschnitte und -köpfe.

Einkauf Auf frische Schnittstellen, geschlossene Köpfe und pralle Stangen achten.

Aufbewahren Möglichst am Kauftag zubereiten; oder in ein feuchtes Geschirrtuch gewickelt im Gemüsefach des Kühlschranks bis zu 3 Tage lagern.

Zubereiten Dämpfen, kochen, pfannenrühren, dünsten, grillen.

Für den Vorrat Einfrieren, in Öl einlegen.

Rezepte

Cremige Spargelsuppe Seite 82

Penne mit Spargel und Zucchini Seite 112

Spargel in Öl Seite 135

Spargel mit Kräutermayonnaise Seite 88

Spargelrisotto mit Taleggio Seite 92

Spargeltarte mit Kräutern Seite 92

Grünen Spargel vorbereiten

Die holzigen Enden der Stangen sollten immer abgeschnitten und dickere Stangen ganz geschält werden, damit sie nach dem Garen schön zart sind.

1 Die harten Enden von den Spargelstangen mit einem scharfen Messer abschneiden oder einfach abbrechen.

2 Die Stangen, je nach Dicke, mit einem Sparschäler nur im unteren Bereich oder im Ganzen dünn schälen.

Teriyaki-Fisch mit Nudeln

»Teriyaki« ist in Japan die Bezeichnung für ein Gericht, das in einer süßlichen Sojasauce mariniert wurde. Hier wird Seelachs mariniert und gebacken.

10 MIN. PLUS MARINIERZEIT 15 MIN.

FÜR 4 PERSONEN

- 1-2 EL Sojasauce
- 1 EL flüssiger Honig
- 1 Stück frischer Ingwer (2-3 cm), geschält und gewürfelt
- 1 Prise Zucker
- 1 EL Mirin oder trockener Sherry
- 4 dicke Seelachsfilets (je 150 g)
- 250 g dicke Udon-Nudeln
- 1 Handvoll Korianderblätter
- 4 Frühlingszwiebeln, in Ringe geschnitten
- Limettenschnitze zum Servieren

1 Für die Teriyaki-Sauce die Sojasauce mit Honig, Ingwer, Zucker und Mirin oder Sherry in einer Schüssel mischen.

2 Die Fischfilets in einer ofenfesten Form mit der Marinade begießen und 10 Minuten ziehen lassen. Inzwischen den Backofen auf 200 °C vorheizen. Die marinierten Fischfilets im Ofen 15 Minuten garen.

3 Die Nudeln in einer Schüssel mit kochend heißem Wasser übergießen und ein paar Minuten stehen lassen. Abgießen; mit Koriander und Frühlingszwiebeln bestreuen und mit dem Fisch und den Limettenschnitzen servieren.

Variante

Teriyaki-Hähnchen mit Nudeln

Statt Fisch ein Hähnchen mindestens 1 Stunde marinieren und 30 Minuten garen (wenn man es ansticht, soll klare Flüssigkeit austreten). Anstelle von Korianderblättern 1 Handvoll Zuckerschotenstreifen 1 Minute dämpfen und mit den Frühlingszwiebeln zu den Nudeln und Hähnchen servieren.

Quesadilla mit Paprika, Oliven und Feta

Die mexikanische Quesadilla besteht aus zwei Weizen- oder Maistortillas, die mit Käse und anderen Zutaten gefüllt sind. Paprikaschoten gehören in die sommerliche Variante.

5 MIN. 15 MIN.

FÜR 2 PERSONEN

- 2 EL Olivenöl
- 2 rote Paprikaschoten, grob zerkleinert
- Salz und frisch gemahlener schwarzer Pfeffer
- 2 Weizen- oder Maistortillas
- 1 Handvoll entsteinte grüne Oliven, in Ringe geschnitten
- 125 g Feta, zerkrümelt

1 In einer Pfanne 1 EL Öl erhitzen. Die Paprikastücke darin bei schwacher Hitze in 10 Minuten weich braten. Mit Salz und Pfeffer würzen.

2 Das restliche Öl in einer beschichteten Pfanne erhitzen und 1 Tortilla darin in 1 Minute goldgelb braten. Die Paprikastücke darauf verteilen, dabei ringsum einen Rand frei lassen. Die Oliven und den Käse darüberstreuen.

3 Die zweite Tortilla darauflegen und mit einem Pfannenwender andrücken, damit sie sich mit der Füllung verbindet. Die Quesadilla herausheben, vorsichtig wenden und noch 1 Minute braten. In Hälften oder Viertel schneiden und servieren.

Variante

Quesadilla mit Käse, Rucola und getrockneten Tomaten

Eine Tortilla wie beschrieben in 1 EL Öl braten. Mit 1 Handvoll geriebenem Hartkäse bestreuen, dabei rundum einen Rand frei lassen. 1 Handvoll Rucola darüber verteilen und darauf 2–3 gehackte getrocknete Tomaten und 3–4 zerzupfte Basilikumblätter geben. Wie in Schritt 3 beschrieben fertigstellen.

Ofen-Lachs mit Mangold und Kräuterbutter

Mangold ist ein unterschätztes vielseitiges Gemüse, das sich auf verschiedene Weise zubereiten lässt. Im Sommer ist das grüne Blattgemüse am besten.

10 MIN. 30 MIN.

FÜR 4 PERSONEN

- 4 Lachsfilets (je etwa 150 g)
- 1 EL Olivenöl
- Salz und frisch gemahlener schwarzer Pfeffer
- 2 Handvoll Mangoldblätter, gehackt
- Saft von 1 Zitrone
- 1 Prise Chiliflocken

Für die Kräuterbutter

- 125 g weiche Butter
- 1 Bund Petersilie, fein gehackt
- 1 Bund Dill, fein gehackt

1 Für die Kräuterbutter die Butter mit den Kräutern cremig rühren. Kräuterbutter auf ein Stück Butterbrotpapier geben und zu einer Rolle formen. Die Papierenden zusammendrehen und die Rolle in den Kühlschrank legen.

2 Den Backofen auf 200 °C vorheizen. Die Lachsfilets in eine beschichtete ofenfeste Form legen, mit Olivenöl beträufeln, salzen und pfeffern. Im Ofen in 15–20 Minuten garen.

3 Inzwischen den Mangold in sprudelnd kochendem Salzwasser in 5–8 Minuten bissfest garen. Abgießen und gut abtropfen lassen. Mit Zitronensaft beträufeln und mit Chiliflocken würzen. Auf vier vorgewärmte Teller verteilen.

4 Den Lachs auf dem Mangold anrichten und auf jedes Stück eine Scheibe Kräuterbutter geben; sofort servieren.

Wok-Gemüse mit Ingwer und Minze

Ein schnelles Rezept für knackfrisches Gemüse. Statt roter Paprikaschoten können Sie auch Zuckerschoten oder fein geschnittene Kohlblätter verwenden.

15 MIN. 15 MIN.

FÜR 4 PERSONEN

- 1 EL Sesam- oder anderes Öl
- 2 rote Chilischoten, entkernt und fein gehackt
- 5 cm frischer Ingwer, in dünne Streifen geschnitten
- 1 Bund Frühlingszwiebeln, in 5 cm lange Stücke geschnitten
- 2 Knoblauchzehen, fein gewürfelt
- 1 Paprikaschote, in dünne Streifen geschnitten
- 300 g Brokkoli, in Röschen geteilt
- 250 g dünner grüner Spargel, längs halbiert
- 1 EL Zucker
- Salz und frisch gemahlener schwarzer Pfeffer
- 1 Handvoll Minzeblätter

1 Den Wok heiß werden lassen. Das Öl hineingeben und durch Schwenken verteilen. Chilis und Ingwer darin bei mittlerer Hitze einige Minuten pfannenrühren. Frühlingszwiebeln und Knoblauch dazugeben und alles 5 Minuten pfannenrühren.

2 Paprika hinzufügen; einige Minuten pfannenrühren, dann den Brokkoli ein paar Minuten mitrühren und schließlich den Spargel dazugeben. Alles 1–2 Minuten unter Rühren braten.

3 Das Gericht mit Zucker, Salz und Pfeffer würzen. Rühren, bis der Zucker sich aufgelöst hat. Vom Herd nehmen und die Minze untermischen. Sofort servieren, nach Belieben Reis dazu reichen.

Lachs mit neuen Kartoffeln, Bohnen und Petersiliensauce

Saftiger Lachs wird hier mit einer cremigen Sauce und neuen Kartoffeln kombiniert. Sie können die Lachsstücke zerpflücken oder ganz lassen.

15 MIN. 30 MIN.

FÜR 4 PERSONEN

- 700 g neue Kartoffeln
- Salz und frisch gemahlener schwarzer Pfeffer
- 500 g Lachsfilet ohne Haut
- 300 ml Milch
- 1 TL Butter
- 150 g Sahne
- 1 Bund Petersilie, fein gehackt
- 1 Dose Flageolet-Bohnen (400 g)
- 1 Bund Dill, fein gehackt

1 Die Kartoffeln in Salzwasser 15–20 Minuten garen; abgießen und warm halten.

2 Währenddessen den Lachs in einen Topf legen. Die Milch darübergießen, aufkochen lassen, dann die Hitze reduzieren und den Lachs in 3–4 Minuten knapp gar ziehen lassen. Aus dem Topf heben und warm halten.

3 Die Butter in einem Topf zerlassen. Vom Herd nehmen und das Mehl mit einem Schneebesen einrühren. Etwas Lachsmilch dazugießen und glatt rühren. Nach und nach die restliche Milch und die Sahne unterrühren. Die Sauce wieder auf den Herd stellen, unter ständigem Rühren aufkochen und 5–8 Minuten köcheln lassen. Die Sauce vom Herd nehmen, mit Salz und Pfeffer würzen und die Petersilie hineinrühren.

4 Die Bohnen abtropfen lassen. In einen Topf geben und erwärmen. Mit Salz und Pfeffer abschmecken, dann den Dill unterrühren. Den Lachs nach Belieben zerpflücken und mit Bohnen, Kartoffeln und Petersiliensauce anrichten.

Würziger Lammtopf mit Dicken Bohnen

Dicke Bohnen haben jetzt Hochsaison und bilden einen milden, cremigen Kontrast zu dem würzigen Lammfleisch.

30 MIN. PLUS MARINIERZEIT 2 STD. 10 MIN.

FÜR 8 PERSONEN

- 1 kg Lammfleisch (Keule), in mundgerechte Stücke geschnitten
- 2 EL Olivenöl
- 4 Knoblauchzehen, fein gewürfelt
- 1-2 TL Harissa (nach Geschmack)
- 1 EL fein gehackter Rosmarin
- 6 Sardellenfilets in Salz, fein gehackt
- 3 EL Worcestersauce
- 1 EL fein gehackte Thymianblättchen
- Saft von 1 Zitrone
- Salz und frisch gemahlener schwarzer Pfeffer
- 2 Zwiebeln, fein gewürfelt
- 500 g Dicke-Bohnen-Kerne, geschält (siehe S. 85)
- 1 kg Kartoffeln, geschält und in mundgerechte Stücke geschnitten
- 1,2 l heiße Gemüsebrühe
- Thymian zum Bestreuen

1 Das Fleisch mit Öl, Knoblauch, Harissa, Rosmarin, Sardellenfilets, Worcestersauce, Thymian, Zitronensaft, Salz und Pfeffer in einen Gefrierbeutel füllen. Beutel durchkneten, verschließen und für 30 Minuten oder über Nacht in den Kühlschrank legen.

2 Den Backofen auf 200 °C vorheizen. Das Fleisch mit der Marinade in einen großen ofenfesten Schmortopf geben und bei mittlerer Hitze etwa 10 Minuten rundherum kräftig anbraten. Die Zwiebeln hinzufügen und 5 Minuten mitbraten.

3 Dicke Bohnen und Kartoffeln untermischen. Brühe dazugießen und aufkochen lassen. Das Gericht zugedeckt im Ofen 2 Stunden schmoren; falls nötig, etwas heißes Wasser dazugeben. Lammtopf salzen und pfeffern, mit Thymian bestreuen und servieren.

Lachs-Päckchen mit Wein, Koriander und Limette

Limette und Koriandergrün ergänzen Lachs auf wunderbare Weise. Am besten gelingt das schnelle, unkomplizierte Gericht in einem Bratschlauch.

5 MIN. 25 MIN.

FÜR 4 PERSONEN

- 600 g Lachsseite mit Haut
- ½ Bund Koriandergrün
- 2 Limetten, filetiert und grob zerteilt
- Salz und frisch gemahlener schwarzer Pfeffer
- 100 ml trockener Weißwein

1 Die Lachsseite in der Mitte längs einschneiden, dabei nicht die Haut durchschneiden.

2 Den Backofen auf 200 °C vorheizen. Den Koriander grob hacken und mit den Limettenfiletstücken mischen, mit Salz und Pfeffer würzen. Diese Mischung auf dem Lachs verteilen. Nochmals kräftig würzen und die Lachsseite zusammenklappen.

3 Den Lachs auf ein großes Stück Alufolie setzen und mit dem Wein begießen. Die Folie locker zu einem Päckchen verschließen. Das Päckchen auf ein Backblech setzen und den Lachs im Ofen 25 Minuten garen. Sofort mit neuen Kartoffeln servieren.

Caesar-Salat mit Hähnchen

Der berühmte Klassiker ist ein unkompliziertes leichtes Mittagessen. Zwar kommen Sardellen im Originalrezept von Cesare Cardini nicht vor, doch sie verleihen dem Salat eine schöne salzige Note und passen gut zu Parmesan und Hähnchen. Das Dressing können Sie vorbereiten und über Nacht im Kühlschrank aufbewahren.

15 MIN.

FÜR 4 PERSONEN

2 Handvoll Romanasalatblätter

150 g Croûtons (Fertigprodukt)

50 g Parmesan, gerieben

350 g gegartes Hähnchenfleisch, in Scheiben geschnitten

10 Sardellenfilets in Salz, abgespült

Für das Dressing

2 Eigelb

2 EL Zitronensaft

1 Prise Senfpulver

½ EL Worcestersauce

½ EL Tabasco

150 ml Sonnenblumenöl

50 ml Olivenöl

1 Für das Dressing Eigelbe mit Zitronensaft, Senfpulver, Worcestersauce und Tabasco mit einem Schneebesen verquirlen. Unter ständigem Schlagen ein wenig Sonnenblumenöl dazugeben. Nach und nach das restliche Sonnenblumenöl, dann das Olivenöl darunterschlagen, bis das Dressing cremig ist. Sollte es zu dick sein, etwas kaltes Wasser unterarbeiten.

2 Etwas Dressing in eine große Schüssel füllen. Salatblätter, Croûtons und die Hälfte des Parmesans zum Dressing geben und alles behutsam mischen, bis die Blätter mit Dressing überzogen sind. Den Salat auf eine Servierplatte oder vier Teller verteilen, Fleisch und Sardellenfilets darauf anrichten. Alles mit dem restlichen Parmesan bestreuen und mit übrigen Dressing beträufeln.

Variante

Caesar-Salat mit pochiertem Ei

Den Salat wie beschrieben zubereiten, allerdings ohne Hähnchenfleisch. 4 Eier in köchelndem Wasser mit 1 EL Zitronensaft 3 Minuten pochieren. Mit einem Schaumlöffel herausheben und auf jeden Teller ein Ei geben.

Gefüllte Hähnchenbrust mit Spinat und Bergkäse

Der feine Geschmack von jungem Spinat passt hervorragend zu gebratenem Hähnchen. Ein Spritzer Balsamico-Essig an den Tomaten unterstreicht ihr fruchtiges Aroma.

10 MIN. 25 MIN.

FÜR 4 PERSONEN

- 200 g Spinatblätter
- 80 g Gruyère, gerieben
- frisch geriebene Muskatnuss
- Salz und frisch gemahlener schwarzer Pfeffer
- 4 große Hähnchenbrustfilets oder -schenkel
- 1 EL Olivenöl
- 8-12 Kirschtomaten

1 Den Spinat tropfnass in einen Topf geben und bei mittlerer Hitze in ein paar Minuten zusammenfallen lassen. In ein Sieb füllen, abtropfen lassen und gut ausdrücken. Anschließend in einer Schüssel mit Käse, Muskat, Salz und Pfeffer mischen.

2 In jede Hähnchenbrust an einer Längsseite eine Tasche einschneiden. Die Taschen mit der Spinatmasse füllen und das Fleisch verschließen.

3 Das Öl in einer großen Pfanne erhitzen. Die Hähnchenbrustfilets jeweils mit der Öffnung nach unten hineinsetzen und bei mittlerer bis starker Hitze 6–8 Minuten braten. Wenden und auf der anderen Seite ebenfalls 6–8 Minuten braten, bis das Fleisch goldbraun und gar ist. (Zur Garprobe mit einer Messerspitze einstechen; läuft klarer Saft heraus, ist das Fleisch gar.)

4 Nach dem Wenden der Hähnchenfilets, die Tomaten in die Pfanne geben und 5 Minuten mitbraten, bis sie aufplatzen. Das gegarte Fleisch aus der Pfanne heben und warm stellen. Die Tomaten noch ein paar Minuten unter Rühren braten und dann zum Fleisch servieren.

Kalbsschnitzel mit Paprika

Für eine knusprige Panade sollten die Schnitzel nicht zu dicht nebeneinander in der Pfanne liegen.

20-25 MIN. 9-12 MIN.

FÜR 4 PERSONEN

- 30 g Mehl
- Salz und frisch gemahlener schwarzer Pfeffer
- 2 Eier
- 60 g Semmelbrösel
- 60 g Parmesan, gerieben
- 6 Kalbsschnitzel (etwa 400 g), jedes etwa 3 mm dick
- 4 EL Olivenöl, plus mehr nach Bedarf
- 1 Knoblauchzehe, fein gewürfelt
- 2 kleine grüne Paprikaschoten, geputzt und in Streifen geschnitten
- 2 kleine rote Paprikaschoten, geputzt und in Streifen geschnitten
- Blätter von 7-10 Zweigen Oregano, gehackt
- 30 g Butter
- 1 Zitrone in Schnitzen zum Servieren
- Oregano zum Garnieren

1 Das Mehl auf einen tiefen Teller schütten und mit Salz und Pfeffer würzen. Die Eier in einem zweiten Teller verquirlen, die Semmelbrösel mit Parmesan auf einem dritten Teller mischen. Jedes Schnitzel erst im Mehl wenden, dann im Ei und zuletzt in der Käse-Brösel-Mischung, diese dabei gut andrücken. Die Schnitzel auf eine große Platte legen und offen in den Kühlschrank stellen.

2 In einer großen Pfanne 2 EL Öl erhitzen. Knoblauch und Paprikaschoten darin weich dünsten, mit Salz und Pfeffer würzen. Aus der Pfanne nehmen, mit Oregano würzen und das Gemüse warm stellen.

3 Die Butter und das restliche Öl in der Pfanne erhitzen. Jeweils 2 Schnitzel darin bei mittlerer bis starker Hitze auf jeder Seite in 1–2 Minuten goldbraun braten. Aufpassen, dass die Panade nicht verbrennt, falls nötig, die Hitze reduzieren.

4 Die fertigen Schnitzel auf einen Teller auf Küchenpapier legen und warm stellen. Die restlichen Schnitzel wie beschrieben braten, dabei Öl nach Bedarf hinzufügen. Schnitzel mit Oregano garnieren; mit Paprikagemüse und Zitronenschnitzen anrichten.

Hähnchen-Fajitas mit Tomaten-Avocado-Salsa

Ideal für einen kleinen Mittagsimbiss oder ein Picknick. Die würzige Salsa ist schneller zubereitet als eine Guacamole.

15 MIN. 15 MIN.

FÜR 4 PERSONEN

1 EL Olivenöl
2 Zwiebeln, in Spalten geschnitten
je 2 rote und grüne Paprikaschoten, in Streifen geschnitten
2 rote Chilischoten, entkernt und fein gehackt
2 Knoblauchzehen, in Scheiben geschnitten
4 Hähnchenbrustfilets, in Streifen geschnittem
200 ml Weißwein
1 Handvoll Koriandergrün, fein gehackt
12 weiche Maistortillas

Für die Salsa

1 reife Avocado
1 Handvoll Cocktailtomaten, gewürfelt
1 Bund Frühlingszwiebeln, fein gehackt
1 Bund Petersilie, fein gehackt
Salz und frisch gemahlener schwarzer Pfeffer
1 EL Olivenöl
1 EL Weißweinessig

1 Für die Salsa die Avocado halbieren, entkernen und schälen. Das Fruchtfleisch würfeln. In einer Schüssel mit Tomaten, Frühlingszwiebeln, Petersilie, Salz, Pfeffer, Olivenöl und Essig mischen.

2 Für die Fajitas das Öl in einer großen Pfanne bei schwacher Hitze heiß werden lassen. Zwiebeln und Paprika darin unter Rühren 5 Minuten dünsten, bis sie weich werden. Chili und Knoblauch untermischen und ein ge Sekunden mitdünsten.

3 Das Fleisch hinzufügen und alles bei mittlerer bis starker Hitze 3–5 Minuten pfannenrühren. Den Wein dazugießen und 5 Minuten sprudelnd kochen lassen. Das Koriandergrün untermischen.

4 Die Mischung auf die Tortillas verteilen. Die Salsa daraufgeben und die Tortillas aufrollen. Übrige Füllung dazu anrichten.

Linsen mit Artischocken und Paprika

Dieser Salat macht angenehm satt. Die Artischockenherzen geben süßlichen Paprikaschoten und nussigen Puy-Linsen einen cremige, fast buttrige Note.

15 MIN.

FÜR 4 PERSONEN

4–6 Artischockenherzen (siehe S. 309 oder aus dem Glas)
4 geröstete Paprikaschoten (siehe S. 171 oder aus dem Glas)
1 Dose Puy-Linsen (400 g)
1 TL Thymianblättchen
1 Handvoll Petersilie, fein gehackt
4 Frühlingszwiebeln, fein gehackt
2–3 EL Walnussöl
1 EL Apfelessig
Salz und frisch gemahlener schwarzer Pfeffer
4–5 Scheiben Parmaschinken, gewürfelt
1 Handvoll Rucola

1 Die Artischockenherzen halbieren und in eine große Schüssel legen. Die gerösteten Paprikaschoten in Streifen schneiden. Die Linsen abtropfen lassen. Mit den Paprika, Kräutern und Frühlingszwiebeln zu den Artischocken geben; alles mischen. Öl, Essig, Salz und Pfeffer hinzufügen und untermischen.

2 Schinken und Rucola behutsam unterheben. Den Salat in eine Servierschüssel umfüllen und mit einem grünen Salat als Beilage servieren.

Hähnchen mit Dicken Bohnen

Verwenden Sie für dieses Gericht die frischesten jungen Dicken Bohnen, die Sie bekommen können.

10 MIN. 1 STD.

FÜR 4 PERSONEN

8 Hähnchenoberschenkel

Salz und frisch gemahlener schwarzer Pfeffer

2 EL Olivenöl

1 Zwiebel, fein gewürfelt

2 Stangen Sellerie, fein gehackt

2 Knoblauchzehen, fein gewürfelt

1 EL Rosmarinblätter, fein gehackt

200 ml Weißwein

200 g Dicke-Bohnen-Kerne

500 ml heiße Hühnerbrühe

1 Den Backofen auf 200 °C vorheizen. Das Fleisch salzen und pfeffern. In einem großen ofenfesten Topf 1 EL Öl erhitzen. Die Hähnchenschenkel darin bei mittlerer Hitze in 10–12 Minuten rundherum kräftig anbraten; herausheben und beiseitestellen.

2 Das restliche Öl im Topf erhitzen. Die Zwiebelwürfel darin mit 1 Prise Salz bei schwacher Hitze in 5 Minuten glasig dünsten. Sellerie, Knoblauch und Rosmarin hinzufügen und 5 Minuten mitdünsten. Den Wein angießen und alles etwa 5 Minuten köcheln lassen.

3 Die Dicken-Bohnen-Kerne unterrühren. Das Fleisch zum Gemüse in den Topf geben und darauf bzw. dazwischen verteilen. Die Brühe dazugießen. Den Topf schließen und den Inhalt 45–60 Minuten im Ofen schmoren. Zwischendurch prüfen, ob genug Flüssigkeit im Topf ist; falls nötig, etwas heißes Wasser angießen. Das Gericht mit Ofentomaten und knusprigem Brot servieren.

Variante

Bratwurst mit Dicken Bohnen

Verwenden Sie statt Hähnchenfleisch 4–8 Bratwürste (je nach Größe) und in Schritt 2 gehackten Salbei statt Rosmarin.

Risotto mit Meeresfrüchten

Ein edles Reisgericht mit Kalmaren, Fisch und Jakobsmuscheln.

20 MIN. 30 MIN.

FÜR 4 PERSONEN

2–3 EL Olivenöl

500 g kleine küchenfertige Kalmare, die Tuben in Ringe geschnitten und die Tentakeln gehackt

Salz und frisch gemahlener schwarzer Pfeffer

500 g weißfleischiges Fischfilet (z. B. Seeteufel, Wolfsbarsch, Schellfisch), in mundgerechte Stücke geschnitten

16 ausgelöste Jakobsmuscheln

2 EL Butter

2 Zwiebeln, fein gewürfelt

4 Knoblauchzehen, fein gewürfelt

2 l heiße Gemüse- oder Hühnerbrühe

700 g Risottoreis

400 ml Weißwein

6 Tomaten, gehäutet, entkernt (siehe S. 197) und fein gewürfelt

2 EL gehackte Petersilie

1 EL gehackter Dill

Zitronenschnitze zum Servieren

1 Die Hälfte des Öls in einer Pfanne erhitzen. Kalmare darin 1 Minute braten; salzen, pfeffern und herausnehmen. Fisch in die Pfanne geben und einige Minuten braten, bis er nicht mehr glasig ist (falls nötig, mehr Öl in die Pfanne geben); herausnehmen.

2 Jakobsmuscheln salzen und pfeffern. In der Pfanne (falls nötig, mit etwas mehr Öl) braten; herausnehmen. 1 EL Butter in die Pfanne geben und die Zwiebeln darin glasig dünsten. Knoblauch kurz mitbraten. Brühe bis knapp unter den Siedepunkt erhitzen. Den Reis unter die Zwiebeln rühren. Würzen; den Wein dazugießen und kurz kochen lassen. Eine Schöpfkelle Brühe dazugeben; unter Rühren einkochen lassen. Diesen Vorgang wiederholen, bis der Reis bissfest gegart ist; das dauert etwa 20 Minuten.

3 Tomaten, Kalmare und Muscheln, dann Kräuter und restliche Butter untermischen. Risotto abschmecken; mit Zitronenschnitzen servieren.

Hähnchen-Paella mit Chorizo

Dieses Gericht mit Safran und jungen Dicken Bohnen ist der klassischen spanischen Paella nachempfunden.

25 MIN. 40–45 MIN.

FÜR 4–6 PERSONEN

1 große Prise Safranfäden

2 EL Olivenöl

8 Hähnchenoberschenkel

Salz und frisch gemahlener schwarzer Pfeffer

200 g Chorizo, in 1 cm dicke Scheiben geschnitten

1 große Zwiebel, in Ringe geschnitten

je 1 rote und grüne Paprikaschote, geputzt und in Stücke geschnitten

400 g Paellareis oder anderer Rundkornreis

2 Knoblauchzehen, fein gewürfelt

1 Dose gehackte Tomaten (400 g)

200 g Dicke-Bohnen-Kerne

gehackte Petersilie zum Bestreuen

1 Den Safran in einem kleinen Topf mit 3–4 EL kochend heißem Wasser mischen und mindestens 15 Minuten ziehen lassen.

2 Das Öl in einer Pfanne erhitzen und das Hähnchenfleisch darin rundherum 12–15 Minuten braten. Auf einen Teller legen. Die Chorizo 1–2 Minuten auf jeder Seite braten, ebenfalls auf den Teller legen. Zwiebel und Paprika in der Pfanne unter gelegentlichem Rühren in 5–7 Minuten weich braten. Reis unterrühren und 2–3 Minuten mitbraten. Knoblauch, Safran mit Einweichwasser, 750 ml Wasser, Salz, Pfeffer, Fleisch, Wurst, Tomaten und Dicke-Bohnen-Kernen untermischen; alles aufkochen lassen.

3 Die Paella 25 Minuten zugedeckt köcheln lassen, bis die Flüssigkeit weitgehend verschwunden und der Reis bissfest gegart ist. Dabei nicht rühren, damit der Reis nicht klebrig wird. Falls nötig, noch etwas Wasser angießen. Die Pfanne vom Herd nehmen und die Paella zugedeckt 5 Minuten ruhen lassen. Zum Servieren mit Petersilie bestreuen.

Schweinesteaks mit Dicke-Bohnen-Tomatensauce

Ein außergewöhnliches Rezept für Dicke Bohnen, die es jetzt so reichlich gibt.

5 MIN. 45 MIN. TK-TAUGLICH

FÜR 4 PERSONEN

- 4 Schweinesteaks (je etwa 150 g)
- 2 EL Olivenöl
- 1 Prise getrockneter Oregano
- Salz und frisch gemahlener schwarzer Pfeffer
- 1 Zwiebel, fein gewürfelt
- 2 Knoblauchzehen, fein gehackt
- 1 Dose gehackte Tomaten (400 g)
- 125 g Dicke-Bohnen-Kerne
- 1 Bund Petersilie, gehackt
- Brot zum Servieren

1 Den Backofen auf 200 °C vorheizen. Die Steaks mit 1 EL Öl bestreichen, mit dem Oregano bestreuen, kräftig salzen und pfeffern. In eine ofenfeste Form legen und im Ofen 15 Minuten braten, bis sie goldbraun und gar sind.

2 Inzwischen das restliche Öl in einer Pfanne erhitzen. Die Zwiebelwürfel mit 1 Prise Salz darin bei schwacher Hitze in etwa 5 Minuten glasig dünsten. Den Knoblauch hinzufügen und einige Sekunden mitdünsten, dann die Tomaten dazugeben. Das Ganze aufkochen und 15 Minuten köcheln lassen. Die Bohnenkerne untermischen und 10 Minuten mitgaren, falls nötig, etwas Wasser angießen.

3 Die Sauce würzen und die Petersilie unterrühren. Die Steaks auf der Sauce anrichten und heiß servieren.

Variante

Schweinesteaks mit Erbsen-Tomatensauce

Statt Dicker-Bohnen-Kerne einfach 125 g Erbsen mitgaren.

Omelett mit Zucchini und Ziegenkäse

Die Kombination von milden Zucchini mit aromatischem Thymian und würzigem Ziegenkäse ergibt ein köstliches Gericht, das einfach zuzubereiten ist.

10 MIN. 15 MIN.

ERGIBT 1 STÜCK

- 3 Eier, verquirlt
- 1 kleine Zucchini, geraspelt
- Salz und frisch gemahlener schwarzer Pfeffer
- 1 Stich Butter
- 50 g weicher Ziegenkäse, zerbröckelt
- 1 kleine Handvoll Thymian (nach Belieben)

1 Die Eier mit den Zucchiniraspeln verquirlen; die Eier-Zucchini-Masse mit Salz und Pfeffer würzen.

2 Die Butter in einer kleinen beschichteten Pfanne bei mittlerer Hitze aufschäumen lassen. Die Eiermasse hineingeben und durch Schwenken verteilen. Sobald das Omelett am Rand stockt, dieses mit dem Pfannenwender vorsichtig anheben, damit flüssiges Ei auf den Boden laufen kann.

3 Den Ziegenkäse und die Hälfte des Thymian gleichmäßig daraufstreuen. Das Omelett weiterbacken, bis es in der Mitte gestockt, aber noch etwas feucht ist. Vom Herd nehmen und noch einige Minuten in der Pfanne ruhen lassen – dabei gart das Omelett in der Resthitze weiter.

4 Das Omelett mit Pfeffer bestreuen und nach Belieben mit dem restlichen Thymian garnieren. Aus der Pfanne auf einen Teller gleiten lassen; sofort servieren.

Variante

Omelett mit Dicken Bohnen, Speck und Ziegenkäse

Das Omelett wie beschrieben zubereiten. Jedoch statt der Bohnen 1 Handvoll gehäutete gegarte junge Dicke-Bohnen-Kerne verwenden; mit dem Käse knusprig gebratene Speckwürfel über das Omelett streuen.

Jetzt am besten **Sommerkürbisse**

Sommerkürbisse wie Zucchini werden jung geerntet, solange ihre Schale noch dünn und zart ist. Sie haben weiches, mildes Fruchtfleisch, das unterschiedlichste Aromen wie die von Knoblauch und Olivenöl sowie die vieler Gewürze und Kräuter gut aufnimmt. Sommerkürbisse vertragen sich vor allem mit anderem Sommergemüse wie Tomaten, Paprikaschoten, Fenchel und Spargel. Die Blüten der Sommerkürbisse sind essbar.

Weltweit werden Sommerkürbisse in tropischen und warmgemäßigten Klimazonen kultiviert. Die langen grünen Zucchini sind die am meisten angebaute Sorte.

Grüne Zucchini In Geschmack und Konsistenz gleichen sie ihren gelben Verwandten. Kleine Zucchini sind besser als große, die oft faserig sind und fade schmecken.

Zucchiniblüten sind essbar und sehr empfindlich, deshalb sollte man behutsam damit umgehen. Vor dem Füllen die Staubgefäße entfernen.

Kleine Zucchini haben das beste Aroma.

'Crookneck' Amerikanischer Sommerkürbis mit zarter Schale und festem Fruchtfleisch mit zitronigem Aroma. Vor dem Garen sollte man das verdickte Ende in gleichmäßige Stücke schneiden.

Die Schale beim jungen Crookneck-Kürbis ist strahlend gelb und wellig.

Die Schnittfläche am Stielende muss frisch und feucht aussehen. Vor dem Garen der Früchte wird der Stiel abgeschnitten.

'Ronde de Nice' Erkennbar ist dieser runde Sommerkürbis an seinen weiß gesprenkelten grünen Streifen. Er hat einen feinen, typischen Geschmack und sollte nicht größer als 10–12 cm im Durchmesser sein.

Gelbe Zucchini Genau wie grüne Zucchini sind auch diese sehr mild im Geschmack, haben ein zartes Fruchtfleisch und eine dünne Schale.

Greifen Sie zu festen, jungen Früchten mit glänzender Schale. Sie steuert Aroma bei und sollte nicht entfernt werden.

Abspülen mit kaltem Wasser genügt, um die Zucchini zu säubern.

Runde Zucchini sind mit den langen Zucchini verwandt und schmecken ähnlich mild. Sie lassen sich gut halbieren und füllen. Sehr kleine Exemplare können im Ganzen pfannengerührt werden.

Mini-Patisson Die kleinen, abgeflachten Kürbisse gibt es in Gelb, Grün und Weiß. Die Schale ist dünn, das Fruchtfleisch weich. Kleine und große Patissons lassen sich gut füllen und im Ofen garen.

'One Ball' Eine runde Zucchinisorte mit gutem Aroma. Die ausgehöhlten Hälften lassen sich gut füllen und anschließend im Ofen backen.

Wissenswert

Im Angebot

Meist werden grüne, gelbe und runde Sorten angeboten.

Einkauf Kleine, junge Exemplare mit unbeschädigter Schale wählen, die sich für ihre Größe schwer anfühlen.

Aufbewahren Im Gemüsefach des Kühlschranks bis zu 5 Tage.

Zubereiten Dämpfen, braten; füllen und im Ofen garen; als Zutat für Salate, Suppen und Schmorgerichte; geraspelt als Teigzutat. Blüten füllen und ausbacken.

Für den Vorrat Einlegen in Essig oder Öl; zerkleinert und gegart einfrieren.

Rezepte

Gefüllte Zucchini mit Rosinen und Pinienkernen Seite 89

Omelett mit Zucchini und Ziegenkäse Seite 101

Penne mit Spargel und Zucchini Seite 112

Reis mit Cashews und Zucchini Seite 117

Zucchinipuffer mit Dill-Joghurt Seite 87

Spaghetti mit jungem Gemüse

Zucchini, Möhren und Erbsen genügen, um aus einfachen Spaghetti ein leckeres Gericht zu bereiten, das den Frühsommer kulinarisch repräsentiert.

45-50 MIN. 15-25 MIN.

FÜR 4 PERSONEN

- 2 Zucchini, gewürfelt
- Salz
- 2 Möhren, gewürfelt
- 200 g Erbsen
- 500 g Spaghetti
- 50 g Butter
- 200 g Sahne
- 30 g geriebener Parmesan
- frisch gemahlener schwarzer Pfeffer

1 In einem Topf reichlich Wasser zum Kochen bringen. Die Zucchini mit etwas Salz dazugeben und 2–3 Minuten kochen; die Zucchini sollen noch etwas Biss haben. Abgießen, abtropfen lassen und trocken tupfen. Auf Küchenpapier beiseitelegen.

2 Die Möhren im Topf mit kaltem Wasser bedecken, salzen, aufkochen und in 5 Minuten bissfest garen. Herausheben, kalt abspülen, abtropfen lassen und beiseitestellen. Das Salzwasser wieder aufkochen und die Erbsen darin in 3–8 Minuten, je nach Größe, garen. Abgießen, kalt abspülen und beiseitestellen. (Das Gemüse muss separat im Wasser gekocht werden, damit jede Sorte optimal gart.)

3 Die Spaghetti in einem großen Topf Salzwasser nach Packungsangabe bissfest garen und abgießen.

4 Währenddessen die Butter in einem großen Topf zerlassen und das Gemüse darin bei schwacher Hitze 1 Minute dünsten.

5 Die Sahne unterrühren und köcheln lassen. Den Topf vom Herd nehmen, die Spaghetti zum Gemüse geben und untermischen. Den Parmesan darüberstreuen und unterheben. Die Pasta auf vorgewärmte Teller verteilen und mit etwas Pfeffer bestreuen.

Scharfe Lammkoteletts mit lauwarmem Kartoffelsalat

Sanft im Ofen gegartes, würzig mariniertes Lammfleisch wird hier mit einem Salat aus neuen Kartoffeln serviert.

10 MIN. 35-45 MIN.

FÜR 4 PERSONEN

- 250 g neue Kartoffeln
- Salz und frisch gemahlener schwarzer Pfeffer
- 8 Lammkoteletts
- 1 EL Olivenöl
- 1 EL Senfsamen
- 1 Bund Frühlingszwiebeln, fein gehackt

Für die Marinade

- 2 EL Senf
- 2 EL Tomatenketchup
- 1 EL Cayennepfeffer
- 2 EL Zwiebelwürfel
- 1 EL Olivenöl
- Salz und frisch gemahlener schwarzer Pfeffer

1 Den Backofen auf 200 °C vorheizen. Die Kartoffeln in etwa 15 Minuten weich kochen.

2 Inzwischen die Zutaten für die Marinade mit Salz und Pfeffer in einer Schüssel verrühren. Die Koteletts gleichmäßig mit der Mischung bestreichen und in eine ofenfeste Form legen. Im Ofen je nach gewünschtem Gargrad 20–30 Minuten braten.

3 Die Kartoffeln abgießen, im Topf mit dem Olivenöl mit einer Gabel grob zerdrücken. Senf, Frühlingszwiebeln, Salz und Pfeffer dazugeben und untermischen. Zu den heißen Koteletts servieren.

Lamm-Kebabs

Servieren Sie die gegrillten minzigen Fleischspieße beispielsweise mit einem Bulgursalat.

30-35 MIN. 10-15 MIN.

FÜR 6 PERSONEN

- 6 Holz- oder Bambusspieße
- 1 große Zwiebel, grob gewürfelt
- 1 kg Lammhackfleisch
- 2 TL gemahlener Kreuzkümmel
- Salz und frisch gemahlener schwarzer Pfeffer
- 3 Knoblauchzehen, fein gewürfelt
- Blätter von 3-5 Stängeln Minze, fein gehackt, plus mehr zum Garnieren
- Blätter von 3-5 Stängeln Petersilie, fein gehackt
- Olivenöl

Für den Joghurt

- 1 große Gurke, geschält und geraspelt
- 1 TL Salz
- 500 g griechischer Joghurt
- 1 Knoblauchzehe, fein gewürfelt

1 Die Holz- oder Bambusspieße für 30 Minuten einweichen. Inzwischen für den Joghurt die Gurkenraspel in einem Sieb salzen; 10 Minuten Wasser ziehen lassen, anschließend ausdrücken. Den Joghurt in eine Schüssel füllen, Gurkenraspel und Knoblauch untermischen und mit Salz abschmecken. Zugedeckt kalt stellen.

2 Die Zwiebel in der Küchenmaschine fein zerkleinern. In einer Schüssel das Fleisch mit Zwiebel, Kreuzkümmel, Salz, Pfeffer und den Kräutern mischen. Abschmecken und einen Probekloß braten. Probieren und, falls nötig, die Fleischmasse nachwürzen.

3 Den Backofengrill vorheizen und das Gitter 5 cm unter den Grill setzen. Aus der Fleischmasse mit feuchten Händen 12 Bällchen formen. Diese zu etwa 2,5 cm dicken Rollen formen.

4 Das Gitter fetten. Die Fleischrollen aufspießen, in Form drücken und auf das Gitter legen. Mit Öl bestreichen und in 5-7 Minuten knusprig grillen.

5 Die Spieße wenden und auf der anderen Seite grillen. Die Fleischrollen dürfen in der Mitte nicht trocken werden. Mit Minze garnieren und den Joghurt dazu reichen.

Gemüse-Risotto

Frühsommer pur verkörpert dieses Gericht mit Spargel, Erbsen und Zucchini in cremigem Reis.

15 MIN. 1 STD.

FÜR 4-6 PERSONEN

- 2 EL Olivenöl
- 50 g Butter
- 1 Zwiebel, fein gewürfelt
- Salz und frisch gemahlener schwarzer Pfeffer
- 3 Knoblauchzehen, fein gewürfelt
- 300 g Ristottoreis (Arborio oder Carnaroli)
- 250 ml Weißwein
- 600 ml heiße Gemüsebrühe
- 125 g Dicke-Bohnen-Kerne
- 200 g grüner Spargel, in mundgerechte Stücke geschnitten
- 2 dünne Zucchini, gewürfelt
- 30 g geriebener Parmesan, plus mehr zum Servieren

1 In einem großen Topf 1 EL Öl und die Hälfte der Butter erhitzen. Die Zwiebel darin bei mittlerer Hitze in 3-4 Minuten glasig dünsten. Mit Salz und Pfeffer würzen. Den Knoblauch dazugeben und 1 Minute mitdünsten. Den Reis hineinrühren, bis er mit Fett überzogen ist und kurz braten. Den Wein angießen und alles 1-2 Minuten köcheln lassen, bis der Wein vom Reis aufgenommen ist.

2 In einem weiteren Topf die Brühe köcheln lassen. Einen Schöpflöffel Brühe zum Reis geben, unterrühren und aufnehmen lassen. So fortfahren, bis der Reis cremig und bissfest ist. Möglicherweise wird nicht die gesamte Brühe verbraucht.

3 Während der Reis gart, die Dicken-Bohnen-Kerne in reichlich kochendem Salzwasser 3-4 Minuten garen; abgießen und beiseitestellen. Das restliche Öl in einer Pfanne erhitzen, Spargel und Zucchini darin bei mittlerer Hitze ein paar Minuten braten, bis sie gerade Farbe annehmen. Das Gemüse zum Risotto geben und die restliche Butter unterrühren. Den Parmesan untermischen und den Risotto abschmecken. Mit Parmesan und einem Rucola-Tomaten-Salat servieren.

Filo-Pastete mit Hähnchen

Neue kleine Kartoffeln, Erbsen und Hähnchenfleisch ergeben die Füllung für diese Pastete. Sie ist schnell gemacht, vor allem mit bereits gegartem Hähnchenfleisch.

20 MIN. 30 MIN. TK-TAUGLICH

FÜR 6 PERSONEN

- 350 g Hähnchenbrustfilet
- 250 g kleine neue Kartoffeln, geviertelt
- 200 ml Hühnerbrühe
- 125 g Erbsen
- 12 Filoteigblätter
- 50 g zerlassene Butter, plus mehr nach Bedarf
- 1-2 EL mildes Currypulver
- Salz und frisch gemahlener schwarzer Pfeffer

1 Hähnchenfleisch und Kartoffeln in der Brühe bei mittlerer Hitze 5 Minuten köcheln lassen. Die Erbsen dazugeben und 5 Minuten mitkocheln. Alles abgießen, die Brühe dabei auffangen. Gemüse und Fleisch abkühlen lassen; das Fleisch in Streifen schneiden.

2 Den Backofen auf 200 °C vorheizen. 6 Filoteigblätter mit Butter bestreichen. Eine quadratische Backform (16 x 16 cm) so damit auskleiden, dass der Teig über den Formrand hängt.

3 Das Fleisch mit Kartoffeln, Erbsen und Currypulver mischen; 3–4 EL Brühe dazugeben – die Mischung soll nicht zu flüssig werden, damit der Teig nicht durchweicht. Die Füllung salzen und pfeffern.

4 Die Fleischmischung in die vorbereitete Form füllen. Den überhängenden Teig darüber zusammenklappen. Die restlichen Teigblätter mit Butter bestreichen und darauflegen. Die Teigränder am Formrand nach innen drücken und die Oberfläche großzügig mit Butter bestreichen. Das Ganze im Ofen in 20–30 Minuten goldbraun backen; sofort servieren.

Asiatischer Nudelsalat

Ein fantastisch würziges Dressing verbindet Hähnchenfleisch, Nudeln, Zuckerschoten und Frühlingszwiebeln zu einem wundervollen Salat.

30-35 MIN. PLUS MARINIERZEIT 6-9 MIN.

FÜR 6 PERSONEN

- 2 cm frischer Ingwer, fein gehackt
- 2 grüne Chilischoten, entkernt und gehackt
- 2 Knoblauchzehen, fein gewürfelt
- 2 TL Zucker
- Salz und frisch gemahlener schwarzer Pfeffer
- 4 EL Reisweinessig
- 125 ml Sojasauce
- 4 EL Sonnenblumenöl
- 2 EL Sesamöl
- 250 g dünne Eiernudeln
- 175 g Zuckerschoten
- 4 Frühlingszwiebeln, schräg in Ringe geschnitten
- 75 g geröstete ungesalzene Erdnusskerne, grob gehackt
- 3-4 Stängel Koriandergrün, gehackt
- 400 g gegartes Hähnchenfleisch, in Streifen geschnitten

1 Ingwer, Chilischoten, Knoblauch, Zucker, Pfeffer, Essig und Sojasauce in einer Schüssel mischen. Beide Öle langsam unterschlagen, bis ein cremiges Dressing entsteht.

2 Die Nudeln in reichlich Salzwasser nach Packungsangabe bissfest garen, dabei ab und zu umrühren, damit sie nicht zusammenkleben. Abgießen, heiß abspülen und abtropfen lassen. In eine große Schüssel geben. Das Dressing durchrühren, über die Nudeln gießen und untermischen. Mindestens 1 Stunde ziehen lassen.

3 Die Zuckerschoten in kochendem Salzwasser in 2–3 Minuten bissfest garen. Abgießen, heiß abspülen und abtropfen lassen. Jede Schote schräg in 2–3 Stücke schneiden. Mit den Frühlingszwiebeln, 50 g Erdnüssen, zwei Dritteln des Korianders und dem Hähnchenfleisch zu den Nudeln geben. Alles gründlich mischen und abschmecken.

4 Den Salat auf Teller verteilen. Mit den restlichen Erdnüssen und dem übrigen Koriander bestreuen.

Meeresfrüchtesalat

Ein würziges, erfrischendes Thai-Gericht mit Jakobsmuscheln, Tintenfisch und zweierlei Fisch.

30-40 MIN. 12-15 MIN.

FÜR 4 PERSONEN

- Salz und frisch gemahlener schwarzer Pfeffer
- 250 g kleine Tintenfischringe
- 250 g große ausgelöste Jakobsmuscheln, quer halbiert
- 250 g dickes Schellfischfilet mit Haut
- 250 g dickes Lachsfilet mit Haut
- 4 Kaffirlimettenblätter, fein geschnitten, oder die abgeriebene Schale von 1 Bio-Limette
- 2 Knoblauchzehen, fein gewürfelt
- 1 grüne Chilischote, entkernt und fein gehackt
- 1 Stängel Zitronengras, angedrückt und in dünne Ringe geschnitten
- Saft von 3 großen Limetten, plus mehr nach Bedarf
- 4 EL Thai-Fischsauce, plus mehr nach Bedarf
- 2 TL Zucker
- kleine Salatblätter zum Servieren

1 In einen großen Topf 5 cm hoch Wasser füllen, salzen und aufkochen. Tintenfischringe darin in 2 Minuten glasig garen. Mit einem Schaumlöffel herausheben und auf Küchenpapier abtropfen lassen. Jakobsmuscheln und Fisch ebenfalls garen.

2 Limettenblätter, Knoblauch, Chilischote, Zitronengras, Limettensaft, Fischsauce und Zucker in einer kleinen Schüssel verrühren, bis der Zucker sich aufgelöst hat. Tintenfischringe und Jakobsmuscheln in eine große Schüssel geben, das Dressing darübergießen und untermischen. Die Fischfilets häuten, in große Stücke teilen und vorsichtig unter den Salat heben. Mit Salz und Pfeffer abschmecken, falls nötig, mehr Limettensaft und Fischsauce dazugeben.

3 Die Salatblätter auf Teller legen und den Salat darauf anrichten.

Schellfisch in Petersilien-Weißwein-Sud

Der festfleischige Schellfisch ist ein vielseitiger Kochfisch, der gut im Ofen gegart werden kann.

5 MIN. 20 MIN.

FÜR 4 PERSONEN

- 4 Stücke Schellfischfilet ohne Haut (je etwa 175 g)
- Salz
- 200 ml Weißwein
- 12 Cocktailtomaten
- 1 Handvoll Petersilienblätter, fein gehackt

1 Den Backofen auf 190 °C vorheizen. Den Fisch salzen und in eine ofenfeste Form legen. Den Wein darübergießen; Tomaten und Petersilie hinzufügen.

2 Die Form fest mit Alufolie verschließen und den Fisch im Ofen 15–20 Minuten garen. Mit Salat und knusprigem Brot oder neuen Kartoffeln servieren.

Lachsfilet mit Minze-Joghurt-Sauce

Ein wundervolles Gericht für einen warmen Sommertag. Sauce und Fisch lassen sich gut vorbereiten, so ist das Ganze im Nu angerichtet.

15 MIN. 25 MIN.

FÜR 4 PERSONEN

- 2 EL Rotweinessig
- 2 EL gehackte Minzeblätter, plus mehr Blätter zum Garnieren
- 4 EL griechischer Joghurt
- Salz und frisch gemahlener schwarzer Pfeffer
- 500 g Lachsfilet
- 1 Handvoll Dill, gehackt
- 1 Bio-Zitrone, in Scheiben geschnitten

1 Den Backofen auf 200 °C vorheizen. Den Essig mit der Minze und dem Joghurt in eine Schüssel geben, mit Salz und Pfeffer würzen und verrühren. Beiseitestellen.

2 Den Lachs auf ein großes Stück Alufolie legen. Mit Dill bestreuen und mit einigen Zitronenscheiben belegen; würzen. Die Folie locker zu einem Päckchen verschließen. Das Päckchen auf ein Backblech legen und den Fisch im Ofen 20–25 Minuten garen. Herausnehmen und abkühlen lassen.

3 Den kalten Fisch auf eine Platte legen, mit Sauce beträufeln und mit ein paar Minzeblättern garnieren. Mit Zitronenscheiben und Gurkensalat servieren.

Sardinen mit Nussfüllung und Kartoffeln

Sardinen entfalten gebraten oder gegrillt – vorzugsweise auf Holzkohle – ihren Geschmack am besten. Dazu passen neue Kartoffeln und ein einfacher grüner Salat.

15 MIN. 25 MIN.

FÜR 4 PERSONEN

- 600 g kleine neue Kartoffeln
- 4 EL Olivenöl
- Salz und frisch gemahlener schwarzer Pfeffer
- 2 EL fein gehackte Petersilie
- 16 frische Sardinenfilets

Für die Nussfüllung

- 3 EL Olivenöl
- 1 Knoblauchzehe, fein gewürfelt
- 50 g Haselnusskerne, fein gehackt
- 30 g frische Weißbrotkrumen
- 2 EL fein gehackte Petersilie
- Salz und frisch gemahlener schwarzer Pfeffer

1 Die Kartoffeln in einem Topf mit Wasser bedecken, aufkochen und in 15–20 Minuten weich garen; abgießen. In einer Schüssel mit dem Kartoffelstampfer grob zerdrücken, mit Olivenöl beträufeln und mit Salz und Pfeffer würzen. Die zerdrückten Kartoffeln mit der Petersilie bestreuen und warm halten.

2 Für die Füllung das Öl in einer Pfanne erhitzen. Den Knoblauch darin 30 Sekunden dünsten. Nüsse, Brotkrumen und Petersilie hinzufügen und braten, bis die Brotkrumen goldbraun sind; salzen und pfeffern.

3 Den Grill vorheizen. Den Grillrost mit etwas Olivenöl fetten. Die Sardinenfilets abspülen und trocken tupfen; salzen und pfeffern. Die Hälfte der Filets mit den Hautseiten nach unten auf den Grillrost legen. Bei starker Hitze pro Seite etwa 1 Minute grillen. Die Filets auf einen Teller legen und warm halten; die restlichen Sardinenfilets ebenso grillen.

4 Die Hälfte der Filets auf vier Tellern anrichten. Füllung darauf verteilen, mit den restlichen Filets bedecken. Die Kartoffeln dazu reichen.

Fischtopf mit Croûtons

Wählen Sie für dieses Gericht Fisch, der jetzt Saison hat und deshalb am besten schmeckt. Dazu passt eine knoblauchwürzige Mayonnaise (Rouille).

15 MIN. 30 MIN.

FÜR 4 PERSONEN

- 1,2 kg Fischfilets (z. B. Köhler, Wolfsbarsch, Schellfisch, Lachs) und Tintenfischringe
- 1½ EL Olivenöl
- 2 Knoblauchzehen, fein gewürfelt
- 1 EL Tomatenmark
- 1 kleine Zwiebel, fein gewürfelt
- 4 Tomaten, gehäutet, entkernt und gewürfelt (siehe S. 197)
- ½ TL Fenchelsamen
- einige Safranfäden
- 1 Prise Paprikapulver
- 600 ml Fischfond
- Salz und frisch gemahlener schwarzer Pfeffer
- ½ Baguette
- 75 g Gruyère, geraspelt
- 1-2 EL fein gehackte Petersilie

1 Die Fischfilets in mundgerechte Stücke schneiden. Das Öl in einem großen Topf bei sehr schwacher Hitze heiß werden lassen. Knoblauch, Tomatenmark und Zwiebelwürfel darin 5–8 Minuten dünsten.

2 Tomaten, Fenchelsamen, Safran und Paprika, dann Fond, Salz und Pfeffer hinzufügen. Aufkochen und bei schwacher Hitze 10 Minuten köcheln lassen. Fisch und Tintenfischringe dazugeben; in 10 Minuten gar ziehen lassen.

3 Das Brot schräg in Scheiben schneiden und die Scheiben toasten. Den Fischtopf mit Käse und Petersilie bestreuen und mit den Croûtons servieren.

Gegrillte Heringe mit Senfbutter

In England serviert man dieses Gericht - am besten mit gebuttertem Toast – zum Frühstück. Es schmeckt aber auch zu jeder anderen Tageszeit.

10 MIN. 4-6 MIN.

FÜR 4 PERSONEN

- 8 ausgenommene Heringe ohne Köpfe, geschuppt
- 1 EL Öl
- Salz und frisch gemahlener schwarzer Pfeffer
- Butter zum Fetten
- 100 g Brunnenkresse zum Garnieren
- Zitronenschnitze zum Servieren

Für die Senfbutter

- 75 g weiche Butter
- 1 EL körniger Senf
- 1 TL Thymianblätter
- 1 Spritzer Zitronensaft
- Salz und frisch gemahlener schwarzer Pfeffer

1 Den Backofengrill auf höchster Stufe vorheizen. Die Heringe trocken tupfen, mit Öl bestreichen und leicht mit Salz und Pfeffer würzen. Ein großes Stück Alufolie dünn fetten und die Heringe darauflegen.

2 Für die Senfbutter die Butter mit Senf und Thymian mischen. Den Zitronensaft dazugeben und die Butter mit Salz und Pfeffer würzen. Die Heringe im Ofen auf jeder Seite 2–3 Minuten grillen – wenn sie gar sind, fühlen sie sich auf leichten Fingerdruck fest an.

3 Die Heringe auf eine vorgewärmte Platte heben und die Senfbutter in Stückchen darauf verteilen. Mit Brunnenkresse und Zitronenschnitzen garnieren.

Jetzt am besten **Heringe und Sardinen**

Als Mitglieder derselben Familie sind Heringe und Sardinen fettreiche Fische, die schnell nachwachsen; sie sind also gesund und in ihrem Bestand (bis auf wenige Ausnahmen) nicht gefährdet. Sardinen und Heringe schmecken im Sommer am besten; Heringe werden das ganze Jahr über gefangen. Beide Fischarten bewegen sich in riesigen Schwärmen und lassen sich deshalb leicht fangen. Zitrone und frische Kräuter runden den Geschmack ab.

Atlantischer Hering Kommt auf beiden Seiten des Atlantiks vor. Diese Fische können bis zu 45 cm lang werden; die handelsübliche Größe beträgt bis zu etwa 30 cm. Das Fleisch frischer Heringe ist locker, süßlich und kaum fettig, allerdings voller feiner Gräten.

Sardinen Die schnell wachsenden Fische sind reich an wertvoller Omega-3-Fettsäuren. Ihr Rücken ist grünlich-blau, Bauch und Seiten schimmern silberfarben, die Schuppen sind lose. Die kleinen Fische haben viele Gräten, sind fleischig und intensiv im Geschmack. Sardinen, die größer als 16 cm sind, heißen Pilchard.

Hering entgräten

Heringe haben viele kleine Gräten. Die meisten lassen sich mitsamt der Mittelgräte (Rückgrat) entfernen. Übrige Gräten müssen mit einer Pinzette aus dem Fleisch gezogen werden. Das doppelte Filet kann beispielsweise paniert und frittiert oder gefüllt, aufgerollt und eingelegt werden. Sardinen und Pilchards werden üblicherweise im Ganzen zubereitet und so serviert. Wer mag, kann sie vor dem Garen filetieren, was jedoch ein wenig aufwendig ist.

1 Den Hering auf ein Schneidbrett legen. Mit einem scharfen Messer Kopf und Schwanz abschneiden.

2 Falls nötig, den Fisch ausnehmen und säubern. Fisch aufklappen, mit der Hautseite nach oben auf das Brett legen.

3 Den Fisch festhalten und mit dem Daumen mehrmals fest über die Mittelgräte streifen, um die Gräten zu lösen.

4 Den Fisch umdrehen; die Mittelgräte mit den anhängenden Gräten vorsichtig abziehen. Restliche Gräten entfernen.

Wissenswert

Im Angebot

Atlantischer Hering (im Ganzen oder Filets), Sardinen, Pilchards; Sardinen in Olivenöl oder Tomatensauce eingelegt; Heringe als Brathering, Bückling, Rollmops.

Einkauf Feste Fische, die klaren Augen haben und frisch nach Meer riechen.

Aufbewahren Am Einkaufstag zubereiten. Bis zur Zubereitung (max. 24 Stunden) locker verpackt im kältesten Bereich des Kühlschranks lagern.

Zubereiten Braten, dünsten, grillen, frittieren, einlegen.

Rezepte

Gegrillte Sardinen auf Toast Seite 76

Rollmops Seite 135

Sardinen mit Nussfüllung und Kartoffeln Seite 108

Lammkoteletts mit Fenchel im Päckchen

In Backpapier gehüllt, garen Zutaten im eigenen Saft und bewahren so ihr Aroma. Die Päckchen blähen sich im Ofen auf und werden goldbraun, beim Öffnen entweicht ein feiner Anisduft.

25-30 MIN. 35-40 MIN.

FÜR 4 PERSONEN

- 1 kg Fenchel
- 4 EL Olivenöl
- 2 Knoblauchzehen, fein gewürfelt
- 1 Dose gehackte Tomaten (400 g)
- 3 EL Anisschnaps (z. B. Pastis)
- Salz und frisch gemahlener schwarzer Pfeffer
- 4 Lammlendenkoteletts (je etwa 2,5 cm dick; insgesamt 600 g)
- zerlassene Butter zum Bestreichen
- 1 Ei

1 Den Fenchel waschen und putzen. Etwas Fenchelgrün zum Garnieren beiseitelegen. Den Fenchel in dünne Spalten schneiden.

2 Die Hälfte des Öls in einer Pfanne erhitzen und den Fenchel mit dem Knoblauch darin bei mittlerer Hitze 6–8 Minuten braten, bis der Fenchel weich wird.

3 Drei Viertel der Tomaten, den Schnaps sowie Salz und Pfeffer dazugeben. Alles unter gelegentlichem Rühren 20–25 Minuten garen, bis fast alle Flüssigkeit verdampft ist und die Mischung eindickt; würzen.

4 Inzwischen von den Koteletts die (Rücken-)Filets abschneiden. Das Fleisch würzen. Das restliche Öl in einer zweiten Pfanne stark erhitzen. Koteletts und Filets darin auf jeder Seite in 1–2 Minuten knusprig braten.

5 Zwei Stück Backpapier halbieren und mit zerlassener Butter bestreichen, dabei ringsum 2,5 cm ungefettet lassen.

6 Das Ei mit ½ TL Salz verquirlen und auf den Rand der Papierstücke streichen.

7 Den Backofen auf 190 °C vorheizen. Die Hälfte des Fenchels in die Mitte der Papierstücke setzen. Je 1 Lammkotelett und -filet darauflegen, darauf etwas von restlichen Tomaten und Fenchel verteilen. Das Papier über der Füllung zusammenfassen und oben und an den Seiten mit (Metall-)Büroklammern verschließen.

8 Die Päckchen auf ein Backblech legen und im Ofen 10–14 Minuten backen, bis sie sich aufblähen und braun werden. Die verschlossenen Päckchen sofort mit grünem Spargel oder anderem Sommergemüse auf Tellern anrichten; erst bei Tisch öffnen. Vorsicht, der Dampf, der dabei aufsteigt ist heiß.

Tajine mit Zucchini, Kräutern und Zitrone

Das marokkanische Gericht wird traditionell im irdenen Tajinetopf zubereitet; in einem großen Topf gelingt es ebenfalls.

25 MIN. 40 MIN.

FÜR 4 PERSONEN

- 2 EL Olivenöl
- 1 rote Zwiebel, fein gewürfelt
- Salz und frisch gemahlener schwarzer Pfeffer
- 2 Knoblauchzehen, fein gewürfelt
- 1 Prise Fenchelsamen
- 1 Prise gemahlener Zimt
- 1-2 TL Harissapaste
- Schalen von 2 in Salz eingelegten Zitronen, geviertelt
- 1 Dose gehackte Tomaten (400 g)
- 1 Brokkoli, in Röschen geteilt
- 3 Zucchini, in Scheiben geschnitten
- Saft von 1 Zitrone
- 1 Bund Dill, fein gehackt
- 1 kleines Bund Petersilie, fein gehackt

1 In einer großen Pfanne 1 EL Öl erhitzen. Die Zwiebelwürfel darin bei mittlerer Hitze in 3–4 Minuten glasig dünsten; salzen und pfeffern. Knoblauch, Fenchelsamen, Zimt, Harissa und Zitronenschalen unterrühren. Die Tomaten untermischen. Alles aufkochen und bei schwacher Hitze 30–40 Minuten köcheln lassen; falls nötig, etwas heißes Wasser hinzufügen.

2 Inzwischen die Brokkoliröschen in sprudelnd kochendem Salzwasser in 3–5 Minuten weich garen; abgießen, in kaltem Wasser abschrecken und abtropfen lassen. Das restliche Öl in einer Pfanne bei schwacher Hitze heiß werden lassen. Die Zucchinischeiben darin unter häufigem Rühren 5 Minuten braten, bis sie leicht gebräunt sind. Zitronensaft, Salz, Pfeffer und Dill untermischen.

3 Den Brokkoli und die Zucchini in die Sauce legen, die Petersilie unterrühren. Die Tajine heiß mit Zitronenschnitzen servieren. Dazu passt Couscous.

Erbsenpfannküchlein mit gegrilltem Spargel

Ein ganz einfaches Gericht, bei dem die sommerlichen Zutaten voll zur Geltung kommen. Die leuchtenden Farben von Erbsen und Spargel bilden einen schönen Kontrast zum Eigelb.

10 MIN. 30 MIN.

FÜR 4 PERSONEN

- 400 g Erbsen
- 1 große Handvoll Minzeblätter, gehackt
- 50 g zerlassene Butter, plus mehr zum Braten
- 4 EL Mehl
- 4 EL Sahne
- 2 EL geriebener Parmesan
- 6 große Eier (L)
- Salz und frisch gemahlener schwarzer Pfeffer
- 500 g grüner Spargel
- 1 TL Olivenöl

1 Die Erbsen in Salzwasser in 1–2 Minuten kochen, abgießen und abkühlen lassen.

2 Erbsen und Minze in der Küchenmaschine grob pürieren. Zerlassene Butter, Mehl, Sahne, Parmesan, 2 Eier, Salz und Pfeffer dazugeben. Alles in der Küchenmaschine zu einer festen Masse vermengen.

3 Etwas Butter oder Öl in einer großen Pfanne erhitzen. Pro Pfannkuchen 1–2 EL von der Erbsenmasse hineingeben, glatt streichen und zugedeckt bei mittlerer Hitze 3–4 Minuten braten. Sobald die Ränder sich bräunen, die Küchlein vorsichtig wenden und noch 1–2 Minuten braten.

4 Inzwischen reichlich Wasser zum Kochen bringen und die restlichen 4 Eier darin pochieren. Mit einem Schaumlöffel herausheben.

5 Den Spargel in einer heißen Grillpfanne in etwas Olivenöl goldbraun braten; mit Salz und Pfeffer würzen. Die Eier auf die Pfannkuchen setzen und den Spargel dazu anrichten.

Lammtopf mit Kichererbsen, Paprika und Couscous

Lamm und Couscous – das gehört einfach zu Nordafrika.

10 MIN. 30 MIN.

FÜR 4 PERSONEN

- 1 EL Olivenöl
- 1 Zwiebel, fein gewürfelt
- 2 Knoblauchzehen, fein gewürfelt
- 1 kg mageres Lammfleisch, in mundgerechte Stücke geschnitten
- 1 TL gemahlener Zimt
- 1 TL Paprikapulver
- Salz und frisch gemahlener schwarzer Pfeffer
- 1 Dose Kichererbsen (400 g)
- 2-3 grüne Paprikaschoten, in kleine Stücke geschnitten
- 1 l heiße Gemüsebrühe
- 200 g Couscous
- 50 g Pinienkerne, geröstet
- 1 Bund Petersilie, gehackt

1 Das Öl in einer großen Pfanne erhitzen. Die Zwiebel darin bei mittlerer Hitze in 3–4 Minuten glasig dünsten. Knoblauch, Fleisch, Zimt, Paprika, Salz und Pfeffer hinzufügen. Die Kichererbsen abtropfen lassen.

2 Paprika und Kichererbsen in die Pfanne geben. Alles unter gelegentlichem Rühren braten, bis das Fleisch rundherum gebräunt ist. 500 ml Brühe angießen; das Gericht zugedeckt 20 Minuten köcheln lassen. Falls die Mischung zu trocken wird, etwas Brühe hinzufügen.

3 Inzwischen den Couscous in eine Schüssel geben. Nach Packungsangabe mit Brühe begießen und quellen lassen, dann mit einer Gabel auflockern. Kräftig mit Salz und Pfeffer würzen. Den Lammtopf mit Pinienkernen und Petersilie bestreuen; Couscous dazu servieren.

Penne mit Spargel und Zucchini

Wählen Sie für dieses Gericht die aromatischeren schlanken Zucchini und dünne Spargelstangen.

10 MIN. 20 MIN.

FÜR 4 PERSONEN

- 1 EL Olivenöl
- 1 Zwiebel, fein gewürfelt
- Salz
- 4 kleine Zucchini, 2 gewürfelt und 2 geraspelt
- 3 Knoblauchzehen, fein gewürfelt
- 500 g dünner grüner Spargel, in 3 cm große Stücke geschnitten
- 150 ml Weißwein
- 1-2 TL Kapern, gehackt
- abgeriebene Schale von 1 Bio-Zitrone
- 400 g Penne
- 1 Bund Petersilie, fein gehackt
- geriebener Parmesan zum Bestreuen

1 Das Öl in einer großen Pfanne erhitzen. Die Zwiebelwürfel darin mit 1 Prise Salz bei schwacher Hitze in 5 Minuten glasig dünsten. Die Zucchiniwürfel hinzufügen und 10 Minuten mitdünsten, bis sie weich sind (nicht bräunen lassen).

2 Knoblauch, Zucchiniraspel und Spargel unterrühren. Den Wein angießen. Alles bei mittlerer Hitze 2–3 Minuten, dann bei schwacher Hitze weitere 2–3 Minuten kochen lassen, bis der Spargel weich ist; Kapern und Zitronenschale untermischen.

3 Inzwischen die Penne in reichlich sprudelnd kochendem Salzwasser nach Packungsangabe bissfest garen. In ein Sieb schütten, abtropfen lassen und wieder in den Topf geben. Zucchinimischung und Petersilie untermischen. Das Gericht mit Parmesan bestreuen und servieren.

Artischocken, weiße Bohnen und Erbsen

Ein gehaltvolles vegetarisches Gericht. Artischocken und Bohnenkerne machen es schön cremig; die Brotkrumen steuern eine knusprige Komponente bei.

15 MIN. 1 STD. 30 MIN.

FÜR 4-6 PERSONEN

- 1 EL Olivenöl
- 1 Zwiebel, fein gewürfelt
- 3 Knoblauchzehen, fein gewürfelt
- 250 g kleine Champignons, größere Exemplare halbiert
- 2 Dosen weiße Bohnenkerne (je 425 g)
- 1 Prise geriebene Muskatnuss
- Saft von ½ Zitrone
- Salz und frisch gemahlener schwarzer Pfeffer
- 600 ml heiße Gemüsebrühe
- 125 g Erbsen
- 8 Artischockenherzen (Konserve oder frisch zubereitet; siehe S. 309), halbiert oder geviertelt
- 60 g Brotkrumen, geröstet
- gehackte Petersilie zum Bestreuen

1 Das Öl in einem großen Topf erhitzen. Die Zwiebel darin bei mittlerer Hitze in 3–4 Minuten glasig dünsten. Knoblauch und Pilze unterrühren und etwa 5 Minuten mitdünsten, bis die Pilze weich sind. Inzwischen die Bohnen abtropfen lassen.

2 Bohnenkerne, Muskat, Zitronensaft, Salz und Pfeffer zur Pilzmischung geben, die Brühe angießen und alles zum Kochen bringen. 10 Minuten kochen lassen, dann die Hitze reduzieren und die Bohnen halb zugedeckt 45 Minuten schmoren. Ab und zu prüfen, ob noch genug Flüssigkeit im Topf ist. Falls nötig, etwas Wasser dazugießen.

3 Erbsen und Artischocken untermischen und noch 15–20 Minuten köcheln lassen. Die Brotkrumen vorsichtig unter das Gemüsegericht mischen. Das Gericht mit Petersilie bestreuen und mit knusprigem Brot servieren.

Lammtopf mit Artischocken und Dicken Bohnen

Ein leichter Eintopf, ideal für den Sommer.

15 MIN. 1 STD. 45 MIN. TK-TAUGLICH

FÜR 4–6 PERSONEN

- 1,25 kg Lammschulter mit Knochen, in gulaschgroße Stücke gehackt
- Salz und frisch gemahlener schwarzer Pfeffer
- 2 EL Olivenöl
- 2 Zwiebeln, grob gewürfelt
- 3 Möhren, grob gewürfelt
- 1 EL Mehl
- 125 ml Weißwein
- 800 ml heiße Gemüsebrühe
- einige Zweige Rosmarin
- abgeriebene Schale von ½ Bio-Zitrone
- 3 EL Zitronensaft
- 4 gegarte große Artischockenherzen, in Viertel geschnitten
- 350 g Dicke-Bohnen-Kerne, gehäutet (siehe S. 85)
- 1 Bund Dill, fein gehackt

1 Den Backofen auf 180 °C vorheizen. Das Fleisch salzen und pfeffern. Die Hälfte des Öls in einem ofenfesten Topf erhitzen, das Fleisch darin (falls nötig, portionsweise) in 6–8 Minuten anbraten. Aus dem Topf nehmen.

2 Restliches Öl im Topf erhitzen; die Zwiebeln darin glasig dünsten. Mit Salz und Pfeffer würzen, Möhren hinzufügen und alles 5 Minuten dünsten. Das Mehl darüberstreuen und unter Rühren anschwitzen. Den Wein dazugießen und alles bei stärkerer Hitze etwa 1 Minute kochen lassen.

3 Brühe, Rosmarin, Zitronenschale und -saft sowie das Fleisch in die Sauce geben. Aufkochen lassen und zugedeckt im Ofen 1 Stunde schmoren. Zwischendurch immer wieder prüfen, ob genügend Flüssigkeit im Topf ist. Falls nötig, Wasser dazugeben. Artischocken und Dicke-Bohnen-Kerne untermischen und alles noch 30 Minuten garen, bis das Gemüse weich ist. Abschmecken, Dill unterrühren. Den Lammtopf mit knusprigem Brot servieren.

Ofenkartoffeln mit Bratwurst, Rosmarin und Chili

Wohlschmeckende neue Kartoffeln werden hier in der Schale mit Rosmarin gebraten. Wählen Sie kleine Bratwürste mit niedrigem Fettgehalt.

15 MIN. 40 MIN.

FÜR 4 PERSONEN

- 8–12 kleine Bratwürste
- 2 rote Zwiebeln, geachtelt
- 1 Prise Chiliflocken
- 1 Handvoll Rosmarinzweige
- 1 kg kleine neue Kartoffeln, größere Exemplare halbiert
- Salz und frisch gemahlener schwarzer Pfeffer
- 1 EL Olivenöl

1 Den Backofen auf 200 °C vorheizen. Bratwürste und Zwiebeln in einem Bräter verteilen, mit Chiliflocken und Rosmarin bestreuen. Die Kartoffeln hinzufügen und alles kräftig salzen und pfeffern. Das Olivenöl gründlich untermischen.

2 Das Gericht im Ofen 30–40 Minuten garen, bis die Würste goldbraun sind. Würste und Kartoffeln nach etwa der Hälfte der Garzeit wenden.

Variante

Ofenkartoffeln mit Sardinen

Die Kartoffeln und Zwiebeln im Bräter mit Thymian statt mit Rosmarin bestreuen; salzen und pfeffern. Olivenöl untermischen. Die Kartoffeln im Ofen 30 Minuten garen, dabei einmal wenden. 8 ausgenommene und entgrätete Sardinen darauflegen, mit Olivenöl beträufeln, würzen und alles noch 10 Minuten braten.

Kartoffelsalat mit Schinken

Hier ist der beliebte Salat mit einem Kümmel-Dressing angemacht, das besonders gut zu dieser Variante mit Schinken passt. Sie können den Schinken aber auch weglassen.

25-30 MIN. PLUS KÜHLZEIT **15-20 MIN.**

FÜR 6-8 PERSONEN

- 1,4 kg rotschalige neue Kartoffeln
- Salz
- 1 kleine rote Zwiebel, fein gewürfelt
- 3 EL Rotweinessig
- 3 EL saure Sahne
- 2 EL scharfer Senf
- frisch gemahlener schwarzer Pfeffer
- 2 EL Kümmelsamen
- 250 ml Öl
- 150 g Kochschinken in dünnen Scheiben
- 1 Bund Petersilie, die Blätter fein gehackt

1 Die Kartoffeln unter kaltem Wasser abbürsten. Größere Exemplare in 2–4 Stücke schneiden. Alle Kartoffeln in einen großen Topf legen und mit kaltem Salzwasser bedecken. Zugedeckt aufkochen und 15–20 Minuten köcheln lassen, bis die Kartoffeln gar sind; abgießen.

2 Zwiebel, Essig, saure Sahne, Senf, Salz und Pfeffer in eine Schüssel geben. Mit Kümmel bestreuen und alles gut mischen, dann langsam das Öl unterschlagen, bis das Dressing leicht andickt. Abschmecken und beiseitestellen.

3 Die warmen Kartoffeln in 1 cm dicke Scheiben schneiden; diese in eine große Schüssel geben. Das Dressing verrühren und über die Kartoffeln gießen. Alles gut mischen und abkühlen lassen.

4 Den Schinken vom Fett befreien und in 1 cm breite Streifen schneiden. Mit drei Vierteln der Petersilie unter die Kartoffeln mischen. Salat abschmecken und zugedeckt für mindestens 1 Stunde in den Kühlschrank stellen.

5 Den Salat vor dem Servieren Raumtemperatur annehmen lassen und mit der restlichen Petersilie bestreuen.

Linsensalat mit Dicken Bohnen und Feta

Für den Salat können Sie die Linsen verwenden, die Sie gerade im Vorrat haben – er schmeckt mit jeder Sorte. Mit Bohnen und Feta wird der Salat bunter und interessanter.

15 MIN.

FÜR 4 PERSONEN

- 100 g Dicke-Bohnen-Kerne
- 1 Dose Linsen (425 g)
- Salz und frisch gemahlener schwarzer Pfeffer
- 1 Bund Frühlingszwiebeln, fein gehackt
- 1 grüne Chilischote, entkernt und fein gehackt
- 175 g Feta, gewürfelt
- 1 Bund Petersilie, fein gehackt

Für das Dressing

- 3 EL Olivenöl
- 1 EL Weißweinessig
- 2,5 cm Ingwer, gerieben
- Salz und frisch gemahlener schwarzer Pfeffer
- 1 Prise Zucker (nach Belieben)

1 Die Bohnen in kochendem, leicht gesalzenem Wasser in 4–5 Minuten weich garen; abgießen, kalt abspülen und abtropfen lassen.

2 Die Linsen aus der Dose abgießen und abtropfen lassen; in eine Schüssel geben. Mit 1 Prise Salz und etwas Pfeffer würzen. Frühlingszwiebeln, Chili und Bohnen hinzufügen und alles mischen.

3 Für das Dressing das Öl in einer kleinen Schüssel mit Essig, Ingwer, Salz, Pfeffer und (nach Belieben) Zucker zu einem Dressing verquirlen. Den Salat damit beträufeln und 10 Minuten durchziehen lassen. Vor dem Servieren den Feta und die Petersilie unterheben.

Papas arrugadas

Die »verschrumpelten« Kartoffeln sind ein beliebtes Gericht auf den Kanaren. Dort werden sie als Tapa oder kleine Mahlzeit mit grünem Salat serviert.

15 MIN. 45 MIN.

FÜR 4–6 PERSONEN

- 1 kg neue Kartoffeln, abgebürstet
- Meersalz
- 100 ml Olivenöl, plus mehr nach Bedarf
- 1 rote Paprikaschote
- Saft von 1 Zitrone
- 2 gehäufte EL Tomatenmark
- 1 TL geräuchertes Paprikapulver
- ½ TL gemahlener Kreuzkümmel
- 1 Prise Chilipulver
- frisch gemahlener schwarzer Pfeffer
- 1 Knoblauchzehe, fein gewürfelt
- 2 EL gehackte Petersilie oder gehacktes Koriandergrün (nach Belieben)

1 Den Backofen auf 200 °C vorheizen. Die Kartoffeln auf einem Backblech verteilen, Meersalz und 1 EL Öl dazugeben; alles gut mischen. Kartoffeln im Ofen in etwa 45 Minuten goldbraun rösten; ab und zu wenden.

2 Inzwischen die Paprikaschote mit Öl bestreichen und 30 Minuten mitrösten, dabei ebenfalls ab und zu wenden. Wenn die Paprika weich ist, herausnehmen und für 2–3 Minuten in einen Gefrierbeutel legen, damit sich die Schale löst. Abkühlen lassen, häuten, von Stiel und Samen befreien und grob würfeln.

3 Paprikawürfel mit Zitronensaft, Tomatenmark, Gewürzen, Knoblauch und dem restlichen Öl pürieren. Falls die Masse zu dick ist, noch etwas Öl dazugeben. Die Sauce abschmecken, mit Petersilie oder Koriander (nach Belieben) bestreuen und zu den Kartoffeln servieren.

Erbsensalat mit Feta und Brunnenkresse-Mayonnaise

Hier wird Mayonnaise einmal auf andere Weise zubereitet: Mit Brunnenkresse und Meerrettich gemixt, erhält sie eine feine scharfe Note.

15 MIN.

FÜR 4 PERSONEN

- 1 Handvoll Brunnenkresse, grob gehackt
- 3–4 EL Mayonnaise
- 1 TL Sahne-Tafelmeerrettich
- Salz und frisch gemahlener schwarzer Pfeffer
- 200 g Feta, gewürfelt
- 125 g gepalte ganz frische junge Erbsen
- 2 Handvoll junger Blattspinat
- 1 kleine Handvoll Minzeblätter
- Zitronenschnitze zum Servieren

1 Die Brunnenkresse im Mixer oder in der Küchenmaschine mit Mayonnaise und Meerrettich pürieren. Mit Salz und Pfeffer würzen.

2 Den Feta in einer Schüssel mit Erbsen, Spinat und Minze mischen. Nach Belieben mit etwas Pfeffer würzen.

Den Salat mit der Brunnenkresse-Mayonnaise und Zitronenschnitzen auf Tellern anrichten und servieren.

Variante

Leichter Erbsensalat

Für einen schlichteren Salat Brunnenkresse, Mayonnaise und Feta weglassen. Erbsen, Spinat und Minze mischen und mit Olivenöl und Aceto balsamico anmachen. Würzen und vorsichtig mischen.

Dicke Bohnen und Erbsen mit Schinken

Nutzen Sie den Sommer, um dieses schnell gemachte Gericht zu genießen. Es bietet sich auch als Bestandteil eines abwechslungsreichen Salatbuffets an.

10 MIN. 20 MIN.

FÜR 4 PERSONEN

1 EL Olivenöl
1 Zwiebel, fein gewürfelt
2 Knoblauchzehen, fein gewürfelt
150 g Dicke-Bohnen-Kerne
100 g Erbsen
150 ml heiße Hühnerbrühe
1 Handvoll Minzeblätter, gehackt
200 g gekochter Schinken, gewürfelt

1 In einer großen Pfanne das Öl erhitzen und die Zwiebel darin in 3–4 Minuten glasig dünsten. Knoblauch, Bohnen und Erbsen unterrühren.

2 Die heiße Hühnerbrühe dazugießen. Alles aufkochen und 15 Minuten köcheln lassen. Die Minze und den Schinken unter das gegarte Gemüse mischen; sofort servieren.

Brotsalat mit Dicken Bohnen und Feta

Vom klassischen italienischen Brotsalat inspiriert ist diese duftende grüne Variante, die nach Frühsommer schmeckt. Der Feta steuert Würze bei.

25 MIN. PLUS ZIEHZEIT 10 MIN.

FÜR 4 PERSONEN

150 g Ciabatta, in 2 cm große Würfel geschnitten
175 ml Olivenöl
Meersalz und frisch gemahlener schwarzer Pfeffer
2 EL Weißweinessig
1 große Knoblauchzehe, fein gewürfelt
400 g Dicke-Bohnen-Kerne
4 Frühlingszwiebeln, die weißen Teile fein gehackt
200 g Feta, in 1 cm große Würfel geschnitten
1 Handvoll Minze, gehackt
2 EL gehackter Dill, nach Belieben
100 g Rucola, Brunnenkresse oder Babyspinat
Saft von 1 Zitrone

1 Den Backofen auf 220 °C vorheizen. Die Brotscheiben mit 4 EL Olivenöl beträufeln, mit etwas Salz und Pfeffer bestreuen und im Ofen (oben) etwa 8 Minuten backen, dabei einmal wenden. Sie sollen goldbraun und knusprig sein.

2 In einer großen Schüssel das restliche Öl mit Essig und Knoblauch verrühren. Mit viel Pfeffer und wenig Salz (der Käse ist salzig) würzen. Bohnen, Brotwürfel, Frühlingszwiebeln, Feta und Kräuter dazugeben und alles gut mischen.

3 Den Salat 30 Minuten durchziehen lassen. Zum Servieren die Salatblätter unterheben, den Zitronensaft darüberträufeln und den Salat nochmals abschmecken.

Gurken-Raita

Eine würzige kühlende Joghurtsauce mit Salatgurken, die im Frühsommer auf den Markt kommen. Raitas werden zu fast allen indischen Gerichten serviert.

10 MIN. PLUS ZIEHZEIT

FÜR 300 ML

- 1 Gurke
- ½ TL Salz
- ½ TL Kreuzkümmelsamen, geröstet
- 125 g Joghurt (3,5 % Fett)
- ½ TL Zucker
- 1 Knoblauchzehe, fein gewürfelt
- 1 EL gehackte Minze
- 1 EL gehacktes Koriandergrün

1 Die Gurke schälen und fein raspeln. Salzen und 1 Stunde ziehen lassen. Anschließend die Gurkenraspel gut ausdrücken.

2 Die Kreuzkümmelsamen im Mörser fein zerstoßen. Mit den restlichen Zutaten zur Gurke geben, mischen und vor dem Servieren kalt stellen.

Brunnenkressesalat mit Bohnen und Räucherkäse

Wählen Sie für diesen Salat einen beliebigen Räucherkäse – je nachdem, welchen Sie gerade bekommen können.

15 MIN.

FÜR 4 PERSONEN

- 1 Dose Flageolet-Bohnen (425 g)
- 1 TL Dijonsenf
- 1 Handvoll Petersilienblätter, fein gehackt
- Salz und frisch gemahlener schwarzer Pfeffer
- ½ rote Zwiebel, fein gewürfelt
- 2 große Handvoll Brunnenkresse, grob gehackt
- Saft von 1 Zitrone
- 125 g milder geräucherter Käse in Scheiben

1 Die Bohnen abtropfen lassen und in eine große Schüsse geben. Senf und Petersilie hinzufügen und untermischen. Alles mit Salz und Pfeffer würzen. Die Hälfte der Zwiebelwürfel dazugeben.

2 Die Brunnenkresse auf einer großen Platte oder auf Tellern anrichten. Mit Zitronensaft beträufeln und mit 1 Prise Salz bestreuen. Die Bohnenmischung auf der Brunnenkresse verteilen, die restlichen Zwiebelwürfel darüberstreuen und den Käse darauflegen.

Variante

Erbsensprossensalat mit Bohnen, Schinken und Käse

250 g gehäutete Dicke-Bohnen-Kerne kochen und statt der Flageolet-Bohnen in die Schüssel geben. Die rote Zwiebel durch 2 gehackte Frühlingszwiebeln ersetzen; den Senf weglassen. Anstelle von Brunnenkresse Erbsensprossen auf Tellern oder einer Platte anrichten. Die Bohnenmischung mit etwas Olivenöl und Zitronensaft beträufeln. Die Petersilie dazugeben und alles mit Salz und Pfeffer würzen. Den Salat wie beschrieben fertigstellen, zusätzlich mit in Würfel geschnittenem gekochten Schinken und Käsewürfeln garnieren.

Reis mit Cashews und Zucchini

Das nussige, ingwerwürzige Reisgericht können Sie als Hauptgericht oder als Beilage zu Lamm oder Fisch servieren. Geriebener frischer Ingwer lässt sich übrigens gut einfrieren.

15 MIN. **40 MIN.**

FÜR 6 PERSONEN

- 1-2 EL Olivenöl
- 1 Zwiebel, fein gewürfelt
- Salz und frisch gemahlener schwarzer Pfeffer
- 1 Stück frischer Ingwer (10 cm), fein gerieben
- 2 Zucchini, längs geviertelt und in mundgerechte Stücke geschnitten
- 3 Knoblauchzehen, fein gewürfelt
- 1 EL Apfelessig
- 1 Prise Cayennepfeffer
- 200 g Basmatireis
- 1 l heiße Gemüsebrühe
- 75 g Cashewnüsse, grob gehackt
- grüne Teile von 1 Bund Frühlingszwiebeln, in feine Ringe geschnitten
- 1 Bund Koriandergrün, gehackt

1 In einem großen Topf 1 EL Öl erhitzen. Die Zwiebel darin bei mittlerer Hitze in 3–4 Minuten glasig dünsten. Salzen, pfeffern, Ingwer und Zucchini dazugeben. 2–5 Minuten braten, bis die Zucchini goldgelb sind, falls nötig, mehr Öl hinzufügen. Den Knoblauch 3 Minuten mitbraten.

2 Den Essig untermischen und alles bei starker Hitze 1 Minute braten, dann Cayennepfeffer und Reis in den Topf geben. Etwas Brühe angießen und unterrühren. Aufkochen lassen; Reis und Zucchini mit Brühe bedecken und im geschlossenen Topf etwa 20 Minuten köcheln, bis der Reis gar ist. Falls nötig, mehr Brühe dazugeben.

3 Nüsse, Frühlingszwiebeln und die Hälfte des Korianders unterrühren. Das Reisgericht abschmecken, mit dem restlichen Koriander bestreuen und servieren.

Himbeersoufflés mit Kirschsauce

Mit ganz frischen süßen, saftigen Himbeeren schmeckt dieses zartrosa Soufflé am besten.

15 MIN. 20–22 MIN.

FÜR 6 PERSONEN

375 ml Milch
150 g Zucker
5 Eier, getrennt
1 EL Speisestärke
Fett für die Formen
2–3 EL Kirschwasser
500 g Himbeeren
Puderzucker zum Bestäuben

1 Für die Sauce die Milch in einem Topf aufkochen lassen; 100 ml heiße Milch abnehmen. 50 g Zucker zur Milch in den Topf geben und unter Rühren auflösen. Die Eigelbe mit der Speisestärke verquirlen. Die gesüßte Milch unter rühren dazugießen, bis eine glatte Sauce entstanden ist. Diese bei mittlerer Hitze unter ständigem Rühren aufkochen und etwas einkochen lassen. Mit einem Kochlöffel in die Sauce tauchen; wieder herausziehen. Wenn auf der Sauce, die auf dem Kochlöffel liegen bleibt, beim Pusten Wellen entstehen, hat die Sauce die richtige Konsistenz. Vom Herd nehmen und die abgenommenen 100 ml Milch unterrühren. Sauce durch ein Sieb gießen, Kirschwasser unterrühren; kühl stellen.

2 Sechs Souffléformen fetten, mit etwas Zucker ausstreuen und auf ein Backblech setzen. Den Backofen auf 190 °C vorheizen.

3 Die Himbeeren mit 50 g Zucker pürieren, das Püree durch ein feines Sieb in eine große Schüssel streichen. Die Eiweiße steif schlagen, dabei den restlichen Zucker einrieseln lassen. Erst ein Drittel des Eischnees unter das Himbeerpüree heben, dann den restlichen Eischnee. Die Masse in die Formen füllen und im Ofen 10–12 Minuten backen. Die Soufflés mit Puderzucker bestäuben und sofort mit der kalten Kirschsauce servieren.

Erdbeer-Himbeer-Granita

Zitronensaft unterstreicht das Aroma der Sommerbeeren bei diesem gefrorenen Dessert.

10 MIN. PLUS GEFRIERZEIT TK-TAUGLICH

FÜR 6 PERSONEN

125 Puderzucker
1 EL Zitronensaft
250 g Himbeeren
250 g Erdbeeren
Sahne zum Servieren (nach Belieben)

1 Puderzucker und Zitronensaft mit 150 ml kochend heißem Wasser im Mixer aufschlagen, bis sich der Zucker vollständig aufgelöst hat. Beeren hinzufügen und pürieren.

2 Die Mischung in eine gefriergeeignete flache Form füllen und zudecken; für 4 Stunden ins Tiefkühlgerät geben.

3 Die Form nach jeweils 2 Stunden herausnehmen und die angefrorene Mischung mit einer Gabel durchrühren, um die Eiskristalle zu zerkleinern. Sobald sich kleine Eisstücke gebildet haben, die Granita bis zum Servieren im Tiefkühlgerät lassen. Sie hält sich dort bis zu 1 Monat. Pur oder mit Sahne servieren.

Variante

Erdbeer-Wassermelonen-Granita

Den Sirup wie beschrieben zubereiten, jedoch die Schale und den Saft von 1 Bio-Limette statt des Zitronensafts verwenden. 250 g Erdbeeren und 250 g Fruchtfleisch von einer Wassermelone dazugeben; die Granita wie beschrieben fertigstellen.

Kirschstrudel

Eine unkomplizierte Version des beliebten Klassikers. Walnüsse steuern eine knusprige Note bei.

15 MIN. 30–40 MIN.

FÜR 6–8 PERSONEN

500 g Kirschen
1 Bio-Zitrone
75 g Walnusskerne
6 große Blätter Strudel- oder Filoteig
60 g Butter, zerlassen
100 g brauner Zucker
1 TL gemahlener Zimt
Puderzucker zum Bestäuben

1 Die Kirschen entsteinen. Die Zitronenschale abreiben. Die Walnüsse grob hacken.

2 Den Backofen auf 190 °C vorheizen. Ein Backblech fetten. 3 Teigblätter nebeneinander überlappend auf ein sauberes Küchentuch legen. Mit zerlassener Butter bestreichen und die 3 anderen Teigblätter ebenfalls überlappend darauflegen und mit Butter bestreichen.

3 Kirschen, Walnüsse, Zucker, Zitronenschale und Zimt auf dem Teig verteilen. Das Küchentuch an einer langen Seite anheben und den Teig mithilfe des Tuchs aufrollen. Vorsichtig auf das Backblech heben und hufeisenförmig arrangieren. Rundherum mit Butter bestreichen.

4 Den Strudel im heißen Ofen in 30–40 Minuten goldbraun und knusprig backen. Mit Puderzucker bestäuben; warm oder kalt mit steif geschlagener Sahne servieren.

Himbeersahnetorte

Eine Füllung aus üppiger Sahnecreme mit frischen Himbeeren und Kirschwasser verführt bei dieser Torte zum zweiten Stück.

55-60 MIN. 20-25 MIN.

FÜR 1 SPRINGFORM (24 CM Ø)

- 125 g Mehl
- 60 g Butter
- 1 Prise Salz
- 4 Eier, verquirlt
- 125 g Zucker
- 2 EL Kirschwasser

Für die Füllung

- 500 g Himbeeren
- 3 EL Kirschwasser
- 200 g Zucker
- 1 l Milch
- 1 Vanilleschote, längs aufgeschlitzt
- 10 Eigelb
- 3 EL Speisestärke
- 1 Päckchen gemahlene Gelatine
- 250 g Sahne

1 Den Backofen auf 220 °C vorheizen. Die Springform fetten und mit Backpapier auskleiden. 2–3 EL Mehl auf das Papier streuen. Die Butter zerlassen und abkühlen lassen. Das restliche Mehl mit dem Salz in eine Schüssel sieben. In einer Rührschüssel die Eigelbe mit dem Zucker mit den Quirlen des Handrührgeräts 5 Minuten lang schlagen. Ein Drittel des Mehls dazugeben und unterschlagen. Diesen Vorgang zweimal wiederholen, dann die zerlassene Butter unterrühren. Die Masse in die Form gießen und im Ofen 20–25 Minuten backen.

2 Den Biskuitboden aus dem Ofen nehmen und auf einem Kuchengitter abkühlen lassen. Backpapier entfernen und den Biskuit quer halbieren. Die Form abwaschen, abtrocknen und fetten. Den unteren Kuchenboden hineinlegen und mit 1 EL Kirschwasser beträufeln.

3 Drei Viertel der Beeren pürieren und durch ein feines Sieb streichen. 1 EL Kirschwasser und 100 g Zucker unter das Püree rühren.

4 Die Milch mit der Vanilleschote in einem Topf aufkochen lassen und vom Herd nehmen. Zugedeckt 10–15 Minuten ziehen lassen, dann die Vanilleschote entfernen. Ein Viertel von der Milch abnehmen. Den restlichen Zucker in die Milch im Topf rühren. Die Eigelbe mit der Speisestärke cremig schlagen, die heiße Milch dazugießen und die Masse glatt rühren. Die Eigelb-Milch-Masse zurück in den Topf gießen und zugedeckt bei mittlerer Hitze unter Rühren aufkochen lassen. Die beiseitegestellte Milch darunterschlagen.

5 Die Creme gleichmäßig auf zwei Schüsseln verteilen. In eine Hälfte 2 EL Kirschwasser rühren; bis zum Servieren beiseitestellen. Die Gelatine mit 4 EL Wasser in einem kleinen Topf verrühren und 5 Minuten quellen lassen, dann erhitzen, bis sie sich auflöst. Mit dem Himbeerpüree unter die Creme in der zweiten Schüssel rühren. Die Schüssel auf Eiswasser setzen und die Masse kalt schlagen, bis sie dick wird. Die Sahne steif schlagen und unter die Himbeermasse heben. Die Hälfte davon auf den Biskuitboden in der Form verstreichen und ein paar Himbeeren darauf verteilen. Mit der restlichen Creme bedecken.

6 Den zweiten Biskuitboden mit 1 EL Kirschwasser beträufeln und mit der beträufelten Seite nach unten auf die Füllung legen; leicht andrücken. Die Form mit Frischhaltefolie verschließen und für 4 Stunden in den Kühlschrank stellen, bis die Füllung fest ist. Vor dem Servieren die Folie abnehmen, den Springformrand lösen, den Kuchen mit den restlichen Himbeeren garnieren. Kirschwassercreme dazu reichen.

Jetzt am besten **Erdbeeren**

Die vielen Erdbeersorten unterscheiden sich in Form, Farbe und Konsistenz. Die ersten Freilanderdbeeren gibt es im frühen Sommer, und dann schmecken sie hierzulande auch am besten. Die kleinen, hocharomatischen Walderdbeeren werden ebenfalls gezüchtet, allerdings in geringem Umfang. Alle Erdbeeren schmecken mit Sahne, Schokolade und anderen Beeren. Pfeffer und Chili unterstreichen ihr Aroma.

Erdbeeren werden weltweit in allen gemäßigten Klimazonen angebaut. Weil sie vielfach in Treibhäusern gezogen werden, sind sie ganzjährig erhältlich. Walderdbeeren wachsen wild in schattigen Bereichen.

'Chandler' Die große, feste glänzend rote Erdbeere fällt wegen ihrer Kegelform auf. Die aromatische Sorte ist für alle Verwendungszwecke geeignet.

'Elsanta' Die orangeroten bis roten Erdbeeren werden überwiegend erwerbsmäßig angebaut. Wegen ihres zurückhaltenden Aromas bietet sich diese Sorte für kalte Desserts wie Eiscreme oder Sorbet gut an.

'Driscoll's'® Diese Sorte wurde 1904 in Kalifornien entwickelt. Mittlerweile ist sie wegen ihrer Form und Farbe sowie ihres Aromas weltweit begehrt.

Walderdbeeren Sie wachsen wild, werden aber auch in kleinem Umfang angebaut. Die winzigen empfindlichen roten oder weißen Erdbeeren haben ein wunderbares Aroma. Perfekt für Erdbeertörtchen oder Walderdbeerbowle.

Walderdbeeren sind klein, aber groß im Geschmack.

Erdbeeren entkelchen

Bevor Erdbeeren für Desserts verwendet werden, sollte der Blütenkelch entfernt werden. Zum Dippen in Schokolade oder Sahne den Kelch als Griff dranlassen.

1 Beeren waschen und gut abtropfen lassen. Bei reifen Früchten lässt sich der Blütenkelch vorsichtig mit den Fingern herausdrehen.

2 Bei nicht vollreifen Beeren den Blütenkelch mit einem Messer abschneiden, dabei nicht zu viel Fruchtfleisch entfernen.

'Albion' Eine moderne kalifornische Züchtung mit langer Saison. Albion-Erdbeeren sind besonders groß, kegelförmig, dunkelrot und sehr süß. Als Kuchenbelag und für Desserts bestens geeignet.

Das Fruchtfleisch ist durch und durch rot.

Die zarten Beeren sind spindelförmig und haben kräftig grüne Kelchblätter.

'Mieze Schindler' Eine alte herzförmige Sorte mit bemerkenswertem Aroma. Leider sind diese Erdbeeren nur selten im Handel, weil sie sehr weich und deshalb transportempfindlich sind. Roh ein Hochgenuss, aber auch als Konfitüre oder Dessert.

'Evie' Dunkelrote Erdbeeren mit vollem Aroma, die dreimal im Jahr geerntet werden können.

'Sonata'® Eine mittelfrühe Sorte mit großen gleichförmigen, süßen und festen Beeren, die ein hervorragendes Aroma haben. Eine Kreuzung zwischen Elsanta and Polka.

Die Beeren halten sich gut ein paar Tage, ohne dabei dunkler zu werden.

Wissenswert

Im Angebot

Hunderte Erdbeersorten, die sich in Farbe, Form und Aroma unterscheiden. Gelegentlich auch Walderdbeeren.

Einkauf Feste, duftende Beeren mit frischen, grünen Blütenkelchen auswählen.

Aufbewahren So bald wie möglich verbrauchen. Angedrückte oder gar angefaulte Beeren vor dem Lagern im Kühlschrank aussortieren.

Zubereiten Am besten roh genießen, mit Milch oder Sahne. Als Belag für Torten, püriert als Sauce oder für cremige Desserts und Milch-Shakes.

Für den Vorrat Pürieren und einfrieren; als Konfitüre.

Rezepte

Erdbeerkonfitüre Seite 133

Haselnuss-Beeren-Torte Seite 122

Sandwich-Kuchen mit Erdbeeren und Sahne Seite 131

Überbackene Erdbeer-Eis-Torte Seite 123

Whoopie-Pies mit Erdbeeren und Sahne Seite 126

Beeren-Millefeuilles

Das blättrige, mit Beeren und Sahne gefüllte Gebäck bietet sich als Dessert genauso an wie zum Nachmittagskaffee.

2 STD. PLUS KÜHLZEIT | 25-30 MIN.

ERGIBT 8 STÜCK

- 600 g TK-Blätterteig, aufgetaut
- 250 g Sahne
- 1 Portion Konditorcreme (siehe S. 229)
- 400 g gemischte Sommerbeeren (z.B. Erdbeeren und Himbeeren)
- Puderzucker zum Bestäuben

1 Ein Backblech mit kaltem Wasser benetzen. Blätterteig auf einer bemehlten Fläche zu einem etwa 3 mm dicken Rechteck ausrollen, das größer als das Backblech ist. Den Teig auf das Blech legen und für 15 Minuten kalt stellen. Den Backofen auf 200 °C vorheizen.

2 Den Teig mehrmals mit einer Gabel einstechen, mit Backpapier bedecken und mit dem Backofenrost beschweren. Teig 15–20 Minuten backen, bis er zu bräunen beginnt. Das Blech mitsamt Kuchenplatte, Papier und Rost greifen und umdrehen. Blech abheben und die Teigplatte mitsamt dem Papier auf das Blech ziehen. Die Teigplatte noch 10 Minuten backen, bis die untere Seite (die nun oben liegt) ebenfalls bräunt. Aus dem Ofen nehmen und auf ein Brett gleiten lassen. Die Ränder der noch warmen Teigplatte gerade schneiden, dann die Platte längs in drei gleich breite Streifen schneiden. Abkühlen lassen.

3 Die Sahne steif schlagen und unter die Konditorcreme heben. Die Hälfte der Creme auf einen Blätterteigstreifen streichen. Die Hälfte der Beeren darauf verteilen. Den zweiten Streifen darauflegen, ebenfalls mit Sahne und Beeren bedecken. Den dritten Kuchenstreifen leicht auf die Füllung drücken und mit Puderzucker bestäuben. Sofort servieren.

Haselnuss-Beeren-Torte

Zarte Haselnussböden mit Sahne und Erdbeeren.

40-45 MIN. PLUS KÜHLZEIT | 15-18 MIN.

FÜR 4 PERSONEN

- 250 g Haselnusskerne
- 150 g Zucker
- 125 g Mehl
- ½ TL Salz
- 150 g Butter
- 1 Eigelb
- 500 g Himbeeren
- 2-3 EL Puderzucker
- 1-2 EL Kirschwasser (nach Belieben)
- 750 g Erdbeeren, entkelcht
- 300 g Sahne
- 1 Päckchen Vanillezucker

1 Den Backofen auf 180 °C vorheizen. Die Nüsse auf einem Backblech im Ofen 8–10 Minuten rösten. In einem Küchentuch aneinanderrubbeln, um die Schalen zu lösen. Abkühlen lassen. Mit 140 g Zucker fein mahlen. Die Nuss-Zucker-Mischung auf die Arbeitsfläche häufen, Mehl mit Salz daraufsieben und in die Mitte eine Mulde drücken. Butter und Eigelb hinzufügen und alles mit den Händen zu einem glatten Teig kneten. Diesen zur Kugel formen, in Frischhaltefolie wickeln; 30 Minuten kühl stellen.

2 Den Backofen auf 200 °C voheizen. Den Teig in drei gleich große Portionen teilen. Jede Teigportion zu einem 20 cm großen Kreis ausrollen, die Kreise mit 2–3 cm Abstand zueinander auf ein Backblech setzen. Im Ofen 15–18 Minuten backen, bis die Ränder bräunen. Herausnehmen; die Ränder der Kreise sofort glatt schneiden. Einen gebackenen Kreis in acht Segmente schneiden; alles Gebäck auf einem Gitter abkühlen lassen.

3 Die Himbeeren mit Puderzucker und Kirschwasser (nach Belieben) pürieren und durch ein feines Sieb streichen. 8 kleine Erdbeeren für die Garnitur beiseitelegen, die restlichen Beeren halbieren oder vierteln. Die Sahne mit dem restlichem Zucker und dem Vanillezucker steif schlagen.

4 Einen Nusskreis auf eine Servierplatte legen. Ein Viertel der Sahne daraufstreichen, die Hälfte der Erdbeeren daraufsetzen und ein weiteres Viertel Sahne auf die Beeren geben. Den zweiten Teigkreis darauflegen, diesen mit der restlichen Sahne und den restlichen Beeren wie beschrieben belegen.

5 Die Gebäcksegmente schräg in die Sahne stecken, die übrigen 8 Erdbeeren auf die Sahne setzen. Die Torte in Stücke schneiden, mit der Himbeersauce beträufeln und sofort servieren.

Überbackene Erdbeer-Eis-Torte

Ein raffiniertes Dessert für einen ganz besonderen Anlass.

45–50 MIN. 30–40 MIN.

FÜR 1 BACKFORM (20 X 20 CM)

- 60 g zerlassene Butter, plus mehr für die Form
- 125 g Mehl, plus mehr für die Form
- 4 Eier, verquirlt
- 500 g Zucker, plus mehr zum Bestreuen
- 1 Päckchen Vanillezucker
- 1 Prise Salz
- 300 g Erdbeeren
- 2–3 EL Puderzucker
- 9 Eiweiß
- 1,5 l Vanilleeiscreme

1 Den Backofen auf 180 °C vorheizen. Form fetten, den Boden mit Backpapier belegen und mehlieren. Eier mit 100 g Zucker und Vanillezucker dickcremig schlagen. Mehl mit Salz mischen. Nach und nach unter die Eiercreme rühren; zerlassene Butter hinzufügen. Biskuitmasse in die Form füllen; 30–40 Minuten backen, bis sie sich fest anfühlt. Aus der Form auf ein Gitter stürzen, das Papier abziehen; Biskuit auskühlen lassen.

2 Die Erdbeeren mit dem Puderzucker pürieren. 250 ml Wasser mit 400 g Zucker in einem Topf ohne zu rühren erhitzen, bis etwas Sirup sich zwischen Daumen und Zeigefinger zu einer geschmeidigen Kugel formen lässt. Inzwischen die Eiweiße steif schlagen. Den heißen Sirup unter den Eischnee schlagen, bis der Eischnee kühl und fest ist.

3 Den Biskuitboden zu einem etwa 15 cm großen Quadrat zurechtschneiden; Biskuit quer halbieren. Die Schichten so nebeneinander auf eine gefettete ofenfeste Platte legen, dass ein Rechteck entsteht. Abgeschnittene Kuchenränder in der Küchenmaschine zerkleinern, dabei 250 ml Erdbeersauce untermixen. Restliche Sauce auf die Biskuitböden träufeln. Das Eis als Kugeln in zwei Lagen daraufsetzen und mit einer Palette verstreichen. Mit den Erdbeerkrümeln bestreuen. Baisermasse daraufgeben und rundherum verstreichen, auch den Rand. Die Eistorte für 2 Stunden ins Tiefkühlgerät stellen. Backofen auf 220 °C vorheizen. Eistorte mit Zucker bestreuen, 1 Minute ruhen lassen, dann 3–5 Minuten überbacken. Sofort servieren.

Stachelbeertarte

Säuerliche Stachelbeeren mit Eier-Sahne-Guss auf knusprigem Mürbeteig – einfach köstlich!

30 MIN. PLUS KÜHLZEIT 1 STD.

FÜR 1 TARTEFORM (24–26 CM Ø)

- 175 g Mehl
- 75 g kalte Butter
- 75 g Zucker
- 2 Eigelb
- 250 g Sahne
- 2 Eier
- 400 g Stachelbeeren, halbiert
- Crème fraîche zum Servieren (nach Belieben)

1 In einer Schüssel das Mehl mit der Butter zu Streuseln verarbeiten. 25 g Zucker und die Eigelbe unterrühren. Alles zu einem glatten Teig kneten. In Frischhaltefolie wickeln und für 30 Minuten kalt stellen.

2 Den Backofen auf 180 °C vorheizen. Für den Guss die Sahne mit den Eiern und dem restlichen Zucker mit den Quirlen des Handrührgeräts cremig schlagen. Ebenfalls kalt stellen.

3 Den Teig auf einer bemehlten Arbeitsfläche zu einem 30 cm großen Kreis ausrollen und die Form damit auskleiden. Teig mit einer Gabel mehrmals einstechen, den Teigboden mit Backpapier bedecken und mit Hülsenfrüchten beschweren. Den Teigboden im Ofen 20 Minuten backen. Hülsenfrüchte und Papier entfernen und den Boden in weiteren 5 Minuten knusprig backen. Aus dem Ofen nehmen.

4 Die Stachelbeeren nebeneinander auf dem Tarteboden verteilen. Den Guss darübergießen und die Tarte im Ofen 35 Minuten backen, bis der Guss gestockt und goldgelb ist. Die Tarte etwas abkühlen lassen, dann aus der Form lösen und nach Belieben mit Crème fraîche servieren.

Himbeertarte mit Schokoladencreme

Ein perfektes Duo: Schokolade und Himbeeren.

40 MIN. PLUS KÜHLZEIT 20–25 MIN.

FÜR 1 TARTEFORM (24 CM Ø)

- 150 g Mehl, plus mehr zum Arbeiten
- 20 g Kakaopulver
- 100 g Butter, gewürfelt
- 150 g Zucker
- 2 Päckchen Vanillezucker
- 1 Eigelb
- 2 Eier
- 50 g Speisestärke, gesiebt
- 500 ml Milch
- 200 g dunkle Schokolade, in Stückchen
- 400 g Himbeeren
- Puderzucker zum Bestäuben

1 Aus Mehl, Kakao und Butter, 50 g Zucker, 1 Päckchen Vanillezucker und dem Eigelb einen Mürbeteig herstellen; falls nötig, etwas Wasser dazugeben. Den Teig in Frischhaltefolie wickeln und für 1 Stunde in den Kühlschrank legen.

2 Den Backofen auf 180 °C vorheizen. Den Teig auf einer bemehlten Arbeitsfläche 3 mm dick ausrollen. Die Tarteform damit auskleiden, dabei den Teig 2 cm über den Rand stehen lassen. Den Teigboden mehrmals mit einer Gabel einstechen, mit Backpapier und Hülsenfrüchten belegen und 20 Minuten backen. Herausnehmen, Hülsenfrüchte und Papier entfernen und den Tarteboden noch 5 Minuten backen. Den überstehenden Teig abschneiden.

3 Die Eier in einer Schüssel mit 100 g Zucker, der Speisestärke und dem restlichen Vanillezucker mit den Quirlen des Handrührgeräts verrühren. Die Milch mit 100 g Schokolade in einem Topf erwärmen, bis sie aufzukochen beginnt. Die heiße Schokoladenmilch unter die Eiermischung schlagen. Den Topf säubern, die Schokoladenmilch-Eier-Mischung hineingießen und unter Rühren bei mittlerer Hitze erwärmen; bei schwacher Hitze unter Rühren in 2–3 Minuten andicken lassen. Die Creme in eine Schüssel gießen, mit Frischhaltefolie bedecken; kalt stellen.

4 Die restliche Schokolade über dem heißen Wasserbad schmelzen und auf den Tarteboden streichen. Abkühlen lassen. Schokoladencreme durchschlagen, auf den Tarteboden geben und dicht mit Himbeeren belegen. Mit Puderzucker bestäuben; servieren.

Schokoladentarte mit Himbeersauce

Eine klassische Kombination.

30–40 MIN. PLUS KÜHLZEIT 20 MIN.

FÜR 1 SPRINGFORM (24 CM Ø)

- 150 g Butter, plus mehr für die Form
- 500 g Zartbitterschokolade
- 6 Eier, getrennt
- 2 EL Zucker
- 1 EL Mehl, pus mehr für die Form
- 750 g Himbeeren, plus mehr zum Servieren
- 2–3 EL Puderzucker
- Crème fraîche oder Crème double zum Servieren

1 Die Springform fetten, mit Backpapier auskleiden und mehlieren. Die Schokolade klein hacken und mit der Butter in über dem heißen Wasserbad schmelzen. Abkühlen lassen, dabei hin und wieder umrühren. Den Backofen auf 200 °C vorheizen.

2 Die Eigelbe mit einem Kochlöffel unter die abgekühlte Schokoladenmasse rühren. Die Eiweiße zu steifem, glänzendem Schnee schlagen, dabei den Zucker einrieseln lassen. Das Mehl auf die Schokoladenmasse sieben und unterrühren.

3 Zuerst ein Drittel des Eischnees, dann den restlichen Eischnee in zwei Portionen unterheben. Die Masse in die Form gießen.

4 Die Tarte im Ofen etwa 20 Minuten backen; es soll sich auf Oberfläche eine dünne Kruste gebildet haben. Herausnehmen, in der Form ganz abkühlen lassen. Anschließend für 2 Stunden in den Kühlschrank stellen. Erst danach die Tarte aus der Form nehmen und das Papier entfernen.

5 Die Himbeeren pürieren, den Puderzucker untermischen und das Püree durch ein feines Sieb streichen.

6 Die Tarte mit einem Sägemesser in acht Stücke schneiden. Diese auf einem Spiegel von der Himbeersauce anrichten, mit Himbeeren garnieren und nach Belieben mit Crème fraîche oder Crème double servieren.

Macarons mit Erdbeeren und Sahne

Die französischen Mandelbaisers werden hier mit der allseits beliebten Kombination von Erdbeeren und Sahne gefüllt. Nach diesem Rezept gelingen Macarons wirklich leicht. Probieren Sie es aus! Ungefüllt lassen sich die kleinen Baisers bis zu 3 Tage aufbewahren.

30 MIN. **18–20 MIN.**

ERGIBT 20 STÜCK

- 75 g gemahlene geschälte Mandeln
- 100 g Puderzucker
- 2 Eiweiß von 2 großen Eiern (L), mit Raumtemperatur
- 75 g Zucker

Für die Füllung

- 200 g Sahne
- 5–10 sehr große Erdbeeren, am besten so groß wie die Macarons (etwa 3 cm Ø)

1 Auf zwei Bögen Backpapier mit Bleistift 20 Kreise (3 cm Ø) mit 3 cm Abstand zueinander zeichnen. Das Papier auf zwei Backbleche legen (Zeichnung nach unten).

2 Die Mandeln in der Küchenmaschine mit dem Puderzucker sehr fein zerkleinern. Die Eiweiße steif schlagen. Nach und nach portionsweise den Zucker unterarbeiten. Die Baisermasse soll am Ende ganz steif sein. Die Mandelmischung löffelweise vorsichtig unterheben. Den Backofen auf 150 °C vorheizen.

3 Die Masse in einen Spritzbeutel mit glatter Tülle füllen (den Beutel dazu eventuell in ein hohes Glas oder einen Rührbecher stellen) und mittig in die Kreise spritzen, den Beutel dabei gerade halten. Wenn die Oberfläche der Kreise nicht richtig glatt ist, das Blech ganz leicht auf die Arbeitsfläche schlagen. Die Macarons blechweise im Ofen (Mitte) 18–20 Minuten backen, bis die Oberfläche fest ist. (Zur Probe ein Stück herausnehmen und mit dem Finger daraufklopfen. Wenn dabei die Oberfläche aufbricht, ist es fertig.) Herausnehmen; die Macarons 15–20 Minuten auf den Blechen abkühlen, dann auf einem Gitter auskühlen lassen.

4 Für die Füllung die Sahne sehr steif schlagen und in den gesäuberten Spritzbeutel füllen. Auf die Hälfte der Macarons (jeweils auf die flache Seite) etwas Sahne spritzen.

5 Die Erdbeeren entkelchen und quer in dünne Scheiben schneiden. Die Scheiben, die genauso groß wie die Macarons sind, auf die Sahne legen und mit je einem ungefüllten Baiser bedecken. Macarons leicht zusammendrücken, auf einer Servierplatte anrichten und sofort servieren.

Whoopie-Pies mit Erdbeeren und Sahne

Die amerikanischen süßen Doppeldecker haben inzwischen auch den Rest der Welt erobert.

40 MIN. 12 MIN.

ERGIBT ETWA 10 STÜCK

175 g weiche Butter
150 g brauner Zucker
1 Päckchen Vanillezucker
1 großes Ei (L)
220 g Mehl
1½ TL Backpulver
75 g Kakaopulver
150 ml Milch
2 EL griechischer Sahnejoghurt
150 g Sahne, steif geschlagen
250 g Erdbeeren, in dünne Scheiben geschnitten
Puderzucker zum Bestäuben

1 Den Backofen auf 180 °C vorheizen. Zwei Backbleche mit Backpapier belegen. Die Butter mit Zucker und Vanillezucker mit den Quirlen des Handrührgeräts cremig schlagen. Die Eier unterschlagen. Mehl mit Backpulver und Kakao in eine Schüssel sieben; die Mehlmischung abwechselnd mit der Milch löffelweise unter die Buttercreme schlagen, dann den Joghurt unterrühren. Gehäufte Esslöffel Teigmasse mit Abstand zueinander auf die Bleche setzen. Den Löffel in Wasser tauchen und mit dem Löffelrücken die Teighäufchen glatt streichen. Im Ofen 12 Minuten backen, sie sollen schön aufgehen. Ein paar Minuten auf dem Blech ruhen, dann auf einem Gitter abkühlen lassen.

2 Die Schlagsahne auf die Hälfte der Küchlein verteilen. Jeweils eine Lage Erdbeerscheiben darauf anrichten und mit einem Küchlein bedecken. Die Whoopie-Pies mit Puderzucker bestäuben und servieren.

Variante

Whoopie-Pies mit Kirschen

Die Erdbeeren durch 250 g Herzkirschen ersetzen. Die Kirschen entsteinen, die Hälfte hacken und in den Teig geben. Wie beschrieben backen. Für die Füllung die restlichen Kirschen pürieren; mit 2 EL Zucker und 250 g Mascarpone verrühren.

Tiramisu-Kirsch-Charlotte

Wenn dieses Dessert einen Tag im Kühlschrank durchziehen kann, lässt es sich danach besonders gut aus der Form lösen.

20 MIN. PLUS KÜHLZEIT

ERGIBT 8 STÜCKE

175 g Löffelbiskuits
2-3 EL Weinbrand
1 kleine Tasse kalter starker Kaffee
600 g Sahne
2 EL Kakaopulver, plus mehr zum Bestäuben
2 EL Puderzucker, plus mehr zum Bestäuben
300 g Kirschen, entsteint und halbiert
3 Kirschen zum Garnieren
100 g Zartbitterschokolade

1 Eine Schüssel mit hohem Rand (1,2 l Inhalt) dünn mit Öl auspinseln. Den Boden der Schüssel mit einem Backpapierkreis belegen. 5 Löffelbiskuits beiseitelegen. Weinbrand und Kaffee mischen, die restlichen Biskuits darin tränken. Den Boden der Schüssel mit halbierten und den Rand mit ganzen Löffelbiskuits auskleiden (gezuckerte Seiten nach außen).

2 Die Sahne steif schlagen. Die Hälfte der Sahne in eine zweite Schüssel füllen. Kakao und Puderzucker unter eine Portion mischen, die Kirschen unter die andere.

3 Die Sahnemischungen schichtweise in die ausgekleidete Schüssel füllen. Alles mit den beiseitegelegten Löffelbiskuits bedecken; gut andrücken. Die Schüssel für mindestens 2 Stunden in den Kühlschrank stellen.

4 Vor dem Servieren einen flachen Teller auf die Schüssel legen, die Schüssel umdrehen und abheben. Die Tiramisu-Charlotte mit Kakao und Puderzucker bestäuben. Mit Kirschen garnieren und die Schokolade darüberreiben.

Baisers mit Himbeercreme

Himbeeren und Schlagsahne sind hier die sommerlich-frische Füllung für kleine, luftige Baisers.

20 MIN. 1 STD.

ERGIBT 8–10 STÜCK

4 Eiweiß, mit Raumtemperatur
etwa 250 g Zucker
100 g Himbeeren
300 g Sahne
1 EL Puderzucker, gesiebt

1 Den Backofen auf 120 °C vorheizen. Ein Backblech mit Backpapier belegen. Die Eiweiße wiegen und dieselbe Menge Zucker abwiegen.

2 Die Eiweiße zu steifem Schnee schlagen. Den Zucker dabei nach und nach einrieseln lassen.

3 Die Baisermasse in einen Spritzbeutel mit glatter Tülle füllen und in kleinen Häufchen mit 5 cm Abstand zueinander auf das Blech spritzen (oder mit einem Löffel daraufsetzen). Im Ofen 1 Stunde backen. Die Baisers sind fertig, sobald sie sich leicht vom Papier lösen lassen und hohl klingen, wenn man daraufklopft.

4 Die Himbeeren in einer Schüssel mit einem Löffelrücken zerdrücken. Die Sahne mit dem Puderzucker steif schlagen und die Beeren vorsichtig unterheben. Die Himbeersahne auf die Hälfte der Baisers (auf die glatte Seite) setzen, die übrigen Baisers vorsichtig daraufdrücken. Sofort servieren.

Erdbeer-Himbeer-Tarte

Dieser himmlische Sommerkuchen besteht aus frischen Beeren, Schlagsahne und Nüssen.

35–40 MIN. PLUS KÜHLZEIT 30–35 MIN.

FÜR 1 TARTEFORM (24 CM Ø)

150 g Haselnusskerne
zerlassene Butter für die Form
500 g süßer Mürbeteig (Fertigprodukt oder selbst gemacht)
250 g Sahne
3–4 EL Puderzucker, plus mehr zum Bestäuben
2 EL Marsala
125 g Himbeeren
300 g Erdbeeren, große Exemplare halbiert oder geviertelt

1 Die Nüsse auf einem Backblech im Ofen 8–10 Minuten rösten. In einem sauberen Küchentuch aneinanderrubbeln, um die Schalen zu lösen; abkühlen lassen und 70 g grob hacken. Die restlichen Nüsse fein mahlen. Den Ofen eingeschaltet lassen.

2 Die Form mit zerlassener Butter fetten. Den Teig etwa 3 mm dick und etwas größer als die Form ausrollen. Die Form mit dem Teig auskleiden; mindestens 15 Minuten kalt stellen. Inzwischen den Backofen auf 180 °C vorheizen.

3 Den Tarteboden in 30–35 Minuten goldbraun backen. Abkühlen lassen, dann den Formrand lösen. Die Sahne steif schlagen. Die gemahlenen Haselnüsse, den Puderzucker und den Marsala unterschlagen.

4 Sobald der Tarteboden ausgekühlt ist, zwei Drittel der Nusssahne daraufstreichen und den Großteil der Beeren daraufsetzen. Die restliche Sahne darauf verteilen und mit den übrigen Beeren und den gehackten Nüssen bestreuen. Die Tarte kalt stellen und vor dem Servieren mit Puderzucker bestäuben.

Clafoutis mit Kirschen

Sauerkirschen haben ein intensives Aroma und bilden einen guten Kontrast zu dem süßen Teig.

20–25 MIN. 30–35 MIN.

FÜR 6–8 PERSONEN

- zerlassene Butter und Zucker für die Form
- 600 g Kirschen, entsteint
- 50 g Mehl
- 1 Prise Salz
- 150 ml Milch
- 75 g Sahne
- 4 Eier
- 2 Eigelb
- 100 g Zucker
- 3 EL Kirschwasser
- 2 EL Puderzucker

1 Eine runde ofenfeste Form (2 l Inhalt) mit Butter fetten und mit etwas Zucker ausstreuen. Die Kirschen nebeneinander in die Form legen.

2 Das Mehl mit dem Salz in eine Schüssel sieben. In die Mitte eine Mulde drücken; die Milch und die Sahne hineingießen. Alles mit einem Schneebesen verrühren, dabei das Mehl langsam unterrühren, bis eine glatte Masse entstanden ist. Eier, Eigelbe und Zucker unterrühren.

3 Den Backofen auf 180 °C vorheizen. Die Masse auf die Kirschen in der Form verteilen (die Kirschen sollen teilweise damit bedeckt sein) und mit Kirschwasser beträufeln.

4 Den Clafoutis im Ofen 30–35 Minuten backen, bis sie aufgegangen und goldbraun ist. Falls sie vor Ende der Backzeit zu dunkel werden sollte, mit Alufolie abdecken. (Sobald der Clafoutis gar ist, löst er sich etwas vom Formrand.) Mit Puderzucker bestäuben und warm oder mit Raumtemperatur servieren, nach Belieben mit Schlagsahne.

Kirsch-Pie

Der in den USA überaus beliebte Kuchen schmeckt sowohl mit Süß- als auch mit Sauerkirschen.

20 MIN. PLUS KÜHLZEIT 35–45 MIN.

FÜR 1 PIE-FORM (24 CM Ø)

- 100 g Butter
- 75 g Schweineschmalz
- 300 g Mehl, plus mehr zum Arbeiten
- Salz
- 3 EL brauner Zucker (z. B. Demerarazucker)
- 750 g Kirschen, entsteint
- 1 EL Speisestärke
- ½ TL gemahlener Zimt
- 2 Tropfen Bittermandelaroma
- 1 EL Zitronensaft
- 1 Eiweiß, mit 1 EL Wasser verquirlt
- Milch und Puderzucker zum Glasieren

1 Eine Pieform fetten. Mehl und Salz in eine Schüssel sieben. 75 g Butter und das Schmalz dazugeben; alles zu Streuseln verarbeiten. 2–3 EL Wasser unterarbeiten, bis ein glatter Teig entsteht. Diesen zur Kugel formen, in Frischhaltefolie wickeln und für 30 Minuten kalt stellen.

2 Den braunen Zucker in einem Topf mit 300 ml Wasser verrühren und 3–4 Minuten kräftig kochen lassen. Die Kirschen dazugeben; nochmals aufkochen lassen. Anschließend die Kirschen aus dem Sud nehmen und abkühlen lassen.

3 Den Backofen auf 200 °C vorheizen. Speisestärke, Zimt, Bittermandelaroma und Zitronensaft unter die Kirschen mischen. Zwei Drittel des Teigs auf einer bemehlten Arbeitsfläche ausrollen und die Form damit auskleiden. Den Teig mit dem Eiweiß bestreichen. Die Kirschen daraufgeben und mit der restlichen Butter in Flöckchen belegen.

4 Den restlichen Teig 2 cm größer als die Form ausrollen und auf die Kirschfüllung legen. Die Teigränder anfeuchten, zusammendrücken und nach unten schieben. Den Teigdeckel mehrmals einschneiden, damit der Dampf beim Backen entweichen kann. Mit Milch bestreichen und mit Puderzucker bestäuben.

5 Die Pie im Ofen 30–40 Minuten backen, bis die Oberfläche goldbraun ist. Warm oder mit Raumtemperatur servieren.

Baiserroulade mit Beeren

Die köstliche Roulade, mit sommerlichem Obst gefüllt, passt gut auf ein Büfett.

25 MIN. 15 MIN. TK-TAUGLICH

FÜR 8 PERSONEN

- 5 Eiweiß
- 225 g Zucker
- 1 Päckchen Vanillezucker
- ½ TL Weißweinessig
- 1 TL Speisestärke
- 250 g Sahne, steif geschlagen
- Puderzucker zum Bestäuben
- 250 g gemischte Beeren (z. B. Erdbeeren, Himbeeren und Heidelbeeren; große Exemplare zerkleinert)

1 Den Backofen auf 180 °C vorheizen. Ein Backblech mit Backpapier belegen. Eiweiße mit Salz steif schlagen. Esslöffelweise den Zucker und Vanillezucker, dann Essig und Stärke unterschlagen, bis die Masse steif ist und glänzt. Auf dem Blech zu einer Größe von etwa 23 x 32 cm ausstreichen und im Ofen 15 Minuten backen. Herausnehmen und abkühlen lassen.

2 Ein Küchentuch mit Puderzucker bestäuben und die Baiserplatte daraufstürzen. Mit der Sahne bestreichen, dann die Beeren darauf verteilen. Die Platte mithilfe des Tuchs aufrollen. Mit der Naht nach unten auf eine Servierplatte legen, zudecken und kalt stellen. Vor dem Servieren mit Puderzucker bestäuben.

Jetzt am besten **Kirschen**

Im Sommer reifen zwei Arten von Kirschen: pralle, süße mit festem, knackigem oder weichem, saftigem Fruchtfleisch – sie schmecken roh wunderbar. Dann gibt es noch die kleinen Sauerkirschen, deren Geschmack von süßsauer bis bitter reicht. Sie schmecken gekocht am besten. Die Farbe der Steinfrüchte variiert von cremegelb mit rosa Stellen über dunkelrot bis fast schwarz. Kirschen passen z. B. zu Schokolade und Mandeln, aber auch zu Wild und Geflügel.

Die aus dem westlichen Asien stammenden Kirschen werden mittlerweile weltweit in den gemäßigten Klimazonen angebaut.

Wissenswert

Im Angebot

Unterschiedliche Sorten rote bis schwarze und helle Süßkirschen sowie Sauerkirschen.

Einkauf Auf pralle, feste Früchte mit Stiel achten.

Aufbewahren Ungewaschen mit Stielen in einer Papiertüte im Kühlschrank mehrere Tage lagern.

Zubereiten Für Kuchenbelag, Kaltschalen, süße und pikante Saucen, Obstsalate, Kompott.

Für den Vorrat Als Konfitüre; in Alkohol (Rum, Brandy) einlegen; in Essig einlegen; einkochen; kandieren; einfrieren.

Rezepte

Clafoutis mit Kirschen
Seite 128

Kirschkonfitüre mit Cassis
Seite 132

Kirsch-Pie Seite 128

Kirschstrudel Seite 118

Tiramisu-Kirsch-Charlotte
Seite 126

Rote Süßkirschen Es gibt verschiedene beliebte Sorten mit unterschiedlichen Rottönen – alle sind süß, rund und knackig. Sie schmecken roh und gegart.

Sauerkirschen gibt es von knall- bis dunkelrot.

Sauerkirschen Sorten wie die Schattenmorelle haben nur eine kurze Saison. Sie haben dunklen Saft und schmecken herb-sauer. Zum Rohverzehr sind sie eher nicht geeignet, jedoch zum Einlegen in Alkohol oder Zuckersirup, für Konfitüren und zum Einkochen.

Gelbe Kirschen, häufig mit roten Bäckchen, werden ebenfalls angeboten. Dazu gehört z. B. die Sorte 'Rainier' (im Bild). Diese Kirschen sind sehr empfindlich und schwer zu transportieren, von daher auch recht teuer.

Kirschen entsteinen

Wenn man Kirschen roh isst, gehört es dazu, die Steine einfach auszuspucken. Werden die Früchte beispielsweise gekocht, für einen Kuchen oder ein Dessert verwendet, sind Kirschen mit Stein eher unerwünscht.

1 Kirschen waschen; Stiele abzupfen. Die Kirsche mit dem Stielansatz nach oben in den Kirschenentsteiner legen und über eine Schüssel halten.

2 Den Griff des Entsteiners zusammendrücken, sodass der Dorn durch die Kirsche sticht und dabei den Stein herausschiebt.

Shortcakes mit Erdbeeren

Die Mini-Törtchen sind ein verführerischer süßer Snack. Sie passen wunderbar auf ein Dessert-Büfett oder schmecken zum Nachmittagskaffee.

15 MIN. 10 MIN.

ERGIBT 6 STÜCK

- 200 g Mehl
- 30 g Kakaopulver
- 2 TL Backpulver
- 60 g weiche Butter
- 60 g Zucker, plus mehr für die Beeren
- 1 Päckchen Vanillezucker
- 1 großes Ei (L)
- 6 EL Milch
- 250 g Erdbeeren
- 150 g Sahne, steif geschlagen

1 Den Backofen auf 230 °C vorheizen. Das Mehl mit Kakao und Backpulver in eine Schüssel sieben. Die Butter dazugeben und alles mit den Händen zu Streuseln verarbeiten. Erst Zucker und Vanillezucker, dann das Ei unterrühren. Mit Milch zu einem weichen, Teig verkneten, der nicht klebt.

2 Den Teig 1 cm dick ausrollen und 6 Kreise (je 7,5 cm Ø) ausschneiden. Die Kreise auf ein leicht gefettetes Backblech legen und im Ofen 10 Minuten backen – sie sollen aufgegangen sein und hohl klingen, wenn man auf die Unterseite klopft. Auf ein Gitter legen und 5–10 Minuten abkühlen lassen.

3 Von den Erdbeeren 3 Stück beiseitelegen. Die restlichen putzen, in Scheiben schneiden und nach Belieben mit etwas Zucker mischen.

4 Die Schokoladenküchlein horizontal durchschneiden und mit Erdbeeren und Sahne füllen. Die beiseitegelegten Erdbeeren in Scheiben schneiden, die Blütenkelche dabei nicht entfernen. Die Törtchen mit Erdbeerscheiben und Sahne anrichten.

Zucchinikuchen

Es muss nicht immer Möhrenkuchen sein. Zucchinikuchen schmeckt mindestens genau so gut. Backen Sie ihn, vor allem wenn reichlich Zucchini zur Verfügung stehen

20 MIN. 45 MIN. TK-TAUGLICH

FÜR 1 SPRINGFORM (22 CM Ø)

- 100 g Haselnusskerne
- 225 ml Öl
- 3 große Eier (L)
- 225 g Zucker
- 1 Päckchen Vanillezucker
- 200 g Zucchini, geraspelt
- 200 g Mehl
- 75 g Vollkornmehl
- 1½ TL Backpulver
- 1 Prise Salz
- 1 TL gemahlener Zimt
- abgeriebene Schale von 1 Bio-Zitrone

1 Den Backofen auf 180 °C vorheizen. Die Form fetten und den Boden mit Backpapier belegen. Die Nüsse auf einem Backblech im heißen Ofen 5 Minuten rösten. In einem sauberen Küchentuch aneinanderrubbeln, um die Schalen abzulösen; grob hacken.

2 Das Öl mit Eiern, Zucker und Vanillezucker zu einer hellen, dicklichen Masse verquirlen. Die Zucchiniraspel ausdrücken und mit den Nüssen unter die Masse rühren. Beide Mehle mit dem Backpulver darübersieben, Salz, Zimt und Zitronenschale hinzufügen und alles zu einem glatten Teig verrühren.

3 Den Teig in die Form füllen und im Ofen 45 Minuten backen. Der Kuchen soll auf leichten Fingerdruck nachgeben. Auf ein Gitter stürzen und abkühlen lassen.

Rhabarber-Erdbeer-Pie

Herber Rhabarber und süße Erdbeeren in einer Pie – dazu passt Vanilleeis.

20 MIN. PLUS KÜHLZEIT 50–55 MIN.

FÜR 1 PIE-FORM (24 CM Ø)

- zerlassene Butter für die Form
- 500 g süßer Mürbeteig (Fertigprodukt oder selbst gemacht)
- 1 kg Rhabarber, geschält und in Stücke geschnitten
- abgeriebene Schale von 1 Bio-Orange
- 250 g Zucker, plus 1 EL zum Glasieren
- ¼ TL Salz
- 30 g Mehl
- 400 g Erdbeeren, entkelcht, halbiert oder geviertelt
- 15 g Butter in Stückchen
- 1 EL Milch zum Glasieren

1 Die Form mit Butter fetten. Den Teig zu einem etwa 30 cm großen Kreis ausrollen und die Form damit auskleiden.

2 Überhängenden Teig abschneiden; die Abschnitte aufheben. Die Form für 15 Minuten in den Kühlschrank stellen.

3 Rhabarber mit Orangenschale, Zucker, Salz und Mehl in einer Schüssel gründlich mischen. Die Erdbeeren unterheben. Die Obstmischung in die Form auf den Teig füllen; die Butter darauf verteilen.

4 Den Teigrand mit kaltem Wasser bestreichen. Die Teigabschnitte verkneten, rund ausrollen (etwa 28 cm Ø) und als Deckel auf die Füllung legen. Den Teigdeckel am Teigrand fest andrücken.

5 Den Teigdeckel mehrfach einschneiden, damit Dampf entweichen kann. Den Deckel mit Milch bestreichen und mit Zucker bestreuen. Die Pie für 15 Minuten kalt stellen. Den Backofen auf 220 °C vorheizen und ein Backblech in den Ofen (Mitte) schieben.

6 Die Form auf das Blech setzen und die Pie im Ofen 20 Minuten backen; die Ofentemperatur auf 180 °C senken und die Pie noch 30–35 Minuten backen.

Himbeertarte mit weißer und dunkler Schokolade

Diese Tarte macht Eindruck und ist dabei schnell und einfach zu backen. Verwenden Sie einen gebackenen Mürbeteigboden von bester Qualität.

40 MIN. PLUS ABKÜHLZEIT

FÜR 6 PERSONEN

- 100 g weiße Schokolade, in Stücke gebrochen
- 75 g dunkle Schokolade, in Stücke gebrochen
- 1 Schokoladenmürbeteigboden (Fertigprodukt oder selbst gemacht)
- 250 g Sahne
- 400 g Himbeeren
- Puderzucker zum Bestäuben

1 Die weiße Schokolade über dem heißen Wasserbad schmelzen; vom Wasserbad nehmen und abkühlen lassen.

2 Die dunkle Schokolade ebenfalls schmelzen und auf den Mürbeteigboden streichen (so weicht er später nicht durch). Beiseitestellen und die Schokolade fest werden lassen.

3 Die Sahne steif schlagen und die abgekühlte, noch flüssige weiße Schokolade unter die Schlagsahne heben. Die Hälfte der Beeren zerdrücken und unter die Schokosahne heben. Diese Masse gleichmäßig auf dem Mürbeteigboden verteilen. Die restlichen Himbeeren daraufsetzen, alles mit Puderzucker bestäuben und den Kuchen servieren.

Stachelbeercreme mit Holunderblütensirup

Eine leckere Verwendungsmöglichkeit für Stachelbeeren – das ist Sommer pur!

20 MIN. PLUS KÜHLZEIT **10 MIN.**

FÜR 4-6 PERSONEN

- 400 g Stachelbeeren, geputzt
- 100 g Zucker
- 1 EL Holunderblütensirup
- 250 g Vanillepudding (Fertigprodukt oder selbst gemacht)
- 200 g Sahne

1 Stachelbeeren mit Zucker und Holunderblütensirup in einem Topf verrühren, bis sich der Zucker aufgelöst hat. Anschließend zugedeckt bei schwacher Hitze köcheln lassen, bis die Stachelbeeren beginnen aufzuplatzen und Saft abgeben.

2 Die Beeren mit dem Kartoffelstampfer leicht zerdrücken. Wer mag, kann sie auch kurz in der Küchenmaschine pürieren. Die Masse ganz abkühlen lassen, dann in den Kühlschrank stellen.

3 Sobald die zerdrückten Beeren bzw. das Püree durchgekühlt ist, die Sahne steif schlagen. Stachelbeeren unter die Sahne ziehen und das Dessert auf Schälchen oder in Gläser verteilen. Bis zum Servieren in den Kühlschrank stellen.

Variante

Stachelbeer-Erdbeer-Creme

175 g Stachelbeeren mit 60 g Zucker und 2 EL Wasser köcheln; mit 175 g Erdbeeren pürieren. Die Masse abkühlen lassen und wie in Schritt 3 beschrieben weiter verarbeiten. Vor dem Servieren mit Raspelschokolade bestreuen.

Sandwich-Kuchen mit Erdbeeren und Sahne

Ein Klassiker aus England, der nach diesem Rezept mit Erdbeeren und Sahne gefüllt wird und nicht, wie sonst üblich, mit üppiger Buttercreme.

20 MIN. **25 MIN.** **TK-TAUGLICH**

FÜR 2 SPRINGFORMEN (JE 20 CM Ø)

- 225 g weiche Butter
- 225 g Zucker
- 225 g Mehl
- 1½ TL Backpulver
- 4 große Eier (L), leicht verquirlt

Für die Füllung

- 100 g Sahne
- 200 g Erdbeeren, in Scheiben geschnitten
- Puderzucker zum Bestäuben

1 Den Backofen auf 180 °C vorheizen. Die Springfomen mit Backpapier auskleiden. Die Butter mit dem Zucker mit den Quirlen des Handrührgeräts hell und cremig schlagen. Mehl mit Backpulver mischen. Die Eier unter die Buttercreme schlagen, dabei immer erst das nächste Ei hinzufügen, wenn das vorherige untergerührt ist. Mit jedem Ei 1 EL Mehl zur Butter-Eier-Masse geben, damit die Masse nicht gerinnt. Das restliche Mehl darunterziehen. Jeweils die Hälfte des Teigs in die Formen füllen und im Ofen etwa 25 Minuten backen. Die Kuchen in den Formen 5 Minuten abkühlen, dann aus den Formen nehmen und auf einem Gitter auskühlen lassen.

2 Für die Füllung die Sahne steif schlagen und auf einen der Kuchen streichen. Mit den Erdbeeren belegen und mit dem zweiten Kuchen bedecken. Dick mit Puderzucker bestäuben.

Kirschkonfitüre

Ein kleines bisschen Weinbrand genügt, um den Geschmack dieser Konfitüre zu intensivieren.

15 MIN. 30-35 MIN.

ERGIBT ETWA 1 L

- 500 g dunkle Kirschen, entsteint (Steine aufbewahren)
- Saft von 2 Zitronen
- 500 g Gelierzucker 1:1
- 2 EL Weinbrand

1 Kirschsteine in einen kleinen Mullbeutel geben und diesen verschließen. Die Kirschen und das Säckchen in einen großen Topf geben, 300 ml Wasser dazugießen. Alles aufkochen und 10–15 Minuten köcheln lassen, bis die Kirschen weich werden. Das Säckchen mit den Steinen herausnehmen. Zitronensaft und Gelierzucker zu den Kirschen geben. Die Masse sanft erhitzen und rühren, bis sich der Zucker aufgelöst hat. Aufkochen und 10 Minuten sprudelnd kochen lassen, dabei ab und zu umrühren.

2 Sobald die Masse zu gelieren beginnt (das erkennt man daran, dass sie am Topfrand dick wird und nicht mehr so kräftig kocht), den Topf vom Herd nehmen. Die Gelierprobe machen: Dafür einen kleinen Teller imTiefkühlgerät kalt werden lassen, dann 1 TL Kirschmasse daraufgeben und kurz abkühlen lassen – wenn beim sanften Daraufpusten die Konfitüre Wellen bildet, hat sie lang genug gekocht.

3 Den Weinbrand unter die heiße Konfitüre rühren und die Konfitüre in heiße, sterilisierte Schraubdeckelgläser füllen. Sofort fest verschließen und abkühlen lassen. Die Konfitüre hält sich an einem kühlen, dunklen Platz bis zu 9 Monate. Nach dem Öffnen im Kühlschrank lagern.

Stachelbeer-Himbeer-Konfitüre

Die Aromen der beiden Sommerbeerensorten harmonieren wunderbar miteinander.

10 MIN. 45-50 MIN.

ERGIBT ETWA 1 L

- 500 g Stachelbeeren, geputzt
- abgeriebene Schale von ½ Bio-Zitrone
- 250 g Himbeeren
- 700 g Zucker
- ½ TL Butter

1 Die Stachelbeeren mit 150 ml Wasser und der Zitronenschale in einen großen Topf geben. Aufkochen und zugedeckt bei schwacher Hitze 30 Minuten köcheln lassen, bis die Beeren musig sind. Die Erdbeeren unterrühren und mitkochen, bis sie weich werden.

2 Den Zucker unter die Beerenmischung rühren, bis er sich aufgelöst hat. Die Masse aufkochen und 15 Minuten sprudelnd kochen lassen. Sobald sie zu gelieren beginnt, (das erkennt man daran, dass sie am Topfrand dick wird und nicht mehr so kräftig kocht), den Topf vom Herd nehmen. Die Gelierprobe machen: Einen kleinen Teller im Tiefkühlgerät kalt werden lassen, dann 1 TL Beerenmasse daraufgeben und kurz abkühlen lassen – wenn beim sanften Daraufpusten die Konfitüre Wellen bildet, hat sie lang genug gekocht.

3 Die Konfitüre abschäumen und die Butter unterrühren (so verschwindet der letzte Schaum). Die Konfitüre in heiße, sterilisierte Schraubdeckelgläser füllen. Sofort fest verschließen und abkühlen lassen. Kühl und dunkel aufbewahren und nach dem Öffnen im Kühlschrank lagern.

Kirschkonfitüre mit Cassis

Auf diese Weise konserviert, schmecken Kirschen besonders köstlich. Die Konfitüre soll nur leicht gelieren und dabei cremig bleiben – also nicht zu lange kochen.

20 MIN. PLUS ZIEHZEIT 30 MIN.

ERGIBT ETWA 1 L

- 600 g Kirschen, entsteint
- 300 g Gelierzucker 1:1
- Mark von 1 Vanilleschote
- Saft von 2 Zitronen
- 4 EL Cassis (schwarzer Johannisbeerlikör)

1 Die Kirschen mit dem Gelierzucker in einer großen Schüssel zugedeckt bei Raumtemperatur mehrere Stunden oder über Nacht ziehen lassen.

2 Diese Mischung mit der Vanille und dem Zitronensaft in einen großen Topf füllen und 15 Minuten köcheln lassen, bis die Kirschen weich sind.

3 Die Masse sprudelnd aufkochen und 5–8 Minuten kochen lassen. Sobald sie zu gelieren beginnt (das erkennt man daran, dass sie am Topfrand dick wird und nicht mehr so kräftig kocht) den Topf vom Herd nehmen. Die Gelierprobe machen: Einen kleinen Teller imTiefkühlgerät kalt werden lassen, dann 1 TL Kirschmasse daraufgeben und kurz abkühlen lassen – wenn beim sanften Daraufpusten die Konfitüre Wellen bildet, hat sie lang genug gekocht.

4 Den Cassis unter die Konfitüremasse rühren und diese in heiße, sterilisierte Schraubdeckelgläser füllen. Sofort fest verschließen und abkühlen lassen. An einem kühlen, dunklen Platz aufbewahren und nach dem Öffnen im Kühlschrank lagern.

Erdbeerkonfitüre

Die allseits beliebte streichzarte Konfitüre sollten Sie aus frisch gepflückten Erdbeeren kochen. Sie schmeckt nicht nur als süßer Belag für Brot und Brötchen gut, sondern auch in Quark oder Joghurt.

20 MIN. PLUS ZIEHZEIT **20–25 MIN.**

ERGIBT ETWA 1 L

1 kg Erdbeeren, entkelcht
1 kg Zucker
Saft von 1 Zitrone
Saft von 1 Limette

1 Die Erdbeeren mit dem Zucker in einer großen Schüssel zugedeckt bei Raumtemperatur mehrere Stunden oder über Nacht ziehen lassen.

2 Die Beeren mit dem Zucker in einen großen schweren Topf geben und bei schwacher Hitze unter Rühren köcheln, bis sich der Zucker aufgelöst hat. 5 Minuten weiterköcheln lassen, bis die Beeren weich sind, aber noch nicht zerfallen. Den Topf vom Herd nehmen, mit einem Küchentuch bedecken und über Nacht stehen lassen.

3 Den Topf offen auf den Herd stellen. Zitronen- und Limettensaft unter die Beeren rühren. Die Masse aufkochen und 5–10 Minuten leicht kochen lassen, bis sie dick wird und zu gelieren beginnt (das erkennt man daran, dass sie am Topfrand dick wird und nicht mehr so kräftig kocht). Dabei, falls nötig, entstehenden Schaum abschöpfen. Den Topf vom Herd nehmen. Die Gelierprobe machen: Einen kleinen Teller im Tiefkühlgerät kalt werden lassen, dann 1 TL Erdbeermasse daraufgeben und kurz abkühlen lassen – wenn beim sanften Daraufpusten die Konfitüre Wellen bildet, hat sie lang genug gekocht.

4 Die Konfitüre in heiße, sterilisierte Schraubdeckelgläser füllen. Sofort verschließen und abkühlen lassen. An einem kühlen, dunklen Platz aufbewahren und nach dem Öffnen im Kühlschrank lagern.

Variante

Dreifrucht-Konfitüre

300 g entkelchte Erdbeeren, 300 g Himbeeren und 300 g rote entsteinte Kirschen wie beschrieben zu Konfitüre kochen.

Rhabarber mit Rosenblättern

Rosenblätter verleihen diesem Sirup ein feines Aroma. Zum Trinken mit Wasser verdünnen oder pur über Eiscreme träufeln.

20 MIN. 25-35 MIN.

ERGIBT ETWA 500 ML

- 500 g Rhabarber, klein geschnitten
- 375 g Zucker
- 8 ungespritzte Rosenblätter
- 2 EL Rosenwasser
- 1 TL Zitronensäure

1 Den Boden eines großen Topfs mit Wasser bedecken. Rhabarber, Zucker und Rosenblätter dazugeben. Alles aufkochen, umrühren und zugedeckt bei schwacher Hitze in 20–30 Minuten zu einer musigen Masse köcheln lassen, dabei ein- oder zweimal umrühren.

2 Ein Sieb mit einem Passier- oder Mulltuch auslegen, über eine Schüssel hängen und das Mus hineingeben. Wenn der Saft abgelaufen ist, das Mus gut ausdrücken. Den Saft in den Topf gießen und aufkochen lassen.

3 Den Topf vom Herd nehmen, das Rosenwasser und die Zitronensäure in den Sirup rühren. Sofort durch einen Trichter in heiße, sterilisierte Flaschen abfüllen. Verschließen und abkühlen lassen. Der Sirup hält sich im Kühlschrank bis zu 1 Monat. Vor der Verwendung schütteln.

Wassermelone in Ingwersirup

Wassermelonen kann man nur mit Zitronensaft haltbar machen, deshalb unbedingt daran denken.

20 MIN. 10 MIN.

ERGIBT ETWA 1 L

- 1 kleine Wassermelone
- 2,5 cm frischer Ingwer
- 140 g Zucker
- 2 EL Zitronensaft

1 Die Melone halbieren, die Kerne entfernen und das Fruchtfleisch entweder schälen und würfeln oder mit einem Kugelausstecher aus den Hälften lösen.

2 Den Ingwer schälen und in hauchdünne Scheiben schneiden.

3 300 ml Wasser, den Ingwer, den Zucker und den Zitronensaft in einen Topf geben. Das Melonenfleisch hinzufügen und alles 2 Minuten kochen lassen. Heiß ausgespülte, sterilisierte Schraubdeckelgläser auf ein zusammengefaltetes Geschirrtuch stellen. Das Melonenfleisch mit einem Schaumlöffel aus dem Topf heben und bis 1 cm unter den Rand in die Gläser füllen. Anschließend die Gläser bis zum Rand mit dem heißen Sirup füllen; leicht auf das Tuch stoßen, um alle Luftblasen zu entfernen. Falls nötig, Sirup nachfüllen; das Fruchtfleisch soll komplett damit bedeckt sein. Die Gläser, bis auf eine Vierteldrehung, verschließen.

4 Den Backofen auf 150 °C vorheizen. Ein Backblech mit mehreren Lagen Zeitungspapier auslegen, die Gläser daraufstellen und den Sirup im Ofen (Mitte) in 40–50 Minuten sterilisieren. Die Gläser nun fest verschließen, 24 Stunden ruhen lassen. An einem kühlen, dunklen Platz aufbewahren; die Gläser nach dem Öffnen im Kühlschrank lagern.

Himbeer-Vanille-Sirup

Für einen Milchshake den Sirup mit Milch mixen und eine Kugel Himbeereis daraufgeben.

15 MIN. 20 MIN.

ERGIBT ETWA 500 ML

- 500 g reife Himbeeren
- 1 Vanilleschote, längs aufgeschlitzt
- 250 g Zucker
- 1 TL Zitronensäure

1 Die Himbeeren mit 200 ml Wasser in einen Topf geben. Langsam erhitzen, bis die Beeren weich werden. Mit einem Kartoffelstampfer oder einem Löffelrücken zerdrücken.

2 Ein Sieb mit einem Passier- oder Mulltuch auslegen. Sobald die Beeren zerfallen, durch das Sieb in eine Schüssel streichen. Die restliche Masse gut ausdrücken. Den Saft in den ausgespülten Topf zurückgeben. Die Vanilleschote und den Zucker hinzufügen. Alles verrühren und bei schwacher Hitze erhitzen (nicht rühren), bis sich der Zucker auflöst. Aufkochen und in 5 Minuten zu Sirup einkochen lassen. Vom Herd nehmen. Vanilleschote herausnehmen und die Zitronensäure unterrühren.

3 Den Sirup sofort durch einen Trichter in heiß ausgespülte, sterilisierte Flaschen füllen. Verschließen und abkühlen lassen. Er hält sich im Kühlschrank bis zu 2 Monate. Vor Gebrauch schütteln.

Eingelegter Knoblauch

Den eingelegten jungen Knoblauch aus den Schalen drücken und für Knoblauchbutter, Kartoffelpüree und andere Köstlichkeiten verwenden.

1 MIN. 45 -60 MIN.

ERGIBT ETWA 225 G

- 2 große, dicke Knoblauchknollen, die Zehen getrennt
- 90-150 ml Olivenöl
- 1 Zweig Thymian
- 1 Lorbeerblatt
- Meersalz
- 2 EL Aceto balsamico oder Sherryessig

1 Den Backofen auf 150 °C vorheizen. Die ungeschälten Knoblauchzehen dicht an dicht in eine kleine ofenfeste Form legen und mit Olivenöl bedecken. Thymian und Lorbeerblatt dazugeben und alles mit Salz bestreuen.

2 Die Form in den heißen Ofen stellen und die Knoblauchzehen 45–60 Minuten (je nach Größe der Zehen) garen, bis sie weich sind.

3 Alles abkühlen lassen. Die Knoblauchzehen in ein sterilisiertes Glas füllen. Den Essig dazugießen und umrühren – alle Zehen sollen davon bedeckt sein. Dann das Öl daraufgießen. Falls das Glas noch nicht ganz voll ist, mit mehr Öl auffüllen. Den Knoblauch im Kühlschrank aufbewahren, dabei darauf achten, dass die Zehen immer mit Öl bedeckt sind. Innerhalb von 1 Monat aufbrauchen.

Spargel in Öl

Wem die Spargelsaison zu kurz ist, der kann sie wie hier beschrieben verlängern. Grillen intensiviert das einmalige Spargelaroma noch.

15 MIN. 15 MIN.

ERGIBT ETWA 500 ML

- 350 g nicht zu dicke grüne Spargelstangen, auf Glashöhe zurechtgeschnitten
- 200 ml Olivenöl, plus mehr nach Bedarf
- Meersalz und frisch gemahlener schwarzer Pfeffer
- Saft von 2 Zitronen

1 Den Spargel in 3 EL Olivenöl wenden; er muss ganz damit überzogen sein. Kräftig mit Salz und Pfeffer würzen.

2 Eine Grillpfanne erhitzen, den Spargel darin portionsweise grillen, dabei ab und zu wenden. Jede Portion etwa 5 Minuten grillen; der Spargel soll leicht bräunen und weich, aber nicht matschig sein.

3 Den Zitronensaft in eine Schale geben, den Spargel darin wenden und abkühlen lassen. Eng nebeneinander in Gläser stellen und mit Olivenöl bedecken. Die Gläser verschließen und im Kühlschrank aufbewahren. Nach dem Öffnen den Spargel ebenfalls im Kühlschrank aufbewahren und immer mit Öl bedecken. So hält er sich etwa 3 Wochen.

Variante

Gegrillte Zucchini in Öl

Statt Spargel 500 g kleine Zucchini längs in dünne Scheiben schneiden. In einer großen Schüssel mit Olivenöl bedecken, würzen und mischen – sie sollen ganz mit Öl bedeckt sein. Wie in Schritt 2 beschrieben weiterverfahren, dabei die Zucchinischeiben auf jeder Seite etwa 3 Minuten braten. In ein sterilisiertes Glas schichten und mit Öl bedecken (Schritt 3), dann leicht zusammendrücken, um alle Luftblasen zu entfernen.

Rollmops

Werden Heringe in Essig eingelegt, »garen« sie, und winzige Gräten lösen sich sogar auf. Den Sud können Sie nach Geschmack mild (mit weniger Essig) oder scharf würzen.

20-25 MIN. PLUS ZIEH- UND REIFEZEIT

ERGIBT ETWA 750 ML

- 6-8 sehr frische Heringsfilets, sichtbare Gräten entfernt
- 60 g Meersalz pro 450 ml Wasser
- 450 ml Apfel- oder Weißweinessig, plus mehr nach Bedarf
- 1 EL brauner Zucker
- 6 schwarze Pfefferkörner
- 6 Pimentkörner
- 1 Muskatblüte (Macis)
- 3 Lorbeerblätter
- 1 getrocknete Chilischote
- 1 rote Zwiebel, halbiert und in feine Spalten geschnitten
- 6-8 Gewürzgurken

1 Die Heringsfilets in eine Glasschale legen. Das Meersalz im Wasser auflösen und die Lake über den Fisch gießen; 2–3 Stunden ziehen lassen. Anschließend die Filets aus der Lake nehmen und trocken tupfen.

2 Essig, Zucker und Gewürze in einen Edelstahltopf geben. Langsam aufkochen und 1–2 Minuten köcheln, dann den Sud abkühlen lassen.

3 Die Heringsfilets mit der Haut nach unten auf ein sauberes Schneidebrett legen. Je 1 Stück Zwiebel und 1 Essiggurke auf das schmale Ende der Filets legen und die Filets aufrollen. Mit einem Zahnstocher verschließen. Die Röllchen dicht an dicht in ein sterilisiertes Einmachglas legen. Den abgekühlten Sud (mit Gewürzen) über die Rollmöpse gießen, sie sollen vollständig bedeckt sein.

4 Falls nötig, noch Essig daraufgießen. Die Gläser verschließen und für 3–4 Tage in den Kühlschrank stellen (in dieser Zeit reifen die Rollmöpse). Sie müssen immer mit Essig bedeckt sein.

Hochsommer

Jetzt am besten

Gemüse Artischocken ▪ Auberginen ▪ Brunnenkresse ▪ Chilischoten ▪ Erbsen ▪ Fenchel ▪ Gartenbohnen ▪ Gurken ▪ Knoblauch (frisch) ▪ Kohlrabi ▪ Kopfsalat ▪ Mangold ▪ neue Kartoffeln ▪ Pak choi ▪ Paprikaschoten ▪ Pfifferlinge ▪ Radieschen ▪ Rote Bete ▪ Rucola ▪ Sauerampfer ▪ Spinat ▪ Steinpilze ▪ Tomaten ▪ Zucchini ▪ Zuckermais ▪ Zuckerschoten

Obst Aprikosen ▪ Brombeeren ▪ Erdbeeren ▪ Feigen ▪ Heidelbeeren ▪ Himbeeren ▪ Holunderbeeren ▪ Johannisbeeren (rot, schwarz, weiß) ▪ Kirschen ▪ Melonen (Cantaloupe-, Charentais-, Galia- und Wassermelonen) ▪ Nektarinen ▪ Pfirsiche ▪ Pflaumen ▪ Renekloden ▪ Stachelbeeren ▪ Weintrauben

Fisch und Meeresfrüchte Forelle (Bach-/Regenbogen-; wild und aus Zucht) ▪ Heringe ▪ Hummer (Nordatlantischer) ▪ Jakobsmuscheln ▪ Kaisergranat ▪ Krabben ▪ Makrele ▪ Meerbarbe ▪ Meerbrasse (wild und aus Zucht) ▪ St. Petersfisch ▪ Pollack ▪ Rotzunge ▪ Sardinen ▪ Schellfisch ▪ Seezunge ▪ Wolfsbarsch

Fleisch, Geflügel, Wild Kaninchen (wild und aus Zucht) ▪ Ringeltaube ▪ Wachtel (aus Zucht)

Auch auf dem Markt

Gemüse Blumenkohl ▪ Brokkoli ▪ Dicke Bohnen ▪ Erbsensprossen ▪ Frühlingszwiebeln ▪ neue Kartoffeln ▪ Kohl (verschiedene Sorten) ▪ Möhren ▪ Okraschoten ▪ Pilze (aus Zucht) **Obst** Äpfel ▪ Avocados ▪ Brombeeren ▪ Holzäpfel ▪ Limetten ▪ Mangos ▪ Zitronen **Fisch und Meeresfrüchte** Austern ▪ Dorsch ▪ Flusskrebs (aus Zucht) ▪ Kabeljau ▪ Köhler ▪ Lachs (aus Zucht) ▪ Miesmuscheln ▪ Scholle ▪ Seeteufel ▪ Steinbutt (aus Zucht) **Fleisch, Geflügel, Wild** Ente (aus Zucht) ▪ Hähnchen ▪ Kalb ▪ Lamm ▪ Perlhuhn ▪ Pute ▪ Rind ▪ Schwein ▪ Wildfleisch (Rotwild) ▪ Wildschwein (aus Zucht)

Das schmeckt im Hochsommer

Ⓥ Für Vegetarier geeignet

Scharfe Hähnchenbällchen mit Chili-Ingwer-Sauce Seite 143

Tarte mit gerösteten Paprikaschoten Seite 153

Gemüse/Kräuter

Tomatentarte mit Harissa Seite145

Kartoffel-Fenchel-Salat mit Ei Seite 200

Jakobsmuschelsuppe mit Mais Seite 157

Tomaten-Paprika-Gemüse mit Spiegelei Seite 170

Gado Gado Seite 181

Mediterrane Hamburger Seite 189

Paprika-Curry mit Paneer Seite 181

Das schmeckt im Hochsommer Fortsetzung

ⓥ Für Vegetarier geeignet

Himbeersahnetorte Seite 231

Heidelbeer-Käsekuchen Seite 226

Frische Feigen mit Cassis-Creme Seite 220

Aprikosen mit Amaretti und Mascarpone Seite 210

Himbeermousse Seite 210

Himbeer-Mandel-Kuchen Seite 213

Früchte

Seezunge Bonne Femme Seite 193

Erdbeer-Shortcakes Seite 211

Pfirsich-Nektarinen-Schnitten Seite 215

Fischfilet mit Zucchini, Auberginen und Tomaten Seite 168

Jakobsmuscheln mit süßer Chilisauce Seite 160

Rindfleischsuppe mit Bohnen

Die chilischarfe Suppe tut vor allem an kühleren Abenden gut, die es ja auch im Hochsommer immer wieder gibt.

20 MIN. 2 STD. TK-TAUGLICH

FÜR 8 PERSONEN

- 2 EL Olivenöl
- 2 Zwiebeln, fein gewürfelt
- Salz und frisch gemahlener schwarzer Pfeffer
- 2 rote Paprikaschoten, fein gewürfelt
- 2-3 rote Chilischoten, entkernt und fein gehackt
- 500 g Rindergulasch
- 1 EL Mehl
- 2,25 l heiße Rinderbrühe
- 2 Dosen Kidneybohnen (je 400 g)
- gehackte Petersilie zum Bestreuen

1 Das Öl in einem großen Topf bei schwacher Hitze heiß werden lassen. Die Zwiebelwürfel darin in 6–8 Minuten glasig dünsten; salzen und pfeffern. Paprikawürfel und Chili unterrühren und 5 Minuten mitdünsten. Das Fleisch hinzufügen und unter häufigem Rühren in 5–10 Minuten anbraten.

2 Das Mehl darüberstreuen und 2 Minuten anschwitzen. Die Brühe angießen; aufkochen und zugedeckt 1½ Stunden köcheln lassen, bis das Fleisch weich ist. Die Bohnen in ein Sieb abgießen, abspülen und abtropfen lassen; in die Suppe rühren und 10 Minuten mitgaren. Die Suppe abschmecken. Mit Petersilie bestreuen und servieren.

Mini-Hähnchen-Burger mit Tomaten-Chili-Sauce

Kleine Hähnchenfleischfrikadellen mit orientalischer Würze werden auf Baguette und gerösteten Paprika mit einer scharfen Tomatensauce angerichtet.

30 MIN. PLUS KÜHLZEIT 30 MIN.

FÜR 12 STÜCK

- 800 g Hähnchenbrustfilets, in Stücke geschnitten
- 1 EL fein gehackte Petersilie
- 2 Salbeiblätter, in feine Streifen geschnitten
- 2 Knoblauchzehen, geschält und 1 davon fein gewürfelt
- 100 g Datteln, gehackt
- 50 g Haselnusskerne, grob gehackt
- 2 TL Dukkah (orientalische Gewürzmischung)
- 2 Eier
- 2 EL Olivenöl, plus mehr zum Bestreichen
- 75 g frische Brotkrumen
- Salz und frisch gemahlener schwarzer Pfeffer
- 400 ml Tomatensauce (Fertigprodukt)
- 1 rote Chilischote, entkernt und fein gehackt (nach Belieben)
- 1 Handvoll Basilikumblätter, in Streifen geschnitten
- 12 Scheiben Baguette
- je 2 geröstete gelbe und rote Paprikaschoten, in Streifen geschnitten

1 Das Hähnchenfleisch in der Küchenmaschine oder mit einem schweren Messer fein hacken. In eine Schüssel umfüllen. Kräuter, Knoblauchwürfel, Datteln, Nüsse, Dukkah, Eier, Olivenöl und Brotkrumen dazugeben. Alles gründlich vermengen; mit Salz und Pfeffer würzen. Zudecken und für 1 Stunde kalt stellen.

2 Den Backofengrill vorheizen. Aus der Hackfleischmasse 12 kleine Frikadellen formen; mit etwas Öl bestreichen. Die Frikadellen pro Seite 6–8 Minuten grillen, bis sie durchgegart sind. Warm halten.

3 Die Tomatensauce erhitzen, dabei Basilikum und Chili untermischen. Die Baguettescheiben mit Öl bestreichen und auf beiden Seiten unter dem Grill rösten, dann mit der ganzen Knoblauchzehe abreiben. Die Brotscheiben auf eine Servierplatte legen, die Paprikastreifen darauf verteilen, die Frikadellen daraufsetzen und mit etwas Tomatensauce bedecken.

Kalte Melonensuppe mit Ingwer

Diese Suppe ist blitzschnell gemacht. Sie muss allerdings eine ganze Weile gekühlt werden, damit sich ihr angenehm fruchtiger Geschmack entfalten kann.

15 MIN. PLUS KÜHLZEIT **TK-TAUGLICH**

FÜR 4 PERSONEN

Fruchtfleisch von 1 reifen Galiamelone
2,5 cm frischer Ingwer, geschält
1 TL Fenchelsamen
200 g grüne kernlose Trauben
1 TL getrocknete Minze
abgeriebene Schale und Saft von 1 Bio-Limette
4 EL griechischer Joghurt
Salz und frisch gemahlener schwarzer Pfeffer

Für die Garnierung

2 EL frische Minzeblätter
1 Prise Zucker
25 g kandierter Ingwer, fein gehackt

1 Drei Viertel des Melonenfleischs in mundgerechte Stücke schneiden. Den Rest fein hacken und beiseitestellen. Den Ingwer reiben und den Saft über den Melonenstücken ausdrücken. Das Ingwerfleisch wegwerfen.

2 Eine Pfanne oder eine Grillpfanne leicht erhitzen und die Fenchelsamen darin etwa 30 Sekunden rösten, bis der typische Anisduft aufsteigt. Die Samen im Mörser fein zerstoßen.

3 Die großen Melonenstücke mit Ingwersaft, zerstoßenem Fenchel, Weintrauben, Minze sowie Limettensaft und -schale in der Küchenmaschine glatt pürieren. Diese Masse durch ein feines Sieb drücken.

4 Den Joghurt unterrühren, die Suppe mit Salz und Pfeffer würzen und gut durchkühlen (am besten ist es, die Suppe anzufrieren und vor dem Servieren durchzurühren). In Schalen schöpfen und auf jede Portion etwas gehacktes Melonenfleisch setzen. Die Minze in Streifen schneiden und mit dem Zucker sowie dem kandierten Ingwer mischen; die Suppe mit der Minzemischung bestreuen und sofort servieren.

Scharfe Hähnchenbällchen mit Chili-Ingwer-Sauce

Knusprige, würzige Hähnchenfleischbällchen mit Honig, getrockneten Aprikosen und Macadamianüssen. Dazu gibt es eine pikante Sauce mit Chili und Limette.

20 MIN. **30 MIN.**

FÜR 8 PERSONEN

50 g getrocknete Aprikosen
1 EL Honig
3 EL Weinbrand
800 g Hähnchenbrustfilet, in Stücke geschnitten
50 g Macadamianusskerne, gehackt
60 g kalter gekochter Reis
2 Knoblauchzehen, fein gewürfelt
2 EL fein gehackte Salbeiblätter
1 EL fein gehackte Basilikumblätter
1 EL fein gehackte Petersilie
2 kleine rote Chilischoten, entkernt und gehackt
1 Ei
Salz und frisch gemahlener schwarzer Pfeffer
Olivenöl zum Frittieren
Kresse zum Bestreuen

Für die Sauce

Saft von 4 Limetten
2 kleine rote Chilischoten, entkernt und gehackt
2 EL Olivenöl
1 EL gehackter frischer Ingwer
1 Frühlingszwiebel, in dünne Ringe geschnitten

1 Die Aprikosen in einem kleinen Topf mit Honig und Weinbrand aufkochen und 15 Minuten köcheln lassen, bis die Aprikosen weich sind und alle Flüssigkeit aufgenommen haben; abkühlen lassen.

2 Das Fleisch in der Küchenmaschine oder mit einem schweren Messer nicht zu fein hacken. In eine Schüssel umfüllen. Aprikosenmischung, Nüsse, Reis, Knoblauch, Kräuter, Chilis und Ei hinzufügen; salzen und pfeffern. Alles gründlich mischen. Aus der Fleischmasse mit angefeuchteten Händen 36–40 walnussgroße Bällchen formen.

3 In einer Pfanne mit hohem Rand reichlich Öl zum Frittieren bei mittlerer Hitze heiß werden lassen. Die Bällchen darin portionsweise in jeweils etwa 15 Minuten goldbraun frittieren. Auf Küchenpapier abtropfen lassen und warm halten.

4 Für die Sauce alle Zutaten in einer Schüssel verrühren. Die Hähnchenbällchen auf eine Platte geben, mit der Sauce begießen und mit Kresse bestreuen. Sofort servieren.

Kalte Tomaten-Paprika-Suppe

Eine Variante der klassischen spanischen »Gazpacho«, fruchtig, erfrischend und voller Vitamine. Als Topping bietet sich auch gehacktes Ei an.

15 MIN.

FÜR 4 PERSONEN

3 Scheiben Weißbrot, entrindet
1 Knoblauchzehe, fein gewürfelt
1 EL Sherry- oder Rotweinessig
1 EL Olivenöl
6 vollreife Tomaten, grob gewürfelt
2 rote Paprikaschoten, grob gewürfelt
1 rote Chilischote, entkernt und gehackt
Salz und frisch gemahlener schwarzer Pfeffer

Zum Garnieren

1 Tomate, fein gewürfelt
¼ Salatgurke, fein gewürfelt
1 Frühlingszwiebel, fein gehackt

1 Das Brot in der Küchenmaschine oder im Mixer mit Knoblauch und Essig pürieren. Bei laufendem Motor nach und nach das Öl hinzufügen. Tomaten, Paprika und Chili untermixen.

2 Bei laufendem Motor nach und nach 500 ml eiskaltes Wasser unterarbeiten, bis die Suppe dick-cremig ist. Mit Salz, Pfeffer und eventuell etwas Essig würzen. Bis zum Servieren kalt stellen.

3 Zum Garnieren unmittelbar vor dem Servieren Tomaten-, Gurken- und Zwiebelwürfel in einer Schüssel mischen. Die Suppe mit der Mischung bestreuen und eiskalt servieren.

Fenchel-Bratwürstchen mit Tomatensalsa

In der erfrischenden Salsa vereinigen sich die Aromen von Tomaten und Oliven – eine prima Ergänzung zu den würzigen Bratwürstchen und perfekt für ein Grillfest.

10 MIN. PLUS MARINIERZEIT   15 MIN.

FÜR 4 PERSONEN

3 EL Olivenöl
2 Knoblauchzehen, fein gewürfelt
4 Zweige Dill
Salz und frisch gemahlener schwarzer Pfeffer
4 dicke italienische Bratwürste mit Fenchel (Salsicce)
4 dicke Scheiben geröstetes italienisches Landbrot

Für die Salsa

4 Tomaten, entkernt und gewürfelt
100 g schwarze Oliven, entsteint und gewürfelt
1 Handvoll Basilikumblätter, zerzupft
2 EL Olivenöl
Salz und frisch gemahlener schwarzer Pfeffer

1 Das Olivenöl in einer flachen Form mit Knoblauch, Dill, etwas Salz und Pfeffer zu einer Marinade verrühren. Die Würste darin wenden, bis sie von Marinade überzogen sind. Die Form mit Frischhaltefolie verschließen und 1 Stunde kalt stellen.

2 Inzwischen die Zutaten für die Salsa in einer Schüssel verrühren.

3 Den Grill auf starker Hitze vorheizen oder eine Pfanne bei starker Hitze heiß werden lassen. Die Würste 10–15 Minuten grillen bzw. braten, bis sie durchgegart sind. Nach der Hälfte der Garzeit wenden.

4 Die gerösteten Brotscheiben auf vier Teller geben und auf jede Scheibe eine Bratwurst legen. Mit der Tomatensalsa servieren.

Würzige Spießchen mit Bratwurst und Tomaten

Cocktailtomaten haben die ideale Größe für Spießchen, außerdem bleiben sie beim Grillen in Form. Am besten schmecken hier Würstchen mit Chili- oder Paprikawürze.

15 MIN. **20 MIN.**

FÜR 4 PERSONEN

- 12 kleine Bratwürste (z. B. Nürnberger oder Salsicce), in Stücke geschnitten
- 12 Cocktailtomaten
- einige Lorbeerblätter
- Olivenöl
- 1 EL gehackter Rosmarin
- Salz und frisch gemahlener schwarzer Pfeffer

1 Zwölf Holz- oder Bambusspieße mindestens 30 Minuten in kaltem Wasser einweichen, damit sie später nicht verbrennen.

2 Abwechselnd die Wurststücke und die Cocktailtomaten mit Lorbeerblättern auf die Spieße stecken. Mit Olivenöl bestreichen, mit Rosmarin bestreuen und mit Salz und Pfeffer würzen.

3 Die Spieße in einer heißen Grillpfanne oder über dem Grill pro Seite 5–8 Minuten braten, bis die Wurststücke gut gebräunt sind.

Variante

Spieße mit Schweinefleisch, Aprikosen und Tomaten

350 g Schweinefilet in mundgerechte Stücke schneiden. Mit 8 Cocktailtomaten und 4 halbierten, entkernten Aprikosen in eine Schüssel geben. 2 EL Olivenöl mit 1 gewürfelten Knoblauchzehe, 1 TL geräuchertem Paprikapulver, 1 TL gemahlenem Zimt sowie etwas Salz und Pfeffer verrühren und darübergießen. 2 Stunden marinieren. Alle Zutaten abwechselnd mit ein paar Lorbeerblättern auf Spieße stecken. Vor dem Grillen oder Braten mit Marinade bestreichen.

Tomatentarte mit Harissa

Wie viel Harissa Sie zum Würzen nehmen, bleibt Ihnen überlassen. Die scharfe Paste wird aus Chilischoten, Knoblauch, Koriander, Chilipulver, Kümmel und Olivenöl hergestellt.

10 MIN. **15 MIN.**

FÜR 6 PERSONEN

- 1 Rolle Blätterteig (275 g; Kühlregal)
- 2 EL rotes Pesto
- 6 Tomaten, halbiert
- 2-3 EL Harissa (nordafrikanische Würzpaste)
- 1 EL Olivenöl
- Blätter von ein paar Zweigen Thymian

1 Den Backofen auf 200 °C vorheizen. Den Teig entrollen und mit dem Papier auf das Backblech legen. Den Teig mit einem spitzen Messer rundherum im Abstand von 5 cm vom Rand einritzen (nicht durchschneiden). Anschließend mit dem Messerrücken den breiten Rand rautenförmig einritzen, damit er beim Backen besser aufgehen kann.

2 Den Teigboden mit Pesto bestreichen. Die Tomatenhälften mit den Schnittflächen nach oben daraufsetzen; Harissa mit Olivenöl verrühren und auf die Tomaten träufeln. Alles mit Thymianblättchen bestreuen.

3 Die Tarte im heißen Ofen etwa 15 Minuten backen, bis der Rand schön aufgegangen und goldbraun ist. Sofort servieren.

Thunfisch-Paprika-Dip

Wer Klippfisch bekommt, kann ihn anstelle des Thunfischs verwenden. Dafür von 500 g gewässerten Klippfisch die Haut abziehen und das Fleisch in Stückchen zupfen.

25 MIN. 1 STD. TK-TAUGLICH

FÜR 12 PERSONEN

- 2 rote Paprikaschoten
- 2 Knoblauchzehen, geschält
- 1 kleine rote Zwiebel, fein gewürfelt
- 4 EL Olivenöl
- Salz und frisch gemahlener schwarzer Pfeffer
- 1 Dose gehackte Tomaten (400 g)
- 2 Dosen Thunfisch naturell (Abtropfgewicht je 185 g)
- 2 EL gehackte Majoranblättchen
- 2 EL gehackte Dillspitzen
- 1 Handvoll Basilikumblätter, in feine Streifen geschnitten
- 1 Bund Petersilie, fein gehackt
- Saft von 1 Zitrone

1 Den Backofen auf 200 °C vorheizen. Von den Paprikaschoten oben einen Deckel abschneiden; Kerne und Trennwände entfernen. Jede Schote mit 1 Knoblauchzehe und einem Viertel der Zwiebelwürfel füllen. Die Schoten auf ein mit Backpapier belegtes Blech geben, mit 1 EL Olivenöl beträufeln und mit Salz und Pfeffer bestreuen. Im heißen Ofen etwa 1 Stunde rösten; herausnehmen und abkühlen lassen.

2 Inzwischen das restliche Olivenöl in einer Pfanne bei schwacher Hitze heiß werden lassen. Die restlichen Zwiebelwürfel darin in 3–4 Minuten glasig dünsten. Gehackte Tomaten hinzufügen und alles unter gelegentlichem Rühren 10 Minuten köcheln lassen; mit Salz und Pfeffer würzen.

3 Den Thunfisch abtropfen lassen und zerpflücken; unter die Tomatensauce mischen. Alles noch 10 Minuten köcheln, dann abkühlen lassen.

4 Die Paprikaschoten (mit Zwiebel und Knoblauch) grob zerkleinern. Mit der Tomaten-Thunfisch-Sauce in der Küchenmaschine oder im Mixer pürieren. Den Dip in eine Schüssel füllen; mit Salz und Pfeffer abschmecken. Kräuter und Zitronensaft unterrühren. Den Dip mit geröstetem Fladenbrot oder Crostini servieren.

Zucchini-Kartoffel-Suppe

Ein einfaches Gericht mit wenigen Zutaten, das rasch gekocht ist. Das leichte Anisaroma vom Dill gibt Zucchini und Kartoffeln das gewisse Extra.

10 MIN. 15 MIN. TK-TAUGLICH

FÜR 4 PERSONEN

- 500 ml heiße Hühnerbrühe
- Salz
- 2 große Kartoffeln, geschält und klein gewürfelt
- 1 EL Olivenöl
- 3 Zucchini, geschält und geraspelt
- 1 Zwiebel, fein gewürfelt
- frisch gemahlener weißer Pfeffer
- 100 g Sahne
- 300 ml Milch
- 1 kleines Bund Dill, gehackt

1 Die Brühe mit den Kartoffeln in einen Topf gießen und salzen; aufkochen und etwa 5 Minuten köcheln lassen, bis die Kartoffeln gar sind. Vom Herd nehmen und die Kartoffeln pürieren.

2 In einem zweiten Topf das Öl erhitzen und die Zucchini mit der Zwiebel darin 2–3 Minuten braten, bis sie leicht Farbe annehmen. Mit 1 Prise Pfeffer bestreuen, Sahne, Milch und die Kartoffelbrühe dazugeben und alles 5 Minuten köcheln lassen. Die Zucchini sollen dann weich sein. Den Dill untermischen und die Suppe mit Salz und Pfeffer abschmecken.

Joghurtsuppe mit Zucchini-Topping

Eine erfrischende Vorspeise nach indischem Vorbild: Geröstete Curryblätter, verschiedene Samen sowie Kurkuma und Tamarinde würzen diese Suppe.

30 MIN. 25 MIN.

FÜR 4 PERSONEN

- 3 EL Öl
- 2 getrocknete rote Chilischoten
- 1 TL Senfsamen
- ¼ TL Bockshornkleesamen
- 1 TL Kreuzkümmelsamen
- 12 Curryblätter
- 3 EL Kichererbsenmehl
- ½ TL Kurkuma
- 400 g griechischer Joghurt
- Salz
- 2 EL Tamarindenmark
- 2 EL gehackte Korianderblätter zum Garnieren

Für das Zucchini-Topping

- 2 EL Öl
- 1 kleine rote Zwiebel, gewürfelt
- 1 Zucchini, fein gewürfelt
- 1 grüne Chilischote, entkernt und fein gehackt
- Salz

1 Das Öl im Wok erhitzen. Chilis und Senfsamen darin bei mittlerer Hitze ein paar Sekunden pfannenrühren. Bockshornklee, Kreuzkümmel und Curryblätter dazugeben und ein paar Sekunden mitrösten. Die Hälfte des Mehls darüberstäuben und 2–3 Minuten anschwitzen. Wok vom Herd nehmen. Kurkuma dazugeben und alles etwas abkühlen lassen.

2 Den Joghurt mit 400 ml Wasser und dem restlichen Mehl verrühren und in den Wok gießen. Alles aufkochen und unter Rühren 3–4 Minuten köcheln lassen. Falls nötig, noch Wasser dazugeben. Die Joghurtsuppe nach Belieben durch ein feines Sieb gießen, dann mit Salz würzen und das Tamarindenmark hineinrühren.

3 Für das Zucchini-Topping das Öl in einer Pfanne erhitzen. Die Zwiebel darin bei mittlerer Hitze in 3–4 Minuten glasig braten. Zucchini und Chilischote dazugeben und 1 Minute mitbraten; mit Salz würzen. Die Suppe mit dem Topping und Koriandergrün garnieren.

Pfannkuchen mit Zucchini und Emmentaler

Statt Emmentaler können Sie auch einen anderen, nicht zu würzigen Käse verwenden, der sich gut reiben lässt. Probieren Sie einmal Leerdammer oder gereiften Gouda aus Holland oder Jarlsberg aus Norwegen.

10 MIN. PLUS RUHEZEIT **15 MIN.** **TK-TAUGLICH**

FÜR 8 STÜCK

- 125 g Mehl
- Salz
- 1 Ei
- 300 ml Milch
- 1 EL Öl, plus mehr zum Backen
- 2 kleine Zucchini, geraspelt
- frisch gemahlener schwarzer Pfeffer
- 125 g Emmentaler, gerieben

1 Das Mehl mit 1 Prise Salz in eine Schüssel geben, in die Mitte eine Mulde drücken. Das Ei hineinschlagen; mit etwas Milch und Mehl verrühren. Die restliche Milch nach und nach unter Rühren dazugießen und alles zu einem glatten Teig rühren. Diesen möglichst 30 Minuten im Kühlschrank ruhen lassen.

2 In einer Pfanne 1 EL Öl erhitzen, die Zucchini darin 5–8 Minuten dünsten. Salzen und pfeffern. Vom Herd nehmen; den Käse unter die Zucchini mischen.

3 In einer kleinen Pfanne etwas Öl stark erhitzen und durch Schwenken verteilen. Überschüssiges Öl aus der Pfanne gießen. 2 EL Teig hineingeben und in der Pfanne verteilen, ein paar Minuten backen; wenden und auf der anderen Seite noch 1 Minute backen. Aus dem gesamten Teig auf diese Weise Pfannkuchen backen. Fertige Pfannkuchen im 80 °C heißen Backofen warm halten.

4 Die Zucchinimischung auf die Pfannkuchen verteilen und pfeffern; die Pfannkuchen aufrollen.

Variante

Pfannkuchen mit Zucchini, Tomaten und Mozzarella

Die Pfannkuchen wie beschrieben zubereiten. Für die Füllung 1 Zucchini und 2 gewürfelte reife Tomaten 5 Minuten braten. 1 EL Tomatenmark, 1 Prise Zucker und 6 gehackte Basilikumblätter unterrühren; würzen. Statt Emmentaler Mozzarella nehmen, diesen über die Gemüsefüllung auf den Pfannkuchen streuen.

Gurken-Dill-Suppe

Diese erfrischende Suppe ist eine elegante Vorspeise, die Sie noch mit etwas geräuchertem Lachs veredeln können.

30 MIN. PLUS KÜHLZEIT

FÜR 4 PERSONEN

- 2 Salatgurken
- Salz
- 1 l Milch
- 1 kleines Bund Dill
- frisch gemahlener schwarzer Pfeffer
- 150 g Joghurt

1 Die Gurken waschen und streifig schälen. In Scheiben schneiden, in ein Sieb legen und salzen. Das Sieb auf eine Schüssel setzen und die Gurken 1 Stunde ziehen lassen. Inzwischen die Milch in eine Schüssel gießen, ein paar Dillstängel dazugeben und die Dill-Milch für 1 Stunde in den Kühlschrank stellen.

2 Die Gurken unter fließend kaltem Wasser abspülen und mit den Händen gut ausdrücken. Die Dillstängel aus der Milch nehmen. Die Gurken mit der Dill-Milch, ein paar frischen Dillstängeln sowie etwas Pfeffer in die Küchenmaschine geben und pürieren. Die Suppe in eine Schüssel gießen und für 3 Stunden kalt stellen.

3 Anschließend die Suppe durch ein Sieb in eine Schüssel gießen, dabei die Masse mit einem Löffelrücken durch durchdrücken. 100–150 ml kaltes Wasser zur Suppe in der Schüssel gießen; diese bis zum Servieren kalt stellen.

4 Den Joghurt unterrühren, die Suppe abschmecken und, falls nötig, nachwürzen. Mit den Quirlen des Handrührgeräts oder mit dem Schneebesen schaumig schlagen. Auf Teller oder Schalen verteilen und mit dem restlichen Dill garnieren.

Erbsensuppe mit Schinken und Minze

Sie schmeckt am besten mit frisch aus der Schote gepalten Erbsen. Wenn Sie Exemplare verwenden, die schon länger gelagert wurden, geben Sie etwas Zucker zur Suppe.

15 MIN. 20–25 MIN. TK-TAUGLICH

FÜR 4–6 PERSONEN

- 40 g Butter
- 2 Schalotten, fein gewürfelt
- 1 Kartoffel, geschält und gewürfelt
- 300 ml heiße Gemüsebrühe
- 500 g Erbsen
- 2 Handvoll Minzeblätter
- 150 g gekochter Schinken, gewürfelt
- Salz und frisch gemahlener schwarzer Pfeffer
- Crème fraîche zum Servieren

1 Die Butter in einem Topf zerlassen. Die Schalotten darin bei schwacher Hitze in 2–3 Minuten glasig dünsten. Die Kartoffelwürfel hinzufügen und zugedeckt 7–10 Minuten mitdünsten, bis die Stücke weich sind. Die Brühe dazugießen und alles 10–15 Minuten köcheln lassen.

2 In einem zweiten Topf 400 ml Wasser aufkochen lassen und die Erbsen darin in 4–5 Minuten weich garen. Ganz zum Schluss die Minze untermischen und 20 Sekunden ziehen lassen. Die Erbsen mit Minze in ein Sieb abgießen, den Sud dabei auffangen. Erbsen und Minze zu den Kartoffeln geben und alles pürieren. Falls nötig, die Suppe mit etwas Erbsensud verdünnen. Den Schinken unter die Suppe rühren.

3 Die Suppe kurz erhitzen und mit Salz und Pfeffer würzen. Auf Teller oder Schalen verteilen und mit Crème fraîche servieren.

Tomatensuppe

Wer die Suppe vorbereiten möchte, kann die Tomaten bis zu 3 Tage vorher rösten und im Kühlschrank aufbewahren.

10 MIN. 30 MIN. TK-TAUGLICH

FÜR 4 PERSONEN

- 700 g Eiertomaten, geviertelt
- 3 EL Olivenöl
- Salz und frisch gemahlener schwarzer Pfeffer
- 1 rote Zwiebel, in 8 Spalten geschnitten
- 2 Knoblauchzehen, ungeschält
- 1 l heiße Gemüsebrühe
- 3 EL Tomatenmark

1 Den Backofen auf 190 °C vorheizen. Die Tomaten auf dem tiefen Backblech verteilen; mit 2 EL Öl beträufeln, kräftig salzen und pfeffern. 10 Minuten im Ofen rösten. Anschließend die Zwiebelspalten zu den Tomaten auf das Blech geben, ebenfalls mit dem restlichen Öl beträufeln, pfeffern und salzen. Tomaten und Zwiebeln 5 Minuten im Ofen rösten. Danach die Knoblauchzehen zu Tomaten und Zwiebeln geben; alles weitere 10–15 Minuten im Ofen rösten, bis Tomaten, Zwiebeln und Knoblauch weich und leicht gebräunt sind. Aus dem Ofen nehmen; etwas abkühlen lassen. Knoblauch aus den Häuten drücken.

2 Tomaten, Zwiebeln und Knoblauch mit Brühe und Tomatenmark in der Küchenmaschine zu einer leicht stückigen Suppe verarbeiten. Abschmecken, erwärmen und servieren.

Variante

Tomaten-Auberginen-Suppe

Für die Suppe nur 4 Tomaten und die übrigen Zutaten wie beschrieben rösten. Zusätzlich 1 schlanke Aubergine 40 Minuten backen, bis sie ganz weich ist. Auberginenfruchtfleisch auslösen und mit den anderen Zutaten pürieren; ½ TL getrockneten Oregano dazugeben. Abschmecken und mit etwas Chiliöl beträufeln.

Jetzt am besten **Erbsen**

Von Gartenerbsen isst man nur die Samen, während Zuckerschoten mit ihren zarten Hülsen im Ganzen verzehrt werden können. Frisch geerntete Erbsen haben ein wundervoll süßliches Aroma, das sie jedoch rasch verlieren, wenn sie gelagert werden. Minze, Chili, Knoblauch und Ingwer würzen das klassische Sommergemüse bestens; Schinken, Speck, Ente sowie Fisch und Meeresfrüchte passen gut dazu.

Erbsen stammen aus dem Nahen Osten, werden aber inzwischen weltweit in gemäßigten Klimazonen angebaut.

Gartenerbsen Die Samen von prallen Schoten sind saftig, knackig und süß mit etwas grasiger Note. Damit sie nicht mehlig werden, sollten sie nur sehr kurz gegart werden.

Die winzigen Erbsensamen sollten nicht länger als 1–2 Minuten kochen.

▲ **Petits Pois** Die von Natur aus kleinen Samen sind süßer als alle anderen Erbsen. Man kann sie roh essen oder nur ganz kurz garen.

Wissenswert

Im Angebot

Sorten, bei denen nur die Samen sowie Sorten, die im Ganzen essbar sind.

Einkauf Die Schoten sollen gleichmäßig grün sein, ohne braune, gelbe oder faule Stellen. Bei Gartenerbsen sollen die Samen in den Schoten einander nicht berühren; Mangetouts müssen knackig sein.

Aufbewahren Möglichst erntefrisch verzehren. In einer verschlossenen Plastiktüte max. 1–2 Tage im Kühlschrank lagern.

Zubereiten Bissfest kochen oder dämpfen; Mangetouts und Zuckererbsen pfannenrühren.

Für den Vorrat Blanchieren und einfrieren.

Rezepte

Erbsensuppe mit Schinken und Minze Seite 148

Erbsen-Minz-Risotto Seite 184

Erbsen-Speck-Tarte Seite 183

▶ **Mangetouts** Die noch nicht ausgereiften, feinen Zuckerschoten haben winzige Samen und schmecken würzig süß. Wegen der knackigen Konsistenz und der kräftigen Farbe, sind sie eine Bereicherung für Wok-Gerichte.

Zuckerschoten Diese sehr süße Erbsensorte heißt auch Kefe. Die Schoten ähneln in ihrem Aussehen Bohnen. Hülsen und Samen sind essbar.

Erbsensuppe mit Minz-Gremolata

Erbsen selbst anzubauen und zu ernten ist eine wahre Freude, sie zu palen kann dagegen ein bisschen mühsam sein. Deshalb werden hier in Stücke geschnittene Schoten verwendet.

10 MIN. 35 MIN.

FÜR 6 PERSONEN

- 30 g Butter
- 1 Zwiebel, fein gewürfelt
- 1 Kartoffel, grob gewürfelt
- 500 g Erbsenschoten, in grobe Stücke geschnitten
- 1,2 l heiße Gemüse- oder Hühnerbrühe
- 1 TL Zucker
- 1 Zweig Minze
- Salz und frisch gemahlener schwarzer Pfeffer
- Sahne zum Garnieren

Für die Minzgremolata

- 2 EL fein gehackte Petersilie
- 2 TL fein gehackte Minze
- 2 TL abgeriebene Bio-Zitronenschale
- 1 Knoblauchzehe, fein gewürfelt

1 Die Butter in einem Topf zerlassen und die Zwiebel darin bei schwacher Hitze in 7–10 Minuten glasig dünsten. Alle anderen Zutaten (bis auf die Sahne) dazugeben. Aufkochen und halb zugedeckt 20 Minuten köcheln lassen, bis Erbsen und Kartoffeln gar sind. Die Minze herausnehmen.

2 Die Suppe vom Herd nehmen und fein pürieren. Anschließend durch ein feines Sieb passieren, um alle Schalen und groben Stückchen zu entfernen. Suppe abschmecken und, falls nötig, nachwürzen. Zum Servieren eventuell nochmals erhitzen.

3 Für die Gremolata alle Zutaten mischen. Die Suppe auf Teller verteilen, mit etwas Sahne garnieren und mit Gremolata bestreuen.

Paprikasuppe

Geröstete süßliche Paprikaschoten werden hier mit Chiliflocken gewürzt und mit sommerlichem Basilikum serviert. Diese Suppe schmeckt immer!

15 MIN. 1 STD. TK-TAUGLICH

FÜR 8 PERSONEN

- 2 EL Olivenöl, plus mehr zum Beträufeln
- 2 Zwiebeln, fein gewürfelt
- 3 Knoblauchzehen, fein gewürfelt
- 1 Prise Chiliflocken
- Salz und frisch gemahlener schwarzer Pfeffer
- 10 rote Paprikaschoten, geröstet und geschält (siehe S. 171)
- 2,25 l heiße Gemüsebrühe
- 2 EL zerkleinerte Basilikumblätter

1 Das Öl in einem großen Topf erhitzen. Die Zwiebelwürfel darin bei mittlerer Hitze in 3–4 Minuten glasig dünsten. Knoblauch und Chiliflocken unterrühren; die Mischung salzen und pfeffern. Paprikawürfel hinzufügen. Die Brühe angießen, alles aufkochen und 15 Minuten köcheln lassen.

2 Die Suppe pürieren und abschmecken; das Basilikum unterrühren. Die Suppe mit Öl beträufeln und mit knusprigem Brot servieren.

Tomatensalat mit roter Zwiebel und Mozzarella

Nussig-scharfer Rucola und mild-aromatisches Basilikum ergänzen die saftigen Tomaten perfekt – ein Salat, der nach Italien schmeckt.

10 MIN.

FÜR 4 PERSONEN

- 8 Eiertomaten, in Scheiben geschnitten
- 6 Cocktailtomaten, halbiert
- 1 kleine rote Zwiebel, in Ringe geschnitten
- 1 Handvoll Basilikum, zerzupft
- Olivenöl zum Beträufeln
- Salz und frisch gemahlener schwarzer Pfeffer
- 2 Handvoll Rucola
- Balsamico-Essig zum Beträufeln
- 2 Kugeln Mozzarella, in Stücke geschnitten

1 Tomaten, Zwiebelringe und die Hälfte des Basilikums in eine Schüssel geben. Mit reichlich Olivenöl beträufeln, mit Salz und Pfeffer würzen und alles mischen.

2 Den Rucola auf eine Servierplatte oder vier Teller verteilen und mit etwas Olivenöl und Balsamico beträufeln. Mit Salz und Pfeffer würzen. Tomatenmischung und Mozzarellastücke darauf anrichten. Alles mit dem restlichen Basilikum bestreuen, mit Öl und Balsamico beträufeln; servieren.

Variante

Salat mit grünen Bohnen, roter Zwiebel und Camembert

Statt der Eiertomaten 200 g blanchierte und zerkleinerte grüne Bohnen mit den Cocktailtomaten und dem Dressing in einer Schüssel mischen, dabei 1 Spritzer Zitronensaft hinzufügen. Alle Zutaten auf Rucola anrichten; statt Mozzarella in Scheiben geschnittenen Camembert nehmen.

Rote Bete mit Ziegenkäse und Pistazien

In dieser Jahreszeit werden die Rote-Bete-Knollen schön groß. Sie setzen einen Farbakzent im Salat und harmonieren bestens mit Rucola, Nüssen und Käse.

15 MIN.

FÜR 4 PERSONEN

- 2 Handvoll Rucola
- 4–6 gegarte große Rote Beten, grob gewürfelt
- 200 g Ziegencamembert, in Scheiben geschnitten
- 1 Handvoll Pistazienkerne, grob gehackt

Für das Dressing

- 3 EL Olivenöl
- 1 EL Weißweinessig
- 2 Schalotten, fein gewürfelt
- 1 TL körniger Senf
- 1 Prise Zucker
- Salz und frisch gemahlener schwarzer Pfeffer

1 Für das Dressing Öl, Essig und Schalotten mit einem Schneebesen verrühren. Senf, Zucker, Salz und Pfeffer untermischen. Das Dressing kurz ziehen lassen, dann abschmecken.

2 Eine Servierplatte oder vier Teller mit dem Rucola auslegen. Rote-Bete-Würfel und Käsescheiben darauf anrichten. Alles mit Dressing beträufeln und mit Pistazien bestreuen. Dazu passt knuspriges Brot.

Tomaten mit Couscous-Rosinen-Füllung

Für diese schnelle Vorspeise eignen sich große, feste Tomaten besonders gut. Für eine leichte Hauptmahlzeit einfach noch zusätzlich Couscous dazu reichen.

30 MIN.

FÜR 4 PERSONEN

- 4 Fleischtomaten
- 150 ml Tomatensaft
- 125 g Couscous
- 50 g Rosinen
- 1 Handvoll Basilikumblätter, gehackt
- 1 Bund Petersilie, gehackt
- Salz und frisch gemahlener schwarzer Pfeffer

1 Von den Tomaten Deckel abschneiden. Die Tomaten aushöhlen; Kerne samt Flüssigkeit mit dem Tomatensaft in eine große Schüssel geben. Tomaten beiseitestellen.

2 Den Couscous in einer zweiten Schüssel mit heißem Wasser knapp bedecken. 10 Minuten bzw. nach Packungsangabe quellen lassen, dann mit einer Gabel auflockern. Die Tomatenmischung dazugeben und untermischen. Das Ganze 10 Minuten durchziehen lassen.

3 Den Couscous kräftig durchrühren, dabei die Tomatenstückchen zerdrücken. Rosinen, Basilikum und Petersilie hinzufügen und untermischen. Den Couscous mit Salz und Pfeffer würzen und in die Tomaten füllen. Die Deckel auf die Tomaten setzen und das Gericht servieren.

Eingelegter Fisch

In Spanien heißt das Gericht »Escabeche«, dort wird fetter Fisch oft wie hier beschrieben zubereitet. Mit magerem weißfleischigem Fisch schmeckt es ebenfalls sehr gut.

30 MIN. PLUS MARINIERZEIT — 15 MIN.

FÜR 4-6 PERSONEN

- 700 g dickes Seelachsfilet, gehäutet
- 3 EL Mehl
- Salz und frisch gemahlener schwarzer Pfeffer
- 2 EL gehackte Thymianblättchen, plus etwas mehr zum Garnieren
- 6 EL Olivenöl, plus mehr zum Beträufeln
- 1 Zwiebel, in dünne Ringe geschnitten
- 1 große Knoblauchzehe, zerdrückt
- 1 große Möhre, in Julienne geschnitten
- 1 rote Paprikaschote, in dünne Streifen geschnitten
- 1 Stange Sellerie, in feine Stifte (Julienne) geschnitten
- 250 ml Weißweinessig
- 2,5 cm frischer Ingwer, geschält und gehackt
- 2-4 grüne Chilischoten, entkernt und in Ringe geschnitten
- ½ TL Zucker

1 Den Fisch in 5 cm große Stücke schneiden. Das Mehl mit etwas Salz sowie Pfeffer und Thymian würzen. Den Fisch darin wälzen.

2 Die Hälfte des Öls in einer Pfanne erhitzen und den Fisch darin in etwa 4 Minuten durchbraten. Aus der Pfanne nehmen und beiseitestellen.

3 Die Pfanne auswischen und das restliche Öl darin erhitzen. Zwiebel, Knoblauch, Möhre, Paprika und Sellerie darin etwa 5 Minuten unter Rühren braten, bis alles gerade bissfest ist. Aus der Pfanne nehmen und beiseitestellen.

4 Den Essig mit Ingwer, Chili, Zucker und ¼ TL Salz in der Pfanne aufkochen und 5 Minuten köcheln lassen. Das Gemüse daruntermischen und alles auf dem Fisch verteilen. Etwas abkühlen lassen; zudecken und über Nacht kühl stellen.

5 Den Fisch am nächsten Tag mit Raumtemperatur servieren. Dazu mit Öl beträufeln und mit etwas Thymian bestreuen. Der Fisch kann bis zu 3 Tage im Kühlschrank durchziehen; zum Servieren rechtzeitig herausnehmen.

Kohlrabisuppe mit Pesto

Wer glatte Suppen mag, kann diese hier am Ende von Schritt 1 pürieren und dann erst das Pesto unterrühren.

5 MIN. — 15 MIN. — TK-TAUGLICH

FÜR 6 PERSONEN

- 25 g Butter
- 3-4 Kohlrabiknollen, in mundgerechte Stücke geschnitten
- 1 l heiße Gemüsebrühe
- 2 EL Crème fraîche
- Salz und frisch gemahlener schwarzer Pfeffer
- 6 TL Pesto zum Garnieren

1 Die Butter in einem Topf zerlassen und den Kohlrabi darin 5 Minuten dünsten. Die Brühe dazugießen und aufkochen lassen. Crème fraîche, Salz und Pfeffer dazugeben. 8–10 Minuten köcheln lassen, bis der Kohlrabi weich, aber nicht zerfallen ist.

2 Die Suppe abschmecken, in vorgewärmte Teller füllen und mit Pesto servieren.

Tarte mit gerösteten Paprikaschoten

Mit rotem Pesto und mit Mascarpone wird der Belag für diese Tarte schön cremig. Wenn Sie die gefüllte Form zum Backen auf ein im Ofen bereits vorgeheiztes Backblech stellen, wird der Tarteboden besonders knusprig.

15 MIN. 1 STD. TK-TAUGLICH

FÜR 1 TARTEFORM (23 X 23 CM)

- 4 große rote Paprikaschoten
- 1 EL Olivenöl
- 400 g ungesüßter Mürbeteig (Fertigprodukt oder selbst gemacht)
- 3 Eier, 1 davon leicht verquirlt
- 1 EL Mascarpone
- 1 Handvoll Basilikumblätter, plus mehr zum Garnieren
- Salz und frisch gemahlener schwarzer Pfeffer
- 1 TL rotes Pesto

1 Den Backofen auf 200°C vorheizen. Die Paprikaschoten auf ein Backblech legen, mit Olivenöl bestreichen und im Ofen etwa 20 Minuten rösten, bis die Haut der Schoten angekohlt ist und Blasen wirft. Die Schoten in einen Gefrierbeutel geben und darin abkühlen lassen. Anschließend häuten, halbieren und von Samen und Trennwänden befreien.

2 Den Teig auf einer leicht bemehlten Arbeitsfläche ausrollen und die Form damit auskleiden. Überhängenden Teig abschneiden. Den Teigboden mit Backpapier belegen und mit Hülsenfrüchten beschweren. Im Ofen 15–20 Minuten backen, bis der Teigrand goldgelb ist. Hülsenfrüchte und Papier entfernen. Tarteboden mit dem verquirltem Ei bestreichen und in weiteren 2–3 Minuten im Ofen knusprig backen; herausnehmen. Die Backofentemperatur auf 180°C senken.

3 Die Paprikaschoten mit den restlichen Eiern, dem Mascarpone und dem Basilikum in der Küchenmaschine nicht zu fein zerkleinern (die Paprika sollen noch stückig sein); kräftig mit Salz und Pfeffer würzen.

4 Den Tarteboden mit dem Pesto besteichen und die Paprikamischung darauf verteilen. Die Tarte im Ofen 25–35 Minuten backen, bis der Belag gestockt ist. In der Form 10 Minuten abkühlen lassen. Aus der Form nehmen, mit Basilikum garnieren und servieren. Dazu passt Rucola-Fenchel-Salat.

Teigtaschen mit Mais und Paprika

Frische, knackige Maiskörner vom Kolben schmecken besser als Tiefkühl- oder Dosenware. Sie bilden mit Paprika die Füllung für die knusprigen Taschen.

20 MIN. 20 MIN. TK-TAUGLICH

FÜR 4 STÜCK

- 1 EL Olivenöl
- 1 Zwiebel, fein gewürfelt
- Salz
- 3 rote Paprikaschoten, gewürfelt
- Körner von 4 Maiskolben (etwa 500 g Körner; siehe S. 155)
- 175 g Feta, klein gewürfelt
- frisch gemahlener schwarzer Pfeffer
- 200 g Filoteigblätter
- etwas zerlassene Butter

1 Den Backofen auf 200 °C vorheizen. In einer Pfanne das Öl bei schwacher Hitze heiß werden lassen. Die Zwiebel mit 1 Prise Salz darin in etwa 5 Minuten glasig dünsten. Paprikawürfel und Maiskörner hinzufügen und alles unter gelegentlichem Rühren 10 Minuten dünsten, bis die Paprika weich sind. Den Feta untermischen und das Ganze kräftig mit Pfeffer würzen.

2 Die Filoteigblätter mit zerlassener Butter bestreichen, übereinanderlegen und zu vier 30 x 10 cm großen Streifen schneiden. Jeweils auf ein schmales Ende ein Viertel der Paprikamischung geben. Die Streifen so aufwickeln, dass Dreiecke entstehen.

3 Die Dreiecke mit Butter bepinseln und auf ein gefettetes Backblech geben. Im Ofen in etwa 20 Minuten goldbraun und knusprig backen. Sofort servieren.

Hühnersuppe

Eine bunte Suppe mit Bohnen, Möhren, Kohlrabi und Zuckerschoten sowie einer guten, möglichst selbst gemachten, Hühnerbrühe.

10 MIN. 25 MIN. TK-TAUGLICH

FÜR 4–6 PERSONEN

- 1,2 l Hühnerbrühe
- 150 g grüne Bohnen, geputzt
- 2 große Möhren, in Scheiben geschnitten
- 200 g Kohlrabi, gewürfelt
- 150 g Zuckerschoten
- Salz und frisch gemahlener schwarzer Pfeffer
- Sahne zum Servieren
- 1 Bund Kerbel, fein gehackt

1 Die Brühe zum Kochen bringen und die Bohnen darin 5 Minuten köcheln lassen. Möhren und Kohlrabi 5 Minuten mitkochen. Zuckerschoten dazugeben und alles weitere 5 Minuten kochen – das Gemüse soll bissfest bleiben.

2 Die Suppe mit Salz und Pfeffer würzen; vom Herd nehmen. In Schalen füllen und auf jede Portion etwas Sahne geben; mit Kerbel bestreuen.

Mexikanische Maissuppe

Wenn Sie kein Chiliöl haben, mischen Sie stattdessen Olivenöl mit etwas spanischem Paprikapulver (Pimentón bzw. geräuchertes Paprikapulver) oder Harissa.

15 MIN. 20 MIN. TK-TAUGLICH

FÜR 4 PERSONEN

- 3 EL Olivenöl
- 1 rote Zwiebel, fein gewürfelt
- 1 rote Paprikaschote, fein gewürfelt
- 1 Knoblauchzehe, fein gewürfelt
- 1 TL Fenchelsamen
- 1 TL frische Thymianblätter
- Körner von 3–4 Maiskolben (etwa 400 g Körner; siehe S. 155)
- Salz und frisch gemahlener schwarzer Pfeffer
- 100 g Sahne
- 1½ EL Chiliöl zum Beträufeln

1 Das Öl in einem großen Topf mittelstark erhitzen. Zwiebel- und Paprikawürfel (bis auf ein paar Würfelchen zum Garnieren), Knoblauch, Fenchelsamen und Thymian darin 3 Minuten pfannenrühren. Den Mais dazugeben und alles leicht würzen. Unter Rühren 2 Minuten dünsten, dann 500 ml heißes Wasser dazugießen und zum Köcheln bringen. Alles zugedeckt 15 Minuten köcheln lassen, bis das Gemüse weich ist. Die Sahne hineinrühren; den Topf vom Herd nehmen und die Suppe ein paar Minuten abkühlen lassen.

2 Die Suppe fein pürieren und unter gelegentlichem Rühren noch einmal erhitzen; abschmecken. In vorgewärmte Teller schöpfen und mit den Paprikawürfeln garnieren. Die Suppe mit etwas Chiliöl beträufeln und sofort servieren.

Variante

Mediterrane Maissuppe

Die Körner von 2 Maiskolben verwenden. 4 gehäutete, gewürfelte Tomaten und 1 fein gewürfelte Zucchini mit der Paprika dünsten. Statt Wasser 750 ml Gemüse- oder Hühnerbrühe dazugießen. Die Suppe nicht pürieren und die Sahne weglassen. Nach dem Abschmecken 1 EL fein gehacktes Basilikum unter die Suppe mischen. Diese nicht mit Chiliöl, sondern mit geriebenem Parmesan anrichten.

Jetzt am besten **Zuckermais**

Die zarten süßen Maiskörner sitzen in Reihen am Kolben und können vom Kolben gegessen oder abgelöst und dann gegart werden. Die kurze Saison dauert vom Hochsommer bis in den frühen Herbst. Am besten schmeckt Zuckermais mit zerlassener Butter und mit Frühstücksspeck, aber auch zu Käse, Fisch, Hähnchen und Paprikaschoten.

Ursprünglich aus Mexiko und Guatemala, wird Zuckermais mittlerweile weltweit von den Tropen, aber auch in nördlichen Regionen angebaut.

Wissenswert

Im Angebot

Große Maiskolben, Baby-Maiskolben; Maiskörner (frisch, tiefgekühlt, als Konserve); außerdem Produkte wie Speisestärke, Maismehl, Polenta, Popcorn.

Einkauf Darauf achten, dass die Stielenden nicht trocken und die Blätter frisch sind. Beim Anritzen eines Korns soll milchige Flüssigkeit austreten.

Aufbewahren Möglichst sofort nach dem Kauf zubereiten, ansonsten feucht eingewickelt max. 1–2 Tage im Kühlschrank lagern.

Zubereiten Im Ganzen in den Hüllblättern grillen oder backen; ohne Hüllblätter kochen; abgelöste Körner kochen, dünsten oder braten.

Für den Vorrat Körner und Kolben ohne Hüllblätter einfrieren.

Rezepte

Jakobsmuschelsuppe mit Mais Seite 157

Mexikanische Maissuppe Seite 154

Teigtaschen mit Mais und Paprika Seite 154

Die kleinen Kolben sind nicht länger als 10 cm.

Babymais Im Gegensatz zu ausgereiften Maiskolben können die zarten Baby-Maiskolben im Ganzen gegessen werden. Sie schmecken mild und nussig und passen an Wokgerichte, Salate, Suppen und Eintöpfe.

Dunkelgelbe Maiskörner haben ihre Süße verloren, wählen Sie besser blassgelbe.

Gelber Zuckermais Es gibt Sorten von »normal süß« bis »extrasüß«.

Weißer Zuckermais Die fast weißen Körner sind wohlschmeckend, fest und nicht ganz so süß wie die gelben. Am besten Kolben mit weißen und gelben Körnern wählen.

Maiskörner vom Kolben ablösen

Frische Maiskörner sind gegenüber denen aus der Dose oder tiefgekühlten geschmacklich und von ihrer Konsistenz her haushoch überlegen. Die Kolben zum Garen im Ganzen vorzubereiten oder die Körner vorher abzulösen ist supereinfach.

1 Hüllblätter und Fäden von den Kolben entfernen. Die geputzten Kolben unter fließendem Wasser abspülen.

2 Den Kolben aufrecht auf einem Schneidebrett halten und die Körner mit einem scharfen Messer von oben nach unten abschneiden.

Hühnersuppe mit Mais

Zuckermais hat im Sommer Hochsaison, dann reifen die Körner am Kolben und entwickeln ihr süßliches Aroma, das dieser Suppe eine feine Note verleiht.

10 MIN. 30 MIN.

FÜR 4 PERSONEN

- 4 Maiskolben
- 1 EL Olivenöl
- 25 g Butter
- 1 Zwiebel, fein gewürfelt
- 2 Knoblauchzehen, fein gewürfelt
- 1 große Kartoffel, geschält und in Scheiben geschnitten
- 1,25 l heiße Hühnerbrühe
- 2 Hähnchenbrustfilets, in dünne Streifen geschnitten
- Salz und frisch gemahlener schwarzer Pfeffer
- 1 Bund Petersilie, fein gehackt

1 Von den Maiskolben die Körner abschneiden (Sie benötigen etwa 500 g Körner; siehe S. 155). Die Kolben aufbewahren. Das Olivenöl mit der Butter in einem großen Topf heiß werden lassen. Die Zwiebelwürfel darin bei mittlerer Hitze in 3–4 Minuten glasig dünsten. Den Knoblauch und die Kartoffel dazugeben und 1 Minute pfannenrühren.

2 Brühe mit Maiskolben hinzufügen, alles aufkochen und 15 Minuten köcheln lassen, bis das Gemüse ganz weich ist. Die Kolben aus der Suppe nehmen und die Suppe fein pürieren. Zurück in den Topf füllen.

3 Hähnchenfleisch und Maiskörner unter die Suppe mischen. Aufkochen und 10 Minuten köcheln lassen, bis das Fleisch gar und der Mais weich ist. Die Suppe salzen und pfeffern; mit Petersilie bestreuen und servieren.

Hummersuppe mit Weinbrand

Reichen Sie zu dieser Suppe am besten Roggenbrot und Butter. Statt Hummer können Sie auch Krabbenfleisch oder eine Languste verwenden.

20 MIN. 1 STD.

FÜR 4 PERSONEN

- 1 kleiner gegarter Hummer
- 150 ml trockener Weißwein
- 1 Lorbeerblatt
- 1 EL Butter
- 2 Schalotten, fein gewürfelt
- 4 EL Weinbrand
- 1 große Tomate, gehäutet (siehe S. 197) und gewürfelt
- 2 TL Sardellenpaste
- 4 große neue Kartoffeln, geschält und gewürfelt
- 8 Baby-Maiskolben, in kurze Stücke geschnitten
- Salz und frisch gemahlener schwarzer Pfeffer
- 50 g Zuckerschoten, in kurze Stücke geschnitten
- 5 EL Sahne
- 4 dicke Zitronenscheiben
- 4 Zweige Petersilie

1 Vom Hummer Beine und Scheren abtrennen. Den Körper längs halbieren und den schwarzen Darm entfernen. Das Fleisch aus dem Schwanz lösen und klein schneiden. Scheren aufknacken; Fleisch herauslösen und würfeln. Alles Fleisch beiseitelegen. Den Panzer grob hacken und mit den leeren Scheren und Beinen in einen Topf geben. 800 ml Wasser sowie Wein und Lorbeerblatt hinzufügen. Aufkochen und zugedeckt 30 Minuten köcheln lassen. Fond durch ein Sieb in einen zweiten Topf gießen.

2 Den ersten Topf mit Küchenpapier auswischen. Die Butter darin bei schwacher Hitze zerlassen; Schalotten darin 1 Minute dünsten. Weinbrand angießen und anzünden. Den Topf schwenken, bis die Flammen erloschen sind. Tomate, Sardellenpaste, Kartoffeln und Mais unterrühren. Den Fond dazugießen; salzen, pfeffern und aufkochen lassen. Das Ganze zugedeckt 20 Minuten köcheln lassen, bis die Kartoffeln weich sind.

3 Inzwischen die Zuckerschoten 2 Minuten in Wasser kochen. In einem Sieb kalt abspülen und abtropfen lassen. Mit Sahne und Hummerfleisch zur Suppe geben. Suppe abschmecken und heiß werden, aber nicht mehr kochen lassen. Mit Zitronenscheiben und Petersilie servieren.

Rucola-Parmesan-Suppe

Eine gute Verwendungsmöglichkeit für spät geernteten Rucola, der recht feste Blätter hat.

10 MIN. 30 MIN. TK-TAUGLICH

FÜR 4 PERSONEN

- 2 EL Olivenöl
- 2 Zwiebeln, gewürfelt
- 750 g Kartoffeln, gewaschen, mit Schale in 2 cm große Würfel geschnitten
- Salz und frisch gemahlener schwarzer Pfeffer
- 2 große Knoblauchzehen, fein gewürfelt
- 1 l heiße Gemüsebrühe
- 1 Parmesanrinde (3 x 9 cm), in feine Würfel geschnitten
- 125 g Rucola, gehackt
- geriebener Parmesan zum Servieren

1 Das Öl in einer Pfanne erhitzen und die Zwiebel darin in 3–4 Minuten glasig dünsten. Die Kartoffeln mit etwas Salz unterrühren und zugedeckt 5 Minuten braten, dabei ab und zu rühren.

2 Den Knoblauch hinzufügen und ein paar Sekunden mitbraten, dann die Brühe dazugießen. Aufkochen lassen, die Parmesanrinde dazugeben und die Suppe 10 Minuten köcheln lassen, bis die Kartoffeln gar sind. Dabei ab und zu umrühren. Den Rucola untermischen und 3–5 Minuten mitkochen; er soll noch schön grün sein.

3 Die Suppe vom Herd nehmen und pürieren; abschmecken und mit Parmesan bestreuen.

Jakobsmuschelsuppe mit Mais

Ein luxuriöser Klassiker aus den USA, in dem sich die süße Milde von Krustentieren und Mais mit salzigem Bacon verbindet. Austerncracker aus dem Delikatessengeschäft sind die traditionelle Beilage dazu, die sich jeder über seine Portion bröselt.

25–30 MIN. 15–20 MIN.

FÜR 4 PERSONEN

- 2 Maiskolben
- 400 g kleine küchenfertige Jakobsmuscheln
- 125 g Bacon (durchwachsener Speck), in Streifen geschnitten
- 1 Zwiebel, fein gewürfelt
- 250 g neue Kartoffeln, abgebürstet und gewürfelt
- 1 Lorbeerblatt
- Salz und frisch gemahlener schwarzer Pfeffer
- 400 ml heißer Fischfond
- 125 g Sahne
- 250 ml Milch
- Paprikapulver zum Bestreuen

1 Jeden Maiskolben senkrecht auf einem Brett halten und die Körner mit einem scharfen Messer abschneiden. Die Maiskörner (etwa 250 g) in eine Schüssel geben und aus den Kolben über der Schüssel mit dem Messerrücken alle Flüssigkeit herausdrücken.

2 Von den Jakobsmuscheln, falls nötig, den festen Streifen am Rand abschneiden. Wenn sich am Rand noch der schwarze Darm befindet, diesen entfernen.

3 Den Speck in einem großen Topf 3–5 Minuten unter Rühren braten, bis das Fett ausgelassen ist. Mit einem Schaumlöffel herausheben und auf Küchenpapier beiseitelegen.

4 Die Hitze reduzieren und die Zwiebeln in dem Fett unter häufigem Rühren in 3–4 Minuten glasig braten. Herausheben und auf das Küchenpapier legen. Das Fett aus dem Topf weggießen.

5 Kartoffeln, Lorbeerblatt, Salz und Pfeffer in den Topf geben. Den Fond dazugießen, alles aufkochen und 7–10 Minuten köcheln lassen, bis die Kartoffeln halb gar sind.

6 Den größten Teil von Bacon und Zwiebeln dazugeben, dann die Maiskörner (mit Flüssigkeit) sowie Sahne und Milch. Aufkochen und die Suppe 7–10 Minuten köcheln lassen, bis die Kartoffeln gar sind.

7 Die Jakobsmuscheln hinzufügen und die Suppe nochmals erhitzen, um die Muscheln gar ziehen zu lassen. Abschmecken. Das Lorbeerblatt herausnehmen, die Suppe in vorgewärmte Teller füllen und mit Paprika sowie den restlichen Zwiebeln und Speck bestreuen.

Rucola-Ricotta-Dip mit schwarzen Oliven

Rucola gehört zur Familie der Senfpflanzen. Seine Blätter verleihen diesem schnell zubereiteten Dip eine pfeffrige Note, was vor allem der Ricotta gut vertragen kann.

15 MIN.

FÜR 4 PERSONEN

- 100 g Rucola
- 2 Knoblauchzehen, fein gewürfelt
- 100 g schwarze Oliven (z. B. Kalamata), entsteint
- abgeriebene Schale und Saft von 1 Bio-Zitrone
- 100 ml Olivenöl
- 250 g Ricotta
- frisch gemahlener schwarzer Pfeffer

1 Rucola, Knoblauch und Oliven mit Zitronenschale und -saft sowie dem Olivenöl in der Küchenmaschine oder im Mixer pürieren.

2 Die Masse in eine Schüssel füllen und gründlich mit dem Ricotta verrühren. Mit Pfeffer würzen. Die Creme mit geröstetem Baguette oder Sauerteigbrot servieren.

Variante

Spaghetti mit Cocktailtomaten und Rucola-Oliven-Sauce

Der Dip eignet sich auch prima als Nudelsauce. 400 g Spaghetti nach Packungsangabe kochen, abgießen und wieder in den Topf geben. 12 halbierte Cocktailtomaten und die Hälfte des Dips dazugeben. Bei schwacher Hitze rühren, bis der Dip schmilzt; mit den Spaghetti mischen. Das Gericht in Schalen füllen, mit geriebenem Parmesan bestreuen und heiß servieren. Den restlichen Dip in ein gut schließendes Gefäß geben und im Kühlschrank bis zu 3 Tage aufbewahren.

Crostini mit Forellen-Mascarpone-Creme

Brot und Mandeln können Sie 2 Stunden im Voraus rösten – so sind die Crostini später schnell fertiggestellt.

25 MIN. 15 MIN.

FÜR 4 PERSONEN

- 4 dicke Scheiben Roggenmischbrot
- 2 EL Olivenöl
- Salz und frisch gemahlener schwarzer Pfeffer
- 1 Knoblauchzehe, geschält
- 200 g geräuchertes Forellenfilet
- 1 Fenchelknolle (etwa 150 g), halbiert und in dünne Streifen geschnitten
- 125 g Mascarpone
- 30 g gehobelte Mandeln, geröstet
- Saft von ½ Zitrone
- Kerbel zum Garnieren
- Zitronenschnitze zum Servieren

1 Den Backofen auf 200 °C vorheizen. Das Olivenöl auf ein Backblech geben. Die Brotscheiben im Öl wenden, dabei andrücken. Mit Salz und Pfeffer bestreuen und im heißen Ofen in 12–15 Minuten goldbraun rösten. Herausnehmen und die Scheiben mit der Knoblauchzehe abreiben. Auf einem Kuchengitter abkühlen lassen.

2 Inzwischen die Forellenfilets häuten und in Stücke zupfen; in eine Schüssel geben.

3 Fenchelstreifen, Mascarpone, Mandeln, Zitronensaft und Pfeffer behutsam mit den Forellenstücken mischen.

4 Die Forellen-Mascarpone-Creme auf den Crostini verteilen, mit etwas Pfeffer würzen und mit Kerbel garnieren. Sofort mit Zitronenschnitzen servieren.

Borschtsch mit Tomaten

In Russland und der Ukraine gehören zum Borschtsch nicht nur Rote Beten, sondern auch Tomaten – das sieht gut aus und schmeckt fantastisch.

25 MIN. 25 MIN. TK-TAUGLICH

FÜR 4 PERSONEN

- 2 EL Olivenöl
- 1 kleine Zwiebel, fein gewürfelt
- 1 Knoblauchzehe, fein gewürfelt
- 250 g rohe Rote Bete, geschält und geraspelt
- 1 TL gemahlener Kreuzkümmel, plus ganze Samen zum Bestreuen
- ¼ TL gemahlener Zimt
- 250 g reife Tomaten, geschält (siehe S. 197) und grob gewürfelt
- 250 ml Tomatensaft
- 1 TL fein gewürfelte getrocknete Tomaten
- 600 ml Gemüsebrühe
- 1 TL helle Sojasauce
- Salz und frisch gemahlener schwarzer Pfeffer
- saure Sahne oder Crème fraîche zum Servieren

1 Das Öl in einem Topf erhitzen. Zwiebel und Knoblauch darin bei mittlerer Hitze in 3–4 Minuten glasig dünsten. Die Roten Beten dazugeben und 10 Minuten mitdünsten, dabei öfter umrühren.

2 Kreuzkümmel, Zimt, Tomaten, Tomatensaft und getrocknete Tomaten hinzufügen und die Brühe dazugießen. Alles aufkochen und zugedeckt 15 Minuten köcheln lassen, bis das Gemüse weich ist. Die Suppe vom Herd nehmen und pürieren. Mit Sojasauce, Salz und Pfeffer würzen.

3 Die Suppe schmeckt lauwarm oder kalt. Wenn sie aufgewärmt werden soll, nur bei schwacher Hitze erwärmen. Zum Servieren in Schalen füllen, geröstete Kreuzkümmelsamen und etwas saure Sahne oder Crème fraîche daraufgeben.

Wassermelonensalat mit Feta und Kürbiskernen

Dieser Salat hat das Zeug zum modernen Klassiker. Die Süße der reifen Melone bildet einen wunderbaren Kontrast zum salzigen Feta und den nussigen Kernen.

10 MIN. 5 MIN.

FÜR 4 PERSONEN

- 60 g Kürbiskerne
- Salz und frisch gemahlener schwarzer Pfeffer
- ¼ TL Cayennepfeffer
- 4 EL mildes Olivenöl
- Saft von 1 Zitrone
- Fruchtfleisch von 500 g Wassermelone, in 2 cm große Stücke geschnitten
- ½ rote Zwiebel, fein gewürfelt
- 4 große Handvoll gemischte Salatblätter (z. B. Brunnenkresse, Rucola oder zarter Blattspinat)
- 300 g Feta, in 1 cm große Würfel geschnitten

1 Die Kürbiskerne in einer trockenen Pfanne 2–3 Minuten rösten. 1 Prise Salz und Cayennepfeffer unterrühren und 1 Minute mitrösten. Zum Abkühlen auf einen Teller geben.

2 In einer großen Schüssel Öl und Zitronensaft mit Salz und Pfeffer verrühren. Melone, Zwiebel und Salatblätter dazugeben und vorsichtig unter das Dressing mischen.

3 Feta und Kürbiskerne über den Salat streuen und diesen sofort servieren.

Jakobsmuscheln mit süßer Chilisauce

Kleine rote Chilischoten enthalten viel Capsaicin, das für ihre Schärfe verantwortlich ist. Diese Chilisauce bildet einen scharfen Kontrast zu den süßlichen Jakobsmuscheln.

10 MIN. PLUS MARINIERZEIT — 5 MIN.

FÜR 4 PERSONEN

- 4 Knoblauchzehen, fein gewürfelt
- 3 rote Chilischoten, entkernt und fein gehackt
- 3 EL trockener Sherry
- 1 TL Zucker
- 2 EL Olivenöl, plus mehr zum Braten
- 12 ausgelöste große Jakobsmuscheln ohne Corail

1 Knoblauch, Chilis, Sherry und Zucker in einer Schüssel verrühren, bis sich der Zucker aufgelöst hat. Öl und Muscheln untermischen. Die Muscheln mindestens 30 Minuten in der Marinade ziehen lassen.

2 Die Muscheln mit einem Schaumlöffel aus der Marinade heben. Etwas Olivenöl in einer beschichteten Pfanne bei starker Hitze heiß werden lassen. Die Jakobsmuscheln darin pro Seite 1 Minute braten; herausnehmen. Die Marinade in die Pfanne gießen und bei starker Hitze aufkochen lassen; auf die Muscheln verteilen. Mit grünem Salat servieren.

Variante

Sardinen mit süßer Chili-Schnittlauch-Sauce

Statt der Jakobsmuscheln 12 küchenfertige Sardinen verwenden und wie beschrieben zubereiten. Zu der Marinade in der Pfanne noch 2 EL Schnittlauchröllchen geben. Das Ganze mit Zitronenschnitzen servieren.

Chorizo mit Paprika

Bunte Paprikaschoten und ein paar Gewürze genügen, um aus der scharfen spanischen Wurst ein köstliches kleines Gericht zu kreieren, das als Tapa serviert wird.

10 MIN. — 10 MIN.

FÜR 4 PERSONEN

- 2 EL Olivenöl
- je 2 rote und grüne Paprikaschoten, in 2 cm große Stücke geschnitten
- 3 Knoblauchzehen, zerdrückt
- 300 g Chorizo, in 2 cm große Stücke geschnitten
- 2 EL trockener Sherry
- 1 TL gehackte Oreganoblättchen
- Salz und frisch gemahlener schwarzer Pfeffer

1 Das Öl in einer Pfanne erhitzen. Paprikastücke darin bei mittlerer Hitze unter gelegentlichem Rühren 5 Minuten braten. Knoblauch, Chorizo und Sherry untermischen und alles noch 5 Minuten köcheln lassen.

2 Paprikamischung mit Oregano, Salz und Pfeffer würzen. Sofort servieren.

Variante

Chorizo mit Auberginen und Zucchini

Statt Paprikaschoten 1 gewürfelte Aubergine und 2 gewürfelte Zucchini verwenden; diese wie beschrieben zubereiten. 2 EL gehackte Petersilie mit dem Oregano dazugeben und das Gericht noch mit 100 g gewürfeltem Feta bestreuen.

Gefüllte Paprikaschoten

Mit Schafskäsefüllung sind sie in Spanien eine Spezialität. Die kleinen grünen Schoten werden durch Rösten süß-rauchig, wozu Schafskäse gut passt.

15 MIN. 20 MIN.

FÜR 4 PERSONEN

- 150 g Feta
- 3 Knoblauchzehen, fein gewürfelt
- 1 EL fein gehackte Petersilie
- 1 TL frisch gemahlener schwarzer Pfeffer
- 12 kleine rote Paprikaschoten (Piquillo)
- 4 EL Olivenöl

1 Den Backofen auf 200 °C vorheizen. Schafskäse, Knoblauch, Petersilie und Pfeffer in einer Schüssel mit einer Gabel zerdrücken und zu einer glatten Masse vermengen.

2 Von den Paprika die Deckel abschneiden, diese wegwerfen. Die Schoten entkernen, dann mit der Käsemischung füllen.

3 Die Schoten mit Olivenöl bestreichen und dicht nebeneinander in eine kleine ofenfeste Form legen. Die Schoten mit dem restlichen Olivenöl beträufeln und im Ofen etwa 20 Minuten garen, bis sie weich sind. Sofort mit knusprigem Brot servieren.

Variante

Paprikaschoten mit Frischkäse-Mais-Füllung

Die Schoten wie beschrieben zubereiten. Für die Füllung statt Feta jedoch 120 g Frischkäse verwenden und diesen mit 100 g Maiskörnern, 1 zerdrückten Knoblauchzehe sowie 1 EL gehackter Minze und etwas Pfeffer mischen.

Bruschettas mit Tomate und Basilikum

Geröstete Ciabatta-Scheiben mit fruchtigen Tomaten und würzigem Basilikum belegt – fein zu einem Drink, aber auch als kleines Essen.

10 MIN. 4–5 MIN.

FÜR 8 STÜCK

- 6 Tomaten, grob gewürfelt
- 1 Handvoll Basilikumblätter, grob zerkleinert
- 4 EL Olivenöl
- Salz und frisch gemahlener schwarzer Pfeffer
- 1 Laib Ciabatta
- 3 Knoblauchzehen, geschält

1 Die Tomaten in einer Schüssel mit Basilikum und Olivenöl mischen. Kräftig mit Salz und Pfeffer würzen. Beiseitestellen und durchziehen lassen.

2 Den Backofengrill auf höchster Stufe vorheizen. Die Ciabatta quer halbieren und jede Hälfte in 4 Stücke schneiden; so erhält man 8 Stücke.

3 Die Brotstücke unter dem Grill goldgelb rösten. Anschließend mit den Knoblauchzehen abreiben. Die Tomaten-Basilikum-Mischung auf den Brotscheiben verteilen; sofort servieren.

Variante

Bruschettas mit gerösteten Paprikaschoten und Oliven

4 Tomaten durch je 1 kleine rote und grüne Paprikaschote ersetzen. Diese rösten, häuten, entkernen und würfeln. 50 g in Scheiben geschnittene schwarze Oliven dazugeben.

Heiße Gurkensuppe mit Estragon

Gegarte Salatgurken haben ein feines Aroma, das gut mit dem etwas kräftigeren Geschmack von Estragon harmoniert.

15 MIN. 20 MIN.

FÜR 4 PERSONEN

- 2 mittelgroße oder 3 kleine Salatgurken
- 1 EL Sonnenblumen- oder Rapsöl
- 50 g kalte Butter, gewürfelt
- 2 EL gehackter Estragon
- 800 ml leichte Gemüse- oder Hühnerbrühe
- Salz und frisch gemahlener schwarzer Pfeffer
- 2 EL Speisestärke
- 4 gehäufte TL Frischkäse (nach Belieben)

1 Die Gurken schälen, einmal längs und einmal quer halbieren. Mit einem Teelöffel die Kerne herausschaben und das Fruchtfleisch grob würfeln.

2 Einen Topf mittelstark erhitzen. Das Öl und 15 g Butter darin erhitzen. Die Gurken und die Hälfte des Estragons hinzufügen und 2 Minuten dünsten. Die Brühe mit etwas Salz und Pfeffer dazugeben.

3 Alles aufkochen und 10–15 Minuten köcheln lassen. Die Speisestärke mit etwas Wasser anrühren und in die Suppe rühren. Die Suppe noch 2 Minuten köcheln, dann vom Herd nehmen und etwas abkühlen lassen.

4 Die Suppe pürieren. Noch einmal erhitzen und die restliche Butter unterrühren. Abschmecken; mit dem restlichen Estragon bestreuen und sofort servieren. Nach Belieben Frischkäse auf jede Portion setzen.

Gurken-Kanapees mit Hähnchen-Pesto-Mayonnaise

Eine Gurkenscheibe ist genau so groß, dass man sie mit einem Bissen essen kann – die ideale Basis für diese Häppchen. Servieren Sie sie zum Aperitif.

20 MIN.

FÜR 6-8 PERSONEN

- 250 g geräucherte Hähnchenbrust
- 3 EL Mayonnaise
- 1 EL Pesto
- frisch gemahlener schwarzer Pfeffer
- 2 Bio-Salatgurken (etwa 300 g), in ½ cm dicke Scheiben geschnitten

1 Die Hähnchenbrust in dünne Scheiben schneiden und diese fein würfeln. Die Würfel in einer Schüssel sorgfältig mit Mayonnaise und Pesto mischen; mit Pfeffer würzen.

2 Die Gurkenscheiben nebeneinander auf eine Servierplatte oder auf Portionsteller legen. Auf jede Scheibe 1 gehäuften TL Hähnchen-Pesto-Mayonnaise geben.

Variante

Geräucherte Forelle und Sahne-Meerrettich auf Gurken

Die Mayonnaise mit zerpflückter Räucherforelle statt mit Hähnchenbrust und mit Sahnemeerrettich statt mit Pesto zubereiten. Jedes Häppchen mit einer Scheibe Cocktailtomate und etwas Petersilie garnieren.

Meerfenchelsuppe mit pochiertem Ei

Noch raffinierter wird die Suppe mit hart gekochtem Ei und Austern als Topping.

10 MIN. 30 MIN. TK-TAUGLICH

FÜR 4 PERSONEN

- 200 g junger Meerfenchel
- 1 TL Butter
- 1 dicke Stange Lauch, in Scheiben geschnitten
- 1 große Kartoffel, geschält und gewürfelt
- 1 dicke Scheibe von 1 Bio-Zitrone
- 1 kleine Handvoll Petersilie
- 1 l leichte Gemüse- oder Hühnerbrühe
- frisch gemahlener schwarzer Pfeffer
- etwas Milch (nach Belieben)
- 1 EL Weißweinessig
- 4 Eier

1 Den Meerfenchel in etwas Wasser in 3–5 Minuten weich kochen. Abgießen, kalt abschrecken und abtropfen lassen.

2 Die Butter in einem großen Topf zerlassen. Lauch und Kartoffel darin 2 Minuten unter Rühren braten. Zitrone, Petersilie, Brühe und Pfeffer dazugeben und alles zugedeckt 20 Minuten köcheln lassen. Die Zitrone herausnehmen und die Suppe mit dem Meerfenchel pürieren. Abschmecken und, falls nötig, mehr Pfeffer dazugeben. Nach Belieben die Suppe mit etwas Milch verdünnen und nochmals erhitzen.

3 Inzwischen in einem breiten Topf Wasser mit dem Essig aufkochen. Kräftig umrühren und in das sich drehende Wasser rasch die Eier schlagen. Bis zum gewünschten Gargrad pochieren, dann mit einem Schaumlöffel herausheben. Die Suppe in Teller schöpfen und je ein pochiertes Ei daraufsetzen.

Zucchinimousse mit Hähnchenfleisch

Eine cremige Mousse, mit Zucchinischeiben umhüllt, macht wirklich Eindruck. Wichtig für eine perfekte Präsentation ist, dass die Förmchen gut gefettet sind, damit Sie die fertigen Portionen zum Servieren leicht auf Teller stürzen können.

25–35 MIN. PLUS KÜHLZEIT **20–30 MIN.**

FÜR 6 PERSONEN

- 500 g Hähnchenbrustfilet
- 2 Eiweiß
- Salz und frisch gemahlener schwarzer Pfeffer
- 1 Prise frisch geriebene Muskatnuss
- 200 g Sahne
- 2 Zucchini
- zerlassene Butter zum Bestreichen

Für die Sauce

- 125 g Butter
- 2 Knoblauchzehen, fein gewürfelt
- 2 Schalotten, fein gewürfelt
- 4 EL Madeira
- 1 EL Sahne

1 Das Hähnchenfleisch würfeln und in der Küchenmaschine zerkleinern. Es soll dabei noch eine grobe Struktur behalten. Die Eiweiße schaumig schlagen und portionsweise unter das Fleisch rühren. Dabei das Fleisch nach jeder Zugabe wieder glatt rühren. Mit Salz, Pfeffer und Muskat würzen. Nach und nach die Sahne unterrühren. Die Fleischmasse für 15 Minuten in den Kühlschrank stellen. Danach soll sie recht fest sein. Zum Abschmecken ein kleines Bällchen braten und probieren. Die Masse eventuell nachwürzen.

2 Die Zucchini in dünne Scheiben schneiden. In einem Topf Salzwasser aufkochen und die Zucchinischeiben darin in 1–2 Minuten weich garen. In ein Sieb gießen, kalt abspülen und auf Küchenpapier abtropfen lassen.

3 Aus Backpapier sechs Kreise mit dem Durchmesser der Förmchen ausschneiden. Sechs Förmchen (je 350 ml Inhalt) fetten, auf die Böden je einen Backpapierkreis legen und ebenfalls gründlich fetten. Inzwischen den Backofen auf 180 °C vorheizen. Die Böden und die Ränder der Formen überlappend mit Zucchinischeiben auskleiden.

4 Die Hähnchenmasse in die Formen füllen und glatt streichen. Die Formen in das tiefe Backblech stellen. So viel heißes Wasser in das Blech gießen, dass die Formen zu mehr als der Hälfte im Wasser stehen. Die Formen mit Backpapier bedecken und die Mousses im Ofen 20–30 Minuten garen. Das Wasser darf dabei nicht kochen, sonst gerinnt die Mousse. Zur Garprobe einen Metallspieß in eine Mousse stechen; wenn er sich nach dem Herausziehen heiß anfühlt, ist die Mousse gar.

5 Für die Sauce 30 g Butter in einem kleinen Topf zerlassen. Knoblauch und Schalotten darin unter Rühren 2–3 Minuten dünsten, nicht bräunen. Den Madeira angießen und aufkochen lassen, die Bratrückstände dabei losschaben; alles in 2–3 Minuten sirupartig einkochen. Die Sahne dazugeben; nochmals einkochen lassen. Die restliche Butter stückchenweise unterschlagen. Dabei den Topf, falls nötig, zwischendurch vom Herd nehmen, damit die Sauce nicht zu heiß wird und gerinnt.

6 Die Mousses aus dem Ofen nehmen. Mit einem scharfen, dünnen Messer vom Formrand lösen. Auf vorgewärmte Teller stürzen. Zucchinischeiben, die sich gelöst haben, wieder arrangieren. Die warme Sauce rundherum dazu anrichten.

Variante

Hähnchenmousse mit Tomatensauce und Minze

Die Mousse wie beschrieben zubereiten und abkühlen lassen. Für die Sauce 250 g Tomaten häuten und grob hacken; ganz fein pürieren, dann langsam 1 EL Olivenöl unterschlagen, bis die Sauce schön cremig ist. Die Tomatensauce um die Mousses löffeln und alles mit gehackter Minze bestreuen.

Babaganoush

Die orientalische Auberginenpaste mit viel Knoblauch und Pinienkernen hat ein feines Räucheraroma. Ein köstlicher Dip oder Brotaufstrich.

15 MIN. 45 MIN.

FÜR 6 PERSONEN

2 große Auberginen

4 Knoblauchzehen, zerdrückt

1 EL Oreganoblätter (nach Belieben)

abgeriebene Schale und Saft von 1 Bio-Zitrone

100 ml Olivenöl

150 g Pinienkerne, geröstet und gehackt

125 g griechischer Joghurt

Salz und frisch gemahlener schwarzer Pfeffer

1 Den Grill oder eine Grillpfanne sehr heiß werden lassen. Die Auberginen unter häufigem Wenden 30–45 Minuten rösten, bis die Haut angekohlt (sie wird ziemlich schwarz) und blasig ist. Etwas abkühlen lassen, dann häuten und grob hacken.

2 Gehackte Auberginen, Knoblauch, Oregano (nach Belieben), Zitronenschale, Zitronensaft und Öl in der Küchenmaschine oder im Mixer zu einer stückigen Creme mixen. In eine Schüssel umfüllen, Pinienkerne und Joghurt untermischen.

3 Die Creme mit Salz und Pfeffer würzen. Mit geröstetem Baguette servieren.

Variante

Auberginen-Kichererbsen-Paste

Nur 1 Aubergine wie beschrieben grillen. Pinienkerne weglassen, stattdessen die Kichererbsen aus 1 Dose (425 ml Inhalt) abgießen und mit 1 Prise Chiliflocken zu den anderen Zutaten geben. Alles stückig pürieren. Gurkenstücke halbieren, aushöhlen und die Paste in die Gurken füllen. Mit getrockneter Minze bestreuen.

Marokkanische Pfannkuchen

Auberginen brauchen nicht eingesalzen zu werden. Nur vor dem Braten empfiehlt es sich, damit sie weniger Öl aufsaugen. Wichtig: Vor der Zubereitung trocken tupfen.

5 MIN. 25 MIN.

FÜR 4 PERSONEN

125 g Mehl

Salz und frisch gemahlener schwarzer Pfeffer

1 Ei

300 ml Milch

1 EL Olivenöl, plus mehr zum Backen

1 Aubergine, gewürfelt

2 Tomaten, fein gewürfelt

1 Prise gemahlener Zimt

gehackte Blätter von ein paar Zweigen Minze

Zitronenschnitze zum Servieren

1 Das Mehl mit dem Salz in eine Schüssel geben, in die Mitte eine Mulde drücken. Das Ei hineinschlagen, mit etwas Milch und Mehl verrühren. Die restliche Milch nach und nach unter Rühren dazugießen und alles zu einem glatten Teig verrühren. Den Teig möglichst 30 Minuten im Kühlschrank ruhen lassen.

2 Das Öl in einer Pfanne erhitzen und die Auberginenwürfel darin bei mittlerer Hitze in 5–8 Minuten goldgelb braten. Die Tomaten 5 Minuten mitgaren. Das Gemüse mit Salz, Pfeffer und Zimt würzen, dann die Minze untermischen.

3 In einer beschichteten Pfanne etwas Öl erhitzen und durch Schwenken verteilen. Überschüssiges Öl abgießen. Den Teig umrühren und 2 EL davon in der Pfanne verteilen. Ein paar Minuten backen, wenden und auf der anderen Seite 1 Minute backen. Den gesamten Teig so verarbeiten. Fertige Pfannkuchen im 80 °C heißen Backofen warm halten.

4 Das Auberginengemüse auf den Pfannkuchen verteilen; Pfannkuchen aufrollen oder zusammenfalten. Oder einfach auf einen Pfannkuchen Füllung geben, einen zweiten darauflegen und diesen ebenfalls mit Füllung bedecken. Mit Minzeblättern und Zitronenschnitzen servieren.

Jakobsmuscheln mit Chili, Ingwer und Sardellendressing

Allgemein gilt, dass die kleineren Chilis die schärferen sind – richtig scharf sind die Habañeros.

10 MIN. 30 MIN.

FÜR 4 PERSONEN

- 2–3 EL Olivenöl
- 700 g festkochende Kartoffeln, geschält und in dünne Scheiben geschnitten
- 12 ausgelöste Jakobsmuscheln, ohne Rogen
- Salz und frisch gemahlener schwarzer Pfeffer
- 1 rote Chilischote, entkernt und fein gehackt
- 2–3 cm frischer Ingwer, gehackt
- Saft von 1 Zitrone
- 1 Handvoll Petersilienblätter, gehackt

Für das Sardellendressing

- 3 EL Olivenöl
- 1 EL Weißweinessig
- 8 in Öl eingelegte Sardellenfilets, abgespült und fein gehackt
- 1 Prise Zucker (nach Belieben)

1 In einer großen beschichteten Pfanne 1–2 EL Olivenöl heiß werden lassen. Die Kartoffeln darin bei mittlerer Hitze unter gelegentlichem Rühren in 15–20 Minuten knusprig braten. Auf Küchenpapier abtropfen lassen; warm halten.

2 Inzwischen für das Dressing das Olivenöl mit Essig und Sardellen verquirlen; nach Belieben mit Zucker und Pfeffer würzen.

3 Die Jakobsmuscheln mit Küchenpapier trocken tupfen, salzen und pfeffern. Das restliche Olivenöl in der Pfanne erhitzen. Die Jakobsmuscheln darin bei starker Hitze 1 Minute braten, dann wenden. Chili, Ingwer und Zitronensaft (Vorsicht, es spritzt!) hinzufügen. Die Pfanne vom Herd nehmen und die Muscheln mit der Petersilie bestreuen.

4 Die Muscheln mit den Bratkartoffeln anrichten und mit Dressing beträufeln.

Auberginenrouladen mit Salsa

Gebratene Auberginenscheiben werden hier mit Ricotta und Pesto belegt, aufgerollt und mit Tomatensalsa serviert.

20 MIN. 20 MIN.

FÜR 4 PERSONEN

- 1 große Aubergine, längs in ½ cm dicke Scheiben geschnitten
- 125 g frische Brotkrumen, geröstet
- 1 EL gehackte Petersilie
- 1 Knoblauchzehe, zerdrückt
- 2 EL geriebener Parmesan
- Salz und frisch gemahlener schwarzer Pfeffer
- 2 Eier
- 175 g Mehl
- 125 ml Olivenöl
- 250 g Ricotta
- 1 EL Pesto

Für die Salsa

- 3 Tomaten, fein gewürfelt
- 1 kleines Bund Petersilie, fein gehackt
- 1 EL Olivenöl
- Salz und frisch gemahlener schwarzer Pfeffer

1 Die Auberginenscheiben in einem großen Sieb gründlich waschen und gut abtropfen lassen; mit Küchenpapier trocken tupfen. Brotkrumen, Petersilie, Knoblauch und Parmesan in einem tiefen Teller mischen; salzen und pfeffern. Die Eier in einem zweiten tiefen Teller verquirlen und das Mehl auf einen großen flachen Teller geben. Die Auberginen erst im Mehl, dann im Ei und zum Schluss in den Brotkrumen wenden; sie sollen gleichmäßig paniert sein.

2 Das Öl in einer großen Pfanne erhitzen. Die Auberginenscheiben darin portionsweise bei mittlerer Hitze pro Seite in 2–4 Minuten golden ausbacken. (Oder zwei Pfannen verwenden.) Auf einem mit Küchenpapier belegten Backblech abtropfen lassen; warm halten.

3 Inzwischen den Ricotta in einer Schüssel locker mit dem Pesto verrühren – am besten geht das mit einer Gabel. In einer zweiten Schüssel die Zutaten für die Salsa miteinander mischen; mit Salz und Pfeffer würzen.

4 Vor dem Servieren etwas Ricottacreme auf ein Ende jeder Auberginenscheibe geben. Die Scheiben aufrollen und mit Holzspießchen zusammenstecken. Die Röllchen auf vier Teller verteilen, die Salsa darübergeben.

Salade Lyonnaise

Ein warmer Spinatsalat mit Rotweindressing und Speck. Gehaltvoller wird er mit warmem pochiertem Ei, dessen Eigelb sich beim Essen über die Zutaten ergießt.

30–35 MIN. 20–25 MIN.

FÜR 6 PERSONEN

- ½ Baguette
- 3 EL Olivenöl
- 1 Knoblauchzehe
- 2 Eier
- 500 g Spinatblätter
- 250 g durchwachsener Speck, in Streifen geschnitten oder gewürfelt
- 75 ml Rotweinessig

1 Den Backofen auf 200 °C vorheizen. Das Baguette in ½ cm dicke Scheiben schneiden. Die Scheiben auf beiden Seiten mit Öl bestreichen und auf ein Backblech setzen. Im Ofen in 7–10 Minuten goldbraun toasten, dabei einmal wenden. Den Knoblauch halbieren und die Brote auf einer Seite damit einreiben.

2 Die Eier hart kochen und schälen. Die Spinatblätter in große Stücke zupfen und in eine Schüssel geben. Die Eier halbieren und die Eigelbe herauslösen. In ein feines Sieb legen und mit einem Löffelrücken in eine Schüssel drücken. Die Eiweiße würfeln.

3 Eine Pfanne erhitzen und den Speck darin in 3–5 Minuten auslassen und knusprig braten. Zum Spinat geben und gut mischen, bis der Spinat etwas zusammengefallen ist.

4 Den Essig in die Pfanne gießen. Unter Rühren aufkochen und in 1 Minute zu einem Drittel einkochen lassen. In die Schüssel gießen und gut untermischen.

5 Den Salat auf sechs Teller verteilen. Jedes mit Eiweißwürfeln und Eigelbkrümeln bestreuen und sofort servieren. Die Croûtons dazulegen.

Chinesische Eierflockensuppe

Eigentlich genügt es, das Ei in eine einfache Hühnerbrühe einzurühren. Doch interessanter schmeckt die Suppe, wenn noch Maiskörner, Spinat und Gewürze hinzugefügt werden.

5 MIN. 25 MIN.

FÜR 4 PERSONEN

- 1 l heiße Hühnerbrühe
- 1 Knoblauchzehe, fein gewürfelt
- ½ TL geriebener frischer Ingwer
- 2 Frühlingszwiebeln, klein geschnitten
- 2 EL Sojasauce
- ½ TL Fünf-Gewürze-Pulver
- Körner von 2 Maiskolben (etwa 250 g Körner; siehe S. 155)
- 2 große Handvoll junger Spinat
- 2 EL Speisestärke
- 2 Eier, verquirlt

1 Die Brühe in einen Topf gießen. Knoblauch, Ingwer, Frühlingszwiebeln, Sojasauce, Fünf-Gewürze-Pulver und Mais dazugeben. Alles aufkochen und zugedeckt 20 Minuten köcheln lassen.

2 Den Spinat dazugeben, die Suppe nochmal aufkochen und 1 Minute köcheln lassen, bis der Spinat zusammengefallen ist. Abschmecken; falls nötig, mit Sojasauce nachwürzen.

3 Die Speisestärke mit 4 EL Wasser anrühren und in die Suppe gießen. Aufkochen und unter Rühren 1 Minute köcheln lassen, bis die Suppe leicht bindet. Nach und nach die Eier hineinträufeln, dabei leicht rühren, damit Fäden entstehen. Die Suppe in vorgewärmten Schalen servieren.

Spanische Paprika-Tomaten-Suppe

Durch das langsame Garen bewahren die Paprikaschoten ihre Süße. Nach Belieben können Sie noch Kichererbsen aus der Dose dazugeben.

20 MIN. 1 STD. 15 MIN. - 1 STD. 30 MIN. TK-TAUGLICH

FÜR 4-6 PERSONEN

- 1 EL Olivenöl
- 1 Zwiebel, fein gewürfelt
- Salz und frisch gemahlener schwarzer Pfeffer
- 2 Stangen Sellerie, grob gewürfelt
- 3 Knoblauchzehen, fein gewürfelt
- 1 große Möhre, gewürfelt
- 1 Prise Chiliflocken
- 1 Prise Paprikapulver
- 6 rote Paprikaschoten, grob gewürfelt
- 3 Tomaten, grob gewürfelt
- 1,5 l heiße Gemüsebrühe
- 100 g weicher Schafskäse, zerkrümelt, zum Bestreuen

1 Das Öl in einem großen Topf erhitzen und die Zwiebel darin bei mittlerer Hitze in 3–4 Minuten glasig dünsten. Mit Salz und Pfeffer würzen; Sellerie, Knoblauch und Möhre dazugeben und alles unter gelegentlichem Rühren 5–10 Minuten dünsten.

2 Chiliflocken und Paprikapulver unterrühren und 1 Minute mitdünsten, dann Paprikaschoten und Tomaten hinzufügen. Alles bei ganz schwacher Hitze unter gelegentlichem Rühren 20 Minuten köcheln lassen. Anschließend 500 ml Brühe dazugießen, aufkochen und die Suppe halb zugedeckt 45–60 Minuten köcheln lassen. Dabei immer wieder Brühe nachgießen.

3 Die Suppe vom Herd nehmen und fein pürieren. Falls sie zu dick ist, etwas heißes Wasser unterrühren. Die Suppe abschmecken und, falls nötig, nachwürzen. Nochmals erhitzen. In Teller füllen, mit Schafskäse bestreuen und mit knusprigem Brot servieren.

Maispuffer mit Tomatensalsa

Frische Maiskörner sind so aromatisch und süß, dass man sie roh zu knusprigen Puffern verarbeiten kann. Eine frische Tomatensalsa passt perfekt dazu.

20 MIN. 10 MIN.

FÜR 14–16 STÜCK

- 100 g Mehl
- 1½ TL Backpulver
- 2 große Eier
- 4 EL Milch
- Körner von 2 Maiskolben (siehe S. 155)
- 1 TL geräuchertes Paprikapulver
- 2 Frühlingszwiebeln, die grünen und weißen Teile getrennt fein geschnitten
- 4 EL gehacktes Koriandergrün
- 1 rote Chilischote, entkernt und fein gehackt (nach Belieben)
- Salz und frisch gemahlener schwarzer Pfeffer
- 2 EL Sonnenblumenöl
- 2 reife Tomaten, gehäutet und grob gewürfelt
- 2 EL Olivenöl
- 1 Spritzer Tabasco oder Chilisauce

1 Das Mehl mit dem Backpulver in eine Schüssel sieben. Die Eier mit der Milch verquirlen und die Eiermilch langsam unter die Mehlmischung rühren. Alles zu einem dicken Teig verarbeiten.

2 Maiskörner, Paprikapulver, weiße Frühlingszwiebelteile, 2 EL Koriandergrün und die Chilischote (nach Belieben) untermischen. Den Teig kräftig mit Salz und Pfeffer würzen.

3 Das Sonnenblumenöl in einer großen Pfanne erhitzen und den Teig esslöffelweise darin braten. Dabei die Puffer mit dem Löffelrücken glatt streichen und auf jeder Seite 2–3 Minuten braten, bis sie aufgehen und goldbraun werden. Den gesamten Teig so verarbeiten; falls nötig, noch etwas Öl in die Pfanne geben.

4 Für die Salsa die Tomaten mit restlichem Koriander und dem Olivenöl sowie Tabasco oder Chilisauce zu einer stückigen Salsa mixen. Die Salsa abschmecken und zu den heißen Puffern servieren.

Gebackene Sardinen mit Tomaten-Kapern-Füllung

Wenn Sie die Sardinen grillen möchten, sollten Sie die Tomatenfüllung separat im Ofen backen und zu den gegrillten Fischen servieren.

15 MIN. 10 MIN.

FÜR 4 PERSONEN

- 4–6 Tomaten, gehäutet (siehe S. 197) und fein gewürfelt
- 2 TL Kapern, leicht ausgedrückt
- 1 Handvoll Petersilie, fein gehackt, plus mehr zum Bestreuen (nach Belieben)
- 2 Knoblauchzehen, fein gewürfelt
- Salz und frisch gemahlener schwarzer Pfeffer
- 12 küchenfertige Sardinen, längs auf der Bauchseite bis zum Schwanz aufgeschnitten
- Saft von 1 Zitrone
- Olivenöl zum Beträufeln

1 Den Backofen auf 200 °C vorheizen. Tomaten mit Kapern, Petersilie, Knoblauch, Salz und Pfeffer mischen.

2 Die Sardinen mit den Hautseiten nach unten auf die Arbeitsfläche legen und aufklappen. Die Tomatenmischung darauf verteilen. Die Fische locker aufrollen und die Röllchen dicht nebeneinander in eine ofenfeste Form setzen. Mit Zitronensaft und etwas Olivenöl beträufeln.

3 Die Sardinen im Ofen 10–15 Minuten garen; herausnehmen. Nach Belieben mit Petersilie bestreuen und mit Salat servieren.

Fischfilet mit Zucchini, Auberginen und Tomaten

Gebratene Auberginen harmonieren gut mit geschmacksintensiven Zutaten wie Tomaten und Zitronen. Schellfisch- oder Seelachs haben im Sommer Saison.

15 MIN. 35 MIN.

FÜR 4 PERSONEN

- 700 g weißfleischiges Fischfilet, in Stücke geschnitten
- 2 EL Olivenöl
- 1 TL Fenchelsamen, zerdrückt
- abgeriebene Schale von 1 Bio-Zitrone
- Salz und frisch gemahlener schwarzer Pfeffer
- 4 Zucchini, in Stücke geschnitten
- 2 Auberginen, in mundgerechte Stücke geschnitten
- 12 Cocktailtomaten
- 1 Handvoll Dill, fein gehackt
- Zitronenschnitze zum Servieren

1 Den Backofen auf 200 °C vorheizen. Die Fischstücke mit der Hälfte von Öl, Fenchelsamen und Zitronenschale mischen; salzen und pfeffern. Zudecken und beiseitestellen.

2 Inzwischen Zucchini und Auberginen in einer ofenfesten Form mit dem restlichen Öl, den übrigen Fenchelsamen und der restlichen Zitronenschale mischen; salzen und pfeffern. Im heißen Ofen etwa 20 Minuten garen, bis das Gemüse weich wird.

3 Fisch und Tomaten hinzufügen und etwa 15 Minuten mitgaren, bis der Fisch fest und nicht mehr glasig ist. Das Gericht mit Dill bestreuen; mit Zitronenschnitzen und knusprigem Brot servieren.

Variante

Gebratene Sardinen mit buntem Gemüse

Das Gemüse wie beschrieben zubereiten. 8 große küchenfertige Sardinen statt Fischfilet verwenden. Die Sardinen mit Thymianzweigen füllen, den Fenchel weglassen. Vor dem Backen mit Olivenöl beträufeln. Über das fertige Gericht Thymian statt Dill streuen.

Fischfilet mit Spinat und Pinienkernen

Kabeljau, Schellfisch, Seelachs oder Steinbutt schmecken allesamt hervorragend in diesem Gericht.

10 MIN. 15 MIN.

FÜR 4 PERSONEN

- 4 Fischfilets mit weißem, festem Fleisch (je etwa 150 g)
- Salz und frisch gemahlener schwarzer Pfeffer
- 2 EL Olivenöl
- 1 Zwiebel, fein gewürfelt
- 1 Handvoll Rosinen
- 1 Handvoll Pinienkerne, geröstet
- 1-2 TL Kapern
- 2 große Handvoll Blattspinat

1 Den Fisch salzen und pfeffern. 1 EL Öl in einer großen beschichteten Pfanne erhitzen. Den Fisch darin, je nach Dicke der Filets, bei mittlerer Hitze 5–6 Minuten braten, wenden und weiterbraten, bis er gar ist (nicht übergaren!). Herausheben und warm halten.

2 Die Pfanne auswischen. Das restliche Öl hineingeben und die Zwiebel darin unter Rühren in etwa 5 Minuten glasig dünsten. Rosinen, Pinienkerne und Kapern einige Minuten mitdünsten, dabei die Kapern mit einem Gabelrücken zerdrücken. Den Spinat waschen, tropfnass in die Pfanne geben und zusammenfallen lassen. Zum Servieren den Fisch auf dem Spinat anrichten.

Variante

Fischfilets mit Mangold, Harissa, Tomaten und Kürbiskernen

350 g Mangold (statt Spinat) grob schneiden und mit 6 getrockneten, gehackten Tomaten statt Rosinen sowie Kürbiskernen statt Pinienkernen wie beschrieben zubereiten. 1 EL Harissapaste und 12 halbierte Cocktailtomaten dazugeben.

Hähnchen-Jambalaya

Jambalaya, ein Gericht aus Lousiana im Süden der USA, verbindet die sommerlichen Aromen von Paprikaschoten, Erbsen und Kräutern mit der Schärfe von Cayennepfeffer.

15-20 MIN. 1 STD. 30 MIN.

FÜR 4-6 PERSONEN

- 2 EL Olivenöl
- 700 g Hähnchenfleisch (von Brust und Keulen), in große Stücke geschnitten
- Salz und frisch gemahlener schwarzer Pfeffer
- 2 EL gehackter Oregano
- 2 TL Cayennepfeffer
- 1 rote Zwiebel, fein gewürfelt
- 3 Knoblauchzehen, fein gewürfelt
- 1 grüne Paprikaschote, fein gewürfelt
- 1 rote Paprikaschote, fein gewürfelt
- 200 g gekochter Schinken, grob gewürfelt
- 1 l heiße Hühnerbrühe
- 175 g Reis
- 150 g Erbsen
- 1 kleine Handvoll Koriandergrün, fein gehackt (nach Belieben)

1 Die Hälfte des Öls in einem Topf stark erhitzen. Das Hähnchenfleisch mit Salz und Pfeffer würzen, in Oregano und Cayennepfeffer wenden und portionsweise im heißen Öl anbraten. Vom Herd nehmen.

2 Das restliche Öl im Topf erhitzen. Zwiebel, Knoblauch und Paprikaschoten darin bei mittlerer Hitze in 5–8 Minuten braten. Das angebratene Hähnchenfleisch und die Schinkenwürfel dazugeben. Die Brühe angießen und zum Kochen bringen; alles kräftig würzen und halb zugedeckt etwa 40 Minuten köcheln lassen. Ab und zu prüfen, ob noch genug Flüssigkeit im Topf ist; falls nötig, heißes Wasser nachgießen. Den Reis untermischen und in etwa 15 Minuten bissfest garen. Nach 10 Minuten die Erbsen hinzufügen und mitgaren.

3 Das Jambalaya abschmecken; nach Belieben das Koriandergrün unterrühren. Dazu passen Salat, grüne Bohnen, Joghurt oder saure Sahne und knuspriges Brot.

Calzone mit Paprikaschoten, Kapern und Oliven

Das schmeckt der ganzen Familie. Als Beilage genügt ein knackiger Salat aus frischen, saisonalen Zutaten.

15 MIN. 20 MIN. TK-TAUGLICH

FÜR 1 STÜCK

- 125 g Weizenmehl Type 550, plus mehr zum Arbeiten
- Salz und frisch gemahlener schwarzer Pfeffer
- 1 Prise Zucker
- ½ TL Trockenhefe
- 1 TL Olivenöl, plus mehr für das Backblech
- 4 rote Paprikaschoten, geröstet, gehäutet und gewürfelt (siehe S. 171)
- 1 Handvoll entsteinte schwarze Oliven, grob gehackt
- 1-2 TL Kapern
- 2-3 EL Ricotta oder Mozzarellastückchen

1 Das Mehl mit 1 Prise Salz und dem Zucker in eine Schüssel sieben; die Hefe hinzufügen. Das Öl und 90–100 ml warmes Wasser dazugießen; alles zu einem weichen, aber nicht klebrigen Teig verarbeiten. Diesen auf einer bemehlten Arbeitsfläche mehrere Minuten kneten, bis er glatt und elastisch ist. Zugedeckt an einem warmen Ort 30–40 Minuten gehen lassen, bis er sein Volumen etwa verdoppelt hat.

2 Den Teig auf der bemehlten Arbeitsfläche kurz durchkneten. Ein Backblech dünn mit Olivenöl fetten und in den Backofen schieben. Den Ofen auf höchste Temperatur vorheizen. Den Teig zu einem dünnen, 25–30 cm großen Kreis ausrollen und auf das heiße Blech legen.

3 Paprika, Oliven, Kapern und Käse auf eine Hälfte des Pizzabodens verteilen, dabei einen etwa 1 cm breiten Rand frei lassen. Diesen mit Wasser befeuchten. Die unbelegte Teighälfte über die belegte klappen; die Teigränder mit den Fingern zusammendrücken. Die Calzone mit etwas Wasser anfeuchten und im Ofen 15–20 Minuten backen, bis sie knusprig und goldbraun ist.

Tomaten-Paprika-Gemüse mit Spiegelei

Paprikaschoten, Tomaten und Chilis sorgen hier für Farbe und Aroma. Nehmen Sie weniger Chili, wenn Sie das kleine Gericht nicht so scharf mögen.

10 MIN. 20 MIN.

FÜR 4 PERSONEN

- 1 EL Olivenöl
- 1 rote Zwiebel, in Ringe geschnitten
- Salz und frisch gemahlener schwarzer Pfeffer
- 2 rote Paprikaschoten, in Streifen geschnitten
- 2 gelbe oder orange Paprikaschoten, in Streifen geschnitten
- 2 rote Chilischoten, entkernt und fein gehackt
- 3 Tomaten, gehäutet (siehe S. 197) und grob gewürfelt
- 2 Handvoll Blattspinat
- 1 Prise Paprikapulver
- 4 Eier

1 Den Backofen auf 200 °C vorheizen. Das Öl in einer ofenfesten Pfanne bei schwacher Hitze heiß werden lassen. Die Zwiebelringe darin mit 1 Prise Salz in etwa 5 Minuten glasig dünsten. Paprika und Chilis 5 Minuten mitdünsten, bis die Paprika weich werden.

2 Die Tomaten untermischen und unter Rühren weich dünsten. Den Spinat mit dem Paprikapulver hinzufügen und in ein paar Minuten zusammenfallen lassen.

3 In das Gemüse vier Mulden für die Eier drücken. Die Eier hineinschlagen. Die Pfanne für etwa 5 Minuten in den Ofen schieben, bis die Eier gestockt sind. Nicht zu lange garen – die Eier stocken in der Resthitze der Pfanne weiter. Das Gericht mit Pfeffer bestreuen und servieren.

Jetzt am besten **Paprikaschoten**

Paprikaschoten gehören zur Capsicumfamilie und sind meist rund, können aber auch lang und schmal sein. Ihre Farben reichen von Grün (unreif) bis Gelb, Orange und Rot, wobei ihre Süße mit der Reife zunimmt. Ebenso gibt es violette bis fast schwarze Sorten. Vom Hochsommer bis zum frühen Herbst schmecken Paprikaschoten am besten, vor allem mit Knoblauch, Zwiebeln, Tomaten und anderen mediterranen Gemüsen und Kräutern.

Paprikaschoten werden weltweit angebaut. Zum Gedeihen benötigen sie Wärme und Sonne, weshalb die Schoten in kühleren Regionen unter Glas bzw. Folie kultiviert werden.

Wissenswert

Im Angebot

Vielfältige runde sowie lange und spitze Sorten von Grün über Rot bis fast Schwarz.

Einkauf Auf makellose Schoten mit glänzender, fester Schale achten, ohne weiche Stellen. Sie sollten sich eher schwer als leicht anfühlen.

Aufbewahren In Papier- oder geöffneten Plastiktüten im Kühlschrank max. 2 Wochen lagern, angeschnittene Schoten max. 24 Stunden.

Zubereiten Füllen und schmoren; rösten, grillen, als Zutat für Eintöpfe und Pfannengerichte; roh in Salaten.

Für den Vorrat In Essig oder Öl einlegen.

Rezepte

Drei-Paprika-Pizza mit Käse Seite 172

Kalte Tomaten-Paprika-Suppe Seite 144

Paprika in Olivenöl Seite 232

Rote Paprika Beim Reifen wechseln die Schoten die Farbe von Grün zu Rot, dabei werden sie fleischiger und süßer. Die großen Schoten eignen sich zum Füllen und Schmoren.

Grüne Paprika Unreife grüne Paprikaschoten haben dünnere Wände als rote. Sie schmecken leicht bitter und kräuterartig.

'Jimmy Nardello's' Die alte italienische Sorte schmeckt sehr mild, wenn sie grün ist; rote Schoten sind sehr süß. Ideal zum Grillen oder Braten, z.B. zusammen mit würziger Bratwurst (Salsiccia).

Paprika rösten und häuten

Paprikaschoten können eine zähe, feste Haut haben, die sich am leichtesten entfernen lässt, wenn die Schoten vorher geröstet werden. Sie bekommen dadurch zudem ein feines Röstaroma, und das süßliche Aroma wird verstärkt. Auf die gleiche Weise können Chilischoten, Tomaten und sogar Knoblauch gehäutet werden.

1 Die Schoten nacheinander mit einer langen Grillzange über die offene Flamme vom Gasherd halten, dabei drehen, bis sie rundherum angekohlt sind.

2 Die heißen Schoten in einen Gefrierbeutel geben; Beutel fest verschließen. Die Schoten 10 Minuten abkühlen lassen, dabei löst sich die Haut (Schale).

3 Von den abgekühlten Schoten die angekohlte Haut mit den Händen abziehen. Das Fruchtfleisch in Streifen oder Stücke schneiden.

Drei-Paprika-Pizza mit Käse

Bereiten Sie die Pizza mit leuchtend bunten Paprikaschoten und statt mit Cayennepfeffer mal mit feinen Chilistreifen zu.

1 STD. 15 MIN. PLUS GEHZEITEN **20–25 MIN.**

FÜR 4–6 PERSONEN

- 125 g Mehl, plus mehr zum Arbeiten
- Salz
- 1 Prise Zucker
- ½ TL Trockenhefe
- 5 EL Olivenöl
- 2 Zwiebeln, in feine Streifen geschnitten
- 2 rote Paprikaschoten, in Streifen geschnitten
- 1 grüne Paprikaschote, in Streifen geschnitten
- 1 gelbe Paprikaschoten, in Streifen geschnitten
- 3 Knoblauchzehen, fein gewürfelt
- Blätter von 1 kleinen Bund Rosmarin, Thymian, Basilikum, Petersilie oder gemischten Kräutern, fein gehackt
- Cayennepfeffer
- 175 g Mozzarella, in Scheiben geschnitten

1 Das Mehl mit 1 Prise Salz und dem Zucker in eine Schüssel sieben und die Hefe dazugeben. 1 EL Öl und 90–100 ml warmes Wasser dazugießen und alles zu einem weichen Teig kneten. Auf einer bemehlten Arbeitsfläche in mehreren Minuten glatt und elastisch kneten. Den Teig zugedeckt an einem warmen Ort in 30–40 Minuten zu doppeltem Volumen aufgehen lassen.

2 In einer Pfanne 1 EL Öl erhitzen und die Zwiebeln darin in 2–3 Minuten glasig dünsten. Herausnehmen und beiseitestellen. Das restliche Öl in der Pfanne erhitzen. Paprika, Knoblauch und die Hälfte der Kräuter dazugeben, alles mit Salz und Cayennepfeffer würzen. Die Paprika in 7–10 Minuten unter Rühren weich dünsten. Kräftig nachwürzen.

3 Den Backofen auf 200 °C vorheizen. Ein Backblech im Ofen (unten) mit erhitzen, ein zweites Blech großzügig mit Mehl bestäuben. Den Teig auf Mehl nochmal kurz durchkneten. Zu einem dünnen, 25 cm großen Kreis ausrollen und auf das bemehlte Blech legen. Den Teigrand nach Belieben etwas dicker formen.

4 Zwiebeln und Paprika gleichmäßig auf dem Teig verteilen, dabei einen 2 cm breiten Rand frei lassen. Restliches Öl aus der Pfanne darüberträufeln und den Mozzarella darauflegen. Die Pizza an einem warmen Ort noch 10–15 Minuten gehen lassen, bis sie am Rand schön aufgegangen ist.

5 Die Pizza mit Schwung vom bemehlten Backblech auf das heiße Blech im Ofen gleiten lassen und 20–25 Minuten backen, bis sie goldbraun und der Käse geschmolzen ist. Die Pizza aus dem Ofen nehmen, mit den restlichen Kräutern bestreuen und servieren.

Karibischer Hähnchentopf mit Piment und Ingwer

Die feurigen Scotch-Bonnet-Chilis sind die Chilis der Karibik.

30 MIN. PLUS MARINIERZEIT — 30 MIN. — TK-TAUGLICH

FÜR 8 PERSONEN

- 1-2 Scotch-Bonnet-Chilis oder andere grüne Chilischoten, entkernt
- 2 TL gemahlener Piment
- 1 Handvoll Thymianblättchen
- 2 TL Tamarindenpaste
- 5 cm frischer Ingwer, grob gewürfelt
- Salz und frisch gemahlener schwarzer Pfeffer
- 3 EL Olivenöl
- 4 große Hähnchenbrustfilets, in mundgerechte Stücke geschnitten
- 1 EL Mehl
- 1,5 l heiße Hühnerbrühe
- 4 Paprikaschoten, grob gewürfelt
- 5 Tomaten, gehäutet (siehe S. 197) und gewürfelt

1 Die Chilis mit Piment, Thymian, Tamarindenpaste, Ingwer, Salz und Pfeffer im Blitzhacker zu einer Paste verarbeiten, dabei etwas Öl dazugeben. Die Marinade in einen Gefrierbeutel füllen. Das Fleisch hinzufügen, den Beutel verschließen und durchkneten. Das Fleisch 30 Minuten oder über Nacht im Kühlschrank marinieren.

2 Das restliche Öl in einem Schmortopf bei mittlerer Hitze heiß werden lassen. Das Fleisch mit der Marinade hineingeben und in 10 Minuten rundherum anbraten. Das Mehl unterrühren. Etwas Brühe angießen, den Bratsatz vom Topfboden losschaben. Die restliche Brühe hinzufügen und rühren, bis keine Klümpchen mehr vorhanden sind.

3 Paprika und Tomaten unterrühren; kräftig salzen und pfeffern. Aufkochen und bei schwacher Hitze 30 Minuten köcheln lassen, bis die Sauce etwas angedickt ist; abschmecken. Heiß servieren; dazu passen gebackene Süßkartoffeln oder Süßkartoffelpüree.

Feurige Paprikanudeln

Ein köstliches vegetarisches Gericht, dem Limette und Chilischoten das gewisse Extra verleihen.

30 MIN. — 4-5 MIN.

FÜR 4 PERSONEN

- 1 rote Paprikaschote
- 1 grüne Paprikaschote
- 1 EL Sonnenblumenöl
- 4 Frühlingszwiebeln, gewürfelt
- 1 Knoblauchzehe, fein gewürfelt
- 1 Zucchini, fein gewürfelt
- 1-2 grüne Jalapeño-Chilischoten, entkernt und gehackt
- 1 TL geriebener frischer Ingwer
- 1 EL gehackte Petersilie
- 1 EL gehacktes Koriandergrün, ein paar Blätter zum Servieren
- abgeriebene Schale und Saft von 1 Bio-Limette
- 4 EL stückige Erdnusscreme
- 3 EL Sojasauce
- 1 EL trockener Sherry
- 500 g frische Eiernudeln
- 60 g gehackte, geröstete Erdnusskerne zum Servieren

1 Den Backofen auf 200 °C vorheizen. Die Paprikaschoten auf ein Backblech legen und im heißen Ofen 25–30 Minuten rösten, bis sie beginnen, schwarz zu werden. Herausnehmen, in einen Gefrierbeutel geben und darin abkühlen lassen; Stängel und Kerngehäuse entfernen und die Schoten grob würfeln.

2 Das Öl im Wok oder in einer großen Pfanne erhitzen. Frühlingszwiebeln, Knoblauch und Zucchini darin 1 Minute pfannenrühren. Alle Zutaten (bis auf Eiernudeln und Erdnüsse) sowie 9 EL Wasser dazugeben und pfannenrühren, bis die Erdnusscreme schmilzt.

3 Nun die Nudeln dazugeben und 2 Minuten erhitzen. Die Paprikanudeln auf vorgewärmte Schalen verteilen. Mit Erdnüssen und Koriandergrün bestreuen.

Tomaten mit Lammhackfüllung

Dicke Fleischtomaten können als Gefäße für verschiedenste Füllungen dienen. Bei dieser orientalisch gewürzten Füllung sorgen Chilischoten für Extraschärfe.

10 MIN. — 1 STD. 30 MIN.

FÜR 4 PERSONEN

- 4 Fleischtomaten
- ½ EL Olivenöl
- 400 g Lammhackfleisch
- 1 Prise Paprikapulver
- 1 Prise gemahlener Kreuzkümmel
- 1 Prise gemahlener Zimt
- 2 grüne Chilischoten, entkernt und gehackt
- 1 EL Tomatenmark
- 1 EL Harissapaste
- 1 Handvoll Minzeblätter, gehackt
- 150 ml heiße Gemüsebrühe
- Salz und frisch gemahlener schwarzer Pfeffer

1 Von den Fleischtomaten die Deckel abschneiden. Tomaten aushöhlen, das ausgelöste Fruchtfleisch grob hacken. Den Backofen auf 200 °C vorheizen.

2 In einer großen Pfanne das Olivenöl erhitzen. Das Hackfleisch darin bei mittlerer Hitze unter Rühren braten; Klümpchen dabei zerdrücken.

3 Das gehackte Tomatenfleisch mit Paprikapulver, Kreuzkümmel und Zimt unter das Hackfleisch rühren; alles ein paar Minuten unter Rühren braten.

4 Chilischoten, Tomatenmark, Harissa und Minze untermischen. Die Gemüsebrühe angießen; aufkochen und 15 Minuten köcheln lassen, bis ein Teil der Flüssigkeit verdampft ist. Die Mischung kräftig salzen und pfeffern.

5 Die Hackfleischmasse in die Tomaten füllen; die Deckel aufsetzen. Die Tomaten in eine ofenfeste Form setzen. Die Form mit Folie schließen und die Tomaten im Ofen etwa 1 Stunde garen.

Vietnamesische Rindfleischsuppe

Eine asiatisch gewürzte Rinderbrühe ist die Basis dieser Suppe. Geben Sie nach Belieben mehr Frühlingszwiebeln oder zusätzlich Möhrenstreifen und Mungobohnensprossen dazu.

15 MIN. 1 STD. 15 MIN.

FÜR 4–6 PERSONEN

- etwa 700 g Rinderknochen, abgespült und abgetrocknet
- 1 EL Sojasauce
- 1 EL Olivenöl
- 1 Sternanis
- 1 TL schwarze Pfefferkörner
- 1 Zimtstange
- ½ EL Thai-Fischsauce
- 1 Zwiebel, fein gewürfelt
- 3 Knoblauchzehen, fein gewürfelt
- 1 Chilischote, entkernt und fein gehackt
- 1 Stängel Zitronengras, in dünne Ringe geschnitten
- 2,5 cm Ingwer, in dünne Scheiben geschnitten
- Salz und frisch gemahlener schwarzer Pfeffer
- 350 g Rinderfilet, quer zur Faser in sehr dünne Scheiben geschnitten
- 60 g dünne Reisnudeln, in heißem Wasser nach Packungsangabe eingeweicht; abgegossen
- 1 Bund Frühlingszwiebeln, in dünne Ringe geschnitten

1 Die Knochen in Sojasauce wenden. In einem großen Topf etwas Öl bei mittlerer bis starker Hitze heiß werden lassen. Die Knochen darin unter Rühren 15 Minuten braten, bis das anhaftende Fleisch bräunt.

2 1,5 l Wasser zu den Knochen gießen. Sternanis, Pfefferkörner, Zimt und Fischsauce dazugeben. Alles aufkochen und halb zugedeckt 1 Stunde köcheln lassen. Die Brühe durch ein Sieb gießen, abmessen und, falls nötig, mit Wasser auf 1 l auffüllen.

3 Das restliche Öl in einem großen Topf erhitzen und die Zwiebel darin in 3–4 Minuten glasig dünsten. Knoblauch, Chili, und Zitronengras 1 Minute mitdünsten. Die Brühe dazugießen, Ingwer dazugeben und die Suppe probieren; falls nötig, nachwürzen. Ein paar Minuten köcheln lassen. Die Filetscheiben hineinlegen und in 2–3 Minuten gar ziehen lassen. Die Nudeln und die Frühlingszwiebeln unterrühren und die Suppe auf vorgewärmte Schalen verteilen.

Hähnchenbruststreifen auf Salat

Gegrillte Hähnchenbrust auf gemischtem Romanasalat.

25–30 MIN. PLUS MARINIERZEIT 10–15 MIN.

FÜR 4 PERSONEN

- 1 cm frischer Ingwer, fein gewürfelt
- 1 Knoblauchzehe, fein gewürfelt
- 50 g brauner Zucker
- 2 EL Dijonsenf
- 3 EL Reiswein
- 3 EL Sesamöl
- frisch gemahlener schwarzer Pfeffer
- 4 EL Sojasauce
- 125 ml Öl
- 4 Hähnchenbrustfilets (etwa 750 g)
- 125 g Mungobohnensprossen
- 1 Kopf Romanasalat, in Streifen geschnitten
- 100 g Babymaiskolben, längs halbiert

1 Ingwer, Knoblauch, Zucker, Senf, 1 EL Reiswein, 1 EL Sesamöl, Pfeffer und Sojasauce zu einer Marinade verrühren. 4 EL davon in ein Schraubdeckelglas geben, den restlichen Reiswein, das restliche Sesamöl und das Öl hinzufügen. Das Glas verschließen, schütteln und möglichst für 12 Stunden in den Kühlschrank stellen.

2 Die Hähnchenbrustfilets auf der Oberseite leicht einschneiden. In eine ofenfeste Form legen und mit der restlichen Marinade begießen. Zugedeckt für 1–2 Stunden in den Kühlschrank stellen, währenddessen drei- bis viermal umrühren.

3 Die Sprossen in einer Schüssel mit heißem Wasser übergießen und 1 Minute stehen lassen. Abgießen, kalt abspülen und abtropfen lassen.

4 Den Grill vorheizen und den Grillrost fetten. Die Hähnchenbrustfilets auf den Rost legen und mit etwas Marinade bestreichen. Etwa 8 cm von der Hitze entfernt 5–7 Minuten auf jeder Seite grillen, dabei immer wieder mit Marinade bestreichen. Die knusprigen Filets in Streifen schneiden.

5 Den Romanasalat in einer großen Schüssel mit den Sprossen und dem Mais mischen. Das Dressing im Glas nochmals durchschütteln und über den Salat gießen. Den Salat mischen, abschmecken und mit den warmen Hähnchenstreifen auf Tellern anrichten; sofort servieren.

Wolfsbarsch mit buttriger Kräutersauce

Ein im Ofen gegartes, wunderbar aromatisches Fischgericht.

40-45 MIN. 30-40 MIN.

FÜR 4 PERSONEN

- Salz
- 1 Bund Brunnenkresse
- 8 Spinatblätter
- Blätter von 10-12 Stängeln Petersilie
- Blätter von 10-12 Stängeln Kerbel
- 1 Knoblauchzehe, geschält
- 2 Sardellenfilets
- 2 TL Kapern, abgetropft
- 1 kleine Gewürzgurke
- 100 g Butter
- 3 EL Olivenöl
- 1 Bio-Zitrone, längs halbiert, 1 Hälfte quer in dünne Scheiben geschnitten, die andere Hälfte ausgepresst
- 1 TL Dijonsenf
- frisch gemahlener schwarzer Pfeffer
- 1 küchenfertiger Wolfsbarsch (2 kg)
- 3-5 Zweige Thymian
- 125 ml trockener Weißwein

1 Kräftig gesalzenes Wasser aufkochen lassen. Die Hälfte der Brunnenkresse, den Spinat sowie Petersilie und Kerbel hineingeben. Aufkochen und 1–2 Minuten köcheln lassen. Die Blätter abgießen, kalt abspülen und abtropfen lassen. Mit den Händen alle Flüssigkeit aus den Blättern drücken.

2 Den Backofen auf 190 °C vorheizen. Knoblauch, Sardellenfilets, Kapern und Gurke in der Küchenmaschine zerkleinern. 80 g Butter hinzufügen; alles cremig mixen. Die Blätter dazugeben und untermixen. Bei laufendem Motor das Öl langsam dazufließen lassen. Sauce mit Zitronensaft, Senf, Salz und Pfeffer würzen; noch einmal kurz mixen und in eine Schale füllen.

3 Den Fisch auf jeder Seite schräg etwa 1 cm tief drei- bis viermal einschneiden. Auf ein Backblech legen; in jeden Einschnitt 1 Thymianzweig und 1 Zitronenscheibe stecken. Die restliche Butter in Flöckchen daraufgeben. Wein, Salz und Pfeffer darüber verteilen. Den Fisch im Ofen 30 Minuten garen, dabei ab und zu mit Garsud begießen. Sobald er in der Mitte nicht mehr glasig ist, ist er gar. Vorsicht, den Fisch nicht übergaren. Mit der Sauce und der restlichen Brunnenkresse servieren.

Hähnchen mit Frühlingszwiebeln, Basilikum und Zitronengras aus dem Wok

Bereiten Sie alle Zutaten für das Gericht vor, bevor Sie mit dem Pfannenrühren im Wok beginnen.

10 MIN. 15 MIN.

FÜR 4 PERSONEN

- 2-3 Hähnchenbrustfilets, in Streifen geschnitten
- Salz und frisch gemahlener schwarzer Pfeffer
- 1 EL Speisestärke
- 2 EL Öl
- 1 Bund Frühlingszwiebeln, schräg in Ringe geschnitten
- 3 Knoblauchzehen, in Scheiben geschnitten
- 1 Stängel Zitronengras, gehackt
- 2 rote Chilischoten, entkernt und in Streifen geschnitten
- 1 EL chinesischer Reiswein
- 1 Handvoll Basilikumblätter

1 Das Fleisch salzen und pfeffern. Die Speisestärke auf einen Teller streuen. Die Hähnchenfiletstreifen darin wenden, bis sie gleichmäßig mit Stärke überzogen sind.

2 Den Wok sehr heiß werden lassen. Das Öl hineingeben und durch Schwenken verteilen. Das Fleisch darin bei starker Hitze 3–5 Minuten pfannenrühren, bis es goldbraun und gar ist. Mit einem Schaumlöffel herausheben und warm halten.

3 Den Wok auswischen. Das restliche Öl darin bei mittlerer bis starker Hitze heiß werden lassen. Frühlingszwiebeln, Knoblauch, Zitronengras und Chili darin ein paar Minuten pfannenrühren. Den Reiswein angießen und bei starker Hitze kurz kochen lassen.

4 Das Fleisch in den Wok geben und wieder heiß werden lassen. Das Basilikum hinzufügen und das Gericht sofort servieren. Dazu passt Reis.

Seelachs mit Kokos-Limetten-Sauce

Ein von der Thai-Küche inspiriertes Gericht mit Kokosmilch und weißem Fisch, dem Chili und Limettensaft Schärfe verleihen.

10 MIN. 20 MIN.

FÜR 4 PERSONEN

- 4 Seelachsfilets (etwa 700 g)
- Salz und frisch gemahlener schwarzer Pfeffer
- 400 ml Kokosmilch
- 1 rote Chilischote, entkernt und fein gehackt
- Saft von 1 Limette
- Thai-Fischsauce
- 1 Prise Zucker (nach Belieben)
- 150 g grüne Bohnen
- 1 EL Erdnuss- oder Sonnenblumenöl

Für die Würzmischung

- 1-2 TL Cayennepfeffer
- 1 TL Paprikapulver
- 1 TL gemahlener Zimt
- 1 TL gemahlener Koriander
- 1 TL Speisestärke

1 Für die Würzmischung alle Zutaten in einer Schüssel verrühren. Fischfilets salzen, pfeffern und in der Mischung wälzen. Beiseitelegen.

2 Kokosmilch in den Wok oder einen weiten Topf gießen; Chili dazugeben und alles aufkochen lassen. Limettensaft, Fischsauce, Zucker und Bohnen hinzufügen; das Ganze bei schwacher Hitze 5 Minuten köcheln lassen.

3 Inzwischen in einer Pfanne das Öl stark erhitzen. Die Fischfilets darin auf jeder Seite in etwa 5 Minuten goldgelb braten. Den Fisch in der Sauce servieren oder diese separat dazu reichen.

Variante

Gebratener Lachs mit Kokos-Limetten-Sauce

Statt Seelachs 4 Lachsfilets (etwa 700 g) verwenden.

Hähnchen-Jambalaya mit Wurst

Ein kräftiges, hocharomatisches Gericht mit Okra- und Paprikaschoten. Servieren Sie es mit Salat und Brot.

15 MIN. 2 STD. 15 MIN. TK-TAUGLICH

FÜR 6 PERSONEN

- 1-2 EL Olivenöl
- 4 Hähnchenschenkel
- 250 g Räucherwurst, in mundgerechte Stücke geschnitten
- 250 g Chorizo, in dicke Scheiben geschnitten
- 2 Zwiebeln, gewürfelt
- 1 grüne Paprikaschote, gewürfelt
- 1 rote Paprikaschote, gewürfelt
- Salz und frisch gemahlener schwarzer Pfeffer
- 3 Knoblauchzehen, fein gewürfelt
- 2 TL Cajun-Gewürzmischung
- 1 EL Mehl
- 1 l heiße Hühnerbrühe
- 2 EL Worcestersauce
- 300 g Reis
- 2 Lorbeerblätter
- 1 Handvoll Petersilie, gehackt

1 Den Backofen auf 150 °C vorheizen. Das Öl in einem großen ofenfesten Topf erhitzen und die Hähnchenteile darin bei mittlerer bis starker Hitze rundherum anbraten. Mit einem Schaumlöffel herausnehmen und beiseitelegen. Die Wurststücke im Topf in 5–8 Minuten goldbraun braten. Ebenfalls herausnehmen.

2 Die Zwiebel im Topf bei mittlerer Hitze in 3–4 Minuten glasig dünsten. Paprikastücke ein paar Minuten mitdünsten. Alles mit Salz, Pfeffer, Knoblauch und Cajun-Gewürzmischung würzen; 1 Minute köcheln lassen. Mehl darüberstreuen, etwas Brühe darüberschöpfen und alles gut verrühren. Fleisch, Wurst und Worcestersauce dazugeben.

3 Reis und Lorbeerblätter untermischen, dann die restliche Brühe unterrühren. Den Topf schließen und für 1½ Stunden in den Ofen stellen. Ab und zu prüfen, ob noch genug Flüssigkeit im Topf ist, falls nötig, etwas heißes Wasser angießen. Okra untermischen und das Gericht zugedeckt noch 30 Minuten weitergaren. Lorbeerblatt herausnehmen. Das Gericht abschmecken; Petersilie unterrühren.

Fisch mit Tomaten und Kartoffeln

Rotbarben-, Schellfisch- und Wolfsbarschfilet sind für diesen sommerlichen Eintopf am besten geeignet.

30 MIN. 15 MIN.

FÜR 8 PERSONEN

- 3 EL Olivenöl
- 5 große Kartoffeln, in mundgerechte Stücke geschnitten
- Salz und frisch gemahlener schwarzer Pfeffer
- 4 Knoblauchzehen, fein gewürfelt
- 1 Handvoll Petersilienblätter, fein gehackt
- 500 g Cocktailtomaten, halbiert
- 400 ml trockener Weißwein
- 700 g gemischtes festfleischiges Fischfilet, in mundgerechte Stücke geschnitten
- 16 Sardellenfilets in Öl, abgetropft

1 Das Öl in einem flachen Topf bei mittlerer Hitze heiß werden lassen. Die Kartoffeln hineingeben, salzen, pfeffern und unter häufigem Wenden in 10–15 Minuten knusprig braten. Die Hitze reduzieren. Knoblauch und Petersilie untermischen, ein paar Minuten weitergaren, dann die Tomaten hinzufügen.

2 Alles 6–8 Minuten dünsten, bis die Tomaten aufplatzen. Den Wein dazugießen und bei mittlerer Hitze in ein paar Minuten einkochen lassen. Anschließend Fischfilets und Sardellen hinzufügen und bei schwacher Hitze in 10–15 Minuten gar ziehen lassen. Das Gericht sofort servieren. Dazu passen Blattsalat und Brot.

Amerikanischer gemischter Salat

In Kalifornien heißt dieser Salat »Cobb-Salad«. Die Kombination von cremiger Avocado und weichem Roquefort mit knusprigem Speck, zartem Hähnchenfleisch und knackigen Salatblättern ist einfach fantastisch. Und eine Estragon-Vinaigrette verbindet alle Zutaten zu einem harmonischen Ganzen.

20–25 MIN. **5 MIN.**

FÜR 4–6 PERSONEN

- 500 g gegartes Hähnchenfleisch
- 6 Scheiben roher durchwachsener Speck, in Streifen geschneiten
- 2 Avocados
- Saft von 1 Zitrone
- 1 Schalotte, fein gewürfelt
- 500 g Eisbergsalat, die Blätter in Streifen geschnitten
- 2 große Tomaten, von Kernen befreit und gewürfelt
- 100 g Roquefort oder anderer Blauschimmelkäse, zerbröselt

Für die Vinaigrette

- 4 EL Rotweinessig
- 2 TL Dijonsenf
- ½ TL Salz
- ¼ TL frisch gemahlener Pfeffer
- 175 ml Öl
- Blätter von 3 Zweigen Estragon, fein gehackt

1 Das Hähnchenfleisch in dünne Scheiben schneiden. Für die Vinaigrette Essig mit Senf, Salz und Pfeffer verrühren. Das Öl unter ständigem Rühren langsam dazufließen lassen, bis ein sämiges Dressing entsteht. Estragon unterrühren; abschmecken.

2 Eine Pfanne bei mittlerer Hitze heiß werden lassen und den Speck darin knusprig braten. Speckstreifen mit einem Schaumlöffel herausheben und auf Küchenpapier entfetten.

4 Die Avocados halbieren, die Kerne herauslösen, das Fruchtfleisch schälen und in dünne Spalten schälen. Die Spalten in Zitronensaft wenden, damit sie sich nicht verfärben.

5 Hähnchenfleisch, Schalotte und Salat mit etwas Dressing mischen. Auf Schalen verteilen, die anderen Zutaten dazugeben und die restliche Vinaigrette darüberträufeln.

Variante

Salat mit Mais, Avocado und Bacon

Das Hähnchen weglassen. 4 enthülste Maiskolben in leicht gesalzenem Wasser 3–4 Minuten blanchieren. Abkühlen lassen, die Körner von den Kolben schneiden (siehe S. 155). Den Salat ansonsten wie beschrieben zubereiten; die Maiskörner in Schritt 6 statt Hähnchenfleisch dazugeben.

Jetzt am besten **Chilischoten**

Es gibt Hunderte von Sorten, die sich in Farbe, Größe und Form unterscheiden. Vor allem aber können sie, je nach Sorte und Menge, einem Gericht dezente oder feurige Schärfe verleihen. Chili-Kenner schätzen nicht nur die Vielfalt an Schärfegraden, sondern auch die an Geschmacksnuancen, die die kleinen Schoten bieten. Chilischoten würzen unterschiedlichste Gerichte.

Hunderte Chili-Sorten wachsen nicht nur in tropischen Gebieten. Die Nachfrage nach Chilischoten ist weltweit so groß, dass die Schoten mittlerweile auch unter Folie in gemäßigten Klimazonen angebaut werden.

Jalapeño Sie sind grün, manchmal mit dunklen Flecken, kurz und leicht eckig, recht dick mit knackigem Fruchtfleisch. Manchmal werden sie geröstet und geschält, dann haben sie einen dezenten Geschmack und sind nur mittelscharf. Vollreif sind sie rot, süßer und weniger scharf. Jalapeños sind auch eingelegt erhältlich.

Piri Piri Diese feurig-scharfe Chili wird für die portugiesische Piri-Piri-Sauce verwendet.

'Scotch Bonnet' Typisches Merkmal der gelbgrünen bis orangeroten Schote sind die geknautschte Spitze und ein flaches Ende. Die 'Scotch Bonnet' ist sehr scharf und hat einen fruchtigen, rauchigen Geschmack. Sie ist die Schote der karibischen Küche.

Chilischoten entkernen

Wenn Sie die Schärfe einer Chili abschwächen möchten, sollten Sie die Kerne (Samen) und die Trennhäutchen entfernen, denn in ihnen steckt der größte Teil an scharfmachendem Capsaicin.

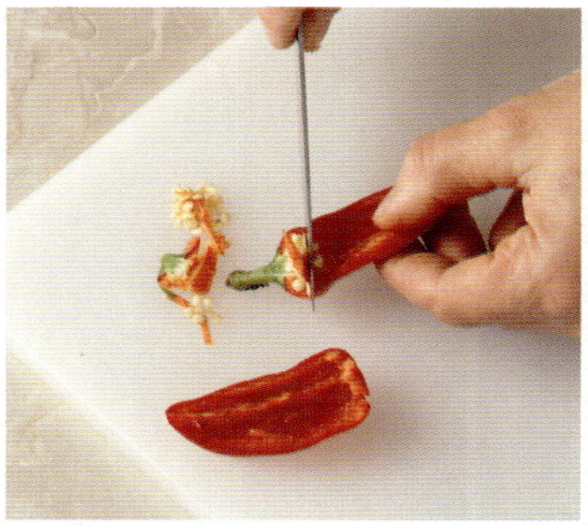

1 Die Chilischote längs halbieren. Mit der Messerspitze die Kerne, die Trennhäutchen sowie den Stielansatz herauskratzen.

2 Die Chilihälften flach drücken und längs in feine Streifen schneiden und nach Belieben so oder gehackt verwenden.

3 Um die Streifen fein zu würfeln, diese längs zusammenschieben, festhalten und quer in Streifen schneiden. Je schärfer die Chili, desto feiner würfeln.

'Lemon Drop' Heißt auch *Aji Limón* oder *Aji Lemon*. Die kleine gelbe, etwas schrumplige Schote ist scharf und hat ein feines Zitrusaroma, dem sie ihren Namen verdankt. Passt gut zu hellem Fleisch und Fisch.

'Serrano' Diese mexikanische Sorte ist grün, konisch, knackig und sehr scharf. Sie hat einen frischen, grasigen Geschmack, reif wird sie hellrot. Serranos werden oft zum Würzen von Salsas und Saucen verwendet.

Thai-Chili Die schlanke, leuchtend rote oder grüne Schote hat eine anhaltende Schärfe. Sie wird frisch oder getrocknet im Ganzen an Currys oder Wokgerichte gegeben und für Pasten und Dips verwendet.

In Thailand, werden die kleinen Chilischoten gehackt, mit Fischsauce verrührt und anstelle von Salz und Pfeffer zum Nachwürzen auf den Tisch gestellt.

'Poblano' Die mäßig scharfe Chili schmeckt köstlich, wenn man sie röstet, schält und anschließend füllt oder brät. Sie passt gut zu Mais und Tomaten und hat einen vollen Geschmack. Getrocknet heißt sie *Ancho* und ist die meistverwendete getrocknete Chilischote in Mexiko und den USA.

Poblanos sind groß, grün und dreieckig.

Wissenswert

Im Angebot

Hunderte Sorten von relativ milden Poblanos über schärfere Jalapeños bis zu feurigen Scotch Bonnets; getrocknet (im Ganzen, als Flocken oder gemahlen).

Einkauf Auf eine glänzende, glatte Schale achten.

Aufbewahren Im Kühlschrank 1–2 Wochen lagern.

Zubereiten In Currys, Schmorgerichten, Salsas, Marinaden, Saucen. Große Exemplare füllen und schmoren oder grillen. Zum Würzen von Schokoladen- und einigen Fruchtdesserts.

Für den Vorrat Einfrieren, trocknen oder in Öl einlegen.

Rezepte

Gurken-Chili-Salat Seite 201

Jakobsmuscheln mit süßer Chilisauce Seite 160

Scharfes Chili-Hähnchen Seite 184

Scharfe Chilisauce Seite 198

Scharfe Hähnchenbällchen mit Chili-Ingwer-Sauce Seite 143

Tomaten-Chili-Konfitüre Seite 232

Hähnchen mit Speck, Erbsen und Minze

Frische Erbsen und Minze schmecken gut zusammen, in ihnen leben die Sommeraromen. Dieses Hähnchengericht macht wenig Arbeit, aber viel Eindruck!

15 MIN. 1 STD. 45 MIN.

FÜR 4 PERSONEN

- 2 EL Olivenöl
- 4 große oder 8 kleine Hähnchenteile mit Haut
- 2 Zwiebeln, fein gewürfelt
- 200 g durchwachsener Speck, gewürfelt
- 2 Knoblauchzehen, fein gewürfelt
- 400 ml trockener Weißwein
- 600 ml Hühnerbrühe
- Salz und frisch gemahlener schwarzer Pfeffer
- 200 g Erbsen
- 1 Bund Petersilie, fein gehackt
- 1 Handvoll Minzeblätter, fein gehackt

1 Den Backofen auf 150 °C vorheizen. In einem ofenfesten Schmortopf 1 EL Öl bei mittlerer Hitze heiß werden lassen. Die Hähnchenteile darin in 8 Minuten rundherum kräftig anbraten; herausnehmen und beiseitelegen.

2 Das restliche Öl in den Topf geben und die Zwiebeln darin in 5 Minuten glasig dünsten. Den Speck hinzufügen und 5 Minuten mitbraten, bis er knusprig ist. Den Knoblauch untermischen, den Wein dazugießen und einige Minuten einkochen lassen.

3 Die Brühe dazugießen und alles noch einmal aufkochen lassen; salzen und pfeffern. Erbsen und Fleisch unterrühren. Petersilie und Minze untermischen. Den Topf schließen und für 1½ Stunden in den heißen Ofen stellen. Gelegentlich prüfen, ob noch genug Flüssigkeit im Topf ist (das Gericht soll allerdings relativ trocken werden). Falls nötig, etwas heißes Wasser angießen. Das Gericht mit Brot oder Bratkartoffeln servieren.

Hähnchen mit Zitronengras

Ein köstlicher warmer Salat aus Südostasien mit Chili, Frühlingszwiebeln und Gurke. Wählen Sie die Chilisorte nach ihrem Schärfegrad aus.

45-55 MIN. PLUS MARINIERZEIT 10 MIN.

FÜR 4 PERSONEN

- 2 Stängel Zitronengras, in dünne Ringe geschnitten
- 2 Knoblauchzehen, fein gewürfelt
- 3 EL Fischsauce (Nam pla), plus mehr nach Bedarf
- ¼ TL frisch gemahlener schwarzer Pfeffer
- 8 große Hähnchenbrustfilets (etwa 1,2 kg), in 2,5 cm große Würfel geschnitten
- 1 kleine Gurke
- Blätter von ½ Kopfsalat
- 125 g Mungobohnensprossen
- Blätter von 1 kleinen Bund Thai-Basilikum
- 2 EL Öl
- 2 rote Chilischoten, entkernt und in dünne Ringe geschnitten
- 1 TL Zucker
- 2 Frühlingszwiebeln, in Ringe geschnitten
- 30 g ungesalzene geröstete Erdnusskerne

1 Zitronengras, Knoblauch, 2 EL Fischsauce und Pfeffer in einer großen Schüssel mischen. Das Hähnchenfleisch darin wenden und zugedeckt mindestens 1 Stunde, am besten über Nacht, im Kühlschrank durchziehen lassen.

2 Die Gurke waschen, putzen und streifig schälen. Längs halbieren und in dünne Halbringe schneiden. Salatblätter, Sprossen, die Hälfte des Basilikums und die Gurke auf Tellern arrangieren. Die Teller abdecken und in den Kühlschrank stellen.

3 Den Wok stark erhitzen. Das Öl darin verteilen, schwenken und heiß werden lassen. Das Hähnchenfleisch mit der Marinade hineingeben und 8–10 Minuten pfannenrühren.

4 Restliche Fischsauce, Chilis, Zucker und Frühlingszwiebeln dazugeben und 1 Minute pfannenrühren. Das restliche Basilikum rasch untermischen. Abschmecken, eventuell mehr Fischsauce dazugeben. Das Fleisch auf den Salat verteilen und alles mit ein paar Erdnüssen bestreuen.

Paprika-Curry mit Paneer

Paneer ist quarkähnlicher ungesalzener Frischkäse, der in Indien viel verwendet wird. Er nimmt die kräftigen Aromen von Paprikaschoten, Chilis, Tomaten und Gewürzen gut auf.

15 MIN. 40 MIN.

FÜR 8 PERSONEN

- 4 EL Öl oder Ghee
- 500 g Paneer (Fertigprodukt), gewürfelt
- 10 cm frischer Ingwer, in Scheiben geschnitten
- 3 rote Chilischoten, entkernt und fein gehackt
- 2 EL getrocknete Curryblätter, zerkrümelt
- 2 TL Kreuzkümmelsamen
- 4 TL Garam Masala
- 2 TL gemahlene Kurkuma
- 8 rote Paprikaschoten, in Streifen geschnitten
- 8 Tomaten, gehäutet (siehe S. 197) und grob gewürfelt
- Salz und frisch gemahlener schwarzer Pfeffer
- gehacktes Koriandergrün zum Bestreuen

1 Die Hälfte von Öl oder Ghee in einem großen weiten Topf bei mittlerer bis starker Hitze heiß werden lassen. Die Paneerwürfel darin in 5–8 Minuten rundherum kräftig anbraten; mit einem Schaumlöffel herausheben.

2 Restliches Öl bzw. Ghee im Topf bei schwacher Hitze heiß werden lassen. Ingwer, Chilis, Curryblätter, Kreuzkümmel, Garam Masala und Kurkuma unterrühren. Die Paprikastreifen hinzufügen; etwa 10 Minuten dünsten.

3 Die Tomaten hinzufügen und alles 10 Minuten köcheln lassen. Paneer, Salz und Pfeffer in den Topf geben; 10–15 Minuten köcheln lassen. Vor dem Servieren mit Koriandergrün bestreuen. Dazu passen Reis und Chapati oder Naan-Brot.

Gado Gado

Das indonesische Gericht ist eine Kombination aus gegartem Gemüse, frischen Sprossen und hart gekochtem Ei. Auf Deutsch heißt es so viel wie »Durcheinander«.

20 MIN. 20 MIN.

FÜR 8 PERSONEN

- 4 Maiskolben
- 400 g grüne Bohnen
- 500 g kleine Kartoffeln, ungeschält
- 450 g geröstete Erdnusskerne
- 4 Knoblauchzehen
- 3 rote Chilischoten, entkernt
- Salz und frisch gemahlener schwarzer Pfeffer
- 2 TL brauner Zucker
- Saft von 1 Limette
- 4 Möhren, in dünne Scheiben geschnitten
- 200 g Mungobohnensprossen
- ½ Salatgurke, in mundgerechte Stücke geschnitten
- 6 hart gekochte Eier, geschält und geviertelt
- Koriandergrün zum Bestreuen

1 Die Maiskolben in sprudelnd kochendem Wasser 10–15 Minuten garen, bis die Körner weich sind. 5 Minuten vor Ende der Garzeit die Bohnen hinzufügen. Maiskolben in dicke Scheiben schneiden; mit den Bohnen in eine Schüssel geben. Die Kartoffeln in sprudelnd kochendem Salzwasser in etwa 15 Minuten knapp weich garen. In ein Sieb schütten, abtropfen und abkühlen lassen; in Scheiben schneiden und zu Mais und Bohnen geben.

2 Die Erdnüsse mit Knoblauch und Chilis in der Küchenmaschine fein mahlen; salzen und pfeffern. So viel kaltes Wasser untermixen, dass eine Paste entsteht. Zucker und Limettensaft unterarbeiten, falls nötig, noch etwas Wasser.

3 Möhren, Sprossen und Gurke zum gegarten Gemüse geben. Die Sauce untermischen. Das Ganze mit Ei und Koriandergrün garnieren.

Rindfleisch und Gemüse aus dem Wok

Dicke rote Chilischoten sind relativ mild – perfekt für dieses Gericht, weil sie die Aromen von Frühlingszwiebeln, Zuckerschoten und Mangold nicht überdecken.

15 MIN. 30 MIN.

FÜR 4 PERSONEN

- 1 großes Ei (L)
- 1½ EL Speisestärke
- Salz und frisch gemahlener schwarzer Pfeffer
- 2 EL Öl
- 500 g Rindfleisch (Keule), in dünne Streifen geschnitten
- 4 Frühlingszwiebeln, längs geviertelt
- 1-2 rote Chilischoten, fein gehackt
- 1 große Knoblauchzehe, in dünne Scheiben geschnitten
- 200 g Zuckerschoten, in Streifen geschnitten
- 4-6 Mangoldblätter, in Streifen geschnitten
- 1½ EL Sojasauce
- 1½ EL Reiswein oder trockener Sherry
- 2 TL Zucker

1 Das Ei in einer Schüssel mit Speisestärke, Salz und Pfeffer verquirlen. Den Wok heiß werden lassen. 1 EL Öl hineingeben und durch Schwenken verteilen. Die Fleischstreifen in die Eimischung tauchen und im Wok portionsweise jeweils 2 Minuten pfannenrühren; falls nötig, mehr Öl dazugeben. Mit einem Schaumlöffel herausheben.

2 Den Wok auswischen. Das restliche Öl darin erhitzen. Die Frühlingszwiebeln mit Chili und Knoblauch hineingeben und einige Sekunden pfannenrühren. Zuckerschoten und Mangold unter Rühren weitere 2–3 Minuten braten. Sojasauce, Reiswein oder Sherry und Zucker dazugeben. Alles pfannenrühren, bis sich der Zucker aufgelöst hat. Das Fleisch hinzufügen und untermischen. Dazu passt Reis.

Lamm auf griechische Art

Oliven, Feta und Thymian sind typische Zutaten der griechischen Küche. Hier werden sie zusammen mit Paprikaschoten zum Füllen eines Lammbratens verwendet.

30 MIN. 2 STD. 15 MIN. - 2 STD. 45 MIN.

FÜR 4-6 PERSONEN

- 1 kg Lammkeule oder -schulter, entbeint und zum Rollbraten aufgeschnitten
- Salz und frisch gemahlener schwarzer Pfeffer
- 2 EL Olivenöl
- 1 EL getrockneter Oregano
- 2 rote Paprikaschoten, fein gewürfelt
- 60 g entsteinte schwarze Oliven, fein gehackt
- 175 g Feta, fein gehackt
- 3 rote Zwiebeln, fein gewürfelt
- 4-6 Tomaten, grob gewürfelt
- 500 ml Rotwein
- ein paar Zweige Thymian

1 Den Backofen auf 160 °C vorheizen. Das Fleisch flach ausbreiten und kräftig würzen. Rundherum mit Öl bestreichen und mit Oregano bestreuen. Das Fleisch mit Paprikawürfeln, Oliven und Feta bestreuen, dann von einer Seite her aufrollen; lose Enden dabei einschlagen. Den Braten mit Küchengarn oder Rouladennadeln verschließen.

2 Einen Bräter bei mittlerer Hitze heiß werden lassen. Das Fleisch darin auf jeder Seite in 4–6 Minuten anbraten. Zwiebeln und Tomaten hinzufügen und 1 Minute mitbraten, dann den Wein dazugießen. Aufkochen lassen; die Hitze reduzieren und alles mit Salz, Pfeffer und Thymian würzen. Den Bräter schließen; für 2–2½ Stunden in den Ofen stellen. Ab und zu prüfen, ob genug Flüssigkeit im Bräter ist. Falls nötig, etwas heißes Wasser nachgießen.

3 Den Bräter aus dem Ofen nehmen und öffnen. Den Braten locker mit Alufolie bedecken und 15 Minuten ruhen lassen. Mit der Sauce, kleinen gerösteten Rosmarin-Kartoffeln und Blattspinat servieren.

Erbsen-Speck-Tarte

Das köstliche Aroma von knackigen, frisch gepalten Erbsen kommt in dieser cremigen Tarte gut zur Geltung.

10 MIN. 1 STD. 15 MIN. TK-TAUGLICH

FÜR 1 TARTEFORM (18 CM Ø)

- 300 g ungesüßter Mürbeteig (Fertigprodukt oder selbst gemacht)
- Mehl zum Arbeiten
- 3 Eier, 1 davon verquirlt
- 1 EL Olivenöl
- 1 Zwiebel, fein gewürfelt
- 150 g durchwachsener Speck, gewürfelt
- 6 Salbeiblätter, grob gehackt
- 250 g Erbsen
- Salz und frisch gemahlener schwarzer Pfeffer
- 150 g Sahne

1 Den Backofen auf 200 °C vorheizen. Den Teig auf einer leicht bemehlten Arbeitsfläche ausrollen und die Form damit auskleiden. Überhängenden Teig abschneiden. Den Teigboden mit Backpapier belegen und mit Hülsenfrüchten beschweren. Im Ofen 15–20 Minuten backen, bis der Rand des Tartebodens goldgelb ist. Hülsenfrüchte und Papier entfernen.

2 Den Tarteboden mit etwas verquirltem Ei bestreichen und nochmals für 2–3 Minuten in den Ofen stellen, bis er knusprig ist. Die Ofentemperatur auf 180 °C senken.

3 Inzwischen in einer Pfanne das Öl bei schwacher Hitze heiß werden lassen. Die Zwiebel darin in etwa 5 Minuten glasig dünsten. Speck und Salbei dazugeben und bei stärkerer Hitze 6–8 Minuten braten, bis der Speck knusprig ist. Die Erbsen untermischen; alles mit Salz und Pfeffer würzen.

4 Die Erbsen-Speck-Mischung auf dem Tarteboden verteilen. Die Sahne mit den restlichen Eiern verrühren, mit Salz und Pfeffer würzen. Die Eiersahne über die Tartefüllung gießen und die Tarte im Ofen 20–30 Minuten backen, bis sie goldgelb und die Füllung gestockt ist. 10 Minuten in der Form ruhen lassen, dann aus der Form lösen und warm servieren. Dazu passt Tomatensalat.

Hähnchenschenkel mit Fenchel und Zitrone

Gerichte wie dieses, bei denen alle Zutaten zusammen garen, sind ideal für die schnelle Küche. Als Beilage rundet ein Kartoffelpüree das Ganze perfekt ab.

15 MIN. PLUS MARINIERZEIT 1 STD.

FÜR 4 PERSONEN

- 4 große Hähnchenschenkel
- Salz und frisch gemahlener schwarzer Pfeffer
- Olivenöl
- Saft von 1 Zitrone
- 2 kleine Bio-Zitronen, geviertelt
- ½ EL Thymianblätter
- 1 großer Fenchel, grob gewürfelt
- 200 ml trockener Weißwein

1 Die Hähnchenschenkel großzügig mit Salz und Pfeffer würzen. Mit Öl und Zitronensaft beträufeln und mit Thymian bestreuen. Das Fleisch in einen Gefrierbeutel legen und 30 Minuten marinieren. Den Backofen auf 200 °C vorheizen.

2 Die Hähnchenschenkel aus dem Gefrierbeutel nehmen und in eine große ofenfeste Form legen. Fenchel und Zitronenviertel hinzufügen, alles kräftig würzen und im Ofen 20 Minuten garen.

3 Oliven und Wein in die Form geben und das Gericht weitere 20 Minuten im Ofen garen. Die Ofentemperatur auf 180 °C reduzieren, die Form mit Alufolie schließen und alles noch 20 Minuten garen. Für die Garprobe mit einer Messerspitze in die dickste Stelle eines Schenkels stechen: wenn klarer Fleischsaft austritt, ist das Fleisch gar. Das Gericht aus dem Ofen nehmen und 5 Minuten ruhen lassen; dann servieren.

Tajine mit Hähnchen, Aubergine und Tomaten

Die Tajine bezeichnet ein Eintopfgericht aus Nordafrika, das im gleichnamigen Tontopf geschmort wird. Dabei werden Fleisch und Gemüse wunderbar zart und aromatisch.

30 MIN. 25 MIN.

FÜR 4 PERSONEN

- 3-4 EL Olivenöl
- 8 Hähnchenteile (Keulen, Brust)
- Salz und frisch gemahlener schwarzer Pfeffer
- 2 Auberginen, gewürfelt
- 1 TL gemahlener Zimt
- 2 Zwiebeln, fein gewürfelt
- 3 rote Chilischoten, entkernt und fein gehackt
- 2 TL gemahlener Kreuzkümmel
- 2 Lorbeerblätter
- 2 kg Tomaten
- 1 EL Tomatenmark
- 4 in Salz eingelegte Zitronen (Orientladen)
- 1 Handvoll Koriandergrün, fein gehackt

1 In einem großen Topf 1 EL Öl erhitzen. Die Hähnchenteile salzen und pfeffern. Im heißen Öl unter gelegentlichem Wenden in etwa 8 Minuten rundherum kräftig anbraten; herausnehmen. Die Auberginenwürfel mit Zimt bestreuen. Mit 1 EL Öl in den Topf geben und bei mittlerer Hitze unter gelegentlichem Rühren in etwa 10 Minuten goldbraun braten; falls nötig, mehr Öl hinzufügen. Die Auberginen aus dem Topf nehmen.

2 Noch 1 EL Öl in den Topf geben. Zwiebeln, Chilis, Kreuzkümmel und Lorbeerblätter darin bei schwacher Hitze 5 Minuten dünsten; salzen und pfeffern. Hähnchenteile, Auberginen, Tomaten und Tomatenmark in den Topf geben. Das Ganze zugedeckt bei schwacher Hitze 25 Minuten schmoren; falls nötig, etwas heißes Wasser dazugeben.

3 Die Zitronen halbieren. Das Fruchtfleisch herauslösen und wegwerfen. Die Schalen unter die Tajine mischen. Das Gericht mit Koriandergrün und Harissa servieren.

Scharfes Chili-Hähnchen

Richtig mexikanisch scharf wird der Gericht, wenn Sie fein gehackte Chipotle-Chilischoten statt der Paste dazugeben. Dazu passen weißer Reis, Sour Cream und Tortillas.

15 MIN. 1 STD. 45 MIN. TK-TAUGLICH

FÜR 4-6 PERSONEN

- 1 EL Olivenöl
- 8 Hähnchenschenkel
- Salz und frisch gemahlener schwarzer Pfeffer
- 1 Zwiebel, fein gewürfelt
- 3 Knoblauchzehen, fein gewürfelt
- ½ TL Kreuzkümmelsamen
- 2 rote Paprikaschoten, geputzt und grob gewürfelt
- 4 EL Chipotle-Paste oder -salsa
- abgeriebene Schale und Saft von 1 Bio-Limette
- 1 EL Weißweinessig
- 2 Dosen gehackte Tomaten (je 400 g)
- 1 Dose schwarze Bohnen (400 g)
- 600 ml heiße Hühnerbrühe
- 1 Zimtstange
- 1 Handvollvoll Koriandergrün, grob gehackt
- Fruchtfleisch von 1 Avocado, grob gewürfelt (nach Belieben)

1 Den Backofen auf 180 °C vorheizen. Das Öl in einem ofenfesten großen Topf bei mittlerer bis starker Hitze heiß werden lassen. Die Hähnchenteile salzen und pfeffern. Im Öl in 6–8 Minuten unter gelegentlichem Rühren rundherum kräftig anbraten; herausnehmen. Zwiebel, Knoblauch und Kreuzkümmel im Topf 1 Minute braten. Paprika 5 Minuten mitbraten. Hähnchenfleisch, Chipotle-Paste, Limettenschale, den Saft und den Essig unterrühren und alles ein paar Minuten sprudelnd kochen lassen.

2 Tomaten und etwas Brühe dazugießen und aufkochen. Die Bohnen aus der Dose abgießen. Die restliche Brühe und die Bohnen zu den Tomaten geben, erst alles 2–3 Minuten kochen lassen, dann die Hitze reduzieren. Zimt und etwas Pfeffer unterrühren. Das Gericht zugedeckt 1½ Stunden im Ofen schmoren. Falls nötig, ab und zu etwas Wasser nachgießen. Den Zimt aus dem Eintopf nehmen, den größten Teil des Koriandes unterrühren und die Avocadowürfel nach Belieben darüberstreuen.

Erbsen-Minz-Risotto

In einem Risotto können sich verschiedene Aromen sehr gut verbinden; hier kommen noch Sommerkräuter dazu.

10 MIN. 25 MIN. TK-TAUGLICH

FÜR 4 PERSONEN

- 1 l Gemüsebrühe
- 1 EL Olivenöl
- 1 TL Butter
- 1 Zwiebel, fein gewürfelt
- Salz und frisch gemahlener schwarzer Pfeffer
- 350 g Risottoreis (z. B. Arborio oder Carnaroli)
- 200 ml trockener Weißwein
- 150 g Erbsen
- 50 g geriebener Parmesan
- 1 Handvoll Minzeblätter
- 1 Handvoll Basilikumblätter

1 Die Brühe in einem Topf aufkochen und köcheln lassen.

2 Öl und Butter in einer großen Pfanne schwach erhitzen. Die Zwiebel mit 1 Prise Salz darin in 5 Minuten glasig dünsten. Den Reis unterrühren und gut mit Fett überziehen. Wein dazugießen und bei mittlerer Hitze in ein paar Minuten einköcheln lassen.

3 Die Hitze wieder erhöhen und die heiße Brühe schöpflöffelweise über den Reis gießen, unterrühren und einköcheln lassen. So fortfahren, bis der Reis gar, aber noch bissfest ist (das dauert etwa 20 Minuten).

4 Erbsen, Parmesan und Kräuter unter den Risotto rühren. Den Risotto kräftig mit Salz und Pfeffer würzen und sofort servieren.

Sommerliche Frittata mit Ratatouille

Während die Frittata langsam in der Pfanne fest wird, können Sie entspannt ein Glas Wein genießen. Übrigens: Jedes Gemüse, das Sie griffbereit haben, eignet sich für diese Frittata. Sie lässt sich bis zu 24 Stunden im Voraus zubereiten und zugedeckt im Kühlschrank aufbewahren. Erst kurz vorm Servieren die Frittata braten.

20–25 MIN. 20–25 MIN.

FÜR 3–4 PERSONEN

- 1 kleine Aubergine
- 1 Zucchini
- Salz und frisch gemahlener schwarzer Pfeffer
- 4 EL Olivenöl, plus mehr nach Bedarf
- 1 grüne Paprikaschote, in Streifen geschnitten
- 1 Zwiebel, in dünne Ringe geschnitten
- 250 g Tomaten, gehäutet (siehe S. 197), entkernt und gewürfelt (ersatzweise 200 g gehackte Tomaten aus der Dose)
- 2 Knoblauchzehen, fein gewürfelt
- 5–7 Zweige Thymian, die Blätter abgezupft, plus mehr für die Garnitur
- ½ TL gemahlener Koriander
- 1 Kräutersträußchen aus 10–12 Stängeln Petersilie, 4–5 Zweigen Thymian und 2 Lorbeerblättern
- 6 Eier
- 15–30 g Butter

1 Aubergine und Zucchini putzen. Aubergine in 1 cm große Stücke und die Zucchini in 1 cm dicke Scheiben schneiden. Beides auf einer Platte ausbreiten und großzügig mit Salz bestreuen. 30 Minuten Wasser ziehen lassen. Anschließend in ein Sieb geben, kalt abspülen und mit Küchenpapier trocken tupfen.

2 Für die Ratatouille 2 EL Öl in einer Pfanne erhitzen. Das Gemüse darin portionsweise in 3–5 Minuten unter Rühren bräunen. Mit einem Schaumlöffel in eine Schüssel heben.

3 Wieder etwas Öl in der Pfanne erhitzen und die Paprikastreifen darin braten. Zum anderen Gemüse in die Schüssel geben. Noch 1 EL Öl erhitzen und die Zwiebel darin in 2–3 Minuten glasig dünsten.

4 Das gebratene Gemüse mit Tomaten, Knoblauch, Salz, Pfeffer, Thymian, Koriander und dem Bouquet garni in die Pfanne zur Zwiebel geben. Alles mischen und zugedeckt 10–15 Minuten schmoren. Die Ratatouille mit einem Schaumlöffel herausnehmen und abkühlen lassen, das Bouquet garni wegwerfen.

5 Die Eier in einer Schüssel gründlich verquirlen. Die Ratatouille untermischen und die Masse kräftig mit Salz und Pfeffer würzen.

6 Die Pfanne auswischen und die Butter darin erhitzen. Die Ratatouille-Eier-Masse in die Pfanne geben und zugedeckt bei schwacher Hitze 20–25 Minuten braten, bis das Ei in der Mitte stockt und die Frittata am Boden fest und hellbraun ist. Die Frittata auf einen großen Teller stürzen und mit dem restlichen Thymian garnieren. In Stücke schneiden und servieren.

Variante

Frittata mit Aubergine, Kartoffeln und Feta

Zucchini, Paprikaschoten und Tomaten weglassen. Würfel von 1 großen Aubergine und dünne Ringe von 1 Zwiebel in 6 EL Olivenöl in 5 Minuten unter Rühren weich braten. 350 g gegarte Kartoffelscheiben 2 Minuten mitbraten. Alles mit ½ TL gemahlenem Zimt und Thymianblättern würzen. In eine Schüssel umfüllen und ab Schritt 5 weiterfahren wie beschrieben. Vor dem Braten die Frittata mit 120 g Fetawürfeln bestreuen. Die fertige Frittata nicht stürzen.

Jetzt am besten **Auberginen**

International heißt die Aubergine u. a. auch Eggplant (Eierfrucht), Brinjal oder Melanzana. Die alten Römer hielten sie für giftig und nannten sie *mala insana* (Wahnsinnsapfel). Im Hochsommer schmecken Auberginen am besten, Saison haben sie jedoch den ganzen Sommer und Herbst. Ihr leicht bitteres Fruchtfleisch saugt Aromen und Flüssigkeiten wie ein Schwamm auf. Süßliche Gewürze, Oregano, Lammfleisch, Paprikaschoten, Tomaten, Pilze, Käse und Oliven passen gut dazu.

Auberginen werden weltweit in unterschiedlichsten Größen und Farben angebaut. Die mit Kartoffeln, Tomaten und Paprika verwandten Früchte stammen aus Asien und sind wärmeliebend.

Ovale dunkelviolette Aubergine Am bekanntesten sind die länglich-dicken Früchte. Beim Garen entwickeln sie ein vielschichtiges Aroma. Am besten schmecken diese Auberginen, wenn man sie in Scheiben schneidet und diese grillt, brät oder röstet.

Baby-Aubergine Perfekt für asiatische Gerichte. Sie hat eine dünnere Schale als ihre großen Verwandten und einen feinsüßlichen Geschmack.

Die hübschen Streifen auf der Schale verblassen beim Garen nicht.

Aubergine mit Streifen 'Rosa Bianca' ist eine alte italienische Sorte mit festem Fruchtfleisch, die sich besonders gut für Aufläufe wie z. B. »Melanzane alla parmigiana« eignet.

Wissenswert

Im Angebot

Längliche dunkelviolette, Baby-Auberginen und gestreifte Sorten.

Einkauf Kleinere, feste Exemplare mit glänzender Schale und leuchtend grünen Blütenansätzen (Stiele und Blätter) wählen.

Aufbewahren Möglichst am Einkaufstag verwenden; ansonsten 1 Tag an einem kühlen Platz aufbewahren.

Zubereiten Backen im Ofen, rösten, schmoren, grillen, pfannerühren, in Teig ausbacken

Für den Vorrat Scheiben grillen oder braten, dann einfrieren.

Rezepte

Auberginen mit Tomatenreis-Füllung Seite 187

Babaganoush Seite 164

Melanzane alla parmigiana Seite 304

Scharfes Auberginen-Chutney Seite 244

Thai-Auberginencurry Seite 289

Kartoffel-Erbsen-Curry

Ein vegetarisches Gericht mit Sommergemüse wie Erbsen, Tomaten und neuen Kartoffeln – erfreulicherweise ist es relativ schnell zubereitet.

10 MIN. 30 MIN.

FÜR 4 PERSONEN

- 1 EL Sonnenblumenöl
- 2,5 cm frischer Ingwer, fein gewürfelt
- 2-3 grüne Chilischoten, entkernt und fein gehackt
- 1 TL Kreuzkümmelsamen
- 1 TL Senfsamen
- 1 kleine Handvoll getrocknete Curryblätter
- 6 Tomaten, gehäutet (siehe S. 197) und gewürfelt
- 700 g neue Kartoffeln, geschält und gewürfelt
- 1 TL gemahlene Kurkuma
- 300 ml heiße Gemüsebrühe
- 100 g Erbsen
- Salz und frisch gemahlener schwarzer Pfeffer
- 1 Handvoll Koriandergrün, fein gehackt

1 Das Öl in einer großen Pfanne bei mittlerer Hitze heiß werden lassen. Ingwer, Chilis, Kreuzkümmel und Senfsamen hineingeben. Die Curryblätter zerkrümeln und hinzufügen. Alles 1–2 Minuten braten, bis die Senfsamen in der Pfanne zu springen beginnen. Die Tomaten unterrühren und das Ganze einige Minuten garen.

2 Kartoffeln, Kurkuma und Brühe untermischen. Alles aufkochen und zugedeckt 15 Minuten köcheln lassen.

3 Erbsen hinzufügen und 5–10 Minuten mitgaren. Das Curry mit Salz und Pfeffer würzen; das Koriandergrün unterrühren. Mit Reis und Naan-Brot servieren.

Pasta mit Auberginensauce

Auberginen haben ein leichtes Raucharoma und werden durch Braten angenehm weich. Wählen Sie für dieses Gericht eine dunkelviolette bauchige Sorte.

10 MIN. 25 MIN.

FÜR 4 PERSONEN

- 1 große Aubergine, gewürfelt
- Salz und frisch gemahlener Pfeffer
- 2-3 EL Olivenöl
- 100 ml Rotwein
- 1 Zwiebel, fein gewürfelt
- 2 Knoblauchzehen, fein gewürfelt
- 6 reife Tomaten, gehäutet (siehe S. 197) und gewürfelt
- 1 Prise getrockneter Oregano
- 1 TL rotes Pesto
- 400 g große Muschelnudeln
- geriebener Parmesan zum Bestreuen

1 Die Auberginenwürfel in ein Sieb geben, großzügig mit Salz bestreuen und mit einem Teller beschweren. 10 Minuten ziehen lassen, dann die Auberginenwürfel abspülen und trocken tupfen.

2 Das Öl in einer großen Pfanne bei mittlerer Hitze heiß werden lassen. Die Auberginen darin in 4–6 Minuten goldbraun braten. Den Wein dazugießen und bei stärkerer Hitze einige Minuten kochen lassen. Zwiebel und Knoblauch unterrühren, einige Sekunden später Tomaten, Oregano und Pesto untermischen. Die Sauce 15 Minuten köcheln lassen, dabei ab und zu umrühren.

3 Inzwischen die Pasta in sprudelnd kochendem Salzwasser nach Packungsangabe bissfest garen. In ein Sieb schütten, abtropfen lassen und wieder in den Topf geben. Die Sauce mit Salz und Pfeffer würzen; unter die Pasta mischen. Das Gericht mit Parmesan bestreuen und servieren.

Variante

Pasta mit gelber Paprikasauce

Die Sauce wie beschrieben ab Schritt 2 zubereiten, dabei statt der Aubergine 2 große gelbe Paprikaschoten verwenden.

Auberginen mit Tomatenreis-Füllung

Auberginen werden in der orientalischen Küche oft gefüllt – vorzugsweise größere Sorten, die nach dem Aushöhlen ihre Form behalten.

10 MIN. 30 MIN.

FÜR 4 PERSONEN

- 4 Auberginen, längs halbiert
- 2 EL Olivenöl, plus mehr zum Bestreichen
- 200 g Langkornreis, abgespült
- Salz
- 300 ml Tomatensaft
- 1 TL Zucker
- frisch gemahlener schwarzer Pfeffer
- 1 Zwiebel, fein gewürfelt
- 1 kleine Handvoll Dill, fein gehackt

1 Den Backofen auf 200 °C vorheizen. Die Auberginen aushöhlen, das entnommene Fruchtfleisch in mundgerechte Stücke schneiden. Die ausgehöhlten Auberginen in eine ofenfeste Form setzen und mit 1 EL Öl ausstreichen. Die Form mit Alufolie verschließen. Die Auberginen im heißen Ofen 10–15 Minuten rösten.

2 Inzwischen den Reis in Salzwasser etwa 10 Minuten garen. Tomatensaft dazugießen, alles mit Zucker, Salz und Pfeffer würzen; unter Rühren köcheln lassen, bis der Reis den Saft vollständig aufgenommen hat.

3 In einer großen Pfanne 1 EL Öl bei mittlerer Hitze heiß werden lassen. Die Zwiebelwürfel darin mit Dill und 1 Prise Zucker in 3–4 Minuten glasig dünsten. Das Auberginenfruchtfleisch dazugeben und 5 Minuten mitdünsten. Pfeffern und den Tomatenreis untermischen.

4 Die Auberginen aus dem Ofen nehmen und mit der Reismischung füllen. Mit dem restlichen Öl beträufeln und im Ofen weitere 5 Minuten backen. Sofort mit Blattsalat servieren.

Variante

Auberginen mit scharfer Tomatenreis-Füllung und Feta

Die Auberginen wie beschrieben zubereiten, dabei noch 2 gehackte rote Chilischoten (ohne Kerne) unter den Tomatenreis mischen. In Schritt 4 mit 200 g zerdrücktem Feta bestreuen und dann alles mit Öl beträufeln.

Lammbraten mit Tomaten und neuen Kartoffeln

Ein wenig Johannisbeergelee betont die Süße der gerösteten Cocktailtomaten. Brät man neue Kartoffeln in der Schale, bewahren sie ihr Aroma.

15 MIN. 1 STD. 30 MIN.

FÜR 4 PERSONEN

- 1 EL Olivenöl
- 1 kg Lammkeule, entbeint und aufgeklappt (siehe S. 45)
- 1 kg kleine neue Kartoffeln
- Salz und frisch gemahlener schwarzer Pfeffer
- 1 Handvoll Thymianzweige
- 12-16 Cocktail-Rispentomaten
- 1-2 EL rotes Johannisbeergelee

1 Den Backofen auf 190 °C vorheizen. 1 EL Öl in einem großen Bräter bei starker Hitze auf dem Herd heiß werden lassen. Das Fleisch darin 4–6 Minuten kräftig anbraten, dann wenden und weitere 4–6 Minuten braten.

2 Die Kartoffeln mit dem restlichen Öl mischen; salzen und pfeffern. Mit dem Thymian in den Bräter geben. Alle Zutaten im heißen Ofen offen braten – das Fleisch ist nach 45 Minuten innen noch roh, nach etwa 1 Stunde medium und nach 1¼ Stunden durchgegart. 15 Minuten vor Ende der Garzeit die Cocktailtomaten hinzufügen.

3 Das Fleisch aus dem Bräter heben, mit Alufolie bedecken und an einem warmen Platz ruhen lassen. Tomaten und Kartoffeln mit einem Schaumlöffel auf einen Teller heben und ebenfalls warm halten. Den Bräter auf den Herd stellen; schräg halten und das Fett abschöpfen.

4 Johannisbeergelee und etwas heißes Wasser in den Bräter geben. Bei starker Hitze aufkochen lassen, dabei den Bratsatz vom Boden des Bräters losschaben. Die Sauce etwas einkocheln lassen. Das Fleisch in Scheiben schneiden und mit Kartoffeln, Tomaten und Sauce servieren. Auch eine Minzsauce passt gut dazu.

Tarte mit Mangold und Käse

Kaufen Sie jungen, zarten Mangold mit makellosen dunkelgrünen Blättern. Sein leicht bitteres, intensives Aroma harmoniert gut mit kräftigem Käse.

15 MIN. 1 STD. TK-TAUGLICH

FÜR 1 TARTEFORM (24 CM Ø)

- 300 g ungesüßter Mürbeteig (Fertigprodukt oder selbst gemacht)
- Mehl zum Arbeiten
- 3 Eier, 1 davon verquirlt
- 1 EL Olivenöl
- 1 Zwiebel, fein gewürfelt
- Salz und frisch gemahlener schwarzer Pfeffer
- 2 Knoblauchzehen, fein gewürfelt
- ein paar Zweige Rosmarin, die Blätter gehackt
- 250 g Mangold, geputzt
- 120 g Gruyère, gerieben
- 120 g Feta, zerbröckelt
- 200 g Sahne

1 Den Backofen auf 200 °C vorheizen. Den Teig auf einer bemehlten Arbeitsfläche ausrollen und in die Form legen. Überhängenden Teig abschneiden. Den Teigboden mit Backpapier belegen und mit Hülsenfrüchten beschweren. Im Ofen 15–20 Minuten backen, bis der Teigrand goldgelb ist. Hülsenfrüchte und Papier entfernen. Den Tarteboden mit etwas verquirltem Ei bestreichen und in 1–2 Minuten knusprig backen. Herausnehmen; die Ofentemperatur auf 180 °C senken.

2 In einer Pfanne das Öl bei schwacher Hitze heiß werden lassen. Die Zwiebel darin mit etwas Salz in etwa 5 Minuten glasig dünsten. Knoblauch und Rosmarin kurz mitdünsten. Den Mangold grob hacken, in die Pfanne geben und in etwa 5 Minuten zusammenfallen lassen.

3 Die Mangoldmischung auf dem Tarteboden verteilen; mit Gruyère und Feta bestreuen, salzen und pfeffern. Crème fraîche oder Sahne mit den restlichen Eiern verquirlen und den Eierguss auf die Füllung gießen. Die Tarte im Ofen in 30–40 Minuten goldgelb backen. 10 Minuten in der Form abkühlen lassen, dann aus der Form lösen. Warm oder mit Raumtemperatur servieren.

Variante

Spinattarte mit Käse

Statt Mangold 250 g Spinat verwenden, diesen in Schritt 2 zusammenfallen lassen. Wie beschrieben fertigstellen.

Mediterrane Hamburger

Feine Paprikawürfelchen verleihen diesen edlen, würzigen Burgern etwas Biss und eine dezente Süße. Gegrillt schmecken die Burger besonders gut.

10 MIN. 15 MIN.

FÜR 4 PERSONEN

- 500 g Rinderhackfleisch
- 1 Zwiebel, fein gewürfelt
- 2 Knoblauchzehen, fein gewürfelt
- 1 EL getrockneter Oregano
- 2 rote Paprikaschoten, fein gewürfelt
- 1 Handvoll Basilikumblätter, gehackt
- 1 Handvoll Petersilienblätter, gehackt
- Salz und frisch gemahlener schwarzer Pfeffer
- 1 Schuss Rotwein
- 1 TL Butter

1 In einer großen Schüssel das Hackfleisch mit Zwiebel, Knoblauch, Oregano, Paprikaschoten, Basilikum, Petersilie, Salz, Pfeffer und etwas Rotwein verkneten.

2 Aus der Mischung vier gleich große Frikadellen formen.

3 Die Butter in einer Pfanne bei mittlerer bis starker Hitze zerlassen. Die Frikadellen darin pro Seite 3–4 Minuten braten, bis sie durchgegart sind. Mit Salatblättern und Tomatenscheiben in aufgeschnittenen Brötchen servieren.

Heilbutt im Päckchen

Asia-Nudeln und ein knackiges Pfannengemüse aus dem Wok sind die passende Beilage für dieses süßsaure Gericht.

15–20 MIN. 10–12 MIN.

FÜR 4 PERSONEN

- Salz
- 125 g Zuckerschoten
- 4 Knoblauchzehen, fein gewürfelt
- 2,5 cm frischer Ingwer, fein gewürfelt
- 2 EL Schwarze-Bohnen-Sauce
- 3 EL helle Sojasauce
- 2 EL trockener Sherry
- ½ TL Zucker
- 1 EL Sesamöl
- 2 EL Öl zum Bestreichen
- 1 Ei
- 4 Heilbuttfilets oder -steaks ohne Haut (je etwa 175 g)
- 4 Frühlingszwiebeln, in dünne Ringe geschnitten

1 In einem Topf Salzwasser aufkochen lassen. Die Zuckerschoten darin 1–2 Minuten köcheln lassen. In einer Schüssel Knoblauch, Ingwer, Bohnensauce, Sojasauce, Sherry, Zucker und Sesamöl mischen.

2 Zwei Bogen Backpapier halbieren und mit Öl bestreichen, dabei rundherum einen etwa 2,5 cm breiten Rand ungefettet lassen.

3 Das Ei mit ½ TL Salz verquirlen. Die ungefetteten Backpapierränder damit bestreichen.

4 Den Backofen auf 200 °C vorheizen. Die Fischfilets trocken tupfen. Die Zuckerschoten auf den Papierstücken verteilen und die Fischfilets daraufsetzen.

5 Die Würzmischung auf die Filets streichen und die Frühlingszwiebeln darüberstreuen. Die Papierenden über den Fischfilets zusammennehmen, zu Päckchen falten und verschließen.

6 Die Päckchen auf ein mit Backpapier belegtes Backblech setzen und im Ofen 10–12 Minuten backen, bis sie sich aufgebläht haben und das Papier braun ist. Auf vorgewärmte Teller geben und servieren. Jeder öffnet sein Päckchen am Tisch selber.

Ente mit süßsaurer Kirschsauce

Sauerkirschen sind das Geheimnis dieses Gerichts aus dem Limousin in Zentralfrankreich. Dort wachsen sie wild an Hecken.

30-35 MIN. 1 STD. 15 MIN. - 1 STD. 30 MIN.

FÜR 2-3 PERSONEN

1 küchenfertige Ente (etwa 1,8 kg)
Salz und frisch gemahlener schwarzer Pfeffer
1 EL Öl
60 g Zucker
75 ml Rotweinessig
375 ml kräftige Hühnerbrühe
400 g Sauerkirschen, entkernt
Petersilienzweige zum Garnieren

1 Den Backofen auf 220 °C vorheizen. Die Bauchhöhle der Ente mit Küchenpapier auswischen. Sichtbares Fett entfernen. Die Ente innen und außen salzen, pfeffern und auf die Arbeitsfläche legen. Die Öffnungen oben und unten verschließen: die Haut über die Öffnung am Hals ziehen und mit Zahnstochern feststecken. Den Bürzel in die Bauchhöhle schieben, die Haut von oben darüberziehen und ebenfalls feststecken.

2 Das Öl in einem großen Bräter erhitzen. Die Ente mit der rechten oder linken Seite nach unten hineinlegen und im heißen Ofen 15 Minuten braten, wenden und 15 Minuten auf der anderen Seite braten.

3 Den Bräter aus dem Ofen nehmen, die Ofentemperatur auf 190 °C senken. Das Fett aus dem Bräter abnehmen. Die Haut der Ente rundherum einstechen, damit das Fett austreten kann. Die Ente auf die Brust legen und im Ofen 15 Minuten braten. Das ausgetretene Fett erneut abschöpfen. Die Ente wenden und weitere 15–20 Minuten braten, bis nur noch klarer Fleischsaft austritt. Auf eine große vorgewärmte Platte heben, mit Alufolie bedecken und warm stellen.

4 In einem kleinen Topf 75 ml Wasser mit dem Zucker unter gelegentlichem Rühren langsam erhitzen, bis sich der Zucker aufgelöst hat. Bei starker Hitze weiterkochen (nicht rühren), bis ein goldgelber Sirup entstanden ist, diesen bei schwächerer Hitze zu einem bernsteinfarbenen Karamell einkochen lassen.

5 Den Topf vom Herd nehmen. Sobald der Sirup nicht mehr sprudelt, den Essig hineingießen und das Ganze unter gelegentlichem Rühren 3–5 Minuten köcheln lassen, bis sich Essig und Karamell gut verbunden haben und die Sauce um die Hälfte eingekocht ist. Vom Herd nehmen; beiseitestellen.

6 Den Karamellessig und die Brühe in einen Topf gießen. Die Kirschen dazugeben und in 3–5 Minuten gerade weich köcheln lassen. Mit einem Schaumlöffel in eine Schüssel heben.

7 Aus dem Bräter alles Fett entfernen. Die Karamell-Essig-Sauce in den Bräter gießen und aufkochen lassen, dabei die Bratrückstände losschaben und untermischen. Die Sauce auf die Hälfte einköcheln lassen.

6 Die Ente tranchieren und die Ententeile mit den Kirschen auf vorgewärmten Tellern anrichten. Etwas Sauce darüberschöpfen. Nach Belieben mit Petersilie garnieren und das Gericht sofort servieren. Die übrige Sauce separat dazu reichen.

Tajine mit Fisch

Das Gericht aus Kartoffeln, Paprika und Wolfsbarsch besticht durch eine bunte Kräuter-Gewürz-Mischung.

20 MIN. PLUS MARINIERZEIT **1 STD. 30 MIN.**

FÜR 4–6 PERSONEN

- 1–2 EL Olivenöl
- 2 Zwiebeln, in Ringe geschnitten
- 2 Stangen Sellerie, fein gewürfelt
- Salz und frisch gemahlener schwarzer Pfeffer
- 3 Knoblauchzehen, gewürfelt
- 1 TL gemahlener Ingwer
- 1 TL gemahlener Kreuzkümmel
- 1 TL edelsüßes Paprikapulver
- 1 rote Chilischote, entkernt und grob gehackt
- 1 eingelegte Salzzitrone (nur das fein gehackte Fleisch) oder die abgeriebene Schale von ½ Bio-Zitrone
- 2 Möhren, in Scheiben geschnitten
- 2 rote Paprikaschoten, grob gewürfelt
- 6 neue Kartoffeln, halbiert
- etwa 600 ml heißer Fischfond
- 1 kg Wolfsbarsch, in Koteletts geschnitten
- 3 Tomaten, entkernt und in dünne Scheiben geschnitten
- 1 Spritzer Zitronensaft
- 1 Bund Koriander, Blätter abgezupft (nach Belieben)

1 Das Öl in einem großen ofenfesten Schmortopf oder in einer Tajine erhitzen; Zwiebel und Sellerie hineingeben, mit Salz und Pfeffer würzen und bei mittlerer Hitze 5–6 Minuten dünsten. Knoblauch, Ingwer, Kreuzkümmel, Paprika, Chili und Zitronenfleisch oder -schale unterrühren und ein paar Minuten mitdünsten. Möhren und Paprikawürfel dazugeben und alles 5 Minuten weiterdünsten.

2 Kartoffeln und Brühe in den Topf geben, alles aufkochen und zugedeckt bei ganz schwacher Hitze etwa 45 Minuten köcheln lassen; falls nötig, etwas heißes Wasser nachgießen. Fisch und Tomaten in einer Lage in den Topf geben, den Topf zudecken und alles noch 15–30 Minuten köcheln lassen, bis der Fisch gar, also nicht mehr glasig, ist. Das Gericht abschmecken, 1 Spritzer Zitronensaft und nach Belieben die Korianderblätter unterrühren. Mit Couscous und Zitronenschnitzen servieren.

Lachscurry

Die grünen thailändischen Erbsen-Auberginen sind etwas größer als Erbsen und geben dem Gericht einen leicht bitteren Geschmack. Erhältlich sind sie im Asienladen.

10 MIN. **20 MIN.**

FÜR 4 PERSONEN

- 2 EL Öl
- 2 EL grüne Thai-Currypaste
- 3 Knoblauchzehen, gehackt
- 5 cm frischer Ingwer
- 2 rote Chilischoten, entkernt und in feine Streifen geschnitten
- 400 ml Kokosmilch
- 1 kräftiger Schuss Thai-Fischsauce
- 200 g abgetropfte Bambussprossen
- 2 gehäufte EL Erbsen-Auberginen
- 200 g Mini-Maiskolben, schräg halbiert
- 400 g Lachsfilet ohne Haut, in 4 cm große Würfel geschnitten
- 1 kleine Handvoll Thai-Basilikum

1 Das Öl in einer großen Pfanne erhitzen. Die Currypaste darin anbraten.

2 Knoblauch, Ingwer und Chilis hinzufügen und 2–3 Minuten pfannenrühren. Die Kokosmilch dazugießen und aufkochen lassen. Fischsauce, Bambussprossen, Erbsen-Auberginen und Maiskolben untermischen. Alles bei schwacher Hitze 5 Minuten köcheln lassen.

3 Lachsstücke und Thai-Basilikum dazugeben. Das Ganze noch 5–10 Minuten köcheln lassen, bis der Fisch gar, also nicht mehr glasig, ist. Das Curry abschmecken und mit Jasminreis servieren.

Lammsteaks mit Tomaten-Basilikum-Salat

Knoblauch, Chili, Rosmarin und Petersilie verleihen dem Lammfleisch pikante Würze.

15 MIN. PLUS MARINIERZEIT **20 MIN.**

FÜR 4 PERSONEN

- 3 EL Olivenöl, plus mehr zum Beträufeln
- 1 große Knoblauchzehe, gewürfelt
- 1½ EL gehackte Petersilie, plus mehr zum Garnieren
- Nadeln von 1 Zweig Rosmarin
- 1 Prise Chiliflocken
- Salz und frisch gemahlener schwarzer Pfeffer
- 650 g Lammrückenfilet (Lammlachs)

Für den Salat

- 2 vollreife Eiertomaten, längs geviertelt
- 250 g rote Cocktailtomaten
- 125 g gelbe Cocktailtomaten, halbiert
- 1 kleine Handvoll Basilikumblättchen
- 1 Knoblauchzehe, gewürfelt
- ½ kleine rote Zwiebel, in dünne Ringe geschnitten
- 1½ EL Olivenöl

1 Das Olivenöl in einer großen Schüssel mit Knoblauch, Petersilie, Rosmarin und Chiliflocken zu einer Marinade verrühren, salzen und pfeffern. Das Fleisch in die Marinade legen, darin wenden und im Kühlschrank mindestens 1 Stunde durchziehen lassen.

2 Den Grill vorheizen. Das Fleisch bei mittlerer Hitze pro Seite 8–10 Minuten grillen. Auf eine Platte legen, mit Alufolie bedecken und an einem warmen Platz 20 Minuten ruhen lassen.

3 Die Zutaten für den Salat in eine Schüssel geben, mit Salz und Pfeffer würzen und alles mischen. Das Fleisch schräg in Scheiben schneiden und auf einer Servierplatte anrichten. Mit Petersilie bestreuen und mit Olivenöl beträufeln. Den Tomaten-Basilikum-Salat dazu servieren.

Pasta mit roher Tomatensauce

Für diese einfache Sauce sollten Sie sonnengereifte pralle Tomaten und duftendes Basilikum verwenden. Bereiten Sie zuerst die Sauce zu, damit sie etwas durchziehen kann.

5 MIN. 10 MIN.

FÜR 4 PERSONEN

- 6 Tomaten, entkernt und grob gewürfelt
- 2 Knoblauchzehen, fein gewürfelt
- 1 Handvoll Basilikumblätter, zerkleinert
- 1 Prise Chiliflocken
- 3 EL Olivenöl
- Salz und frisch gemahlener schwarzer Pfeffer
- 400 g Farfalle

1 Die Tomaten in einer großen Schüssel mit Knoblauch, Basilikum, Chiliflocken Olivenöl, Salz und Pfeffer mischen. Durchziehen lassen, bis die Nudeln gekocht sind.

2 Die Pasta in reichlich sprudelnd kochendem Salzwasser nach Packungsangabe bissfest garen. In ein Sieb schütten, abtropfen lassen und wieder in den Topf geben. Mit der Tomatensauce mischen und servieren.

Tomatentarte mit Wurstbrät

Die süßen Eiertomaten platzen während des Backens auf und verhindern so, dass das Wurstbrät austrocknet. Aromatischer Oregano ist eine gute Ergänzung dazu.

15 MIN. 40 MIN. TK-TAUGLICH

FÜR 1 TARTEFORM (20 X 20 CM)

- 250 g ungesüßter Mürbeteig (Fertigprodukt oder selbst gemacht)
- Mehl zum Arbeiten
- 1 Ei, verquirlt
- ½ EL Olivenöl
- 1 Zwiebel, fein gewürfelt
- Salz und frisch gemahlener schwarzer Pfeffer
- 400 g rohe Bratwürste
- 1 TL getrockneter Oregano
- 4 Tomaten, in Scheiben geschnitten

1 Den Backofen auf 200 °C vorheizen. Den Teig auf einer bemehlten Arbeitsfläche ausrollen und die Form damit auskleiden. Überhängenden Teig abschneiden. Den Teigboden mit Backpapier belegen und mit Hülsenfrüchten beschweren. Im heißen Ofen 15–20 Minuten backen, bis der Teigrand goldgelb ist. Hülsenfrüchte und Papier entfernen. Den Tarteboden mit etwas Ei bestreichen und in 2–3 Minuten knusprig backen. Herausnehmen; die Ofentemperatur auf 180 °C senken.

2 Inzwischen das Öl in einer Pfanne erhitzen. Die Zwiebel darin mit 1 Prise Salz bei schwacher Hitze in etwa 5 Minuten glasig dünsten. Das Brät aus den Würsten drücken, in die Pfanne geben, mit einem Gabelrücken zerdrücken und untermischen. Die Mischung mit Salz, Pfeffer und Oregano kräftig würzen und unter Rühren bei mittlerer Hitze etwa 10 Minuten braten, bis das Brät nicht mehr rosa ist. Abkühlen lassen, dann das restliche Ei untermischen.

3 Die Brätmischung auf dem Tarteboden verteilen und die Tomatenscheiben dachziegelartig darauflegen. Die Tarte im Ofen etwa 20 Minuten backen; herausnehmen und 10 Minuten abkühlen lassen. Dazu passt grüner Salat.

Wolfsbarsch in Salzkruste

Ein Klassiker aus Norditalien. Dort heißt der Wolfsbarsch »Branzino« und wird üblicherweise für dieses Gericht verwendet, Sie können aber auch Meerbrasse nehmen.

15 MIN. 22-25 MIN.

FÜR 4 PERSONEN

- 1 ganzer küchenfertiger Wolfsbarsch (1,5–2 kg), nicht geschuppt
- 1 kg grobes Meersalz
- 1-2 Eiweiß

1 Den Backofen auf 220 °C vorheizen. Den Fisch waschen und trocken tupfen.

2 Ein Backblech mit Backpapier belegen. Eine Schicht Meersalz daraufstreuen, den Fisch darauflegen. Das restliche Salz mit Eiweiß und ganz wenig Wasser (falls nötig) mischen. Diese Masse auf dem Fisch verteilen und ihn ganz darin einpacken.

3 Den Fisch im Salzmantel im Ofen 22–25 Minuten braten. Aus dem Ofen nehmen und auf eine Platte heben. Die Salzkruste aufklopfen und vorsichtig abnehmen. Den Fisch häuten und zerlegen. Dazu passen Aïoli und grüner Salat.

Pizza mit Tomaten, Oliven und Kapern

Sie haben Tomaten im Überfluss geerntet? Mit dieser Pizza lassen sie sich prima verwerten.

10 MIN. PLUS GEHZEIT | 15 MIN. | TK-TAUGLICH

FÜR 1 STÜCK

- 2-3 EL passierte Tomaten (Passata)
- 3 Tomaten, in Scheiben geschnitten
- 1 Handvoll entsteinte schwarze Oliven
- 1-2 EL Kapern
- frisch gemahlener schwarzer Pfeffer

Für den Pizzateig

- 125 g Weizenmehl Type 550, plus mehr zum Arbeiten
- 1 Prise Salz
- 1 Prise Zucker
- ½ TL Trockenhefe
- 1 EL Olivenöl
- Olivenöl und Grieß für das Backblech

1 Für den Teig das Mehl mit Salz und Zucker in eine Schüssel sieben. Die Hefe dazugeben, das Öl und so viel lauwarmes Wasser (etwa 90 ml) unterrühren, bis ein glatter, aber nicht klebriger Teig entsteht.

2 Den Teig auf einer leicht bemehlten Arbeitsfläche ein paar Minuten kneten, bis er weich und elastisch ist. In die Schüssel legen, zudecken und an einem warmen Ort 40 Minuten ruhen lassen; sein Volumen soll sich in dieser Zeit verdoppeln.

3 Den Backofen auf höchste Temperatur vorheizen. Ein Backblech dünn mit Olivenöl fetten und im Ofen heiß werden lassen. Ofen und Blech müssen sehr heiß sein, bevor die Pizza gebacken wird.

4 Den Teig auf einer bemehlten Arbeitsfläche zu einem möglichst dünnen, 25–30 cm großen Kreis ausrollen. Das heiße Backblech mit Grieß bestreuen und den Teig darauflegen.

5 Die passierten Tomaten auf dem Pizzaboden verstreichen. Tomaten darauflegen und mit Oliven und Kapern bestreuen. Im Ofen 10–15 Minuten backen, bis die Pizza knusprig ist; mit Pfeffer bestreuen; servieren.

Seezunge Bonne Femme

Köpfe und Karkassen der Seezungen sind die Basis für die Brühe, die wiederum Grundlage der cremigen Sauce ist.

30-35 MIN. | 25-30 MIN.

FÜR 4 PERSONEN

- 15 g Butter, plus mehr zum Fetten
- 250 g Champignons, in Scheiben geschnitten
- Salz und frisch gemahlener schwarzer Pfeffer
- 2 Schalotten, fein gewürfelt
- 2 Seezungen (je etwa 1 kg; vom Fischhändler filetieren lassen, Köpfe und Karkassen mitnehmen)

Für die Fischbrühe

- Köpfe und Karkassen der Seezungen
- 1 Zwiebel, in Ringe geschnitten
- 1 TL Pfefferkörner
- 3-5 Stängel Petersilie
- 250 ml trockener Weißwein oder Saft von 1 Zitrone

Für die Sauce

- 30 g Butter
- 2 EL Mehl
- 3 EL Sahne
- 3 Eigelb
- Saft von ½ Zitrone

1 Für die Brühe Fischköpfe und Karkassen in 4–5 Stücke hacken. Mit 500 ml Wasser, Zwiebel, Pfeffer, Petersilie und Wein oder Zitronensaft in einem Topf aufkochen und 20 Minuten köcheln lassen. Die Brühe durch ein Sieb in einen anderen Topf gießen.

2 Ofen auf 180 °C vorheizen. Für die Sauce die Butter in einer Pfanne zerlassen. Pilze, Salz, Pfeffer und 3–4 EL Wasser hinzufügen. Mit gefetteter Alufolie bedecken; 5 Minuten braten.

3 Eine ofenfeste Form fetten. Schalottenwürfel darin verteilen. Jedes Filet mit der Hautseite nach innen zusammenklappen und auf die Schalotten legen. Salzen, pfeffern und zur Hälfte mit Brühe bedecken. Form mit gefetteter Alufolie verschließen. Die Filets im Ofen 15–18 Minuten garen; aus dem Sud heben und warm stellen.

4 Sud mit Schalotten zur Rest-Brühe in den Topf gießen; alles auf 375 ml einkochen lassen. Für die Sauce die Butter zerlassen. Das Mehl darin anschwitzen; vom Herd nehmen. Eingekochte Brühe durch ein Sieb zur Mehlschwitze gießen und darunterschlagen. Unter Rühren 5 Minuten köcheln lassen, bis die Sauce dick wird; noch 5 Minuten köcheln lassen. Vom Herd nehmen; Pilze und Sud untermischen.

5 Eigelbe und Sahne verquirlen; unter Rühren in die Sauce gießen; 2–3 Minuten rühren (nicht kochen lassen). Vom Herd nehmen. Mit Zitronensaft, Salz und Pfeffer würzen. Fischfilets mit Sauce überziehen; unter dem heißen Grill 1–2 Minuten gratinieren.

Gegrillte Auberginen mit würziger Tomatensauce

Paprikapulver verleiht der Tomatensauce Extraaroma und passt hervorragend zu den gegrillten Auberginen.

15 MIN. 20 MIN.

FÜR 4 PERSONEN

- 2 große Auberginen, in 1 cm dicke Scheiben geschnitten
- Salz und frisch gemahlener schwarzer Pfeffer
- 4 EL Olivenöl
- 2 Knoblauchzehen, in Scheiben geschnitten
- ½ TL Paprikapulver
- 4 große reife Tomaten, gehäutet (siehe S. 197) und gewürfelt
- 1 EL Tomatenmark
- 1 Prise Zucker

1 Die Auberginenscheiben in einem Sieb mit Salz bestreuen und beschweren. 15 Minuten abtropfen lassen, dann abspülen und mit Küchenpapier trocken tupfen.

2 Inzwischen 1 EL Öl in einem Topf bei sehr schwacher Hitze heiß werden lassen. Knoblauch und Paprikapulver darin einige Sekunden dünsten. Tomaten, Tomatenmark und Zucker hinzufügen und alles mischen. Aufkochen und unter häufigem Rühren 15 Minuten köcheln lassen. Salzen und pfeffern.

3 Eine Grillpfanne stark erhitzen. Die Auberginen mit dem restlichen Öl bestreichen und auf jeder Seite 3 Minuten braten, bis sie goldbraun sind. Sofort mit der Tomatensauce servieren.

Melonen-Tomaten-Salat

Der erfrischende Salat kann bis zu 6 Stunden im Voraus zubereitet und dann zugedeckt im Kühlschrank aufbewahrt werden. Das Dressing erst zum Servieren untermischen.

15–20 MIN. PLUS KÜHLZEIT

FÜR 6 PERSONEN

- 2 kleine Zuckermelonen (z. B. Cantaloupe; insgesamt etwa 1,5 kg)
- 1 Galiamelone (etwa 1,5 kg)
- 400 g Cocktailtomaten
- ½ Bund Minze

Für das Dressing

- 75 ml Portwein
- Saft von 2 Zitronen
- 2 EL Honig
- Salz und frisch gemahlener schwarzer Pfeffer

1 Die Melonen halbieren und die Kerne mit einem Löffel herauslösen. Mit einem Kugelausstecher das Melonenfleisch aus den Hälften nehmen und in eine Schüssel geben.

2 Die Cocktailtomaten kurz in kochendes Wasser legen, bis die Haut aufplatzt, in kaltem Wasser abschrecken und häuten. Die Tomaten zu den Melonen in die Schüssel geben.

3 Die Minzeblätter von den Stängeln streifen. Ein paar Blätter für die Garnitur beiseitelegen, die anderen grob hacken und zu Melonenkugeln und Tomaten geben.

4 Für das Dressing Portwein mit Zitronensaft, Honig, Salz und Pfeffer verrühren. Das Dressing abschmecken und behutsam unter die Salatzutaten heben. Den Salat abschmecken, zudecken und für 1 Stunde in den Kühlschrank stellen. Zum Servieren mit den restlichen Minzeblättern garnieren. Der Salat passt gut zu luftgetrocknetem Schinken.

Griechischer Salat

Eine erfrischende Salatkomposition, für die Sie sehr reife, aromatische Tomaten sowie würzige leicht scharfe schwarze Oliven und bestes Olivenöl benötigen.

25-30 MIN. PLUS ZIEHZEIT

FÜR 6-8 PERSONEN

- 2 kleine Gurken
- 1 kg Tomaten
- 1 rote Zwiebel
- 2 grüne Paprikaschoten, in Ringe geschnitten
- 175 griechische schwarze Oliven (möglichst Kalamata)
- 175 g Feta, gewürfelt

Für die Kräutervinaigrette

- 3 EL Rotweinessig
- Salz und frisch gemahlener schwarzer Pfeffer
- 125 ml Olivenöl
- Blätter von 3-5 Stängeln Minze, fein gehackt
- Blätter von 7-10 Stängeln Petersilie, fein gehackt

1 Für die Vinaigrette Essig mit Salz und Pfeffer verrühren. Langsam das Öl unterschlagen, bis die Vinaigrette sämig wird. Die Kräuter unterrühren und die Sauce abschmecken.

2 Die Gurken schälen, längs halbieren; mit einem Teelöffel die Samen herausschaben. Die Gurken längs in 2–3 Stücke und diese in 1 cm dicke Scheiben schneiden.

3 Die Tomaten halbieren, entkernen und jede Hälfte in schmale Spalten schneiden. Die Zwiebel schälen, in dünne Ringe schneiden und diese in die einzelnen Ringe teilen.

4 Gurken, Tomaten, Zwiebel und Paprika in eine große Schüssel geben. Das Dressing noch einmal kräftig durchschlagen, über den Salat gießen und gründlich untermischen. Die Oliven (ganz oder entsteint) und den Feta dazugeben. Den Salat mischen und abschmecken. Vor dem Servieren 30 Minuten ziehen lassen.

Brotsalat

In Italien heißt dieser Salat »Panzanella«. Er bietet sich nicht nur für die Verwertung von Brot an, sondern bereichert auch die klassische Kombination von Tomate und Basilikum.

15 MIN. PLUS ZIEHZEIT

FÜR 4 PERSONEN

- 3 Scheiben Ciabatta, geröstet und in mundgerechte Würfel geschnitten
- 2-3 EL Olivenöl
- 1 Handvoll Basilikumblätter, in Stücke gezupft
- Salz und frisch gemahlener schwarzer Pfeffer
- 200 g geröstete Paprikaschoten (aus dem Glas), abgetropft und in Streifen geschnitten
- 4 Tomaten, grob gewürfelt
- 30 g geröstete Pinienkerne
- 125 g Gorgonzola oder ein anderer milder Blauschimmelkäse, in mundgerechte Stücke geschnitten

1 Die Brotwürfel in einer großen Schüssel mit dem Olivenöl beträufeln. Basilikum hinzufügen, alles mit Salz und Pfeffer würzen, mischen und 10 Minuten durchziehen lassen.

2 Paprika, Tomaten, Pinienkerne und Käse dazugeben und behutsam unterheben. Zu Salami, Schinken und Bratenaufschnitt servieren.

Variante

Brotsalat mit Sommergemüse

Das Brot wie in Schritt 1 beschrieben mit 1 kleinen Handvoll Minze statt Basilikum marinieren. Gewürfeltes Fruchtfleisch von 1 Avocado mit Zitronensaft beträufeln und statt der Paprikaschoten dazugeben. Die Tomaten, 1 große Handvoll rohe Erbsen, ¼ gewürfelte Gurke und 1 Handvoll Rucola hinzufügen. Den Salat würzen und vorsichtig mischen. Mit pochiertem Ei oder gegrilltem Schweinesteak servieren.

Jetzt am besten **Tomaten**

Die zahllosen Sorten variieren in den Farben von fast Schwarz über Rot, Orange und Gelb bis hin zu gelblichem Weiß und sogar Grün. In Größe und Geschmack unterscheiden sich die Früchte ebenfalls erheblich: So gibt es erbsengroße bis riesige Exemplare, die süßlich bis säuerlich schmecken. Vom Hochsommer bis in den frühen Herbst ist beste Tomatenzeit. Vor allem Knoblauch, Basilikum, Oregano, Thymian passen gut dazu, aber auch Orangen, Zwiebeln und Chilischoten.

Tomaten gedeihen in allen Klimazonen, sogar in Sibirien. Sie werden im Freiland oder unter Glas bzw. Folie angebaut. Sonnengereifte Tomaten schmecken zweifellos am besten.

Kirsch- oder Cocktailtomaten Die kleinen Früchte sind häufig deutlich aromatischer als große Tomaten und schmecken roh hervorragend. In etwas Öl angeröstet, ergeben sie einen prima Pizzabelag.

Die kleinen Tomaten sollen gleichmäßig leuchtend rot mit glänzender Schale und saftigem Fruchtfleisch sein.

'Moneymaker' Eine sehr ertragreiche Sorte mit intensivem Tomatenaroma, die gleichermaßen für Salate, Suppen und Aufläufe geeignet ist.

'Brandywine' Wird von Gourmets wegen ihres ausgewogenen süßsäuerlichen Aromas geschätzt und ist sehr saftig.

Wegen ihres großen Durchmessers lassen sich 'Brandywine'-Tomaten hervorragend in Scheiben schneiden. Ideal für Salate und als Brotbelag.

Die 'Yellow Pear' läuft nach oben spitz zu – ungewöhnlich für Tomaten.

'Yellow pear' Eine attraktive kleine gelbe Tomate mit besonderer Form. Halbierte Exemplare sehen super im Salat aus.

Das meiste Aroma befindet sich im Inneren der San-Marzano-Tomaten, deshalb sollten sie nicht entkernt werden.

'San Marzano' Die äußerst aromatische Tomate mit hohem Fruchtfleischanteil ist bestens zum Einmachen geeignet. Für viele ist sie die beste Saucentomate der Welt.

'Green Zebra' Eine durchschnittlich große Tomate mit grünlich-goldenen Streifen und Flecken. Sie hat einen angenehm säuerliches Aroma und sollte roh z. B. für Salate und Salsas verwendet werden.

'Gardener's Delight' Eine sehr alte, weltweit beliebte rote Cocktailtomate mit süßlichem Geschmack.

Wenn die 'White Beauty' zu gelb wird, ist sie überreif.

'White Beauty' Eine große Sorte mit durch und durch cremeweißem Fruchtfleisch, das mild schmeckt und keinerlei Säure enthält

Wissenswert

Im Angebot

Cocktail-, Eier-, Fleisch- und normale Tomaten sowie andere.

Einkauf Duftende, nicht zu weiche Exemplare mit frischem Blütenansatz wählen.

Aufbewahren Bei Raumtemperatur, nicht im Kühlschrank lagern, es sei denn, sie sind sehr reif. Die Früchte sollten sich nicht berühren.

Zubereiten Rösten, braten, dünsten oder schmoren. Zum Füllen; für Saucen, Suppen, Eintöpfe.

Für den Vorrat Im Ofen trocknen und in Olivenöl einlegen; Ketchup oder Chutney. Pürieren und einfrieren.

Rezepte

Tomatensuppe Seite 148

Tomaten mit Couscous-Rosinen-Füllung Seite 152

Tomatentarte mit Wurstbrät Seite 192

Tomaten häuten und entkernen

Wenn Sie Tomaten für Suppen oder Saucen verwenden möchten, sollten die Früchte vorher gehäutet und entkernt werden.

1 Den grünen Blütenansatz entfernen und die Tomate unten kreuzförmig einritzen. Anschließend für 20 Sekunden in einen Topf mit kochend heißem Wasser geben, bis die Haut aufplatzt.

2 Mit einem Schaumlöffel die Tomate aus dem heißen Wasser heben und sofort in Eiswasser geben, damit sie rasch abkühlt.

3 Aus dem Wasser nehmen und die Haut mit einem kleinen Messer abziehen. Zum Entkernen die Tomate halbieren und über einer Schüssel ausdrücken, um das Innere aufzufangen.

Tomatensalat mit Limabohnen und Limette

Wenn Ihnen der Sinn nach einer kleinen Mahlzeit steht, ist dieser frische Salat genau das Richtige. Er passt gut zu Schinken, Käse und Brot.

20 MIN.

FÜR 4 PERSONEN

- 1 Dose Limabohnen (400 g)
- 8 Tomaten, gehäutet (siehe S. 197) und grob gewürfelt
- 2 Limetten, filetiert und gewürfelt
- Salz und frisch gemahlener schwarzer Pfeffer
- 1 Spritzer Olivenöl

1 Die Bohnen in ein Sieb abgießen, abspülen und abtropfen lassen. Mit Tomaten und Limettenstückchen in einer Schüssel vorsichtig mischen. Kräftig mit Salz und Pfeffer würzen.

2 Das Olivenöl über die Bohnen-Tomaten-Mischung träufeln. Dazu schmecken knuspriges Brot sowie Schinken und Salami.

Dicke Tomatensauce

Tomaten lassen sich wunderbar zu Saucen und Pürees verarbeiten, vor allem, wenn sie überreif sind. Diese dicke Sauce bietet sich beispielsweise für Pizzas an.

15 MIN. 1 STD. TK-TAUGLICH

ERGIBT 1 LITER

- 2,5–3 kg sehr reife Tomaten, grob gewürfelt
- 1 große Zwiebel, grob gewürfelt
- 1 großer Stängel Petersilie, Basilikum und/oder etwas Selleriegrün
- 1 Lorbeerblatt
- 1 große Knoblauchzehe

1 Alle Zutaten in einen großen Topf geben und zum Kochen bringen. Etwa 1 Stunde köcheln lassen, bis eine dicke Masse entstanden ist. Dabei oft umrühren. Die Sauce ist fertig, wenn keine Flüssigkeit mehr erkennbar ist.

2 Lorbeerblatt und Knoblauch herausnehmen. Die Sauce durch ein feines Sieb gießen, dabei alle Rückstände im Sieb gut ausdrücken. Die Sauce kalt werden lassen.

3 Für den Vorrat die Sauce in kleine gefriertaugliche Gefäße füllen, diese fest verschließen und die Sauce einfrieren. Vor Verwendung auftauen lassen.

Scharfe Chilisauce

Sie verleiht Wurst, Kotelett und Steaks, aber auch Rührei oder Käse einen besonderen Kick. Tamarindenpaste sorgt für eine extrasäuerliche Note.

15–20 MIN. 45–60 MIN. TK-TAUGLICH

ERGIBT 600 ML

- 4 kleine rote Chilischoten (vorzugsweise Vogelaugen), die Stiele entfernt
- 1 getrocknete Chipotle-Chilischote
- 4 reife Tomaten, geviertelt
- 1 Möhre, gewürfelt
- 1 kleine Zwiebel, gewürfelt
- 1 Stange Sellerie, gewürfelt
- 2 EL Agavensirup oder heller Honig
- 2 EL Tomatenmark
- 2 EL Rotweinessig
- 1 TL Tamarindenpaste (nach Belieben)
- 150 ml Apfelsaft
- Salz und frisch gemahlener schwarzer Pfeffer

1 Alle Zutaten bis auf Salz und Pfeffer in einen großen Topf geben. Aufkochen und zugedeckt unter gelegentlichem Rühren bei schwacher Hitze in 45 Minuten breiartig einköcheln lassen.

2 Die Sauce mit 5 EL Wasser in der Küchenmaschine fein pürieren, dabei die Masse immer wieder vom Rand nach unten schieben. Durch ein feines Sieb gießen und streichen. Mit Salz und Pfeffer würzen.

3 Die Sauce in heiß ausgespülte Schraubdeckelgläser füllen und fest verschließen. Angebrochene Gläser bis zu 1 Monat im Kühlschrank lagern.

Tabouleh und Zaziki

Aufgebackenes Pitabrot ist eine passende und wohlschmeckende Beilage zu diesen Mezze. So heißen im Orient einzelne kleine Gerichte wie Gemüse, Salat, Pasten oder Oliven, aber auch eine gemischte Vorspeisenplatte.

35-40 MIN. PLUS ZIEH- UND KÜHLZEIT

FÜR 4 PERSONEN

- 100 g Bulgur
- 1 kleine Gurke
- Salz und frisch gemahlener Pfeffer
- 250 g Tomaten, gehäutet (siehe S. 197), entkernt und gewürfelt
- 2 Frühlingszwiebeln, gehackt
- Blätter von 1 kleinen Bund Petersilie, grob gehackt
- 3 EL Zitronensaft
- 4 EL Olivenöl
- Blätter von 1 Bund Minze, gehackt
- 1 große Knoblauchzehe, fein gewürfelt
- ¼ TL gemahlener Koriander
- ¼ TL gemahlener Kreuzkümmel
- 250 g Joghurt
- 3-4 Pitabrote (Pide)

1 Bulgur in Wasser nach Packungsangabe quellen lassen bzw. garen.

2 Die Gurke putzen, längs halbieren und die Samen mit einem Teelöffel herausschaben. Die Gurkenhälften würfeln, in ein Sieb geben, salzen und 15–20 Minuten ziehen lassen. Anschließend gründlich abspülen, gut abtropfen lassen und mit Küchenpapier abtupfen.

3 Für das Tabouleh in einer großen Schüssel den Bulgur mit Tomaten, Frühlingszwiebeln, Petersilie, Zitronensaft, Öl, zwei Dritteln der Minze sowie Salz und Pfeffer mischen. Abschmecken und zugedeckt für mindestens 2 Stunden im Kühlschrank durchziehen lassen.

4 Für das Zaziki die Gurkenwürfel in einer Schüssel mit Knoblauch, der restlichen Minze sowie Koriander, Kreuzkümmel, Salz und Pfeffer mischen. Den Joghurt unterrühren, das Zaziki abschmecken und ebenfalls für 2 Stunden in den Kühlschrank stellen.

5 Die Pitabrote aufbacken und in breite Streifen schneiden. Die Mezze aus dem Kühlschrank nehmen, Raumtemperatur annehmen lassen und separat mit den Pitabrotstreifen anrichten.

Variante

Tabouleh mit Babaganoush

Das Tabouleh wie beschrieben zubereiten, jedoch Koriandergrün statt Petersilie nehmen. Für den Auberginendip (Babaganoush) 1 Aubergine putzen und in Scheiben schneiden. Die Scheiben auf jeder Seite in 2–3 Minuten weich braten. Abkühlen lassen, fein hacken und mit 250 g Joghurt und den für das Zaziki genannten Gewürzen mischen. Tabouleh und Auberginendip nach Belieben in Salatblättern anrichten und mit Pitabrot servieren.

Rucola-Pesto

Rucola ist eine der am schnellsten wachsenden Salatpflanzen. Um der Schwemme Herr zu werden, können Sie dieses Pesto in Mengen zubereiten und einfrieren.

10 MIN. 2–3 MIN. TK-TAUGLICH

ERGIBT ETWA 200 G

- 50 g Pinienkerne
- 50 g Rucola
- 10 g Basilikumblätter (nach Belieben)
- 30 g geriebener Parmesan
- 1 kleine Knoblauchzehe, gewürfelt
- Salz und frisch gemahlener schwarzer Pfeffer
- 100 ml Olivenöl

1 Die Pinienkerne in einer trockenen Pfanne bei schwacher Hitze in 2–3 Minuten goldbraun rösten, dabei die Pfanne immer wieder rütteln. Auf einem Teller abkühlen lassen.

2 Rucola, Basilikum, Pinienkerne, Parmesan, Knoblauch, Salz und Pfeffer mit 2–3 EL Öl in der Küchenmaschine zu einer dicken Paste verarbeiten. Wenn das Pesto zu Nudeln serviert werden soll, mehr Knoblauch und Parmesan verwenden; als Beilage zu Hähnchen oder Fisch sollte eher weniger Knoblauch und Parmesan hinzugefügt werden.

3 Bei laufendem Motor auf niedriger Stufe so viel Öl langsam dazufließen lassen, bis das Pesto die gewünschte Konsistenz hat. Abschmecken und, falls nötig, nachwürzen.

Variante

Rucola-Pesto mit Mandeln und Blauschimmelkäse

Das Pesto wie beschrieben zubereiten, dabei statt der Pinienkerne geschälte Mandeln und statt Parmesan klein geschnittenen Blauschimmelkäse verwenden. Das Basilikum weglassen.

Kartoffel-Fenchel-Salat mit Ei

Der Kartoffelsalat erhält durch Fenchel ein mildes Anis-Aroma. Kaufen Sie kleine hellgrüne, makellose Fenchelknollen, die fest und geschlossen sind – sie sind wirklich frisch.

10 MIN. 15 MIN.

FÜR 4 PERSONEN

- 4 Eier
- 250 g sehr kleine neue Kartoffeln (Drillinge)
- Olivenöl
- Salz und frisch gemahlener schwarzer Pfeffer
- 1 Fenchelknolle, fein gewürfelt
- 2 EL gehackte Petersilie

1 Die Eier in etwa 6 Minuten wachsweich kochen – kürzer, wenn Sie flüssigeres Eigelb bevorzugen.

2 Die Kartoffeln in Salzwasser in 15–20 Minuten weich garen; abgießen. Noch heiß mit Olivenöl beträufeln; salzen und pfeffern.

3 Fenchel und Petersilie mit den Kartoffeln in einer großen Schüssel mischen.

4 Die Eier schälen, vierteln und zum Salat geben. Sofort servieren.

Variante

Kartoffelsalat mit Ei und Erbsen

In Schritt 2 nach 10 Minuten Garzeit 150 g Erbsen und 1 Stängel Minze zu den Kartoffeln geben. Die Minze nach dem Kochen wegwerfen. Die Kartoffeln mit Olivenöl und 1 Spritzer weißem Balsamessig beträufeln. Den Fenchel weglassen.

Marinierter Gurkensalat mit Dill

Dieses wunderbar einfache Gericht aus Skandinavien ist wegen seiner Farbe und seiner Konsistenz eine elegante Beilage zu gegrilltem oder kaltem pochiertem Lachs.

10 MIN. PLUS ZIEH- UND MARINIERZEIT **TK-TAUGLICH**

FÜR 4–6 PERSONEN

- 2 Gurken, in sehr dünne Scheiben geschnitten
- 2 EL grobes Meersalz
- 2 EL Zucker
- 4 EL Reisweinessig oder Weißweinessig
- frisch gemahlener schwarzer Pfeffer
- 1 Handvoll Dill, fein gehackt
- Saft von ½ Zitrone (nach Belieben)

1 Die Gurkenscheiben in einem Sieb mit Salz bestreuen. Die Gurken im dem Sieb beschweren (z. B. mit einer kleinen Schüssel, in die Sie eine Konservendose stellen) und 1 Stunde Wasser ziehen lassen.

2 Die Gurkenscheiben in ein Küchentuch wickeln und gut ausdrücken. In einer Schüssel zugedeckt für mindestens 1 Stunde in den Kühlschrank stellen, damit sie ganz kalt werden.

3 Inzwischen 2 EL kochendes Wasser in eine Schüssel geben und den Zucker darin auflösen. Essig, 1 großzügige Prise Pfeffer und den Dill hinzufügen und die Schüssel ebenfalls in den Kühlschrank stellen. Sobald Gurken und Dressing durchgekühlt sind, beides mischen, abschmecken und servieren. Wenn Sie Reisweinessig für das Dressing verwenden, geben Sie auch den Zitronensaft dazu.

Gurken-Chili-Salat

Je länger dieser Salat durchzieht, desto schärfer wird er. Aber auch, wenn Sie es nicht so scharf mögen, sollten Sie ihn mindestens 1 Stunde stehen lassen. Passt gut zu Gegrilltem.

15–20 MIN. PLUS MARINIERZEIT

FÜR 4 PERSONEN

- 125 g Zucker
- Salz
- 125 ml Reisweinessig
- 1 Gurke
- 1 rote Chilischote, entkernt und in dünne Streifen geschnitten

1 In einem kleinen Topf 125 ml Wasser mit dem Zucker und ½ TL Salz erhitzen und bei mittlerer Hitze rühren, bis sich der Zucker aufgelöst hat. Aufkochen lassen, vom Herd nehmen, den Essig unterrühren und abkühlen lassen.

2 Die Gurke putzen, schälen, längs halbieren und mit einem Teelöffel die Samen herausnehmen. Die Hälften längs in dünne Scheiben hobeln.

3 Gurkenscheiben, Chili und die Zucker-Essig-Mischung in einer Schüssel mischen, zudecken und für 1–4 Stunden in den Kühlschrank stellen. Kurz vor dem Servieren herausnehmen und eventuell mit Salz, Zucker und/oder Essig nachwürzen.

Variante

Gurken-Chili-Salat mit gerösteten Paprikaschoten

Je 1 rote, gelbe und grüne Paprikaschote rösten, schälen und in Streifen schneiden (siehe S. 171). ½ Gurke wie beschrieben vorbereiten. Statt der roten 1 grüne Chilischote (am besten Jalapeño) verwenden.

Bohnensalat mit Tortillas

Mit schwarzen Bohnen sieht der Salat noch eindrucksvoller aus. Seien Sie nicht zu sparsam mit den Chilis, denn Bohnen vertragen viel Würze und saugen die Schärfe geradezu auf.

25-30 MIN. PLUS KÜHLZEIT · 1 STD. - 1 STD. 30 MIN.

FÜR 6-8 PERSONEN

- 2 Dosen Kidneybohnen (je 425 g)
- Körner von 4 Maiskolben (etwa 500 g; siehe S. 155)
- 750 g Tomaten, gehäutet (siehe S. 197) und grob gewürfelt
- je 1 rote, grüne und gelbe Paprikaschote, gewürfelt
- 6 Maistortillas
- Öl für das Backblech und für die Tortillas
- ½ TL Cayennepfeffer

Für das Dressing

- 125 ml Cidreessig
- ½ TL gemahlener Kreuzkümmel
- Salz und frisch gemahlener schwarzer Pfeffer
- 3 grüne Chilischoten, entkernt und fein gewürfelt
- 125 ml Öl
- Blätter von 1 kleinem Bund Koriandergrün, fein gehackt

1 Für das Dressing den Essig mit dem Kreuzkümmel verrühren und dazugeben und das Öl langsam unterschlagen, bis die Vinaigrette sämig wird. Den Koriander bis auf einen kleinen Rest unterrühren und das Dressing abschmecken.

2 Die Bohnen in ein Sieb abgießen, abspülen und gut abtropfen lassen. Mit Maiskörnern, Tomaten, Paprikawürfeln und dem Dressing in einer großen Schüssel mischen. Den Salat abschmecken, zudecken und für mindestens 1 Stunde in den Kühlschrank stellen.

3 Kurz vor dem Servieren den Grill vorheizen und ein Backblech fetten. Die Tortillas mit Öl bestreichen, mit Salz und Cayennepfeffer würzen und in Dreiecke schneiden.

4 Die Tortilladreiecke auf dem Blech verteilen, das Blech etwa 10 cm unter oder über den Grill setzen und die Tortillas in 4–6 Minuten goldbraun und knusprig grillen, dabei gelegentlich wenden.

5 Den Salat auf 6–8 tiefe Teller verteilen und die Tortillas darauf anrichten. Den restlichen Koriander darüberstreuen. Den Salat kalt oder mit Raumtemperatur servieren.

Zucchini-Haselnuss-Brot

Die Nüsse sorgen für Extra-Aroma und Biss.

20 MIN. · 50 MIN. · TK-TAUGLICH

ERGIBT 1 BROT

- 300 g Mehl
- 100 g Vollkornmehl
- 1½ TL Backpulver
- Salz
- 50 g Haselnusskerne, grob gehackt
- 150 g Zucchini, grob geraspelt
- 300 ml Buttermilch

1 Den Backofen auf 220 °C vorheizen. Ein Backblech mit Backpapier belegen. Beide Mehle mit dem Backpulver sowie ½ TL Salz, den Nüssen und den Zucchiniraspeln gut vermischen.

2 In die Mitte der Mischung eine Mulde drücken, die Buttermilch hineingießen und alles zu einem weichen Teig verrühren. Mit den Händen den Teig zu einer Kugel formen und auf einer bemehlten Arbeitsfläche in 2 Minuten zu einem glatten Teig kneten. Eventuell noch etwas Mehl dazugeben.

3 Den Teig zu einer etwa 15 cm großen Kugel formen. Oben mit einem scharfen Messer ein Kreuz hineinschneiden, damit der Teig beim Backen gut aufgehen kann.

4 Den Teig auf das Blech setzen und im Ofen (Mitte) etwa 30 Minuten backen. Die Temperatur auf 200 °C reduzieren und das Brot 20 Minuten weiterbacken, bis es schön aufgegangen und goldbraun ist. Zur Garprobe einen Holzspieß hineinstechen und herausziehen; wenn kein Teig daran haften bleibt, ist das Brot gar. Auf ein Kuchengitter setzen und mindestens 20 Minuten ruhen lassen.

Mediterranes Grillgemüse

Eine perfekte sommerliche Beilage, die aber auch genauso gut als Gemüseschicht für eine Lasagne verwendet und dann als Hauptgericht serviert werden kann.

15 MIN. · 10-15 MIN. · TK-TAUGLICH

ERGIBT ETWA 1,25 KG

- 2 schlanke Auberginen, längs in etwa 5 mm dicke Streifen geschnitten
- 4 Zucchini, längs in etwa 5 mm dicke Streifen geschnitten
- Olivenöl
- 4 rote Paprikaschoten, in je 6-8 Streifen geschnitten

1 Eine Grillpfanne erhitzen. Zwei Backbleche oder große Platten mit Backpapier belegen.

2 Die Auberginen- und Zucchinistreifen auf beiden Seiten mit Öl bestreichen. Die Paprikastreifen in eine Schale legen, mit Öl beträufeln und mit den Händen gut durchmischen.

3 Sobald die Grillpfanne sehr heiß ist, eine Portion Gemüse nebeneinander hineinschichten, mit einer Palette fest andrücken und braten, bis auf den Unterseiten schöne Grillstreifen entstanden sind. Das Gemüse wenden und 2–3 Minuten weiterbraten; es soll dann gar, aber nicht zu weich sein. Auf die Backbleche oder Platten zum Abkühlen legen.

4 Das restliche Gemüse genauso zubereiten. Das gegrillte Gemüse passt gut zu gegrilltem Fisch, Fleisch oder Hähnchen. Sie können es aber auch mit Flageolet-Bohnen, grünen Bohnen oder Kichererbsen mischen und mit Pesto anmachen.

Maisbrot aus der Pfanne

Maisbrot hat in den USA eine lange Tradition und wird hauptsächlich zu Suppen und Eintöpfen gereicht. Jedes Brot, dessen Anteil an Maismehl größer als der von Weizenmehl ist, und das mit Backpulver statt mit Hefe gebacken wird, heißt Maisbrot. Zur Abwechslung kann man auch mal fein gewürfelten, ausgebratenen Bacon in den Teig geben.

15–20 MIN. **20–25 MIN.**

FÜR 1 GUSSEISENPFANNE (24 CM Ø)

- 150 g feines gelbes Maismehl oder Polentagrieß
- 125 g Weizenmehl Type 550
- 50 g Zucker
- 1 TL Backpulver
- Salz
- Körner von 2 Maiskolben (etwa 250 g Körner; siehe S. 55)
- 2 Eier
- 60 g zerlassene Butter oder ausgelassenes Speckfett, abgekühlt, plus mehr für die Pfanne
- 250 ml Milch

1 Den Backofen auf 220 °C vorheizen. Die Pfanne mit Butter oder Speckfett ausstreichen und in den Ofen stellen.

2 Maismehl oder Polenta, Weizenmehl, Zucker, Backpulver und 1 TL Salz in eine Schüssel sieben. Die Maiskörner dazugeben.

3 Die Eier mit der zerlassenen Butter bzw. dem Speckfett und der Milch verschlagen. Drei Viertel davon unter die trockenen Zutaten in der Schüssel rühren. Weiterrühren, dabei die restliche Eiermasse dazugeben. Alles zu einem glatten Teig verarbeiten.

4 Die heiße Pfanne aus dem Ofen nehmen und den Teig hineinfüllen. Rasch die Oberfläche mit Butter oder Speckfett bestreichen, die Pfanne wieder in den Ofen stellen und den Teig 20–25 Minuten backen. Das Brot sollte sich dann vom Rand der Form lösen. Zur Garprobe einen Holzspieß hineinstechen und herausziehen; wenn kein Teig daran haften bleibt, ist das Brot gar.

5 Das Brot auf einem Kuchengitter etwas abkühlen lassen. Warm z. B. zu Suppe, Chili con Carne oder Brathähnchen servieren. Das Maisbrot sollte rasch verzehrt werden, weil es schnell trocken wird. Übriges Maisbrot kann wie altbackenes Brot oder Brötchen verwendet werden.

Variante

Chili-Maisbrot

2 rote entkernte, fein gehackte rote Chilischoten zum Teig geben. Für Extraschärfe auf die mit Fett bestrichene Teigoberfläche noch 1 TL Chiliflocken streuen (Schritt 4).

Zucchinigratin

Prima als Beilage zu Lammbraten oder Hähnchen, aber auch als vegetarisches Hauptgericht. Kleine, schlanke Zucchini schmecken übrigens besser als große.

30–35 MIN. 20–30 MIN.

FÜR 6 PERSONEN

- 75 ml Olivenöl
- 1 kg kleine Zucchini, in 5 mm dicke Scheiben geschnitten
- Salz und frisch gemahlener schwarzer Pfeffer
- 70 g Langkornreis
- 2 Zwiebeln, in dünne Ringe geschnitten
- 3 Knoblauchzehen, fein gewürfelt
- Blätter von 5–7 Stängeln Petersilie, fein gehackt
- 60 g geriebener Parmesan
- 3 Eier

1 In einer großen Pfanne 25 ml Öl erhitzen. Zucchini hineingeben, mit Salz und Pfeffer würzen und bei mittlerer Hitze in 10–15 Minuten braun braten, dabei gelegentlich wenden.

2 Den Reis in kochendem Salzwasser nach Packungsangabe garen. Abgießen, kalt abschrecken und gut abtropfen lassen. Den Reis 6–8 Minuten abkühlen lassen, dabei mit einer Gabel auflockern.

3 In der Pfanne 25 ml Öl erhitzen. Zwiebeln mit Knoblauch darin bei mittlerer Hitze in 3–5 Minuten glasig dünsten, dabei gelegentlich umrühren.

4 Den Backofen auf 180 °C vorheizen. Eine ofenfeste Form (1,5 l Inhalt) mit Öl fetten. Die abgekühlten Zucchinischeiben grob hacken.

5 Zucchini, Zwiebeln, Petersilie, Reis und Parmesan in einer Schüssel mischen und würzen. Die Eier verquirlen und unterrühren.

6 Die Gemüse-Eier-Masse in der Form verteilen und das restliche Öl darüberträufeln. Das Gratin im Ofen 10–15 Minuten garen, bis das Ei stockt. Die Temperatur auf 220 °C erhöhen und das Gratin weitere 10–15 Minuten backen, bis es oben gebräunt ist. Heiß oder lauwarm in der Form servieren.

Nudelsalat mit Tomaten und Rucola

Rucola und Tomaten harmonieren gut miteinander und ergeben mit Nudeln und Mayonnaise einen cremigen Salat, der z. B. ideal für ein Sommerfest ist.

15 MIN. 10 MIN.

FÜR 4 PERSONEN

- 250 g Nudeln (z. B. Penne, Fusilli oder Farfalle)
- Salz
- 2 EL Mayonnaise
- 1 Handvoll Rucola
- 125 g Erbsen, frisch oder gegart
- 6 Cocktailtomaten, fein gewürfelt
- frisch gemahlener schwarzer Pfeffer

1 Die Nudeln in kochendem Salzwasser nach Packungsangabe bissfest garen. Abgießen, dabei etwas Wasser auffangen. Die Nudeln mit dem Wasser zurück in den Topf geben.

2 Nudeln mit Mayonnaise, Rucola, Erbsen und Tomaten mischen. Kräftig mit Salz und Pfeffer würzen und etwas abkühlen lassen. Zugedeckt in den Kühlschrank stellen. Den Salat mit Raumtemperatur servieren.

Variante

Nudelsalat mit Rucola, grünen Bohnen und Pesto

Statt der Erbsen 125 g grüne Bohnen verwenden. Diese klein schneiden und für die letzten 4–5 Minuten zu den kochenden Nudeln geben. Die Mayonnaise mit grünem Pesto mischen. Den Salat mit schwarzen Oliven garnieren.

Mariniertes Gemüse auf malaysische Art

Die Gemüsemischung in goldgelber Kurkumasauce passt gut zu einem Wok- oder Nudelgericht.

35–45 MIN. 10 MIN. PLUS ZIEHZEIT

FÜR 4 PERSONEN

- ½ Gurke
- 2 Möhren
- ½ Blumenkohl, in kleine Röschen geteilt
- 15 grüne Bohnen, geputzt
- 125 g Kohl, in feine Streifen geschnitten
- 30 g geröstete ungesalzene Erdnusskerne

Für die Essigmarinade

- 3 geröstete ungesalzene Macadamianüsse
- 1 Knoblauchzehe, fein gewürfelt
- 3 Schalotten, gewürfelt
- 2 cm frischer Galgant oder Ingwer, fein gewürfelt
- 1 TL gemahlene Kurkuma
- 1 rote Chilischote, entkernt und fein gehackt
- 2 EL Öl
- 50 g Zucker
- Salz
- 60 ml Rotweinessig

1 Die Gurke putzen, schälen und längs halbieren. Die Samen herausschaben. Die Hälften längs in 5 mm dünne Streifen schneiden, diese in 5 cm lange Stücke. Die Möhren ebenso klein schneiden. Größere Blumenkohlröschen halbieren.

2 In einem Wok 5 cm hoch Wasser aufkochen lassen. Möhren, Blumenkohl und Bohnen hineingeben und in 2–3 Minuten bissfest garen. Gurke und Kohl dazugeben und 1 Minute mitgaren. Das Gemüse abgießen und abtropfen lassen.

3 Für die Sauce die Macadamianüsse fein hacken und im Mörser zerstoßen. Nacheinander Knoblauch, Schalotten, Galgant oder Ingwer, Kurkuma und Chili dazugeben und ebenfalls zerstoßen. Alternativ alle Zutaten im Blitzhacker zu einer Paste verarbeiten.

4 Den Wok stark erhitzen. Das Öl darin verteilen. Sobald es heiß ist, die Chili-Nuss-Paste darin bei mittlerer Hitze 3–5 Minuten pfannenrühren, bis sie leicht eindickt und die Gewürze zu duften beginnen.

5 Zucker, 1 Prise Salz und den Essig unterrühren und aufkochen lassen. Den Wok vom Herd nehmen und das Gemüse darin schwenken. In eine Schüssel füllen und zugedeckt 1 Stunde bei Raumtemperatur (oder mindestens 2 Stunden im Kühlschrank) durchziehen lassen. Zum Servieren die Erdnüsse grob hacken und über das Gemüse streuen.

Tomaten-Pilaw mit Estragon

Für das türkische Reisgericht Pilaw wird Reis zusammen mit anderen Zutaten in einer würzigen Brühe gekocht – ein schnelles und einfaches Essen.

10 MIN. 25 MIN.

FÜR 4 PERSONEN

- 1 EL Olivenöl
- 1 Stich Butter
- 1 Zwiebel, fein gewürfelt
- Salz und frisch gemahlener schwarzer Pfeffer
- 2 Knoblauchzehen, fein gewürfelt
- 250 g Basmatireis
- 500 ml heiße Gemüsebrühe
- 500 g Tomaten, geviertelt
- Blätter von 2–3 Stängeln Estragon, zerzupft

1 Das Öl mit der Butter in einer großen Pfanne bei mittlerer Hitze heiß werden lassen. Die Zwiebel darin in etwa 5 Minuten glasig dünsten. 1 Prise Salz, den Knoblauch und den Reis dazugeben; rühren, bis die Reiskörner mit Butter überzogen sind.

2 Die heiße Brühe angießen und unterrühren. Das Ganze zugedeckt etwa 15 Minuten köcheln lassen, bis der Reis gar ist und die Flüssigkeit aufgenommen hat. Falls er zu trocken wird, etwas heißes Wasser dazugeben.

3 Den Deckel abnehmen und den Pilaw ein paar Minuten ausdampfen lassen. Mit Salz und Pfeffer würzen. Tomaten und Estragon untermischen und das Gericht mit einem grünen Salat servieren.

Variante

Pilaw mit Tomaten und Gurke

Die Hälfte der Tomaten durch eine geschälte, entkernte und gewürfelte Gurke ersetzen; je eine Handvoll geröstete Pinienkerne und Korinthen dazugeben.

Gestürzte Heidelbeertarte

Bereiten Sie aus einer Schale Heidelbeeren und ein paar Zutaten aus dem Vorrat schnell ein leckeres Dessert für eine größere Runde zu.

15 MIN. 40 MIN.

FÜR 1 SPRINGFORM (24 CM Ø)

- 150 g weiche Butter
- 150 g Zucker
- 1 Päckchen Vanillezucker
- 3 Eier
- 100 g Mehl
- 1½ TL Backpulver
- 50 g gemahlene Mandeln
- 250 g Heidelbeeren

1 Den Backofen auf 180 °C vorheizen. Ein Backblech in den Ofen schieben. Die Form fetten und den Boden mit Backpapier belegen.

2 Die Butter mit Zucker und Vanillezucker mit den Quirlen des Handrührgeräts hell und cremig schlagen. Nacheinander die Eier darunterschlagen, bis eine homogene Masse entstanden ist. Das Mehl mit dem Backpulver darübersieben, die Mandeln darüberstreuen und alles zusammenrühren.

3 Die Heidelbeeren in der Form verteilen und den Teig darauf verteilen. Die Form auf das Blech im Ofen setzen und den Kuchen 35–40 Minuten backen, bis er goldbraun ist und auf Fingerdruck leicht zurückfedert. Ein Holzspieß, den man hineinsticht, sollte sauber wieder herauskommen. Den Kuchen ein paar Minuten abkühlen lassen, dann aus der Form nehmen.

4 Den Kuchen auf eine Platte setzen und noch warm als Dessert servieren, beispielsweise mit Sahne oder Vanillesauce. Er schmeckt auch kalt, mit Puderzucker bestäubt.

Kirsch-Crumble

Mandelstreusel werden gern als Belag für Kirschgebäck verwendet. Vielleicht ja deshalb, weil Kirschen und Mandeln zur gleichen botanischen Familie gehören.

15 MIN. 40 MIN. TK-TAUGLICH

FÜR 6 PERSONEN

- 125 g Butter, in Stückchen
- 125 g Mehl
- 125 g gemahlene Mandeln
- 50 g Zucker

Für den Belag

- 500 g Kirschen, entsteint
- 2 EL Zucker
- 2 EL Apfelsaft

1 Den Backofen auf 180 °C vorheizen. Für die Streusel Butter, Mehl und Mandeln mit den Fingerspitzen zusammenreiben, bis Streusel entstehen. Den Zucker untermischen.

2 Die Kirschen in eine flache ofenfeste Form (2 l Inhalt) geben. Zucker und Apfelsaft auf den Kirschen verteilen, anschließend die Streusel gleichmäßig auf die Kirschen streuen. Den Crumble 35–40 Minuten backen, bis die Streusel goldbraun sind.

Variante

Himbeer-Pfirsich-Crumble mit Haferflocken

Die Streusel aus 75 g Haferflocken und 60 g Mehl statt nur mit Mehl zubereiten. Für die Füllung statt Kirschen 3 Pfirsiche häuten, entsteinen und in Scheiben schneiden. Zusätzlich 350 g Himbeeren verwenden.

Himbeer-Crème-Brûlée

Wenn Sie die Creme in kleinen Formen einzeln anrichten, sieht das besonders hübsch aus.

10 MIN. PLUS KÜHLZEIT 30 MIN. TK-TAUGLICH

FÜR 6 OFENFESTE FORMEN (JE 150 ML)

- 200 g Himbeeren
- Eigelbe von 4 großen Eiern (L)
- 8 EL Zucker
- 500 g Sahne
- Mark von 1 Vanilleschote

1 Die Himbeeren auf die Förmchen verteilen. In einer Schüssel die Eigelbe mit 2 EL Zucker mit den Quirlen des Handrührgeräts zu einer hellen, dicken Creme schlagen.

2 Die Sahne mit dem Vanillemark in einem Topf bei schwacher Hitze erwärmen – nicht kochen lassen. Vom Herd nehmen und die Vanillesahne 5 Minuten abkühlen lassen.

3 Die warme Vanillesahne nach und nach unter die Eigelbcreme in der Schüssel rühren. Alles in den Topf schütten und bei sehr schwacher Hitze ein paar Minuten erhitzen, dabei ständig mit einem Kochlöffel rühren, bis die Mischung angedickt ist. (Nicht kochen lassen!) Die Creme in die Förmchen füllen und abkühlen lassen, dann für mindestens 4 Stunden oder über Nacht in den Kühlschrank stellen.

4 Vor dem Servieren die Cremes gleichmäßig mit 1 EL Zucker bestreuen und unter dem heißen Grill gratinieren, bis der Zucker goldbraun karamellisiert ist. Alternativ den Zucker mit einem Gasbrenner karamellisieren. Die Zuckerkruste in etwa 20 Minuten fest werden lassen, dann die Cremes servieren.

Variante

Pfirsich-Crème-Brûlée

Statt der Himbeeren 1 Pfirsich (etwa 200 g) häuten und das Fruchtfleisch würfeln.

Linzer Torte mit Mandeln und Himbeeren

Die traditionelle Linzer Torte wird mit Johannisbeergelee zubereitet – diese hier mit frischem Himbeermark.

30-35 MIN. PLUS KÜHLZEIT 40-45 MIN.

FÜR EINE TARTEFORM (24 CM Ø)
- 125 g Mehl
- 1 Prise gemahlene Gewürznelken
- ¼ TL gemahlener Zimt
- 175 g gemahlene Mandeln
- 125 g weiche Butter, gewürfelt
- 1 Eigelb
- 100 g Zucker
- Salz
- abgeriebene Schale von 1 Bio-Zitrone
- Saft von ½ Zitrone

Für den Belag
- 400 g Himbeeren
- 125 g Zucker
- 1-2 EL Puderzucker zum Bestäuben

1 Das Mehl in eine Schüssel sieben. Nelken, Zimt und Mandeln unterrühren; eine Mulde in die Mitte drücken.

2 In einer zweiten Schüssel Butter, Eigelb, Zucker, ¼ TL Salz, Zitronenschale und -saft mit den Fingerspitzen zu Streuseln zusammenreiben und diese in die Mehlmulde geben. Alles mit dem Mehl zu groben Streuseln zusammenkneten und in 1–2 Minuten glatt kneten. Teig in Frischhaltefolie wickeln und für 1–2 Stunden in den Kühlschrank legen.

3 Für den Belag die Himbeeren mit dem Zucker in einem Topf sanft erhitzen und in 10–12 Minuten einköcheln lassen. Die Masse abkühlen lassen und die Hälfte davon durch ein feines Sieb drücken, um die Kernchen zu entfernen. Die restliche Himbeermasse unterrühren.

4 Den Backofen auf 190 °C vorheizen. Die Form fetten. Zwei Drittel des Teigs auf einer bemehlten Arbeitsfläche zu einem 28 cm großen Kreis ausrollen. Die Form mit dem Teig auslegen und überstehenden Teig abschneiden. Die Himbeermasse auf den Teig streichen.

5 Den restlichen Teig zu einem Rechteck (15 x 30 cm) ausrollen. Mit einem Teigrädchen oder einem scharfen Messer in 1 cm breite Streifen schneiden. Die Hälfte der Streifen nebeneinander mit 2 cm Abstand auf den Himbeerbelag setzen. Die andere Hälfte im rechten Winkel dazu daraufsetzen. Überstehende Teigstücke abschneiden und zu vier weiteren Streifen formen.

6 Den Tortenrand mit Wasser bestreichen, die vier Teigstreifen rundherum auf den Kuchenrand setzen und festdrücken. Die Torte im Ofen 15 Minuten backen. Die Temperatur auf 180 °C reduzieren und die Torte 25–30 Minuten weiterbacken. Aus dem Ofen nehmen, abkühlen lassen und aus der Form nehmen. Etwa 30 Minuten vor dem Servieren mit Puderzucker bestäuben.

Baiserroulade mit Aprikosen

Ein Baiser zu einer Roulade aufrollen? Das klingt schwieriger, als es ist. Nehmen Sie das Backpapier, auf dem die Baiserplatte abkühlt, dabei zur Hilfe.

30 MIN. 15–20 MIN. TK-TAUGLICH

FÜR 8 PERSONEN

- Eiweiße von 4 großen Eiern (L)
- Salz
- 225 g Zucker
- 25 g gehobelte Mandeln
- Puderzucker zum Bestäuben
- 4 Aprikosen, halbiert und entsteint
- 150 ml Apfelsaft
- 300 g Sahne
- ausgelöstes Fruchtfleisch mit Samen von 2 Passionsfrüchten

1 Backofen auf 190 °C vorheizen. Ein Backblech mit Backpapier belegen. Die Eiweiße mit 1 Prise Salz steif schlagen, bis weiche Spitzen stehen bleiben. Den Zucker esslöffelweise unterschlagen, bis eine steife, glänzende Masse entstanden ist.

2 Die Baisermasse auf dem Backblech zu einem etwa 23 x 32 cm großen Rechteck verstreichen; mit Mandeln bestreuen. Im heißen Ofen 15–20 Minuten backen, bis die Baiserplatte goldgelb ist und sich fest anfühlt. Ein Stück Backpapier mit Puderzucker bestäuben; die Baiserplatte daraufstürzen. Das obere Papier abziehen und die Platte abkühlen lassen.

3 Die Aprikosen im Apfelsaft zugedeckt 5 Minuten köcheln; abkühlen lassen. Die Aprikosen auf Küchenpapier abtropfen lassen und in kleine Stücke schneiden.

4 Die Sahne steif schlagen und auf die Baiserplatte streichen. Aprikosen und Passionsfruchtfleisch darauf verteilen. Die Platte von einem schmalen Ende her mithilfe des Backpapiers aufrollen. Die Rolle fest ins Backpapier wickeln und kalt stellen.

5 Vor dem Servieren die Roulade aus dem Backpapier wickeln und auf eine Kuchenplatte legen, mit Puderzucker bestäuben und in dicke Stücke schneiden.

Aprikosengebäck

Einfach toll zu einer Tasse dampfendem Kaffee!

30 MIN. PLUS KÜHL- UND GEHZEIT 15–20 MIN.

FÜR 9 STÜCK

- 75 ml warme Milch
- ¼ Würfel frische Hefe
- 15 g Zucker
- 2 Eier
- 225 g Weizenmehl Type 550, plus mehr zum Arbeiten
- 1 Prise Salz
- 125 g kalte Butter, in 4 Scheiben geschnitten
- 100 g Aprikosenkonfitüre
- 8 Aprikosen, halbiert und entsteint

1 Die Milch mit Hefe und 1 EL Zucker verrühren. 20 Minuten zugedeckt stehen lassen; 1 Ei darunterschlagen. Mehl mit Salz und restlichem Zucker in eine Schüssel sieben. Hefemilch dazugießen; alles in 15 Minuten zu einem weichen Teig kneten. Diesen in einer Schüssel zugedeckt für 15 Minuten kalt stellen; dann auf einer bemehlten Arbeitsfläche zu einem 1 cm dicken Rechteck ausrollen. Butterscheiben so auf eine Teighälfte legen, dass ein Rand frei bleibt. Andere Teighälfte darüberklappen; Teigränder festdrücken.

2 Das Teigpäckchen großzügig mit Mehl bestäuben und zu einem Rechteck ausrollen, das dreimal so lang wie breit und 1 cm dick ist. Ein Teigdrittel nach innen klappen; freies Teigstück darüberlegen. Teig in Folie wickeln und 15 Minuten kühlen. Diesen Vorgang zweimal wiederholen.

3 Den Teig auf einer gut bemehlten Arbeitsfläche zu einem 30 cm großen Quadrat ausrollen. Die Ränder gerade schneiden und den Teig in neun 10 cm große Quadrate schneiden.

4 Auf jedem Teigstück 1 EL Konfitüre verstreichen, dabei rundherum 1 cm frei lassen. Je 2 Aprikosenhälften in eine gegenüberliegende Ecke setzen. Die beiden unbelegten Teigecken nach innen falten. Teilchen auf ein mit Backpapier belegtes Backblech setzen; zugedeckt an einem warmen Ort 30 Minuten ruhen lassen. Backofen auf 200 °C vorheizen. Teilchen mit Rest-Ei bestreichen; 15–20 Minuten backen. Restliche Konfitüre erwärmen; auf die Teilchen streichen. Diese auf einem Gitter abkühlen lassen.

Jetzt am besten **Aprikosen**

Die kleinen Früchte sind süß mit angenehmer Säure, haben eine goldorange, teilweise rot überhauchte, samtige Schale bzw. Haut und den ganzen Sommer über Saison. Im Hochsommer sind sie jedoch besonders gut. Aprikosen sind nicht so saftig wie andere Steinfrüchte. Sie können roh oder gekocht gegessen werden und schmecken z. B. hervorragend in Amaretto pochiert sowie mit Mandeln oder Kokosnuss, aber auch gut zu Lamm-, Schweine- und Wildfleisch.

Aprikosen benötigen einen nährstoffreichen, humosen Boden und viel Sonne, ansonsten sind sie anspruchslos. Unreif geerntete Früchte bieten kaum Aroma, weil sie nicht nachreifen.

'Royal Blenheim' Diese alte, empfindliche Sorte mit samtiger, weicher Haut und kleinen rosa Tupfen hat eine feine Muskatnote. Sie wird nur selten angeboten und schmeckt roh ausgezeichnet.

'Goldstrike' Eine große, fleischige Aprikosensorte mit orangefarbener Schale, die zum größten Teil rot bedeckt ist. Reife Früchte schmecken roh wunderbar, ebenso daraus gekochte Konfitüre.

'Patterson' Eine beliebte, häufig angebaute Sorte. Patterson-Aprikosen sind lange haltbar. Reife Früchte erkennt man daran, dass sie prall und schön geformt sind sowie auf leichten Druck etwas nachgeben. Sie eignen sich hervorragend zum Kochen und Backen.

Wissenswert

Im Angebot

Zahlreiche Sorten: entweder vollorange oder mit Grünfärbung, rosa Flecken oder rot überzogen.

Einkauf Auf pralle, relativ weiche Früchte mit kräftiger Farbe achten. Blasse und feste Exemplare liegenlassen.

Aufbewahren Ein paar Tage bei Raumtemperatur oder in einer offenen Papiertüte im kalten Bereich des Kühlschranks lagern.

Zubereiten als Kuchenbelag; für Kompott; als Püree.

Für den Vorrat in Likör oder Zuckersirup einlegen; Einmachen; als Konfitüre oder Chutney.

Rezepte

Aprikosen und Mandeln in Amaretto Seite 237

Aprikosen-Clafoutis Seite 224

Aprikosenkonfitüre Seite 238

Aprikosen-Streuselkuchen Seite 230

Baiserroulade mit Aprikosen Seite 208

Aprikosen entsteinen

Aprikosen lassen sich leicht vor- und zubereiten, wenn sie reif sind. Anders als bei Pfirsichen wird die dünne Haut vor dem Kochen und Backen üblicherweise nicht abgezogen.

1 Um zu prüfen, ob eine Aprikose reif ist, diese vorsichtig andrücken. Dabei sollte sie leicht nachgeben. Vor der Verarbeitung waschen und abtrocknen.

2 Die Früchte an der Furche entlang aufschneiden. Der Stein lässt sich mithilfe der Messerspitze leicht herausnehmen, falls nicht, ist die Frucht nicht reif.

Himbeermousse

In diesem eleganten Sommerdessert zeigen sich Himbeeren von ihrer besten Seite.

30 MIN.

FÜR 4 PERSONEN

- Öl zum Fetten
- 2 EL Rosenwasser
- 1 EL gemahlene Gelatine
- 350 g Himbeeren
- 1 EL Zitronensaft
- 100 g Zucker
- 450 g Sahne
- 4 Eiweiß
- Minzeblättchen zum Garnieren (nach Belieben)

1 Aus Backpapier vier doppelt gelegte Streifen zuschneiden, die 5 cm breiter sind als die Höhe der verwendeten Förmchen. Die Streifen außen um vier Förmchen legen und mit Klebeband befestigen. Die Innenseite der Streifen leicht mit Öl bestreichen.

2 Das Rosenwasser in eine kleine hitzebeständige Schüssel gießen, die Gelatine darüberstreuen und 2 Minuten quellen lassen. Die Schüssel auf ein heißes Wasserbad setzen und die Gelatine unter Rühren auflösen. Herausnehmen und leicht abkühlen lassen.

3 Die Himbeeren bis auf 8 Stück pürieren und durch ein feines Sieb streichen. Erst Zitronensaft und Zucker, dann die aufgelöste Gelatine unterrühren. Kühl stellen, bis die Masse beginnt, fest zu werden.

4 Die Sahne steif schlagen und unter die Himbeermasse heben. Die Eiweiße zu festem Schnee schlagen und ebenfalls unterheben. Die Creme in die Förmchen füllen und im Kühlschrank fest werden lassen.

5 Die Formen aus dem Kühlschrank nehmen, das Papier entfernen und die Cremes mit den beiseitegelegten Himbeeren und Minze (nach Belieben) anrichten.

Aprikosen mit Amaretti und Mascarpone

Aprikosen und Amaretti sind eine himmlische Kombination. Das ist nicht überraschend, denn Amaretti werden aus Mandeln hergestellt, die eng mit Aprikosen verwandt sind.

15 MIN.

FÜR 4 PERSONEN

- 80 g Amaretti
- 200 g Mascarpone
- 16 Aprikosen, halbiert und entsteint
- 1 Handvoll gehäutete halbierte Mandeln

1 Die Amaretti vorsichtig mit einer Teigrolle zerdrücken. Die Brösel auf vier Portionsschälchen verteilen. Den Mascarpone etwas aufschlagen.

2 Aprikosen und Mascarpone auf die Amaretti geben. Alles mit Mandeln bestreuen und servieren.

Variante

Pfirsiche mit Amaretti und Mascarpone

Statt der Aprikosen einfach 8 reife Pfirsiche häuten und wie beschrieben zubereiten.

Erdbeer-Shortcakes

Kleine knusprige Tortenböden werden mit Erdbeeren und Sahne gefüllt und dann mit einem Fruchtcoulis angerichtet.

15-20 MIN. 12-15 MIN.

FÜR 6 STÜCK

- Fett für das Backblech
- 250 g Mehl, plus mehr zum Arbeiten
- 2 TL Backpulver
- ½ TL Salz
- 125 g Zucker
- 60 kalte Butter, in Scheiben geschnitten
- 450 g Sahne
- 1 kg Erdbeeren, entkelcht
- 2-3 EL Puderzucker
- 1 Päckchen Vanillezucker

1 Den Backofen auf 220 °C vorheizen. Ein Backblech fetten. Mehl mit Backpulver, Salz und 80 g Zucker mischen. Die Butter dazugeben und alles zu Streuseln verarbeiten. 175 g Sahne dazugießen (falls nötig mehr) und einen glatten Teig herstellen. Diesen zu einer Kugel zusammendrücken.

2 Den Teig auf einer leicht bemehlten Arbeitsfläche kurz kneten; 1 cm dick ausrollen und 6 Kreise mit 8 cm Ø ausstechen. Kreise auf das Backblech legen und im Ofen in 12–15 Minuten hellbraun backen. Auf ein Kuchengitter legen und abkühlen lassen.

3 Die Hälfte der Erdbeeren pürieren, dabei den Puderzucker unterrühren. Die restlichen Erdbeeren in Scheiben schneiden. Die Scheiben, bis auf ein paar für die Garnitur, mit 2 EL Zucker bestreuen und 5–10 Minuten durchziehen lassen.

4 Die restliche Sahne halb steif schlagen. Den restlichen Zucker und den Vanillezucker dazugeben und die Sahne ganz steif schlagen. Die Tortenböden mit einem Sägemesser quer halbieren. Die unteren Hälften mit Erdbeeren belegen und die Sahne darauf verteilen, die Tortendeckel darauflegen und mit den beiseitegelegten Erdbeerscheiben garnieren. Mit dem Fruchtcoulis auf Tellern anrichten.

Amerikanische Heidelbeerpfannküchlein

Wenn Sie die Beeren auf die halbgebackenen Pfannkuchen streuen, läuft der Saft nicht auf den Pfannenboden und kann also auch nicht verbrennen.

10 MIN. 15-20 MIN.

FÜR 30 STÜCK

- 200 g Mehl
- 2 TL Backpulver
- 40 g Zucker
- 250 ml Milch
- 2 große Eier (L)
- 1 Päckchen Vanillezucker
- 30 g Butter, zerlassen
- Butter zum Braten und Servieren
- 150 g Heidelbeeren
- Ahornsirup zum Servieren

1 Das Mehl mit dem Backpulver in eine Schüssel sieben und den Zucker gut untermischen. In die Mitte eine Mulde drücken.

2 Milch, Eier und Vanillezucker gut verrühren. Etwas davon in die Mehlmulde gießen und mit Mehl mischen. Nach und nach die gesamte Eiermilch unter das Mehl arbeiten, dabei jede Portion gut verrühren, bevor die nächste dazukommt. Die zerlassene Butter unterrühren und alles zu einem glatten Teig verarbeiten.

3 Einen Stich Butter in einer Pfanne erhitzen. Pro Pfannkuchen 1 EL Teig in die Pfanne geben und rund verstreichen. Zwischen den Pfannkuchen genug Abstand lassen. Die Küchlein bei mittlerer Hitze backen.

4 Wenn die Pfannkuchen am Rand fest werden, ein paar Heidelbeeren in die Teigmitte streuen. Sobald der Teig Bläschen bildet und diese platzen, die Pfannkuchen wenden und 1–2 Minuten weiterbacken. Sie sollen schön goldbraun werden.

5 Die fertigen Pfannküchlein aus der Pfanne heben und kurz auf Küchenpapier entfetten. Auf einen Teller legen und im Backofen warm halten. Die Pfanne auswischen, erneut einen Stich Butter darin erhitzen und weitere Pfannkuchen wie beschrieben backen.

6 Die warmen Pfannkuchen aufeinanderstapeln und mit Butter und Ahornsirup servieren.

Käsekuchen mit Schwarzen Johannisbeeren

Schwarze Johannisbeeren sind immer ein Genuss. Der feine Duft von Rosmarin im Keksboden bereichert diesen süßen, cremigen Kuchen, der leicht zuzubereiten ist.

20 MIN. PLUS KÜHLZEIT **1 STD. - 1 STD. 15 MIN.**

FÜR 1 SPRINGFORM (20 CM Ø)

200 g Butterkekse
100 g Butter
1 EL gehackter Rosmarin
700 g Doppelrahmfrischkäse
200 g Zucker
1 Päckchen Vanillezucker
2 Eier

Für den Belag

250 g Schwarze Johannisbeeren
Zucker nach Geschmack
1 TL Pfeilwurzelmehl

1 Den Backofen auf 150 °C vorheizen. Die Form fetten. Die Kekse in einen Gefrierbeutel geben und mit der Teigrolle zerdrücken. Die Butter zerlassen, Kekskrümel und Rosmarin gründlich untermischen. Diese Masse auf den Boden der Form drücken.

2 Den Frischkäse mit Zucker, Vanillezucker und Eiern cremig rühren. Auf den Teigboden verteilen, glatt streichen und den Kuchen im Ofen etwa 1¼ Stunden backen. Den Ofen ausschalten und den Kuchen darin abkühlen lassen, dann in den Kühlschrank stellen.

3 Inzwischen die Johannisbeeren in 4 EL Wasser köcheln lassen, bis die Beeren aufplatzen, aber nicht musig werden. Mit Zucker nach Geschmack süßen. Das Pfeilwurzelmehl mit 1 EL Wasser verrühren und untermischen. Aufkochen und unter Rühren eindicken, dann abkühlen lassen.

4 Den Käsekuchen aus der Form nehmen und auf eine Kuchenplatte heben. Die Johannisbeerenmasse so daraufstreichen, dass sie am Rand etwas herunterfließt.

Trifle mit weißer Schokolade und Himbeeren

Wenn Sie die Himbeeren leicht zerdrücken, geben sie ihren Saft und ihr volles Aroma frei.

25 MIN. PLUS KÜHLZEIT **TK-TAUGLICH**

FÜR 6-8 PERSONEN

300 g Biskuit- oder Rührkuchen, in 2 cm dicke Scheiben geschnitten
700 g Himbeeren
500 g Mascarpone
300 g Sahne
200 g weiße Schokolade

1 Den Boden und den unteren Rand einer hohen Glasschüssel mit den Kuchenstreifen auskleiden. Die Hälfte der Beeren etwas zerdrücken und auf den Kuchen geben. Die Schüssel für mindestens 15 Minuten in den Kühlschrank stellen.

2 Inzwischen Mascarpone und Sahne zu einer glatten Creme verrühren. 150 g weiße Schokolade in Stücke brechen und in einer hitzebeständigen Schüssel über dem siedenden Wasserbad unter Rühren schmelzen. Die Hälfte der Schokolade über die Himbeeren in der Schüssel löffeln, die andere Hälfte unter die Mascarponecreme mischen.

3 Die Mascarponecreme und die restlichen Himbeeren in die Schüssel schichten, die letzte Schicht soll Creme sein. Die restliche Schokolade über das Dessert raspeln. 15–30 Minuten im Kühlschrank durchziehen lassen.

Variante

Trifle mit Kirschen und Schokolade

Statt der Himbeeren 700 g reife Süßkirschen verwenden. Diese entsteinen, halbieren und in einer Schüssel leicht zerdrücken. 2 EL Kirschwasser dazugeben und die Kirschen kühl stellen. Den Trifle wie beschrieben zubereiten.

Clafoutis mit Pflaumen

Dieser ungewöhnliche Clafoutis schmeckt auch mit Zwetschgen oder Kirschen. Statt das Marzipan in die Früchte zu füllen, kann man es auch dazwischenlegen.

30 MIN. **50 MIN.** **TK-TAUGLICH**

FÜR 1 GRATINFORM (2 L INHALT)

700 g Pflaumen, halbiert und entsteint
4 Eier
1 Eigelb
120 g Zucker
60 g Butter, zerlassen
80 g Mehl
450 ml Milch
150 g Sahne

Für das Marzipan

120 g gemahlene Mandeln
60 g Zucker
60 g Puderzucker, plus mehr zum Bestäuben
etwas Mandelaroma
½ TL Zitronensaft
1 Eiweiß, leicht verschlagen

1 Den Backofen auf 190 °C vorheizen. Die Zutaten für das Marzipan mit so viel Eiweiß verrühren, dass eine feste Paste entsteht. In jede Pflaumenhälfte ein Stück davon setzen.

2 Die Form fetten und die Pflaumen mit der Schnittfläche und den Marzipanstückchen nach unten nebeneinander hineinsetzen.

3 Das restliche Eiweiß mit den Eiern, dem Eigelb und dem Zucker zu einer hellen Creme schlagen. Die zerlassene Butter, das Mehl, die Milch und die Sahne dazugeben und alles zu einem Teig verrühren. Diesen über die Pflaumen gießen und den Clafoutis im Ofen in etwa 50 Minuten goldgelb backen. Mit Puderzucker bestäuben und warm servieren.

Kirsch-Mandel-Kuchen

Diesen Kuchen werden Ihre Gäste immer gern essen – er schmeckt einfach hervorragend.

20 MIN. 1 STD. 30 MIN. – 1 STD. 45 MIN. TK-TAUGLICH

FÜR 1 SPRINGFORM (20 CM Ø)

- 250 g Mehl
- 2½ TL Backpulver
- 150 g weiche Butter
- 150 g Zucker
- 1 Päckchen Vanillezucker
- 2 große Eier (L), leicht verquirlt
- 150 g gemahlene Mandeln
- 75 ml Milch
- 400 g Kirschen, entsteint
- 25 g Mandeln, abgezogen und gehackt

1 Den Backofen auf 180 °C vorheizen. Die Form fetten und mit Backpapier auskleiden. Mehl mit Backpulver mischen. Die Butter mit Zucker und Vanillezucker mit den Quirlen des Handrührgeräts cremig schlagen. Die Eier nacheinander unterschlagen. Nach jedem Ei 1 EL Mehlmischung dazugeben.

2 Das restliche Mehl und gemahlene Mandeln unterrühren, dabei die Milch dazugießen. Die Hälfte der Kirschen unterheben; den Teig in die Form füllen und glatt streichen. Die restlichen Kirschen und die gehackten Mandeln darauf verteilen.

3 Den Kuchen im Ofen 1½–1¾ Stunden backen, bis er goldbraun ist. Für die Garprobe ein Stäbchen in den Kuchen stecken und wieder herausziehen – haftet Teig daran, den Kuchen noch 5 Minuten weiterbacken. Die genaue Backzeit hängt davon ab, wie saftig die Kirschen sind. Falls er vor Ende der Backzeit gut gebräunt ist, mit Alufolie bedecken. Den Kuchen in der Form 5 Minuten abkühlen lassen, dann herausnehmen und auf einem Kuchengitter ganz auskühlen lassen.

Himbeer-Mandel-Kuchen

Die Zitrone in diesem Obstkuchen betont das Aroma der Himbeeren. Gemahlene Mandeln sorgen für zusätzlichen Geschmack und dafür, dass der Kuchen saftig bleibt.

20 MIN. 40 MIN. TK-TAUGLICH

FÜR 1 SPRINGFORM (20 X 20 CM)

- 125 g Mehl
- 1 TL Backpulver
- 75 g gemahlene Mandeln
- 150 g Butter, in Stückchen
- 200 g Zucker
- 1 Päckchen Vanillezucker
- Saft von 1 Zitrone
- 2 große Eier (L)
- 200 g Himbeeren
- Puderzucker zum Bestäuben (nach Belieben)

1 Den Backofen auf 180 °C vorheizen. Die Form mit Backpapier auskleiden. Das Mehl mit Backpulver und Mandeln in einer Schüssel mischen. Butter zerlassen, Zucker, Vanillezucker und Zitronensaft untermischen.

2 Die Butter-Zucker-Mischung unter die trockenen Zutaten rühren. Die Eier unterrühren, bis eine glatte Masse entstanden ist. (Eier einzeln unterrühren.) Die Masse in die Form füllen und mit den Himbeeren bestreuen. Den Kuchen im Ofen 35–40 Minuten backen, bis er goldbraun ist und an einem Holzstäbchen, das man hineinsteckt und wieder herauszieht, kein Teig haften bleibt.

3 Den Kuchen in der Form 10 Minuten abkühlen lassen; herausnehmen und auf einem Kuchengitter vollständig auskühlen lassen. Nach Belieben mit Puderzucker bestäuben. Zum Servieren in Stücke schneiden.

Variante

Heidelbeer-Mandel-Kuchen

Auch mit Heidelbeeren oder einer Beerenmischung anstelle der Himbeeren schmeckt der Kuchen gut.

Überbackene Pfirsiche

Ein einfacher Klassiker aus Norditalien, der warm oder kalt gleichermaßen köstlich ist. Verwenden Sie schwere Früchte – ein Hinweis darauf, dass sie saftig sind.

15-20 MIN. 1 STD. - 1 STD. 15 MIN.

FÜR 6 PERSONEN

- 7 große Pfirsiche (etwa 1 kg)
- 8-10 Amaretti (italienische Mandelkekse)
- etwa 80 g Zucker
- 1 Eigelb
- 125 g Sahne
- 1-2 EL Mandellikör

1 Einen Pfirsich für 10 Sekunden in kochendes Wasser geben, dann in Eiswasser abschrecken. Den Pfirsich halbieren, entsteinen und häuten.

2 Den Backofen auf 180 °C vorheizen. Die Amaretti in einen Gefrierbeutel geben und mit der Teigrolle zerdrücken. Die beiden Pfirsichhälften pürieren.

3 Das Pfirsichpüree in eine große Schüssel gießen, 60 g Zucker, das Eigelb und die Kekskrümel gründlich untermischen.

4 Eine ofenfeste Form fetten. Die restlichen Pfirsiche halbieren und entsteinen. Eventuell etwas Fruchtfleisch aus den Mulden schneiden, damit genug Platz für die Füllung entsteht.

5 Die Pfirsichhälften jeweils mit der Schnittfläche nach oben in die Form setzen. Die Füllung in die Mulden setzen. Die Pfirsiche im Ofen 1–1¼ Stunden überbacken. Währenddessen die Sahne mit 1–2 EL Zucker und dem Likör steif schlagen. Die heißen Pfirsiche auf Portionsteller setzen und den Saft aus der Form darüber verteilen. Mit der Amaretto-Sahne servieren.

Pfirsich-Pie

Sie ist nicht so bekannt wie beispielsweise eine Kirsch-Pie, schmeckt aber genauso gut. Vor allem, wenn Sie vollreife Früchte verwenden.

40-45 MIN. PLUS KÜHLZEIT 40-45 MIN.

FÜR 1 PIEFORM (24 CM Ø)

- 280 g Mehl
- Salz
- 125 g kaltes Schweineschmalz oder gute Pflanzenmargarine
- 75 g kalte Butter
- 4-5 reife Pfirsiche
- 150 g Zucker
- 1-2 EL Zitronensaft
- 1 Ei

1 Vom Mehl 250 g mit ½ TL Salz in eine Schüssel sieben. Schmalz bzw. Margarine und Butter würfeln und in die Schüssel geben. Alles zu Streuseln zusammenreiben, 3 EL Wasser dazuträufeln. Einen glatten Teig herstellen und zur Kugel formen. In Frischhaltefolie wickeln und 30 Minuten kühl ruhen lassen.

2 Den Backofen auf 200 °C vorheizen, ein Backblech hineinschieben. Zwei Drittel des Teigs auf einer bemehlten Arbeitsfläche ausrollen und die Form damit auskleiden; den Teig über den Rand hängen lassen.

3 Die Pfirsiche mit kochendem Wasser übergießen, 10 Sekunden ziehen lassen; kalt abschrecken. Pfirsiche halbieren, entsteinen und die Haut abziehen. Die Pfirsichhälften in 1 cm dicke Scheiben schneiden und in eine Schüssel geben. Mit dem restlichen Mehl, Zucker und Salz bestreuen und mit Zitronensaft (nach Belieben) beträufeln. Die Pfirsiche behutsam mischen und samt Saft auf dem Teigboden in der Form verteilen.

4 Restlichen Teig rechteckig ausrollen; in acht Streifen (1 cm breit) schneiden, diese gitterförmig auf die Pie legen. Enden festdrücken. Das Ei mit ½ TL Salz verquirlen und auf das Gitter streichen. Pie 40–45 Minuten backen, bis sie goldbraun ist und die Pfirsiche weich sind. Warm oder kalt mit Schlagsahne servieren.

Milchreis aus dem Ofen mit Rotweinpfirsichen

Reis und Pfirsiche können Sie schon am Tag vorher zubereiten und im Kühlschrank aufbewahren. Den Reis vor dem Servieren Raumtemperatur annehmen lassen.

15-20 MIN. PLUS KÜHL- UND RUHEZEIT **3 STD.**

FÜR 4-6 PERSONEN

4 reife Pfirsiche
60 g Zucker, plus mehr nach Bedarf
250 ml trockener Rotwein, plus mehr nach Bedarf

Für den Milchreis

70 g Rundkornreis
1 l Milch, plus mehr nach Bedarf
5 cm Zimtstange
50 g Zucker
1 Prise Salz

1 Die Pfirsiche in einer Schüssel mit dem Zucker bestreuen; die Menge hängt von der Süße der Früchte ab. So viel Rotwein angießen, dass die Pfirsiche damit bedeckt sind. Die Schüssel zudecken und für 2–24 Stunden in den Kühlschrank stellen.

2 Den Wein aus der Schüssel in einen Topf gießen, aufkochen und in 2 Minuten sirupartig einköcheln lassen. Wieder über die Pfirsiche gießen

3 Den Backofen auf 150 °C vorheizen. Reis, Milch, Zimt, Zucker und Salz in eine ofenfeste Form geben und verrühren. Im Ofen offen 3 Stunden garen, dabei alle 30 Minuten umrühren, bis der Milchreis dick und cremig ist. Falls er währenddessen zu braun wird, mit Alufolie abdecken.

4 Den Reis aus dem Ofen nehmen und mit einem Löffel von unten nach oben durchmischen. 1 Stunde ruhen lassen. Die Zimtstange herausnehmen. Den Milchreis in Schalen füllen und mit den Pfirsichen servieren. Den Weinsirup warm oder kalt dazu reichen.

Pfirsich-Nektarinen-Schnitten

Sie brauchen den Blätterteig nicht selbst zu machen, nehmen Sie fertigen aus dem Supermarkt – aus dem Tiefkühl- oder (noch praktischer) aus dem Kühlregal.

20 MIN. PLUS ABKÜHLZEIT **15-20 MIN.** **TK-TAUGLICH**

FÜR 8 STÜCK

1 großes Ei (L)
Eigelb von 1 großen Ei (L)
50 g Zucker
25 g Mehl
300 ml Milch
Saft von 1 Zitrone
1 Rolle Blätterteig (270 g; Kühlregal)
1 Eigelb, verquirlt, zum Bestreichen
4 Pfirsiche, halbiert und entsteint
4 Nektarinen, halbiert und entsteint
Puderzucker zum Bestäuben

1 Ei, Eigelb, Zucker und Mehl in einer Schüssel mit den Quirlen des Handrührgeräts gründlich verrühren. Die Milch fast bis zum Aufkochen erhitzen, dann langsam unter die Eiermischung rühren; den Zitronensaft ebenfalls. Die Eiermilch in den Topf gießen und bei schwacher Hitze unter ständigem Rühren zum Kochen bringen. Ein paar Minuten köcheln lassen, dann in eine Schüssel gießen und abkühlen lassen. Ein Stück Frischhaltefolie auf die Creme legen, damit sich beim Abkühlen obendrauf keine Haut bildet.

2 Inzwischen den Teig entrollen und mit dem Papier auf ein Backblech legen. Den Teigrand 2 cm breit rundherum mit einem Messer einritzen (so entsteht ein inneres Rechteck, und der Teig geht besser auf) und das innere Teigstück mit einer Gabel mehrmals einstechen. 20 Minuten kühl stellen. Den Backofen auf 200 °C vorheizen.

3 Den Teigrand mit Eigelb bestreichen und die Teigplatte im heißen Ofen in 15–20 Minuten goldgelb backen. Herausnehmen und das innere Rechteck mit den Fingern leicht nach unten drücken. Etwa 30 Minuten abkühlen lassen.

4 Die Creme auf den gebackenen Blätterteig streichen, die Obsthälften darauflegen. Mit Puderzucker bestäuben, in Stücke schneiden und servieren.

Jetzt am besten **Pfirsiche und Nektarinen**

Die Schale von Pfirsichen ist von Natur aus von einem Flaum bedeckt, die von Nektarinen ist dagegen glatt und glänzend. Außerdem schmecken Nektarinen etwas herber als Pfirsiche. Beide Früchte sind klassisches Sommerobst, das man gut mit Himbeeren und Erdbeeren kombinieren kann. Gut dazu passen Mandeln, Frischkäse, süßliche Gewürze, Weinbrand and Amaretto sowie Schinkenspeck, Schweinefleisch und Hähnchen.

Pfirsich- und Nektarinenbäume wachsen in Ländern mit Mittelmeerklima am besten. Wenn sie in gemäßigteren Klimazonen an sonnigen, vor Wind geschützten Plätzen stehen, reifen daran ebenfalls Früchte.

Vor dem Essen sollte man die flaumige Schale von den Pfirsichen abziehen.

'Donut' Diese flache weißfleischige Sorte wird auch als Plattpfirsich oder Weinbergpfirsich angeboten. Die Früchte zeichnen sich durch eine feine Süße und eine dezente Mandelnote aus. Zum Rohessen, für Salsas, zum Füllen und Überbacken geeignet.

'Red Baron' Ein großer Pfirsich mit intensiver Färbung. Das feste, saftige und köstliche Fruchtfleisch lässt sich leicht vom Stein lösen. Ideal zum Rohessen, Kochen und Backen.

Dieser Pfirsich gehört zu den »steinlösenden« Sorten, d. h., die Steine sind nicht mit dem Fruchtfleisch verbunden.

'Snow Pearl' Eine runde, schön gefärbte Nektarine mit weißem Fruchtfleisch, das fest am Stein haftet. Eignet sich besonders gut zum Backen und Kochen.

'Flavortop' Eine ausgezeichnete Nektarinensorte mit festem, süßem und gelbem Fruchtfleisch. Sowohl zum Rohessen als auch zum Kochen und Backen ideal.

Gelbfleischige Nektarinen haben ein kräftiges Aroma, das beim Pochieren, Grillen und Backen erhalten bleibt.

'Babcock' Ein kleiner bis mittelgroßer unbeflaumter Pfirsich. Das weiße Fruchtfleisch ist weich, saftig und aromatisch-süß. Am besten so essen oder für Bellinis verwenden.

Weißfleischige Pfirsiche und Nektarinen haben ein säurearmes Fruchtfleisch. Sie bieten sich deshalb besonders gut zum Rohverzehr an.

Pfirsiche häuten

Die flaumige, dünne Schale bzw. Haut von Pfirsichen ist zäh. Man sollte sie deshalb entfernen, bevor die Früchte zubereitet werden. Nektarinen haben eine weiche Haut, die nach Belieben ebenfalls abgezogen werden kann.

1 Die Pfirsichhaut unten mit einem scharfen Messer kreuzweise einritzen. Den Pfirsich in ein hitzebeständiges Gefäß geben.

2 Mit kochend heißem Wasser überbrühen. 30 Sekunden stehen lassen. Mit einem Schaumlöffel herausheben und kalt abschrecken. Gut abtropfen lassen und die Haut abziehen.

Wissenswert

Im Angebot

Zahlreiche gelb- und weißfleischige Pfirsiche und Nektarinen.

Einkauf Auf reife Früchte mit intakter Schale achten: Sie geben auf leichten Druck nach und strömen einen süßlichen Duft aus.

Aufbewahren Ein paar Tage bei Raumtemperatur oder im kalten Bereich des Kühlschranks in einer offenen Papiertüte bis zu 1 Woche lagern.

Zubereiten Rohverzehr; in Scheiben schneiden und zu Kompott kochen oder in wenig Flüssigkeit dünsten; halbieren, füllen und im Ofen garen. Pfirsichhälften grillen und zu pikanten Gerichten servieren.

Für den Vorrat In Zuckersirup oder Alkohol einlegen; einkochen; als Konfitüre; unreife Früchte für Chutney; trocknen.

Rezepte

Eiscreme Pfirsich Melba Seite 221

Nektarinen-Relish mit Sauerkirschen Seite 242

Pfirsich-Pie Seite 214

Tarte Tatin mit Pfirsichen Seite 219

Pfirsiche mit Baiser und Himbeersauce

Das beliebte englische Dessert »Eton Mess« wird aus Obst, Baisers und viel Sahne zubereitet. Hier ist eine Light-Version mit weniger Sahne.

15 MIN.

FÜR 4 PERSONEN

- 350 g Himbeeren
- 4 Baisers
- 4 reife Pfirsiche, in Spalten geschnitten
- dünn abgezogene Schale von 1 Bio-Limette zum Garnieren
- Sahne zum Servieren

1 Die Himbeeren mit dem Stabmixer pürieren. Das Beerenpüree durch ein feines Sieb streichen, um die Kernchen zu entfernen.

2 Die Baisers in Stückchen brechen und in eine Schale oder vier Portionsschälchen streuen. Erst die Pfirsiche, dann das Himbeerpüree darauf verteilen. Mit Limettenschale garnieren und mit etwas Sahne begießen. Servieren.

Variante

Nektarinen-Melba mit Baiser

Die Himbeersauce zubereiten. 2 Nektarinen halbieren und entsteinen, nach Belieben schälen. Baisers in Schalen bröckeln und darauf jeweils 1 Nektarinenhälfte setzen bzw. leicht hineindrücken. 1 Löffel Vanilleeiscreme daraufgeben und alles mit der Sauce beträufeln.

Beeren-Friands

So heißen diese saftigen Küchlein in Australien und Neuseeland. Eine wichtige Teigzutat sind Mandeln; statt Beeren können Sie auch Steinobst nehmen.

15 MIN. 35 MIN.

FÜR EIN 12ER-MUFFINBLECH

- 100 g Puderzucker
- 50 g Mehl
- 75 gemahlene Mandeln
- Eiweiße von 3 großen Eiern (L)
- 75 g Butter, zerlassen
- 150 g gemischte Beeren (z. B. Heidelbeeren und Himbeeren)

1 Den Backofen auf 180 °C vorheizen. In die Muffinmulden Papierförmchen setzen. Puderzucker und Mehl in eine Schüssel sieben; die Mandeln untermischen. In einer zweiten Schüssel die Eiweiße steif schlagen.

2 Die Mehlmischung und die zerlassene Butter vorsichtig unter den Eischnee ziehen, bis eine weiche Masse entstanden ist. Die Masse auf die Papierförmchen verteilen, die Beeren daraufstreuen und leicht hineindrücken. Die Friands im heißen Ofen 20–25 Minuten backen, bis sie oben aufreißen und goldbraun sind. In der Form 5 Minuten abkühlen lassen; herausnehmen. Warm oder kalt servieren.

Variante

Aprikosen-Friands

Statt der Beeren 150 g reife Aprikosen verwenden. Diese halbieren, entsteinen und klein würfeln. Die Friands wie beschrieben zubereiten.

Heidelbeermuffins

Ein Schwung Muffins ist so schnell fertig, dass Sie das leckere Gebäck zu jeder Gelegenheit servieren können: zum Dessert, zum Kaffee oder als zweites Frühstück.

15 MIN. 20 MIN.

FÜR EIN 12ER-MUFFINBLECH

- 250 g Mehl
- 2½ TL Backpulver
- 75 g Zucker
- abgeriebene Schale von 1 Bio-Zitrone (nach Belieben)
- 1 Prise Salz
- 250 g Joghurt
- 2 große Eier (L), leicht verquirlt
- 50 g Butter, zerlassen und abgekühlt
- 250 g Heidelbeeren

1 Den Backofen auf 200 °C vorheizen. In die Muffinmulden Papierförmchen setzen. Mehl, Backpulver, Zucker, Zitronenschale (nach Belieben) und Salz in einer Schüssel mischen. In die Mitte eine Vertiefung drücken.

2 Joghurt, Eier und zerlassene Butter gründlich verrühren und zu den trockenen Zutaten gießen, die Beeren hinzufügen. Alles mit einem Kochlöffel mischen (nicht zu kräftig rühren). Es dürfen ruhig ein paar Klümpchen im Teig sein.

3 Den Teig gleichmäßig in die Papierförmchen löffeln und im Ofen 20 Minuten backen, bis sie oben aufgerissen und schön gebräunt sind. 5 Minuten in den Mulden abkühlen lassen. Warm oder kalt servieren.

Variante

Himbeermuffins

Die Muffins mit Himbeeren statt Heidelbeeren und mit Orangen- statt Zitronenschale zubereiten.

Tarte Tatin mit Pfirsichen

Diese Tarte Tatin ist ungewöhnlich, denn sie wird nicht mit Äpfeln zubereitet, sondern mit Pfirsichen – ideal für den Hochsommer, wenn Pfirsiche Saison haben. Wählen Sie feste Früchte, die beim Backen nicht zerfallen.

40-45 MIN. PLUS KÜHLZEIT **35-40 MIN.**

FÜR 1 OFENFESTE FORM (26 CM Ø)

- 3 Eigelb
- 1 Päckchen Vanillezucker
- 220 g Mehl, plus mehr zum Arbeiten
- 60 g Zucker
- Salz
- 100 g Butter, gewürfelt

Für den Belag

- 200 g Zucker
- 1 kg Pfirsiche

1 Eigelbe mit dem Vanillezucker in einer kleinen Schüssel verquirlen. Mehl, Zucker und ¼ TL Salz in einer großen Schüssel mischen. Mit den Fingerspitzen die Butter einarbeiten, bis Streusel entstehen. Die Eigelbe hinzufügen und alles zu einem glatten Teig verarbeiten. Den Teig für 30 Minuten kalt stellen.

2 Für die Füllung den Zucker in einem Topf unter gelegentlichem Rühren langsam erhitzen und schmelzen. Ohne zu rühren aufkochen lassen, bis der Karamell an den Rändern beginnt, sich goldbraun zu färben. Nicht rühren – sonst kristallisiert die Masse. Bei schwacher Hitze weiterköcheln lassen und den Topf ein-, zweimal schwenken, damit die Masse gleichmäßig bräunt. Der Karamell darf nur mittelbraun werden; wird er zu dunkel, bekommt er einen bitteren Geschmack.

3 Den Topf vom Herd nehmen und den Topfboden sofort in eine Schüssel mit kaltem Wasser tauchen, damit der Kochprozess gestoppt wird. Halten Sie Abstand – es kann spritzen. Den Karamell auf den Boden der Form gießen. Arbeiten Sie zügig und schwenken Sie die Form, bis der Boden gleichmäßig mit einer dünnen Karamellschicht bedeckt ist. Abkühlen lassen.

4 Die Pfirsiche 10 Sekunden mit kochendem Wasser übergießen, dann kalt abschrecken, halbieren, entsteinen und häuten. Die Hälften halbieren und die Viertel dicht an dicht in konzentrischen Kreisen mit der runden Seite nach unten auf die Karamellschicht legen.

5 Den Teig auf einer dünn bemehlten Arbeitsfläche zu einem Kreis von 28 cm Ø ausrollen, diesen um die Teigrolle legen und auf die Pfirsiche setzen. Die Teigränder unter die Pfirsiche schieben; die Form für 15 Minuten kalt stellen. Den Backofen auf 200 °C vorheizen.

6 Die Tarte im heißen Ofen 30–35 Minuten backen, herausnehmen und lauwarm abkühlen lassen. Eine Kuchenplatte auf die Form setzen, alles umdrehen, um die Tarte auf die Platte zu stürzen. Die Form behutsam abheben und die Tarte servieren.

Beschwipste Beeren mit Minze-Sahne

Minze verleiht jedem Dessert ein unvergleichliches Aroma, vor allem, wenn es Beeren enthält. Statt Cassis können Sie auch einen süßen Dessertwein verwenden.

10 MIN. PLUS KÜHLZEIT

FÜR 4-6 PERSONEN

500 g Beerenmischung (Erdbeeren, Brombeeren, Himbeeren und Johannisbeeren)

150 ml Cassis

200 g Sahne

1 EL fein gehackte Minzeblätter

1-2 EL Holunderblütensirup (nach Geschmack)

1 Die Beeren in eine flache Schüssel oder in vier bis sechs Gläser geben. Cassis über die Beeren gießen, diese 30 Minuten oder über Nacht im Kühlschrank durchziehen lassen; währenddessen gelegentlich durchmischen.

2 Die Sahne steif schlagen; Minze und Holunderblütensirup unterziehen. Die aromatisierte Sahne auf die Beeren verteilen und die Desserts servieren.

Variante

Beschwipste Erdbeeren mit Minze-Sahne

Verwenden Sie kleine aromatische Erdbeeren statt der Beerenmischung. Diese mit Erdbeerlikör marinieren. Die Sahne wie beschrieben zubereiten und daraufsetzen.

Frische Feigen mit Cassis-Creme

Mit dem süßen Johannisbeer-Aroma und seiner dunklen Farbe verwandelt Cassis das klassische Feigen-Dessert in etwas Besonderes. Dazu ist es auch noch schnell gemacht!

15 MIN.

FÜR 4 PERSONEN

12 frische Feigen

etwas Cassis

200 g Mascarpone

1 Die Feigen von oben nach unten kreuzförmig ein-, aber nicht durchschneiden. Vorsichtig öffnen und je 3 Feigen in vier Dessertschalen setzen; mit Cassislikör beträufeln.

2 Den Mascarpone mit etwas Cassis verrühren, bis er leicht marmoriert ist. Je einen Löffel Cassis-Creme auf die Feigen setzen und das Dessert servieren.

Variante

Feigen und Himbeeren mit Himbeerlikör

Die Feigen mit Himbeerlikör (Framboise) beträufeln und den Mascarpone damit aromatisieren. Eine Handvoll zerdrückte Himbeeren unter den Mascarpone mischen und ein paar zu den Feigen anrichten.

Eiscreme Pfirsich Melba

Hier entsteht aus selbst gemachtem Vanilleeis unter Zugabe von pürierten frischen Pfirsichen und frischen Himbeeren eine hübsche aromatische Eiscreme.

30 MIN. PLUS GEFRIERZEIT **15 MIN.**

FÜR 4-6 PERSONEN

- 300 g Sahne
- 300 ml Milch
- Eigelbe von 3 großen Eiern (L)
- 1 Päckchen Vanillezucker
- 150 g Zucker
- 100 g Himbeeren
- 4 reife Pfirsiche, gehäutet und gewürfelt

1 Sahne und Milch in einem Topf langsam erhitzen, bis sie beinahe kochen; vom Herd nehmen. Eigelbe mit Vanillezucker und 100 g Zucker leicht verschlagen. Die Sahnemilch darübergießen, dabei ständig rühren. Den Topf auswischen, die Mischung hineingießen und zum Kochen bringen. 6–8 Minuten unter ständigem Rühren köcheln lassen, bis die Sauce andickt. In eine Schüssel gießen und abkühlen lassen; gelegentlich umrühren, damit sich keine Haut bildet.

2 Die Himbeeren mit 25 g Zucker pürieren und durch ein feines Sieb passieren. Die Pfirsiche mit dem restlichen Zucker ebenfalls pürieren.

3 Die kalte Vanillecreme in der Eismaschine in 20–30 Minuten beinahe komplett gefrieren lassen; dann in einen gefriertauglichen Behälter füllen. Alternativ die Creme in einem gefriergeeigneten Behälter im Tiefkühlgerät in 2 Stunden beinahe komplett gefrieren lassen. Dabei mit einer Gabel immer wieder durchrühren, um die Eiskristalle zu zerbrechen.

4 Zuerst das Aprikosenpüree, dann das Himbeerpüree über die noch nicht feste Eiscreme gießen und marmorartig unterziehen. Das Eis noch ein paar Stunden gefrieren lassen, bis es die gewünschte Konsistenz hat.

Marinierte Melone mit Minze

Die Kombination von roter Wassermelone und grüngelber Honigmelone machen dieses Dessert optisch attraktiv und kontrastreich im Geschmack.

15 MIN. PLUS MARINIERZEIT

FÜR 6-8 PERSONEN

- Fruchtfleisch von 1 Honigmelone, in Viertel und diese quer in Scheiben geschnitten
- Fruchtfleisch von 1 kleinen Wassermelone, in Viertel und diese quer in Scheiben geschnitten
- 1-2 EL Wodka
- 1-2 EL Orangensaft
- 1 Handvoll Minzeblätter, grob zerzupft

1 Die Melonenscheiben in einer großen Schale oder auf einer großen Servierplatte anrichten. Mit Wodka und Orangensaft beträufeln und 15 Minuten durchziehen lassen.

2 Die Melonen mit Minze bestreuen und servieren.

Variante

Cocktail von drei Melonen

Das Fruchtfleisch von 1 Galia- und 1 Cantaloupemelone sowie ½ kleinen Wassermelone würfeln oder mit einem Kugelausstecher auslösen. Melonenwürfel in eine Schüssel geben. 4 EL Orangenlikör statt Wodka und Orangensaft darüberträufeln. Die Melonen mindestens 15 Minuten marinieren, dann vorsichtig mischen. In Gläser verteilen, auf jede Portion 1 Kugel Orangen- oder Himbeersorbet setzen; mit Minze bestreuen.

Jetzt am besten **Melonen**

Die süßen, saftigen Melonen können rund, länglich oder oval sein. Netzmelonen sind Zuckermelonen mit netzartiger Schale und zählen zu den Sommermelonen. Sie haben orangefarbenes, grünes oder gelbes Fruchtfleisch. Die dunkelgrünen Wassermelonen haben meist rosarotes Fruchtfleisch, das mit kleinen schwarzen Samen durchsetzt ist. Genießen Sie Melonen mit Himbeeren und anderem Sommerobst oder mit Fisch, Meeresfrüchten oder Schinken.

Als Mitglieder der Gurkenfamilie werden Melonen in sonnigen tropischen und subtropischen Gebieten angebaut.

Das weiche, saftige Fruchtfleisch schmeckt am besten gut gekühlt.

Galia Eine Kreuzung aus Honig- und Cantaloupemelone. Die kleine ovale Netzmelone bietet zartschmelzendes, würzig-süßes Fruchtfleisch mit wunderbarem Aroma.

Charentais Die grünen Rippen auf der genetzten Schale vermitteln den Eindruck, die Frucht sei bereits portioniert. Das zarte, süße, orangefarbene Fruchtfleisch und der betörende Duft machen die Charentais zu einer hervorragenden Dessertmelone.

Die Schale einer Cantaloupemelone weist ein typisches Spitzenmuster auf.

Cantaloupe Die kleine runde Sommermelone ist saftig und die süßeste Melonensorte, die bei uns angeboten wird.

Das Fruchtfleisch einer Charentais ist kräftig orange und von betörendem Duft.

Wassermelone Sie kann rund oder länglich sein, hat eine dunkelgrüne Schale und süßes, meist rotes Fruchtfleisch. Es gibt auch gelbfleischige Sorten. Die kleine Sorte 'Sugar Baby' (im Bild) hat extrem süßes, rotes Fruchtfleisch, das ein köstliches Sorbet ergibt.

Das kräftig gefärbte saftige Fruchtfleisch ist von schwarzen Samen durchsetzt.

Wissenswert

Im Angebot

Viele Sorten an Netz-, Honig- und Wassermelonen.

Einkauf Netz- und Honigmelonen sollten für ihre Größe schwer sein und durch die Schale angenehm duften. Wassermelonen sollen fest und gleichmäßig gefärbt und schwer sein. Beim Daranklopfen sollten sie einen klingenden Ton abgeben.

Aufbewahren Ganze Melonen an einem kühlen, durchlüfteten Platz, in Stücke geschnittene im Kühlschrank lagern.

Zubereiten Hälften füllen; Fruchtfleisch in Kugeln, Stücken, Spalten; püriert für Suppen und Sorbets. Kurz gedünstet als Zutat für pikante Gerichte.

Für den Vorrat Als Konfitüre; Wassermelone in Essig einlegen; Samen rösten und salzen.

Rezepte

Kalte Melonensuppe mit Ingwer Seite 143

Melonen-Tomaten-Salat Seite 194

Wassermelonen-Sorbet Seite 224

Wassermelonensalat mit Feta und Kürbiskernen Seite 159

Netzmelonen vorbereiten

Halbieren und entkernen Sie Melonen vor dem Servieren, und füllen Sie die Hälften z. B. mit einem Meeresfrüchtesalat, Beeren oder auch Sekt. Oder zerkleinern Sie das Fruchtfleisch für andere Zubereitungen.

1 Die Melone halbieren, dann über einer Schüssel die Samen mit einem Löffel herausnehmen. Die Samen wegwerfen.

2 Die Hälften in Spalten schneiden. Anschließend mit einem Kochmesser das Fruchtfleisch jeweils in einem Stück von den Schalen schneiden.

3 Die Spalten mit Garnelen oder Schinken als Vorspeise servieren oder in Stücke schneiden. Die Stücke z. B. für Obstsalat oder Spieße verwenden.

Wassermelonen-Sorbet

Ganz einfach zuzubereiten und sehr erfrischend. Kleine runde Wassermelonen haben meist weniger Kerne als große – das spart Zeit und Arbeit.

20 MIN. PLUS GEFRIERZEIT

FÜR ETWA 1 L

- 175 g Zucker
- 1 kleine Wassermelone (etwa 1,75 kg)
- abgeriebene Schale und Saft von 1 unbehandelten Limette

1 In einem kleinen Topf 120 ml Wasser mit dem Zucker langsam aufkochen lassen und dabei rühren, bis sich der Zucker aufgelöst hat. 1 Minute kochen, dann abkühlen lassen.

2 Die Melone in Stücke schneiden, entkernen und das Fruchtfleisch von der Schale schneiden. Pürieren und mit Limettenschale und -saft in den kalten Zuckersirup rühren.

3 Die Masse entweder in der Eismaschine gefrieren lassen, dann im Tiefkühlgerät aufbewahren. Alternativ die Masse in ein gefriergeeignetes Gefäß füllen und im Tiefkühlgerät gefrieren lassen, bis das Sorbet am Rand fest wird. Mit einer Gabel oder den Quirlen des Handrührgeräts durchschlagen, um die Eiskristalle zu zerbrechen. Diesen Vorgang zweimal wiederholen, bis das Sorbet fest ist. Das Sorbet 15 Minuten vor dem Servieren aus dem Tiefkühlgerät nehmen, damit es etwas weicher werden kann.

Aprikosen-Clafoutis

Ein Dessert aus Frankreich, bei dem Obst mit einer Art Pfannkuchenteig im Ofen gebacken wird. Schmeckt warm und auch abgekühlt.

10 MIN. 35 MIN.

FÜR 1 GRATINFORM (1,2 L INHALT)

- 250 g reife Aprikosen, halbiert und entsteint
- 1 Ei
- 1 Eigelb
- 25 g Mehl
- 50 g Zucker
- 150 g Sahne
- 1 Päckchen Vanillezucker
- Schlagsahne oder Crème fraîche zum Servieren (nach Belieben)

1 Den Backofen auf 200 °C vorheizen. Die Form fetten. Die Aprikosen mit den Schnittflächen nach unten nebeneinander hineinlegen, dabei zwischen den Hälften etwas Abstand lassen.

2 Ei, Eigelb und Mehl in einer Schüssel mischen. Sahne und Vanillezucker dazugeben und alles zu einem relativ flüssigen Pfannkuchenteig verarbeiten.

3 Den Teig um die Aprikosen gießen, ohne sie dabei vollständig zu bedecken. Den Clafoutis im Ofen (oben) 35 Minuten backen, bis der Teig aufgegangen und goldbraun ist. Herausnehmen und etwa 15 Minuten abkühlen lassen. Warm servieren und Schlagsahne oder Crème fraîche dazureichen.

Melonen und Himbeeren mit Ingwersahne

Servieren Sie das Obst in den ausgehöhlten Melonenschalen als Dessert oder, ohne Topping, als erfrischende Vorspeise. Dann reicht es für 6 Personen.

20 MIN. PLUS KÜHLZEIT

FÜR 4 PERSONEN

- 2 kleine reife Galiamelonen
- 2 EL Orangenlikör
- 250 g Himbeeren

Für die Ingwersahne

- 300 g Sahne
- 3 EL Ingwersirup (vom in Sirup eingelegten Ingwer)
- 2 Stück in Sirup eingelegter Ingwer, abgetropft und fein gehackt

1 Die Melonen halbieren, die Kerne entfernen und das Fruchtfleisch mit einem Kugelausstecher herauslösen. Alternativ das Fruchtfleisch in der Schale mit einem scharfen Messer in Würfel schneiden und mit einem Löffel herausnehmen. Die Schalen dabei nicht verletzen und aufbewahren.

2 Die Melonenstücke in eine Schüssel füllen und den Orangenlikör vorsichtig unterheben. Zugedeckt bis zum Servieren in den Kühlschrank stellen.

3 Die Sahne schlagen, bis weiche Spitzen entstehen, den Ingwersirup unterschlagen, bis die Sahne fest ist. Die Ingwerwürfel unterheben und die Sahne kalt stellen.

4 Zum Servieren die ausgehöhlten Melonenhälften in passende Glasschalen setzen. (Falls nötig, die Hälften unten vorsichtig flach schneiden, damit sie stabil stehen.) Die Himbeeren mit den marinierten Melonen mischen und das Obst auf die Melonenschalen verteilen. Die Sahne darauf anrichten und die Portionen sofort servieren.

Zwetschgenkuchen

Ein Hefeteig mit Butter ist die Basis für diesen Klassiker. Ungewöhnlich ist der Guss auf den Zwetschgen, der den Saft beim Backen aufnimmt und dadurch besonders lecker schmeckt. Probieren Sie den Kuchen auch einmal mit Aprikosen.

35-40 MIN. PLUS GEHZEITEN — 50-55 MIN.

FÜR 1 SPRINGFORM (28 CM Ø)

- ½ Würfel frische Hefe
- 400 g Mehl, plus mehr nach Bedarf
- 2 EL Zucker
- 1 TL Salz
- 3 Eier
- 125 g weiche Butter

Für den Belag

- 2 EL Semmelbrösel
- 800 g Zwetschgen, entsteint und geviertelt
- 2 Eigelb
- 60 g Sahne
- 100 g Zucker

1 Die Hefe in 50 ml lauwarmem Wasser auflösen und 5 Minuten stehen lassen, bis sich Bläschen bilden. Das Mehl in eine Schüssel geben. Zucker, Salz, Hefewasser, Eier und Butter hinzufügen. Alles mit den Händen oder mit den Knethaken des Handrührgeräts in mehreren Minuten zu einem elastischen Teig verkneten. Dabei, falls nötig, mehr Mehl dazugeben. Der Teig darf am Schluss noch ein bisschen kleben, soll sich aber gut von der Schüsselwand lösen.

2 Den Teig zu einer Kugel formen, in eine gefettete Schüssel legen, abdecken und etwa 1 Stunde bei Raumtemperatur gehen lassen, bis er sein Volumen etwa verdoppelt hat.

3 Die Form fetten. Den Teig noch einmal kurz durchkneten, damit die Luft entweichen kann. Auf der leicht bemehlten Arbeitsfläche zu einem 32 cm großen Kreis ausrollen und die Form damit auskleiden. Überstehenden Teig abschneiden. Die Semmelbrösel auf den Teigboden streuen. Den Backofen auf 220 °C vorheizen, ein Backblech hineinstellen.

4 Die Zwetschgenviertel mit den Schnittflächen nach oben kreisförmig auf dem Teig verteilen. Den belegten Teig bei Raumtemperatur etwa 30 Minuten gehen lassen, bis die Teigränder aufgegangen sind. Inzwischen die Eigelbe mit Sahne und 70 g Zucker verrühren. Die Zwetschgen mit dem restlichen Zucker bestreuen und den Kuchen im Ofen auf dem Blech 5 Minuten backen. Die Temperatur auf 180 °C senken.

5 Den Eigelbguss über die Zwetschgen gießen. Den Kuchen im Ofen 30–40 Minuten backen, bis der Teig bräunt, das Obst weich und der Guss gestockt ist. Den Kuchen auf einem Kuchengitter auskühlen lassen.

Heidelbeer-Käsekuchen

Ein Käsekuchen nach amerikanischem Vorbild, bei dem pürierte Heidelbeeren für einen dekorativen Marmoreffekt und Extrageschmack sorgen.

20 MIN. 45 MIN. PLUS ABKÜHLZEIT

FÜR 1 SPRINGFORM (20 CM Ø)

- 125 g Butterkekse
- 50 g Butter
- 150 g Heidelbeeren
- 150 g Zucker, plus 3 EL für die Beeren
- 400 g Doppelrahmfrischkäse
- 250 g Mascarpone
- 2 große Eier (L)
- Eigelb von 1 großen Ei (L)
- 1 Päckchen Vanillezucker
- 2 EL Mehl

1 Den Backofen auf 180 °C vorheizen. Die Form am Boden und am Rand fetten. Die Kekse in einen Gefrierbeutel geben und mit der Teigrolle fein zerkrümeln. Die Butter bei schwacher Hitze zerlassen und gründlich unter die Kekskrümel mischen. Die Krümelmasse auf dem Formboden verteilen und festdrücken.

2 Die Heidelbeeren mit 3 EL Zucker pürieren; das Püree durch ein feines Sieb in einen kleinen Topf drücken. Aufkochen und 3–5 Minuten köcheln lassen, bis das Heidelbeerpüree konfitüreartig eindickt.

3 Zucker, Frischkäse, Mascarpone, Eier, Eigelb, Vanillezucker und Mehl cremig schlagen. Die Masse auf dem Keksboden verteilen. Das Beerenpüree darüberträufeln und mit einem Spieß zu einem Marmormuster verziehen.

4 Den Kuchen im Ofen 40 Minuten backen; die Käsemasse soll insgesamt fest, aber in der Mitte noch etwas weich sein. Den Ofen ausschalten und den Kuchen darin noch 1 Stunde stehen lassen, dann herausnehmen und vollständig auskühlen lassen.

Beeren mit Sauce aus weißer Schokolade

Die Schokoladensauce wird durch die Zugabe von Sahne besonders üppig und ist eine perfekte Ergänzung zu Sommerbeeren.

5 MIN. 5 MIN.

FÜR 4 PERSONEN

- 400 g gemischte Beeren (z. B. Himbeeren, Erdbeeren, Heidelbeeren und Johannisbeeren)
- 125 g weiße Schokolade, plus mehr zum Bestreuen (nach Belieben)
- 150 g Sahne

1 Die Beeren auf Dessertschalen verteilen. Die Schokolade in Stücke brechen. Mit der Sahne in einem Topf langsam unter Rühren zum Kochen bringen, bis eine cremige Sauce entstanden ist.

2 Die Sauce auf die Beeren gießen. Nach Belieben etwas weiße Schokolade über die Portionen raspeln.

Variante

Beerenpfannkuchen mit weißer Schokoladensauce

Pfannkuchen backen (siehe S. 227, Rezept Pfannkuchentorte). Je 200 g Joghurt und Sahne verrühren. 300 g Beeren grob zerdrücken und untermischen. Mit Zucker und der abgeriebenen Schale von 1 Bio-Zitrone abschmecken. Die Schokoladensauce wie oben beschrieben zubereiten. Die Pfannkuchen zu Tüten formen und mit der Beerencreme füllen. Auf Teller verteilen, mit Sauce begießen und mit den restlichen 100 g Beeren garnieren.

Schwedische Pfannkuchentorte

Ein Sommerkuchen, der nicht nur bei Kindern gut ankommt. Wichtig ist, dass Sie dünne Pfannkuchen dafür backen.

10 MIN. 15 MIN.

FÜR 6-8 PERSONEN

200 g Sahne
250 g Crème fraîche
3 EL Zucker
1 Päckchen Vanillezucker
250 g Himbeeren
Puderzucker zum Bestäuben

Für den Teig

90 g Mehl
2 EL Zucker
1 Prise Salz
2 Eier
200 ml Milch
Öl zum Braten

1 Für den Pfannkuchenteig das Mehl mit Zucker und Salz mischen. Die Eier hineinschlagen und etwas Milch dazugießen. Alles mit dem Schneebesen verrühren, dann nach und nach die restliche Milch unterrühren. Teig möglichst 30 Minuten kalt stellen.

2 Etwas Öl in einer kleinen Pfanne erhitzen, 2–3 EL Teig hineingeben und durch Schwenken verteilen. Den Teig etwa 2 Minuten braten, bis er auf der Unterseite bräunt. Wenden und die andere Seite rasch braten. Auf einen Teller legen. So aus dem gesamten Teig Pfannkuchen braten. Abkühlen lassen.

3 Sahne mit Crème fraîche, Zucker und Vanillezucker steif schlagen. 4 EL Sahne für die Garnitur beiseitestellen.

4 Eine Handvoll Himbeeren beiseitelegen. Die anderen mit einer Gabel leicht zerdrücken und locker unter die Sahnemischung heben.

5 Die Pfannkuchen auf einer Kuchenplatte mit Sahne zwischen den einzelnen Stücken aufeinanderstapeln. Die Torte mit der restlichen Sahne und den ganzen Himbeeren garnieren, mit Puderzucker bestäuben und servieren.

Kalte Reiscreme mit warmer Beerensauce

Hier bildet die warme Beerensauce einen guten Kontrast zur gekühlten Reiscreme. Für die Sauce können Sie jede Beerensorte nehmen.

10 MIN. PLUS KÜHLZEIT 20 MIN.

FÜR 4-6 PERSONEN

800 ml Milch
150 g Langkornreis
100 g Zucker
300 g Sahne
90 g Mandeln, gehäutet
1 EL Cream Sherry
Mark von 1 Vanilleschote
300 g gemischte Beeren (z. B. Schwarze Johannisbeeren, Himbeeren und Brombeeren)

1 Die Milch mit dem Reis und 50 g Zucker in einem Topf aufkochen lassen. Den Reis in 15–20 Minuten bei schwacher Hitze unter gelegentlichem Rühren garen. In eine Schüssel füllen und abkühlen lassen.

2 Die Sahne steif schlagen und unter den abgekühlten Reis rühren.

3 Die Mandeln in einer trockenen Pfanne goldgelb rösten, abkühlen lassen und fein hacken. Den Reis mit Mandeln, Sherry und Vanille mischen und für 3–4 Stunden oder über Nacht in den Kühlschrank stellen.

4 Für die Sauce die Beeren mit dem restlichen Zucker und 1 EL Wasser vorsichtig erhitzen; 3–4 Minuten köcheln lassen, bis sie weich werden. Die Sauce pürieren und durch ein feines Sieb streichen. Zum Servieren die heiße Beerensauce über den kalten Reis gießen.

Beeren-Eis-Kuchen

Ein superschnelles Dessert, für das ein fertig gekaufter Biskuitboden einfach nur mit Eiscreme und vielen saftigen Beeren gefüllt wird.

10 MIN.

FÜR 6 PERSONEN

- 3-4 Kugeln Schokoladeneiscreme
- 3-4 Kugeln Vanilleeiscreme
- 1 Biskuit-Obsttortenboden (20 cm Ø)
- 500 g gemischte Beeren (z. B. Himbeeren, Brombeeren, Erdbeeren, Johannisbeeren)
- etwas Cassis oder anderer Likör (nach Belieben)

1 Die Eiscreme in der Mitte des Tortenbodens anrichten. Die Beeren darauf und daneben verteilen.

2 Nach Belieben die Beeren mit Cassis oder anderem Likör beträufeln und den Kuchen sofort servieren.

Erdbeer-Eisbecher

Wenn Sie die Kombination Eis und Erdbeeren lieben, kommen Sie hier voll auf Ihre Kosten. Servieren Sie das Dessert mit langen Cocktaillöffeln, damit nichts in den Gläsern übrigbleibt.

15 MIN.

FÜR 2 PERSONEN

- 200 g Erdbeeren, entkelcht
- etwas Erdbeerlikör oder anderer Likör
- 150 g Sahne
- 2 Scheiben Rührkuchen
- 6 Kugeln Vanilleeiscreme
- 50 g gehäutete Mandeln, grob gehackt

1 Zwei Erdbeeren beiseitelegen, die übrigen in Scheiben schneiden. Erdbeerscheiben in einer Schüssel mit Likör beträufeln und grob pürieren. Die Sahne steif schlagen.

2 Die Kuchenscheiben auf den Boden von zwei hohen Dessertgläsern drücken. In jedes Glas 1 EL Erdbeersauce, 1 Kugel Eiscreme, 1 EL Sahne, wieder Erdbeersauce usw. schichten. Mit Eiscreme abschließen. Die Eisbecher mit Mandeln bestreuen und mit je 1 Erdbeere garnieren.

Sauerkirsch-Schoko-Brownies

Das säuerliche Aroma und die Konsistenz der Kirschen bilden einen himmlischen Kontrast zur gehaltvollen Schokolade.

15 MIN. 30–35 MIN.

FÜR 16 STÜCK

- 150 g Butter, gewürfelt, plus mehr für die Form
- 150 g Bitterschokolade, zerkleinert
- 250 g heller Muscovado-Zucker
- 3 Eier
- 1 Päckchen Vanillezucker
- 150 g Mehl, gesiebt, mit 1½ TL Backpulver gemischt
- 100 g Sauerkirschen, entsteint und geviertelt
- 1 EL Kakaopulver

1 Den Backofen auf 180 °C vorheizen. Eine rechteckige ofenfeste Form (20 x 25 cm) fetten und mit Backpapier auskleiden. Butter und Schokolade über dem heißen Wasserbad zum Schmelzen bringen, den Zucker gründlich unterrühren und die Masse abkühlen lassen.

2 Eier und Vanillezucker in die Schokoladenmasse rühren und diese unter das gesiebte Mehl heben – nicht zu kräftig rühren. Sauerkirschen und Schokolade unterheben.

3 Den Teig in die Form füllen und im Ofen (Mitte) 20–25 Minuten backen. Der Brownie ist fertig, wenn er am Rand fest ist und er sich in der Mitte noch weich anfühlt.

4 Den Kuchen in der Form 5 Minuten stehen lassen. Dann herausnehmen, in Quadrate schneiden und diese auf einem Kuchengitter auskühlen lassen.

Erdbeerkuchen

Nach diesem Rezept können Sie unterschiedlichste Obstkuchen machen, indem Sie einfach andere Früchte verwenden.

40 MIN. PLUS KÜHLZEIT **25 MIN.**

FÜR 1 TARTEFORM (22 CM Ø)

- 150 g Mehl, plus mehr zum Arbeiten
- 100 g kalte Butter, gewürfelt
- 50 g Zucker
- 1 Eigelb
- 1 Päckchen Vanillezucker
- 6 EL Johannisbeergelee zum Glasieren
- 300 g Erdbeeren, in dicke Scheiben geschnitten

Für die Konditorcreme

- 100 g Zucker
- 50 g Speisestärke
- 2 Eier
- Mark von 1 Vanilleschote
- 400 ml Milch

1 Aus Mehl, Butter, Zucker, Vanillezucker und Eigelb einen Mürbeteig herstellen, falls nötig, etwas Wasser dazugeben. Den Teig in Frischhaltefolie wickeln und für 1 Stunde in den Kühlschrank legen.

2 Den Backofen auf 180 °C vorheizen. Den Teig auf einer bemehlten Arbeitsfläche zu einem etwa 3 mm dünnen und 26 cm großen Kreis ausrollen. Die Form mit dem Teig auskleiden, dabei über den Rand ragen lassen. Teig, der mehr als 2 cm übersteht, mit der Küchenschere abschneiden.

3 Den Teigboden mit einer Gabel mehrmals einstechen, mit Backpapier belegen und mit getrockneten Hülsenfrüchten beschweren. Die Form auf ein Backblech stellen und den Teig im Ofen 20 Minuten backen, bis er am Rand goldgelb ist. Herausnehmen, Hülsenfrüchte und Papier entfernen und den Mürbeteigboden noch 5 Minuten backen. Aus dem Ofen nehmen und überstehenden Teig abschneiden.

4 Das Johannisbeergelee mit 1 EL Wasser erwärmen und etwas davon auf den Tortenboden streichen. Diesen in der Form abkühlen lassen; restliches Gelee beiseitestellen.

5 Für die Konditorcreme Zucker, Speisestärke, Eier und Vanille in einer Schüssel cremig schlagen.

6 Die Milch in einem Topf erhitzen. Sobald sie aufkocht, vom Herd nehmen und unter Rühren zur Eiermischung gießen. Die Creme in den Topf zurückgießen und unter Rühren bei mittlerer Hitze aufkochen lassen. Wenn die Creme andickt, die Hitze reduzieren und die Creme 2–3 Minuten köcheln lassen. In eine Schüssel füllen, mit Frischhaltefolie abdecken und ganz auskühlen lassen.

7 Die kalte Konditorcreme kräftig durchschlagen und auf dem Mürbeteigboden verteilen. Die Erdbeerscheiben darauf kreisförmig anrichten. Das restliche Gelee erwärmen, auf die Erdbeeren streichen und fest werden lassen. Vor dem Servieren den Kuchen aus der Form nehmen.

Aprikosen-Streuselkuchen

Unter buttrigen Streuseln verbergen sich saftige Aprikosen auf knusprigem Mürbeteig – köstliche Schnitten zu jeder Gelegenheit.

20 MIN. PLUS KÜHLZEIT — 1 STD. 15 MIN.

FÜR 1 RECHTECKIGE BACKFORM (ETWA 13 X 36 CM)

- 200 g weiche Butter
- 100 g Zucker
- 200 g Mehl
- 100 g Speisestärke
- 250 g Aprikosen, gehäutet, entsteint und grob gewürfelt
- abgeriebene Schale von ½ Bio-Zitrone

Für die Streusel

- 75 g Butter, gewürfelt
- 150 g Mehl
- 75 g Zucker

1 Die Form mit Backpapier auskleiden. Butter mit Zucker mit den Quirlen des Handrührgeräts hell und cremig schlagen. Mehl und Speisestärke dazusieben und unterrühren; zum Schluss alles leicht mit den Händen zu einem glatten Teig zusammenkneten. Den Teig gleichmäßig auf den Formboden drücken; für mindestens 1 Stunde in den Kühlschrank stellen.

2 Den Backofen auf 180 °C vorheizen. Für die Streusel die Butter und das Mehl mit den Fingerspitzen krümelig zusammenreiben. Zucker untermischen. Die Aprikosen mit der Zitronenschale auf dem gekühlten Teig verteilen und mit den Streuseln bestreuen. Die Streusel etwas andrücken.

3 Den Kuchen im Ofen etwa 1¼ Stunden backen, bis bei der Stäbchenprobe kein Teig mehr haften bleibt. In der Form abkühlen lassen, dann in Stücke schneiden.

Variante

Pflaumen-Streusel-Schnitten

Statt der Aprikosen 300 g Pflaumen entkernen und grob würfeln. Und statt Zitronenschale Limettenschale nehmen. In Schritt 2 die Pflaumen und Limettenschale auf den Teig geben. Wie beschrieben fertigstellen.

Beerengratin mit Sabayon

Nehmen Sie ganz reife Beeren für das Gratin, die mit ihrem vollen Aroma die zitronige Schaumsauce perfekt ergänzen.

15-20 MIN. PLUS KÜHLZEIT — 1-2 MIN.

FÜR 4 PERSONEN

- 400 g gemischte Beeren (z. B. Himbeeren, Erdbeeren, Brombeeren oder Heidelbeeren)
- 1 Bio-Zitrone
- 3 Eigelb
- 50 g Zucker
- 100 ml Orangenlikör (z. B. Grand Marnier) oder Marsala

1 Die Beeren verlesen und, falls nötig, waschen. Große Beeren kleiner schneiden. Beeren auf vier kleine Gratinformen oder ofenfeste Dessertteller verteilen und in den Kühlschrank stellen.

2 Den Backofengrill vorheizen oder einen Gasbrenner vorbereiten. Von 1 Zitronenhälfte die Schale abreiben. Eigelbe, Zucker und Likör in einer großen, hitzebeständigen Schüssel mit dem Schneebesen verrühren. Einen Topf, in den die Schüssel passt, mit etwas Wasser füllen und dieses zum Köcheln bringen. Die Schüssel daraufsetzen.

3 Die Eigelbmischung 5–8 Minuten kräftig schlagen, bis sie schaumig und dick ist. Der Schneebesen soll in der Masse eine sichtbare Spur hinterlassen. Die Schüssel vom Topf nehmen, die Zitronenschale unter die Masse rühren und 1–2 Minuten weiterschlagen, bis sie etwas abgekühlt ist.

4 Die Formen oder Teller mit den Beeren auf ein Backblech stellen und das Sabayon auf den Beeren verteilen. Etwa 15 cm unter dem Grill in den Ofen stellen und gratinieren (oder mit dem Brenner gratinieren), bis das Sabayon goldbraun ist und die Beeren warm sind. Die Formen oder Teller auf größere Teller setzen; sofort servieren.

Kirsch-Cheesecake

Ganze Kirschen in süßer Kirschsauce auf zitroniger Ricotta-creme – so wird dieser ungebackene Käsekuchen zu einer willkommenen sommerlichen Erfrischung.

30 MIN. PLUS KÜHLZEIT **5 MIN.**

FÜR 1 SPRINGFORM (20 CM Ø)

- 75 g Butter, plus mehr für die Form
- 200 g Butterkekse, zerbröselt
- 4 Blatt Gelatine
- 500 g Ricotta
- 75 g Zucker
- abgeriebene Schale und Saft von 4 Bio-Zitronen
- 150 g Sahne
- 350 g Kirschen, entsteint
- 200 ml Apfelsaft
- 2 EL Johannisbeergelee

1 Die Form fetten und mit Backpapier auskleiden. Die Butter zerlassen, die Brösel gründlich unterrühren. Die Mischung in die Form geben und gut andrücken.

2 Die Gelatine in 5 Minuten in Wasser einweichen. Inzwischen den Ricotta mit Zucker und Zitronenschale glatt rühren. Die Sahne steif schlagen und unter die Ricottamasse ziehen.

3 Zitronensaft erhitzen. Gelatine ausdrücken und darin unter Rühren auflösen (nicht kochen lassen!). Die Gelierflüssigkeit kurz abkühlen lassen, dann unter die Ricottasahne rühren. Die Masse gleichmäßig auf dem Bröselboden verstreichen. Für mindestens 2 Stunden kalt stellen, bis die Ricottacreme schnittfest ist.

4 Die Kirschen mit dem Apfelsaft in einem Topf aufkochen und 2–3 Minuten köcheln lassen, bis sie Saft abgeben. Mit einem Schaumlöffel herausheben. Das Johannisbeergelee in den Saft rühren und auflösen. Noch einmal aufkochen und köcheln lassen, bis die Flüssigkeit auf etwa ein Viertel eingekocht ist. Abkühlen lassen. Die Kirschen auf dem Kuchen verteilen und mit der Sauce begießen.

Himbeersahnetorte

Ein saftiger Biskuit mit köstlicher Himbeerfüllung.

30 MIN. **25–30 MIN.** **TK-TAUGLICH**

FÜR 1 SPRINGFORM (20 CM Ø)

- 40 g Butter
- 4 große Eier (L)
- 125 g Zucker
- 125 g Mehl
- 1 Päckchen Vanillezucker
- abgeriebene Schale von 1 Bio-Zitrone
- 400 g Sahne
- 300 g Himbeeren, plus mehr zum Garnieren
- 1 EL Puderzucker

1 Die Butter zerlassen. Den Backofen auf 180 °C vorheizen. Die Form fetten und mit Backpapier auskleiden.

2 Eier und Zucker in eine hitzebeständige Schüssel geben. In einem Topf, auf den die Schüssel passt, Wasser aufkochen; vom Herd nehmen. Die Schüssel auf den Topf setzen und die Eier mit den Quirlen des Handrührgeräts in 5 Minuten zu einer dicken hellen Creme schlagen, die ein etwa fünfmal größeres Volumen angenommen hat. Die Schüssel vom Topf nehmen und die Creme 1 Minute weiterschlagen. Das Mehl unterheben, dann Vanillezucker, Zitronenschale und die zerlassene Butter. Die Biskuitmasse in die Form füllen und im Ofen 25–30 Minuten backen, bis die Oberfläche goldbraun und elastisch ist. Zur Garprobe ein Holzstäbchen in den Biskuit stechen; bleibt kein Teig daran haften, ist er gar.

3 Den Biskuit ein paar Minuten in der Form ruhen lassen, dann auf ein Kuchengitter stürzen. Backpapier abziehen. Den ausgekühlten Biskuit mit einem Sägemesser quer in drei gleich dicke Böden schneiden.

4 Die Sahne steif schlagen. Die Himbeeren mit dem Puderzucker leicht zerdrücken, abtropfen lassen und unter die Sahne heben. Den unteren Biskuitboden auf eine Teigplatte legen, die Hälfte der Himbeersahne daraufstreichen. Den zweiten Biskuitboden daraufsetzen und mit der restlichen Sahne bestreichen. Diese mit dem oberen Biskuitboden bedecken. Die Torte mit Himbeeren garnieren, mit Puderzucker bestäuben und servieren.

Paprika in Olivenöl

So schmecken Paprikaschoten besonders gut. Durch das Rösten werden sie süßlich und intensiver im Geschmack; das Olivenöl sorgt für eine angenehme Konsistenz.

10-15 MIN. 25-30 MIN.

ERGIBT ETWA 750 ML

- 3 rote Paprikaschoten
- 3 orange Paprikaschoten
- 3 gelbe Paprikaschoten
- 1 TL getrockneter Oregano
- Meersalz und frisch gemahlener schwarzer Pfeffer
- 2 EL Olivenöl, plus mehr für das Glas
- 2 EL Cidre-Essig

1 Den Backofen auf 200°C vorheizen. Die Paprikaschoten auf ein Backblech legen und im Ofen 25–30 Minuten rösten, bis sie beginnen, schwarz zu werden. Aus dem Ofen nehmen, in einen Gefrierbeutel legen und abkühlen lassen.

2 Die Paprikaschoten häuten und von Stielansätzen, Samen und Trennwänden befreien. Vierteln oder achteln. In eine Schüssel legen und mit Oregano, Salz und Pfeffer bestreuen. Das Öl mit dem Essig verrühren, über die Paprika gießen und vorsichtig untermischen.

3 Die Paprikastücke mit der gesamten Flüssigkeit in sterilisierte Gläser schichten, dann die Gläser bis zum Rand mit Olivenöl auffüllen. Die Gläser fest verschließen und kühl aufbewahren. Nach dem Öffnen in den Kühlschrank stellen, die Schoten immer mit Öl bedeckt halten und innerhalb von 4 Wochen verbrauchen.

Tomaten-Chili-Konfitüre

Konfitüre aus Tomaten ist normalerweise süß – diese hier ist eine eher pikante Variante. Wer sie süß mag, lässt Chili und Kräuter einfach weg.

10-15 MIN. 25-30 MIN.

ERGIBT ETWA 350 G

- 500 g Tomaten, gehäutet (siehe S. 197) und grob gewürfelt
- 1 TL Chiliflocken
- 1 TL gemischte getrocknete Kräuter
- Saft von 1 Zitrone
- Salz
- 250 g Zucker

1 Alle Zutaten bis auf den Zucker in einen großen Topf geben. Aufkochen und 8 Minuten köcheln lassen, bis die Tomaten aufplatzen und weich werden.

2 Den Zucker untermischen und die Mischung unter Rühren weiterköcheln, bis der Zucker aufgelöst ist. Die Masse aufkochen und 10–15 Minuten sprudelnd kochen lassen, dabei ab und zu umrühren.

3 Sobald die Masse dick wird, den Topf vom Herd nehmen. Die Gelierprobe machen: 1 TL Konfitüre auf eine gekühlte Untertasse geben. Wird die Probe fest, kann die Konfitüre abgefüllt werden. Falls Sie ein Zuckerthermometer verwenden möchten: Die Fruchtmasse muss 105°C heiß sein. Bei dieser Temperatur setzt sie sich an der Topfwand ab, und beim Kochen schäumt sie nicht mehr, sondern es steigen Blasen an die Oberfläche und zerplatzen.

4 Die Konfitüre in heiß ausgespülte, sterilisierte Gläser füllen. Sofort verschließen und abkühlen lassen. An einem kühlen, dunklen Platz aufbewahren. Nach dem Öffnen kalt stellen.

Pflaumenbrot

»Brot« bezeichnet hier eine schnittfeste Paste, die, ähnlich wie Quittenbrot, zu Käse oder als Konfekt serviert werden kann.

25-45 MIN. PLUS RUHEZEIT 1 STD. MIN. - 1 STD. 45 MIN.

ERGIBT ETWA 400 G

- 1 kg Kriechen-Pflaumen (Haferschlehen; ersatzweise kleine Zwetschgen), entsteint und gehackt
- Zucker (siehe Schritt 2)
- 15-30 g Butter (nach Belieben)

1 Die Pflaumen mit 300 ml Wasser in einen großen, schweren Topf geben. Aufkochen und 30–40 Minuten köcheln lassen, bis eine dicke, sirupähnliche Masse entstanden ist. Das Fruchtfleisch dabei gelegentlich mit dem Kartoffelstampfer oder einer Gabel zerdrücken.

2 Die Pflaumenmasse portionsweise durch ein Sieb in eine Schüssel streichen. Die durchpassierte Masse abmessen und pro 500 ml etwa 375 g Zucker dazugeben. Wenn die Fruchtmasse zu sauer oder herb ist, 600 g Zucker verwenden.

3 Die Masse in den Topf füllen und die Butter nach Belieben dazugeben (sie mildert die Herbheit der Früchte). Die Masse bei schwacher Hitze unter Rühren erhitzen, bis der Zucker aufgelöst ist, dann leicht kochen lassen.

4 Die Masse 35–45 Minuten oder länger köcheln lassen, bis sie zu einer schwarzvioletten Paste eingekocht ist, die blubbert und auf einem Kochlöffel haften bleibt. Zwischendurch häufig umrühren.

5 Währenddessen sterilisierte Gläser oder kleine Formen erhitzen. Pflaumenbrot einfüllen und glatt streichen. Mit Wachspapierkreisen abdecken und die Gläser fest verschließen. Oder das Pflaumenbrot abkühlen lassen, aus den Formen lösen und in Frischhaltefolie oder Wachspapier wickeln. An einem kühlen, dunklen Platz mindestens 6 Wochen ruhen lassen.

Tomaten-Paprika-Chutney

Das süße, cremige, mild gewürzte Chutney ist der ideale Begleiter zu Brie, Ziegenkäse oder anderem weichem Käse. Schärfer wird das Ganze, wenn Sie am Ende der Garzeit noch einen oder zwei Teelöffel Chiliflocken unterrühren.

20 MIN. PLUS ZIEHZEIT **1 STD. 30 MIN. - 2 STD.**

ERGIBT ETWA 2 KG

- 1 rote Paprikaschote
- 1 orange Paprikaschote
- 1 gelbe Paprikaschote
- 1,3 kg reife Tomaten, gehäutet (siehe S. 197)
- 2 Zwiebeln, grob gewürfelt
- 450 g Zucker
- 600 ml Weißweinessig

1 Den Backofen auf 200 °C vorheizen. Die Paprikaschoten auf ein Backblech legen und im Ofen 25–30 Minuten rösten, bis sie fast schwarz werden. Aus dem Ofen nehmen, in einen Gefrierbeutel legen und abkühlen lassen.

2 Die Paprikaschoten häuten, von Stielansätzen, Samen und Trennwänden befreien und grob würfeln. Mit Tomaten und Zwiebeln in der Küchenmaschine grob pürieren, aber nicht zermusen. Oder mit einem großen Messer hacken.

3 Die Tomaten-Paprika-Mischung mit Zucker und Essig in einen großen Edelstahltopf geben. Bei schwacher Hitze unter ständigem Rühren köcheln lassen, bis sich der Zucker aufgelöst hat, dann aufkochen und 1–1½ Stunden unter gelegentlichem Rühren köcheln lassen, bis die Masse dick wie Konfitüre ist. Eventuell die Hitze am Ende der Garzeit etwas erhöhen. Dabei ständig rühren, damit nichts am Topfboden ansetzt.

4 Das Chutney in heiß ausgespülte sterilisierte Gläser füllen. Die Gläser auf die Arbeitsfläche stoßen, um Luft aus dem Chutney zu entfernen, Kreise aus Backpapier auf das Chutney legen und die Gläser fest verschließen. Für 4 Wochen an einen kühlen, dunklen Platz durchziehen lassen. Nach dem Öffnen im Kühlschrank aufbewahren.

Brombeersirup

Es geht doch nichts über selbst gemachten Sirup – er ist viel fruchtiger als gekaufter. Prima zum Aromatisieren von Milchshakes und Smoothies oder als Sauce zu Eis.

20 MIN. 5 MIN. TK-TAUGLICH

ERGIBT ETWA 500 ML

500 g Brombeeren,
etwa 350 g Zucker
1 TL Zitronensäure

1 Die Beeren in einen mit ganz wenig Wasser gefüllten Topf geben und bei sehr schwacher Hitze so kurz wie möglich (3–5 Minuten) köcheln lassen, bis sie Saft abgeben. Die Beeren mit dem Kartoffelstampfer oder einem Löffelrücken zerdrücken.

2 Das Püree durch ein feines, mit einem Stück Mulltuch ausgelegtes Sieb streichen oder in einem Passiertuch vorsichtig ausdrücken, um allen Saft zu gewinnen.

3 Den Saft in einen Messbecher gießen. Pro 500 ml Saft 350 g Zucker und außerdem die Zitronensäure dazugeben. Rühren, bis der Zucker aufgelöst ist.

4 Den Sirup sofort in heiß ausgespülte sterilisierte Flaschen füllen und diese fest verschließen.

5 Den Sirup im Kühlschrank aufbewahren und innerhalb weniger Wochen verbrauchen. Oder den Sirup in gefriergeeignete Gefäße bis 2,5 cm unter den Rand füllen und einfrieren.

Pflaumen in Weinbrand

Auf diese Weise können Sie auch Renekloden einmachen. Wer mag, kann noch ein Stück Sternanis oder Zimtstange mit in die Gläser geben.

10 MIN. PLUS ZIEHZEIT

ERGIBT ETWA 1 L

etwa 500 g Pflaumen
etwa 175 g Zucker
etwa 350 ml Weinbrand

1 Die Früchte mit einer Gabel oder einer Stopfnadel anstechen. Sehr große Exemplare halbieren und entsteinen. Die Früchte dicht in sterilisierte Gläser legen, dabei aber nicht quetschen oder drücken.

2 Die Gläser zu einem Drittel mit Zucker füllen. Alles mit Weinbrand bedecken. Die Gläser vorsichtig auf der Arbeitsfläche aufstoßen, um Luft zu entfernen. Die Gläser fest verschließen und ein paarmal umdrehen, damit sich der Zucker etwas vermischt.

3 Der Zucker löst sich nach und nach langsam auf. Die Pflaumen in Weinbrand an einem kühlen, dunklen Platz 2–3 Monate durchziehen lassen, die Gläser zwischendurch immer mal wieder schütteln. Nach dem Öffnen im Kühlschrank aufbewahren und innerhalb von 2 Wochen verbrauchen.

Pflaumenkonfitüre mit Rum

Rum betont den Pflaumengeschmack besonders gut. Auch wenn während des Kochens der größte Teil der Früchte zerfällt, hat die Konfitüre eine angenehme Konsistenz.

30–35 MIN. 45–55 MIN.

ERGIBT ETWA 1,5 KG

1 kg Pflaumen, halbiert und entsteint
1 kg Zucker
3 EL dunkler Rum

1 Die Pflaumen mit 250 ml Wasser in einen großen Topf geben und aufkochen, dann 30 Minuten köcheln lassen, bis sie weich werden. Den Zucker hinzufügen, alles weiterköcheln und rühren, bis der Zucker sich aufgelöst hat.

2 Die Masse erneut aufkochen und 5–10 Minuten sprudelnd kochen lassen. Den Topf vom Herd nehmen. Die Gelierprobe machen: 1 TL Konfitüre auf eine gekühlte Untertasse geben. Wird die Probe fest, kann die Konfitüre abgefüllt werden. Falls Sie ein Zuckerthermometer verwenden möchten: Die Fruchtmasse muss 105 °C heiß sein. Bei dieser Temperatur setzt sie sich an der Topfwand ab, und beim Kochen schäumt sie nicht mehr, sondern es steigen Blasen an die Oberfläche und zerplatzen.

3 Den Rum unter die heiße Konfitüre rühren. Die Konfitüre in heiß ausgespülte, sterilisierte Gläser füllen. Sofort Kreise aus Wachspapier auflegen und die Gläser fest verschließen. An einem kühlen, dunklen Platz aufbewahren. Nach dem Öffnen kalt stellen.

Jetzt am besten **Pflaumen**

Sie gehören zu den vielseitigsten Früchten mit Farben von Grün über Gelb bis Rot zu Violett, es gibt kleine und große sowie runde und ovale Sorten. Einige sind süß, andere säuerlich, und auch in ihrem Saftgehalt unterscheiden sich Pflaumen. Die meisten reifen im Hochsommer, die übrigen im frühen Herbst. Manche Früchte eignen sich eher zum Kochen und Backen, andere schmecken am besten roh. Alle passen gut zu anderem Steinobst sowie zu Nüssen, Käse und Wein.

Sonne und humose Böden sind Voraussetzung für das Wachstum von Pflaumen. In kühleren Gebieten werden spätere Sorten angebaut, die erst nach dem letzten Frost blühen.

Gelbe Pflaumen Zu ihnen gehören die kleineren Mirabellen sowie größere japanische Sorten. Alle sind süß und saftig.

Pflaumen an der erkennbaren Furche aufschneiden, dann den Stein herausnehmen.

Rote Pflaumen Zu ihnen gehören z.B. die großen runden Pflaumen wie die 'Santa Rosa' (im Bild) mit rotvioletter fast schwarzer Schale und rotem oder gelbem Fruchtfleisch.

Grüne Stellen weisen darauf hin, dass die Pflaume noch nicht ganz reif ist.

Ovale Pflaumen Sie variieren von kleinen violetten bis zu größeren roten oder rosagelben Sorten wie die 'Königin Victoria' (im Bild). Größere blaue Früchte mit deutlicher Naht und festem Fruchtfleisch sind meist Zwetschgen (eine Unterart der Pflaumen).

Renekloden sind oval mit bereifter, leuchtend grüner oder grüngelber Schale.

Renekloden Die süßen wohlriechenden Früchte sollte man vorzugsweise roh genießen. Aus ihnen lassen sich aber auch köstliche Konfitüren, Kuchen und Kompotte zubereiten.

Wissenswert

Im Angebot

Zahlreiche Sorten, aber grundsätzlich zwei Typen – große runde japanische Sorten und kleinere europäische, zu denen Kriechenpflaumen, Zwetschgen und Renekloden gehören.

Einkauf Auf einwandfreie feste Exemplare achten, die auf Druck leicht nachgeben und duften.

Aufbewahren Reife Pflaumen in einer offenen Papiertüte im Gemüsefach des Kühlschranks, noch etwas unreife Früchte bei Raumtemperatur lagern.

Zubereiten Entsteinte Früchte für Kuchen, Knödel, Kompott. Pürierte für Soufflés, Mousses und Saucen.

Für den Vorrat In Zuckersirup, Weinbrand oder Rotwein einlegen; einkochen; trocknen; als Konfitüre oder Chutney; entsteinte Pflaumen einfrieren.

Rezepte

Clafoutis mit Pflaumen Seite 212

Pflaumen in Weinbrand Seite 234

Pflaumen-Zimt-Cobbler Seite 337

Pflaumenkonfitüre mit Rum Seite 234

Zwetschgenkuchen Seite 225

Kalt eingelegte Gurken

Bei dieser Methode wird das Gemüse erst gesalzen, um ihm so viel Flüssigkeit wie möglich zu entziehen. So bleibt es knackig, und der Essig, der anschließend dazugegossen wird, kann nicht verwässern.

10 MIN. PLUS ZIEHZEIT 1 STD. 20 MIN. - 1 STD. 30 MIN.

ERGIBT ETWA 1 KG

- 500 g Cornichons (kleine Einmachgurken; 5-6 cm lang)
- 125 g Meersalz
- 3-4 geschälte Schalotten
- 1-2 geschälte Knoblauchzehen (nach Belieben)
- 2-3 getrocknete Chilischoten (nach Belieben)
- 2-3 Gewürznelken (nach Belieben)
- ½ TL Korianderkörner, Pfefferkörner, Dillsamen oder 1 getrocknetes, zerkrümeltes Lorbeerblatt
- 2 Stängel Estragon, Dill oder Thymian
- 1 abgespültes Weinblatt (nach Belieben), zerzupft
- etwa 750 ml Weißweinessig

1 Die Gurken putzen, sorgfältig waschen und mit einem Küchentuch trocken reiben. Je nach Größe der Einmachgläser die Gurken ganz lassen, längs vierteln oder in 3 mm dicke Scheiben schneiden.

2 Eine Lage Meersalz in eine Schüssel füllen, darauf eine Lage Gurken geben und darauf eine weitere Schicht Salz. So weiterverfahren, bis alle Gurken aufgebraucht sind, dabei mit einer Salzschicht enden. Die Gurken bei Raumtemperatur 24 Stunden ziehen lassen.

3 Anschließend aus der Schüssel nehmen und abwaschen. Bis 1 cm unter den Rand in saubere, sterilisierte Einmachgläser schichten. Schalotten, eventuell Knoblauch sowie Gewürze und Kräuter dazugeben; Dill sorgt für den klassischen Geschmack und ein Weinblatt dafür, dass die Gurken knackig bleiben.

4 Die Gläser fest verschließen. An einem kühlen, dunklen Platz 3–4 Wochen durchziehen lassen. Zum Verzehr die Gurken mit einer Zange aus dem Glas nehmen und das angebrochene Glas im Kühlschrank aufbewahren.

Variante

Saure Gurken mit Silberzwiebeln

Nur 300 g Einmachgurken und zusätzlich 10 gehäutete Silberzwiebeln verwenden. Wie beschrieben salzen. Schalotten weglassen. Statt der angegebenen Kräuter 2 große Lorbeerblätter dazugeben.

Aprikosenkonfitüre mit Sekt

Durch die Zugabe von ein wenig Sekt entsteht eine ganz besondere Konfitüre.

15 MIN. PLUS ZIEHZEIT 25-30 MIN.

ERGIBT ETWA 700 G

- 500 g reife Aprikosen, entsteint und gewürfelt
- 300 g Gelierzucker 1:1
- Saft von 1 Zitrone
- 200 ml Sekt oder trockener spritziger Weißwein

1 Die Aprikosenwürfel mit dem Zucker in einem großen Topf mischen und zugedeckt bei Raumtemperatur für ein paar Stunden oder über Nacht ziehen lassen.

2 Anschließend Zitronensaft und Sekt oder Wein zum Obst geben und alles 10–12 Minuten köcheln lassen, bis die Aprikosenwürfel ziemlich weich sind.

3 Die Temperatur erhöhen und die Masse 10 Minuten sprudelnd kochen lassen. Den Topf vom Herd nehmen. Die Gelierprobe machen: 1 TL Konfitüre auf eine gekühlte Untertasse geben. Wird die Probe fest, kann die Konfitüre abgefüllt werden. Falls Sie ein Zuckerthermometer verwenden möchten: Die Fruchtmasse muss 105 °C heiß sein. Bei dieser Temperatur setzt sie sich an der Topfwand ab und beim Kochen schäumt sie nicht mehr, sondern es steigen Blasen an die Oberfläche und zerplatzen.

4 Die Konfitüre in heiß ausgespülte, sterilisierte Gläser füllen. Kreise aus Wachspapier darauflegen. Die Gläser sofort verschließen und an einem kühlen, dunklen Platz aufbewahren. Nach dem Öffnen kalt stellen.

Gemüsepickles

Die knackigen, scharfen Pickles werden nicht gekocht und sind supereinfach zuzubereiten. Servieren Sie sie beispielsweise als Teil einer Vorspeisenplatte.

30 MIN. PLUS ZIEHZEIT

ERGIBT ETWA 500 G

- 60 g Salz
- 1 kleiner Blumenkohl, in Röschen zerteilt
- 1 große Zwiebel, grob gewürfelt
- 2 Möhren, in Scheiben geschnitten
- 10 Cocktailtomaten
- 5 ganze Jalapeño-Chilischoten (nach Belieben)
- 600 ml Einmachessig bzw. 300 ml konzentrierter Einmach- oder Gurkenessig mit 300 ml Wasser verdünnt
- 1 TL Korianderkörner
- 1 TL Senfkörner

1 Das Salz in einer Schüssel mit 600 ml Wasser gründlich mischen. Das Gemüse wiegen, in die Salzlake geben und zugedeckt über Nacht stehen lassen. Falls das Gemüse mehr als 500 g wiegt, geben Sie entsprechend mehr Lake dazu. (Das Verhältnis von Salz zu Wasser muss immer 1:10 betragen.)

2 Den Einmachessig mit Koriander und Senf verrühren; beiseitestellen

3 Die Gemüse kalt abspülen, abtropfen lassen und gründlich trocken tupfen. In ein sterilisiertes Einmachglas schichten und mit dem Essig vollständig bedecken. Die Gläser fest verschließen. Das Gemüse erst 2 Tage bei Raumtemperatur, dann mindestens 1 Woche im Kühlschrank durchziehen lassen. Nach dem Öffnen im Kühlschrank aufbewahren.

Aprikosen und Mandeln in Amaretto

In Mandellikör marinierte Aprikosen sind ein Traum. Wenn Sie ganze Früchte verwenden möchten, diese vorher anstechen und 1–2 Minuten in dem Sirup pochieren.

10-15 MIN. PLUS ZIEHZEIT 20 MIN.

ERGIBT ETWA 1 L

- 100 g Zucker
- 500 g Aprikosen, halbiert und entsteint
- 75 g gehäutete Mandeln
- etwa 250 ml Mandellikör

1 Den Zucker mit 150 ml kaltem Wasser in einen breiten Topf geben. Unter Rühren langsam erhitzen, bis sich der Zucker aufgelöst hat.

2 Die Hälfte der Aprikosen nebeneinander in den Sirup legen. Aufkochen und 1 Minute kochen lassen, bis die Früchte gerade weich sind – sie dürfen nicht zerfallen. Mit einem Schaumlöffel herausheben und in ein heiß ausgespültes sterilisiertes Glas füllen. Die Hälfte der Mandeln dazugeben. Die restlichen Aprikosen und Mandeln ebenso verarbeiten.

3 Den Sirup wieder aufkochen und über die Früchte gießen. So viel Likör dazugießen, dass die Aprikosen vollständig davon bedeckt sind. Abkühlen lassen, die Gläser fest verschließen und hin und her drehen, damit sich Sirup und Likör vermischen. An einem kühlen, dunklen Platz 4 Wochen ziehen lassen. Nach dem Öffnen im Kühlschrank aufbewahren.

Süß eingelegte Pfirsiche

Fangen Sie die Aromen des Sommers mit diesen süß eingemachten Pfirsichen ein. Vor allem in der kälteren Jahreszeit sind sie ein nettes Mitbringsel.

10 MIN. 1 STD.

ERGIBT ETWA 500 ML

etwa 120 g Zucker

4–5 feste reife Pfirsiche, gehäutet, halbiert und entsteint (siehe S. 217)

geknackte Pfirsichsteine, die inneren Kerne gehäutet (nach Belieben)

1 Den Backofen auf 150 °C vorheizen. Den Zucker mit 600 ml Wasser in einen Topf geben, langsam aufkochen und 1–2 Minuten kochen lassen.

2 Das tiefe Backblech mit einer Schicht Zeitungspapier belegen und heiß ausgespülte, sterilisierte Einmachgläser daraufstellen. Die Pfirsiche hineinlegen, dabei die Gläser nicht ganz voll machen. Die Pfirsichkerne (nach Belieben) dazugeben und die Gläser mit dem heißen Zuckersirup füllen. Die Gläser vorsichtig aufstoßen und schwenken, um Luftblasen zu entfernen. Restlichen Sirup bis zum Rand der Gläser dazugießen und die Gläser leicht verschließen.

3 Das Blech mit den Gläsern in den Ofen (Mitte) schieben und 50–60 Minuten sterilisieren. Herausnehmen; die Gläser ganz fest verschließen. 24 Stunden stehen lassen. Danach prüfen, ob die Deckel fest schließen, falls nötig, fester zudrehen. An einem dunklen, kühlen Platz aufbewahren, nach dem Öffnen in den Kühlschrank stellen.

Aprikosenkonfitüre

Eine stückige Konfitüre ohne Schnickschnack, bei der der reine Aprikosengeschmack voll zur Geltung kommt. Ein leckerer Aufstrich für Brot und Brötchen.

10–15 MIN. PLUS ZIEHZEIT 12–15 MIN.

ERGIBT ETWA 700 G

500 g reife Aprikosen, halbiert und entsteint

350 g Zucker

Saft von 1 Zitrone

1 Die Aprikosen mit dem Zucker in einer Schüssel mischen und zugedeckt einige Stunden oder über Nacht stehen lassen.

2 Mit dem Zitronensaft in einen großen Topf geben. Langsam erhitzen, dabei rühren, damit der Zucker sich auflöst. Bei mittlerer Hitze 7–10 Minuten mäßig kochen lassen. Den Topf vom Herd nehmen. Die Gelierprobe machen: 1 TL Konfitüre auf eine gekühlte Untertasse geben. Wird die Probe fest, kann die Konfitüre abgefüllt werden. Falls Sie ein Zuckerthermometer verwenden möchten: Die Fruchtmasse muss 105 °C heiß sein. Bei dieser Temperatur setzt sie sich an der Topfwand ab, und beim Kochen schäumt sie nicht mehr, sondern es steigen Blasen an die Oberfläche und zerplatzen.

3 Die Aprikosenmasse etwas abkühlen lassen, bis sich oben eine dünne Haut bildet und die Früchte gleichmäßig in der Konfitüre verteilt sind. Anschließend in heiß ausgespülte, sterilisierte Gläser füllen und mit Kreisen aus Wachspapier bedecken. Die Gläser sofort verschließen und an einem kühlen, dunklen Platz aufbewahren. Nach dem Öffnen kalt stellen.

Himbeerkonfitüre

In Form einer Konfitüre lässt sich Obst am leichtesten konservieren: Es wird einfach nur mit Zucker gekocht, bis es geliert. Nach diesem Rezept erhalten Sie eine weiche Konfitüre.

5 MIN. 10-15 MIN.

ERGIBT ETWA 500 G

750 g Himbeeren
Saft von ½ Zitrone
550 g Zucker

1 Nur falls nötig die Beeren waschen. Die Beeren in einen großen Topf geben. Zitronensaft und 150 ml Wasser hinzufügen und zum Kochen bringen.

2 Die Beeren 3–5 Minuten köcheln lassen, bis sie weich sind und Saft abgeben. Den Zucker darüberstreuen. Alles bei schwacher bis mittlerer Hitze unter Rühren erhitzen, bis sich der Zucker aufgelöst hat, dann die Temperatur erhöhen.

3 Die Beeren 5–10 Minuten sprudelnd kochen lassen. Den Topf vom Herd nehmen. Die Gelierprobe machen: 1 TL Beerenmasse auf eine gekühlte Untertasse geben. Wird die Probe fest, kann die Konfitüre abgefüllt werden. Falls Sie ein Zuckerthermometer verwenden möchten: Die Fruchtmasse muss 105 °C heiß sein. Bei dieser Temperatur setzt sie sich an der Topfwand ab, und beim Kochen schäumt sie nicht mehr, sondern es steigen Blasen an die Oberfläche und zerplatzen.

3 Die Konfitüre in heiß ausgespülte, sterilisierte Gläser füllen. Kreise aus Wachspapier auf die Konfitüre legen. Die Gläser sofort verschließen und an einem kühlen, dunklen Platz aufbewahren. Angebrochene Gläser im Kühlschrank aufbewahren.

Gemischte Beerenkonfitüre

Dafür können Sie alle Sommerbeeren verwenden, die Sie gerade zur Verfügung haben. Eine Mischung aus Beeren und Kirschen schmeckt ebenfalls wunderbar.

5 MIN. 10-15 MIN.

ERGIBT ETWA 350 G

500 g gemischte Beeren (Erdbeeren, Himbeeren und Heidelbeeren), geputzt
500 g Zucker
Saft von 2 Zitronen

1 Die Beeren in einen großen, schweren Topf geben und leicht zerdrücken.

2 Den Zucker dazugeben und alles langsam erhitzen, dabei rühren, bis sich der Zucker aufgelöst hat. Die Beeren aufkochen und 5–10 Minuten sprudelnd kochen lassen. Den Topf vom Herd nehmen. Die Gelierprobe machen: 1 TL Konfitüre auf eine gekühlte Untertasse geben. Wird die Probe fest, kann die Konfitüre abgefüllt werden. Falls Sie ein Zuckerthermometer verwenden möchten: Die Fruchtmasse muss 105 °C heiß sein. Bei dieser Temperatur setzt sie sich an der Topfwand ab, und beim Kochen schäumt sie nicht mehr, sondern es steigen Blasen an die Oberfläche und zerplatzen.

3 Mit einem Schaumlöffel Schaum von der Oberfläche abnehmen. Die Konfitüre etwas abkühlen lassen, bis sich eine dünne Haut bildet. In heiß ausgespülte, sterilisierte Gläser füllen. Kreise aus Wachspapier auf die Konfitüre legen. Die Gläser sofort verschließen und an einem kühlen, dunklen Platz aufbewahren. Angebrochene Gläser im Kühlschrank lagern.

Jetzt am besten **Sommerbeeren**

Wenn die ersten Beeren an den Büschen reifen, kündigt das meist den Beginn des Sommers an. Im Hochsommer stehen dann die unterschiedlichsten Beerensorten in Hülle und Fülle zur Verfügung. Sie passen unglaublich gut zu Fleisch, Wild und Geflügel, sind eine begehrte Hauptzutat für zahlreiche Desserts und Kuchen und ebenso eine leckere Basis für Shakes und Smoothies.

Beeren gedeihen fast überall, auch in kühleren Regionen (im Bild Heidelbeeren) und auf fast jeder Art von Boden. Selbst im Schatten reifen Beeren an Büschen heran.

Brombeeren Zuchtbrombeeren sind größer und süßer als die Wildformen und früher reif als diese. Sie sollten fest, gedrungen und glänzend sein. Meist sind Brombeeren nachtschwarz, doch es gibt auch rote Sorten.

Himbeeren Die weichen, empfindlichen Beeren haben ein intensives, säuerliches Aroma. Aus den Blättern kann Tee bereitet werden.

Himbeeren bestehen aus Dutzenden von überaus saftigen Einzelbeeren.

Heidelbeeren Die kleinen, prallen, runden Beeren haben einen süß-milden Geschmack mit feinherber Note. Roh schmecken sie wunderbar, gekocht oder gebacken sogar noch besser.

Die blauschwarzen Beeren sind von einem zarten Reif überzogen.

Weiße Johannisbeeren Die transparenten, zarten Beeren sehen fast aus wie Perlen. Sie sind ein wenig kleiner als Rote Johannisbeeren und können roh genossen oder zu Konfitüre verarbeitet werden. Gezuckert sind sie eine hübsche Garnitur.

Rote Johannisbeeren Die leuchtend roten Beeren sind etwas kleiner und empfindlicher als Schwarze Johannisbeeren und haben eine säuerliche Note. Gut für Gelees, Saft, Sirup, Kuchen und Desserts.

Die kleinen, runden schwarzvioletten Beeren sind sehr saftig.

Schwarze Johannisbeeren Die herb-sauren Beeren sind bestens für Kuchen, Saucen, Konfitüren und Saft geeignet. Mit den duftenden Blättern lässt sich Eiscreme aromatisieren.

Wissenswert

Im Angebot

Verschiedene frühe, mittelspäte und späte Sorten. Etliche Beeren gibt es getrocknet.

Einkauf Auf glänzende und gleichmäßig gefärbte Beeren achten; austretender Saft ist ein Zeichen für Überreife.

Aufbewahren Am besten direkt nach dem Pflücken essen oder weiterverarbeiten. Im Kühlschrank mehrere Tage lagern, je nach Reifegrad.

Zubereiten Roh zum Garnieren von Kuchen, Torten und Desserts oder püriert für Saucen, Cremes und Füllungen; gekocht z. B. für Grütze.

Für den Vorrat Einfrieren; als Konfitüre, Gelee, Sirup; einlegen in Alkohol und Zuckersirup.

Rezepte

Amerikanische Heidelbeerpfannküchlein Seite 211

Beeren-Friands Seite 218

Himbeermousse Seite 210

Käsekuchen mit Schwarzen Johannisbeeren Seite 212

Beeren einfrieren

Nährstoffe und Aroma bleiben beim Einfrieren von Obst erhalten. Gleichzeitig werden jedoch die Zellwände aufgebrochen, was dazu führt, dass die Früchte nach dem Auftauen weich sind. Das Aroma nimmt dadurch allerdings keinen Schaden. Eingefrorene und aufgetaute Beeren eignen sich sehr gut zum Pürieren.

1 Überreife oder beschädigte Beeren aussortieren. Die reifen, intakter Beeren auf Blechen ausbreiten und großzügig mit Zucker bestreuen

2 Die Bleche für etwa 1 Stunde ins Tiefkühlgerät stellen, bis die Beeren angefroren sind. Anschließend die Beeren in Gefrierbeutel portionieren.

3 Die Beutel fest verschließen und mit dem Datum beschriften. Die Beeren bis zu 12 Monate im Tiefkühlgerät lagern.

Weinbrand-Kirschen

Saftige Kirschen, in Alkohol eingelegt, schmecken einfach unübertrefflich gut.

10 MIN. PLUS ZIEHZEIT

ERGIBT ETWA 750 ML

- 500 g feste intakte Süß- oder Sauerkirschen, entstielt
- etwa 175 g Zucker
- etwa 350 ml Weinbrand

1 Die Kirschen vorsichtig und dicht an dicht in breite, sterilisierte Einmachgläser schichten; die Kirschen dabei nicht zerdrücken.

2 Die Gläser zu einem Drittel mit Zucker füllen und den Weinbrand dazugießen. (Faustregel: ¼ – ⅓ Teile Zucker und ¾ – ⅔ Teile Alkohol auf 1 Teil Obst.)

3 Die Gläser vorsichtig auf die Arbeitsfläche stoßen, um Luftblasen zu entfernen; verschließen. Der Zucker löst sich langsam auf; schütteln Sie die Gläser während der Ruhezeit immer wieder, damit sich der Zucker gut auflöst und verteilt. An einem kühlen, dunklen Platz 2–3 Monate ziehen lassen.

Variante

Rumtopf

Dafür gibt es spezielle Gefäße aus Steingut. Wichtig ist, dass sie gut schließende Deckel haben. Alle Sommerfrüchte eignen sich für Rumtopf: Kirschen, halbierte und entsteinte Aprikosen, Pfirsiche, Pflaumen, Zwetschgen; Erd-, Him- oder Johannisbeeren und Weintrauben. Die Früchte abwiegen, mit halb so viel Zucker mischen und 1 Stunde ziehen lassen. Zu den anderen Früchten in den Rumtopf geben und mit Rum (mind. 54 Vol. %) bedecken. Einen passenden Teller oder Ähnliches in den Rumtopf legen und beschweren, damit die Früchte nicht nach oben steigen. Die Öffnung des Gefäßes mit Frischhaltefolie verschließen und den Deckel darauflegen. Rumtopf an einem dunklen, kühlen Platz aufbewahren und nach der letzten Obstzugabe 1–3 Monaten ziehen lassen.

Himbeer-Minz-Konfitüre

Ein wenig kühlende Minze verleiht dieser tiefroten Konfitüre eine feine Geschmacksnote.

10 MIN. PLUS ZIEHZEIT — 10–15 MIN.

ERGIBT ETWA 1 KG

- 700 g Himbeeren
- 500 g Zucker
- 1 Handvoll Minze, sehr fein gehackt
- Saft von 1 Zitrone

1 Die Beeren mit dem Zucker in einer Schüssel mischen und zugedeckt bei Raumtemperatur für ein paar Stunden oder über Nacht ziehen lassen.

2 Beeren mit Minze und Zitronensaft in einen großen Topf geben und 5–8 Minuten köcheln lassen. Aufkochen und 5–10 Minuten sprudelnd kochen lassen.

3 Den Topf vom Herd nehmen. Die Gelierprobe machen: 1 TL Konfitüre auf eine gekühlte Untertasse geben. Wird die Probe fest, kann die Konfitüre abgefüllt werden. Falls Sie ein Zuckerthermometer verwenden möchten: Die Fruchtmasse muss 105 °C heiß sein. Bei dieser Temperatur setzt sie sich an der Topfwand ab, und beim Kochen schäumt sie nicht mehr, sondern es steigen Blasen an die Oberfläche und zerplatzen.

4 Die Konfitüre in heiß ausgespülte, sterilisierte Gläser füllen und verschließen. An einem kühlen, dunklen Platz aufbewahren; nach dem Öffnen kalt stellen.

Nektarinen-Relish mit Sauerkirschen

Das Relish vereint frische, fruchtige Aromen mit warm-aromatischen Gewürzen. Getrocknete Kirschen und Zwiebeln sorgen für angenehmen Biss.

20 MIN. PLUS ZIEHZEIT — 50 MIN. - 1 STD. 10 MIN.

ERGIBT ETWA 800 G

- 1 EL Olivenöl
- 2 rote Zwiebeln, fein gewürfelt
- Meersalz
- 1 TL Chiliflocken
- 500 g Nektarinen, entsteint und gewürfelt
- 125 g getrocknete Sauerkirschen oder Cranberrys
- 1 TL Korianderkörner
- 1 Prise gemahlener Zimt
- 1 Prise gemahlener Piment
- 300 g brauner Zucker
- 150 ml Weißweinessig

1 Das Öl in einem großen Edelstahltopf erhitzen. Die Zwiebeln darin mit etwas Salz glasig dünsten.

2 Chiliflocken, Nektarinen, Kirschen, Gewürze, Zucker und Essig dazugeben; rühren, bis sich der Zucker aufgelöst hat. Unter gelegentlichem Rühren aufkochen lassen und 40–60 Minuten köcheln lassen, bis die Masse dick wird. Am Ende der Garzeit häufiger rühren, damit die Masse nicht am Boden ansetzt. Falls nötig, etwas heißes Wasser dazugeben.

3 Das Relish in heiß ausgespülte, sterilisierte Gläser füllen und verschließen. An einem kühlen, dunklen Platz aufbewahren. Vor dem Verzehr mindestens 4 Wochen durchziehen lassen; nach dem Öffnen kalt stellen.

Johannisbeerlikör

Wer reinen, 96%igen Alkohol bekommt, kocht aus 150 g Zucker und 150 ml Wasser einen Sirup und gibt diesen mit derselben Menge Alkohol zum Obst.

30 MIN. PLUS ZIEH- UND ABTROPFZEIT

ERGIBT ETWA 750 ML

- 300 g Schwarze Johannisbeeren (möglichst an den Rispen)
- 1 Zimtstange
- 3 Gewürznelken
- 200 g Zucker
- 300 ml Wodka oder Doppelkorn (40 %)

1 Die Johannisbeeren gründlich waschen, abtrocknen und von den Rispen zupfen. In eine saubere Flasche mit weitem Hals füllen. Zimtstange halbieren und mit den Nelken dazugeben, Zucker durch einen Trichter in die Flasche schütten. Die Flasche mit dem Alkohol füllen und gut verschließen.

2 Den Ansatz an einem kühlen dunklen Platz etwa 2 Wochen ziehen lassen. Die Flasche immer wieder schütteln, damit sich der Zucker auflöst und sich alles gut vermischt.

3 Ein Sieb mit einem Küchentuch auslegen, über einen großen Topf oder eine Schüssel hängen und den Ansatz mit den Beeren hineingießen. Gut abtropfen lassen (mehrere Stunden bis über Nacht). Den Likör in sterilisierte Flaschen füllen und gut verschließen. Die im Sieb zurückgebliebenen Beeren wie Rumtopf zu Eis oder Pudding servieren.

Variante

Sauerkirschlikör

Hierfür statt der Johannisbeeren entsteinte, halbierte Sauerkirschen verwenden und den Likör wie beschrieben zubereiten. 4 Wochen ziehen lassen.

Pfirsich-Himbeer-Konfitüre

Reife Pfirsiche und Himbeeren vereinen sich zu einer rotorangefarbenen weichen Konfitüre mit herrlich frischem, fruchtigem Geschmack.

10 MIN. PLUS ZIEHZEIT 25 MIN.

ERGIBT ETWA 1 KG

- 700 g knapp reife Pfirsiche, entsteint und in Spalten geschnitten
- 200 g Himbeeren
- 400 g Gelierzucker 1:1
- Saft von 1 Zitrone

1 Die Früchte mit dem Zucker in eine Schüssel mischen und zugedeckt bei Raumtemperatur ein paar Stunden oder über Nacht stehen lassen.

2 Mit dem Zitronensaft in einen großen Topf geben. 15 Minuten köcheln lassen, bis die Früchte sehr weich sind.

3 Die Temperatur erhöhen und die Masse 10 Minuten sprudelnd kochen lassen. Den Topf vom Herd nehmen. Die Gelierprobe machen: 1 TL Konfitüre auf eine gekühlte Untertasse geben. Wird die Probe fest, kann die Konfitüre abgefüllt werden. Falls Sie ein Zuckerthermometer verwenden möchten: Die Fruchtmasse muss 105 °C heiß sein. Bei dieser Temperatur setzt sie sich an der Topfwand ab, und beim Kochen schäumt sie nicht mehr, sondern es steigen Blasen an die Oberfläche und zerplatzen.

4 Die Konfitüre in heiß ausgespülte, sterilisierte Gläser füllen und verschließen. An einem kühlen, dunklen Platz aufbewahren; nach dem Öffnen kalt stellen.

Tiefkühl-Beerenkonfitüre

Diese Beerenmischung ist nur im Tiefkühlgerät haltbar. Sie schmeckt als Brotaufstrich, als fruchtige Zugabe für Joghurt und Quark oder als Sauce zu Eiscreme.

6–8 MIN. PLUS KÜHLZEIT 7–9 MIN. TK-TAUGLICH

ERGIBT ETWA 500 G

- 250 g Heidelbeeren
- 250 g Himbeeren
- 2 TL Zitronensaft
- 1 EL Agar-Agar
- 120 g Zucker

1 Die Früchte müssen Raumtemperatur haben. Beeren mit Zitronensaft in eine Schüssel geben und mit dem Kartoffelstampfer grob zerdrücken.

2 200 ml Wasser in einen Topf füllen, das Agar-Agar hineinstreuen und 2–3 Minuten quellen lassen. Den Topf einmal schwenken, dann das Wasser ohne zu rühren zum Kochen bringen. 3–5 Minuten köcheln lassen, dabei gelegentlich rühren, damit sich das Agar-Agar komplett auflöst. Den Zucker dazugeben und bei schwacher Hitze 2–3 Minuten weiterrühren. Den Topf vom Herd nehmen.

3 Den heißen Agar-Agar-Sirup über die Beeren in der Schüssel gießen, dabei rühren, bis alles vermischt ist.

4 Die Masse auf gefriertaugliche Gefäße verteilen, diese nicht ganz voll machen. Abkühlen lassen, verschließen und über Nacht im Kühlschrank auskühlen lassen. Dann in das Tiefkühlgerät stellen. Aufgetaute Konfitüre kalt stellen und innerhalb von 2 Wochen aufbrauchen.

Feigen in Honig

Feigen verlieren bei diesem Rezept zwar ihre typische Farbe und werden grüner, doch ihr Geschmack gewinnt dank der Honigsirup-Marinade mit Zitronenschale an Intensität.

10 MIN. 1 STD.

ERGIBT ETWA 1 L

- 250 g klarer Honig
- 2 Streifen abgezogene Schale von 1 Bio-Zitrone, 1 cm breit
- Saft von 1 Zitrone
- 16 kleine reife Feigen (oder 12 große), gewaschen und abgetrocknet

1 Den Honig mit 500 ml kaltem Wasser sowie Zitronenschalen und -saft in einen breiten Topf geben. Langsam erhitzen und dabei rühren, damit sich der Honig auflöst. Aufkochen und 3 Minuten sprudelnd kochen lassen. Die Feigen hineinlegen und alles noch 2 Minuten sprudelnd kochen lassen.

2 Den Backofen auf 150 °C vorheizen. Das tiefe Backblech mit einer Schicht Zeitungspapier auslegen und heiß ausgespülte, sterilisierte Einmachgläser daraufstellen. Mit einem Schaumlöffel die Feigen aus dem Sirup heben und hineinlegen, dabei die Gläser nicht vollständig füllen und die Feigen nicht zu stark drücken. Die Zitronenschalen aus dem Sirup nehmen. Den heißen Sirup in die Gläser füllen und die Feigen ganz damit bedecken. Die Gläser vorsichtig aufstoßen und schwenken, um Luftblasen zu entfernen.

3 Die Gläser nur leicht verschließen. Das Blech mit den Gläsern in den Ofen (Mitte) schieben und die Gläser 50–60 Minuten sterilisieren. Herausnehmen, die Deckel ganz fest verschließen. Die Gläser 24 Stunden stehen lassen, prüfen, ob sie fest verschlossen sind, falls nötig, die Deckel fester zudrehen. Die Gläser an einem dunklen, kühlen Platz aufbewahren. Angebrochene Gläser im Kühlschrank aufbewahren.

Süß-saure Gurken

In den USA sind »Pickled Cucumbers« sehr beliebt. Sie werden mit heißem Essig eingelegt und sind deshalb eher weich als knackig.

10 MIN. PLUS ZIEHZEIT 10 MIN.

ERGIBT ETWA 1,25 KG

- 1 große Gurke, gewürfelt oder in Scheiben geschnitten
- 1 große weiße Zwiebel, geschält und gewürfelt oder in Scheiben geschnitten
- 2 kleine grüne Paprikaschote, in dünne Streifen geschnitten
- 1 TL Meersalz
- 300 ml Cidreessig
- 220 g brauner Zucker
- ¼ TL Selleriesamen
- ¼ TL Senfkörner
- ¼ TL gemahlene Gewürznelken
- ¼ TL Dillsamen

1 Gurke, Zwiebel und Paprikaschoten in eine große Schüssel geben, mit Salz bestreuen und alles mischen. Zudecken und 2 Stunden durchziehen lassen.

2 Anschließend das Gemüse kalt abspülen, abtropfen lassen und in einen großen Edelstahltopf geben. Den Essig dazugießen und aufkochen lassen. Vom Herd nehmen.

3 Die restlichen Zutaten unterrühren, bis sich der Zucker aufgelöst hat. Abkühlen lassen. Die Gemüse in heiß ausgespülte, sterilisierte Gläser füllen und verschließen. Mindestens 4 Wochen an einem kühlen, dunklen Platz stehen lassen; angebrochene Gläser im Kühlschrank aufbewahren.

Scharfes Auberginen-Chutney

Zarte Auberginenstücke, Schwarzkümmel und ein Ingwersud verleihen diesem Chutney ein einzigartiges Aroma. Es passt zu Lamm oder indischen Gerichten wie Currys.

10 MIN. PLUS ZIEHZEIT 1 STD. 20 MIN. - 1 STD. 30 MIN.

ERGIBT ETWA 1,5 KG

- 1 kg Auberginen, gewürfelt
- 2 rote Zwiebeln, grob gewürfelt
- Meersalz
- 1 EL Tomatenmark
- 500 ml Cidreessig
- 450 g brauner Zucker
- 175 g Sultaninen
- 1 Prise Chiliflocken
- 1 Zimtstange
- 2 EL Schwarzkümmelsamen (Nigella)
- 5 cm frischer Ingwer, geschält und fein gewürfelt

1 Auberginen, Zwiebeln und etwas Salz in einen großen Edelstahltopf geben. Mischen und das Tomatenmark unterrühren.

2 Essig und Zucker hinzufügen und verrühren, dann Sultaninen, Chiliflocken, Zimt, Schwarzkümmel und Ingwer untermischen. Alles leicht erhitzen, dabei gelegentlich rühren, bis sich der Zucker aufgelöst hat. Aufkochen lassen.

3 Die Hitze reduzieren und die Masse 1 Stunde köcheln lassen, dabei ab und zu umrühren, damit nichts ansetzt. Gegen Ende der Garzeit häufiger rühren. Das Chutney ist fertig, wenn es dick und leicht sirupartig ist und der Essig verdampft ist. Den Zimt herausnehmen.

4 Das Chutney in heiß ausgespülte, sterilisierte Gläser füllen. Sofort verschließen und abkühlen lassen. An einem kühlen, dunklen Platz mindestens 4 Wochen durchziehen lassen. Angebrochene Gläser im Kühlschrank lagern.

Salzheringe

Die Salzheringe passen gut in Salate, beispielsweise in einen Rote-Bete-Salat mit Radicchio und Saure-Sahne- oder Meerrettich-Dressing.

30 MIN. PLUS ZIEHZEIT

FÜR 2-4 PERSONEN

- 2 Heringsfilets
- dünne Streifen Schale von 1 Bio-Zitrone (nach Belieben)
- Olivenöl zum Begießen

Für die Beize

- 2 EL feines Meersalz
- 2 TL Zucker
- 1 TL Weinbrand
- frisch gemahlener schwarzer Pfeffer
- 2 TL gehackter Dill

1 Ein Heringsfilet mit der Hautseite nach unten auf eine Platte legen. Alle Zutaten für die Beize mischen und daraufstreuen. Das zweite Filet mit der Hautseite nach oben darauflegen. Das Fischpäckchen mit Frischhaltefolie bedecken, beschweren und für 24 Stunden in den Kühlschrank stellen. Nach 12 Stunden das Päckchen umdrehen und Flüssigkeit abgießen.

2 Nach dieser Zeit sind die Heringe verzehrfertig. Auf eine Servierplatte legen, mit Frischhaltefolie bedecken und im Kühlschrank aufbewahren.

3 Für einen intensiveren Geschmack die eingelegten Filets in Streifen schneiden (dabei möglichst viel von der Haut entfernen). Die Fischstreifen mit der Zitronenschale (nach Belieben) in kleine sterilisierte Gläser packen, vollständig mit Öl bedecken und für 48 Stunden im Kühlschrank durchziehen lassen.

Chutney mit Zucchini und Stangenbohnen

Die Mischung aus süßlichen und würzigen Geschmacksnoten passt gut zu fettem Fisch, aber genauso gut auch zu einem Salat sowie zu Brot und Käse.

15 MIN. PLUS ZIEHZEIT — 1 STD. 45 MIN.

ERGIBT ETWA 1 KG

- 600 g Stangenbohnen, in feine Stücke geschnitten
- 4 Zucchini, in dünne Scheiben geschnitten
- 400 g Kochäpfel, geschält und gewürfelt
- 2 Zwiebeln, fein gewürfelt
- 500 g brauner Zucker
- 1 TL Senfpulver
- 1 TL Kurkuma
- 1 TL Korianderkörner
- 600 ml Cidreessig

1 Bohnen, Zucchini, Äpfel und Zwiebeln in einen großen Edelstahltopf geben. Zucker, Senfpulver, Kurkuma und Koriander dazugeben. Den Essig darübergießen und alles verrühren.

2 Bei schwacher Hitze kochen lassen und rühren, bis sich der Zucker aufgelöst hat. Dann unter gelegentlichem Rühren etwa 10 Minuten sprudelnd kochen lassen. Die Hitze reduzieren und das Chutney etwa 1½ Stunden köcheln lassen, dabei ab und zu umrühren, bis die Masse dick wird. Gegen Ende der Garzeit öfter rühren, damit nichts am Topfboden ansetzt.

3 Das Chutney in heiß ausgespülte, sterilisierte Gläser füllen. Die Gläser leicht auf die Arbeitsfläche stoßen, damit Luft entweichen kann; fest verschließen. An einem dunklen, kühlen Platz 4 Wochen durchziehen lassen. Angebrochene Gläser im Kühlschrank aufbewahren.

Rote-Bete-Pickles

Ein wunderschön rot gefärbte Beilage mit dem herrlichen Duft von Sternanis und Zimt, das sehr gut zu der erdigen Roten Bete passt. Sie schmeckt gut zu Käse.

15 MIN. PLUS ZIEHZEIT — 1-2 STD.

ERGIBT ETWA 1 KG

- 1 kg gleich große Rote-Bete-Knollen, ungeschält
- 1 l Rotweinessig
- 220 g Zucker
- 1 kleines Lorbeerblatt
- 1 Zimtstange
- 1 Sternanis
- 4 schwarze Pfefferkörner
- 1 TL Meersalz

1 Die Knollen putzen, dabei die Schale möglichst nicht beschädigen, damit die Knollen beim Garen in Wasser nicht »bluten«.

2 Alle Zutaten (bis auf die Roten Beten) in einen großen Edelstahltopf geben. Langsam unter Rühren erhitzen, bis der Zucker aufgelöst ist und aufkochen lassen. Die Roten Beten hinzufügen, alles wieder aufkochen und leicht zugedeckt 1–2 Stunden köcheln lassen, bis die Knollen weich sind. Diese im Sud abkühlen lassen.

3 Die Knollen mit einem Schaumlöffel herausheben und etwas abkühlen lassen, dann die Spitzen und Enden abschneiden; die Knollen schälen und würfeln. (Damit sich die Hände nicht verfärben, am besten Einmalhandschuhe tragen.) Die Rote-Bete-Würfel in heiß ausgespülte, sterilisierte Gläser füllen.

4 Den Sud durch ein Sieb gießen und wieder in den Topf schütten. Aufkochen lassen und über die Roten Beten gießen, bis sie ganz davon bedeckt sind. Die Gläser verschließen und das Pickle abkühlen lassen. An einem kühlen, dunklen Platz mindestens 4 Wochen durchziehen lassen. Angebrochene Gläser im Kühlschrank lagern.

Herbst

Jetzt am besten

Gemüse Artischocken ▪ Auberginen ▪ Brokkoli ▪ Chilischoten ▪ Fenchel ▪ Grüne Bohnen ▪ Gurken ▪ Kartoffeln ▪ Kürbisse (verschiedene) ▪ Lauch ▪ Mangold ▪ Möhren ▪ Pak choi ▪ Paprikaschoten ▪ Romanesco ▪ Rote Bete ▪ Stangenbohnen ▪ Stangensellerie ▪ Süßkartoffeln ▪ Tomaten ▪ Wildpilze ▪ Zucchini ▪ Zuckermais

Obst und Nüsse Äpfel ▪ Birnen ▪ Brombeeren ▪ Feigen ▪ Hagebutten ▪ Haselnüsse ▪ Holzäpfel ▪ Johannisbeeren ▪ Loganbeeren ▪ Pflaumen ▪ Quitten ▪ Schlehen ▪ Trauben ▪ Walnüsse ▪ Zwetschen

Fisch und Meeresfrüchte Bachforelle (wild und aus Zucht) ▪ Hering ▪ Hummer (Nordatlantischer) ▪ Kaisergranat ▪ Kalmar ▪ Kliesche ▪ Knurrhahn ▪ Köhler ▪ Lachs (wild und aus Zucht) ▪ Makrele ▪ Meeräsche ▪ Meerbrasse (wild und aus Zucht) ▪ Nordseekrabben ▪ Petersfisch ▪ Pollack ▪ Regenbogenforelle (wild und aus Zucht) ▪ Rotbarbe ▪ Scheidenmuscheln ▪ Scholle ▪ Seeteufel ▪ Seezunge ▪ Steinbutt (wild und aus Zucht) ▪ Taschenkrebs ▪ Wolfsbarsch

Fleisch, Geflügel, Wild Ente (wild und aus Zucht) ▪ Fasan (wild) ▪ Gans (wild und aus Zucht) ▪ Hase ▪ Kaninchen (wild und aus Zucht) ▪ Lamm ▪ Moorhuhn (wild) ▪ Rotwild (wild und aus Zucht) ▪ Wildschwein (wild und aus Zucht)

Auch auf dem Markt

Gemüse Blattsalate ▪ Blumenkohl ▪ Brunnenkresse ▪ Erbsen ▪ Grünkohl ▪ Herbstrüben ▪ Knollensellerie ▪ Kohl ▪ Meerrettich ▪ Pastinaken ▪ Pilze (aus Zucht) ▪ Radieschen ▪ Rosenkohl ▪ Schalotten ▪ Schwarzkohl ▪ Spinat ▪ Steckrübe ▪ Topinambur ▪ Zuckerschoten ▪ Zwiebeln **Obst** Cranberrys ▪ Erdbeeren ▪ Himbeeren ▪ Limetten ▪ Mangos ▪ Monatserdbeeren ▪ Zitronen **Fisch und Meeresfrüchte** Abalone ▪ Austern ▪ Glattbutt ▪ Heilbutt ▪ Jakobsmuscheln (aus Zucht) ▪ Kabeljau ▪ Miesmuscheln ▪ Sardinen ▪ Schellfisch ▪ Seehecht **Fleisch, Geflügel, Wild** Huhn ▪ Kalb ▪ Perlhuhn (aus Zucht) ▪ Pute ▪ Rind ▪ Schwein ▪ Wachtel (aus Zucht)

Das schmeckt im Herbst

ⓥ Für Vegetarier geeignet

Pistou-Suppe Seite 267

Hackfleischtopf mit Kürbis und grünen Chilischoten Seite 294

Gemüse und Pilze

Kürbiscreme mit Speck Seite 264

Thai-Auberginencurry Seite 289

Kürbissuppe mit Ingwer Seite 275

Vegetarische Lauch-Pilz-Lasagne Seite 313

Pilz-Ricotta-Pasteten mit rotem Paprikapesto Seite 256

Rote Bandnudeln mit Artischocken Seite 307

Das schmeckt im Herbst Fortsetzung

Ⓥ Für Vegetarier geeignet

Gebackene Polenta mit Wildpilzen Seite 311

Brokkoli-Tomaten-Pastete Seite 253

Brokkoli-Quiche mit Pilzen Seite 318

Obst und Nüsse

Äpfel und Brombeeren mit Bröselkruste Seite 332

Feigenkonfitüre mit Vanille Seite 350

Gegrillte Miesmuscheln mit Paprikafüllung Seite 265

Birnenstrudel mit Zimt Seite 344

Makrele auf Bali-Art Seite 324

Stubenküken mit Pflaumen und Wirsing Seite 289

Frittierte Kalmare Seite 273

Salatherzen mit Blauschimmelkäse und Roter Bete

Milder wird das Ganze, wenn Sie statt Gorgonzola Dolcelatte verwenden. Er wird ähnlich hergestellt und ist auch als Dolcelatte Gorgonzola im Handel; der Fettgehalt ist etwas höher.

15 MIN.

FÜR 4 PERSONEN

- 150 g Blauschimmelkäse (z. B. Roquefort oder Gorgonzola)
- 1 TL Paprikapulver
- 3 EL Joghurt
- 1 EL gehackte Minze
- Salz und frisch gemahlener schwarzer Pfeffer
- 1 Romanasalatherz
- 3 Rote Beten, gegart, geschält (siehe S. 255) und in Scheiben geschnitten

1 Die Hälfte vom Käse mit Paprika, Joghurt und Minze in der Küchenmaschine zu einer Creme verarbeiten. Den restlichen Käse hineinbröckeln. Die Creme mit Salz und Pfeffer abschmecken.

2 Die Salatblätter vom Kopf lösen – es sollen mindestens acht »Schiffchen« entstehen. In jedes einige Rote-Bete-Scheiben und darauf einen gehäuften Löffel Käsecreme geben. Mit Brot und Chorizo servieren

Variante

Salatherzen mit Ziegenkäse, Walnüssen und Speck

Die Käsecreme wie beschrieben zubereiten, jedoch anstelle des Blauschimmelkäses 150 g Ziegenfrischkäse verwenden. Diesen mit Paprika und Joghurt glatt mixen, dann statt der Minze 1 EL fein gehackte Walnusskerne unterheben. 4 Scheiben durchwachsenen Speck grillen oder ohne Fett braten, dann zerbröckeln oder mit einer Schere klein schneiden. Das Gericht wie beschrieben mit Roter Bete anrichten und dann mit den Speckstückchen bestreuen.

Rindfleisch mit Roter Bete und Spinat

Die warmen Farben und Aromen dieses Gerichts passen zur Jahreszeit. Bunter wird es, wenn Sie den Spinat durch Mangold mit farbigen Blattrippen ersetzen.

15 MIN.

FÜR 4 PERSONEN

- 350 g Roastbeef in Scheiben
- 250 g Blattspinat
- 450 g Rote Bete, gegart, geschält (siehe S. 255) und geviertelt
- 3 EL Olivenöl
- 1 EL Balsamico-Essig
- Saft von ½ Klementine oder Satsuma
- Salz und frisch gemahlener schwarzer Pfeffer
- Blättchen von 1 Handvoll Thymianzweige

1 Das Roastbeef in einer großen Schüssel behutsam mit Spinat und Roter Bete mischen. In einer kleinen Schüssel Öl, Essig und Zitrussaft zu einem Dressing verquirlen. Mit Salz und Pfeffer abschmecken.

2 Unmittelbar vor dem Servieren die Roastbeefmischung mit dem Dressing beträufeln und mit dem Thymian bestreuen.

Variante

Entenbrust mit Roter Bete, Brombeeren und Spinat

Zwei große Entenbrustfilets kräftig würzen. Mit den Hautseiten nach unten 5 Minuten braten, bis sie gebräunt sind und das Fett ausgetreten ist; wenden und weitere 5 Minuten braten, bis das Fleisch zart, aber innen noch rosa ist. In Alufolie wickeln und 10 Minuten ruhen lassen, dann schräg in Scheiben schneiden und weiterverfahren, wie im Rezept beschrieben. Mit dem Spinat und der Roten Bete 1 Handvoll reife Brombeeren hinzufügen.

Gebratener Halloumi mit Feigen

Halloumi ist ein zyprischer Käse aus Ziegen- und Schafsmilch, der beim Erhitzen nicht zerläuft. Er passt gut zu Feigen, die im Herbst ja am allersüßesten sind.

10 MIN. 20 MIN.

FÜR 4 PERSONEN

- 300 g Halloumi, in 5 mm dicke Scheiben geschnitten
- 8 große reife Feigen, längs geviertelt
- 1 große Handvoll gemischter Blattsalat
- 50 ml Rotweinessig
- 1 kleine Handvoll Koriandergrün, fein gehackt
- 1 rote Chilischote, entkernt und fein gehackt
- 1 Knoblauchzehe, zerdrückt
- Olivenöl zum Beträufeln

1 Den Halloumi mit den Feigen in einer großen beschichteten Pfanne bei mittlerer Hitze 2–3 Minuten braten, bis beides Farbe annimmt. Anschließend mit den Salatblättern auf einer Platte anrichten.

2 Den Essig bei etwas stärkerer Hitze in die Pfanne gießen. Koriander, Chili und Knoblauch hinzufügen. Die Flüssigkeit auf ein Viertel einkochen lassen, dann sparsam auf Feigen und Käse träufeln. Den Salat mit Olivenöl beträufeln und sofort servieren.

Variante

Gebratene Pancetta mit Feigen und Feta

12 Scheiben Pancetta in einer Pfanne ohne zusätzliches Fett knusprig braten. Herausnehmen und auf Küchenpapier abtropfen lassen. Die Feigen in die Pfanne geben und wie im Rezept (Schritt 1) beschrieben 2–3 Minuten braten. Den Salat wie beschrieben anrichten, mit 100 g zerbröckeltem Feta bestreuen und mit Olivenöl beträufeln.

Filoteig-Pastete mit Mangold, Ricotta und Tomaten

Mangold ist ein Verwandter der Roten Bete, wobei die glänzenden gekräuselten Blätter und die fleischigen Stiele und nicht die Wurzeln bzw. die Knolle gegessen werden.

15 MIN. 30 MIN.

FÜR 1 SPRINGFORM (20 CM Ø)

- 200 g Ricotta
- 550 g Mangold, gehackt
- 4–6 getrocknete Tomaten in Öl, abgetropft und gehackt
- 4 Tomaten, in Scheiben geschnitten
- 1 Ei
- Salz und frisch gemahlener schwarzer Pfeffer
- 50 g Butter, zerlassen
- 8 Filoteigblätter

1 Den Backofen auf 180 °C vorheizen. Den Ricotta in einer Schüssel mit Mangold, getrockneten und frischen Tomaten und Ei mischen. Kräftig mit Salz und Pfeffer abschmecken.

2 Die Form mit zerlassener Butter ausfetten. Ein Teigblatt so hineinlegen, dass es auf zwei Seiten über den Rand hängt. Ein zweites Teigblatt quer darauflegen. Mit zerlassener Butter bestreichen. Mit zwei weiteren Teigblättern ebenso verfahren.

3 Die Ricottamischung auf den Teig füllen. Die Teigenden darüberfalten und die restlichen vier Teigblätter darauflegen. Mit etwas Butter bestreichen und die Ränder in die Form drücken. Die Oberfläche mit der restlichen Butter bestreichen und die Pastete im heißen Ofen 20–30 Minuten backen, bis sie goldbraun und knusprig ist. Sofort mit Salat servieren.

Variante

Brokkoli-Tomaten-Pastete mit Basilikum

350 g Brokkoliröschen in kochendem Salzwasser in 2–3 Minuten knapp garen. Abgießen, kalt abspülen und abtropfen lassen. Den Mangold weglassen. Den Ricotta mit getrockneten und frischen Tomaten sowie dem Brokkoli verrühren. 2 EL gehacktes Basilikum, 12 halbierte entsteinte Oliven, das Ei, Salz und Pfeffer untermischen. Die Pastete wie beschrieben fertigstellen und 25 Minuten backen.

Rote-Bete-Suppe mit Apfel

In dieser Suppe kontrastieren süße Äpfel und Zucker mit Zitrone und saurer Sahne. Reichlich Kräuter runden das Gericht angenehm ab.

20 MIN. 1 STD. TK-TAUGLICH

FÜR 6–8 PERSONEN

- 3 EL Olivenöl
- 1 Zwiebel, gerieben oder fein gewürfelt
- 2 Knoblauchzehen, gerieben oder fein gehackt
- Salz
- 350 g Rote Bete, fein zerkleinert
- 1 Kartoffel, geschält und fein zerkleinert
- 4 Äpfel, geschält und fein zerkleinert
- 1,5 l heiße Gemüse- oder Hühnerbrühe
- 1-2 EL brauner Zucker
- Saft von 1 Zitrone
- frisch gemahlener schwarzer Pfeffer
- 2 EL fein gehackte Petersilie, Schnittlauchröllchen, fein gehackter Dill oder Koriandergrün oder eine Kräutermischung
- 200 g Crème fraîche, saure Sahne oder cremiger Joghurt

1 Das Öl in einem großen Topf bei schwacher Hitze heiß werden lassen. Die Zwiebel mit Knoblauch und einer Prise Salz darin in etwa 5 Minuten glasig dünsten.

2 Rote Bete, Kartoffel und Äpfel in den Topf geben und unter gelegentlichem Rühren 10 Minuten dünsten. Die Brühe dazugießen und aufkochen lassen. Das Ganze zugedeckt bei schwacher Hitze etwa 45 Minuten köcheln lassen, bis die Rote Bete weich ist.

3 Die Mischung im Mixer oder in der Küchenmaschine portionsweise pürieren. Die Suppe mit Zucker, Zitronensaft, Salz und Pfeffer abschmecken.

4 Die Kräuter unter die Sahne oder den Joghurt rühren. Die Suppe in vorgewärmte Schalen schöpfen und mit der Kräutercreme garnieren.

Variante

Würzige Rote-Bete-Suppe mit Möhren

Die Suppe wie beschrieben zubereiten, dabei aber anstelle der Äpfel 2 große geraspelte oder fein gewürfelte Möhren verwenden und mit der Brühe 1 Sternanis, 1 Stück Stangenzimt sowie abgeriebene Schale und Saft von 1 kleinen Bio-Orange hinzufügen. Zimt und Sternanis vor dem Pürieren entfernen.

Borschtsch

Wenn es draußen kalt und ungemütlich wird, gibt es kaum etwas Besseres zum Aufwärmen als diese kräftig rosafarbene Suppe aus Osteuropa.

50-55 MIN. 1 STD. 15 MIN.

FÜR 4 PERSONEN

- 3 Rote Beten, geputzt
- 30 g Butter
- 1 kleine Möhre, gewürfelt
- 1 kleine Zwiebel, gewürfelt
- ½ kleiner Weißkohl, vom Strunk befreit und in Streifen geschnitten
- 1 Dose gehackte Tomaten (400 g)
- 1 l Hühnerbrühe oder Wasser, falls nötig, mehr
- Salz und frisch gemahlener schwarzer Pfeffer
- ½ TL Zucker (oder nach Geschmack)
- Blätter von 2-3 Stängeln Dill, fein gehackt
- Blätter von 2-3 Stängeln Petersilie, fein gehackt
- Saft von ½ Zitrone
- 1-2 EL Rotweinessig
- saure Sahne zum Garnieren

1 Die Roten Beten mit Salzwasser aufkochen lassen und in etwa 30 Minuten weich garen. Anschließend abgießen und etwas abkühlen lassen, dann schälen und grob raspeln.

2 Die Butter in einem großen Topf zerlassen. Möhren- und Zwiebelwürfel darin unter Rühren in 3–5 Minuten weich dünsten. Kohl, Rote Bete, Tomaten, Brühe, Salz, Pfeffer und Zucker hinzufügen. Alles aufkochen und 45-60 Minuten köcheln lassen. Falls die Suppe zu dickflüssig ist, etwas Brühe untermischen.

4 Unmittelbar vor dem Servieren Kräuter, Zitronensaft und Essig unterrühren und die Suppe abschmecken. In vorgewärmte Teller schöpfen und mit saurer Sahne garnieren.

Fasanensuppe mit Apfel

Die würzige Suppe schmeckt auch mit anderem Wildgeflügel gut. Falls Sie einen kleinen Vogel verwenden (Taube oder Rebhuhn), bereiten Sie das ganze Tier einschließlich der Brust zu.

20 MIN. 1 STD. 15 MIN. PLUS ERNEUTES ERHITZEN
TK-TAUGLICH

FÜR 4–6 PERSONEN

- 1 kleiner Fasan
- 15 g Butter
- 1 Zwiebel, grob zerkleinert
- 1 kleine Süßkartoffel, grob zerkleinert
- 1 kleiner Kochapfel, gewürfelt
- 500 ml halbtrockener Apfelwein oder Apfelsaft
- 500 ml Hühnerbrühe
- 1 Stück Zimt (5 cm)
- 1 Lorbeerblatt
- Salz und frisch gemahlener Pfeffer
- 150 g Sahne
- gehackte Petersilie zum Garnieren

1 Die Fasanenbrüste von der Karkasse schneiden und für ein anderes Gericht verwenden. Den restlichen Vogel mit einem großen scharfen Messer oder mit der Geflügelschere in Stücke schneiden.

2 Die Butter in einem Topf zerlassen. Die Zwiebel darin unter Rühren in etwa 2 Minuten glasig dünsten. Die restlichen Zutaten außer Sahne und Petersilie hinzufügen. Alles aufkochen und zugedeckt 1 Stunde schwach köcheln lassen.

3 Den Fasan herausnehmen und etwas abkühlen lassen. Lorbeer und Zimt wegwerfen. Die Suppe im Mixer oder in der Küchenmaschine pürieren, dann zurück in den Topf geben und die Sahne unterrühren. Abschmecken.

4 Das Fasanenfleisch von den Knochen lösen und in Streifen schneiden; die Haut wegwerfen. Die Hälfte des Fleisches in die Suppe geben. Die Suppe erhitzen, aber nicht kochen lassen, dann in Suppenteller schöpfen und mit dem restlichen Fleisch und gehackter Petersilie garnieren.

Jetzt am besten **Rote Bete**

Rote Beten gibt es in unterschiedlichen Farben, Formen und Aromen, doch am gängisten sind runde rote Sorten mit intensiv färbendem Saft. Angeboten werden die Rüben ab dem Frühsommer, doch am besten sind sie im Herbst. Sie färben Gerichte kräftig rot, wie den Borschtsch (siehe S. 254). Sie harmonieren gut mit Dill und Kümmel und schmecken zu Käse, Nüssen und Möhren gut.

Rote Beten stammen vom wilden See-Mangold aus Indien ab. Die Größe der Knolle hängt von der Fruchtbarkeit des Bodens, dem Zeitpunkt der Aussaat und dem Wetter ab.

Gelbe Bete Die Sorte 'Burpee's' hat ein ausgesprochen wohlschmeckendes und zartes Fruchtfleisch. Am besten sind diese Rüben, wenn sie nicht größer als ein Golfball sind.

Wissenswert

Im Angebot

Unterschiedliche Sorten von rot, über gelb bis gestreift.

Einkauf Auf glänzende, frische Blätter sowie feste, pralle Rüben ohne Risse oder andere Verletzungen achten.

Aufbewahren Rüben ohne Blätter bis zu 2 Wochen in Papier gewickelt im Gemüsefach des Kühlschranks.

Zubereiten Rüben raspeln oder in Scheiben schneiden; in Wasser oder im Ofen garen.

Für den Vorrat Einlegen; zu Chutney oder Saft verarbeiten.

Rezepte

Rindfleisch mit Roter Bete und Spinat Seite 252

Rote-Bete-Relish Seite 328

Rote-Bete-Risotto Seite 298

Gestreifte Bete Sie wurde eher nach Optik als nach Geschmack gezüchtet und hat ein deutlich milderes Aroma als die herkömmliche Rote Bete. Macht sich gut in Salaten; beim Kochen verschwinden die Streifen.

Rote Bete Das feste, saftige Fruchtfleisch der Roten Beten hat einen einzigartigen, erdig-süßen Geschmack. Am besten gart man sie mit anderem rotem Gemüse oder mit solchem, das den roten Saft aufnehmen kann.

Rote Bete garen und schälen

Rohe Rote Bete, geschält und geraspelt, ist eine wunderbare Zutat für einen Salat, vor allem in Kombination mit geraspelten Möhren. Zum Garen die Rüben nicht schälen, damit sie nicht »ausbluten«.

1 Die Blätter nicht ganz bis zur Rübe abschneiden. Die Rüben dabei nicht verletzen, sie würden beim Kochen sonst ausbluten. Gründlich waschen.

2 Die Rüben in leicht gesalzenem Wasser weich kochen (je nach Größe 30 Minuten bis zu 1½ Stunden). Abgießen und abkühlen lassen, dann schälen.

Pilz-Ricotta-Pasteten mit rotem Paprikapesto

Das Pesto wird heller und süßer, wenn Sie orange oder gelbe Paprikaschoten dafür verwenden.

25 MIN. 45 MIN. TK-TAUGLICH

FÜR 4 PERSONEN

- 3 EL Olivenöl
- 150 g kleine Champignons, halbiert
- 150 g gemischte Wildpilze
- 1 Stange Lauch (nur der helle Teil), in dünne Streifen geschnitten
- 1 Rolle Blätterteig (275 g; Kühlregal)
- 200 g Ricotta
- 1 Eigelb, verquirlt

Für das Paprikapesto

- 2 EL Olivenöl
- 1 Zwiebel, in Ringe geschnitten
- 2 rote Paprikaschoten, in Streifen geschnitten
- 2 Knoblauchzehen, zerdrückt
- Schale und Saft von 1 kleinen Bio-Zitrone
- Salz und frisch gemahlener schwarzer Pfeffer

1 Den Backofen auf 200 °C vorheizen. Ein Backblech mit Backpapier belegen. Für das Paprikapesto das Öl in einer Pfanne bei schwacher Hitze heiß werden lassen. Die Zwiebelringe darin in einigen Minuten glasig dünsten. Die Paprikastreifen hinzufügen und 10–15 Minuten mitdünsten, bis sie weich sind. Die Mischung im Mixer oder in der Küchenmaschine mit Knoblauch, Zitronenschale und -saft stückig pürieren. Das Pesto mit Salz und Pfeffer abschmecken.

2 In einer großen Pfanne 3 EL Öl bei mittlerer Hitze heiß werden lassen. Pilze und Lauch darin unter Rühren 5 Minuten braten, bis die Pilze gebräunt sind; beiseitestellen.

3 Den Blätterteig in 8 gleich große Stücke schneiden. 4 Stücke mit einem scharfen Messer mehrmals schräg ein-, aber nicht durchschneiden. Die intakten Teigstücke mit dem Ricotta bestreichen, dabei einen 1 cm breiten Rand frei lassen. Die Pilz-Lauch-Mischung darauflöffeln und mit den eingeschnittenen Teigstücken bedecken. Die Ecken der Pasteten zusammendrücken und die Oberflächen mit Eigelb bestreichen.

4 Die Pasteten auf das Backblech legen und im heißen Ofen in etwa 25 Minuten goldbraun backen. Mit dem Paprikapesto und grünem Salat servieren.

Pilztarte mit Walnüssen

Im Herbst ist das Angebot an frischen Wildpilzen besonders groß. Nicht einfach, sich beispielsweise zwischen Steinpilzen, Wiesenchampignons und Pfifferlingen zu entscheiden ...

15 MIN. 1 STD. TK-TAUGLICH

FÜR 1 TARTEFORM (12 X 35 CM)

- 250 g ungesüßter Mürbeteig (Fertigprodukt oder selbst gemacht)
- 3 Eier, davon 1 verquirlt
- 3–4 EL Olivenöl
- 150 g gemischte Wildpilze, grob zerkleinert
- 200 g braune Champignons, grob zerkleinert
- 3 Knoblauchzehen, fein gewürfelt
- 50 g Walnusskerne, grob gehackt
- Salz und frisch gemahlener schwarzer Pfeffer
- 2 Handvoll Blattspinat, grob gehackt
- 200 g Sahne

1 Den Backofen auf 200 °C vorheizen. Den Teig auf einer bemehlten Arbeitsfläche ausrollen und die Form damit auskleiden; überschüssigen Teig abschneiden. Den Teigboden mit Backpapier belegen und mit getrockneten Hülsenfrüchten beschweren. Den Teigboden 15–20 Minuten backen, bis die Ränder gebräunt sind. Papier und Hülsenfrüchte entfernen. Den Teigboden innen mit verquirltem Ei bestreichen und weitere 2–3 Minuten backen, bis er knusprig ist. Aus dem Ofen nehmen und beiseitestellen, die Ofentemperatur auf 180 °C senken.

2 Das Öl in einer großen Pfanne mit hohem Rand bei schwacher Hitze heiß werden lassen. Pilze, Knoblauch und Nüsse hineingeben und großzügig salzen und pfeffern. Alles unter gelegentlichem Rühren etwa 10 Minuten braten, bis die Pilze Flüssigkeit abgeben. Den Spinat hinzufügen und unter Rühren in etwa 5 Minuten zusammenfallen lassen. Die Mischung in den Teigboden löffeln.

3 Die Sahne mit den Eiern verquirlen. Die Mischung kräftig salzen und pfeffern, dann über die Pilzfüllung gießen. Die Tarte mit schwarzem Pfeffer bestreuen und 15–20 Minuten backen, bis der Eierguss gestockt ist. 10 Minuten abkühlen lassen, dann aus der Form heben. Heiß oder kalt servieren.

Gefüllte Pilze mit Kräutern

Für alle, die von Pilzen einfach nicht genug bekommen können, ist dieses Rezept gedacht: Fleischige Pilzhüte werden mit einer knoblauch- und kräuterwürzigen Mischung aus Wildpilzen und Walnüssen gefüllt.

25–30 MIN. 15–20 MIN.

FÜR 4 PERSONEN

- 12 große Pilze mit Hüten (z. B. Champignons; zusammen etwa 500 g)
- 100 g gemischte Wildpilze
- Blätter von 12–14 Stängeln Estragon, gehackt
- Blätter von 10–12 Stängeln Kerbel, gehackt
- Blätter von 7–10 Zweigen Thymian, gehackt
- 3–4 EL geriebener Parmesan
- 4 EL Olivenöl, plus mehr für die Form
- 3 Knoblauchzehen, fein gewürfelt
- Saft von ½ Zitrone
- Salz und frisch gemahlener schwarzer Pfeffer
- 100 g Sahne
- 100 g Walnusskerne, grob gehackt
- Estragon, Kerbel und Thymian zum Garnieren

1 Die Stiele aus den Pilzhüten drehen, die Hüte dabei nicht verletzen. Die Hüte mit feuchtem Küchenpapier abwischen und die Stiele putzen (siehe S. 259). Die Wildpilze abreiben und die Stiele putzen. Falls getrocknete Pilze verwendet werden, diese etwa 30 Minuten in heißem Wasser einweichen, dann abgießen und in Stücke schneiden.

2 Die Wildpilze und die großen Pilzstiele mit einem scharfen Messer oder in der Küchenmaschine fein zerkleinern, aber nicht pürieren. Ein Viertel der gehackten Kräuter mit dem Parmesan mischen.

3 Die Hälfte des Öls in einer Pfanne erhitzen. Die gehackten Pilze mit Knoblauch, Zitronensaft, Salz und Pfeffer darin unter Rühren 3–5 Minuten braten, bis die gesamte Flüssigkeit verdampft ist. Die Sahne unterrühren und 1–2 Minuten etwas einkochen lassen. Die Nüsse und die restlichen Kräuter untermischen. Die Mischung vom Herd nehmen und abschmecken.

4 Den Backofen auf 180 °C vorheizen. Eine ofenfeste Form dünn fetten. Die Pilzhüte salzen und pfeffern, jeden mit 1–2 EL Pilzmasse füllen. Die Hüte in die Form setzen, mit je 1 TL Parmesan-Kräuter-Mischung bestreuen und mit dem restlichen Öl beträufeln.15–20 Minuten backen, bis sie weich sind (mit einer Messerspitze testen) und die Füllung heiß ist. Mit Kräutern bestreuen und servieren.

Variante

Gefüllte Pilze mit Basilikum und Pinienkernen

Das Gericht wie beschrieben zubereiten, dabei aber 1 Handvoll Basilikum anstelle von Estragon und Kerbel sowie 1 kleine Handvoll Petersilie statt des Thymians verwenden. Die Walnüsse in Schritt 3 durch 1 fein gewürfelte Stange Sellerie und 50 g geröstete Pinienkerne ersetzen.

Jetzt am besten **Wildpilze**

Pilze bereichern unterschiedlichste Gerichte mit ihrem erdig-herzhaften Aroma und ihrer Konsistenz. Pilze sammeln sollten nur diejenigen, die sich sehr gut mit Pilzen auskennen, denn es gibt hochgiftige Vertreter unter ihnen. Die meisten Wildpilze wachsen vom Herbst bis in den Winter hinein, einige Ausnahmen, wie die Morchel, erscheinen im Frühling. Wildpilze harmonieren gut mit Knoblauch und Kräutern und verbessern jedes Gericht – von Fleisch bis Gemüse.

Pilze sind die Fruchtkörper des unterirdischen Pilzmyzels, das sich von lebenden und abgestorbenen Pflanzen ernährt und große Nährstoffmengen einlagern kann. Pilze gedeihen weltweit in gemäßigten Klimazonen.

Austernpilze Junge Austerpilze sind zart, mild und schmecken ganz leicht nach Anis, ältere Exemplare sind bitter und zäh. Austernpilze passen in Wokgerichte und asiatische Suppen.

Die empfindlichen Austerpilze müssen behutsam behandelt werden.

Violetter Rötelritterling Ein weißer Pilz mit blauviolettem dickem Stiel und Hut sowie dezentem Anisduft und gutem Aroma. Nur gegart verzehren.

Weiche Pilze säubern

Zarte Pilze, wie Austern, Pfifferlinge oder Chanterelle (und auch Morcheln), sollten eher mit einem weichen Pinsel als mit Küchenpapier gesäubert werden.

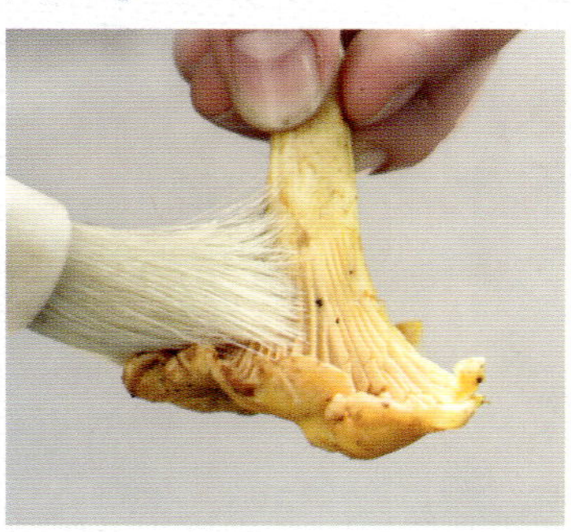

1 Die Pilze mit einem weichen Pinsel abbürsten. Festsitzende Rückstände von Sand, Erde, Blättern oder Nadeln mit einer Messerspitze entfernen.

Chanterelle (Girolle) Die recht teuren Pilze haben weiches, zartes Fleisch mit bemerkenswert nussiger und fruchtiger Geschmacksnote, die bestens zu Hähnchen, Kalb- und Eiergerichten passt. Wie Pfifferlinge zubereiten.

Sie duften leicht nach Aprikosen.

Anischampignons Ihren Namen verdanken sie dem anisartigen Geschmack und Geruch. Die Hüte dieser Champignonart sind kleiner, aber höher als die der weißen Champignons und hellgelb. Die Stiele sind länger als die von weißen Champignons. Anischampignons findet man auf Wiesen und in Tannenwäldern.

Steinpilz Wegen seiner weichen, cremigen Konsistenz und seines unvergleichlichen Geschmacks ist der Steinpilz hochgeschätzt. Wunderbar für Risotto und Pastagerichte.

Wiesenchampignons Diese dickfleischigen Pilze lassen sich gut grillen oder braten und schmecken erdig-würzig. Die Lamellen sind rosa oder braun, niemals weiß. Vorsicht: Ein ähnlicher Pilz mit weißen Lamellen könnte der hochgiftige Knollenblätterpilz sein.

Feste Pilze säubern

Feste Pilze wie Steinpilze oder Wiesenchampignons sollten Sie mit einem trockenen Tuch abreiben und nicht unter Wasser abwaschen: Pilze würden das Wasser aufsaugen und dadurch ihr Aroma verlieren. Nur bei großen Exemplaren sollten die Hüte abgezogen (geschält bzw. gehäutet) werden.

1 Rückstände von Erde oder Sand mit einem feuchten Tuch oder Küchenpapier abreiben.

2 Falls nötig, die Stiele mit einem Messer dünn schälen, um Schmutzpartikel zu entfernen. Die Enden abschneiden.

Wissenswert

Angebot

Austernpilze, Steinpilze, Chanterelle und Pfifferlinge, Anis- und Wiesencampignons sowie violette Rötelritterlinge werden häufig im Herbst angeboten.

Qualitätsmerkmale Nur Pilzkenner sollten Pilze selber sammeln. Beim Kauf auf feste, frisch aussehende Exemplare achten, die erdig und nach Pilz riechen.

Aufbewahren Frische Pilze können in einer verschlossenen Papiertüte im Kühlschrank bis zu 1 Woche gelagert werden.

Zubereiten Pilze eignen sich u. a. zum Braten, Grillen, Dünsten und Dämpfen sowie als Zutat für Suppen, Schmorgerichte sowie zu Nudeln und Reis.

Für den Vorrat In Öl oder Essig eingelegt; getrocknet.

Rezepte

Getrocknete Pilze Seite 352

Pilzsuppe Seite 270

Pilztarte mit Walnüssen Seite 256

Crostini mit Ricotta und geröstetem Kürbis

Kaum ein Gemüse ist so mit dem Herbst verbunden wie der Kürbis mit seinem intensiv gefärbten Fruchtfleisch.

20 MIN. 50 MIN.

FÜR 16 STÜCK

- Fruchtfleisch von 500 g Muskatkürbis, in Stücke geschnitten
- 2 EL Olivenöl
- 2 Knoblauchzehen, zerdrückt
- abgeriebene Schale und Saft von 1 Bio-Zitrone
- ½ TL gehackter Rosmarin
- Salz und frisch gemahlener schwarzer Pfeffer
- 200 g Ricotta
- Blättchen von 4 Zweigen Thymian

Für die Crostini

- 2 EL Olivenöl
- 16 Scheiben Baguette oder Ciabatta
- Salz und frisch gemahlener schwarzer Pfeffer
- 1 Knoblauchzehe, geschält

1 Den Backofen auf 200 °C vorheizen. Für die Crostini das Öl auf ein Backblech geben. Die Brotscheiben im Öl wenden, dabei andrücken. Salzen und pfeffern, dann im heißen Ofen in 13–15 Minuten goldbraun rösten. Auf einem Kuchengitter abkühlen lassen, Ofen nicht ausschalten.

2 Die Kürbisstücke auf dem Backblech mit Öl, Knoblauch, Zitronenschale und Rosmarin mischen. Salzen und pfeffern, dann etwa 35 Minuten rösten, bis sie weich und gebräunt sind. Etwas abkühlen lassen.

3 Den Ricotta in einer Schüssel mit Thymian und etwas Zitronensaft cremig rühren. Auf jede Brotscheibe etwas Ricottacreme und darauf Kürbis geben, dabei die Kürbisstücke mit den Fingern etwas andrücken.

Variante

Crostini mit geröstetem Kürbis und Blauschimmelkäse

Für den Belag der Crostini Muskatkürbis durch Eichelkürbis ersetzen. Die Stücke vor dem Rösten mit 6 großen gehackten Salbeiblättern statt mit Rosmarin würzen. In Schritt 3 je 100 g Ricotta und Blauschimmelkäse (anstelle von 200 g Ricotta) sowie 2 EL gehackte Petersilie statt Thymian nehmen.

Waldorfsalat mit Hähnchenfleisch

Eine zeitgemäße Variante des beliebten Klassikers. Eine leckere Verwertung für übriges gegartes Hähnchenfleisch.

25–30 MIN. PLUS KÜHLZEIT 25–35 MIN.

FÜR 6 PERSONEN

- 4 Stangen Sellerie, möglichst mit Grün
- 1 Zwiebel, geviertelt
- 1 Möhre, geviertelt
- 10–12 schwarze Pfefferkörner
- 1 Kräutersträußchen (aus 5–6 Stängeln Petersilie, 2–3 Zweigen Thymian und 1 Lorbeerblatt)
- Salz und frisch gemahlener schwarzer Pfeffer
- 4 Hähnchenbrustfilets (etwa 750 g)
- 125 g Walnusskerne
- 500 g knackige saure Äpfel
- Saft von 1 Zitrone
- 175 g Joghurt
- 175 g Mayonnaise

1 Von den Selleriestangen die Spitzen abschneiden. Mit Zwiebel, Möhre, Pfefferkörnern, Kräutersträußchen und Salz in einemTopf aufkochen und 10–15 Minuten köcheln lassen. Die Hähnchenbrustfilets hinzufügen und 10–12 Minuten garen, dabei einmal wenden.

2 Topf vom Herd nehmen und das Fleisch in der Flüssigkeit 10–15 Minuten abkühlen, dann auf Küchenpapier abtropfen lassen. Mit den Fingern in etwa 5 cm lange Streifen zupfen; so bleibt das Fleisch saftiger, als wenn man es schneiden würde.

3 Den Backofen auf 180 °C vorheizen. Walnusskerne auf einem Backblech im Ofen 5–8 Minuten rösten, bis sie knusprig sind; dabei gelegentlich wenden. Inzwischen die Selleriestangen in Scheiben schneiden.

4 Von den Äpfeln oben und unten je eine Scheibe abschneiden. Die Äpfel halbieren, von den Kerngehäusen befreien und würfeln. In einer großen Schüssel mit dem Zitronensaft mischen. Fleisch, Sellerie, Joghurt, Mayonnaise und zwei Drittel der Nüsse hinzufügen. Den Salat abschmecken und 1 Stunde kalt stellen.

5 Die restlichen Nüsse grob hacken. Den Salat auf Teller verteilen und mit den gehackten Nüssen bestreuen.

Gemüse-Tempura mit Chilisauce

Hier kommen die klaren, frischen Aromen der japanischen Küche ins Spiel. Wichtig: Den Ausbackteig erst in letzter Minute herstellen – das Wasser muss wirklich sehr kalt sein.

15 MIN. 15 MIN.

FÜR 4 PERSONEN

- 500 ml Öl zum Frittieren
- 75 g Mehl
- 1 EL Speisestärke
- Salz
- 200 ml Eiswasser
- 2 Auberginen, in runde Scheiben geschnitten
- 2–3 Zucchini, längs geviertelt, die Viertel in Stücke geschnitten
- 2 rote Paprikaschoten, in Stücke geschnitten

Für die Chilisauce

- 2 EL Reisweinessig
- 2 EL helle Sojasauce
- 1 EL Olivenöl
- 1 EL Zucker
- 1 Knoblauchzehe, gehackt
- 2 rote Chilischoten, entkernt und gehackt
- Salz und frisch gemahlener schwarzer Pfeffer

1 Zuerst die Zutaten für die Chilisauce mit einem Schneebesen verrühren. Die Sauce mit Salz und Pfeffer abschmecken.

2 Das Öl in einem Wok oder einer Pfanne mit hohem Rand stark erhitzen. Inzwischen Mehl, Speisestärke, 1 gute Prise Salz und das Eiswasser zu einem flüssigen Teig verrühren; nicht zu kräftig rühren – er darf ruhig noch ein paar Klümpchen aufweisen.

3 Etwas Teig in das heiße Öl tropfen lassen. Beginnt er sofort zu brutzeln und knusprig zu werden, ist das Öl heiß genug zum Frittieren. Die Gemüsestücke einzeln in den Teig tauchen und abtropfen lassen. Portionsweise ins heiße Öl geben und in je 2–3 Minuten knusprig ausbacken. Mit einem Schaumlöffel herausheben und auf einem mit Küchenpapier belegten Teller warm halten, bis alles Gemüse ausgebacken ist. Mit der Chilisauce zum Dippen servieren.

Süßkartoffeltaler mit Schnittlauch-Mascarpone

Hierfür sollten Sie unbedingt orangefleischige Süßkartoffeln verwenden. Nicht nur wegen der Optik, sondern auch, weil sie süßer und saftiger sind als weißfleischige.

15 MIN. 25 MIN.

FÜR 4 PERSONEN

- 1 große Süßkartoffel, geschält und in 8 gleich dicke Scheiben geschnitten
- 2 EL Olivenöl, plus mehr zum Beträufeln
- Salz und frisch gemahlener schwarzer Pfeffer
- 1 Zucchini (etwa 150 g)
- Saft von ½ Zitrone
- 150 g Mascarpone
- 1 EL Schnittlauchröllchen
- Schnittlauchhalme zum Garnieren

1 Den Backofen auf 200 °C vorheizen. Die Süßkartoffelscheiben in einer Schüssel mit 2 EL Olivenöl mischen; salzen und pfeffern. Die Scheiben auf einem Backblech im Ofen etwa 25 Minuten rösten, bis sie goldbraun und weich sind. Abkühlen lassen.

2 Die Enden von der Zucchini abschneiden und die Frucht mit einem Sparschäler oder auf dem Gemüsehobel längs in hauchdünne Scheiben schneiden. Die Scheiben in einer Schüssel mit dem Zitronensaft mischen; salzen und pfeffern.

3 Den Mascarpone in einer zweiten Schüssel mit den Schnittlauchröllchen cremig rühren.

4 Zum Servieren auf vier Teller je eine Süßkartoffelscheibe legen und die Zucchini darauf verteilen. Eine zweite Kartoffelscheibe daraufsetzen und den Schnittlauch-Mascarpone darauflöffeln. Das Ganze mit Schnittlauchhalmen garnieren und mit Olivenöl beträufeln. Sofort servieren.

Marinierte Tintenfische

Nur wenn man sie sehr kurz gart, bleiben Kalmare köstlich und zart; übergart sind sie richtig zäh. Ein knoblauchwürziges Dressing unterstreicht hier den süßlichen Geschmack.

15 MIN. PLUS MARINIERZEIT — 5 MIN.

FÜR 4 PERSONEN

- 300 g küchenfertige kleine Kalmare (siehe rechts)
- 7 EL Olivenöl
- Salz und frisch gemahlener Pfeffer
- 2 EL Weißweinessig
- 3 Knoblauchzehen, zerdrückt
- 1 TL edelsüßes Paprikapulver
- 1 Bund Petersilie, gehackt

1 Die Tintenfische in Ringe schneiden, die Tentakel ganz lassen; mit etwas Öl bepinseln und mit Salz und Pfeffer bestreuen.

2 In einer Pfanne 1 EL Öl bei mittlerer Hitze heiß werden lassen. Die Tintenfischstücke darin unter ständigem Wenden 2–3 Minuten braten, bis sie weich sind; in eine Schale umfüllen.

3 Das restliche Öl mit Essig, Knoblauch, Paprika und Petersilie mischen. Die Marinade mit Salz und Pfeffer abschmecken, über die Tintenfische gießen und untermischen; mindestens 30 Minuten durchziehen lassen. Die Tintenfische mit knusprigem Brot und grünem Salat servieren.

Variante

Marinierte Pilze

Das Gericht wie beschrieben zubereiten, aber die Kalmare durch 300 g Wildpilze ersetzen. Die Pilze putzen und nur sehr große Exemplare halbieren. Nicht mit Öl bestreichen, sondern nur würzen, dann unter Rühren 2–3 Minuten in 3 EL Olivenöl braten, bis sie weich sind. Den Pfanneninhalt in eine Schüssel schütten. Das Dressing wie beschrieben, aber mit 2 EL weißem Balsamico-Essig anstelle von Weißweinessig und 2 statt 3 Knoblauchzehen anrühren; kein edelsüßes, sondern geräuchertes Paprikapulver nehmen. Die Pilze ebenfalls 30 Minuten marinieren.

Salat aus gegrillten Kalmaren und Rucola

Für dieses schnelle, feine Gericht muss die Grillpfanne wirklich sehr heiß sein. Die kleinen Tintenfische werden mit Zitrone, Knoblauch und Chili gewürzt.

15 MIN. — 2 MIN.

FÜR 4 PERSONEN

- 600 g küchenfertige kleine Kalmare (siehe rechts)
- 4 EL Olivenöl
- 2 kleine scharfe rote Chilischoten, entkernt und fein gehackt
- 1 Knoblauchzehe, zerdrückt
- abgeriebene Schale und Saft von 1 Bio-Zitrone
- Salz und frisch gemahlener schwarzer Pfeffer
- 100 g Rucola
- 1 große Handvoll Petersilienblätter, grob gehackt
- Zitronenschnitze zum Anrichten

1 Kalmartentakel und -mäntel mit Öl, Chilis, Knoblauch, Zitronenschale und Zitronensaft in eine Schüssel geben; salzen und pfeffern.

2 Eine Grillpfanne bei starker Hitze heiß werden lassen. Tentakel und Mäntel darin 1–2 Minuten braten, bis sie rundherum gebräunt sind, dabei nach der Hälfte der Zeit wenden. Auf ein Schneidebrett legen. Die Tentakel quer halbieren und in eine Schüssel geben. Die Mäntel in 3 cm dicke Ringe schneiden; zu den Tentakeln geben.

3 Rucola und Petersileinblätter hinzufügen; alles behutsam mischen. Sofort mit Zitronenschnitzen servieren.

Französische Gemüsesuppe

Eine solche »potage« wird in ganz Frankreich traditionell am Familientisch aus einer Suppenterrine als Vorspeise in große Suppenschalen geschöpft.

15 MIN. — 45 MIN.

FÜR 4 PERSONEN

- 1 EL Sonnenblumen- oder Erdnussöl
- 30 g Butter
- 3 große Stangen Lauch, gehackt
- 1 große mehligkochende Kartoffel, geschält und grob gewürfelt
- 2 große Möhren, gehackt
- 750 ml Gemüse- oder Hühnerbrühe
- 2 Lorbeerblätter
- Salz und frisch gemahlener Pfeffer

1 Das Öl mit der Hälfte der Butter in einem großen Topf bei schwacher bis mittlerer Hitze heiß werden lassen. Lauch, Kartoffel und Möhren darin unter häufigem Rühren 5 Minuten garen. Bei schwacher Hitze Brühe und Lorbeerblätter hinzufügen. Das Ganze mit Salz und Pfeffer würzen und zugedeckt 30 Minuten köcheln lassen, bis das Gemüse weich ist, dabei gelegentlich rühren.

2 Einige Minuten abkühlen lassen, dann die Lorbeerblätter entfernen. Die Suppe in den Mixer geben und pürieren. Durch ein Sieb in den Topf gießen und den Rückstand im Sieb mit einem Kochlöffelrücken kräftig ausdrücken. 100 ml Wasser durch das Sieb in den Topf gießen, um so viele Gemüserückstände wie möglich zu lösen.

3 Die Suppe unter häufigem Rühren erhitzen. Abschmecken, dann die restliche Butter einrühren. Sehr heiß servieren.

Jetzt am besten **Kalmare**

Der Gemeine Kalmar, der zu den Tintenfischen gehört, ist im Herbst von besonders guter Qualität; er wird aber auch im Scmmer und Winter angeboten. Seine Größe variiert von 2 cm (Baby-Kalmar) bis zu sehr viel größeren Exemplaren von 80–90 cm. Je größer die Tiere sind, desto länger ist ihre Garzeit. Gut dazu passen Chilischoten, Olivenöl, Zitronensaft, Knoblauch, Frühlingszwiebeln und Mayonnaise.

Die gefleckte Haut der Kalmare sollte man abziehen und für einen Fond aufbewahren; beim Garen wird sie zäh und schrumpft.

Die zähen, flügelähnlichen Flossen können Sie in dünne Streifen schneiden und pfannenrühren oder für einen Fond verwenden.

Gemeiner Kalmar Häufig wird sein Fleisch für zäh gehalter, doch das ist es nur, wenn es übergart wird. Rasch in etwas Öl in der Pfanne gebraten, kann es köstlich zart, mild und aromatisch sein.

Wissenswert

Im Angebot

Baby-Kalmare und größere Exemplare. Küchenfertige Kalmare, frisch und tiefgefroren.

Einkauf Frische ganze Kalmare riechen süßlich, haben weißes Fleisch und eine glitschige Oberfläche.

Aufbewahren In einem verschließbaren Gefrierbeutel im Kühlschrank lagern; am Kauftag zubereiten.

Zubereiten Braten, schmoren, grillen, kochen. Ganze Tuben, aufgeschnitten und rautenförmig eingeritzt, lassen sich gut grillen. Im Ganzen können sie mit Brot-, Reis- oder Couscousmischungen gefüllt werden.

Rezepte

Geschmorte Kalmare Seite 292

Marinierte Tintenfische Seite 262

Meeresfrüchtesalat Seite 106

Salat aus gegrillten Kalmaren und Rucola Seite 262

Tintenfisch und Kartoffeln mit Korianderpesto Seite 288

Kalmar vorbereiten

Die essbaren Teile eines Kalmars sind die Tube und Tentakeln sowie die flügelähnlichen Flossen. Bei starker Hitze garen Kalmare in 1–2 Minuten und werden transparent; übergarte Exemplare sind zäh.

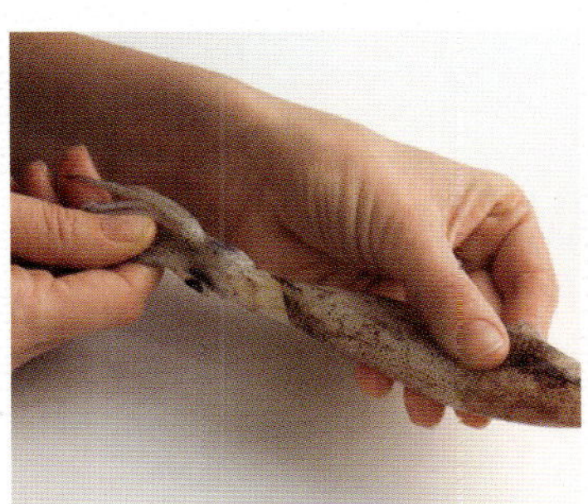

1 Mantel oder Tube (Körper) mit einer Hand halten, mit der anderen vorsichtig an den Tentakeln ziehen, um sie vom Körper zu trennen. Augen, Beißwerkzeug und Eingeweide werden cabei mit abgezogen.

2 Die Tentakel direkt unter den Augen abschneiden, um die Eingeweide abzutrennen. Die beiden langen Tentakel auf die Länge der anderen kürzen. Kopf, Beißwerkzeug, Augen und Eingeweide wegwerfen.

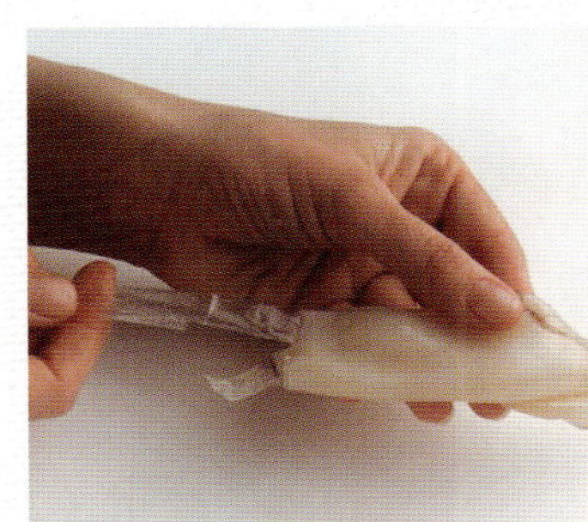

3 Den transparenten Schulp aus der Tube herausziehen. Die beiden Flossen zusammendrücken und mit der Membran vom Körper abziehen. Anschließend die Flossen häuten und die Membran wegwerfen.

Kürbiscreme mit Speck

Der Herbst zeichnet sich durch eine Vielfalt an Kürbissorten aus. Probieren Sie dieses Rezept auch einmal mit Eichel- oder Turbankürbis.

20 MIN. 45 MIN.

FÜR 4 PERSONEN

- 350 g Kürbisfruchtfleisch, in Stücke geschnitten
- 2 EL Olivenöl, mehr zum Beträufeln
- 2 Knoblauchzehen, zerdrückt
- 2 TL geriebener frischer Ingwer
- Salz und frisch gemahlener schwarzer Pfeffer
- 1 rote Chilischote, entkernt und in Streifen geschnitten
- Blätter von 2 Stängeln Petersilie, plus mehr zum Garnieren
- abgeriebene Schale und Saft von ½ Bio-Zitrone
- 75 g griechischer Sahnejoghurt
- geröstete Bauernbrotscheiben zum Servieren
- 1 Prise Paprikapulver
- gebratene Speckscheiben zum Garnieren

1 Den Backofen auf 200 °C vorheizen. Die Kürbisstücke auf einem Backblech mit Olivenöl, Knoblauch und Ingwer mischen; salzen und pfeffern. Im Ofen etwa 30 Minuten rösten, bis sie weich und gebräunt sind. Etwas abkühlen lassen.

2 Die Kürbisstücke in der Küchenmaschine oder im Mixer mit Chili und Petersilie (ein paar Blättchen zum Garnieren aufheben) sowie Zitronenschale und -saft grob pürieren. Das Püree salzen und pfeffern.

3 Das Kürbispüree in einer Schüssel mit dem Joghurt verrühren; abschmecken. Die Creme auf geröstete Brotscheiben löffeln. Mit Olivenöl beträufeln, mit Paprikapulver bestreuen, mit Speckscheiben belegen und mit Petersilie garnieren.

Pumpernickel-Kanapees

Die Kombination von Schwarzbrot und Roter Bete verleiht diesen Happen eine osteuropäische Note. Statt Feta oder Ziegenkäse können Sie auch Gorgonzola verwenden.

15 MIN.

FÜR 8-10 PERSONEN

- 8 Scheiben Pumpernickel oder Schwarzbrot
- 125 g Blauschimmelkäse (z. B. Gorgonzola)
- 300 g gegarte Rote Bete, gewürfelt
- 2-3 EL Sahnemeerrettich

1 Die Brotscheiben jeweils in sechs kleine Stücke schneiden. Den Käse in entsprechend große Scheiben schneiden.

2 Auf jedes Brotstück erst ein Käsestück, dann etwas Rote Bete legen. Zum Schluss ein wenig Sahnemeerrettich daraufgeben. Die Kanapees auf einer großen Platte anrichten und servieren.

Variante

Brote mit Kasseler und Roter Bete

Die Brotscheiben wie beschrieben vorbereiten. Die Rote Bete im Mixer oder in der Küchenmaschine mit 100 g Ricotta pürieren. Salzen und pfeffern, dann 2 EL gehackten Dill und 1 TL Weißweinessig untermixen. 4 Scheiben Kasseler in 12 gleich große Stücke schneiden. Auf jedes Brotstück etwas Rote-Bete-Püree geben und darauf ein Stück Kasseler legen. Mit Sahnemeerrettich und gehacktem Dill garnieren.

Räuchermakrelen-Pâté

Manchmal sind die einfachsten Gerichte die allerbesten – wie diese Pâté. Wenn Sie Vollkorntoast dazu reichen, machen Sie auf keinen Fall etwas falsch.

5 MIN.

FÜR 4 PERSONEN

- 300 g geräucherte Makrelenfilets, gehäutet
- 300 g Doppelrahmfrischkäse
- Saft von 1-2 Zitronen
- frisch gemahlener schwarzer Pfeffer
- 1-2 EL griechischer Sahnejoghurt
- dünne Scheiben Vollkorntoast, geröstet und in Dreiecke geschnitten

1 Die Fischfilets in Stücke zupfen und in der Küchenmaschine oder im Mixer fein zerkleinern.

2 Den Frischkäse hinzufügen und alles glatt pürieren. Nach und nach den Zitronensaft untermischen, zwischendurch immer wieder abschmecken. Das Püree mit reichlich Pfeffer würzen und noch einmal aufmixen.

3 Joghurt unter die Creme mischen, bis eine streichfähige, feste Masse entstanden ist. Die Pâté in eine Schüssel oder mehrere Portionsschälchen füllen. Zitronenschnitze zum Ausdrücken und geröstete dünne Brotecken dazu reichen.

Variante

Makrelencreme

4 Makrelenfilets mit der Haut nach oben für 5 Minuten unter den heißen Grill schieben; häuten und zerpflücken. 100 g Butter zerlassen. Den Fisch mit 1 Knoblauchzehe, 150 g Frischkäse, der Hälfte der Butter und je ¼ TL Cayennepfeffer und gemahlener Muskatblüte vermixen. Mit Zitrone, Salz und Pfeffer abschmecken. In vier Förmchen geben, mit der restlichen Butter begießen. Im Kühlschrank fest werden lassen.

Gegrillte Miesmuscheln mit Paprikafüllung

Dieses leichte Gericht eignet sich für ein romantisches Abendessen, doch es schmeckt so gut, dass man es jeden Tag essen möchte.

25-30 MIN. 1-2 MIN.

FÜR 4 PERSONEN

- 1 kleines Bund Petersilie
- 1 große rote Paprikaschote
- 2 Scheiben Weißbrot
- 2 Knoblauchzehen, geschält
- 2 EL Olivenöl
- Salz und frisch gemahlener schwarzer Pfeffer
- 250 ml Weißwein
- 24 große Miesmuscheln (etwa 750 g), gebürstet und entbartet (Exemplare, die sich beim Daraufklopfen nicht schließen, wegwerfen; siehe S. 364)
- Zitronenschnitze zum Servieren

1 Die Petersilienblättchen abzupfen. Blättchen und Stängel getrennt voneinander beiseitelegen.

2 Den Backofengrill vorheizen. Die Paprikaschote auf einem Gitter etwa 10 cm unter die Heizspirale schieben und unter gelegentlichem Wenden 10–12 Minuten grillen, bis sie rundherum schwarz ist. Zum Abkühlen in einen Gefrierbeutel geben, dann häuten, von den Samen und Trennwänden befreien und in Streifen schneiden.

3 Das Brot entrinden, dann würfeln und im Mixer oder in der Küchenmaschine zu Bröseln zerkleinern. Die Petersilienblätter (einige für die Garnitur zurückbehalten), Knoblauch, Öl und Paprika hinzufügen und alles zu einem Püree verarbeiten. Mit Salz und Pfeffer abschmecken.

4 Den Wein und die Petersilienstängel in einen großen Topf geben. Aufkochen und 2 Minuten köcheln lassen, dann die Muscheln hineingeben.

5 Zugedeckt bei starker Hitze 2–3 Minuten kochen lassen, bis die Muscheln offen sind. Die Muscheln mit einem Schaumlöffel herausheben; geschlossene Exemplare wegwerfen.

6 Den Grill anheizen. Von den Muscheln jeweils die obere Schale und den zähen Ring, der das Fleisch umgibt, entfernen.

7 In jede Muschel etwas Paprikamischung geben. Die Muscheln in den unteren Schalen in eine ofenfeste Form setzen. 1–2 Minuten grillen. Mit Petersilie bestreuen und mit Zitronenschnitzen servieren.

Reichhaltige Fischsuppe

Was für eine Kombination: Fleischiger Seeteufel und zarter Schellfisch treffen auf aniswürzigen Fenchel und aromatischen Safran. Wer mag, gibt noch Miesmuscheln dazu.

15 MIN. 1 STD. TK-TAUGLICH

FÜR 4–6 PERSONEN

- 1 EL Olivenöl
- 1 Zwiebel, fein gewürfelt
- Salz und frisch gemahlener schwarzer Pfeffer
- 1 Zweig Thymian
- 3 Knoblauchzehen, fein gehackt
- 1 Fenchelknolle, vom Grün befreit (dieses nach Belieben für die Garnitur beiseitelegen) und fein gewürfelt
- 1 rote Chilischote, entkernt und fein gehackt
- 250 ml Weißwein
- 2 Dosen gehackte Tomaten (je 400 g)
- 1 l heiße Gemüsebrühe
- 1 Prise Safranfäden
- 200 g Seeteufel, in mundgerechte Stücke geschnitten
- 200 g Schellfischfilet, in mundgerechte Stücke geschnitten

1 Das Öl in einem großen Topf bei mittlerer Hitze heiß werden lassen. Die Zwiebelwürfel darin in 3–4 Minuten glasig dünsten. Salzen und pfeffern, den Thymian dazugeben. Knoblauch und Fenchel hinzufügen und alles weitere 5 Minuten dünsten, bis der Fenchel weich wird.

2 Die Chili unterrühren und 1 Minute mitdünsten. Bei stärkerer Hitze den Wein dazugießen und 1 Minute köcheln lassen, dann Tomaten, Brühe und Safran hinzufügen. Alles aufkochen und bei schwacher Hitze und halb aufgelegtem Deckel etwa 45 Minuten köcheln lassen; falls nötig, etwas heißes Wasser dazugeben.

3 Die Suppe im Mixer oder in der Küchenmaschine in Intervallen fein pürieren, dann mit etwa 300 ml heißem Wasser in einen sauberen Topf geben und köcheln lassen; abschmecken. Den Fisch hinzufügen und zugedeckt bei schwacher Hitze in 6–10 Minuten gar ziehen lassen, bis er nicht mehr glasig ist. Die Suppe in vorgewärmte Schalen schöpfen und mit knusprigem Weißbrot servieren. Nach Belieben mit gehacktem Fenchelgrün garnieren.

Süßkartoffelsuppe mit Bohnen

Diese Suppe ist eine vollständige Mahlzeit. Dosenbohnen müssen vor der Verwendung abgespült werden.

10 MIN. 1 STD. - 1 STD. 30 MIN. TK-TAUGLICH

FÜR 4–6 PERSONEN

- 1 EL Olivenöl
- 1 Zwiebel, fein gewürfelt
- Salz und frisch gemahlener schwarzer Pfeffer
- 3 Knoblauchzehen, fein gehackt
- 2 Stangen Sellerie, fein gehackt
- 200 g Chorizo, gewürfelt
- 1 Prise Chiliflocken
- einige Zweige Thymian
- 2 Süßkartoffeln, geschält und gewürfelt
- 2 gelbe Paprikaschoten, grob zerkleinert
- 2 Dosen Azuki-Bohnen (je 400 g)
- 1 Dose Kidneybohnen (400 g)
- 1 l heiße Gemüsebrühe

1 Das Öl in einem großen Topf bei mittlerer Hitze heiß werden lassen. Die Zwiebelwürfel darin in 3–4 Minuten glasig dünsten; salzen und pfeffern. Knoblauch und Sellerie unterrühren und alles weitere 10 Minuten dünsten, bis der Sellerie weich ist.

2 Chorizo, Chili und Thymian untermischen und 1 Minuten mitdünsten. Die Süßkartoffelwürfel hinzufügen und einige Minuten mitgaren, dann die Paprikastücke dazugeben und alles etwa 5 Minuten schwach köcheln lassen.

3 Die Bohnen in ein Sieb schütten, abspülen und abtropfen lassen; zur Gemüsemischung geben. Die Brühe dazugießen und bei mittlerer Hitze aufkochen lassen. Das Ganze bei schwacher Hitze und halb aufgelegtem Deckel 45–60 Minuten köcheln lassen. Falls nötig, etwas heißes Wasser hinzufügen.

4 Die Suppe im Mixer oder in der Küchenmaschine grob pürieren und zurück in den Topf geben. Falls sie zu dickflüssig ist, eine Schöpfkelle heißes Wasser untermischen. Die Suppe heiß werden lassen und abschmecken. In vorgewärmte Schalen füllen und mit Fladenbrot servieren.

Artischockensuppe

Muskat und Safran unterstreichen den feinen, nussigen Geschmack der Artischocke, Speck macht die Suppe herzhaft.

20 MIN. 20 MIN.

FÜR 4 PERSONEN

- 1 EL Olivenöl
- 20 g Butter
- ½ rote Zwiebel, fein gewürfelt
- 1 Schalotte, fein gewürfelt
- 1 Knoblauchzehe, zerdrückt
- ¼ TL geriebene Muskatnuss
- einige Safranfäden
- 100 g Artischockenherzen, gewürfelt
- Salz und frisch gemahlener schwarzer Pfeffer
- 100 g Sahne
- 4 dünne Scheiben durchwachsener Räucherspeck
- 1 Handvoll junger Blattspinat, gehackt

1 Das Öl mit der Butter in einem Topf heiß werden lassen. Zwiebel, Schalotte, Knoblauch, Muskat und Safran hinzufügen und 3 Minuten unter Rühren dünsten. Artischockenherzen dazugeben; alles salzen und pfeffern. 3 Minuten unter Rühren dünsten, dann 1 l heißes Wasser untermischen und alles bei schwacher Hitze etwa 10 Minuten garen, bis das Gemüse weich ist. Abkühlen lassen.

2 Die Suppe im Mixer oder in der Küchenmaschine fein pürieren; wieder in den Topf schütten und heiß werden lassen. Die Sahne in einem kleinen Topf zum Köcheln bringen.

3 Den Speck in einer Pfanne bei mittlerer Hitze knusprig braten, herausnehmen und auf Küchenpapier abtropfen lassen. Den Spinat in der Pfanne zusammenfallen lassen. Die Sahne unter die Suppe rühren. Die Suppe abschmecken und auf Schalen verteilen. Den Spinat untermischen und auf jede Portion eine Speckscheibe legen. Sofort servieren.

Pistou-Suppe

Pistou ist die provenzalische Variante des italienischen Pestos, allerdings ohne Pinienkerne. Man verwendet es für diese berühmte rustikale Suppe mit Bohnen und Zucchini, kann es aber auch unter Pasta mischen oder auf Brotscheiben streichen.

30 MIN. 1 STD. 30 MIN.

FÜR 4 PERSONEN

- 1 Stück durchwachsener Räucherspeck oder geräuchertes Kasseler (100 g)
- 1 Dose weiße Bohnen (400 g)
- 1 Dose Borlotti-Bohnen (150 g)
- 125 g breite Bohnen, in Streifen
- 1 mehligkochende Kartoffel, gewürfelt
- 1 große Tomate, gehäutet, entkernt (siehe S. 197) und gewürfelt
- 2 Zucchini, gewürfelt
- Salz und frisch gemahlener Pfeffer
- 50 g Suppennudeln (z. B. kleine Makkaroni)

Für das Pistou

- 1 große Knoblauchzehe, geschält
- grobes Meersalz
- 1 kleine Handvoll Basilikumblätter
- 1 kleine Tomate, entkernt (siehe S. 197) und gewürfelt
- frisch gemahlener schwarzer Pfeffer
- 1 EL geriebener Mimolette oder alter Cheddar
- 1½ EL Olivenöl

1 Für das Pistou den Knoblauch im Mörser zerdrücken. Etwas Meersalz und das Basilikum hinzufügen und alles zu einer Paste verarbeiten. Tomatenwürfel dazugeben und weitermörsern, bis eine dicke Sauce entsteht. Pfeffer, Käse und Öl untermischen. .

2 Für die Suppe 2 l kaltes Wasser in einen großen Topf gießen. Speck bzw. Kasseler hineinlegen. Aufkochen; bei schwacher Hitze und halb aufgelegtem Deckel 30 Minuten köcheln lassen; gelegentlich abschäumen.

3 Die Bohnen in ein Sieb schütten, abspülen und abtropfen lassen. Mit Kartoffel, Tomate und Zucchini sowie etwas Salz und Pfeffer in den Topf geben. Alles bei halb aufgelegtem Deckel 1 Stunde schwach köcheln lassen; gelegentlich abschäumen. Speck bzw. Kasseler herausnehmen und in Streifen schneiden. Die Hälfte des Gemüses aus dem Topf heben, mit einer Gabel zerdrücken und anschließend mit dem Fleisch in die Suppe geben. Die Nudeln hinzufügen und bissfest garen. Das Pistou unterrühren.

Wachteleier mit Selleriesalz

Eine klassische und durchaus wohlschmeckende Kombination. Wachteleier haben im Verhältnis zum Eiweiß mehr Eigelb als Hühnereier und ein etwas kräftigeres Aroma.

10 MIN. 15 MIN.

FÜR 4 PERSONEN

- 2 Stangen Sellerie, gehackt
- Salz
- 12 Wachteleier

1 Den Backofen auf 200 °C vorheizen. Für das Selleriesalz den gehackten Sellerie auf einem Backblech ausbreiten und mit Salz (nicht zu viel) bestreuen; leicht vermischen. Das Blech in den Ofen schieben. Die Mischung 5–8 Minuten rösten, bis der Sellerie getrocknet ist. Anschließend im Mixer fein zerkleinern.

2 Die Eier in kochendes Wasser geben und in 2½ Minuten hart kochen. Abgießen, abschrecken und schälen. Das Selleriesalz auf einen Teller geben. Die Eier dazulegen, mit etwas von Selleriesalz bestreuen; servieren.

Mulligatawny

Eine anglo-indische Suppe, von der es viele Varianten gibt. Für Extraschärfe eine aufgeschlitzte frische rote Chilischote (mit oder ohne Samen) mit der Brühe in den Topf geben.

20 MIN. 45 MIN. TK-TAUGLICH

FÜR 4 PERSONEN

- 40 g Butter
- 1 große Zwiebel, gewürfelt
- 1 Stück frischer Ingwer (5 cm), geschält und fein gewürfelt
- 2 Knoblauchzehen, fein gehackt
- 1 Apfel (z. B. Cox Orange), ungeschält gewürfelt
- 1 Möhre, in Scheiben geschnitten
- 1 Stange Sellerie, in Scheiben geschnitten
- 1 gehäufter EL mildes Currypulver
- 1 EL Kichererbsen- oder Weizenmehl
- 4 Tomaten, grob zerkleinert
- 2 TL Tomatenmark
- 500 ml heiße Hühnerbrühe
- 2 Lorbeerblätter
- Salz und frisch gemahlener schwarzer Pfeffer
- 200 g Kokosmilch oder Sahne
- 200 g gegartes Hähnchenfleisch, in Streifen geschnitten
- Saft von ½ Limette
- 2 EL gehacktes Koriandergrün

1 Die Butter in einem großen Topf bei schwacher Hitze zerlassen. Zwiebel, Ingwer und Knoblauch darin in 10 Minuten weich, aber nicht braun werden lassen. Apfel, Möhre und Sellerie hinzufügen und alles zugedeckt 5 Minuten garen.

2 Das Currypulver unterrühren und 1 Minute unter ständigem Rühren anrösten. Das Mehl dazustreuen und kurz mitrösten.

3 Erst Tomaten und Tomatenmark, dann die Brühe hinzufügen. Lorbeerblatt, Salz und Pfeffer dazugeben. Alles aufkochen, dann bei schwacher Hitze und halb aufgelegtem Deckel 20 Minuten köcheln lassen.

4 Die Lorbeerblätter entfernen. Die Suppe im Mixer oder in der Küchenmaschine fein pürieren. Die Suppe durch ein Sieb in den Topf gießen und erhitzen. Kokosmilch bzw. Sahne sowie das Fleisch unterrühren. Mit Limettensaft abschmecken, mit Koriander bestreuen und servieren.

Hagebuttensuppe

In Skandinavien wird diese Suppe kalt oder heiß serviert. Am besten wird sie mit frischen Hagebutten, doch mit eingeweichten getrockneten gelingt sie auch.

30 MIN. PLUS KÜHLZEIT 1 STD.

FÜR 4 PERSONEN

- 500 g reife Hagebutten
- 1 Vanilleschote, längs aufgeschlitzt
- Zucker (nach Geschmack)
- 100 g Sahne
- 3 EL Joghurt
- 2 EL Zitronensaft
- 50 g gehobelte Mandeln, geröstet und mit Zucker bestreut
- Amaretti zum Servieren (nach Belieben)

1 Hagebutten in einen großen Topf geben und mit reichlich kochend heißem Wasser bedecken. Vanilleschote hinzufügen. Das Wasser 20–30 Minuten köcheln lassen, bis die Hagebutten weich sind. Durch ein Sieb in eine Schüssel gießen, den Garsud mit der Vanilleschote beiseitestellen.

2 Das Sieb mit den Hagebutten auf eine zweite Schüssel setzen. Hagebutten durch das Sieb streichen, das entstandene Püree beiseitestellen. Rückstand aus dem Sieb in den Topf kippen. Garsud und Vanilleschote hinzufügen. Alles 20 Minuten köcheln lassen. Anschließend so viel davon in das Hagebuttenpüree passieren, dass eine cremige Suppe entsteht. Suppe mit Zucker abschmecken. 1 Stunde oder bis zum Servieren kalt stellen.

3 Unmittelbar vor dem Servieren die Sahne mit dem Joghurt verquirlen und nach Geschmack süßen. Die Suppe mit Zitronensaft würzen und in Glasschalen füllen. Mit Mandeln bestreuen, mit der Sahnemischung garnieren und mit Amaretti (nach Belieben) servieren.

Jetzt am besten **Stangensellerie**

Wild gedeiht der Stangen- oder Staudensellerie im Salzgrasland entlang der Küsten in gemäßigten Klimazonen. Vom Herbst bis durch den Winter sind die Stangen besonders kräftig und von ausgeprägtem Geschmack. Dieses Gemüse passt hervorragend zu Käse, Nüssen, Äpfeln, Orangen, Linsen, Kohl und Rüben sowie zu Fisch und Meeresfrüchten.

Stangensellerie gedeiht in gemäßigten Klimazonen. Er kann kräftig grün sein oder blassgrüne Stangen mit gelben Blättern haben.

Wissenswert

Im Angebot

Grüner und heller Stangensellerie, mit und ohne Grün.

Einkauf Feste, knackige Stangen und frische Blätter.

Aufbewahren In einer perforierten Plastiktüte im Gemüsefach des Kühlschranks bis zu 10 Tage. Sellerie eventuell in feuchtes Küchenpapier wickeln, damit er nicht austrocknet.

Zubereiten Als Rohkost oder Gratinzutat. Dämpfen, dünsten, schmoren, pfannenrühren.

Für den Vorrat In Chutneys, Pickles und Relishes; in Öl eingelegt.

Rezepte

Gerösteter Sellerie mit Orange und Walnüssen Seite 470

Provenzalische Gemüsesuppe Seite 270

Sellerie-Apfel-Salat mit Blauschimmelkäsedressing Seite 471

Suppe mit zweierlei Sellerie Seite 428

Wachteleier mit Selleriesalz Seite 268

Grüner Stangensellerie Schmeckt roh und gegart hervorragend. Die knackigen Stangen sind sehr würzig, das Herz ist mild-nussig.

Die Stangen von 'Giant Pascal' sind frei von Fäden, sie brauchen also nicht geschält zu werden.

'Giant Pascal' Eine beliebte Sorte, die grün oder gebleicht angeboten wird. Ein besonderes Merkmal sind die dicken, fleischigen Stangen mit nussigem Geschmack.

Stangensellerie vorbereiten

Wenn Sie die Stangen als Rohkost (z. B. mit einem Dip) servieren möchten, nur bis einschließlich Schritt 2 vorbereiten und in einem Glas auf den Tisch stellen. Zum Garen müssen die Stangen geschält und in Julienne oder feine Scheiben geschnitten werden.

1 Das Selleriegrün mit einem Schnitt von der Staude abschneiden und zum Garnieren oder für eine Brühe verwenden. Die Wurzel ebenfalls abschneiden.

2 Die Stangen voneinander trennen; waschen und trocken tupfen. Die Schale mit einem Sparschäler in Fäden von den Stangen ziehen.

3 Mit einem Kochmesser die Stangen in Stücke und diese in feine Streifen (Julienne) schneiden oder die Stangen quer in feine Scheiben schneiden.

Provenzalische Gemüsesuppe

Wer im Frühherbst frische Tomaten übrig hat, der sollte diese statt der Dosentomaten verwenden. Nach Belieben können Sie vor dem Servieren noch etwas Pesto in die Suppe rühren.

15 MIN. 1 STD. TK-TAUGLICH

FÜR 4–6 PERSONEN

- 1 EL Olivenöl
- 1 Zwiebel, fein gewürfelt
- Salz und frisch gemahlener schwarzer Pfeffer
- 3 Knoblauchzehen, fein gehackt
- 2 Stangen Sellerie, fein gewürfelt
- 2 Möhren, grob gewürfelt
- Blätter von 1 Stängel Estragon, fein gehackt
- 2 Zweige Rosmarin
- 400 g passierte Tomaten (Konserve)
- 1 l heiße Gemüsebrühe
- 3 Kartoffeln, geschält und in mundgerechte Stücke geschnitten
- 350 g dünne grüne Bohnen, in mundgerechte Stücke geschnitten
- 30 g Parmesan, gerieben (nach Belieben)

1 Öl in einem großen Topf erhitzen. Zwiebel darin 3–4 Minuten dünsten. Salzen und pfeffern. Knoblauch und Sellerie hinzufügen und 5 Minuten mitdünsten, bis der Sellerie weich ist.

2 Möhren, Estragon und Rosmarin unterrühren und 1 Minute mitgaren. Passierte Tomaten und etwas Brühe hinzufügen und alles aufkochen lassen. Restliche Brühe hinzufügen; erneut aufkochen, dann bei schwacher Hitze und halb aufgelegtem Deckel etwa 45 Minuten köcheln lassen. Falls nötig, etwas heißes Wasser untermischen. 15 Minuten vor Ende der Garzeit die Kartoffeln dazugeben.

3 Sobald die Kartoffeln weich sind, Bohnen hinzufügen. Weitere 10 Minuten köcheln lassen, bis sie gar, aber noch bissfest sind. Rosmarin entfernen. Suppe abschmecken und in vorgewärmte Schalen schöpfen. Nach Belieben mit Parmesan bestreuen. Mit knusprigem Baguette servieren.

Pilzsuppe

In dieser einfachen Suppe mit Zwiebel, Knoblauch und Petersilie kommt das Aroma der Wildpilze wunderbar zur Geltung. Mit etwas saurer Sahne schmeckt sie noch besser.

15 MIN. 1 STD. TK-TAUGLICH

FÜR 4 PERSONEN

- 75 g Butter
- 100 g Zwiebeln, fein gewürfelt
- 1 Knoblauchzehe, fein gehackt
- 15 g Petersilie, gehackt
- 250 g gemischte Wildpilze, gewürfelt
- 4 EL Milch
- Salz und frisch gemahlener schwarzer Pfeffer
- 1 Prise geriebene Muskatnuss
- 50 g Mehl
- 1,2 l heiße Gemüse- oder Hühnerbrühe
- 4 EL saure Sahne (nach Belieben)

1 Die Hälfte der Butter in einem Topf bei mittlerer Hitze heiß werden lassen. Die Zwiebelwürfel darin mit Knoblauch und Petersilie in 3–4 Minuten glasig dünsten. Die Pilze hinzufügen und 3 Minuten mitdünsten. Die Milch dazugeben und das Ganze mit Salz und Muskat würzen. Einige Minuten köcheln lassen, dann vom Herd nehmen.

2 In einem anderen Topf die restliche Butter zerlassen. Den Topf vom Herd nehmen und das Mehl mit einem Schneebesen einrühren. Den Topf wieder auf den Herd stellen und die Mischung bei schwacher Hitze etwas Farbe annehmen lassen. Den Topf wieder vom Herd nehmen und unter ständigem Rühren schöpfkellenweise die Brühe untermischen. Den Topf erneut auf den Herd stellen.

3 Bei schwacher Hitze die Pilzmischung mitsamt der ausgetretenen Flüssigkeit hineingeben. Die Suppe aufkochen und 15–20 Minuten köcheln lassen. Mit Salz und Pfeffer abschmecken, dann, nach Belieben mit der sauren Sahne, servieren.

Gurkensuppe mit Walnüssen

Eine herbstliche Suppe, für die man gut überreife Gurken verwenden kann. Möglicherweise müssen bittere Schale und harte Samen entfernt werden.

10–15 MIN. PLUS KÜHLZEIT

FÜR 4–6 PERSONEN

- 2 Gurken (etwa 700 g)
- 500 g cremiger Joghurt
- 1 Knoblauchzehe
- Salz und frisch gemahlener schwarzer Pfeffer
- 50 g Walnusskerne
- Blätter von 1 Handvoll Minze, fein gehackt
- 2 EL Zitronensaft
- Olivenöl zum Beträufeln
- gehackte Walnusskerne zum Bestreuen

1 Die Gurken von den Enden befreien, schälen und halbieren. Die Samen mit einem Teelöffel herauskratzen, das Fruchtfleisch fein würfeln.

2 In einer Schüssel oder einem großen Messbecher den Joghurt mit 250 ml kaltem Wasser glatt rühren. Den Knoblauch mit einer guten Prise Salz im Mörser fein zerdrücken und in den Joghurt geben. Die Nüsse im (nicht gereinigten) Mörser grob zerdrücken. Mit Gurke, Minze, Zitronensaft und reichlich Pfeffer unter die Joghurtmischung rühren. Alles abschmecken.

3 Die Suppe mindestens 30 Minuten kalt stellen. Zum Servieren in Schalen gießen, mit Olivenöl beträufeln und mit gehackten Walnüssen bestreuen.

Variante

Gurken-Mandel-Suppe mit Dill

Die Suppe wie beschrieben zubereiten, jedoch den Joghurt mit 250 ml Milch statt Wasser verrühren. Anstelle von Walnüssen und Minze 50 g gemahlene Mandeln und 1 Handvoll gehackten Dill verwenden. Die fertige Suppe mit gerösteten Mandelblättchen garnieren.

Marokkanische Harira

Diese aromatische Suppe mit Linsen und Lammfleisch ist ein leckeres Hauptgericht. Aufgewärmt schmeckt sie noch besser – bereiten Sie sie also am besten einen Tag im Voraus zu, falls die Zeit es erlaubt.

25 MIN. 2 STD. TK-TAUGLICH

FÜR 4–6 PERSONEN

- 1 EL Olivenöl
- 1 rote Zwiebel, fein gewürfelt
- Salz und frisch gemahlener schwarzer Pfeffer
- 1 Stange Sellerie, in Scheiben geschnitten
- 3 Knoblauchzehen, fein gehackt
- 700 g Lammfleisch (Schulter oder Keule), in mundgerechte Stücke geschnitten
- 1 TL gemahlene Kurkuma
- 1 TL gemahlener Zimt
- 1 Stück frischer Ingwer (5 cm), gehackt
- 1,5 l heiße Gemüsebrühe
- 1 Dose Kichererbsen (400 g)
- 125 g grüne oder braune Linsen, abgespült und verlesen
- 1 TL Harissa (scharfe nordafrikanische Würzpaste)
- Korianderblätter zum Garnieren
- Zitronenschnitze zum Servieren

1 Das Öl in einem großen Topf bei mittlerer Hitze heiß werden lassen. Die Zwiebelwürfel darin in 3–4 Minuten glasig dünsten; salzen und pfeffern. Den Sellerie mit dem Knoblauch unterrühren und 6–10 Minuten mitdünsten, bis er weich ist.

2 Fleisch, Kurkuma, Zimt und Ingwer hinzufügen. Bei etwas stärkerer Hitze rühren, bis das Fleisch überzogen ist. Alles 6–10 Minuten garen, bis das Fleisch nicht mehr rot ist. Eine Schöpfkelle Brühe dazugeben und aufkochen lassen.

3 Die Kichererbsen aus der Dose in ein Sieb schütten, abspülen und abtropfen lassen. Mit den Linsen in den Topf zur Suppe geben. Alles gut verrühren. Die restliche Brühe dazugießen und untermischen; alles aufkochen lassen.

4 Die Suppe bei schwacher Hitze 1–1½ Stunden köcheln lassen, bis das Fleisch sehr weich ist; falls nötig, etwas heißes Wasser dazugeben. Die Harissa unterrühren und die Suppe noch einige Minuten weiterköcheln lassen. In vorgewärmte Teller oder Schalen schöpfen, mit Korianderblättern garnieren und mit Zitronenschnitzen servieren.

Variante

Harira mit Hähnchenfleisch

Die Suppe wie beschrieben zubereiten, das Lammfleisch jedoch durch 500 g gewürfeltes Hähnchenschenkelfleisch ersetzen. Statt der grünen oder braunen Linsen rote verwenden und am Ende von Schritt 2 etwa 300 g gewürfeltes Kürbisfruchtfleisch sowie 4 gewürfelte Tomaten hinzufügen. Die Harissamenge auf 1 EL erhöhen.

Genueser Minestrone mit rotem Pesto

Pesto aus frischen Tomaten ist hier die perfekte Ergänzung.

45–50 MIN. 2 STD. 30 MIN.

FÜR 4 PERSONEN

- 100 g Hörnchennudeln
- Salz
- 1 Dose rote Kidneybohnen (400 g)
- 1 Dose weiße Bohnen (400 g; z. B. Cannellinibohnen)
- 100 g dünne grüne Bohnen, in 1 cm große Stücke geschnitten
- 2 Möhren, gewürfelt
- 2 Kartoffeln, geschält und gewürfelt
- 1 kleine Zucchini, gewürfelt
- 100 g Erbsen (frisch oder tiefgekühlt)
- frisch gemahlener schwarzer Pfeffer
- 1 großes Bund Basilikum
- 1 große Tomate, gehäutet, entkernt (siehe S. 197) und gewürfelt
- 2 Knoblauchzehen, geschält
- 125 ml Olivenöl
- 100 g Parmesan, gerieben

1 Die Nudeln in kochendem Salzwasser nach Packungsangabe bissfest garen. In ein Sieb schütten, kalt abspülen und beiseitestellen.

2 Kidney- und weiße Bohnen in ein Sieb schütten, kalt abspülen und abtropfen lassen. Mit grünen Bohnen, Möhren, Kartoffeln, Zucchini und Erbsen sowie etwas Salz und Pfeffer in einen Topf geben. 2 l Wasser dazugießen und aufkochen, dann 1 Stunde köcheln lassen, bis das Gemüse sehr weich ist.

3 Für das Pesto die Basilikumblätter von den Stängeln zupfen. Einige Blätter zum Garnieren beiseitelegen. Die restlichen Blätter mit Tomate, Knoblauch, Salz und Pfeffer in der Küchenmaschine oder im Mixer glatt pürieren. Bei laufendem Motor nach und nach das Öl dazugießen. Das Pesto abschmecken.

4 Die Nudeln in die Suppe geben. Die Suppe abschmecken, dann heiß werden, aber nicht mehr kochen lassen. Vom Herd nehmen und das Pesto unterrühren. In vorgewärmte Schalen schöpfen, mit Basilikumblättern garnieren und mit dem Parmesan servieren.

Paprika-Walnuss-Dip

Walnusskerne zu rösten ist ganz leicht: einfach die Kerne auf einem Backblech verteilen und für 2 Minuten unter den heißen Grill schieben. Aufpassen, dass sie nicht verbrennen!

20 MIN. 30 MIN.

FÜR 8 PERSONEN

- 100 ml Olivenöl
- 1 Zwiebel, in Ringe geschnitten
- 4 rote Paprikaschoten, in Streifen geschnitten
- 2 Knoblauchzehen, zerdrückt
- 125 g Walnusskerne, geröstet und gehackt
- abgeriebene Schale und Saft von 1 Bio-Zitrone

1 Das Öl in einer Pfanne bei schwacher Hitze heiß werden lassen. Die Zwiebelwürfel darin in 3–4 Minuten glasig dünsten.

2 Paprikastreifen hinzufügen, unter gelegentlichem Rühren 15–20 Minuten mitdünsten, bis sie weich sind. Den Knoblauch untermischen.

3 Die Paprikamischung in die Küchenmaschine oder den Mixer umfüllen. Nüsse, Zitronensaft und -schale hinzufügen und alles zu einer stückigen Creme verarbeiten. Als Dip zu warmem Fladenbrot und/oder Rohkost servieren.

Variante

Paprika-Macadamianuss-Dip

Macadamianüsse statt Walnüsse nehmen. Wer mag, kann zum Schluss noch 125 g griechischen Sahnejoghurt und gehackte Korianderblätter unter den Dip rühren.

Gurkengratin mit gerösteter Oliven-Ciabatta

So zubereitet, schmecken Gurken nach mehr.

10 MIN. 20 MIN.

FÜR 4 PERSONEN

- 1 große Salatgurke, geschält und in 1 cm dicke Scheiben geschnitten
- 1 EL gehackter Thymian
- 50 g Butter
- 300 ml Gemüsebrühe
- 4 EL Mehl
- 150 g Sahne
- 100 g Cheddar, geraspelt
- ½ TL Senf
- Salz und frisch gemahlener schwarzer Pfeffer

Für die Oliven-Ciabatta

- 50 g weiche Butter
- 2 EL fein gehackte entsteinte schwarze Oliven
- 2 EL gehackte Petersilie
- 8 Scheiben Ciabatta

1 Gurkenstücke mit dem Thymian, 20 g Butter und der Brühe in einen Topf geben. Zugedeckt 6–8 Minuten köcheln lassen, bis sie weich sind. In ein Sieb schütten und abtropfen lassen; Flüssigkeit auffangen. Die Gurkenstücke in vier gebutterte Auflaufförmchen geben. Restliche Butter im Topf zerlassen. Das Mehl darin unter Rühren 1 Minute anschwitzen. Vom Herd nehmen und den Gurken-Garsud mit einem Schneebesen unterrühren. Aufkochen und unter Rühren 2 Minuten köcheln lassen. Sahne, 75 g Käse und Senf untermischen. Abschmecken.

2 Backofengrill vorheizen. Gurkenstücke mit der Sauce bedecken und mit dem restlichen Käse bestreuen.

3 Für die Ciabatta die Butter mit einer Gabel mit Oliven, Petersilie und reichlich Pfeffer verkneten. Die Brotscheiben auf einer Seite rösten. Das Gratin unter den Grill schieben und 5 Minuten überbacken, bis der Käse schmilzt, brodelt und braun wird. Mit Alufolie bedecken und unten in den Backofen stellen. Die ungerösteten Seiten der Brotscheiben mit der Olivenbutter bestreichen. Grillen, bis die Butter schmilzt und die Ränder braun werden. Heiß zum Gratin servieren.

Frittierte Kalmare

Ein im Mittelmeerraum sehr beliebtes Gericht. Übergaren Sie die Kalmare nicht, denn dann werden sie zäh. Servieren Sie dazu gemischten Salat und geröstete Kartoffeln.

15 MIN. 10 MIN.

FÜR 4 PERSONEN

- 2 Eier
- 2 EL eiskaltes Mineralwasser mit Kohlensäure
- 150 g Mehl
- 1 TL Chiliflocken
- 1 TL Salz
- 400 g küchenfertige kleine Kalmartuben (siehe S. 263), in 1 cm breite Ringe geschnitten
- 250 ml Öl
- Zitronenschnitze zum Servieren

1 Die Eier in eine Schüssel aufschlagen und mit dem Mineralwasser verquirlen. Das Mehl auf einem Teller mit Chiliflocken und Salz mischen. Die Kalmarringe erst im Ei, dann in der Mehlmischung wenden, bis sie gleichmäßig davon überzogen sind.

2 Das Öl in der Fritteuse bei starker Hitze heiß werden lassen. Die Kalmarringe darin portionsweise je 2–3 Minuten frittieren, bis sie goldbraun sind. Mit einem Schaumlöffel herausheben, auf Küchenpapier abtropfen lassen und warm halten. Mit Zitronenschnitzen servieren.

Variante

Fritto misto

Den Teig wie beschrieben zubereiten. Nur 150 g Kalmartuben verwenden, außerdem 1 gehäutetes, in Stücke geschnittenes Meeräschenfilet (etwa 175 g) und 8 ausgelöste Austern. Fisch und Meeresfrüchte vor der Verwendung gut trocken tupfen. Die Mehlmischung mit ½ TL geschrotetem schwarzem Pfeffer anreichern. Das Fritto misto nur mit Zitrone und Brot als Vorspeise oder mit einem großen gemischten Salat als Hauptgericht für 2 Personen servieren.

Paprikasuppe mit Fenchel und Tomaten

Bereiten Sie diese Suppe im Frühherbst zu, wenn es Tomaten und Paprika in Hülle und Fülle gibt. Sie lässt sich gut einfrieren und dann im Winter genießen.

25 MIN. 2 STD. TK-TAUGLICH

FÜR 4–6 PERSONEN

- 500 g Tomaten
- 1 große Fenchelknolle, geschält und in Spalten geschnitten
- 1 rote Zwiebel, in Spalten geschnitten
- 2 rote Paprikaschoten, halbiert
- 4 Knoblauchzehen, ungeschält
- 1½ TL Zucker
- 2 EL Olivenöl
- Nadeln von 1 großen Zweig Rosmarin
- 1–2 EL Öl
- 1½ TL Fenchelsamen
- ½ TL Schwarzkümmelsamen (Nigella)
- 400 g passierte Tomaten (Konserve)
- 1 l heiße Gemüsebrühe
- 1 frische rote Chilischote, entkernt und gehackt
- Salz und frisch gemahlener schwarzer Pfeffer
- 1 Handvoll Fenchelgrün

1 Den Backofen auf 200 °C vorheizen. Die Tomaten unten kreuzförmig einschneiden. Saft und Samen in eine Schüssel drücken, dann durch ein Sieb gießen und beiseitestellen.

2 Eine ofenfeste Form mit Backpapier auslegen. Fenchel, Zwiebel, Paprika, Knoblauch und ausgedrückte Tomaten darauflegen. Mit Zucker und Rosmarin bestreuen und mit Olivenöl beträufeln. Gemüse etwa 1 Stunde rösten, bis die Tomaten weich sind. Gemüse abkühlen lassen. Schwarze Haut von den Paprika abziehen. Knoblauch schälen.

3 Das Öl in einem großen Topf heiß werden lassen. Fenchelsamen und Schwarzkümmel hineingeben und einige Sekunden schwenken. Passierte Tomaten, Brühe und Tomatensaft hinzufügen; aufkochen lassen. Das geröstete Gemüse und die Chili dazugeben und das Ganze mit Salz und Pfeffer würzen. Bei schwacher Hitze und halb aufgelegtem Deckel etwa 45 Minuten köcheln lassen.

4 Die Suppe in den Mixer oder die Küchenmaschine geben und pürieren. Durch ein Sieb wieder in den Topf gießen. Heiß werden lassen, abschmecken und mit Fenchelgrün bestreuen. In vorgewärmten Schalen servieren.

Tomatencremesuppe

Für diese besondere Variante eines Klassikers werden frische, getrocknete und geröstete Tomaten verwendet – so wird die schlichte Tomate zu einem kulinarischen Highlight.

30 MIN. 40 MIN.

FÜR 4–6 PERSONEN

- 20 Eiertomaten (etwa 1,5 kg)
- 2 EL Olivenöl
- 50 g Butter
- 2 Zwiebeln, fein gewürfelt
- 2 Stangen Sellerie, fein gewürfelt
- 2 Möhren, fein gewürfelt
- 2 Knoblauchzehen, zerdrückt
- 6 getrocknete Tomaten, fein gewürfelt
- 1 l heiße Gemüsebrühe
- 2–3 EL Sahne
- Salz und frisch gemahlener schwarzer Pfeffer

1 Den Backofen auf 200 °C vorheizen. 12 Tomaten in einer ofenfesten Form mit 1 EL Olivenöl mischen. Im heißen Ofen 12–15 Minuten rösten, bis sie etwas verkohlt aussehen. Die restlichen Tomaten häuten (siehe S. 197) und fein würfeln.

2 Die Butter mit dem restlichen Öl in einem Topf bei schwacher Hitze heiß werden lassen. Die Zwiebelwürfel darin unter häufigem Rühren in 8–10 Minuten sehr weich, aber nicht braun werden lassen. Sellerie und Möhren hinzufügen und 10 Minuten mitdünsten, dabei gelegentlich umrühren. Den Knoblauch dazugeben und alles weitere 2 Minuten dünsten.

3 Die gerösteten Tomaten mit den gehäuteten und den getrockneten Tomaten mischen. Mitsamt dem ausgetretenen Saft in den Topf geben und alles unter gelegentlichem Rühren köcheln lassen. Falls die Mischung zu dickflüssig ist oder am Topfboden ansetzt, etwas heiße Gemüsebrühe dazugießen. Die restliche Brühe dazugeben und die Suppe 15–20 Minuten köcheln lassen.

4 Die Suppe im Mixer oder in der Küchenmaschine pürieren, dann durch ein Sieb in einen sauberen Topf gießen. Die Sahne teelöffelweise untermischen (nach Geschmack). Die Suppe mit Salz und Pfeffer abschmecken. Falls nötig, behutsam aufwärmen und servieren.

Grüne-Bohnen-Suppe mit Rindfleisch

Verwenden Sie festkochende Kartoffeln – nur sie behalten in dieser Suppe Form und Konsistenz.

20 MIN. 1 STD. TK-TAUGLICH

FÜR 6 PERSONEN

- 2 EL Sonnenblumenöl
- 500 g Rinderschmorfleisch, in 2 cm große Würfel geschnitten
- Salz und frisch gemahlener schwarzer Pfeffer
- 1 Zwiebel, gewürfelt
- 2–3 Zweige Thymian
- 1 l heiße Gemüsebrühe
- 1 große Kartoffel, geschält und gewürfelt
- 250 g grüne Bohnen, in kleine Stücke geschnitten
- 1–2 EL gehackte Petersilie (nach Belieben)

1 Das Öl in einem Topf erhitzen. Das Fleisch salzen und pfeffern. Die Hälfte des Fleischs im Öl kräftig anbraten. Herausnehmen. Das restliche Fleisch anbraten, ebenfalls herausnehmen. Die Zwiebelwürfel in den Topf geben und glasig dünsten.

2 Das Fleisch wieder in den Topf geben. Thymianzweige mit Küchengarn zusammenbinden und mit der Brühe hinzufügen. Alles aufkochen, dann zugedeckt bei mittlerer Hitze etwa 40 Minuten köcheln lassen.

3 Die Kartoffelwürfel hinzufügen. Die Suppe erneut aufkochen und zugedeckt 10–15 Minuten köcheln lassen, bis die Kartoffelwürfel weich sind. Die Bohnen untermischen und 4–5 Minuten mitköcheln, bis sie gar, aber noch bissfest sind.

4 Den Thymian entfernen. Die Suppe mit Salz und Pfeffer abschmecken. Die Fleischstücke etwas zerteilen. Die Suppe mit Petersilie bestreuen (nach Belieben) und servieren.

Augenbohnensuppe

Noch eine der Suppen, die aufgewärmt noch besser schmecken. Bereiten Sie sie also möglichst im Voraus zu. Sie können auch die Kerne von überreifen grünen Bohnen verwenden.

15 MIN. 40 MIN. TK-TAUGLICH

FÜR 4–6 PERSONEN

- 1 EL Raps- oder Sonnenblumenöl
- 3 Stangen Lauch, in Scheiben geschnitten
- 1 kleine rote Paprikaschote, zerkleinert
- 1 kleine gelbe Paprikaschote, zerkleinert
- 3 Knoblauchzehen
- 1 Stück frischer Ingwer (5 cm), geschält und fein zerkleinert
- 1 kleine rote Chilischote, entkernt
- 1 TL Kreuzkümmelsamen
- grobes Salz und frisch gemahlener schwarzer Pfeffer
- 2 Dosen Augenbohnen (je 400 g)
- 400 ml Kokosmilch
- 500 ml heiße Gemüsebrühe
- 1 TL brauner Zucker
- Koriandergrün zum Garnieren
- Limettenschnitze zum Servieren

1 Das Öl in einem Topf bei mittlerer Hitze heiß werden lassen. Lauch und Paprika darin zugedeckt unter häufigem Rühren 5–7 Minuten garen, bis sie weich sind. Inzwischen Knoblauch, Ingwer, Chili, Kreuzkümmel und 1 TL Salz im Mixer oder in der Küchenmaschine mit 4 EL Wasser fein pürieren. In den Topf geben, den Behälter mit etwas Wasser ausspülen und dieses ebenfalls in den Topf geben. Alles 2–3 Minuten unter Rühren köcheln lassen, bis der Großteil der Flüssigkeit verdampft ist.

2 Die Bohnen in ein Sieb schütten, kalt abspülen und abtropfen lassen. Mit Kokosmilch, Brühe, Zucker und Pfeffer zur Gemüsemischung in den Topf geben. Alles aufkochen und bei schwacher Hitze 30 Minuten köcheln lassen, dabei häufig umrühren. Die Suppe abschmecken und auf Schalen verteilen. Mit Koriandergrün garnieren und mit Limettenschnitzen servieren.

Kürbissuppe mit Ingwer

Diese samtige Suppe können Sie, je nach saisonalem Angebot, mit Muskat- oder Butternusskürbis zubereiten. Chiliflocken und fein gehackter Ingwer balancieren die Üppigkeit der Suppe hervorragend aus.

15 MIN. 1 STD. TK-TAUGLICH

FÜR 4–6 PERSONEN

- 1 EL Olivenöl
- 1 Zwiebel, fein gewürfelt
- Salz und frisch gemahlener schwarzer Pfeffer
- 3 Knoblauchzehen, fein gehackt
- 1 Stück frischer Ingwer (5 cm), geschält und fein gewürfelt
- 1 Prise Chiliflocken
- 1 kleine Zimtstange
- Fruchtfleisch von 1 kg Muskat- oder Butternusskürbis, gewürfelt
- 1 l heiße Gemüsebrühe

1 Das Öl in einem großen Topf bei mittlerer Hitze heiß werden lassen. Die Zwiebelwürfel darin in 3–4 Minuten glasig dünsten. Salzen und pfeffern; Knoblauch, Ingwer, Chiliflocken und Zimt hinzufügen. Kurz dünsten, dann den Kürbis (und, falls nötig, noch etwas Öl) unterrühren.

2 Etwas Brühe dazugießen. Bei starker Hitze den Topfboden abschaben. Die restliche Brühe hinzufügen und alles 1 Minute kochen, dann bei sehr schwacher Hitze zugedeckt etwa 45 Minuten köcheln lassen bis der Kürbis weich ist. Den Zimt entfernen.

3 Die Suppe im Mixer oder in der Küchenmaschine fein pürieren. In einen sauberen Topf gießen. Falls sie zu dickflüssig ist, etwas Wasser untermischen. Erhitzen, abschmecken und mit Vollkorn- oder Roggenbrot servieren.

Variante

Eichelkürbissuppe mit Kreuzkümmel

Wie beschrieben zubereiten, jedoch 1 TL gemahlenen Kreuzkümmel statt des Ingwers und 700 g Eichelkürbis anstelle von Muskat- oder Butternusskürbis verwenden; am Ende von Schritt 1 noch 2 große geschälte und grob zerkleinerte Möhren dazugeben.

Birnen-Fenchel-Salat mit Walnüssen

Das Gorgonzola-Dressing bildet einen delikaten Kontrast zu der Süße der Birnen und dem Anisaroma des Fenchels.

30-35 MIN. 5-8 MIN.

FÜR 6 PERSONEN

- 60 g Walnusskerne
- 1 große Fenchelknolle
- 3 reife Birnen
- Saft von 1 Zitrone

Für das Gorgonzola-Dressing

- 125 g Gorgonzola
- 4 EL Rotweinessig
- Salz und frisch gemahlener schwarzer Pfeffer
- 75 ml Olivenöl

1 Den Backofen auf 180 °C vorheizen. Die Nüsse auf einem Backblech verteilen und im heißen Ofen 5–8 Minuten rösten, bis sie knusprig sind; dabei gelegentlich rühren, damit sie gleichmäßig bräunen.

2 Für das Dressing den Gorgonzola entrinden und den Käse zwischen den Fingern oder mit einer Gabel zerkrümeln. Zwei Drittel davon mit Essig, Salz und Pfeffer in einer Schüssel mit einem Schneebesen verrühren. Nach und nach das Öl darunterschlagen, bis ein cremiges Dressing entstanden ist. Den restlichen Käse unterrühren, damit das Dressing stückig wird; abschmecken. Das Dressing zudecken und kalt stellen.

3 Inzwischen vom Fenchel das Grün sowie Wurzelende und feste äußere Schichten entfernen. Fenchelgrün für die Garnitur beiseitelegen; die Knolle längs halbieren. Die Hälften jeweils mit der flachen Seite nach unten quer in Scheiben schneiden.

4 Die Birnen schälen, längs halbieren und von den Kerngehäusen befreien. Die Hälften mit den Schnittflächen nach unten längs in dünne Scheiben schneiden; die Scheiben mit dem Zitronensaft mischen.

5 Birnen- und Fenchelscheiben auf Tellern anrichten und das Dressing mit einem Löffel daraufgeben. Die Portionen mit Walnusskernen bestreuen, mit Fenchelgrün garnieren und servieren.

Variante

Apfel-Sellerie-Salat mit Pekannüssen

Den Salat wie beschrieben zubereiten, anstelle von Walnusskernen jedoch Pekannusskerne verwenden. Diese vor dem Rösten mit 1 TL Lebkuchengewürz bestreuen. Statt der Birnen 4 Äpfel (z. B. Cox Orange) verwenden und den Fenchel durch 4 Selleriestangen ersetzen.

Fenchel-Apfel-Suppe

Fenchel hält sich im Kühlschrank länger, wenn man das Grün zuvor abschneidet. Bewahren Sie etwas davon als attraktive Garnitur für diese Suppe auf.

10 MIN. 30 MIN.

FÜR 4 PERSONEN

- 2 EL Raps- oder Olivenöl
- 1 Zwiebel, gewürfelt
- 2 Knoblauchzehen, gehackt
- 500 g Fenchel, geputzt und grob zerkleinert, das Grün für die Garnitur beiseitegelegt
- 3 Stangen Sellerie, zerkleinert
- 1 Kochapfel, geschält, vom Kerngehäuse befreit und grob zerkleinert
- Salz
- 750 ml heiße Gemüsebrühe

1 Das Öl in einem großen Topf bei mittlerer Hitze heiß werden lassen. Die Zwiebelwürfel darin in 3–4 Minuten glasig dünsten. Den Knoblauch hinzufügen und 1–2 Minuten mitdünsten. Fenchel, Sellerie und Apfel sowie etwas Salz unterrühren. Alles zugedeckt unter häufigem Rühren 10 Minuten garen.

2 Die Brühe dazugießen und aufkochen, dann 15 Minuten köcheln lassen, bis der Fenchel weich ist. Die Suppe im Mixer oder in der Küchenmaschine fein pürieren; wieder in den Topf gießen und abschmecken.

3 Die Suppe heiß oder kalt servieren, vor dem Servieren mit klein gezupftem Fenchelgrün servieren.

Miesmuscheln in Fenchel-Kokos-Sud

Zum Säubern die Muscheln unter fließendem kaltem Wasser mit einer harten Bürste kräftig abschrubben und dann mit einem Messer abschaben, um die Bärte zu entfernen.

10 MIN. 20 MIN.

FÜR 4 PERSONEN

- 1 EL Olivenöl
- 1 Zwiebel, gewürfelt
- 1 Fenchelknolle, gewürfelt
- Salz und frisch gemahlener schwarzer Pfeffer
- 2 Knoblauchzehen, gehackt
- 2 festkochende Kartoffeln, geschält und gewürfelt
- 300 ml heiße Gemüsebrühe
- 400 ml Kokosmilch
- 1,5 kg Miesmuscheln, gesäubert
- 1 Handvoll Basilikumblätter, zerzupft

1 Das Öl in einem großen Topf bei schwacher Hitze heiß werden lassen. Die Zwiebelwürfel mit Fenchel und 1 Prise Salz darin in etwa 5 Minuten glasig dünsten. Den Knoblauch und die Kartoffeln dazugeben und einige Minuten mitdünsten (nicht bräunen).

2 Die Brühe dazugießen und aufkochen lassen. Kokosmilch hinzufügen. Die Flüssigkeit bei schwacher Hitze köcheln lassen, bis die Kartoffeln gar sind; erneut aufkochen lassen.

3 Die Muscheln hinzufügen und zugedeckt etwa 5 Minuten garen, bis sie geöffnet sind – geschlossene Exemplare wegwerfen. Das Basilikum untermischen und den Sud abschmecken. Sofort servieren.

Variante

Miesmuscheln in Fenchel-Pastis-Sud

Die Muscheln wie beschrieben vorbereiten. Die Zwiebelwürfel mit dem Fenchel und 1 fein gewürfelten Möhre glasig dünsten. Knoblauch dazugeben, die Kartoffeln jedoch weglassen. Für den Sud weder Brühe noch Kokosmilch, dafür je 150 ml Weißwein und Wasser sowie einen kräftigen Schuss Pastis verwenden. Zum Servieren gehackte Petersilie statt Basilikum untermischen.

Jetzt am besten **Fenchel**

Gemüsefenchel ähnelt zwar einer dicken Sellerieknolle, doch es handelt sich dabei um die stark verdickten Speicherblätter der Fenchelpflanze. Im Spätsommer und Herbst ist Fenchel von bester Qualität. Das angenehm nach Anis schmeckende Gemüse passt gut zu Fisch und Meeresfrüchten, vor allem zu Muscheln (mit einem Spritzer Pastis), sowie zu Hähnchen, Lamm und Linsen. Fenchelsamen stammen von einer anderen Pflanze, schmecken aber ähnlich wie Gemüsefenchel.

Fenchel stammt ursprünglich aus dem Mittelmeerraum, wird aber inzwischen weltweit in gemäßigten Klimazonen angebaut.

Baby-Fenchel Ist zarter als die großen Fenchelknollen. Baby-Fenchel schmeckt besonders gut, wenn man ihn mit etwas Olivenöl bestreicht und dann grillt.

Das zarte Fenchelgrün können Sie fein hacken und zum Würzen von Suppen, Salaten oder Fischgerichten verwenden.

Gemüsefenchel (hier 'Florentiner Fenchel') Das knackige Gemüse passt mit seiner süßlichen Anisnote gut in Salate. Gegarter Fenchel schmeckt milder als roher, behält aber seinen Biss

Wissenswert

Im Angebot

Unterschiedliche Sorten und Größen.

Einkauf Auf saubere Knollen mit frischem Anschnitt und Fenchelgrün achten. Exemplare mit dunklen Stellen und welkem Grün liegen lassen.

Aufbewahren In einer Plastiktüte im Gemüsefach des Kühlschranks bis zu 1 Woche haltbar.

Zubereiten Im Ganzen oder in Vierteln kochen oder dämpfen, dünsten, schmoren; dicke Scheiben weich kochen, dann grillen.

Für den Vorrat Blanchierten Fenchel einfrieren; in Öl oder süßsauer eingelegt.

Rezepte

Rindfleischtopf mit Fenchel und Pilzen Seite 320

Fenchelsuppe mit Bohnen, Thymian und Chorizo Seite 279

Schmorhuhn mit Rübchen und Fenchel Seite 298

Fenchel vorbereiten

In Schritt 2 wird gezeigt, wie Fenchel für einen Salat in feine Streifen geschnitten wird. Zum Dünsten oder Schmoren den Fenchel wie in Schritt 1 beschrieben putzen und dann die Knolle längs in Viertel schneiden bzw. (Baby-Fenchel bzw. kleine Knollen) ganz lassen.

1 Stängel, Wurzel und evtl. die äußere Schicht vom Fenchel abschneiden. Etwas Fenchelgrün für die Garnitur aufheben. Die Knolle längs halbieren.

2 Jede Hälfte mit der Schnittfläche nach unten auf ein Schneidebrett legen und längs in fein Streifen schneiden; die Schichten voneinander trennen.

Frittierte Fischbällchen mit Mangosalat

Ein Thai-Gericht, das mit aromatischem Fisch, wie beispielsweise Meeräschenfilet, am besten gelingt. Köstlich mit einem Spritzer Limettensaft.

15 MIN. 20–25 MIN.

FÜR 4 PERSONEN

- 2 Meeräschenfilets
- 1 TL Öl, mehr zum Frittieren
- 2 TL Salz
- 75 g geröstete Erdnusskerne
- scharfe oder süße Chilisauce zum Servieren

Für den Mangosalat

- Fruchtfleisch von 2 grünen Mangos, in dünne Streifen geschnitten, das von reiferen Mangos gewürfelt
- 1 Möhren, in feine Streifen geschnitten
- 2 Frühlingszwiebeln, fein zerkleinert
- ½ Gurke, in dünne Streifen geschnitten
- 50 g Mungobohnensprossen

Für das Dressing

- 1 EL brauner Zucker
- Schale und Saft von 1 großen Bio-Limette
- 1 Knoblauchzehe, fein gewürfelt
- 1 EL geriebener frischer Ingwer
- 1 Spritzer Thai-Fischsauce
- 1–2 scharfe Chilischoten, fein gehackt
- 1 Bund Koriandergrün, gehackt
- 1 Bund Minze, gehackt

1 Backofen auf 200 °C vorheizen. Fischfilets mit Öl und Salz einreiben. Auf ein mit Backpapier belegtes Backblech legen; im Ofen 12–15 Minuten garen, bis die Haut knusprig wird; abkühlen lassen.

2 Fisch in der Küchenmaschine fein zerkleinern. Die Masse zu walnussgroßen Kugeln formen. Öl zum Frittieren auf 180 °C erhitzen. Fischbällchen portionsweise jeweils in 3 Minuten knusprig frittieren. Auf Küchenpapier abtropfen lassen; warm halten.

4 Salatzutaten mischen. Die Zutaten für das Dressing verquirlen. Dressing und Nüsse unter den Salat mischen. Zu den Fischbällchen servieren.

Afrikanische Süßkartoffelsuppe

Dieses Rezept geht auf eine klassische afrikanische Suppe zurück, die scharf und hocharomatisch ist. Für angenehme Üppigkeit sorgt hier etwas Erdnusscreme.

20 MIN. 20–25 MIN. TK-TAUGLICH

FÜR 4 PERSONEN

- 2 EL Olivenöl
- 1 Zwiebel, gewürfelt
- 2 Knoblauchzehen, fein gehackt
- 2 TL geriebener frischer Ingwer
- ¼ TL Chiliflocken
- 500 g Süßkartoffeln, geschält und in kleine Stücke geschnitten
- 1 rote Paprikaschote, gewürfelt
- 250 g gehackte Tomaten (Dose)
- 1 TL Kreuzkümmelsamen ohne Fett geröstet und zerstoßen
- 1 TL Korianderkörner, ohne Fett geröstet und zerstoßen
- 1 l heiße Gemüsebrühe
- 2–3 EL glatte oder stückige Erdnusscreme
- 1 Spritzer Tabasco (nach Belieben)
- Chiliöl zum Beträufeln

1 Olivenöl in einem großen Topf erhitzen. Zwiebelwürfel darin 3 Minuten braten. Knoblauch, Ingwer und Chiliflocken unterrühren und 1 Minute mitbraten. Süßkartoffeln, Paprika, Tomaten und zerstoßene Gewürze untermischen und alles noch 2 Minuten braten. Brühe dazugießen, aufkochen und 12–15 Minuten köcheln lassen, bis die Süßkartoffeln weich sind.

2 Die Suppe im Mixer oder in der Küchenmaschine (falls nötig, portionsweise) glatt pürieren. Anschließend durch ein Sieb wieder in den Topf gießen. Die Erdnussbutter unterrühren (Menge nach Geschmack). Für mehr Schärfe nach Belieben etwas Tabasco dazugeben. Die Suppe wieder heiß werden lassen, auf Schalen verteilen, mit Chiliöl beträufeln und servieren.

Brokkolisuppe mit Blauschimmelkäse

Blauschimmelkäse und Brokkoli ergeben eine feine Suppe, die als kleine Mahlzeit oder als köstliche Vorspeise dienen kann.

15 MIN. 20 MIN.

FÜR 4 PERSONEN

- 400 g Brokkoli
- 1 EL Butter
- 1 Zwiebel, gewürfelt
- 1 Kartoffel, geschält und gewürfelt
- 750 ml Hühner- oder Gemüsebrühe
- 1 Lorbeerblatt
- 100 g Blauschimmelkäse, gewürfelt
- 4 EL Sahne, plus mehr zum Garnieren
- Salz und frisch gemahlener schwarzer Pfeffer

1 Vom Brokkoli den Strunk abschneiden, diesen schälen und grob zerkleinern. Den Kopf in Röschen zerteilen.

2 Die Butter in einem großen Topf zerlassen. Die Zwiebelwürfel darin unter Rühren in etwa 3 Minuten glasig dünsten. Brokkoli, Kartoffel, Brühe und Lorbeer hinzufügen. Alles aufkochen, dann zugedeckt 20 Minuten köcheln lassen, bis Brokkoli und Kartoffeln sehr weich sind. Das Lorbeerblatt entfernen.

3 Die Suppe im Mixer oder in der Küchenmaschine mit dem Käse pürieren, dann wieder in den Topf geben und die Sahne untermischen. Die Suppe abschmecken, erhitzen und in vorgewärmte Schalen verteilen. Dekorativ etwas Sahne in die Portionen rühren.

Fenchelsuppe mit Bohnen, Thymian und Chorizo

Paprikawürzige Chorizo, in letzter Minute untergerührt, bringt pikante Würze in diese kräftige, sättigende Suppe.

15 MIN. PLUS EINWEICHZEIT — 1 STD.

FÜR 4 PERSONEN

- 250 g getrocknete weiße Bohnen
- 1 EL Sonnenblumen- oder mildes Olivenöl
- 1 rote Zwiebel, fein gewürfelt
- 2 Knoblauchzehen, zerdrückt
- 1 Fenchelknolle, vom Strunk befreit und fein gewürfelt
- 2 TL Fenchelsamen
- 1 EL fein gehackte Petersilie
- 2 TL Thymianblättchen
- Salz und frisch gemahlener schwarzer Pfeffer
- 100 g Chorizo, gewürfelt

1 Die Bohnen über Nacht in kaltem Wasser einweichen, dann in ein Sieb schütten, kalt abspülen und abtropfen lassen. Das Öl in einem Topf erhitzen. Die Zwiebeln darin unter Rühren 2 Minuten dünsten. Knoblauch, Fenchel und Fenchelsamen, Petersilie und die Hälfte des Thymians hinzufügen und 3–5 Minuten mitdünsten.

2 Die Bohnen in den Topf schütten. 2 l Wasser sowie etwas Salz und Pfeffer dazugeben. Etwa 40 Minuten köcheln lassen, bis die Bohnen weich sind; gelegentlich abschäumen. Etwas abkühlen lassen, dann das Ganze grob pürieren und abschmecken.

3 Die Suppe kurz erhitzen. Inzwischen die Chorizo in einer beschichteten Pfanne bei mittlerer bis starker Hitze in 2–3 Minuten unter häufigem Rühren knusprig braten; auf Küchenpapier abtropfen lassen. Die Suppe in Schalen schöpfen. Auf jede Portion etwas Chorizo und Thymian geben. Sofort servieren.

Kartoffelsuppe

Falls keine frischen Pfifferlinge erhältlich sind: Es gibt auch welche in Dosen oder Gläsern. Diese vor der Verwendung abspülen und abtropfen lassen.

25 MIN. — 45 MIN.

FÜR 6 PERSONEN

- 75 g Butter
- ¼ Sellerieknolle, gewürfelt
- 250 g Möhren, gewürfelt
- 700 g mehligkochende Kartoffeln, geschält und gewürfelt
- 1 Zwiebel, mit 1 Gewürznelke und 1 Lorbeerblatt gespickt
- 1,5 l heiße Gemüsebrühe
- 200 g Lauch, in Scheiben geschnitten
- 1 Zwiebel, gewürfelt
- 200 g Pfifferlinge, große Exemplare halbiert
- 125 g Sahne oder 150 g Crème fraîche
- Salz und frisch gemahlener schwarzer Pfeffer
- 1 Prise getrockneter Majoran
- 1 Prise geriebene Muskatnuss
- 1 EL gehackte Petersilie, gehackter Kerbel oder Schnittlauchröllchen

1 Zwei Drittel der Butter in einem großen Topf zerlassen. Sellerie und Möhren darin unter häufigem Rühren in 6–8 Minuten anbraten. Kartoffeln, gespickte Zwiebel und Brühe hinzufügen. Aufkochen und 20 Minuten köcheln lassen, bis die Kartoffeln weich sind. Den Lauch dazugeben und 10 Minuten mitgaren.

2 In der Zwischenzeit die restliche Butter in einem Topf zerlassen. Die Zwiebelwürfel darin unter Rühren in 4–5 Minuten glasig dünsten. Die Pilze dazugeben und unter Rühren 5 Minuten mitbraten.

3 Die gespickte Zwiebel entfernen. Etwa ein Drittel der Suppe im Mixer oder in der Küchenmaschine glatt pürieren. Die Sahne unterrühren und das Püree unter die restliche Suppe mischen. Die Suppe abschmecken. Majoran, Muskat, Zwiebel und Pilze dazugeben und die Suppe heiß werden lassen. Zum Servieren mit Kräutern bestreuen.

Maiscremesuppe

Sollte in Ihrem Garten Zuckermais gedeihen, dann ernten Sie ihn erst kurz vor der Verwendung – je schneller er vom Garten in die Pfanne wandert, desto süßer ist er.

10 MIN. — 30 MIN.

FÜR 4-6 PERSONEN

- 4 Maiskolben (etwa 500 g Körner)
- Salz und frisch gemahlener schwarzer Pfeffer
- 2 Lorbeerblätter
- 2 EL Olivenöl
- 1 große Zwiebel, gewürfelt
- 4 frische Salbeiblätter, gehackt, oder ½ TL getrockneter Salbei, gerebelt
- 1 TL frischer Thymianblättchen oder ½ TL getrockneter Thymian
- 1 Möhre, zerkleinert
- 2 Stangen Sellerie, zerkleinert
- 1 große Kartoffel, geschält und in Stücke geschnitten
- 200 g Doppelrahmfrischkäse
- 125 ml Milch
- Sahne und Paprikapulver zum Anrichten

1 Die Maiskolben nacheinander aufrecht in eine große Schüssel halten und die Körner mit einem großen Messer von oben nach unten abschneiden. Körner beiseitestellen. Kolben in einen großen Topf geben. 500 ml Wasser mit reichlich Salz und den Lorbeerblättern hinzufügen. Aufkochen und zugedeckt 15 Minuten köcheln lassen. Kolben und Lorbeerblätter herausnehmen und wegwerfen.

2 Das Öl in einem Topf erhitzen und die Zwiebelwürfel darin glasig dünsten. Kräuter, Gemüse (bis auf die Maiskörner) und Kartoffel dazugeben. Alles etwa 5 Minuten garen, dann den Maiskolbensud dazugießen und köcheln lassen, bis die Kartoffelstücke zerfallen. Inzwischen die Maiskörner in einem Topf knapp mit kaltem Wasser bedecken. Aufkochen und 2 Minuten köcheln lassen; beiseitestellen.

3 Käse und Milch in die Suppe geben und die Suppe pürieren. Maiskörner mit dem Garsud hinzufügen. Die Suppe nach Belieben noch einmal kurz pürieren, dann erhitzen, abschmecken und in Schalen schöpfen. Mit Sahne beträufeln, mit Paprikapulver bestreuen und servieren.

Thai-Wokgemüse

Fast jedes knackige Gemüse schmeckt pfannengerührt prima.

30-35 MIN. 15-20 MIN.

FÜR 4 PERSONEN

- 300 g Langkornreis
- Salz
- 30 g getrocknete chinesische Pilze oder andere getrocknete Wildpilze
- 50 g ungesalzene Erdnusskerne
- 3 EL Thai-Fischsauce
- 2 EL Austernsauce
- 1 TL Speisestärke
- 1 TL Zucker
- 1 Stängel Zitronengras, längs halbiert und gehackt
- 3 EL Öl
- 2 Knoblauchzehen, fein gehackt
- 2 getrocknete rote Chilischoten
- 1 Blumenkohl, in Röschen zerteilt
- 1 rote Paprikaschote, in Streifen geschnitten
- 150 g Mungobohnenkeimlinge, gewaschen
- 500 g Pak choi, in Streifen geschnitten
- 175 g Zuckerschoten
- Blätter von 3-5 Stängeln Basilikum

1 Den Reis in kochendem Salzwasser in 10–12 Minuten bissfest garen. In ein Sieb schütten, kalt abspülen und abtropfen lassen.

2 Den Backofen auf 190 °C vorheizen. Eine ofenfeste Form und ein Stück Alufolie in passender Größe buttern. Die Pilze in einer Schüssel mit warmem Wasser bedecken und 30 Minuten einweichen. Anschließend abgießen, abtropfen lassen und in Streifen schneiden. Inzwischen die Erdnüsse auf einem Backblech im Ofen in 5–7 Minuten goldbraun rösten, dann grob hacken. Die Ofentemperatur auf die niedrigste Stufe senken. Den Reis in der Form verteilen und mit einer Gabel auflockern. Die Form mit der gebutterten Folie verschließen und in den Ofen stellen.

3 Fisch- und Austernsauce in einer kleinen Schüssel mit Stärke, Zucker und Zitronengras verquirlen. Das Öl im Wok erhitzen. Knoblauch und Chilis darin 30 Sekunden pfannenrühren, dann Blumenkohl, Paprika, Keimlinge und Pak choi dazugeben und 3 Minuten weiterrühren. Basilikum und die Saucenmischung hinzufügen; 2 Minuten weiterrühren. Die Chilis entfernen. Den Reis auf vorgewärmte Teller häufen. Das Gemüse mit der Sauce daraufschöpfen. Die Portionen mit Erdnüssen bestreuen und servieren.

Lammkoteletts mit Kürbis, grünen Bohnen und Minze

Das feste, süße Fruchtfleisch vom Butternusskürbis harmoniert in diesem herbstlichen Gericht sehr schön mit zartem Lammfleisch. Je größer der Kürbis ist, desto aromatischer ist er.

15 MIN. 30 MIN.

FÜR 4 PERSONEN

- 2 EL Olivenöl
- 1 Prise Fünf-Gewürze-Pulver
- 1 Prise Cayennepfeffer
- Salz und frisch gemahlener schwarzer Pfeffer
- 8 Lammkoteletts
- Fruchtfleisch von 1 Butternusskürbis, in mundgerechte Stücke geschnitten
- 10 Cocktailtomaten
- 125 g dünne grüne Bohnen
- 1 Handvoll Minzeblätter, grob gehackt

1 Backofen auf 200 °C vorheizen. Die Hälfte des Öls mit Fünf-Gewürze-Pulver, Cayennepfeffer, Salz und Pfeffer verrühren. Die Lammkoteletts mit der Hälfte der Mischung bestreichen und in eine ofenfeste Form legen. Die Kürbisstücke mit dem restlichen Würzöl mischen und zum Fleisch geben. Alles im heißen Ofen 20–30 Minuten garen, bis das Fleisch den gewünschten Gargrad erreicht und der Kürbis Farbe angenommen hat.

2 Inzwischen Tomaten und Bohnen in einer Schüssel mit dem restlichen Öl mischen. 10 Minuten vor Ablauf der Garzeit zu Fleisch und Kürbis geben. Das Gericht mit Minze bestreuen und servieren.

Variante

Schweinekoteletts mit Süßkartoffeln und Bohnen

Das Gericht wie beschrieben zubereiten, jedoch die 8 Lammkoteletts durch 4 Schweinekoteletts ersetzen. Statt Fünf-Gewürze-Pulver und Cayennepfeffer 1 TL Cajun-Gewürzmischung und statt Kürbis 1 große geschälte und in Stücke geschnittene Süßkartoffel verwenden. 30–40 Minuten garen, Tomaten und Bohnen wie beschrieben 10 Minuten vor Ende der Garzeit dazugeben. Zum Bestreuen 1 Handvoll Thymianblättchen statt der Minze nehmen.

Provenzalisches Kaninchen

Die Tomaten für dieses herrliche Gericht werden bei niedriger Temperatur ganz langsam im Backofen getrocknet.

35–40 MIN. PLUS MARINIERZEIT **3 STD. – 3 STD. 30 MIN.**

FÜR 4 PERSONEN

- 1 Kaninchen (etwa 1,5 kg), in acht Stücke geschnitten
- 2 Schalotten, gewürfelt
- 250 ml Weißwein
- 4 EL Olivenöl, plus mehr für das Gitter
- 2 EL getrocknete Kräuter der Provence
- 1 EL Mehl
- 250 ml Geflügelfond
- 5–7 Zweige Thymian

Für die Tomaten

- 6 Eiertomaten (etwa 500 g)
- 1 EL Olivenöl
- Salz und frisch gemahlener schwarzer Pfeffer

1 Die Kaninchenteile in einer Schale, in der sie nebeneinander Platz haben, mit Schalotten, Weißwein, der Hälfte des Öls und den Kräutern der Provence mischen. Die Stücke wenden, bis sie ganz von den anderen Zutaten überzogen sind. Zudecken und im Kühlschrank 2–3 Stunden marinieren.

2 Backofen auf 130 °C vorheizen. Ein Backofengitter mit Öl bestreichen. Die Tomaten von den grünen Stielansätzen befreien und jeweils längs in drei Scheiben schneiden. Diese in einer Schüssel mit Öl, Salz und Pfeffer mischen; auf das Gitter legen und 2–2 ½ Stunden backen, bis sie etwas runzelig sind. Auf einen Teller geben. Ofentemperatur auf 190 °C erhöhen.

3 Die Kaninchenteile aus der Marinade heben; salzen und pfeffern. Die Hälfte des restlichen Öls in einem backofenfesten Schmortopf erhitzen. Die Hälfte der Kaninchenteile 5 Minuten anbraten. Auf einen Teller geben und die restlichen Teile im übrigen Öl ebenfalls anbraten.

4 Alle Kaninchenteile in den Topf geben und mit Mehl bestäuben. 2–3 Minuten braten, dann Marinade und Fond unterrühren. Das Fleisch im heißen Ofen unter gelegentlichem Rühren 50–55 Minuten schmoren, bis es sehr weich ist. 10 Minuten vor Ende der Garzeit die Tomaten wieder in den Ofen geben und heiß werden lassen. Die Thymianblättchen abzupfen. Fleisch und Tomaten damit bestreuen; servieren.

Seeteufel aus dem Ofen mit Chilis, Tomaten, Sardellen und Kapern

Seeteufel hat saftiges festes Fleisch, das gut mit Chili, Sardellen und Kapern harmoniert. Hier werden die drei Zutaten zu einer Paste verarbeitet, die den Fisch würzt.

20 MIN. **30 MIN.**

FÜR 4 PERSONEN

- 1 kg Seeteufelfilet
- Olivenöl zum Beträufeln
- Salz und frisch gemahlener schwarzer Pfeffer
- 2 frische rote Chilischoten, entkernt und gehackt
- 6–8 Sardellenfilets in Salz, abgespült, trocken getupft und gehackt
- 2–3 TL Kapern, gehackt
- 12 Cocktailtomaten

1 Den Backofen auf 200 °C vorheizen. Die Fischfilets in eine ofenfeste Form legen und mit etwas Olivenöl beträufeln; salzen und pfeffern.

2 Die Chilis im Mörser (oder in einer Schüssel mit einer Gabel) mit Sardellen und Kapern zu einer Paste verarbeiten. Die Fischfilets mit der Paste einreiben.

3 Die Filets im heißen Ofen etwa 10 Minuten backen. Die Tomaten dazulegen und 5–10 Minuten mitrösten, bis der Fisch gar ist.

4 Filets 5 Minuten ruhen lassen, in Scheiben schneiden und mit grünem Salat oder Röstkartoffeln servieren.

Variante

Gefüllte Meerbrassen

Die Paste wie beschrieben herstellen und damit 4 kleine entgrätete Meerbrassen (je etwa 400 g) füllen. Fische nebeneinander in eine ofenfeste Form legen, mit Olivenöl beträufeln und wie beschrieben im Ofen garen.

Gemüseeintopf mit Kürbis

Tipp: Reiben Sie über jede Portion noch etwas würzigen Käse.

25 MIN. 1 STD. 10 MIN.

FÜR 4 PERSONEN

- 1 kleine Sellerieknolle, geschält und in 2-3 cm große Würfel geschnitten
- 1 TL Zitronensaft
- Fruchtfleisch von 1 kleinen Kürbis, in 2-3 cm große Würfel geschnitten
- 2 reife Tomaten
- 50 g Butter
- 2 kleine Stangen Lauch, in 2-3 cm dicke Scheiben geschnitten
- 1 Knoblauchzehe, fein gehackt
- 2 EL Mehl
- 250 ml Gemüse- oder Hühnerfond, plus mehr nach Bedarf
- Salz und frisch gemahlener schwarzer Pfeffer
- Cayennepfeffer
- 1 Stange Sellerie, in 1 cm dicke Scheiben geschnitten
- 1 große weiße Rübe, in 2-3 cm große Würfel geschnitten
- Fruchtfleisch von 1 kleinen Butternusskürbis, in 2-3 cm große Würfel geschnitten
- 1 Zucchini, in 2-3 cm große Würfel geschnitten
- Blätter von 2-3 Zweigen Thymian

1 Die gewürfelte Sellerieknolle mit Zitronensaft und Wasser in eine große Schüssel geben, damit sich die Stücke nicht verfärben. Die Kürbiswürfel 10 Minuten in Wasser weich kochen. Abgießen; pürieren. Die Tomaten von den Stielansätzen befreien und unten kreuzförmig einschneiden. In kochend heißes Wasser geben, bis ihre Haut aufplatzt, dann in eine Schüssel mit kaltem Wasser geben. Häuten und halbieren, entkernen und vierteln.

2 Die Butter in einem Schmortopf bei schwacher Hitze zerlassen. Den Lauch darin mit dem Knoblauch unter gelegentlichem Rühren in 3–5 Minuten glasig dünsten. Das Mehl hinzufügen und unter Rühren 1–2 Minuten anschwitzen, dann Fond und Kürbispüree unterrühren. Die Selleriewürfel abgießen und mit Salz, Pfeffer und Cayennepfeffer in den Topf geben. Alles aufkochen und 20 Minuten schwach köcheln lassen. Selleriestange und Rübe hinzufügen und das Ganze weitere 20 Minuten köcheln lassen, bis das Gemüse weich wird.

3 Butternusskürbis, Zucchini und Thymian hinzufügen und das Gericht noch 10 Minuten weiterköcheln lassen. Abschmecken, in vorgewärmte Schalen schöpfen und servieren.

Süßsaurer Kürbistopf

Die in diesem Gericht verwendeten Puy-Linsen behalten beim Kochen die Form. Wer mag, gibt noch Chili an den Eintopf.

15 MIN. 1 STD. TK-TAUGLICH

FÜR 4 PERSONEN

- 2 EL Olivenöl
- 1 Zwiebel, fein gewürfelt
- Salz und frisch gemahlener Pfeffer
- 3 Knoblauchzehen, fein gehackt
- 1 Möhre, fein gewürfelt
- 2 Stangen Sellerie, fein gewürfelt
- 2 Lorbeerblätter
- 4 EL Rotweinessig
- 1 TL brauner Zucker
- Fruchtfleisch von 1 großen Butternusskürbis, in Stücke geschnitten (500 g)
- 1 l heiße Gemüsebrühe
- 150 g Puy-Linsen, abgespült und verlesen
- 1 Handvoll Minzeblätter, grob gehackt
- Kürbiskerne zum Bestreuen

1 Das Öl in einem großen Schmortopf bei mittlerer Hitze heiß werden lassen. Die Zwiebelringe darin in 3–4 Minuten glasig dünsten. Kräftig salzen und pfeffern. Knoblauch, Möhre und Sellerie mit den Lorbeerblättern hinzufügen und 5 Minuten mitdünsten, bis sie weich sind. Bei stärkerer Hitze den Essig angießen und 1 Minute köcheln lassen. Zucker und Kürbisstücke unterrühren. Etwas Brühe dazugeben und 1 Minute kochen lassen. Die Linsen unterrühren. Die restliche Brühe angießen und aufkochen lassen.

2 Das Ganze bei schwacher Hitze und halb aufgelegtem Deckel etwa 45 Minuten köcheln lassen, bis die Linsen weich sind; falls nötig, etwas Wasser dazugeben. Das Gericht abschmecken, die Lorbeerblätter entfernen. Die Minze unterrühren. Den Kürbistopf auf Reis anrichten und mit Kürbiskernen bestreuen.

Wildpastetchen

Teigtaschen mit Pilzen und Wildfleisch – ein feines Gericht.

40 MIN. 45 MIN.

FÜR 4 PERSONEN

- 2 EL Olivenöl
- Salz und frisch gemahlener schwarzer Pfeffer
- 4 Hirschmedaillons (je 120-150 g)
- 30 g Butter
- 2 Schalotten, fein gewürfelt
- 1 Knoblauchzehe, fein gehackt
- 200 g gemischte Pilze, gehackt
- 1 EL gehackter Thymian
- 1 EL Weinbrand oder Madeira
- 10 g getrocknete Wildpilze (nach Belieben), nach Packungsangabe eingeweicht
- 500 g TK-Blätterteig, aufgetaut
- 1 Ei, verquirlt

1 Den Backofen auf 200 °C vorheizen. Das Öl in einer Pfanne erhitzen. Die Medaillons salzen und pfeffern. Je zwei Medaillons im Öl auf jeder Seite 2 Minuten anbraten; herausnehmen und abkühlen lassen. Die Butter in der Pfanne bei mittlerer Hitze zerlassen. Schalottenwürfel darin glasig dünsten. Den Knoblauch hinzufügen und 1–2 Minuten mitdünsten. Die Pilze mit dem Thymian dazugeben und 5 Minuten mitbraten, bis die Flüssigkeit verdampft ist. Weinbrand bzw. Madeira angießen und bei starker Hitze 1 Minute kochen lassen. Das Ganze vom Herd nehmen und abkühlen lassen. Falls getrocknete Pilze verwendet werden, diese abgießen, hacken und zur Pilzmischung geben.

2 Den Teig 5 mm dick ausrollen und in vier Rechtecke schneiden, die so groß sind, dass man die Medaillons darin einwickeln kann. Die Medaillons mit Küchenpapier trocken tupfen. Jeweils auf ein Ende eines Teigstücks ein Viertel der Pilzfüllung geben, dabei einen 2 cm breiten Rand frei lassen. Ein Medaillon darauflegen. Die Teigränder mit Ei bestreichen. Den Teig zusammenklappen, die Ränder aufeinander- und zusammendrücken. In die Teigtaschen oben kleine Schlitze schneiden. Die Pastetchen mit Ei bestreichen, auf ein Backblech legen und 20–25 Minuten backen, bis der Teig aufgegangen und goldbraun ist. Herausnehmen, 5 Minuten abkühlen lassen und servieren.

Kürbis-Ziegenkäse-Tarte

Wenn Sie für das Wochenende ein Essen mit Freunden oder ein Gericht planen, das für mehrere Mahlzeiten reicht, dann sollten Sie diese Tarte probieren. Sanft-aromatischer Kürbis und pikant-würziger Ziegenkäse ergänzen einander perfekt.

15 MIN. **1 STD. 15 MIN.** **TK-TAUGLICH**

FÜR 1 TARTEFORM (20 CM Ø)

- 300 g ungesüßter Mürbeteig (Fertigprodukt oder selbst gemacht)
- Mehl zum Arbeiten
- 2 Eier, verquirlt
- 1-2 EL Olivenöl
- 1 Zwiebel, gewürfelt
- Salz und frisch gemahlener schwarzer Pfeffer
- 2 Knoblauchzehen, gehackt
- Fruchtfleisch von 1 Butternusskürbis (etwa 1 kg), gewürfelt
- Blättchen von einigen Zweigen Thymian
- 150 g Ziegenfrischkäse
- 200 g Sahne

1 Backofen auf 200 °C vorheizen. Den Teig auf einer leicht bemehlten Arbeitsfläche ausrollen und die Form damit auskleiden. Überhängenden Teig abschneiden. Den Teigboden mit Backpapier belegen und mit Hülsenfrüchten beschweren. 15–20 Minuten backen, bis der Rand des Tartebodens goldgelb ist. Hülsenfrüchte und Papier entfernen. Den Tarteboden mit etwas verquirltem Ei bestreichen und nochmals für 2–3 Minuten in den Ofen stellen, bis er knusprig ist. Ofentemperatur auf 180 °C senken.

2 In einer Pfanne das Öl bei schwacher Hitze heiß werden lassen. Die Zwiebelwürfel darin in etwa 5 Minuten glasig dünsten. Knoblauch, Kürbis und die Hälfte des Thymians hinzufügen und alles 10–15 Minuten köcheln lassen, bis der Kürbis weich und goldgelb ist. Falls nötig, mehr Öl dazugeben.

3 Die Kürbismischung auf den Tarteboden geben. Den Ziegenkäse darüber verteilen. Die Sahne mit dem restlichen Ei verrühren, mit Salz und Pfeffer würzen. Die Eiersahne auf die Tartefüllung gießen; den restlichen Thymian darüberstreuen. Die Tarte im heißen Ofen 20–25 Minuten backen, bis sie goldgelb und die Füllung gestockt ist. 10 Minuten in der Form ruhen lassen, dann aus der Form lösen; warm servieren. Dazu passt Rucolasalat.

Jetzt am besten **Kürbisse**

Kürbisse, die im Herbst und Winter Saison haben, besitzen eine feste Schale und große Kerne (Samen). Ihr Fruchtfleisch hat eine süßliche Note, die mit der Reife der Früchte zunimmt. Kürbisse schmecken kurz nach der Ernte am besten, können aber auch gut gelagert werden. Im Vergleich zu Sommerkürbissen haben Winterkürbisse ein festes Fruchtfleisch, das sich durch Knoblauch, Kräuter und Gewürze, Tomaten, Nüsse und Samen ergänzen lässt.

Mexiko und Mittelamerika sind die Heimat der Kürbisse. Mittlerweile werden sie weltweit in tropischen und warmgemäßigten Klimazonen angebaut. Es gibt sie in vielen verschiedenen Größen, Farben und Formen.

Halloween-Kürbis Wird auch als Schnitz- oder Laternenkürbis bezeichnet und überwiegend als Dekoration verwendet. Ganz anders als der kleinere orange Hokkaidokürbis mit seinem aromatischen Fruchtfleisch, der einer der beliebtesten Speisekürbisse ist. Seine Schale wird beim Garen weich, weshalb er nicht geschält werden muss.

'Delicata' Hervorragender Speisekürbis mit festem, honigsüßem Fruchtfleisch. Ideal für Kuchen, Gebäck und zum Füllen.

Butternusskürbis vorbereiten

Fast alle Winterkürbisse müssen längs halbiert und entkernt werden. Die feste Schale wird meist entfernt (es sei denn, der Kürbis soll gefüllt werden) und das Fruchtfleisch in Stücke geschnitten.

1 Den Kürbis auf ein Schneidebrett legen und mit einem großen Kochmesser längs von oben nach unten halbieren.

2 Mit einem Löffel die Kerne und das wattige Innere herausschaben. Wer möchte, kann die Kerne waschen, trocknen und rösten.

3 Wenn die Hälften gefüllt werden sollen, diese nicht schälen. Ansonsten mit einem Sparschäler die Schale entfernen, das Fruchtfleisch in Stücke schneiden und garen.

Butternusskürbis Wird relativ häufig angeboten und hat glattes, festes Fruchtfleisch, das nach dem Backen im Ofen oder Dämpfen süß und nussig schmeckt. Lässt sich gut füllen.

Die Kerne können gewaschen, getrocknet, in Öl gewendet, geröstet und dann gesalzen werden. In einem fest verschlossenen Behälter aufbewahren..

Harlekin-Kürbis Der kleine cremefarbene und dunkelgrün gestreifte Kürbis ist zuckersüß und schmeckt geröstet am besten.

Spaghettikürbis Muss im Ganzen gegart werden. Dabei zerfällt das Fruchtfleisch in lange, dünne Fäden. Zum Anrichten das Fruchtfleisch wie Spaghetti servieren oder als Zutat für Suppen und Salate verwenden.

Bischofsmütze Heißt auch Turbankürbis und ist leicht an seiner Form zu erkennen. Das Fruchtfleisch ist gelborange, etwas trocken und sehr mild. Dieser Kürbis liefert relativ wenig Fruchtfleisch, da er eine sehr große Samenhöhle besitzt.

Die untere Hälfte der Bischofsmütze lässt sich sehr gut aushöhlen und füllen oder als Suppenschüssel verwenden.

Wissenswert

Im Angebot

Im Herbst gibt es Butternuss- und Eichelkürbis, Bischofsmütze, 'Crown Prince' sowie Hokkaido-, Spaghetti-, Halloween- und Harlekin-Kürbis.

Einkauf Exemplare mit beschädigter Schale liegen lassen. Junge Kürbisse haben evtl. eine weiche Schale, reife immer eine feste, in die man nicht mit dem Fingernagel hineinstechen kann.

Aufbewahren Ganze Kürbisse kühl und dunkel auf Zeitungspapier bis zu mehreren Wochen; Kürbisstücke im Kühlschrank ein paar Tage lagern.

Zubereiten Dämpfen, kochen, braten, backen, schmoren; als Püree für Suppen und Desserts.

Für den Vorrat Mus/Konfitüre, Chutney; geröstete Kerne; süßsauer eingelegt.

Rezepte

Butternusskürbis mit Hackfleischfüllung Seite 286

Butternusskürbis-Tajine Seite 286

Kürbis-Pie Seite 345

Kürbis-Ziegenkäse-Tarte Seite 283

Kürbiscreme mit Speck Seite 264

Butternusskürbis-Tajine

Viele Kürbisse sind gegen Ende des Sommers reif, wenn einem der Sinn nach herbstlichem Essen steht. Da kommt dieses würzige Schmorgericht gerade recht.

20 MIN. 1 STD.

FÜR 4 PERSONEN

4 EL Olivenöl

2 rote Zwiebeln, fein gewürfelt

1 große rote Paprikaschote, gewürfelt

4 Knoblauchzehen, gehackt

1 EL fein gehackter Ingwer

1 TL Cayennepfeffer

1 TL gemahlener Zimt

2 TL geräuchertes Paprikapulver

2 TL gemahlener Koriander

1 EL gemahlener Kreuzkümmel

2 Dosen gehackte Tomaten (je 400 g)

500 ml Gemüsebrühe

2 EL flüssiger Honig

Salz und frisch gemahlener schwarzer Pfeffer

Fruchtfleisch von 1 Butternusskürbis (etwa 400 g), gewürfelt

200 g gegarte Kichererbsen

100 g getrocknete Aprikosen, halbiert

1 Bund Koriandergrün, gehackt

1 Das Öl in einem großen Topf bei schwacher Hitze heiß werden lassen. Zwiebel- und Paprikawürfel darin mit Knoblauch und Ingwer 2 Minuten dünsten, aber nicht bräunen lassen.

2 Cayennepfeffer, Zimt, Paprikapulver, Koriander und Kreuzkümmel hinzufügen und 2 Minuten mitdünsten, damit die Aromen sich entwickeln können. Tomaten, Brühe, Honig, Salz und Pfeffer dazugeben. Die Sauce aufkochen, dann bei schwacher Hitze offen 30 Minuten köcheln lassen.

3 Kürbis, Kichererbsen und Aprikosen hinzufügen und 10–15 Minuten mitgaren, bis der Kürbis weich ist, aber noch nicht zerfällt; falls nötig, etwas Wasser unterrühren. Das Gericht abschmecken und vor dem Servieren das Koriandergrün untermischen. Dazu passt Couscous mit Kräutern.

Fisch in pikanter Sauce

Reichen Sie zu diesem Heilbutt Basmatireis.

30–35 MIN. 30–35 MIN.

FÜR 6 PERSONEN

30 g Butter

1 Apfel, geschält und in 1 cm große Würfel geschnitten

3 Zwiebeln, 1 fein gewürfelt und 2 in dünne Ringe geschnitten

1 TL gemahlener Kreuzkümmel

1 TL gemahlener Koriander

½ TL gemahlener Ingwer

½ TL gemahlene Gewürznelke

¼ TL Cayennepfeffer oder ½ TL Chiliflocken

1½ EL Speisestärke

200 ml Kokosmilch

500 ml Fischfond

Salz und frisch gemahlener Pfeffer

1 kg Heilbuttfilet, gehäutet

4 EL Öl

2 EL Paprikapulver

2 Dosen gehackte Tomaten (je 400 g)

6 Knoblauchzehen, fein gehackt

4 Lorbeerblätter

2 Stangen Sellerie, in dünne Scheiben geschnitten

2 Möhren, in dünne Scheiben geschnitten

1 Für die Sauce die Butter in einem Topf zerlassen. Apfel- und Zwiebelwürfel darin in 3–5 Minuten weich dünsten. Kreuzkümmel, Koriander, Ingwer, Nelke und Cayennepfeffer hinzufügen und unter Rühren bei schwacher Hitze 2–3 Minuten mitdünsten. Die Speisestärke mit 2–3 EL Kokosmilch verrühren. Die restliche Kokosmilch mit 150 ml Fischfond in den Topf geben und aufkochen lassen. Die Stärkemischung unterrühren; die Sauce dickt sofort an. Vom Herd nehmen, mit Salz und Pfeffer abschmecken; beiseitestellen.

2 Fisch abspülen, mit Küchenpapier trocken tupfen und in 2–3 cm große Würfel schneiden. Das Öl in einem Schmortopf erhitzen. Zwiebelringe darin in 3–5 Minuten weich dünsten. Paprikapulver dazugeben und unter Rühren etwa 1 Minute mitdünsten. Restlichen Fond, Tomaten, Knoblauch, Lorbeer, Sellerie und Möhren hinzufügen. Würzen und aufkochen lassen, dann bei schwacher Hitze 15–20 Minuten köcheln lassen, bis die Flüssigkeit um ein Drittel reduziert ist.

3 Die Sauce unterrühren und das Ganze aufkochen lassen. Den Fisch hinzufügen; zugedeckt in 12–15 Minuten gar ziehen lassen – er soll sich danach leicht zerpflücken lassen. Die Lorbeerblätter entfernen. Das Gericht abschmecken und in vorgewärmten Schalen servieren.

Butternusskürbis mit Hackfleischfüllung

Ein einfaches Gericht, das gut zu dieser Jahreszeit passt.

15 MIN. 1 STD.

FÜR 4 PERSONEN

1 Butternusskürbis, halbiert, von Kernen und wattigem Inneren befreit

2 EL Olivenöl

1 Zwiebel, fein gewürfelt

700 g Rinderhackfleisch

Salz und frisch gemahlener schwarzer Pfeffer

1 Handvoll Petersilie, fein gehackt

geriebener Gruyère zum Überbacken

1 Den Backofen auf 200 °C vorheizen. Die Kürbishälften in eine ofenfeste Form legen, mit der Hälfte des Öls beträufeln und im Ofen 10–15 Minuten rösten, bis sie weicher sind.

2 Inzwischen das restliche Öl in einer Pfanne bei mittlerer Hitze heiß werden lassen. Die Zwiebelwürfel darin in 3–4 Minuten glasig dünsten. Das Hackfleisch hinzufügen und unter häufigem Rühren etwa 5 Minuten braten, bis es bräunt. Salzen und pfeffern, die Petersilie unterrühren.

3 Die Kürbishälften aus dem Ofen nehmen und das Hackfleisch in die Vertiefungen füllen. Mit Alufolie bedecken und 30 Minuten backen; die Folie entfernen. Die Hälften mit Käse bestreuen und weitere 5 Minuten rösten, bis der Käse geschmolzen ist.

Kürbis-Tomaten-Gratin

Beim Rösten intensiviert sich der Geschmack des manchmal eher faden Fruchtfleischs vom Gartenkürbis. Dieses Gratin passt sehr gut zu Hühnchen.

20 MIN. 50 MIN.

FÜR 4 PERSONEN

- 2 EL Olivenöl
- 1 Zwiebel, gewürfelt
- 500 g Kürbisfruchtfleisch, gewürfelt
- 500 g Tomaten, gewürfelt
- 3 Knoblauchzehen, gehackt
- 1 kleines Bund Petersilie, gehackt
- Salz, schwarzer Pfeffer
- 3 EL frische Brotkrumen
- 50 g Parmesan, gerieben

1 Den Backofen auf 200 °C vorheizen. Das Öl in einem großen Topf bei schwacher Hitze heiß werden lassen. Die Zwiebelwürfel darin in etwa 5 Minuten glasig dünsten. Die Kürbiswürfel hinzufügen und 5 Minuten mitdünsten. Tomaten und Knoblauch dazugeben und alles weitere 10 Minuten garen, bis die Tomatenwürfel zerfallen. Petersilie, Salz und Pfeffer untermischen.

2 Die Mischung in eine große ofenfeste Form geben oder auf vier Portionsförmchen verteilen. Mit Brotkrumen und Parmesan bestreuen. Im heißen Ofen 20–30 Minuten garen, bis die Oberfläche knusprig und goldbraun ist.

Pasta mit Kürbis, Sahne und Salbei

Dieses sättigende Gericht ist ganz einfach und kommt garantiert bei jedem gut an – vor allem, wenn die Tage nach und nach kürzer und kühler werden.

15 MIN. 20 MIN.

FÜR 4 PERSONEN

- Fruchtfleisch von 1 Butternusskürbis, gewürfelt
- 1 Prise Chiliflocken
- 2 EL Olivenöl
- 1 rote Zwiebel, gewürfelt
- 2 Knoblauchzehen, gehackt
- 6 Salbeiblätter, gehackt
- 150 g Sahne
- Salz und frisch gemahlener schwarzer Pfeffer
- 400 g Conchiglie (Muschelnudeln)
- geriebener Parmesan zum Bestreuen

1 Den Backofen auf 200 °C vorheizen. Die Kürbiswürfel in eine große ofenfeste Form geben. Mit Chiliflocken bestreuen, mit 1 EL Olivenöl beträufeln und alles gut mischen. Den Kürbis im heißen Ofen 10–15 Minuten rösten, bis er weich wird.

2 Das restliche Öl in einer großen Pfanne erhitzen. Die Zwiebelwürfel darin in etwa 5 Minuten glasig werden lassen. Kürbis, Knoblauch und Salbei hinzufügen und untermischen. Die Sahne angießen und 5 Minuten köcheln lassen. Die Sauce kräftig mit Salz und Pfeffer abschmecken.

3 Inzwischen die Pasta in reichlich sprudelnd kochendem Salzwasser nach Packungsangabe bissfest garen. In ein Sieb schütten, abtropfen lassen und wieder in den Topf geben. Die Sauce hinzufügen und untermischen. Das Gericht mit Parmesan bestreuen und servieren.

Tintenfisch und Kartoffeln mit Korianderpesto

Kalmare sind süßlich und zart, wenn man sie kurz (oder ganz langsam) gart. Am saftigsten sind Baby-Kalmare – die Sie für dieses Gericht verwenden sollten.

10 MIN. 20 MIN.

FÜR 4 PERSONEN

- 1 kg festkochende Kartoffeln, geschält und gewürfelt
- 2 EL Olivenöl
- Salz und frisch gemahlener schwarzer Pfeffer
- 400 g küchenfertige Kalmartuben, aufgeschnitten und die Innenflächen rautenförmig eingeschnitten (siehe S. 263)
- 1 Prise Chiliflocken (nach Belieben)

Für das Pesto

- 1 große Handvoll Koriandergrün
- 1 große Handvoll Basilikumblätter
- 2 Knoblauchzehen, gehackt
- 1 große Handvoll Pinienkerne
- 50 g Parmesan, gerieben
- 1 Prise Chiliflocken
- etwa 150 ml Olivenöl

1 Den Backofen auf 200 °C vorheizen. Für das Pesto Koriandergrün, Basilikum, Knoblauch, Pinienkerne und zwei Drittel des Parmesans in der Küchenmaschine fein zerkleinern. Chiliflocken untermischen. Nach und nach das Öl unterarbeiten, bis das Pesto die gewünschte Konsistenz hat. Den restlichen Käse unterrühren und das Pesto abschmecken.

2 Die Kartoffelwürfel in einer ofenfesten Form mit 1 EL Olivenöl mischen. Salzen, pfeffern und im Ofen in 10 Minuten goldbraun rösten.

3 Kalmartuben mit 1 EL Olivenöl und Chiliflocken (nach Belieben) mischen; zu den Kartoffeln geben (nicht untermischen). Alles noch 10 Minuten im Ofen garen, bis die Kalmare Farbe angenommen haben, dann mischen. Mit dem Korianderpesto servieren.

Schweinefleisch mit Fenchel und Senf

Fenchelknollen haben ein dezentes Anisaroma. Roh sind sie knackig und erfrischend, gegart werden sie milder – und passen dann sehr gut zu Schweinefleisch.

20 MIN. 45 MIN. TK-TAUGLICH

FÜR 4 PERSONEN

- 3 EL Olivenöl
- 1 große Zwiebel, in Ringe geschnitten
- 2 kleine Fenchelknollen, in Scheiben geschnitten
- 500 g mageres Schweinefleisch, in mundgerechte Stücke geschnitten
- 4 Knoblauchzehen, gehackt
- 5 EL Weißwein
- 1 EL körniger Senf
- ½ TL edelsüßes Paprikapulver
- ½ Bund Petersilie, gehackt
- ½ EL gehackte Salbeiblätter
- ½ EL gehackter Rosmarin
- 1 EL Mehl
- 500 ml Milch
- Salz und frisch gemahlener Pfeffer

1 Backofen auf 180 °C vorheizen. Das Öl in einem großen Topf erhitzen. Zwiebel und Fenchel darin unter gelegentlichem Rühren 5 Minuten dünsten. Das Fleisch hinzufügen und unter gelegentlichem Rühren braten. Den Knoblauch dazugeben; 1 Minute mitbraten. Wein und Senf unterrühren. Bei mittlerer Hitze in etwa 3 Minuten etwas einkochen lassen.

2 Paprika, Petersilie, Salbei und Rosmarin unterrühren. Das Mehl gründlich untermischen. Mit etwas Milch glatt rühren, dann die restliche Milch unterrühren. Salzen, pfeffern und 5 Minuten köcheln lassen; falls nötig, mehr Milch dazugießen. Alles in eine ofenfeste Form geben, zudecken und im Ofen in 25 Minuten sehr heiß werden lassen.

Variante

Rindfleisch mit Sellerie und Senf

Das Gericht wie beschrieben zubereiten, aber anstelle von Fenchel 2 in Scheiben geschnittene Sellerieherzen und statt Schweinefleisch 500 g in dünne Streifen geschnittene Rinderlende verwenden. Salbei durch 2 TL gehackten Thymian ersetzen.

Thai-Auberginencurry

Ein scharfes Curry mit den warmen Aromen von Zimt und Kardamom. Knackige Erdnüsse kontrastieren hier mit weich gegarten Kartoffeln und Auberginen.

15 MIN. 1 STD.

FÜR 4–6 PERSONEN

- 2 rote Chilischoten, entkernt
- 1 Stängel Zitronengras, von festen Außenblättern befreit
- 1 Stück frischer Ingwer (5 cm), geschält und grob gehackt
- 5 Kardamomkapseln, angedrückt
- 1 EL Sonnenblumenöl
- 1 Zwiebel, fein gewürfelt
- Salz und frisch gemahlener schwarzer Pfeffer
- 500 ml heiße Gemüsebrühe
- 1 Dose Kokosmilch (400 ml)
- 1 Zimtstange, in Stücke gebrochen
- 1 Schuss Sojasauce
- 1 Schuss Thai-Fischsauce
- 4 Kartoffeln, geschält und in mundgerechte Stücke geschnitten
- 6 Mini-Auberginen, halbiert, oder 2 große Auberginen, in Stücke geschnitten
- 100 g ungesalzene geröstete Erdnusskerne, grob gehackt
- 1 EL Palm- oder Demerara-Zucker (nach Belieben)

1 Die Chilis mit Zitronengras, Ingwer und Kardamom im Blitzhacker mit wenig Öl zu einer Paste verarbeiten.

2 Das restliche Öl in einem großen Topf bei mittlerer Hitze heiß werden lassen. Die Zwiebelwürfel darin in 3–4 Minuten glasig dünsten. Die Würzpaste mit Salz und Pfeffer dazugeben und ein paar Minuten mitdünsten. Brühe und Kokosmilch unterrühren. Aufkochen lassen. Zimt, Soja- und Fischsauce hinzufügen und alles bei schwacher Hitze etwa 20 Minuten köcheln lassen. Kartoffeln und Auberginen unterrühren und das Curry noch 20 Minuten garen.

3 Die Hälfte der Erdnüsse untermischen. Das Curry mit Zucker (nach Belieben), Salz und Fischsauce abschmecken. In vorgewärmte Schalen schöpfen und mit den restlichen Erdnüssen bestreuen. Mit Reis und Limettenschnitzen servieren.

Stubenküken mit Pflaumen und Wirsing

Hierfür können Sie auch ein Brathuhn verwenden. Das Gericht lässt sich gut im Voraus zubereiten: Zudecken, kalt aufbewahren und die Sauce erst vor dem Servieren kochen.

15 MIN. 1 STD. 45 MIN.

FÜR 4 PERSONEN

- 2-3 Stubenküken (je etwa 500 g), mit Küchengarn gebunden (dressiert)
- Salz und frisch gemahlener Pfeffer
- ½ Wirsing, vom Strunk befreit und grob in Streifen geschnitten
- 2 EL Öl
- 250 g durchwachsener Speck in Scheiben, in Streifen geschnitten
- 400 g dunkle Pflaumen, halbiert und entsteint
- 1 Zwiebel
- 1 Kräutersträußchen (Petersilie, Thymian und Lorbeerblatt)
- 250 ml Weißwein
- 500 ml heiße Hühnerbrühe

1 Backofen auf 180 °C vorheizen. Küken salzen und pfeffern. Kohl für etwa 2 Minuten in kochendes Salzwasser geben, bis er weich wird; abgießen. Öl in einem großen backofenfesten Schmortopf erhitzen und Stubenküken darin einzeln oder paarweise jeweils 5–10 Minuten rundherum anbraten; herausnehmen. Speck bei schwächerer Hitze unter Rühren 3–5 Minuten braten, bis das Fett ausgetreten ist. Speckfett bis auf 2 EL aus der Pfanne löffeln. Die Hälfte des Kohls auf dem Topfboden verteilen. Geflügel, zwei Drittel der Pflaumen, Zwiebel und Kräutersträußchen daraufgeben. Mit dem restlichen Kohl bedecken. Wein und Brühe angießen. Zugedeckt im Ofen 45–55 Minuten garen.

2 Zwiebel und Kräuter entfernen. Kohl in eine Servierschüssel füllen. Geflügel darauflegen (Garn vorher entfernen). Warm halten. Restliche Pflaumen im Garsud 5–8 Minuten köcheln lassen, bis sie weich sind; herausheben und in die Schüssel geben. Die Pflaumensauce 10–15 Minuten kochen lassen, bis sie auf etwa die Hälfte reduziert ist. Abschmecken; mit Stubenküken und Kohl servieren.

Gegrillte Lammkoteletts und Auberginen mit Rotkrautsalat

Rotkrautsalat macht dieses Lammgericht mit gegrillten Auberginen zu etwas Außergewöhnlichem.

25 MIN. 10 MIN.

FÜR 4 PERSONEN

- 12 Lammkoteletts, von sichtbarem Fett befreit
- 2 EL Olivenöl
- Salz und frisch gemahlener Pfeffer
- 1 Aubergine (etwa 300 g), längs in dünne Scheiben geschnitten

Für den Rotkrautsalat

- ½ kleiner Rotkohl
- 100 g grüne Bohnen, blanchiert
- 1 kleine Gurke, in Streifen geschnitten
- 1 kleine rote Zwiebel, in Ringe geschnitten
- 2 Stangen Sellerie, in Scheiben geschnitten
- 50 g Haselnusskerne, gehackt
- 2 EL Olivenöl, 1 TL Balsamico-Essig
- Salz und frisch gemahlener Pfeffer

1 Den Grill vorheizen. Die Lammkoteletts mit Olivenöl bestreichen; salzen und pfeffern. Bei mittlerer Hitze pro Seite 3–5 Minuten grillen, dann auf einen Teller geben und warm halten. Die Auberginenscheiben mit etwas Öl bestreichen und pfeffern. Bei starker Hitze etwa 3 Minuten pro Seite grillen, bis sie goldbraun sind. Koteletts und Auberginenscheiben auf einen Teller legen und an einem warmen Platz 10 Minuten ruhen lassen.

2 Inzwischen den Rotkohl in dünne Streifen schneiden oder hobeln. In eine Schüssel geben und die restlichen Zutaten hinzufügen; alles gut mischen. Den Salat mit Salz und Pfeffer abschmecken. Zu den gegrillten Lammkoteletts und Auberginenscheiben servieren.

Ungarisches Rindergulasch

Glänzende Tomaten und Paprikaschoten machen sich gut in diesem klassischen Schmorgericht.

25–30 MIN. 2 STD. 45 MIN.

FÜR 4 PERSONEN

- 1 EL Öl
- 50 g Räucherspeck, gewürfelt
- 6 Zwiebeln (etwa 750 g), gewürfelt
- 2 EL Paprikapulver
- 750 g Rindergulasch
- 2 Knoblauchzehen, fein gehackt
- ½ TL Kümmelsamen
- 2 Tomaten, entkernt und zerkleinert
- 2 grüne Paprikaschoten, in Streifen geschnitten
- Salz und frisch gemahlener Pfeffer
- 1 Ei
- 50 g Mehl
- 125 g saure Sahne (nach Belieben)

1 Das Öl in einem backofenfesten Schmortopf erhitzen. Den Speck darin unter Rühren 3–5 Minuten braten, bis er leicht gebräunt und das Fett ausgetreten ist. Zwiebeln unterrühren. Alufolie zurechtschneiden, auf den Topf legen und den Deckel auflegen. Alles bei schwacher Hitze unter gelegentlichem Rühren 20–25 Minuten garen, bis die Zwiebeln weich sind.

2 Den Backofen auf 180 °C vorheizen. Das Paprikapulver unter Zwiebeln und Speck mischen und 2 Minuten mitgaren; nicht verbrennen lassen. Fleisch, Knoblauch, Kümmel und 500 ml Wasser unterrühren. Unter Rühren aufkochen lassen, dann zudecken und im Ofen 1–1 ½ Stunden garen, bis das Fleisch fast weich ist.

3 Tomaten und Paprikastreifen unterrühren. Das Gulasch mit Salz und Pfeffer würzen. Zugedeckt 30–45 Minuten weitergaren, bis das Fleisch sehr weich und die Sauce dickflüssig ist. Abschmecken.

4 Das Ei in einer kleinen Schüssel verquirlen. Mehl und etwas Salz in eine zweite Schüssel geben und das Ei unterrühren. Das Gulasch auf dem Herd aufkochen lassen. Mit zwei Teelöffeln Klößchen in das köchelnde Gulasch geben und 5–7 Minuten darin garen.

5 Das Gulasch mit den Klößen in vorgewärmte Schalen schöpfen. Nach Belieben auf jede Portion etwas saure Sahne geben.

Knusprige Ente auf chinesische Art

Char sui ist eine chinesische Grillsauce, die traditionell für Schweine-, Hühner- oder Entenfleisch verwendet wird. Ihre würzig-süßsaure Note mildert die Üppigkeit des Entenfleischs.

15 MIN. 45 MIN.

FÜR 4 PERSONEN

- 4 Entenkeulen, die Haut mit einem Messer mehrmals eingeritzt
- 3 Knoblauchzehen, gehackt
- 3 EL helle Sojasauce
- 3 EL chinesischer Reiswein
- 1 EL Hoisinsauce
- 2 EL flüssiger Honig
- 2 TL Fünf-Gewürze-Pulver
- Salz und frisch gemahlener Pfeffer

1 Den Backofen auf 200 °C vorheizen. Alle Zutaten in eine große Schüssel geben und gut vermischen. Die Entenkeulen in Alufolie wickeln und im heißen Ofen 30 Minuten garen.

2 Grill vorheizen. Entenkeulen vorsichtig auswickeln und mit den Hautseiten nach unten auf den Grill legen. Bei starker Hitze unter häufigem Wenden 10–15 Minuten grillen; dann an einem warmen Platz 10 Minuten ruhen lassen. Das Fleisch in Scheiben von den Entenkeulen schneiden und servieren. Dazu passt Blattsalat.

Variante

Wildente mit Pflaumen

Gericht wie beschrieben zubereiten, jedoch statt der Keulen 2 halbierte kleine Wildenten nehmen; 30–40 Minuten im Ofen garen. 8 halbierte und entsteinte feste Pflaumen in einer ofenfesten Form mit einer Mischung aus 2 EL flüssigem Honig und 4 EL Sojasauce bestreichen. Mit den Enten grillen oder in 1 EL Öl pro Seite 1–2 Minuten braten. Mit den Enten und dem Salat servieren.

Lachs mit Pilzen und Pak choi

Braune Champignons (Egerlinge) sind intensiver im Geschmack als weiße. Hier verleihen sie den feinen Aromen von Lachs und Pak choi eine gewisse Tiefe.

15 MINS 25 MIN.

FÜR 4 PERSONEN

- 1 EL Olivenöl
- 1 EL Sojasauce
- ½ EL Mirin (süßer japanischer Reiswein)
- 1 Stück frischer Ingwer (5 cm), geschält und gerieben
- 2 Knoblauchzehen, gehackt
- Salz und frisch gemahlener schwarzer Pfeffer
- 4 Stücke Lachsfilet (je etwa 150 g)
- 2 Pak choi, längs geviertelt
- 200 g braune Champignons (Egerlinge), große Exemplare halbiert

1 Den Backofen auf 200 °C vorheizen. Das Olivenöl in einer Schüssel mit Sojasauce, Mirin, Ingwer, Knoblauch, Salz und Pfeffer verrühren.

2 Lachs, Pak choi und Champignons in eine ofenfeste Form geben. Die Ölmischung darüberträufeln und untermischen. Alles im heißen Ofen 20–25 Minuten garen, bis der Fisch fest und nicht mehr glasig ist. Dazu passt Reis.

Variante

Pfannengerührter Fisch mit Pak choi

600 g Lachs-, Köhler- oder Heilbuttfilet würfeln. Die Pilze in Scheiben und den Pak choi in breite Streifen schneiden. 1 EL Oliven- oder Sonnenblumenöl im Wok oder in einem großen Topf bei mittlerer Hitze heiß werden lassen. Fisch und Pilze darin 2 Minuten pfannenrühren. Den Pak choi hinzufügen und 1–2 Minuten weiterrühren, bis er zusammengefallen ist. Die angegebenen Würzzutaten sowie ½ TL chinesisches Fünf-Gewürze-Pulver dazugeben und kurz unterrühren. Einen Schuss Wasser oder Hühnerbrühe untermischen und das Gericht mit Eiernudeln oder Reis servieren.

Meerbrassen mit Tomatensauce

Verwenden Sie unbedingt vollreife Tomaten für dieses Gericht. Wenn Sie mögen, können Sie die Tomatensauce 2–3 Tage im Voraus kochen, dann zudecken und kalt stellen.

10 MIN. 25 MIN.

FÜR 4 PERSONEN

- 4 kleine küchenfertige Meerbrassen, geschuppt
- 1 EL Mehl
- Salz und frisch gemahlener schwarzer Pfeffer
- 5 EL Olivenöl
- 1 Zwiebel, fein gewürfelt
- 2 Stangen Sellerie, in feine Scheiben geschnitten
- 2 Knoblauchzehen, gehackt
- 8 Eiertomaten, grob gewürfelt
- 5 EL trockener Weißwein
- 1 Prise Zucker
- 2 EL gehackte Petersilie

1 Den Backofen auf 190 °C vorheizen. Die Fische auf jeder Seite drei- bis viermal schräg einschneiden. Das Mehl mit Salz und Pfeffer mischen. Die Fische mit der Mehlmischung bestäuben und auf ein Backblech legen.

2 Das Olivenöl in einer Pfanne bei schwacher Hitze heiß werden lassen. Zwiebel, Sellerie und Knoblauch darin 2–3 Minuten dünsten. Tomaten und Wein dazugeben und 3–4 Minuten mitdünsten. Mit Salz, Pfeffer und Zucker würzen.

3 Die Tomatensauce über die Fische gießen und alles im Ofen 15–20 Minuten garen, bis die Fische gar sind (ihr Fleisch ist dann nicht mehr glasig).

4 Die Fische auf eine vorgewärmte Platte heben und mit der Petersilie bestreuen.

Meerbrassen mit Gewürzkruste

Das feste Fleisch der Meerbrassen verträgt kräftige Gewürze. Bereiten Sie die Marinade 6 Stunden im Voraus zu, und lassen Sie sie verschlossen bei Raumtemperatur durchziehen.

15 MIN. 6-8 MIN. TK-TAUGLICH

FÜR 4 PERSONEN

- 4 Meerbrassenfilets mit Haut (je 150 g)
- 1 EL Walnusskerne
- 4 Eiertomaten, gewürfelt
- 1 EL gehacktes Koriandergrün
- 1½ TL Walnuss- oder Olivenöl
- Salz und frisch gemahlener schwarzer Pfeffer
- Zitronenschnitze zum Servieren

Für die Gewürzkruste

- 3 EL Walnuss- oder Olivenöl
- 4 EL gehacktes Koriandergrün
- 1 TL zerdrückte Korianderkörner
- 2 Knoblauchzehen, zerdrückt
- 1 TL Zitronensaft
- 1 kleine grüne Chilischote, entkernt und fein gehackt
- Salz und frisch gemahlener schwarzer Pfeffer

1 Für die Gewürzkruste das Öl mit Koriandergrün und -körnern, Knoblauch, Zitronensaft und Chili mischen; mit Salz würzen. Den Backofengrill auf höchster Stufe vorheizen.

2 Ein Backblech mit Alufolie belegen und die Fischfilets mit der Haut nach unten darauflegen. Die Würzpaste auf den Filets verstreichen. Das Blech unter den heißen Grill schieben und die Filets 6–8 Minuten grillen, bis sie gar und goldgelb sind. Aus dem Backofen nehmen und warm halten.

3 Inzwischen für den Tomatensalat die Nüsse in einer Pfanne ohne Fett bei mittlerer Hitze unter Rühren 2–3 Minuten rösten. Herausnehmen und grob hacken. Mit den restlichen Salatzutaten mischen und den Salat mit Salz und Pfeffer abschmecken. Die Fischfilets mit Salat und Zitronenschnitzen servieren.

Geschmorte Kalmare

Tintenfische lassen sich hervorragend ganz langsam schmoren. Dabei werden sie wunderbar zart.

30 MIN. 1 STD. 15 MIN. - 1 STD. 45 MIN. TK-TAUGLICH

FÜR 4-6 PERSONEN

- 1 EL Olivenöl
- 1 Zwiebel, fein gewürfelt
- Salz und frisch gemahlener Pfeffer
- 1 Lorbeerblatt
- einige Zweige Thymian
- 3 Knoblauchzehen, in Scheiben geschnitten
- 2 rote Chilischoten, entkernt und in dünne Streifen geschnitten
- 200 g Chorizo, in Scheiben geschnitten
- 1 kg Kalmare, geputzt und in Ringe geschnitten (nach Belieben die Tentakel verwenden; siehe S. 263)
- 250 ml Rotwein
- 1 Dose gehackte Tomaten (400 g)
- 650 ml Gemüsebrühe
- 1 Dose weiße Bohnen (400 g)
- 1 Handvoll Petersilie, fein gehackt

1 Den Backofen auf 170 °C vorheizen. Das Öl in einem großen backofenfesten Schmortopf bei mittlerer Hitze heiß werden lassen. Die Zwiebelwürfel hineingeben; salzen und pfeffern. Lorbeer und Thymian hinzufügen und alles etwa 6 Minuten dünsten, bis die Zwiebelwürfel glasig sind.

2 Knoblauch, Chilis und Chorizo unterrühren; einige Minuten mitdünsten. Kalmarringe dazugeben (falls nötig, portionsweise) und einige Minuten mitgaren, bis sie etwas Farbe annehmen. Bei stärkerer Hitze den Wein angießen. 1–2 Minuten köcheln lassen; Tomaten und Brühe hinzufügen und alles aufkochen lassen.

3 Bohnen abgießen, abspülen und abtropfen lassen. Mit Salz und Pfeffer in den Topf geben. 1–1 ½ Stunden im Ofen garen. Falls nötig, etwas heißes Wasser dazugeben. Abschmecken; Lorbeer und Thymian entfernen, die Petersilie untermischen.

Jetzt am besten **Meerbrasse**

Die Meerbrasse bzw. Dorade ist vom Spätsommer bis in den Herbst hinein von bester Qualität, obwohl sie das ganze Jahr über aus Zucht erhältlich ist. Alle Arten von Meerbrassen sind hochrückige Tiere mit zusammengedrücktem Körper und einer stacheligen Rückenflosse. Ihr Fleisch ist hocharomatisch und fest. Meerbrassen schmecken ausgezeichnet, wenn sie mit Kräutern, etwas Butter und Knoblauch gegart werden, können jedoch unterschiedlich zubereitet werden. Sehr gut passen süßliche Gewürze sowie Chili, Tomaten, Knollensellerie und Oliven.

Meerbrassenfilet Das weiße, feste Fleisch schmeckt am besten, wenn es in der Pfanne gebraten wurde.

Die Meerbrasse (Dorade) ist leicht erkennbar an ihrer durchgehenden Rückenflosse und ihren großen Schuppen.

Meerbrasse oder Dorade
Ein Fisch mit hocharomatischem Fleisch, das vielseitig zubereitet werden kann.

Wissenswert

Im Angebot

Im Ganzen oder Filets; Streifenbrasse, Weiß- und Rotbrasse aus Zucht und Wildfang.

Einkauf Auf Fisch aus nachhaltigem Fang mit festem Fleisch, klaren Augen und roten Kiemen achten; Filets sollen frisch duften und feucht aussehen.

Aufbewahren Möglichst am Kauftag zubereiten.

Zubereiten Braten, grillen, füllen und im Ofen garen.

Rezepte

Meerbrasse mit Gewürzkruste Seite 292

Meerbrassen mit Tomatensauce Seite 292

Gefüllte Meerbrassen Seite 281

Eine Meerbrasse en papillote zubereiten

Wird Fisch in einer Papierhülle gegart, bleiben Aroma und Saftigkeit erhalten. Die Fischpäckchen erst bei Tisch öffnen.

1 Backpapier auf einem Backblech ausbreiten und darauf den Fisch legen. Zitronenscheiben, frischen Kräutern, Salz, Pfeffer und Butter daraufgeben.

2 Das Papier an den langen Seiten über dem Fisch zusammenfassen und verschließen.

3 Die Papierenden zusammendrehen, um das Päckchen vollständig zu verschließen. Den Fisch im 190 °C heißen Ofen etwa 20 Minuten garen.

Hackfleischtopf mit Kürbis und grünen Chilischoten

Lammfleisch mit Kürbis ist eine ideale Kombination. Dieses Gericht entwickelt durch langsames Schmoren ein wunderbares Aroma , wobei Minze und Oregano für eine frische Note sorgen.

25 MIN. 1 STD. 30 MIN. - 2 STD. TK-TAUGLICH

FÜR 4-6 PERSONEN

- 2 EL Olivenöl
- Fruchtfleisch von 1 Butternusskürbis, in mundgerechte Stücke geschnitten
- Salz und frisch gemahlener schwarzer Pfeffer
- 1 Zwiebel, fein gewürfelt
- 1 Handvoll frische Oreganoblätter oder 1 TL getrockneter Oregano
- 1 Handvoll Thymianblätter
- 1 grüne Chilischote, entkernt und fein gehackt
- 500 g Lammhackfleisch
- 1 l heiße Gemüsebrühe
- 1 Dose gehackte Tomaten (400 g)
- 50 g Sultaninen
- 1 Bund Minzeblätter, fein gehackt
- 1-2 TL Harissa (scharfe nordafrikanische Würzpaste)

1 Den Backofen auf 180 °C vorheizen. In einem großen backofenfesten Schmortopf 1 EL Öl bei mittlerer Hitze heiß werden lassen. Die Kürbisstücke hineingeben. Salzen und pfeffern, dann 5–8 Minuten braten, bis sie bräunen. Herausnehmen.

2 Das restliche Öl (1 EL) im Topf erhitzen und die Zwiebelwürfel darin in 3–4 Minuten glasig dünsten. Oregano, Thymian, Knoblauch und Chili unterrühren und einige Minuten mitgaren. Das Hackfleisch hinzufügen und bei etwas stärkerer Hitze unter Rühren 5–8 Minuten krümelig braten. Die Kürbisstücke wieder in den Topf geben. Brühe und Tomaten untermischen. Alles aufkochen, dann köcheln lassen. Die Sultaninen unterrühren und das Gericht im heißen Ofen zugedeckt 1–1½ Stunden garen. Falls nötig, etwas heißes Wasser dazugeben.

3 Das Gericht abschmecken, dann Minze und (nach Geschmack) Harissa unterrühren. Mit Reis oder warmem Fladenbrot sowie leicht angemachtem grünem Salat servieren.

Variante

Hackfleischtopf mit Süßkartoffeln und Spiegelei

Das Gericht wie beschrieben zubereiten, jedoch 1 große Süßkartoffel statt des Kürbisses verwenden und 1 gewürfelte grüne Paprikaschote dazugeben. Das Lammfhackleisch durch Rinderhackfleisch ersetzen. Für mehr Schärfe anstelle von Harissa 1 EL Sambal Oelek unterrühren. Auf vier Teller verteilen und auf jede Portion ein Spiegelei legen. Mit aufgerollten Weizentortillas servieren, Fladenbrot oder Reis weglassen.

Französische Entenkeulen

Für diese vereinfachte Version von Entenconfit werden Entenkeulen mariniert und mit Linsen serviert.

15 MIN. PLUS MARINIERZEIT — 3 STD.

FÜR 4 PERSONEN

- 4 Entenkeulen
- 500 g Enten- oder Gänseschmalz
- einige Zweige Rosmarin
- 1 EL Olivenöl
- 1 Zwiebel, fein gewürfelt
- Salz und frisch gemahlener Pfeffer
- 2 Knoblauchzehen, fein gehackt
- Blätter von einigen Zweigen Thymian
- 2 Möhren, fein gewürfelt
- 1 Lorbeerblatt
- 1 EL trockener Sherry
- 250 g Puy-Linsen, abgespült
- 500 ml heiße Hühnerbrühe

Für die Marinade

- 3 EL Weinbrand
- 1 EL schwarze Pfefferkörner, zerstoßen
- 3 Knoblauchzehen, fein gehackt
- 1 Prise gemahlener Zimt
- einige Zweige Thymian
- 1 EL grobes Meersalz

1 Die Zutaten für die Marinade in einer Schale mischen und die Entenkeulen darin wenden. Mit Frischhaltefolie bedecken, beschweren und über Nacht kalt stellen. Backofen auf 150 °C vorheizen. Schmalz in einem großen backofenfesten Schmortopf zerlassen. Die Keulen (Marinade entsorgen) so hineinlegen, dass sie vom Schmalz bedeckt sind. Rosmarin hinzufügen. Keulen im Ofen zugedeckt 3 Stunden garen, bis sie weich und knusprig sind. Die Keulen aus dem Topf nehmen und abtropfen lassen.

2 Inzwischen das Öl in einem Topf erhitzen. Die Zwiebelwürfel darin in 3–4 Minuten glasig dünsten. Salzen und pfeffern; Knoblauch, Thymian, Möhren und Lorbeer dazugeben. Unter Rühren 6–10 Minuten köcheln lassen; Sherry angießen. Alles 2 Minuten kochen lassen. Erst die Linsen, dann die Brühe unterrühren. Aufkochen und 40 Minuten köcheln lassen, bis die Linsen weich sind. Falls nötig, Wasser daugeben. Thymian und Lorbeerblatt entfernen; Linsen abschmecken und zu den Entenkeulen servieren.

Gumbo mit Wurst und Huhn

In dieses Gericht aus den Südstaaten der USA kann man gegen Ende der Garzeit noch Fisch und/oder Meeresfrüchte geben.

20 MIN. — 2 STD.

FÜR 4-6 PERSONEN

- 1 EL Olivenöl
- 1 Zwiebel, fein gewürfelt
- Salz und frisch gemahlener schwarzer Pfeffer
- 3 Stangen Sellerie, fein gewürfelt
- 2 rote Paprikaschoten, fein gewürfelt
- 2 Knoblauchzehen, fein gehackt
- 400 g Schweinsbratwurst, jeweils quer in drei Stücke geschnitten
- 2 EL Mehl
- 2-3 TL Cajun-Gewürzmischung
- 400 g Hähnchenbrustfilet, in mundgerechte Stücke geschnitten

1 Den Backofen auf 170 °C vorheizen. Das Öl in einem großen backofenfesten Schmortopf bei mittlerer Hitze heiß werden lassen. Die Zwiebelwürfel darin in 3–4 Minuten glasig dünsten. Salzen und pfeffern; Sellerie, Paprika und Knoblauch unterrühren und 5–8 Minuten mitdünsten. Die Wurststücke in den Topf geben und alles zusammen noch 5–8 Minuten braten.

2 Mehl und Gewürzmischung auf einem Teller mischen. Die Hähnchenfleischstücke darin wenden. In den Topf geben und unter Wenden anbraten. Etwas Brühe angießen und aufkochen lassen. Die restliche Brühe dazugeben und die Flüssigkeit kurz kochen lassen. Den Topf vom Herd nehmen, das Gericht abschmecken.

3 Den Topf verschließen und für 1½ Stunden in den Ofen stellen. Sollte das Gericht zu trocken werden, etwas heißes Wasser hinzufügen. Abschmecken; mit Reis servieren.

Entencurry

Ein reichhaltiges, hocharomatisches Gericht. Soll es schärfer werden, fügen Sie eine weitere Chilischote hinzu und verzichten Sie auf das Entfernen der Samen.

15 MIN. — 2 STD.

FÜR 4 PERSONEN

- 2 Entenbrustfilets
- 1 EL Sonnenblumenöl
- 1 Zwiebel, fein gewürfelt
- 2 Stangen Sellerie, fein gewürfelt
- Salz und frisch gemahlener schwarzer Pfeffer
- 3 Knoblauchzehen, fein gehackt
- 1 frische rote Chilischote, entkernt und fein gehackt
- 1 Stück frischer Ingwer (5 cm), geschält und fein gehackt
- 2 Möhren, fein gewürfelt
- 1 EL Garam Masala
- 1 TL gemahlene Kurkuma
- 1 TL Paprikapulver
- 1 EL Tomatenmark
- 2 Dosen gehackte Tomaten (je 400 g)
- 1 l heiße Gemüsebrühe

1 Den Backofen auf 180 °C vorheizen. Einen großen backofenfesten Schmortopf erhitzen. Entenbrustfilets mit der Haut nach unten hineinlegen. Auf jeder Seite in 3–6 Minuten goldbraun braten; herausnehmen. Das Öl im Topf erhitzen. Zwiebel und Sellerie darin 5 Minuten dünsten. Salzen und pfeffern. Knoblauch, Chili und Ingwer dazugeben und 2 Minuten mitgaren.

2 Möhren untermischen und unter gelegentlichem Rühren 5 Minuten mitgaren. Gewürze und Tomatenmark unterrühren, 1–2 Minuten später Tomaten und Brühe hinzufügen. Alles aufkochen lassen; vom Herd nehmen. Entenbrustfilets in den Topf geben. Zugedeckt im Ofen 1½ Stunden schmoren. Falls nötig, etwas heißes Wasser angießen.

3 Den Topf aus dem Ofen nehmen, die Entenbrüste herausheben, häuten und in Streifen schneiden. Das Fleisch wieder in den Topf geben und diesen für weitere 30 Minuten in den Ofen stellen. Falls die Sauce zu dünnflüssig ist, das Gericht offen garen. Abschmecken und mit Reis und Chapatis servieren.

Jetzt am besten **Ente**

Enten lassen sich einfach und vielseitig zubereiten, schmecken gut und sind relativ fett. Arten, die von der Stockente (Mallard) abstammen, haben dunkles, aromatisches Fleisch und eine dicke Fettschicht unter der Haut, während Enten, die von der Moschusente stammen, größer und magerer sind. Wildenten sind besonders mager und haben ein leichtes Wildaroma. Enten aus Zucht sind ganzjährig erhältlich, Wildenten im Herbst und im frühen Winter.

Dank der darüberliegenden Fettschicht bleibt das Brustfleisch beim Garen schön saftig.

Ente Sie liefert relativ wenig Fleisch. Da es jedoch fettreich ist, genügen kleine Portionen. Eine durchschnittliche Ente reicht für 4 Personen. Während des Bratens ausgetretenes Entenfett kann man im Kühlschrank aufbewahren und z. B. zum Braten von Kartoffeln verwenden.

Geben Sie zum Würzen eine Zwiebel oder Kräuter in die Bauchhöhle, wenn die Ente im Ofen gebraten wird.

Entenschenkel Das sehnenreiche Schenkelfleisch schmeckt hocharomatisch, die Garzeit ist länger als für Brustfleisch. Entenschenkel können gegrillt, geschmort, gebraten und für Confit verwendet werden. Haut und Fettschicht vor dem Garen einschneiden.

Entenbrustfilet Es hat feines, dunkles Fleisch. Vor dem Braten die Haut und darunterliegende Fettschicht einritzen oder -stechen; Entenbrustfilets zuerst mit der Hautseite nach unten braten, damit das Fett austreten kann. Alternativ Haut abziehen und das Fleisch z. B. in Streifen schneiden.

Die kleinen Innenfilets der Entenbrust werden in Frankreich als »Aiguillettes« angeboten.

Haut, die wenig Fett oder eine schlechtere Qualität aufweist, vor dem Braten entfernen.

Mallard-Ente Viele Stockenten werden in Teichen mit Getreide gefüttert, wodurch ihr Fett recht gelb werden kann. Weißeres Fett deutet auf abwechslungsreicheres Futter hin.

Eine Ente zerlegen

Zum Schmoren muss eine Ente in Stücke zerlegt werden. Im Ofen gebraten wird sie dagegen im Ganzen. Bei der folgenden Technik entstehen acht Portionsteile – genug für 4 Personen. Die dabei anfallenden Rippen und Rückgrat können für die Zubereitung eines Fonds oder von Schmorgerichten verwendet werden.

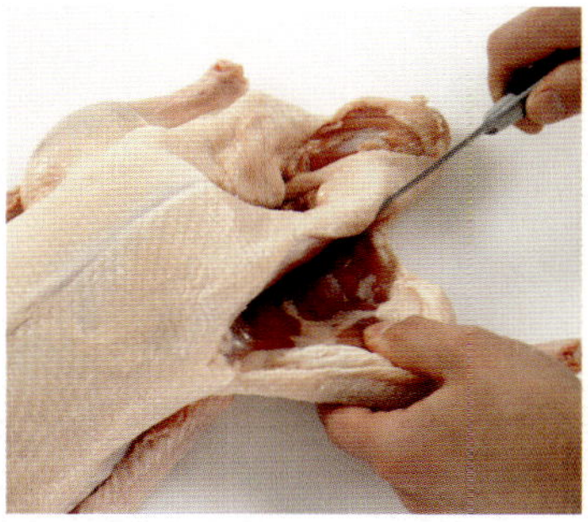

1 Größere Fett- und Hautteile entfernen. Einen Schenkel vom Körper schneiden und das Gelenk durchbrechen. Auf der anderen Seite wiederholen.

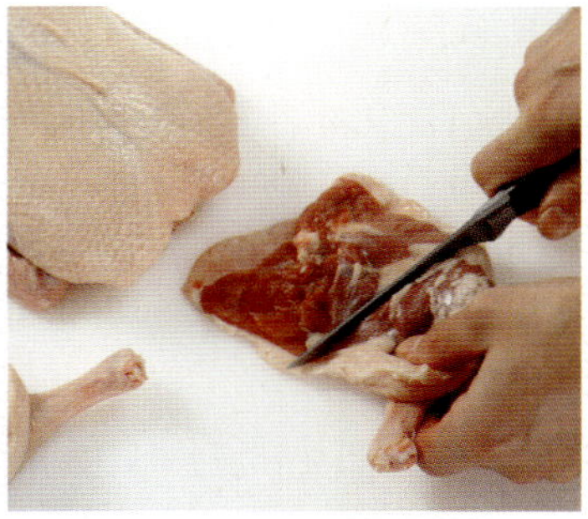

2 Den ganzen Schenkel mit dem Messer am Gelenk in Unter- und Oberschenkel teilen.

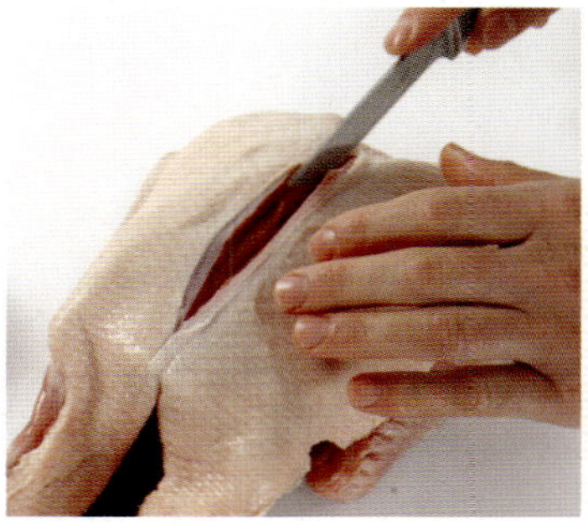

3 Auf beiden Seiten entlang dem Brustbein das Fleisch einschneiden. Mit der Geflügelschere oder einem scharfen Messer entlang dem Brustbein schneiden, um es längs aufzuschneiden.

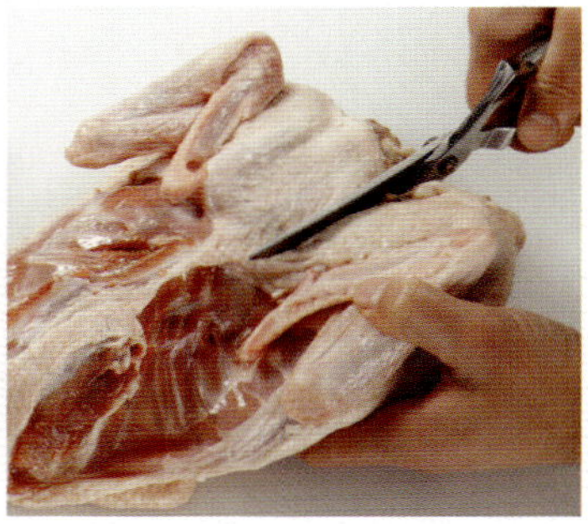

4 Den Vogel wenden. Rippen und Rückgrat herausschneiden. Die Flügel an den Brustteilen belassen und jedes Bruststück schräg in zwei Stücke schneiden. Spitze Knochen entfernen.

Wissenswert

Im Angebot

Verschiedene Arten: Mallard-, Aylesbury-, Peking- und Flugenten (Barbarie).

Einkauf Auf eine fleischige Brust und straffe Haut achten. Entenfleisch sättigt sehr, eine große Brust reicht für 2 Personen. Pro Person 500 g Ente einplanen.

Aufbewahren Ganze Vögel und Teilstücke gut verpackt im unteren Bereich des Kühlschranks bis zu e Tage lagern.

Zubereiten Ganze Ente im Ofen braten. Entenbrust in der Pfanne braten oder grillen; möglichst rosa servieren. In Streifen geschnittenes Entenfleisch eignet sich zum Schmoren oder Pfannenrühren.

Für den Vorrat Einfrieren (Fleisch und Innereien getrennt einfrieren); Räuchern; Entenschenkel als Confit einlegen.

Rezepte

Chinesischer Entenbraten Seite 369

Entencurry Seite 295

Ente à l'orange Seite 450

Französische Entenkeulen Seite 295

Rote-Bete-Risotto

Das farblich interessante Risotto schmeckt mit frisch geernteten Roten Beten am besten. Das erdige Aroma der Knollen verträgt sich bestens mit würzigem Ziegenkäse.

30 MIN. 1 STD.

FÜR 4 PERSONEN

- 500 g Rote Bete, geschält und gewürfelt
- Olivenöl
- Salz und frisch gemahlener schwarzer Pfeffer
- 6 EL Sonnenblumenöl
- 20 Salbeiblätter
- 2 Zwiebeln, fein gewürfelt
- 2 Knoblauchzehen, zerdrückt
- 350 g Risottoreis
- 1 l heiße Gemüse- oder Hühnerbrühe
- 50 g Parmesan, gerieben
- 200 g fester Ziegenkäse, in 1 cm große Würfel geschnitten

1 Den Backofen auf 200 °C vorheizen. Die Rote-Bete-Würfel mit etwas Olivenöl, Salz und Pfeffer mischen. In Alufolie wickeln und im heißen Ofen in 30–40 Minuten weich garen.

2 Das Sonnenblumenöl in einem kleinen Topf bei starker Hitze heiß werden lassen, bis es raucht. Den Großteil der Salbeiblätter darin portionsweise jeweils 5 Sekunden frittieren, bis sie nicht mehr bruzzeln. Herausnehmen und abtropfen lassen.

3 Die Rote Bete auswickeln und im der Küchenmaschine mit 4 EL Wasser, dem restlichen Salbei sowie etwas Salz und Pfeffer pürieren.

4 Die Zwiebeln in 2 EL Olivenöl bei mittlerer Hitze in etwa 3 Minuten glasig dünsten. Den Knoblauch hinzufügen und 1 Minute mitgaren. Den Reis unterrühren, bis die Körner vom Öl überzogen sind.

5 Die Brühe stetig köcheln lassen. Schöpfkellenweise zum Reis geben und rühren, bis die Körner sie aufgenommen haben, dann erst mehr Brühe hinzufügen. Das Ganze dauert etwa 15 Minuten. Das Püree untermischen. Das Risotto 5–10 Minuten weiterrühren, bis der Reis bissfest und cremig ist.

6 Vom Herd nehmen und abschmecken. Zwei Drittel des Parmesans und den Ziegenkäse unterheben. Mit den frittierten Salbeiblättern und dem restlichen Parmesan servieren.

Schmorhuhn mit Rübchen und Fenchel

Beim Schmoren wird das Geflügelfleisch wunderbar zart. Aus den Knochen können Sie später Brühe kochen.

15 MIN. 2 STD. - 2 STD. 30 MIN.

FÜR 4–6 PERSONEN

- 2 EL Olivenöl
- 1 Hähnchen (etwa 1,5 kg)
- Salz und frisch gemahlener schwarzer Pfeffer
- 6 Schweinsbratwürste, grob zerkleinert
- 1 Fenchelknolle, grob zerkleinert
- 1 Lorbeerblatt
- 2 Zweige Rosmarin
- 250 ml Weißwein
- 250 g weiße Rübchen (Navets), geschält und grob zerkleinert
- 1 l heiße Hühnerbrühe

1 Den Backofen auf 180 °C vorheizen. Die Hälfte des Öls in einem großen backofenfesten Schmortopf erhitzen. Das Huhn salzen und pfeffern, dann mit der Brust nach unten in den Topf geben. Etwa 10 Minuten garen, dann wenden und weitere 10 Minuten garen; herausnehmen.

2 Das restliche Öl im Topf bei starker Hitze heiß werden lassen. Die Würste darin 6–8 Minuten braten, bis die Stücke braun sind. Bei schwächerer Hitze Fenchel, Lorbeer und Rosmarin dazugeben und 5 Minuten mitgaren. Bei starker Hitze den Wein angießen. 1 Minute kochen lassen, dann die Rübchen hinzufügen.

3 Das Hähnchen mit der Brust nach unten in den Topf geben und das Gemüse darum verteilen. Brühe hinzufügen und aufkochen lassen. Den Topf zudecken und für 1½–2 Stunden in den Ofen stellen. Falls die Flüssigkeit zu sehr einkocht, etwas heißes Wasser dazugeben. Das Hähnchen aus dem Topf nehmen. Die Haut abziehen, das Fleisch in Streifen von den Knochen lösen und in den Topf geben. Rosamrin und Lorbeer entfernen. Das Gericht sofort servieren; dazu passt Wirsinggemüse.

Mexikanischer Rindfleischtopf

Dank Chili und Chipotle-Sauce richtig schön scharf.

15 MIN. 2 STD. 30 MIN. TK-TAUGLICH

FÜR 4 PERSONEN

- 700 g Rinderschmorfleisch, in mundgerechte Stücke geschnitten
- 1 EL Chipotle-Sauce oder -Salsa
- 3 EL Olivenöl
- 30 g Sesamsamen, geröstet
- 50 g ungehäutete Mandeln, geröstet
- 1 rote Paprikaschote, grob zerkleinert
- 4 Tomaten, grob zerkleinert
- 2 Weizentortillas, in Stücke gerissen
- 500 ml heiße Gemüsebrühe
- 3 Knoblauchzehen, fein gehackt
- 1 rote Chilischote, entkernt und fein gehackt
- 1 grüne Chilischote, entkernt und fein gehackt
- Salz und frisch gemahlener schwarzer Pfeffer
- Blätter von 1 kleinen Bund Koriandergrün, gehackt
- 1 rote Zwiebel, fein gewürfelt

1 Den Backofen auf 160 °C vorheizen. Das Fleisch in der Sauce wenden. 1 EL Öl In einem backofenfesten Schmortopf erhitzen und das Fleisch darin 5–8 Minuten kräftig anbraten; herausnehmen.

2 Sesam und Mandeln in der Küchenmaschine mahlen. 1 EL Öl im Topf erhitzen. Paprika und Tomaten darin in 2–3 Minuten weich dünsten. Zur Sesammischung geben und alles zu einer Paste verarbeiten. Tortillas und zwei Schöpfkellen Brühe hinzufügen und alles pürieren.

3 Knoblauch und Chilis 1 Minute im restlichen Öl braten. Sauce, restliche Brühe, Salz und Pfeffer dazugeben. Aufkochen und köcheln lassen. Fleisch hinzufügen; zugedeckt 2 Stunden im Ofen garen. Falls nötig, gelegentlich etwas heißes Wasser dazugeben. Das Gericht mit Koriander und Zwiebelwürfeln bestreuen; servieren.

Hähnchen-Döner-Kebab

Diese Version des allseits beliebten Döner-Kebabs ist erfreulich leicht und gesund.

15 MIN. PLUS MARINIERZEIT — 15 MIN.

FÜR 4 PERSONEN

- 1 EL Olivenöl
- 1 TL Cayennepfeffer
- Saft von 1 Zitrone
- 4 Hähnchenbrustfilets, in dünne Streifen geschnitten
- 4 Pittabrote
- 1 Romanasalatherz, in Streifen geschnitten
- 2 Zwiebeln, in Ringe geschnitten
- ¼ Rotkohl, in Streifen gehobelt
- scharfe Chilisauce und Knoblauchmayonnaise (nach Geschmack)
- 1 Tomate, in Scheiben geschnitten
- ¼ Salatgurke, in Scheiben geschnitten
- 4 ganze eingelegte grüne Peperoni

1 Das Öl in einer Schüssel mit dem Cayennepfeffer und einem Viertel des Zitronensafts verrühren. Das Fleisch hineingeben und 1 Stunde im Kühlschrank marinieren.

2 Den Backofengrill vorheizen. Das Fleisch in eine flache ofenfeste Form geben und 10 Minuten grillen, dabei gelegentlich wenden.

3 Die Pittabrote toasten, vom Rand etwas abschneiden, damit Taschen entstehen.

4 Jedes Brot mit 1 Handvoll Salat, Zwiebel und Rotkohl füllen, dann das Fleisch dazugeben. Den restlichen Zitronensaft sowie nach Geschmack Chilisauce und Knoblauchmayonnaise daraufgeben. Die Brote mit Tomaten, Gurken und Peperoni garnieren und sofort servieren

Variante

Hähnchen-Kebabs

Die Marinade aus Olivenöl, Cayennepfeffer und Zitronensaft sowie zusätzlich 1 TL getrocknetem Oregano und 1 zerdrückten Knoblauchzehe anrühren. Das marinierte Hähnchenfleisch abwechselnd mit roten und grünen Paprikastücken auf acht zuvor eingeweichte Holzspieße stecken. 8–10 Minuten grillen, dabei gelegentlich wenden.

Warmer Pilzsalat

Wenn Ihnen Wildpilze zu teuer sind, können Sie für diesen Salat die Hälfte davon durch Champignons ersetzen.

25–30 MIN. — 8–10 MIN.

FÜR 4 PERSONEN

- 400 g gemischte Wildpilze (z. B. Pfifferlinge und Steinpilze)
- 30–50 g Butter
- 2 Schalotten, fein gewürfelt
- Blätter von 1 kleinen Bund Petersilie, gehackt
- 1 kleiner Friséesalat, die Blätter abgelöst
- 75 g Rucola

Für die Vinaigrette

- 2 EL Rotweinessig
- ½ TL Dijonsenf
- Salz und frisch gemahlener schwarzer Pfeffer
- 3 EL Öl
- 3 EL Walnussöl

1 Für die Vinaigrette Essig, Senf, Salz und Pfeffer mit einem Schneebesen verrühren. Nach und nach die Öle darunterschlagen, bis die Vinaigrette emulgiert ist. Die Vinaigrette abschmecken.

2 Die Pilze mit feuchtem Küchenpapier säubern. Die Stielenden abschneiden, holzige Anteile entfernen. Die Pilze in mittelgroße Stücke schneiden.

3 Die Butter in einer Pfanne aufschäumen lassen. Die Schalottenwürfel darin unter gelegentlichem Rühren in 2–3 Minuten glasig dünsten. Pilze, Salz und Pfeffer hinzufügen. Die Pilze unter Rühren 5–7 Minuten braten, bis sie weich sind und die gesamte Flüssigkeit verdampft ist. Die Petersilie unterrühren und die Pilze abschmecken.

4 Die Salatblätter in eine Schüssel geben. Die Vinaigrette noch einmal kurz aufschlagen; die Blätter damit anmachen. Auf vier Teller verteilen und die Pilze aus der Pfanne darauflöffeln. Sofort servieren, bevor die Blätter zusammenfallen und die Pilze kalt werden können.

Makrele mit Knoblauch und Tomaten

Eine frische Makrele fühlt sich fest an. Körper und Augen müssen glänzen. Möglichst am Einkaufstag oder nach höchstens 24-stündiger Aufbewahrung im Kühlschrank essen.

10 MIN. 25 MIN.

FÜR 4 PERSONEN

- 24 Rispen-Cocktailtomaten, samt der Stiele abgeschnitten
- 4 Knoblauchzehen, geschält
- Blätter von 1 Zweig Thymian
- abgeriebene Schale von 1 Bio-Zitrone
- 1 Prise Chiliflocken
- 1-2 EL Olivenöl
- Salz und frisch gemahlener schwarzer Pfeffer
- 4 Makrelenfilets (je etwa 150 g)

1 Den Backofen auf 200 °C vorheizen. Die Tomaten mit Knoblauch und Thymian in eine ofenfeste Form geben. Mit Zitronenschale und Chiliflocken bestreuen, mit Öl beträufeln, salzen und pfeffern. Im heißen Ofen etwa 10 Minuten rösten, bis die Tomaten weich und runzelig werden.

2 Die Form aus dem Ofen nehmen. Die Makrelenfilets auf die Tomaten setzen. Die Form mit Alufolie verschließen und für 10–15 Minuten in den Ofen geben, bis der Fisch durchgegart ist. Fisch und Tomaten sofort mit Salat und Brot servieren.

Variante

Makrele mit Zucchini, Tomaten und Basilikum

Wie beschrieben zubereiten, aber mit den Tomaten 2 große in Scheiben geschnittene Zucchini in die Form geben und statt Thymian 1 kleine Handvoll gehacktes Basilikum hinzufügen. Den Fisch vor dem Garen mit etwas Olivenöl beträufeln und zum Servieren mit zerzupften Basilikumblättern garnieren.

Risotto mit Miesmuscheln

Ein wunderbar üppiges Risotto. Fenchel verleiht dem cremigen Reis eine feine Anisnote.

20 MIN. 45-55 MIN.

FÜR 4-6 PERSONEN

- 1 EL Olivenöl
- 25 g Butter
- 1 Zwiebel, fein gewürfelt
- Salz und frisch gemahlener schwarzer Pfeffer
- 3 Knoblauchzehen, fein gehackt
- 1 Prise Chiliflocken
- 1 Fenchelknolle, fein zerkleinert
- 300 g Risottoreis (z. B. Arborio- oder Carnaroli-Reis)
- 125 ml Weißwein
- 1 l heiße Gemüsebrühe
- 1 kg Miesmuscheln, gesäubert und entbartet (Exemplare, die sich beim Daraufklopfen nicht schließen, wegwerfen; siehe S. 364)
- 1 Bund Petersilie, fein gehackt
- einige Stängel Dill, fein gehackt
- Saft von 1 Zitrone (nach Belieben)

1 Das Öl mit der Butter in einem Topf bei mittlerer Hitze heiß werden lassen. Die Zwiebelwürfel darin in 3–4 Minuten glasig dünsten. Salzen und pfeffern, dann Knoblauch und Chili unterrühren und 1 Minute mitdünsten.

2 Den Fenchel dazugeben und 5 Minuten mitdünsten, bis er weich ist. Den Reis untermischen. Bei stärkerer Hitze den Wein angießen und 1–2 Minuten köcheln lassen, bis der Reis ihn aufgenommen hat. Die Brühe in einem anderen Topf köcheln lassen. 1 Schöpfkelle Brühe zum Reis geben und rühren, bis der Reis die Flüssigkeit aufgenommen hat. So 30–40 Minuten weiterverfahren, bis die Reiskörner bissfest sind und das Risotto cremig ist. Eventuell benötigen Sie weniger oder mehr Brühe.

3 Die Miesmuscheln unterrühren. Den Topf für einige Minuten schließen, bis die Muscheln sich geöffnet haben (ungeöffnete Exemplare wegwerfen). Petersilie, Dill und eventuell einen Spritzer Zitronensaft unterrühren. Das Risotto mit Pfeffer abschmecken und sofort servieren.

Paprika-Auberginen mit Reis

Auberginen und Paprikapulver passen hervorragend zusammen: Die Aubergine nimmt den Geschmack dieses intensiven Gewürzes gut auf. Mit Kichererbsen ist das Gericht sättigend.

20 MIN. 45-55 MIN.

FÜR 4-6 PERSONEN

- 1 Dose Kichererbsen (400 g)
- 3-4 EL Olivenöl
- 2 Auberginen, in mundgerechte Stücke geschnitten
- 1 EL Paprikapulver
- 1 Zwiebel, fein gewürfelt
- 1 TL getrocknete Minze
- Salz und frisch gemahlener schwarzer Pfeffer
- 3 Knoblauchzehen, fein gehackt
- 2 grüne Chilischoten, entkernt und fein gehackt
- abgeriebene Schale von 1 Bio-Zitrone und Saft von 2 Zitronen
- 350 g parboiled Basmatireis
- 1 l heiße Gemüsebrühe
- 1 kleines Bund Koriandergrün, grob gehackt
- 1 kleines Bund Petersilie, grob gehackt

1 Kichererbsen in einem Sieb abspülen; abtropfen lassen. Die Hälfte des Öls in einem Topf erhitzen. Die Auberginen im Paprikapulver wenden, dann 6–8 Minuten braten (falls nötig, mehr Öl dazugeben); herausnehmen. Das restliche Öl bei schwacher Hitze heiß werden lassen. Die Zwiebel mit Minze, Salz und Pfeffer darin 3–4 Minuten dünsten. Knoblauch, Chilis und Zitronenschale unterrühren. 2 Minuten mitdünsten.

2 Den Reis einrühren. Zitronensaft, Kichererbsen und Auberginen, Brühe, Salz und Pfeffer dazugeben. Das Ganze bei halb aufgelegtem Deckel unter gelegentlichem Rühren 30–40 Minuten garen; falls erforderlich, etwas heißes Wasser angießen. Die Kräuter untermischen. Mit Salat und Lammkoteletts servieren.

Jetzt am besten **Makrele**

Der relativ preiswerte und vielseitige Fisch liefert herzgesunde Omega-3-Fettsäuren. Gefangen wird er vom späten Sommer bis in den Winter, doch im Herbst schmeckt Makrele am besten. Alle Arten haben saftiges, braungraues Fleisch mit intensivem Geschmack. Makrelen können im Ganzen gegrillt und gebraten, aber auch gefüllt und filetiert werden. Gut dazu passen säuerliche Früchte (z. B. Rhabarber, Zitrusfrüchte, Cranberrys) sowie Senf, Meerrettich, Chili und Tomaten.

Atlantische Makrele Dieser wirtschaftlich relevante Fisch ist der nördlichste Vertreter der Makrelengruppe. Er lebt im Nordatlanitik, teilweise auch im Mittelmeer, und wird bis zu 60 cm lang. Eignet sich hervorragend zum Grillen und zum Garen im Ofen.

Die Atlantische Makrele erkennt man an den »Zebrastreifen« am Rücken.

Die Haut soll schimmern, glänzen und glitschig sein.

Kiemen entfernen

Entfernen Sie die Kiemen so bald wie möglich – sie enthalten Bakterien, die den Verderb des Fisches beschleunigen. Gräten, Kopf und Schwanz können leicht nach dem Garen entfernt werden.

1 Die Kiemendeckel mit den Fingern öffnen; mit der Spitze eines Filetiermessers den Hals durchschneiden. Durch Anheben des Kiemendeckels lässt sich leichter ein glatter Schnitt anbringen.

2 Kiemen mit Daumen und Zeigefinger herausziehen. Falls das nicht leicht geht, die Kiemen dort, wo sie mit dem Kopf verbunden sind, durchschneiden und dann herausziehen.

Durch den Bauch ausnehmen

Die Innereien (Eingeweide) eines Fisches müssen rasch entfernt werden, da sie schnell zu verderben beginnen. Anschließend lässt sich die dunkelrote Niere, die als Schlauch dicht an der Mittelgräte nah dem Kopf sitzt, mit einem Messerrücken abkratzen. Den Fisch nun gründlich ausspülen, um sämtliche Blutreste zu entfernen.

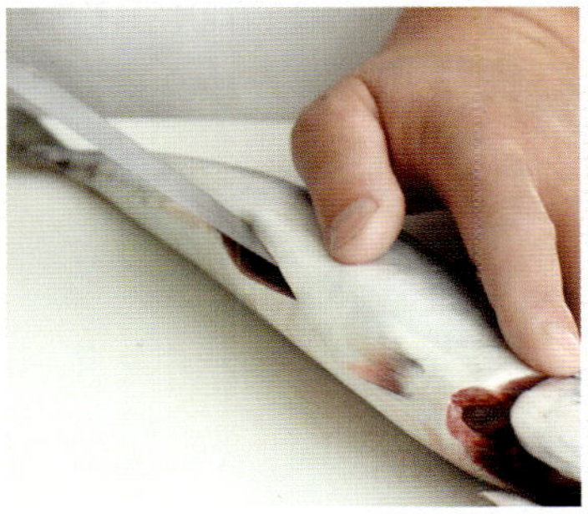

1 Mit einem Filetiermesser in das Loch auf der Bauchseite (After) stechen und den Bauch mit einem Schnitt zum Kopf hin aufschlitzen.

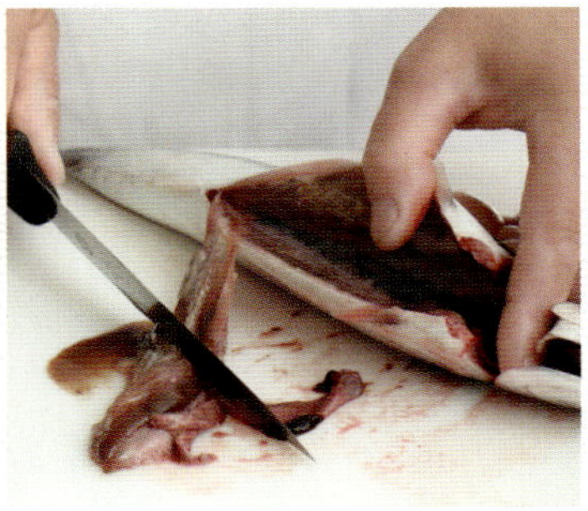

2 Mit dem Messerrücken die dunkelrote Niere von der Mittelgräte lösen, dann mit den Eingeweiden herauskratzen. Fisch ausspülen und innen säubern.

Wissenswert

Im Angebot

Atlantische Makrele, frisch und geräuchert, als Konserve und TK-Ware, getrocknet, gesalzen.

Einkauf Auf Fisch aus nachhaltigem Fang achten, der noch die Totenstarre aufweist (steif ist).

Aufbewahren Gut verpackt im kältesten Bereich des Kühlschranks lagern. Innerhalb von 24 Stunden verbrauchen.

Zubereiten Grillen, im Ofen garen; roh für Sushi und Sashimi.

Für den Vorrat Räuchern; einfrieren.

Rezepte

Gegrillte Makrelen mit Süßkartoffeln und Roter Bete Seite 312

Scharfe Makrelen mit Kartoffeln und Limetten Seite 302

Makrele mit Knoblauch und Tomaten Seite 300

Scharfe Makrelen mit Kartoffeln und Limetten

Lassen Sie den Fischhändler den Fisch ausnehmen, falls Sie es nicht selbst tun wollen. Garprobe: Den Fisch an der dicksten Stelle einschneiden; das Fleisch soll nicht mehr glasig sein.

10 MIN. 30 MIN.

FÜR 4 PERSONEN

- 4 größere oder 8 kleinere küchenfertige Makrelen
- 1 ½ EL Olivenöl
- 3-4 TL Harissa (scharfe nordafrikanische Würzpaste)
- 2 Limetten, geviertelt
- 1 kg kleine neue Kartoffeln, große Exemplare halbiert
- Salz
- gehacktes Koriandergrün zum Bestreuen

1 Den Backofen auf 200 °C vorheizen. Die Fische in eine ofenfeste Form legen. Die Hälfte des Öls mit der Harissapaste verrühren. Die Fische außen und innen mit der Mischung bestreichen. Die Limettenviertel in die Form geben. Die Kartoffeln mit dem restlichen Öl mischen; salzen und ebenfalls in die Form geben.

2 Alles im heißen Ofen 20–30 Minuten garen, bis die Kartoffeln weich sind – dann sind auch die Fische gar. Fische und Kartoffeln mit Koriandergrün bestreuen und servieren. Dazu passt grüner Salat oder Tomatensalat.

Variante

Ofenmakrelen mit Möhren, Kichererbsen und Harissa

500 g Bundmöhren putzen und statt der Kartoffeln verwenden. 3 Minuten in kochendes Wasser geben, anschließend abgießen und in der Form mit 2 EL Olivenöl mischen. Mit Alufolie bedecken und 45 Minuten garen. Kichererbsen aus einer 400-g-Dose dazugeben; alles mit 1 EL gehacktem Thymian und 1 EL dunklen Senfkörnern bestreuen. Fische darauflegen und mit der Harissamischung einreiben. Limetten dazugeben. Weiterverfahren, wie im Rezept beschrieben.

Geräucherte Miesmuscheln in Tomatensauce

Toll als Vorspeise oder als Sauce für Pasta. Beim Räuchern die Abzugshaube einschalten und ein Fenster öffnen.

20 MIN. 25 MIN.

FÜR 4 PERSONEN

- 1 EL Buchen- oder Erlen-Räucherchips
- 750 g Miesmuscheln, gebürstet und entbartet (Exemplare, die sich beim Daraufklopfen nicht schließen, wegwerfen; siehe S. 364)
- 1-2 EL Olivenöl
- 2 große Schalotten, fein gewürfelt
- 2 Knoblauchzehen, fein gewürfelt
- 1 Dose gehackte oder passierte Tomaten (400 g)
- 6 reife Tomaten (etwa 500 g), gehäutet (siehe S. 197), entkernt und in mundgerechte Stücke geschnitten
- Salz und frisch gemahlener schwarzer Pfeffer
- gehackte Petersilie zum Bestreuen

1 Die Räucherchips so in Alufolie wickeln, dass ein flaches Päckchen entsteht. Die Folie oben mehrmals einstechen, damit der Rauch entweichen kann. Das Päckchen in den Wok legen und das Gitter einsetzen. Die Muscheln gleichmäßig auf dem Gitter verteilen, fest den Deckel auflegen und den Wok mit einem Streifen Alufolie rundherum versiegeln. Falls die Muscheln nicht zusammen auf das Gitter passen, portionsweise räuchern.

2 Die Muscheln bei starker Hitze 5 Minuten räuchern, bis sie sich geöffnet haben (ungeöffnete Exemplare wegwerfen). Das Päckchen aus dem Wok nehmen.

3 Den Wok auswaschen und abtrocknen. Bei schwacher Hitze das Öl hineingeben und die Schalotten darin mit dem Knoblauch in etwa 5 Minuten glasig dünsten. Die Muscheln dazugeben. 2–3 Minuten rühren und wenden. Die Dosentomaten dazugeben und das Ganze 5–10 Minuten köcheln lassen. Die frischen Tomaten und, nach Geschmack, Muschelsud aus dem Wok hinzufügen. Alles mischen, abschmecken und mit gehackter Petersilie bestreuen.

Rotbarben mit orientalischer Würze

Ein wenig Sumach, ein purpurfarbenes Gewürz, bereichert dieses Gericht mit seinem herb-zitronigen Aroma.

20 MIN. 1 STD. 20 MIN.S

FÜR 4-6 PERSONEN

- 1 EL Olivenöl
- 6 Schalotten, fein gewürfelt
- 1 Fenchelknolle, fein gewürfelt
- 1 Möhre, fein gewürfelt
- ½ TL gemahlener Kreuzkümmel
- 1 TL Sumach
- 1 l heiße Gemüsebrühe
- 4 Eiertomaten, grob zerkleinert
- Salz und frisch gemahlener schwarzer Pfeffer
- 8 schwarze Oliven (z. B. Kalamata-Oliven), entsteint
- etwa 1,5 kg Rotbarben, filetiert, die Filets in Stücke geschnitten
- 1 Handvoll Koriandergrün, fein gehackt
- 1 Handvoll Minze, gehackt

1 Das Öl in einem großen Schmortopf oder einer Tajine erhitzen. Schalotten, Fenchel und Möhre hineingeben und in etwa 5 Minuten weich dünsten. Kreuzkümmel und Sumach unterrühren und 1 Minute mitdünsten. Brühe, Tomaten, Salz und Pfeffer dazugeben. Aufkochen lassen.

2 Oliven hinzufügen; alles bei halb aufgelegtem Deckel etwa 1 Stunde bei schwacher Hitze köcheln lassen; falls nötig, etwas heißes Wasser untermischen. Fisch auf die Tomatenmischung legen und zugedeckt in 10 Minuten gar ziehen lassen.

3 Den Großteil von Koriandergrün und Minze unterrühren. Das Gericht abschmecken, mit restlichen Kräutern bestreuen. Mit Couscous servieren.

Makrelenfilets im Haferflockenmantel

Ein traditionelles Rezept aus Schottland. Ganz authentisch (und lecker) wird es, wenn Sie Schmalz statt Öl verwenden.

15-20 MIN. 8-12 MIN.

FÜR 6 PERSONEN

- 2 Eier
- 30 g Mehl, plus 2 EL
- 175 g Haferflocken
- Salz und frisch gemahlener schwarzer Pfeffer
- 6 große Makrelenfilets
- 60 g Butter
- Saft von ½ Zitrone
- 1 EL Dijonsenf (oder nach Geschmack)
- Zitronenschnitze und Brunnenkresse zum Anrichten

1 Die Eier in einem tiefen Teller verquirlen. 30 g Mehl in einen zweiten tiefen Teller sieben; Haferflocken in einem dritten Teller mit Salz und Pfeffer mischen. Fischfilets im Mehl wenden, durch das Ei ziehen und in den gewürzten Haferflocken wälzen. Auf einen Teller legen.

2 Für die Sauce 20 g Butter in einem Topf zerlassen. 2 EL Mehl darin anschwitzen. Den Topf vom Herd nehmen. 300 ml kochend heißes Wasser hineingießen und die Mischung mit einem Schneebesen schlagen, bis sie andickt. Wieder auf den Herd stellen und das Ganze noch 1 Minute schlagen.Erneut vom Herd nehmen und die restliche Butter unter die Sauce schlagen. Die Sauce mit Zitronensaft und Senf würzen, mit Salz und Pfeffer abschmecken.

3 Ein Backblech mit Backpapier belegen. Das Öl in einer großen Pfanne erhitzen. Die Fischfilets darin portionsweise auf jeder Seite in jeweils 2-3 Minuten knusprig und goldgelb braten. Auf das Backblech heben und warm halten, bis alle Filets gebraten sind. Falls nötig, beim Braten mehr Öl in die Pfanne geben. Mit Zitrone, Brunnenkresse und der Sauce servieren.

Variante

Heringe in Haferflocken mit süßer Senfsauce

Das Gericht wie beschrieben zubereiten, statt der Makrelenfilets jedoch 6 große, sorgfältig entgrätete Heringsfilets verwenden und die Haferflocken durch grobes Hafermehl (Bioladen) ersetzen. Für die Senfsauce mittelscharfen Senf anstelle von Dijonsenf nehmen. Die Sauce mit 1 EL braunem Zucker und Weißweinessig abschmecken.

Seeteufeltopf mit Weißwein

Weißwein bringt hier den feinen Seeteufelgeschmack gut zur Geltung. Falls Sie kleine Wiesen- oder Anischampignons bekommen können, sollten Sie diese für das Gericht nehmen.

45-50 MIN. 25-30 MIN.

FÜR 6 PERSONEN

- 75 g Butter
- 2 Schalotten, gewürfelt
- 2 Knoblauchzehen, fein gehackt
- 2 Stangen Lauch, schräg in Scheiben geschnitten
- 500 g kleine Zucchini, in mundgerechte Stücke geschnitten
- Salz und frisch gemahlener Pfeffer
- 250 g Champignons, geputzt
- Blätter von 3-5 Zweigen Thymian
- 1 Lorbeerblatt
- 250 ml Weißwein
- 500 ml heißer Fischfond
- 750 g Seeteufelfilet, gehäutet und in 1 cm dicke Scheiben geschnitten
- 3 EL Mehl
- 1 kleines Bund Petersilie, gehackt

1 In einem großen Topf 30 g Butter zerlassen. Schalotten, Knoblauch, Lauch und Zucchini darin in 3-5 Minuten weich dünsten. Salzen und pfeffern, dann Pilze, Thymian, Lorbeer, Wein und Fischfond dazugeben. Zudecken und 25-30 Minuten schwach köcheln lassen.

2 Den Fisch hinzufügen und behutsam untermischen. Alles zugedeckt 3-5 Minuten köcheln lassen, bis der Fisch nicht mehr glasig ist.

3 Die restliche Butter mit einer Gabel mit dem Mehl verkneten. In den Topf geben und die Sauce 2 Minuten köcheln lassen. Das Lorbeerblatt entfernen. Die Hälfte der Petersilie untermischen. Das Gericht abschmecken, mit der restlichen Petersilie bestreuen und servieren.

Variante

Seeteufel in Rotweinsauce

Die Schalotten 1 Minute in Butter dünsten. 500 ml Rotwein dazugießen und auf die Hälfte einkochen lassen. 250 g Perlzwiebeln schälen. In einem Topf 30 g Butter zerlassen. Die Zwiebeln darin in 5-8 Minuten goldbraun braten. Die Pilze dazugeben. Mitbraten, bis die Flüssigkeit verdampft ist. Fond und Fisch zum Wein geben und alles zugedeckt 3-5 Minuten köcheln lassen. Zwiebeln und Pilze untermischen. Die Sauce wie beschrieben andicken.

Melanzane alla parmigiana

Ein italienischer Klassiker, für den Auberginen, Tomaten und Parmesan geschichtet und im Ofen gegart werden.

20 MIN. 20 MIN. TK-TAUGLICH

FÜR 4 PERSONEN

- 3 EL Olivenöl
- 4 Knoblauchzehen, in dünne Scheiben geschnitten
- 2 Dosen gehackte Tomaten (je 400 g)
- 1 EL Tomatenmark
- 1 TL getrockneter Oregano
- 1 TL Thymianblättchen
- Salz und frisch gemahlener schwarzer Pfeffer
- 2 Auberginen, in 1 cm dicke Scheiben geschnitten
- 150 g Parmesan, gerieben
- 200 g Mozzarella, in Stücke gezupft

1 Den Backofen auf 180 °C vorheizen. In einem großen Topf 2 EL Öl bei schwacher Hitze heiß werden lassen. Den Knoblauch darin 30 Sekunden dünsten. Tomaten, Tomatenmark, Oregano und Thymian dazugeben. Aufkochen lassen. Salzen, pfeffern und vom Herd nehmen.

2 Die Auberginenscheiben in einer Schüssel mit dem restlichen Öl bestreichen. Eine beschichtete Pfanne erhitzen. Die Auberginenscheiben darin portionsweise auf jeder Seite in 3 Minuten goldbraun braten. Mit einem Schaumlöffel aus der Pfanne heben und auf einen Teller geben.

3 In eine Auflaufform 1 cm hoch Tomatensauce füllen. Eine Schicht Auberginenscheiben darauflegen und mit Parmesan bestreuen. Weiterschichten, bis die Zutaten aufgebraucht sind. Mit einer 1 cm dicken Schicht Tomatensauce abschließen, diese mit Mozzarella belegen. Im heißen Ofen 25–30 Minuten garen, bis die Oberfläche gebräunt ist. Dazu passt grüner Salat.

Gefüllte Lammkoteletts mit Paprika

Eine gute Gelegenheit, die Paprikaschwemme auszunutzen – in dieser Jahreszeit ist sie ja zu erwarten. Ob die Schoten rot, grün oder gelb sind, ist unwichtig. Auf die Frische kommt es an.

15 MIN. 30 MIN.

FÜR 4 PERSONEN

- 4 große Lammkoteletts (aus der Keule) oder 8 kleine Lammnackenkoteletts
- 2 rote Paprikaschoten, gewürfelt
- 2 grüne Paprikaschoten, gewürfelt
- 1 EL Olivenöl
- Salz und frisch gemahlener schwarzer Pfeffer
- 1-2 EL Butter
- 1 Zwiebel, gewürfelt
- 125 g braune Champignons (Egerlinge), gehackt
- 1 kleines Bund Petersilie, gehackt

1 Den Backofen auf 200 °C vorheizen. In jedes Kotelett seitlich eine Tasche schneiden. Koteletts in eine ofenfeste Form legen. Paprikawürfel mit Öl, Salz und Pfeffer mischen. Zu den Koteletts geben.

2 Die Butter in einem Topf bei schwacher Hitze heiß werden lassen. Die Zwiebelwürfel darin in etwa 5 Minuten glasig dünsten. Die gehackten Pilze hinzufügen und etwa 5 Minuten mitdünsten, bis sie weich sind. Die Petersilie unterrühren. Die Mischung salzen und pfeffern. Die Koteletts damit füllen, übrig gebliebene Mischung darauf verteilen.

3 Koteletts und Paprika im heißen Ofen 20–30 Minuten garen; länger, wenn das Fleisch durchgegart sein soll. Dazu passen geröstete Kartoffelwürfel.

Ratatouille

Ein südfranzösischer Gemüsetopf mit Auberginen, Zucchini und Tomaten – perfekt für Vegetarier.

15 MIN. 30 MIN.

FÜR 4 PERSONEN

- 1 EL Olivenöl
- 1 Zwiebel, fein gewürfelt
- Salz
- 1 Lorbeerblatt
- 2 Knoblauchzehen, in dünne Scheiben geschnitten
- 1–2 TL getrockneter Oregano
- 1 Prise Fenchelsamen
- 1 Aubergine, grob zerkleinert
- 150 ml Rotwein
- 150 ml Tomatensaft
- 2 kleine Zucchini, grob zerkleinert
- 3 Tomaten, grob zerkleinert
- 1 große Handvoll junge Mangoldblätter
- gehackte Petersilie zum Garnieren

1 Das Öl in einem großen Topf erhitzen. Die Zwiebelwürfel darin mit 1 Prise Salz und dem Lorbeerblatt in 3–4 Minuten glasig dünsten.

2 Knoblauch, Oregano, Fenchel, Aubergine und Wein hinzufügen und 1 Minute köcheln lassen, dann den Tomatensaft dazugießen. Alles etwa 10 Minuten köcheln lassen, bis die Aubergine weich ist.

3 Zucchini und Tomaten untermischen und das Gemüse weitere 5–10 Minuten garen. Mangold unterrühren und in 1–2 Minuten zusammenfallen lassen. Die Ratatouille abschmecken und mit gehackter Petersilie garnieren. Dazu passt Reis oder frisches Brot.

Geschmorter Fasan mit Roter Bete und Birnen

Hier trifft der Wildgeschmack des Fasans auf die Erdigkeit der Roten Bete und die milde Süße der Birnen. Beim Schmoren wird das Fleisch wunderbar zart.

25 MIN. 1 STD.

FÜR 4 PERSONEN

- 15 g Butter
- 12 Perlzwiebeln, geschält
- 75 g Pancetta oder anderer durchwachsener Speck, gewürfelt
- 2 nicht ganz reife Birnen, geviertelt und entkernt
- 1 Fasanenhahn, geviertelt (oder 2 kleine Fasanenhennen, halbiert)
- 4 Rote Beten, gegart, geschält (siehe S. 255) und in Stücke geschnitten
- 300 ml Apfelwein
- 300 ml Geflügelfond
- Salz und frisch gemahlener schwarzer Pfeffer
- 1 gute Prise Zucker
- 1 Lorbeerblatt
- gehackte Petersilie zum Garnieren

1 Den Backofen auf 180 °C vorheizen. Die Butter in einem großen backofenfesten Schmortopf erhitzen. Zwiebeln, Speck und Birnenviertel darin unter Rühren in etwa 5 Minuten hellbraun braten. Mit einem Schaumlöffel herausheben.

2 Den Fasan im Topf rundherum anbraten; herausnehmen. Zwiebeln, Speck und Birnen wieder in den Topf geben. Die Fasanenviertel mit den Fleischseiten nach unten darauflegen. Die Rote Bete am Rand verteilen. Apfelwein und Fond mischen und in den Topf geben. Aufkochen lassen, kräftig mit Salz und Pfeffer würzen und das Lorbeerblatt dazustecken. Den Topf mit dem Deckel verschließen und für 50–60 Minuten in den heißen Ofen stellen.

3 Lorbeerblatt entfernen. Fasan, Gemüse und Birnen mit einem Schaumlöffel herausheben; warm halten. Die Flüssigkeit einige Minuten kochen lassen, bis sie etwas eingedickt ist. Die Sauce abschmecken. Fasan und Gemüse auf vorgewärmten Tellern anrichten, mit der Sauce begießen und mit Petersilie bestreuen. Heiß servieren. Dazu passen Pellkartoffeln und grüne Bohnen.

Rinderfilet mit Roter Bete und Süßkartoffeln

Rote Bete ist ein tolles Gemüse, das man auf vielerlei Art zubereiten kann. Beim Schälen sollten Sie Küchenhandschuhe tragen, damit der Saft die Hände nicht verfärbt.

15 MIN. 1 STD.

FÜR 4 PERSONEN

- 1 kg Rinderfilet
- 1–2 EL geschroteter schwarzer Pfeffer
- 2–3 EL Olivenöl
- 500 g Rote Bete, gegart und geschält (siehe S. 255)
- 1 EL Balsamico-Essig
- 6 Süßkartoffeln, geschält und geviertelt
- Salz
- 1 Handvoll Thymianzweige

1 Den Backofen auf 190 °C vorheizen. Das Fleisch in dem geschroteten Pfeffer wälzen. 1 EL Öl in eine ofenfeste Form geben und bei starker Hitze heiß werden lassen. Das Fleisch darin in 5–6 Minuten rundherum kräftig anbraten.

2 Rote Bete mit dem Balsamico mischen; in die Form geben. Süßkartoffeln mit dem restlichen Öl mischen; ebenfalls in die Form geben. Das Ganze salzen und mit dem Thymian bestreuen. Im heißen Ofen garen – das Fleisch ist nach 20 Minuten innen noch roh, nach 40 Minuten medium und nach 50 Minuten durchgegart.

3 Das Fleisch aus der Form heben und an einem warmen Platz ruhen lassen. Falls die Süßkartoffeln noch nicht gar sind, die Form wieder in den Ofen stellen, bis sie goldbraun sind und an den Kanten dunkel werden. Das Fleisch in Scheiben schneiden. Mit Roter Bete und Süßkartoffeln servieren. Als Extrawürze am besten Tafelmeerrettich dazu reichen.

Fischpfanne mit grünen Bohnen und Artischocken

Verwenden Sie für dieses Gericht möglichst Schellfisch- oder Kabeljaufilet. Es zerfällt beim Garen nicht, und der kräftige Geschmack wird von den restlichen Zutaten nicht übertönt.

15 MIN. 30 MIN.

FÜR 4-6 PERSONEN

- 1 EL Olivenöl, plus mehr nach Bedarf
- 1 Dose Artischockenherzen (280 g)
- 1 Zwiebel, fein gewürfelt
- Salz
- 1 Prise gemahlene Kurkuma
- 2 Knoblauchzehen, fein gewürfelt
- 200 g grüne Bohnen
- 4 Tomaten, gehäutet, entkernt und gewürfelt
- 1 Prise Paprikapulver
- 400 g Basmatireis
- 1,5 l heiße Geflügelbrühe
- 700 g weißfleischiges Fischfilet, gehäutet und in Stücke geschnitten (z. B. Schellfisch oder Kabeljau aus nachhaltigem Fang)
- 1–2 EL gehackter Dill oder gehackte Petersilie
- Saft von 1 Zitrone
- frisch gemahlener schwarzer Pfeffer

1 Das Öl in einer großen Pfanne erhitzen. Artischocken abtropfen lassen. Die Zwiebelwürfel im Öl mit 1 Prise Salz in etwa 5 Minuten glasig dünsten. Kurkuma unterrühren. Knoblauch, Bohnen und Artischocken hinzufügen. Alles etwa 5 Minuten dünsten, bis die Bohnen weich werden; falls nötig, mehr Öl dazugeben.

2 Tomaten und Paprikapulver hinzufügen; 5 Minuten mitgaren. Den Reis untermischen. Die Hälfte der heißen Brühe dazugießen; aufkochen und alles 15 Minuten köcheln lassen. Die restliche Brühe und den Fisch untermischen und alles bei schwacher Hitze zugedeckt weitere 10 Minuten garen, bis Fisch und Reis gar sind.

3 Kurz vor dem Servieren Dill bzw. Petersilie sowie den Zitronensaft unter die Reispfanne mischen. Mit Salz und Pfeffer abschmecken.

Artischockenrisotto

Ein ideales Essen für Vegetarier. Nicht-Vegetarier können für eine pikant-salzige Note noch etwas durchwachsenen Speck unterrühren.

20 MIN. 45-50 MIN.

FÜR 4 PERSONEN

- 1 EL Olivenöl
- 50 g Butter
- 1 Zwiebel, fein gewürfelt
- Salz und frisch gemahlener schwarzer Pfeffer
- 3 Knoblauchzehen, fein gehackt
- 300 g Risottoreis (z. B. Arborio oder Carnaroli)
- 250 ml Weißwein
- etwa 1 l heiße Gemüse- oder Hühnerbrühe
- 6 gegarte Artischockenherzen (siehe S. 309), halbiert
- 25 g Parmesan, gerieben, plus mehr zum Servieren

1 Das Öl mit der Hälfte der Butter in einem großen Topf bei mittlerer Hitze heiß werden lassen. Die Zwiebelwürfel darin in 3–4 Minuten glasig dünsten; salzen und pfeffern. Knoblauch etwa 1 Minute mitdünsten.

2 Den Reis unterrühren, bis er von Fett überzogen ist. Den Wein angießen und 1–2 Minuten kochen lassen, bis die Reiskörner ihn aufgenommen haben. In einem zweiten Topf die Brühe köcheln lassen. Diese schöpfkellenweise zum Reis geben und rühren, bis die Flüssigkeit aufgenommen wurde. Möglicherweise brauchen Sie mehr oder weniger Brühe.

3 Etwa 10 Minuten vor Ablauf der Garzeit die Artischockenherzen unterheben. Die restliche Butter in Flöckchen auf den Reis setzen, dann mit dem Parmesan unterrühren. Das Risotto abschmecken und mit geriebenem Parmesan servieren. Dazu passt ein leicht angemachter Rucola-Tomaten-Salat.

Lammfleischtopf mit Auberginen

Auberginen und Lamm – eine klassische Kombination aus dem Orient. Paprikapulver sorgt für ein feines Raucharoma.

15 MIN. 1 STD. 45 MIN.

FÜR 4 PERSONEN

- 2 EL Olivenöl
- 1 große Aubergine, gewürfelt
- 1 TL geräuchertes Paprikapulver
- 500 g Lammnacken mit Knochen, in große Stücke gehackt
- 1 kleine Zwiebel, grob gewürfelt
- 150 g Chorizo, gewürfelt
- 1 TL Sherry-Essig
- 2 Knoblauchzehen, fein gehackt
- 1 Prise gemahlener Kreuzkümmel
- 1 Dose Kichererbsen (400 g)
- Blätter von einigen Zweigen Thymian
- 500 ml heiße Gemüsebrühe

1 In einem großen Schmortopf 1 EL Öl bei mittlerer Hitze heiß werden lassen. Die Auberginenwürfel mit dem Paprikapulver hineingeben und alles gut mischen. Die Auberginenwürfel 6–8 Minuten braten, bis sie Farbe annehmen; falls nötig, mehr Öl dazugeben. Mit einem Schaumlöffel herausheben und beiseitestellen.

2 Etwas Öl in den Topf geben und das Fleisch darin in 4–6 Minuten rundherum anbraten. Zwiebel und Chorizo hinzufügen und 2 Minuten mitbraten; falls nötig, mehr Öl dazugeben. Den Essig darüberträufeln und in etwa 2 Minuten verdampfen lassen. Den Bratsatz vom Topfboden schaben; Knoblauch und Kreuzkümmel in den Topf geben.

3 Die Kichererbsen in ein Sieb schütten, abspülen und gut abtropfen lassen. Mit Thymian und Brühe in den Topf geben. Das Ganze aufkochen und bei halb aufgelegtem Deckel 1 Stunde köcheln lassen; falls nötig, etwas heißes Wasser untermischen. Die Auberginenwürfel hinzufügen und 30 Minuten mitgaren. Den Lammfleischtopf mit Couscous servieren.

Rote Bandnudeln mit Artischocken

Die geschmacksintensive Tomaten-Pasta lässt sich im Voraus zubereiten und trocknen. Locker verpackt kann sie im Kühlschrank bis zu 48 Stunden gelagert werden. Die Walnüsse in der Sauce ergänzen die Artischocken perfekt.

50-60 MIN. PLUS TROCKENZEIT **3-5 MIN.**

FÜR 4-6 PERSONEN

- 5 EL Olivenöl
- 2 Schalotten, fein gewürfelt
- 4 Knoblauchzehen, fein gehackt
- 6 große Artischockenherzen, gegart (siehe S. 309), in dicke Scheiben geschnitten
- 3 EL Weißwein
- Salz und frisch gemahlener schwarzer Pfeffer
- Blätter von 1 kleinen Bund Petersilie, gehackt
- 50 g Walnusskerne, grob gehackt
- 30 g Parmesan, gerieben

Für die Bandnudeln

- 300 g Mehl, plus mehr zum Arbeiten
- 3 Eier
- 1 EL Öl
- 2½ EL Tomatenmark
- Salz

1 Für die Nudeln das Mehl auf eine Arbeitsfläche sieben. In die Mitte eine Mulde drücken. Eier, Öl, Tomatenmark und 1 TL Salz hineingeben. Nach und nach mit dem Mehl zu einem festen Teig verkneten. Den Teig zu einer Kugel formen und 5–10 Minuten weiterkneten, bis er elastisch ist.

2 Den Teig in drei oder vier Stücke teilen und bis zur zweitdünnsten Stufe durch die Nudelmaschine führen. Die Streifen mit dem entsprechenden Schneidaufsatz in möglichst breite Bandnudeln schneiden. Diese zu Nestern zusammenfassen; 1–2 Stunden auf einem bemehlten Geschirrhandtuch trocknen lassen.

3 Das Öl in einem Topf bei schwacher Hitze heiß werden lassen. Schalotten und Knoblauch darin 1–2 Minuten dünsten. Artischocken und Wein dazugeben und 2–3 Minuten mitgaren. Mit Salz und Pfeffer abschmecken – vorsichtig rühren, damit die Artischockenböden ganz bleiben.

4 Gleichzeitig reichlich Wasser aufkochen lassen. 1 EL Salz hineingeben. Die Nudeln 2–3 Minuten im köchelnden Wasser bissfest garen, dabei rühren, damit sie nicht zusammenkleben. Abgießen, zur Artischockenmischung geben und alles mischen, bis die Nudeln heiß und von Öl überzogen sind.

5 Das Gericht in eine vorgewärmte Schüssel füllen und gleichmäßig mit Petersilie, Nüssen und dem Großteil des Parmesans bestreuen. Den restlichen Käse dazu reichen.

Jetzt am besten **Artischocken**

Artischocken ähneln verschlossenen Blüten und haben einen feinherben bis zartbitteren Geschmack. Angeboten werden die Distelgewächse vom Frühsommer an, doch im Herbst haben sie ihre Hauptsaison. Gut schmecken sie einfach nur mit zerlassener Butter oder einer Vinaigrette serviert, aber auch gefüllt. Artischockenherzen passen als Zutat z. B. in Pastasaucen, Quiches oder Salate. Pancetta, Sardellen, Tomaten, Parmesan und Weißwein sind gute Partner.

Die Größe der Blütenköpfe variiert bei Artischocken von winzig bis riesengroß. Gemüseartischocken benötigen zum Wachsen viel Platz und Wasser. Sie werden in ganz Europa, in Afrika und Nordamerika (dort hauptsächlich an der Küste Kaliforniens) angebaut.

Kleine dunkelviolette Artischocken
Sie sind voll ausgereift, werden jedoch vom unteren Teil der Pflanze geerntet, wo die Blütenköpfe nicht so groß werden können. Die kleinen Artischocken haben ein mildrauchiges Aroma, ansonsten schmecken sie ähnlich wie große Exemplare.

Vor dem Zubereiten die Stiele bis auf etwa 1 cm von den Köpfen abschneiden. Die Artischocken im Ganzen, halbiert oder geviertelt sowie roh oder gegart essen.

Artischocken im Ganzen zubereiten

Ganze Artischocken lassen sich besonders eindrucksvoll servieren und auch füllen. Dafür werden die Blätter gestutzt und der Stiel gekürzt. Das »Heu« im Inneren ist nicht essbar und muss nach dem Kochen der Artischocke herausgelöst werden.

1 Die Artischocke am Stiel festhalten und die zähen Blattspitzen am besten mit der Küchenschere abschneiden.

2 Mit einem kräftigen Kochmesser den Stiel so dicht wie möglich am Blütenansatz abschneiden, damit die Artischocken stabil auf dem Teller stehen.

3 Die Spitze abschneiden, die inneren Blätter herauszupfen, das »Heu« entfernen und die Artischocke mit Zitrone einreiben.

Artischockenböden vorbereiten

Wenn Sie nur die zarten Artischockenböden servieren möchten, müssen alle Blätter und das faserige Heu in der Mitte entfernt werden. Die ausgelösten Artischockenböden sollten sofort mit Zitrone eingerieben oder in Zitronenwasser gelegt werden, damit sie sich nicht verfärben. Waschen Sie die Hände nach dem Vorbeiten von Artischocken, denn der an den Händen anhaftende Saft ist sehr bitter.

1 Alle großen Blätter abreißen oder abschneiden, dann den Stiel am Blütenansatz abschneiden..

2 Mit einem Messer die verbliebenen weichen spitzzulaufenden Blätter in der Mitte knapp über dem Heu abschneiden oder mit der Hand käftig abziehen.

3 Noch verbliebene Blattansätze und harte Stellen an der Unterseite des Blütenbodens abschneiden. Freigelegten Boden sofort mit Zitrone abreiben.

4 Das faserige Heu mit einem Teelöffel oder einem Kugelausstecher entfernen. Artischockenboden mit Zitronensaft einreiben oder in Zitronenwasser legen.

Wissenswert

Im Angebot

'Green Globe', 'Kleine Violette' und grüne Artischocken.

Einkauf Auf feste, schwere Blütenköpfe achten.

Aufbewahren Möglichst sofort zubereiten, andernfalls im Gemüsefach des Kühlschranks bis zu 5 Tage lagern.

Zubereiten Dämpfen oder kochen; Herzen, Böden und halbierte oder geviertelte kleine Exemplare schmoren, braten, grillen oder roh essen.

Für den Vorrat Böden und kleine Artischocken einfrieren oder in Öl einlegen.

Rezepte

Artischockenrisotto Seite 306

Artischockensuppe Seite 266

Artischockentarte mit Oliven und Feta Seite 310

Baby-Artischocken in Öl Seite 349

'Green Globe' Fast überall erhältlich. Die großköpfige Artischockenart ist wegen ihrer saftigen, fleischigen Blätter sehr beliebt.

Vor dem Garen der Artischocken müssen die Blattspitzen mit der Küchenschere abgeschnitten werden.

Ziehen Sie die Enden der gegarten dicken Artischockenblätter zwischen den Zähnen durch, um in den Genuss des saftigen Fleisches zu kommen.

Artischockentarte mit Oliven und Feta

Ein Gebäck mit mediterranem Touch – bittersüße Artischocken werden vereint mit salzigem Feta und würzigen Oliven.

15 MIN. 1 STD.

FÜR 1 TARTEFORM (35 X 12 CM)

- 250 g ungesüßter Mürbeteig (Fertigprodukt oder selbst gemacht)
- Mehl zum Arbeiten
- 3 Eier, 1 davon verquirlt
- 1 EL Olivenöl
- 1 Zwiebel, fein gewürfelt
- 2 Knoblauchzehen, fein gehackt
- 5 große Artischockenherzen, gegart
- 12 grüne Oliven, entsteint
- 200 g Feta, zerbröckelt
- Blätter von einigen Zweigen Thymian
- 200 g Crème fraîche
- Salz und frisch gemahlener schwarzer Pfeffer

1 Den Backofen auf 200 °C vorheizen. Den Teig auf einer leicht bemehlten Arbeitsfläche ausrollen, die Form damit auskleiden. Überhängenden Teig abschneiden. Den Teigboden mit Backpapier belegen und mit getrockneten Hülsenfrüchten beschweren. Im Ofen 15–20 Minuten backen, bis der Rand des Tartebodens goldgelb ist. Hülsenfrüchte und Papier entfernen. Den Tarteboden mit dem verquirltem Ei bestreichen; nochmals für 2–3 Minuten in den Ofen stellen, bis er knusprig ist. Die Backofentemperatur auf 180 °C senken.

2 In einer Pfanne das Öl bei schwacher Hitze heiß werden lassen. Die Zwiebelwürfel darin in etwa 5 Minuten glasig dünsten. Den Knoblauch hinzufügen und kurz mitdünsten. Die Zwiebelmischung auf dem Tarteboden verteilen. Artischockenherzen und Oliven daraufgeben und alles mit Feta und Thymian bestreuen.

3 Crème fraîche mit den restlichen Eiern verrühren; kräftig mit Salz und Pfeffer würzen. Die Mischung über die Tarte gießen. Die Tarte im heißen Ofen 25–35 Minuten backen, bis sie goldbraun ist. 10 Minuten in der Form abkühlen lassen. Aus der Form nehmen und servieren. Dazu passt Rucola-Tomaten-Salat.

Nudelauflauf mit Wildpilzen und Käse

Wild- und Zuchtpilze machen aus einem Klassiker etwas Exquisites. Dazu sollten Sie Tomatensalat servieren.

30-35 MIN. 25-30 MIN.

FÜR 6 PERSONEN

- 50 g Butter
- 3 Schalotten, fein gewürfelt
- 3 Knoblauchzehen, fein gehackt
- 125 g gemischte Wildpilze, in Scheiben geschnitten
- 125 g Champignons, in Scheiben geschnitten
- Salz und frisch gemahlener schwarzer Pfeffer
- 2 EL Weißbrotkrumen
- 30 g Parmesan, gerieben
- 1 kleines Bund Schnittlauch, in Röllchen geschnitten
- 1 l Milch
- 1 Zwiebelscheibe
- 6 schwarze Pfefferkörner
- 1 Lorbeerblatt
- 2 EL Mehl
- 1 Prise geriebene Muskatnuss
- 250 g Gruyère, gerieben
- 400 g Penne

1 Den Backofen auf 180 °C vorheizen. Eine Auflaufform (2 l Inhalt) ausbuttern. In einem Topf 15 g Butter bei schwacher Hitze zerlassen. Die Schalottenwürfel darin 1 Minute dünsten. Knoblauch, Pilze, Salz und Pfeffer hinzufügen. 3–5 Minuten unter Rühren braten, bis die Flüssigkeit verdampft ist. Für die Kruste die Brotkrumen mit Parmesan und einem Viertel des Schnittlauchs mischen.

2 Die Milch in einem Topf mit der Zwiebelscheibe, den Pfefferkörnern und dem Lorbeerblatt erhitzen; vom Herd nehmen. Die restliche Butter in einem anderen Topf zerlassen; das Mehl mit einem Schneebesen unterrühren. Vom Herd nehmen. Zwei Drittel der Milch durch ein Sieb dazugießen. Wieder auf den Herd stellen und schlagen, bis die Sauce kocht. Muskat, Salz und Pfeffer untermischen und die Sauce weitere 2 Minuten köcheln lassen. Vom Herd nehmen. Gruyère und restliche Milch unterschlagen.

3 Die Pasta in reichlich kochendem Salzwasser nach Packungsangabe bissfest garen. Abtropfen lassen; mit Pilzen, Sauce und restlichem Schnittlauch mischen. In die Form füllen; mit der Käse-Brot-Mischung bestreuen. In 25–30 Minuten goldbraun backen.

Geschmorte Putenbrust mit Gemüse

Für die Zubereitung brauchen Sie nur einen einzigen Topf – das spart Abwasch, und das Fleisch bleibt wunderbar saftig. Servieren Sie dazu Kartoffelpüree oder Ofenkartoffeln.

20 MIN. **50 MIN.** **TK-TAUGLICH**

FÜR 4 PERSONEN

- 1 EL Olivenöl
- 1-2 EL Butter
- 500 g Putenbrust
- Salz und frisch gemahlener schwarzer Pfeffer
- 1 Zwiebel, in Ringe geschnitten
- 1 Möhre, in Scheiben geschnitten
- ½ Fenchelknolle, in Scheiben geschnitten
- einige Estragonblätter, grob gehackt
- 300 ml heiße Hühnerbrühe
- gehackte Petersilie zum Bestreuen
- in Streifen abgezogene Schale von 1 Bio-Zitrone

1 Den Backofen auf 180 °C vorheizen. Das Öl mit der Butter in einem backofenfesten Schmortopf bei mittlerer Hitze heiß werden lassen. Das Fleisch salzen, pfeffern und in etwa 10 Minuten rundherum anbraten.

2 Gemüse, Estragon, Salz und Pfeffer hinzufügen. So viel Brühe dazugießen, dass das Fleisch nicht ganz bedeckt ist. Zugedeckt für 40–50 Minuten im heißen Ofen schmoren, bis Fleisch und Gemüse gar sind.

3 Das Ganze etwas abkühlen lassen. Das Fleisch herausheben und in Scheiben schneiden. Diese in den Topf geben und heiß werden lassen. Mit Petersilie, Zitronenschale sowie etwas schwarzem Pfeffer bestreuen und servieren.

Variante

Geschmorter Fasan mit Gemüse

Das Gericht wie beschrieben zubereiten, jedoch anstelle von Putenbrust 1 geviertelten Fasan verwenden. 50 g in Streifen geschnittenen durchwachsenen Speck auslassen und den Fasan im Speckfett anbraten. Das Gemüse hinzufügen und mit der Brühe 1 EL Weinbrand dazugeben. Das Ganze 1 Stunde (und nicht 40–50 Minuten) schmoren.

Gebackene Polenta mit Wildpilzen

Ein Gericht, das glücklich macht.

40–45 MIN. PLUS KÜHLZEIT **20–25 MIN.**

FÜR 6 PERSONEN

- 375 g feiner Maisgrieß (Polenta)
- 250 g gemischte Wildpilze
- 350 g Champignons
- 3 EL Olivenöl, plus mehr für die Form
- 3 Knoblauchzehen, fein gehackt
- Blätter bzw. Nadeln von 5–7 Zweigen Thymian oder Rosmarin
- 125 ml Weißwein
- 250 ml heiße Gemüsebrühe
- 4 EL Sahne
- frisch gemahlener schwarzer Pfeffer
- 250 g Fontina, in Scheiben geschnitten

1 Zwei Backbleche mit Wasser benetzen. 1,5 l Wasser mit 1 EL Salz aufkochen. Bei mittlerer Hitze unter Rühren den Grieß einrieseln lassen. 10–15 Minuten garen, bis die Polenta glatt und cremig ist. Auf den Backblechen jeweils zu einem 30 cm großen Quadrat verstreichen. Abkühlen lassen; 1 Stunde kalt stellen.

2 Pilzstiele unten abschneiden. Wildpilze in Scheiben schneiden, Champignons halbieren; große Exemplare vierteln. Öl in einer Pfanne erhitzen. Pilze darin mit Knoblauch und Kräutern unter Rühren in 5–7 Minuten weich braten, bis die Flüssigkeit verdampft ist. Wein angießen und 2–3 Minuten köcheln lassen, dann die Hälfte der Brühe hinzufügen und auf die Hälfte einkochen lassen. Sahne unterrühren. Sauce köcheln lassen, bis sie eindickt; mit Salz und Pfeffer abschmecken.

3 Den Backofen auf 220 °C vorheizen. Eine flache ofenfeste Form (etwa 25 x 35 cm) mit Öl ausfetten. Die kalte Polenta in 6 x 10 cm große Quadrate schneiden. Die Hälfte der Quadrate nebeneinander in die vorbereitete Form legen.

4 Die Hälfte der Pilzmischung darauf verteilen und darauf die Hälfte des Fontinas. Je eine weitere Schicht Polenta, Pilze und Käse daraufgeben. Im heißen Ofen 20–25 Minuten backen, bis der Käse geschmolzen ist.

Gegrillte Makrelen mit Süßkartoffeln und Roter Bete

Hierfür werden die Fische zum Schmetterling geschnitten: Die Köpfe entfernen, die Körper öffnen und entgräten. Das braucht Zeit, aber das Ergebnis sind besonders feine Stücke.

15 MIN. 15 MIN.

FÜR 4 PERSONEN

- 2 Süßkartoffeln, geschält und gewürfelt
- Öl für das Backblech
- 4 kleine Makrelen (je etwa 100 g), zum Schmetterling geschnitten
- 4 Rote Beten, gegart, geschält (siehe S. 255) und gewürfelt
- 1 kleine Zwiebel, gewürfelt
- 1-2 EL Schwarzkümmel (Nigella)
- Saft von 1 Orange

1 Die Süßkartoffeln in sprudelnd kochendem Salzwasser 3–5 Minuten garen, bis sie weich werden; nicht zu weich kochen. Abgießen und abkühlen lassen.

2 Den Backofengrill vorheizen. Ein Backblech mit Öl bepinseln und die Fischfilets darauflegen. Pro Seite 3–4 Minuten grillen, bis sie gar sind.

3 Inzwischen Süßkartoffel- und Rote-Bete-Würfel mischen. Zwiebel und Schwarzkümmel hinzufügen und untermischen. Den Orangensaft dazugießen und unterheben.

4 Jeweils 2 Makrelenfilets nebeneinander auf einen Teller legen. Das Gemüse entweder portionsweise auf den Filets anrichten oder separat in einer Schüssel dazu reichen. Sofort servieren.

Süßkartoffeltopf mit weißen Bohnen

Ein milder Eintopf, dem Ahornsirup eine besondere Würze verleiht. Lassen Sie Spinat oder Mangold nur kurz zusammenfallen, damit er nicht matschig wird.

10 MIN. 30 MIN.

FÜR 4 PERSONEN

- 500 g Süßkartoffeln, in dicke Scheiben geschnitten
- 2 EL Ahornsirup
- Salz und frisch gemahlener Pfeffer
- 1 EL Olivenöl
- 1 rote Zwiebel, gewürfelt
- 1 TL Kreuzkümmelsamen
- 1 Dose gehackte Tomaten (400 g)
- 1 Schuss Balsamico-Essig
- 1 Dose weiße Bohnen (400 g)
- 1 Handvoll Mangoldblätter oder Blattspinat
- 150 g griechischer Sahnejoghurt
- 1 Handvoll Minzeblätter zum Garnieren

1 Die Süßkartoffeln mit dem Ahornsirup in reichlich kochendem Salzwasser in 10 Minuten knapp weich garen. Abgießen und warm halten.

2 Inzwischen das Öl in einem großen Topf erhitzen. Die Zwiebelwürfel darin mit Kreuzkümmel und 1 Prise Salz in etwa 5 Minuten glasig dünsten. Tomaten und Balsamico dazugeben; alles 10 Minuten köcheln lassen; mit Salz und Pfeffer abschmecken.

3 Die Bohnen in einem Sieb abspülen; abtropfen lassen. In die Sauce geben und 5 Minuten mitköcheln lassen. Anschließend Mangold bzw. Spinat untermischen und in wenigen Minuten zusammenfallen lassen.

4 Das Gemüse vom Herd nehmen und in eine ofenfeste Form füllen. Süßkartoffelscheiben und Joghurt darauflegen. Den Backofengrill auf höchster Stufe vorheizen. Das Gemüsegericht grillen, bis es oben bräunt. Mit Minze garnieren; servieren.

Lauch-Pilz-Lasagne

Lasagne kann man auch ohne Hackfleisch zubereiten. Und wie man hier sieht, schmeckt und sättigt auch eine fleischlose Version sehr gut.

25 MIN. 45–50 MIN. TK-TAUGLICH

FÜR 4 PERSONEN

- 3 EL Olivenöl
- 2 große Stangen Lauch, in 5 mm dicke Scheiben geschnitten
- 200 g braune Champignons (Egerlinge), in Scheiben geschnitten
- 200 g gemischte Wildpilze, gehackt
- 1 rote Chilischote, entkernt und gehackt
- 3 Knoblauchzehen, gehackt
- 75 ml Weißwein
- 1 kleine Handvoll Thymianblättchen
- 1 EL Mehl
- 500 ml Milch
- 400 g Emmentaler, gerieben
- 3 Tomaten, 2 davon gewürfelt, 1 davon in Scheiben geschnitten
- Salz und frisch gemahlener schwarzer Pfeffer
- 250 g Lasagneblätter

1 Den Backofen auf 180 °C vorheizen. Das Öl in einem Topf erhitzen. Den Lauch darin unter häufigem Rühren in 5 Minuten weich dünsten. Die Pilze dazugeben und 5 Minuten mitdünsten. Chilis und Knoblauch hinzufügen; 1 Minute mitdünsten. Wein angießen und bei mittlerer Hitze in etwa 3 Minuten etwas einkochen lassen. Den Thymian untermischen.

2 Das Mehl unterrühren. Erst etwas Milch, dann unter Rühren die restliche Milch dazugießen. Die Sauce unter häufigem Rühren 5 Minuten köcheln lassen, bis sie andickt. Den Großteil des Käses untermischen; Topf vom Herd nehmen. Tomatenwürfel unterrühren; alles salzen und pfeffern.

3 In eine ofenfeste Form 1 cm hoch Sauce füllen. Eine Schicht Lasagneblätter darauflegen. Je eine zweite Schicht Sauce und Lasagneblätter daraufgeben. Weiterschichten, bis die Zutaten aufgebraucht sind; mit Sauce abschließen. Den restlichen Käse und die Tomatenscheiben daraufgeben. Lasagne 25–30 Minuten backen.

Seeteufel mit Speck und Paprika

Seeteufel hat festes Fleisch, das man gut mit kräftigen Aromen wie Speck kombinieren kann. Rote Paprikaschoten bilden dazu einen delikaten Kontrast.

15 MIN. 30 MIN.

FÜR 4 PERSONEN

- 700 g Seeteufelfilet (1 oder 2 Stücke), von der dünnen dunklen Haut befreit
- 4 rote Paprikaschoten, in Streifen geschnitten
- 1 EL Olivenöl
- ½ TL Paprikapulver
- 12 Scheiben durchwachsener Speck

1 Den Backofen auf 200 °C vorheizen. Fisch und Paprikastreifen mit dem Olivenöl mischen und mit Paprikapulver bestreuen. Den Fisch vollständig in die Speckscheiben wickeln. Mit den Paprikastreifen in eine ofenfeste Form geben.

2 Im heißen Ofen 20–30 Minuten garen, bis der Speck knusprig und der Fisch durchgegart ist. Herausnehmen und den Fisch an einem warmen Platz 10 Minuten ruhen lassen. Den Fisch in Scheiben schneiden und mit dem Paprikagemüse servieren. Dazu passt Rucolasalat.

Brasilianischer Bohnen-Kürbis-Eintopf

Fleischliebhaber können dieses Gericht noch mit Chorizo oder anderer scharfer Wurst anreichern. Die schwarzen Bohnenkerne müssen über Nacht eingeweicht werden.

25 MIN. PLUS EINWEICHZEIT · 2 STD. 30 MIN. - 3 STD.

TK-TAUGLICH

FÜR 4-6 PERSONEN

- 300 g getrocknete schwarze Bohnenkerne, über Nacht in kaltem Wasser eingeweicht, danach abgespült und abgetropft
- 1 EL Olivenöl
- 1 Zwiebel, fein gewürfelt
- Salz und frisch gemahlener schwarzer Pfeffer
- 3 Knoblauchzehen, fein gehackt
- Fruchtfleisch von 1 kleinen Butternusskürbis, gewürfelt
- 2 rote Paprikaschoten, gewürfelt
- 2 Dosen gehackte Tomaten (je 400 g)
- 1 kleine grüne Chilischote, entkernt und gewürfelt
- 1 l heiße Gemüsebrühe
- Fruchtfleisch von 1 Mango, gewürfelt
- 1 Bund Koriandergrün, gehackt

1 Den Backofen auf 170 °C vorheizen. Die Bohnen in einem großen Topf mit Wasser bedecken. Aufkochen, dann bei schwacher Hitze und halb aufgelegtem Deckel 1 Stunde köcheln lassen; abgießen.

2 Das Öl in einem großen Topf bei mittlerer Hitze heiß werden lassen. Die Zwiebelwürfel darin in 3–4 Minuten glasig dünsten; salzen und pfeffern. Den Knoblauch unterrühren und 1–2 Minuten mitdünsten. Kürbis, Paprika, Tomaten und Chili untermischen.

3 Bohnen und Brühe dazugeben. Das Ganze aufkochen lassen, dann den Deckel auflegen und den Topf für 1½–2 Stunden in den heißen Ofen stellen. Abschmecken, dann Mango und Koriandergrün unterheben. Dazu passen saure Sahne und Reis.

Schwedisches Wildragout

»Viltgryta« heißt dieses Gericht in seiner Heimat. Am besten schmeckt es mit Salzkartoffeln und Preiselbeerkompott.

10 MIN. PLUS MARINIERZEIT · 2 STD. 15 MIN. - 2 STD. 30 MIN.

FÜR 6 PERSONEN

- 1 kg Reh- oder Hirschfleisch (Keule), gewürfelt
- Öl oder Butter zum Braten
- 300 ml Wild- oder Rinderfond
- 2 Zwiebeln, gewürfelt
- 350 g Pfifferlinge
- 1 EL Weinessig
- 2 TL Zucker
- Salz und frisch gemahlener schwarzer Pfeffer
- 150 g Sahne
- 2 EL Mehl

Für die Marinade

- 300 ml Rotwein
- 2 EL Olivenöl
- ¼ TL geschroteter schwarzer Pfeffer
- ¼ TL gemahlene Gewürznelke
- 2 TL Wacholderbeeren, zerdrückt
- ½ TL getrockneter Thymian
- 2 Lorbeerblätter

1 Die Zutaten für die Marinade in einer hohen Schüssel mischen. Das Fleisch hineingeben und zugedeckt 24 Stunden durchziehen lassen, dabei ein- bis zweimal wenden.

2 Die Marinade durch ein Sieb in eine Schüssel gießen. Das Fleisch trocken tupfen. Das Fett in einem großen Topf bei mittlerer Hitze heiß werden lassen. Das Fleisch darin rundherum kräftig anbraten. Die Marinade dazugeben und so viel Fond, dass das Fleisch bedeckt ist. Aufkochen, dann zugedeckt 1½ Stunden köcheln lassen.

3 In einem zweiten Topf Butter erhitzen und die Zwiebeln darin glasig dünsten. Die Pilze dazugeben und braten, bis die Flüssigkeit verdampft ist. Essig und Zucker unterrühren. Die Mischung zum Fleisch geben. Alles noch 30–45 Minuten köcheln lassen, bis das Fleisch fast gar ist; salzen und pfeffern. Sahne und Mehl verquirlen; zum Wildragout geben. Weitere 20 Minuten köcheln lassen. Falls nötig, Fond oder Wasser untermischen.

Schweinefleisch mit Bohnen

Ein deftiges Gericht aus Chile, für das Sie nach Belieben Butternusskürbis statt Süßkartoffeln verwenden können.

20 MIN. PLUS EINWEICHZEIT · 3 STD. - 3 STD. 30 MIN.

FÜR 6 PERSONEN

- 200 g getrocknete rote Kidneybohnenkerne, über Nacht in kaltem Wasser eingeweicht, danach abgespült und abgetropft
- 1 kg Schweinelende, in mundgerechte Stücke geschnitten
- 2 EL Olivenöl
- 1 große Zwiebel, in dünne Ringe geschnitten
- 2 Knoblauchzehen, fein gehackt
- Salz und frisch gemahlener schwarzer Pfeffer
- 1 Dose gehackte Tomaten (400 g)
- 1 EL Tomatenmark
- je 1 EL gehackte Petersilie, gehacktes Koriandergrün und gehackten Oregano
- 2 grüne Paprikaschoten, gewürfelt
- 500 g Süßkartoffeln, geschält und in 2-3 cm große Würfel geschnitten

1 Die Bohnen 10 Minuten in frischem Wasser kochen, dann zudecken und 1 Stunde köcheln lassen; abgießen.

2 Den Backofen auf 180 °C vorheizen. Das Fleisch in einem Schmortopf im heißen Öl bei mittlerer Hitze 10 Minuten rundherum anbraten; herausnehmen. Zwiebelringe mit Knoblauch, Salz und Pfeffer im Topf zugedeckt in 15 Minuten braun werden lassen. Fleisch, Tomaten, Tomatenmark, Kräuter und 500 ml heißes Wasser hinzufügen. Zugedeckt im heißen Ofen 1¼–1½ Stunden schmoren, bis das Fleisch fast weich ist.

3 Bohnen, Gemüse und Süßkartoffeln dazugeben. Das Gericht im Ofen weitere 45–60 Minuten garen. Den Topf auf den Herd stellen. Das Gericht offen 5 Minuten köcheln lassen. Abschmecken und servieren.

Indisches Hähnchencurry

Spät geerntete vollreife Tomaten spielen in diesem einfachen Essen die Hauptrolle. Das Curry ist relativ trocken. Wer mehr Sauce wünscht, kann während des Kochens einfach etwas mehr Brühe hinzufügen.

15 MIN. 1 STD.

FÜR 4 PERSONEN

- 2 grüne Chilischoten, entkernt
- 1 TL Korianderkörner
- 3 Knoblauchzehen
- 1 TL gemahlene Kurkuma
- 2-3 EL Sonnenblumenöl
- 8 Hähnchenschenkel, mehrmals quer eingeschnitten
- Salz und frisch gemahlener schwarzer Pfeffer
- 1 Zwiebel, grob zerkleinert
- 6 Tomaten, grob zerkleinert
- 1 l heiße Gemüsebrühe
- 1 Stück frischer Ingwer (5 cm), fein gehackt
- 3-4 Vogelaugenchilischoten
- 1 Bund Koriandergrün, fein gehackt

1 Die grünen Chilis im Mixer oder in der Küchenmaschine mit Korianderkörnern, Knoblauch, Kurkuma und der Hälfte des Öls zu einer Paste verarbeiten. Die Hähnchenschenkel salzen, pfeffern und mit der Paste einreiben, die Paste dabei auch in die Einschnitte drücken. Die Hälfte des restlichen Öls in einem großen backofenfesten Schmortopf bei mittlerer bis starker Hitze heiß werden lassen. Die Schenkel darin auf jeder Seite 5–6 Minuten anbraten; herausnehmen.

2 Das restliche Öl im Topf bei mittlerer Hitze heiß werden lassen. Die Zwiebelstücke darin in 3–4 Minuten glasig dünsten. Die Tomaten hinzufügen und 5–10 Minuten mitdünsten, bis sie weich sind. Die Brühe angießen und aufkochen lassen. Ingwer und Vogelaugenchilis untermischen. Das Gericht zugedeckt 30–40 Minuten schwach köcheln lassen. Falls es zu trocken wird, etwas heißes Wasser untermischen.

3 Die Vogelaugenchilis entfernen. Das Gericht abschmecken und das Koriandergrün unterrühren. Dazu passen Reis, Naan-Brot und Joghurt mit Minze.

Variante

Indisches Kaninchencurry

Das Gericht wie beschrieben zubereiten, jedoch die Hähnchenkeulen durch ein in acht Stücke zerteiltes Kaninchen ersetzen. Für die Würzpaste 1 TL Kreuzkümmelsamen in einer Pfanne ohne Fett 30 Sekunden rösten. Diesen mit ¼ TL gemahlener Nelke zu den anderen Gewürzen in die Küchenmaschine geben. In Schritt 2 mit den Tomaten 2 gewürfelte rote Paprikaschoten hinzufügen. Weiterverfahren, wie im Rezept beschrieben.

Lammtopf mit Spinat und Kichererbsen

Dieser herzhafte, reichhaltige Eintopf schmeckt prima mit Kartoffeln, Reis, Couscous oder Quinoa. Falls Sie getrocknete Kichererbsen bevorzugen, diese über Nacht einweichen.

25 MIN. 20 MIN. TK-TAUGLICH

FÜR 4 PERSONEN

- 400 g mageres Lammfleisch, in 2 cm große Würfel geschnitten
- 1 EL Mehl
- ½ TL edelsüßes Paprikapulver
- 3 EL Olivenöl
- 1 große rote Zwiebel, gewürfelt
- 3 Knoblauchzehen, gehackt
- 1 Dose Kichererbsen (400 g)
- 100 ml Weißwein
- 1 Dose gehackte Tomaten (400 g)
- Salz und frisch gemahlener schwarzer Pfeffer
- 300 g junger Blattspinat

1 Das Fleisch in einer Schüssel mit Mehl und Paprikapulver mischen. Das Öl in einem großen Topf bei mittlerer Hitze heiß werden lassen. Die Zwiebelwürfel darin in etwa 5 Minuten glasig dünsten.

2 Das Fleisch hinzufügen und unter gelegentlichem Rühren 5 Minuten rundherum kräftig anbraten. Die Kichererbsen in einem Sieb abspülen. Abtropfen lassen, dann mit dem Knoblauch untermischen und 1 Minute mitbraten.

3 Den Wein angießen und in 3 Minuten etwas einkochen lassen. Die Tomaten hinzufügen. Das Ganze aufkochen und 15 Minuten köcheln lassen; salzen und pfeffern. Den Spinat unterrühren und in etwa 3 Minuten zusammenfallen lassen.

Zucchini mit Fisch und Couscous

Couscous wird überwiegend aus Hartweizen hergestellt, kann aber auch aus anderem Getreide wie Gerste bestehen. Zudem bietet der Handel Vollkorn-Couscous an.

20 MIN. 25 MIN.

FÜR 4 PERSONEN

- 300 g sehr kleine Zucchini, längs halbiert
- 4 EL Olivenöl
- Saft und Schale von 1 Bio-Limette
- 1½ EL Tomatenmark
- ½ TL Fünf-Gewürze-Pulver
- ½ TL Cayennepfeffer
- 1 TL Paprikapulver
- ½ TL frisch gemahlener schwarzer Pfeffer
- 1 kleines Bund Petersilie, fein gehackt
- 2 Knoblauchzehen, gehackt
- 300 g weißfleischiges Fischfilet (z. B. Meeräsche), in mundgerechte Stücke geschnitten
- 250 ml heiße Gemüsebrühe
- 250 g Couscous

1 Den Backofen auf 150 °C vorheizen. Die Zucchinihälften gründlich mit 1 EL Öl mischen. Anschließend n einer heißen Grillpfanne pro Seite 2 Minuten braten.

2 Das restliche Öl in einer Schüssel mit Limettensaft und -schale, Tomatenmark, Fünf-Gewürze-Pulver, Cayennepfeffer, Paprikapulver, Pfeffer, Petersilie und Knoblauch verrühren. Fisch, Brühe, Couscous und Zucchini hinzufügen; alles sorgfältig mischen.

3 Die Mischung in eine ofenfeste Form füllen. Diese mit Alufolie verschließen und für 20 Minuten in den heißen Ofen stellen. Das fertige Gericht herausnehmen und vor dem Servieren durchrühren.

Bohnen mit Zucchini und Tomaten

Ein farbenfrohes aromatisches Gericht, das zudem sättigend und gesund ist. Bohnen sorgen für Biss, und die Tomatensauce dafür, dass dieses Essen wärmt.

10 MIN. 20 MIN.

FÜR 4 PERSONEN

- 3 EL Olivenöl
- 1 große Zwiebel, gewürfelt
- 2 Zucchini, in große Stücke geschnitten
- 1 Dose Borlotti-Bohnen (400 g)
- 3 Knoblauchzehen, in dünne Scheiben geschnitten
- 3 Tomaten, gewürfelt
- 1 TL edelsüßes Paprikapulver
- 1 TL getrockneter Oregano
- Salz und frisch gemahlener schwarzer Pfeffer
- Chiliöl zum Beträufeln (nach Belieben)

1 Das Öl in einer Pfanne mit hohem Rand bei mittlerer Hitze heiß werden lassen. Die Zwiebelwürfel darin etwa 3 Minuten dünsten. Die Zucchini hinzufügen und unter Rühren 5 Minuten mitdünsten.

2 Die Bohnen in einem Sieb abspülen. Abtropfen lassen und mit dem Knoblauch untermischen. Alles 1 Minute köcheln lassen. Tomaten, Paprika und Oregano unterrühren. Das Gericht unter gelegentlichem Rühren 10 Minuten köcheln lassen. Mit Salz und Pfeffer abschmecken, mit Chiliöl beträufeln (nach Belieben) und mit frischem knusprigem Brot servieren.

Variante

Bohnengulasch mit Kürbis

Das Gericht wie beschrieben zubereiten, jedoch mit den Zucchini 300 g gewürfeltes Kürbisfruchtfleisch dazugeben. Die Paprikamenge auf 1 EL erhöhen und 1 TL geräuchertes Paprikapulver hinzufügen. Die Borlotti-Bohnen weglassen. Nach Belieben und Appetit den Inhalt von einer oder zwei Dosen große weiße Bohnen in einem Sieb abspülen. Abtropfen lassen und mit 1 Prise Zucker untermischen. Zum Servieren das Gulasch auf tiefe Teller verteilen, mit etwas saurer Sahne garnieren und mit ein paar Kümmelsamen bestreuen.

Süßsaurer Ingwer-Fisch aus dem Wok

Das Fischfilet für dieses asiatische Gericht muss sehr festfleischig sein, damit es beim Pfannenrühren die Form behält.

10 MIN. 20 MIN.

FÜR 4 PERSONEN

- 1-2 EL Speisestärke
- Salz und frisch gemahlener schwarzer Pfeffer
- 700 g dicke weißfleischige Fischfilets (z. B. Schellfisch), entgrätet, gehäutet und in Streifen geschnitten
- 1-2 EL Sonnenblumenöl
- 1 Zwiebel, grob zerkleinert
- 2 Knoblauchzehen, fein gewürfelt
- 1 Stück frischer Ingwer (2,5 cm), in dünne Scheiben geschnitten
- 1 große Handvoll Zuckerschoten, in Streifen geschnitten

Für die süßsaure Sauce

- 1 EL Weißweinessig
- 1 EL Tomatenmark
- 1 EL Zucker
- 1 TL Speisestärke
- 2 TL helle Sojasauce
- 2 EL Ananassaft

1 Die Zutaten für die Sauce in einer Schüssel miteinander verrühren. Die Speisestärke für den Fisch auf einen Teller geben und mit Salz und Pfeffer würzen. Den Fisch darin wenden.

2 Den Wok heiß werden lassen. Die Hälfte des Öls durch Schwenken darin verteilen. Den Fisch darin 5 Minuten pfannenrühren, bis er goldbraun ist. Mit einem Schaumlöffel herausheben und beiseitestellen. Den Wok mit Küchenpapier auswischen und etwas Öl hineingeben. Sobald es heiß ist, die Zwiebel darin pfannenrühren, bis sie weich wird, dann Knoblauch und Ingwer hinzufügen und ein paar Minuten mitbraten.

3 Die süßsaure Sauce dazugießen und unter ständigem Rühren einige Minuten sprudelnd kochen lassen. Die Zuckerschoten dazugeben und 1 Minute rühren. Den Fisch in den Wok geben. Alles kurz mischen, dann mit Reis servieren.

Brokkoli-Quiche mit Pilzen

Für diese herbstliche Quiche werden Brokkoliröschen und -strunk verwendet. Knoblauch und Muskatnuss sind die Gewürze der Wahl.

20 MIN. 30–35 MIN.

FÜR 1 QUICHEFORM (24 CM Ø)

300 g ungesüßter Mürbeteig (Fertigprodukt oder selbst gemacht)
1–2 Brokkoli (etwa 500 g)
Salz
30 g Butter
150 g Champignons, in Scheiben geschnitten
2 Knoblauchzehen, fein gehackt
3 Eier
2 Eigelb
400 ml Milch
250 g Sahne
50 g Parmesan, gerieben
frisch gemahlener schwarzer Pfeffer
1 Prise geriebene Muskatnuss

1 Den Backofen auf 220°C vorheizen. Den Teig auf einer dünn bemehlten Arbeitsfläche zu einem Kreis (30 cm Ø) ausrollen. Die Form damit auskleiden. Überhängenden Teig abschneiden. Den Teigboden mehrmals mit einer Gabel einstechen, mit Backpapier belegen und darauf getrocknete Hülsenfrüchte streuen. Den Teigboden im heißen Ofen 12–15 Minuten backen, bis der Rand gebräunt ist. Hülsenfrüchte und Papier entfernen. Den Teigboden 2–3 Minuten weiterbacken, bis er knusprig ist; herausnehmen. Die Backofentemperatur auf 190°C senken.

2 Den Brokkoli in Röschen zerteilen. Den Strunk jeweils längs in Stifte schneiden. In einen Topf halb hoch Wasser füllen und aufkochen lassen. Erst Salz, dann den Brokkoli hineingeben. Den Brokkoli in 3–5 Minuten bissfest garen; abgießen.

3 Die Butter in einer Pfanne zerlassen. Die Pilze darin mit dem Knoblauch unter Rühren braten, bis die Flüssigkeit verdampft ist.

4 Die Eier mit Eigelben, Milch, Sahne, Käse, Salz, Pfeffer und Muskat verquirlen. Die Pilze im Teigboden verteilen und den Brokkoli daraufgeben. Den Eierguss fast bis zum Rand daraufschöpfen. Die Quiche 30–35 Minuten backen, bis sie gebräunt, der Guss in der Mitte aber noch nicht fest gestockt ist. Sofort oder mit Raumtemperatur servieren.

Thailändisches Gemüsecurry

Je nachdem, was die Saison zu bieten hat, können Sie dieses Curry ganz einfach abwandeln. Statt Auberginen und Paprika ist beispielsweise auch Kürbis sehr lecker.

15 MIN. 20 MIN.

FÜR 4 PERSONEN

1–2 EL rote Thai-Currypaste
1 Dose Kokosmilch (400 ml)
2 Auberginen, in Stücke geschnitten
6 Kaffirlimettenblätter, längs durchgerissen
300 ml heiße Gemüsebrühe
1 EL geriebener Palmzucker oder brauner Zucker
1 Schuss Sojasauce
Salz
1 rote Paprikaschote, in Streifen geschnitten
1 grüne Paprikaschote, in Streifen geschnitten
Saft von 1 Limette
1 Handvoll Koriandergrün

1 Die Currypaste im Wok oder in einer Pfanne bei mittlerer Hitze unter Rühren heiß werden lassen. Die Kokosmilch schütteln; in die Pfanne bzw. den Wok gießen. Unter gelegentlichem Rühren zum Köcheln bringen. 2–3 Minuten köcheln lassen, bis Duft aufsteigt.

2 Auberginen, Limettenblätter, Brühe, Zucker, Sojasauce und Salz hinzufügen. Alles aufkochen und 15 Minuten köcheln lassen, bis die Auberginen weich sind.

3 Paprika und Limettensaft untermischen. Das Curry abschmecken und, falls nötig, mit Zucker, Salz oder Zitronensaft nachwürzen. Den Koriander unterheben und das Gericht mit Jasmin- oder Klebreis servieren.

Marinierte Lammkoteletts mit scharfem Brokkoli

Ein westliches Gericht, das durch Chiliflocken und Sojasauce einen internationalen Touch bekommt.

5 MIN. PLUS MARINIERZEIT 30 MIN.

FÜR 4 PERSONEN

2 EL Sherry-, Apfel- oder Weißweinessig
1 Prise Zucker
1 Schuss Sojasauce
4 magere Lammkoteletts, von sichtbarem Fett befreit
Salz und frisch gemahlener schwarzer Pfeffer
1 Handvoll Rosmarinzweige
1 Brokkoli (300 g), Röschen und Strunk ziemlich klein geschnitten
Saft von 1 Zitrone
1 Prise Chiliflocken
Minzgelee zum Servieren

1 Den Backofen auf 200°C vorheizen. Für die Marinade den Essig mit Zucker und Sojasauce verrühren. Das Lamm damit begießen und 5 Minuten marinieren – falls die Zeit es erlaubt, auch länger.

2 Die Koteletts in eine ofenfeste Form legen. Kräftig salzen und pfeffern; den Rosmarin hinzufügen. Im Ofen 20–30 Minuten braten, bis der gewünschte Gargrad erreicht ist.

3 Inzwischen den Brokkoli in kochendem Salzwasser in etwa 10 Minuten bissfest garen. Die Flüssigkeit abgießen, den Brokkoli im Topf mit einer Gabel behutsam zerdrücken. Zitronensaft, Chili, Salz und etwas Pfeffer dazugeben. Den Deckel auf den Topf legen und den Topf schwenken. Den Brokkoli sofort mit den Koteletts und etwas Minzgelee servieren.

Jetzt am besten **Brokkoli**

Wie Blumenkohl besteht der Brokkolikopf aus lauter ungeöffneten Blütenknospen. Der bekannteste Brokkoli ist der Brokkoli Calabrese. Er ist zart, hat einen leicht süßlichen kohlähnlichen Geschmack und wird vom Frühling bis in den frühen Winter angeboten. Brokkoli schmeckt gut mit Speck, Käse, Pesto, Sauce hollandaise, Zitronen, Knoblauch, Pinienkernen und Olivenöl.

Brokkoli wird in großem Umfang in gemäßigteren und kühleren Klimazonen angebaut. Ungeöffnete Blütenknospen formen kompakte Röschen, die auf dicken Stielen sitzen.

Brokkoli Calabrese ist der bekannteste Brokkoli. Er hat dunkelgrüne und aromatische Röschen, die nur kurz gegart werden sollten, damit die wertvollen Nährstoffe weitestgehend erhalten bleiben.

Brokkoli vorbereiten

In der Regel wird vom Brokkoli vor dem Garen zuerst der Strunk (Stiel) abgeschnitten und dann der Kopf in Röschen geteilt. Der Strunk kann anschließend geschält, in streichholzdicke Stifte geschnitten und zusammen mit den Röschen gegart werden.

1 Den Brokkoli auf ein Schneidebrett legen und den Strunk direkt unterhalb der Röschen abschneiden.

2 Die Messerklinge zwischen den Röschenstielen nach unten führen, um die Röschen voneinander zu trennen. Die Röschen nach Belieben zerkleinern.

Wissenswert

Im Angebot

Verschiedene Sorten mit festen grünen Köpfen.

Einkauf Auf dunkelgrüne, feste Köpfe achten sowie auf Stiele, die beim Biegen durchbrechen. Exemplare mit gelben Blüten liegen lassen.

Aufbewahren In einer Plastiktüte im Gemüsefach des Kühlschranks 3–4 Tage.

Für den Vorrat Röschen blanchieren und einfrieren.

Rezepte

Brokkoli-Quiche mit Pilzen Seite 318

Marinierte Lammkoteletts mit scharfem Brokkoli Seite 318

Spaghetti mit Chili, Brokkoli und Frühlingszwiebeln Seite 50

Jamaikanischer Maistopf

Ein Gericht mit leuchtenden Farben und reichlich Schärfe. Greifen Sie zu glänzenden, festen Paprikaschoten und zu Maiskolben, die dicht mit prallen Körnern besetzt sind.

20 MIN. 1 STD. 30 MIN. - 2 STD.

FÜR 4-6 PERSONEN

- 2 EL Olivenöl
- 2 Zwiebeln, fein gewürfelt
- Salz und frisch gemahlener schwarzer Pfeffer
- 3 Knoblauchzehen, fein gehackt
- 1 TL Cayennepfeffer
- 3 Zuckermaiskolben, in etwa 1 cm dicke Scheiben geschnitten
- 2 rote Paprikaschoten, grob zerkleinert
- 3 Süßkartoffeln, geschält und gewürfelt
- 175 g gelbe Spalterbsen (Channa Dal)
- 300 ml heiße Gemüsebrühe
- 1 Dose Kokosmilch (400 ml)
- 1 kleine Handvoll Thymian
- 1 sehr scharfe Chilischote (z. B. Scotch Bonnet)
- Limettenschnitze zum Servieren (nach Belieben)

1 Den Backofen auf 170 °C vorheizen. Das Öl in einem großen backofenfesten Schmortopf bei mittlerer Hitze heiß werden lassen. Die Zwiebelwürfel darin in 3–4 Minuten glasig dünsten; salzen und pfeffern. Knoblauch und Cayennepfeffer unterrühren und 1 Minute mitdünsten. Mais, Paprika und Süßkartoffeln hinzufügen und in der Mischung wenden. Erbsen und etwas Brühe untermischen.

2 Das Ganze aufkochen lassen. Restliche Brühe und Kokosmilch dazugeben, erneut aufkochen und köcheln lassen. Thymian und Chili in den Topf geben. Den Topf schließenund für 1½–2 Stunden in den heißen Ofen stellen. Falls nötig, gelegentlich etwas heißes Wasser hineingeben.

3 Die Chilischote entfernen. Das Gericht abschmecken und in vorgewärmte Schalen schöpfen. Mit Limettenschnitzen (nach Belieben) und Reis servieren.

Rindfleischtopf mit Fenchel und Pilzen

Ein Gericht, das an kühlen Tagen wärmt.

40 MIN. 1 STD. 45 MIN. TK-TAUGLICH

FÜR 4 PERSONEN

- 500 g Rinderschmorfleisch, in mundgerechte Stücke geschnitten
- ½ EL Mehl
- 1 TL edelsüßes Paprikapulver
- Salz und frisch gemahlener schwarzer Pfeffer
- 1½ EL Olivenöl
- 1 Zwiebel, in dünne Ringe geschnitten
- 1 große Fenchelknolle, geachtelt
- 5 EL Weißwein
- 600 ml heiße Rinder- oder Gemüsebrühe
- 1-2 EL Butter
- 250 g braune Champignons (Egerlinge), geviertelt
- 1 Prise getrockneter Oregano

1 Den Backofen auf 180 °C vorheizen. Das Mehl auf einem Teller mit dem Paprikapulver mischen; in eine Schüssel geben. Das Fleisch salzen, pfeffern und im Mehl wenden.

2 In einem backofenfesten Schmortopf die Hälfte des Öls erhitzen. Das Fleisch darin unter häufigem Rühren in 8–10 Minuten rundherum kräftig anbraten; mit einem Schaumlöffel herausheben.

3 Das restliche Öl im Topf erhitzen. Die Zwiebelringe darin in 6–8 Minuten glasig dünsten; salzen und pfeffern. Den Fenchel unter gelegentlichem Rühren 6 Minuten mitdünsten. Den Wein angießen und etwas einkochen lassen. Das Fleisch wieder in den Topf geben. Die Brühe dazugießen; aufkochen lassen. Den Topf schließen und für 1 Stunde in den heißen Ofen stellen.

4 Die Butter in einer Pfanne zerlassen. Die Pilze darin mit dem Oregano unter gelegentlichem Rühren 5 Minuten dünsten. Unter die Rindfleisch-Fenchel-Mischung heben. Alles im Ofen weitere 30 Minuten garen.

Geschmortes Lammfleisch mit Walnüssen und Feigen

Feigen und Lamm passen gut zusammen. Süßer wird das Gericht, wenn Sie statt frischer getrocknete Feigen nehmen.

20 MIN. 1 STD. 45 MIN. - 2 STD. 15 MIN.

FÜR 4-6 PERSONEN

- 1 kg mageres Lammfleisch, gewürfelt
- Salz und frisch gemahlener schwarzer Pfeffer
- 1-2 EL Olivenöl
- 2 Zwiebeln, in Ringe geschnitten
- 3 Knoblauchzehen, fein gehackt
- abgeriebene Schale und Saft von 1 Bio-Zitrone
- 1 TL gemahlener Zimt
- ½ TL gemahlener Koriander
- ½ TL gemahlener Ingwer
- 2 TL Paprikapulver
- 1 EL Tomatenmark
- 2 EL flüssiger Honig
- 2 Dosen Kichererbsen (je 400 g)
- 1 l heiße Gemüsebrühe
- 75 g Walnusskerne, gehackt
- 1 Bund Petersilie, grob gehackt
- 4 frische Feigen, geviertelt

1 Backofen auf 150 °C vorheizen. Fleisch salzen und pfeffern. 1 EL Öl in einem großen backofenfesten Schmortopf erhitzen. Das Fleisch darin portionsweise in 6–8 Minuten kräftig anbraten; herausnehmen.

2 Zwiebeln und Knoblauch, Zitronenschale und -saft im Topf bei mittlerer Hitze 2 Minuten dünsten. Salz, Pfeffer, weitere Gewürze und Tomatenmark untermischen.

3 Kichererbsen abspülen. Abgetropft mit Honig und Brühe dazugeben. Alles aufkochen. Fleisch, Walnüsse und die Hälfte der Petersilie unterrühren. Den Topf schließen und das Gericht 1½ Stunden im Ofen schmoren. Falls nötig, etwas heißes Wasser hinzufügen. Die Feigen unterrühren. Alles im Ofen 30 Minuten weitergaren. Mit der restlichen Petersilie garnieren; servieren.

Orientalischer Linsen-Paprika-Topf

Die letzten Paprikaschoten der Saison werden in diesem mild gewürzten Reisgericht mit orientalischen Zutaten wie Linsen und Kichererbsen zusammengebracht. Klassisch wird eine Tajine verwendet, ein Topf mit schwerem Boden tut es aber auch.

15 MIN. 45 MIN.

FÜR 4–6 PERSONEN

- 100 g braune oder grüne Linsen
- Salz und frisch gemahlener Pfeffer
- 1 EL Olivenöl
- 1 Zwiebel, fein gewürfelt
- 3 Knoblauchzehen, fein gehackt
- 1 Prise getrockneter Oregano
- abgeriebene Schale und Saft von 1 Bio-Zitrone
- ½ TL gemahlenes Piment
- 1 Prise geriebene Muskatnuss
- ½ TL gemahlener Kreuzkümmel
- 2 rote Paprikaschoten, in Streifen
- 200 g Reis
- 1 l heiße Gemüsebrühe
- 1 Dose Kichererbsen (400 g)
- 1 Bund Petersilie, fein gehackt

1 Linsen in einem großen Topf mit Wasser bedeckt aufkochen; 30 Minuten köcheln lassen, bis die Linsen weich, aber nicht zerfallen sind, abgießen.

2 In der Zwischenzeit das Öl in einem zweiten Topf erhitzen. Die Zwiebelwürfel darin in 3–4 Minuten glasig dünsten. Salzen und pfeffern, dann Knoblauch, Oregano, Zitronenschale, Piment, Muskat und Kreuzkümmel unterrühren; 1 Minute mitdünsten.

3 Paprikastreifen hinzufügen und 5 Minuten dünsten, dabei rühren, bis sie von der Zwiebelmischung überzogen sind. 2–3 Minuten weiterdünsten, bis sie weich sind, dann Reis und etwas Brühe untermischen; aufkochen lassen. Den Großteil der restlichen Brühe angießen und 1 Minute sprudelnd kochen lassen. Kichererbsen in einem Sieb abspülen. Abtropfen lassen; zur Paprikamischung geben und alles bei sehr schwacher Hitze 15–20 Minuten köcheln lassen. Falls nötig, etwas heißes Wasser untermischen. Zum Schluss die gegarten Linsen unterheben. Das Gericht abschmecken, Petersilie und Zitronensaft unterrühren. Dazu passen Joghurt und Fladenbrot.

Fisch auf jamaikanische Art

Diese Art zu kochen stammt aus der Karibik. Eine spezielle Gewürzmischung würzt Fleisch und Fisch und macht sie zart.

10 MIN. PLUS MARINIERZEIT **5 MIN.**

FÜR 4 PERSONEN

- 700 g festfleischiges Fischfilet (in mehreren Stücken; z. B. Seeteufel oder Kingklip)
- Limettenschnitze zum Servieren

Für die Würzmischung

- 6 Knoblauchzehen
- 4 grüne Chilischoten
- 2 kleine Zwiebeln, geschält und geviertelt
- 2 EL Thymianblättchen
- 3 EL brauner Zucker
- 2 TL gemahlenes Piment
- 1 TL gemahlener Zimt
- ½ TL geriebene Muskatnuss
- 1 TL frisch gemahlener schwarzer Pfeffer
- ½ TL Salz

1 Alle Zutaten für die Würzmischung in der Küchenmaschine oder im Mixer zu einer Paste verarbeiten. Die Fischfilets in einen Gefrierbeutel geben, die Würzmischung hinzufügen. Den Beutel verschließen (der Fisch muss von der Paste überzogen sein) und für mindestens 2 Stunden oder über Nacht in den Kühlschrank legen.

2 Den Grill vorheizen. Die Fischfilets bei schwacher Hitze auf jeder Seite 3–5 Minuten grillen, bis sie gebräunt und innen nicht mehr glasig sind. Nicht zu lange grillen, sie garen nach dem Herunternehmen noch nach.

3 Die Filets in Stücke schneiden und sofort mit Limettenschnitzen servieren. Dazu passen Baguette unc grüner Salat.

Meeräsche mit Kräuterkruste

Die Kruste passt zu vielen Fischen mit leicht erdigem Aroma wie Meeräsche. Legt man die Filets vor der Zubereitung kurz in gesäuertes Wasser, verbessert das ihren Geschmack.

15 MIN. **12-15 MIN.**

FÜR 4 PERSONEN

- 4 Meeräschenfilets (je etwa 175 g), gehäutet
- 50 g weiche Butter
- 1 EL gehackte Petersilie
- Saft von ½ Zitrone
- Salz und frisch gemahlener schwarzer Pfeffer
- Salbeiblättchen und Zitronenschnitze zum Anrichten

Für die Kruste

- 8 EL frische Brotkrumen
- 2 EL zerlassene Butter
- 1 EL gehackte Salbeiblätter
- 1 EL Schnittlauchröllchen
- abgeriebene Schale von ½ Zitrone

1 Den Backofen auf 200 °C vorheizen. Die Fischfilets sorgfältig entgräten und nebeneinander auf ein Backblech legen. Die Butter mit Petersilie und Zitronensaft vermischen, dann mit Salz und reichlich Pfeffer würzen. Die Fische dünn mit der Petersilienbutter bestreichen.

2 Für die Kruste Brotkrumen, flüssige Butter, Salbei, Schnittlauch und Zitronenschale mischen; mit Salz und Pfeffer abschmecken. Die Brotmasse auf den Fischfilets verteilen, dabei leicht auf die Petersilienbutter drücken.

3 Das Blech in den Ofen schieben. Die Filets 12–15 Minuten garen, bis sie gar, also fest und nicht mehr glasig, sind.

4 Die Filets mit Salbei und Zitronenschnitzen auf vorgewärmten Tellern anrichten. Dazu passen grüne Bohnen.

Kenianisches Fischcurry

Flüssige, feurig-scharfe Currys mit viel Kokosmilch sind typisch für die Küche Ostafrikas.

20 MIN. **45 MIN.**

FÜR 4 PERSONEN

- Saft von 1 Limette
- 1 TL schwarze Pfefferkörner, zerstoßen
- 600 g Meeräschenfilets, gehäutet und in 5 cm große Stücke geschnitten
- 6 EL Öl
- 1 rote Zwiebel, fein gewürfelt
- 1 rote Paprikaschote, in sehr dünne Streifen geschnitten
- 1 rote Chilischote (nach Belieben entkernt), in feine Streifen geschnitten
- 250 g Eiertomaten, gehäutet (siehe S. 197), entkernt und fein gewürfelt
- 200 ml Kokosmilch
- 1 EL Tamarindenpaste

Für die Würzmischung

- 2 getrocknete Chilischoten
- ¾ TL Korianderkörner
- 1 TL Senfkörner
- ¾ TL Kreuzkümmelsamen
- ¼ TL Kurkuma

1 Für die Würzmischung Chilis, Koriander- und Senfkörner mit den Kreuzkümmelsamen in einer Pfanne rösten, bis sie duften. Fein mahlen, mit Kurkuma auf einen Teller schütten.

2 Limettensaft und Pfeffer mischen; die Fischstücke mit der Mischung beträufeln. Das Öl in der Pfanne erhitzen. Den Fisch darin auf jeder Seite 1 Minute braten; auf einen Teller legen und zudecken.

3 Die Zwiebel in der Pfanne zugedeckt 5 Minuten dünsten. Paprika, Chili und Knoblauch hinzufügen und alles offen 10 Minuten braten. Die Würzmischung unterrühren. Alles 1 Minute braten. Tomaten dazugeben und aufkochen lassen. 200 ml Wasser dazugießen. 20 Minuten köcheln lassen. Kokosmilch und Tamarinde hinzufügen; alles weitere 15 Minuten köcheln lassen. Den Fisch in die Pfanne legen und bei schwacher Hitze in 5–10 Minuten gar ziehen lassen. Das Gericht mit Reis servieren.

Jetzt am besten **Meeräsche**

Die stromlinienförmige silberfarbene Meeräsche ähnelt dem Wolfsbarsch, hat aber größere Schuppen. Meeräschen, die auf hoher See gefangen wurden, haben köstliches saftiges Fleisch, Exemplare aus Küstennähe können einen leicht modrigen Geschmack aufweisen. Meeräschen schmecken vor allem mit kräftigen Gewürzen und Kräutern sowie Zutaten wie Sardellen, Tomaten, Zitrusfrüchten und Knoblauch.

Der dunkelgraue Rücken der Meeräsche schimmert an den Seiten silbrig.

Großköpfige Meeräsche Die langsam wachsenden Fische unterliegen keinen Fangquoten und sind eine gute Alternative zu teureren Edelfischen. Sie werden seit langer Zeit in Aquakultur gezüchtet und sind deshalb auch das ganze Jahr erhältlich.

Das rosa Fleisch wird beim Garen cremeweiß.

Meeräschenfilet Das feste Fleisch der Meeräsche ist rosafarben und wird beim Garen cremeweiß. Filets enthalten feine Gräten, die vor der Zubereitung sorgfältig mit einer Pinzette herausgezogen werden müssen.

Meeräsche schuppen

Bei allen Fischen – von Sardinen bis Meeräsche – müssen sichtbare Schuppen vor der Zubereitung entfernt werden, denn sie sind ungenießbar. Arbeiten Sie auf einer freien Fläche, die Sie mit Zeitungs- oder Backpapier auslegen, um die Schuppen aufzufangen.

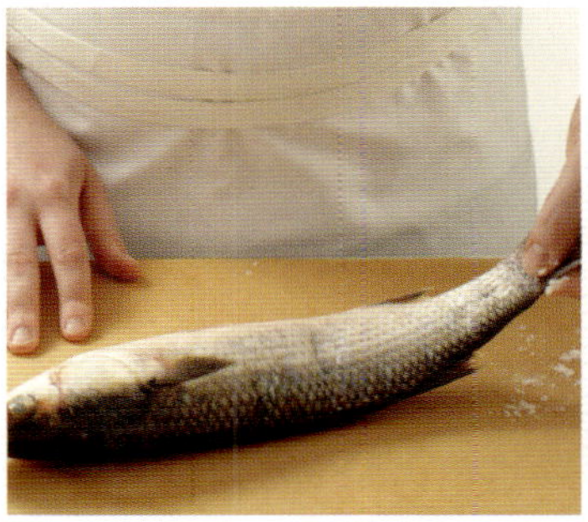

1 Tauchen Sie die Hände in Salz, um den Fisch gut festhalten zu können. Den Fisch auf Papier legen und fest am Schwanz packen.

2 Die Schuppen mit einem Messerrücken vom Schwanz zum Kopf hin abkratzen. Danach den Fisch gründlich abspülen und trocken tupfen.

Wissenswert

Im Angebot

Großköpfige Meeräsche. Ganz oder Filets; getrocknet und eingesalzen; Rogen eingesalzen und getrocknet.

Einkauf Beim ganzen Fisch auf festes Fleisch und klare Augen achten. Filets sollen frisch riechen und feucht sein.

Aufbewahren Möglichst am Kauftag zubereiten. Eingepackt im kältesten Bereich des Kühlschranks max. 24 Std. lagern.

Zubereiten Braten, garen im Ofen, dämpfen. Aus Rogen wird Taramasalata hergestellt.

Rezepte

Frittierte Fischbällchen mit Mangosalat Seite 278

Meeräsche mit Kräuterkruste Seite 322

Zucchini mit Fisch und Couscous Seite 316

Makrele auf Bali-Art

Kemirinüsse und Ketjap Manis, die dickflüssige süße Sojasauce, sind typische Zutaten der indonesischen Küche. Limettenschnitze und Koriandergrün dienen als appetitliche Garnitur.

10 MIN. PLUS KÜHLZEIT · 15 MIN.

FÜR 4 PERSONEN

- 4 kleine Makrelenfilets mit Haut, längs halbiert
- Saft von 2 Limetten
- ½ TL gemahlene Kurkuma
- ½ TL Salz
- 3 EL Öl
- 1 Stängel Zitronengras, längs in 4 Stücke geteilt
- 3 EL Ketjap Manis
- Koriandergrün und Limette zum Anrichten

Für die Chilipaste

- 3 rote Chilischoten (nach Belieben entkernt), fein gehackt
- 6 Schalotten, gewürfelt
- 2 Knoblauchzehen, zerdrückt
- 5 geröstete Kemirinuss- oder Macadamianusskerne
- 1 EL gehackter frischer Ingwer
- 1 EL Tamarindenpaste
- ½ TL Zucker
- Salz und frisch gemahlener Pfeffer

1 Filets mit Limettensaft beträufeln, mit Kurkuma und Salz bestreuen. Zugedeckt 15–30 Minuten kalt stellen.

2 Für die Chilipaste alle Zutaten bis auf Salz und Pfeffer in der Küchenmaschine fein hacken. Die Paste leicht salzen und pfeffern.

3 Die Filets aus der Marinade nehmen und trocken tupfen. Das Öl in einer hohen Pfanne oder im Wok erhitzen. Die Filets portionsweise auf den Hautseiten braten, bis das Fischfleisch fest ist. Vorsichtig aus der Pfanne heben und auf eine Platte legen.

4 Die Würzpaste in die Pfanne geben. Bei mittlerer Hitze braten, bis sie duftet. 150 ml Wasser dazugießen. Zitronengras hinzufügen. Die Sauce aufkochen und 2–3 Minuten köcheln lassen. Die Filets hineinlegen, Ketjap Manis dazugeben und die Sauce bei schwacher Hitze einkochen lassen, dabei vorsichtig rühren. Mit Limette und Koriandergrün auf Reis anrichten.

Gefüllte Artischocken

Auf provenzalische Art in Wein geschmort, mit Paprikasauce.

50–55 MIN. · 40–45 MIN.

FÜR 4 PERSONEN

- 4 Green-Globe-Artischocken (etwa 1,5 kg), vorbereitet (siehe S. 308)
- ½ Zitrone
- Salz
- 50 g Butter
- 3 kleine Zwiebeln, fein gewürfelt
- 6 Knoblauchzehen, fein gehackt
- 250 g Champignons, fein würfelt
- 250 g Parmaschinken, in Streifen geschnitten
- 2 Sardellenfilets, fein gehackt
- 175 g entsteinte schwarze Oliven, fein gehackt
- 4 Scheiben Weißbrot, zu Krumen zerkleinert
- Blätter von 2–3 Zweigen Thymian
- 1 gute Prise gemahlenes Piment
- frisch gemahlener schwarzer Pfeffer
- 250 ml Weißwein
- 2 EL Olivenöl
- 750 g rote Paprikaschoten, geröstet, gehäutet (siehe S. 171) und fein gewürfelt
- 1 Dose gehackte Tomaten (400 g)
- 1 Knoblauchzehe, gehackt
- 2 Frühlingsziebeln, gewürelt
- Blätter von 1 Bund Basilikum, in Streifen geschnitten

1 Die Schnittflächen der Artischocken mit der Zitronenhälfte abreiben. Die Artischocken In kochendem Salzwasser 25–30 Minuten garen, bis sie fast weich sind und ein Blatt sich mit leichtem Widerstand herausziehen lässt. Mit einem Schaumlöffel herausheben und umgedreht auf einem Gitter abtropfen lassen.

2 Die Butter in einer Pfanne zerlassen. Die Zwiebeln darin mit dem Knoblauch unter Rühren glasig dünsten; Pilze, Schinken, Sardellen und Oliven unterrühren. Vom Herd nehmen, Krumen, Thymian und Piment untermischen. Mit Pfeffer würzen.

3 Den Backofen auf 180 °C vorheizen. Die Artischocken mit der Krumenmischung füllen und mit Küchengarn binden. In einen backofenfesten Schmortopf geben. Den Wein angießen und in etwa 5 Minuten auf die Hälfte einkochen lassen. So viel Wasser dazugeben, dass die Artischocken halb bedeckt sind. Salzen, pfeffern und aufkochen lassen.

4 Die Artischocken zugedeckt im heißen Ofen 40–50 Minuten garen, bis sich ein Mittelblatt leicht herausziehen lässt, dabei gelegentlich mit Garsud beträufeln.

5 Das Öl in einer Pfanne erhitzen. Restliche Zutaten hineingeben; unter gelegentlichem Rühren 15–20 Minuten köcheln lassen. In der Küchenmaschine grob pürieren; salzen und pfeffern. Artischocken vom Garn befreien. Mit Sauce auf Tellern anrichten, restliche Sauce dazu reichen.

Couscous mit Lauch-Fleisch

Rinderhackfleisch wird mit Lauch und Paprika kombiniert.

25 MIN. · 30 MIN.

FÜR 4 PERSONEN

- 4 EL Olivenöl
- 3 Stangen Lauch, in dünne Ringe geschnitten
- 350 g Rinderhackfleisch
- 1 frische rote Chilischote, entkernt und gehackt
- 1 TL edelsüßes Paprikapulver
- 3 Knoblauchzehen, in Scheiben geschnitten
- 5 EL Weißwein
- 250 ml heiße Rinderbrühe
- 2 EL gehackte Petersilie
- 250 g Couscous

1 Den Backofen auf 150 °C vorheizen. Das Öl in einem großen backofenfesten Topf bei mittlerer Hitze heiß werden lassen. Den Lauch darin 5 Minuten dünsten. Das Hackfleisch hinzufügen und unter gelegentlichem Rühren etwa 10 Minuten mitdünsten.

2 Chilis, Paprika und Knoblauch 2 Minuten mitdünsten. Den Wein angießen, 3 Minuten kochen lassen. Brühe, Petersilie und Couscous untermischen. Den Topf mit dem Deckel verschließen; für 15 Minuten in den Ofen stellen. Das Gericht vor dem Servieren durchrühren.

Sole Veronique

Ein Klassiker aus Frankreich: Rot- oder Seezunge mit Weintraubensauce. Je nach Saison können Sie auch andere Plattfische verwenden, beispielsweise Scholle oder Flunder.

30 MIN. 20 MIN.

FÜR 4 PERSONEN

- 8 Rot- oder Seezungenfilets ohne Haut
- ½ Zwiebel, in feine Ringe geschnitten
- 6 schwarze Pfefferkörner
- 1 Lorbeerblatt
- 100 ml Weißwein
- Butter für das Backpapier

Für die Sauce

- 50 g Butter
- 2 EL Mehl
- 5 EL warme Milch
- 5 EL Sahne
- Salz und frisch gemahlener weißer Pfeffer
- 200 g kernlose helle Weintrauben, geschält

1 Den Backofen auf 180 °C vorheizen. Jedes Filet mit der gehäuteten Seite nach innen aufrollen. Röllchen in eine ofenfeste Form legen; Zwiebelringe, Pfefferkörner und Lorbeerblatt darum verteilen. Wein und 100 ml Wasser angießen. Alles mit gebuttertem Backpapier bedecken.

2 Die Fischröllchen im Ofen 10–12 Minuten garen; aus der Form nehmen und warm stellen. Garsud durch ein Sieb in einen Topf gießen und sprudelnd auf 150 ml einkochen lassen.

3 Für die Sauce die Hälfte der Butter in einem zweiten Topf zerlassen und das Mehl darin anschwitzen, vom Herd nehmen. Milch und eingekochten Sud darunterschlagen, bis eine glatte Mischung entstanden ist. Bei schwacher Hitze unter Rühren aufkochen lassen und die Sahne dazugeben. Vom Herd nehmen und die restliche Butter unter die Sauce schlagen; mit Salz und Pfeffer würzen. Die Weintrauben in der Sauce heiß werden lassen. Die Fischröllchen mit der Sauce auf vorgewärmten Tellern anrichten.

Wolfsbarsch mit Bohnensauce

Aromatischer Wolfsbarsch und eine salzige Sauce aus schwarzen Bohnen sind eine wunderbare Kombination.

25 MIN. 30 MIN.

FÜR 4 PERSONEN

- 3 EL fermentierte schwarze Bohnen (Asienladen)
- 2 EL Sonnenblumenöl
- 2 Frühlingszwiebeln, gewürfelt
- 1 Stück frischer Ingwer (5 cm), in dünne Stifte geschnitten
- 1 Knoblauchzehe, sehr fein gehackt
- 3 EL Sojasauce
- 2 EL chinesischer Reiswein oder trockener Sherry
- 1 TL Zucker
- 300 ml Fischfond
- 1 TL Speisestärke
- 4 Wolfsbarschfilets (je etwa 175 g), geschuppt und entgrätet
- Sesamöl zum Beträufeln
- Koriandergrün zum Garnieren

1 Bohnen gründlich abspülen. Das Öl in einer Pfanne erhitzen. Frühlingszwiebeln und Ingwer darin anbraten, bis Duft aufsteigt. Knoblauch hinzufügen und 1 Minute mitbraten.

2 Vom Herd nehmen. Sojasauce, Reiswein und Zucker unterrühren und aufkochen. Drei Viertel des Fischfonds dazugießen, aufkochen und ein paar Minuten köcheln lassen. Speisestärke im restlichen Fond auflösen.

3 Die Fischfilets in einen Dämpfkorb legen und zugedeckt 7–8 Minuten über köchelndem Wasser dämpfen.

4 Währenddessen die schwarzen Bohnen und die aufgelöste Speisestärke in die heiße Fondmischung geben. Unter Rühren aufkochen und 2–3 Minuten köcheln lassen, bis die Flüssigkeit etwas angedickt ist.

5 Die Fischfilets auf eine Platte heben und die Sauce darübergießen. Alles mit Sesamöl beträufeln und mit Koriander garnieren. Dazu passt Reis.

Gerösteter Lauch mit Tomatendressing

Hier steht ausnahmsweise einmal der Lauch im Vordergrund – und das hat dieses feine Gemüse auch verdient. Servieren Sie das Gericht als Vorspeise oder als Beilage.

10 MIN. 12 MIN.

FÜR 4 PERSONEN

- 1 EL fein gehackte getrocknete Tomaten in Öl
- 3 EL Olivenöl, plus mehr für die Form
- 1 EL Rotweinessig
- 1 EL sehr fein gehackte schwarze und grüne Oliven
- 1 EL fein gehacktes Basilikum
- Salz und frisch gemahlener schwarzer Pfeffer
- 8 kurze dünne Stangen Lauch

1 Den Backofen auf 200 °C vorheizen. Die Tomaten in einer Schüssel mit etwas von ihrem Öl sowie Olivenöl, Essig, Oliven und Basilikum verrühren; salzen und pfeffern.

2 Den Lauch für 2 Minuten in sprudelnd kochendes Wasser geben. Herausheben und gut abtropfen lassen.

3 Eine ofenfeste Form mit Olivenöl ausfetten. Den Lauch hineingeben und im heißen Ofen rösten, bis er goldbraun und weich ist. Mit dem Dressing beträufeln und servieren.

Variante

Gerösteter Lauch mit Chili und knusprigem Speck

8–12 kurze dünne Stangen Lauch blanchieren, wie in Schritt 2 beschrieben. In der Form mit 3 EL Olivenöl, 1 EL Balsamico bianco und viel schwarzem Pfeffer mischen. 1 entkernte, fein gehackte rote Cilischote und 1 EL Thymian daraufstreuen. Wie beschrieben rösten, dann auf eine vorgewärmte Platte legen. Inzwischen 50 g gewürfelte Pancetta ohne Fett knusprig braten. Den Lauch damit bestreuen und servieren.

Pflaumensauce auf chinesische Art

Die Sauce schmeckt authentisch und kann als Dip, zum Bestreichen von Enten-, Hühner- oder Schweinefleisch oder als Ersatz für Hoisinsauce verwendet werden.

20 MIN. 45–50 MIN.

ERGIBT ETWA 600 ML

- ½ TL Wasabipaste oder Senf
- 150 ml Reis- oder Weißweinessig
- 500 g vollreife dunkle Pflaumen, halbiert und entsteint
- 1 Zwiebel, gewürfelt
- 1 Knoblauchzehe, zerdrückt
- 50 g brauner Zucker
- 5 EL flüssiger Honig
- 2 EL Sojasauce
- 1 TL Fünf-Gewürze-Pulver
- 2 EL Sake oder trockener Sherry

1 Wasabipaste oder Senf in einem großen Topf verrühren. Pflaumen, Zwiebel und Knoblauch dazugeben. Aufkochen, dann bei halb aufgelegtem Deckel 10–20 Minuten schwach köcheln lassen, bis die Pflaumen zerfallen sind.

2 Die Mischung im Mixer oder in der Küchenmaschine pürieren. Das Püree in den Topf geben und die restlichen Zutaten unterrühren. Die Sauce unter ständigem Rühren aufkochen, dann offen 25 Minuten köcheln lassen, bis sie sehr dickflüssig ist.

3 In heiß ausgespülte Schraubdeckelgläser füllen. Mit Wachspapierkreisen bedecken und abkühlen lassen. Gläser fest verschließen und beschriften. Kalt und dunkel bis zu 3 Monate aufbewahren. Geöffnete Gläser im Kühlschrank lagern und den Inhalt in 2 Wochen verbrauchen.

Tomatenketchup

Bei selbst gemachtem Ketchup weiß man, was drin ist – viele gute Sachen, aber keine Chemie. Dieser hier ist süßsauer und fein gewürzt.

15 MIN. 45 MIN. - 1 STD. 5 MIN.

ERGIBT ETWA 750 ML

- 1 kg vollreife Tomaten, grob zerkleinert
- 1 Möhre, gewürfelt
- 1 kleine Zwiebel, gewürfelt
- 1 Stange Sellerie, gewürfelt
- 1 großes Lorbeerblatt
- 2 Stücke Muskatblüte (Macis)
- 1 TL Salz
- 150 ml Rotweinessig
- 50 g brauner Zucker

1 Alle Zutaten bis auf den Zucker in einen großen Topf (nicht aus Aluminium) geben. Aufkochen, dann zugedeckt 30 Minuten köcheln lassen. Anschließend offen weitere 15 Minuten köcheln lassen, dabei gelegentlich umrühren.

2 Macis und Lorbeer entfernen. Die Mischung im Mixer oder in der Küchenmaschine fein pürieren, dann durch ein feines Sieb in den ausgespülten Topf passieren.

3 Bei schwacher Hitze den Zucker unterrühren. Den Ketchup unter ständigem Rühren aufkochen und 5 Minuten sprudelnd kochen lassen, bis er sehr dickflüssig ist.

4 In heiß ausgespülte sterilisierte Schraubdeckelgläser füllen, mit Wachspapierkreisen bedecken und abkühlen lassen. Die Gläser verschließen und beschriften. Kalt und dunkel bis zu 3 Monate aufbewahren. Geöffnete Gläser im Kühlschrank lagern und den Inhalt in 2 Wochen verbrauchen. Vor der Verwendung schütteln.

Grünes Gemüse mit Knoblauch und Haselnüssen

Herbstliche Blattgemüse wie Spinat, Mangold und Pak choi (letztere mit fleischigen Stielen und zarten Blättern) werden hier mit Zuckerschoten kurz pfannengerührt. So bleibt ihr milder, trotzdem unverwechselbarer Geschmack erhalten.

15 MIN. **15 MIN.**

FÜR 4 PERSONEN

- 1 Handvoll Haselnusskerne
- 1 EL Öl
- 2 grüne Chilischoten, entkernt und fein gehackt
- 3 Knoblauchzehen, in dünne Scheiben geschnitten
- 1 EL Sojasauce
- 1 EL chinesischer Reiswein
- 1-2 Pak choi, längs geviertelt
- 1 Handvoll Spinat- oder Mangoldblätter
- 2 Handvoll Zuckerschoten, in Streifen geschnitten
- Salz und frisch gemahlener Pfeffer

1 Die Nüsse auf einem Backblech verteilen und unter dem heißen Backofengrill rösten, bis sie goldbraun sind, dabei häufig wenden. Anschließend noch heiß in ein sauberes Geschirrtuch geben und die Häute abrubbeln. Die Nüsse grob hacken.

2 Den Wok bei mittlerer bis starker Hitze heiß werden lassen. Das Öl hineingeben und durch Schwenken verteilen. Chilis und Knoblauch darin 10 Sekunden braten, dann Sojasauce und Reiswein hinzufügen und einige Sekunden kochen lassen.

3 Pak choi und Spinat bzw. Mangold dazugeben und 1 Minute pfannenrühren. Die Zuckerschoten dazugeben; 1 Minute weiterrühren. Das Ganze mit Salz und Pfeffer abschmecken, mit den gehackten Nüssen bestreuen und sofort servieren. Dazu passt Reis.

Variante

Buntes Gemüse aus dem Wok

Wie beschrieben zubereiten, aber in Schritt 3 statt Spinat bzw. Mangold etwa 100 g schräg in dicke Scheiben geschnittene Mini-Maiskolben, 1 Handvoll Austernpilze (große Exemplare in Stücke geschnitten) und 1 in Streifen geschnittene rote oder gelbe Paprikaschoten in den Wok geben. Etwas mehr Reiswein und Sojasauce nach Geschmack unterrühren.

Knusprige Kartoffelecken

Kartoffeln sind zwar unglaublich vielseitig, doch oft ist es die einfachste Zubereitungsart, die ihren Geschmack am besten zur Geltung bringt.

10 MIN. 40 MIN.

FÜR 4–6 PERSONEN

1 kg mehligkochende Kartoffeln, gewaschen und längs geviertelt oder geachtelt (je nach Größe)

2 EL Olivenöl

Salz

1 Den Backofen auf 200 °C vorheizen. Die Kartoffeln mit den Händen in einer großen ofenfesten Form mit dem Öl mischen.

2 Großzügig salzen, dann 40 Minuten im heißen Ofen rösten, bis sie knusprig und goldbraun sind.

Variante

Cajun-Gemüsechips

Dafür 1 kleine Süßkartoffel und 1 große Kartoffel ungeschält in dicke Scheiben schneiden. 1 geschältes Stück Kürbisfruchtfleisch ebenfalls in dicke Scheiben schneiden. Alles in einer großen ofenfesten Form mit 2–3 EL Öl und 1 EL Cajun-Gewürzmischung mischen; das Salz weglassen. Wie beschrieben rösten. Vor dem Servieren mit etwas grobem Meersalz bestreuen.

Rote-Bete-Relish

Ein süßes, würziges Relish, das gut zu Käse und gekochtem Rindfleisch passt. Wer Zeit sparen möchte, gart die Roten Beten bereits am Vorabend.

10 MIN. 2 STD. 5 MIN.

ERGIBT ETWA 1 KG

1,5 kg Rote Bete

1 gehäufter EL Zucker

500 g Schalotten, fein gewürfelt

700 ml Apfelwein- oder Weißweinessig

1 EL Einmachgewürz, auf ein Stück Mull gegeben (den Stoff mit Küchengarn zu einem Beutel zusammenbinden)

500 g Einmachzucker

1 Die Roten Beten in einen großen Topf (nicht aus Aluminium) geben und mit Wasser bedecken. Den Zucker hinzufügen. Aufkochen und 1 Stunde köcheln lassen, bis die Roten Beten weich sind. Abgießen und etwas abkühlen lassen, dann schälen und in gleichmäßige Würfel schneiden.

2 Schalotten und Essig in den ausgespülten Topf geben und 10 Minuten köcheln lassen. Die Rote-Bete-Würfel und den Gewürzbeutel hinzufügen. Umrühren, den Einmachzucker dazugeben und das Ganze langsam erhitzen, bis der Zucker sich aufgelöst hat. 5 Minuten sprudelnd kochen, dann etwa 40 Minuten köcheln lassen, bis die Mischung eindickt.

3 Den Gewürzbeutel entfernen. Das Relish luftblasenfrei in heiß ausgespülte sterilisierte Einmachgläser schöpfen. Die Gläser verschließen und beschriften; kühl und dunkel lagern, erst nach 1 Monat öffnen. Angebrochene Gläser im Kühlschrank aufbewahren.

Thailändische Dipsauce

In Thailand isst man diese scharfe Sauce zu so gut wie allem. Am besten vor dem Essen ein paar Tage durchziehen lassen.

10 MIN.

FÜR 4 PERSONEN

1 TL Palm- oder brauner Zucker, plus mehr nach Bedarf

3 Knoblauchzehen, zerdrückt

3–4 rote Chilischoten, entkernt (nach Belieben) und fein gehackt

2 EL Thai-Fischsauce

1 EL helle Sojasauce

Saft von 1 Limette, plus mehr nach Bedarf

2 EL gehacktes Koriandergrün

Salz

1 Sie können einen Mörser oder einen Blitzhacker verwenden. Im Mörser den Zucker mit Knoblauch und Chilis zu einer glatten Paste zerdrücken, dann die restlichen Zutaten untermischen. Die Sauce mit Salz und eventuell mit Zucker oder Limettensaft abschmecken. Alternativ alle Zutaten bis auf Limettensaft, Koriandergrün und Salz im Blitzhacker zu einer Paste verarbeiten. Limettensaft und Salz hinzufügen und das Koriandergrün unterrühren.

2 Die Sauce kurz durchziehen lassen, anschließend erneut abschmecken und, falls nötig, mehr Limettensaft, Salz oder Zucker dazugeben. In ein Gefäß füllen, dieses fest verschließen und kalt stellen. Innerhalb 1 Woche verbrauchen.

Grüne Bohnen mit gerösteten Haselnüssen

Durch Haselnüsse und Butter wird der intensive Geschmack frischer grüner Bohnen perfekt ergänzt.

5 MIN. 5 MIN.

FÜR 4 PERSONEN

- 250 g grüne Bohnen
- Salz
- 20 g Butter
- 75 g Haselnusskerne, geröstet und gehackt

1 Die Bohnen in kochendem Salzwasser in 5–6 Minuten bissfest garen. In ein Sieb schütten und mit kaltem Wasser abschrecken, damit sie ihre Farbe behalten und der Garprozess gestoppt wird.

2 In eine Schüssel füllen, Butter und Nüsse daraufgeben. Passt zu Hähnchen oder Lammfleisch.

Gemüse auf griechische Art

Eine ideale Vorspeise oder Beilage für einen reichhaltigen Hauptgang. Sie können sie bis zu 2 Tage im Voraus zubereiten und im Kühlschrank durchziehen lassen.

25–30 MIN. 25–30 MIN.

FÜR 4 PERSONEN

- 10 g Korianderkörner
- ½ EL schwarze Pfefferkörner
- 2 Lorbeerblätter
- 2–3 Zweige Thymian
- 1–2 Stängel Petersilie
- 1 EL Tomatenmark
- 400 ml Gemüsebrühe oder Wasser, plus mehr nach Bedarf
- Saft von ½ Zitrone
- 2 EL Weißwein
- 12 Perlzwiebeln
- 2 EL geschmacksneutrales Öl
- 2 EL Olivenöl
- 250 g kleine Champignons
- 250 g Fenchel, in Scheiben geschnitten
- 1 Dose gehackte Tomaten (200 g)
- Salz und frisch gemahlener schwarzer Pfeffer
- 20 g Rosinen

1 Den Koriander in einer kleinen Schüssel mit Pfefferkörnern, Lorbeerblättern, Thymian und Petersilie mischen. Die Mischung auf ein kleines Stück Mull geben und dieses mit Küchengarn fest zu einem Beutel zusammenbinden.

2 Für den Garsud das Tomatenmark in einer Schüssel mit der Hälfte der Brühe bzw. des Wassers, dem Zitronensaft und dem Wein verquirlen.

3 Die Perlzwiebeln in einer Schüssel 2 Minuten in heißem Wasser einweichen. Abgießen und schälen; die Wurzelenden nicht ganz entfernen.

4 Die Öle in einem Topf erhitzen. Die Zwiebeln darin unter Rühren 3 Minuten braten, bis sie etwas gebräunt sind. Pilze, Fenchel, Tomaten, Gewürzbeutel, Salz und Pfeffer dazugeben. Den Garsud dazugießen – Pilze und Gemüse sollen knapp bedeckt sein. Bei starker Hitze aufkochen lassen. Die Rosinen hinzufügen. Alles unter gelegentlichem Rühren bei schwacher bis mittlerer Hitze 25–30 Minuten garen, bis Pilze und Gemüse weich sind. Den Gewürzbeutel entfernen. Das Gericht abschmecken und servieren.

Mais-Paprika-Relish

Grandios zu Käse, Fleisch, Fisch und auch zum Fondue. Das Relish ist eine Kreuzung aus Mixed Pickles und Chutney, wird aber kürzer gekocht als ein Chutney.

10 MIN. 25–30 MIN.

ERGIBT ETWA 1 KG

- Körner von 4 Zuckermaiskolben (etwa 500 g; siehe S. 155)
- 2 rote (oder 1 grüne und 1 rote) Paprikaschoten, fein gewürfelt
- 2 Stangen Sellerie, in dünne Scheiben geschnitten
- 1 rote Chilischote, entkernt und in dünne Streifen geschnitten (nach Belieben)
- 1 Zwiebel, in dünne Ringe geschnitten
- 500 ml Weißweinessig
- 250 g Zucker
- 2 TL Salz
- 2 TL Senfpulver
- ½ TL gemahlene Kurkuma

1 Die Maiskörner für 2 Minuten in kochendes Wasser geben. Abgießen und gut abtropfen lassen. Mit den restlichen Zutaten in einen großen Topf geben. Bei mittlerer Hitze rühren, bis der Zucker sich aufgelöst hat. Aufkochen und bei schwacher Hitze unter häufigem Rühren 15–20 Minuten köcheln lassen, bis die Mischung etwas eingedickt ist. Das Relish sollte dickflüssig, aber nicht so trocken wie ein Chutney sein.

2 Das Relish abschmecken, dann in heiß ausgespülte sterilisierte Einmachgläser füllen. Die Gläser verschließen, abkühlen lassen und beschriften. Kühl und dunkel lagern. Das Relish kann sofort oder später gegessen werden. Angebrochene Gläser im Kühlschrank aufbewahren.

Schnelles Kürbisbrot

Ein Brot, das gut zu Suppen passt. Dass es tagelang saftig bleibt, verdankt es Kürbisraspeln im Teig.

20 MIN. 50 MIN. TK-TAUGLICH

ERGIBT 1 BROT

- 300 g Mehl, plus mehr zum Arbeiten
- 100 g Weizenvollkornmehl
- 1 TL Backpulver
- 1 TL Speisenatron
- ½ TL Salz
- 120 g Butternusskürbis, halbiert, entkernt, geschält und geraspelt
- 30 g Kürbiskerne
- 300 ml Buttermilch

1 Den Backofen auf 220 °C vorheizen. Mehle, Backpulver, Natron und Salz in einer Schüssel gründlich mischen. Kürbisraspel und -kerne hinzufügen und rühren, bis keine Klümpchen mehr vorhanden sind. In die Mitte des Teigs eine Mulde drücken und die Buttermilch hineingießen. Alles zu einem glatten Teig verrühren.

2 Die Mischung mit den Händen zu einer Kugel formen. Auf einer bemehlten Arbeitsfläche 2 Minuten kneten. Falls der Teig zu klebrig ist, etwas mehr Mehl unterkneten.

3 Den Teig zu einem Kreis (15 cm Ø) formen und auf ein mit Backpapier belegtes Backblech legen. Damit das Brot beim Backen besser aufgeht, oben mit einem scharfen Messer ein Kreuz hineinschneiden.

4 Das Brot im heißen Ofen (Mitte) 30 Minuten backen, bis es aufgegangen ist. Die Ofentemperatur auf 200 °C senken und das Brot 20 Minuten weiterbacken, bis es beim Daraufklopfen hohl klingt.

5 Das Brot auf einem Gitter mindestens 20 Minuten abkühlen lassen, dann servieren.

Pilzsauce zum Würzen

Diese dünnflüssige Sauce kann zum Würzen von Suppen, Saucen und herzhaften Gerichten verwendet werden.

1 STD. 30 MIN. PLUS RUHEZEIT 1 STD.

ERGIBT ETWA 300 ML

- 2 kg große geöffnete Champignons, fein gehackt
- 30 g grobes Meersalz
- 1 TL schwarze Pfefferkörner
- 1 TL Pimentbeeren
- ½ TL Gewürznelken
- ½ Zimtstange
- 1 kleine Schalotte
- 300 ml Rot- oder Weißweinessig
- einige getrocknete Steinpilze
- 6 Sardellenfilets in Salz, abgespült (ersatzweise 2 EL Sojasauce)
- 2 Stücke Muskatblüte (Macis)
- 1 TL Weinbrand (nach Belieben)

1 Mit den Händen die gehackten Champignons in einer großen Schüssel mit dem Salz mischen. Zudecken und 24 Stunden ziehen lassen, dabei die Pilze gelegentlich nach unten drücken. Nach Ablauf der Zeit sollten sie nur noch etwa ein Drittel ihres ursprünglichen Volumens haben.

2 Pfeffer, Piment, Nelken und Zimt im Mörser zerstoßen. Die Schalotte schälen und fein würfeln.

3 Die Champignons mit der Flüssigkeit, den zerstoßenen Gewürzen, den Schalottenwürfeln sowie Essig, Steinpilzen, Sardellen und Macis in einen Topf geben. Aufkochen und zugedeckt 1 Stunde sehr schwach köcheln lassen.

4 Das Ganze über einer sauberen Schüssel in ein feinmaschiges Sieb gießen. Die Rückstände im Sieb kräftig ausdrücken, um möglichst viel Flüssigkeit zu gewinnen.

5 Den Siebinhalt auf ein Stück Mull geben. Die Stoffecken zusammenfassen und das Bündel fest über der Schüssel ausdrücken. Die gesamte Flüssigkeit abmessen. Sollte es mehr als 300–400 ml sein, die Flüssigkeit auf etwa 300 ml einkochen lassen, anschließend in eine heiß ausgespülte sterilisierte Flasche gießen und nach Belieben den Weinbrand hinzufügen. Die Flasche verschließen und beschriften; kühl und dunkel aufbewahren. Die angebrochene Pilzsauce hält sich im Kühlschrank 4–6 Monate.

Fenchelgratin

Sahne und Parmesan ergänzen in diesem italienischen Gericht das feine Anisaroma des Fenchels.

5 MIN. 40 MIN.

FÜR 4 PERSONEN

- 2 Fenchelknollen, längs in jeweils 6 Scheiben oder Spalten geschnitten
- Salz
- 1 TL gehackter Rosmarin (nach Belieben)
- frisch gemahlener schwarzer Pfeffer
- 150 g Sahne
- 25 g Parmesan, gerieben

1 Den Backofen auf 180 °C vorheizen. Den Fenchel in sprudelnd kochendem Salzwasser etwa 5 Minuten bissfest garen. In ein Sieb abgießen und gut abtropfen lassen.

2 Den Fenchel in eine flache ofenfeste Form legen, mit Rosmarin bestreuen (nach Belieben). Salzen und pfeffern, dann mit der Sahne begießen und mit der Hälfte des Parmesans bestreuen. Die Form mit Alufolie verschließen und für 30 Minuten in den heißen Ofen stellen.

3 Die Folie entfernen. Das Gratin mit dem restlichen Parmesan bestreuen und im Ofen weitere 5 Minuten garen, bis es Farbe annimmt. Heiß servieren.

Oliven-Paprika-Ciabatta

Eine gute Ciabatta sollte schön aufgegangen und knusprig, ihre Krume sehr locker sein. Schwarze Oliven und geröstete Paprikaschoten sorgen hier für ein besonderes Geschmackserlebnis und machen auch optisch etwas her.

40 MIN. PLUS GEHZEITEN **30 MIN.** **TK-TAUGLICH**

ERGIBT 2 BROTE

- 500 g Weizenmehl Type 550, plus mehr zum Arbeiten
- 1 Päckchen Trockenhefe
- 1 TL Salz
- 2 EL Olivenöl
- 50 g entsteinte schwarze Oliven, abgetropft, grob gehackt und mit Küchenpapier trocken getupft
- 1 rote Paprikaschote, geröstet, gehäutet (siehe S. 171) und grob gehackt

1 Das Mehl in einer Schüssel mit Hefe und Salz mischen. Das Olivenöl und 350 ml warmes Wasser hinzufügen. Alles zu einem glatten, klebrigen Teig verrühren.

2 Den Teig auf einer bemehlten Arbeitsfläche 10 Minuten kneten, dann dünn ausziehen und mit Oliven- und Paprikastücken bestreuen. Die Teigränder über Oliven und Paprika klappen. Den Teig kurz kneten, bis Oliven und Paprika gleichmäßig darin verteilt sind. Den Teig in eine ausgeölte Schüssel geben, locker mit Frischhaltefolie bedecken und an einem warmen Platz bis zu 2 Stunden gehen lassen, bis sein Volumen sich verdoppelt hat.

3 Den Teig auf eine bemehlte Arbeitsfläche geben und die Luft herausschlagen. Anschließend in zwei gleich große Portionen teilen. Jede Portion durchkneten und zu einem rechteckigen, 30 x 10 cm großen Laib formen. Die Laibe auf ein mit Backpapier belegtes Backblech legen, mit Frischhaltefolie und einem Geschirrtuch bedecken und etwa 1 Stunde gehen lassen, bis ihr Volumen sich verdoppelt hat.

4 Den Backofen auf 230 °C vorheizen. Die Laibe dünn mit Wasser besprühen. Im heißen Ofen 30 Minuten backen, bis sie goldbraun sind, dabei alle 10 Minuten mit Wasser besprühen. Die Brote sind durchgebacken, wenn es beim Klopfen auf die Unterseite hohl klingt. Vor dem Aufschneiden 30 Minuten abkühlen lassen.

Äpfel und Brombeeren mit Bröselkruste

Die Kombination aus Äpfeln und Brombeeren versteckt sich hier unter einer zitronigen Bröselkruste.

15 MIN. 40 MIN. TK-TAUGLICH

FÜR 4 PERSONEN

100 g Kastenweißbrot, im Mixer zu feinen Bröseln verarbeitet

1 EL weiche Butter, plus mehr für die Form

abgeriebene Schale von 1 Bio-Zitrone

3 Äpfel (z. B. Boskop), geschält, entkernt und in Spalten geschnitten

150 g Brombeeren

150 ml Orangensaft

2-3 EL Zucker

1 Den Backofen auf 190°C vorheizen. Die Brösel in einer Schüssel mit der Butter und der Zitronenschale vermischen.

2 Eine ofenfeste flache Form fetten und die Äpfel hineinfüllen. Brombeeren, Orangensaft und Zucker dazugeben und untermischen. Alles mit der Bröselmischung bestreuen und das Ganze 35–40 Minuten backen, bis die Bröselkruste goldbraun ist. Heiß mit Schlagsahne oder Eiscreme servieren.

Variante

Äpfel und Himbeeren mit Brotstreuseln

Die Süßspeise wie beschrieben zubereiten, jedoch Vollkorn-Brösel verwenden, 2 Äpfel durch 4 vollreife Birnen ersetzen, 150 g Himbeeren anstelle der Brombeeren und Apfelsaft statt Orangensaft nehmen. Zum Süßen dürften 1–2 EL Zucker ausreichen. Die Süßspeise mit Vanilleeiscreme servieren.

Apfel-Jalousie

Die obere Teigschicht wird vor dem Backen so eingeschnitten, dass sie aussieht wie eine Jalousie – daher der Name.

1 STD. 15 MIN. - 1 STD. 30 MIN. PLUS KÜHLZEIT 30-40 MIN.

FÜR 6-8 PERSONEN

15 g Butter

1 kg säuerliche Äpfel, geschält, entkernt und gewürfelt

1 Stück frischer Ingwer (2,5 cm), geschält und fein gehackt

100 g Zucker

500 g Blätterteig

1 Eiweiß

1 Die Butter in einer großen Pfanne zerlassen. Die Äpfel mit Ingwer und Zucker (bis auf 2 EL) darin unter häufigem Rühren braten, bis sie weich und karamellisiert sind. Abschmecken und nach Bedarf noch etwas Zucker untermischen; abkühlen lassen.

2 Ein Backblech gleichmäßig mit kaltem Wasser besprenkeln. Den Blätterteig auf einer bemehlten Arbeitsfläche ausrollen und auf 28 x 32 cm zurechtschneiden. Längs halbieren. Eine der Hälften längs zusammenklappen und den Bruch mit einem sehr scharfen Messer alle 5 mm bis knapp zur anderen Seite einschneiden. Das intakte Teigstück auf das Backblech legen und etwas andrücken. Die Apfelfüllung mittig als Streifen daraufgeben, dabei rundherum einen 2 cm breiten Rand frei lassen. Den Rand mit kaltem Wasser einpinseln. Das eingeschnittene Teigstück auffalten und auf die Füllung legen. Die Ränder mit den Fingerspitzen zusammendrücken. Ränder gerade schneiden und in kleinen Abständen mit einem Messerrücken eindrücken. Die Jalousie 15 Minuten kalt stellen. Den Backofen auf 220°C vorheizen.

3 Im heißen Ofen 20–25 Minuten backen, bis der Teig aufgegangen ist und etwas Farbe angenommen hat. Inzwischen das Eiweiß schaumig schlagen. Die heiße Jalousie damit bestreichen und mit dem restlichen Zucker bestreuen. 10–15 Minuten weiterbacken, bis die Zuckerglasur knusprig und der Teig goldbraun ist. Auf einem Gitter auskühlen lassen, dann quer in 6–8 Scheiben schneiden und warm oder mit Raumtemperatur servieren.

Brombeer-Focaccia

Brombeeren machen aus dem italienischen Brotklassiker eine süße Delikatesse, passend zu einer Tasse Kaffee oder Tee.

30–35 MIN. PLUS GEHZEITEN **15–20 MIN.**

FÜR 6–8 PERSONEN

- 400 g Weizenmehl Type 550, plus mehr zum Arbeiten
- 1 TL Salz
- 3 EL Zucker
- 1 Päckchen Trockenhefe
- 100 ml Olivenöl, plus mehr für das Backblech
- 300 g Brombeeren

1 Das Mehl in einer Schüssel mit Salz, 2 EL Zucker und der Hefe mischen. 4 EL Öl und 280 ml lauwarmes Wasser unterrühren, bis sich der Teig von der Schüsselwand löst und weich und klebrig ist; kein weiteres Mehl zum Festigen des Teigs hinzufügen.

2 Hände und Teig mit Mehl bestreuen. Den Teig auf der bemehlten Arbeitsfläche 5–7 Minuten kneten, bis er glatt und elastisch ist. In eine ausgeölte Schüssel legen und mit einem feuchten Geschirrtuch bedecken. Den Teig mit einem warmen Ort 1–1½ Stunden gehen lassen, bis sich sein Volumen verdoppelt hat.

3 Ein tiefes Backblech (38 x 23 cm) großzügig mit Olivenöl fetten. Den Teig auf die Arbeitsfläche geben und die Luft herausschlagen. Mit einem trockenen Geschirrtuch bedecken und 5 Minuten ruhen lassen. Anschließend den Teig auf das Blech geben, mit der Hand glatt streichen und so auf dem Blech verteilen. Mit den Beeren bestreuen und zugedeckt an einem warmen Ort 30–45 Minuten gehen lassen.

4 Den Backofen auf 200 °C vorheizen. Den Teig mit dem restlichen Öl bepinseln und mit dem restlichen Zucker bestreuen. Die Focaccia im heißen Ofen (oben) 15–20 Minuten backen, bis sie leicht gebräunt ist. Kurz auf einem Gitter abkühlen lassen; warm servieren.

Jetzt am besten **Äpfel**

Ob grün, rot, gelb oder rotbraun, mit säuerlichem oder süßem Aroma, fest oder mehlig – einige Äpfel sind im Spätsommer reif, andere im Herbst. Viele können den Winter über gelagert und alle können roh, gekocht oder gebacken gegessen werden. Äpfel passen zu Käse, Schinken und Schweinefleisch, Ente und Wild, harmonieren mit Nüssen, anderem Obst, Gewürzen und Schokolade.

Äpfel gedeihen in allen gemäßigteren Klimazonen. Es gibt vielzählige Sorten an Tafel- und Kochäpfeln, doch nur relativ wenige Sorten sind wirtschaftlich relevant.

'Cox's Orange Pippin' Ein wohlriechender Apfel mit rauer, orangerot überhauchter Schale und knackigem, saftigem Fruchtfleisch; ein idealer Tafelapfel, aber auch zum Kochen geeignet. Sein ausgezeichneter Geschmack hat ihn zu einem der beliebtesten Äpfel gemacht.

'Red Pippin' ist eine Apfelsorte, die unter dem Namen Fiesta bekannt ist. Das hellgelbe bis weiße, knackige Fruchtfleisch schmeckt aromatisch und süßsäuerlich.

'Cripps Pink' Einer der attraktivsten Tafeläpfel mit dünner, teils gelber, teils pinkfarbener Schale, der als Pink Lady® vermarktet wird. Sein Fruchtfleisch ist fest und süßlich-aromatisch mit einem ausgewogenen Verhältnis von Zucker und Säure.

Äpfel entkernen, schälen, zerkleinern

Äpfel können entkernt, gefüllt und mit Schale im Ganzen gebacken werden. Alternativ können sie nach dem Entkernen geschält und in Ringe, Spalten oder kleine Stücke geschnitten werden, je nach Rezept.

1 Einen Apfelausstecher von oben nach unten durch den Apfel stechen, dann hin- und herdrehen und mit dem Kerngehäuse herausziehen.

2 Nun den Apfel rundherum von oben nach unten mit einem Sparschäler schälen. Die Schale wird dabei spiralförmig abgelöst.

3 Den Apfel in Ringe schneiden. Für kleine Stücke die Ringe aufeinanderstapeln und diese in gleichmäßige Stücke schneiden.

'Granny Smith' Dieser recht große Apfel stammt aus Australien. Unter der (je nach Klima) kräftig grünen bis gelblichen Schale verbirgt sich festes, säuerlich-herbes Fruchtfleisch.

'Royal Gala' Eine Kreuzung aus Golden Delicious und Cox's Orange Pippin. Ein mittelgroßer Apfel mit festem, süßsäuerlichem Fruchtfleisch.

'Edward VII' Ein geschätzter grünschaliger Kochapfel, dessen feinsäuerlicher Geschmack gut mit Brombeeren und Gewürzen harmoniert.

'Golden Delicious' Eine beliebte Sorte, die in keinem Supermarktsortiment fehlen darf. Der dünnschalige Apfel hat festes, süßes und mildes Fruchtfleisch. Am besten gekühlt essen; auch als Kochapfel geeignet.

'Egremont Renette' Typisches Merkmal ist die raue gelblichbraune Schale. Im Geschmack erinnert er an Nüsse und ist sehr süß. Als Tafelapfel passt er gut zu Käse.

Die Farbpalette des 'Golden Delicious' reicht von Blassgrün bis Goldgelb.

'Bramley's Seedling' Eine alte englische Sorte und ein hervorragender Kochapfel. Der große grüne bis gelblichgrüne Apfel hat saftig-säuerliches Fruchtfleisch.

Wissenswert

Im Angebot

Zahlreiche Tafeläpfel mit süßem bis süßsäuerlichem Fruchtfleisch sowie roter und grüner Schale; säuerliche Kochäpfel.

Einkauf Auf makellose, feste Exemplare mit glatter Schale und leichten Duft achten.

Aufbewahren Lose verpackt (nicht verschlossen) im Kühlschrank mehrere Wochen.

Zubereiten In Scheiben oder Stücke geschnitten, für Kuchen, Pfannkuchen, Apfelmus und -kompott; im Ganzen entkernt für Bratäpfel.

Für den Vorrat Saft, Gelee, Chutney; eingemacht oder eingefroren (Kompott); getrocknet (Ringe).

Rezepte

Apfel-Jalousie Seite 332

Apfelkuchen mit Karamellsauce Seite 345

Äpfel und Brombeeren mit Bröselkruste Seite 332

Haferflockenkekse mit Äpfeln und Zimt Seite 339

Rote-Bete-Suppe mit Apfel Seite 254

Tarte Tatin Seite 336

Birnen-Tarteletts

Spektakuläre Teilchen, die Ihre Gäste mit einem interessanten Heiß-Kalt-Kontrast überraschen.

35-40 MIN. PLUS KÜHLZEIT

20-30 MIN.

FÜR 6 STÜCK

- 1 Rolle Blätterteig (275 g)
- 1 Ei, mit ½ TL Salz verquirlt
- 100 g Zucker
- 100 g Sahne
- Butter für das Backblech
- 3 kleine Birnen
- Saft von 1 Zitrone

Für die Vanillesahne

- 100 g Sahne
- 1 TL Puderzucker
- Mark von ½ Vanilleschote

1 Ein Backblech mit kaltem Wasser besprenkeln. Den Teig entrollen und auf das Backblech legen. Mit dem verquirlten Ei bestreichen und in 6 gleich große Stücke schneiden. Mit einer Messerspitze auf jedem Stück einen Rand markieren. Das Blech 15 Minuten kalt stellen.

2 Backofen auf 220 °C vorheizen. Die Tartelettböden in etwa 10 Minuten braun backen. Die Ofentemperatur auf 190 °C senken; die Tartelettböden 10 Minuten weiterbacken, bis sie goldbraun und knusprig sind. Auf Gittern abkühlen lassen. Oben dünne Deckel abschneiden.

3 In einem Topf 60 ml Wasser mit 75 g Zucker ohne zu rühren kochen lassen, bis der Zucker aufgelöst und goldbraun ist. Vom Herd nehmen und die Sahne hinzufügen (Vorsicht, Spritzgefahr!). Bei schwacher Hitze heiß werden lassen, bis der Karamell sich aufgelöst hat. Abkühlen lassen.

4 Für die Vanillesahne Sahne halbsteif schlagen. Puderzucker und Vanille hinzufügen; weiterschlagen, bis sich steife Spitzen bilden. Kalt stellen.

5 Ein Backblech mit Butter fetten. Den Backofengrill anheizen. Die Birnen schälen und die Kerngehäuse herausstechen. Birnen halbieren; die Hälften längs in dünne Scheiben schneiden, dabei aber am Stielende nicht durchschneiden. Auffächern, auf das Blech legen, mit Zitronensaft bestreichen und mit restlichem Zucker bestreuen. Grillen, bis der Zucker karamellisiert ist.

6 Tartelettböden auf Teller setzen. Auf jeden Vanillesahne und einen Birnenfächer geben. Mit Karamellsauce beträufeln, Deckel dazulegen.

Tarte Tatin

Vor dem Backen werden die Äpfel in Karamell vorgegart. Das macht diese Tarte ganz besonders köstlich.

45-50 MIN. PLUS KÜHLZEIT

20-25 MIN.

FÜR 4-6 PERSONEN

- 1,2 kg Äpfel
- 1 Zitrone, halbiert
- 75 g Butter
- 100 g Zucker
- 300 g süßer Mürbeteig (Fertigprodukt oder selbst gemacht)
- Crème fraîche zum Servieren

1 Äpfel schälen, halbieren und entkernen. Anschließend mit den Schnittflächen der Zitronenhälften abreiben, damit sie nicht braun werden.

2 Die Butter mit dem Zucker in einer backofenfesten Pfanne (etwa 26 cm Bodenfläche) zerlassen. Die Apfelhälften dicht an dicht in Kreisen in die Pfanne legen und bei mittlerer Hitze 5 Minuten in der geschlossenen Pfanne garen, dann wenden und noch 5 Minuten offen garen. Vom Herd nehmen und 10–15 Minuten abkühlen lassen.

3 Inzwischen den Backofen auf 200 °C vorheizen. Den Teig zu einem Kreis ausrollen, der 2–3 cm größer als der Pfannendurchmesser ist.

4 Den Teig über die Pfanne legen. Den Teigrand am inneren Pfannenrand mit den Fingern nach unten drücken. Die Tarte im heißen Ofen in 20–25 Minuten goldbraun backen.

5 Tarte aus dem Ofen nehmen und etwas abkühlen lassen. Einen Teller darauflegen, alles gut zusammenhalten und umdrehen. Falls Äpfel in der Pfanne geblieben sind, diese wieder auf die Tarte legen. Die Äpfel mit Karamell beträufeln und die Tarte mit Crème fraîche servieren.

Variante

Birnen-Tarte-Tatin

Die Äpfel durch feste, aromatische Birnen ersetzen. Diese schälen, halbieren, entkernen und mit Zitrone abreiben. Wie beschrieben in Butter und Zucker in der Pfanne garen, bis die Flüssigkeit völlig verdampft ist; das dauert vermutlich länger als bei den Äpfeln. Weiterverfahren, wie beschrieben.

Apfeltarte

Für diese Tarte sollten Sie Boskopäpfel verwenden – diese Apfelsorte ist ein klassischer Back- und Kochapfel.

10 MIN. 25 MIN. TK-TAUGLICH

FÜR 1 TARTEFORM (26 CM Ø)

- 300 g süßer Mürbeteig (Fertigprodukt oder selbst gemacht)
- Mehl zum Arbeiten
- Butter für die Form
- 4 Äpfel (z. B. Boskop), geschält und in dünne Spalten geschnitten
- 2–3 EL Zucker
- Butter in Flöckchen zum Belegen

1 Den Backofen auf 220 °C vorheizen. Den Teig auf einer leicht bemehlten Arbeitsfläche dünn zu einem etwa 30 cm großen Kreis ausrollen. Die Form fetten und mit dem Teig auskleiden. Überstehenden Teig am Rand abschneiden. Den Teig mit einer Gabel mehrfach einstechen, dann mit Backpapier belegen und mit Hülsenfrüchten beschweren. 10 Minuten backen. Hülsenfrüchte und Papier entfernen; den Tarteboden abkühlen lassen. Den Ofen nicht ausschalten.

2 Die Apfelspalten leicht überlappend auf dem Tarteboden anordnen. Mit dem Zucker bestreuen und mit Butterflöckchen belegen. 10–15 Minuten backen, bis die Äpfel zu karamellisieren beginnen. Abkühlen lassen. Die Tarte aus der Form nehmen, auf eine Kuchenplatte geben und servieren.

Variante

Apfeltarte mit Vanillepudding

Den Tarteboden wie beschrieben herstellen und backen. Für den Pudding in einem Topf mit einem Schneebesen 200 ml Milch und 1 großes Ei mit je 1½ EL Mehl und Speisestärke sowie 3 EL Zucker verrühren. Aufkochen lassen und unter ständigem Schlagen 2 Minuten kochen lassen. Etwas gemahlene Vanille untermischen. Den Pudding auf dem Tarteboden verteilen. Die Apfelspalten darauf arrangieren, mit Zucker und Butterflöckchen bestreuen. Die Tarte wie beschrieben backen.

Pflaumen-Zimt-Cobbler

Nehmen Sie hierfür Pflaumen, die richtig reif sind. Zimt und brauner Zucker verleihen ihnen eine warme, würzige Süße.

20 MIN. 30 MIN.

FÜR 6–8 PERSONEN

- 1 kg Pflaumen, entsteint und halbiert
- 50 g brauner Zucker, mit 1 TL gemahlenem Zimt gemischt
- 25 g kalte Butter, in Stückchen

Für die Teighaube

- 250 g Mehl
- ½ Päckchen Backpulver
- 75 g Zucker
- ½ TL gemahlener Zimt (oder nach Geschmack)
- 1 Prise Salz
- 75 g Butter
- 1 Ei
- 100 ml Buttermilch
- 1 EL brauner Zucker
- Eiscreme, Vanillesauce oder Sahne zum Servieren (nach Belieben)

1 Den Backofen auf 190 °C vorheizen. Die Pflaumen im Zimtzucker wenden, in eine ofenfeste Form (etwa 1,7 l Inhalt) füllen und mit Butterstückchen belegen.

2 Für die Teighaube Mehl, Backpulver, Zucker, Zimt und Salz in eine Schüssel sieben. Die Butter hinzufügen und alles mit den Fingerspitzen zu Streuseln verreiben. Das Ei mit der Buttermilch verquirlen. Die Mischung zu den Streuseln geben und alles zu einem weichen, klebrigen Teig verarbeiten.

3 Den Teig mit einem großen Löffel auf die Pflaumen in der Form geben, dabei zwischen den Häufchen etwas Abstand lassen. Mit braunem Zucker bestreuen.

4 Im heißen Ofen 30 Minuten backen. Zur Garprobe mit einem Holzspieß in die Teighaube stechen. Haftet nach dem Herausziehen kein Teig daran, ist der Teig durchgebacken. Mindestens 5 Minuten abkühlen lassen. Mit Eiscreme, Vanillesauce oder halbsteif geschlagener Sahne servieren.

Jetzt am besten **Feigen**

Charakteristisch für die empfindlichen, geradezu sinnlichen Früchte ist das honigsüße, saftige Fruchtfleisch mit seinen winzigen Kernchen und einem einzigartigen Aroma. Ihre Haupterntezeit ist vom späten Sommer bis in den Herbst. Feigen schmecken wunderbar mit Käse, Sahne, Obst und Nüssen, roh oder in Wein pochiert und als Beilage zu Wild, Ente und Schinken.

Feigen wachsen an Laubbäumen oder riesigen Sträuchern in mediterranen Regionen, aber auch an geschützten Stellen in kühleren Gebieten.

Weiße Feigen Dazu gehören verschiedene Sorten, die typischerweise eine hellgrüne Schale und erdbeerrotes Fruchtfleisch haben. Sie eignen sich zum Rohessen und zum Garen.

Weiße Feigen sind im reifen Zustand prall und hellgrün.

Das Fruchtfleisch enthält Unmengen von winzigen, essbaren Kernchen.

Rote Feigen 'Brown Turkey' und 'Black Mission' sind zwei bekannte Vertreter dieser Gruppe. Reif sind diese Feigen süß und hocharomatisch, normalerweise haben sie dunkelrosa oder rotes Fruchtfleisch.

Reife Feigen sind von einer hauchdünnen weißen Schicht überzogen.

Gelbe Feigen Dazu gehören verschiedene gelbgrüne Sorten. Ihr Fruchtfleisch kann von beigefarben bis grüngelb oder dunkelrot variieren.

Wissenswert

Im Angebot

Zahlreiche Sorten weiße, gelbe und rote Feigen, mit Fruchtfleisch von goldgelb bis tiefrot.

Einkauf Reife Feigen sind sehr empfindlich. Makellose Exemplare auswählen, die schwer für ihre Größe sind und auf leichten Druck nachgeben.

Aufbewahren So bald wie möglich essen; notfalls nebeneinander in den Kühlschrank legen, dort halten sie sich ein paar Tage; mit Raumtemperatur servieren.

Zubereiten Frisch essen; pochieren, backen und schmoren; für süße und pikante Gerichte.

Für den Vorrat Einmachen; als Konfitüre; trocknen.

Rezepte

Feigen in Honig Seite 244

Feigenkonfitüre mit Vanille Seite 350

Feigentarte mit Glühweinsirup Seite 339

Frische Feigen mit Cassis-Creme Seite 220

Gebratener Halloumi mit Feigen Seite 253

Geschmortes Lammfleisch mit Walnüssen und Feigen Seite 320

Gegrillte Feigen mit Honig und Sherryschaum

Für ein unwiderstehliches Dessert werden hier Feigen vor dem Grillen mit limettenwürzigem Honig beträufelt und zum Servieren in süßen Sherryschaum gesetzt.

10 MIN. 5 MIN.

FÜR 4 PERSONEN

- 4 große frische Feigen
- Saft und abgeriebene Schale von 1 Bio-Limette
- 2 EL flüssiger Honig
- 2 Eier
- 30 g Zucker
- 3 EL süßer Sherry

1 Die Feigen längs tief ein-, aber nicht durchschneiden und in einer Schale vorsichtig mit dem Limettensaft mischen.

2 In einem Topf Wasser für ein Wasserbad erhitzen. Den Backofengrill vorheizen. Den Honig in einer kleinen hitzebeständigen Schüssel erwärmen (unter dem Grill oder in dem köchelnden Wasser) und mit der Limettenschale verrühren. Die Feigen auf geölter Alufolie in eine flache ofenfeste Form geben und mit dem Honig beträufeln. 4–5 Minuten grillen, bis die Ränder gebräunt sind.

3 Inzwischen die Eier mit Zucker und Sherry über dem heißen Wasserbad mit den Quirlen des elektrischen Handrührgeräts hell und schaumig schlagen.

4 Den Sherryschaum auf Dessertschalen verteilen. In die Mitte jeweils eine Feige setzen und mit dem Sud von der Folie beträufeln. Sofort servieren.

Haferflockenkekse mit Äpfeln und Zimt

Geriebene Äpfel im Keksteig machen dieses Gebäck wunderbar weich und saftig.

20 MIN. 10-15 MIN. TK-TAUGLICH

ERGIBT 24 STÜCK

- 100 g weiche Butter
- 200 g Zucker
- 1 Ei
- 1 Päckchen Vanillezucker
- 1 EL flüssiger Honig
- 125 g Mehl, gesiebt
- ½ TL Backpulver
- 125 g Haferflocken
- 2 TL gemahlener Zimt
- 1 Prise Salz
- 2 Äpfel, geschält und gerieben
- etwas Milch (nach Bedarf)

1 Den Backofen auf 190 °C vorheizen. 2 Backbleche mit Backpapier belegen. Die Butter mit den Quirlen des elektrischen Handrührgeräts in einer Schüssel mit dem Zucker hell und cremig rühren. Ei, Vanille und Honig darunterschlagen.

2 Mit einem Kochlöffel Mehl, Backpulver, Haferflocken, Zimt und Salz unterrühren. Die Äpfel untermischen. Falls der Teig zu fest ist, etwas Milch unterarbeiten. Den Teig zwischen den Handflächen zu walnussgroßen Kugeln formen. Diese mit reichlich Abstand auf die Bleche setzen und etwas flach drücken.

3 Im Ofen in 10–15 Minuten goldbraun backen. Etwas abkühlen, dann auf einem Gitter auskühlen lassen.

Feigentarte mit Glühweinsirup

Hocharomatische Feigen brauchen nur wenig Beiwerk.

25-30 MIN. PLUS KÜHLZEIT 15-20 MIN.

FÜR 1 TARTEFORM (24 CM Ø)

- 10 g Butter, plus mehr für die Form
- 400 g süßer Mürbeteig (Fertigprodukt oder selbst gemacht)
- Mehl zum Arbeiten
- 250 ml Milch
- ½ Vanilleschote, längs aufgeschlitzt
- 3 Eigelb
- 2 EL Mehl
- 100 g Sahne, geschlagen
- abgezogene Schale von 1 Bio-Orange
- abgezogene Schale von 1 Bio-Zitrone
- 1 Muskatnuss, zerstoßen
- 100 g Zucker
- 1 Stück Zimt (5 cm)
- 2 Gewürznelken
- 500 ml Rotwein
- 500 g frische Feigen, die Schalen mehrmals eingestochen

1 Den Backofen auf 190 °C vorheizen. Die Form ausbuttern. Den Teig auf einer bemehlten Arbeitsfläche ausrollen. Die Form damit auskleiden. 15 Minuten kühlen. Tarteboden in 15–20 Minuten goldbraun backen. Auf ein Gitter setzen, Formrand abnehmen; in der Form abkühlen lassen.

2 Milch mit Vanille in einem Topf aufkochen lassen; vom Herd nehmen. Eigelbe in einer Schüssel mit dem Zucker cremig schlagen. Erst das Mehl, dann die heiße Milch unterrühren. Die Mischung in den Topf geben. Unter ständigem Schlagen kochen lassen, bis sie andickt. Bei schwacher Hitze 2 Minuten weiterschlagen. Vom Herd nehmen, Vanille entfernen. Creme in eine Schüssel füllen, die Butter in Flöckchen daraufgeben. 30 Minuten kalt stellen. Schlagsahne unterheben.

3 Zitrusschalen, Muskat, Zucker, Gewürze und Wein erhitzen; rühren, bis der Zucker sich aufgelöst hat; aufkochen lassen. Feigen hinzufügen; im köchelnden Sud in 3–5 Minuten weich pochieren; herausheben. Sud auf 125 ml einkochen lassen. Durch ein Sieb gießen, abkühlen lassen. Feigen halbieren, die Hälften längs einschneiden. Vanillecreme auf dem Tarteboden verteilen. Feigen darauf anrichten, mit Sirup beträufeln.

Brombeer-Brioche mit Mascarpone

Schneller kann ein Dessert kaum fertig sein. Dabei sieht es auch noch fantastisch aus und schmeckt unglaublich gut.

5 MIN. 10 MIN.

FÜR 4 PERSONEN

50 g Butter
50 g Zucker
400 g Brombeeren
4–8 Scheiben Brioche
200 g Mascarpone

1 Die Butter in einer Pfanne zerlassen. Den Zucker darin schmelzen und karamellisieren lassen, die Pfanne dabei schwenken.

2 Die Brombeeren hinzufügen und bei starker Hitze 2–3 Minuten garen, bis sie heiß und weich, aber noch nicht zerfallen sind. Die Briochescheiben toasten, die Beeren währenddessen etwas abkühlen lassen.

3 Die getoasteten Briochescheiben dick mit Mascarpone bestreichen. Die warmen Beeren darauf verteilen, mit dem Karamell aus der Pfanne beträufeln und servieren.

Variante

Brombeer-Birnen-Toasties

Das Dessert wie beschrieben zubereiten, aber nur 200 g Beeren und zusätzlich 2 gewürfelte vollreife Birnen verwenden und in Schritt 2 mit ½ TL Lebkuchengewürz in die Pfanne geben. Die Briochescheiben durch 4–8 Scheiben Müslibrot ersetzen. Für eine fettärmere Variante können Sie statt Mascarpone Quark nehmen.

Brombeeren und Äpfel mit Teighaube

Brombeeren sind sehr vielseitig. Wenn die Tage kürzer und kälter werden, kann man sie für ein wärmendes Dessert prima mit Apfelstücken unter einer Biskuithaube garen.

20 MIN. 50 MIN. TK-TAUGLICH

FÜR 6 PERSONEN

125 g weiche Butter
150 g Zucker
2 große Eier (L)
175 g Mehl, mit 1 ½ TL Backpulver vermischt
2 Äpfel (z. B. Boskop), geschält und grob zerkleinert
250 g Brombeeren
Puderzucker zum Bestäuben

1 Den Backofen auf 180 °C vorheizen. Die Butter mit 120 g Zucker in einer Schüssel cremig schlagen. Die Eier einzeln unter die Buttercreme rühren, dabei jeweils 1 EL von der Mehlmischung zugeben. Die restliche Mehlmischung unter die Masse rühren. Äpfel und Brombeeren in eine ofenfeste Form (1,2 l) füllen. Den restlichen Zucker und 2 EL Wasser hinzufügen und untermischen. Den Teig mit einem Löffel auf den Beeren verstreichen.

2 Das Ganze etwa 50 Minuten backen, bis der Teig gebräunt ist und sich fest anfühlt. Ein Stäbchen, das in den Teig gesteckt und wieder herausgezogen wird, sollte trocken sein. Die Süßspeise mit Puderzucker bestäuben und sehr heiß servieren.

Variante

Pochierte Birnen mit Schokoladenbiskuit

4 Birnen schälen, entkernen und halbieren. In gezuckertem Wasser pochieren; abgießen und mit 2 EL Garsud in die Form geben. Für den Teig 25 g Mehl durch Kakaopulver ersetzen. Wie beschrieben weiterverfahren.

Dreierlei Sorbet

Das Trio aus Brombeer-, Birnen- und Mangosorbet macht auf dem Teller optisch viel her. Doch Sie können natürlich auch nur eine Sorbetsorte aus Ihrer Lieblingsobstsorte zubereiten und die Mengen entsprechend erhöhen.

40-50 MIN. PLUS GEFRIERZEIT **15-20 MIN.** **TK-TAUGLICH**

FÜR 8 PERSONEN

- 300 g Zucker, plus mehr nach Bedarf
- 400 g Brombeeren, plus mehr nach Bedarf
- 3 Zitronen, plus mehr nach Bedarf
- 750 g vollreife Birnen
- etwa 2 EL Birnenlikör
- Fruchtfleisch von etwa 600 g Mangos, grob zerkleinert

1 Den Zucker mit 375 ml Wasser in einem Topf erhitzen, bis er sich aufgelöst hat. Aufkochen und ohne zu rühren 2–3 Minuten kochen lassen, bis ein klarer Sirup entstanden ist. In einen Messbecher geben und abkühlen lassen.

2 Die Brombeeren in der Küchenmaschine pürieren. Das Püree über einer Schüssel durch ein Sieb passieren, um die Kerne zu entfernen. Es sollten 175 ml Püree entstehen; falls nötig, mehr Beeren pürieren.

3 Die Zitronen auspressen (knapp 125 ml Saft). Die Hälften beiseitelegen. 2 EL Zitronensaft mit 4 EL Wasser und einem Drittel des Sirups unter das Brombeerpüree rühren. Die Masse abschmecken, falls nötig, mehr Zucker und/oder Zitronensaft untermischen. Kalt stellen, dann erneut abschmecken. Die Mischung in die Eismaschine geben und das Sorbet darin fest werden lassen.

4 In der Zwischenzeit eine Schüssel im Gefriergerät kühlen. Das Sorbet hineinfüllen und zugedeckt 4 Stunden einfrieren. Küchenmaschine säubern.

5 Für das Birnensorbet die Hälfte des restlichen Sirups mit 2 EL Zitronensaft in einen kleinen Topf geben. Die Birnen schälen, entkernen und vierteln. Mit den ausgepressten Zitronenhälften abreiben, in Stücke schneiden und in den Sirup geben. Den Sirup aufkochen, dann 5–10 Minuten köcheln lassen, bis die Stücke weich sind. Die Birnenstücke mit dem Sirup in der Küchenmaschine pürieren, dann über einer Schüssel durch ein Sieb passieren. Es sollten knapp 500 ml Püree entstehen. Die Masse abschmecken; falls nötig, mehr Likör, Zitronensaft und/oder Zucker unterrühren. Die Masse wie für das Brombeersorbet weiterverarbeiten.

5 Für das Mangosorbet die Küchenmaschine erneut säubern. Mangofruchtfleisch darin mit dem restlichen Sirup und dem restlichen Zucker pürieren; es sollten knapp 500 g Püree entstehen. Abschmecken; wie für das Brombeerpüree weiterverarbeiten.

6 Die Sorbets vor dem Servieren 30 Minuten im Kühlschrank weicher werden lassen. Als Kugeln in Schalen setzen und servieren.

Jetzt am besten **Birnen**

Diese Früchte werden im Herbst geerntet, ihre Saison ist kürzer als die von Äpfeln. Das feine weiße, oft körnige Fruchtfleisch ist weich, süß und aromatisch. Birnen reifen relativ schnell von innen nach außen, deshalb sollten sie so rasch wie möglich gegessen werden, sobald sie den gewünschten Reifegrad haben. Sie passen wunderbar zu Käse, Schweinefleisch, Wild, Schinken und Walnüssen. Gewürze wie Sternanis, Ingwer, Zimt und Gewürznelken ergänzen ihr Aroma. Am besten aber schmecken sie mit Schokolade.

Birnen werden oft geerntet, wenn sie noch unreif sind, damit sie nicht zu schnell verderben. Sie sind mit Äpfeln verwandt, haben aber eine kürzere Saison als diese.

'Concorde' Diese Sorte sieht aus wie eine birnenförmige 'Conférence' (rechts). Sie hat einen ausgesprochen guten Geschmack.

'Beurré Bosc' Auch als Bosc's Flaschenbirne bekannt. Typisch sind der schlanke gestreckte »Hals« und der lange Stiel. Die festfleischige Birne behält beim Pochieren und Backen gut die Form.

(Doyenné du) 'Comice' Heißt auch 'Vereinsdechantsbirne' und gilt als eine der besten Birnen überhaupt. Das saftige, hocharomatische, zartrosa Fruchtfleisch zergeht auf der Zunge. Pur ein besonderes Dessert.

Birnen zum Pochieren vorbereiten

Eine geschälte Frucht nimmt die Aromen des Pochiersuds besonders gut auf. Das Kerngehäuse muss nicht unbedingt entfernt werden, doch es ist einfach angenehmer, die Birnen ohne Kerngehäuse genießen zu können.

1 Das Kerngehäuse mit einem Kugelausstecher oder einem Teelöffel aus der Birne entfernen.

2 Mit einem Sparschäler oder kleinen Messer die Birne dünn und gleichmäßig schälen; den Stiel dabei stehen lassen.

'Conférence' Diese Birne lässt sich leicht an ihrer langen schlanken Form und der mit rostbraunen Sprenkeln überzogenen Schale erkennen. Die grüne Schale wird beim Reifen gelb. Die süßen, cremigen und saftigen Früchte schmecken frisch, eignen sich aber auch zum Kochen.

Die 'Conférence' hat oft eine ungleichmäßige, sogar gebogene Form – ihr ausgezeichneter Geschmack nimmt daran jedoch keinen Schaden.

Unter der goldgelben Schale verbirgt sich hocharomatisches, saftiges Fruchtfleisch..

'Williams Christ' Auch als Bon Chrétien und Bartlett im Handel. Die gedrungenen Früchte sind saftig, hocharomatisch und bieten sich für alle Zubereitungsarten und natürlich zum Rohessen an.

'Red Williams' Eine vielseitige Birne, die im Spätsommer und frühen Herbst geerntet wird. Eine saftige, weiche Frucht mit roter Schale.

Wissenswert

Im Angebot

Verschiedenste Sorten mit gelber, grüner und roter, teilweise rau überzogener Schale.

Einkauf Bei reifen Birnen lässt sich der Stiel leicht herausziehen. Zu weiche Exemplare oder solche mit braunen Stellen liegen lassen.

Aufbewahren Harte Birnen reifen bei Raumtemperatur in einer Papiertüte nach. Reife Früchte lose verpackt im Kühlschrank lagern.

Zubereiten Reife Früchte roh genießen, pochieren oder backen.

Für den Vorrat In Essig, Sirup oder Alkohol einlegen; als Saft; als Mus einfrieren.

Rezepte

Birnen in Rotwein Seite 414

Birnen-Fenchel-Salat mit Walnüssen Seite 276

Birnen-Pie mit Walnussteig Seite 344

Birnenstrudel mit Zimt Seite 344

Schokobaiserroulade mit Birnen Seite 345

Tiefkühlkonfitüre aus Birnen und Brombeeren Seite 352

Birnen-Tarte mit Walnussteig

Für diese französische Spezialität werden Birnenspalten zwischen zwei Schichten Walnussmürbeteig gegeben. Die Tarte warm mit Crème fraîche oder Schlagsahne servieren.

35–40 MIN. PLUS KÜHLZEIT   35–40 MIN.

FÜR 1 TARTEFORM (24 CM Ø)

- zerlassene Butter für die Form
- 75 g Walnusskerne, sehr fein gehackt
- Mehl zum Arbeiten
- 500 g süßer Mürbeteig (Fertigprodukt oder selbst gemacht)
- 800 g Birnen, geschält und geviertelt
- ½ TL frisch gemahlener schwarzer Pfeffer
- Saft von 1 Zitrone
- 1 EL Zucker

1 Die Form mit Butter ausfetten. Die Nüsse auf einer bemehlten Arbeitsfläche unter den Mürbeteig kneten. Zwei Drittel des Teigs zu einem 28 cm großen Kreis ausrollen. Die Form damit auskleiden, überhängenden Teig am Rand abscheiden. Restlichen Teig und Teigreste in Folie wickeln und kühlen. Den Teigboden und den restlichen Teig etwa 1 Stunde kalt stellen, bis er sehr fest ist.

2 Die Birnenviertel in einer Schüssel mit Pfeffer und Zitronensaft mischen. Anschließend kreisförmig auf den Teigboden legen. Den restlichen Teig zu einem 25 cm großen Kreis ausrollen. Aus der Mitte einen 5 cm großen Kreis ausstechen. Den großen Kreis auf die Birnen legen und zurechtschneiden. Die Teigränder fest zusammendrücken.

3 Den Backofen auf 190 °C vorheizen. Die Tarte mit Wasser bestreichen und mit Zucker bestreuen. 15 Minuten kühl stellen. Inzwischen ein Backblech im Ofen heiß werden lassen. Die Tarte daraufsetzen, damit der Teigboden sofort heiß wird. Anschließend 35–40 Minuten backen, bis die Tarte gebräunt ist und die Birnen weich sind; zur Probe mit einem Metallspieß hineinstechen. Falls die Tarte zu stark bräunt, locker etwas Alufolie darauflegen.

Birnenstrudel mit Zimt

Statt, wie in Österreich meist üblich, den Strudel mit säuerlichen Äpfeln zu füllen, werden hier süße Birnen verwendet. Die vertragen sich mit Zimt und Rosinen genauso gut.

10 MIN.   35–40 MIN.   TK-TAUGLICH

FÜR 6 PERSONEN

- 4 vollreife Birnen, geschält und gewürfelt
- 2 TL gemahlener Zimt
- 1 Handvoll Rosinen
- 1–2 EL brauner Zucker
- 4 Blätter Strudel- oder Filoteig
- 50 g Butter, zerlassen
- Puderzucker zum Bestäuben

1 Den Backofen auf 200 °C vorheizen. Für die Füllung die Birnen in einer Schüssel mit Zimt, Rosinen und Zucker mischen.

2 Ein Teigblatt auf ein großes Stück Backpapier legen. Mit etwas zerlassener Butter bestreichen und ein zweites Blatt darauflegen. Buttern und mit den zwei restlichen Teigblättern ebenso verfahren. Die Füllung mittig als Streifen daraufgeben, dabei an jedem Ende einen 5 cm breiten Rand frei lassen.

3 Mithilfe des Backpapiers eine Teigseite über die Füllung klappen. Mit zerlassener Butter bestreichen, dann, wieder mithilfe des Papiers, die zweite Seite über die erste klappen. Vorsichtig andrücken. Die Enden mit Butter bestreichen, zusammendrücken und gerade schneiden.

4 Ein Backblech mit Backpapier belegen. Den Strudel daraufheben und mithilfe des Papiers wenden, damit die Naht unten ist. Den Strudel mit zerlassener Butter bestreichen und im heißen Ofen 35–40 Minuten backen, bis er goldbraun ist. Mit Puderzucker bestäuben und mit Eiscreme oder Crème fraîche servieren.

Variante

Apfelstrudel mit Zimt

Für einen klassischeren Strudel die Birnen durch dieselbe Menge Äpfel ersetzen. Ansonsten verfahren, wie im Rezept beschrieben.

Kürbis-Pie

Diese Variante der klassischen amerikanischen Pumpkin Pie erfreut mit den warmen Aromen von Zimt und Lebkuchengewürz. Dazu passen Schlagsahne oder Vanilleeis.

30 MIN. 1 STD. - 1 STD. 15 MIN.

FÜR 1 TARTEFORM (23 CM Ø)

- 300 g süßer Mürbeteig (Fertigprodukt oder selbst gemacht)
- Mehl zum Arbeiten
- 3 Eier
- 100 g brauner Zucker
- 1 TL gemahlener Zimt
- 1 TL Lebkuchengewürz
- 200 g Sahne
- 400 g Kürbisfruchtfleisch, im Ofen gegart und püriert

1 Den Backofen auf 180 °C vorheizen. Den Teig auf einer bemehlten Arbeitsfläche 3 mm dick ausrollen. Die Form damit auskleiden, dabei den Teig mindestens 2 cm über den Rand hängen lassen. Den Teigboden mehrmals mit einer Gabel einstechen, dann mit Backpapier auskleiden und mit getrockneten Hülsenfrüchten beschweren. Im heißen Ofen etwa 20 Minuten backen. Hülsenfrüchte und Papier entfernen und den Tarteboden weitere 5 Minuten backen.

2 In einer großen Schüssel die Eier mit Zucker, Gewürzen und Sahne verquirlen. Anschließend das Kürbispüree darunterschlagen. Den Tarteboden aus dem Ofen nehmen, mit der Kürbismasse füllen und wieder in den Ofen stellen.

3 Die Pie 45–50 Minuten backen, bis die Füllung ziemlich fest ist. Überstehenden Teigrand abschneiden, solange die Pie warm ist. Mindestens 15 Minuten in der Form abkühlen lassen; die Pie herausnehmen.

Apfelkuchen mit Karamellsauce

Dieser Kuchen wird garantiert Gefallen finden. Servieren Sie ihn warm oder kalt und nach Belieben mit Crème fraîche.

20 MIN. 45 MIN.

FÜR 1 BACKFORM (22 X 30 CM)

- 350 g Äpfel (z. B. Boskop), geschält und in dünne Spalten geschnitten
- etwas Zitronensaft
- 350 g Mehl
- 1 Päckchen Backpulver
- 225 g Zucker
- 4 große Eier (L), verquirlt
- 225 g Butter, zerlassen

Für die Karamellsauce

- 100 g Butter
- 100 g Zucker
- 1 EL Zitronensaft
- 1 Prise Salz

1 Den Backofen auf 180 °C vorheizen. Die Backform mit Backpapier auskleiden. Die Äpfel in einer Schüssel mit Zitronensaft mischen, damit sie nicht braun werden, während der Teig zubereitet wird.

2 Mehl und Backpulver mischen; in eine große Schüssel sieben. 200 g Zucker untermischen, die Eier und die Butter dazugeben und alles verrühren, bis ein glatter Teig entstanden ist. Den Teig in die Form gießen und glatt streichen.

3 Die Apfelspalten dachziegelartig auf den Teig legen und mit dem restlichen Zucker bestreuen. Den Kuchen 45 Minuten backen, bis bei der Stäbchenprobe kein Teig haften bleibt.

4 Inzwischen für die Sauce die Butter mit Zucker, Zitronensaft und Salz bei schwacher Hitze unter Rühren in einem kleinen Topf zerlassen. Es soll eine dicke, glatte Sauce entstehen. Die Sauce etwas abkühlen lassen und über den Kuchen in der Form gießen.

Schokobaiserroulade mit Birnen

Zum Aufrollen der zarten Roulade das Backpapier zu Hilfe nehmen und beim Rollen vom Baiser abziehen.

25 MIN. 15 MIN. TK-TAUGLICH

ERGIBT 1 ROLLE (25 CM LANG)

- 5 Eiweiß, mit Raumtemperatur
- 225 g Zucker
- 1 Päckchen Vanillezucker
- ½ TL Weißweinessig
- 1 TL Speisestärke
- 30 g Kakaopulver, gesiebt
- Puderzucker zum Bestäuben
- 250 g Sahne, steif geschlagen
- 3 kleine Birnen, geschält und gewürfelt

1 Den Backofen auf 180 °C vorheizen. Ein Backblech mit Backpapier belegen. Die Eiweiße mit den Quirlen des elektrischen Handrührgeräts zu steifem Schnee schlagen. Unter ständigem Schlagen Zucker und Vanillezucker einrieseln lassen. Essig, Speisestärke und Kakao unterheben. Die Masse auf das Blech geben und zu einer 25 x 35 cm großen Fläche ausstreichen; im heißen Ofen 15 Minuten backen. Herausnehmen und abkühlen lassen.

2 Die Baiserplatte vorsichtig auf ein mit Puderzucker bestreutes Stück Backpapier stürzen. Die Sahne mit einer Palette auf die Baiserplatte streichen und mit den Birnenstücken bestreuen. Aufrollen, dann mit der Naht nach unten auf eine Servierplatte setzen und kalt stellen. Die Rolle vor dem Servieren mit Puderzucker bestäuben.

Variante

Schokobaiserroulade mit Feigen und Limette

Die Teigplatte wie beschrieben herstellen und backen. Für die Füllung 6 frische Feigen in Läuterzucker (100 g Zucker auf 300 ml Wasser) mit dem Saft von 1 Limette 10 Minuten pochieren. Abkühlen und abtropfen lassen, die Stiele entfernen und die Früchte würfeln. Die abgeriebene Schale der Limette untermischen. Die Feigen wie die Birnen verwenden.

Traubenkuchen mit Zimt

Servieren Sie diesen Kuchen warm als Dessert mit Sahne, Joghurt oder Vanillesauce, oder genießen Sie ihn kalt zu einer Tasse Kaffee. Die Traubenschicht obendrauf hält ihn saftig.

30 MIN. 50 MIN.

FÜR 1 SPRINGFORM (20 CM Ø)

- 300 g dunkle Weintrauben, längs halbiert
- 2 EL brauner Zucker
- 150 g weiche Butter
- 150 g Zucker
- 1 Päckchen Vanillezucker
- 3 Eier
- 150 g Mehl
- 1 TL Backpulver
- 1 TL gemahlener Zimt

1 Den Backofen auf 180 °C vorheizen. Die Form mit Backpapier auskleiden. Die Trauben mit den Schnittflächen nach oben darin verteilen und mit dem braunen Zucker bestreuen.

2 Die Butter mit Zucker und Vanillezucker glatt rühren. Eier hinzufügen und untermischen. Mehl, Backpulver und Zimt mischen, auf die Butter-Eier-Masse geben und unterrühren.

3 Den Teig auf die Trauben streichen. Den Kuchen etwa 50 Minuten backen, bis er goldbraun ist; bei der Stäbchenprobe darf kein Teig haften bleiben. Auf eine Servierplatte stürzen, das Backpapier abziehen. Kalt oder warm servieren.

Variante

Traubenkuchen mit Gewürzen

Den Kuchen wie beschrieben zubereiten, die dunklen Trauben jedoch durch helle ersetzen und den Teig mit der abgeriebenen Schale von 1 Bio-Orange und 1 TL Lebkuchengewürz aromatisieren.

Fladenbrot mit Trauben

Dieses süße italienische Fladenbrot ähnelt einer gesüßten Focaccia und kann warm oder kalt serviert werden.

25 MIN. PLUS GEHZEITEN 20–25 MIN.

FÜR 1 BACKFORM (20 X 30 CM)

- 700 g Weizenmehl Type 550, plus mehr zum Arbeiten
- 1 Päckchen Trockenhefe
- 1 TL Salz
- 5 EL Zucker
- 1 EL Olivenöl, plus mehr nach Bedarf
- 500 g kleine kernlose rote Weintrauben
- 1 EL fein gehackter Rosmarin (nach Belieben)

1 Das Mehl in einer Schüssel mit Hefe, Salz und 2 EL Zucker mischen. Nach und nach 450 ml lauwarmes Wasser und das Öl unterarbeiten. Den weichen Teig auf einer bemehlten Arbeitsfläche etwa 10 Minuten kneten, bis er elastisch ist und glänzt. In eine dünn ausgeölte Schüssel geben und locker mit Frischhaltefolie bedecken. An einem warmen Platz bis zu 2 Stunden gehen lassen, bis sich das Teigvolumen etwa verdoppelt hat.

2 Anschließend den Teig auf der bemehlten Arbeitsfläche kneten und schlagen. Etwa ein Drittel vom Teig abnehmen – es entstehen also ein größeres und ein kleineres Teigstück. Das Blech dünn mit Öl fetten.

3 Das größere Teigstück ungefähr auf Blechgröße ausrollen. Das Blech mit dem Teig auskleiden und den Teig mit zwei Dritteln der Trauben und 2 EL Zucker bestreuen.

4 Das kleinere Teigstück so ausrollen bzw. zurechtziehen, dass es die Trauben bedeckt. Auf die Trauben legen, mit den restlichen Trauben und nach Belieben mit Rosmarin bestreuen. Die Schiacciata locker mit dünn geölter Frischhaltefolie und einem Geschirrtuch bedecken und an einem warmen Ort bis zu 1 Stunde gehen lassen. Den Backofen auf 200 °C vorheizen.

5 Die Schiacciata mit dem restlichen Zucker (1 EL) bestreuen. Im heißen Ofen 20–25 Minuten backen, bis sie schön aufgegangen und goldbraun ist. Aus dem Ofen nehmen und vor dem Servieren mindestens 10 Minuten abkühlen lassen.

Marinierte Weintrauben

Saftige Trauben, in rotem Portwein mariniert, ergeben ein herrliches Dessert. Die eingelegten Früchte passen auch hervorragend zu Käse.

10 MIN. PLUS MARINIERZEIT

FÜR 4 PERSONEN

- 300 g kernlose dunkle Weintrauben
- 300 g kernlose helle Weintrauben
- etwas roter Portwein
- Vanilleeiscreme zum Servieren

1 Die Weintrauben mit einem spitzen Messer mehrmals einstechen. In eine große Schale geben und mit Portwein begießen. Zudecken und im Kühlschrank mehrere Stunden oder über Nacht durchziehen lassen.

2 Die Weintrauben aus dem Kühlschrank nehmen, Raumtemperatur annehmen lassen und auf Schälchen verteilen. Auf jede Portion eine Kugel Eiscreme geben; die Desserts sofort servieren.

Variante

Marinierte Weintrauben mit warmem Ziegenkäsebrot

Die Trauben wie beschrieben marinieren. 4 Scheiben Baguette toasten. Auf jede Brotscheibe 1 Scheibe Ziegenkäse legen und diesen unter dem heißen Grill schmelzen lassen. Die Käsebrote mit den Trauben und etwas Marinade auf Tellern anrichten und servieren.

Jetzt am besten **Weintrauben**

Die sonnenhungrigen Beeren werden im Herbst nach langen Sommertagen geerntet. Es gibt grüne, rote und schwarze Trauben mit und ohne Kerne – einige eignen sich zum Rohessen, andere für cie Weinproduktion. Trauben bieten sich für pikante Salate und Obstsalate an, zum Füllen von Geflügel, für Saucen, Tartes und Desserts. Sie passen gut zu Hähnchen, Fisch, Käse und Nüssen. Weinblätter können gefüllt werden.

Alle Weintrauben brauchen Sonne zum Reifen. Viele Sorten gedeihen in warmen gemäßigten Klimazonen genauso wie in heißen.

'Italia' In Europa eine der bekanntesten Traubensorten. Die kernhaltigen, dünnschaligen Beeren sind süß mit einer leichten Muskatnote.

'Moscatel Rosada'/'Rosado' Wird überwiegend in Chile und Argentinien angebaut und dort auch für die Weinherstellung verwendet. Die saftigen, kernhaltigen Beeren haben eine ausgeprägte Muskatnote.

Trauben, die behutsam transportiert wurden, behalten die helle Bereifung.

'Concord' Die älteste nordamerikanische Tafeltraube. Die blauschwarzen, mittelgroßen Beeren eignen sich zum Rohessen sowie für Konfitüre, Gelee, Saft oder Wein.

'Alphonso-Lavallée' Die beliebte Rebsorte ist auch als 'Ribier' bekannt. Die dunklen großen Beeren enthalten Kerne, haben eine feste Schale sowie saftiges, mildes Fruchtfleisch. Die perfekte Ergänzung auf einer Käseplatte.

Wählen Sie pyramidenförmige Trauben mit prallen, gleich großen Beeren.

Wissenswert

Im Angebot

Verschiedene Sorten: grüne (weiße), rote und schwarze, mit und ohne Kerne; getrocknet als Rosinen, Sultaninen, Korinthen; Wein und Saft.

Einkauf Trauben mit angetrockneten oder braunen Stellen liegen lassen.

Aufbewahren Ungewaschen auf mehreren Lagen Küchenpapier oder in einer offenen Papiertüte im Kühlschrank bis zu 5 Tage lagern.

Zubereiten Evtl. schälen und entkernen, als Zutat für Sahne- und Weinsaucen, (Geflügel)Füllungen, Tartes und Dessert.

Für den Vorrat Saft, Wein.

Rezepte

Fladenbrot mit Trauben Seite 346

Marinierte Weintrauben Seite 346

Traubenkuchen mit Zimt Seite 346

Pflaumenkonfitüre mit Portwein

Portwein und Zimt peppen diese ansonsten schlichte Konfitüre auf. Man kann sie auf Brot genießen, aber auch auf Pfannkuchen oder Milchreis.

10 MIN. 30-35 MIN.

ERGIBT ETWA 2 KG

- 2 kg Pflaumen, halbiert und entsteint
- 1 Zimtstange, in zwei gleich große Stücke gebrochen
- Saft von 1 Limette
- 1,5 kg Zucker
- 3-4 EL roter Portwein

1 Die Pflaumen mit Zimt, Limettensaft und 750 ml Wasser in einem großen Topf zum Köcheln bringen. Köcheln lassen, bis der Zucker sich aufgelöst hat. Anschließend 5–8 Minuten sprudelnd kochen lassen, bis die Konfitüre eindickt und geliert.

2 Den Topf vom Herd nehmen und die Gelierprobe machen. Dafür 1 TL Konfitüre auf eine gekühlte Untertasse geben. Wird die Probe fest, kann die Konfitüre abgefüllt werden. Falls Sie ein Zuckerthermometer verwenden möchten: Die Fruchtmasse muss 105 °C heiß sein. Bei dieser Temperatur setzt sie sich an der Topfwand ab, und beim Kochen schäumt sie nicht mehr, sondern es steigen Blasen an die Oberfläche und zerplatzen.

3 Den Zimt entfernen. Den Portwein unter die Konfitüre rühren. Die Konfitüre in sterilisierte Schraubdeckelgläser schöpfen und mit Wachspapierkreisen belegen. Die Gläser verschließen und beschriften; kühl und dunkel lagern. Angebrochene Gläser im Kühlschrank aufbewahren.

Variante

Pflaumenkonfitüre mit Kirschwasser

Die Konfitüre wie beschrieben zubereiten, jedoch 2 Sternanis statt Zimt und 3–4 EL Kirschwasser statt Portwein verwenden.

Piccalilli

Das sind sozusagen Mixed Pickles mit indischem Touch. Hinein gehören Blumenkohl, Zucchini, Bohnen und Möhren; die gelbe Farbe stammt von Kurkuma und Senfpulver.

15 MIN. PLUS EINSALZZEIT 20 MIN.

ERGIBT ETWA 2,5 KG

- 1 großer Blumenkohl, in Röschen zerteilt
- 2 große Zwiebeln, geschält, geviertelt und in dünne Ringe geschnitten
- 1 kg gemischtes Gemüse (z. B. Zucchini, grüne Bohnen und Möhren) in mundgerechte Stücke geschnitten
- 60 g Salz
- 2 EL Mehl
- 250 g Einmachzucker
- 60 g englisches Senfpulver
- 1 l Einlegeessig

1 Das Gemüse in eine große Schüssel geben. Das Salz in 1–1,25 l Wasser auflösen. Die Lake zum Gemüse gießen. Einen Teller auf das Gemüse legen, damit es von Lake bedeckt ist, und das Gemüse 24 Stunden in der Lake lassen.

2 Das Gemüse abgießen und kalt abspülen. Anschließend für 2 Minuten in sprudelnd kochendes Wasser geben; abgießen und kalt abschrecken.

3 Das Mehl in einer kleinen Schüssel mit Zucker, Kurkuma und Senfpulver mischen. So viel Essig hinzufügen, dass eine Paste entsteht. Den restlichen Essig mit der Paste in einen großen Topf (nicht aus Aluminium) geben. Aufkochen lassen, dabei rühren, damit keine Klümpchen entstehen. Die Sauce bei schwacher Hitze etwa 15 Minuten köcheln lassen.

4 Das Gemüse in die Sauce geben und durch Rühren damit überziehen. Die Mischung luftblasenfrei in heiß ausgespülte sterilisierte Schraubdeckelgläser füllen. Die Gläser verschließen und beschriften. Mindestens 1 Monat kühl und dunkel lagern. Angebrochene Gläser im Kühlschrank aufbewahren.

Baby-Artischocken in Öl

Baby-Artischocken sind eine Delikatesse und können im Canzen eingelegt werden. Als Antipasti oder zu Pasta servieren.

10 MIN. PLUS MARINIERZEIT **10 MIN.**

ERGIBT ETWA 500 G

- 10 Baby-Artischocken
- 375 ml Weißweinessig
- 1 EL Salz
- 500 ml Olivenöl
- 1 Handvoll schwarze Pfefferkörner

1 Die Artischockenstiele kürzen, die harten Außenblätter (etwa 5–6 Schichten) abbrechen. Von den Artischocken oben jeweils 2–3 cm abschneiden. Die Artischocken ganz lassen oder halbieren.

2 In einem großen Topf (nicht aus Aluminium) 300 ml Essig mit Salz und 300 ml Wasser aufkochen, dann köcheln lassen. Die Artischocken für 3–5 Minuten hineingeben; sie sollen sehr bissfest bleiben. Abgießen und abkühlen lassen, dann längs vierteln.

3 Für die Marinade das Öl mit den Pfefferkörnern und dem restlichen Essig in einem Topf aufkochen lassen. Die Artischocken hinzufügen. Alles erneut zum Kochen bringen. Die Hitzequelle abschalten und die Artischocken in der Marinade abkühlen lassen.

4 Die abgekühlten Artischocken mit einem Schaumlöffel aus der Marinade heben und in ein sterilisiertes Einmachglas füllen, mit Marinade (nach Belieben durch ein Sieb gegossen) bedecken. Das Glas schließen, beschriften und kalt stellen. Nach dem Öffnen im Kühlschrank aufbewahren. Falls nötig, Öl nachfüllen, damit die Artischocken immer bedeckt sind. Innerhalb von 2 Monaten verbrauchen.

Chutney mit Tomaten und gelben Zucchini

Das zarte Fruchtfleisch von gelben Zucchini ist ideal für dieses Chutney, sie können aber auch grüne verwenden.

10 MIN. PLUS ZIEHZEIT **2 STD. 35 MIN.**

ERGIBT ETWA 1 KG

- 500 g gelbe Zucchini, gewürfelt
- 250 g Zwiebeln, geschält und grob zerkleinert
- 300 g vollreife Tomaten, grob zerkleinert
- 350 g Einmachzucker
- 300 ml Weißweinessig
- 1 Knoblauchzehe, fein gehackt
- 1 Stück frischer Ingwer (1 cm), geschält und fein gehackt
- ¼ TL Chiliflocken
- 1 gute Prise edelsüßes Paprikapulver
- ½ TL Salz

1 Alle Zutaten in einen großen Topf (nicht aus Aluminium) geben. Aufkochen lassen, dabei rühren, bis der Zucker sich aufgelöst hat. Anschließend bei schwacher Hitze 2 ½ Stunden köcheln lassen, bis die Konsistenz konfitürenartig ist. Gegen Ende der Garzeit häufiger rühren, damit das Chutney nicht anbrennt. Falls nötig, gegen Ende der Garzeit das Chutney kurz sprudelnd kochen lassen, damit es eindickt.

3 Das Chutney luftblasenfrei in heiß ausgespülte sterilisierte Schraubdeckelgläser füllen. Jeweils einen Wachspapierkreis darauflegen. Die Gläser verschließen und beschriften; kühl und dunkel lagern und erst nach 1 Monat öffnen. Angebrochene Gläser im Kühlschrank aufbewahren.

Süßsaure Birnen

Die würzigen süßsauren Birnen passen zu kaltem Braten, Frikadellen und Käse, aber auch zu pikanten (Reis-)Gerichten.

10 MIN. PLUS ZIEHZEIT **25-30 MIN.**

ERGIBT ETWA 1 L

- 1 kg feste, wohlgeformte Birnen (z. B. Williams Christ oder Conférence), geschält und geviertelt

Für den Sud

- 350 g Einmachzucker
- 175 ml Apfelessig
- Schale von ½ Bio-Zitrone
- 1 Stück frischer Ingwer (2-3 cm), geschält und gehackt
- Samen aus 6 Kardamomkapseln

1 Die Zutaten für den Sud in einem großen Topf (nicht aus Aluminium) aufkochen lassen, dabei rühren, bis der Zucker sich aufgelöst hat. 5 Minuten köcheln lassen; vom Herd nehmen.

2 Die Birnenviertel in den Sud geben (sie müssen davon bedeckt sein) und 5–10 Minuten pochieren, bis sie fast weich sind. Gegarte Birnenviertel einzeln mit einem Schaumlöffel herausheben.

3 Die Birnen eng in heiß ausgespülte sterilisierte Einmachgläser füllen. Den Gewürzsud aufkochen und in etwa 5 Minuten sprudelnd um etwa ein Drittel einkochen lassen. Den heißen Sud so in die Gläser gießen, dass die Birnen davon bedeckt sind. Die Gläser verschließen und beschriften. Kühl und dunkel aufbewahren und erst nach 1 Monat öffnen. Angebrochene Gläser im Kühlschrank aufbewahren.

Variante

Scharfe süßsaure Birnen

Die Birnen wie beschrieben zubereiten, aber noch 2 getrocknete Chipotle-Chilischoten sowie 2 kleine Lorbeerblätter in den Sud und nach Belieben auch mit in die Gläser geben.

Feigenkonfitüre mit Vanille

Diese fruchtige Konfitüre passt zu süßen und herzhaften Speisen. Besonders gut aber schmeckt sie zu gekochtem Schinken und zu Käse.

5 MIN. 45-50 MIN.

ERGIBT ETWA 1 KG

- 600 g frische Feigen mit zarter Schale, geviertelt
- Schale und Saft von 1 kleinen Bio-Zitrone
- 1 kleiner Kochapfel (z.B. Boskop), geschält, entkernt und grob zerkleinert
- 1 Vanilleschote, längs aufgeschlitzt
- 600 g Einmachzucker

1 Die Feigen mit Zitronenschale und -saft, Apfel und Vanille in einen großen Topf (nicht aus Aluminium) geben. Bei schwacher Hitze etwa 20 Minuten köcheln lassen, bis die Feigen weich und musig sind.

2 Den Zucker hinzufügen. Bei schwacher Hitze rühren, bis er sich aufgelöst hat. Anschließend das Ganze aufkochen und unter gelegentlichem Rühren etwa 15–20 Minuten sprudelnd kochen lassen, dabei ab und zu abschäumen. Den Topf vom Herd nehmen und die Gelierprobe machen: 1 TL Konfitüre auf eine gekühlte Untertasse geben. Wird die Probe fest, kann die Konfitüre abgefüllt werden. Falls Sie ein Zuckerthermometer verwenden möchten: Die Fruchtmasse muss 105 °C heiß sein. Bei dieser Temperatur setzt sie sich an der Topfwand ab, und beim Kochen schäumt sie nicht mehr, sondern es steigen Blasen an die Oberfläche und zerplatzen.

3 Die Vanille entfernen. Die Konfitüre in heiß ausgespülte sterilisierte Schraubdeckelgläser füllen und mit je einem Wachspapierkreis bedecken. Gläser verschließen und beschriften. Kühl und dunkel lagern; angebrochene Gläser im Kühlschrank aufbewahren.

Apfel-Dattel-Chutney mit Sultaninen

Dieses Chutney reift mit der Zeit nach. Getrocknete Cranberrys, Feigen oder Aprikosen passen auch gut zu Äpfeln und können die getrockneten Datteln ersetzen.

30 MIN. PLUS ZIEHZEIT 1 STD. 45 MIN.

ERGIBT ETWA 2 KG

- 2 kg Kochäpfel (z.B. Boskop), geschält und klein geschnitten
- 3 Zwiebeln, fein gewürfelt
- 1 Stück frischer Ingwer (2-3 cm), fein gehackt
- 100 g Sultaninen
- 125 g getrocknete entsteinte Datteln (Soft-Früchte), klein geschnitten
- 1 TL gelbe Senfsamen
- 1 l Apfelessig
- 500 g Einmachzucker

1 Die Äpfel in einem großen Topf (nicht aus Aluminium) mit Zwiebeln, Ingwer, Sultaninen, Datteln und Senfsamen mischen. Essig und Zucker hinzufügen.

2 Bei schwacher Hitze rühren, bis der Zucker sich aufgelöst hat. Aufkochen und 1½ Stunden köcheln lassen. Das Chutney ist fertig, wenn man mit einem Kochlöffel eine Spur durchziehen kann. Gegen Ende der Garzeit ständig rühren, damit es nicht anbrennt.

3 Das Chutney luftblasenfrei in heiß ausgespülte sterilisierte Schraubdeckelgläser füllen und mit Wachspapierkreisen belegen. Die Gläser verschließen und beschriften. Kühl und dunkel lagern und erst nach 1 Monat öffnen. Angebrochene Gläser im Kühlschrank aufbewahren.

Holzapfelgelee

Holzäpfel sind roh ungenießbar, lassen sich aber zu einem köstlichen Gelee einkochen.

15 MIN. PLUS ABTROPFZEIT **45 MIN.**

ERGIBT ETWA 1,5 KG

- 1 kg Holzäpfel, im Ganzen grob zerkleinert
- in dünnen Streifen abgezogene Schale von 1 Bio-Zitrone
- etwa 1 kg Einmachzucker (siehe Schritt 2)

1 Die Holzäpfel mit der Zitronenschale und 1,5 l Wasser in einen großen Topf geben. 30 Minuten köcheln lassen, bis die Äpfel musig werden. Ein Sieb auf eine große Schüssel setzen und den Topfinhalt hineingießen; über Nacht abtropfen lassen.

2 Die Flüssigkeit abmessen. Pro 600 ml 450 g Zucker rechnen. Den Saft in den gesäuberten Topf geben und bei mittlerer Hitze köcheln lassen. Den Zucker dazugeben und rühren, bis er sich aufgelöst hat. Die Gelierflüssigkeit aufkochen und 10 Minuten köcheln lassen. Den Topf vom Herd nehmen und die Gelierprobe machen: 1 TL Gelee auf eine gekühlte Untertasse geben. Wird die Probe fest, kann das Gelee abgefüllt werden. Falls Sie ein Zuckerthermometer verwenden möchten: Die Gelierflüssigkeit muss 105 °C heiß sein. Bei dieser Temperatur setzt sie sich an der Topfwand ab, und beim Kochen schäumt sie nicht mehr, sondern es steigen Blasen an die Oberfläche und zerplatzen.

3 Das Gelee abschäumen, in heiß ausgespülte sterilisierte Einmachgläser füllen und mit Wachspapierkreisen bedecken. Die Gläser verschließen und beschriften. Kühl und dunkel lagern, angebrochene Gläser im Kühlschrank aufbewahren.

Pflaumen-Kürbis-Chutney

Ein durch und durch herbstliches Chutney, in dem Pflaumen, Äpfel und Kürbis vorzüglich harmonieren.

30 MIN. PLUS ZIEHZEIT **2 STD. 15 MIN. - 2 STD. 45 MIN.**

ERGIBT ETWA 1,5 KG

- Fruchtfleisch von 1 Butternusskürbis (500 g), gewürfelt
- 500 g Pflaumen, grob zerkleinert
- 500 g Kochäpfel, geschält und gewürfelt
- 250 g Zwiebeln, gewürfelt
- 250 g Rosinen
- 250 g Zucker
- 400 ml Apfel- oder Weißweinessig
- 1½ TL Chiliflocken
- ½ TL Salz

Für den Gewürzbeutel

- 2 Stücke Muskatblüte (Macis)
- 1 gehäufter TL Korianderkörner
- 12 schwarze Pfefferkörner
- 12 Gewürznelken
- 1 Stück frischer Ingwer (2 cm), geschält und gewürfelt

1 Alle Zutaten in einen großen Topf geben. Die Gewürze auf ein Stück Mull geben und dieses zu einem Beutel verknoten. Ebenfalls in den Topf geben. Alles erhitzen, dabei gelegentlich rühren, damit der Zucker sich auflöst.

2 Aufkochen und bei schwacher Hitze 2–2½ Stunden köcheln lassen, bis die Mischung eindickt und man mit einem Kochlöffel eine Spur durchziehen kann. Gegen Ende der Garzeit häufig rühren.

3 Das Chutney in heiß ausgespülte sterilisierte Schraubdeckelgläser füllen und mit Wachspapierkreisen bedecken. Die Gläser verschließen und beschriften. Kühl und dunkel lagern und erst nach 1–2 Monaten öffnen. Angebrochene Gläser im Kühlschrank aufbewahren.

Quittenbrot

Quittenbrot ist kein Brot, sondern eine Süßigkeit aus Quittenpüree, die man auch in Scheiben schneiden kann. Es hält sich mindestens ein Jahr und passt gut zu Käse.

10 MIN. PLUS KÜHL- UND ZIEHZEIT **1 STD. 20 MIN.**

ERGIBT 0,75–1 KG

- 1 kg Quitten, gebürstet und grob zerkleinert
- Saft von ½ Zitrone
- etwa 500 g Einmachzucker (siehe Schritt 2)
- Öl für die Förmchen

1 Die Quitten mit 500 ml Wasser und dem Zitronensaft in einen großen Topf geben. Aufkochen und etwa 30 Minuten köcheln lassen. Sobald die Früchte weich genug sind, mit einem Kartoffelstampfer oder einer Gabel zu einem weichen, sirupartiger Mus zerdrücken; abkühlen lassen.

2 Das Mus portionsweise über einer Schüssel durch ein Sieb passieren, dabei mit einem Kochlöffel kräftig ausdrücken; alternativ durch ein Passiergerät treiben. Das Püree abmessen und pro 500 ml Püree 500 g Zucker verwenden.

3 Püree und Zucker in den Topf geben. Bei schwacher Hitze rühren, bis der Zucker sich aufgelöst hat. Aufkochen, dann bei schwacher Hitze 45–60 Minuten (oder länger) köcheln lassen, bis das Püree zu einer dunklen, glänzenden Paste eingekocht ist. Es ist fertig, wenn es einen Kochlöffel überzieht und man mit dem Kochlöffel eine Spur durch das Chutney im Topf ziehen kann. Häufig rühren, damit die Paste nicht anbrennt.

4 Einige sterilisierte Auflaufförmchen mit Öl auspinseln. Die Paste hineingeben, glatt streichen und mit Wachspapierkreisen bedecken. Die Förmchen mit Zellophan verschließen und das Quittenbrot abkühlen lassen. Zum Stürzen mit einem Messer innen an den Formrändern entlangfahren. Das Quittenbrot auf eine Arbeitsfläche stürzen und in Wachspapier wickeln, das Papier mit Küchengarn verschnüren. Das Quittenbrot an einem kühlen dunklen Platz 4–6 Wochen reifen lassen. In dünne Scheiben schneiden und zu einer Käseplatte reichen oder einfach so naschen.

Getrocknete Pilze

Das erdige Aroma der Pilze wird beim Trocknen viel intensiver. Getrocknete Pilze halten sich fast ein Jahr und sind ein absolutes Muss für den Vorratsschrank.

15 MIN. PLUS TROCKNEN | 4–6 STD. | TK-TAUGLICH

ERGIBT ETWA 60 G

- 450 g Egerlinge, Shiitake- und Buna-Shimeji-Pilze (oder frisch gesammelte Wildpilze)

1 Den Backofen auf niedrigste Temperatur (50–60 °C) vorheizen. Kleine Pilze ganz lassen, große in 0,5–1 cm dicke Scheiben schneiden. Die Scheiben nebeneinander auf mit Küchenpapier belegte Backbleche oder auf Backofengitter legen; sie sollen einander nicht berühren. Die Bleche bzw. Gitter für 4–6 Stunden in den Ofen schieben, dabei die Ofentür mit einem Kochlöffelstiel offen halten.

2 Die Pilze sind fertig, wenn sie mindestens auf die Hälfte ihrer Größe geschrumpft, aber noch biegsam sind. Bleche bzw. Gitter aus dem Ofen nehmen und die Pilze darauf vollständig auskühlen lassen.

3 Die Pilze in fest verschließbare Gläser füllen. Nach Belieben einige Reiskörner dazugeben, damit die Pilze trocken bleiben. Die Gläser kühl und dunkel lagern.

Pilze in Kräuteressig

Ein Pilzvorrat für Genießer, der immer griffbereit ist.

20 MIN. | 16 MIN.

ERGIBT ETWA 1 L

- 1 kg kleine, feste Pilze (z. B. Pfifferlinge, Steinpilze oder Champignons)
- 100 g Schalotten, geschält und geviertelt
- Salz
- 125 ml Weinessig
- 2 Lorbeerblätter
- einige Zweige Thymian und Estragon
- abgeriebene Schale von ½ Bio-Zitrone

1 Die Pilze putzen und, falls nötig, kurz abbrausen. Größerer Exemplare in Stücke schneiden – die Pilze sollen alle etwa die gleiche Größe haben. In einem Topf Wasser mit Salz zum Kochen bringen.

2 Die Pilze in das kochende Salzwasser geben und für 3 Minuten darin sprudelnd kochen lassen. Mit einem Schaumlöffel herausheben, kalt abschrecken und gut abtropfen lassen. Anschließend die Schalotten ebenfalls 3 Minuten im Wasser kochen; abgießen, abschrecken und gut abtropfen lassen.

3 Den Weinessig und 125 ml Wasser mit den Lorbeerblättern, dem Thymian und Estragon aufkochen lassen. Pilze und Schalotten in den Sud geben und 10 Minuten darin köcheln. Mit einem Schaumlöffel herausheben, abtropfen lassen und in sterilisierte Schraubdeckelgläser füllen. Den Essigsud noch einmal aufkochen lassen, dann bis 1 cm hoch über die Zutaten in die Gläser geben. Die Gläser fest verschließen und abkühlen lassen. Angebrochene Gläser im Kühlschrank aufbewahren.

Tiefkühlkonfitüre aus Birnen und Brombeeren

Eine schnell gekochte Konfitüre aus vollreifem Obst einfach einzufrieren ist eine großartige Idee für den Herbst.

10–12 MIN. | 5–8 MIN. | TK-TAUGLICH

ERGIBT ETWA 750 G

- 2 große reife Birnen, geschält, entkernt und grob zerkleinert
- 200 g reife Brombeeren
- 2 EL Zitronensaft
- 1 TL Lebkuchengewürz
- 1 EL Agar-Agar-Flocken oder 1 TL Agar-Agar-Pulver
- 150 g Zucker

1 Das Obst (es soll Raumtemperatur haben) mit Zitronensaft und Lebkuchengewürz in einer Schüssel mit dem Kartoffelstampfer oder einer Gabel nur grob zerdrücken – es soll kein Mus entstehen.

2 In einen kleinen Topf 200 ml Wasser geben. Agar-Agar daraufstreuen und 2–3 Minuten quellen lassen. Den Topf schwenken, dann das Wasser bei schwacher Hitze ohne zu rühren aufkochen lassen. 3–5 Minuten unter gelegentlichem Rühren schwach köcheln lassen, bis das Agar-Agar sich aufgelöst hat. Den Zucker hinzufügen. Bei schwacher Hitze 2–3 Minuten rühren, bis er sich aufgelöst hat. Vom Herd nehmen und behutsam unter die Obstmischung rühren.

3 Bis 1 cm unter den Rand in Gefrierdosen füllen; abkühlen lassen. Die Dosen verschließen und beschriften. Über Nacht kalt stellen, dann einfrieren. Zur Verwendung im Kühlschrank auftauen lassen, im Kühlschrank aufbewahren und innerhalb von 2 Wochen verbrauchen.

Kürbis-Orangen-Konfitüre

Ein Aufstrich-Klassiker aus Großbritannien.

20 MIN. 35-40 MIN.

ERGIBT 1,5 KG

- Fruchtfleisch von 1 Speisekürbis (etwa 1 kg),in 1 cm große Stücke geschnitten
- Saft von 2 Zitronen
- 1 kg Einmachzucker
- Saft von 1 Orange
- Schale von 2 Bio-Orangen

1 Kürbis und Zitronensaft in einen großen Topf (nicht aus Aluminium) geben. Aufkochen und 15 Minuten köcheln lassen, bis der Kürbis weich wird. Falls nötig, etwas Wasser hinzufügen, es darf nichts anbrennen.

2 Zucker sowie Orangensaft und -schale dazugeben. Das Ganze erhitzen, dabei rühren, bis der Zucker sich aufgelöst hat, dann aufkochen und 20 Minuten sprudelnd kochen lassen, bis die Konfitüre eindickt und geliert. Den Topf vom Herd nehmen und die Gelierprobe machen: 1 TL Konfitüre auf eine gekühlte Untertasse geben. Wird die Probe fest, kann die Konfitüre abgefüllt werden. Falls Sie ein Zuckerthermometer verwenden möchten: Die Fruchtmasse muss 105 °C heiß sein. Dann setzt sie sich auch an der Topfwand ab, und beim Kochen schäumt sie nicht mehr, sondern es steigen Blasen träge an die Oberfläche und zerplatzen.

3 Die Konfitüre 5–10 Minuten stehen lassen, dann in heiß ausgespülte sterilisierte Einmachgläser füllen und jeweils einen Wachspapierkreis darauflegen. Die Gläser verschließen und beschriften. Kühl und trocken lagern, angebrochene Gläser im Kühlschrank aufbewahren.

Quitten in Gewürzsirup

Probieren Sie diese eingekochten Quitten einmal mit Eiscreme oder Schlagsahne oder püriert zu Wild, Schweinefleisch oder Ente.

30 MIN. 25 MIN. PLUS STERILISIERZEIT IM OFEN

ERGIBT 1 L

- 1 kg Quitten, gebürstet
- 1 EL Zitronensaft
- 300 g Zucker
- 2 Sternanis, 1 Zimtstange oder 2 Gewürznelken

1 Die Quitten in einen großen Topf geben. 600 ml Wasser hinzufügen. Aufkochen und 2 Minuten kochen lassen. Herausheben und in kaltes Wasser geben, dann schälen, entkernen, vierteln und in mit dem Zitronensaft gesäuertes kaltes Wasser legen.

2 Den Zucker in den Topf geben und unter Rühren im Garsud auflösen. Die Quitten mit den Gewürzen hinzufügen. Das Ganze aufkochen, dann bei schwacher Hitze 12–15 Minuten köcheln lassen, bis die Quitten knapp gar sind.

3 Den Backofen auf 150 °C vorheizen. Die Quitten eng bis 1 cm unter den Rand in warme sterilisierte Einmachgläser mit Gummiring füllen. Den Sirup erneut aufkochen lassen und die Quitten damit bedecken Die Gläser auf ein Holzbrett stoßen, damit Luftblasen entweichen. Die Gummiringe und die Deckel auf die Gläser legen und die Gläser in ein mit Zeitungspapier ausgelegtes tiefes Backblech stellen.

4 Das Blech auf der mittleren Schiene für 40–50 Minuten in den Ofen schieben, damit eingeschlossene Luft entweichen kann. Herausnehmen und die Gläser mit den Klammern fest verschließen. Kühl und dunkel lagern. Angebrochene Gläser im Kühlschrank aufbewahren.

Italienisches Gemüse

Hierfür wird Gemüse erst in Essig gegart und dann in Öl konserviert. Zum Servieren mit gutem Olivenöl beträufeln und mit Basilikum oder Petersilie bestreuen.

20 MIN. PLUS ZIEHZEIT 10 MIN.

ERGIBT ETWA 750 G

- 600 g gemischtes Gemüse (z. B. Auberginen, Fenchel, Romanescoröschen, Zucchini, kleine Schalotten, Selleriestangen, Möhren, Paprikaschoten, Champignons)
- etwa 500 ml Weißweinessig
- 2 TL Einmachzucker
- 2 TL Salz
- etwa 150 ml Olivenöl
- Gewürze (zum Auswählen)
- 1 TL Fenchelsamen
- 1 TL getrockneter Oregano
- 1 Lorbeerblatt
- 1 Zweig Rosmarin
- 1 Zweig Zitronenthymian
- 1 Prise Chiliflocken

1 Das Gemüse waschen, putzen bzw. schälen. In 1 cm große Stücke schneiden; kleine Schalotten und Pilze ganz lassen. Das Gemüse mit Zucker und Salz in einen Topf (nicht aus Aluminium) geben und mit Essig bedecken. Aufkochen lassen, dann weiches Gemüse in 2–3 Minuten, festeres in 5–10 Minuten bissfest garen. Aus dem Topf heben, mit Küchenpapier trocken tupfen und abkühlen lassen.

2 Das Gemüse mit Gewürzen locker in sterilisierte Einmachgläser geben. Mit Öl bedecken und behutsam zusammendrücken, damit Luft entweichen kann. Mit Öl auffüllen, dann die Gläser verschließen und kalt stellen. Erst nach 1 Woche öffnen. In angebrochene Gläser immer so viel Öl geben, dass das Gemüse bedeckt ist. Im Kühlschrank hält sich das Gemüse 1–2 Monate.

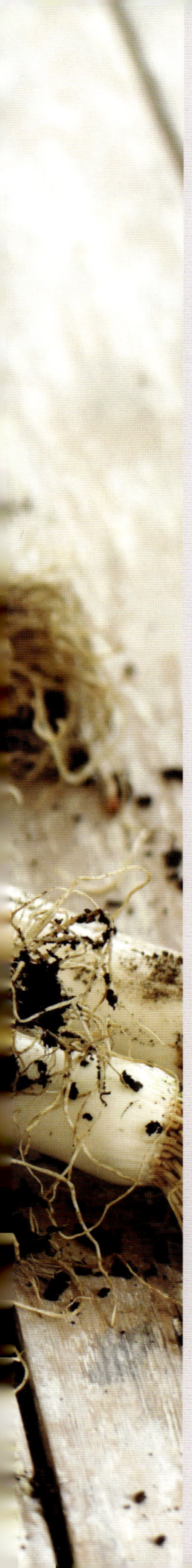

Spätherbst

Jetzt am besten

Gemüse Blumenkohl ▪ Chicorée ▪ Grünkohl ▪ Herbstrüben ▪ Karden/Kardonen ▪ Kartoffeln ▪ Knollensellerie ▪ Kohl (verschiedene Sorten) ▪ Kürbis ▪ Lauch ▪ Meerrettich ▪ Möhren ▪ Pak choi ▪ Pastinaken ▪ Radicchio ▪ Romanesco ▪ Rosenkohl ▪ Rote Bete ▪ Schalotten ▪ Schwarzkohl ▪ Schwarzwurzeln ▪ Stangensellerie ▪ Steckrüben ▪ Süßkartoffeln ▪ Topinambur

Obst Äpfel ▪ Birnen ▪ Clementinen ▪ Cranberrys ▪ Datteln ▪ Granatäpfel ▪ Grapefruits ▪ Kiwis ▪ Limetten ▪ Maronen ▪ Orangen ▪ Quitten ▪ Satsumas ▪ Tangerinen ▪ Zitronen

Fisch und Meeresfrüchte Edel- bzw. Flusskrebse (aus Zucht) ▪ Glattbutt ▪ Hecht ▪ Heilbutt ▪ Kabeljau ▪ Kaltwassergarnelen ▪ Kliesche ▪ Köhler ▪ Limande ▪ Miesmuscheln ▪ Pazifische Felsenaustern ▪ Scheidenmuscheln ▪ Schellfisch ▪ Scholle ▪ Seelachs ▪ Seezunge ▪ Steinbutt ▪ Taschenkrebs ▪ Wolfsbarsch

Fleisch, Geflügel, Wild Ente (wild und aus Zucht) ▪ Fasan (wild) ▪ Gans (wild und aus Zucht) ▪ Hase ▪ Hirsch (wild und aus Zucht) ▪ Kaninchen (wild und aus Zucht) ▪ Pute ▪ Rebhuhn (wild) ▪ Reh (wild und aus Zucht)

Auch auf dem Markt

Gemüse Brokkoli ▪ Brunnenkresse ▪ Champignons (aus Zucht) ▪ Mangold ▪ Spinat ▪ Zwiebeln **Obst** Avocados ▪ Hagebutten ▪ Schlehen **Fisch und Meeresfrüchte** Abalone ▪ Hering ▪ Hummer (Nordatlantik) ▪ Jakobsmuscheln (aus Zucht) ▪ Kaisergranat ▪ Kalmar ▪ Lachs (aus Zucht) ▪ Meeräsche ▪ Meerforelle ▪ Petersfisch ▪ Regenbogenforelle (aus Zucht) ▪ Rotbarbe ▪ Sardinen ▪ Seebrasse ▪ Seeforelle ▪ Seeteufel **Fleisch, Geflügel, Wild** Hähnchen ▪ Kalb ▪ Lamm ▪ Perlhuhn (aus Zucht) ▪ Rind ▪ Schwein ▪ Wachtel (aus Zucht) ▪ Wildschwein (aus Zucht)

Das schmeckt im Spätherbst

Ⓥ Für Vegetarier geeignet

Pasta mit scharfer Kürbis-Käse-Sauce Seite 393

Sellerie-Lauch-Tortilla Seite 390

Pochierte Birnen mit Thymian in Rotwein Seite 414

Gemüse/ Hülsenfrüchte

Früchte und Nüsse

Fisch/ Meeresfrüchte

Fleisch und Geflügel

Eisbein mit Rotkohl Seite 375

Räucherforelle mit Roter Bete, Apfel und Dill

Ein buntes, leichtes Essen – Dill und Forelle passen prima zusammen, und die Süße der Äpfel gleicht das Bittere des Chicorées aus.

15 MIN.

FÜR 4 PERSONEN

- 3-4 TL Tafelmeerrettich
- ½ rote Zwiebel, fein gewürfelt
- Blätter von 1-2 Stauden Chicorée
- 2 große geräucherte Forellenfilets (je etwa 250 g), zerpflückt
- Olivenöl zum Beträufeln
- Saft von ½ Zitrone
- Salz und frisch gemahlener schwarzer Pfeffer
- 2-3 Äpfel
- 2 gegarte Rote Beten, gewürfelt
- 1 Handvoll Dill, fein gehackt

1 Den Meerrettich in einer kleinen Schüssel mit der Hälfte der Zwiebelwürfel verrühren.

2 Chicorée und Forellenstückchen auf einer Servierplatte anrichten. Mit Öl und Zitronensaft beträufeln, salzen und pfeffern.

3 Die Äpfel schälen, entkernen und würfeln. In eine Schüssel geben, mit Roter Bete und Dill mischen.

4 Die Mischung auf Chicorée und Fisch verteilen. Das Gericht mit den restlichen Zwiebelwürfeln bestreuen und mit der Meerrettichmischung servieren.

Variante

Rote-Bete-Birnen-Salat mit Ziegenkäse

Meerrettich, Forelle, Äpfel und Dill weglassen. Die Blätter von 1–2 Stauden Chicorée mit 200 g gewürfeltem Ziegenkäse auf Tellern anrichten. ½ fein gewürfelte Zwiebel mit 2 geschälten, entkernten und gewürfelten Birnen, den 2 gewürfelten Roten Beten und 2 TL Thymianblättchen mischen. Das Gericht wie beschrieben fertigstellen.

Ribollita

Für diese kräftige italienische Suppe werden Kartoffeln mit Brot kombiniert. Ein ausgefallenes Gericht für kühle Tage.

20 MIN. 50 MIN. TK-TAUGLICH

FÜR 4 PERSONEN

- 1 EL Olivenöl, plus mehr zum Beträufeln
- 1 Zwiebel, fein gewürfelt
- Salz und frisch gemahlener schwarzer Pfeffer
- 2 Knoblauchzehen, fein gewürfelt
- 2 Möhren, fein gewürfelt
- 1 Dose Cannellini-Bohnen (400 g)
- 1 Dose gehackte Tomaten (200 g)
- 250 g Kartoffeln, geschält und in mundgerechte Stücke geschnitten
- 200 g Grün- oder Schwarzkohl, gehackt
- 750 ml heiße Gemüsebrühe
- 2 TL fein gehackter Rosmarin
- ¼ Ciabatta oder anderes italienisches Weißbrot, gewürfelt
- geraspelter Parmesan zum Servieren

1 Das Öl in einem Topf bei schwacher Hitze heiß werden lassen. Die Zwiebelwürfel darin in 6–8 Minuten weich und glasig dünsten; salzen und pfeffern. Knoblauch und Möhren hinzufügen und 5 Minuten mitdünsten.

2 Die Bohnen in einem Sieb abspülen und abtropfen lassen. Mit Tomaten, Kartoffeln und Kohl hinzufügen und 5 Minuten mitgaren. Brühe mit Rosmarin dazugeben und bei schwacher Hitze 15–20 Minuten köcheln lassen, bis die Kartoffeln weich sind.

3 Inzwischen den Backofen auf 200 °C vorheizen. Die Brotwürfel auf ein Backblech geben, mit Öl beträufeln und in etwa 10 Minuten goldbraun rösten. Suppe abschmecken; zum Servieren mit den Brotwürfeln garnieren, mit etwas Olivenöl beträufeln und mit Parmesan bestreuen.

Birnen mit Schinken

In hauchdünne Schinkenscheiben gewickelte pochierte Birnenviertel sind feine Partyhäppchen. Feste Birnen, z.B. die Sorte Conférence, eignen sich besonders gut dafür.

10 MIN. PLUS ABKÜHLZEIT **15 MIN.**

FÜR 4 PERSONEN

100 ml trockener Sherry
100 g Zucker
3 reife Birnen, geschält und geviertelt
150 g Serrano- oder Parmaschinken in dünnen Scheiben
Chiliöl oder Minzjoghurt zum Servieren

1 Den Sherry mit dem Zucker und 250 ml Wasser in einen Topf geben; aufkochen lassen. Die Birnen hinzufügen. Die Flüssigkeit erneut zum Kochen bringen und 15 Minuten köcheln lassen, bis die Birnen weich werden. Vom Herd nehmen und etwa 30 Minuten abkühlen lassen.

2 Die Birnenviertel in je eine Scheibe Schinken wickeln. Auf einer Servierplatte anrichten, mit Chiliöl oder Minzjoghurt beträufeln und servieren.

Variante

Kiwis mit Schinken und Kräuter-Knoblauch-Brot

2 Kiwis schälen und vierteln. Jedes Viertel in ½ Scheibe luftgetrockneten Schinken wickeln. Mit einer Gabel 30 g Butter mit ½ TL getrockneten gemischten Kräutern, 1 zerdrückten Knoblauchzehe und reichlich schwarzem Pfeffer mischen. 8 Scheiben Ciabatta unter dem heißen Backofengrill rösten. Den Grill ausschalten. Die Scheiben mit der Kräuterbutter bestreichen und in den noch heißen Backofen geben, bis die Butter geschmolzen ist. Auf jede Scheibe ein Schinken-Kiwi-Röllchen legen.

Würzige Kürbissuppe

Hier kommt Butternusskürbis zum Einsatz. Er hat herrlich süßes Fruchtfleisch, eignet sich für die unterschiedlichsten Gerichte und ist recht lange haltbar.

20 MIN. **40 MIN.** **TK-TAUGLICH**

FÜR 4 PERSONEN

1 EL Olivenöl
1 Zwiebel, fein gewürfelt
Salz und frisch gemahlener schwarzer Pfeffer
2 Knoblauchzehen, fein gewürfelt
2 Salbeiblätter, fein gehackt
1 rote Chilischote, entkernt und fein gehackt
1 Prise geriebene Muskatnuss
750 ml heiße Gemüsebrühe
Fruchtfleisch von 1 Butternusskürbis, in kleine Stücke geschnitten
1 Kartoffel, geschält und gewürfelt
Chiliöl zum Beträufeln
geriebener Gruyère zum Bestreuen

1 Das Öl in einem Topf bei schwacher Hitze heiß werden lassen. Die Zwiebelwürfel darin in 6–8 Minuten glasig dünsten. Salzen und pfeffern, dann Knoblauch, Salbei, Chili und Muskat untermischen.

2 Die Brühe mit Kürbis und Kartoffel hinzufügen. Aufkochen, dann 20–30 Minuten köcheln lassen, bis die Kartoffelstücke weich sind. Die Suppe im Mixer oder in der Küchenmaschine pürieren. Abschmecken, in eine Schüssel füllen, mit Chiliöl beträufeln, mit Käse bestreuen und servieren.

Kartoffel-Lauch-Kroketten

Die knusprigen Kroketten sind leicht zu machen. Servieren Sie sie vor einem wärmenden herbstlichen Eintopf oder Braten.

20 MIN. PLUS KÜHLZEIT — 30 MIN. — TK-TAUGLICH

FÜR 4 PERSONEN

- 1 EL Olivenöl
- weißer Teil von 1 Stange Lauch, fein gewürfelt
- 1 Knoblauchzehe, fein gewürfelt
- 500 g mehligkochende Kartoffeln, geschält und in Stücke geschnitten
- Salz
- 3 Eier
- 50 g Parmesan, gerieben
- 2 EL gehackte Petersilie
- frisch gemahlener schwarzer Pfeffer
- 50 g Mehl
- 150 g Semmelbrösel
- Öl zum Frittieren

1 Das Olivenöl in einer Pfanne bei schwacher Hitze heiß werden lassen. Den Lauch darin in 8–10 Minuten weich dünsten. Knoblauch kurz mitdünsten; abkühlen lassen.

2 Die Kartoffeln in kochendem Salzwasser in 15–20 Minuten weich garen. Abgießen und sehr fein zerdrücken. Die Lauchmischung, 1 Ei, den Parmesan, die Petersilie sowie Salz und Pfeffer hinzufügen. Alles gut vermischen, dann 1 Stunde kalt stellen und fest werden lassen.

3 Das Mehl auf einen Teller streuen. Die restlichen beiden Eier in einer Schale verquirlen. Die Brösel auf einen zweiten Teller geben. Aus dem Teig mit angefeuchteten Händen 12 Kroketten formen. Diese im Mehl rollen, bis sie gut davon umhüllt sind, dann im Ei und danach in den Bröseln wenden.

4 In einer Pfanne mit hohem Rand ausreichend viel Öl zum Frittieren bei mittlerer bis starker Hitze heiß werden lassen. Die Kroketten darin portionsweise in jeweils 10–15 Minuten goldbraun frittieren. Heiß servieren.

Variante

Süßkartoffelkroketten mit Curry

Wie beschrieben zubereiten, jedoch anstelle von Lauch 1 gewürfelte kleine Zwiebel weich dünsten und 1 EL Currypulver unterrühren. Statt 500 g Kartoffeln nur 250 g nehmen und zusätzlich 250 g Süßkartoffel verwenden. Mit Schritt 2 fortfahren, den Teig aber nicht mit Petersilie, sondern mit 2 EL gehacktem Koriandergrün aromatisieren.

Lauch-Kartoffel-Suppe

Diese Suppe ist ein echter Klassiker. Man kann sie fein pürieren, aber auch etwas stückig lassen. So oder so: Sie schmeckt sehr gut, besonders mit Bauernbrot.

15 MIN. — 40 MIN.

FÜR 4 PERSONEN

- 1 EL Olivenöl
- 1 Zwiebel, fein gewürfelt
- Salz und frisch gemahlener schwarzer Pfeffer
- 2 Knoblauchzehen, fein gewürfelt
- 3 Salbeiblätter, fein gehackt
- 500 g Lauch, von den dunkelgrünen Teilen befreit und in feine Streifen geschnitten
- 1,2 l heiße Gemüsebrühe
- 500 g Kartoffeln, geschält und grob zerkleinert
- 100 g Sahne

1 Das Öl in einem Topf bei schwacher Hitze heiß werden lassen. Die Zwiebelwürfel darin in 6–8 Minuten glasig dünsten. Salzen und pfeffern, dann Knoblauch und Salbei unterrühren. Den Lauch untermischen und 10 Minuten mitdünsten, bis er weich ist.

2 Die Brühe angießen und aufkochen lassen. Die Kartoffeln dazugeben und in der köchelnden Flüssigkeit in etwa 20 Minuten weich garen. Die Suppe im Mixer oder in der Küchenmaschine fein pürieren; wieder in den Topf geben. Abschmecken, die Sahne unterrühren und die Suppe noch einmal erhitzen. Sofort in vorgewärmten Tellern servieren.

Käse-Lauch-Toasts

Lauch ist ein wirklich vielseitiges Gemüse. Hier wird er weich gedämpft, dann mit Käsesauce gemischt, auf Brot gestrichen und überbacken – ein perfektes kleines Mittagessen.

10 MIN. — 10 MIN.

FÜR 4 PERSONEN

- 1 EL Olivenöl
- weißer Teil von 1 Stange Lauch, fein zerkleinert
- 175 g alter Cheddar oder Gouda, gerieben
- 25 g Butter
- 150 ml dunkles Bier
- 1 EL Mehl
- 2 TL Senf
- 1 Spritzer Worcestersauce
- Salz und frisch gemahlener schwarzer Pfeffer
- 2 Eigelb
- 4 Scheiben Brot

1 Das Öl in einem Topf bei schwacher Hitze heiß werden lassen. Den Lauch darin weich dünsten, anschließend mit einem Schaumlöffel herausheben.

2 Den Käse mit Butter und Bier in den Topf geben und bei schwacher Hitze rühren, bis er geschmolzen ist. Das Mehl hinzufügen. Alles 1–2 Minuten rühren, dann Senf, Worcestersauce und Lauch unter die Sauce mischen. Die Sauce mit Salz und Pfeffer abschmecken; abkühlen lassen und die Eigelbe unterrühren.

3 Den Backofengrill vorheizen. Die Brotscheiben darunter auf einer Seite rösten und auf der ungerösteten Seite mit der Lauch-Käse-Mischung bestreichen. Grillen, bis der Belag brodelt und gebräunt ist. Servieren.

Jetzt am besten **Lauch**

Lauch (Porree) ist vermutlich ein Abkömmling des überall in Europa heimischen Ackerlauchs. Die langen zylindrischen Stangen bestehen aus fest umeinandergewickelten Blättern. Unten, wo Erde angehäufelt wurde, sind sie weiß, oben, wo sie dem Licht ausgesetzt waren, grün. Gegart schmeckt Lauch sehr mild, roh so scharf wie Zwiebeln. Im Spätherbst ist die Qualität am besten. Lauch passt beispielsweise gut zu Fisch, Schinken, Käse, Kartoffeln.

Lauch verträgt niedrige Temperaturen, weshalb er auch in kühleren nördlichen Regionen angebaut und spät im Jahr geerntet werden kann.

Wissenswert

Im Angebot

Stangen von unterschiedlicher Dicke.

Einkauf Biegsame Stangen mit relativ langem weißem Teil wählen.

Aufbewahren Ungewaschen in einer verschlossenen Plastiktüte im Gemüsefach des Kühlschranks bis zu 1 Woche haltbar.

Zubereiten Kochen, dämpfen, dünsten, schmoren; für Suppen, Schmorgerichte, pikante Quiches und Kuchen.

Für den Vorrat Blanchieren und einfrieren.

Rezepte

Fisch-Lauch-Pie Seite 461

Kartoffel-Lauch-Krokretten Seite 360

Lauch-Kartoffel-Suppe Seite 360

Lauch-Vinaigrette Seite 399

Frühlauch Im Spätwinter bis Frühsommer geernteter Lauch aus direkter Aussaat. Die Stangen sind so zart, dass man sie roh, quer in dünne Streifen geschnitten, als Salat essen kann.

Die groben Außenblätter des Lauchs können grob zerkleinert z. B. für eine Gemüsebrühe verwendet werden.

Gemüselauch Die Stangen können bleistiftdünn, aber auch sehr dick sein. Lauch passt in unterschiedlichste Gerichte. Frische Lauchstangen sollten biegsam sein.

Lauch waschen und in Julienne schneiden

Gründliches Waschen ist bei Lauchstangen unabdingbar, um Erd- und Sandreste zwischen den Blättern zu entfernen. Für Salate, als Suppeneinlage oder zum Rohessen sollte man Lauch in feine Streifen (Julienne), zum Pürieren oder für Eintöpfe bzw. Schmorgerichte grob in Stücke schneiden.

1 Vom Lauch beide Enden abschneiden. Stange längs aufschneiden, Schichten auffächern. Die Lauchstange unter fließendem kaltem Wasser waschen.

2 Für Julienne nur die gewünschten Teile der halbierten Stangen in die richtige Länge und die Stücke dann längs in 3 mm dicke feine Streifen schneiden.

Herbstsuppe mit Putenfleisch

Falls Sie gegartes Putenfleisch übrig haben, sollten Sie diese Suppe kochen. Sie schmeckt aber auch ohne Fleisch gut.

20 MIN. 25 MIN.

FÜR 6 PERSONEN

- 1 l Geflügelbrühe
- 125 ml Weißwein
- 1 Möhre, fein gewürfelt
- 1 Pastinake, fein gewürfelt
- 2 Stangen Sellerie, fein gewürfelt
- weißer Teil von 1 Stange Lauch, fein gewürfelt
- 1 kleine Herbstrübe, fein gewürfelt
- Salz und frisch gemahlener schwarzer Pfeffer
- 250 g gegartes Putenfleisch, gewürfelt
- 100 g Sahne
- 2 EL gehackte Petersilie

1 In einem großen Topf die Brühe mit dem Wein aufkochen lassen. Möhre, Pastinake, Sellerie, Lauch und Rübe sowie Salz und Pfeffer einrühren. Das Ganze bei halb aufgelegtem Deckel 20 Minuten köcheln lassen.

2 Putenfleisch, Sahne und Petersilie unterrühren und die Suppe erneut heiß werden lassen. Die Suppe mit viel knusprigem Brot servieren.

Variante

Truthahnsuppe mit Schinken und weißen Bohnen

Suppe wie beschrieben zubereiten, das Gemüse dabei durch 1 gewürfelte Stange Lauch, 2 fein gewürfelte Möhren und ¼ gewürfelte Steckrübe ersetzen. Abgetropfte weiße Bohnen aus der Dose (400 g) und eine Mischung aus 125 g gekochtem Schinken und 125 g gegarter Putenbrust, (beides fein gewürfelt) dazugeben.

Fischsuppe japanische Art

Heiße, aromatische Brühe ist hier ein feiner Hintergrund für zarten Fisch. Nach Belieben können Sie noch Nudeln oder Sojabohnenkerne in die Suppe geben.

15 MIN. 1 STD.

FÜR 4-6 PERSONEN

- 25 g getrocknete Shiitakepilze
- 3 Möhren, schräg in dünne Scheiben geschnitten
- 1 EL Sojasauce, plus mehr nach Geschmack
- 1 Stück frischer Ingwer (5 cm), in dünne Scheiben geschnitten
- 1 kleines Bund Koriandergrün
- 1 Stange Lauch, schräg in dünne Ringe geschnitten
- 250 g weißfleischiges Fischfilet (z. B. Kabeljau oder Seelachs), gehäutet (siehe S. 75)

Für die Brühe

- 2 Blätter Kombu (getrocknete Algen; nach Belieben), 30 Minuten eingeweicht
- 25 g getrocknete Bonitoflocken (nach Belieben)
- ODER
- 1,5 l heiße Gemüsebrühe
- 1 EL Thai-Fischsauce
- 1 EL Reisessig

1 Für die Brühe gut 1 l Wasser mit Kombu und Bonitoflocken in einen großen Topf geben. Bis kurz unter den Siedepunkt erhitzen, dann durch ein Sieb gießen und die Brühe zurück in den Topf geben (Kombu und Bonito anderweitig verwenden). Alternativ für die Brühe die Gemüsebrühe mit Fischsauce und Reisessig 20 Minuten schwach köcheln lassen.

2 Inzwischen die Shiitakepilze 20 Minuten in warmem Wasser einweichen. Abgießen und mit Möhren, Sojasauce, Ingwer und Koriandergrün in die Brühe geben. Bei halb aufgelegtem Deckel 20 Minuten köcheln lassen, bis die Möhren gar sind, dann den Lauch unterrühren und 10 Minuten mitgaren. Den Fisch hinzufügen und zugedeckt in der köchelnden Brühe in wenigen Minuten gar ziehen lassen. Suppe mit Sojasauce abschmecken; servieren.

Gemüsecremesuppe

Suppe zu kochen ist eine grandiose Art, Gemüse aufzubrauchen – hier sind es Pastinaken, Lauch und Herbstrübe.

15 MIN. 40–55 MIN.

FÜR 6 PERSONEN

- 50 g Butter
- 2 Möhren, in Scheiben geschnitten
- weißer Teil von 1 Stange Lauch, in dünne Streifen geschnitten
- 2 Pastinaken, in Scheiben geschnitten
- 1 Zwiebel, in Ringe geschnitten
- 1 kleine Herbstrübe, in Scheiben geschnitten
- 3 Stangen Sellerie, in Scheiben geschnitten
- 1 Kartoffel, geschält und in Scheiben geschnitten
- 1,2 l heiße Gemüsebrühe
- 2 TL Thymianblättchen
- 1 Lorbeerblatt
- 1 Prise geriebene Muskatnuss
- Salz und frisch gemahlener Pfeffer
- 3 EL Sahne
- 3 EL Milch, plus mehr nach Bedarf
- Schnittlauchröllchen zum Garnieren

1 Die Butter in einem großen Topf zerlassen. Möhren, Lauch, Pastinaken, Zwiebel, Rübe, Sellerie und Kartoffel hineingeben; rühren, bis sie mit Butter überzogen sind. Alles zugedeckt 10–15 Minuten garen, bis Gemüse und Kartoffel gerade weich sind.

2 Brühe, Thymian, Lorbeer, Muskat, Salz und Pfeffer hinzufügen. Aufkochen und offen 30–40 Minuten köcheln lassen, bis Gemüse und Kartoffel sehr weich sind. Das Lorbeerblatt entfernen.

3 Die Suppe im Mixer oder in der Küchenmaschine fein pürieren. Wieder in den Topf geben. Sahne und Milch unterrühren. Die Suppe abschmecken, heiß werden lassen, mit Schnittlauch garnieren und servieren.

Marokkanische Süßkartoffelsuppe

Das Gemüse für diese nordafrikanische Suppe wird im Ofen geröstet, damit es seine natürliche Süße entfalten kann. Zur Suppe passt warmes Fladenbrot.

20 MIN. 50 MIN.

FÜR 4 PERSONEN

700 g Süßkartoffeln, geschält und grob zerkleinert
6 große Schalotten, geviertelt
3 große Knoblauchzehen
1 Möhre, grob zerkleinert
1 EL Harissa, plus mehr zum Servieren
2 EL Olivenöl
frisch gemahlener schwarzer Pfeffer
1 l heiße Gemüsebrühe
1 TL flüssiger Honig
Zitronensaft
Salz
Joghurt zum Servieren

1 Den Backofen auf 200 °C vorheizen. Süßkartoffeln, Schalotten, Knoblauch und Möhre in eine ofenfeste Form geben. Harissa und Öl verrühren. Über das Gemüse geben und untermischen. Das Gemüse mit Pfeffer würzen, dann unter gelegentlichem Wenden im heißen Ofen etwa 40 Minuten rösten, bis es weich ist und bräunt; herausnehmen.

2 Die Knoblauchzehen aus den Häuten in die Form drücken. Brühe und Honig dazugeben und den Bratensatz vom Formboden schaben. Die Suppe im Mixer oder in der Küchenmaschine fein pürieren. Wieder in den Topf füllen und heiß werden lassen.

3 Die Suppe mit Zitronensaft, Salz und Pfeffer abschmecken. Etwas Joghurt mit ein wenig Harissa marmorieren und die Suppe damit garnieren.

Portugiesische Schellfischsuppe

Die starken Aromen von Kohl (Grünkohl, Schwarzkohl oder Wirsing) und geräuchertem Schellfisch entwickeln sich in dieser kräftigen Suppe innerhalb von Minuten.

20 MIN. 20 MIN.

FÜR 4 PERSONEN

300 g Schwarzkohl-, Grünkohl- oder Wirsingblätter
2 EL Olivenöl
1 rote Zwiebel, fein gewürfelt
3 Knoblauchzehen, zerdrückt
1 große festkochende Kartoffel, geschält und gewürfelt
250 ml Milch
Salz und frisch gemahlener schwarzer Pfeffer
300 g geräuchertes Schellfischfilet, gehäutet und zerpflückt

1 Die Kohlblätter waschen, von dicken Rippen befreien und in feine Streifen schneiden. Das Öl in einem Topf bei mittlerer Hitze heiß werden lassen. Zwiebel darin mit dem Knoblauch in 4–5 Minuten glasig dünsten.

2 Kartoffel und Milch hinzufügen. So viel Wasser dazugießen, dass alles 2–3 cm hoch bedeckt ist. Kräftig salzen und pfeffern; 5 Minuten köcheln lassen. Den Kohl dazugeben und 10–15 Minuten mitgaren, bis Kohl und Kartoffel weich sind.

3 Fisch untermischen. 1 Minute später den Topf vom Herd nehmen und schließen. Die Suppe vor dem Servieren 5 Minuten durchziehen lassen.

Variante

Schellfisch-Cremesuppe mit Sellerie und Käse

Die Suppe wie beschrieben zubereiten, aber Kohl und Knoblauch weglassen. Mit den Zwiebelwürfeln 2 fein gehackte Stangen Sellerie hinzufügen. Alles 15–20 Minuten garen. Den Fisch dazugeben und 1 Minute mitgaren; vom Herd nehmen. 50 g geriebenen kräftigen Hartkäse unterrühren und die Suppe wie beschrieben durchziehen lassen.

Miesmuscheln in Kokos-Zitronengras-Sud

Zu den saftigen Muscheln in ingwerwürzigem Sud passt körnig gekochter Reis, aber auch knuspriges Brot.

20 MIN. 30–35 MIN.

FÜR 4 PERSONEN

100 g Butter
2 Zwiebeln, fein gewürfelt
2 rote Chilischoten, fein gehackt
1 Stück frischer Ingwer (5 cm), geschält und gerieben
5 große Knoblauchzehen, fein gewürfelt
2 Stängel Zitronengras, längs aufgeschlitzt, dann etwas gequetscht
125 ml Ingwerwein
400 ml heißer Fischfond
1,5 kg Miesmuscheln, gebürstet und entbartet (siehe S. 364); Exemplare, die sich beim Draufklopfen nicht schließen, wegwerfen
200 ml Kokosmilch
Salz und frisch gemahlener schwarzer Pfeffer
Saft von 1–2 Limetten
3 EL gehacktes Koriandergrün

1 Die Butter in einem großen Topf bei schwacher Hitze zerlassen. Zwiebeln, Chilis, Ingwer, Knoblauch und Zitronengras darin in etwa 10 Minuten weich dünsten, aber keine Farbe annehmen lassen.

2 Ingwerwein und Fischfond hinzufügen. Aufkochen lassen; Muscheln zugeben und zugedeckt 5–7 Minuten garen, bis sie sich geöffnet haben. Zitronengras sowie Muscheln, die sich nicht geöffnet haben, wegwerfen.

3 Kokosmilch hinzufügen und den Sud aufkochen lassen. Mit Salz, Pfeffer und Limettensaft abschmecken und Koriandergrün unterrühren.

Variante

Miesmuscheln mit roter Thai-Currypaste

Die Muscheln bürsten und entbarten. Die Zwiebeln mit 2 fein gewürfelten Stangen Sellerie in 3 EL Sonnenblumenöl statt in Butter dünsten. Ingwer, Knoblauch und Zitronengras weglassen. 4 EL rote Thai-Currypaste, 400 ml Kokosmilch (statt 200 ml) und 1 EL Thai-Fischsauce untermischen. Ingwerwein und Fond weglassen. Die Muscheln garen, wie in Schritt 2 beschrieben. Den Sud mit Limettensaft abschmecken und das Koriandergrün unterrühren.

Jetzt am besten **Miesmuscheln**

Sie kommen wild in allen kalten Gewässern der Nordhalbkugel vor und werden während ihrer Hauptsaison in Spätherbst und Winter mit Dredgen oder von Hand geerntet. Nachhaltige Zucht (an Seilen) ist weit verbreitet. Miesmuscheln zählen zu den nachhaltigsten Meeresfrüchten und schmecken großartig, wenn sie z. B. in Wein zusammen mit Schalotten, Knoblauch und durchaus auch Pastis und Fenchel gegart wurden.

Miesmuscheln wachsen weltweit in gemäßigten und polaren Gewässern. Sie kommen auch in kühlen, sauberen Flüssen und Seen vor.

Miesmuscheln Sie heißen auch Pfahlmuscheln. Die Färbung der Schalen reicht von dunkelbraun bis blauviolett. Die Muscheln haften mit Byssusfäden (den sogenannten Bärten; sie bestehen aus einem Muschelsekret) an Felsen oder, in Aquakultur, an Hängeleinen. Das Fleisch schmeckt leicht salzig und intensiv nach Meer.

Miesmuscheln, die an Hängeleinen gezüchtet wurden, haben glänzende Schalen und kaum Bärte. Sie sind fast küchenfertig.

Miesmuscheln vorbereiten

Vor der Zubereitung müssen Miesmuscheln abgebürstet und entbartet werden. Falls genug Zeit ist, sollten Sie die Muscheln vor dem Putzen in eine große Schüssel mit kaltem Wasser geben, darauf Haferflocken streuen und die Muscheln 2 Stunden im Wasser belassen. In dieser Zeit können sie sich innen selbst reinigen.

1 Die Muscheln unter fließendem kaltem Wasser abbürsten, um Sand und andere anhaftende Schmutzpartikel zu entfernen. Geöffnete Muscheln aussortieren und wegwerfen.

2 Seepocken mit einem Messerrücken entfernen und die Byssusfäden (die Bärte) mit den Händen abziehen.

Wissenswert

Im Angebot

Frische Muscheln aus Nord- und Ostsee, Mittelmeer und Atlantik; auch tiefgekühlt, gekocht, in Konserven und Marinaden erhältlich.

Einkauf Auf unbeschädigte Schalen achten, die sich beim leichten Daranklopfen schließen. Frische Muscheln sollten angenehm nach Meer duften.

Aufbewahren Am Kauftag zubereiten.

Zubereiten In einem Sud aus Brühe oder Wein dämpfen. Im Sud servieren oder als Zutat für Saucen, Suppen und andere Gerichte verwenden.

Rezepte

Gedämpfte Miesmuscheln mit Safran-Sahnesauce Seite 365

Miesmuscheln in Kokos-Zitronengras-Sud Seite 363

Nudelsalat mit Miesmuscheln Seite 385

Risotto mit Miesmuscheln Seite 300

Karden-Gratin mit Käse

Ein Klassiker aus Italien. Karden, auch Kardonen oder Cardy genannt, sind Verwandte der Artischocke. Man isst allerdings die Stiele, nicht die Blüten.

15 MIN. 50 MIN. - 1 STD. 10 MIN.

FÜR 4 PERSONEN

- 1 kg zarte Kardenstiele
- Salz
- Saft von 1 Zitrone
- 25 g Butter
- 1 gehäufter EL Mehl
- 300 ml Milch
- frisch gemahlener schwarzer Pfeffer
- 50 g Parmesan, gerieben

1 Die Kardenstiele putzen, entfädeln und in 7–8 cm lange Stücke schneiden. Anschließend mit dem Zitronensaft in einen Topf mit Wasser geben. Aufkochen und 30–45 Minuten köcheln lassen, bis sie weich sind. Abgießen, gut abtropfen lassen und in eine Auflaufform füllen.

2 Den Backofen auf 180 °C vorheizen. Die Butter in einem kleinen Topf zerlassen. Das Mehl darin anschwitzen, dann nach und nach die Milch darunterschlagen. Die Sauce unter Rühren köcheln lassen, bis sie glatt, glänzend und dickflüssig ist. Vom Herd nehmen, mit Salz und Pfeffer abschmecken und die Hälfte des Parmesans unterrühren. Auf die Kardonen gießen und mit dem restlichen Parmesan bestreuen.

3 Das Gratin 20–25 Minuten im heißen Ofen goldbraun backen. Heiß mit knusprigem Brot servieren.

Rebhuhnsuppe

Eine gehaltvolle Suppe, mit der Sie es schaffen, dass ein Rebhuhn für vier Personen reicht. Ersatzweise könnten Sie einen anderen kleinen Wildvogel verwenden, z. B. eine Wachtel.

20 MIN. 1 STD. 20 MIN.

FÜR 4 PERSONEN

- 1 EL Sonnenblumenöl
- 1 küchenfertiges Rebhuhn, geviertelt
- 1 Zwiebel, ungeschält geviertelt
- 1 l heiße Hühnerbrühe
- 1 Kräutersträußchen (Thymian, Petersilie und Lorbeer)
- Salz und frisch gemahlener schwarzer Pfeffer
- 1 Kartoffel, geschält und gewürfelt
- 1 Möhre, gewürfelt
- 1 kleine Herbstrübe, gewürfelt
- 2 EL Mehl
- 200 g gegarte Maronen, geschält und geviertelt
- 2 EL Sherry Amontillado
- Sojasauce
- gehackte Petersilie zum Garnieren

1 Das Öl in einem Topf bei mittlerer Hitze heiß werden lassen. Die Rebhuhnteile darin rundherum kräftig anbraten. Zwiebel, Brühe und Kräuter sowie etwas Salz und Pfeffer hinzufügen. Aufkochen, dann zugedeckt bei schwacher Hitze 1 Stunde köcheln lassen.

2 Die Brühe durch ein Sieb gießen und wieder in den Topf füllen; Kartoffel, Möhre und Rübe hineingeben. Aufkochen und bei halb aufgelegtem Deckel etwa 20 Minuten köcheln lassen, bis Gemüse und Kartoffel sehr weich sind. Inzwischen das Rebhuhnfleisch von den Knochen lösen, häuten und in Streifen schneiden.

3 Das Mehl mit 4 EL Wasser verrühren und in die Suppe geben. Die Suppe unter Rühren aufkochen lassen, bis sie andickt, dann 2 Minuten köcheln lassen.

4 Fleisch, Maronen und Sherry in die Suppe geben und diese noch etwa 2 Minuten köcheln lassen. Die Suppe mit Sojasauce abschmecken, in vorgewärmte Teller füllen, mit Petersilie garnieren und sofort servieren.

Gedämpfte Miesmuscheln mit Safran-Sahnesauce

Ein Gericht von der bretonischen Küste. Garen Sie die Muscheln nur kurz, damit sie saftig und ansehnlich bleiben.

25-30 MIN. 10-12 MIN.

FÜR 4-6 PERSONEN

- 3 Schalotten, sehr fein gewürfelt
- 250 ml Weißwein
- 1 Kräutersträußchen (5-6 Stängel Petersilie, 2-3 Zweige Thymian und 1 Lorbeerblatt)
- 1 gute Prise Safranfäden
- frisch gemahlener schwarzer Pfeffer
- 3 kg Miesmuscheln, gebürstet und entbartet (siehe S. 364); Exemplare, die sich beim Draufklopfen nicht schließen, wegwerfen
- 125 g Sahne
- Blätter von 5-7 Stängeln Petersilie, fein gehackt
- Salz

1 Schalotten, Wein, Kräuter, Safran und reichlich Pfeffer in einen großen Topf mit passendem Deckel geben. Aufkochen und 2 Minuten köcheln lassen. Die Muscheln hinzufügen und zugedeckt bei starker Hitze unter gelegentlichem Rühren 5–7 Minuten garen. Muscheln, die geschlossen bleiben, wegwerfen. Die restlichen Muscheln mit einem Schaumlöffel aus dem Sud heben und in eine vorgewärmte Schüssel geben.

2 Die Schüssel fest mit Alufolie verschließen und warm stellen, solange die Sauce zubereitet wird. Sie müssen jetzt zügig arbeiten, damit die Muscheln saftig bleiben und ihren frischen Geschmack behalten.

3 Den Kräuterstrauß entfernen. Den Garsud zum Kochen bringen und köcheln lassen, bis er auf die Hälfte reduziert ist. Die Sahne unterrühren. Die Sauce in 2–3 Minuten unter Rühren etwas einkochen lassen. Den Löffel aus dem Topf nehmen und mit einem Finger über den Löffelrücken fahren; es sollte eine deutliche Spur zurückbleiben. Die Petersilie untermischen und die Sauce mit Salz und Pfeffer abschmecken. Die Folie entfernen. Die Muscheln mit der Sauce begießen und sofort servieren.

Lammtopf mit Orangen und Maronen

Esskastanien ergänzen hier zartes Lammfleisch und saftige Orangen. Das Gericht schmeckt noch besser, wenn es über Nacht durchziehen konnte und wieder aufgewärmt wird.

15 MIN. 2 STD. 15 MIN. TK-TAUGLICH

FÜR 4-6 PRESONEN

- ½ TL gemahlener Zimt
- ½ TL gemahlener Kreuzkümmel
- ½ TL gemahlener Koriander
- Salz und frisch gemahlener schwarzer Pfeffer
- 1 kg Lammfleisch (aus der Keule), gewürfelt
- 2-3 EL Olivenöl
- 1 Zwiebel, gewürfelt
- 1 Zimtstange
- 200 g gegarte Maronen (Esskastanien)
- 150 ml Orangensaft, möglichst frisch gepresst
- 1 l heißer Lammfond
- 2 Orangen, geschält und in dicke Scheiben geschnitten
- 1 Bund Koriandergrün, grob gehackt

1 Den Backofen auf 160 °C vorheizen. Die gemahlenen Gewürze, Salz und Pfeffer in einer großen Schüssel mischen. Das Fleisch in der Mischung wenden. Die Hälfte des Öls in einem großen backofenfesten Schmortopf bei mittlerer bis starker Hitze heiß werden lassen. Das Fleisch darin portionsweise jeweils 6–8 Minuten rundherum kräftig anbraten; falls nötig, mehr Öl hinzufügen. Herausnehmen.

2 Das restliche Öl in dem Topf bei mittlerer Hitze heiß werden lassen. Die Zwiebelwürfel mit der Zimtstange darin unter Rühren in 3–4 Minuten glasig dünsten. Maronen und Orangensaft hinzufügen. Alles noch 1 Minute rühren, dann das Fleisch mitsamt dem ausgetretenen Fleischsaft dazugeben.

3 Den Lammfond angießen und aufkochen lassen. Den Topf schließen und das Gericht 2 Stunden im Ofen schmoren. Falls nötig, gelegentlich etwas heißes Wasser dazugeben. 30 Minuten vor Ende der Garzeit die Orangenscheiben hinzufügen. Aus dem Ofen nehmen, das Koriandergrün unterrühren und das Gericht abschmecken; mit Couscous servieren.

Bohneneintopf mit Kürbis und Pastinaken

Eine vegetarische Version des ursprünglich recht fleischlastigen Cassoulets aus Frankreich

15 MIN. 1 STD. 45 MIN. TK-TAUGLICH

FÜR 4-6 PERSONEN

- 2 EL Olivenöl
- 1 Zwiebel, fein gewürfelt
- Salz und frisch gemahlener schwarzer Pfeffer
- 2 Möhren, fein gewürfelt
- 2 Stangen Sellerie, fein gewürfelt
- 3 Knoblauchzehen, fein gewürfelt
- 1 TL gemahlene Gewürznelke
- 1 Lorbeerblatt
- 500 g Kürbisfruchtfleisch, in mundgerechte Stücke geschnitten
- 500 g kleine Pastinaken, in Scheiben geschnitten
- 250 ml Weißwein
- 1 Dose weiße Bohnen (400 g)
- 1 Dose Tomaten (400 g)
- einige Zweige Thymian
- 1 l heiße Gemüsebrühe

Für die Knusperkruste

- 125 g Brotkrumen, leicht geröstet
- 30 g Parmesan, gerieben
- 1 EL gehackte Petersilie

1 Den Backofen auf 180 °C vorheizen. Das Öl in einem großen backofenfesten Schmortopf erhitzen. Die Zwiebelwürfel darin glasig dünsten; salzen und pfeffern. Möhren und Sellerie mit Knoblauch, Nelke und Lorbeerblatt hinzufügen und unter gelegentlichem Rühren bei schwächster Hitze 8–10 Minuten dünsten, bis sie weich sind. Kürbis und Pastinaken unterrühren und einige Minuten mitgaren. Wein angießen und bei stärkerer Hitze 1–2 Minuten kochen lassen. Die Bohnen in einem Sieb abspülen und abtropfen lassen. Mit Tomaten, Thymian und Brühe zum Gemüse geben und das Ganze aufkochen lassen. Den Topf schließen und für 40 Minuten in den heißen Ofen stellen.

2 Die Zutaten für die Knusperkruste mischen. Den Eintopf damit bestreuen. Weitere 30 Minuten zugedeckt, dann noch 10 Minuten offen im Ofen garen, bis die Kruste goldbraun ist. Auf Suppenschalen verteilen. Dazu passt knuspriges Brot.

Wirsing mit Schweinefleisch-Maronen-Füllung

Ein seit langem beliebtes Gericht für kühle Tage – und viel leichter zu kochen, als Sie vielleicht denken. Die üppige, leckere Füllung wird jedem gut schmecken, der Esskastanien mag.

35–40 MIN. 1 STD. 30 MIN.

FÜR 6 PERSONEN

- 1 Wirsing (etwa 1,5 kg), Salz
- 125 g mageres Schweinefleisch
- 2 Zwiebeln, fein gewürfelt
- 2 Scheiben Weißbrot, entrindet
- 50 g Butter
- 2 Stangen Sellerie, in dünne Scheiben geschnitten
- 500 g geschälte gegarte Maronen (Esskastanien; ungeschält etwa 700 g)
- Blätter von 10 Stängeln Petersilie, gehackt
- 10–12 Salbeiblätter, fein gehackt
- abgeriebene Schale von 1 Bio-Zitrone
- frisch gemahlener schwarzer Pfeffer
- 2 Eier, verquirlt
- 2 EL Öl
- 1 Dose gehackte Tomaten (400 g)
- 1 EL Tomatenmark
- 1 Knoblauchzehe, fein gewürfelt
- 1 Kräutersträußchen (Petersilie, Thymian und Lorbeer), 1 Prise Zucker
- 125 g Champignons, in Scheiben geschnitten

1 Vom Wirsing das äußerste Blatt am Strunk abschneiden, ohne es zu verletzen. Auf diese Weise 9 weitere Blätter ablösen. Die Blätter gründlich waschen. Für 1 Minute in reichlich sprudelnd kochendes Salzwasser geben, herausheben und in kaltem Wasser abschrecken. Vom Wirsing den Strunk abschneiden; wegwerfen. Den Wirsingkopf für 3–4 Minuten in das kochende Wasser geben, herausheben und in kaltem Wasser abschrecken. Den abgekühlten Wirsing mit dem Strunkansatz nach oben abtropfen lassen. Die abgelösten Blätter mit Küchenpapier trocken tupfen und von den dicken Mittelrippen befreien. Den Wirsing halbieren, den Strunk herausschneiden und den Wirsing in relativ dünne Streifen schneiden.

2 Das Fleisch mit der Hälfte der Zwiebelwürfel in der Küchenmaschine zerkleinern; herausnehmen. Die Brotscheiben in die Maschine geben und in Intervallen zu Krumen verarbeiten. Die Butter in einer Pfanne zerlassen. Die Wirsingstreifen darin unter Rühren in 7–10 Minuten weich dünsten. Herausheben und in eine Schüssel geben. Die Fleischmischung mit dem Sellerie unter Rühren in 5–7 Minuten krümelig und braun braten. Krumen, Maronen, Kräuter, Zitronenschale, Salz, Pfeffer und Fleisch zu den Wirsingstreifen geben; alles gut mischen. Die Eier unterarbeiten.

3 Eine Schüssel mit einem feuchten Geschirrtuch auslegen. 9 Wirsingblätter so hineinlegen, dass sie jeweils etwa 5 cm über den Rand hängen. Das zehnte Blatt auf den Boden der Schüssel legen. Die Füllung hineingeben und die überhängenden Blattränder darüberklappen. Die Tuchränder zusammenfassen und fest mit Küchengarn verschnüren. In einem großen Topf reichlich Wasser aufkochen lassen. Das Bündel am Tuch greifen, hineinheben, untertauchen lassen und mit einem hitzebeständigen Teller beschweren. Den gefüllten Wirsing in der köchelnden Flüssigkeit 50–60 Minuten garen.

4 Die Hälfte des Öls in einer Pfanne erhitzen. Die restlichen Zwiebelwürfel darin glasig dünsten. Die Tomaten mit Tomatenmark, Knoblauch, Kräutersträußchen und Zucker untermischen. Unter gelegentlichem Rühren 8–10 Minuten garen, bis eine dickflüssige Sauce entstanden ist. Die Sauce durch ein Sieb in eine Schüssel gießen. Das restliche Öl in der Pfanne erhitzen und die Pilze darin unter Rühren braten, bis sie weich sind. Die Tomatensauce untermischen und abschmecken.

5 Den gefüllten Wirsing aus dem Topf heben. Abtropfen und etwas abkühlen lassen. Aus dem Tuch wickeln, auf eine Servierplatte setzen und mit der Sauce servieren.

Klare Brühe mit Wolfsbarsch

Daikon, japanischer Rettich, steuert hier etwas Schärfe bei.

30–35 MIN. 25 MIN.

FÜR 4 PERSONEN

- 1 Stück Kombu (getrocknete Alge), etwa 10 cm groß
- 10 g Bonitoflocken
- ½ kleine Möhre, in Scheiben geschnitten
- Salz
- 1 Stück Daikon (2–3 cm), in 8 Spalten geschnitten
- 1 küchenfertiger Wolfsbarsch (etwa 400 g), geschuppt und quer in 4 Koteletts geschnitten (Kopf und Schwanz wegwerfen)
- 1 EL japanischer Reiswein
- 1 EL Speisestärke
- 1 Bio-Zitrone
- 125 g Blattspinat
- 1 TL japanische Sojasauce (oder nach Geschmack)

1 In einem Topf 1 l kaltes Wasser mit dem Stück Kombu aufkochen lassen. Sofort vom Herd nehmen, Kombu entfernen. Die Bonitoflocken gleichmäßig auf das Wasser streuen. Die Brühe 3–5 Minuten ruhen lassen, bis die Flocken auf den Topfboden gesunken sind. Ein Sieb auf eine Schüssel setzen und mit feuchtem Mull auslegen. Die Brühe hineingießen.

2 In einen Topf halb hoch Wasser füllen und aufkochen lassen. Die Möhrenscheiben mit 1 Prise Salz hineingeben und in 3–4 Minuten im köchelnden Wasser weich garen; abgießen. Mit den Daikonspalten ebenso verfahren. Garzeit: 8–10 Minuten.

3 Die Fischkoteletts mit dem Reiswein bestreichen und in der Speisestärke wenden. Überschüssige Stärke abschütteln. In einem Topf Wasser zum Köcheln bringen. Koteletts darin in 2–3 Minuten gar ziehen lassen, bis sie gerade eben fest sind. Abgießen und abtropfen lassen.

4 Von der Zitrone mit einem Sparschäler 2–3 breite Streifen dünn abschneiden. Die Streifen in 12 sehr dünne Streifen schneiden. Den Spinat von harten Stielen befreien. In einem Topf Wasser aufkochen lassen. Den Spinat darin in etwa 2 Minuten zusammenfallen lassen. Abgießen, mit kaltem Wasser abschrecken und gut ausdrücken. Anschließend hacken, zu vier Kugeln formen und warm halten.

5 Die Brühe mit der Sojasauce bis kurz unter den Siedepunkt erhitzen; mit Sojasauce abschmecken. Fisch, Möhre und Daikon auf vier vorgewärmte Suppenschalen verteilen. Die Brühe darüberschöpfen und jede Portion mit 3 Streifen Zitronenschale und einer Spinatkugel garnieren. Sofort servieren.

Lachsauflauf mit Grünkohl und Meerrettich

Ein tolles Rezept für die Alltagsküche: Die Vorbereitungen sind im Handumdrehen erledigt, anschließend gart das Gericht in aller Ruhe im Backofen.

10 MIN. 35 MIN.

FÜR 4 PERSONEN

- 4 Stücke Lachsfilet (je etwa 150 g), gehäutet und entgrätet
- 600 ml Milch
- 2 Handvoll Grünkohl
- 30 g Butter
- 1 EL Mehl
- 100 g alter Gouda oder Cheddar, gerieben
- 1–2 EL Tafelmeerrettich

1 Den Backofen auf 200 °C vorheizen. Die Lachsstücke in eine hohe Pfanne legen und mit Milch bedecken. Bei schwacher Hitze in etwa 10 Minuten gar ziehen lassen. Mit einem Schaumlöffel herausheben und in eine Auflaufform geben. Die Milch durch ein Sieb in einen Krug gießen.

2 Den Grünkohl von harten Stielen und Blattrippen befreien. Die Blätter grob hacken. In etwa 5 Minuten gar kochen oder dämpfen, dann behutsam unter den Lachs mischen.

3 Die Butter in einem Topf zerlassen. Das Mehl darin 1 Minute anschwitzen, dann nach und nach unter ständigem Rühren mit einem Schneebesen die Milch dazugießen. Aufkochen und unter Rühren 4–5 Minuten köcheln lassen, bis die Sauce angedickt ist. Vom Herd nehmen und den Käse unter Rühren darin schmelzen lassen, dann den Meerrettich untermischen.

4 Lachs und Grünkohl mit der Käsesauce begießen und in etwa 15 Minuten im Ofen goldbraun überbacken.

Geschmorter Ochsenschwanz

Ein deftiges Gericht, das aufgewärmt am besten schmeckt. Kochen Sie es also möglichst schon am Vortag.

25 MIN. PLUS KÜHLZEIT 3 STD. PLUS AUFWÄRMZEIT

FÜR 4 PERSONEN

- 1,5 kg Ochsenschwanz in großen Stücken
- frisch gemahlener schwarzer Pfeffer
- Mehl
- 3–4 EL Öl, plus mehr nach Bedarf
- 1 große Zwiebel, grob gewürfelt
- 1 große Möhre, in Stücke geschnitten
- 1 große Stange Sellerie, in Stücke geschnitten
- 1 große Pastinake, in Stücke geschnitten
- 100 g Steckrübe, in Stücke geschnitten
- 750 ml heiße Rinderbrühe
- 1 Kräutersträußchen (1 Lorbeerblatt, 2–3 Stängel Petersilie und je 2–3 Zweige Rosmarin und Thymian)
- 150 ml Rot- oder Portwein

1 Den Backofen auf 160 °C vorheizen. Die Ochsenschwanzstücke in mit Pfeffer gewürztem Mehl wenden. Das Öl in einem großen backofenfesten Schmortopf erhitzen. Den Ochsenschwanz darin portionsweise kräftig anbraten, dann herausnehmen und in eine Schüssel geben.

2 Das Gemüse im Mehl wenden und ebenfalls anbraten; nach Bedarf mehr Öl dazugeben. 300 ml Brühe angießen und den Bratsatz vom Topfboden losschaben. Den Ochsenschwanz sowie das Kräutersträußchen hinzufügen und den Wein dazugießen. Den Topf fest verschließen. Das Ganze aufkochen lassen und für 2½–3 Stunden im heißen Ofen schmoren. Herausnehmen und abkühlen lassen, anschließend über Nacht kalt stellen.

3 Am nächsten Tag das Fett von der Oberfläche abheben und die restliche Brühe in den Topf gießen. Das Gericht im 180 °C heißen Ofen 30 Minuten aufwärmen. Dazu passt Kartoffelpüree.

Chinesischer Entenbraten

Den einzigartigen Geschmack verdankt dieses allseits beliebte Gericht einer Reihe von asiatischen Gewürzen und anderen interessanten Zutaten. Sie werden zusammen in die Ente gegeben, dann wird der Vogel einige Stunden gegart, wobei die Aromen in das Fleisch eindringen.

45 MIN. PLUS TROCKNEN **1 STD. 45 MIN. – 2 STD.**

FÜR 4 PERSONEN

- 1 küchenfertige Ente (2,25 kg)
- 1 EL Honig

Für die Würzmischung

- 1 TL Sichuanpfefferkörner
- 2 EL Schwarze-Bohnen-Sauce
- 1 EL chinesischer Reiswein oder trockener Sherry
- 2 TL Zucker
- ½ TL Fünf-Gewürze-Pulver
- 2 EL helle Sojasauce
- 1 TL Sonnenblumenöl
- 3 Knoblauchzehen, fein gewürfelt
- 1 Stück frischer Ingwer (2–3 cm), fein gewürfelt
- 4 Frühlingszwiebeln, von den dunkelgrünen Teilen befreit und in Ringe geschnitten, plus mehr zum Servieren
- 1 Handvoll Koriandergrün, gehackt

1 Die Ente innen und außen kalt abspülen; mit Küchenpapier trocken tupfen. Sichtbares Fett aus der Bauchhöhle entfernen. Um den Hautlappen an der Halsöffnung mehrmals Küchengarn schlingen. Den Wok halb hoch mit Wasser füllen. Das Wasser aufkochen lassen. Die Ente hineintauchen und 1 Minute lang Wasser auf die Entenbrust schöpfen, bis die Haut sich spannt. Herausnehmen und mit Küchenpapier trocken tupfen. Die Ente an der Schnur für etwa 2 Stunden an einen kühlen Ort hängen, bis die Haut trocken ist.

2 Für die Würzmischung den Wok bei mittlerer Hitze heiß werden lassen. Die Pfefferkörner darin unter Rühren 1–2 Minuten rösten, bis sie zu rauchen beginnen. In den Mörser geben und grob zerstoßen. Den Pfeffer in einer Schüssel mit Bohnensauce, Reiswein bzw. Sherry, Zucker, Fünf-Gewürze-Pulver und Sojasauce verrühren.

3 Den Wok bei mittlerer Hitze sehr heiß werden lassen. Das Öl hineinträufeln und sehr stark erhitzen. Knoblauch, Ingwer und Frühlingszwiebeln darin etwa 30 Sekunden pfannenrühren, bis Duft aufsteigt. Die Würzmischung und das Koriandergrün hinzufügen. Alles aufkochen, dann bei schwacher Hitze etwa 1 Minute köcheln lassen. In eine Schüssel geben und abkühlen lassen.

4 Etwa 45 Minuten vor dem Braten der Ente einen Bambusspieß in kaltem Wasser einweichen. Backofen auf 200 °C vorheizen. Würzmischung in die Ente füllen. Öffnung mit der Haut verschließen und den Spieß zwei- bis dreimal von oben nach unten durch beide Hautschichten, dann durch den Schwanz stechen. Um die Enden des Spießes Küchengarn winden. Die Ente mit der Brust nach oben auf einem Gitter in eine ofenfeste Form setzen. 15 Minuten braten.

5 Inzwischen den Honig in einer kleinen Schüssel mit 4 EL kochend heißem Wasser verrühren. Die Ente aus dem Ofen nehmen und rundherum mit etwas von der Mischung bestreichen. Die Ofentemperatur auf 180 °C senken. Die Ente weitere 1½–1¾ Stunden braten, bis die Haut dunkelbraun ist und das Fleisch an den Schenkeln sich weich anfühlt; dabei alle 15 Minuten mit der restlichen Honigmischung bestreichen.

6 Die Ente auf ein Schneidebrett legen und etwa 15 Minuten ruhen lassen. Schnur und Spieß entfernen. Ein Sieb auf eine Schüssel setzen. Die Würzmischung aus der Ente hineingießen. Das Fett abschöpfen. Die Ente tranchieren und das Fleisch in 2–3 cm große Stücke schneiden. Die Stücke auf einer vorgewärmten Servierplatte anrichten, mit der Sauce begießen und mit Frühlingszwiebeln garnieren. Sofort servieren.

Spinat-Kürbis-Auflauf mit Meerrettich

Hier spielt orangefarbenes Kürbisfruchtfleisch die Hauptrolle. In einer Nebenrolle: kräftig grüner Blattspinat.

10 MIN. 30 MIN.

FÜR 4 PERSONEN

- 2 Handvoll Blattspinat, tropfnass vom Waschen
- Fruchtfleisch von 1 Butternusskürbis, in dünne Scheiben geschnitten
- 2 Knoblauchzehen, fein gewürfelt
- 300 g Sahne
- 3-4 TL Tafelmeerrettich
- Salz und frisch gemahlener schwarzer Pfeffer

1 Den Backofen auf 200 °C vorheizen. Den Spinat in einen Topf geben und bei starker Hitze zusammenfallen lassen. Alternativ kann man die tropfnassen Blätter auch in einem geeigneten Gefäß, locker zugedeckt, in der Mikrowelle zusammenfallen lassen. Die Blätter kräftig ausdrücken.

2 Kürbis, Knoblauch und Sahne in einen Topf geben und 10 Minuten bei schwacher Hitze köcheln lassen. Den Kürbis mit einem Schaumlöffel herausheben und mit dem Spinat in eine Auflaufform schichten.

3 Den Meerrettich unter die Knoblauchsahne im Topf rühren. Gemüse mit der Meerrettichsahne begießen; salzen und pfeffern. Die Form mit Alufolie verschließen und den Auflauf im heißen Ofen 20 Minuten backen.

Variante

Kürbis-Mangold-Auflauf

Den Auflauf wie beschrieben zubereiten, jedoch den Spinat durch 200 g in Streifen geschnittenen Mangold und den Butternusskürbis durch ½ kleinen Muskatkürbis ersetzen. Den Meerrettich weglassen und stattdessen in Schritt 3 reichlich Muskatnuss über den Auflauf reiben.

Hackfleischragout mit Püreehaube

Ein Gericht, das das ganze Jahr über schmeckt, im Winter aber besonders gut tut.

30 MIN. 1 STD. 30 MIN. TK-TAUGLICH

FÜR 4 PERSONEN

- 500 g mehligkochende Kartoffeln
- 1 EL Butter
- Salz und frisch gemahlener schwarzer Pfeffer
- 3 EL Olivenöl
- 2 Zwiebeln, gewürfelt
- 3 Möhren, gewürfelt
- 500 g Rinder- oder Lammhackfleisch
- 3 Knoblauchzehen, gehackt
- 1 TL getrockneter Oregano
- 1 Dosen gehackte Tomaten (600 g)
- 125 g Tiefkühl-Erbsen

1 Den Backofen auf 180 °C vorheizen. Die Kartoffeln in kochendem Salzwasser in 15–20 Minuten weich garen; abgießen und zerstampfen. Die Butter unterarbeiten. Das Püree mit Salz und Pfeffer abschmecken.

2 Inzwischen das Öl in einem großen Topf erhitzen. Die Zwiebelwürfel darin mit den Möhren in etwa 5 Minuten glasig dünsten. Das Hackfleisch hinzufügen und unter ständigem Rühren 10 Minuten braten. Knoblauch und Oregano, dann die Tomaten untermischen; das Ragout aufkochen lassen.

3 Erbsen dazugeben. Ragout salzen und pfeffern. Aufkochen lassen und bei schwacher Hitze unter gelegentlichem Rühren 20 Minuten garen. Das Ragout auf vier ofenfeste Portionsformen verteilen und mit dem Kartoffelpüree bedecken. Im heißen Ofen 30–35 Minuten backen, bis die Püreehaube gebräunt ist.

Schweinebraten mit Chicorée und Speck

Hier treffen zwei äußerst populäre Klassiker aufeinander: In Speck gewickelter Chicorée wird zusammen mit einem traditionellen Braten im Ofen gegart.

10 MIN. PLUS RUHEZEIT **2 STD.**

FÜR 4 PERSONEN

- 1 kg Schweinerollbraten
- ½ EL Olivenöl
- Salz
- 400 g Schalotten, geschält, große Exemplare halbiert
- 150 ml Apfelwein
- 4 Stauden Chicorée
- 12 Scheiben durchwachsener Speck

1 Den Backofen auf 240 °C vorheizen. Das Fleisch mit dem Öl einreiben und salzen. In eine ofenfeste Form legen und im heißen Ofen etwa 15 Minuten garen, bis die Schwarte knusprig ist. Die Form aus dem Ofen nehmen, die Ofentemperatur auf 180 °C senken.

2 Das Fleisch anheben und die Schalotten darunterschieben. Den Apfelwein angießen, die Form wieder in den Ofen stellen und alles noch 1 gute Stunde garen. Inzwischen die Chicoréestauden in die Speckscheiben wickeln. 40–45 Minuten vor Ablauf der Garzeit zum Schweinebraten legen.

3 Das Fleisch aus der Form heben und vor dem Aufschneiden 10 Minuten ruhen lassen. Mit Chicorée und Schalotten servieren. Dazu passen Kartoffeln oder Kartoffelpüree.

Variante

Schweinebraten mit Sellerie und Speck

Das Gericht wie beschrieben zubereiten, die Schalotten jedoch durch 400 g Perlzwiebeln ersetzen. Den Chicorée weglassen. 2 halbierte Stauden Sellerie für 2–3 Minuten in kochendes Wasser geben. Abtropfen lassen, in den Speck wickeln und weiterverfahren, wie im Hauptrezept angegeben.

Schweinekoteletts mit Äpfeln und Schalotten

Damit die Koteletts beim Braten im Ofen schön saftig bleiben, werden sie mit Äpfeln, Schalotten und gewürzten gerösteten Brotkrumen bedeckt. Dazu passt Kartoffelpüree.

15 MIN. **35 MIN.**

FÜR 4 PERSONEN

- 2 Scheiben Weißbrot
- 5 Salbeiblätter
- 1 kleine Zwiebel, grob zerkleinert
- Salz und frisch gemahlener Pfeffer
- 4 Schweinekoteletts (je etwa 2 cm dick und 125 g schwer)
- 12 Schalotten, geschält, große Exemplare halbiert
- 3 Kochäpfel (z. B. Boskop), geschält und grob zerkleinert
- 2 EL Demerarazucker
- Olivenöl zum Beträufeln
- 1 Handvoll Rosmarinzweige

1 Den Backofen auf 200 °C vorheizen. Das Brot mit Salbei und Zwiebel in der Küchenmaschine zerkleinern. Die Krumen auf einem Backblech ausbreiten und im heißen Ofen in etwa 5 Minuten goldbraun rösten. Nochmals in der Küchenmaschine sehr fein zerkleinern; salzen und pfeffern.

2 Koteletts und Schalotten in eine ofenfeste Form geben. Die Äpfel hinzufügen und mit dem Zucker bestreuen. Das Ganze mit Olivenöl beträufeln. Den Rosmarin dazugeben und alles salzen und pfeffern. Die Bröselmischung auf dem Gericht verteilen.

3 Das Gericht 30–35 Minuten im heißen Ofen garen, bis das Fleisch durchgegart ist und die Schalotten leicht gebräunt sind. Die Koteletts nach der Hälfte der Garzeit wenden.

Jetzt am besten **Granatäpfel**

Unter der ledrigen Schale verbergen sich viele Kerne bzw. Samen in kleinen Kammern, die jeweils von durchscheinendem rotem oder weißem Fruchtfleisch umhüllt sind. Der sogenannte Liebesapfel hat vom späten Herbst bis in den Frühling hinein Saison. Die Kerne schmecken über Salate gestreut, zu Geflügel oder Schwein. Der Saft aromatisiert u. a. Marinaden und lässt sich zu Sirup einkochen.

Der aus Persien stammende Granatapfel wird inzwischen weltweit in mediterranen Klimazonen angebaut.

Das Ende des Blütenkelchs erinnert in seiner Form an eine Krone.

'Wonderful' Eine bekannte kalifornische Sorte mit karminroter Schale, süßem Aroma und leuchtend rotem, saftigem Fruchtfleisch. Die beste Wahl zum Essen und Auspressen.

Granatapfel aus dem Nahen Osten Die Länder des Nahen Ostens sind Hauptexporteure für Granatäpfel – für die ganze Frucht und daraus gewonnene Produkte.

Gelegentlich werden die saftigen Kerne mitsamt dem Fruchtfleisch ausgelöst und verpackt angeboten.

Granatäpfel vorbereiten

Die köstliche Frucht hat eine zähe Schale, und man braucht etwas Geduld, um an die saftigen Kerne zu gelangen – doch das lohnt sich. Wichtig ist, alle Reste der bitteren weißen Membranen zu entfernen.

1 Den oberen Teil der Frucht abschneiden. Die Frucht von oben nach unten in Vierteln einritzen; auseinanderbrechen.

2 Die Kerne mit den Fingern aus den von Membranen umgebenen Kammern vorsichtig herauslösen.

Wissenswert

Im Angebot

Ganze Früchte sowie frische ausgelöste Samen; Saft, Granatapfelsirup, Grenadine.

Einkauf Glänzende Früchte, die schwer für ihre Größe sind, wählen. Angetrocknete oder beschädigte Exemplare liegen lassen.

Aufbewahren Ganze Früchte mehrere Wochen, ausgelöste Kerne mehrere Tage im Kühlschrank lagern.

Zubereiten Saft oder Kerne für Salate, Desserts, Suppen, Eintöpfe und Saucen.

Rezepte

Blattsalate mit Putenfleisch, Minze und Granatapfel Seite 373

Orientalischer Orangensalat Seite 475

Türkischer Reistopf mit Lammfleisch und Granatapfel Seite 373

Hähnchentopf mit Orangen

Gewürz- und Zitrusaromen gehen hier eine harmonische Verbindung ein. Falls Sie Ras el Hanout nicht bekommen, können Sie stattdessen eine gute Prise Lebkuchengewürz nehmen.

20 MIN. 1 STD. 45 MIN. TK-TAUGLICH

FÜR 4 PERSONEN

- 8 Hähnchenschenkel mit Haut
- 1 TL Ras el Hanout (nordafrikanische Gewürzmischung)
- Salz und frisch gemahlener schwarzer Pfeffer
- 1–2 EL Olivenöl
- 1 rote Zwiebel, fein gewürfelt
- 2 EL Koriandersamen, die Hälfte davon zerstoßen
- 2 grüne Chilischoten, entkernt und fein gehackt
- 3 Knoblauchzehen, fein gewürfelt
- 2 Orangen, filetiert (den dabei austretenden Saft auffangen)
- 1 Dose gehackte Tomaten (400 g)
- 1 l heiße Hühner- oder Gemüsebrühe
- 1 Handvoll Koriandergrün, gehackt

1 Den Backofen auf 190 °C vorheizen. Die Hähnchenschenkel mit der Gewürzmischung einreiben, salzen und pfeffern. Die Hälfte des Öls in einem großen, backofenfesten Schmortopf bei mittlerer bis starker Hitze heiß werden lassen. Die Schenkel (falls nötig, portionsweise) darin jeweils 6–8 Minuten kräftig anbraten; herausnehmen.

2 Das restliche Öl im Topf bei mittlerer Hitze heiß werden lassen. Die Zwiebelwürfel darin in 3–4 Minuten glasig dünsten; salzen und pfeffern. Koriander, Chilis und Knoblauch unterrühren und kurz mitdünsten. Den aufgefangenen Orangensaft dazugeben. Die Sauce 1 Minuten köcheln lassen, dann die Schenkel mitsamt dem ausgetretenen Fleischsaft in den Topf geben.

3 Die Tomaten mit etwas Brühe hinzufügen. Die Sauce aufkochen lassen, dann die restliche Brühe dazugeben und die Flüssigkeit 1–2 Minuten kochen lassen. Den Topf mit dem Deckel verschließen und für 1½ Stunden in den heißen Ofen stellen. Falls die Sauce zu stark eindickt, etwas heißes Wasser untermischen. 30 Minuten vor Ablauf der Garzeit die Orangenfilets untermischen. Vor dem Servieren den Großteil des Koriandergrüns unterrühren und das Gericht mit dem restlichen Koriandergrün garnieren.

Blattsalate mit Putenfleisch, Minze und Granatapfel

Neben Granatapfelkernen ist reiner Granatapfelsirup (nicht Grenadine) in diesem Gericht eine wichtige Zutat. Sie finden ihn in türkischen und orientalischen Lebensmittelgeschäften.

15 MIN.

FÜR 4 PERSONEN

- 1 große Handvoll Brunnenkresse
- 1 große Handvoll Radicchio
- 300 g gegarte Putenbrust, in Scheiben geschnitten
- 1 rote Zwiebel, in dünne Ringe geschnitten
- 1 Handvoll Minzeblätter
- Kerne von 1 Granatapfel

Für das Dressing

- 3 EL Olivenöl, 1 EL Zitronensaft
- 1 EL Granatapfelsirup
- 1 Prise gemahlener Zimt
- Salz und frisch gemahlener Pfeffer
- 1 Prise Zucker (nach Belieben)

1 Eine Servierplatte mit Brunnenkresse und Radicchio auslegen. Das Fleisch darauf anrichten und mit Zwiebelringen, Minzeblättern und Granatapfelkernen bestreuen.

2 Für das Dressing das Öl mit einem Schneebesen in einer Schüssel mit Zitronensaft, Granatapfelsirup und Zimt verrühren. Das Dressing mit Salz und Pfeffer sowie nach Belieben mit Zucker abschmecken. Den Salat mit dem Dressing beträufeln und sofort servieren.

Türkischer Reistopf mit Lammfleisch und Granatapfel

Ein ansprechendes Gericht, das durch lebhafte Farben und warme Aromen besticht. Mit Datteln, Sultaninen oder Mandeln können Sie es auf türkische Art abwandeln.

15 MIN. 1 STD.

FÜR 4–6 PERSONEN

- 2 EL Olivenöl, plus mehr zum Beträufeln
- 700 g Lammkeule ohne Knochen, in mundgerechte Stücke geschnitten
- 1 Zwiebel, fein gewürfelt
- Salz und frisch gemahlener schwarzer Pfeffer
- 3 Knoblauchzehen, fein gewürfelt
- 1 grüne Chilischote, entkernt und in feine Streifen geschnitten
- 1 TL getrocknete Minze
- 1 TL gemahlener Zimt
- 50 g Sultaninen
- 350 g Parboiled Reis
- 1 l heißer Lammfond, plus mehr nach Bedarf
- 50 g Haselnusskerne, geröstet und grob gehackt
- 1 kleine Handvoll Dill, fein gehackt
- Kerne von 1 Granatapfel
- 75 g Feta, zerbröckelt (nach Belieben)

1 Das Öl in einem großen Schmortopf bei mittlerer bis starker Hitze heiß werden lassen. Das Fleisch darin (falls nötig, portionsweise) 6–8 Minuten rundherum kräftig anbraten; herausnehmen.

2 Die Zwiebelwürfel im Topf bei mittlerer Hitze in 3–4 Minuten glasig dünsten; salzen und pfeffern. Knoblauch, Chili, Minze und Zimt unterrühren und 2 Minuten mitdünsten. Die Sultaninen untermischen.

3 Den Reis unterrühren. Das Fleisch wieder in den Topf geben. Den Fond angießen und zum Köcheln bringen. Das Fleisch bei halb aufgelegtem Deckel 30–40 Minuten schmoren; falls nötig, mehr Fond hinzufügen. Das Gericht abschmecken, Nüsse und Dill untermischen. Den Reistopf mit den Granatapfelkernen und (nach Belieben) mit dem Feta bestreuen. Dazu passen warmes Fladenbrot und knackiger grüner Salat.

Kartoffeltopf mit Corned Beef

Ein einfaches, preiswertes Gericht, für das man fast alle Zutaten gut im Vorrat haben kann. Pikant wird es durch die Zugabe von ein wenig Meerrettich.

10 MIN. 25 MIN. TK-TAUGLICH

FÜR 4 PERSONEN

- 1 EL Olivenöl
- 1 Zwiebel, fein gewürfelt
- 1 Prise Salz
- 1 Knoblauchzehe, fein gewürfelt
- 700 g Kartoffeln, geschält und in Stücke geschnitten
- 3 große Möhren, fein gewürfelt
- 500 ml heiße Rindfleischbrühe
- Corned Beef (Dose; 250 g), zerkleinert
- 2-3 TL Tafelmeerrettich
- 1 Spritzer Worcestersauce (nach Belieben)

1 Das Öl in einer großen Pfanne bei schwacher Hitze heiß werden lassen. Die Zwiebel darin mit dem Salz in etwa 5 Minuten glasig dünsten. Knoblauch, Kartoffeln und Möhren dazugeben und etwa 5 Minuten mitdünsten. Etwas Brühe angießen und aufkochen lassen. Corned Beef und Meerrettich hinzufügen und gut untermischen.

2 Die restliche Brühe angießen. Das Ganze unter gelegentlichem Rühren bei schwacher Hitze etwa 15 Minuten köcheln lassen, bis Kartoffeln und Gemüse weich sind, dabei die Corned-Beef-Stücke zerdrücken. Abschmecken und nach Belieben die Worcestersauce unterrühren. Heiß mit Rotkrautsalat servieren.

Sellerie-Tarte

Herzhaft und wärmend. Statt Sellerie passen auch Pastinaken.

40 MIN. PLUS KÜHLZEIT 50 MIN.

FÜR 1 TARTEFORM (20 CM)

- 175 g Weizenvollkornmehl, plus mehr zum Arbeiten
- Salz
- 1 EL ganzer Kümmel
- 75 g kalte Butter in Stückchen
- 75 g Emmentaler, gerieben
- 3 Eier, getrennt
- 1 Sellerieknolle (etwa 500 g), geschält und in Stücke geschnitten
- 50 g weiche Butter
- 4 EL Milch
- frisch gemahlener schwarzer Pfeffer
- 4 Scheiben durchwachsener Speck, gewürfelt
- 2 EL Schnittlauchröllchen

1 Das Mehl mit Salz und Kümmel mischen, dann mit der kalten Butter zu Streuseln verreiben. Käse untermischen. 1 Eigelb mit 3 EL kaltem Wasser verquirlen. Mit den Streuseln zu einem Teig verkneten; falls nötig, mehr Wasser unterarbeiten. Teig auf einer dünn bemehlten Arbeitsfläche kneten. In Frischhaltefolie wickeln, mindestens 30 Minuten kalt stellen.

2 Inzwischen den Sellerie in Salzwasser weich kochen. Abgießen und bei schwacher Hitze ausdämpfen lassen. Anschließend mit der weichen Butter und der Milch zerstampfen. Die restlichen 2 Eigelb und den Schnittlauch unter das Püree schlagen. Das Püree mit Salz und Pfeffer würzen.

3 Den Backofen auf 200 °C vorheizen. Den Teig ausrollen und die Form damit auskleiden; überstehenden Teig abschneiden. Den Teigboden mehrmals mit einer Gabel einstechen. Mit Backpapier belegen und mit getrockneten Hülsenfrüchten beschweren. Den Boden 10 Minuten backen, bis der Rand braun ist. Hülsenfrüchte und Papier entfernen, den Tarteboden in weiteren 5 Minuten knusprig backen; herausnehmen.

4 Die Eiweiße zu steifem Schnee schlagen. 1 EL Eischnee unter das Püree rühren. Restlichen Eischnee unterheben. Die Masse auf den Tarteboden füllen. Die Tarte 25 Minuten backen. Sofort servieren.

Schweinebauch mit Kürbis

Kein Fleisch wird beim Schmoren zarter als das vom Schwein.

30 MIN. 2 STD. 15 MIN. - 2 STD. 45 MIN.

FÜR 4-6 PERSONEN

- 1 EL Olivenöl
- 700 g Schweinebauch
- Salz und frisch gemahlener schwarzer Pfeffer
- 1 Zwiebel, fein gewürfelt
- 3 Knoblauchzehen, fein gewürfelt
- 3 Salbeiblätter, fein gehackt
- 1 Zweig Rosmarin
- Fruchtfleisch von 1 Butternusskürbis, gewürfelt
- 100 ml trockener Sherry
- 1,2 l heiße Gemüsebrühe

1 Den Backofen auf 160 °C vorheizen. Die Hälfte des Öls in einem großen, backofenfesten Schmortopf bei mittlerer bis starker Hitze heiß werden lassen. Das Fleisch salzen und pfeffern; mit der Schwarte nach unten in den Topf legen. Etwa 10 Minuten braten, bis die Schwarte bräunt und knusprig wird; herausnehmen.

2 Das restliche Öl im Topf bei mittlerer Hitze heiß werden lassen. Die Zwiebelwürfel darin in 3–4 Minuten glasig dünsten. Erst Knoblauch, Salbei und Rosmarin, dann die Kürbiswürfel unterrühren. Den Sherry angießen und 1 Minute kochen lassen.

3 Das Fleisch wieder in den Topf geben. Die Brühe hinzufügen und zum Köcheln bringen. Den Topf mit dem Deckel verschließen und für 2–2½ Stunden in den heißen Ofen stellen. Falls zu viel Flüssigkeit verdampft, etwas heißes Wasser in den Topf geben. Das Fleisch in mundgerechte Stücke schneiden und mit Kürbis und Garsud auf vorgewärmte tiefe Teller verteilen. Dazu passt knuspriges Brot.

Eisbein mit Rotkohl

Mit Gewürzen und Rosinen verfeinerter Rotkohl ist die ideale Beilage zu Eisbein. Während beides zusammen langsam im Ofen schmort, verschmelzen die Aromen, und Sie haben Zeit, sich um andere Dinge zu kümmern.

20 MIN. **3 STD.**

FÜR 4–6 PERSONEN

- 2 Eisbeine (je etwa 1,25 kg)
- 1 kleiner Rotkohl, in dünne Streifen geschnitten oder gehobelt
- 2 Zwiebeln, in Ringe geschnitten
- 4 Knoblauchzehen, fein gewürfelt
- einige Zweige Thymian
- 50 g Rosinen
- 1 Prise geriebene Muskatnuss
- 1 Prise gemahlener Zimt
- 300 ml Weißweinessig
- 500 ml heiße Gemüsebrühe
- Salz und frisch gemahlener Pfeffer

1 Den Backofen auf 160 °C vorheizen. Die Eisbeine in einem großen Topf mit Wasser bedecken. Das Wasser aufkochen, dann bei halb aufgelegtem Deckel 1 Stunde köcheln lassen. Die Eisbeine aus dem Sud heben (den Sie, obwohl er recht salzig ist, statt der Gemüsebrühe verwenden können). Etwas abkühlen lassen, dann häuten und in einen großen backofenfesten Schmortopf geben.

2 Alle weiteren Zutaten (eventuell Garsud statt Brühe) in den Topf geben und die Eisbeine nach unten drücken. Den Topf mit dem Deckel schließen und den Topf für 2 Stunden in den heißen Ofen stellen. Falls nötig, gelegentlich etwas heißes Wasser hineingeben.

3 Die Eisbeine herausheben. Das Fleisch klein schneiden und in den Topf geben. Das Gericht mit Ofen- oder Bratkartoffeln servieren.

Variante

Eisbein mit Weißkohl und Sellerie

In Schritt 2 Weißkohl statt Rotkohl verwenden. Mit Zwiebeln, Knoblauch und Thymian 2 gewürfelte Stangen Sellerie sowie 1 EL Kümmel in den Topf geben. Rosinen, Muskat und Zimt weglassen. Das Gericht wie beschrieben fertigstellen. Mit Salzkartoffeln servieren.

Schweinekeule mit Orangen

Für dieses Rezept können Sie auch einen gekochten Schinken verwenden – er braucht nur 1 Stunde im Backofen gegart zu werden. Das Fleisch schmeckt kalt ebenfalls sehr gut.

20-25 MIN. 3 STD. 30 MIN. - 4 STD.

FÜR 8-10 PERSONEN

- 4,5 kg Schweinekeule mit Knochen (Schinkenstück)
- 8 Bio-Orangen
- 1 EL Dijonsenf
- 175 g brauner Zucker
- 20 Gewürznelken
- 1 kleines Bund Brunnenkresse

Für die Sauce

- 4 EL Orangenlikör (z. B. Grand Marnier)
- ½ TL geriebene Muskatnuss
- ½ TL gemahlene Gewürznelke

1 Den Backofen auf 180 °C vorheizen. Das Fleisch mit Küchenpapier abtupfen und in eine große Bratform setzen. 6 Orangen auspressen; das sollte etwa 500 ml Saft ergeben.

2 Das Fleisch mit etwas Orangensaft begießen und 3–3 ½ Stunden im Ofen braten, dabei alle 30 Minuten mit Saft begießen. Die restlichen Orangen in Scheiben schneiden, Kerne entfernen.

3 Zur Garprobe einen Metallspieß kurz in die Mitte des Bratens stecken; nach dem Herausziehen sollte sich die Spitze warm anfühlen. (Ein Bratenthermometer sollte 77 °C anzeigen.)

4 Den Braten aus dem Ofen nehmen und etwas abkühlen lassen. Die Backofentemperatur auf 200 °C erhöhen. Die Schwarte am Knochenende einschneiden und mit einem Messer vom Fett lösen, dabei am dickeren Ende des Bratens beginnen.

5 Den Senf mit dem Zucker mischen. Das Fleisch damit einmassieren. Die Orangenscheiben überlappend auf den Braten legen und jeweils mit einer Gewürznelke feststecken. Das Fleisch weitere 30–45 Minuten braten, dabei alle 10 Minuten mit Bratensaft bestreichen. Auf eine vorgewärmte Servierplatte legen. Die Orangenscheiben abnehmen und neben dem Fleisch anrichten. Die Platte mit Alufolie bedecken und warm stellen.

6 Orangenlikör in die Form gießen. Unter ständigem Schlagen mit einem Schneebesen aufkochen lassen. Muskat und gemahlene Nelke unterrühren. Die Sauce in eine Sauciere füllen.

7 Den Braten aufschneiden und mit den Orangenscheiben auf vorgewärmten Tellern anrichten. Mit Brunnenkresse garnieren (nach Belieben) und mit der Sauce servieren.

Fisch und Süßkartoffeln auf Jamaika-Art

In Jamaika würde man das Gericht mit einheimischen Fischen wie Red Snapper oder Tilapia zubereiten. Doch Seelachs oder Kabeljau sind ein guter saisonaler Ersatz.

15 MIN. 30 MIN.

FÜR 4 PERSONEN

- 1 EL Olivenöl
- 1 TL gemahlenes Piment
- 1 TL Paprikapulver
- 1 Stück frischer Ingwer (5 cm), in Scheiben geschnitten
- 2 rote Chilischoten, entkernt und gehackt
- Salz und frisch gemahlener schwarzer Pfeffer
- 4 weißfleischige Fischfilets (z. B. Schellfisch, Seelachs oder Kabeljau; je etwa 200 g)
- 4 Süßkartoffeln, geschält und in mundgerechte Stücke geschnitten
- gehacktes Koriandergrün zum Bestreuen

1 Den Backofen auf 190 °C vorheizen. Das Olivenöl mit Piment, Paprikapulver, Ingwer, Chilis, etwas Salz und reichlich Pfeffer verrühren. Die Fischfilets mit dem Großteil dieser Mischung bestreichen. Die Süßkartoffelstücke mit dem restlichen Würzöl mischen. In eine ofenfeste Form geben und im Ofen 15 Minuten rösten.

2 Den Fisch in die Form geben und etwa 15 Minuten mitgaren, bis die Süßkartoffeln weich sind – dann ist auch der Fisch gar. Das Gericht mit Koriandergrün bestreuen und sofort servieren.

Mangold-Crêpes mit Käse

Statt Mangold eignet sich jedes andere grüne Blattgemüse.

1 STD. PLUS RUHEZEIT 30–35 MIN.

FÜR 6 PERSONEN

- 1 Rezept Pfannkuchenteig (siehe S. 147)
- 3–4 EL Öl
- 750 g Mangold
- 30 g Butter, plus mehr für die Form
- 3 Schalotten, fein gewürfelt
- 2 Knoblauchzehen, fein gewürfelt
- 100 g Ziegenfrischkäse
- 125 g Feta
- Salz und frisch gemahlener Pfeffer
- 1 Prise geriebene Muskatnuss

Für die Sahnesauce

- 30 g Butter
- 2 EL Mehl
- 250 ml heiße Milch
- 125 g Sahne
- 1 Prise geriebene Muskatnuss
- Salz und frisch gemahlener Pfeffer
- 30 g Gruyère, gerieben

1 Zuerst 12 Crêpes zubereiten (siehe S. 147). Auf einen Teller stapeln, damit sie saftig und warm bleiben.

2 Die Stiele von den Mangoldblättern trennen und in 1 cm dicke Scheiben schneiden. Die Blätter für 2–3 Minuten in kochendes Salzwasser geben; abgießen und hacken.

3 Butter in einer Pfanne zerlassen. Schalotten darin mit dem Knoblauch glasig dünsten. Mangoldstiele hinzufügen und unter Rühren 3–5 Minuten mitdünsten. Blätter dazugeben und alles unter Rühren 2–3 Minuten dünsten, bis die Flüssigkeit verdampft ist. Vom Herd nehmen. Ziegenkäse und Feta über das Gemüse bröckeln. Mit Salz, Pfeffer und Muskat würzen.

4 Den Backofen auf 180 °C vorheizen. Eine ofenfeste Form ausbuttern. Für die Sauce die Butter in einem Topf bei mittlerer Hitze heiß werden lassen. Das Mehl darin unter Rühren 30–60 Sekunden anschwitzen.

5 Vom Herd nehmen und mit einem Schneebesen die heiße Milch unterrühren. Topf wieder auf den Herd stellen. Die Sauce unter Rühren erhitzen, bis sie andickt. Sahne darunterschlagen. Die Sauce mit Salz, Pfeffer und Muskat abschmecken und 2 Minuten köcheln lassen. Warm halten.

6 Auf jede Crêpe 2 EL Füllung geben. Zur Hälfte zusammenklappen, noch einmal zusammenklappen, damit ein Dreieck entsteht. In die Form legen. Die weiteren Crêpes ebenfalls füllen. Sauce darauf verteilen und mit Käse bestreuen. 20–25 Minuten backen.

Chili-Limetten-Rindfleisch mit Grapefruit-Ingwer-Salsa

Die Zitrus-Salsa wird mit feurigen Chilis gewürzt und bekommt so eine erfrischende süß-scharfe Note.

10 MIN. 15 MIN.

FÜR 4 PERSONEN

- 1 EL Erdnuss- oder Sonnenblumenöl
- 1 rote Zwiebel, in 8 Spalten geschnitten
- 700 g Rinderlende, in Streifen geschnitten
- 1 rote Chilischote, entkernt und in lange Streifen geschnitten
- 1 Spritzer Sojasauce
- Saft von 1 Limette
- 1 EL flüssiger Honig
- 200 g braune Champignons (Egerlinge), in Scheiben geschnitten
- 1 Handvoll Koriandergrün

Für die Grapefruit-Ingwer-Salsa

- 2 Grapefruits, filetiert und gehackt
- 1 Stück frischer Ingwer (2,5 cm), gerieben
- 1 rote Chilischote, entkernt und gehackt
- Salz und frisch gemahlener Pfeffer
- 1 Prise Zucker (nach Belieben)

1 Die Zutaten für die Salsa in einer Schüssel miteinander verrühren. Die Salsa salzen und pfeffern.

2 Das Öl im Wok bei starker Hitze heiß werden lassen. Die Zwiebelspalten darin etwa 5 Minuten pfannenrühren, bis sie weich sind. Fleisch und Chili dazugeben. Alles unter ständigem Rühren weitere 5 Minuten braten. Weiterrühren, dabei Sojasauce, Limettensaft und Honig hinzufügen.

3 Die Pilze dazugeben und unter Rühren einige Minuten mitbraten, bis sie weich sind und beginnen, Flüssigkeit abzugeben.

4 Das Fleisch auf vier Tellern anrichten, mit Koriandergrün garnieren und sofort mit der Salsa servieren. Dazu passt Reis oder Nudeln.

Hähnchentopf mit Senf

Huhn mit Senf ist eine klassische Kombination. Hier wird Senf mit Honig zu einer Marinade verrührt. Wenn möglich, sollte das Fleisch ein paar Stunden darin durchziehen.

10 MIN. PLUS MARINIERZEIT **1 STD. 45 MIN.**
TK-TAUGLICH

FÜR 4-6 PERSONEN

- 2 EL körniger Senf
- 1 EL mittelscharfer Senf
- 2 EL flüssiger Honig
- 8 Hähnchenschenkel
- Salz und frisch gemahlener schwarzer Pfeffer
- 2 EL Olivenöl
- 2 Zwiebeln, grob zerkleinert
- 300 g Pastinaken, grob zerkleinert
- 1 EL Thymianblätter
- 1 l heiße Gemüse- oder Hühnerbrühe

1 Den Backofen auf 160 °C vorheizen. Beide Senfsorten in einer Schüssel mit dem Honig verrühren. Die Hähnchenschenkel salzen, pfeffern und mit der Senfmischung einreiben. Zugedeckt 30 Minuten bis zu 2 Stunden marinieren.

2 Die Hälfte des Öls in einem großen backofenfesten Schmortopf bei mittlerer bis starker Hitze heiß werden lassen. Die Hähnchenschenkel darin portionsweise in je 6–10 Minuten goldbraun braten. (Vorsicht, der Honig brennt leicht an.) Herausnehmen.

3 Das restliche Öl im Topf bei mittlerer Hitze heiß werden lassen. Die Zwiebelstücke darin rühren, dabei den Bratsatz losschaben. Pastinaken und Thymian hinzufügen. Die Brühe angießen. Aufkochen, dann köcheln lassen. Die Hähnchenschenkel mitsamt dem ausgetretenen Fleischsaft in den Topf geben und zwischen die Pastinakenstücke drücken; sie sollen von Flüssigkeit bedeckt sein. Würzen, dann den Topf mit dem Deckel verschließen und für 1½ Stunden in den heißen Ofen stellen. Falls nötig, gelegentlich etwas heißes Wasser hineingeben. Das Gericht abschmecken und servieren. Dazu passt Lauch- oder Blattgemüse.

Putentopf mit Cranberrys

Reste von einem Putenbraten können hier Verwendung finden.

15 MIN. **1 STD. 15 MIN. - 1 STD. 45 MIN.** **TK-TAUGLICH**

FÜR 4-6 PERSONEN

- 2 große Putenbrüste
- Salz und frisch gemahlener schwarzer Pfeffer
- 2-3 EL Olivenöl
- 4 kleine Bratwürste, in Scheiben geschnitten
- 1 rote Zwiebel, fein gewürfelt
- 3 Knoblauchzehen, fein gewürfelt
- 250 g braune Champignons (Egerlinge), geviertelt
- einige Rosmarinzweige
- 1 EL Dijonsenf
- 250 ml Rotwein
- 500 ml heiße Hühnerbrühe
- 1 Handvoll frische Cranberrys
- 250 g feine grüne Bohnen

1 Den Backofen auf 160 °C vorheizen. Das Fleisch salzen und pfeffern. Die Hälfte des Öls in einem backofenfesten Schmortopf bei mittlerer bis starker Hitze heiß werden lassen. Das Fleisch darin 6–8 Minuten anbraten; herausnehmen.

2 Das restliche Öl im Topf erhitzen und die Bratwurstscheiben darin in 3–4 Minuten knusprig braten. Die Zwiebelwürfel hinzufügen; 2–3 Minuten mitbraten. Knoblauch, Pilze, Rosmarin und Senf untermischen. Den Wein angießen und kurz einkochen lassen. Die Brühe hinzufügen und aufkochen lassen.

3 Das Fleisch mit Salz, Pfeffer und den Cranberrys in den Topf geben. Den Topf mit dem Deckel verschließen und für 1–1½ Stunden in den heißen Ofen stellen. Falls nötig, gelegentlich etwas heißes Wasser nachfüllen. 15 Minuten vor Ablauf der Garzeit die Bohnen in den Topf geben. Rosmarinzweige und Fleisch herausnehmen; das Fleisch mit einer Gabel in Streifen zerteilen, wieder in den Topf geben und untermischen. Zum Putentopf passt Kartoffelpüree.

Gefüllter Gänsebraten

Ein traditionelles, deftiges Gericht für den Martinstag.

40 MIN. PLUS RUHEZEIT **3 STD.**

FÜR 6-8 PERSONEN

- 1 Gans (etwa 4,5 kg) mit Innereien
- 4 Zwiebeln, fein gewürfelt
- 10 Salbeiblätter, gehackt
- 50 g weiche Butter
- 100 g frische Brotkrumen
- Salz und frisch gemahlener Pfeffer
- 1 Eigelb
- 2 EL Mehl

1 Den Backofen auf 230 °C vorheizen. Überschüssiges Fett aus der Bauchhöhle der Gans entfernen. Die Haut mehrmals einstechen. Die Leber beiseitelegen, aus den restlichen Innereien etwa 500 ml Brühe kochen.

2 Die Zwiebeln mit der gehackten Gänseleber in etwas Wasser 5 Minuten kochen. Abgießen; mit Salbei, Butter, Brotkrumen, Salz und Pfeffer mischen und mit dem Ei binden. Die Füllung durch die Halsöffnung in die Gans geben. Die Öffnung zunähen oder -stecken. Übrige Füllung kann separat in einer ofenfesten Form gegart werden. Flügel und Unterschenkel der Gans mit Alufolie bedecken.

3 Die Gans mit der Brust nach unten auf ein Gitter über einem tiefen Backblech legen. Im Ofen 1 Stunde braten, dabei nach 30 Minuten wenden. Das Fett aus dem Blech in eine Schüssel gießen. Gans mit Alufolie bedecken und bei 190 °C etwa 1½ Stunden weiterbraten. Fett abgießen, Folie entfernen. Die Gans noch 30 Minuten braten. Auf eine Servierplatte legen und 30 Minuten ruhen lassen.

4 Für die Sauce 3 EL Gänsefett in einem Topf erhitzen. Das Mehl darin bei schwacher Hitze anschwitzen. Mit einem Schneebesen nach und nach die heiße Brühe darunterschlagen. Das restliche Fett aus dem Blech entfernen. Die Sauce in das Blech gießen und den Bratensatz losschaben. Die Sauce durch ein Sieb gießen. Die Gans tranchieren. Mit Sauce und Füllung servieren.

Wildreissalat mit Cranberry-Dressing

Der Salat schmeckt am besten, wenn er einige Stunden durchziehen konnte. Sie können ihn am Vortag zubereiten und dann zugedeckt im Kühlschrank aufbewahren. Vor dem Servieren Raumtemperatur annehmen lassen und das Fleisch untermischen.

30–35 MIN. PLUS ZIEHZEIT **45 MIN. - 1 STD. 15 MIN.**

FÜR 4 PERSONEN

- Salz
- 200 g Wildreis
- 75 g frische Cranberrys
- 20 g Zucker
- 30 g Pekannusskerne
- in Streifen abgezogene Schale und Saft von 1 kleinen Bio-Orange
- 2 EL Apfelessig
- 1 Schalotte, sehr fein gewürfelt
- frisch gemahlener schwarzer Pfeffer
- 4 EL Öl
- 200 g gegarte Putenbrust, in Scheiben geschnitten

1 In einen Topf 750 ml Wasser und ½ TL Salz geben; aufkochen lassen. Den Reis einrühren und im köchelnden Salzwasser in etwa 1 Stunde weich garen. Abgießen, abkühlen lassen und in eine große Schüssel geben.

2 Den Backofen auf 190 °C vorheizen. Die Cranberrys in einer ofenfesten Form verteilen, mit dem Zucker bestreuen und im heißen Ofen 10–15 Minuten garen, bis sie aufplatzen. Herausnehmen und in der Form abkühlen lassen.

3 Die Pekannüsse auf einem Backblech ausbreiten und im Ofen unter gelegentlichem Wenden 5–8 Minuten rösten. Anschließend die Nüsse grob hacken.

4 In einem kleinen Topf etwas Wasser aufkochen lassen. Die Orangenschale 2 Minuten darin ziehen lassen. Abgießen und fein hacken.

5 Orangensaft, Essig, Schalotte, Salz und Pfeffer in eine Schüssel geben. Nach und nach mit einem Schneebesen das Öl darunterschlagen, bis ein cremiges Dressing entstanden ist. Das Dressing abschmecken, dann die Cranberrys ohne den Saft unterrühren.

6 Die Putenbrust, falls nötig, häuten. Nüsse, Orangenschale und zwei Drittel des Dressings unter den Reis mischen. Den Salat 1 Stunde durchziehen lassen, dann abschmecken. Zum Servieren den Salat auf eine Platte geben. Das Fleisch darauf anrichten und das Ganze mit dem restlichen Dressing beträufeln.

Jetzt am besten **Pute/Truthahn**

Fleisch von Pute (Henne) oder Truthahn (Hahn) ist wegen seines Geschmacks und weil es fettarm ist sehr beliebt. Die erste Wahl sollten Tiere aus kleineren Betrieben, die Wert auf eine artgerechte Haltung legen, sein – aus ethischen und geschmacklichen Gründen. Cranberrys oder Preiselbeeren sind eine klassische Beilage zu einem Putenbraten, gut passen außerdem süßliche Gewürze, aromatische Kräuter, Maronen, Rosenkohl, Rotkohl, Pilze und Zitrusfrüchte.

Die Brust liefert zartes weißes Fleisch.

Pute/Truthahn Ältere Hennen können bis zu 12 kg, ältere Hähne bis zu 20 kg schwer werden. Im Handel werden bratfertige Vögel mit 7–10 bzw. 10–13 kg angeboten. Diese am besten zuerst auf der Brustseite braten, damit das helle Fleisch schön saftig bleibt.

Ober- und Unterschenkel haben dunkles Fleisch; ideal zum langsamen Braten im Ofen oder zum Schmoren.

Die Flügel mit ihrem relativ hohen Knochenanteil eignen sich zum Kochen von Brühen und zum Schmoren.

Putengulasch In Stücke geschnittenes dunkles Schenkelfleisch ist hervorragend zum Schmoren (z. B. für Gulasch oder Eintöpfe) geeignet. Ebenso bietet es sich zum Durchdrehen für Hackfleisch an.

Das Brustfleisch ist das zarteste und hellste Fleisch, das Pute bzw. Truthahn liefert.

Putenbrust Ein Stück Putenbrust eignet sich zum Kurzbraten oder Pochieren. Ohne Haut wird es auch als Putenbrustfilet oder (wenn es sehr dünn geschnitten ist) als Putenschnitzel bezeichnet. Lässt sich gut schnetzeln bzw. in kleine Stücke schneiden.

Putenschenkel Besteht aus Unter- und Oberschenkel und ist eines der preiswertesten Teilstücke. Das Oberschenkelfleisch ist heller als das des Unterschenkels. Ein Schenkel ist ideal für einen kleinen Schmorbraten.

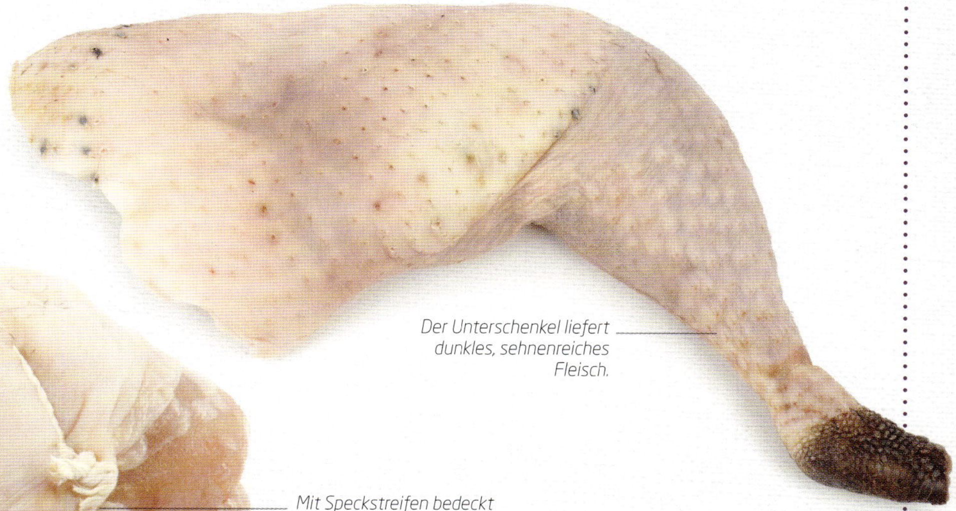

Entbeinte Putenbrust Aus dem mageren Fleischstück lässt sich ein zarter Braten zubereiten. Eine ausgelöste Brusthälfte (Brustfilet) ergibt einen dünnen Braten. Werden beide Brustfilets zusammengelegt und -gebunden, ist der Braten entsprechend dicker.

Pute/Truthahn tranchieren

Auf diese Weise können Sie auch andere Geflügelarten mit hoher fleischiger Brust, wie Hähnchen oder Fasan, tranchieren. Vor dem Tranchieren den Vogel auf einer Platte an einem warmen Platz ruhen lassen, damit sich das Fleisch entspannen kann und weicher wird, wonach es sich leichter schneiden lässt. Verwenden Sie am besten ein scharfes Tranchiermesser und eine Tranchiergabel.

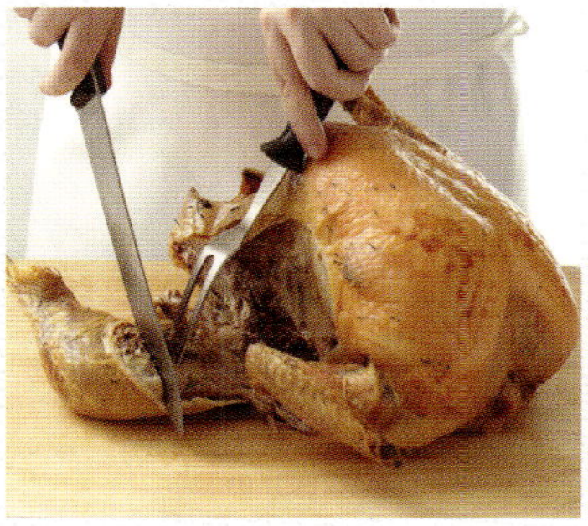

1 Die Schenkel am Oberschenkelgelenk von der Pute abtrennen. Die Schenkel in Ober- und Unterschenkel teilen.

2 Entlang jeder Brustbeinseite nach unten schneiden, um die Brust(hälften) von der Karkasse zu lösen.

3 Bruststücke schräg in zwei Teile schneiden – es entsteht ein Teil mit und ein Teil ohne Flügel.

4 Alternativ kann man das Brustfleisch direkt von der Karkasse in Scheiben abschneiden.

Wissenswert

Im Angebot

Ganze Vögel, Putenbrust, Putenbrustfilet, Putenschenkel (auch nur Ober- oder Unterschenkel), Flügel, Putengeschnetzeltes; auch geräuchert.

Einkauf Als Frisch- und Tiefkühlware erhältlich; zum Braten im Ofen einen Vogel mit fleischiger Brust wählen.

Aufbewahren Innereien separat lagern. Ganze Vögel und Teilstücke halten sich gut verpackt im Kühlschrank mehrere Tage.

Zubereiten Grillen, braten (Ofen/Pfanne), schmoren; Fleischwürfel für Spieße; kann anderes Fleisch in Rezepten ersetzen.

Für den Vorrat Einfrieren.

Rezepte

Herbstsuppe mit Putenfleisch Seite 362

Putenbraten mit Petersilie-Zwiebel-Füllung Seite 382

Putenröllchen mit Pflaumen-Nuss-Füllung Seite 382

Putentopf mit Cranberrys Seite 378

Putenbraten mit Petersilie-Zwiebel-Füllung

So ein Braten schmeckt zu gut, als dass man ihn nur zu Weihnachten essen sollte. Tipp: für ein feines Zitrusaroma vor dem Braten noch zwei halbierte Zitronen in die Pute geben.

15 MIN. 3 STD. 20 MIN.

FÜR 8 PERSONEN

- 250 g Butter
- 3 Zwiebeln, 1 gewürfelt und 2 geviertelt
- 125 g Weißbrotkrumen
- 1 Bund Petersilie, fein gehackt
- Salz und frisch gemahlener Pfeffer
- 1 Pute (etwa 4 kg)

1 Für die Füllung 125 g Butter in einem Topf zerlassen. Die Zwiebelwürfel darin glasig dünsten; vom Herd nehmen. Brotkrumen, Petersilie, Salz und Pfeffer untermischen; abkühlen lassen. Den Backofen auf 200 °C vorheizen. Die Pute in eine große Form legen; innen und außen salzen und pfeffern. Die restliche Butter auf die Haut streichen. Die Zwiebelviertel in die Pute stecken, die Füllung in die Halsöffnung geben. Die Pute 20 Minuten im Ofen braten, dann die Ofentemperatur auf 190 °C senken.

2 Die Pute mit Alufolie bedecken. 20 Minuten pro 500 g plus 20 Minuten braten; einmal pro Stunde mit Bratsud bestreichen. Hineinstechen: Ist der herausrinnende Saft klar, ist die Pute gar. Falls nicht, die Garzeit verlängern. Die Folie 10–15 Minuten vor Ende der Garzeit entfernen.

3 Die Pute auf eine vorgewärmte Platte legen, mit Alufolie bedecken und an einem warmen Ort 15 Minuten ruhen lassen. In Scheiben schneiden und servieren. Dazu passen Bratensaft, Röstkartoffeln, Cranberrys oder Preiselbeeren und Gemüse.

Variante

Putenbraten mit Salbei-Speck-Füllung

Die Füllung wie beschrieben zubereiten, jedoch mit der Zwiebel 2 gewürfelte Scheiben durchwachsenen Speck hinzufügen. Anstelle von Weißbrotkrumen Vollkornbrotkrumen und statt Petersilie Salbei verwenden. Pute wie angegeben würzen und braten.

Warmer Puten-Kichererbsen-Salat

Dieser Salat ist leicht und gesund – und hilft gegen das schlechte Gewissen, wenn man an kalten Tagen mehr gegessen und sich weniger bewegt hat als sonst.

15 MIN. 10 MIN.

FÜR 4 PERSONEN

- 1 Dose Kichererbsen (400 g)
- 1 EL Olivenöl
- 1 Prise edelsüßes Paprikapulver
- Saft von 1 Zitrone
- Salz und frisch gemahlener schwarzer Pfeffer
- 400 g Reste vom Putenbraten, in Streifen geschnitten
- 1 Handvoll Dillspitzen, gehackt

1 Die Kichererbsen in einem Sieb abspülen und abtropfen lassen, dann mit Olivenöl, Paprika und Zitronensaft in einen Topf geben; salzen und pfeffern. 5–8 Minuten köcheln lassen, bis die Kichererbsen etwas weicher geworden und heiß sind.

2 Das Fleisch unter die Kichererbsen heben. Den Salat abschmecken, mit Dill bestreuen und warm servieren. Dazu passt grüner Salat.

Variante

Warmer Puten-Bohnen-Salat

Den Salat wie beschrieben zubereiten, jedoch 1 Dose weiße Bohnen (400 g) statt der Kichererbsen verwenden. Zu den köchelnden Bohnen 1 zerdrückte große Knoblauchzehe geben. Den Dill weglassen, den Salat mit je 1 EL gehackter Petersilie und gehacktem Koriandergrün bestreuen.

Putenröllchen mit Pflaumen-Nuss-Füllung

Natürlich kann man Putenschnitzel fertig kaufen. Man kann sie aber auch leicht aus einer Putenbrust selbst schneiden. Zu diesem Gericht passen Blattspinat und Röstkartoffeln.

15 MIN. 15–20 MIN.

FÜR 4 PERSONEN

- 2 Putenbrustfilets (je etwa 400 g)
- 1 große Handvoll entsteinte Dörrpflaumen, gehackt
- 1 Handvoll geröstete Pekannusskerne, fein gehackt
- 1 kleines Bund Petersilie, gehackt
- 1 EL Olivenöl

1 Den Backofen auf 200 °C vorheizen. Die Putenbrüste halbieren und die vier Stücke zwischen zwei Lagen Frischhaltefolie geben. Mit einem Fleischklopfer oder einer Teigrolle auf eine Dicke von etwa 5 mm flach klopfen. Die Folie entfernen und die Fleischstücke halbieren.

2 Pflaumen, Nüsse und Petersilie in einer Schüssel mischen. Die Mischung mittig auf die acht Schnitzel geben. Die Schnitzel jeweils von einer Schmalseite her aufrollen. Die Röllchen mit Holzspießchen zustecken.

3 Die Putenröllchen in eine ofenfeste Form legen und mit dem Öl beträufeln. Im heißen Ofen 15–20 Minuten braten, bis sie durchgegart sind.

Variante

Schweineschnitzel mit Tangerine, Pflaumen und Maronen

Die Röllchen wie beschrieben zubereiten, die Putenbrüste jedoch durch 4 Schweineschnitzel (je etwa 200 g) ersetzen. Diese wie beschrieben flach klopfen und halbieren. Bei der Füllung die Hälfte der Pflaumen durch die abgeriebene Schale und die gehackten Filets von 1 Bio-Tangerine ersetzen. Anstelle von Pekannüssen 1 Handvoll geschälte gegarte Maronen verwenden. Diese mit der Petersilie und 1 guten Prise gemahlenen Zimt hinzufügen.

Putenröllchen mit Maronen-Pilz-Füllung

Zartes Putenfleisch wird hier mit einer Mischung aus Maronen, Aprikosen, Knoblauch und Petersilie gefüllt – ein beeindruckendes, dabei unkompliziertes Gericht.

20 MIN. 40 MIN.

FÜR 4 PERSONEN

- 500 g Putenbrustfilet, in etwa 8 cm breite Scheiben geschnitten
- Salz und frisch gemahlener schwarzer Pfeffer
- 100 g gegarte Maronen
- 8 Knoblauchzehen, gehackt
- 2 EL gehackte Petersilie
- 75 g getrocknete Aprikosen
- 300 g braune Champignons (Egerlinge)
- ½ TL getrockneter Thymian
- 4 EL Olivenöl

1 Den Backofen auf 180 °C vorheizen. Das Putenfleisch salzen und pfeffern. Die Maronen in der Küchenmaschine mit Knoblauch und Petersilie 10 Sekunden zerkleinern. Aprikosen und Champignons hinzufügen und kurz untermixen. Thymian und 3 EL Öl dazugeben und alles noch einmal kurz mixen, bis eine stückige Masse entstanden ist. Die Masse mit Salz und Pfeffer abschmecken.

2 Auf jede Fleischscheibe 1 EL Maronen-Pilz-Masse geben und die Scheiben sorgfältig aufrollen. Die Röllchen mit den Nähten nach unten dicht an dicht in eine ofenfeste Form legen und mit dem restlichen Öl beträufeln. Die Form mit Alufolie verschließen und für 30 Minuten in den heißen Ofen stellen. Die Folie entfernen. Die Röllchen weitere 10 Minuten garen, bis sie gebräunt sind. Dazu passt grüner Salat.

Variante

Putenröllchen gefüllt mit Sellerie, Maronen und Pfifferlingen

Die Röllchen wie beschrieben zubereiten, aber mit den Maronen 1 grob zerkleinerte Selleriestange in die Küchenmaschine geben. Die Aprikosen durch 2 EL Rosinen ersetzen und statt der Egerlinge je 150 g Pfifferlinge und weiße Champignons verwenden.

Risotto mit Kürbis, Salbei und Gorgonzola

Gorgonzola und Salbei sind im Spätherbst ein unschlagbares Team. Den Kürbis unbedingt in gleich große Stücke schneiden.

15 MIN. 30 MIN.

FÜR 4 PERSONEN

- Fruchtfleisch von 1 Butternusskürbis, in mundgerechte Stücke geschnitten
- 1 Prise Chiliflocken
- 2 EL Olivenöl
- 1 l Gemüsebrühe
- 1 EL Butter
- 1 Zwiebel, fein gewürfelt
- Salz
- 2 Knoblauchzehen, fein gewürfelt
- 4 Salbeiblätter (nach Belieben), zerkleinert
- 350 g Risotto-Reis (z. B. Arborio)
- 1 großes Glas Weißwein
- 75 g Gorgonzola oder ein ähnlicher Blauschimmelkäse, gewürfelt
- frisch gemahlener schwarzer Pfeffer

1 Den Backofen auf 200 °C vorheizen. Die Kürbisstücke in eine ofenfeste Form legen, mit Chiliflocken bestreuen und mit 1 EL Öl beträufeln. Alles mit den Händen mischen. Den Kürbis im heißen Ofen etwa 15 Minuten rösten, bis er goldbraun ist und weich wird.

2 Inzwischen die Brühe in einem Topf zum Köcheln bringen. Das restliche Öl mit der Butter in einer großen beschichteten Pfanne bei schwacher Hitze heiß werden lassen. Die Zwiebelwürfel darin mit 1 Prise Salz in etwa 5 Minuten glasig dünsten. Knoblauch und nach Belieben Salbei einige Sekunden mitdünsten.

3 Den Reis hinzufügen und durch Rühren mit dem Fett überziehen. Den Wein angießen und bei stärkerer Hitze köcheln lassen, bis der Alkohol verdampft ist.

4 Bei schwacher Hitze die Brühe schöpfkellenweise angießen, dabei häufig mit einem Kochlöffel rühren. Immer erst mehr Brühe hinzufügen, wenn der Reis die vorherige Portion aufgenommen hat. Das Ganze dauert etwa 20 Minuten, dann sollte der Reis gar, aber noch bissfest sein. Je nach Reissorte ist mehr oder weniger viel Brühe nötig. Kürbis und Käse untermischen. Den Risotto mit Pfeffer abschmecken; sofort servieren.

Garbure

Diesen französischen Eintopf mit Gemüse und Speck sollten Sie am Vortag zubereiten und vor dem Servieren aufwärmen.

40 MIN. 1 STD.

FÜR 4–6 PERSONEN

- 100 g durchwachsener Speck, in kurze Streifen geschnitten
- 1 rote Zwiebel, fein gewürfelt
- 3 Knoblauchzehen, fein gewürfelt
- 1 konfierte Entenkeule
- 1,5 l Hühnerbrühe
- 1 kleiner Wirsing, die Blätter in 3 x 8 cm große Stücke geschnitten
- 1 große Möhre, in Scheiben geschnitten
- 1 Selleriestange, gewürfelt
- 1 Stange Lauch, in Ringe geschnitten
- 1 große mehligkochende Kartoffel, geschält und gewürfelt
- Salz und frisch gemahlener schwarzer Pfeffer
- 1 TL geräuchertes scharfes Paprikapulver
- ½ TL gemahlener Kreuzkümmel
- 2–3 Zweige Thymian
- 2–3 Stängel Petersilie
- 1 Dose weiße Bohnen (250 g)
- gehackte Petersilie zum Bestreuen

1 Den Speck in einem hohen Schmortopf unter Rühren in 2–3 Minuten knusprig braten. Mit einem Schaumlöffel herausheben und auf Küchenpapier abtropfen lassen. Zwiebel mit Knoblauch im Topf bei schwächerer Hitze unter häufigem Rühren in 5–8 Minuten weich dünsten.

2 Das Fleisch der Entenkeule vom Knochen lösen und in Streifen schneiden. Haut und Knochen wegwerfen, das Fett aufbewahren. Fleischstreifen mit den restlichen Zutaten (bis auf die Bohnen) in den Topf geben. Das Ganze zugedeckt bei schwächerer Hitze unter gelegentlichem Rühren 30 Minuten köcheln lassen.

3 Inzwischen die Bohnen in einem Sieb abspülen und abtropfen lassen, dann in einer Schüssel etwas zerdrücken. Thymian und Petersilie aus der Suppe nehmen. Die Bohnen in die Suppe geben und mitgaren, bis das Gemüse weich ist. Suppe abschmecken, gebratenen Speck und 1 EL Entenfett unterrühren. Den Eintopf mit Petersilie bestreuen; servieren.

Linsen und Kürbis auf indische Art

Ein wärmendes Gericht aus Indien, das dort »Kichidi« heißt.

15 MIN. 50 MIN. TK-TAUGLICH

FÜR 4 PERSONEN

- 1 Butternusskürbis (etwa 700 g), halbiert und entkernt
- ½ TL Garam Masala
- Salz und frisch gemahlener Pfeffer
- 2 EL Olivenöl
- 100 g Basmatireis
- 100 g rote Linsen
- 1 Stück frischer Ingwer (5 cm), geschält und gerieben
- 2 EL Ghee oder Butterschmalz
- 2 TL Kreuzkümmelsamen
- ½ TL Chiliflocken
- Saft von 1 Limette
- 3 EL gehacktes Koriandergrün
- 2 EL Butter

1 Backofen auf 200 °C vorheizen. Kürbishälften mit den Schnittflächen nach oben in eine ofenfeste Form legen, mit Garam Masala, Salz und Pfeffer bestreuen, mit Öl beträufeln; mit Alufolie bedecken. Im Ofen in 45 Minuten weich rösten. Abkühlen lassen; Fruchtfleisch herausschaben und mit einer Gabel etwas zerdrücken.

2 Inzwischen 2 l Wasser in einem großen Topf mit Reis, Linsen und Ingwer aufkochen und etwa 20 Minuten köcheln lassen, bis die Linsen zerfallen sind; falls nötig, mehr Wasser hinzufügen. Den Kürbis unterrühren.

3 Das Fett in einem zweiten Topf erhitzen. Kreuzkümmel und Chiliflocken darin kurz braten. Das gewürzte Fett mit Salz, Pfeffer, Limettensaft und Koriandergrün unter die Linsen-Reis-Mischung rühren. Gericht auf Teller verteilen; vor dem Servieren auf jede Portion ein Stück Butter geben.

Nudelsalat mit Miesmuscheln

Spiralförmige Nudeln nehmen das herbe Dressing besonders gut auf. Sie können aber auch Muschelnudeln oder Makkaroni verwenden. Der Salat kann einen Tag im Voraus zubereitet werden; zudecken und im Kühlschrank aufbewahren. Wenn Sie Zitronen vor dem Auspressen mit Druck auf der Arbeitsfläche rollen, geben sie mehr Saft ab.

30-35 MIN. **8-10 MIN.**

FÜR 4-6 PERSONEN

- Saft von 2 Zitronen (etwa 75 ml)
- 4 Schalotten, fein gewürfelt
- 3 Knoblauchzehen, fein gewürfelt
- Salz und frisch gemahlener schwarzer Pfeffer
- 150 ml Olivenöl
- Blätter von 1 Bund Estragon, fein gehackt
- Blätter von 1 Bund Petersilie, fein gehackt
- 1 kg Miesmuscheln
- 175 ml Weißwein
- 250 g Fusilli
- 3 Frühlingszwiebeln, in Ringe geschnitten
- Zitronenschnitze zum Garnieren

1 Den Zitronensaft mit der Hälfte der Schalotten, dem Knoblauch sowie Salz und Pfeffer verquirlen. Nach und nach das Öl darunterschlagen, bis ein cremiges Dressing entstanden ist. Die Kräuter untermischen und das Dressing abschmecken.

2 Von den Muscheln mit einem kleinen Messer die Seepocken abschaben. Die Bärte abreißen. Die Muscheln unter fließendem kaltem Wasser abbürsten; beschädigte Exemplare und solche, die sich beim Daraufklopfen nicht öffnen, wegwerfen.

3 Den Wein mit den restlichen Schalotten und reichlich schwarzem Pfeffer in einen großen Topf geben. Aufkochen und 2 Minuten köcheln lassen. Die Muscheln hineingeben und zugedeckt bei starker Hitze unter gelegentlichem Rühren 4–5 Minuten garen, bis sie sich öffnen.

4 Die Muscheln in eine große Schüssel geben. Den Garsud wegschütten. Muscheln, die sich nicht geöffnet haben, wegwerfen. Die Muscheln in der Schüssel abkühlen lassen.

5 Für die Garnitur 4–6 Muscheln beiseitelegen. Das restliche Muschelfleisch aus den Schalen lösen und die zähen Ringe, die das Muschelfleisch umschließen, entfernen. Die Muscheln in eine große Schüssel geben.

6 Das Dressing kurz durchschlagen, dann die Muscheln damit begießen und darin wenden. Zudecken und kalt stellen, solange die Nudeln kochen.

7 Die Nudeln in reichlich sprudelnd kochendem Salzwasser nach Packungsangabe bissfest garen. In ein Sieb schütten, kalt abspülen und abtropfen lassen.

8 Die Nudeln zu den Muscheln geben. Die Frühlingszwiebeln sowie Salz und Pfeffer hinzufügen und alles sorgfältig mischen. Den Salat abschmecken und auf Portionsteller verteilen. Die Portionen mit je einer Muschel und einem Zitronenschnitz garnieren und servieren.

Jetzt am besten **Knollensellerie**

Unter einer dicken warzigen Schale verbirgt sich weißes Fruchtfleisch, das viel intensiver schmeckt als Stangensellerie. Die Hauptsaison für das Knollengemüse ist Spätherbst und Winter. Ideal für Püree (z. B. mit Kartoffeln), aber auch gut zum Frittieren (für Chips) sowie als Bestandteil von Suppengrün. Lässt sich gut mit anderem Wurzelgemüse sowie Walnüssen kombinieren.

Knollensellerie gedeiht am besten in kühlgemäßigten Zonen, verträgt jedoch keinen Frost. Im Spätherbst geerntete Knollen können bis in den Frühling gelagert werden.

Knollensellerie Auch wenn es sein Aussehen nicht verrät: Unter der warzigen Schale, die dick abgeschält werden muss, verbirgt sich wohlschmeckendes Fruchtfleisch.

Knollen von guter Qualität sind fest und frei von weichen oder schrumpligen Stellen. Ältere Knollen können faserig und geschmacksarm sein.

Wissenswert

Im Angebot

Die Knollen können die Größe eines Tennisballs haben, aber auch kindskopfgroß sein.

Einkauf Feste Exemplare wählen, die mindestens so groß wie eine Grapefruit und für ihre Größe relativ schwer sind.

Aufbewahren Ungeschälte Knollen halten sich in einer Papiertüte im Gemüsefach des Kühlschranks gut 2 Wochen; frisch schmeckt Knollensellerie am besten.

Zubereiten Dämpfen, kochen, dünsten, braten, frittieren, im Ofen garen; als Zutat für Suppen und Eintöpfe; weich gegart für Püree; roh für Salate.

Für den Vorrat In Essig (solo oder mit anderem Gemüse) eingelegt.

Rezepte

Gebratene Süßkartoffeln mit Sellerie Seite 395

Hähnchen mit Knoblauch und Curry-Sellerie Seite 387

Hühnersuppe mit Sellerie und Orange Seite 450

Rindfleisch-Sellerie-Topf mit Bier und Sardellen Seite 387

Sellerie- und Möhrensalat Seite 406

Sellerie-Tarte Seite 374

Knollensellerie vorbereiten

Anders als bei den meisten Gemüsesorten ist es hier wichtig, die Schale dick abzuschneiden, um sämtliche dunklen Stellen zu entfernen. Das zerkleinerte weiße Fruchtfleisch bis zur Verwendung sofort in mit Zitronensaft gesäuertes Wasser geben, damit es sich nicht verfärbt.

1 Die Schale mit einem scharfen Messer großzügig von der Knolle schneiden, um sämtliche dunklen Stellen zu entfernen.

2 Das Fruchtfleisch in Scheiben, dann je nach Rezept in Würfel, Stücke oder feine Stifte schneiden oder raspeln.

Hähnchen mit Knoblauch und Curry-Sellerie

Knollensellerie ist ein unglaublich vielseitiges Wurzelgemüse. In Kombination mit Currypulver und zartem Hähnchenfleisch kommen seine Vorzüge am besten zur Geltung.

25 MIN. 45 MIN.

FÜR 4 PERSONEN

- 8 Hähnchenschenkel
- Salz und frisch gemahlener schwarzer Pfeffer
- 2 EL Olivenöl
- 4 Knoblauchknollen, ungeschält und oben gekappt
- 4 große Kartoffeln, geschält und in mundgerechte Stücke geschnitten
- 1 große oder 2 kleine Sellerieknollen, in mundgerechte Stücke geschnitten
- 1–2 TL mildes Currypulver

1 Den Backofen auf 200 °C vorheizen. Die Hähnchenschenkel salzen und pfeffern. In einem großen backofenfesten Schmortopf 1 EL Öl bei starker Hitze heiß werden lassen. Die Hähnchenschenkel darin in 5–8 Minuten rundherum kräftig anbraten; den Topf vom Herd nehmen.

2 Den Knoblauch in den Topf geben und durch Wenden mit Öl überziehen. Kartoffel- und Selleriewürfel mit dem restlichen Öl und dem Currypulver mischen. Salzen, pfeffern und ebenfalls in den Topf geben.

3 Das Ganze im heißen Ofen etwa 45 Minuten braten, bis Hähnchen und Kartoffeln gar und goldbraun sind. Kartoffel- und Selleriewürfel nach der Hälfte der Garzeit wenden; gelegentlich prüfen, ob sie zu braun werden. Zu diesem Gericht passt Blattspinat.

Variante

Hähnchen mit Knoblauch, eingelegten Zitronen und Kürbis

Das Gericht wie beschrieben zubereiten, jedoch den Sellerie weglassen und stattdessen etwa 500 g gewürfeltes Kürbisfruchtfleisch verwenden. 2 in Scheiben geschnittene eingelegte Zitronen in den Topf geben und das Currypulver durch 1–2 TL gemahlenen Kreuzkümmel ersetzen.

Rindfleisch-Sellerie-Topf mit Bier und Sardellen

Ein kräftiger Eintopf, ideal für kühle Tage. Das Bier macht das Fleisch zart und verleiht dem Gericht eine malzige Note.

30 MIN. 2 STD. TK-TAUGLICH

FÜR 4 PERSONEN

- 1½ EL Olivenöl
- 500 g Rinderschmorfleisch, in mundgerechte Stücke geschnitten
- 1 Zwiebel, fein gewürfelt
- 1 Handvoll Thymianzweige
- 4 Sardellenfilets in Salz
- ½ große Sellerieknolle, in mundgerechte Stücke geschnitten
- 500 ml dunkles Bier
- 500 ml heiße Gemüsebrühe
- Salz und frisch gemahlener schwarzer Pfeffer
- 3 Kartoffeln, geschält und in Stücke geschnitten

1 Den Backofen auf 180 °C vorheizen. Die Hälfte des Öls in einem großen backofenfesten Schmortopf erhitzen. Das Fleisch darin unter Rühren 10 Minuten kräftig anbraten; mit einem Schaumlöffel herausheben. Das restliche Öl im Topf bei schwacher Hitze heiß werden lassen und die Zwiebelwürfel mit Thymian darin in 6–8 Minuten weich dünsten.

2 Erst die Sardellen, dann den Sellerie unterrühren und 5–8 Minuten mitdünsten. Etwas Bier in den Topf gießen und den Bratsatz vom Topfboden losschaben. Das restliche Bier und die Brühe angießen. Das Fleisch sowie Salz und Pfeffer hinzufügen. Den Topf mit dem Deckel verschließen und für 1 Stunde in den heißen Ofen stellen.

3 Kartoffeln und, falls nötig, etwas Wasser in den Topf geben. Alles noch 30 Minuten garen. Sofort servieren. Dazu passt knuspriges Weißbrot.

Variante

Rindfleisch-Möhren-Topf

Das Gericht wie beschrieben zubereiten, aber den Sellerie durch 4 grob zerkleinerte Möhren ersetzen. Die Möhren in Schritt 2 nach den Sardellen in den Topf geben. Weiterverfahren, wie im Hauptrezept angegeben.

Wildragout mit Schalotten und Maronen

Mageres Wildfleisch ergibt zusammen mit Esskastanien, Pilzen und Schalotten ein reichhaltiges, aromatisches Gericht.

30 MIN. 2 STD. 15 MIN. TK-TAUGLICH

FÜR 4 PERSONEN

- 2 EL Mehl
- 2 EL Thymianblättchen
- Salz und frisch gemahlener schwarzer Pfeffer
- 500 g Hirsch- oder Rehfleisch (aus Keule oder Schulter), in mundgerechte Stücke geschnitten
- 1–2 EL Butter
- 2 EL Olivenöl
- 125 g durchwachsener Speck, in kurze Streifen geschnitten
- 125 g Schalotten, geschält
- 1 Glas Rotwein
- 50 g getrocknete Pilze (z. B. Shiitake-, Austern- oder Steinpilze), 20 Minuten in 300 ml warmem Wasser eingeweicht
- 125 g gegarte Maronen
- 500 ml heiße Gemüsebrühe
- 3 Zweige Rosmarin

1 Den Backofen auf 150 °C vorheizen. Das Mehl in einer Schüssel mit Thymian, Salz und Pfeffer mischen. Das Fleisch darin wenden. Die Butter mit 1 EL Öl in einem backofenfesten Schmortopf bei mittlerer Hitze heiß werden lassen. Das Fleisch darin unter häufigem Rühren in 6–8 Minuten leicht anbraten, dann mit einem Schaumlöffel herausheben. Den Speck im Topf unter Rühren in etwa 5 Minuten knusprig braten, ebenfalls mit dem Schaumlöffel herausheben.

2 Das restliche Öl in den Topf geben. Die ganzen Schalotten darin bei schwacher bis mittlerer Hitze 8 Minuten braten, bis sie weich sind und Farbe annehmen. Das Fleisch hinzufügen und mit Pfeffer würzen. Den Wein angießen und 2 Minuten kochen lassen, dabei den Bratsatz vom Topfboden losschaben.

3 Die Pilze aus dem Einweichwasser heben und in den Topf geben. Das Einweichwasser durch ein Sieb dazugießen. Die Maronen hinzufügen und alles verrühren. Die Brühe und den Rosmarin in den Topf geben. Den Topf mit dem Deckel verschließen und für etwa 2 Stunden in den heißen Ofen stellen, bis das Fleisch weich ist. Falls nötig, etwas heißes Wasser hineingeben.

Rindfleisch-Pastinaken-Topf

Ein wärmendes Schmorgericht mit butterweichem Fleisch und süßen Pastinaken. Am besten schmecken Pastinaken, die makellos und etwa so groß wie große Möhren sind.

30 MIN. 1 STD. 45 MIN. TK-TAUGLICH

FÜR 4 PERSONEN

- 1½ EL Olivenöl
- 1 Zwiebel, fein gewürfelt
- 2 EL gehackter Thymian
- 2 Knoblauchzehen, fein gewürfelt
- Salz und frisch gemahlener Pfeffer
- 500 g Rinderschmorfleisch, in mundgerechte Stücke geschnitten
- 2 große Möhren, grob gewürfelt
- 3 kleine Pastinaken, grob gewürfelt
- 750 ml heiße Rinderbrühe
- 1–2 EL Butter
- 200 g Champignons, evtl. halbiert

1 Den Backofen auf 180 °C vorheizen. Das Öl in einem backofenfesten Schmortopf bei schwacher Hitze heiß werden lassen. Die Zwiebelwürfel darin in 6–8 Minuten glasig dünsten. Thymian, Knoblauch, Salz und Pfeffer unterrühren. Das Fleisch hinzufügen und unter häufigem Rühren in 10 Minuten anbraten. Möhren, Pastinaken und Brühe dazugeben und das Ganze aufkochen lassen. Den Topf mit dem Deckel verschließen und für 1 Stunde in den heißen Ofen stellen.

2 Kurz vor Ablauf der Stunde die Butter in einer kleinen Pfanne zerlassen. Die Champignons darin unter Rühren in 5–8 Minuten goldbraun braten. Diese anschließend in den Topf geben und das Gericht weitere 30 Minuten im Ofen garen. Falls nötig, etwas heißes Wasser unterrühren. Das Gericht sehr heiß servieren.

Variante

Wildfleischtopf mit Topinambur

Den Eintopf wie beschrieben zubereiten, aber das Rindfleisch durch 500 g gewürfeltes Reh- oder Hirschfleisch (aus der Keule) und die Pastinaken durch 300 g in Stücke geschnittene Topinamburknollen ersetzen. Diese mit der Brühe und 3 EL Portwein in den Topf geben.

Ente mit Herbstrüben und Aprikosen

Süßer Madeira rundet hier die Sauce sehr fein ab. Für das Gericht können Sie Wild- oder Zuchtente verwenden.

20 MIN. **1 STD. 30 MIN. - 2 STD.**

FÜR 4 PERSONEN

- 1,5 kg küchenfertige Ente, in 4 Portionen geteilt
- Salz und frisch gemahlener schwarzer Pfeffer
- 1 EL Öl
- 20 g Butter
- 2 EL Mehl
- 175 ml Weißwein
- 500 ml heiße Hühnerbrühe, plus mehr nach Bedarf
- 1 Kräutersträußchen (5-6 Stängel Petersilie, 2-3 Zweige Thymian und 1 Lorbeerblatt)
- 2 Schalotten, fein gewürfelt
- 12-16 Perlzwiebeln, geschält
- 500 g Herbstrüben, grob gewürfelt
- 1 TL Zucker
- 4 EL Madeira
- 175 g getrocknete Aprikosen (Softfrüchte)

1 Den Backofen auf 180 °C vorheizen. Die Ententeile salzen und pfeffern. Das Öl mit der Butter in einem großen backofenfesten Schmortopf erhitzen. Ententeile mit den Hautseiten nach unten hineinlegen und 20–25 Minuten braten, bis sie gebräunt und das Fett ausgetreten ist. Wenden; noch 5 Minuten weiterbraten.

2 Ententeile aus dem Topf nehmen. Das Fett in eine Schüssel gießen. 2–3 EL Entenfett im Topf erhitzen. Das Mehl darin unter ständigem Rühren in 1–2 Minuten hellbraun rösten. Weißwein und Brühe mit Kräutersträußchen, Schalotten, Salz und Pfeffer einrühren und aufkochen lassen. Das Fleisch wieder in den Topf geben. Topf schließen und für 40–45 Minuten in den heißen Ofen stellen.

3 Inzwischen 1–2 EL Entenfett in einem Topf erhitzen. Perlzwiebeln, Rüben, Zucker, Salz und Pfeffer darin unter gelegentlichem Rühren 5–7 Minuten dünsten, bis der Zucker karamellisiert. Alles mit Madeira und Aprikosen in den Topf geben; falls nötig, etwas heißes Wasser untermischen. Zugedeckt noch 20–25 Minuten im Ofen garen, bis Fleisch und Gemüse weich sind. Fett abschöpfen; Kräutersträußchen entfernen. Das Gericht abschmecken und auf vorgewärmten Tellern servieren. Dazu passen breite Bandnudeln.

Schweinebraten mit Kartoffeln, Pilzen und Wein

Ein deftiges Gericht für einen gemütlichen Abend mit guten Freunden, das ohne großen Aufwand zubereitet ist.

20 MIN. **1 STD. 45 MIN.**

FÜR 6 PERSONEN

- 1,5 kg Schweinebraten (aus der Schulter), die Schwarte mehrmals eingeschnitten
- grobes Meersalz
- 1 kg Kartoffeln, geschält und halbiert, große Exemplare geviertelt
- 1 EL Olivenöl
- einige Zweige Rosmarin
- 400 ml Weißwein
- 250 g kleine Champignons
- 300 ml heiße Gemüsebrühe

1 Den Backofen auf 220 °C vorheizen. Das Fleisch in eine große ofenfeste Form legen und die Schwarte mit Meersalz einreiben. Das Salz dabei auch in die Einschnitte drücken. Die Kartoffeln mit dem Öl mischen, mit Meersalz würzen und mit dem Rosmarin um das Fleisch in die Form geben. Alles im heißen Ofen 20 Minuten braten, bis die Schwarte knusprig ist.

2 Inzwischen den Wein in einem Topf bei schwacher Hitze erwärmen. Das Fleisch damit beschöpfen. Die Champignons hinzufügen, die Brühe angießen und die Ofentemperatur auf 180 °C senken. Das Ganze noch 1 Stunde im Ofen garen.

3 Anschließend die Ofentemperatur auf 150 °C senken. Das Gericht weitere 30 Minuten im Ofen garen, bis die Kartoffeln sehr weich sind und die Flüssigkeit fast vollständig verdampft ist. Aus dem Ofen nehmen und den Rosmarin entfernen. 15 Minuten warm stellen, damit das Fleisch ruhen kann. Danach den Braten in Scheiben schneiden; mit Kartoffeln und Champignons servieren.

Würziger Schweinebauch mit Kümmelwirsing

Schweinefleisch verträgt sehr gut kräftige Gewürze und deftige Zutaten. Hier sorgt Chili für Schärfe, und Kümmel steuert sein scharf-aromatisches, leicht süßliches Aroma bei.

10 MIN. 2 STD. 30 MIN.

FÜR 4 PERSONEN

- Blätter von 1 Handvoll Thymianzweige
- 2 Knoblauchzehen, fein gewürfelt
- 1 EL Olivenöl
- 1 TL Chiliflocken
- 1 kg Schweinebauch, die Schwarte mehrmals eingeschnitten
- Salz
- 250 ml Apfelwein
- ½ Wirsing, in nicht zu dünne Streifen geschnitten
- 1–2 EL Butter
- ½ TL ganzer Kümmel
- frisch gemahlener schwarzer Pfeffer

1 Den Backofen auf 220 °C vorheizen. Thymian, Knoblauch, Öl und Chiliflocken in der Küchenmaschine zu einer Paste verarbeiten. Das Fleisch (nicht die Schwarte) mit der Paste einreiben, dann mit der Schwarte nach oben in eine ofenfeste Form legen. Die Schwarte mit Salz einreiben, das Salz dabei auch in die Einschnitte drücken. Im heißen Ofen 30 Minuten braten, bis die Schwarte goldbraun ist.

2 Die Ofentemperatur auf 180 °C senken. Den Apfelwein in die Form gießen. Die Form fest mit Alufolie verschließen und das Fleisch weitere 2 Stunden garen.

3 Kurz vor Ablauf der 2 Stunden die Wirsingstreifen für 4–6 Minuten in kochendes Salzwasser geben. Abgießen. Mit Butter, Kümmel sowie etwas Pfeffer mischen und in eine große Servierschale füllen.

4 Das Fleisch in mundgerechte Stücke schneiden und diese mit dem Bratensaft auf den Kohl geben. Dazu passen Chili-Gelee und frisches Brot.

Scharfe Süßkartoffeltortilla aus dem Ofen

Süßkartoffeln lassen sich vielfältig für herzhafte Speisen, Gebäck und Desserts verwenden. In dieser Tortilla gleichen Chiliflocken mit ihrer Schärfe die Süße der Knollen aus.

15 MIN. 45 MIN.

FÜR 4–6 PERSONEN

- 500 g Süßkartoffeln, geschält und in 2 cm große Würfel geschnitten
- 1 TL Chiliflocken
- 5 EL Olivenöl
- 2 Zwiebeln, fein gewürfelt
- 6 Eier
- Salz und frisch gemahlener schwarzer Pfeffer

1 Den Backofen auf 200 °C vorheizen. Die Süßkartoffeln in einer beschichteten ofenfesten Form mit den Chiliflocken und 2 EL Öl mischen. Im heißen Ofen etwa 30 Minuten rösten, dabei gelegentlich wenden.

2 Inzwischen das restliche Öl in einer großen backofenfesten Pfanne mit hohem Rand erhitzen. Die Zwiebelwürfel darin in etwa 5 Minuten glasig dünsten. Die Süßkartoffeln untermischen; abkühlen lassen.

3 Die Eier in einer Schüssel mit einer Gabel gründlich verquirlen, dabei salzen und pfeffern. Zur Süßkartoffelmischung gießen und untermengen. Das Ganze bei schwacher Hitze etwa 10 Minuten backen, bis die Eier stocken. Anschließend die Pfanne in den Ofen stellen und die Tortilla in etwa 10 Minuten goldbraun backen. Dazu passt gemischter Salat.

Variante

Sellerie-Lauch-Tortilla

Tortilla wie beschrieben zubereiten, jedoch statt der Süßkartoffeln 500 g geschälten und gewürfelten Knollensellerie verwenden. Die Chiliflocken weglassen. Die Tortilla vor dem Fertigbacken mit 1 TL gehacktem Rosmarin bestreuen. 1 Zwiebel durch 1 gehackte Stange Lauch ersetzen und mit der zweiten Zwiebel glasig dünsten. Weiterverfahren, wie im Hauptrezept angegeben.

Rinderhack unter Kartoffel-Kräuter-Haube

Ein wirklich gutes Rezept französischen Ursprungs.

45–50 MIN. 1 STD. 30 MIN.

FÜR 6 PERSONEN

- 75 ml Olivenöl, plus mehr für die Form
- 1 große Zwiebel, gewürfelt
- 4 Knoblauchzehen, davon 2 fein gewürfelt
- 1 kg Rinderhackfleisch
- 1 Dose gehackte Tomaten (400 g)
- Salz und frisch gemahlener Pfeffer
- 250 ml Rinderfond
- 125 ml Weißwein
- 1 kg Kartoffeln, geschält und in Stücke geschnitten
- 1 Handvoll Basilikumblätter
- 1 Handvoll Petersilienblätter
- 250 ml Milch, plus mehr nach Bedarf

1 Ein Drittel des Öls in einer Pfanne erhitzen. Zwiebelwürfel und zerkleinerten Knoblauch darin unter Rühren 3–5 Minuten dünsten. Fleisch hinzufügen und kurz mitbraten. Tomaten, Salz und Pfeffer untermischen und alles 10–12 Minuten köcheln lassen. Fond und Wein unterrühren; alles 25–30 Minuten köcheln lassen, bis fast alle Flüssigkeit verdampft ist.

2 Die Kartoffeln in Salzwasser weich kochen. Inzwischen Kräuter und die 2 ganzen Knoblauchzehen mit dem restlichen Öl in der Küchenmaschine pürieren. Die Kartoffeln abgießen und zerstampfen. Das Kräuterpüree hinzufügen. Die Milch in einem kleinen Topf erhitzen und nach bei mittlerer Hitze unter das Kartoffel-Kräuter-Püree schlagen. Das Püree noch 2–3 Minuten rühren; abschmecken.

3 Den Backofen auf 190 °C vorheizen. Eine große flache ofenfeste Form mit Öl ausfetten. Die Fleischmischung darin verteilen und mit dem Kräuterpüree bedecken. Die Oberfläche des Pürees mit glatt streichen, dann mit den Zinken einer Gabel ein dekoratives Muster hineindrücken. Dafür eine Schüssel mit heißem Wasser bereitstellen und die Gabel ab und zu hineintauchen, damit kein Püree daran kleben bleibt. Das Gericht im heißen Ofen in 35–40 Minuten goldbraun backen. Sofort servieren.

Hähnchensalat mit Möhren-Apfel-Relish

Köstlich und im Handumdrehen fertig – was will man mehr? Wollen Sie das Hähnchenfleisch frisch garen, pochieren Sie 2 Hähnchenbrustfilets etwa 8 Minuten in etwas Brühe.

15 MIN.

FÜR 4 PERSONEN

- 2 Handvoll Blattspinat
- 350 g gegartes Hähnchenfleisch, in mundgerechte Stücke geschnitten
- 50 g Pinienkerne, geröstet
- 1 EL Olivenöl
- Saft von ½ Zitrone

Für das Möhren-Apfel-Relish

- 2 Möhren
- 2 süße rotschalige Tafeläpfel
- 2 eingelegte Zitronen, fein gehackt
- 1 kleine Handvoll Sultaninen
- Salz und frisch gemahlener schwarzer Pfeffer

1 Für das Relish die Möhren in eine Schüssel raspeln. Die Äpfel vierteln, entkernen und zu den Möhren raspeln. Zitronen und Sultaninen untermischen und das Relish mit Salz und Pfeffer abschmecken.

2 Den Spinat mit Fleisch, Pinienkernen und dem Relish auf vier Tellern anrichten. Die Portionen unmittelbar vor dem Servieren mit Öl und Zitronensaft beträufeln und mit etwas Salz bestreuen.

Variante

Putensalat mit Sellerie-Orangen-Relish

Für das Relish statt der Möhren ½ geschälte kleine Sellerieknolle raspeln und sofort mit 1 TL Zitronensaft mischen. Die Äpfel durch die Filets von 2 Orangen und die Zitronen durch 2 TL Kapern ersetzen. Anstelle von Hähnchenfleisch Putenfleisch (entweder pochierte Putenbrust oder Reste von einer gebratenen Pute) verwenden. Die Pinienkerne weglassen, stattdessen 50 g grob gehackte Walnusskerne nehmen. Den Salat wie im Hauptrezept angegeben fertigstellen.

Schweinebauch mit Dörrpflaumen

Trockenobst passt gut zu fettem Fleisch – es macht die Sauce süß und sorgt dafür, dass das Gericht nicht zu üppig schmeckt. Die erdige Note des Knollenselleries ist eine gute Ergänzung.

15 MIN. 3 STD. - 3 STD. 30 MIN.

FÜR 4-6 PERSONEN

- 2 EL Olivenöl
- 1 kg Schweinebauch, in mundgerechte Stücke geschnitten
- Salz und frisch schwarzer gemahlener Pfeffer
- 1 Zwiebel, in dünne Ringe geschnitten
- 3 Knoblauchzehen, fein gewürfelt
- 1 EL Sherryessig
- 125 ml Weißwein
- 1 l heiße Gemüsebrühe
- 150 g Dörrpflaumen (Softfrüchte), fein gehackt
- 6 Salbeiblätter, in dünne Streifen geschnitten
- 600 g Knollensellerie, in mundgerechte Stücke geschnitten

1 Den Backofen auf 160 °C vorheizen. 1 EL Öl in einem backofenfesten Topf erhitzen. Fleisch salzen und pfeffern. Im Öl braten (evtl. portionsweise), bis die Schwarten knusprig werden. Herausheben; auf Küchenpapier abtropfen lassen.

2 Das restliche Öl im Topf erhitzen. Die Zwiebelringe darin in 3–4 Minuten glasig dünsten. Den Knoblauch unterrühren. Bei stärkerer Hitze den Essig dazugeben; 2–3 Minuten köcheln lassen, dann den Wein angießen und einige Minuten kochen lassen, bis der Alkohol verdampft.

3 Die Brühe hinzufügen und den Bratsatz vom Topfboden losschaben. Das Fleisch mit Pflaumen, Salbei und Sellerie in den Topf geben. Alles verrühren und aufkochen lassen. Den Topf mit dem Deckel verschließen und für 2½–3 Stunden in den heißen Ofen stellen. Falls nötig, gelegentlich etwas heißes Wasser hineingeben. Das Gericht abschmecken und mit cremigem Kartoffelpüree servieren.

Rindfleischtopf mit Sardellen

Ein Gericht für kalte Tage. Die Sardellen schmelzen darin, und Johannisbeergelee liefert eine feine Süße. Kartoffelpüree oder Röstkartoffeln sind die ideale Beilage.

20 MIN. 2 STD. 15 MIN. - 2 STD. 45 MIN.

FÜR 4-6 PERSONEN

- 4 EL Olivenöl, plus mehr nach Bedarf
- 1-2 EL Butter
- 12 kleine Schalotten, geschält
- einige Zweige Thymian
- Salz und frisch gemahlener schwarzer Pfeffer
- 1 kg Rinderschmorfleisch, in große Stücke geschnitten
- 1 EL Mehl, mit Salz und Pfeffer gewürzt
- 2 Stangen Lauch, in Ringe geschnitten
- 1 Prise gemahlenes Piment
- 250 ml Rotwein
- 6 Sardellenfilets in Öl, abgetropft und gehackt
- 1 EL kleine Kapern
- 800 ml heiße Rinderbrühe
- 1-2 EL rotes Johannisbeergelee

1 Den Backofen auf 160 °C vorheizen. In einem großen backofenfesten Schmortopf 2 EL Öl mit der Butter bei mittlerer Hitze heiß werden lassen. Die Schalotten darin mit Thymian, Salz und Pfeffer etwa 10 Minuten dünsten, bis sie weich und glasig sind. Mit einem Schaumlöffel herausheben.

2 Das Fleisch in dem gewürzten Mehl wenden. Mehr Öl in den Topf geben. Das Fleisch darin portionsweise bei mittlerer bis starker Hitze jeweils in einigen Minuten rundherum anbraten; herausheben. Wieder etwas Öl in den Topf geben. Den Lauch darin mit dem Piment 5 Minuten braten. Ebenfalls herausnehmen.

3 Den Wein in den Topf gießen und aufkochen lassen, dabei den Bratsatz vom Topfboden losschaben. Ein paar Minuten köcheln lassen. Sardellen, Kapern, Brühe und Gelee unterrühren. Aufkochen lassen. Fleisch, Lauch und Zwiebeln in den Topf geben; Topf schließen. Alles für 2–2½ Stunden im Ofen schmoren, bis das Fleisch weich ist. Falls nötig, gelegentlich etwas heißes Wasser dazugeben. Das Gericht sehr heiß servieren.

Blumenkohl-Curry

Kartoffeln und Blumenkohl werden auf indische Art in einer Kokossauce serviert. Ein einfaches, preiswertes Essen.

15 MIN. 1 STD.

FÜR 4-6 PERSONEN

- 1 Dose Kichererbsen (400 g)
- 1 EL Öl
- 1 Zwiebel, grob zerkleinert
- Salz und frisch gemahlener schwarzer Pfeffer
- 1 Stück frischer Ingwer (5 cm), geschält und fein gewürfelt
- 3 Knoblauchzehen, fein gewürfelt
- 2 grüne Chilischoten, entkernt und fein gehackt
- 600 ml heiße Gemüsebrühe
- 1 Dose Kokosmilch (400 ml)
- 2 EL Tikka-Paste
- 3 Kartoffeln, geschält und in mundgerechte Stücke geschnitten
- 1 Blumenkohl, in Röschen zerteilt

1 Die Kichererbsen in einem Sieb abspülen und abtropfen lassen. Öl in einem großen Topf erhitzen. Zwiebel darin in 6–8 Minuten weich dünsten; salzen und pfeffern. Ingwer, Knoblauch und Chilis unterrühren; 2–3 Minuten mitdünsten. Brühe und Kokosmilch mit Tikka-Paste und Kichererbsen hinzufügen. Aufkochen, dann bei schwacher Hitze und halb aufgelegtem Deckel unter gelegentlichem Rühren 30 Minuten köcheln lassen.

2 Die Kartoffeln in kochendem Salzwasser in etwa 15 Minuten knapp weich garen; mit einem Schaumlöffel herausheben. Blumenkohlröschen ins kochende Wasser geben. 5 Minuten garen; abgießen. Kartoffeln und Blumenkohl in die Sauce geben und darin wenden. Das Curry etwa 15 Minuten köcheln lassen. Mit Reis und indischem Fladenbrot servieren.

Pasta mit scharfer Kürbis-Käse-Sauce

Im Spätherbst werden reichlich Kürbisse angeboten – ein Zeichen dafür, dass der Winter naht. Da kommt dieses Gericht gerade recht: Die cremige Sauce enthält süßen gerösteten Kürbis und grüne Chili, die mit ihrer Schärfe für wohlige Wärme sorgt.

20 MIN. 35 MIN.

FÜR 4 PERSONEN

- 200 g Fruchtfleisch von 1 Butternusskürbis, gewürfelt
- 1-2 EL Olivenöl
- Salz und frisch gemahlener schwarzer Pfeffer
- 1 Knoblauchzehe, zerdrückt
- ½ grüne Chilischote, entkernt und fein gehackt
- 8 Salbeiblätter
- 150 g Sahne
- 25 g geriebener Parmesan, plus mehr zum Bestreuen
- 350 g Muschelnudeln (Conchiglie)

1 Den Backofen auf 200 °C vorheizen. Die Kürbiswürfel in einer ofenfesten Form mit etwas Olivenöl mischen. Salzen, pfeffern und im heißen Ofen etwa 30 Minuten rösten, bis sie weich sind. Herausnehmen und einige Minuten abkühlen lassen.

2 Inzwischen Knoblauch, Chili und Salbei in einer Pfanne in etwas Öl 2–3 Minuten dünsten.

3 Den abgekühlten Kürbis in der Küchenmaschine oder im Mixer mit Sahne, Parmesan sowie der Knoblauch-Chili-Salbei-Mischung, viel schwarzem Pfeffer und etwas Salz fein pürieren. Das Kürbipüree, falls nötig, mit 1–2 EL Wasser verdünnen.

4 Die Nudeln in sprudelnd kochendem Salzwasser nach Packungsangabe bissfest garen; abgießen. Die Kürbis-Käse-Sauce in den Nudeltopf geben und eventuell mit etwas Wasser verdünnen. Die Pasta untermischen. Das Gericht mit geriebenem Parmesan servieren.

Variante

Farfalle mit Gorgonzola-Kürbis-Sauce

Das Gericht wie beschrieben zubereiten, anstelle von Butternusskürbis jedoch Muskatkürbis verwenden. Die Chilischote weglassen, den Parmesan durch 50 g Gorgonzola ersetzen und statt Conchiglie Schmetterlingsnudeln (Farfalle) nehmen.

Geschmorter Rotkohl auf schwedische Art

Ein traditionelles Rezept. Der fruchtig-würzige Kohl ist eine tolle Beilage zu Puten- oder Gänsebraten, ergänzt aber vortrefflich auch vegetarische Gerichte.

20 MIN. 2 STD.

FÜR 8 PERSONEN

- 50 g Butter
- 25 g Zucker
- 1 TL Salz
- 6 EL Weißwein- oder Apfelessig
- 1 Rotkohl (etwa 1 kg), in feine Streifen geschnitten oder gehobelt
- 2 Äpfel, geschält und geraspelt
- 2 gehäufte EL rotes Johannisbeergelee

1 Den Backofen auf 150 °C vorheizen. Die Butter in einem großen backofenfesten Schmortopf mit Zucker, Salz, Essig und 6 EL Wasser zerlassen. Aufkochen und kurz köcheln lassen.

2 Den Rotkohl unterrühren und die Flüssigkeit erneut aufkochen lassen. Den Topf fest mit einer doppelten Lage Alufolie verschließen, den Deckel auflegen und den Rotkohl 1½ Stunden im Ofen schmoren.

3 Den Topf aus dem Ofen nehmen. Apfelraspel und Gelee unter den Rotkohl mischen; noch etwas heißes Wasser dazugeben, falls das Kraut zu trocken erscheint. Den Topf wieder mit Folie und Deckel verschließen und den Rotkohl im Ofen weitere 30 Minuten garen.

Variante

Geschmorter Weißkohl mit Sellerie

Den Kohl wie beschrieben zubereiten, aber statt Rotkohl Weißkohl verwenden. Außerdem 2 gewürfelte Stangen Sellerie, 2 Zwiebeln in dünnen Ringen, 4 EL getrocknete Cranberrys und 1 Lorbeerblatt zum Kohl geben. In Schritt 3 die Äpfel hinzufügen, Gelee weglassen. Das Gericht wie im Hauptrezept angegeben fertigstellen. Das Lorbeerblatt vor dem Servieren entfernen.

Süßkartoffeln mit Soja-Sesam-Glasur

Dieses Rezept ist angelehnt an ein klassisches japanisches Gericht namens »Daigakuimo«. Es ist herrlich einfach und macht schlichte Süßkartoffeln zu einer wahren Delikatesse.

10 MIN. 40 MIN.

FÜR 4 PERSONEN

- 2 EL Sojasauce
- 2 EL Zucker
- 2 EL Reiswein
- 1 EL Sesamöl
- 2 Knoblauchzehen, zerdrückt
- 500 g Süßkartoffeln, geschält und in Spalten geschnitten
- 1 EL geröstete Sesamsamen

1 Den Backofen auf 200 °C vorheizen. Alle Zutaten bis auf Süßkartoffeln und Sesam in einem kleinen Topf aufkochen lassen; vom Herd nehmen.

2 Die Süßkartoffelspalten in einer ofenfesten Form mit der Sauce mischen. Mit Sesam bestreuen und die Form mit Alufolie verschließen.

3 Die Süßkartoffeln im heißen Ofen 20 Minuten garen, anschließend die Ofentemperatur auf 220 °C erhöhen. Die Folie entfernen und die Süßkartoffeln noch weitere 20 Minuten garen. Dabei gelegentlich wenden, bis sie die Sauce aufgenommen haben, weich sind und glänzen. Das Gericht schmeckt gut als Beilage zu gegrillter Makrele und Blattspinat.

Gebratene Süßkartoffeln mit Sellerie

Eine schlichte Gemüsemischung, die sich im Spätherbst gut als Beilage zu Braten (Fleisch oder Geflügel) und Schmorgerichten eignet.

10 MIN. 20 MIN. TK-TAUGLICH

ERGIBT ETWA 1 KG

- 2 kleine oder 1 große Sellerieknolle (kleine halbiert, große geviertelt), in Scheiben geschnitten und mit Sonnenblumenöl bestrichen
- 2–3 Süßkartoffeln, geschält und in 5 mm dicke Scheiben geschnitten
- frisch gemahlener schwarzer Pfeffer
- etwas edelsüßes oder geräuchertes Paprikapulver (nach Belieben)
- Öl zum Bestreichen

1 Sellerie- und Süßkartoffelscheiben auf beiden Seiten mit Pfeffer und nach Belieben mit Paprikapulver würzen und mit Öl bestreichen. Eine Grillpfanne erhitzen.

2 Sobald die Pfanne heiß ist, aber noch nicht raucht, das Gemüse portionsweise nebeneinander hineinlegen und mit einer Palette andrücken, bis die Scheiben unten dunkle Streifen aufweisen. Die Scheiben wenden und weitere 2–3 Minuten braten, bis sie gar sind und weitere Streifen bekommen haben. Nicht zu lange braten, sonst wird das Gemüse zu weich.

3 Das Gemüse aus der Pfanne nehmen und warm halten, während die weiteren Portionen gebraten werden. Sehr heiß servieren.

Gemüsepüree

Dieses cremige Püree aus Süßkartoffeln und verschiedenen herbstlichen Wurzelgemüsen passt hervorragend zu gebratenem Fleisch oder Geflügel.

30 MIN. 30–40 MIN. TK-TAUGLICH

ERGIBT ETWA 2 KG

- 1 Steckrübe
- 500 g Möhren
- 2 Süßkartoffeln
- 2 große Herbstrüben oder 1 Sellerieknolle
- Salz und frisch gemahlener schwarzer Pfeffer
- 50 g Butter

1 Das Gemüse schälen und in gleich große Stücke oder dicke Scheiben schneiden. Mit kaltem Wasser und etwas Salz in einen großen Topf geben und zum Kochen bringen. Bei mittlerer Hitze und halb aufgelegtem Deckel 20–25 Minuten köcheln lassen, bis das Gemüse sehr weich ist. Abgießen.

2 Das Gemüse in der Küchenmaschine oder im Topf mit dem Stabmixer pürieren. Alternativ lässt sich das Gemüse auch mit einem Kartoffelstampfer fein zerdrücken.

3 Das Püree in den Topf füllen. Reichlich schwarzen Pfeffer und die Butter hinzufügen. Das Püree heiß werden lassen, dabei die Butter darunterschlagen.

Rosenkohl mit Maronen und Speck

Es soll ja Menschen geben, die Rosenkohl nicht mögen. Doch man findet kaum einen, dem das Gemüse nicht schmeckt, wenn es nach diesem Rezept zubereitet wurde.

10 MIN. 10 MIN.

FÜR 4 PERSONEN

- 500 g Rosenkohl
- Salz
- 1–2 EL Butter
- 100 g durchwachsener Speck, gewürfelt
- 100 g gegarte, geschälte Maronen (Esskastanien), grob gehackt
- 1 TL abgeriebene Schale von 1 Bio-Zitrone
- frisch gemahlener schwarzer Pfeffer

1 Den Rosenkohl in reichlich Salzwasser je nach Größe 5–7 Minuten garen, bis die Röschen gar, aber nicht zu weich sind. In ein Sieb schütten und abtropfen lassen.

2 Die Butter in einer großen Pfanne zerlassen. Den Speck darin in 3–4 Minuten knusprig braten. Rosenkohl, Maronen und Zitronenschale hinzufügen; alles unter gelegentlichem Rühren heiß werden lassen.

3 Das Gemüse mit Pfeffer und etwas Salz würzen (möglicherweise ist der Speck salzig genug); sofort servieren.

Variante

Rosenkohl mit Maronen und Würstchen

Den Rosenkohl wie beschrieben garen, abgießen und abtropfen lassen. Inzwischen 250 g Cocktailwürstchen 4–5 Minuten braten. Auf Küchenpapier abtropfen lassen. Die Pfanne auswischen und 50 g Butter darin zerlassen. 250 g geschälte gegarte Maronen in die Pfanne geben und unter Wenden etwas anbraten. 2 TL gehackten Thymian untermischen. Rosenkohl und Würstchen hinzufügen. Das Gemüse abschmecken und servieren.

Jetzt am besten **Kohl**

Alle Kohlsorten schmecken sowohl roh zubereitet als auch gekocht als Gemüse. Rosenkohl ist bis in den Frühling hinein von guter Qualität. Kohl ist, vom Spätherbst an, den ganzen Winter hindurch am besten, obwohl er das ganze Jahr über angeboten wird. Je nach Sorte schmeckt Kohl gut mit Obst (z. B. Äpfel), Nüssen und Samen; vor allem Schweinefleisch passt gut zu Kohl.

Kohl gehört zu den Kreuzblütengewächsen (Brassicaceae) und gedeiht weltweit in gemäßigten Klimazonen auf unterschiedlichsten Böden. In vielen Ländern wird Kohl als Grundnahrungsmittel geschätzt.

Gedämpfte Wirsingblätter eignen sich gut für die Zubereitung von Rouladen.

Wirsing Die hübsch gekräuselten Außenblätter umhüllen locker einen festen Kopf. Der Geschmack ist intensiver als der anderer Kohlsorten.

Rotkohl Die Blätter der wunderschön gefärbten Köpfe sind süßer als die des Weißkohls. Weil sie auch dicker sind, müssen sie länger gegart werden.

Rosenkohl Die Röschen (botanisch sind es Sprossen) sind kleine Kohlköpfe, die an einem Stängel in Blattachsen sitzen. Ursprünglich reifen die Röschen am Stängel von unten nach oben. Mittlerweile gibt es Sorten, deren Röschen gleichzeitig reifen.

Greifen Sie zu kleinen festen Röschen ohne gelbe Stellen.

Die äußeren Blätter bieten sich sehr gut als Hülle von Füllungen an, die inneren Blätter sind sehr zart.

Jaroma®-Kohl Eine alte wiederentdeckte Sorte, die sich roh gut für Salate, aber auch zum Pfannenrühren, Braten und Schmoren eignet.

Weißkohl Sehr feste Köpfe mit kräftigem Strunk, die gut lagerbar sind. Der Geschmack ist angenehm süß.

Spitzkohl Der enge Verwandte des Weißkohls wird von Mai bis Dezember geerntet.

Wissenswert

Im Angebot

Unterschiedliche Sorten.

Einkauf Alle Kohlköpfe sollten fest und kompakt sein ohne gelbe oder beschädigte Blätter. Rosenkohlsprossen sollten gleich groß sein; kleine schmecken am besten.

Aufbewahren In einer Plastiktüte im Gemüsefach des Kühlschranks mehrere Wochen haltbar. Ausnahme: Rosenkohl ist nur bis zu 5 Tage lagerbar.

Zubereiten Roh in Streifen geschnitten oder gehobelt als Salat; zum Dämpfen, Kochen und Schmoren geeignet; als Zutat für Suppen, Eintöpfe, Schmorgerichte; große Blätter als Hülle für Füllungen.

Für den Vorrat Sauerkraut.

Rezepte

Cremiger Gemüsesalat Seite 399

Eisbein mit Rotkohl Seite 375

Geschmorter Rotkohl auf schwedische Art Seite 394

Rosenkohl mit Maronen und Speck Seite 395

Sauerkraut Seite 421

Wirsing mit Schweinefleisch-Maronen-Füllung Seite 367

Würziger Schweinebauch mit Kümmelwirsing Seite 390

Kohl vorbereiten und in Streifen schneiden

Auf diese Weise werden fast alle Kohlköpfe vorbereitet. Beim Zerkleinern von Kohl mit einem Messer die Messerspitze auf dem Schneidebrett lassen, während man das Messer hebt und senkt und die Klinge mit der anderen Hand führt.

1 Den Kohlkopf fest auf dem Brett halten und mit einem großen Messer längs halbieren, dabei durch den Strunk schneiden.

2 Jede Kohlhälfte nochmals längs durch den Strunk halbieren und die harten Strunkteile aus jedem Stück schneiden.

3 Jedes Viertel mit einer Schnittfläche nach unten auf das Brett legen und quer in feine Streifen schneiden.

Rotkrautsalat mit Speck

Ein deftiger Salat für kalte Tage, in dem Aromen, Farben und Texturen wunderbar kontrastieren.

20–25 MIN. PLUS MARINIERZEIT 5 MIN.

FÜR 6 PERSONEN

- ½ Rotkohl (etwa 750 g), in dünne Streifen geschnitten oder gehobelt
- 4 EL Rotweinessig
- 250 g durchwachsener Speck, in kurze Streifen geschnitten
- Blätter von 1 Romanasalatherz, zerkleinert
- 100 g Roquefort, zerbröckelt

Für die Vinaigrette

- 4 EL Rotweinessig, plus mehr nach Bedarf
- 1 EL Dijonsenf
- Salz und frisch gemahlener schwarzer Pfeffer
- 175 ml Olivenöl

1 Für die Vinaigrette den Essig in einer Schüssel mit Senf, Salz und Pfeffer verrühren. Mit einem Schneebesen nach und nach das Öl darunterschlagen, bis eine cremige Vinaigrette entstanden ist. Die Vinaigrette abschmecken.

2 Die Kohlstreifen in eine große Schüssel geben. Den Essig aufkochen lassen und unter die Kohlstreifen mischen. 2 l kochend heißes Wasser dazugießen und den Kohl 3–4 Minuten ziehen lassen, bis er weicher geworden ist. In ein Sieb abschütten und gut abtropfen lassen, dann wieder in die große Schüssel geben. Den Großteil der Vinaigrette untermischen und den Kohl abschmecken; falls nötig, etwas mehr Essig hinzufügen. Den Rotkohl zudecken und 1–2 Stunden durchziehen lassen.

3 Den Speck in einer Pfanne unter gelegentlichem Rühren in 3–5 Minuten knusprig braten. Einige Speckstreifen für die Garnitur beiseitelegen, die restlichen mit dem ausgetretenen Fett zum Rotkohl geben und untermischen.

4 Sechs Teller mit den Salatblättern belegen und diese mit der restlichen Vinaigrette beträufeln. Den Rotkrautsalat daraufhäufen und den Käse darauf verteilen. Den Salat mit den restlichen Speckstreifen garnieren und sofort servieren.

Süßsaurer Rotkohl

Eine wärmende, mit Ingwer und Balsamico-Essig gewürzte Alternative zum traditionellen Rotkohl.

15 MIN. 1 STD. 15 MIN.

FÜR 8 PERSONEN

- 1 EL Olivenöl
- 1 großer Rotkohl, in feine Streifen geschnitten oder gehobelt
- 2 Tafeläpfel, in mundgerechte Stücke geschnitten
- 1 Stück frischer Ingwer (5 cm), in dünne Scheiben geschnitten
- 200 ml Balsamico-Essig
- 2 EL brauner Zucker
- Salz und frisch gemahlener schwarzer Pfeffer

1 Das Öl in einem großen Topf bei schwacher Hitze heiß werden lassen. Kohl und Äpfel mit dem Ingwer darin bei schwacher Hitze etwa 10 Minuten garen, bis der Kohl weich wird und zusammenfällt.

2 Balsamico und Zucker hinzufügen. Alles aufkochen, dann zugedeckt 40–60 Minuten köcheln lassen, bis der Kohl weich ist. Gelegentlich umrühren, damit nichts anbrennt. Den Kohl mit Salz und Pfeffer abschmecken und zu Schweinebraten oder -koteletts servieren.

Variante

Scharfer Weißkohl

Den Kohl wie beschrieben zubereiten, statt Rotkohl jedoch Weißkohl und statt der Äpfel 2 unreife Birnen verwenden. Den Balsamico durch 100 ml Einlegeessig und 300 ml Wasser ersetzen. Außerdem 2–3 getrocknete Chilischoten, 1 Handvoll Sultaninen und 1 Kräutersträußchen (Petersilie, Thymian und Lorbeer) zum Kohl geben. Chilis und Kräutersträußchen vor dem Servieren entfernen.

Cremiger Gemüsesalat

Dieses Rezept reicht für eine Party, Sie können aber die Zutatenmengen auch halbieren. Kümmel, saure Sahne und Senf machen den US-amerikanischen Klassiker interessant.

15–20 MIN. PLUS KÜHLZEIT

FÜR 8–10 PERSONEN

- 500 g Möhren
- 1 Weißkohl (etwa 1,25 g), geviertelt
- 250 g saure Sahne
- 175 ml Apfelessig
- 2 EL Zucker
- Salz und frisch gemahlener schwarzer Pfeffer
- 2 TL Senfpulver
- 2 TL ganzer Kümmel
- 250 g Mayonnaise
- 1 Zwiebel, fein gewürfelt

1 Die Möhren raspeln. Die Raspel für etwa 30 Minuten in Eiswasser geben, damit sie knackig werden. In ein Sieb schütten und sehr gut abtropfen lassen. Anschließend in ein sauberes Geschirrtuch geben und überschüssiges Wasser herausschütteln.

2 Den Weißkohl in eine große Schüssel hobeln; dicke Blattrippen dabei entfernen.

3 Saure Sahne und Essig in einer Schüssel mit Zucker, Salz, Pfeffer, Senf und Kümmel verrühren. Mit einem Schneebesen die Mayonnaise darunterschlagen. Das Dressing abschmecken.

4 Zwiebel, Möhren und Kohl in eine Schüssel geben und das Dressing untermischen. Zudecken und mindestens 4 Stunden kalt stellen, damit die Aromen sich verbinden können.

5 Den Salat aus dem Kühlschrank nehmen und einmal durchrühren, um das Dressing zu verteilen. (Es hat sich möglicherweise auf dem Schüsselboden angesammelt.) Den Salat abschmecken und kalt servieren.

Lauch mit Vinaigrette

Verwenden Sie hierfür den frischesten Lauch, den Sie auftreiben können. Er kann in der Vinaigrette (zugedeckt und gekühlt) bis zu einem Tag durchziehen.

15–20 MIN. PLUS KÜHLZEIT **15–25 MIN.**

FÜR 4–6 PERSONEN

- 6 Stangen Lauch (etwa 1 kg)
- Salz
- 3 EL Weißweinessig
- 1 TL Dijonsenf
- frisch gemahlener schwarzer Pfeffer
- 175 ml Öl
- 2 Schalotten, fein gewürfelt
- 1 hart gekochtes Ei
- Blätter von 5–7 Stängeln Petersilie, fein gehackt

1 Die Lauchstangen von den Wurzeln und den dunkelgrünen Teilen befreien. Längs auf-, aber nicht durchschneiden und unter fließendem kaltem Wasser gründlich waschen. In zwei Portionen teilen und jede mit Küchengarn zu einem Bündel zusammenbinden. In einem flachen Topf Salzwasser aufkochen lassen. Den Lauch hineingeben und in etwa 10 Minuten knapp weich garen.

2 Inzwischen den Essig in einer Schüssel mit Senf, Salz und Pfeffer verquirlen. Nach und nach das Öl darunterschlagen, damit die Vinaigrette cremig wird. Die Schalottenwürfel untermischen und die Vinaigrette abschmecken.

3 Den Lauch in einem Sieb abtropfen lassen. Das Garn entfernen. Die Stangen mit Küchenpapier trocken tupfen, dann schräg in 7–8 cm lange Stücke schneiden. Die Stücke in eine Schale legen und mit der Vinaigrette begießen. Zudecken und 1 Stunde kalt stellen, falls möglich, auch länger. Vor dem Servieren Raumtemperatur annehmen lassen. Das Ei schälen.

4 Den Lauch auf Teller verteilen. Das Ei halbieren und das Eigelb herausnehmen. Das Eiweiß fein hacken, das Eigelb mit einem Löffel durch ein feines Sieb in eine Schüssel drücken. Den Lauch mit Petersilie, Eiweiß und Eigelb bestreuen und servieren.

Variante

Lauch mit Sauce hollandaise

Den Lauch wie beschrieben garen und abtropfen lassen. Für eine schnelle Hollandaise 3 Eier in einem kleinen Topf mit 3 EL Zitronensaft verquirlen. Nach und nach 175 g zerlassene Butter darunterschlagen. Bei schwacher Hitze weiterschlagen, bis die Sauce cremig ist; nicht kochen lassen. Die Sauce abschmecken. Den Lauch mit der Sauce begießen, wie angegeben garnieren und servieren.

Patatas bravas

Kartoffeln in einer würzigen Sauce sind eine beliebte Tapa. Bestreuen Sie sie großzügig mit Petersilie – sie schmeckt nicht nur gut, sie sieht auch gut aus.

15 MIN. 1 STD.

FÜR 4 PERSONEN

- 6 EL Olivenöl
- 700 g Kartoffeln, geschält und in 2 cm große Würfel geschnitten
- 2 Zwiebeln, fein gewürfelt
- 2 EL Sherry
- 1 TL Chiliflocken
- abgeriebene Schale von 1 Bio-Zitrone
- 4 Knoblauchzehen, fein gewürfelt
- 1 Dose gehackte Tomaten (200 g)
- 1 kleines Bund Petersilie, gehackt
- Salz und frisch gemahlener schwarzer Pfeffer

1 Die Hälfte des Öls in einer beschichteten Pfanne bei schwacher Hitze heiß werden lassen. Die Kartoffeln darin unter häufigem Rühren etwa 20 Minuten braten, bis sie bräunen. Die Zwiebeln hinzufügen und 5 Minuten mitbraten. Den Backofen auf 200 °C vorheizen.

2 Den Sherry mit Chiliflocken, Zitronenschale und Knoblauch dazugeben und 2 Minuten einkochen lassen. Anschließend Tomaten und Petersilie sowie Salz und Pfeffer untermischen. Das Ganze unter gelegentlichem Rühren weitere 10 Minuten garen.

3 Das restliche Öl unterrühren. Alles in eine flache ofenfeste Form füllen und im heißen Ofen 30 Minuten garen. Heiß mit weiteren Tapas servieren.

Variante

Gebackene Kartoffeln mit Pastinaken und Sellerie

Das Gericht wie beschrieben zubereiten, jedoch anstelle von 700 g Kartoffeln je 350 g geschälte und gewürfelte Kartoffeln und Pastinaken verwenden. Diese mit 2 in dünne Scheiben geschnittenen Stangen Sellerie in die Pfanne geben. Die Zitronenschale durch Orangenschale ersetzen und mit der Petersilie zusätzlich 2 EL gehackten Thymian untermischen.

Pastinaken-Parmesan-Brot

Ein köstliches, hocharomatisches Brot, das im späten Herbst prima zu einem Teller dampfend heißer Suppe passt.

20 MIN. 50 MIN. TK-TAUGLICH

ERGIBT 1 BROT

- 300 g Mehl, plus mehr zum Arbeiten
- 100 g Weizenvollkornmehl
- 1 TL Backpulver oder Speisenatron
- 50 g Parmesan, gerieben
- Salz und frisch gemahlener schwarzer Pfeffer
- 150 g Pastinake, geraspelt
- 300 ml Buttermilch

1 Den Backofen auf 220 °C vorheizen und ein Backblech mit Backpapier belegen. Die Mehle in einer Schüssel mit Backpulver, Natron, Parmesan, Salz und Pfeffer mischen. Die Pastinakenraspel hacken und unter die Mehlmischung rühren.

2 In die Mitte der Mischung eine Mulde drücken. Behutsam die Buttermilch unterrühren, bis ein weicher Teig entstanden ist. Den Teig mit den Händen zu einer Kugel formen, dann auf einer bemehlten Arbeitsfläche 2 Minuten kneten, bis er glatt ist. Falls nötig, etwas mehr Mehl unterkneten.

3 Den Teig zu einem runden Laib (etwa 15 cm Ø) formen. Oben mit einem scharfen Messer kreuzförmig einschneiden, damit das Brot beim Backen besser aufgeht.

4 Den Laib auf das Backblech setzen und im heißen Ofen etwa 30 Minuten backen, bis sich eine schöne Kruste gebildet hat. Die Ofentemperatur auf 200 °C senken und das Brot weitere 20 Minuten backen, bis es aufgegangen und goldbraun ist. Garprobe: An einem in die Mitte gestochenen Holzspieß haftet nach dem Herausziehen kein Teig. Das Brot herausnehmen und vor dem Servieren mindestens 20 Minuten auf einem Gitter abkühlen lassen.

Süßkartoffelbrötchen mit Rosmarin

Der würzige Duft des Rosmarins und die Süßkartoffelraspel im Teig machen dieses rustikale Gebäck zu etwas ganz Besonderem.

20 MIN. **20-25 MIN.** **TK-TAUGLICH**

ERGIBT 8 STÜCK

- 300 g Mehl, plus mehr nach Bedarf
- 100 g Weizenvollkornmehl
- ½ TL Backpulver oder Speisenatron
- Salz und frisch gemahlener schwarzer Pfeffer
- 150 g Süßkartoffel, geschält und geraspelt
- 1 TL fein gehackter Rosmarin
- 250 ml Buttermilch

1 Den Backofen auf 220 °C vorheizen und ein Backblech mit Backpapier belegen. Die Mehle in einer Schüssel mit Backpulver bzw. Natron, Salz und Pfeffer mischen. Die Süßkartoffelraspel hacken und mit dem Rosmarin unter die Mehlmischung rühren.

2 In die Mitte eine Mulde drücken und nach und nach die Buttermilch unterrühren, bis ein weicher Teig entstanden ist. Den Teig mit den Händen zu einer Kugel formen, dann auf einer bemehlten Arbeitsfläche 2 Minuten kneten, bis er glatt ist. Falls nötig, etwas mehr Mehl hinzufügen.

3 Den Teig in acht gleich große Portionen teilen und diese zu Kugeln formen. Die Kugeln etwas flach drücken und oben kreuzförmig einschneiden, damit die Brötchen beim Backen besser aufgehen.

4 Die Brötchen auf ein Backblech legen und im heißen Ofen 20–25 Minuten backen, bis sie schön aufgegangen und goldbraun sind. Herausnehmen und vor dem Servieren mindestens 10 Minuten abkühlen lassen. Warm schmecken die Süßkartoffelbrötchen am besten.

Mangoldgratin mit weißen Bohnen und Speck

Für dieses Gratin werden nur die Mangoldblätter verwendet. Die Stiele können Sie separat garen und als Beilage servieren.

10 MIN. PLUS EINWEICHZEIT **1 STD. 20 MIN.**

FÜR 4-6 PERSONEN

- 400 g getrocknete weiße Bohnenkerne (z. B. Cannellinibohnen), über Nacht eingeweicht
- 200 g durchwachsener Speck, gewürfelt
- 2 EL Olivenöl
- 4 Knoblauchzehen, zerdrückt
- 400 g Mangold, von den Stielen befreit und in dünne Streifen geschnitten
- 500 g Sahne
- Salz und frisch gemahlener Pfeffer
- 100 g Weißbrot
- 50 g Parmesan, gerieben
- 8 Basilikumblätter

1 Den Backofen auf 200 °C vorheizen. Die eingeweichten Bohnen abgießen und in einem Topf mit reichlich Wasser bedecken. Das Wasser aufkochen und anschließend etwa 40 Minuten kräftig köcheln lassen, bis die Bohnen weich sind; dabei gelegentlich abschäumen.

2 In einem zweiten Topf den Speck in dem Öl in 3–4 Minuten goldbraun braten. Den Knoblauch hinzufügen und kurz mitbraten; Vorsicht, er verbrennt leicht. Knoblauch und Speck aus der Pfanne heben. Den Mangold in den Topf geben und unter Rühren in 1 Minute zusammenfallen lassen.

3 Den Speck, den Knoblauch und die gegarten Bohnen zum Mangold geben und untermischen. Die Sahne unterrühren und die Mischung mit Salz und Pfeffer abschmecken.

4 Alles in eine ofenfeste Form (1,5 l Inhalt) füllen. Das Brot in der Küchenmaschine mit Parmesan und Basilikum zerkleinern und die Brösel auf die Mangoldmischung streuen. Das Gratin im heißen Ofen (oben) etwa 30 Minuten backen, bis die Kruste goldbraun ist. Herausnehmen; 10 Minuten abkühlen lassen und servieren.

Kartoffelgratin

Mit Knoblauch und Sahne im Ofen überbackene Kartoffeln passen gut zu einem feinen Braten. Dünn und gleichmäßig werden die Kartoffelscheiben, wenn man die Knollen hobelt.

20 MIN. 1 STD. 45 MIN.

FÜR 4 PERSONEN

- 1 kg festkochende Kartoffeln, geschält und in 3 mm dicke Scheiben geschnitten
- 300 g Sahne
- 300 ml Milch
- Salz und frisch gemahlener schwarzer Pfeffer
- 3 Knoblauchzehen, fein gewürfelt

1 Den Backofen auf 180 °C vorheizen. Kartoffelscheiben, Sahne, Milch, Salz und Pfeffer in einen großen Topf geben. Aufkochen, dann zugedeckt 10–15 Minuten köcheln lassen, bis die Kartoffeln weich werden.

2 Die Kartoffeln mit einem Schaumlöffel aus der Milch heben. In eine ofenfeste Form füllen und mit Knoblauch, Salz und Pfeffer bestreuen. Die Sahne-Milch-Mischung durch ein Sieb dazugießen. Die Form mit Alufolie verschließen und für 1 Stunde in den heißen Ofen stellen. Die Folie entfernen und das Gratin weitere 30 Minuten garen, bis es gebräunt ist.

Variante

Kartoffel-Lauch-Gratin

Entsprechend Schritt 1 vorgehen, aber nur 750 g Kartoffeln verwenden. In der Zwischenzeit 2 Stangen Lauch in Scheiben schneiden und diese in 30 g Butter 4–5 Minuten unter Rühren dünsten, bis sie weich sind. Die Hälfte der Kartoffeln wie in Schritt 2 beschrieben in die Form geben. Den Lauch darauf verteilen, mit 1 Handvoll geriebenem Gruyère und der Hälfte des Knoblauchs bestreuen. Die restlichen Kartoffelscheiben daraufschichten und mit einer weiteren Handvoll Käse sowie dem restlichen Knoblauch bestreuen. Weiterverfahren, wie im Hauptrezept beschrieben.

Wurst-Maronen-Füllung für Geflügel

Gegarte, geschälte Maronen gibt es im Supermarkt, frische können Sie in 15–20 Minuten in Wasser oder im heißen Backofen garen; abkühlen lassen und schälen.

10 MIN. 20 MIN.

FÜR 4 PERSONEN

- 1 EL Olivenöl
- 1 Zwiebel, gewürfelt
- Salz und frisch gemahlener schwarzer Pfeffer
- Brät von 6 Schweinsbratwürsten
- 250 g gegarte Maronen, gehackt
- 1 kleine Handvoll Petersilie

1 Das Öl in einer Pfanne bei mittlerer Hitze heiß werden lassen. Die Zwiebelwürfel darin in 3–4 Minuten glasig dünsten. Salzen, pfeffern und abkühlen lassen.

2 Das Bratwurstbrät in einer Schüssel mit den Maronen, der Petersilie und den abgekühlten Zwiebelwürfeln mischen; salzen und pfeffern.

3 Die Mischung in die Halsöffnung einer Pute geben oder unter der Haut eines Brathähnchens verteilen. Alternativ die Mischung zu Kugeln formen und etwa 20 Minuten im 200 °C heißen Backofen garen bzw. die Kugeln in etwas Öl knusprig braten.

Variante

Kastanien-Sellerie-Füllung

Die Zwiebeln wie beschrieben, aber mit 1 fein gewürfelten Stange Sellerie glasig dünsten. Anstelle von Brät 100 g frische Brotkrumen verwenden und mit Maronen und Petersilie noch etwa 1 EL gehackten Thymian dazugeben. Zum Binden 1 Ei daruntermischen und die Füllung kräftig mit Salz und Pfeffer würzen.

Schwarzwurzelpuffer

Schwarzwurzeln sehen ein wenig wie Möhren aus und können genauso zubereitet werden. Die wohlschmeckenden Puffer sind eine köstliche Beilage zu Fleisch oder Fisch.

10 MIN. 25 MIN.

ERGIBT 4 STÜCK

- 400 g Schwarzwurzeln, in kleine, gleich große Stücke geschnitten
- Salz
- 50 g Butter
- 1 Knoblauchzehe, zerdrückt
- frisch gemahlener schwarzer Pfeffer
- 1 EL Mehl
- 1 EL Olivenöl

1 Die Schwarzwurzelstücke in kochendem Salzwasser in etwa 20 Minuten garen, bis sie weich werden. Abgießen und gut abtropfen lassen.

2 Die Schwarzwurzeln zerstampfen. Die Hälfte der Butter, den Knoblauch und etwas schwarzen Pfeffer untermischen. Die Masse in vier Portionen teilen und jede zu einem flachen Laib formen.

3 Die Puffer im Mehl wenden. Das Öl mit der restlichen Bitter in einer beschichteten Pfanne erhitzen. Die Puffer darin etwa 2 Minuten braten, bis sie unten goldbraun sind, dann wenden und weitere 2 Minuten braten. Heiß servieren.

Meerrettichkartoffeln

Kartoffeln eignen sich als Beilage zu fast jedem Gericht. Gibt man noch Grünkohl, Speck und Meerrettich dazu, werden sie unschlagbar würzig und aromatisch.

15 MIN. 30 MIN.

FÜR 4 PERSONEN

- 500 g mehligkochende Kartoffeln, geschält und grob zerkleinert
- Salz
- 1 EL Olivenöl
- 1–2 EL Butter
- 200 g durchwachsener Speck in Scheiben, klein geschnitten
- 3 TL Tafelmeerrettich
- frisch gemahlener schwarzer Pfeffer
- 250 g Grünkohl, gegart und gehackt

1 Die Kartoffeln in kochendem Salzwasser in 15–20 Minuten weich garen. Abgießen und nach Belieben in mundgerechte Stücke schneiden oder zerstampfen.

2 Das Öl mit der Butter in einer großen beschichteten Pfanne bei mittlerer Hitze heiß werden lassen. Sobald die Butter geschmolzen ist, den Speck dazugeben und in 5–6 Minuten braun und knusprig braten.

3 Erst die Kartoffeln, dann den Meerrettich untermischen; salzen und pfeffern. Den Grünkohl unterrühren. Die Meerrettichkartoffeln einige Minuten braten, bis alles etwas Farbe angenommen hat und ein wenig knusprig ist.

Variante

Kartoffel-Sellerie-Pfanne mit Rosenkohl

Die Gericht wie beschrieben zubereiten, jedoch statt der 500 g Kartoffeln 1 große Kartoffel und ½ kleinen Knollensellerie (beides geschält und in Stücke geschnitten) verwenden. Kartoffel und Sellerie garen, abgießen, abtropfen lassen und zusammen grob zerdrücken. Inzwischen 250 g in Scheiben geschnittene Rosenkohlröschen in kochendem Salzwasser garen; abgießen und abtropfen lassen. Den Speck wie beschrieben braten; den Meerrettich weglassen. Die Kartoffel-Sellerie-Mischung mit dem Rosenkohl untermischen. Alles kräftig würzen und wie angegeben braten.

Süßkartoffel-Paratha

Die Fladenbrote sind schnell gemacht. Am besten gleich einige auf Vorrat zubereiten und einfrieren.

20 MIN. PLUS RUHEZEIT 15–20 MIN. TK-TAUGLICH

ERGIBT 4 STÜCK

- 300 g Chapati-Mehl (aus dem Asienladen)
- ½ TL Salz
- 50 g Butter, zerlassen und abgekühlt

Für die Füllung

- 250 g Süßkartoffel, geschält und gewürfelt
- 1 EL Sonnenblumenöl, plus mehr zum Bestreichen
- ½ rote Zwiebel, fein gewürfelt
- 2 Knoblauchzehen, zerdrückt
- 1 EL fein gehackte rote Chilischote (oder nach Geschmack)
- 1 EL fein gehackter frischer Ingwer
- 2 gehäufte EL gehacktes Koriandergrün
- ½ TL Garam Masala
- Salz
- Öl zum Bestreichen

1 Mehl mit Salz, Butter und 150 ml Wasser zu einem weichen Teig verarbeiten. 5 Minuten kneten; zugedeckt 1 Stunde ruhen lassen.

2 Für die Füllung die Süßkartoffelwürfel in etwa 7 Minuten weich garen; abgießen, gut abtropfen lassen und in eine Schüssel geben. Das Öl in einer Pfanne erhitzen. Die Zwiebelwürfel darin in 3–4 Minuten glasig dünsten. Knoblauch, Chili und Ingwer hinzufügen und 1–2 Minuten mitdünsten.

3 Die Süßkartoffeln mit der Zwiebelmischung zerstampfen. Koriander, Garam Masala und Salz gründlich unter das Püree schlagen. Abkühlen lassen.

4 Den Teig in vier Portionen teilen. Jede Portion durchkneten und zu einem 10 cm großen Kreis ausrollen. Jeweils ein Viertel der Füllung mittig daraufgeben. Die Ränder über der Füllung zusammenfassen und zusammendrücken.

5 Die gefüllten Teigkreise umdrehen und jeweils mit wenig Druck zu etwa 18 cm großen Kreisen ausrollen. Sollte Füllung herausquellen, diese wegwischen und den Teig wieder zusammendrücken.

6 Eine große Pfanne erhitzen. Die Parathas darin auf jeder Seite 2 Minuten braten. Dabei gelegentlich wenden, damit sie gleichmäßig garen und stellenweise bräunen. Wenn sie auf jeder Seite einmal gebraten sind, die Parathas vor dem nächsten Wenden mit etwas Öl bestreichen. Zu einem Curry oder mit Salat servieren.

Möhren-Kohl-Salat mit Erdnüssen

Dieser thailändisch inspirierte Salat beweist, dass auch herbstliche Gerichte erfrischend und leicht sein können. Mit seiner Aromenvielfalt passt er gut zu Hähnchen oder Fisch.

15 MIN.

FÜR 4 PERSONEN

- 2 Äpfel
- 4 Möhren, geraspelt
- 1 kleiner Weißkohl, in Streifen geschnitten oder gehobelt
- 1-2 EL Sonnenblumenkerne
- gesalzene Erdnusskerne zum Bestreuen

Für das Dressing

- 1 EL helle Sojasauce
- 1 EL Thai-Fischsauce
- 1 grüne Chilischote, entkernt und gehackt
- 1 Knoblauchzehe, gehackt
- Saft von 2 Limetten
- 1-2 TL Zucker
- 1 Handvoll Koriandergrün, gehackt
- Salz und frisch gemahlener schwarzer Pfeffer

1 Die Zutaten für das Dressing in eine große Schüssel geben. Rühren, bis der Zucker sich aufgelöst hat. Das Dressing mit Salz und Pfeffer, Zucker und/oder Fischsauce abschmecken.

2 Die Äpfel vierteln und von den Kerngehäusen befreien. In mundgerechte Stücke schneiden und mit Möhren, Kohl und Sonnenblumenkernen zum Dressing geben; alles sorgfältig unterheben. Den Salat in eine Servierschüssel umfüllen und mit den Erdnüssen bestreuen.

Variante

Möhren-Nudel-Salat

Statt der Kohlstreifen 200 g dünne Reisnudeln verwenden. Diese garen, in ein Sieb schütten, kalt abspülen und abtropfen lassen. Wie beschrieben weiterverfahren, den Salat aber nicht in eine Schüssel geben, sondern auf Portionstellern anrichten und süße Chilisauce zum Beträufeln dazureichen.

Möhren-Rote-Bete-Salat mit Balsamico-Vinaigrette

Dieser farbenfrohe Salat sieht nicht nur gut aus, er enthält auch eine Menge wertvolle Antioxidanzien. Das Gemüse für einen solchen Rohkostsalat sollte jung und knackig sein.

30 MIN. 3-4 MIN.

FÜR 4-6 PERSONEN

- 500 g Möhren
- 500 g Rote Bete, geschält und halbiert
- 1 EL Olivenöl
- 50 g Sonnenblumen- oder Kürbiskerne
- 1 EL Sojasauce (nach Belieben)
- 1 kleines Bund Petersilie, gehackt, oder abgeschnittene Gartenkresse
- Salz und frisch gemahlener schwarzer Pfeffer

Für die Vinaigrette

- 4 EL Olivenöl
- 50 ml Balsamico-Essig
- 1 Knoblauchzehe, zerdrückt (nach Belieben)

1 Möhren und Rote Bete in eine große Schüssel raspeln. Die Zutaten für die Vinaigrette in ein Schraubdeckelglas geben. Das Glas fest verschließen und kräftig schütteln.

2 Das Öl in einer kleinen Pfanne bei mittlerer Hitze heiß werden lassen. Sonnenblumen- oder Kürbiskerne darin unter häufigem Rühren 3–4 Minuten rösten. Nach Belieben am Ende der Garzeit die Sojasauce dazugeben.

3 Petersilie bzw. Kresse zu Möhren und Roten Beten geben. Die Vinaigrette noch einmal kräftig schütteln, dann zum Gemüse gießen und untermischen. Den Salat mit Salz und Pfeffer abschmecken, mit den gerösteten Samen bestreuen und servieren.

Meerrettichsauce

Perfekt zu gekochtem Rindfleisch, Ochsenzunge, Bratwurst, Roter Bete und Räucherfisch. Meerrettich sollte nie erhitzt werden, weil er dabei seine Schärfe verliert.

5 MIN. 10-15 MIN.

ERGIBT ETWA 350 ML

- 300 ml Weißweinessig
- 1 Lorbeerblatt
- 12 Pfefferkörner
- 2 EL Zucker
- 2 Gewürznelken
- 125 g Sahne, mit Raumtemperatur, plus mehr zum Verdünnen (nach Belieben)
- 150 g Meerrettich, gerieben
- Salz

1 Den Essig mit Lorbeer, Pfeffer, Zucker und Nelken in einen kleinen Topf geben. Aufkochen lassen, dabei rühren, bis der Zucker sich aufgelöst hat. Alles in etwa 5 Minuten auf die Hälfte sprudelnd einkochen lassen. Die Sahne unterrühren und die Flüssigkeit noch 1 Minute kochen lassen.

2 Die Sahnemischung durch ein Sieb in eine Schüssel gießen. Abkühlen lassen, dann den geriebenen Meerrettich unterrühren und die Sauce mit Salz abschmecken.

3 Die Sauce in sterilisierte Einmachgläser schöpfen und jeweils einen Wachspapierkreis darauflegen. Die Gläser verschließen und beschriften. Kühl und dunkel lagern. Die Sauce hält sich bis zu 2 Monate. Zum Servieren nach Belieben mit etwas Sahne verdünnen.

Jetzt am besten **Möhren**

Ihr außergewöhnliches Aroma, ihre Vielseitigkeit und ihr Spektrum an gesunden Nährstoffen machen Möhren so beliebt. Außer den bekannten spitz zulaufenden orangen Sorten gibt es zylindrische, gedrungene, runde oder fingerlange sowie violette, gelbe, dunkelrote oder weiße Möhren. Haupterntezeit ist Herbst; zarte Bundmöhren gibt es im Frühling. Süße Gewürze, andere Wurzelgemüse sowie Orangensaft und Honig ergänzen das Möhrenaroma perfekt.

Orange Möhren wurden im 17. Jahrhundert in Holland entwickelt und werden heute weltweit in gemäßigten Klimazonen angebaut.

Wissenswert

Im Angebot

Unterschiedlichste Arten und Sorten.

Einkauf Auf frisches, knackiges Grün achten; bei Möhren ohne Grün darf oben keine Vertiefung sein. Die Möhren sollen frisch duften, fest und frei von feinen Wurzeln sein.

Aufbewahren Grün abdrehen; ungewaschene Möhren bis zu 2 Wochen kühl und dunkel lagern, gewaschene 1 Woche im Kühlschrank.

Zubereiten Als Rohkost, zum (Kurz-)Braten, Schmoren, Dünsten, Dämpfen; als Zutat für Suppen, Eintöpfe, Gebäck.

Für den Vorrat Mit anderem Gemüse einlegen/einmachen; als Konfitüre oder Relish.

Rezepte

Karamellisierte Möhren
Seite 406

Möhren-Kohl-Salat mit Erdnüssen Seite 404

Möhren-Koriander-Relish
Seite 420

Urmöhren Eine Züchtung, die den wilden Möhren aus Afghanistan nachempfunden wurde. Urmöhren enthalten die Karotinoide Anthozyan und Lykopin und haben ein intensives Möhrenaroma.

Diese Möhren sind außen dunkelrot und innen orange.

Chantenay-Karotten Möhren dieses Typs sind auch ausgewachsen klein und gedrungen. Sie brauchen nicht geschält zu werden und haben ein intensives Möhrenaroma.

Die kleinen Möhren sind spindelförmig.

Das Grün von Möhren soll frisch und knackig sein.

Bundmöhren Die wohlschmeckenden, süßen Möhren eignen sich gleichermaßen zum Rohessen und zum Garen. Sie brauchen nicht geschält zu werden, gründliches Abschrubben genügt.

Möhren in breite Stifte schneiden

In 5–6 cm lange und 5 mm dicke Streifen geschnittene Möhren heißen in der Fachsprache »Bâtonnets«. Sie bieten sich für Rohkost, Wokgerichte sowie zum kurzen Dünsten oder Braten und zum Dämpfen an. Auch anderes Wurzelgemüse kann in dieser Form geschnitten werden.

1 Die Möhre schälen und längs halbieren. Auf der Mandoline oder mit einem großen Kochmesser die Hälften längs in 5 mm dicke Scheiben schneiden.

2 Die Scheiben zur Möhrenform zusammenlegen. Rundungen begradigen, damit ein Rechteck entsteht; dieses in 5 mm breite Streifen schneiden.

Sellerie- und Möhrensalat

Sowohl der Sellerie- als auch der Möhrensalat kann einen Tag im Voraus fertiggestellt werden. Zudecken und im Kühlschrank aufbewahren – dabei entfalten sich die Aromen.

25–30 MIN. PLUS KÜHLZEIT **1–2 MIN.**

FÜR 6 PERSONEN

Für den Möhrensalat

- 3 EL Apfelessig
- 1 TL Zucker
- Salz und frisch gemahlener schwarzer Pfeffer
- 75 ml Olivenöl
- 500 g Möhren, geraspelt
- 100 g Rosinen

Für den Selleriesalat

- 1 Knollensellerie (etwa 750 g)
- Salz
- 150 g Mayonnaise
- 2 EL Dijonsenf (oder nach Geschmack)
- frisch gemahlener schwarzer Pfeffer

1 Für den Möhrensalat den Essig in einer großen Schüssel mit Zucker, Salz und Pfeffer verquirlen. Nach und nach das Öl darunterschlagen, bis eine cremige Vinaigrette entstanden ist. Die Vinaigrette abschmecken. Möhren und Rosinen hineingeben und alles gut mischen. Den Salat abschmecken, dann zudecken und mindestens 1 Stunde kalt stellen.

2 Für den Selleriesalat den Sellerie schälen. Die Knolle in dünne Scheiben und diese in feine Streifen schneiden. Die Streifen in kaltes gesalzenes Wasser geben. Das Wasser aufkochen und 1–2 Minuten köcheln lassen. Den bissfest gegarten Sellerie in einem Sieb abtropfen lassen.

3 Die Mayonnaise mit dem Senf sowie etwas Salz und Pfeffer verrühren; abschmecken und evtl. noch etwas Senf untermischen. Den Sellerie mit der Sauce mischen und den Salat abschmecken. Zudecken und mindestens 1 Stunde kalt stellen. Die Salate getrennt in Schüsseln füllen und zusammen servieren.

Karamellisierte Möhren

Das Karamellisieren mit Butter und Rohrzucker verleiht den gegarten Möhren Glanz und einen nussigen Geschmack. Servieren Sie die Möhren mit gedämpftem Wirsing oder Lauch.

10 MIN. **25 MIN.**

FÜR 4 PERSONEN

- 1 kg Möhren
- Salz
- 50 g Butter
- Zucker zum Bestreuen

1 Die Möhren schälen und in breite Stifte schneiden (siehe S. 405). Die Stifte in kochendem Salzwasser in 10–15 Minuten knapp weich garen; in ein Sieb schütten und abtropfen lassen.

2 Die Möhrenstifte mit Butter und Zucker wieder in den Topf geben. Bei mittlerer Hitze unter gelegentlichem Rühren 10 Minuten weitergaren, bis der Zucker karamellisiert ist. Die karamellisierten Möhren zu Brathähnchen oder Rinderbraten reichen.

Variante

Wurzelgemüse mit Honig

Die Möhren wie beschrieben zubereiten, jedoch anstelle von 1 kg Möhren je etwa 300 g Möhren, Pastinaken und Knollensellerie (alles geschält und in breite Stifte geschnitten) verwenden und garen, wie in Schritt 1 beschrieben. In Schritt 2 den Zucker durch 1 EL flüssigen Honig ersetzen und das Gemüse vor dem Karamellisieren mit 1 EL gehacktem Rosmarin bestreuen.

Gerösteter Kürbis mit Salbei und Zwiebeln

Gemüse zusammen mit einem Braten im Ofen zu garen ist die einfachste Methode, eine Beilage zuzubereiten. Wer mag, der kann noch ein paar ungeschälte Knoblauchzehen mitrösten.

15 MIN. 40 MIN.

FÜR 4 PERSONEN

- Fruchtfleisch von 1 Butternusskürbis, in Spalten geschnitten
- 2 rote Zwiebeln, geschält und geachtelt
- 5 Salbeiblätter, gehackt
- 1 Prise Chiliflocken (nach Belieben)
- Salz und frisch gemahlener schwarzer Pfeffer
- 1-2 EL Olivenöl

1 Den Backofen auf 200 °C vorheizen. Die Kürbisspalten mit Zwiebeln, Salbei und nach Belieben Chiliflocken in eine große ofenfeste Form geben; salzen, pfeffern und mit dem Öl beträufeln. Alles mit den Händen mischen.

2 Das Ganze im Ofen 30–40 Minuten rösten, bis der Kürbis weich und goldbraun ist. Das Gemüse zu Brathähnchen oder Schweinebraten servieren.

Variante

Süßkartoffeln und Sellerie mit Knoblauch und Kräutern

Das Gemüse wie beschrieben zubereiten, den Kürbis aber durch 1 Süßkartoffel und 1 kleinen Knollensellerie (beide geschält und in Stücke geschnitten) ersetzen. Die Zwiebeln weglassen und das Gemüse mit 2 fein gehackten Knoblauchzehen und je 2 EL gehacktem Thymian, Salbei und Petersilie bestreuen. Weiterverfahren, wie im Hauptrezept angegeben.

Kürbis mit Maronen und Cranberrys

Ein großartiges Rezept – genau das Richtige für ein festliches Essen. Süßer Kürbis und herbe Beeren gehen hier mit Maronen eine wunderbare Verbindung ein.

15 MIN. 35 MIN.

FÜR 4 PERSONEN

- 1-2 EL Olivenöl
- 1-2 EL Butter
- Fruchtfleisch von 1 Butternusskürbis, in mundgerechte Stücke geschnitten
- 1 Prise gemahlenes Piment
- 1 Prise gemahlener Zimt
- Salz und frisch gemahlener schwarzer Pfeffer
- 200 g gegarte Maronen (Vakuumverpackung oder Dose)
- 50 g frische Cranberrys
- Zucker (falls nötig)

1 Das Öl mit der Butter in einer großen Pfanne bei schwacher bis mittlerer Hitze heiß werden lassen. Den Kürbis mit Piment und Zimt hineingeben; salzen und pfeffern. Unter gelegentlichem Rühren 15 Minuten garen, bis die Kürbisstücke weich werden; falls nötig, mehr Öl hinzufügen.

2 Die Maronen dazugeben und durch Rühren mit Fett überziehen. 5–10 Minuten mitgaren, dann die Cranberrys hinzufügen und alles weitere 5 Minuten dünsten.

3 Abschmecken. Falls die Beeren sehr sauer sind, etwas Zucker hinzufügen und rühren, bis er sich aufgelöst hat. Als Beilage zu Hähnchen oder Pute servieren.

Orangen-Schokoladen-Tiramisu

Eine herbstliche Version des klassischen Tiramisus, die Sie lieben werden. Statt Kaffee wird Orangensaft verwendet, und ein Likör auf Orangenbasis verstärkt die Zitrusnote.

20 MIN. PLUS KÜHLZEIT

FÜR 8 PERSONEN

- 20–24 Löffelbiskuits
- 200 ml Orangensaft
- 2 EL Orangenlikör (z. B. Grand Marnier oder Cointreau)
- 2 große Eier (L), getrennt
- 25 g Puderzucker, gesiebt
- 500 g Mascarpone
- abgeriebene Schale von 1 Bio-Orange
- 75 g Schokolade mit Orangengeschmack, gerieben

1 Die Löffelbiskuits auf dem Boden einer flachen Form verteilen. Mit Orangensaft und -likör beträufeln; durchziehen lassen.

2 Die Eigelbe mit dem Puderzucker in eine Schüssel geben und rühren, bis der Zucker sich aufgelöst hat. Den Mascarpone dazugeben und alles zu einer glatten Creme verrühren. Die Eiweiße in einer zweiten Schüssel zu Schnee schlagen. Den Eischnee mit der Orangenschale unter die Mascarponecreme ziehen.

3 Die Creme auf den Löffelbiskuits verstreichen. Die Form zudecken und das Tiramisu 4 Stunden oder über Nacht kalt stellen. Vor dem Servieren mit der Schokolade bestreuen.

Variante

Birnen-Walnuss-Tiramisu

Die Löffelbiskuits statt mit Orangensaft und -likör mit 200 ml starkem schwarzem Kaffee und 2 EL Weinbrand beträufeln. Die Mascarponecreme zubereiten, wie in Schritt 2 beschrieben. Statt der Orangenschale das gewürfelte Fruchtfleisch von 2 vollreifen Birnen unterheben. Das Tiramisu wie in Schritt 3 angegeben fertigstellen, anstelle von Schokolade jedoch 3 EL fein gehackte Walnusskerne darüberstreuen.

Biskuitroulade mit Orangen und Pistazien

Ein Klassiker – und doch ganz modern. Dafür sorgen in diesem Rezept Pistazien und Orangenblütenwasser.

20 MIN. 15 MIN.

FÜR 8 PERSONEN

- 3 große Eier (L)
- 100 g Zucker, plus mehr zum Bestreuen
- 1 Prise Salz
- 75 g Mehl
- 1 Messerspitze Backpulver
- abgeriebene Schale von 2 Bio-Orangen, plus 3 EL Orangensaft
- 2 TL Orangenblütenwasser (nach Belieben)
- 200 g Sahne
- 75 g Pistazienkerne, gehackt
- Puderzucker zum Bestäuben

1 Den Backofen auf 200 °C vorheizen. Das tiefe Backblech mit Backpapier belegen. Eine Schüssel auf einen Topf mit köchelndem Wasser setzen. Die Eier mit Zucker und Salz hineingeben und mit den Quirlen des Handrührgeräts in etwa 5 Minuten hell und cremig schlagen. Die Schüssel vom Topf nehmen und die Creme weitere 2 Minuten schlagen, bis sie kühl ist. Erst Mehl und Backpulver dazusieben, dann die Hälfte der Orangenschale und 1 EL Orangensaft hinzufügen und alles unterheben. Die Masse auf das Blech geben und zu einer etwa 32 x 24 cm großen Fläche verstreichen; 12–15 Minuten backen.

2 Ein Stück Backpapier mit Zucker bestreuen. Die Teigplatte daraufstürzen. 5 Minuten abkühlen lassen, dann das Backpapier abziehen. Die Platte nach Belieben mit Orangenblütenwasser beträufeln.

3 Die Platte mit einem Messerrücken 2 cm von einer Schmalseite entfernt einkerben. Dort beginnend, die Teigplatte aufrollen. Abkühlen lassen.

4 Die Sahne steif schlagen. Die Pistazien und die Reste von Orangenschale und -saft unterheben. Die Teigplatte entrollen, das Backpapier entfernen. Die Platte gleichmäßig mit der Füllung bestreichen, dann wieder aufrollen und mit der Naht nach unten auf eine Servierplatte setzen. Vor dem Servieren mit Puderzucker bestäuben.

Birnenkuchen

Birnen, Joghurt und Mandeln machen den Kuchen schön saftig.

40 MIN. 45–50 MIN. TK-TAUGLICH

FÜR 1 SPRINGFORM (18 CM Ø)

- 100 g weiche Butter, plus mehr für die Form
- 75 g Zucker
- 1 Ei, verquirlt
- 125 g Mehl
- 1 TL Backpulver
- ½ TL gemahlener Ingwer
- ½ TL gemahlener Zimt
- abgeriebene Schale und Saft von ½ Bio-Orange
- 4 EL griechischer Joghurt
- 25 g gemahlene Mandeln
- 1 große oder 2 kleine Birnen, geschält, entkernt und in Scheiben geschnitten

Für das Topping

- 2 EL gehobelte Mandeln, leicht geröstet
- 2 EL Demerarazucker

1 Den Backofen auf 180 °C vorheizen. Die Form fetten und mit Backpapier auskleiden. Die Butter mit dem Zucker hell und schaumig schlagen. Das Ei darunterschlagen.

2 Das Mehl mit Backpulver, Ingwer und Zimt mischen und auf die Buttercreme sieben. Darunterziehen, Orangenschale und -saft, Joghurt und gemahlene Mandeln unterheben. Die Hälfte der Masse in die Form füllen. Die Birnen darauflegen und mit der restlichen Masse bedecken.

3 Die Mandelblättchen in einer Schüssel mit dem Demerara-Zucker mischen. Den Kuchen damit bestreuen und im heißen Ofen 45–50 Minuten backen. In der Form 10 Minuten abkühlen lassen, dann herausnehmen und auf einem Gitter auskühlen lassen.

Schokokuchen mit Orangen-Schokoladen-Ganache

Auf einem mit Orangenlikör aromatisierten Kuchenboden thront hier eine üppige Schokoladen-Ganache, die vor dem Servieren noch mit Kakaopulver und Orangenschale bestreut wird. Unbedingt einplanen: Die Kühlzeit beträgt mindestens 6 Stunden.

35–40 MIN. PLUS KÜHLZEIT   40 MIN.

FÜR 1 SPRINGFORM (26 CM Ø) UND 1 SPRINGFORM (24 CM Ø)

- 50 g Butter, zerlassen und abgekühlt, plus mehr für die Form
- 100 g Mehl, plus 2–3 EL für die Form
- 30 g Kakaopulver, plus 3 EL zum Bestreuen
- 1 Prise Salz
- 4 Eier
- 150 g Zucker
- 4–5 EL Orangenlikör (z. B. Grand Marnier)
- abgeriebene Schale von 3 Bio-Orangen

Für die Schokolande-Ganache

- 400 g Zartbitterschokolade, in große Stücke geschnitten
- 400 g Sahne
- 3–4 EL Orangenlikör (z. B. Grand Marnier)

1 Den Backofen auf 220 °C vorheizen. Die größere Form ausbuttern. Den Formboden mit Backpapier belegen. Dieses ebenfalls buttern. Die Form mit Mehl ausstreuen. Überschüssiges Mehl herausklopfen

2 Das Mehl in einer Schüssel mit Kakao und Salz mischen. Die Eier in einer großen Schüssel mit dem Handrührgerät schaumig schlagen. Den Zucker hinzufügen und weiterschlagen, bis nach dem Herausziehen der Quirle eine Spur zurückbleibt.

3 Ein Drittel der Mehlmischung auf die Eiercreme sieben und unterheben. Mit dem zweiten Drittel ebenso verfahren, das restliche Drittel auf die Masse sieben und mit der zerlassenen Butter behutsam, aber rasch unterheben.

4 Die Masse in die vorbereitete Form füllen. Die Form einmal kräftig auf die Arbeitsfläche stoßen, damit große Luftblasen entweichen. Die Masse etwa 40 Minuten backen, bis sie aufgegangen ist und der Kuchen sich fast fest anfühlt. Den Kuchen auf ein Gitter stürzen und das Papier abziehen; abkühlen lassen.

5 Den Kuchen so zurechtschneiden, dass er in die kleinere Form passt. Hineinlegen und gleichmäßig mit Orangenlikör beträufeln. Zudecken und beiseitestellen.

6 Für die Ganache die Schokolade in eine große Schüssel geben. Die Sahne bis kurz unter den Siedepunkt erhitzen. Zur Schokolade gießen und rühren, bis diese geschmolzen ist. Die Mischung unter gelegentlichem Rühren abkühlen lassen. Den Likör unterrühren. Die Ganache mit den Quirlen des Handrührgeräts in 5–10 Minuten schaumig schlagen. Nicht zu lange schlagen, sonst wird sie zu fest. Die Ganache mit einer Palette oder einem Kochlöffel auf dem Kuchen verteilen und glatt streichen. Mit Frischhaltefolie bedecken und mindestens 6 Stunden kalt stellen.

7 Unmittelbar vor dem Servieren den Kuchen aus dem Kühlschrank nehmen und den Formrand abnehmen. Den Kuchen vorsichtig mit einer Palette vom Formboden lösen und auf ein Gitter über ein Backblech setzen. Mit Kakaopulver besieben, dann auf eine Tortenplatte geben und mit Orangenschale bestreuen.

Apfel-Nuss-Kuchen mit Rosinen

Dieser Kuchen ist relativ fettarm, enthält aber reichlich Pekannüsse und Sultaninen. Man kann also ohne schlechtes Gewissen auch noch ein zweites Stück genießen.

25 MIN. 30-35 MIN.

FÜR 1 SPRINGFORM (24 CM Ø)

- Butter für die Form
- 50 g Pekannusskerne
- 200 g Äpfel, geschält, entkernt und fein gewürfelt
- 150 g Zucker
- 250 g Mehl
- 2 TL Backpulver
- 2 TL gemahlener Zimt
- Salz
- 3½ EL Sonnenblumenöl
- 3½ EL Milch
- 2 Eier
- 1 Päckchen Vanillezucker
- 50 g Sultaninen
- geschlagene Sahne oder Puderzucker zum Servieren (nach Belieben)

1 Den Backofen auf 180 °C vorheizen. Die Form ausbuttern. Die Nüsse auf ein Backblech geben und im heißen Ofen etwa 5 Minuten rösten. Abkühlen lassen und grob hacken.

2 Die Äpfel in einer großen Schüssel mit dem Zucker mischen. Das Mehl mit Backpulver, Zimt und etwas Salz darübersieben und unterheben. Das Öl mit Milch, Eiern und Vanillezucker verquirlen.

3 Die Eier-Milch unter die Mehlmischung rühren. Nüsse und Sultaninen unterheben. Die Masse in die Form geben.

4 Im heißen Ofen 30–35 Minuten backen, bis bei der Stäbchenprobe kein Teig mehr haften bleibt. Den Kuchen einige Minuten in der Form abkühlen lassen. Herausnehmen und warm mit Schlagsahne servieren oder abkühlen lassen und vor dem Servieren mit Puderzucker bestäuben.

Normannische Birnentarte

Diese Tarte mit Birnen und Mandelcreme stammt aus der Normandie, wo wundervolle Birnen angebaut werden.

40-45 MIN. PLUS KÜHLZEIT 37-45 MIN.

FÜR 1 TARTEFORM (24-26 CM Ø)

- 125 g weiche Butter, plus mehr für die Form
- 400 g süßer Mürbeteig (Fertigprodukt oder selbst gemacht)
- 125 g gehäutete Mandeln
- 100 g Zucker
- 1 Ei
- 1 Eigelb
- 3 EL Kirschwasser
- 2 EL Mehl, gesiebt
- 3-4 reife Birnen, geschält und in Spalten geschnitten
- Saft von 1 Zitrone
- 150 g Aprikosenkonfitüre

1 Die Form mit Butter fetten. Den Teig auf einer bemehlten Arbeitsfläche zu einem Teig ausrollen, der 5 cm größer als die Form ist. Die Form damit sorgfältig auskleiden und den Teig mehrmals mit einer Gabel einstechen.

2 Den Backofen auf 200 °C vorheizen. Die Mandeln in der Küchenmaschine fein mahlen.

3 Für die Mandelcreme die Butter in einer Schüssel mit dem Zucker hell und cremig schlagen. Ei und Eigelb nacheinander einzeln darunterschlagen. 1 EL Kirschwasser dazugeben, dann Mandeln und Mehl unterrühren.

4 Die Mandelcreme auf den Teigboden streichen. Die Birnenspalten im Zitronensaft wenden und spiralförmig auf der Mandelcreme anrichten. Die Form auf ein Backblech stellen und die Tarte im Ofen 12–15 Minuten backen. Die Ofentemperatur auf 180 °C senken und die Tarte weitere 25–30 Minuten backen, bis die Creme gestockt ist. Herausnehmen und abkühlen lassen.

5 Die Konfitüre in einem Topf mit dem restlichen Kirschwasser schmelzen lassen. Über einer Schüssel durch ein Sieb streichen. Die Tarte aus der Form nehmen und den Belag mit der Konfitüre bestreichen.

Apfel-Crumble

Kaum ein Dessert ist so schnell und einfach gemacht wie dieses. Verwenden Sie dafür herbe Kochäpfel, sie werden beim Backen weich und aromatisch.

15 MIN. 30 MIN. TK-TAUGLICH

FÜR 4 PERSONEN

- 3 große Äpfel (z. B. Boskop), geschält, entkernt und grob zerkleinert
- 50–75 g Zucker

Für die Streusel

- 50 g kalte Butter in Stückchen
- 125 g Mehl
- 125 g Zucker

1 Den Backofen auf 180 °C vorheizen. Die Äpfel mit dem Zucker und ganz wenig Wasser in einem Topf dünsten, bis sie weich werden. Das Obst in eine ofenfeste flache Form (1,2 l) geben.

2 Für die Streusel Butter und Mehl in einer Schüssel mit den Fingerspitzen verreiben, dann den Zucker genauso untermischen. Die Streusel gleichmäßig auf den Äpfeln verteilen. Den Crumble etwa 30 Minuten backen, bis die Streusel goldbraun sind. Heiß servieren.

Pistazien-Orangen-Biscotti

Dieses duftende Gebäck schmeckt zu Kaffee, lässt sich aber auch gut in ein Glas süßen Dessertwein stippen.

15 MIN. 40–45 MIN. TK-TAUGLICH

ERGIBT 25–30 STÜCK

- 100 g Pistazienkerne
- 225 g Mehl, plus mehr zum Arbeiten
- 1 TL Backpulver
- 100 g Zucker
- abgeriebene Schale von 1 Bio-Orange
- 2 Eier
- 1 Päckchen Vanillezucker
- 50 g Butter, zerlassen und abgekühlt

1 Den Backofen auf 180 °C vorheizen. Die Pistazienkerne auf einem Backblech verteilen und im heißen Ofen 5–10 Minuten rösten. Abkühlen lassen, dann die Häutchen in einem Geschirrtuch abrubbeln. Die Kerne grob hacken.

2 Das Mehl in einer Schüssel mit Backpulver, Zucker, Orangenschale und Pistazien mischen. Die Eier in einer zweiten Schüssel mit Vanillezucker und Butter schaumig schlagen. Die Mehlmischung mit der Eier-Butter-Creme zu einem Teig verketen.

3 Den Teig auf eine bemehlte Arbeitsfläche geben und zu zwei Blöcken (je 20 x 7,5 cm) formen. Die Blöcke auf ein mit Backpapier belegtes Backblech legen und in heißen Ofen 20 Minuten backen. Herausnehmen und etwas abkühlen lassen, dann mit einem Sägemesser schräg in 3–5 cm dicke Scheiben schneiden.

4 Die Scheiben 15 Minuten backen, bis sie goldbraun und hart sind, dabei nach 10 Minuten einmal wenden. Aus dem Ofen nehmen und abkühlen lassen.

Variante

Tangerinen-Mandel-Biscotti

Die Biscotti wie beschrieben zubereiten, jedoch die Pistazien durch 100 g grob gehackte Mandelkerne, die Orangenschale durch die abgeriebene Schale von 2 Bio-Tangerinen ersetzen. Statt Vanillezucker Mandelaroma verwenden.

Zitronentarte

Herb-süße Zitronencreme auf buttrigem Mandelboden – diese Tarte schmeckt einfach köstlich.

20 MIN. PLUS KÜHLZEIT 55 MIN.

FÜR 1 TARTEFORM (20 CM Ø)

- 125 g kalte Butter in Stückchen, plus mehr für die Form
- 175 g Mehl, plus mehr zum Arbeiten
- 75 g gemahlene Mandeln
- Saft und abgeriebene Schale von 2 Bio-Zitronen
- 75 g Zucker
- 3 große Eier (L)
- 200 g Sahne

1 Die Form dünn mit Butter fetten. Aus Mehl, Mandeln, Butter und 3 EL kaltem Wasser einen glatten Mürbeteig herstellen. Den Teig auf einer leicht bemehlten Arbeitsfläche rund ausrollen und die Form damit auskleiden. Überstehenden Teig am Rand abschneiden; die Form 30 Minuten kalt stellen.

2 Den Backofen auf 200 °C vorheizen. Den Teig mit einer Gabel mehrmals einstechen. 15–20 Minuten backen, bis er durchgebacken ist, dann aus dem Ofen nehmen und etwas abkühlen lassen. Die Ofentemperatur auf 150 °C senken.

3 Für die Füllung den Zitronensaft mit dem Zucker in eine Schüssel geben und rühren, bis der Zucker sich aufgelöst hat. Eier, Zitronenschale und Sahne darunterschlagen. Die Mischung in den gebackenen Tarteboden gießen. Die Tarte 35 Minuten backen, bis die Zitronencreme gestockt ist. Aus dem Ofen nehmen, abkühlen lassen und bis zum Servieren kalt stellen. Nach Belieben mit Schlagsahne servieren.

Zitronensorbet

Eine belebende Köstlichkeit, die Sie als Abschluss einer Mahlzeit oder als Zwischengang servieren können.

20 MIN. PLUS KÜHL- UND GEFRIERZEIT TK-TAUGLICH

ERGIBT ETWA 750 ML

- 6 große Bio-Zitronen
- 250 g Zucker
- 1 großes Eiweiß (L)

1 Von 3 Zitronen die Schale mit einem Sparschäler in hauchdünnen Streifen abschneiden, die bittere weiße Haut dabei an den Früchten lassen. Die Streifen mit dem Zucker und 250 nl Wasser in einen Topf geben. Aufkochen und 5 Minuten sprudelnd kochen lassen, bis ein Sirup entstanden ist. Vom Herd nehmen und abkühlen lassen.

2 Alle 4 Zitronen auspressen. Den Saft in einen Messbecher geben und mit Wasser auf 400 ml auffüllen. Den kalten Sirup unterrühren. Die Mischung über Nacht in den Kühlschrank stellen.

3 Am nächsten Tag die Mischung in die Eismaschine geben und nach Herstellerangabe anfrieren. Sobald sie zu gefrieren beginnt, das Eiweiß schaumig (nicht zu Schnee) schlagen und unter die Mischung rühren. Das fertige Sorbet im Tiefkühlgerät aufbewahren. Wer keine Eismaschine hat, kann die Saftmischung in einem Gefäß zugedeckt für 1–2 Stunden ins Tiefkühlgerät stellen, bis am Rand gut 2 cm gefroren sind. Mit einem Schneebesen durchschlagen, um die Eiskristalle zu zerstören, dann wieder zudecken und einfrieren. Nach 30 Minuten erneut schlagen, dann das Eiweiß unterheben. So weiterverfahren, bis das Sorbet fest ist.

4 Eine halbe Stunde vor dem Servieren das Sorbet in den Kühlschrank stellen, damit es etwas weicher wird.

Tarte mit Dulce de leche und Quitten

Falls Sie Zeit sparen möchten: Im Feinkosthandel wird fix und fertiges Dulce de leche angeboten.

20 MIN. 3 STD.

FÜR 6 PERSONEN

- 1 Dose gezuckerte Kondensmilch (400 g)
- 2 große Quitten (etwa 250 g), abgebürstet
- 1 EL Zitronensaft
- 50 g Zucker
- 1 Sternanis
- abgeriebene Schale von 1 Bio-Zitrone
- 1 Mürbeteigboden (Fertigprodukt oder selbst gemacht)
- 300 g Sahne, steif geschlagen
- 1 TL gemahlener Zimt

1 Die Dose mit der Kondensmilch ungeöffnet in einen Topf geben und mit kaltem Wasser bedecken. Das Wasser aufkochen, dann zugedeckt 3 Stunden köcheln lassen. Falls nötig, gelegentlich heißes Wasser nachfüllen. Vom Herd nehmen und die Dose im Wasser abkühlen lassen.

2 Inzwischen die Quitten für 2 Minuten mit in den Topf geben (danach lassen sie sich leichter schälen). Mit einem Schaumlöffel herausheben und in Eiswasser abschrecken. Abgießen, schälen, vierteln und entkernen. Mit Zitronensaft in Wasser geben, damit sie nicht braun werden.

3 In einen zweiten Topf 300 ml Wasser mit dem Zucker erhitzen, bis dieser sich aufgelöst hat. Die Quitten aus dem Wasser heben, mit dem Sternanis in den Topf geben und zugedeckt etwa 30 Minuten pochieren, bis sie weich sind. Im Sirup abkühlen lassen, dann abgießen, zerkleinern und mit der Zitronenschale mischen.

4 Teigboden auf eine Servierplatte setzen. Die karamellisierte Kondensmilch darauf verteilen. Quitten daraufgeben und mit der Sahne bedecken. Mit Zimt bestreuen; bis zum Servieren kalt stellen.

Kaltes Zitronensoufflé

Süß und fruchtig, kühl und leicht – ein Traumdessert.

35-40 MIN. PLUS KÜHLZEIT | 15-20 MIN.

FÜR 8 PERSONEN

- 1 Päckchen gemahlene Gelatine
- 4 große Bio-Zitronen
- 4 Eier (L), getrennt
- 2 Eiweiß
- 250 g Zucker, plus 2 EL
- 250 g Sahne

1 Ein Stück Alufolie 5 cm länger als den Umfang der Souffléform (1 l Inhalt) zuschneiden. Längs zur Hälfte zusammenfalten. Den Streifen um die Form legen und mit Klebefilm fixieren.

2 In eine kleine Schüssel 5 TL Wasser geben. Die Gelatine daraufstreuen und 2–3 Minuten quellen lassen. Die Schüssel in einen Topf mit köchelndem (nicht kochendem) Wasser stellen. Rühren, bis die Gelatine sich aufgelöst hat.

3 Inzwischen von 3 Zitronen die Schale abreiben. Die Schale von der restlichen Zitrone mit einem Zestenreißer in Streifen abziehen; beiseitestellen. Alle 4 Zitronen auspressen. Die Eigelbe in einem Topf mit abgeriebener Schale, Zitronensaft und zwei Dritteln des Zuckers mischen. Rühren, bis die Mischung aufkocht. Die Mischung in eine Schüssel gießen und mit dem Handrührgerät oder einem Schneebesen schlagen, bis sie hell und cremig ist. Die Gelatine untermischen. Weiterschlagen, bis die Creme kühl ist.

4 Die Sahne in einer Schüssel halbsteif schlagen; kalt stellen. In einem Topf 125 ml Wasser mit dem Zucker erhitzen, bis er sich aufgelöst hat. Ohne zu rühren kochen lassen, bis der »große Ballen« erreicht ist: 1 TL Sirup in kaltes Wasser tropfen lassen. Lässt sich daraus zwischen Daumen und Zeigefinger eine weiche Kugel formen, ist das Stadium erreicht.

5 Während der Sirup kocht, die Eiweiße in einer Schüssel zu steifem Schnee schlagen. Nach und nach den heißen Sirup darunterschlagen, bis die Baisermasse kühl und fest ist. Die Schüssel mit der Zitronenmischung in eine große Schüssel mit kaltem Wasser stellen. Rühren, bis die Mischung eindickt. Vom Wasserbad nehmen, dann erst die gekühlte Schlagsahne und in zwei Portionen die Baisermasse unterheben. Das Soufflé in die Form füllen und mindestens 2 Stunden kühlen, bis es fest ist.

6 Die Zitronenzesten für 2 Minuten in köchelndes Wasser geben. In ein Sieb schütten, kalt abspülen und abtropfen lassen. Das Soufflé 30 Minuten vor dem Servieren aus dem Kühlschrank nehmen. Mit Zitronenzesten bestreuen, dann den Alustreifen entfernen und das Soufflé mit Schlagsahne servieren.

Grapefruit-Granita mit Mandelkeksen

Eine Granita muss feinkörnig sein und deshalb während des Gefrierens öfter kräftig durchgeschlagen werden.

15-20 MIN. PLUS GEFRIERZEIT | 35-40 MIN.

FÜR 4 PERSONEN

- 3 Grapefruit
- Saft von ½ Zitrone
- 175 g Zucker, plus mehr nach Geschmack
- 15 g Butter, plus mehr für das Blech
- 85 g Mehl, plus mehr für das Blech
- abgeriebene Schale von 1 Bio-Zitrone
- 150 g gemahlene Mandeln
- 1 EL Weinbrand
- 1 Ei, verquirlt
- 12-15 blanchierte Mandelkerne

1 Von ½ Grapefruit die Schale in hauchdünnen Streifen abschneiden. Alle 3 Früchte auspressen. Saft mit dem Zitronensaft durch ein Sieb in eine Schüssel gießen. 25 g Zucker dazugeben; rühren, bis er sich aufgelöst hat. Mischung 45–60 Minuten ins Tiefkühlgerät stellen, bis sie oben gefroren ist. Mit einem Schneebesen durchschlagen. Dies 4–5 Stunden lang jede Stunde wiederholen, bis die Granita leicht körnig ist.

2 Den Backofen auf 180 °C vorheizen. Ein Backblech mit Butter fetten und mit Mehl bestreuen. Das Mehl in eine Schüssel sieben und mit Butter, Zitronenschale, gemahlenen Mandeln, 125 g Zucker, Weinbrand und Ei zu einem Teig verrühren. Aus dem Teig mit angefeuchteten Händen 2–3 cm große Kugeln rollen. Diese mit 2–3 cm Abstand zueinander auf ein Backblech setzen und in jede 1 Mandel drücken. Die Kugeln im heißen Ofen 15–20 Minuten backen; auf einem Gitter auskühlen lassen.

3 Die Schalenstreifen in sehr feine Streifen schneiden. Den restlichen Zucker in 2 EL Wasser auflösen. Die Streifen darin 12–15 Minuten köcheln lassen, bis das Wasser verdampft ist und die Streifen durchsichtig sind. Die Streifen abtropfen und auf Backpapier abkühlen lassen.

4 Die Granita auf geeiste Schalen verteilen. Mit den kandierten Grapefruitschalenstreifen garnieren und sofort mit den Keksen servieren.

Pochierte Birnen mit Thymian in Rotwein

Dieses festliche Dessert wird aus wenigen einfachen Zutaten gemacht. Bereitet man es am Vortag zu, können Farbe und Aromen der Sauce in die Birnen einziehen.

20-30 MIN. PLUS KÜHLZEIT 50 MIN.

FÜR 4 PERSONEN

750 ml Rotwein
200 g Zucker
2 Zweige Thymian
1 Zimtstange
1 Bio-Orange
4 feste Birnen

1 Den Wein mit Zucker, Thymian und Zimt in einem Topf mischen. (Dieser sollte so groß sein, dass die Birnen gerade eben hineinpassen.) Aufkochen und köcheln lassen.

2 Die Orangenschale mit einem Sparschäler in breiten Streifen abschneiden und in den Topf geben. Die Orange auspressen und den Saft in den Topf gießen.

3 Die Birnen schälen, die Stiele dabei belassen. Von den Birnen unten je eine Scheibe abschneiden, damit sie aufrecht stehen können. Die Birnen in den Topf geben. Falls nötig, Wasser hinzufügen, damit sie von Flüssigkeit bedeckt sind. Zudecken; 20 Minuten bei schwacher Hitze köcheln lassen, bis die Birnen weich sind. Alles im Topf abkühlen lassen; Zimt entfernen. Über Nacht kalt stellen.

4 Vor dem Servieren die Birnen aus dem Sud heben. Sud aufkochen und zu einer sirupartigen Sauce einköcheln lassen. Die Sauce soll intensiv, aber nicht verbrannt schmecken; durch ein Sieb gießen. Die kalten Birnen mit der heißen Sauce begießen und mit Schlagsahne oder Eiscreme servieren.

Orientalische Dattelküchlein mit Granatapfelsirup

Das herb-fruchtige Aroma des Sirups kontrastiert wunderbar mit der Süße der Datteln. Die Küchlein sind ein feines Dessert, schmecken aber auch zur Kaffeestunde.

25 MIN. 4 MIN.

FÜR 4 PERSONEN

50 g Sesamsamen
200 g frische Datteln, entsteint und gehackt
abgeriebene Schale und Saft von ½ Bio-Orange
100 g Mehl
Sonnenblumenöl zum Braten
150 g Crème fraîche, plus mehr zum Servieren
Mark von ½ Vanilleschote
1 EL Puderzucker, gesiebt
3-4 EL Granatapfelsirup (nicht Grenadine)
4 EL Granatapfelkerne

1 Die Sesamsamen in einer großen Pfanne ohne Fett unter Rühren goldbraun rösten, dann sofort in eine Schüssel schütten. Datteln, Orangenschale und Orangensaft dazugeben. Alles mit dem Mehl zu einem festen Teig verarbeiten.

2 Aus der Masse mit angefeuchteten Händen 16 dattelförmige Ovale herstellen.

3 In der Pfanne etwa 5 mm hoch Öl bei mittlerer Hitze heiß werden lassen. Die Küchlein darin auf jeder Seite in etwa 2 Minuten goldbraun braten, dann auf Küchenpapier abtropfen lassen.

4 Die Crème fraîche mit Vanillemark und Puderzucker glatt rühren.

5 Die Küchlein auf Portionstellern anrichten. Mit Granatapfelsirup beträufeln, mit Granatapfelkernen bestreuen und mit der Vanille-Crème-fraîche servieren.

Schokoladenmousse mit Zimtbirnen

Schokolade und Birnen sind ein gutes Gespann. Für dieses Dessert könnte man Birnen aus der Dose verwenden, aber mit frischen Birnen schmeckt es einfach doppelt so gut.

25 MIN. PLUS KÜHLZEIT

FÜR 6 PERSONEN

3 reife Birnen
1 TL Zitronensaft
1 EL Puderzucker
1 TL gemahlener Zimt

Für die Mousse

150 g Bitterschokolade
3 Eier, getrennt
150 g Sahne
100 g Zucker (oder nach Geschmack)
1 EL Weinbrand
Schokoladenraspel zum Garnieren

1 Die Birnen schälen, halbieren, entkernen und würfeln. Die Würfel mit Zitronensaft, Puderzucker und Zimt mischen, dann auf sechs Weingläser oder Dessertschalen verteilen.

2 Eine Metallschüssel auf einen Topf mit etwas köchelndem Wasser setzen – ihr Boden darf das Wasser nicht berühren. Die Schokolade darin fast vollständig schmelzen lassen.

3 Inzwischen die Eiweiße zu steifem Schnee und die Sahne steif schlagen. Die Eigelbe mit dem Zucker hell und cremig schlagen. Die Schüssel vom Topf nehmen. Die Schokolade rühren, bis sie ganz geschmolzen ist; den Weinbrand unterrühren. Zur Eiercreme geben und behutsam unterheben. Danach die Sahne und zum Schluss den Eischnee unterziehen.

4 Die Birnen mit der Mousse bedecken und kalt stellen. Vor dem Servieren mit Schokoraspeln garnieren.

Schokoladen-Haselnuss-Tarte

Etwas für einen besonderen Anlass. Der Boden besteht aus »Pasta frolla«, italienischem Mürbeteig. Die Füllung bietet Schokolade, vereint mit gerösteten Nüssen und Orangenschale, gekrönt von einer Glasur aus Schokolade, Butter und Orangenlikör.

45-50 MIN. PLUS KÜHLZEIT **35-40 MIN.**

FÜR 1 TARTEFORM (24 CM Ø)

Für die »Pasta frolla«

- 150 g Mehl, plus mehr nach Bedarf
- 75 g weiche Butter, plus zerlassene Butter für die Form
- 50 g Zucker
- ¼ TL Salz
- abgeriebene Schale von 1 Bio-Orange
- 1 Ei

Für den Belag

- in Streifen abgeschnittene Schale von 2 Bio-Orangen
- 125 g Haselnusskerne
- 100 g Zucker
- 150 g Butter
- 2 EL Mehl
- 2 Eigelb
- 1 Ei
- 50 g Bitterschokolade, geraspelt

Für die Glasur

- 125 g Bitterschokolade in Stücken
- 75 g kalte Butter in Stückchen
- 2 TL Orangenlikör (z. B. Grand Marnier)

1 Für den Teig das Mehl auf eine Arbeitsfläche sieben. In die Mitte eine Mulde drücken und die restlichen Zutaten hineingeben. Alles mit den Fingerspitzen gründlich mischen. Das Mehl unterarbeiten, bis Streusel entstehen. Ist der Teig zu klebrig, mehr Mehl hinzufügen. Den Teig zu einer Kugel formen, auf eine dünn bemehlte Arbeitsfläche geben und 1–2 Minuten kneten, bis er sehr glatt ist. Zur Kugel formen, fest in Frischhaltefolie wickeln und 30 Minuten kühlen.

2 Die Form mit zerlassener Butter ausstreichen. Den Teig auf einer dünn bemehlten Arbeitsfläche zu einem 28 cm großen Kreis ausrollen und die Form sorgfältig damit auskleiden. Über den Rand ragenden Teig abschneiden. Mit den Daumen den Teig am Rand der Form hochziehen, damit der Rand des Teigbodens höher wird. Den Teigboden mehrmals mit einer Gabel einstechen; 15 Minuten kalt stellen.

3 Inzwischen die Orangenschale für 2 Minuten in köchelndes Wasser geben. In ein Sieb schütten, kalt abspülen, abtropfen lassen und zwei Drittel grob hacken.

4 Den Backofen auf 180°C vorheizen. Für den Belag die Nüsse auf einem Backblech verteilen und im Ofen einige Minuten rösten, bis sie leicht gebräunt sind. In einem Geschirrtuch die Häutchen abrubbeln. Nüsse beiseitelegen, Ofen nicht ausschalten.

5 Die abgekühlten Nüsse in der Küchenmaschine mit dem Zucker zerkleinern. Die Butter in einer Schüssel cremig schlagen. Mehl und Nüsse hinzufügen. Weiterschlagen, bis die Mischung hell und schaumig ist. Eigelbe und Ei nacheinander einzeln darunterschlagen. Schokolade und die gehackte Orangenschale untermischen und die Füllung auf den Teigboden geben. Im Ofen 35–40 Minuten backen. Für die Garprobe ein Messer in die Mitte stechen: Es sollte nach dem Herausziehen sauber sein. Tarte auf einem Gitter abkühlen lassen.

6 Für die Glasur die Schokolade über dem heißen Wasserbad schmelzen, die Butter in 2–3 Portionen unterrühren, dann den Likör untermischen. Die Mischung lauwarm abkühlen lassen. Die Tarte aus der Form nehmen und mit der Glasur bestreichen. Die restliche Orangenschale in dünne Streifen schneiden und die Tarte damit garnieren.

Getrocknete Apfelringe

Selbst getrocknetes Obst enthält keinerlei Zusatzstoffe und ergibt eine gesunde Zwischenmahlzeit. Außerdem kann man es als Zutat für süße und pikante Gerichte verwenden.

15-20 MIN. PLUS TROCKEN- UND ABKÜHLZEIT · TK-TAUGLICH

ERGIBT 125-225 G

- 1 kg reife Äpfel
- 2 EL Zitronensaft oder ½ TL Zitronensäure

1 Die Äpfel kurz in kaltem Wasser waschen, dann entkernen und in 3–5 mm dicke Ringe schneiden. Wird Fallobst verwendet, dieses zuvor von schadhaften Stellen befreien. Die äußersten Ringe (die mit der meisten Schale) wegwerfen.

2 In eine Schüssel 500 ml Wasser geben und Zitronensaft oder Zitronensäure hinzufügen. Die Apfelscheiben in das gesäuerte Wasser geben und auf einem Geschirrtuch abtropfen lassen. Die Ringe nebeneinander auf Gitter (jeweils über einem Backblech) legen. Im Backofen bei der niedrigstmöglichen Hitze (50–60 °C) je nach Temperatur 8–24 Stunden trocknen. Dies kann auch phasenweise geschehen.

3 Die trocknenden Ringe gelegentlich wenden. Sie sind fertig, wenn sie sich anfühlen wie weiches Fensterleder. Man kann sie aber auch trocknen, bis sie hart sind wie Chips. Aus dem Ofen nehmen, mit Küchenpapier bedecken und 12–24 Stunden ruhen lassen. Währenddessen gelegentlich wenden, damit sie so wenig Feuchtigkeit wie möglich enthalten (und später nicht schimmeln).

4 Luftdicht verpacken. Kühl, trocken und dunkel aufbewahren und gelegentlich kontrollieren.

Cranberry-Gelee

Dieses tiefrote klare Gelee schmeckt fruchtig-herb und passt daher gut zu Geflügel, Schweinefleisch und Aufschnitt.

10 MIN. PLUS ABTROPFZEIT · 35–45 MIN.

ERGIBT ETWA 400 G

- 500 g Cranberrys
- 1 EL Zitronensaft
- etwa 500 g Zucker (siehe Schritt 3)

1 Die Beeren mit 500 ml Wasser und dem Zitronensaft in einen großen Topf geben. Bei mittlerer Hitze aufkochen, dann bei schwacher Hitze zugedeckt 25–30 Minuten köcheln lassen, bis die Beeren weich sind. Vom Herd nehmen und mit einem Kartoffelstampfer oder einer Gabel zerdrücken.

2 Ein feinmaschiges Sieb auf eine große Schüssel setzen. Den Topfinhalt hineinschütten und über Nacht abtropfen lassen.

3 Den Saft abmessen und die Zuckermenge berechnen: Sie brauchen 400 g Zucker pro 500 ml Saft. Den Saft mit dem Zucker in den gesäuberten Topf gießen und rühren, bis der Zucker sich aufgelöst hat. Die Mischung aufkochen und 10–15 Minuten köcheln lassen. Den Topf vom Herd nehmen und die Gelierprobe machen: 1 TL Gelee auf eine gekühlte Untertasse geben. Wird die Probe fest, kann das Gelee abgefüllt werden. Falls Sie ein Zuckerthermometer verwenden möchten: Die Gelierflüssigkeit muss 105 °C heiß sein. Dann setzt sie sich auch an der Topfwand ab, und beim Kochen schäumt sie nicht mehr, sondern es steigen Blasen träge an die Oberfläche und zerplatzen.

4 Das Gelee abschäumen, in heiß ausgespülte sterilisierte Gläser füllen und mit Wachspapierkreisen bedecken. Die Gläser verschließen und beschriften. Kühl und dunkel lagern, angebrochene Gläser im Kühlschrank aufbewahren.

Englische Apfelbutter

In diesem milden, cremigen Aufstrich verbindet sich die feine Süße von Äpfeln mit den Aromen von Orange, Zimt und Piment. Genießen Sie ihn auf frischem Brot oder in Süßspeisen.

15 MIN. · 2 STD. 10 MIN.

ERGIBT ETWA 1 KG

- 1 kg Kochäpfel, grob zerkleinert
- Saft von 1 Orange
- 1 Prise gemahlenes Piment
- 1 Prise gemahlener Zimt
- 700 g Zucker

1 Die Äpfel in einen großen Topf geben. 250 ml Wasser hinzufügen. Aufkochen und etwa 10 Minuten köcheln lassen, bis die Äpfel weich sind.

2 Das Obst portionsweise durch ein Sieb in eine Schüssel passieren. Saft und Püree mit Orangensaft, Gewürzen und Zucker wieder in den Topf geben. Bei schwacher Hitze rühren, bis der Zucker sich aufgelöst hat.

3 Die Mischung aufkochen, dann etwa 2 Stunden (falls nötig, auch länger) köcheln lassen, bis sie eindickt, dabei gelegentlich umrühren, damit nichts anbrennt.

4 Die Apfelbutter ist fertig, wenn sie einen Löffelrücken überzieht, ohne herunterzutropfen. Es soll eine weiche, streichfähige Paste entstanden sein. Die Apfelbutter in heiß ausgespülte sterilisierte Gläser füllen und mit Wachspapierkreisen bedecken. Die Gläser verschließen und beschriften. Kühl und dunkel lagern, angebrochene Gläser im Kühlschrank aufbewahren.

Gewürzte Kürbis-Zitrus-Konfitüre

Diese aparte Konfitüre schmeckt auf frisch geröstetem Toastbrot besonders gut, verträgt sich aber auch hervorragend mit würzigem Blauschimmelkäse.

20 MIN. 30–40 MIN.

ERGIBT ETWA 2 KG

- Fruchtfleisch von 1 Kürbis (1,5 kg), in kleine Stücke geschnitten
- 2 Kochäpfel, geschält und in kleine Stücke geschnitten
- 1,5 kg Zucker
- Saft von 1 Zitrone
- Saft von 1 Orange
- 1 Prise gemahlener Zimt
- 1 Prise geriebene Muskatnuss

1 Kürbis und Apfel in einen großen Topf geben. Etwa 50 ml Wasser (oder gerade so viel, dass der Kürbis nicht anbrennen kann) hinzufügen. Aufkochen, dann bei schwacher Hitze 10–20 Minuten köcheln lassen, bis die Kürbisstücke weich sind. Alles mit einem Kartoffelstampfer oder einer Gabel zerdrücken, dabei ein paar Kürbisstücke ganz lassen.

2 Zucker, Zitronen- und Orangensaft, Zimt und Muskat dazugeben und rühren, bis der Zucker sich aufgelöst hat. Die Mischung aufkochen und 15–20 Minuten sprudelnd kochen lassen, bis sie eindickt. Den Topf vom Herd nehmen und die Gelierprobe machen: 1 TL Gelee auf eine gekühlte Untertasse geben. Wird die Probe fest, kann die Konfitüre abgefüllt werden. Falls Sie ein Zuckerthermometer verwenden möchten: Die Gelierflüssigkeit muss 105 °C heiß sein. Dann setzt sie sich auch an der Topfwand ab, und beim Kochen schäumt sie nicht mehr, sondern es steigen Blasen träge an die Oberfläche und zerplatzen.

3 Die Konfitüre in warme sterilis erte Gläser füllen und mit Wachspapierkreisen bedecken. Die Gläser verschließen und beschriften. Kühl und dunkel lagern, angebrochene Gläser im Kühlschrank aufbewahren.

Orangenmarmelade

Süßer als der Klassiker aus Bitterorangen. Damit die Schalen weich werden, müssen die Orangen lange kochen.

20 MIN. 1 STD. 25 MIN. - 1 STD. 40 MIN.

ERGIBT ETWA 500 G

- 1 kg Bio-Orangen, geschrubbt und von den Stielansätzen befreit
- 2 Bio-Zitronen
- 1 kg Zucker

1 Orangen und Zitronen auspressen. Saft kalt stellen. Kerne und Fruchtfleisch aus der Saftpresse in ein Stück Mull geben. Den Stoff mit Küchengarn zu einem Beutel zusammenbinden. Die Zitrusschalen mit 1,2 l Wasser in einen großen Topf geben. Mullbeutel hinzufügen. Alles aufkochen, dann bei schwacher Hitze und halb aufgelegtem Deckel 1 Stunde köcheln lassen, bis die Schalen weich sind.

2 Ein großes Sieb auf eine Schüssel setzen; Topfinhalt hineinschütten. Das Fruchtfleisch aus den Schalen mit einem Löffel dazuschaben. Die Schalen mit einem scharfen Messer nach Belieben in dicke oder dünne Streifen schneiden. Wie viel Zitronenschale Sie verwenden, entscheiden Sie.

3 Flüssigkeit, Schalenstreifen, Saft und Zucker in einen großen Topf geben. Bei schwacher Hitze rühren, bis sich der Zucker aufgelöst hat, dann die Mischung bei starker Hitze 5–20 Minuten sprudelnd kochen lassen. Den Topf vom Herd nehmen und die Gelierprobe machen: 1 TL Marmelade auf eine gekühlte Untertasse geben. Wird sie fest, kann die Marmelade abgefüllt werden. Falls Sie ein Zuckerthermometer verwenden möchten: Die Gelierflüssigkeit muss 105 °C heiß sein. Dann setzt sie sich auch an der Topfwand ab, und beim Kochen schäumt sie nicht mehr, sondern es steigen Blasen träge an die Oberfläche und zerplatzen.

3 Marmelade abschäumen; 10–15 Minuten ruhen lassen. In heiß ausgespülte sterilisierte Gläser füllen und mit Wachspapierkreisen bedecken. Gläser verschließen und beschriften. Kühl und dunkel lagern, angebrochene Gläser im Kühlschrank aufbewahren.

Cranberrysauce mit Port

Eine herrlich fruchtige Sauce, die Sie unbedingt einmal zu Geflügel probieren sollten. Port- oder Rotwein rundet diesen englischen Klassiker fein ab.

5 MIN. 20 MIN.

FÜR 4 PERSONEN

250 g Cranberrys
4 EL Port- oder Rotwein
75 g Zucker

1 Die Cranberrys in einen weiten Topf füllen. Port- oder Rotwein dazugießen. Aufkochen, dann bei schwacher Hitze zugedeckt 10–15 Minuten köcheln lassen, bis die Beeren weich werden und platzen. Die Beeren im Topf mit einem Löffelrücken bis zur gewünschten Konsistenz zerdrücken.

2 Nach und nach den Zucker unterrühren, bis er sich aufgelöst hat, dabei immer wieder kosten, ob die richtige Süße erreicht ist. Die Sauce in ein kleines Gefäß füllen und beispielsweise zu Putenbraten oder Brathähnchen servieren.

Variante

Cranberry-Sauce mit Orange

Fruchtiger wird die Sauce, wenn Sie in Schritt 1 noch den Saft und die abgeriebene Schale von 1 Bio-Orange in den Topf geben. Den Alkohol weglassen und weiterverfahren, wie im Hauptrezept beschrieben.

Cranberry-Chutney mit Aprikosen

Dieses Chutney passt wie die Cranberrysauce (links) gut zu Geflügel. Es ist schneller zubereitet als andere Chutneys.

10–15 MIN. PLUS ZIEHZEIT 40–45 MIN.

ERGIBT ETWA 1,5 KG

400 g Cranberrys
2 Kochäpfel (etwa 400 g)
250 g getrocknete Aprikosen
1 große Zwiebel (etwa 200 g), grob gewürfelt
1 Stück frischer Ingwer (1 cm), gerieben
200 g Zucker
200 ml Apfelessig
Schale und Saft von 1 Bio-Orange
1 Zimtstange
¼ TL gemahlener Koriander
¼ TL gemahlener Kreuzkümmel
¼ TL Chiliflocken
Salz

1 Cranberrys, Äpfel und Aprikosen mit Zwiebel und Ingwer in der Küchenmaschine in Intervallen fein zerkleinern. Die Mischung mit den restlichen Zutaten in einen großen Topf geben.

2 Langsam aufkochen lassen, dabei rühren, bis der Zucker sich aufgelöst hat. Anschließend offen bei schwacher Hitze 30–35 Minuten köcheln lassen, bis die Beeren weich und geplatzt sind. Fährt man mit einem Kochlöffel über den Topfboden, sollte eine saubere Spur zurückbleiben. Gegen Ende der Garzeit häufig rühren, damit das Chutney nicht anbrennt.

3 Den Zimt entfernen. Das Chutney in heiß ausgespülte sterilisierte Gläser füllen und mit Wachspapierkreisen bedecken. Die Gläser verschließen, beschriften und abkühlen lassen. Das Chutney in den Kühlschrank stellen und mindestens 2 Wochen durchziehen lassen. Angebrochene Gläser im Kühlschrank aufbewahren.

Cranberry-Orangen-Butter

Schmeckt hervorragend als Brotaufstrich, kann aber auch zu herzhaften Speisen oder mit frischen Walnusskernen gegessen werden.

10 MIN. 50 MIN. TK-TAUGLICH

ERGIBT ETWA 1 KG

450 g Cranberrys
350–450 g Zucker
etwa 15 g Butter
Saft und 1 TL abgeriebene Schale von 1 großen Bio-Orange

1 Die Cranberrys mit 300 ml Wasser in einen großen Topf geben. Zugedeckt aufkochen lassen; den Deckel erst abnehmen, wenn alle Beeren geplatzt sind. Die Beeren offen 10 Minuten köcheln lassen, bis sie weich sind, dann mit einem Kartoffelstampfer oder einer Gabel zerdrücken.

2 Die Masse portionsweise durch ein Sieb in eine Schüssel passieren. Das Püree abmessen: Sie brauchen pro 600 ml Püree 350 g Zucker (falls das Püree sehr herb ist, bis zu 450 g) und 15 g Butter. Cranberrypüree, Zucker, Butter, Orangensaft und Orangenschale in den Topf geben. Bei mittlerer Hitze unter Rühren erwärmen, bis sich der Zucker aufgelöst hat.

3 Alles aufkochen, dann unter häufigem Rühren etwa 40 Minuten köcheln lassen, bis eine weiche, streichfähige Paste entstanden ist. Fährt man mit einem Kochlöffel über den Topfboden, sollte eine saubere Spur zurückbleiben. Die Mischung in heiß ausgespülte sterilisierte Gläser füllen und mit Wachspapierkreisen bedecken. Die Gläser verschließen und beschriften. Kühl und dunkel lagern, angebrochene Gläser im Kühlschrank aufbewahren.

Jetzt am besten **Cranberrys**

Cranberrys werden im Herbst geerntet, und damit beginnt ihre Hauptsaison. Ihr Farbspektrum reicht von Hellrot bis zu dunklem Karminrot. Die harten knackigen, sehr sauren Beeren müssen, ähnlich wie Preiselbeeren, kräftig gesüßt werden, damit sie genießbar sind. Aus den herb schmeckenden Cranberrys hergestellte Konfitüren, Saucen und Kompotts passen bestens als Beilage zu Geflügel und Wild. Darüber hinaus ergeben die Beeren einen köstlichen Saft. Getrocknete Cranberrys können wie Rosinen verwendet werden.

Cranberrys werden in Nordamerika, Großbritannien und den Niederlanden kommerziell angebaut. Sie wachsen an niedrigen Sträuchern, die sich am Boden kriechend ausbreiten. Die Beeren werden geerntet, sobald sie rot sind.

Cranberry Die roten Beeren enthalten sehr viel Pektin, weshalb sie nach kurzem Kochen mit Zucker gelieren. Mit ihrem hohen Vitamin-C-Gehalt stehen sie ganz oben auf der Liste der gesundheitsfördernden, antioxidativ wirkenden Beeren.

Kaufen Sie nur gleich große, makellose, feste und tiefrote Beeren.

Wissenswert

Im Angebot

Etwa ein Dutzend verschiedene Sorten werden im Handel angeboten.

Einkauf Leuchtend rote, intakte Beeren ohne angedrückte oder verschrumpelte Stellen wählen.

Aufbewahren In einem verschlossenen Beutel im Kühlschrank bis zu 2 Wochen haltbar. Alternativ einfrieren, die gefrorenen Beeren verarbeiten.

Zubereiten Für Saucen und Kompott; als Zutat für Tartes, Muffins u. a. Gebäck sowie für Fleischpasteten und -füllungen.

Für den Vorrat Als Gelee und Konfitüre; einmachen, trocknen.

Rezepte

Cranberry-Chutney mit Aprikosen Seite 418

Cranberry-Gelee Seite 416

Cranberry-Orangen-Butter Seite 418

Kürbis mit Maronen und Cranberrys Seite 407

Putentopf mit Cranberrys Seite 378

Cranberrysauce herstellen

Cranberrysauce wird in den USA traditionell an »Thanksgiving« oder zu Weihnachten zum Truthahnbraten serviert. In Europa kann sie anstelle von Preiselbeeren zu Wild und Geflügel oder auch zu Mehlspeisen (z. B. Kaiserschmarren) gereicht werden.

1 250 g Cranberrys mit 325 ml Wasser oder Orangensaft und 125 g Zucker in einen Topf geben.

2 Aufkochen und köcheln lassen, bis die Beeren aufplatzen. In eine Schale umfüllen und abkühlen lassen.

Apfelwein

Für die Herstellung von Apfelwein können Sie alle Äpfel, auch Fallobst, verwenden. Je süßer die Äpfel, desto süßer der Wein.

1 STD. - 1 STD. 30 MIN. PLUS GEFRIER-, ABTROPF-, GÄR- UND REIFEZEIT

ERGIBT ETWA 4 L

- 3,5 kg Äpfel oder 4 l Apfelsaft
- 100 g unraffinierter Rohrzucker
- 5 g Champagnerhefe

1 Vergewissern Sie sich, dass das Obst in gutem Zustand ist. Bei Fallobst stark beschädigte Stellen wegschneiden. Alle Äpfel über Nacht einfrieren, damit die Zellwände zerstört und somit die Früchte weich werden.

2 Die Äpfel vollständig auftauen lassen, dann in kleinen Portionen in der Küchenmaschine pürieren. Sie können auch die frischen Äpfel sofort im Entsafter entsaften.

3 Ein Sieb mit einem Passier- oder Mulltuch auskleiden und auf eine Schüssel setzen. Das Püree hineinschütten. Abtropfen lassen, bis 4 l Saft entstanden sind. Das spezifische Gewicht des Safts mit einem Hydrometer messen. Ist es nicht im Bereich von 1,035–1,050, den Saft mit Wasser verdünnen, bis dieser Bereich erreicht ist. Den Zucker unter den Saft rühren und den Saft durch einen Trichter in einen Gärballon gießen. Die Hefe hinzufügen und die Öffnung des Ballons mit Watte verschließen. Den Saft 2 Tage bei Raumtemperatur (15–25 °C) stehen lassen.

4 Sobald das Schäumen weniger wird, einen Gärspund einsetzen und mit Wasser füllen. Es sollte beginnen zu sprudeln. Den Apfelwein etwa 2 Wochen gären lassen, bis die Flüssigkeit im Gärspund nicht mehr sprudelt.

5 Den Apfelwein mit einem Siphon auf sterilisierte Flaschen abziehen, dabei oben jeweils 2 cm Platz lassen. Die Flaschen verschließen und vor dem Öffnen für etwa 3 Monate bei Raumtemperatur an einen dunklen Platz (z. B. in einen Schrank) stellen, um den Wein reifen zu lassen.

Birnen in Rotwein

Nehmen Sie nicht ganz reife Birnen; zu reife Früchte werden unangenehm weich. Wein allein reicht zum Konservieren nicht aus, die Gläser müssen im Backofen sterilisiert werden.

5 MIN. **1 STD. 10 MIN. PLUS STERILISIERZEIT IM OFEN**

ERGIBT 1 L

- 115 g Zucker
- 2 TL Zitronensaft
- 550 ml Rotwein, plus mehr nach Bedarf
- 1 Zimtstange
- 2 Sternanis
- 2 Gewürznelken
- 6 Birnen, geschält, entkernt und halbiert

1 Den Zucker mit dem Zitronensaft, 250 ml Wein und den Gewürzen in einen großen Topf geben. Unter Rühren aufkochen lassen, bis der Zucker sich aufgelöst hat, dann 2 Minuten sprudelnd kochen lassen, ohne zu rühren. Die Birnen hinzufügen und 2 Minuten in der köchelnden Flüssigkeit pochieren, dabei einmal wenden.

2 Heiß ausgespülte sterilisierte Einmachgläser (mit Bügelverschlüssen) auf ein Geschirrtuch oder ein Holzbrett stellen. Obst mit einem Schaumlöffel aus dem Sirup heben und eng, aber ohne es zu zerdrücken, bis 1 cm unter den Rand in die Gläser füllen.

3 Den restlichen Wein zum Sirup geben. Die Flüssigkeit einige Sekunden sprudelnd kochen lassen und in einen hitzebeständigen Krug gießen (den Zimt entfernen). Die Birnen damit begießen; falls nötig, Wein nachfüllen, bis sie ganz mit Flüssigkeit bedeckt sind. Die Deckel der Gläser mit Gummiringen versehen und schließen. Gläser in das tiefe, mit nassem Zeitungspapier ausgelegte Backblech stellen.

4 Das Blech in den Ofen schieben und das Obst heiß sterilisieren; bezüglich Zeit und Temperatur den Angaben des Backofenherstellers (z. B. in der Gebrauchsanleitung) folgen. Die Gläser herausnehmen und die Bügel fest andrücken. 24 Stunden stehen lassen, dann die Bügel öffnen. Prüfen, ob die Gläser fest verschlossen sind, dann wieder andrücken. Die Gläser an einem kühlen, dunklen Platz lagern. Angebrochene Gläser im Kühlschrank aufbewahren.

Möhren-Koriander-Relish

Dieses süße, würzige Relish passt mit seiner dezenten Orangennote perfekt zu einem indischen Currygericht.

10-15 MIN. PLUS ZIEHZEIT **40-45 MIN.**

ERGIBT ETWA 500 G

- 500 g Möhren, geraspelt
- 1 TL Senfsamen
- 2 TL Koriandersamen, zerdrückt
- 1 TL Kardamomsamen
- 1 Stück frischer Ingwer (2-3 cm), gerieben
- Schale und Saft von 1 Bio-Orange
- 125 ml Apfelessig
- 125 g Zucker

1 Die Möhren in einen großen Topf geben. Senf, Koriander und Kardamom unterrühren.

2 Ingwer, Orangenschale und -saft, Essig und Zucker hinzufügen und alles verrühren. Köcheln lassen, dabei rühren, bis der Zucker sich aufgelöst hat. 10 Minuten weiterköcheln lassen, bis die Möhren weich werden. Bei stärkerer Hitze 15–20 Minuten kochen, bis ein Großteil der Flüssigkeit verdampft ist, dabei häufig rühren, damit nichts anbrennt.

3 Das Relish in heoß ausgespülte sterilisierte Einmachgläser füllen. Die Gläser verschließen und beschriften. Das Chutney 1 Monat durchziehen lassen.Angebrochene Gläser im Kühlschrank aufbewahren.

Apfel-Pfirsich-Chutney mit Walnüssen und Curry

Äpfel und getrocknete Pfirsiche sind eine gelungene Kombination. Wenn Sie Currypulver nicht mögen, probieren Sie stattdessen einmal Lebkuchengewürz.

15 MIN. PLUS ZIEHZEIT **1 STD. 30 MIN.**

ERGIBT ETWA 2 KG

- 2 Kochäpfel (etwa 400 g), geschält, geviertelt, entkernt und in mundgerechte Stücke geschnitten
- 1 große Zwiebel (etwa 250 g), in mundgerechte Stücke geschnitten
- 400 g getrocknete Pfirsiche, in mundgerechte Stücke geschnitten
- 200 g Walnusskerne, grob gehackt
- 125 g Sultaninen
- 400 g brauner Zucker
- 2 TL mildes Currypulver
- Salz
- 300 ml Apfelessig

1 Alle Zutaten in einen großen Topf geben. Aufkochen lassen, dabei rühren, bis der Zucker sich aufgelöst hat. Bei schwacher Hitze 1½ Stunden köcheln lassen, bis ein Kochlöffel, den man über den Topfboden zieht, eine saubere Spur hinterlässt. Gegen Ende der Garzeit häufiger umrühren, damit das Chutney nicht anbrennt.

2 Das Chutney abschmecken. Falls nötig, mehr Salz oder mehr Currypulver unterrühren. Das Chutney noch 1 Minute köcheln lassen, um die Gewürze einzubinden.

3 Das Chutney in heiß ausgespülte sterilisierte Einmachgläser füllen und mit Wachspapierkreisen bedecken. Die Gläser verschließen und beschriften. Kühl und dunkel lagern und erst nach mindestens 1 Monat öffnen. Angebrochene Gläser im Kühlschrank aufbewahren.

Eingelegter Rotkohl

Dieses leicht süße eingelegte Gemüse ist knackig und angenehm würzig. In große Einmachgläser mit weiter Öffnung lässt sich der Kohl am leichtesten einschichten.

30 MIN. PLUS ABTROPF- UND ZIEHZEIT

ERGIBT ETWA 1 KG

- 700 g Rotkohl, in Streifen geschnitten oder gehobelt
- 1 rote Zwiebel, in Ringe geschnitten
- 3 EL grobes Salz
- 500 ml Weißweinessig
- 125 g brauner Zucker
- 1 TL Senfsamen
- 1 TL Koriandersamen

1 Kohlstreifen und Zwiebelringe in eine große Glas- oder Porzellanschüssel geben. Das Salz hinzufügen und unterkneten. Ein großes Sieb auf eine Schüssel setzen. Die Kohlmischung hineingeben und mit einem Teller beschweren. 24 Stunden abtropfen lassen, um dem Kohl so viel Flüssigkeit wie möglich zu entziehen. Den Essig in einen großen Krug füllen. Zucker und Gewürze dazugeben und mit einem Schneebesen rühren, bis der Zucker sich aufgelöst hat. Zudecken und über Nacht stehen lassen.

2 Die Kohlmischung mit kaltem Wasser spülen, um das Salz zu entfernen, dann mit einem Geschirrtuch oder mit Küchenpapier trocken tupfen.

3 Das Gemüse in heiß ausgespülte sterilisierte Einmachgläser schichten und nach unten drücken. Die Essigmischung umrühren. Das Gemüse damit bedecken. Die Gläser verschließen, beschriften und für 1 Woche an einen kühlen, dunklen Platz stellen. Anschließend bis zum Öffnen 1 Monat im Kühlschrank lagern, damit sich die Aromen entfalten. Angebrochene Gläser im Kühlschrank aufbewahren.

Sauerkraut

Viel besser als gekauftes! Weißkohl mit Salz haltbar zu machen funktioniert deshalb, weil die enthaltenen Milchsäurebakterien mit dem Salz eine Gärung herbeiführen.

30–45 MIN. PLUS GÄR- BZW. FERMENTATIONSZEIT

FÜR ETWA 1,5 KG

- 3 kg Weißkohl, von den äußeren Blättern befreit
- etwa 60 g grobes Salz (siehe Schritt 1)
- 1 EL ganzer Kümmel

1 Den Kohl halbieren, vom Strunk befreien, vierteln und in feine Streifen schneiden oder hobeln. Die Streifen wiegen: pro 2,5 kg benötigen Sie etwa 60 g Salz.

2 Den Kohl in eine große Schüssel geben und gleichmäßig mit Salz bestreuen. Den Kohl kneten oder stampfen, bis er sich nass anfühlt. Einige Minuten stehen lassen, damit er weicher wird und Flüssigkeit abgibt.

3 Bis etwa 8 cm unter den Rand in ein sehr großes Steingut- oder Glasgefäß schichten, jede 5 cm dicke Schicht mit Kümmel bestreuen. Die Schichten jeweils mit dem Griff einer Teigrolle, einem großen Stößel oder einem Marmeladenglas nach unten drücken. Die Flüssigkeit aus der Schüssel hinzufügen. Salzlake (1½ EL Salz auf 1 l Wasser) dazugeben, bis der Kohl von Flüssigkeit bedeckt ist. Das Gefäß auf ein Tablett stellen, mit einem sauberen Mulltuch bedecken. Darauf einen exakt passenden Teller legen und mit einem mit Wasser gefüllten Behälter beschweren.

4 Für 3–4 Wochen an einen gut belüfteten Ort stellen (bei Temperaturen über 24 °C stoppt die Gärung, und das Kraut verdirbt; ist es kühler, dauert die Gärung 5–6 Wochen). Täglich prüfen, ob das Kraut noch mit Flüssigkeit bedeckt ist. Regelmäßig abschäumen und das Mulltuch austauschen. Rosafarbene Oberfläche, dunkle Verfärbung, Weich- oder Matschigwerden sind Zeichen für Verderb; das Kraut wegwerfen, es darf auf keinen Fall gegessen werden. Die Gärung ist abgeschlossen, wenn keine Luftbläschen mehr sichtbar sind. Das Sauerkraut in sterilisierte Einmachgläser umfüllen. Die Gläser verschließen, beschriften und 1–2 Monate im Kühlschrank aufbewahren.

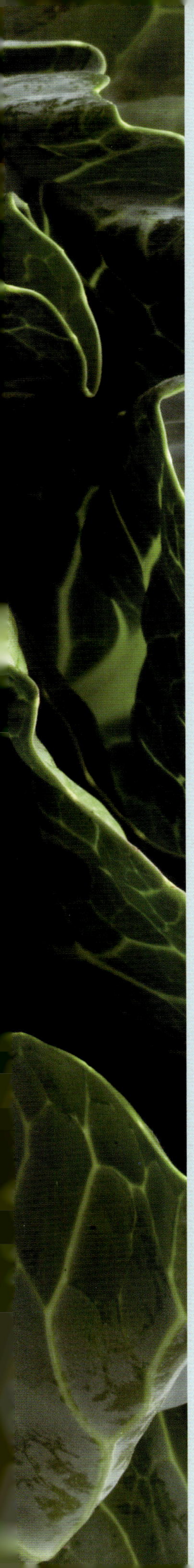

Winter

Jetzt am besten

Gemüse Blumenkohl ▪ Chicorée ▪ Friséesalat ▪ Grünkohl ▪ Kartoffeln ▪ Knollensellerie ▪ Kohl (verschiedene Sorten) ▪ Lauch ▪ Mangold ▪ Möhren ▪ Pak choi ▪ Pastinaken ▪ Radicchio ▪ Rosenkohl ▪ Rote Bete ▪ Herbstrüben ▪ Schalotten ▪ Schwarzkohl ▪ Schwarzwurzeln ▪ Stangensellerie ▪ Steckrüben ▪ Topinambur

Obst Äpfel ▪ Avocados ▪ Birnen ▪ Clementinen ▪ Datteln ▪ Granatäpfel ▪ Grapefruits ▪ Kiwis ▪ Limetten ▪ Orangen ▪ Satsumas ▪ Tangerinen ▪ Zitronen

Fisch und Meeresfrüchte Abalone ▪ Austern (wild und aus Zucht) ▪ Edel- bzw. Flusskrebse (aus Zucht) ▪ Glattbutt ▪ Kabeljau ▪ Kliesche ▪ Meeräsche ▪ Miesmuscheln ▪ Regenbogenforelle (wild und aus Zucht) ▪ Rotbarbe ▪ Rotzunge ▪ Scheidenmuscheln ▪ Schellfisch ▪ Seehecht ▪ Seezunge ▪ Steinbutt

Fleisch, Geflügel, Wild Ente (wild und aus Zucht) ▪ Fasan (wild) ▪ Hase ▪ Hirsch (wild und aus Zucht) ▪ Holztaube ▪ Kaninchen (wild und aus Zucht) ▪ Rebhuhn ▪ Reh (wild und aus Zucht)

Auch auf dem Markt

Gemüse Brunnenkresse ▪ Champignons (aus Zucht) ▪ Spinat ▪ Süßkartoffeln ▪ Zwiebeln **Fisch und Meeresfrüchte** Bachforelle (aus Zucht) ▪ Heilbutt (aus Zucht) ▪ Hering ▪ Jakobsmuscheln (aus Zucht) ▪ Lachs (aus Zucht) ▪ Meerbrasse (aus Zucht) ▪ Meerforelle ▪ Petersfisch ▪ Sardinen ▪ Seeteufel ▪ Taschenkrebs ▪ Wolfsbarsch (aus Zucht) **Fleisch, Geflügel, Wild** Huhn ▪ Kalb ▪ Lamm ▪ Perlhuhn (aus Zucht) ▪ Rind ▪ Schwein ▪ Wachtel (aus Zucht) ▪ Wildschwein (aus Zucht)

Das schmeckt im Winter

ⓥ Für Vegetarier geeignet

Erbsensuppe mit Speck Seite 435

Mini-Hähnchenpasteten mit Lauch und Pilzen Seite 430

Avocado, Grapefruit und Schinken mit Mohndressing Seite 432

Gemüse/ Hülsenfrüchte

Früchte

Fisch/Meeresfrüchte

Geflügel/Wild/Fleisch

Ochsenschwanz mit Clementinen und Sternanis Seite 449

Huhn auf Jägerart Seite 467

Äpfel im Schlafrock Seite 480

Möhrenschnitten mit Frischkäseguss Seite 479

Frische Austern mit Essigschalotten Seite 436

Entenkeulen mit Wirsing, Pinienkernen und Rosinen Seite 454

Französische Fischsuppe

Zur »Soupe de poisson« braucht man keine Beilagen. Fein dazu wären aber geröstete Baguettescheiben, mit Rouille bestrichen und mit etwas geraspeltem Gruyère bestreut.

20 MIN. 1 STD. TK-TAUGLICH

FÜR 6–8 PERSONEN

- 5 EL Olivenöl
- 4 Zwiebeln, gewürfelt
- 2 Stangen Lauch, fein zerkleinert
- 1,5–2 kg Fisch und Meeresfrüchte (z. B. Kabeljau, Meeräsche, Kaltwassergarnelen, Seezunge, Wolfsbarsch und Lachs)
- 1 Stange Sellerie, halbiert
- 400 g Tomaten, zerkleinert
- 9 Knoblauchzehen, zerdrückt
- 5 Stängel Petersilie
- 3 Lorbeerblätter
- dünn abgeschnittene Schale von ½ Bio-Orange
- 1 EL Tomatenmark
- Salz und frisch gemahlener schwarzer Pfeffer
- 1 Prise Safranfäden

1 Das Öl in einem großen Topf bei mittlerer Hitze heiß werden lassen. Zwiebeln und Lauch darin etwa 5 Minuten dünsten, bis sie Farbe annehmen.

2 Die Fische schuppen und ausnehmen. Fische und Meeresfrüchte kalt abspülen. In den Topf geben. Sellerie, Tomaten, Knoblauch, Petersilie, Lorbeer, Orangenschale und Tomatenmark hinzufügen. Alles verrühren und 8–10 Minuten garen, bis der Fisch sich gerade eben mit einer Gabel zerpflücken lässt. 2,5 l heißes Wasser sowie Salz und Pfeffer dazugeben. Das Ganze bei schwacher Hitze etwa 20 Minuten köcheln lassen.

3 Vom Herd nehmen. Etwas abkühlen lassen, dabei rühren und die weichen Fischstücke mit dem Kochlöffelrücken zerdrücken. Sellerie, Orangenschale und Lorbeer entfernen. Die Suppe nach Belieben mit dem Stabmixer oder in der Küchenmaschine grob pürieren. Durch ein Sieb in einen sauberen Topf passieren und bei mittlerer Hitze köcheln lassen.

4 Den Safran in etwas Suppe einweichen und unter die restliche Suppe rühren. Die Suppe abschmecken, auf vorgewärmte Schalen verteilen und heiß servieren.

Topinambursuppe mit Safran und Thymian

Entscheiden Sie selbst, wie viel Möhren (sie machen die Suppe süßer) und wie viel Topinambur Sie verwenden. Wichtig ist nur, dass das Gemüse zusammen etwa 800 g wiegt.

15 MIN. 35–45 MIN. TK-TAUGLICH

FÜR 4–6 PERSONEN

- 2 EL Raps- oder Olivenöl, plus mehr zum Beträufeln
- 2 Zwiebeln, gewürfelt
- 3 Knoblauchzehen, zerkleinert
- 400 g Topinambur, grob zerkleinert
- 400 g Möhren, grob zerkleinert
- Salz und frisch gemahlener schwarzer Pfeffer
- 1,2 l heiße Gemüsebrühe
- 1 EL frische Thymianblättchen oder 1½ TL getrockneter Thymian
- etwa 30 Safranfäden
- Saft von ½ Zitrone

1 Das Öl in einem großen Topf bei mittlerer Hitze heiß werden lassen. Die Zwiebelwürfel darin in 3–4 Minuten glasig dünsten. Den Knoblauch hinzufügen und 30 Sekunden mitdünsten. Topinambur und Möhren mit etwas Salz dazugeben und zugedeckt unter häufigem Rühren 10–15 Minuten garen, bis sie weicher sind.

2 Brühe, Thymian und Safran hinzufügen; aufkochen und bei schwacher Hitze 20 Minuten köcheln lassen, bis das Gemüse sehr weich ist.

3 Vom Herd nehmen und mit dem Stabmixer oder in der Küchenmaschine fein pürieren. Den Zitronensaft unterrühren. Die Suppe abschmecken. Mit etwas Olivenöl beträufeln und servieren.

Variante

Selleriecremesuppe mit Kreuzkümmel

Statt Topinambur 1 geschälte und zerkleinerte kleine Sellerieknolle verwenden. Die Suppe wie beschrieben zubereiten, dabei mit dem Gemüse 1 TL gemahlenen Kreuzkümmel in den Topf geben. Den Safran weglassen. Frischen Thymian verwenden und vor dem Servieren 4 EL Sahne in die Suppe rühren.

Schalotten-Tarte-Tatin

Kaum ein Koch kommt ohne Zwiebeln und Schalotten aus. Doch nur selten stehen die Mitglieder der Allium-Familie so im Vordergrund wie hier die karamellisierten Schalotten.

20 MIN. PLUS KÜHLZEIT **45 MIN.**

FÜR 4-6 PERSONEN

20-30 g Butter
2 EL Olivenöl
400 g Schalotten, längs halbiert
2 EL Balsamico-Essig
einige Thymianzweige

Für den Teig

150 g Mehl
Salz
75 g Butter

1 Für den Teig das Mehl mit etwas Salz und der Butter zu feinen Bröseln verarbeiten. Esslöffelweise kaltes Wasser unterarbeiten, bis der Teig bindet. Den Teig zu einer Kugel formen, in Frischhaltefolie wickeln und 30 Minuten kühlen.

2 Den Backofen auf 200 °C vorheizen. Die Butter in einer großen backofenfesten Pfanne mit dem Öl bei mittlerer Hitze zerlassen. Die Schalotten mit den Schnittflächen nach unten hineinlegen und bei sehr schwacher Hitze 10 Minuten garen, bis sie bräunen. Wenden und weitere 5 Minuten garen. Essig und 2 EL Wasser dazugeben. Die Pfanne vom Herd nehmen. Den Thymian zwischen den Schalotten verteilen.

3 Den Teig zu einem Kreis ausrollen, der etwas größer als der Pfannendurchmesser ist. Auf die Schalotten legen und den Teigrand am inneren Pfannenrand nach unten schieben. Die Tarte im heißen Ofen in etwa 30 Minuten goldbraun backen.

4 Die Pfanne herausnehmen und behutsam auf die Arbeitsfläche stoßen, damit die Schalotten sich lösen. Den Teig mit einer Messerspitze vom Pfannenrand lösen. Einen Teller auf die Pfanne legen. Die Tarte daraufstürzen und warm mit grünem Salat servieren.

Hähnchenleber-Apfel-Pâté

In Portionsförmchen serviert und mit karamellisierten Apfelringen garniert, ergibt die Pâté eine ansprechende Vorspeise.

30-35 MIN. PLUS KÜHLZEIT **12-15 MIN.**

FÜR 6 PERSONEN

3 Tafeläpfel
250 g Butter
Salz und frisch gemahlener schwarzer Pfeffer
500 g küchenfertige Hähnchenlebern
4 Schalotten, fein gewürfelt
2 Knoblauchzehen, fein gewürfelt
4 EL Calvados oder Cognac
2 EL Zucker
6 Scheiben Vollkornbrot

1 Zwei der Äpfel entkernen, schälen und würfeln. 2 EL Butter in einer Pfanne zerlassen. Die Apfelwürfel darin mit Salz und Pfeffer unter Rühren in 5–7 Minuten weich dünsten. Mit einem Schaumlöffel herausheben und in eine Schüssel geben.

2 In der Pfanne 2 weitere EL Butter zerlassen. Hähnchenlebern salzen und pfeffern, dann unter Rühren 2–3 Minuten anbraten. Schalotten und Knoblauch dazugeben und 1–2 Minuten mitbraten. Bei mittlerer bis starker Hitze Calvados bzw. Cognac angießen und aufkochen lassen. Den Alkohol mit einem Streichholz von der Seite anzünden. Die Lebern 20–30 Sekunden damit beschöpfen, bis die Flammen erlöschen. Abkühlen lassen.

3 Die Mischung in der Küchenmaschine nicht zu fein pürieren. Pfanne auswischen. 150 g Butter in einer Schüssel cremig rühren. Leberpaste und gedünstete Äpfel untermischen. Die Pâté abschmecken und auf 6 Portionsförmchen verteilen. Glatt streichen und 2–3 Stunden kalt stellen.

4 Den dritten Apfel entkernen und in 6 Ringe schneiden. Die übrige Butter in der Pfanne zerlassen. Die Apfelringe hineingeben, mit 1 EL Zucker bestreuen und 2–3 Minuten braten, bis der Zucker karamellisiert. Äpfel wenden, mit dem restlichen Zucker bestreuen und ebenfalls 2–3 Minuten braten. Brotscheiben toasten. Die Pâtés mit je 1 Apfelring garnieren und mit dem Brot servieren.

Filoteig-Pastete mit Grünkohl und Wurstbrät

Statt Grünkohl können Sie Mangoldblätter verwenden.

35–40 MIN. 45–55 MIN.

FÜR 1 SPRINGFORM (28 CM Ø)

- 200 g Butter, plus mehr für die Form
- 250 g Bratwurstbrät
- 3 Zwiebeln, fein gewürfelt
- 750 g Grünkohl, in Streifen geschnitten
- ½ TL gemahlenes Piment
- Salz und frisch gemahlener schwarzer Pfeffer
- 2 Eier, verquirlt
- 500 g Filoteig

1 In einem Topf 30 g Butter zerlassen. Das Brät darin unter Rühren braun braten, dann ohne das Fett in eine Schüssel geben. Die Zwiebeln im Fett weich dünsten. Den Grünkohl dazugeben und zugedeckt zusammenfallen lassen, dann offen unter Rühren 5 Minuten dünsten, bis die Flüssigkeit verdampft ist.

2 Brät und Piment unter den Kohl rühren. Die Mischung vom Herd nehmen; abschmecken und auskühlen lassen. Die Eier unterrühren. Den Backofen auf 180 °C vorheizen. Die restliche Butter in einem Topf zerlassen. Die Form mit Butter fetten. Ein feuchtes Geschirrtuch auf die Arbeitsfläche legen. Die Teigplatten darauf entrollen und in 36 cm große Stücke schneiden. Mit einem feuchten Geschirrtuch bedecken.

3 Auf ein drittes feuchtes Tuch ein Teigblatt legen und mit Butter bestreichen. In die Form legen und andrücken. Ein zweites Blatt buttern und im rechten Winkel auf das erste legen. Weiter buttern und schichten, bis die Hälfte der Teigstücke aufgebraucht ist.

4 Die Füllung in den Teigboden geben. Ein Teigblatt buttern und darauflegen. Die restlichen Teigblätter buttern und daraufschichten. Den überhängenden Teig zur Mitte klappen und mit der restlichen Butter beträufeln. Die Pastete im heißen Ofen in 45–55 Minuten goldbraun backen. Etwas abkühlen lassen, dann in Stücke schneiden.

Wildsuppe mit Teighaube

Hierfür eignet sich jedes Wildfleisch, auch Fleisch von Federwild. Gut passen Reh, Hirsch, Kaninchen oder Hase.

20 MIN. 1 STD. 20 MIN. TK-TAUGLICH

FÜR 4 HOHE BACKOFENFESTE SUPPENTASSEN

- 1–2 EL Butter
- 200 g Wildfleisch, klein gewürfelt
- 1 rote Zwiebel, gewürfelt
- 2 EL Mehl
- 1 l heiße Rinderbrühe
- 1 EL Johannisbeergelee
- 3 braune Champignons (Egerlinge), halbiert und in Scheiben geschnitten
- 1 EL gehackter Salbei
- 4 EL roter Portwein
- Salz und frisch gemahlener schwarzer Pfeffer
- 1 Rolle gekühlter Blätterteig (275 g)
- 1 Ei, verquirlt

1 Die Butter in einem Topf bei mittlerer Hitze zerlassen. Das Fleisch und die Zwiebel darin unter Rühren in etwa 5 Minuten bräunen.

2 Das Mehl untermischen und 1 Minute rösten. Nach und nach die Brühe unterrühren, dann das Gelee dazugeben. Unter Rühren aufkochen lassen. Pilze, Salbei, Portwein, Salz und Pfeffer hinzufügen. Die Suppe aufkochen und bei schwacher Hitze unter gelegentlichem Rühren 1 Stunde zugedeckt köcheln lassen. Abschmecken.

3 Inzwischen den Backofen auf 220 °C vorheizen. Aus dem Teig vier Kreise ausschneiden, die etwas größer als der Durchmesser der Tassenränder sind; mit Ei bestreichen. Die Suppentassen auf ein Backblech stellen, die Ränder mit Ei bestreichen.

4 Die Suppe in die Tassen schöpfen. Die Teigkreise auf die Tassen legen und die Ränder mit einer Gabel andrücken. In jeden Teigdeckel einen kleinen Schlitz schneiden, damit Dampf entweichen kann. Das Blech für etwa 15 Minuten in den heißen Ofen schieben, bis die Teighauben aufgegangen, knusprig und goldbraun sind. Die Tassen vor dem Servieren 3–5 Minuten abkühlen lassen.

Suppe mit zweierlei Sellerie

In dieser winterlichen Suppe verbindet sich das nussige Aroma des Knollenselleries mit dem frischen Geschmack von Stangensellerie.

15 MIN. 20 MIN. TK-TAUGLICH

FÜR 4 PERSONEN

- 1 EL Sonnenblumen-, Erdnuss- oder Olivenöl
- 30 g weiche Butter
- 500 g Knollensellerie, geschält und zerkleinert
- 1 Staude Stangensellerie, Stangen zerkleinert
- 1 mehligkochende Kartoffel, geschält und zerkleinert
- Salz und frisch gemahlener schwarzer Pfeffer
- 1 l heiße Gemüse- oder Hühnerbrühe
- 30 g kalte Butter in Stücken
- 4 Scheiben Walnussbrot, getoastet

1 Das Öl mit der weichen Butter in einer großen Pfanne bei mittlerer Hitze heiß werden lassen. Knollensellerie, Stangensellerie und Kartoffel darin unter Rühren 3 Minuten dünsten. 3–4 EL Wasser sowie Salz und Pfeffer hinzufügen. Das Gemüse halb zugedeckt unter gelegentlichem Rühren bei schwacher Hitze weich garen.

2 Die Suppe im Mixer oder in der Küchenmaschine fein pürieren. Wieder in den Topf füllen und die Brühe dazugeben. Salzen, dann bei mittlerer Hitze unter häufigem Rühren zum Köcheln bringen und bei schwacher Hitze 10–15 Minuten köcheln lassen; abschmecken. Unmittelbar vor dem Servieren die kalte Butter unter die Suppe schlagen. Die Suppe heiß mit dem Brot servieren.

Jetzt am besten **Grünkohl und Pak choi**

Asiatische Blattgemüse wie Pak choi sind Kreuzblütler und somit Verwandte des Kohls. Grünkohl stammt vom in Südeuropa beheimateten Wildkohl ab, und der Schwarzkohl (Cavolo nero) kommt aus Italien. Sowohl Grünkohl als auch Schwarzkohl haben feste, leicht bittere und nach Kohl schmeckende Blätter. Die hier aufgeführten Blattkohlarten schmecken mit Knoblauch, Sojasauce, Chili, Ingwer und Nüssen.

Schwarzkohl und Grünkohl mit ihren gekräuselten Blättern sind beliebte Sorten, die in kalten und gemäßigten Klimazonen weltweit angebaut werden. Asiatische Kohlarten wie Pak choi werden ebenfalls weltweit angebaut.

Grünkohl Die ausgesprochen nährstoffreichen Blätter haben einen kräfigen Geschmack und sind sehr fest. Beim Kochen in Wasser oder Dämpfen werden sie grün (dann sind sie weich), garen sie zu lange, werden sie grau.

Wissenswert

Im Angebot

Grünkohl, Schwarzkohl (Cavolo nero), Pak choi und ähnliche asiatische Blattgemüse wie Senfspinat oder Chinakohl.

Einkauf Auf knackige Stiele und frische Blätter achten. Exemplare, die welk sind oder gelbe bzw. braune Stellen haben, liegenlassen.

Aufbewahren Pak choi am besten frisch verbrauchen, alternativ hält er sich in einer Plastiktüte im Kühlschrank 3–4 Tage. Grünkohl wird bitter, wenn er zu lange gelagert wird.

Zubereiten Kochen, dämpfen, dünsten, pfannenrühren; als Zutat für Suppen und Eintöpfe.

Für den Vorrat Blanchieren und einfrieren.

Rezepte

Gemüseeintopf mit Rindfleisch und Kartoffeln Seite 445

Filoteig-Pastete mit Grünkohl und Wurstbrät Seite 428

Rumpsteaks mit Wasabi und Pak choi Seite 442

Schwarzkohl oder Cavolo nero Diese Grünkohlart wird in der gehobenen Gastronomie sehr geschätzt und spielt in der toskanischen Küche eine große Rolle. Die zarten Blätter sind mild, man kann sie dämpfen oder dünsten.

Pak choi wird auch als Senfkohl bezeichnet. Die knackigen Stiele schmecken fast süßlich, während die zarten Blätter eine leichte Senfnote haben.

Kleinere Köpfe können im Ganzen geschmort werden, größere eignen sich, in Streifen geschnitten, für Wokgerichte oder als Zutat für Suppen.

Mini-Hähnchenpasteten mit Lauch und Pilzen

Die goldbraunen Häppchen sind klein, aber fein. In ihrem Inneren verbirgt sich eine knoblauchwürzige cremige Füllung aus winterlichen Zutaten.

15 MIN. 50 MIN. TK-TAUGLICH

FÜR EIN 12ER-MINI-MUFFINBLECH

- 1 EL Olivenöl, plus mehr für das Blech
- 30 g Butter
- 1 kleine Möhre, fein gewürfelt
- 1 kleine Stange Sellerie, fein gewürfelt
- weißer Teil von 1 kleinen Stange Lauch, fein gewürfelt
- 1 kleine Knoblauchzehe, fein gewürfelt
- 100 g braune Champignons (Egerlinge), fein gewürfelt
- 250 g Hähnchenbrustfilet, gewürfelt
- 1 EL gehackter Thymian
- abgeriebene Schale von ½ Bio-Zitrone
- 3 EL Weißwein
- 125 g Sahne
- Salz und frisch gemahlener schwarzer Pfeffer
- 1 Rolle Blätterteig (275 g)
- 1 Ei, verquirlt

1 Das Öl mit der Butter in einer Pfanne bei mittlerer Hitze heiß werden lassen. Möhre und Sellerie darin in etwa 5 Minuten weich dünsten. Den Lauch dazugeben und einige Minuten mitdünsten, bis auch er weich ist. Den Knoblauch unterrühren, dann die Pilze untermischen. Alles unter gelegentlichem Rühren 5 Minuten weiterdünsten.

2 Bei etwas stärkerer Hitze Fleisch, Thymian, Zitronenschale und Weißwein hinzufügen. Die Mischung unter gelegentlichem Rühren 15–20 Minuten garen, dann die Sahne angießen. Weitere 5 Minuten köcheln lassen, bis die Sauce etwas eingedickt ist. Abkühlen lassen.

3 Den Backofen auf 200 °C vorheizen. Die Mulden des Muffinblechs mit Öl ausfetten. Mit einem Ausstecher (6 cm Ø) 12 Kreise aus dem Blätterteig ausstechen. Die Mulden damit auskleiden. Die Füllung auf die Teigböden verteilen. Mit einem kleineren Ausstecher (5 cm Ø) 12 Teigkreise ausstechen. Die Füllungen damit belegen und die Teigränder zusammendrücken. Die Deckel mit Ei bestreichen. Die Pastetchen in 15–20 Minuten goldbraun backen. Heiß servieren.

Möhrencremesuppe mit Zwiebeln und Kreuzkümmel

Die bereits pürierte Suppe noch durch ein Sieb zu passieren, mag auf den ersten Blick übertrieben scheinen. Doch so feincremig schmeckt sie einfach um Klassen besser.

20 MIN. 30 MIN. TK-TAUGLICH

FÜR 6 PERSONEN

- 2 EL Sonnenblumen-, Erdnuss- oder Olivenöl
- 2 Gemüsezwiebeln, grob gehackt
- 1 TL Kreuzkümmelsamen
- 1 TL gemahlener Kreuzkümmel
- 1 kg Möhren, grob zerkleinert
- Salz und frisch gemahlener schwarzer Pfeffer
- abgeriebene Schale und Saft von 1 kleinen Bio-Orange
- 125 g Sahne
- 1 EL fein gehackte Petersilie

1 Das Öl in einer großen Pfanne bei mittlerer Hitze heiß werden lassen. Die Zwiebeln darin mit Kreuzkümmelsamen und -pulver in 3–4 Minuten glasig dünsten. Die Möhren, 1,5 l Wasser sowie Salz und Pfeffer dazugeben. Bei schwacher Hitze etwa 20 Minuten köcheln lassen, bis die Möhren sehr weich sind. Vom Herd nehmen und etwas abkühlen lassen.

2 Die Suppe im Mixer oder in der Küchenmaschine fein pürieren. Ein Sieb auf einen Topf (oder, wenn möglich, auf die Pfanne) setzen und die Suppe mithilfe eines Kochlöffels hindurchpassieren.

3 Orangenschale und Saft unterrühren. Die Suppe abschmecken und erhitzen. Die Petersilie und etwas Pfeffer untermischen und die Suppe sehr heiß servieren.

Variante

Selleriecremesuppe mit Orange und Zimt

Die Suppe wie beschrieben zubereiten, dabei aber die Möhren durch 1 großen Knollensellerie ersetzen. Abgeriebene Schale und Saft von 1 großen statt 1 kleinen Orange verwenden. Den gesamten Kreuzkümmel weglassen, stattdessen mit dem Sellerie 1 Zimtstange und 1 Lorbeerblatt hinzufügen; Zimt und Lorbeer vor dem Pürieren entfernen. Statt Petersilie fein gehacktes Koriandergrün unter die Suppe mischen.

Caldo verde

Ein Klassiker aus Portugal, der an kalten Tagen wunderbar durchwärmt. Die »Grüne Suppe« wird mit Grünkohl – auf Portugiesisch »galega« – und Kartoffeln zubereitet.

10 MIN. 20 MIN. TK-TAUGLICH

FÜR 6-8 PERSONEN

- 4 mehligkochende Kartoffeln, geschält und in Stücke geschnitten
- Salz
- 500 g Grünkohl, von dicken Blattrippen befreit und in sehr dünne Streifen geschnitten
- 2 EL Olivenöl
- frisch gemahlener schwarzer Pfeffer

1 Die Kartoffeln mit 2 l Wasser und etwas Salz in einen Topf geben. Aufkochen und bei schwacher Hitze etwa 15 Minuten köcheln lassen, bis die Kartoffeln weich sind. Die Kartoffeln im Wasser mit einer Gabel zerdrücken.

2 Den Grünkohl in kochendem Wasser 3–4 Minuten garen. Abgießen und mit dem Öl unter die Kartoffelsuppe rühren. Die Suppe 1–2 Minuten köcheln lassen, dann mit Salz und Pfeffer abschmecken und heiß servieren.

Variante

Caldo verde mit Gemüse

Die Suppe wie beschrieben, aber statt mit 4 Kartoffeln mit 2 Kartoffeln, 1 Herbstrübe und ½ Steckrübe (alles in Stücke geschnitten) zubereiten. Vor dem Servieren mit geriebenem Parmesan bestreuen.

Zwiebeltarte

Eine Zwiebeltarte ist mit wenigen Zutaten schnell und leicht gemacht. Seien Sie großzügig mit den Gewürzen – sie bringen den Geschmack der Zwiebeln erst richtig zur Geltung. Das Paprikapulver steuert außerdem Farbe bei.

15 MIN. **55 MIN.** **TK-TAUGLICH**

FÜR 1 TARTEFORM (20 CM Ø)

- 1 EL Olivenöl
- 4 Zwiebeln, in Ringe geschnitten
- 1 EL Mehl, plus mehr zum Arbeiten
- 300 ml Milch
- 2 TL edelsüßes Paprikapulver
- Salz und frisch gemahlener schwarzer Pfeffer
- 300 g salziger Mürbeteig (Fertigprodukt oder selbst gemacht)
- 1 Ei, verquirlt

1 Den Backofen auf 200 °C vorheizen. Das Öl in einer beschichteten Pfanne bei schwacher Hitze heiß werden lassen. Die Zwiebelringe darin in etwa 15 Minuten unter häufigem Rühren glasig dünsten; sie dürfen dabei nicht bräunen.

2 Das Mehl mit einem Kochlöffel unter die Zwiebeln mischen, dann etwas Milch unterrühren. Die Zwiebelmischung erhitzen, dabei unter ständigem Rühren nach und nach die restliche Milch dazugießen; rühren, bis die Mischung andickt. Mit 1 TL Paprikapulver sowie Salz und Pfeffer würzen. Beiseitestellen.

3 Den Teig auf einer dünn bemehlten Arbeitsfläche ausrollen und die Form damit auskleiden. Überhängenden Teig abschneiden. Den Teigboden mit Backpapier belegen und mit getrockneten Hülsenfrüchten beschweren. 15–20 Minuten backen, bis der Rand des Tartebodens goldgelb ist. Die Hülsenfrüchte und das Papier entfernen. Den Tarteboden mit etwas Ei bestreichen und nochmals für einige Minuten in den Ofen stellen, bis er knusprig ist. Die Backofentemperatur auf 180 °C senken.

4 Die Zwiebelmischung in den Tarteboden füllen und mit dem restlichen Paprikapulver bestreuen. Die Tarte 15–20 Minuten backen, bis sie hell gebräunt ist. Warm servieren.

Variante

Lauchtarte mit Cheddar

Wie im Hauptrezept beschrieben vorgehen, die Zwiebeln aber durch 3–4 in dünne Streifen geschnittene Lauchstangen ersetzen und mit dem Paprikapulver in Schritt 2 etwa 50 g geriebenen Cheddar untermischen.

Avocado, Grapefruit und Schinken mit Mohndressing

Salziger Parmaschinken, bitterer Rucola und herbe Grapefruit ergeben mit mild-cremiger Avocado einen großartigen Salat.

25-30 MIN.

FÜR 4 PERSONEN

- 3 EL Rotweinessig
- ½ kleine Zwiebel, gerieben
- 1 EL Honig
- 1 TL Senf
- ¼ TL geriebener Ingwer
- Salz und frisch gemahlener schwarzer Pfeffer
- 150 ml Öl
- 1 EL Mohnsamen
- 4 Grapefruits
- 2 Avocados
- Saft von 1 Zitrone
- 175 g Rucola
- 125 g Parmaschinken, in 2-3 cm breite Streifen geschnitten

1 Den Essig in einer kleinen Schüssel mit Zwiebel, Honig, Senf, Ingwer, Salz und Pfeffer verquirlen. Nach und nach das Öl unter die Mischung schlagen, bis ein cremiges Dressing entstanden ist. Den Mohn unterrühren und das Dressing abschmecken.

2 Von einer Grapefruit die Hälfte der Schale in hauchdünnen Streifen abschneiden und diese in sehr feine Streifen schneiden. In einem kleinen Topf Wasser zum Köcheln bringen. Die Schalenstreifen für 2 Minuten hineingeben, dann abgießen und abtropfen lassen.

3 Von den Grapefruits oben und unten je eine dicke Scheiben abschneiden. Die Früchte so dick schälen, dass auch die weiße dünne Haut mitentfernt wird. Die Früchte über einer Schüssel filetieren. Die Filets hineingeben, Kerne entfernen und die Filets zugedeckt kalt stellen.

4 Die Avocados halbieren. Die Kerne herauslösen und die Schale abziehen. Das Fruchtfleisch längs in Spalten schneiden und diese in einer Schüssel mit dem Zitronensaft mischen, damit sie sich nicht verfärben. Das Dressing kräftig durchschlagen. Den Rucola mit einem Drittel davon anmachen und auf vier Teller verteilen. Grapefruitfilets, Schinkenstreifen und Avocadospalten darauf anrichten. Mit dem restlichen Dressing beträufeln, mit den Schalenstreifen bestreuen.

Steckrübencremesuppe

Die Steckrübe ist ein reines Wintergemüse. In ihren Knollen speichert sie reichlich Stärke. Diese, zusammen mit Honig und Sahne, verleiht der Suppe ihre samtige Konsistenz.

10 MIN. 40-50 MIN. TK-TAUGLICH

FÜR 4-6 PERSONEN

- 25 g Butter
- 2 Zwiebeln, gewürfelt
- 750 g Steckrübe, gewürfelt
- Salz
- 1 l heiße Gemüsebrühe
- 1 EL Honig
- 1 Messerspitze frisch geriebene Muskatnuss
- 150 g Sahne, plus mehr zum Garnieren
- frisch gemahlener schwarzer Pfeffer

1 Die Butter in einem großen Topf bei mittlerer Hitze heiß werden lassen. Die Zwiebelwürfel darin 6–8 Minuten braten, bis sie Farbe annehmen. Die Steckrübe mit etwas Salz unterrühren und zugedeckt unter häufigem Rühren 10 Minuten garen. Die Brühe mit Honig und Muskat hinzufügen und zum Kochen bringen. Die Suppe bei schwacher Hitze 20–30 Minuten köcheln lassen, bis die Steckrübenstücke sehr weich sind.

2 Die Suppe kurz abkühlen lassen, dann im Mixer oder in der Küchenmaschine (falls nötig, portionsweise) fein pürieren. Die Sahne unterrühren und die Suppe mit Salz und Pfeffer abschmecken. Auf tiefe Teller verteilen, mit etwas Sahne garnieren, mit Pfeffer bestreuen und servieren.

Variante

Wurzelgemüse-Cremesuppe

Die Suppe wie beschrieben zubereiten, statt der ganzen Steckrübe jedoch nur 1 kleine Steckrübe, 2 Herbstrüben, 1 Pastinake und 1 große Möhre verwenden.

Wraps mit Avocado und knusprigem Speck

Das Fruchtfleisch von Avocados verfärbt sich an der Luft schnell braun. Deshalb sollte man es sofort mit Zitronensaft mischen oder bestreichen.

5 MIN. 10 MIN.

FÜR 4 PERSONEN

- 200 g durchwachsener Speck in dicken Scheiben
- 1 Avocado
- Saft von 1 Zitrone
- 3-4 EL Mayonnaise
- frisch gemahlener schwarzer Pfeffer
- 4 Weizentortillas
- 1 Handvoll in Streifen geschnittener Romanasalat

1 Den Speck in einer Pfanne bei mittlerer bis starker Hitze goldbraun und knusprig braten.

2 Die Avocado halbieren. Den Kern entfernen, die Schale abziehen. Das Fruchtfleisch in Scheiben schneiden. Die Scheiben sofort mit dem Zitronensaft mischen, damit sie nicht braun werden und mit der Mayonnaise mischen. Alles mit reichlich schwarzem Pfeffer würzen.

3 Die Tortillas mit Speck, Salatstreifen und Avocado-Mayonnaise belegen. Aufrollen und sofort servieren.

Variante

Wraps mit Hähnchen, Avocado und Spinat

Wie im Hauptrezept beschrieben vorgehen, aber den Speck durch 200 g gewürfeltes gegartes Hähnchenfleisch ersetzen, statt der Salatstreifen Blattspinat nehmen und die Tortillas vor dem Aufrollen mit Chiliflocken bestreuen.

Jetzt am besten **Avocado**

Avocados schmecken im Winter bis in den Frühling hinein am besten. Ihr mildes, leicht nussiges und cremigweiches Fruchtfleisch enthält reichlich Kalium, Ballaststoffe und vor allem auch gesunde, einfach ungesättigte Fettsäuren. Besonders gut harmonieren die birnenförmigen Früchte mit Parmaschinken, Garnelen, Tomaten, Spargel, Grapefruit, Limetten und Ananas.

Avocados reifen nach der Ernte. Von der Frucht, die aus Mittelamerika und der Karibik stammt, gibt es inzwischen weltweit mehr als 500 Sorten.

Wissenswert

Im Angebot

'Hass', 'Fuerte' und 'Sharwill' sind die beliebtesten Sorten.

Einkauf Sorten mit grüner, glänzender Schale sind reif, wenn sie auf sanften Druck leicht nachgeben. Sorten wie 'Hass' sind schwarz, am Stielansatz geben sie leicht nach, wenn sie reif sind.

Aufbewahren Unreife Exemplare bei Raumtemperatur, reife 1–2 Tage im Kühlschrank lagern.

Zubereiten Roh genießen; als Zutat für eine Suppe.

Für den Vorrat Fruchtfleisch mit Zitronensaft zerdrücken, einfrieren.

Rezepte

Avocado, Grapefruit und Schinken mit Mohndressing Seite 432

Kalte Spinat-Avocado-Suppe Seite 16

Wraps mit Avocado und knusprigem Speck Seite 432

Anders als bei 'Hass'-Avocados bleibt bei der Sorte 'Fuerte' die Schale reifer Früchte grün.

Die Schale vollreifer 'Hass'-Avocados ist fast schwarz.

'Fuerte' Sie gehört zu den Avocadosorten, die sich leicht schälen lassen, und hat hellgelbes Fruchtfleisch, das sich gut für Salate und Salsas eignet.

'Hass' Das cremige Fruchtfleisch mit nussiger Geschmacksnote ist ideal für Dips und Aufstriche.

Avocado schälen und entkernen

Mithilfe eines Messers lässt sich der Kern überraschend einfach aus einer Avocado lösen. Eine Avocado sollte gerade reif sein, so schmeckt sie am besten. Eine noch unreife Frucht ist zäh und leicht bitter, überreif wird sie unansehlich und seifig. Das Fruchtfleisch sofort mit Zitronensaft einreiben, damit es sich nicht verfärbt.

1 Die Frucht, am Stielende beginnend, längs rundherum bis zum Kern aufschneiden. Die Hälften gegeneinanderdrehen, um sie zu trennen.

2 Die Messerschneide behutsam, aber dennoch fest in den Kern drücken. Das Messer drehen und den Kern lösen (dabei evtl. etwas hin- und herrütteln).

3 Die Hälfte im Ganzen mithilfe eines Spatels aus der Schale lösen. Anschließend das Fruchtfleisch gemäß Rezept weiterverarbeiten.

Blumenkohlsuppe

Entfernen Sie vom Blumenkohl möglichst alle hell- und dunkelgrünen Blätter, damit die Suppe nicht bitter wird.

15 MIN. 40 MIN. TK-TAUGLICH

FÜR 4 PERSONEN

- 1 EL Olivenöl
- 1 Zwiebel, gewürfelt
- Salz und frisch gemahlener schwarzer Pfeffer
- 1 große Knoblauchzehe, fein gewürfelt
- 2 Stangen Sellerie, gehackt
- 1 Lorbeerblatt
- 2 Kartoffeln, geschält und in Stücke geschnitten
- 750 ml heiße Gemüsebrühe
- 1 Blumenkohl, in Röschen zerteilt
- 4 EL Sahne (nach Belieben)

1 Das Öl in einem großen Topf bei schwacher Hitze heiß werden lassen. Die Zwiebelwürfel darin in 6–8 Minuten glasig dünsten; salzen und pfeffern. Knoblauch, Sellerie und Lorbeer hinzufügen und 5 Minuten mitdünsten, bis der Sellerie weich wird. Kartoffeln dazugeben; 5 Minuten mitdünsten. Die Brühe angießen. Aufkochen und etwa 15 Minuten köcheln lassen, bis die Kartoffeln fast gar sind.

2 Die Blumenkohlröschen untermischen und 10 Minuten mitgaren, bis sie weich sind. Die Lorbeerblätter entfernen. Die Suppe pürieren; falls nötig, mit etwas heißer Brühe verdünnen. Abschmecken und zum Servieren nach Belieben mit Sahne beträufeln.

Variante

Blumenkohl-Käse-Suppe

In Schritt 1 nur 500 ml Brühe verwenden. Die Suppe mit 250 ml Milch pürieren und wieder in den Topf geben. 2 große Handvoll geriebenen scharfen Cheddar unterrühren. Falls nötig, die Suppe mit etwas Milch verdünnen. Heiß werden, aber nicht mehr kochen lassen.

Minestrone

Diese Suppe auf Möhren- und Selleriebasis ist die Kaltwetter-Variante der berühmten italienischen Gemüsesuppe.

10 MIN. 40 MIN.

FÜR 4 PERSONEN

- 1 EL Olivenöl
- 1 Zwiebel, fein gewürfelt
- Salz
- 1 TL getrockneter Oregano
- 4 Möhren, fein gewürfelt
- 4 Stangen Sellerie, fein gewürfelt
- 3 Knoblauchzehen, fein gewürfelt
- 1 kleines Glas Rotwein
- 1 EL Tomatenmark
- frisch gemahlener schwarzer Pfeffer
- 1 Dose gehackte Tomaten (400 g)
- 600 ml heiße Gemüsebrühe
- 200 g Pasta (z. B. kurze Makkaroni oder Vermicelli)
- gehackte Petersilie zum Bestreuen
- geriebener Parmesan zum Servieren

1 Das Öl in einem großen Topf bei mittlerer Hitze heiß werden lassen. Die Zwiebelwürfel darin in 3–4 Minuten glasig dünsten. 1 Prise Salz und den Oregano unterrühren. Möhren und Selleriewürfel untermischen und in etwa 10 Minuten weich dünsten.

2 Den Knoblauch unterrühren und einige Sekunden mitdünsten. Den Wein angießen und bei stärkerer Hitze ein paar Minuten kochen lassen, bis der Alkohol verdampft ist. Tomatenmark, Salz und Pfeffer untermischen. Tomaten und Brühe hinzufügen. Aufkochen und etwa 20 Minuten köcheln lassen; die Suppe mit etwas heißem Wasser verdünnen, falls sie zu stark einkocht.

3 Inzwischen die Pasta in reichlich sprudelnd kochendem Salzwasser nach Packungsangabe bissfest garen. In ein Sieb schütten, abtropfen lassen und, falls nötig, klein schneiden. Die Pasta in die Suppe geben. Die Suppe mit Petersilie bestreuen und mit geriebenem Parmesan servieren.

Erbsensuppe mit Speck

Wurzelgemüse ist in der kalten Jahreszeit für wärmende Suppen von unschätzbarem Wert. Spalterbsen haben eine lange Garzeit; fangen Sie also rechtzeitig mit dem Kochen an.

15 MIN. 2 STD. 15 MIN. TK-TAUGLICH

FÜR 4 PERSONEN

- 2 EL Olivenöl
- 200 g durchwachsener Speck, gewürfelt
- 1 Zwiebel, gewürfelt
- Salz und frisch gemahlener schwarzer Pfeffer
- 4 Stangen Sellerie, fein gewürfelt
- 4 Möhren, fein gewürfelt
- 300 g gelbe Spalterbsen
- 1 l heiße Gemüsebrühe

1 In einem großen Topf 1 EL Öl bei mittlerer Hitze heiß werden lassen. Den Speck darin unter gelegentlichem Rühren knusprig braten, dann herausheben. Das restliche Öl in dem Topf bei schwacher Hitze heiß werden lassen. Die Zwiebelwürfel darin in 6–8 Minuten glasig dünsten; salzen und pfeffern. Sellerie und Möhren dazugeben und 5 Minuten mitdünsten. Die Erbsen hinzufügen.

2 Die Brühe angießen. Aufkochen und zugedeckt 2 Stunden köcheln lassen, bis die Erbsen weich sind. Sollte die Suppe zu dickflüssig werden, etwas heißes Wasser dazugeben. Die Suppe pürieren. Den Speck untermischen und die Suppe abschmecken. Heiß mit Brot servieren.

Variante

Erbsensuppe mit Rauchgeschmack

Den Speck weglassen. Die Zwiebel in 2 EL Olivenöl glasig dünsten. Wie beschrieben weiterverfahren, aber (in Schritt 2) 1 TL geräuchertes Paprikapulver dazugeben. 100 g fein gewürfelte Chorizo ohne Fett knusprig braten. Die Suppe auf tiefe Teller verteilen, mit der Chorizo bestreuen und servieren.

Graupensuppe mit Lamm

Eine »Scotch Broth« wie diese ist ohne Graupen und Lammfleisch kaum denkbar. Damit die Graupen weich werden, müssen sie eine gute Stunde gegart werden.

20 MIN. 1 STD. 45 MIN. TK-TAUGLICH

FÜR 4 PERSONEN

- 200 g Lammfleisch (Nacken)
- Salz und frisch gemahlener schwarzer Pfeffer
- 1 EL Olivenöl
- 1 kleine Zwiebel, fein gewürfelt
- 2 Möhren, fein gewürfelt
- 2 Stangen Sellerie, fein gewürfelt
- 1 l heiße Hühnerbrühe, plus mehr nach Bedarf
- 100 g Perlgraupen
- 1 kleines Bund Petersilie, fein gehackt

1 Das Fleisch in einen großen Topf geben. Mit kaltem Wasser bedecken, salzen und pfeffern. Das Wasser aufkochen und etwa 30 Minuten köcheln lassen, bis das Fleisch gar ist. Das Fleisch mit einem Schaumlöffel herausheben. Etwas abkühlen lassen und in Streifen schneiden.

2 Das Öl in einem großen Topf erhitzen. Die Zwiebelwürfel darin in 3–4 Minuten glasig dünsten. Möhren und Sellerie unterrühren und 10 Minuten mitdünsten. Die Lammbrühe durch ein Sieb in den Topf gießen, die Hühnerbrühe hinzufügen. Salz, Pfeffer, Graupen und Fleisch dazugeben. Alles bei sehr schwacher Hitze etwa 1 Stunde köcheln lassen, bis die Graupen weich sind. Falls nötig, etwas heißes Wasser dazugießen.

3 Die Petersilie untermischen. Die Suppe mit Salz und Pfeffer abschmecken; mit knusprigem Brot servieren.

Austern mit Chili-Limetten-Mayonnaise

Ohne ein Austernmesser lassen sich die Meeresfrüchte nicht öffnen. Es hat einen stabilen Griff und eine spitze Klinge.

15 MIN.

FÜR 4-6 PERSONEN

- 2 kleine rote Chilischoten, entkernt
- 1 Knoblauchzehe, gehackt
- Salz
- 1 Eigelb
- 175 ml Olivenöl
- Saft von 1 Limette
- frisch gemahlener schwarzer Pfeffer
- 24 frische Austern
- grobes Salz zum Anrichten

1 Für die Chili-Limetten-Mayonnaise Chilischoten und Knoblauch mit etwas Salz im Mörser zu einer Paste zerstoßen. In eine Schüssel geben und das Eigelb hinzufügen; mit einem Kochlöffel oder einem Schneebesen cremig rühren.

2 Das Olivenöl zuerst tropfenweise unter Rühren dazugeben. Sobald die Mischung andickt, das Öl in dünnem Strahl hinzufügen. Wenn ein Drittel des Öls verbraucht ist, den Limettensaft mit dem restlichen Öl in kleinen Mengen unter die Mayonnaise schlagen. Die Mayonnaise mit Pfeffer abschmecken, mit Frischhaltefolie bedecken; bis zum Servieren kalt stellen.

3 Geöffnete Austern und solche, die sich nicht sofort schließen, wenn man sie auf die Arbeitsfläche klopft, aussortieren. Restliche Austern mit einem Austernmesser über einer Schüssel öffnen. Das Fleisch aus den Schalen lösen, dabei die Flüssigkeit in der Schüssel auffangen. Die ausgelösten Austern mit Flüssigkeit auf Schalenhälften verteilen; kalt stellen.

4 Zum Anrichten eine dicke Schicht Salz auf eine Servierplatte geben. Die Austern in den Schalen daraufsetzen. Die Chili-Limetten-Mayonnaise auf die Austern verteilen und die Austern sofort servieren.

Frische Austern mit Essigschalotten

Vorsicht beim Öffnen der Austern: Das Messer kann sehr leicht abrutschen. Am besten schützen Sie die Hand, die die Auster hält, mit einer mehrfach gefalteten Stoffserviette.

15 MIN.

FÜR 4-6 PERSONEN

- 24 frische Austern
- zerstoßene Eiswürfel
- 4 EL Rotweinessig
- 1 große oder 2 kleine Schalotten, sehr fein gewürfelt

1 Geöffnete Austern und solche, die sich nicht sofort schließen, wenn man sie auf die Arbeitsfläche klopft, aussortieren. Die restlichen Austern mit einem Austernmesser über einer Schüssel öffnen. Das Fleisch vorsichtig aus den Schalen lösen, dabei die Flüssigkeit in der Schüssel auffangen. Die ausgelösten Austern mit Flüssigkeit auf Schalenhälften verteilen; kalt stellen.

2 Die Austern mit dem Eis auf einem Austernteller anrichten; oder auf vier Teller viel zerstoßenes Eis geben und die Austern daraufsetzen.

3 Den Essig mit den Schalottenwürfeln verrühren. In eine kleine Schüssel geben und diese in die Mitte des Austerntellers oder auf den Tisch stellen. Die Austern servieren.

Variante

Austern mit Zitrone und Tabasco

Die Austern wie beschrieben öffnen und auslösen. Auf zerstoßenem Eis servieren, Zitronenschnitze und Tabasco dazu reichen. Wer mag, kann die Austern auch pur genießen.

Jetzt am besten **Austern**

Geschmack und Farbe der weltweit geschätzten Delikatessen hängen davon ab, woher sie stammen. In gemäßigten Küstengewässern werden Austern von Herbst bis Frühling geerntet; aus Zucht sind sie ganzjährig erhältlich. Bei Austernproben beschreiben Experten, ähnlich wie bei Weinproben, den vielfältigen Geschmack der Austern. Zu rohen Austern passen Schalotten, Rotwein, Essig, Zitronensaft; gegarte schmecken z. B. gut mit Spinat.

Pazifische Felsenauster Der Geschmack dieser Austernart hängt von ihrem Lebensraum ab – er reicht von salzig oder süßlich über nussig und pilzig bis hin zu milchig und buttrig. Felsenaustern werden nach Gewicht gehandelt – 120 g schwere bzw. 11 cm große Exemplare sind eine gute Wahl. Austern mit der bauchigen Seite nach unten lagern, damit keine Flüssigkeit ausläuft

Europäische Auster Sie wird oft lebend auf zerstoßenem Eis serviert. Dazu reicht man Zitronensaft, Tabasco und Schalottenessig. Europäische Austern werden üblicherweise mit einer Größe von 8–11 cm im Handel angeboten.

Austern auslösen

Frische Austern sind fest geschlossen und ohne Austernmesser kaum zu öffnen. Damit Sie sich beim Öffnen von Austern nicht verletzen, sollten Sie Ihre Hände mit einem Handtuch oder einem Ofenhandschuh schützen. Wird die Auster während des Öffnens flach auf einem Tuch gehalten, läuft die köstliche Flüssigkeit nicht heraus.

1 Die Auster mit der gewölbten Seite nach unten auf ein Tuch legen und fest greifen. Die Spitze eines Austernmessers zwischen die Schalen schieben und das Scharnier durchtrennen

2 Die Messerklinge behutsam unter das Austernfleisch in der unteren Schale schieben, um es dabei zu lösen. Das Austernfleisch roh in der Schale oder ohne Schale und gegart servieren.

Wissenswert

Im Angebot

Meist Europäische Austern und Pazifische Felsenaustern.

Einkauf Auf fest verschlossene, unbeschädigte Exemplare achten, die nach Meer duften.

Aufbewahren Mit den gewölbten Seiten nach unten im Kühlschrank; am Kauftag zubereiten.

Zubereiten Braten, pochieren, grillen; meist werden Austern jedoch roh (lebend) serviert.

Für den Vorrat Sehr frische Austern in der unteren Schale und im Saft einfrieren.

Rezepte

Austern mit Chili-Limetten-Mayonnaise Seite 436

Frische Austern mit Essigschalotten Seite 436

Gegrillte Austern mit Crème fraîche und Parmesan Seite 439

Krabbenfleischsalat mit rosa Grapefruit

Es gibt helles und dunkles Krabbenfleisch. Das helle stammt aus Scheren und Beinen. Es schmeckt mild und ist im Gegensatz zum dunklen Körperfleisch recht fettarm.

10 MIN.

FÜR 4 PERSONEN

- 350 g gegartes Krabbenfleisch
- 1 Handvoll kleine Salatblätter
- 1 Handvoll Korianderblätter
- ausgelöste Filets von 2 rosa Grapefruits

Für das Dressing

- 3 EL Olivenöl
- 1 EL Weißweinessig
- 1 Prise Zucker
- Salz und frisch gemahlener schwarzer Pfeffer

1 Die Zutaten für das Dressing in einer kleinen Schüssel verquirlen. Das Dressing abschmecken.

2 Etwas Dressing unter das Krabbenfleisch mischen. Die Salatblätter und die Hälfte der Korianderblätter auf vier Teller verteilen, die Grapefruitfilets daraufgeben.

3 Kurz vor dem Servieren die Salatportionen mit dem restlichen Dressing beträufeln. Das Krabbenfleisch auf dem Salat anrichten und alles mit den restlichen Korianderblättern bestreuen. Den Salat sofort servieren.

Variante

Forellensalat mit roter Grapefruit, Orange und Sellerie

4 Forellenfilets mit Haut in etwa 5 Minuten in siedendem Wasser sanft garen. Abgießen; die Haut von jedem Filet abziehen und das Fischfleisch zerpflücken. Den Salat wie im Hauptrezept beschrieben zubereiten, jedoch das Krabbenfleisch durch die Forellen ersetzen sowie 1 rote Grapefruit und 1 große Orange statt der 2 rosa Grapefruits verwenden. Den Salat mit gehacktem Stangensellerie anstelle des Korianders bestreuen.

Möhrensuppe mit Kokosmilch und Zitronengras

Die scharfe Suppe bietet sich als elegante Vorspeise an. Wenn Sie dazu Limettenspalten servieren, kann jeder seine Portion individuell mit dem Saft abschmecken.

15 MIN. 35 MIN. TK-TAUGLICH

FÜR 4 PERSONEN

- 2 EL Öl
- 1 Zwiebel, gewürfelt
- 1 Stängel Zitronengras, fein gehackt
- 2 Knoblauchzehen, fein gewürfelt
- 2 TL geriebener frischer Ingwer
- 1 EL rote Thai-Currypaste
- 500 g Möhren, in Scheiben geschnitten
- 1 l heiße Gemüsebrühe, plus mehr nach Bedarf
- 3 Kaffirlimettenblätter
- 200 ml Kokosmilch
- Salz und frisch gemahlener schwarzer Pfeffer
- Limettenschnitze zum Servieren

1 Das Öl in einem großen Topf erhitzen. Die Zwiebelwürfel darin 3–4 Minuten braten. Zitronengras, Knoblauch und Ingwer dazugeben und 2 Minuten mitbraten. Die Currypaste dazugeben, 1 Minute später die Möhrenscheiben hinzufügen und alles noch 2 Minuten braten. Die Brühe mit den Limettenblättern dazugeben. 20–25 Minuten köcheln lassen, bis die Möhren weich sind.

2 Vom Herd nehmen. Die Limettenblätter entfernen und die Kokosmilch dazugießen. Die Suppe im Mixer oder in der Küchenmaschine fein pürieren; falls nötig, mit etwas Brühe verdünnen. Abschmecken, mit schwarzem Pfeffer bestreuen und mit Limettenschnitzen servieren.

Französische Kohlsuppe

Eine rustikale Suppe, die rasch zubereitet ist und für sich allein schon eine gute kleine Mahlzeit ist. Vegetarisch wird das Gericht, wenn man die Speckwürfel weglässt.

15 MIN. 30 MIN. TK-TAUGLICH

FÜR 4 PERSONEN

- 1 EL Olivenöl
- 1 Gemüsezwiebel, fein gewürfelt
- 1 Knoblauchzehe, zerdrückt
- 100 g durchwachsener Speck, gewürfelt
- 1 großer Wirsing, in Streifen geschnitten
- Salz und frisch gemahlener Pfeffer
- 3 Stängel Petersilie
- Croûtons zum Garnieren (nach Belieben)

1 Das Öl in einem großen Topf bei mittlerer Hitze heiß werden lassen. Zwiebel und Knoblauch darin mit dem Speck (bis auf 2 EL) darin 3–4 Minuten braten, bis sie Farbe annehmen. Die Wirsingstreifen (bis auf 1 Handvoll) dazugeben. Alles verrühren; mit etwas Salz und reichlich Pfeffer würzen und unter gelegentlichem Rühren 2–3 Minuten weiterbraten.

2 Etwa 1 l Wasser aufkochen lassen. Zur Wirsingmischung gießen und unterrühren. Die Petersilie hinzufügen. Die Suppe zugedeckt bei schwacher Hitze unter gelegentlichem Rühren etwa 20 Minuten köcheln lassen.

3 Inzwischen eine beschichtete Pfanne bei mittlerer Hitze heiß werden lassen. Die restlichen Speckwürfel darin knusprig braten. Restliche Wirsingsstreifen dazugeben und unter häufigem Rühren zusammenfallen lassen, dann mit Pfeffer würzen.

4 Die Petersilie entfernen. Die Suppe abschmecken. Auf tiefe Teller verteilen und mit der Speck-Kohl-Mischung und nach Belieben mit Croûtons bestreuen.

Rübensuppe mit Chili und Nudeln

Eine leichte, farbenfrohe Suppe mit Schärfe-Kick. Größere Rübchen schmecken intensiver und sind daher ideal für dieses Gericht. Kleine, zarte Rüben eignen sich hier nicht.

10 MIN. 30 MIN. TK-TAUGLICH

FÜR 4–6 PERSONEN

- 1 l heiße Gemüse- oder Hühnerbrühe
- 1 Zwiebel, fein gewürfelt
- 2 große Herbstrüben, gewürfelt
- ½ TL Chiliflocken
- 1 grüne Jalapeño-Chilischote, entkernt und in Ringe geschnitten
- 2 Sternanis
- 2 TL Tomatenmark
- 1 Block dünne chinesische Eiernudeln
- 1 eingelegte Kirschpaprika, abgetropft und gewürfelt
- Sojasauce
- frisch gemahlener schwarzer Pfeffer
- 1 kleine Handvoll Korianderblätter, zerzupft

1 Die Brühe mit Zwiebel, Rüben, Chiliflocken, Chiliringen, Sternanis und Tomatenmark in einem Topf aufkochen lassen. Bei schwacher Hitze und halb aufgelegtem Deckel 30 Minuten köcheln lassen, bis die Rüben sehr weich sind. Den Sternanis entfernen.

2 Inzwischen die Nudeln in einer Schüssel mit kochend heißem Wasser bedecken und 5 Minuten einweichen, dabei rühren, um sie voneinander zu lösen. Abgießen und abtropfen lassen. Die Nudeln mit der Kirschpaprika und der Hälfte der Korianderblätter unter die Suppe rühren. Die Suppe abschmecken, auf Schalen verteilen, mit dem restlichen Koriandergrün bestreuen und servieren.

Gegrillte Austern mit Crème fraîche und Parmesan

Ein recht üppiges kleines Gericht, für das drei Austern pro Person völlig ausreichen. Sofort sehr heiß servieren, damit die Austern saftig bleiben.

20 MIN. 1 MIN.

FÜR 4 PERSONEN

- 12 große Austern
- Tabasco
- 300 g Crème fraîche
- 3 EL Schnittlauchröllchen
- 1 EL Parmesan, gerieben
- 1 EL Semmelbrösel

1 Geöffnete Austern oder solche, die sich nicht schließen, wenn man sie auf die Arbeitsfläche stößt, wegwerfen. Die Austern nacheinander über einer Schüssel mit einem Austernmesser öffnen und auslösen (siehe S. 437). Die Flüssigkeit in der Schüssel auffangen. Die ausgelösten Austern mit der Flüssigkeit auf Schalenhälften verteilen. Die Schalen auf das Backofengitter setzen.

2 Den Backofengrill vorheizen. Die Austern mit etwas Tabasco beträufeln. Die Crème fraîche mit den Schnittlauchröllchen verrühren; auf die Austern verteilen. Parmesan und Brösel mischen und die Austern damit bestreuen. Die Austern etwa 1 Minute grillen, bis der Käse brodelt. Sofort servieren.

Variante

Gegrillte Austern mit Tabasco

Die Austern wie beschrieben vorbereiten und mit Tabasco beträufeln. Mit einer Mischung aus Schnittlauchröllchen und gehacktem Koriandergrün bestreuen. Wie angegeben mit Crème fraîche und Parmesan fertigstellen.

Friséesalat mit pochiertem Ei, Croûtons und Speck

Friséesalat gehört zur Familie der Endivien. Er ist etwas bitter, was gut zu salzigem Speck und dem cremigen Eidotter eines perfekt pochierten Eies passt.

5 MIN. 10 MIN.

FÜR 4 PERSONEN

- 4 Eier, 1 EL Zitronensaft
- 6 EL Olivenöl
- 2 dicke Scheiben Brot, entrindet und gewürfelt
- 1 Knoblauchzehe, halbiert
- 1 Stück frischer Ingwer (5 cm), gehackt (nach Belieben)
- 100 g durchwachsener Speck, in Streifen geschnitten
- Blätter von ½–1 Kopf Friséesalat, in Stücke gezupft
- Blätter von 3 Zweigen Thymian
- 1 kleine Handvoll Petersilie
- 1 kleine Handvoll Korianderblätter
- 1 kleine rote Zwiebel, in dünne Ringe geschnitten

Für das Dressing

- 2 EL Rotweinessig, ¼ TL Chiliflocken
- 2 TL Worcestersauce
- ¼ TL Zucker
- Salz und frisch gemahlener Pfeffer

1 Die Eier in mit Zitronensaft gesäuertem köchelndem Wasser etwa 3 Minuten pochieren. Herausheben und sofort in kaltes Wasser geben.

2 In einer Pfanne 1 EL Öl erhitzen. Das Brot mit Knoblauch und nach Belieben Ingwer darin unter Rühren goldbraun braten. Die Croûtons auf Küchenpapier abtropfen lassen. Knoblauch und Ingwer wegwerfen. Die Speckstreifen in der Pfanne knusprig braten. Auf Küchenpapier abtropfen lassen.

3 Die Salatblätter in eine große Schüssel füllen. Die Kräuter zerzupfen und daraufgeben. Zwiebelringe, Speckstreifen und Croûtons darauf verteilen. Die restlichen 5 EL Öl mit den Zutaten für das Dressing in einen Topf geben und unter Rühren erwärmen. Zum Salat geben und untermischen. Den Salat auf tiefe Teller verteilen, mit je 1 pochierten Ei belegen und servieren.

Rindfleisch-Kartoffel-Pie

Garen Sie die Pie entweder in einer großen Form oder in Portionsförmchen. Eine passende winterliche Beilage ist gedämpfter Wirsing oder Rotkrautsalat.

15 MIN. 1 STD. 30 MIN. TK-TAUGLICH

FÜR 4 PERSONEN

3 Kartoffeln, geschält und in mundgerechte Stücke geschnitten
Salz
600 g Rinderschmorfleisch, in mundgerechte Stücke geschnitten
3 EL Olivenöl
1 Zwiebel, gewürfelt
1 EL Mehl
1 EL Worcestersauce
500 ml heiße Rinderbrühe
frisch gemahlener schwarzer Pfeffer
1 Rolle gekühlter Blätterteig (275 g)
1 Ei, verquirlt

1 Die Kartoffelstücke in Salzwasser weich garen; abgießen und beiseitestellen. Das Fleisch in einer Pfanne in 2 EL heißem Olivenöl 5–8 Minuten kräftig anbraten. Herausnehmen und beiseitestellen.

2 Das restliche Öl bei schwacher Hitze in der Pfanne heiß werden lassen. Die Zwiebelwürfel darin mit 1 Prise Salz in etwa 5 Minuten glasig dünsten. Das Mehl unterrühren und die Mischung 2 Minuten köcheln lassen. Worcestersauce und Brühe dazugeben und bei starker Hitze aufkochen; die Hitze reduzieren. Das Fleisch zur Zwiebelmischung geben und zugedeckt bei schwacher Hitze unter gelegentlichem Rühren 30 Minuten schmoren. Die Kartoffeln untermischen. Das Ragout mit Salz und Pfeffer abschmecken.

3 Backofen auf 200 °C vorheizen. Das Ragout in eine ofenfeste Form (1,2 l Inhalt) oder in vier ofenfeste Portionsförmchen füllen. Blätterteig entrollen und ihn so zuschneiden, dass er 5 cm größer als der Durchmesser der Form bzw. Formen ist. Vom Teig rundherum einen 2,5 cm breiten Streifen abschneiden. Den Rand der Form/Formen mit Wasser anfeuchten, Teigstreifen darauflegen und fest andrücken. Den Teigrand mit etwas Ei bestreichen. Den Teigdeckel darauflegen und mit Daumen und Zeigefinger mit dem Teigrand zusammendrücken. Den Teigdeckel mit Ei bestreichen. Zwei Schlitze hineinschneiden, damit Dampf entweichen kann. Die Pie bzw. die Pies im heißen Ofen 30 Minuten backen, bis der Blätterteig aufgegangen und goldbraun ist.

Ente mit Äpfeln und Rosmarinkartoffeln

Rosmarinkartoffeln aus dem Ofen sind inzwischen ein echter Klassiker. Achten Sie darauf, dass die Kräuterzweige klein sind; dickere Zweige werden beim Backen unangenehm hart.

20 MIN. 40–60 MIN.

FÜR 4 PERSONEN

4 große Entenkeulen
Salz und frisch gemahlener schwarzer Pfeffer
600 g Kartoffeln, geschält und in Stücke geschnitten
3 rotschalige Äpfel, in mundgerechte Stücke geschnitten
einige Zweige Rosmarin
Olivenöl zum Beträufeln
Blätter von 1 Wirsing, grob zerkleinert
1 Prise Chiliflocken (nach Belieben)
Johannisbeergelee zum Servieren

1 Die Entenkeulen großzügig mit Salz und Pfeffer einreiben. Wenn die Zeit es erlaubt, 30 Minuten zum Durchziehen beiseitelegen, damit die Haut schön knusprig wird, oder sofort weiterverarbeiten. Den Backofen auf 200 °C vorheizen.

2 Eine große Pfanne erhitzen. Die Entenkeulen darin 8–10 Minuten rundherum kräftig anbraten. Mit einem Schaumlöffel herausheben und in eine ofenfeste Form legen. Kartoffeln, Äpfel und Rosmarin hinzufügen. Alles mit Olivenöl beträufeln, salzen und pfeffern, dann mit den Händen gründlich mischen. Im heißen Ofen 40–60 Minuten garen, bis die Entenkeulen knusprig und die Kartoffeln gebräunt sind. Die Kartoffeln nach etwa der Hälfte der Garzeit wenden.

3 Inzwischen die Wirsingblätter in sprudelnd kochendem Salzwasser in 4–5 Minuten bissfest garen; abgießen und warm halten. 10 Minuten vor Ablauf der Garzeit um Entenkeulen und Kartoffeln herum verteilen. Das Gericht nach Belieben mit Chiliflocken bestreuen und mit rotem Johannisbeergelee servieren.

Marsala-Hähnchen mit Pinienkernen und Rosinen

Marsala ist ein Süßwein aus Sizilien. Sein kräftiger Geschmack verstärkt hier noch die Süße der Rosinen.

15 MIN. 45 MIN.

FÜR 4 PERSONEN

2 EL Olivenöl

8 Hähnchenteile

1 Zwiebel, gewürfelt

2 Möhren, gewürfelt

2 Stangen Sellerie, gewürfelt

300 ml Marsala

Salz und frisch gemahlener schwarzer Pfeffer

50 g Pinienkerne, geröstet

50 g Rosinen

1 Handvoll Petersilie, gehackt

1 Das Öl in einem großen Schmortopf bei mittlerer Hitze heiß werden lassen. Die Hähnchenteile darin etwa 8 Minuten rundherum kräftig anbraten; herausnehmen.

2 Zwiebel-, Möhren- und Selleriewürfel in den Topf geben und bei schwacher Hitze einige Minuten dünsten, bis sie weich sind. Hähnchenteile, Marsala, Salz und Pfeffer hinzufügen und alles 30 Minuten köcheln lassen; falls nötig, etwas Wasser (nicht zu viel) angießen.

3 Pinienkerne und Rosinen untermischen und das Ganze einige Minuten weiterköcheln lassen. Die Petersilie unterrühren und das Gericht sofort mit grünem Salat und Brot servieren.

Variante

Sherry-Hähnchen mit Birnen

Das Gericht wie beschrieben zubereiten, jedoch den Marsala durch 150 ml medium Sherry und 150 ml Hühnerbrühe ersetzen. Pinienkerne und Rosinen weglassen. 2 unreife Birnen schälen, entkernen und würfeln. In 2 EL Butter hellbraun braten und unmittelbar vor dem Servieren unter die Sauce mischen.

Hähnchentopf mit Maisplätzchen

Die Plätzchen mit Alufolie belegen, falls sie zu stark bräunen.

20 MIN. 1 STD. 45 MIN. TK-TAUGLICH

FÜR 4 PERSONEN

1 EL Olivenöl

3 Hähnchenbrustfilets, in mundgerechte Stücke gescchnitten

Salz und frisch gemahlener schwarzer Pfeffer

1 rote Zwiebel, in Ringe geschnitten

2 Stangen Sellerie, gewürfelt

1 Glas Rotwein

2 große Möhren, gewürfelt

500 ml heiße Gemüsebrühe

75 g Mehl, plus mehr zum Arbeiten

75 g Maismehl

25 g Butter

1 kleine Handvoll Petersilie, gehackt

1 Schuss Milch

Eigelb von 1 kleinen Ei (S), verquirlt

1 Die Hälfte des Öls in einem großen backofenfesten Schmortopf bei mittlerer Hitze heiß werden lassen. Das Fleisch salzen und pfeffern. Im heißen Öl 10 Minuten rundherum anbraten; herausheben.

2 Das restliche Öl im Topf bei schwacher Hitze heiß werden lassen. Die Zwiebelwürfel darin in 6–8 Minuten glasig dünsten. Den Sellerie dazugeben und 5 Minuten mitdünsten. Den Wein angießen und bei mittlerer Hitze in einigen Minuten etwas einkochen lassen. Die Möhren hinzufügen. Das Fleisch wieder in den Topf geben; salzen und pfeffern. Die Brühe dazugießen. Das Gericht bei schwacher Hitze unter gelegentlichem Rühren etwa 1 Stunde offen garen, bis alle Zutaten weich sind; falls nötig, etwas heißes Wasser dazugeben.

3 Inzwischen den Backofen auf 180 °C vorheizen. Mehl, Maismehl und 1 Prise Salz in eine Schüssel geben. Die Butter hinzufügen und alles mit den Fingerspitzen zu Streuseln verreiben. Die Petersilie untermischen. So viel Milch unterarbeiten, dass ein glatter Teig entsteht. Den Teig zur Kugel formen und 20 Minuten kühl ruhen lassen. Anschließend auf einer bemehlten Arbeitsfläche etwas flach drücken. Ausrollen und 18 Plätzchen (je 4 cm Ø) ausstechen. Plätzchen auf den Hähnchentopf legen, mit Eigelb bestreichen. Alles im Ofen 30 Minuten garen, bis der Hähnchentopf heiß ist und die Plätzchen goldbraun sind.

Entenbrust mit Grapefruit-Chicorée-Salat

Der winterliche Salat mit Grapefruit, Chicorée und Fenchel ist ein erfrischender Kontrast zur gebratenen Entenbrust.

10 MIN. 25 MIN.

FÜR 4 PERSONEN

- 1 EL Butter
- 4 Entenbrustfilets (je etwa 150 g), die Haut rautenförmig eingeschnitten
- 1 Handvoll Rosmarinzweige
- 2 EL Balsamico-Essig
- Blätter von 1 Staude Chicorée
- 1 Fenchelknolle, in Scheiben geschnitten
- 2 rosa Grapefruits, filetiert
- Salz und frisch gemahlener schwarzer Pfeffer

1 Den Backofen auf 200 °C vorheizen. Die Butter in einer großen beschichteten Pfanne bei starker Hitze zerlassen. Die Entenbrustfilets mit den Hautseiten nach unten mit dem Rosmarin hineinlegen und pro Seite 2–3 Minuten braten, bis sie rundherum gebräunt sind. 1 EL Balsamico dazugeben und kurz aufkochen lassen, dabei den Bratsatz mit einem Kochlöffel losschaben.

2 Das Fleisch mitsamt der Flüssigkeit in eine ofenfeste Form geben. Im heißen Ofen je nach gewünschtem Gargrad 15–20 Minuten braten.

3 Inzwischen Chicorée und Fenchel mischen. Die Grapefruitfilets behutsam unterheben. Alles mit dem restlichen Balsamico beträufeln. Die Entenbrustfilets quer halbieren und mit dem Salat anrichten.

Variante

Fasan mit Granatapfel-Lauch-Salat

Statt Ente Fasan verwenden und das Fleisch wie beschrieben zubereiten. Den Chicorée durch die klein gezupften Blätter von ½ Friséesalat und den Fenchel durch 2 in sehr feine Streifen geschnittene dünne Lauchstangen ersetzen. Die Grapefruits weglassen und den Salat mit den Kernen von 1 Granatapfel bestreuen.

Rumpsteaks mit Wasabi und Pak choi

Japanische Wasabipaste ist extrem scharf. Deshalb reicht zum Aufpeppen der Steaks schon eine kleine Menge.

10 MIN. 10 MIN.

FÜR 4 PERSONEN

- 2 TL Wasabipaste
- 3 EL Olivenöl
- 4 Rumpsteaks (je etwa 200 g)
- 200 g Pak choi, längs geachtelt
- 5 Knoblauchzehen, fein gewürfelt
- 1 EL Sojasauce
- Salz und frisch gemahlener schwarzer Pfeffer

1 Die Wasabipaste mit 1 EL Olivenöl verrühren und die Rumpsteaks gleichmäßig damit bestreichen.

2 In einer Pfanne 1 EL Öl bei mittlerer bis starker Hitze heiß werden lassen. Die Steaks darin auf jeder Seite für »medium-rare« 2–3 Minuten, für »well done« 5 Minuten braten. Herausnehmen, auf einen Teller legen und an einem warmen Platz 5 Minuten ruhen lassen.

3 Das restliche Olivenöl in der Pfanne bei schwacher Hitze heiß werden lassen. Die Pak-choi-Achtel darin 1–2 Minuten braten, dabei ein- bis zweimal wenden. Den Knoblauch mit der Sojasauce hinzufügen und 1 Minute braten, bis der Pak choi zusammengefallen ist. Die Steaks in etwa 1 cm dicke Scheiben schneiden, salzen, pfeffern und mit dem Pak choi servieren.

Linsen mit Pilzen und Lauch

Linsen und Pilze machen dieses vegetarische Gericht gehaltvoll und aromatisch. Statt der Dosenlinsen können Sie getrocknete Puy-Linsen verwenden, sie bleiben leicht bissfest.

10 MIN. 25 MIN. TK-TAUGLICH

FÜR 4 PERSONEN

- 1 Dose Puy-Linsen (400 g)
- 1 EL Olivenöl
- 1 Zwiebel, gewürfelt
- 1 Lorbeerblatt
- Salz und frisch gemahlener schwarzer Pfeffer
- 2 Knoblauchzehen, fein gewürfelt
- 3 Stangen Lauch, in Ringe geschnitten
- 1 Schuss helle Sojasauce
- 250 g braune Champignons (Egerlinge), halbiert, große Exemplare geviertelt
- 300 ml heiße Gemüsebrühe
- 1 Bund Petersilie, gehackt

1 Die Linsen in ein Sieb schütten. Abspülen und abtropfen lassen. Das Öl in einer großen Pfanne bei schwacher Hitze heiß werden lassen. Die Zwiebelwürfel darin mit dem Lorbeerblatt und 1 Prise Salz in etwa 5 Minuten glasig dünsten. Knoblauch und Lauch dazugeben und die Sojasauce unterrühren. Alles weitere 5 Minuten garen, bis der Lauch weich wird.

2 Die Pilze dazugeben und mitdünsten, bis sie beginnen, Flüssigkeit abzugeben; falls nötig, mehr Öl hinzufügen. Salz, Pfeffer, Linsen und Brühe untermischen. Aufkochen und bei schwächerer Hitze 15 Minuten köcheln lassen.

3 Vom Herd nehmen und die Petersilie unterrühren. Das Gericht abschmecken. Mit gerösteten Tomaten und Brot servieren.

Hackfleisch und Kichererbsen mit Orange und Zimt

Wer mag, kann statt der Dosenware getrocknete Kichererbsen nehmen. Diese 8–10 Stunden in kaltem Wasser einweichen und anschließend in 1–2 Stunden weich kochen.

10 MIN. 20 MIN.

FÜR 4 PERSONEN

- 1 Dose Kichererbsen (400 g)
- 1 EL Olivenöl
- 1 rote Zwiebel, fein gewürfelt
- 700 g Rinderhackfleisch
- 2 Knoblauchzehen, zerdrückt
- 1 Stück frischer Ingwer (2-3 cm), geschält und gerieben
- 1 Prise gemahlener Zimt
- Salz und frisch gemahlener schwarzer Pfeffer
- 150 ml heiße Gemüsebrühe
- abgeriebene Schale und Saft von 1 Bio-Orange

1 Die Kichererbsen in ein Sieb schütten; abspülen und abtropfen lassen. Das Öl in einem großen Topf bei mittlerer Hitze heiß werden lassen. Die Zwiebelwürfel darin in etwa 5 Minuten glasig dünsten. Das Fleisch mit Knoblauch, Ingwer, Zimt, Salz und Pfeffer hinzufügen und mitdünsten, bis es nicht mehr rot ist.

2 Die Brühe mit Kichererbsen, Orangenschale und Orangensaft dazugeben. Aufkochen, dann zugedeckt unter gelegentlichem Rühren etwa 15 Minuten köcheln lassen. Mit Reis oder mit Salzkartoffeln und grünen Bohnen servieren.

Variante

Rindfleisch-Gemüse-Chili mit Guacamole

Das Gericht wie beschrieben zu bereiten. Jedoch mit der Zwiebel ¼ kleine Steckrübe und 2 Möhren, alles fein gewürfelt, in den Topf geben. Ingwer und Zimt weglassen, stattdessen je 1 TL gemahlenen Kreuzkümmel und getrockneten Oregano verwenden. Orangensaft und -schale durch 2 EL Tomatenmark und die Kichererbsen durch rote Kidneybohnen ersetzen. Fruchtfleisch von 1 reifen Avocado mit einem Spritzer Limettensaft zerdrücken; vor dem Servieren auf das Chili geben.

Eisbein-Eintopf

Eisbein ist vergleichsweise preiswert und außerdem wohlschmeckend. Topinambur steuert hier eine cremig-nussige Note bei. Stattdessen können Sie auch Pastinaken nehmen.

25 MIN. | 3 STD. 15 MIN. | TK-TAUGLICH

FÜR 4–6 PERSONEN

2 geräucherte Eisbeine (je etwa 1,25 kg)
1 Lorbeerblatt
1 EL Olivenöl
1 Zwiebel, fein gewürfelt
Salz und frisch gemahlener schwarzer Pfeffer
3 Knoblauchzehen, fein gewürfelt
einige Zweige Thymian
3 Möhren, gewürfelt
250 g Topinambur, in Scheiben geschnitten
125 g gelbe Spalterbsen
100 ml Apfelwein
1 l heiße Gemüsebrühe

1 Die Eisbeine mit dem Lorbeerblatt in einen großen Topf geben und mit Wasser bedecken. Etwa 2 Stunden garen, dabei regelmäßig abschäumen. Die Eisbeine aus dem Topf heben. Etwas abkühlen lassen, dann die Schwarten entfernen.

2 Den Backofen auf 180 °C vorheizen. Das Öl in einem großen backofenfesten Schmortopf bei mittlerer Hitze heiß werden lassen. Die Zwiebel darin in 3-4 Minuten glasig dünsten. Salzen und pfeffern, dann Knoblauch, Thymian, Möhren und Topinambur dazugeben. Alles einige Minuten garen, dann die Erbsen unterrühren. Den Apfelwein angießen und bei stärkerer Hitze 1 Minute kochen lassen. Brühe hinzufügen und aufkochen lassen. Topf vom Herd nehmen, die Eisbeine möglichst weit unten hineinlegen.

3 Den Topf verschließen und für etwa 1 Minute in den heißen Ofen stellen, bis die Erbsen weich sind. Falls nötig, etwas heißes Wasser hineingeben. Die Eisbeine aus dem Topf nehmen. Das Fleisch mit einer Gabel von den Knochen lösen und in den Topf geben. Das Gericht abschmecken und mit Brot servieren.

Stifado aus Griechenland

Rindfleisch und Zwiebeln in Rotweinsauce – üppig und gut.

30 MIN. | 2 STD. 15 MIN. | TK-TAUGLICH

FÜR 4–6 PERSONEN

3 EL Olivenöl
1 kg Rinderschmorfleisch, in mundgerechte Stücke geschnitten
Salz und frisch gemahlener schwarzer Pfeffer
175 ml Rotwein
2 EL Rotweinessig
1 Zimtstange
1 TL gemahlene Gewürznelken
½ TL geriebene Muskatnuss
3 Knoblauchzehen, fein gewürfelt
4 Tomaten, grob zerkleinert
1 EL Tomatenmark
600 ml heiße Gemüsebrühe
einige Zweige Thymian
1-2 EL Butter
500 g Schalotten, geschält

1 Den Backofen auf 180 °C vorheizen. In einem großen backofenfesten Schmortopf 2 EL Öl bei mittlerer bis starker Hitze heiß werden lassen. Das Fleisch hineingeben. Salzen, pfeffern und 6 Minuten braten. Bei starker Hitze Wein und Essig angießen. Ein paar Minuten kochen lassen, dann Zimt, Nelken, Muskat und Knoblauch hinzufügen und unterrühren.

2 Tomaten, Tomatenmark und Brühe dazugeben. Die Sauce aufkochen lassen; den Thymian hineingeben. Den Topf verschließen und für etwa 1 Stunde in den heißen Ofen stellen. Falls nötig, etwas heißes Wasser dazugießen.

3 Das restliche Öl mit der Butter in einem großen Topf bei mittlerer Hitze heiß werden lassen. Die Schalotten darin 6–8 Minuten braten, bis sie Farbe angenommen haben, dann zur Fleischmischung geben. Das Gericht 1 weitere Stunde im Ofen garen; falls es zu trocken wird, noch etwas heißes Wasser untermischen. Zimt und Thymian entfernen. Das Stifado mit Kartoffelpüree oder Rosmarinkartoffeln servieren.

Hasenpfeffer

Dieser Klassiker schmeckt auch mit anderem Wildfleisch. Die Sauce wird traditionell mit Blut gebunden.

40 MIN. PLUS MARINIERZEIT | 2-3 STD.

FÜR 6 PERSONEN

2 EL Weinessig
1 küchenfertiger Hase (2-3 kg), zerteilt, Leber und Blut aufbewahrt
50 g Butter
250 g gepökelter Schweinebauch, in Stifte geschnitten
15 kleine Schalotten, geschält
2 EL Mehl
300 ml Rotwein
600 ml Hühnerbrühe
Salz und frisch gemahlener Pfeffer

Für die Marinade

1 Zwiebel, in Ringe geschnitten
1 Bund frische Kräuter
½ Glas Weißwein
½ Glas Weinessig
½ Glas Olivenöl

1 Den Essig in das Hasenblut rühren. Leber hinzufügen. Zudecken; beiseitestellen. Hasenteile in eine Schüssel geben. Die Zutaten für die Marinade verrühren. Das Fleisch damit begießen, zudecken, 12–24 Stunden kühl stellen; ein- bis zweimal wenden.

2 Hasenteile aus der Marinade heben; mit Küchenpapier trocken tupfen. Butter in einem großen Topf zerlassen. Schweinebauch und Schalotten darin braten. Die Hasenteile hinzufügen und rundherum anbraten. Mehl unter Rühren kurz mitrösten. Wein und Brühe angießen, Salz und Pfeffer dazugeben. Aufkochen; zugedeckt 2–3 Stunden köcheln lassen, bis das Fleisch weich ist.

3 Zur Hasenblutmischung 2–3 EL Marinade geben. Die Leber darin zerdrücken; alles durch ein Sieb passieren. Zur Sauce geben, diese unter Rühren erhitzen und andicken, aber nicht kochen lassen. Hasenpfeffer mit Salz, Pfeffer und/oder Marinade abschmecken.

Gemüseeintopf mit Rindfleisch und Kartoffeln

Zartes Rindfleisch und rustikaler Grünkohl passen prima zusammen. Eine grüne Chilischote bringt gerade so viel Schärfe an das Gericht, dass es interessanter wird, und Sardellen sind eine echte Bereicherung für die Sauce.

15 MIN. **2 STD. 45 MIN.** **TK-TAUGLICH**

FÜR 6 PERSONEN

- 3-4 EL Olivenöl
- 1,25 kg Rinderschmorfleisch, in mundgerechte Stücke geschnitten
- Salz und frisch gemahlener Pfeffer
- 1 TL Paprikapulver
- 1 EL Mehl
- 2 Zwiebeln, grob gewürfelt
- 3 Knoblauchzehen, fein gewürfelt
- 1 grüne Chilischote, entkernt und fein gehackt
- 8 Sardellenfilets in Salz
- 4 große Möhren, grob gewürfelt
- 250 ml Rotwein
- 1 l heiße Rinder- oder Gemüsebrühe
- 4 große Kartoffeln, grob gewürfelt
- 200 g Grünkohl, grob zerkleinert

1 Backofen auf 160 °C vorheizen. In einem großen backofenfesten Schmortopf 1 EL Öl erhitzen. Das Fleisch mit Salz, Pfeffer und Paprika würzen und mit dem Mehl bestreuen. Im heißen Öl (falls nötig, portionsweise) in 5–8 Minuten rundherum kräftig anbraten, dann mit einem Schaumlöffel herausheben.

2 Das restliche Öl im Topf erhitzen. Die Zwiebelwürfel darin in 3–4 Minuten glasig dünsten. Knoblauch, Chili und Sardellen unterrühren und kurz mitdünsten. Die Möhren dazugeben und alles weitere 2–3 Minuten garen.

3 Wein angießen und aufkochen lassen, dabei den Bratsatz vom Topfboden losschaben. Brühe hinzufügen und aufkochen lassen. Fleisch und Kartoffeln dazugeben. Den Topf verschließen und für 1½ Stunden in den heißen Ofen stellen. Falls nötig, gelegentlich etwas heißes Wasser hineingießen. Grünkohl in den Topf geben und das Gericht noch 1 Stunde im Ofen garen. Gelegentlich nachsehen, ob Wasser zugegossen werden muss.

Variante

Schweinefleisch mit Schwarzkohl

Den Eintopf wie beschrieben zubereiten, statt Rindfleisch jedoch Schweinefleisch verwenden. Rotwein durch Weißwein und Grünkohl durch Schwarzkohl ersetzen.

Provenzalisches Rindfleisch

»Boeuf en daube« ist ein Schmorgericht aus der Provence, für das wohl jede Familie ihr eigenes Rezept hat. Orangenschale und Sardellen sorgen hier für eine besondere Note.

30 MIN. 2 STD. TK-TAUGLICH

FÜR 4 PERSONEN

- 2 EL Olivenöl
- 500 g Rinderschmorfleisch, in mundgerechte Stücke geschnitten
- ½ EL Mehl
- Salz und frisch gemahlener schwarzer Pfeffer
- 1 Lorbeerblatt
- 25 g Butter
- 2 Zwiebeln, in Ringe geschnitten
- Schale und Saft von 1 Bio-Orange
- 6 Sardellenfilets in Salz, gehackt
- 150 ml Rotwein
- 250 g braune Champignons (Egerlinge), geviertelt
- 600 ml heiße Gemüsebrühe
- 1 kleine Handvoll Thymianblättchen, gehackt

1 Den Backofen auf 150 °C vorheizen. 1 EL Öl in einem backofenfesten Schmortopf heiß werden lassen. Das Fleisch in dem Mehl wenden; salzen und pfeffern. Mit dem Lorbeerblatt im heißen Öl unter gelegentlichem Rühren 8–10 Minuten braten, bis es nicht mehr rot ist. Die Butter hinzufügen und das Fleisch in weiteren 5 Minuten braun braten. Mit einem Schaumlöffel aus dem Topf heben.

2 Das restliche Öl im Topf bei schwacher Hitze heiß werden lassen. Die Zwiebelringe darin in 6–8 Minuten glasig dünsten. Die Orangenschale dazugeben. Bei etwas stärkerer Hitze den Saft angießen; den Bratsatz vom Topfboden losschaben.

3 Die Sardellen untermischen. Den Wein angießen und bei starker Hitze 2 Minuten kochen lassen. Pilze, Brühe, Thymian, Salz und Pfeffer unterrühren. Das Fleisch in den Topf geben. Das Gericht im heißen Ofen zugedeckt 2 Stunden garen, bis das Fleisch butterzart ist.

Putentopf mit Pilzen und Klößen

Ein reichhaltiger Eintopf mit Steinpilzen, Sellerie und Möhren.

30 MIN. PLUS EINWEICHZEIT 1 STD. 30 MIN. TK-TAUGLICH

FÜR 4 PERSONEN

- 25 g getrocknete Steinpilze
- 1-2 EL Butter
- 1 EL Olivenöl
- 600 g Putenbrustfilet, gewürfelt
- 1 kleine Zwiebel, gewürfelt
- 2 Knoblauchzehen, fein gewürfelt
- 1 Lorbeerblatt
- einige Zweige Rosmarin, zerkleinert
- Salz und frisch gemahlener Pfeffer
- 3 Möhren, grob zerkleinert
- 3 Stangen Sellerie, grob zerkleinert
- 1 EL Mehl
- 100 ml trockener Sherry
- 600 ml heiße Hühnerbrühe

Für die Klöße

- 125 g Mehl
- ½ TL Backpulver
- 60 g Margarine
- ½ EL getrockneter Oregano

1 Die Steinpilze in einer Schüssel mit 150 ml heißem Wasser bedecken; 30 Minuten einweichen. Den Backofen auf 200 °C vorheizen. Die Butter mit ½ EL Öl in einem großen backofenfesten Schmortopf bei mittlerer Hitze heiß werden lassen. Das Fleisch darin 5–8 Minuten rundherum kräftig anbraten; mit einem Schaumlöffel herausheben.

2 Das restliche Öl in dem Topf erhitzen. Die Zwiebelwürfel darin in 6–8 Minuten glasig dünsten. Knoblauch, Lorbeer, Rosmarin, Salz und Pfeffer untermischen. Möhren und Sellerie hinzufügen und 5 Minuten mitdünsten. Das Mehl dazugeben und etwa 2 Minuten unter Rühren anschwitzen.

3 Den Sherry angießen und bei starker Hitze unter ständigem Rühren ein paar Minuten kochen lassen. Die Brühe hinzufügen. Die Pilze in ein Sieb schütten, die Flüssigkeit auffangen. Die Pilze in den Topf geben, die Einweichflüssigkeit durch ein feines Sieb dazugießen. Das Fleisch hinzufügen. Den Topf verschließen und für 1 Stunde in den heißen Ofen stellen.

4 Inzwischen für die Klöße Mehl, Backpulver, Margarine und Oregano mit 1 Prise Salz in einer Schüssel zu einem glatten Teig verkneten; falls nötig, dabei Wasser unterarbeiten. Aus dem Teig mit bemehlten Händen etwa 16 Klöße formen. Diese 30 Minuten vor Ablauf der Garzeit in den Topf geben.

Rindfleischtopf mit Graupen und Champignons

Gerstengraupen, regional auch »Rollgerste« genannt, haben einen leicht erdigen Geschmack, der gut in dieses Gericht passt.

30-35 MIN. **2 STD. 15 MIN. - 2 STD. 30 MIN.**

FÜR 6 PERSONEN

- 1 EL Öl
- 700 g Rinderschmorfleisch, in 5 cm große Würfel geschnitten
- 2 große Zwiebeln, in dünne Ringe geschnitten
- Salz und frisch gemahlener schwarzer Pfeffer
- 1 Kräutersträußchen (5-6 Stängel Petersilie, 2-3 Zweige Thymian und 1 Lorbeerblatt)
- 1 l Rinderbrühe, plus mehr nach Bedarf
- 1 große Möhre, gewürfelt
- 2 Stangen Sellerie, in Scheiben geschnitten
- 100 g Perlgraupen
- 250 g Champignons, in Scheiben geschnitten

1 Den Backofen auf 180 °C vorheizen. Das Öl in einem backofenfesten Schmortopf erhitzen. Das Fleisch darin in zwei Portionen kräftig anbraten; in eine Schüssel geben. Die Zwiebeln mit etwas Salz und Pfeffer hinzufügen. Bei mittlerer Hitze unter Rühren in 5–7 Minuten Farbe annehmen lassen. Fleisch, Kräutersträußchen, Salz und Pfeffer dazugeben. Die Brühe angießen und alles verrühren.

3 Den Topf verschließen und in den heißen Ofen stellen. Das Fleisch unter gelegentlichem Rühren etwa 1½ Stunden schmoren. Anschließend Möhren, Sellerie und Graupen untermischen. Falls nötig, mehr Brühe oder Wasser hinzufügen.

4 Alles zugedeckt im Ofen weitere 40–45 Minuten garen, bis Fleisch und Gemüse sehr weich sind. Die Graupen sollten weich, aber noch bissfest sein. 10 Minuten vor Ende der Garzeit die Pilze untermischen.

5 Das Kräutersträußchen entfernen. Den Rindfleischtopf abschmecken, auf vorgewärmte Schalen oder tiefe Teller verteilen und mit knusprigem Brot servieren.

Lammhachsen in Rotwein

Ideal für einen kalten Tag. Bedenken Sie bei der Menüplanung, dass das Fleisch mindestens einen Tag mariniert werden sollte.

50 MIN. PLUS MARINIERZEIT **2 STD. 45 MIN.**

FÜR 6 PERSONEN

- 2 TL schwarze Pfefferkörner, zerdrückt
- 2 TL Wacholderbeeren, zerdrückt
- 4 Schalotten, grob gewürfelt
- 2 Knoblauchzehen, geschält
- 2 Zwiebeln, geviertelt
- 2 Möhren, in dicke Scheiben geschnitten
- 1 Kräutersträußchen (5-6 Stängel Petersilie, 2-3 Zweige Thymian und 1 Lorbeerblatt)
- 2 EL Rotweinessig
- 750 ml Rotwein
- 6 Lammhachsen (etwa 2 kg), von Sehnen und sichtbarem Fett befreit
- 2 EL Öl, plus mehr nach Bedarf
- 30 g Mehl
- 750 ml Rinderbrühe, plus mehr nach Bedarf
- Salz und frisch gemahlener Pfeffer
- 30 g Butter
- 1 Knollensellerie (500 g), gewürfelt
- 250 g Champignons, geviertelt
- 3 EL Johannisbeergelee

1 Für die Marinade Pfefferkörner, Wacholder, Schalotten, Knoblauch, Zwiebeln, Möhren, Kräutersträußchen und Essig in einen Topf geben. Rotwein dazugießen.; 2 Minuten kochen lassen. Alles in eine große Schale geben und auskühlen lassen. Hachsen hineinlegen und darin wenden. Zudecken und 1–2 Tage kalt stellen; gelegentlich wenden.

2 Backofen auf 180 °C vorheizen. Hachsen trocken tupfen. Ein Sieb auf eine Schüssel setzen. Marinade samt Gemüse hineingießen. Marinade und Siebinhalt aufbewahren. Das Öl in einem backofenfesten Schmortopf stark erhitzen. Hachsen darin in zwei Portionen je 3–5 Minuten kräftig anbraten; herausnehmen. Gemüse (ohne Kräutersträußchen) im Topf 5–7 Minuten braten. Mehl dazugeben; unter Rühren 3–5 Minuten rösten. Marinade, Hachsen und ausgetretenen Fleischsaft, Kräutersträußchen, Brühe, Salz und Pfeffer dazugeben. Zugedeckt im Ofen 2–2¼ Stunden garen; falls nötig, Brühe nachfüllen.

3 Butter in einer Pfanne zerlassen. Sellerie darin weich dünsten; salzen, pfeffern und in eine Schüssel geben. Mit den Pilzen ebenso verfahren. Hachsen auf einer Platte warm halten. Ein Sieb auf einen Topf setzen. Sauce hineingießen, einige Schalotten- und Möhrenstücke herausnehmen, das restliche Gemüse ausdrücken. Gelee und reichlich schwarzen Pfeffer unter die Sauce schlagen. Sauce aufkochen; 20–30 Minuten einköcheln lassen. Sellerie, Pilze, Möhren, Schalotten und Hachsen in der Sauce erhitzen.

Geschmorter Blumenkohl mit Chili und Koriandergrün

Mit ein paar Gewürzen wird aus schlichtem Blumenkohl ein außergewöhnliches Gericht. Servieren Sie es mit gebuttertem Basmatireis oder als Bestandteil eines indischen Menüs.

10 MIN. 10 MIN.

FÜR 4 PERSONEN

400 g Blumenkohlröschen
Salz
2 getrocknete Chilischoten
1 TL Kreuzkümmelsamen
2 EL Sonnenblumenöl
1 TL schwarze Senfsamen
½ TL gemahlene Kurkuma
2 Knoblauchzehen, zerdrückt
1-2 EL Butter
grobes Salz und gehacktes Koriandergrün zum Bestreuen

1 Die Blumenkohlröschen für 1–2 Minuten in kochendes Salzwasser geben. In ein Sieb schütten und mit kaltem Wasser abschrecken.

2 Chilis und Kreuzkümmel im Mörser grob zerdrücken. Das Öl in einer großen Pfanne mit hohem Rand erhitzen. Chilis, Kreuzkümmel, Senfsamen, Kurkuma und Knoblauch darin etwa 1 Minute braten, bis die Senfsamen springen.

3 Den Blumenkohl und etwa 6 EL Wasser dazugeben. Das Wasser aufkochen lassen. Den Kohl zugedeckt bei schwacher Hitze in 3–5 Minuten knapp garen.

4 Das Wasser offen bei stärkerer Hitze in 5–6 Minuten verdampfen lassen, dabei den Kohl ständig wenden. Die Butter unter den Kohl mischen, bis sie schmilzt. Den Blumenkohl mit Salz und Koriandergrün bestreuen und servieren.

Lammhachsen mit Obst

Lammfleisch verträgt sich bestens mit Obst – hier sind es getrocknete Pflaumen und ein frischer Apfel.

15 MIN. 3 STD. 15 MIN. TK-TAUGLICH

FÜR 4 PERSONEN

4 EL Olivenöl
4 Lammhachsen
1 EL Mehl
250 ml Weißwein
1 große Zwiebel, in Ringe geschnitten
Salz und frisch gemahlener Pfeffer
1 Knollensellerie, in mundgerechte Stücke geschnitten
3 Knoblauchzehen, fein gewürfelt
1 TL Fenchelsamen
einige Zweige Thymian
2 Lorbeerblätter
1 Kochapfel, geschält und gewürfelt
200 g Dörrpflaumen (Soft-Früchte), entsteint
175 ml Orangensaft
1 l heiße Gemüsebrühe

1 Den Backofen auf 150 °C vorheizen. In einem großen backofenfesten Schmortopf die Hälfte des Öls bei mittlerer bis starker Hitze heiß werden lassen. Die Hachsen im Mehl wenden. Portionsweise im heißen Öl rundherum anbraten; in eine Schüssel legen. Wein in den Topf geben, bei starker Hitze etwas einkochen lassen. Hachsen damit begießen. Topf mit Küchenpapier auswischen.

2 Im Topf etwas Öl bei mittlerer Hitze heiß werden lassen. Die Zwiebelwürfel darin in 3–4 Minuten glasig dünsten. Salzen und pfeffern, dann den Sellerie mit Knoblauch, Fenchel, Thymian und Lorbeer unterrühren. 5 Minuten Farbe annehmen lassen; falls nötig, mehr Öl dazugeben. Apfel und Pflaumen mit Salz und Pfeffer hinzufügen. 1–2 Minuten braten. Hachsen und Sauce in den Topf geben. Orangensaft und Brühe angießen und aufkochen lassen.

3 Den Topf verschließen und für 3–3½ Stunden in den heißen Ofen stellen, bis das Fleisch von den Knochen fällt. Falls nötig, gelegentlich etwas heißes Wasser hineingeben. Dazu passt Kartoffelpüree.

Normannisches Schweinefleisch

Der cremige Eintopf mit Schweinefleisch, Äpfeln und Senf ist eine willkommene Abwechslung im winterlichen Speiseplan.

30 MIN. 1 STD.

FÜR 4 PERSONEN

1 EL Olivenöl
1-2 EL Butter
700 g Schweinefleisch (Keule), in mundgerechte Stücke geschnitten
1 Zwiebel, fein gewürfelt
3 Stangen Sellerie, fein gewürfelt
3 Möhren, fein gewürfelt
1 EL Dijonsenf
2 Knoblauchzehen, fein gewürfelt
1 TL gehackter Rosmarin
1 großer Kochapfel (z. B. Boskop), geschält und grob zerkleinert
150 ml Apfelwein
½ TL schwarze Pfefferkörner
100 g Sahne
150 ml heiße Hühnerbrühe

1 Den Backofen auf 180 °C vorheizen. Das Öl mit der Butter in einem backofenfesten Schmortopf bei mittlerer Hitze heiß werden lassen. Das Fleisch darin 6–8 Minuten rundherum anbraten; herausheben.

2 Die Zwiebelwürfel im Fett in 5 Minuten glasig dünsten. Sellerie und Möhren mit Senf, Knoblauch und Rosmarin hinzufügen und unter häufigem Rühren in 10 Minuten weich dünsten. Die Apfelstücke dazugeben und 5 Minuten mitgaren.

3 Den Apfelwein angießen und bei starker Hitze 1–2 Minuten einkochen lassen. Fleisch und Pfefferkörner in den Topf geben. Sahne und Brühe hinzufügen und aufkochen lassen. Den Topf verschließen und für etwa 1 Stunde in den heißen Ofen stellen, bis die Sauce reduziert und das Fleisch weich ist. Dazu passt körnig gekochter Reis oder Kartoffelpüree.

Ochsenschwanz mit Clementinen und Sternanis

Das Fleisch vom Ochsenschwanz schmeckt etwas anders als das Rindfleisch, das man üblicherweise verwendet. Beim Schmoren wird es superweich und fällt vom Knochen. In diesem Gericht bringen Clementinen noch eine fruchtig-süße Note ins Spiel, die wunderbar mit dem Fleisch harmoniert.

20 MIN. 3 STD. 15 MIN. TK-TAUGLICH

FÜR 4-6 PERSONEN

- 1,5 kg Ochsenschwanzstücke
- Salz und frisch gemahlener Pfeffer
- 2 EL Olivenöl
- 2 rote Zwiebeln, in Ringe geschnitten
- 3 Knoblauchzehen, fein gewürfelt
- 1 Prise Chiliflocken
- 350 ml Rotwein
- 4 Sternanis
- 1 Handvoll schwarze Pfefferkörner
- 1 Lorbeerblatt
- 8 Dörrpflaumen (Soft-Früchte), entsteint und gehackt
- 1 l heiße Gemüsebrühe
- 4 Clementinen oder 2 Orangen, geschält und quer in Scheiben geschnitten
- gehackte Petersilie zum Bestreuen

1 Den Backofen auf 150 °C vorheizen. Die Ochsenschwanzstücke salzen und pfeffern. Die Hälfte des Öls in einem großen backofenfesten Schmortopf bei mittlerer Hitze heiß werden lassen. Das Fleisch darin 8–10 Minuten rundherum anbraten, dann mit einem Schaumlöffel herausheben.

2 Das restliche Öl im Topf erhitzen. Die Zwiebelringe darin in 3–4 Minuten glasig dünsten. Knoblauch und Chiliflocken untermischen. Den Wein angießen und etwa 5 Minuten einkochen lassen. Das Fleisch mit Sternanis, Pfefferkörnern, Lorbeer sowie Pflaumen in den Topf geben und mit Brühe bedecken.

3 Aufkochen lassen, dann die restliche Brühe dazugießen. Den Topf verschließen und für etwa 3 Stunden in den heißen Ofen stellen. Falls nötig, gelegentlich etwas heißes Wasser hineingeben. 30 Minuten vor Ablauf der Garzeit Clementinen bzw. Orangen zum Fleisch geben und alles offen weitergaren, damit Flüssigkeit verdampfen kann. Zwischendurch immer wieder rühren, damit das Fleisch nicht austrocknet. Sobald das Fleisch so weich ist, dass es von den Knochen fällt, Knochen, Lorbeer und Sternanis entfernen. Das Gericht mit Petersilie bestreuen und mit Nudeln servieren.

Variante

Geschmorter Ochsenschwanz mit Topinambur

Das Gericht wie beschrieben zubereiten, dabei 250 g zerkleinerte Topinambur und 2 in Scheiben geschnittene Möhren hinzufügen. Sternanis, Chiliflocken und Clementinen weglassen. Mit dem Rotwein noch 1 EL Weinbrand dazugeben. Weiterverfahren, wie im Hauptrezept angegeben. Das Gericht mit Kartoffelpüree servieren.

Venezianische Leber

Hier spielen lange gebratene, karamellsüße Zwiebelringe eine entscheidende Rolle. Braten Sie die Zwiebeln schon am Vortag, dann ist das Gericht am nächsten Tag schnell fertig.

15–20 MIN. 1 STD.

FÜR 6 PERSONEN

- 100 ml Olivenöl
- 1 kg große Zwiebeln, in Ringe geschnitten
- Salz und frisch gemahlener schwarzer Pfeffer
- 750 g Kalbsleber

Für das Kartoffelpüree

- 600 g Kartoffeln, geschält
- 4 EL heiße Milch
- 50 g zerlassene Butter

1 In einer Pfanne zwei Drittel des Öls bei schwacher Hitze heiß werden lassen. Die Zwiebeln mit etwas Salz und Pfeffer hineingeben. Die Pfanne mit Alufolie verschließen. Die Zwiebeln unter gelegentlichem Rühren in 25–30 Minuten sehr weich garen.

2 Die Folie entfernen und die Zwiebeln bei mittlerer bis starker Hitze unter ständigem Rühren 5–7 Minuten goldbraun braten; Vorsicht, sie verbrennen leicht. Mit einem Schaumlöffel herausheben und in eine Schüssel geben.

3 Inzwischen die Kartoffeln in Stücke schneiden. In Salzwasser weich kochen; abgießen und zerstampfen. Milch und Butter hinzufügen. Das Püree durchschlagen, bis es cremig ist.

4 Die Leber in etwa 5 mm dicke Scheiben schneiden. Das restliche Öl in der Pfanne sehr stark erhitzen. Die Leberscheiben darin in zwei Portionen jeweils pro Seite 45–60 Sekunden braten; sie sollen innen rosa bleiben. Fertig gebratene Leber auf einem Teller warm halten. Die Zwiebeln mit den Leberscheiben in die Pfanne geben und unter Rühren in 30–60 Sekunden heiß werden lassen. Salzen, pfeffern und sofort mit dem Kartoffelpüree servieren.

Ente à l'orange

Ein fantastischer Klassiker aus Frankreich. Statt der Wildente können Sie eine Ente aus Zucht dafür verwenden.

10 MIN. 2 STD.

FÜR 4 PERSONEN

- 50 g Butter
- 75 g Mehl
- 1 l heißer Wildfond
- 1 küchenfertige Wildente (etwa 1 kg)
- 2 Bio-Bitterorangen
- 50 g Zucker
- 3 EL Rotweinessig

1 Die Butter in einem Topf zerlassen. Sobald sie bräunt, das Mehl einrühren, dann nach und nach den Fond klümpchenfrei darunterschlagen. Die Mischung aufkochen, dann bei schwacher Hitze in etwa 1 Stunde auf die Hälfte einkochen lassen.

2 Inzwischen den Backofen auf 200 °C vorheizen. Die Haut der Ente mehrmals mit einer Gabel einstechen. Den Vogel salzen, pfeffern und mit der Brust nach unten in eine ofenfeste Form legen. Im heißen Ofen 30 Minuten braten, dann wenden und weitere 30 Minuten garen. Aus dem Ofen nehmen und etwas abkühlen lassen. Beine und Brust abschneiden. Die Brust in Scheiben schneiden, die Schenkel jeweils in Ober- und Unterschenkel teilen.

3 Von den Bitterorangen die Schale hauchdünn abschälen und in feine Streifen schneiden. Für 5 Minuten in kochendes Wasser geben; abgießen. Die Orangen auspressen.

4 Den Zucker in einem kleinen Topf schmelzen und etwas karamellisieren lassen. Vorsichtig den Essig dazugießen. Ein paar Minuten rühren, bis der Karamell sich aufgelöst hat. Das Ganze mit dem Orangensaft und dem Großteil der Schalenstreifen unter den angedickten Wildfond rühren.

5 Die Ententeile in der Sauce erhitzen. Mit Orangenschale garnieren und in der Sauce servieren.

Hühnersuppe mit Sellerie und Orange

Mit Knollensellerie, Hähnchenfleisch und Orange eine höchst willkommene wärmende kleine Mahlzeit im Winter.

15 MIN, 1 STD. TK-TAUGLICH

FÜR 4-6 PERSONEN

- 1 EL Olivenöl
- 1 Zwiebel, fein gewürfelt
- 1 Lorbeerblatt
- Salz und frisch gemahlener schwarzer Pfeffer
- 2 Knoblauchzehen, fein gewürfelt
- Schale von 1 Bio-Orange, plus Saft von ½ Orange
- 1 kleine Handvoll Oreganoblätter
- 1 Knollensellerie, geschält und in kleine Stücke geschnitten
- 1 l heiße Hühnerbrühe
- 4 Hähnchenbrustfilets
- gehackte Petersilie zum Bestreuen

1 Das Öl in einem großen Topf bei mittlerer Hitze heiß werden lassen. Die Zwiebelwürfel darin mit dem Lorbeerblatt in 3–4 Minuten glasig dünsten. Salz, Pfeffer, Knoblauch, Orangenschale, Oregano und Sellerie hinzufügen und alles kurz mitdünsten. Den Orangensaft dazugießen und den Bratsatz vom Topfboden losschaben. Die Brühe und das Fleisch dazugeben. Aufkochen lassen, dann bei schwacher Hitze 20–30 Minuten köcheln lassen.

2 Das Fleisch mit einem Schaumlöffel herausheben. Kurz abkühlen lassen, dann mit den Fingern oder mit zwei Gabeln in Stücke zupfen.

3 Die Brühe etwa 15 Minuten weiterköcheln lassen; falls nötig, etwas heißes Wasser dazugeben. Abschmecken, das Lorbeerblatt entfernen. Das Fleisch in die Brühe geben. Die Suppe auf Schalen verteilen, mit Petersilie bestreuen und servieren.

Rindfleischtopf mit Bier und Brötchenhaube

Für dieses Gericht können Sie eine Menge Wintergemüse verarbeiten. Die Fleischmischung lässt sich Tage im Voraus zubereiten, und sobald das Ganze im Ofen ist, haben Sie Zeit für andere Dinge.

40 MIN. **2 STD. 30 MIN. - 3 STD. 15 MIN.** **TK-TAUGLICH**

FÜR 4 PERSONEN

- 4 EL Olivenöl
- 2 Zwiebeln, fein gewürfelt
- 1 Stange Sellerie, fein gewürfelt
- 1 Stange Lauch, in dünne Ringe geschnitten
- 150 g Champignons, je nach Größe halbiert oder geviertelt
- 2 EL Mehl
- Salz und frisch gemahlener schwarzer Pfeffer
- 500 g Rinderschmorfleisch, in 3 cm große Würfel geschnitten
- 500 ml dunkles Bier
- 300 ml Rinderbrühe
- 1 Kräutersträußchen (Petersilie, Thymian und Lorbeer)
- 1 EL Zucker
- 2 große Möhren, in 2 cm große Stücke geschnitten

Für die Brötchen

- 300 g Mehl, plus mehr zum Arbeiten
- ½ Päckchen Backpulver
- ½ TL Salz
- 125 g kalte Butter in Stückchen
- 1 EL fein gehackte Petersilie
- 2-4 EL Milch
- 3 EL Tafelmeerrettich
- 1 Ei, verquirlt

1 In einem großen backofenfesten Schmortopf 2 EL Öl erhitzen. Die Zwiebeln darin mit Sellerie und Lauch in etwa 5 Minuten glasig dünsten. Die Pilze dazugeben und 3–4 Minuten mitbraten. Gemüse und Pilze aus dem Topf heben und beiseitestellen.

2 Das Mehl mit Salz und Pfeffer mischen. Das Fleisch darin wenden. Das restliche Öl im Topf erhitzen und das Fleisch darin rundherum anbraten. Anschließend Gemüse, Pilze, Möhren und Kräutersträußchen mit dem Zucker in den Topf geben. Bier und Brühe hinzufügen. Alles aufkochen, dann im geschlossenen Topf bei schwächster Hitze 2–2½ Stunden schmoren, bis das Fleisch weich ist; falls nötig, etwas Wasser hinzufügen.

3 Den Backofen auf 200 °C vorheizen. Für die Brötchen das Mehl mit Backpulver und Salz in eine Schüssel sieben. Die Butter hinzufügen und alles mit den Fingerspitzen zu feinen Streuseln verreiben. Die Petersilie untermischen. Die Milch mit dem Meerrettich verquirlen und den Teig damit binden.

4 Den Teig auf einer bemehlten Arbeitsfläche etwa 2 cm dick ausrollen. Mit einem Ausstechförmchen Kreise ausstechen. Teigreste zusammenkneten und wieder ausrollen, weitere Kreise ausstechen. So weiterverfahren, bis der Teig aufgebraucht ist. Das Kräutersträußchen aus dem Topf nehmen. Die Teigkreise dicht an dicht auf dem Ragout verteilen.

5 Die Teigkreise mit Ei bestreichen. Das Ganze für 30–40 Minuten in den Ofen stellen, bis der Teig aufgegangen und goldbraun ist. Den Topf aus dem Ofen nehmen. Das Gericht 5 Minuten ruhen lassen, dann servieren.

Wildtopf mit Pilzen

Frische und getrocknete Pilze sorgen für Extrageschmack.

15 MIN. PLUS MARINIERZEIT 2 STD. 15 MIN.

FÜR 4-6 PERSONEN

- 500 ml Rotwein
- 3 EL Olivenöl
- 1 EL Wacholderbeeren, zerdrückt
- 2 Zweige Rosmarin
- 1 kg Wildfleisch (z. B. von Hirsch oder Reh), in Stücke geschnitten
- 2 EL Mehl, mit Salz und Pfeffer gewürzt
- 1 Zwiebel, grob zerkleinert
- 200 g durchwachsener Speck, gewürfelt
- 30 g getrocknete Steinpilze, 20 Minuten in warmem Wasser eingeweicht
- Schale von 1 Bio-Orange, grob gehackt
- 1 l heiße Gemüsebrühe
- 1-2 EL Butter
- 250 g braune Champignons, halbiert
- Salz und frisch gemahlener Pfeffer

1 Den Wein in einer großen Schüssel mit 2 EL Öl, den Wacholderbeeren und 1 Rosmarinzweig mischen. Das Fleisch darin zugedeckt 1 Stunde oder über Nacht marinieren. Fleisch aus der Marinade heben und abtropfen lassen. Restliches Öl in einem großen Schmortopf erhitzen. Fleisch im Mehl wenden, dann portionsweise kräftig anbraten. Herausheben und beiseitestellen.

2 Zwiebel und Speck im Topf 5 Minuten braten. Die Pilze und etwas von ihrem Einweichwasser mit Orangenschale, Marinade und Rosmarin in den Topf geben. Die Brühe angießen und aufkochen lassen. Das Fleisch hinzufügen und zugedeckt bei schwacher Hitze in 1½–2 Stunden weich garen. Gelegentlich Einweichwasser oder heißes Wasser nachfüllen, damit das Fleisch immer bedeckt ist. Die Butter in einer Pfanne zerlassen. Die Pilze darin goldbraun braten. 30 Minuten vor Ende der Garzeit in den Topf geben. Mit Salz und Pfeffer abschmecken. Dazu passt Polenta.

Wildragout mit Gemüse

Ein Schmorgericht mit Champignons, Sellerie und Möhren.

30 MIN. 1 STD. 15 MIN. TK-TAUGLICH

FÜR 4 PERSONEN

- 700 g Fleisch von Wild und Federwild (z. B. Fasan, Reh, Hirsch und Ente), in mundgerechte Stücke geschnitten
- Mehl zum Bestäuben
- Salz und frisch gemahlener schwarzer Pfeffer
- 1 EL Olivenöl
- 1 EL Weinbrand
- 1 Zwiebel, fein gewürfelt
- 2 Knoblauchzehen, fein gewürfelt
- 2 Stangen Sellerie, fein gewürfelt
- 2 Möhren, fein gewürfelt
- 1 Kräutersträußchen (Thymian, Petersilie und Lorbeer)
- 300 g braune Champignons (Egerlinge), geviertelt
- 1 Glas Weißwein
- 2 TL Johannisbeergelee
- 750 ml heiße Hühnerbrühe

1 Den Backofen auf 180 °C vorheizen. Das Fleisch mit etwas Mehl bestäuben; salzen und pfeffern. Die Hälfte des Öls in einem backofenfesten Schmortopf bei mittlerer Hitze heiß werden lassen. Das Fleisch darin unter gelegentlichem Rühren 6–8 Minuten rundherum anbraten, dann mit einem Schaumlöffel herausheben.

2 Den Weinbrand in den Topf geben. Den Bratsatz vom Topfboden losschaben. Falls nötig, das restliche Öl hinzufügen. Die Zwiebelwürfel im Topf bei schwacher Hitze in etwa 6 Minuten glasig dünsten. Knoblauch, Sellerie, Möhren und Kräutersträußchen hinzufügen. Alles 8 Minuten unter gelegentlichem Rühren etwa 8 Minuten garen, bis das Gemüse weich ist.

3 Die Pilze untermischen. Den Wein bei starker Hitze hinzufügen und 2 Minuten einkochen lassen. Das Gelee unterrühren und die Brühe angießen. Den Topf verschließen und für etwa 1 Stunde in den heißen Ofen stellen, bis das Fleisch weich ist. Falls nötig, etwas heißes Wasser in den Topf geben. Das Ragout mit Kartoffelpüree servieren.

Wildragout mit Birnen

Zum Schmortopf mit Wild passt buttriges Wirsinggemüse.

30 MIN. PLUS MARINIERZEIT 1 STD. 45 MIN.

FÜR 6 PERSONEN

- 750 ml Rotwein
- 2 EL Rotweinessig
- 2 TL schwarze Pfefferkörner, zerdrückt
- 2 TL Wacholderbeeren, zerdrückt
- 4 Schalotten, grob zerkleinert
- 2 Knoblauchzehen, geschält
- 2 Zwiebeln, geviertelt
- 2 Möhren, grob zerkleinert
- 1 Kräutersträußchen (Thymian, Petersilie und Lorbeer)
- 1 kg Reh- oder Hirschfleisch (aus Keule oder Schulter), in 4 cm große Würfel geschnitten
- 3 EL Öl
- 30 g Mehl
- 750 ml heiße Rinderbrühe
- Salz und frisch gemahlener Pfeffer
- 4 reife Birnen, geschält und gewürfelt
- 3 EL Johannisbeergelee

1 Wein und Essig mit Gewürzen, Gemüse und Kräutersträußchen in einem Topf aufkochen und 2 Minuten köcheln lassen. In eine Schale umfüllen und abkühlen lassen. Fleisch darin wenden. Zudecken und 6–8 Stunden kalt stellen; gelegentlich wenden.

2 Backofen auf 180 °C vorheizen. Fleisch aus der Marinade heben; mit Küchenpapier trocken tupfen. Marinade durch ein Sieb in eine Schüssel gießen. Mit Gemüse und Kräutersträußchen aufbewahren. 2 EL Öl in einem backofenfesten Schmortopf erhitzen. Das Fleisch darin portionsweise je 3–5 Minuten rundherum anbraten, dann in eine Schüssel geben. Das restliche Öl bei mittlerer Hitze heiß werden lassen. Das Gemüse aus dem Sieb darin 5–7 Minuten garen. Mehl hinzufügen und unter Rühren 3–5 Minuten anschwitzen. Marinade, Fleisch, Kräutersträußchen, Brühe, Salz und Pfeffer dazugeben. Topf verschließen; 1¼–1½ Stunden im Ofen garen. 6–8 Minuten vor Ende der Garzeit Birnen und Gelee unterrühren.

Jetzt am besten **Wild**

Das Fleisch von Hirschen, Rehen, Wildschweinen und anderes Haarwild aus freier Wildbahn schmeckt im Herbst und Winter am besten. Hirschfleisch aus Gatterhaltung wird ganzjährig angeboten. Das mürbe dunkelrote Wildfleisch ist ausgesprochen fettarm und hat einen würzigen Geschmack. Es harmoniert z. B. gut mit Wacholder, Lorbeer, Ingwer, Fenchel, Kohl, Rotwein, Birnen und Preiselbeeren oder Cranberrys.

Ausgelöster Rücken Der Rücken bietet die besten Stücke: die Lende und das Filet. Fälschlicherweise wird die Lende häufig auch als Filet bezeichnet und in Rezepten mit dem echten Filet verwechselt. Doch die Garzeiten sind sehr unterschiedlich, da die Lende mindestens doppelt so dick wie das Filet ist.

Das echte Filet erkennt man daran, dass es sich zu einem Ende hin verjüngt. Die Lende ist dagegen gerade.

Gewürfeltes Wildfleisch Fleisch von Keule, Hachsen und Schulter bietet sich zum Schmoren für Gulasch und Ragouts an. Das Fleisch verschiedener Teile nicht mischen, da die Garzeiten unterschiedlich sind.

Rollbraten aus der Keule Die Keule kleinerer Tiere kann im Ganzen (mit oder ohne Knochen) im Ofen gebraten oder in Steaks geschnitten werden. Größere Keulen werden meist in Teile zerlegt (Unterschale, Oberschale, Nuss). Diese lassen sich in Gulasch oder Steaks schneiden oder zu einem Rollbraten binden.

Keulenfleisch von Wild ist so mager wie Hähnchenfleisch. Ein Braten sollte in der Mitte noch rosa sein, damit er nicht zu trocken ist.

Wissenswert

Im Angebot

Keule, Rücken, Schulter und Hachsen im Ganzen und ausgelöst; Filet und Lende sind am wertvollsten; Steaks, Wildwürste, Wildgulasch.

Einkauf Das beste Fleisch stammt aus Rücken und Keule. Pro Person 175 g Fleisch (ohne Knochen) kalkulieren.

Aufbewahren Abgepacktes Fleisch gemäß Packungsangabe, ansonsten auf einem Teller zugedeckt im unteren Bereich des Kühlschranks bis zu 4 Tage lagern.

Zubereiten Zartes Fleisch bester Qualität von jungen Tieren roh als Carpaccio oder gebraten noch rosa servieren. Fleisch älterer Tiere schmoren, ebenso alle Fleischteile aus dem Vorderviertel; Braten, die im Ofen gegart werden möglichst bardieren.

Für den Vorrat Frisches Fleisch räuchern oder einfrieren.

Rezepte

Schwedisches Wildragout Seite 314

Wildragout mit Schalotten und Maronen Seite 388

Wildtopf mit Pilzen Seite 452

Wildpastetchen Seite 282

Entenkeulen mit Wirsing, Pinienkernen und Rosinen

Entenkeulen bieten reichlich saftiges, aromatisches Fleisch. Sie können aber auch sehr fettreich sein – hier sorgen Rosinen und Johannisbeergelee für Ausgleich.

15 MIN. 2 STD. 30 MIN.

FÜR 4-6 PERSONEN

- 6 Entenkeulen
- 2 rote Zwiebeln, grob gewürfelt
- 2 Knoblauchzehen, fein gewürfelt
- einige Zweige Thymian
- 1 Lorbeerblatt
- 1 EL Johannisbeergelee
- 600 ml heiße Hühnerbrühe
- Salz und frisch gemahlener schwarzer Pfeffer
- 30 g Rosinen
- 30 g Pinienkerne, geröstet
- 1 Wirsing, geachtelt

1 Den Backofen auf 180 °C vorheizen. Einen großen backofenfesten Schmortopf bei mittlerer Hitze heiß werden lassen. Die Entenkeulen darin unter gelegentlichem Wenden 15–20 Minuten braten, bis sie bräunen. Herausnehmen und das Fett aus dem Topf gießen.

2 Zwiebeln und Knoblauch mit Thymian und Lorbeer in den Topf geben. 5 Minuten braten; das Gelee untermischen und einige Minuten weitergaren. Die Keulen mit den Hautseiten nach oben in die Zwiebelmischung drücken. Die Brühe angießen und aufkochen lassen. Salzen und pfeffern. Topf verschließen und für 2 Stunden in den heißen Ofen stellen. Eventuell ab und zu heißes Wasser hineingeben.

3 Etwa 30 Minuten vor Ende der Garzeit Rosinen, Pinienkerne und Wirsing in den Topf geben. Lorbeerblatt entfernen; Gericht abschmecken. Dazu passt Kartoffelpüree und Chiligelee.

Rindfleischtopf mit Orangen

Dieses Gericht ist eindeutig orientalisch inspiriert. Lorbeer, Zimt und Muskatnuss, zusammen mit Orangenscheiben, sorgen für die entsprechende Würze.

30 MIN. 1 STD. 30 MIN. TK-TAUGLICH

FÜR 4 PERSONEN

- 1½ EL Olivenöl
- 500 g Rindergulasch
- Salz und frisch gemahlener schwarzer Pfeffer
- 1 kleines Glas Weißwein
- 1 Dose Kichererbsen (400 g)
- 2 Lorbeerblätter
- 1 l heiße Rinderbrühe
- 1 Zimtstange
- 1 Prise geriebene Muskatnuss
- 1 Orange, geschält und quer in Scheiben geschnitten
- gehacktes Koriandergrün zum Bestreuen

1 Den Backofen auf 180 °C vorheizen. Das Öl in einem backofenfesten Schmortopf bei mittlerer Hitze heiß werden lassen. Das Fleisch hineingeben. Salzen, pfeffern und unter gelegentlichem Rühren 10 Minuten rundherum kräftig anbraten. Wein angießen (Vorsicht, das spritzt) und einige Minuten einkochen lassen. Inzwischen die Kichererbsen in einem Sieb abspülen und abtropfen lassen.

2 Die Lorbeerblätter in den Topf geben und die Brühe dazugießen. Zimt und Muskat sowie etwas mehr Salz und Pfeffer dazugeben. Aufkochen lassen, die Kichererbsen untermischen. Den Topf verschließen und für etwa 1 Stunde in den heißen Ofen stellen. Die Orangenscheiben hinzufügen und das Gericht weitere 30 Minuten garen. Das Gericht mit Koriandergrün bestreuen und servieren.

Variante

Wildtopf mit Rübchen und Pflaumen

Rindergulasch durch 500 g Hirschgulasch und den Weißwein durch Rotwein ersetzen. Das Gericht wie beschrieben zubereiten, in Schritt 2 noch 2 gewürfelte Rübchen hinzufügen. Statt der Orangenscheiben 8 halbierte entsteinte Dörrpflaumen verwenden.

Chinesische Entenbrust mit Nudeln

Entenbrustfilets sind schnell gar und eignen sich daher hervorragend für die Alltagsküche.

10 MIN. 20 MIN.

FÜR 4 PERSONEN

4 Entenbrustfilets (je etwa 150 g), die Haut rautenförmig eingeschnitten
2-3 TL Fünf-Gewürze-Paste
1-2 EL Butter
2 EL Orangensaft
1 TL brauner Zucker
1 Packung Instant-Woknudeln (250 g)
1 Handvoll Koriandergrün, gehackt

1 Die Entenbrustfilets mit der Fünf-Gewürze-Paste einreiben. Die Butter in einer Pfanne bei starker Hitze zerlassen. Die Filets darin mit den Hautseiten nach unten etwa 10 Minuten braten, bis die Haut goldbraun und knusprig ist. Das Fett aus der Pfanne gießen. Die Filets wenden; auf der anderen Seite noch 8 Minuten braten.

2 Das Fleisch aus der Pfanne nehmen. In Scheiben schneiden und diese auf einer Servierplatte anrichten. Das Fett aus der Pfanne gießen. Den Orangensaft mit dem Zucker in die Pfanne geben. 1–2 Minuten köcheln lassen, dabei den Bratsatz mit einem Kochlöffel losschaben.

3 Die Nudeln unter Rühren ein paar Minuten in der Sauce quellen lassen. Vom Herd nehmen und das Koriandergrün untermischen. Sofort mit den Entenbrustscheiben servieren.

Variante

Entenbrust mit Rüben und Nudeln

2 EL rote Misopaste mit 2 TL Honig und 1 zerdrückten Knoblauchzehe verrühren. Entenbrustfilets mit den Hautseiten nach unten in 1–2 EL Butter 8–9 Minuten braten. Wenden und noch 7–8 Minuten braten. Filets mit der Misoglasur bestreichen; auf jeder Seite noch 1–2 Minuten braten. Mit dem Orangensaft einen Schuss Wasser und mit den Nudeln 1 geraspelte Rübe dazugeben.

Lammrollbraten mit roten Zwiebeln

Rote Zwiebeln sind süßer und milder als Küchen- oder weiße Zwiebeln. Wählen Sie feste, trockene Zwiebeln mit gleichmäßig rotviolett gefärbter Schale und ohne sichtbare Keime.

20 MIN. 2 STD.

FÜR 4 PERSONEN

8 rote Zwiebeln, geschält und geviertelt
3 EL Olivenöl
1 kg Kartoffeln, geschält und geviertelt
Salz und frisch gemahlener Pfeffer
2 EL Minzsauce
2 kleine Lammrollbraten (je 500 g)
1 EL Balsamico-Essig

1 Den Backofen auf 180 °C vorheizen. Die Zwiebelviertel in einer großen Bratform mit 1 EL Öl mischen. Die Kartoffelviertel untermischen und alles salzen und pfeffern.

2 Das restliche Öl mit der Minzsauce verrühren und das Fleisch damit bestreichen. Dieses nach Belieben mit Küchengarn binden und in die Form legen. Das Fleisch mit dem Balsamico beträufeln und offen im heißen Ofen 1–1½ Stunden braten.

3 Den Braten aus der Form nehmen und an einem warmen Platz 15 Minuten ruhen lassen. In Scheiben schneiden und mit der Kartoffel-Zwiebel-Mischung servieren.

Variante

Lammrollbraten mit geröstetem Wintergemüse

Das Gericht wie beschrieben zubereiten. Statt 1 kg Kartoffeln jedoch 2 geviertelte rote Zwiebeln sowie 1 kleine Knollensellerie, 1 kleine Süßkartoffel und 2 Kartoffeln (alles geschält und in mundgerechte Stücke geschnitten) verwenden. Minzsauce durch Johannisbeergelee ersetzen.

Fischstäbchen mit Remoulade

Ein tolles Familienessen für jeden Tag, das Kindern und Erwachsenen gleichermaßen schmeckt. In der knusprigen Panade bleibt der Fisch schön saftig.

15 MIN. 10 MIN. TK-TAUGLICH

FÜR 4 PERSONEN

- 700 g weißfleischiges Fischfilet (z. B. Schellfisch, Kabeljau aus nachhaltiger Fischerei, Seelachs), gehäutet
- 1-2 EL Mehl
- 1 Ei, verquirlt
- 125 g frische Brotkrumen, geröstet
- 50 g Parmesan, gerieben
- Salz und frisch gemahlener schwarzer Pfeffer
- Öl für das Backblech
- 3 EL Remoulade
- 1 TL Kapern, gehackt
- 3 Cornichons, abgetropft und gewürfelt

1 Den Backofen auf 200 °C vorheizen. Die Fischfilets in 20 etwa 3 cm breite Streifen schneiden.

2 Mehl und Ei getrennt in tiefe Teller geben. Die Brotkrumen mit Parmesan, Salz und Pfeffer in einem dritten Teller mischen. Die Fischstreifen erst in Mehl, dann im Ei und zum Schluss in der Krumenmischung wenden. Sie sollten gleichmäßig damit umhüllt sein, damit sie beim Garen nicht austrocknen.

3 Ein Backblech dünn mit Öl fetten. Die Fischstäbchen darauflegen und im heißen Ofen pro Seite 5–8 Minuten backen, bis sie goldbraun und durchgegart sind. (Nach Belieben können die Stäbchen auch in etwas Sonnenblumenöl in einer Pfanne auf dem Herd gebraten werden.)

4 Die Remoulade in einer Schüssel mit Kapern und Cornichons verrühren; zu den Fischstäbchen reichen.

Lammtopf mit Rotwein und Speck

Verwenden Sie zum Kochen Rotwein, den Sie auch zum Essen trinken möchten.

45-50 MIN. PLUS MARINIERZEIT 4 STD.

FÜR 4-6 PERSONEN

- 1 kg Lammfleisch (Schulter), in große Würfel geschnitten
- 300 g durchwachsener Speck, in 5 mm breite Streifen geschnitten
- 1 Dose gehackte Tomaten (400 g)
- 2 Zwiebeln, in Ringe geschnitten
- 2 Möhren, in Scheiben geschnitten
- 200 g Champignons, in Scheiben geschnitten
- 100 g entsteinte grüne Oliven
- 250 ml heiße Rinderbrühe

Für die Marinade

- in Streifen abgeschnittene Schale von 1 Bio-Orange
- 2 Knoblauchzehen, fein gewürfelt
- 500 ml Rotwein
- 2 Lorbeerblätter, 10 Pfefferkörner
- je 3-4 Zweige Rosmarin und Thymian, 3-4 Stängel Petersilie
- 2 EL Olivenöl
- Salz und frisch gemahlener Pfeffer

1 Die Zutaten für die Marinade bis auf Öl, Salz und Pfeffer in einer Schüssel verrühren. Das Fleisch hinzufügen und untermischen. Mit dem Öl begießen, salzen und pfeffern. Zudecken und 2–12 Stunden kalt stellen.

2 Den Backofen auf 150 °C vorheizen. Speckstreifen für 5 Minuten in Wasser kochen; abgießen, kalt abspülen. Das Fleisch aus der Marinade heben und mit Küchenpapier tropfen tupfen. Marinade durch ein Sieb in eine Schüssel gießen. Marinade, Lorbeer und Orangenschale aufbewahren. Speck in einen Bräter geben. Fleisch darauf verteilen, Tomaten und Zwiebeln daraufschichten; mit Möhren, Pilzen, Oliven abschließen. Marinade und Brühe dazugießen. Pfeffer, Lorbeer und Schale hinzufügen. Aufkochen lassen; zugedeckt im heißen Ofen 3½–4 Stunden garen. Eventuell etwas heißes Wasser zugeben. Lorbeer und Schale vor dem Servieren entfernen.

Bigos

Ein polnischer Eintopf mit viel Kohl und allerlei Fleisch.

40 MIN. 2 STD. TK-TAUGLICH

FÜR 4 PERSONEN

- Blätter von 1 kleinen Wirsing, in Streifen geschnitten
- Salz und frisch gemahlener Pfeffer
- 500 g Sauerkraut, abgetropft
- 100 g durchwachsener Speck, gewürfelt
- 200 g Kabanossi (polnische geräucherte Wurst), in Scheiben geschnitten
- 200 g Entenbrustfilet oder mageres Wildfleisch, gewürfelt
- 1 große rote Zwiebel, gewürfelt
- 150 g braune Champignons (Egerlinge), in Scheiben geschnitten
- 1 Knoblauchzehe, zerdrückt
- ½ TL geräuchertes Paprikapulver
- 1 Lorbeerblatt
- ½ TL Wacholderbeeren
- 1 TL getrockneter Majoran
- ½ TL ganzer Kümmel, im Mörser zerstoßen
- 200 ml Rotwein
- 250 ml Rinderbrühe

1 Den Wirsing in einem großen Topf mit kochend heißem Wasser bedecken. Salzen, pfeffern und 10 Minuten köcheln lassen; abgießen und abtropfen lassen. Das Sauerkraut ebenso, aber nur 5 Minuten garen. Abgießen und abtropfen lassen, das Kochwasser dabei auffangen.

2 Den Speck im Topf bei mittlerer Hitze knusprig braten. Auf Küchenpapier abtropfen lassen. Auch Wurst und Ente bzw. Wild braten und auf das Papier geben. Zwiebel und Pilze mit Knoblauch weich dünsten. Fleisch und Wurst hinzufügen. Paprika, Lorbeer, Wacholder, Majoran und Kümmel unterrühren. Wein und Brühe dazugießen. Zudecken und 1 Stunde köcheln lassen.

3 Wirsing dazugeben; 10 Minuten mitgaren. Sauerkraut untermischen. So viel Kochwasser unterrühren, bis eine suppige Konsistenz erreicht ist. Das Bigos 15 Minuten köcheln lassen.

Knusperfisch mit Pommes frites und Remoulade

Kabeljau in einer ausgebackenen Hülle aus Bierteig, dazu zweimal frittierte Kartoffelstäbchen, die innen weich und außen knusprig sind. Außerdem noch eine Remoulade, die ihresgleichen sucht – so müssen perfekte »Fish and Chips« in England sein.

45–50 MIN. PLUS RUHEZEIT **20–25 MIN.**

FÜR 4 PERSONEN

6 Kartoffeln (etwa 750 g), geschält

Öl zum Frittieren

30 g Mehl

Salz und frisch gemahlener schwarzer Pfeffer

4 Stücke Kabeljaufilet ohne Haut (750 g)

Zitronenschnitze zum Servieren

Für die Remoulade

125 g Mayonnaise

1 hart gekochtes Ei, grob gehackt

1 TL Kapern, gehackt

2 Cornichons, grob gewürfelt

1 kleine Schalotte, fein gewürfelt

Blätter von 2-3 Stängeln Petersilie, gehackt

Blätter von 2-3 Stängeln Estragon, gehackt

Salz und frisch gemahlener schwarzer Pfeffer

Für den Bierteig

1 TL Trockenhefe

150 g Mehl

Salz

1 EL Öl

175 ml Bier

1 Eiweiß

1 Für die Remoulade die Mayonnaise mit Ei, Kapern, Cornichons, Schalotte und Kräutern verrühren. Salzen und pfeffern. Zudecken und bis zum Servieren kalt stellen.

2 Von den Kartoffeln oben, unten und seitlich dicke Scheiben abschneiden, damit sie rechteckig werden. Die Kartoffelrechtecke in 1 cm dicke Stäbchen schneiden. Diese 30 Minuten in kaltem Wasser einweichen, um die Stärke zu entfernen.

3 Inzwischen für den Bierteig die Hefe auf 4 EL warmes Wasser streuen und in etwa 5 Minuten auflösen lassen. Das Mehl mit etwas Salz in eine große Schüssel sieben. In die Mitte eine Mulde drücken. Hefemischung, Öl und zwei Drittel des Biers hineingießen. Alles zu einer glatten Paste verrühren. Das restliche Bier kurz untermischen. Den Teig an einem warmen Platz 30–35 Minuten stehen lassen, bis er dickflüssig und schaumig ist.

4 Inzwischen das Öl in der Fritteuse auf 180 °C erhitzen. Kartoffeln abgießen, auf Küchenpapier geben und trocken tupfen. Den leeren Frittierkorb in das heiße Öl senken (damit die Kartoffeln nicht daran festkleben). Korb herausheben. Kartoffeln hineingeben und 5–7 Minuten frittieren, bis sie knapp weich sind (mit einer Messerspitze testen) und zu bräunen beginnen. Korb herausheben, die Kartoffeln über der Fritteuse abtropfen lassen, dann auf einen mit Küchenpapier belegten Teller schütten.

5 Das Öl auf 190 °C erhitzen. Das Mehl auf einen Teller geben; mit Salz und Pfeffer würzen. Die Fischstücke im Mehl wenden und das Mehl mit den Händen andrücken. Das Eiweiß zu steifem Schnee schlagen. Den Eischnee mit einem Kochlöffel unter den Bier-Hefe-Teig ziehen. Ein Stück Fisch mit einer zweizinkigen Bratengabel in den Teig tauchen, dann herausheben und über der Schüssel abtropfen lassen. Die Fischstücke nacheinander, je nach Dicke, in etwa 6–8 Minuten goldbraun und knusprig ausbacken. Ausgebackene Stücke auf ein mit Küchenpapier belegtes Backblech legen, mit Alufolie bedecken und bis zum Servieren warm halten.

6 Die vorfrittierten Pommes frites wieder in den Frittierkorb geben und 1–2 Minuten frittieren, bis sie sehr heiß und goldbraun sind. Auf Küchenpapier abtropfen lassen. Den Fisch mit Pommes frites, Remoulade und Zitronenschnitzen servieren.

Jetzt am besten **Kabeljau/Dorsch**

Als wichtigster kommerziell genutzter Speisefisch der nördlichen Hemisphäre wird Kabeljau bzw. Dorsch in den nördlichen Gebieten des Pazifik und Atlantik gefangen. Da die Bestände in einigen Gebieten gefährdet sind, sollte dieser Fisch aus nachhaltigem Fang bevorzugt werden. Geschätzt wird Kabeljau wegen seines köstlichen fettarmen Fleisches, das in Teig ausgebacken, aber auch mit Tomaten, Paprikaschoten, Oliven, Knoblauch, Mais, Käse und Speck hervorragend schmeckt.

Atlantischer Kabeljau Er ist einer der größten Vertreter der Dorschfamilie (Gadidae). Man erkennt ihn an der hellen Seitenlinie, der verlaufenden gründlich-gelben Färbung mit Fleckenmuster und der nicht gegabelten Schwanzflosse. Sein Fleisch eignet sich bestens zum Grillen, Braten, Frittieren, Pochieren sowie als Zutat für Suppen und Eintöpfe.

Achten Sie auf die für die Dorschfamilie charakteristischen drei Rückenflossen.

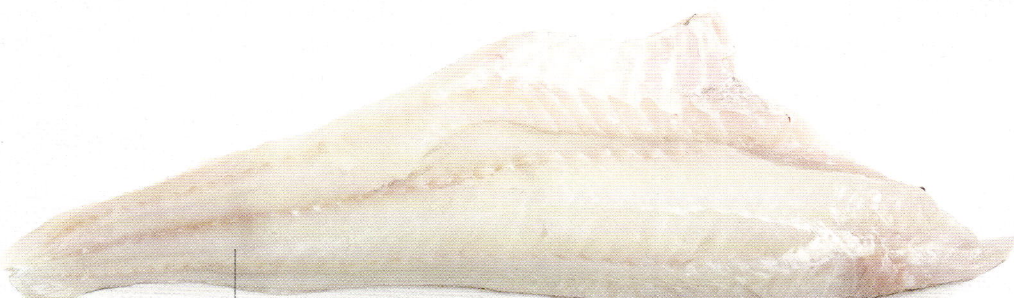

Das Fleisch des Atlantischen Kabeljaus ist fest und weiß und lässt sich leicht zerpflücken.

Kabeljausteak oder -kotelett Die dicken, quer zur Mittelgräte geschnittenen Stücke aus dem dicksten Teil des Kabeljaus können gefüllt und anschließend pochiert, im Ofen geschmort oder gegrillt werden.

Fisch-Goujons zubereiten

Goujons sind schmale Streifen, die paniert und gebraten werden. Sie können als Vorspeise mit Remoulade oder als Hauptgericht anstelle von ganzen panierten Fischfilets serviert werden.

1 Sie benötigen dicke Kabeljaufilets (oder Filets von anderem festfleischigem Fisch). Diese, falls nötig, häuten und quer in Streifen schneiden.

2 Mehl mit Pfeffer und Salz in einer Schüssel mischen. Verquirltes Ei in eine zweite, frische Brotkrumen oder Semmelbrösel in eine dritte Schüssel geben. Die Fischstreifen panieren.

3 In einer Pfanne etwa 1 cm hoch Öl erhitzen. Die panierten Fischstreifen darin portionsweise goldgelb und knusprig braten. Auf Küchenpapier abtropfen lassen.

Kabeljaubacken sind eine begehrte Delikatesse. Sie können pochiert oder gebraten werden.

Pazifischer Kabeljau Auch Alaska-Kabeljau; seine Haut ist an der Oberseite dunkel und gefleckt, der Bauch ist hell. Er kann bis zu 2 m lang werden und ist ein vielseitiger Speisefisch.

Filets vom Pazifischen Kabeljau sind festfleischig und wohlschmeckend.

Wissenswert

Im Angebot

Filets und Steaks vom Atlantischen und Pazifischen Kabeljau. Kopf, Backen und Rogen sind ebenfalls erhältlich.

Einkauf Auf festes, feuchtes Fischfleisch achten, das nach Meer duftet.

Aufbewahren Möglichst am Kauftag zubereiten, andernfalls eingepackt im Kühlschrank bis zu 24 Stunden lagern.

Zubereiten Filets in Ausbackteig frittieren oder paniert in der Pfanne braten; in Brühe, Wein oder Milch pochieren; als Zutat für Suppen und Eintöpfe; Steaks füllen und im Ofen garen, grillen oder pochieren.

Rezepte

Fischfilet mit Spinat und Pinienkernen Seite 169

Fischstäbchen mit Remoulade Seite 456

Knusperfisch mit Pommes frites und Remoulade Seite 457

Neu-England-Fischsuppe mit Miesmuscheln Seite 460

Neu-England-Fischsuppe mit Miesmuscheln

Ein herzhaftes Gericht aus den Vereinigten Staaten, das reich an Fisch, Kartoffeln und Miesmuscheln ist. Klassisch serviert man es mit Austerncrackern. Sie schmeckt genauso gut mit knusprigem Baguette oder frischem Bauernbrot.

45–50 MIN. 55–60 MIN.

FÜR 4 PERSONEN

- 1 große Kartoffel (etwa 250 g), geschält und gewürfelt
- 750 ml Fischfond
- 4 EL Weißwein
- 1 Lorbeerblatt
- 100 g Bacon, gewürfelt
- 1 Zwiebel, fein gewürfelt
- 1 Selleriestange, fein gewürfelt
- 1 kleine Möhre, fein gewürfelt
- 1 TL getrockneter Thymian
- 30 g Mehl
- 500 g Miesmuscheln, gebürstet und entbartet (siehe S. 364); geöffnete Exemplare und solche, die sich beim Draufklopfen nicht schließen, wegwerfen
- 500 g Kabeljaufilet ohne Haut, in 2-3 cm große Stücke geschnitten
- 125 g Sahne
- Salz und frisch gemahlener schwarzer Pfeffer
- 1 EL gehackte Dillspitzen

1 Die Kartoffelwürfel in kaltes Wasser geben, damit sie sich nicht verfärben. Fond und Wein mit dem Lorbeerblatt in einen großen Topf füllen und 10 Minuten köcheln lassen.

2 Den Speck in einem Topf unter gelegentlichem Rühren knusprig braten. Zwiebel, Sellerie, Möhre und Thymian dazugeben. Unter Rühren 5–7 Minuten weich dünsten. Das Mehl hinzufügen und unter Rühren 1 Minute anschwitzen. Die heiße Fond-Brühe-Mischung dazugießen. Aufkochen lassenund rühren, bis die Flüssigkeit etwas andickt.

3 Die Kartoffeln abgießen und in den Topf geben. Alles unter gelegentlichem Rühren etwa 40 Minuten köcheln lassen, bis die Kartoffelstücke sehr weich sind. Vom Herd nehmen. Etwa ein Drittel der Kartoffeln mit einer Gabel an der Topfwand zerdrücken, dann alles gut verrühren.

4 Den Topf wieder auf den Herd stellen und die Muscheln hineingeben. Sobald sie nach 1–2 Minuten beginnen, sich zu öffnen, den Fisch unterrühren. 2–3 Minuten mitgaren, bis er sich leicht zerpflücken lässt (der Sud darf nicht kochen, sonst zerfällt der Fisch). Die Sahne untermischen. Das Ganze heiß werden lassen; mit Salz und Pfeffer abschmecken.

5 Lorbeer und ungeöffnete Muscheln aus der Suppe nehmen und wegwerfen. Die Suppe auf vorgewärmte Schalen verteilen und mit Dill bestreuen. Sehr heiß servieren.

Variante

Fischsuppe mit Tomaten und Miesmuscheln

Dafür 500 g Tomaten häuten, entkernen und grob zerkleinern; alternativ den Inhalt von 1 Dose gehackte Tomaten (400 g) verwenden. 2 Knoblauchzehen fein würfeln. Die Suppe wie in Schritt 1 beschrieben vorbereiten, aber die doppelte Menge Wein, 1½ TL getrockneten Thymian und nur 15 g Mehl verwenden. Mit Zwiebel, Sellerie und Möhre sowie Knoblauch und 1 EL Tomatenmark hinzufügen. Die Tomaten mit den Kartoffeln in den Topf geben (Schritt 3); die Kartoffeln nicht zerdrücken. Die Sahne weglassen und das Gericht mit gehacktem Thymian bestreuen.

Fisch-Lauch-Pie

Das dezente Zwiebelaroma des Lauchs passt einfach hervorragend zu Fisch.

15 MIN. 50 MIN. TK-TAUGLICH

FÜR 4 PERSONEN

1 EL Olivenöl
1 Zwiebel, gewürfelt
Salz und frisch gemahlener schwarzer Pfeffer
4 Stangen Lauch, in dünne Scheiben geschnitten
1 TL Mehl, plus mehr zum Arbeiten
150 ml Apfelwein
1 Bund Petersilie, gehackt
150 g Sahne
600 g weißfleischiges Fischfilet, in Stücke geschnitten
300 g Blätterteig
1 Ei, verquirlt

1 Den Backofen auf 200 °C vorheizen. In einer Pfanne das Öl bei schwacher Hitze heiß werden lassen. Die Zwiebel darin mit 1 Prise Salz in etwa 5 Minuten glasig dünsten. Den Lauch hinzufügen und alles 10 Minuten dünsten, bis der Lauch weich ist. Mehl und etwas Apfelwein unterrühren, dann den restlichen Apfelwein dazugießen; 5–8 Minuten köcheln lassen, bis die Mischung angedickt ist. Petersilie und Sahne unterrühren. Das Ganze mit den Fischstücken in eine Pie- oder Auflaufform (1,2 l Inhalt) füllen. Mit Salz und Pfeffer würzen.

2 Den Teig auf einer bemehlten Arbeitsfläche zu einem Kreis ausrollen, der etwa 6 cm größer als der Durchmesser der Form ist ist. Rundherum einen etwa 3 cm breiten Streifen abschneiden. Den Rand der Form mit Wasser anfeuchten. Den Teigstreifen darauflegen, fest andrücken und mit etwas Ei bestreichen. Den Teigkreis als Deckel darauflegen. Die Teigränder mit Daumen und Zeigefinger fest zusammendrücken.

3 Den Teigdeckel mit dem restlichen Ei bestreichen und zwei Schlitze hineinschneiden, damit Dampf entweichen kann. Die Pie im heißen Ofen 20–30 Minuten backen, bis der Teigdeckel schön aufgegangen und goldbraun ist. Heiß servieren.

Kreolischer Fischtopf mit Mais

Ein Eintopf, der es in sich hat. Cayennepfeffer und Tabasco sorgen für wärmende Schärfe. Fisch, Kartoffeln und Gemüse sättigen angenehm, ohne zu belasten.

15 MIN. 1 STD. 15 MIN. TK-TAUGLICH

FÜR 4-6 PERSONEN

2 EL Olivenöl
1 Zwiebel, fein gewürfelt
3 Möhren, fein gewürfelt
3 Selleriestangen, fein gewürfelt
3 Knoblauchzehen, fein gewürfelt
2 Dosen Maiskörner (je 400 g)
1 l heiße Gemüsebrühe
1 TL getrockneter Oregano
Blätter von ein paar Zweigen Thymian
1 TL Cayennepfeffer (oder nach Geschmack)
Salz und frisch gemahlener schwarzer Pfeffer
2 Kartoffeln, geschält und in mundgerechte Stücke geschnitten
200 g geschälte gegarte Kaltwassergarnelen, gehackt
300 g Seelachs- oder Kabeljaufilet, gehäutet und in große Stücke geschnitten
Tabasco nach Geschmack

1 Das Öl in einem großen Topf bei mittlerer Hitze heiß werden lassen. Die Zwiebelwürfel darin in 3–4 Minuten glasig dünsten. Die Möhren mit Sellerie und Knoblauch unterrühren und bei schwacher Hitze mitdünsten, bis sie weich sind.

2 Den Inhalt von 1 Dose Mais in der Küchenmaschine grob pürieren. Mit den abgetropften Körnern aus der zweiten Dose, der Brühe, den Kräutern, dem Cayennepfeffer sowie Salz und Pfeffer in den Topf geben. Alles aufkochen, dann bei halb aufgelegtem Deckel 30–40 Minuten köcheln lassen. Die Kartoffeln hinzufügen und 15 Minuten mitgaren.

3 Garnelen und Fisch in den Topf geben und in 6–10 Minuten gar ziehen lassen. Das Gericht mit Salz, Pfeffer und Tabasco abschmecken.

Jetzt am besten **Steck- und Speiserüben**

Die große winterfeste Steckrübe hat ein erdig-süßliches Aroma, während das weiße Fruchtfleisch der kleinen Speiserübe einen kräftigen, an Senf erinnernden Geschmack hat. Beide Rüben sind eine ideale Zutat im Winter, wenn kaum andere Gemüse Saison haben. Sie passen zu Lamm-, Rind- und Wildfleisch, zu Bratwurst, Pilzen, anderem Wurzel- und Knollengemüse sowie süßen Gewürzen.

Die knollenartigen Vertreter der Kohlfamilie, wie Steck- und Speiserübe, werden weltweit in den kaltgemäßigten Klimazonen angebaut.

Steck- oder Kohlrübe Die schwere Rübe hat eine Schale, die vor der Zubereitung dick abgeschnitten werden muss. Farbe und Aroma des Fruchtfleischs werden durch Garen intensiver, doch auch roh schmecken Steckrüben geraspelt z. B. in Wintersalaten gut.

'Tokyo Cross' Die rein weiße, runde kleine Rübe erinnert in ihrem Geschmack an Radieschen, jedoch ohne beißende Schärfe. Das milde knackige Fruchtfleisch bietet sich bestens für Salate an.

Herbstrübe Die kugeligen Rüben sind oben lila und werden nach unten hin weiß. Kleine Exemplare schmecken süß und fein.

Typisch für Herbstrüben ist ihre weiße und rosa-lila gefärbte Schale.

Wissenswert

Im Angebot

Steckrüben mit lila, weißer oder gelber Schale; Herbstrüben in unterschiedlicher Größe, einschließlich winziger Sorten, die im Ganzen gegart werden.

Einkauf Rüben ohne Verletzungen und Flecken wählen.

Aufbewahren Nicht angeschnittene Rüben halten sich 3–4 Wochen im Gemüsefach des Kühlschranks. Angeschnittene Rüben in Frischhaltefolie wickeln, bis zu 1 Woche lagern.

Zubereiten Für Rohkost raspeln; kochen, dämpfen, backen, frittieren, schmoren.

Für den Vorrat Süßsauer einlegen; als Chutney.

Rezepte

Rübensuppe mit Chili und Nudeln Seite 439

Steckrübencremesuppe Seite 432

Fleischtaschen

In den »Cornish Pasties« steckt eine Füllung aus Fleisch, Kartoffeln und Steckrüben. Für den Teig brauchen Sie Schweineschmalz.

20 MIN. PLUS KÜHLZEIT 40–45 MIN.

ERGIBT 4 STÜCK

- 100 g kaltes Schweineschmalz in Stücken
- 50 g kalte Butter in Stücken
- 300 g Mehl, plus mehr zum Arbeiten
- ½ TL Salz
- 1 Ei, verquirlt

Für die Füllung

- 250 g Rindfleisch (Dünnung), in 1 cm große Würfel geschnitten
- 50 g Steckrübenfruchtfleisch, in 5 mm große Würfel geschnitten
- 100 g festkochende Kartoffeln, geschält und in 5 mm große Würfel geschnitten
- 1 große Zwiebel, fein gehackt
- 1 Spritzer Worcestersauce
- 1 TL Mehl
- Salz und frisch gemahlener schwarzer Pfeffer

1 Schmalz, Butter und Mehl in einer Schüssel mit den Fingerspitzen zu Streuseln verreiben; salzen. Kaltes Wasser unterarbeiten, bis ein weicher Teig entstanden ist. Den Teig auf einer dünn bemehlten Arbeitsfläche kurz kneten, dann in Frischhaltefolie wickeln und 1 Stunde kühlen.

2 Den Backofen auf 190 °C vorheizen. Die Zutaten für die Füllung in einer Schüssel mischen.

3 Den Teig auf der bemehlten Arbeitsfläche 5 mm dick ausrollen. Mithilfe eines kleinen Tellers oder einer Untertasse vier Kreise aus dem Teig schneiden. Die Kreise jeweils zur Hälfte zusammenklappen und wieder aufklappen. Auf jeden Kreis ein Viertel der Füllung häufen, dabei einen 2 cm breiten Rand frei lassen. Den Rand mit Ei bestreichen, die Seiten nach oben ziehen und die Ränder über der Füllung zusammendrücken. Mit den Fingern in die Kante Wellen drücken und die Taschen mit Ei bestreichen.

4 Die Taschen im Ofen in 40–45 Minuten goldbraun backen. Herausnehmen und vor dem Essen mindestens 15 Minuten abkühlen lassen.

Huhn im Topf

Das französische »Poule au pot« ist eine komplette Mahlzeit.

1 STD. 1 STD. 15 MIN. – 1 STD. 30 MIN.

FÜR 4–6 PERSONEN

- 1 Gewürznelke
- 1 Zwiebel, geschält
- 1 schweres Huhn (Poularde; etwa 2 kg)
- 1 Kräutersträußchen (Petersilie, Thymian und Lorbeerblatt)
- Salz und frisch gemahlener Pfeffer
- 4 l Hühnerbrühe, plus mehr nach Bedarf
- 1 kg Lauch, Stangen längs halbiert und quer in lange Stücke geschnitten
- 400 g Möhren, längs halbiert und quer in lange Stücke geschnitten
- 400 g Herbstrüben, in Stücke geschnitten
- 2 hart gekochte Eier, geschält
- Saft von ½ Zitrone
- 1 TL Dijonsenf
- 2 EL Weißwein
- 250 ml Öl
- 1 EL Kapern, fein gehackt
- 3 Cornichons, fein gewürfelt
- 5–7 Stängel Petersilie, fein gehackt
- 1 kleines Bund Schnittlauch, in feine Röllchen geschnitten
- 50 g dünne Suppennudeln

1 Nelke in die Zwiebel stecken. Huhn mit Zwiebel und Kräutersträußchen in einen großen Topf geben, würzen und drei Viertel hoch mit Brühe bedecken. Brühe aufkochen und zugedeckt 45 Minuten köcheln lassen.

2 Den Lauchstücke auf ein Stück Mull legen, den Mull mit Küchengarn zu einem Beutel zusammenbinden. Möhren und Rüben getrennt ebenso verpacken. Die Beutel zum Huhn geben. Alles mit Brühe bedecken; zugedeckt 25–30 Minuten köcheln lassen.

3 Für die Sauce Eigelbe aus den Eiern lösen. Eiweiße in Streifen schneiden und fein hacken. Eigelbe mit einem Löffelrücken durch ein Sieb in eine Schüssel passieren. Zitronensaft, Senf, Salz, Pfeffer und Wein unterrühren. Unter ständigem Schlagen nach und nach das Öl hinzufügen. Eiweiße, Kapern, Cornichons und Kräuter unter die Sauce schlagen.

4 Huhn tranchieren. Teile mit Alufolie bedecken und warm halten. Gemüse aus der Brühe nehmen und warm halten. Brühe durch ein Sieb in einen Topf gießen. 10–20 Minuten köcheln lassen; entfetten und abschmecken. Nudeln in der Brühe garen. Das Gemüse auspacken und mit den Hühnerteilen in die Brühe geben.

Lammtopf »Champvallon«

Ein winterlicher Klassiker aus Frankreich, für den Lammkoteletts mit Kartoffeln und Kräutern geschmort werden.

25–30 MIN. 2 STD. – 2 STD. 15 MIN.

FÜR 6 PERSONEN

- 6 Lammkoteletts (aus der Lende; je 3 cm dick; zusammen etwa 1 kg)
- Salz und frisch gemahlener schwarzer Pfeffer
- 1 EL Öl, plus mehr für die Form
- 500 g Zwiebeln, in dünne Ringe geschnitten
- 1 kg mehligkochende Kartoffeln, geschält und in sehr dünne Scheiben geschnitten
- Blätter von 1 kleinen Bund Thymian, plus Thymianzweige zum Garnieren
- 3 Knoblauchzehen, fein gewürfelt
- 1 l heiße Hühner- oder Rinderbrühe, plus mehr nach Bedarf

1 Die Koteletts von sichtbarem Fett befreien; salzen und pfeffern. Das Öl in einer großen Pfanne bei starker Hitze heiß werden lassen. Die Koteletts darin auf jeder Seite 1–2 Minuten kräftig anbraten. Auf einen Teller geben und beiseitestellen.

2 Das Fett bis auf 1 EL aus der Pfanne gießen. Die Zwiebeln im Restfett bei mittlerer Hitze in 3–4 Minuten glasig dünsten. Die Pfanne mit den Zwiebeln vom Herd nehmen.

3 Die Kartoffelscheiben in einer großen Schüssel mit Zwiebeln, Thymian, Salz und Pfeffer mischen.

4 Den Backofen auf 180 °C vorheizen und eine ofenfeste Form (23 x 32 cm) mit Öl ausfetten. Die Hälfte der Kartoffelmischung darin verteilen und mit dem Knoblauch bestreuen.

5 Die Koteletts auf die Kartoffeln legen. Die restliche Kartoffelmischung in Reihen darauf verteilen. So viel Brühe angießen, dass die Kartoffeln knapp bedeckt sind. Das Ganze im Ofen offen etwa 2 Stunden garen, bis Fleisch und Kartoffeln weich sind (mit einer Messerspitze testen).

6 Koteletts, Kartoffeln und Zwiebeln mit etwas Garsud auf sechs vorgewärmte Teller verteilen. Mit Thymianzweigen garnieren und servieren.

Gemüsetopf mit Klößen

Klöße machen aus fast jedem Eintopf oder Schmorgericht eine vollständige Mahlzeit. Zur Abwechslung können Sie mit der Petersilie Thymian oder Estragon an den Kloßteig geben.

25 MIN. 1 STD. 15 MIN. TK-TAUGLICH

FÜR 4–6 PERSONEN

- 1 EL Olivenöl
- 1 Zwiebel, grob gewürfelt
- Salz und frisch gemahlener schwarzer Pfeffer
- 3 Knoblauchzehen, fein gewürfelt
- 1 Prise Chiliflocken
- 2 Stangen Lauch, in dicke Scheiben geschnitten
- 3 Möhren, gewürfelt
- 2 Stangen Sellerie, grob zerkleinert
- 1 EL Mehl
- 1 l heiße Gemüsebrühe
- 1 Dose kleine weiße Bohnen (400 g)
- einige Zweige Rosmarin
- 200 g Mehl, mit 2 TL Backpulver gemischt
- 100 g Margarine
- 2 EL fein gehackte Petersilie

1 Den Backofen auf 160 °C vorheizen. Das Öl in einem großen backofenfesten Schmortopf bei mittlerer Hitze heiß werden lassen. Die Zwiebel darin in 3–4 Minuten glasig dünsten. Salzen und pfeffern, dann Knoblauch und Chiliflocken unterrühren. Lauch, Möhren und Sellerie hinzufügen und unter gelegentlichem Rühren etwa 10 Minuten mitdünsten, bis sie weich sind. Das Mehl untermischen, dann nach und nach die Brühe unterrühren. Die Bohnen in einem Sieb abspülen und abtropfen lassen. Mit dem Rosmarin hinzufügen und das Ganze aufkochen lassen. Den Topf verschließen und für 1 Stunde in den heißen Ofen stellen; falls nötig, gelegentlich etwas heißes Wasser hineingeben.

2 Inzwischen für die Klöße das Mehl mit Margarine, Petersilie, Salz und Pfeffer mischen. Etwa 125 ml kaltes Wasser unterarbeiten, bis ein weicher, etwas klebriger Teig entstanden ist. Aus dem Teig 12 Klöße formen. Diese 30 Minuten vor Ende der Garzeit in den Gemüsetopf geben und etwas nach unten drücken. 10 Minuten vor Ende der Garzeit den Deckel abnehmen, damit die Klöße bräunen. Den Rosmarin entfernen. Das Gericht auf vorgewärmte Teller verteilen und mit Brot servieren.

Pizzas mit Zwiebel-Confit und Gorgonzola

Zwiebeln und Gorgonzola passen gut zusammen, wie hier auf Pizzaböden, die dank Maisgrieß schön knusprig sind.

40-45 MIN. PLUS GEHZEIT **35-40 MIN.**

FÜR 6 PERSONEN

- 250 g Weizenmehl Type 550, plus mehr zum Arbeiten
- ½ Päckchen Trockenhefe
- 2 EL Olivenöl
- 75 g feiner Maisgrieß (Polenta)
- 175 g Gorgonzola, in Scheiben geschnitten

Für das Zwiebel-Confit

- 2 EL Olivenöl, plus mehr nach Bedarf
- 750 g rote Zwiebeln, in dünne Ringe geschnitten
- 2 TL Zucker
- Salz und frisch gemahlener schwarzer Pfeffer
- 4 EL Rotwein
- Blätter von 5-7 Zweigen Oregano, gehackt, plus einige Oreganoblätter zum Garnieren

1 Das Mehl in einer Schüssel mit der Hefe mischen. Das Öl und etwa 150 ml warmes Wasser untermischen, bis ein weicher, aber nicht klebriger Teig entstanden ist. Den Teig auf einer dünn bemehlten Arbeitsfläche einige Minuten kneten, bis er glatt und elastisch ist. In die Schüssel geben, mit Frischhaltefolie bedecken und etwa 40 Minuten an einem warmen Platz gehen lassen, bis das Teigvolumen sich verdoppelt hat.

2 Für das Zwiebel-Confit das Öl in einer Pfanne bei mittlerer Hitze heiß werden lassen. Die Zwiebelringe darin mit Zucker, Salz und Pfeffer unter häufigem Rühren dünsten, bis sie weich und leicht gebräunt sind. Den Wein hinzufügen und einkochen lassen. Die Hitze herunterschalten und ein Stück Alufolie auf die Zwiebeln drücken. Den Deckel auflegen und die Zwiebeln unter gelegentlichem Rühren 15–20 Minuten garen, bis sie sich mit einem Löffel zerteilen lassen; abkühlen lassen. Den gehackten Oregano untermischen.

3 Den Backofen auf 230 °C vorheizen. 2 Backbleche übereinander unten in den Ofen schieben. Aus Alufolie sechs 23 cm große Quadrate schneiden und diese großzügig mit Maisgrieß bestreuen.

4 Den Teig auf einer bemehlten Arbeitsfläche kurz durchkneten, dann mit den Händen zu einer etwa 5 cm dicken Rolle formen. Die Rolle quer halbieren, die Hälften in je sechs gleich große Stücke schneiden. Die Stücke zu Kugeln formen.

5 Eine Kugel zu einem runden Pizzaboden (18 cm Ø) ausrollen und diesen auf ein vorbereitetes Stück Alufolie legen. Mit dem restlichen Teig ebenso verfahren. Die Pizzaböden mit dem Zwiebel-Confit bestreichen.

6 Die Pizzaböden mit dem Käse belegen und an einem warmen Platz 15 Minuten gehen lassen, bis sie etwas aufgegangen sind. Die Folienstücke mit den Pizzas darauf auf die Backbleche legen. Die Pizzas im heißen Ofen 15–20 Minuten backen, bis sie gebräunt und knusprig sind. Nach 7 Minuten die Positionen der Backbleche tauschen. Die Pizzas direkt aus dem Ofen servieren. Die Ränder mit Olivenöl bestreichen und den Belag mit Oreganoblättern bestreuen.

Ossobuco

Scheiben von der Kalbshachse – am fleischigsten sind Scheiben von der Hinterhachse – werden hier in einem zitruswürzigen Weinsud geschmort. Dazu reicht man traditionell Gremolata und einen Risotto mit Safran und Parmesan.

30-35 MIN. 1 STD. 45 MIN. - 2 STD. 15 MIN.

FÜR 4-6 PERSONEN

- 30 g Mehl
- Salz und frisch gemahlener schwarzer Pfeffer
- 4-6 Beinscheiben vom Kalb (etwa 2 kg)
- 2 EL Öl, plus mehr nach Bedarf
- 30 g Butter
- 1 Möhre, in dünne Scheiben geschnitten
- 2 Zwiebeln, fein gewürfelt
- 250 ml Weißwein
- 1 Dose Tomaten (400 g), der Saft abgegossen und die Tomaten gehackt
- 1 Knoblauchzehe, fein gewürfelt
- abgeriebene Schale von 1 Bio-Orange
- 125 ml heiße Hühner- oder Kalbsbrühe

Für die Gremolata

- Blätter von 1 kleinen Bund Petersilie, fein gehackt
- abgeriebene Schale von 1 Bio-Zitrone
- 1 Knoblauchzehe, fein gewürfelt

1 Den Backofen auf 180 °C vorheizen. Das Mehl auf einem Teller mit Salz und Pfeffer mischen. Die Beinscheiben darin wenden.

2 Das Öl mit der Butter in einem großen backofenfesten Schmortopf bei mittlerer Hitze heiß werden lassen. Die Beinscheiben darin (falls nötig, portionsweise; dann etwas mehr Öl verwenden) rundherum kräftig anbraten; herausheben.

3 Möhre und Zwiebeln in den Topf geben und unter gelegentlichem Rühren weich dünsten. Den Wein angießen und auf die Hälfte einkochen lassen. Tomaten, Knoblauch, Orangenschale, Salz und Pfeffer unterrühren. Die Beinscheiben darauflegen und mit der Brühe begießen. Zugedeckt im heißen Ofen 1½–2 Stunden schmoren, bis das Fleisch sehr weich ist. Falls nötig, den Sud mit etwas heißem Wasser auffüllen.

4 Die Zutaten für die Gremolata in einer Schüssel verrühren. Die Beinscheiben zum Servieren auf vorgewärmte Teller geben, mit der Sauce beträufeln und mit der Gremolata bestreuen.

Variante

Ossobuco mit Sellerie, Lauch und Mandeln

Das Gericht wie beschrieben zubereiten, jedoch eine Zwiebel durch 1 in Scheiben geschnittene Stange Lauch ersetzen. Mit Möhre, Zwiebeln und Lauch 2 gewürfelte Stangen Sellerie in den Topf geben (Schritt 3). Anstelle von Weißwein italienischen Rotwein (z. B. Chianti) verwenden und mit einer Prise Zucker hinzufügen.

Schweinebauch mit Zwiebeln und Kartoffeln

Das Geheimnis einer knusprigen Kruste lautet: Die Schwarte mit Öl und reichlich Salz einreiben und den Braten zuerst 20 Minuten bei starker Hitze im Ofen braten.

25 MIN. 2 STD. 10 MIN.

FÜR 4 PERSONEN

- 500 g Schweinebauch mit Schwarte
- ½TL grobes Salz
- 3 EL Olivenöl
- 2 Zwiebeln, geachtelt
- 2 große Kartoffeln, geschält und in Spalten geschnitten
- 125 g braune Champignons, halbiert
- 150 ml Weißwein
- 2 Knoblauchzehen, gehackt
- 2 TL gehackter Thymian
- 300 ml heiße Gemüsebrühe
- frisch gemahlener schwarzer Pfeffer

1 Den Backofen auf 220 °C vorheizen. Die Schwarte des Schweinebauchs mit einem Messer tief einschneiden. Mit Salz und 1 EL Öl einreiben. Das Fleisch in eine große ofenfeste Form legen und im Ofen etwa 20 Minuten braten, bis die Schwarte knusprig ist. Herausnehmen und die Backofentemperatur auf 170 °C senken.

2 Das restliche Öl in einer großen Pfanne heiß werden lassen. Zwiebelachtel und Kartoffelspalten darin unter ständigem Rühren etwa 10 Minuten braten. Pilze hinzufügen und 5 Minuten mitbraten. Den Wein dazugießen; 2 Minuten kochen lassen. Die Mischung zum Braten in die Form füllen; Knoblauch, Thymian, Brühe und etwas Pfeffer untermischen. Das Fleisch so dazwischensetzen, dass die Schwarte frei bleibt. Den Braten im heißen Ofen 1½ Stunden garen.

3 Den Braten herausnehmen. 10 Minuten ruhen lassen, in Scheiben schneiden und mit Kartoffeln, Zwiebeln und Pilzen servieren.

Variante

Schweinebauch mit Lauch und Sellerie

Das Gericht wie beschrieben zubereiten, aber statt der Zwiebeln 3 zerkleinerte Stangen Lauch verwenden und die Kartoffeln durch 1 geschälten und klein geschnittenen Knollensellerie ersetzen. Das Gemüse in Schritt 2 nur 5 Minuten braten, dann wie angegeben die Pilze hinzufügen.

Huhn auf Jägerart

In Italien heißt dieses Gericht »Pollo alla cacciatore«. Der leicht bittere Chicorée passt gut hinein, sollte aber erst gegen Ende der Garzeit in den Topf gegeben werden.

20–25 MIN. 45–60 MIN. TK-TAUGLICH

FÜR 4 PERSONEN

- 1 Hähnchen (1,5 kg), in 8 Teile zerlegt
- Salz und frisch gemahlener schwarzer Pfeffer
- 4 EL Olivenöl
- 1 Zwiebel, gewürfelt
- 4 Knoblauchzehen, fein gewürfelt
- 1 Zweig Rosmarin
- 1 Lorbeerblatt
- 4 EL Weißwein
- 125 ml heiße Hühnerbrühe
- Blätter von 2 Stauden Chicorée, grob zerkleinert

1 Die Hähnchenteile salzen und pfeffern. Die Hälfte des Öls in einem großen Schmortopf bei mittlerer Hitze heiß werden lassen. Ober- und Unterkeulen darin auf einer Seite etwa 5 Minuten braten. Die Bruststücke dazugeben und 10–15 Minuten mitbraten, bis sie ebenfalls gebräunt sind. Alles Hähnchenteile wenden und auf den anderen Seiten braten.

2 Anschließend Zwiebel und Knoblauch hinzufügen und bei schwacher Hitze 3–4 Minuten mitdünsten. Salzen und pfeffern, dann Rosmarin, Lorbeer, Wein und Brühe untermischen. Das Ganze zugedeckt 15–20 Minuten köcheln lassen.

3 Etwa 5 Minuten vor Ende der Garzeit den Chicorée dazugeben und alles zugedeckt weitergaren, bis er fast weich ist. Lorbeer und Rosmarin entfernen. Das Gericht abschmecken, in vorgewärmte Schalen füllen und mit Brot servieren.

Variante

Kaninchen auf Jägerart

Das Gericht wie beschrieben zubereiten, statt des Hähnchens aber ein Kaninchen verwenden. Mit Zwiebel und Knoblauch 1 fein gewürfelte Möhre dazugeben, den Weißwein durch Rotwein ersetzen und anstelle des gewöhnlichen Chicorées roten Chicorée oder Radicchio nehmen.

Balsamico-Zwiebeln

Wenn Sie statt kleiner Zwiebeln weiße Perlzwiebeln verwenden möchten, sollten Sie diese etwa 15 Minuten in kaltes Wasser legen und dann schälen – so geht es viel leichter.

10 MIN. 35 MIN.

FÜR 4 PERSONEN

- 3 EL Olivenöl
- 400 g kleine Zwiebeln, geschält
- 3 Knoblauchzehen, in dünne Scheiben geschnitten
- 3 EL Balsamico-Essig
- Salz und frisch gemahlener schwarzer Pfeffer
- Oliven- oder Chiliöl zum Beträufeln

1 Backofen auf 180 °C vorheizen. Das Öl in einer Pfanne bei schwacher Hitze heiß werden lassen. Die Zwiebeln darin in etwa 15 Minuten unter Rühren braun braten.

2 Die Zwiebeln in eine kleine ofenfeste Form füllen (sie sollen dicht an dicht darin liegen). Mit dem Knoblauch bestreuen und mit dem Essig beträufeln; salzen und pfeffern. Im Ofen 20 Minuten garen, dabei alle 5 Minuten durchrühren. Mit Oliven oder Chiliöl beträufeln; heiß oder kalt zu Käse und knusprigem Brot servieren.

Variante

Balsamico-Lauch

Anstelle von Zwiebeln 250 g zarte Lauchstangen verwenden. Olivenöl weglassen. Lauchstangen 2 Minuten in 50 g Butter hellbraun und etwas weich braten, dabei ein- oder zweimal wenden. Mit 1 kleinen Handvoll gehackten Walnüssen, 1 Lorbeerblatt und 3 EL weißem (statt rotem) Balsamico-Essig in eine ofenfeste Form füllen. Salzen, pfeffern und wie beschrieben, aber ohne zu rühren, garen. Heiß oder kalt servieren.

Apfelkompott

Es schmeckt wunderbar zu Schweinefleisch, ganz gleich, ob es sich dabei um gegrillten Schweinebauch, geschmorte Schweinekoteletts oder kalten Schweinebraten handelt.

10 MIN. 10 MIN. TK-TAUGLICH

FÜR 4 PERSONEN

- 500 g Kochäpfel (z. B. Boskop), geschält und geviertelt
- 2-3 EL Zucker (je nachdem, wie sauer die Äpfel sind)

1 Die Äpfel mit 1 EL Wasser und dem Zucker in einen Topf geben. Bei schwacher Hitze 10 Minuten garen, bis sie zerfallen.

2 Mit einem Kochlöffel rühren, bis das Kompott die gewünschte Konsistenz hat – stückig oder eher musig. Das Kompott mit Zucker abschmecken und warm oder kalt servieren.

Speck-Kartoffeln mit Rotkohl

Eine Beilage, die schnell gemacht ist, gut ankommt und prima zu Schmorgerichten passt. Übrigens: Am nächsten Tag aufgewärmt schmeckt sie fast noch besser.

10 MIN. 15 MIN.

FÜR 4 PERSONEN

- 1-2 EL Butter
- 1 EL Olivenöl, plus mehr nach Bedarf
- 3 gekochte Pellkartoffeln, geschält und gewürfelt
- Salz und frisch gemahlener schwarzer Pfeffer
- 150 g durchwachsener Speck, gewürfelt
- 200 g vorgegarter Rotkohl, in Streifen geschnitten
- 2 Tafeläpfel, geschält, entkernt und gewürfelt

1 Die Butter mit dem Öl in einer großen Pfanne bei mittlerer bis starker Hitze zerlassen. Die Kartoffeln darin unter Rühren 5–10 Minuten braten, bis sie goldbraun und knusprig sind; falls nötig, etwas mehr Öl dazugeben. Salzen, pfeffern und in der Pfanne zur Seite schieben.

2 Den Speck hinzufügen und knusprig braten, dann mit Kartoffeln, Kohl und Äpfeln mischen. Alles weiterbraten, bis die Äpfel goldbraun sind. Abschmecken und servieren.

Rotkohl mit Apfelwein

Beim langsamen Garen wird Rotkohl weich und entwickelt eine angenehm milde Süße. Sie können nach Geschmack noch Sultaninen unterrühren.

15 MIN. 1 STD. - 1 STD. 30 MIN.

FÜR 4 PERSONEN

- ½ rote Zwiebel, in Ringe geschnitten
- 1 großer Rotkohl (etwa 1 kg), vom Strunk befreit und in Streifen geschnitten oder gehobelt
- 1 TL Fünf-Gewürze-Pulver
- Salz und frisch gemahlener schwarzer Pfeffer
- 300 ml Apfelwein

1 Alle Zutaten bis auf den Apfelwein in einen großen Topf geben und gut mischen.

2 Den Apfelwein dazugießen und unterrühren. Das Ganze zugedeckt bei schwacher Hitze unter gelegentlichem Rühren 1–1½ Stunden garen. Abschmecken und beispielsweise mit Couscous oder Bratwurst servieren.

Bäckerin-Kartoffeln

Genau das Richtige für einen kalten Winterabend. Die knoblauchwürzigen Kartoffelscheiben werden im Ofen gegart. So entsteht eine Beilage, die zu fast jedem Hauptgericht passt.

25 MIN. 1 STD.

FÜR 4-6 PERSONEN

- 50 g Butter
- 6 Zwiebeln, in Ringe geschnitten
- 1 kg Kartoffeln, in 5 mm dicke Scheiben geschnitten
- 3 Knoblauchzehen, in Scheiben geschnitten
- 750 ml heiße Gemüsebrühe
- Salz und frisch gemahlener schwarzer Pfeffer

1 Den Backofen auf 200 °C vorheizen. Die Butter in einem großen Topf zerlassen. Die Zwiebelringe darin in etwa 10 Minuten unter häufigem Rühren glasig dünsten. Kartoffeln, Knoblauch und Brühe sowie Salz und Pfeffer hinzufügen. Alles verrühren, dann die Mischung zugedeckt 5–6 Minuten köcheln lassen, bis die Kartoffeln weich werden.

2 Die Mischung in eine Gratinform füllen. Im heißen Ofen 40–50 Minuten garen, bis die Kartoffeln weich sind und die Flüssigkeit fast vollständig aufgenommen haben. Passt besonders gut zu Rinderbraten.

Blumenkohlgratin mit weißen Bohnen

Eigentlich ist dieses Gratin eine Mahlzeit für sich. Aber man kann es auch gut als Beilage zu winterlichem Blattgemüse, z. B. Grünkohl, Weißkohl oder Wirsing, servieren.

10 MIN. 30 MIN.

FÜR 4 PERSONEN

- 1-2 EL Butter
- 1 EL Mehl
- 300 ml Milch
- 1 Prise Paprikapulver
- Salz und frisch gemahlener schwarzer Pfeffer
- 2 TL Dijonsenf
- 125 g alter Cheddar, geraspelt
- 1 Blumenkohl, in Röschen geteilt
- 1 Dose weiße Bohnen (400 g)

1 Backofen auf 200 °C vorheizen. Für die Käsesauce die Butter in einem Topf bei schwacher Hitze zerlassen. Vom Herd nehmen und das Mehl mit einem Kochlöffel klümpchenfrei unterrühren. Etwas Milch untermischen. Topf wieder auf den Herd stellen unter ständigem Rühren die restliche Milch dazugießen. 5–10 Minuten rühren, bis die Sauce angedickt ist.

2 Vom Herd nehmen. Die Sauce mit Paprika, Salz und Pfeffer abschmecken. Senf und 75 g Käse unterrühren.

3 Die Blumenkohlröschen in kochendem Salzwasser in etwa 10 Minuten weich garen; abgießen und abtropfen lassen.

4 Die Bohnen in einem Sieb abspülen; abtropfen lassen. In einer ofenfesten Form mit dem Blumenkohl mischen. Mit der Sauce begießen und mit dem restlichen Käse bestreuen. Das Gratin im heißen Ofen 10–15 Minuten backen, bis die Oberfläche gebräunt ist. Sofort servieren.

Gerösteter Stangensellerie mit Orange und Walnüssen

Hier wird das Gemüse einmal ganz anders zubereitet. Die zarten inneren Stangen (das Herz) werden geviertelt und mit Nüssen im Ofen gegart. Köstlich zu Geflügel oder Fisch.

10 MIN. 55 MIN.

FÜR 4 PERSONEN

- 4 Stangensellerie-Herzen, geviertelt
- Schale und Saft von 1 Bio-Orange
- Olivenöl zum Beträufeln
- 1-2 EL Butter, zerlassen
- 1 TL Zucker
- 1 TL gehackter Thymian
- 1 Handvoll Walnusskerne, gehackt
- Salz und frisch gemahlener schwarzer Pfeffer

1 Den Backofen auf 200 °C vorheizen. Die Sellerieherzen mit Orangenschale und -saft in eine ofenfeste Form geben. Mit Öl und zerlassener Butter beträufeln, dann mit Zucker, Thymian, Nüssen, Salz und Pfeffer bestreuen.

2 Die Form fest mit Alufolie verschließen und für 40 Minuten in den heißen Ofen stellen. Die Folie entfernen. Das Gemüse weitere 15 Minuten garen, bis es weich und glasiert ist. Heiß oder lauwarm servieren.

Rotkrautsalat mit Nüssen

Dieser knackige Salat passt ganz hervorragend zu kaltem Braten und Ofenkartoffeln, eignet sich aber auch – mit Käse und frischem Brot – als kleines winterliches Gericht.

15 MIN.

FÜR 6 PERSONEN

- ½ Rotkohl, in feine Streifen geschnitten oder gehobelt
- 2 Stangen Sellerie, gewürfelt
- 1 kleine rote Zwiebel, in dünne Ringe geschnitten
- 2 Tafeläpfel, ungeschält, entkernt und gewürfelt
- 1 große Handvoll Rosinen
- 1 große Handvoll Walnusskerne, grob gehackt

Für das Dressing

- 6 EL Sahne
- 2 TL brauner Zucker
- ½ TL Dijonsenf
- Salz und frisch gemahlener schwarzer Pfeffer
- 2 EL Rotweinessig

1 Die Salatzutaten in einer großen Schüssel mischen.

2 Für das Dressing die Sahne mit dem Zucker schaumig schlagen. Senf, Salz und Pfeffer darunterschlagen. Den Essig hinzufügen. Schlagen, bis das Dressing dickflüssig ist.

3 Den Salat mit dem Dressing anmachen. Reste halten sich im Kühlschrank 2–3 Tage.

Variante

Sellerie-Birnen-Salat

Dafür statt Rotkohl Weißkohl und statt Stangensellerie ½ geraspelten Knollensellerie verwenden. Anstelle der Äpfel 2 geraspelte große Möhren und 2 gewürfelte Birnen dazugeben. Walnüsse durch Erdnusse ersetzen.

Kartoffelbrot

Das italienische »Pane di patate« ist außen weich.

50-55 MIN. PLUS GEHZEIT 40-45 MIN.

FÜR 1 KRANZFORM (1,75 L INHALT)

- 250 g Kartoffeln, geschält und in große Stücke geschnitten
- Salz
- ½ Würfel frische Hefe (21 g)
- 125 g Butter, plus mehr zum Fetten
- 1 großes Bund Schnittlauch, in Röllchen geschnitten
- 2 EL Zucker
- 2 TL Salz
- 425 g Weizenmehl Type 550, plus mehr zum Arbeiten

1 Die Kartoffeln in Salzwasser garen. Abgießen, dabei 250 ml Kochwasser auffangen. Mit einem Kartoffelstampfer zerdrücken; abkühlen lassen. In einer kleinen Schüssel die Hefe in 4 EL lauwarmem Wasser auflösen.

2 Die Hälfte der Butter zerlassen. Kartoffeln, Kochwasser, Hefewasser, zerlassene Butter, Schnittlauch, Zucker und Salz in einer Schüssel mischen.

3 Die Hälfte des Mehls mit den Händen unterarbeiten. Das restliche Mehl portionsweise untermischen. Den Teig auf einer bemehlten Arbeitsfläche kneten, bis er glatt und elastisch ist. Die Schüssel auswaschen und ausbuttern. Den Teig darin herumrollen lassen, bis er von Butter überzogen ist. Mit einem feuchten Geschirrtuch bedecken und an einem warmen Platz 1–1½ Stunden gehen lassen, bis er sein Volumen verdoppelt hat

4 Die Form fetten. Die restliche Butter zerlassen. Den Teig auf der dünn bemehlten Arbeitsfläche kurz kneten; zudecken und 5 Minuten ruhen lassen. Aus dem Teig 30 etwa walnussgroße Kugeln formen. Die Kugeln in der zerlassenen Butter wälzen; in die Form geben. Die Form mit einem Geschirrtuch bedecken. Den Teig an einem warmen Platz 40 Minuten gehen lassen, bis die Form voll ist. Den Backofen auf 190 °C vorheizen.

5 Das Brot 40–45 Minuten backen, bis es goldbraun ist und sich vom Rand der Form löst. Auf einem Gitter in der Form etwas abkühlen lassen, dann herausnehmen.

Sellerie-Apfel-Salat mit Blue-Cheese-Dressing

Das intensive Sellerieаroma, die bittere Note des Rucola und die fruchtige Süße der Äpfel harmonieren besonders gut mit dem würzigen Blauschimmelkäse-Dressing.

10 MIN. 2 MIN.

FÜR 4 PERSONEN

- 50 g Walnusskerne, gehackt
- 300 g Blauschimmelkäse (z. B. Gorgonzola oder Roquefort)
- 4 EL Apfelessig
- 4 EL Haselnuss- oder Walnussöl
- frisch gemahlener schwarzer Pfeffer
- 4 Stangen Sellerie, schräg in 1 cm breite Stücke geschnitten
- 2 grünschalige Äpfel, entkernt und in dünne Spalten geschnitten
- 4 große Handvoll Rucola
- Salz

1 Die Nüsse in einer Pfanne ohne Fett knusprig rösten. Zum Abkühlen auf einen Teller geben.

2 In der Küchenmaschine 100 g Käse mit Essig, Öl und reichlich schwarzem Pfeffer zu einem dickflüssigen Dressing pürieren; falls nötig, das Dressing mit etwas Wasser verdünnen.

3 Die Selleriestücke in einer Schüssel mit Äpfeln und Rucola mischen. Das Dressing untermischen. Den Salat mit Salz und Pfeffer abschmecken und mit den Nüssen bestreuen. Den restlichen Käse darüberbröckeln.

Variante

Sellerie-Lauch-Salat mit Birnen

Die Walnüsse durch Pekannusskerne, 2 Selleriestangen durch 1 in dünne Scheiben geschnittene Stange Lauch und die Äpfel durch Birnen ersetzen. Ansonsten wie beschrieben vorgehen.

Zitronen-Cheesecake

Weil dieser Kuchen nicht gebacken wird, ist der süß-fruchtige Belag besonders leicht und luftig.

30 MIN. PLUS KÜHLZEIT

FÜR 1 SPRINGFORM (26 CM Ø)

- 250 g Butterkekse
- 100 g Butter
- 4 Blatt Gelatine, grob zerkleinert
- abgeriebene Schale und Saft von 2 Bio-Zitronen, plus Schalenstreifen von 1 Bio-Zitrone zum Garnieren
- 400 g Doppelrahmfrischkäse
- 200 g Zucker
- 300 g Sahne

1 Die Form mit Backpapier auskleiden. Die Kekse in einen Gefrierbeutel geben und mit der Teigrolle zerbröseln. Die Butter in einer Pfanne zerlassen. Die Keksbrösel sorgfältig unterrühren. Die Mischung mit einem Kochlöffel auf den Formboden drücken. Die Form kalt stellen.

2 Die Gelatine 5 Minuten in kaltem Wasser einweichen. Den Zitronensaft erhitzen, die Gelatine ausdrücken und im heißen Zitronensaft auflösen. Abkühlen lassen.

3 Den Frischkäse in einer Schüssel mit Zucker und Zitronenschale glatt rühren. In einer zweiten Schüssel die Sahne steif schlagen.

4 Die Gelatinemischung gründlich unter die Frischkäsemischung rühren. Anschließend die geschlagene Sahne behutsam unterheben.

5 Die Käsecreme auf dem Bröselboden verstreichen. Den Kuchen mindestens 4 Stunden oder über Nacht kalt stellen.

6 Mit einem scharfen Messer innen am Rand der Form entlangfahren. Den Kuchen vorsichtig auf eine Kuchenplatte geben, das Backpapier dabei entfernen. Mit den Zitronenschalenstreifen garnieren und servieren.

Schokoladen-Orangen-Whoopie-Pies

Dafür werden zwei Küchlein mit einer Creme dazwischen aufeinandergesetzt. Die klassische Kombination Schokolade und Orange kommt hier super zur Geltung.

40 MIN. **12 MIN.**

ERGIBT 10 STÜCK

- 275 g weiche Butter
- 150 g Zucker
- 1 großes Ei (L)
- 2 Päckchen Vanillezucker
- abgeriebene Schale und Saft von 1 Bio-Orange
- 225 g Mehl
- 75 g Kakaopulver
- ½ Päckchen Backpulver
- 150 ml Milch oder Buttermilch
- 2 EL Joghurt
- 200 g Puderzucker

1 Den Backofen auf 180°C vorheizen. 2 Backbleche mit Backpapier belegen. 175 g Butter mit dem Zucker schaumig schlagen. Ei, 1 Päckchen Vanillezucker und der Orangenschale darunterrühren. Das Mehl mit Kakao und Backpulver in eine Schüssel sieben. Abwechselnd löffelweise die Mehlmischung und die Milch untermischen. Den Joghurt unterheben.

2 Die Masse in 20 Häufchen (je 1 gehäufte EL) mit viel Abstand zueinander auf die Bleche setzen. Einen Löffel in warmes Wasser tauchen und die Oberflächen damit glatt streichen. Die Küchlein im heißen Ofen etwa 12 Minuten backen, bis sie aufgegangen sind. Kurz abkühlen lassen, dann auf ein Gitter legen.

3 Für die Buttercreme die restliche Butter mit dem restlichen Vanillezucker, dem Puderzucker und dem Orangensaft mischen; mit etwas Wasser auflockern. Die Creme auf die flachen Seiten von 10 Küchlein verteilen, die restlichen mit den flachen Seiten daraufsetzen.

Grapefruitgelee mit Pfefferminzlikör

Die Frische von Pfefferminze passt großartig zur bitterfruchtigen Note der Grapefruits. Servieren Sie das belebende Dessert mit etwas Crème fraîche.

15 MIN. PLUS RUHE- UND KÜHLZEIT

FÜR 4 PERSONEN

- 2 Grapefruits
- 30 g Zucker, plus mehr für die Gläser
- 1 Eiweiß, verquirlt
- 1 Päckchen gemahlene Gelatine
- 4 EL Pfefferminzlikör (Crème de Menthe)
- 450 ml klarer Apfelsaft

1 Die Grapefruits schälen und filetieren (siehe S. 474). Die Filets in eine Schüssel geben und die Trennwände darüber ausdrücken, um den Saft zu gewinnen. Die Filets mit dem Zucker mischen und 1 Stunde Saft ziehen lassen.

2 Die Ränder von vier Weingläsern erst in Eiweiß, dann in Zucker drücken. Beiseitestellen.

3 Inzwischen die Gelatine mit 2 EL Wasser in eine kleine Schüssel geben. 5 Minuten quellen lassen, dann die Schüssel in einen Topf mit etwas köchelndem Wasser stellen und rühren, bis die Gelatine sich aufgelöst hat. Die Mischung und den Likör unter den Apfelsaft rühren.

4 Die Grapefruitfilets auf die Gläser verteilen. Den Grapefruitsaft in die Gelierflüssigkeit rühren. Die Flüssigkeit auf die Gläser verteilen und im Kühlschrank fest werden lassen.

Zitronen-Pie mit Baiserhaube

Eine erfrischend säuerliche Zitronencreme unter einer süßen, luftigen Baiserhaube – ein Liebling der ganzen Familie.

30 MIN. PLUS KÜHLZEIT **40–50 MIN.**

FÜR 1 TARTEFORM (24 CM Ø)

- 50 g kalte Butter in Stücken, plus weiche Butter für die Form
- 400 g süßer Mürbeteig (Fertigprodukt oder selbst gemacht)
- 3 EL Mehl, plus mehr zum Arbeiten
- 6 Eier mit Raumtemperatur, getrennt
- 3 EL Speisestärke
- 400 g Zucker
- 1 EL abgeriebene Schale und Saft von 3 Bio-Zitronen
- ½ TL Weinsteinbackpulver
- 1 Päckchen Vanillezucker

1 Backofen auf 200 °C vorheizen. Die Form ausfetten. Den Teig auf einer dünn bemehlten Arbeitsfläche ausrollen; die Form damit auskleiden.

2 Teigboden mit Backpapier belegen und mit Hülsenfrüchten beschweren. Im heißen Ofen 10–15 Minuten backen, bis er leicht gebräunt ist. Papier und Hülsenfrüchte entfernen, den Pie-Boden noch 3–5 Minuten backen. In der Form etwas abkühlen lassen. Ofentemperatur auf 180 °C senken.

3 Die Eigelbe in einer Schüssel verquirlen. Das Mehl in einem Topf mit der Speisestärke und 225 g Zucker mischen. Nach und nach 350 ml Wasser unterrühren. Bei schwacher Hitze rühren, bis der Zucker sich aufgelöst hat und die Mischung klümpchenfrei ist. Die Mischung bei schwacher bis mittlerer Hitze unter Rühren köcheln lassen, bis sie anzudicken beginnt.

4 Einige Esslöffel der heißen Mischung unter die Eigelbe schlagen. Diese Mischung in den Topf gießen und das Ganze unter ständigem Rühren aufkochen und 3 Minuten sprudelnd kochen lassen. Zitronenschale und -saft mit der Butter unterrühren. Die Mischung weitere 2 Minuten kochen lassen, bis sie dickflüssig ist und glänzt, dabei ständig rühren und an der Topfwand befindliche Creme wieder nach unten schaben. Den Topf vom Herd nehmen, verschließen und die Creme warm halten.

5 Die Eiweiße in einer großen sauberen Schüssel schaumig schlagen. Das Weinsteinbackpulver darunterschlagen. Unter weiterem Schlagen den Zucker esslöffelweise hinzufügen. Mit dem letzen Löffel Zucker den Vanillezucker dazugeben. Schlagen, bis die Baisermasse dick ist und glänzt.

6 Die Form mit dem Pie-Boden auf ein Backblech stellen. Die Zitronencreme auf dem Pie-Boden verteilen und mit der Baisermasse bedecken.

7 Die Pie im heißen Ofen 12–15 Minuten backen, bis das Baiser etwas Farbe angenommen hat. Die Form auf ein Gitter stellen. Die Pie auskühlen lassen, dann aus der Fom nehmen und servieren.

Tangerinen-Macarons

Die Säure der Tangerinen gleicht die Süße der Baisers besser aus als gewöhnliche Orangen.

30 MIN. 18–20 MIN.

ERGIBT 20 STÜCK

- 75 g gemahlene gehäutete Mandeln
- 200 g Puderzucker
- 2 TL abgeriebene Schale und 1 EL Saft von 1 Bio-Tangerine
- 2 große Eiweiß mit Raumtemperatur
- 75 g Zucker
- etwas orange Speisefarbe
- 50 g weiche Butter

1 Den Backofen auf 150 °C vorheizen. Auf 2 Bögen Backpapier mit Bleistift mit 3 cm Abstand zueinander 3 cm große Kreise zeichnen. Das Papier auf zwei Backbleche legen (Zeichnung nach unten). Die Mandeln in der Küchenmaschine mit 100 g Puderzucker fein zerkleinern. 1 TL Tangerinenschale kurz untermixen.

2 Die Eiweiße zu steifem Schnee schlagen. Nach und nach unter ständigem Schlagen den Zucker hinzufügen; erst neuen Zucker dazugeben, wenn die vorherige Menge untergearbeitet ist. Die Speisefarbe mit dem Schneebesen unter die Masse schlagen. Die Mandelmischung esslöffelweise unterheben. Die Masse in einen Spritzbeutel mit glatter Tülle füllen und mittig in die Kreise spritzen, den Beutel dabei gerade halten.

3 Die Macarons blechweise im Ofen (Mitte) 18–20 Minuten backen, bis die Oberfläche fest ist; herausnehmen. 15–20 Minuten auf den Blechen abkühlen lassen, dann zum Auskühlen auf ein Gitter setzen.

4 Für die Füllung die Butter mit dem restlichen Puderzucker sowie der restlichen Tangerinenschale und dem Saft cremig rühren. Die Creme in den gesäuberten Spritzbeutel geben und als Tupfen auf die flachen Seiten von der Hälfte der Macarons spritzen. Die restlichen Macarons daraufsetzen. Am selben Tag servieren, sonst werden die Makronen weich.

Orangen-Zimt-Crème-Brûlée

»Créme brûlée« heißt »gebrannte Creme« – dafür wird Zucker auf einer Eigelb-Sahne-Creme unter dem Grill karamellisiert.

15–20 MIN. PLUS KÜHLZEIT 30–35 MIN.

FÜR 8 PERSONEN

- 1 Zimtstange, in Hälften gebrochen
- 1 kg Sahne
- abgeriebene Schale von 1 Bio-Orange
- 8 Eigelb
- 200 g grobkörniger Zucker (Einmachzucker)

1 Den Backofen auf 190°C vorheizen. Den Zimt in einen Topf geben und bei schwacher Hitze erwärmen, bis Duft aufsteigt. Etwas abkühlen lassen, dann Sahne und Orangenschale hinzufügen. Bis kurz unter den Siedepunkt erhitzen; vom Herd nehmen. Den Topf verschließen und 15 Minuten beiseitestellen.

2 Die Eigelbe mit den Quirlen des Handrührgeräts mit einem Drittel des Zuckers zu einer hellen Creme schlagen. Unter ständigem Schlagen nach und nach die Sahne dazugießen. Die Mischung durch ein Sieb in eine ofenfeste Form (1,5 l Inhalt) gießen. Ein Geschirrhandtuch zusammenfalten und in ein tiefes Backblech legen. Die Form daraufstellen.

3 So viel kochend heißes Wasser in das Blech gießen, das die Form halb hoch darin steht. Das Blech in den heißen Ofen schieben. Die Creme 30–35 Minuten garen, bis sich eine dünne Haut gebildet hat und die Creme fast fest ist, wenn man die Form schwenkt. Die Form vom Blech nehmen. Die Creme auf Raumtemperatur abkühlen lassen, anschließend 3–8 Stunden kalt stellen.

4 Den Backofengrill auf höchster Stufe vorheizen. Die Creme mit dem restlichen Zucker bestreuen. Das tiefe Backblech halb hoch mit Wasser füllen und die Form hineinstellen. In das Wasser einige Eiswürfel geben, damit die Creme kalt bleibt. Das Blech für etwa 3 Minuten unter den heißen Grill schieben, bis der Zucker schmilzt und karamellisiert. Die Crème brûlée einige Minuten abkühlen lassen, damit der Karamell knusprig wird, dann servieren.

Zitronen-Polentakuchen

Der Teig für diesen saftig-fruchtigen Kuchen (der übrigens glutenfrei ist) wird mit Maisgrieß zubereitet.

30 MIN. 50–60 MIN. TK-TAUGLICH

FÜR 1 SPRINGFORM (24 CM Ø)

- 175 g weiche Butter, plus mehr für die Form
- 200 g Zucker
- 3 große Eier (L), verquirlt
- 75 g Maisgrieß (Polenta)
- 175 g gemahlene Mandeln
- abgeriebene Schale und Saft von 2 Bio-Zitronen
- 1 TL Backpulver

1 Den Backofen auf 160 °C vorheizen. Die Form fetten und den Boden mit Backpapier belegen. Die Butter mit 175 g Zucker mit den Quirlen des elektrischen Handrührgeräts schaumig rühren. Nach und nach unter ständigem Rühren die Eier hinzufügen; erst mehr Ei dazugeben, wenn die vorherige Menge untergearbeitet ist. Maisgrieß und Mandeln mit einem Metalllöffel unterheben. Zitronenschale und Backpulver unter die Masse ziehen.

2 Die Masse in die Form füllen und glatt streichen. Den Kuchen im heißen Ofen 50–60 Minuten backen, bis er auf Fingerdruck zurückfedert und bei der Stäbchenprobe kein Teig haften bleibt. In der Form kurz abkühlen lassen.

3 Den Zitronensaft mit dem restlichen Zucker in einem kleinen Topf bei mittlerer Hitze heiß werden lassen, bis der Zucker sich aufgelöst hat; vom Herd nehmen.

4 Den Kuchen mitsamt dem Backpapier auf ein Gitter setzen. Mit einem Spieß Löcher in die Oberfläche des noch warmen Kuchens stechen und den Kuchen gleichmäßig mit dem heißen Zitronensirup begießen. Das Papier entfernen und den Kuchen mit Raumtemperatur servieren. Dazu passt Crème fraîche.

Orientalischer Orangensalat

Orangenscheiben erhalten durch Rosenwasser, Granatapfelkerne und Pistazien eine orientalische Note.

15 MIN.

FÜR 4 PERSONEN

- 4 Orangen
- 1–2 EL flüssiger Honig
- 2 EL Rosenwasser
- 1 gute Prise gemahlener Zimt
- Kerne von 1 Granatapfel
- 1 kleine Handvoll gehackte Pistazien
- Minzeblätter zum Garnieren

1 Von den Orangen oben und unten jeweils eine Scheibe abschneiden. Die Früchte auf einem Schneidebrett von oben nach unten dick schälen, um die weiße Haut mitzuentfernen. Die Orangen quer in dünne Scheiben schneiden, dabei alle Kerne herauslösen. Die Orangenscheiben leicht überlappend auf einer Servierplatte anrichten. Den Saft vom Schneidbrett darübergeben.

2 Die Orangen mit Honig und Rosenwasser beträufeln; alles mit Zimt bestreuen. Granatapfelkerne und Pistazien darauf verteilen. Mit Minze garnieren und servieren.

Variante

Orangen mit Karamell und Passionsfrüchten

In einem Topf 60 g Zucker mit 2 EL Wasser verrühren. Bei schwacher Hitze ohne zu Rühren erwärmen, bis der Zucker sich aufgelöst hat. Den Sirup sprudelnd kochen lassen, bis er goldbraun ist. Vom Herd nehmen und 2 EL Wasser dazugeben. Rühren, bis der Karamell sich aufgelöst hat; abkühlen lassen. Die Orangen wie beschrieben anrichten, aber mit dem Karamell statt mit Honig beträufeln. Das Rosenwasser und die Granatapfelkerne weglassen. Auf die Orangen Fruchtfleisch und Kerne von 1–2 Passionsfrüchten geben.

Jetzt am besten **Orangen, Tangerinen, Clementinen und Grapefruits**

Diese Zitrusfrüchte sind im Winter am besten. Alle enthalten viel Vitamin C, unterscheiden sich ansonsten aber deutlich voneinander, z. B. in Größe, Schalendicke und Geschmack. Sehr beliebt sind Mandarinen und ihre Verwandten Tangerine, Satsuma und Clementine. Grapefruits reifen in großen Büscheln, fast wie riesige Weintrauben. Die genannten Zitrusfrüchte passen gut zu anderem Obst sowie zu Schokolade, Fleisch, Geflügel, Wild und Käse.

Orangen, Grapefruits und andere Zitrusfrüchte gedeihen im Mittelmeerraum und in den Subtropen weltweit. Wichtige Anbauländer sind Spanien, USA, Brasilien, China, Japan, Südafrika, Israel und Mexiko.

Clementine Eine der kleinsten mandarinenähnlichen Früchte sieht aus wie ein orangefarbener Golfball. Sie hat eine dünne glänzende Schale, eine hauchdünne Membran, die das Fruchtfleisch umschließt, und kaum Kerne. Der süße, duftende Saft hat eine säuerliche Note.

Tangerine Sie ist etwas kleiner als eine Mandarine, sehr saftig und säurearm; die meisten Sorten sind kernlos.

Orangen filetieren

Die folgende Technik zeigt die einfachste Art, eine Orange zu filetieren. Auf dieselbe Weise lassen sich andere Zirusfrüchte filetieren.

1 Mit einem scharfen Messer beide Enden von der Orange abschneiden, dann die Schale samt weißer Haut von oben nach unten entfernen.

2 Mit dem Messer die Fruchtsegmente (Filets) nacheinander vorsichtig aus den dünnen Trennhäutchen schneiden.

Jaffa ist eine gute Winterorange mit kräftig gefärbtem Fruchtfleisch.

Jaffa Die fast kernlose Orange hat eine helle, dicke Schale, die sich leicht entfernen lässt. Das Fruchtfleisch ist knackig, süß und saftig mit intensivem Orangengeschmack. Ideal zum Rohessen.

Bitterorange Im Gegensatz zu anderen Orangen schmecken Bitterorangen, die auch Pomeranzen heißen, roh überhaupt nicht. Sie sind typische Marmeladenfrüchte – Schale, Kerne und Säure wirken als Geliermittel.

Aus Saft und Schale der Bitterorange können säuerliche Saucen zubereitet werden, die zu Fleisch, Wild und Geflügel passen.

Rosa Grapefruit Sorten wie die 'Pink Marsh' haben eine dickere Schale als eine weiße Grapefruit und sind auch oft länger haltbar als diese. Sie passt sowohl in süße als auch in pikante Salate.

Weiße Grapefruit Sie hat eine eher blasse und dünne Schale, darunter eine dünne weiße Haut und nur wenig Kerne. Ideal für Marmelade. Sorten wie 'Marsh' haben bemerkenswert zartes, extrem saftiges hellgelbes Fruchtfleisch.

Das Fruchtfleisch ist saftig, säuerlich und leicht bitter.

Das helle korallenrote Fruchtfleisch ist kernarm, süß und saftig.

Rote Grapefruit Das kräftig rote Fruchtfleisch von Sorten wie 'Ruby Red' und 'Rio Red' ist saftig, bitter-süß und fast kernlos. Ideal für Kompott, Salate und zum Entsaften.

Die glatte, dünne, gelbe Schale ist rot überhaucht.

Navel Wirtschaftlich ist sie die zweitwichtigste Orange nach der Valencia. Die süße, saftige Orange ist kernlos und hat eine dicke Schale. Am besten ist die Qualität im Winter. Als Ess-, Koch- und Saftorange ist sie ein perfekter Alleskönner.

Wissenswert

Im Angebot

Navel, Jaffa, Valencia, Blutorangen, Bitterorangen; rosa, weiße und rote Grapefruits; Mandarinen, Tangerinen, Clementinen und Satsumas.

Einkauf Kräftig gefärbte, glänzende, pralle Früchte wählen, die für ihre Größe schwer sind und aromatisch duften. Exemplare, die ausgetrocknet aussehen oder Flecken haben, liegenlassen.

Aufbewahren An einem kühlen Ort in einer Schale oder lose im Kühlschrank bis zu 2 Wochen; verbrauchen, bevor die Schale schrumplig wird.

Zubereiten Schälen, Segmente auslösen und genießen; Saft zum Trinken, für Gelees und Sorbets; mit Saft und Schale süße und pikante Gerichte aromatisieren.

Für den Vorrat Marmelade; in Zuckersirup oder Alkohol einlegen; Schale kandieren, trocknen; geschälte Früchte einfrieren.

Rezepte

Bitterorangenmarmelade
Seite 484

Rindfleischtopf mit Orangen
Seite 454

Tangerinen-Macarons Seite 474

Schoko-Orangen-Kuchen

Kandierte Orangenschale aromatisiert diesen Kastenkuchen.

2 STD. PLUS KANDIEREN 50–60 MIN.

FÜR 1 KASTENFORM (1 KG INHALT)
- Schale von 2 Bio-Orangen
- 175 g Butter, plus mehr für die Form
- 125 g Mehl
- 3 EL Kakaopulver
- 1 TL Backpulver
- 1 Prise Salz
- 200 g Zucker
- 3 Eier
- 60 g Puderzucker
- Saft von 1 Orange

1 Orangenschale kandieren (siehe S. 484) und mindestens 24 Stunden trocknen lassen. Einige Stücke für die Garnitur beiseitelegen, Rest hacken.

2 Den Backofen auf 180 °C vorheizen. Die Form ausbuttern, mit Backpapier auskleiden und mit Mehl ausstreuen. Das Mehl mit Kakao, Backpulver und Salz in eine Schüssel sieben. In einer zweiten Schüssel die Butter mit dem Zucker mit den Quirlen des elektrischen Handrührgeräts hell und schaumig schlagen. Die Eier einzeln hinzufügen und unterrühren. Kandierte Orangenschale untermischen.

3 Die Mehl-Kakao-Mischung behutsam unterheben. Den Teig in die Form geben. Die Form auf die Arbeitsfläche stoßen, damit die Teigoberfläche glatt wird. Den Kuchen 50–60 Minuten backen, bis er sich von der Formwand löst und bei der Stäbchenprobe kein Teig haften bleibt.

4 Mit einem Messer innen am Rand der Form entlangfahren um den Kuchen zu lösen. Den Kuchen aus der Form stürzen und auf ein Gitter setzen. Unter das Gitter ein Backblech legen, auf das später überschüssiger Zuckerguss tropfen kann. Das Backpapier entfernen, den Kuchen auskühlen lassen.

5 Puderzucker in eine kleine Schüssel sieben und mit etwas Orangensaft zu einer weichen Paste verrühren. Die Schüssel in einen Topf mit heißem (nicht köchelndem) Wasser stellen und erhitzen, bis der Guss warm ist und leicht vom Löffel tropft. Kuchen mit dem Guss beträufeln. Restliche kandierte Schale in dünne Streifen schneiden, Kuchen damit garnieren. Guss in 1 Stunde fest werden lassen.

Schoko-Torteletts mit Birnen

Die Birnen hierfür sollten vollreif und saftig sein.

30–35 MIN. 25–30 MIN.

FÜR 8 TORTELETTFÖRMCHEN (JE 10 CM Ø)
- zerlassene Butter für die Förmchen
- 350 g süßer Mürbeteig (Fertigprodukt oder selbst gemacht)
- Mehl zum Arbeiten
- 150 g Bitterschokolade, fein gehackt
- 1 Ei
- 125 g Sahne
- 2 große reife Birnen
- 1–2 EL Zucker

1 Die Förmchen mit zerlassener Butter ausstreichen. Vier Förmchen eng zusammenstellen. Den Teig halbieren. Eine Hälfte auf einer dünn bemehlten Arbeitsfläche 3 mm dick ausrollen. Locker um die Teigrolle schlagen und über die vier Förmchen legen.

2 Von einer Ecke etwas Teig abnehmen. Zu einer Kugel rollen und diese in etwas Mehl drücken. Den Teig damit in die Förmchen drücken. Mit der Teigrolle über die Förmchen fahren, um überschüssigen Teig abzuschneiden. Teigreste mit dem übrigen Teig ausrollen und die restlichen Förmchen damit auskleiden.

3 Den Backofen auf 200 °C vorheizen. Ein Backblech auf der unteren Schiene darin heiß werden lassen. Die Schokolade in die Förmchen streuen.

4 Für die Creme das Ei gründlich mit der Sahne verquirlen. Die Mischung nach Belieben durch ein Sieb gießen und je 2–3 EL davon auf die Schokolade in den Förmchen geben.

5 Die Birnen schälen, halbieren und entkernen. Die Hälften quer in sehr dünne Scheiben schneiden. Die Scheiben überlappend auf die Creme geben und etwas nach unten drücken. Die Torteletts mit dem Zucker bestreuen.

6 Die Förmchen auf das heiße Backblech stellen. Die Torteletts 10 Minuten backen. Die Hitze auf 180 °C senken und die Torteletts weitere 15–20 Minuten backen, bis der Teig goldbraun und die Creme gestockt ist.

7 Etwas abkühlen lassen. Anschließend vorsichtig aus den Förmchen nehmen und auf Tellern anrichten.

Apfelkuchen mit Zimt

Der Kuchen schmeckt mit Sahne warm zum Dessert, genauso gut aber auch kalt und in Stücke geschnitten zu einer Tasse Kaffee.

30 MIN. 25–30 MIN.

FÜR 1 BACKFORM (24 X 24 CM)

- 100 g Butter in Stücken, plus mehr für die Form
- 200 g Mehl, plus mehr für die Form
- 3–4 Backäpfel (je nach Größe)
- 1 EL Zitronensaft
- 3 Eier
- 250 g Zucker
- 6 EL Milch
- 4 EL Sahne
- 1 EL Backpulver
- 2 TL gemahlener Zimt

1 Den Backofen auf 200 °C vorheizen. Die Form mit Butter ausfetten und mit Mehl ausstreuen.

2 Die Äpfel schälen, vierteln, entkernen und in Scheiben schneiden. In eine Schüssel Wasser geben und mit dem Zitronensaft säuern. Die Apfelscheiben hineinlegen, damit sie sich nicht verfärben.

3 Die Eier und 225 g Zucker mit den Quirlen des Handrührgeräts hell und cremig schlagen. Beim Herausziehen der Quirle soll eine Spur zurückbleiben.

4 Butter, Milch und Sahne in einen Topf geben. Erwärmen, bis die Butter geschmolzen ist, dann aufkochen lassen. Vom Herd nehmen. Etwas abkühlen lassen, anschließend unter die Eimischung rühren. Mehl und Backpulver auf die Creme sieben und unterheben. Den Teig in die vorbereitete Form gießen.

5 Die Äpfel abgießen, abtropfen lassen und dekorativ auf dem Teig arrangieren. Den restlichen Zucker mit dem Zimt mischen. Den Kuchen damit bestreuen. Im heißen Ofen 25–30 Minuten backen, bis er goldbraun ist und die Äpfel weich sind. In der Form abkühlen lassen, dann in Quadrate schneiden.

Möhrenschnitten mit Frischkäseguss

Geraspelte Möhren machen die Schnitten saftig und steuern auch ihr Aroma bei. Was das Gebäck aber wirklich besonders macht, sind die Gewürze im Teig.

20 MIN. 30 MIN. TK-TAUGLICH

FÜR 1 BACKFORM (20 X 20 CM)

- 175 g Mehl
- 1 TL Backpulver
- ½ TL Speisenatron
- 1 TL gemahlener Zimt
- 1 TL Lebkuchengewürz
- 100 g brauner Zucker (z. B. Muscovado)
- 150 ml Sonnenblumenöl
- 2 große Eier (L)
- 75 g Golden Syrup oder heller Zuckerrübensirup
- 125 g Möhren, grob geraspelt
- abgeriebene Schale von 1 Bio-Orange

Für den Guss

- 75 g Puderzucker
- 100 g Doppelrahmfrischkäse
- 1–2 EL Orangensaft
- abgeriebene Schale von 1 Bio-Orange, mehr zum Garnieren (nach Belieben)

1 Backofen auf 180 °C vorheizen. Die Backform mit Backpapier auskleiden. Mehl, Backpulver, Natron, Gewürze und Zucker in einer großen Schüssel mischen. In einer zweiten Schüssel Öl, Eier und Sirup verrühren; unter Rühren zu den trockenen Zutaten gießen. Möhrenraspel und Orangenschale untermischen. Masse in die Form füllen und glatt streichen. Etwa 30 Minuten backen, bis bei der Stäbchenprobe kein Teig haften bleibt. 5 Minuten in der Form abkühlen lassen. Herausnehmen und auf einem Kuchengitter auskühlen lassen.

2 Für den Guss den Puderzucker mit Frischkäse, Orangensaft und Orangenschale in eine Schüssel geben. Mit den Quirlen des elektrischen Handrührgeräts schlagen, bis eine streichfähige Creme entstanden ist. Den kalten Kuchen mit dem Guss bestreichen und nach Belieben mit Orangenschale garnieren. In 16 Stücke schneiden.

Äpfel im Schlafrock

Sie können nach Belieben den Zimt durch geriebene Muskatnuss oder Lebkuchengewürz ersetzen und statt der Zitronenschale Orangenschale verwenden.

20 MIN. 30-40 MIN.

FÜR 4 PERSONEN

- Fett für das Backblech
- 225 g Mehl, plus mehr zum Arbeiten
- 1 TL Backpulver
- 100 g Kokosfett
- 1 TL gemahlener Zimt, plus mehr zum Bestäuben
- abgeriebene Schale von 1 Bio-Zitrone
- 4 Kochäpfel, geschält und die Kerngehäuse ausgestochen
- 1 EL brauner Zucker (z. B. Demerara)
- 50 g Sultaninen
- Puderzucker zum Bestäuben

1 Den Backofen auf 180 °C vorheizen und ein Backblech dünn fetten. Das Mehl mit Backpulver, Kokosfett, Zimt und Zitronenschale in eine Schüssel geben. Langsam etwa 100 ml kaltes Wasser dazuträufeln und alles zu einem Teig verarbeiten.

2 Den Teig auf einer bemehlten Arbeitsfläche ausrollen und vier Kreise ausschneiden, in die sich jeweils ein Apfel hüllen lässt. Auf jeden Kreis einen Apfel setzen. In die Öffnungen, in denen die Kerngehäuse saßen, Zucker streuen; die Rosinen hinzufügen. Die Teigränder mit Wasser bestreichen, über den Äpfeln zusammenfassen und fest zusammendrücken.

3 Die Äpfel mit den Nähten nach unten auf das Backblech setzen. Nach Belieben aus Teigresten gestaltete Stiele und Blätter anbringen. Die Äpfel im heißen Ofen 30–40 Minuten backen, bis der Teig gebräunt ist. Mit Puderzucker und Zimt bestäuben und mit Eiscreme oder Schlagsahne servieren.

Variante

Birnen im Schlafrock

Statt der Äpfel 4 nicht ganz reife Birnen verwenden. Diese schälen und unten jeweils ein 2 cm tiefes Loch hineinschneiden. 25 g fein gehackte Walnüsse mit 1 EL Golden Syrup mischen und die Birnen damit füllen. Die Birnen in den Teig wickeln und wie beschrieben backen.

Crêpes mit Karamell-Äpfeln und Schokolade

Die hauchdünnen Pfannkuchen sind ganz leicht zu machen.

15 MIN. 20 MIN.

FÜR 6-8 PERSONEN

- 50 g Mehl, 1 Prise Salz
- 1 Ei, verquirlt
- 150 ml Milch
- 150 g Sahne
- 1-2 EL Butter
- 2-3 EL brauner Zucker, je nachdem, wie süß die Äpfel sind
- 4 rotschalige Tafeläpfel, in Ringe geschnitten
- Öl
- 125 g Bitterschokolade, geraspelt

1 Das Mehl mit Salz in eine Schüssel sieben. In die Mitte eine Mulde drücken. Das Ei und etwas Milch hineingeben und mit einem Kochlöffel verrühren. Nach und nach das Mehl und die restliche Milch unterrühren. Die Mischung mit einem Schneebesen schlagen, bis keine Klümpchen mehr vorhanden sind. Den Teig möglichst 15 Minuten kühlen.

2 Die Sahne in einer Schüssel steif schlagen. Die Butter mit dem Zucker in einer Pfanne bei schwacher Hitze zerlassen. Rühren, bis der Zucker sich aufgelöst hat. Die Äpfel untermischen und 5–10 Minuten garen, bis der Zucker karamellisiert ist. Vom Herd nehmen und warm halten.

3 In einer Crêpepfanne oder einer kleinen Pfanne mit niedrigem Rand etwas Öl bei starker Hitze heiß werden lassen und durch Schwenken verteilen; aus der Pfanne gießen. Den Teig durchrühren. Pro Crêpe 2 EL Teig in die Pfanne geben und durch Schwenken verteilen. Einige Minuten backen, dann den Rand mit einer Palette anheben. Die Crêpe wenden und noch 1 Minute backen. Auf einen vorgewärmten Teller gleiten lassen und den restlichen Teig ebenso verarbeiten.

4 Zum Servieren auf jede Crêpe etwas von den Karamell-Äpfeln und der Schlagsahne geben. Die Crêpes zusammenfalten und großzügig mit Schokolade bestreuen.

Streuselkuchen mit Äpfeln

Die knusprigen Streusel sind mit Zimt gewürzt.

20 MIN. 1 STD. 15 MIN.

FÜR 1 SPRINGFORM (20 CM Ø)

- 125 g weiche Butter, plus mehr für die Form
- 125 g Mehl
- 125 g Zucker
- 1 TL gemahlener Zimt
- 2 große Eier (L), verquirlt
- 1 Päckchen Vanillezucker
- 1 Kochapfel (z.B. Boskop), geschält, entkernt und in Stücke geschnitten
- 50 g Sultaninen

Für die Streusel

- 75 g kalte Butter in Stücken
- 100 g Mehl
- 25 g gemahlene Mandeln
- 1 TL gemahlener Zimt
- 50 g Zucker

1 Den Backofen auf 180 °C vorheizen. Die Form mit Butter ausfetten, den Boden mit Backpapier belegen. Das Mehl in eine Schüssel sieben. Butter, Zucker, Zimt, Eier und Vanillezucker hinzufügen und alles mit den Quirlen des elektrischen Handrührgeräts hell und cremig schlagen. In die Form füllen, glatt streichen und mit Äpfeln und Rosinen bestreuen.

2 Für die Streusel die Butterstücke in einer Schüssel mit den Fingerspitzen zu Streuseln verreiben. Mandeln, Zimt und Zucker untermischen. Auf dem Kuchen verteilen und etwas andrücken. Den Kuchen 1¼ Stunden backen, bis bei der Stäbchenprobe kein Teig haften bleibt (es könnte aber feucht von den Äpfeln sein). 20 Minuten in der Form abkühlen lassen. Warm oder kalt servieren.

Bananenkuchen mit Datteln und Walnüssen

Durch die Datteln schmeckt dieser Kuchen herrlich üppig. Extrasüße bekommt er, wenn Sie vollreife Bananen verwenden, deren Schale bereits braune Sprenkel aufweist.

20 MIN. **1 STD. 15 MIN.** **TK-TAUGLICH**

FÜR 1 KASTENFORM (18 CM BZW. 1 L INHALT)

- 100 g weiche Butter
- 100 g Zucker
- 250 g Mehl
- 2½ TL Backpulver
- 2 große Eier (L)
- 2 Bananen (etwa 300 g)
- 100 g entsteinte Datteln, gehackt
- 50 g Walnusskerne, gehackt

1 Den Backofen auf 180 °C vorheizen. Die Form mit Backpapier auskleiden. Die Butter in einer Schüssel mit dem Zucker hell und cremig schlagen. Mehl und Backpulver mischen. Die Eier einzeln mit je 1 EL Mehlmischung unter die Buttercreme rühren.

2 Die Bananen schälen und mit einer Gabel zerdrücken; mit Datteln und Nüssen unter die Masse in der Schüssel mischen. Die restliche Mehlmischung unterheben. Den Teig in die Form füllen und glatt streichen. 1–1¼ Stunden backen, bis der Kuchen aufgegangen und goldbraun ist und bei der Stäbchenprobe kein Teig haften bleibt. Falls er vor Ende der Backzeit gut gebräunt sein sollte, den Kuchen mit Alufolie bedecken. In der Form auskühlen lassen.

Gestürzter Karamell-Apfel-Kuchen

Bevor die Äpfel in die Form gegeben werden, gart man sie in goldbraunem Butterkaramell in einer Pfanne etwas vor.

30 MIN. **50–55 MIN.** **TK-TAUGLICH**

FÜR 1 SPRINGFORM (22 CM Ø)

- 200 g weiche Butter, plus mehr für die Form
- 200 g Zucker
- 250 g Äpfel, geschält, entkernt und gewürfelt
- 3 Eier
- 150 g Mehl
- 2 TL Backpulver
- geschlagene Sahne oder Puderzucker zum Servieren

1 Den Backofen auf 180 °C vorheizen. Die Form mit Butter fetten und den Boden mit Backpapier belegen. 50 g Butter mit 50 g Zucker in eine Form geben. Bei schwacher Hitze schmelzen und den Zucker goldbraun karamellisieren lassen. Die Apfelwürfel darin 7–8 Minuten garen, bis sie weich werden. Vom Herd nehmen.

2 Die restliche Butter in einer Schüssel mit dem restlichen Zucker hell und cremig schlagen. Die Eier einzeln hinzufügen und darunterschlagen. Mehl und Backpulver dazusieben und behutsam unterheben.

3 Die karamellisierten Äpfel mit einem Schaumlöffel aus der Pfanne heben und auf dem Formboden verteilen. Den Teig mit einem Löffel daraufgeben. Den Kuchen im heißen Ofen 40–45 Minuten backen. Herausnehmen und etwas abkühlen lassen, dann auf ein Gitter stürzen.

4 Den Karamell in der Pfanne bei schwacher Hitze erwärmen. Den Kuchen auf eine Servierplatte setzen und mit einem dünnen Holzspieß Löcher hineinstechen. Den Karamell auf den Kuchen gießen und einziehen lassen. Den Kuchen warm mit geschlagener Sahne servieren; oder auskühlen lassen, mit Puderzucker bestäuben und servieren.

Apfelgelee mit Rosmarin

Ein außergewöhnliches Gelee, das gut zu Lammfleisch passt.

10 MIN. PLUS ABTROPFZEIT | 1 STD. 20 MIN. - 1 STD. 50 MIN.

ERGIBT ETWA 2 KG

- 1 große Handvoll Rosmarinzweige
- 1 kg Kochäpfel, ungeschält mitsamt den Kerngehäusen grob zerkleinert
- etwa 1 kg grobkörniger Zucker (z. B. Einmachzucker)
- Saft von 1 Zitrone

1 Den Backofen auf 150 °C vorheizen. Die Rosmarinnadeln abstreifen (die Stiele aufbewahren), auf einem Backblech verteilen und im heißen Ofen 30–40 Minuten trocknen.

2 Die Apfelstücke in einen großen Topf geben. 1,2 l Wasser mit den Rosmarinstielen hinzufügen. 30–40 Minuten köcheln lassen, bis die Äpfel musig sind. Diese mit einem Kartoffelstampfer oder einer Gabel zerdrücken. Ein großes Sieb mit einem Mulltuch auslegen und auf eine große Schüssel setzen. Den Topfinhalt hineinschütten und über Nacht abtropfen lassen. Den Saft abmessen und die Zuckermenge ermitteln: je 600 ml Saft benötigen Sie 450 g Zucker.

3 Den Saft mit Zucker, Zitronensaft und Rosmarinnadeln in den Topf geben und bei mittlerer Hitze rühren, bis der Zucker sich aufgelöst hat. Aufkochen und 20 Minuten sprudelnd kochen lassen. Den Topf vom Herd nehmen und die Gelierprobe machen: 1 TL Gelee auf eine gekühlte Untertasse geben. Wird die Probe fest, kann das Gelee abgefüllt werden. Falls Sie ein Zuckerthermometer verwenden möchten: Die Gelierflüssigkeit muss 105 °C heiß sein. Dann setzt sie sich auch an der Topfwand ab, und beim Kochen schäumt sie nicht mehr, sondern es steigen Blasen träge an die Oberfläche und zerplatzen.

4 Die Gelierflüssigkeit 10 Minuten ruhen lassen, anschließend in heiß ausgespülte sterilisierte Gläser füllen und mit Wachspapierkreisen bedecken. Die Gläser verschließen und beschriften. Kühl und dunkel lagern, angebrochene Gläser im Kühlschrank aufbewahren.

Rote-Zwiebel-Konfitüre

Diese in Italien sehr beliebte Delikatesse passt ganz wunderbar zu kaltem Braten und zu würzigem Käse.

20 MIN. PLUS ZIEHZEIT | 1 STD. 10 MIN.

ERGIBT ETWA 700 G

- 2 EL Olivenöl
- 1 kg rote Zwiebeln, halbiert und in Ringe geschnitten
- Salz und frisch gemahlener schwarzer Pfeffer
- 150 ml Rotwein
- 3 EL Balsamico-Essig
- 3 EL Weißweinessig
- 6 EL Zucker

1 Das Öl in einem großen Topf bei schwacher bis mittlerer Hitze heiß werden lassen. Die Zwiebeln darin mit etwas Salz und Pfeffer unter gelegentlichem Rühren in etwa 30 Minuten weich und glasig dünsten; langsames Garen ist hier sehr wichtig.

2 Bei etwas stärkerer Hitze Wein und Essige unterrühren. Alles aufkochen lassen. Bei schwacher Hitze den Zucker untermischen und alles unter gelegentlichem Rühren noch 30–40 Minuten köcheln lassen, bis ein Großteil der Flüssigkeit verdampft ist.

3 Den Topf vom Herd nehmen. Die Konfitüre abschmecken; allerdings entwickelt sich der endgültige Geschmack erst mit der Zeit. In heiß ausgespülte sterilisierte Einmachgläser füllen und mit Wachspapierkreisen bedecken. Die Gläser verschließen und beschriften. Kühl und dunkel lagern, erst nach mindestens 1 Monat öffnen. Angebrochene Gläser im Kühlschrank aufbewahren.

Dreifruchtmarmelade

Drei verschiedene Zitrusfruchtarten miteinander zu kombinieren hat den Vorteil, dass die Marmelade eine attraktive Farbe bekommt und gut geliert.

25 MIN. | 1 STD. 50 MIN. | TK-TAUGLICH

ERGIBT ETWA 2 KG

- 1 Bio-Grapefruit
- 1 Bio-Orange
- 2 Bio-Zitronen
- 1,25 kg grobkörniger Zucker (z. B. Einmachzucker)

1 Die Früchte halbieren und auspressen. Den Saft durch ein Sieb in einen großen Topf gießen, die Kerne aufbewahren. Fruchtfleisch aus den Schalen kratzen und in den Topf geben. Trennwände und weiße Häute herausschaben und mit den Kernen auf ein Stück Mull geben. Den Stoff darüber zusammenfassen und oben mit Küchengarn zusammenbinden.

2 Die Schalen in dünne Streifen schneiden und diese hacken oder in der Küchenmaschine fein zerkleinern. Mit 1,7 l Wasser und dem Mullsäckchen in den Topf geben. Alles aufkochen, dann bei schwacher Hitze 1½ Stunden köcheln lassen, bis die Schalen sehr weich sind und die Flüssigkeit auf die Hälfte eingekocht ist.

3 Das Mullsäckchen innen an der Topfwand ausdrücken; wegwerfen. Den Zucker unter den Topfinhalt rühren. Alles aufkochen und 15 Minuten sprudelnd kochen lassen. Den Topf vom Herd nehmen und die Gelierprobe machen: 1 TL Marmelade auf eine gekühlte Untertasse geben. Wird die Probe fest, kann die Marmelade abgefüllt werden. Falls Sie ein Zuckerthermometer verwenden möchten: Die Masse muss 105 °C heiß sein. Dann setzt sie sich auch an der Topfwand ab, und beim Kochen schäumt sie nicht mehr, sondern es steigen Blasen träge an die Oberfläche und zerplatzen.

4 Die Marmelade abschäumen und 10 Minuten ruhen lassen. Gut umrühren, in heiß ausgespülte sterilisierte Gläser füllen und mit Wachspapierkreisen bedecken. Die Gläser verschließen und beschriften. Kühl und dunkel lagern, angebrochene Gläser im Kühlschrank aufbewahren.

Apfel-Chili-Gelee

Dieses rot gesprenkelte, feurig scharfe Gelee passt zu Käse genauso wie zu heißem oder kaltem Braten. Die Äpfel für das Gelee sollten möglichst sauer sein, dann enthalten sie mehr Pektin. Die Chilimenge richtet sich nach Ihrem Geschmack.

30 MIN. PLUS ABTROPFZEIT **50–60 MIN.**

ERGIBT ETWA 500 G

- 700 g Kochäpfel, ungeschält mitsamt den Kerngehäusen in Stücke geschnitten
- etwa 700 g grobkörniger Zucker (z. B. Einmachzucker)
- Saft von 1 Zitrone
- 1–2 TL Chiliflocken

1 Die Apfelstücke in einen großen Topf geben. 1,7 l Wasser dazugießen, aufkochen und 30–40 Minuten köcheln lassen, bis die Äpfel musig sind. Die Äpfel mit einem Kartoffelstampfer oder einer Gabel zerdrücken. Ein großes Sieb mit einem Mulltuch auslegen und auf eine große Schüssel setzen. Den Topfinhalt hineinschütten und über Nacht abtropfen lassen (nicht ausdrücken, das Gelee soll schließlich kristallklar werden).

2 Saft abmessen und die Zuckermenge ermitteln: je 600 ml Saft benötigen Sie 450 g Zucker. Saft in den Topf geben und aufkochen lassen. Zucker und Zitronensaft hinzufügen. Rühren, bis der Zucker sich aufgelöst hat. Alles aufkochen und 20–30 Minuten sprudelnd kochen lassen. Topf vom Herd nehmen und die Gelierprobe machen: 1 TL Gelee auf eine gekühlte Untertasse geben. Wird sie fest, kann das Gelee abgefüllt werden. Falls Sie ein Zuckerthermometer verwenden möchten: Die Gelierflüssigkeit muss 105 °C heiß sein. Dann setzt sie sich auch an der Topfwand ab, und beim Kochen schäumt sie nicht mehr, sondern es steigen Blasen träge an die Oberfläche und zerplatzen.

3 Das Gelee 10 Minuten ruhen lassen, dann abschäumen und die Chiliflocken untermischen. Das Gelee in heiß ausgespülte sterilisierte Gläser füllen und mit Wachspapierkreisen bedecken. Gläser verschließen, kühl und dunkel lagern. Angebrochene Gläser im Kühlschrank aufbewahren.

Kandierte Zitrusschalen

Selbst gemachte kandierte Zitrusschale schmeckt viel besser als gekaufte, enthält keine Konservierungsstoffe und ist eine Bereicherung für viele Kuchen und Süßspeisen.

15 MIN. PLUS TROCKENZEIT **1 STD. 50 MIN.**

ERGIBT ETWA 250 G

- 1 große oder 2 kleine Grapefruits, plus 1 rosa Grapefruit oder 1 Pomelo (oder eine Mischung aus allen drei)
- grobkörniger Zucker (z. B. Einmachzucker; Menge siehe Anleitung)
- feiner Zucker zum Überziehen

1 Auf den Schalen der Früchte mit einem scharfen Messer Viertel markieren. Die Schalen vorsichtig entfernen und zusammen wiegen (Sie brauchen später dieselbe Menge Zucker). In einen Topf geben, mit Wasser bedecken und bis zu 1 Stunde köcheln lassen, bis sie weich sind, dabei das Wasser zwei- bis dreimal wechseln.

2 Die Schalen in ein Sieb schütten und die Innenseiten sorgfältig sauber schaben. Die Schalenviertel ganz lassen oder in dicke Streifen schneiden.

3 Schalen und Zucker eng in einen Topf füllen und nicht ganz mit Wasser bedecken. Bei schwacher Hitze rühren, bis der Zucker sich aufgelöst hat. Aufkochen und 45 Minuten köcheln lassen, bis die Schalen transparent sind und fast den gesamten Sirup aufgenommen haben.

4 Die Schalen aus dem Topf nehmen und auf mit Backpapier belegten Backblechen ausbreiten. Bei Raumtemperatur 24 Stunden oder länger trocknen lassen.

5 Den feinen Zucker in eine Schüssel geben. Die Schalenstücke einzeln darin wenden, bis sie ganz mit Zucker überzogen sind. Die Schalen in ein sterilisiertes Einmachglas geben. Das Glas fest verschließen; kühl und dunkel aufbewahren.

Rhabarber-Birnen-Konfitüre mit Ingwer

Eine so bemerkenswerte Konfitüre wie diese findet man wirklich nicht alle Tage.

15–20 MIN. **25–30 MIN.**

ERGIBT ETWA 1 KG

- 700 g Rhabarber, in 2–3 cm große Stücke geschnitten
- 2 Birnen, geschält, entkernt und gewürfelt
- 800 g grobkörniger Zucker (z. B. Einmachzucker)
- Saft von 1 Zitrone
- Saft von ½ Orange
- 2 Kugeln kandierter Ingwer, fein gehackt

1 Rhabarber, Birnen und Zucker in einen großen Topf geben. Zitronen- und Orangensaft sowie den Ingwer hinzufügen. Bei schwacher Hitze rühren, bis der Zucker sich aufgelöst hat.

2 Alles aufkochen und 15–20 Minuten sprudelnd kochen lassen. Den Topf vom Herd nehmen und die Gelierprobe machen: 1 TL Konfitüre auf eine gekühlte Untertasse geben. Wird die Probe fest, kann die Konfitüre abgefüllt werden. Falls Sie ein Zuckerthermometer verwenden möchten: Die Masse muss 105 °C heiß sein. Dann setzt sie sich auch an der Topfwand ab, und beim Kochen schäumt sie nicht mehr, sondern es steigen Blasen träge an die Oberfläche und zerplatzen.

3 Die Konfitüre in heiß ausgespülte sterilisierte Gläser füllen und mit Wachspapierkreisen bedecken. Die Gläser verschließen und beschriften. Kühl und dunkel lagern, angebrochene Gläser im Kühlschrank aufbewahren.

Bitterorangenmarmelade

Bittersüß und köstlich – fantastisch auf gebuttertem Toast.

45 MIN. **1 STD. 20 MIN. – 1 STD. 30 MIN.**

ERGIBT ETWA 1 KG

- 1 kg Bitterorangen (Pomeranzen), von den Stielansätzen befreit und unter heißem Wasser abgebürstet
- 1 große Bio-Zitrone
- 1,1 kg grobkörniger Zucker (z. B. Einmachzucker)

1 Die Früchte halbieren und auspressen. Den Saft kalt stellen. Weiße Haut und Kerne auf ein Stück Mull geben. Den Stoff darüber zusammenfassen und mit Küchengarn zu einem Beutel zusammenbinden.

2 Die Schalen mit dem Beutel und 1,7 l Wasser in einen großen Topf geben. Aufkochen und bei halb aufgelegtem Deckel etwa 1 Stunde köcheln lassen, bis die Schalen weich (nicht musig) sind. Ein Sieb auf eine große Schüssel setzen. Den Topfinhalt hineinschütten und die Flüssigkeit herausdrücken. Weiche weiße Haut mit einem Löffel aus den Schalen schaben und wegwerfen. Die Schalen in feine oder dicke Streifen schneiden oder fein oder grob würfeln.

3 Flüssigkeit, Schalen und Saft in den Topf geben. Den Zucker hinzufügen; bei schwacher Hitze rühren, bis er sich aufgelöst hat. Anschließend das Ganze 5–15 Minuten sprudelnd kochen lassen. Den Topf vom Herd nehmen und die Gelierprobe machen: 1 TL Marmelade auf eine gekühlte Untertasse geben. Wird die Probe fest, kann die Marmelade abgefüllt werden. Falls Sie ein Zuckerthermometer verwenden möchten: Die Masse muss 105 °C heiß sein. Dann setzt sie sich auch an der Topfwand ab, und beim Kochen schäumt sie nicht mehr, sondern es steigen Blasen träge an die Oberfläche und zerplatzen.

3 Die Marmelade abschäumen, dann in heiß ausgespülte sterilisierte Gläser füllen und mit Wachspapierkreisen bedecken. Die Gläser verschließen und beschriften. Kühl und dunkel lagern, angebrochene Gläser im Kühlschrank aufbewahren.

Clementinenmarmelade mit Whisky

Durch den Whisky kommt das Zitrusaroma erst richtig zur Geltung. Clementinen enthalten eher wenig Pektin. Damit die Marmelade richtig geliert, fügt man daher Zitronensaft hinzu.

10 MIN. 55 MIN. - 1 STD. 5 MIN.

ERGIBT ETWA 1 KG

- 1 kg Bio-Clementinen, halbiert und von den Kernen befreit
- Saft von 2 großen Zitronen
- 1 kg grobkörniger Zucker (z. B. Einmachzucker)
- 1-2 EL Whisky (ersatzweise Weinbrand)

1 Entweder die Clementinen in der Küchenmaschine in Intervallen zerkleinern (nicht pürieren) oder die Früchte von Hand auspressen und die Schalen mit einem scharfen Messer in dünne Streifen schneiden. Schalen und Saft in einen großen Topf geben. 1 l Wasser dazugießen. Aufkochen und 30 Minuten oder länger köcheln lassen, bis die Schalen weich sind.

2 Zitronensaft und Zucker hinzufügen und bei schwacher Hitze rühren, bis der Zucker sich aufgelöst hat. Das Ganze aufkochen und 20–30 Minuten sprudelnd kochen lassen. Den Topf vom Herd nehmen und die Gelierprobe machen: 1 TL Marmelade auf eine gekühlte Untertasse geben. Wird die Probe fest, kann die Marmelade abgefüllt werden. Falls Sie ein Zuckerthermometer verwenden möchten: Die Masse muss 105 °C heiß sein. Dann setzt sie sich auch an der Topfwand ab, und beim Kochen steigen Blasen träge an die Oberfläche und zerplatzen.

3 Den Whisky untermischen. Die Marmelade in heiß ausgespülte sterilisierte Gläser füllen und mit Wachspapierkreisen bedecken. Die Gläser verschließen und beschriften. Kühl und dunkel lagern, angebrochene Gläser im Kühlschrank aufbewahren.

Clementinen in Karamellsirup

Auch andere weiche Zitrusfrüchte eignen sich hierfür.

10 MIN. 15 MIN. PLUS STERILISIERZEIT IM OFEN

ERGIBT ETWA 1 L

- 175 g grobkörniger Zucker (z. B. Einmachzucker)
- 10 kleine Clementinen, geschält, die weiße Haut mit einem Messer abgeschabt

1 Den Zucker mit 100 ml Wasser in einen Topf geben. Gut verrühren und ohne zu rühren erhitzen (nicht aufkochen lassen). 5–10 Minuten köcheln lassen, bis die Mischung goldbraun ist. 200 ml heißes Wasser angießen und rühren, bis der Karamell sich aufgelöst hat. Den Sirup aufkochen lassen.

2 Ein heiß ausgespültes sterilisiertes großes Schraubdeckelglas auf ein mit feuchtem Zeitungspapier belegtes Backblech stellen. Clementinen bis 1 cm unter den Rand eng hineinschichten, ohne sie zu drücken. Bis zum Rand heißen Sirup dazugießen. Das Glas vorsichtig auf die Arbeitsfläche stoßen und hin- und herschwenken, damit Luft entweicht. Falls nötig, Sirup nachfüllen; die Früchte müssen ganz bedeckt sein. Das Glas locker mit dem Deckel verschließen.

3 Das Blech mit dem Glas in den Ofen schieben und das Obst heiß sterilisieren. (Bezüglich Zeit und Temperatur den Angaben des Backofenherstellers, z. B. in der Gebrauchsanleitung, folgen.) Glas aus dem Ofen nehmen und den Deckel fest zuschrauben. 24 Stunden stehen lassen. Danach prüfen, ob das Glas fest verschlossen ist (der Deckel sollte nach innen gewölbt sein und es auch beim Daraufdrücken bleiben). Das Glas an einem kühlen, dunklen Platz lagern und nach dem Anbrechen im Kühlschrank aufbewahren.

Register

A

B

D

E

F

T

U/V

W

Danksagung

Dorling Kindersley bedankt sich bei:
Ian O'Leary für die Foodfotografie; Jane Bamforth, Claire Tennant-Scull und Diana Vowles für das Lektorieren der Rezepte; Jane Bamforth, Jan Stevens, Clare Greenstreet und Ann Reynolds für das Testen der Rezepte; Steve Crozier und Tom Morse für die Bildretusche; David Roberts und Rob Laidler für die Rezeptdatenbank; Alison Shaw und Elizabeth Yeates für die Redaktionsassistenz; Mandy Earey und Anne Fisher für die grafische Unterstützung sowie Alicia Ingty and Neha Ahuja für ihre wertvollen Ergänzungen.